역학대기과학

DYNAMIC ATMOSPHERIC SCIENCE

역학대기과학

소선섭 · 소은미 지음

(주)교 문 사

力學大氣科學

Dynamic Atmospheric Science

= Dynamic Atmoscience

蘇鮮燮 · 蘇恩美 著

Seun-Seup So and Eun-Mi So

(株) 教文社

KYOMUNSA Ltd. Publisher

머리말

일본 동경대학(東京大學)에서 유학하는 동안(1977~1983년) 수학(修學)하고, 공주사범대학을 거쳐서, 공주대학교 자연과학대학에서 지난 약 20여 년간 강의했던 서적이 있었다. 그것은 지도교수 감보- 간사브로-(岸保 勘三郎)의 전 교수이신 쇼-노 시계까타(正野 重方)의 저서 《氣像力學序說》이다. 이 서적을 근간(根幹)으로 해서 지난 세월 동안 저서의 경험과 앞으로 다가올 정년(停年)으로 인해 다시 출판할 수 있는 기회가 오지 않을지도 모른다는 생각에 심혈을 기울였다.

서명의 《역학대기과학》은 다소 생소한 이름일 수 있다. 이제까지는 기상역학, 대기역학이라고 하는 명칭이 일반적이었다. 이것은 역학이 자연과학대학만이 아니고 공과대학 등에서도 사용되었기 때문인데, 자연과학대학에서는 주로 물리 분야에 속하고 대기과학에 종사하는 사람들도 주로 물리계통의 사람들이었다. 그러나 현재는 대기과학을 대학부터 전공하는 정통파의 대기과학도들이 많아졌다. 따라서 이제는 대기과학 분야에서 역학(力學)을 도입해서 사용하는 주체가 대기과학임을 명칭부터 확실히 해두는 것이 후배 제자들에게 넘겨주는 상속이 되어야 한다고 생각했다. 역학대기과학의 영명(英名)도 "Dynamic Atmospheric Science"를 "Dynamic Atmoscience"로 줄여서 만들면 어떠한가! 즉, 대기과학(大氣科學)의 영어 학명을 "Atmoscience"로 간단하게 하자는 뜻이다.

동경대학(東京大學, 일본)에서 1983년에 입국을 해서 30여 년 가까이 대학 강단에서 강의를 하고 있다. 그 중에서도 역학대기는 본인의 전공이므로 강의는 쉬지 않고 이루어졌다. 그 경험을 살려서 이제 여기에 새로운 역학대기과학 서(書)를 집필하려고 한다. 학문의 길은 멀고도 긴 여정이지만, 인생은 짧아서 본 저자의 퇴임 전에 또 다시 이러한 기회가 있을 것 같지 않아 신명(身命)을 다하여 집필하였다. 본 서가 대기과학 분야의 이론대기과학(理論大氣科學)의 역할을 충실히 해 줄 것을 기원한다.

본 서가 완성되기까지 수고한 분들이 있다. 컴퓨터 작업, 수정, 그림 작업, 편집 등에 수고한 공주대학교 자연과학대학 대기과학과 대학원생 소재원(蘇在元), 박종숙(朴鍾淑), 노유리(盧 瑜悧)에게 감사한다. 또한 지난 30여 년 가까이 어려움을 쓰다고 하지 않고, 출판에 임해 주신 교문사(教文社) 류제동(柳濟東) 사장님을 비롯한 임직원 여러분께 심심한 감사의 말씀을 드린다.

2009년 4월 24일

회갑을 맞이하며 저자 씀

회갑 기념 출판

제자들의 난

자랑스럽고 존경스러운 친구 소 교수님,
회갑기념으로 출간되는 역학대기과학
출판을 진심으로 축하합니다

강 용 구

「역학대기과학」의 출판을 축하드리
면서 항상 건강하시기를 기원합니다

申 [illegible]

출판을 축하드리며, 하나님의 은총이 항상
소선섭 교수님과 함께 하시길 기도 드리겠습니다.

수원천일교회 담임목사 유천열

날씨는 항상 변하고, 사람의 마음도 날씨처럼 그렇게
자주 변합니다. 그러나 우리 소교수님은 항상
변함없이 푸르기만 합니다, '남산 위의 저 소나무처럼'.
앞으로도 더욱 건강하시고, 학문적으로도 대기만성
(大器滿成)하시기를 기원합니다.

역사교육과 윤용혁

고등학교 시절 얼룩무늬 교복을 입고 선생님을 뵈옵던 시절이
엊그제 같은데 벌써 회갑이시라니 세월이 무상합니다.
매년 한권씩 책을 집필하시면서 틈을 내시어
한국 승마 발전에 물심양면 도와주시고 후원하시면서
누구에게 티 내지 아니하시는 겸손에 저희 제자들은
묵묵히 바라보며 배우고 있습니다.
교수님 칠순 해에 승마 장거리 경기를 함께 뛰고 싶습니다
소박한 제자의 바램이 이루어 지길 바라며.

당나귀 축산조합. 조합장 김동섭 올림.

그 열정과 노력이 존경스럽습니다. 그리고
부럽습니다. 예수병원 안과과장 윤[illegible]

정말 대단하세요.
바쁘신 와중에도 책을 내시다니요.
건강하시고 축하드려요.
예수병원 치과 윤이랑 [signature]

건강하시고 축복을 기원 합니다
권수랑

일러두기

우리글은 한글과 한자로 이루어져 있다. 따라서 용어나 중요한 단어는 한글(한자, 영어)의 순으로 나열되어 있고, 한자나 영어의 용어를 익히기 위해서 반복하고 순서도 바꾸어서 나열했다. 강조할 때는 굵은 글씨(bold)로 되어 있다.

중요한 수식에는 이와 같이 그림자를 만들어서 뛰어나게 했다.

본 서적에서는 내용을 보충하고 편리하게 하기 위해서 아래와 같을 기호를 사용해서 이해를 돕고 있다.

☂ : 기상학자의 인명 뒤에 표기해서 부록 3의 "☂ 대기과학자 소개"에 그 학자의 평생의 걸어온 자취를 더듬어 볼 수 있도록 기록을 해놓았다. 미래의 대기과학자가 참고하여 어려움과 비가 오는 시련의 시기가 오더라도 참고 견디는 우산의 역할을 하여 좋은 결실을 맺어 훌륭한 大氣科學者(氣象學者)가 되기를 바라는 마음이다.

※ : 참고가 되는 사항이 있으면 본문에 표시를 하고 가능한 한 그 내용이 끝나는 바로 다음에 참고가 되는 사항을 기재했다(궁서).

___: 실선(實線, solid line)으로 밑줄을 그은 것은 새롭게 만들어진 용어(用語)로, 앞으로 검토해서 새 용어로 정착시키자는 뜻이다.

(註) : 지면의 제약(制約) 등으로 부득이 본서에 들어가지 못하는 내용의 설명이나 수식의 생략 부분을 풀이해 놓은 본 저자의 "역학대기과학주해(力學大氣科學註解)"가 있다. 이것을 기호로 나타내기 위해서 (註) 자로 표기했다. 많은 도움이 되었으면 한다.

★ : 새로운 용어나 내용으로 앞으로 관심 있게 보고 생각하고 논의해야 할 곳이다.

차 례

제Ⅰ부 대 기(공 기)

제 II 부 안 정 성

제Ⅲ부 대기운동

제 Ⅳ 부 유 체 역 학

제 V 부 예 지(豫 知)

제 I 부

대기(공기)

Chapter

1 정역학

정역학(靜力學, statics, hydrostatics)은 물체가 평형상태에 있을 때 나타나는 힘이나 변형 상태를 다룬다. 물체가 정지해 있다고 해서 힘이 작용하지 않는 것이 아니고, 모든 방향에서 같은 크기의 힘이 작용하여 평형을 이루고 있는 것이다. 따라서 이 힘의 균형이 깨지면 운동이 시작되어 **동역학**(動力學, kinetics, dynamics)이 되는 것이다. 운동이 시작되어 동역학이 되면 공기는 이동이 되어 기압(단위면적당의 힘)이 높은 쪽에서 낮은 쪽으로 이동이 되어 기압 즉 힘이 해소되어 평온을 되찾게 된다. 즉 동역학에서 정역학으로 돌아간다. 따라서 항상 기본이 되는 것은 정역학임을 알 수 있다.

1.1. 지 구

1.1.1. 지구의 형상

지구(地球, earth)는 완전한 구(球)가 아니고 타원체이다. 이것을 **지구타원체**(地球楕圓體, earth ellipsoid)라고 하고 이 타원은 지축의 주위를 회전해서 생긴 도형을 **회전타원체**(回轉楕圓體, ellipsoid of revolution)라고도 한다. 이 지구타원체는 적도가 볼록하고 극이 납작한 형태를 하고 있다. 양 반경(半徑)의 적도반경 $R_{적}$ 는 6,378 km, 극반경 $R_{극}$ 는 6,356 km 이다. 이들로부터 지구의 타원체가 어느 정도 볼록하고 편평한 정도는 알려주는 것이 지구의 **편평도**(偏平度, flattening, 楕圓率)이다. 이것을 ε 이라고 하면,

$$\varepsilon = \frac{R_{적} - R_{극}}{R_{적}} = \frac{1}{297} = 0.00337 \quad (1.1)$$

로 극히 작기 때문에 거의 구로 생각할 수 있다. 이 타원체와 같은 체적의 구의 반경을 R_E 이라고 하면 정확하게는 6,371 km 이나, 우리의 사용에 지장이 없는

$$R_E \fallingdotseq 6,400\ km = 6.4 \times 10^3\ km \quad (1.2)$$

를 사용하기로 한다. 지구를 구로 생각했을 때 이 값을 **지구의 반경**이라고 한다. 대기역학에서 지구타원체라고 하는 것이 문제가 되는 일이 거의 없다.
지구의 **표면적** S_E는

$$S_E = 4\pi R_E{}^2 = 4 \times 3.14 \times (6,400)^2 \fallingdotseq 5.1 \times 10^8 km^2 \quad (1.3)$$

이다. 표 1.1 과 같이, 이 중 육지 면적이 약 29 %, 바다 면적이 약 71 %이다.

표 1.1. 육지와 바다의 면적비

	전 지 표	육 지	바 다
면 적 비(%)	100	29	71
면 적(km^2)	5.1×10^8	1.5×10^8	3.6×10^8

지구의 **전체 체적** V_E 는

$$V_E = \frac{4}{3}\pi R_E{}^3 = \frac{4}{3} \times 3.14 \times (6,400)^3 \fallingdotseq 1.1 \times 10^{12} km^3 \quad (1.4)$$

가 된다. 이 중 바닷물의 체적을 계산해 보자. 바다의 평균 깊이가 3.8 km 이므로 해수의 체적 V_{EW} 는

$$V_{EW} = 해수의\ \ 면적 \times 평균깊이 \quad (1.5)$$

$$= 3.6 \times 10^8 \times 3.8 = 1.37 \times 10^9\ \ km^3$$

이다. 따라서 해수의 체적은 지구의 전체적의 약 1/1,000 정도가 됨을 알 수가 있다. 지구의 **평균밀도**는 $5.52\,g \cdot cm^{-3}$ 이고, **질량**은 $5.9 \times 10^{27} g$ 이다.

1.1.2. 지구의 자전

지구의 운동에는 여러 가지가 있지만, 대기역학에서 중요한 운동은 **자전**(自轉, rotation)이다. 지구의 자전은 지축의 주위를 북극에서 보면 반시계 방향으로 등속도로 회전하고 일항성일(一恒星日)에 일주하는 운동이다.

따라서 지구의 **자전각속도**(自轉角速度, angular velocity of rotation) Ω 는

$$\Omega = \frac{2\pi}{1\text{ 항성일}} = \frac{2\pi}{86,164} = 7.29 \times 10^{-5} \quad rad/s \tag{1.6}$$

이다. 그림 1.1과 같이 위도 ϕ에 대한 연직축(鉛直軸, vertical axis) 및 북쪽 방향의 수평축(水平軸, horizontal axis)에서의 각속도 성분을 각각 Ω_v , Ω_h 라고 하면,

$$\Omega_v = \Omega \sin\phi, \qquad \Omega_h = \Omega \cos\phi \tag{1.7}$$

이다. 또 위도 ϕ에 대해서 지표면에 정지한 물체는 **선속도**(線速度, linear velocity) 또는 **접선속도**(接線速度, tangential velocity) $\Omega R_E \cos\phi$ 로 공간을 운동하고 있는 것으로 된다. 단, 이 때 **공전**(公轉, revolution)에 의한 영향은 고려하지 않는다.

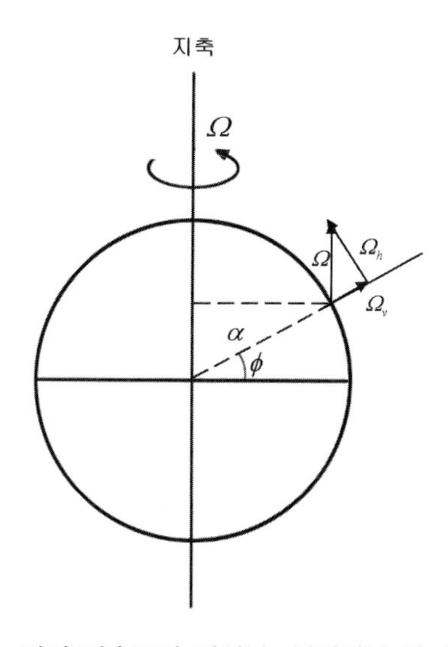

그림 1.1. 자전 각속도의 전성분, 연직성분 및 수평성분

표 1.2는 Ω_v, Ω_h, $\Omega R_E \cos\phi$의 값을 나타낸다. 이 표 속에서 선속도를 보면 중위도($\phi = 45°$)에서 1.181 km/h의 속도를 가지고 있다.

표 1.2. 각속도의 연직성분 $\Omega_v(10^{-5}s^{-1})$, **수평성분** $\Omega_h(10^{-5}s^{-1})$, **선속도** $\Omega R_E \cos\phi(m \cdot s^{-1})$

위도(ϕ°)	0	10	20	30	40	45	50	60	70	80	90
연직성분	0	1.266	2.494	3.646	4.689	5.156	5.586	6.315	6.854	7.183	7.292
수평성분	7.292	7.183	6.854	6.315	5.586	5.156	4.689	3.646	2.494	1.266	0
선속도(m/s)	465	458	435	402	356	328	299	232	159	81	0
〃 (km/h)	1,674	1,649	1,566	1,447	1,282	1,181	1,076	835	572	292	0

즉 고속도로를 약 100 km/h로 주행한다고 했을 때 대략 10배의 빠른 속도로 달리고 있는 것이다. 그러나 우리는 느끼지 못하고 정지해 있는 것으로 착각하고 있는 것이다.

1.1.3. 중 력

중력(重力, gravity)은 지구 위의 물체가 지구 중심으로부터 받는 힘이다. 지구와 물체 사이의 **만유인력**(萬有引力, universal gravitation)과 지구의 자전에 따른 **원심력**(遠心力, centrifugal force)의 합력이며, 그 크기는 지구의 장소에 따라 다소의 차이가 나며, 적도 부근에서 가장 작다. 단위 질량 당 중력(질량×중력가속도, $F = mg$)은 중력가속도 g로 표현할 수 있다. 따라서 중력가속도는 지구의 인력(引力) g_a와 지구의 자전에 의한 원심력 F_c의 합력이다(그림 1.2 참고). 즉,

$$g = g_a + F_c \tag{1.8}$$

이다. 원운동을 하고 있는 물체에 작용하는 원심력은 질량 m과 속도의 제곱 v^2에 비례하고, 궤도의 반경 r에 반비례한다. 따라서 원심력 $F_c = mv^2/r$ 이다. 단위 질량 당 원심력은

$$F_c = \frac{v^2}{r} = \Omega^2 r \qquad (v = \Omega r) \tag{1.9}$$

이므로 이 식을 식 (1.8)에 대입하면,

$$g = g_a + \Omega^2 r \tag{1.10}$$

이 된다.

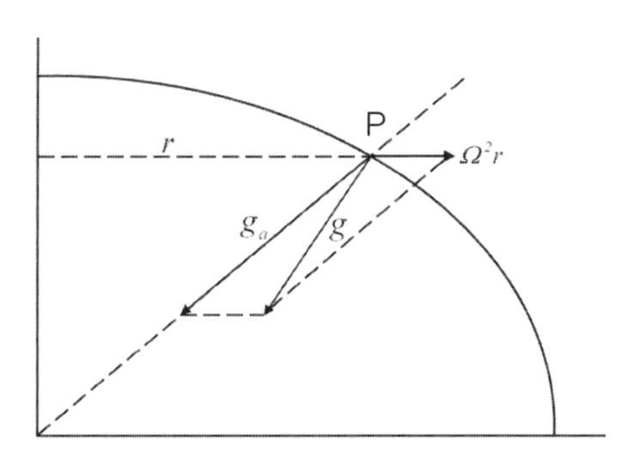

그림 1.2. 중력, 만유인력 및 원심력의 관계

지구가 타원체이기 때문에 지구의 인력 g_a 도 위도에 따라서 변하고, r (관측점에서 지축에 수직 거리, 그림 1.2를 참조) 도 위도에 따라서 다르다. 따라서 중력가속도 g 의 값도 변한다.

국제측지학 지구물리학연합(國際測地學 地球物理學聯合)의 측지기준계(測地基準系) 1980 정규중력식(正規重力式)의 해면에 있어서 중력가속도 g_ϕ 는

$$g_\phi = 978.03267715(1 + 0.0052790414 \ \sin^2\phi + 0.0000232718 \ \sin^4\phi + 0.0000001262 \ \sin^6\phi + 0.0000000007 \ \sin^8\phi) \ gal \tag{1.11}$$

로 주어진다〔理科年表, 1997 : (株)丸善, 813〕. 단위 갈(gal)은 cm/s^2이다.

자유대기 중에서의 중력의 값은 해면상의 값에 인수 $\frac{{R_E}^2}{(R_E+z)^2}$ 을 곱한 값이 된다. 여기서 z 는 해발고도(海拔高度)이다. 따라서

$$g = g_0 \frac{{R_E}^2}{(R_E+z)^2} = \frac{g_0}{(1+\frac{z}{R_E})^2} = g_0(1-\frac{2z}{R_E}) = g_0(1-3.14\times 10^{-7} z) \quad (1.12 \text{ 註})$$

단, z 는 m 단위로 측정한다.

산정(山頂)에서는 지각균형설(地殼均衡說, isostasy)이 완전히 이루어지고 있을 때에는 위식으로 좋지만, 그렇지 않을 경우에는 산체(山体)의 인력(引力)을 고려하면,

$$g = g_0(1 - \frac{5}{4}\frac{z}{R_E}) = g_0(1 - 1.96 \times 10^{-7} z) \tag{1.13}$$

이 된다.

해면상에서의 적도와 극의 중력 차는 5.2 $cm/s^2(gal)$이고, 위도 45°에 있어서 해면과 20 km 의 고도에서의 중력 차는 6.2 $cm/s^2(gal)$이 된다. 즉, 대기역학의 대상으로 하는 공간에서는 980 $gal\,(cm/s^{-2})$ 을 중심으로 해서 1 자리 수 정도의 값밖에는 변화가 없다. 따라서 대부분의 경우 대기과학에서는 **중력을 상수**로 취급해도 무방하다는 뜻이 된다.

1.1.4. 지오퍼텐셜고도

지오퍼텐셜고도(geopotential height)는 지상 z 의 높이에 있는 단위질량의 물체가 갖는 위치에너지(potential energy), 즉, 지면에서 그 높이까지 그 물체를 들어 올리는 데 필요한 일의 양을 그 점의 **고위**(高位, geopotential)이라고 한다. 이것을 Ψ (프사이, 프시)라고 쓰면

$$\Psi = \int_0^z g\,dz = \int_0^z g_0 \frac{{R_E}^2}{(R_E + z)^2} dz = \frac{g_0\, z}{1 + \frac{z}{R_E}} \fallingdotseq g_0 z \tag{1.14 註}$$

이다. Ψ 의 단위는 에너지의 차원을 갖고 $10^5 cm^2/s^2 = 1 dyn \cdot m$ (dynamic meter)라고 한다. $1m$ 의 고도차에 상당하는 **고위차**(高位差)는

$$980\,\frac{cm}{s^2} \times 100\,cm = 0.98 \times 10^5 \frac{cm^2}{s^2} \tag{1.15}$$

$$= 0.98\,dyn \cdot m \fallingdotseq 1\,dyn \cdot m$$

이다.

이 Ψ의 단위를 m 단위로 고쳐주기 위해서 제 11회 세계기상회의(世界氣象會議) WMO 결정(1992년)에 의해서 지오퍼텐셜고도 $H_G(z)$ 는

$$H_G(z) = \frac{1}{g_s}\int_0^z g(z)\,dz \tag{1.16}$$

으로 정의식이 만들어졌다.

여기서

g_s	:	표준중력가속도(標準重力加速度, 9.80665 m/s^2)
$g(z)$	:	중력가속도(단위, m/s^2), 기하학적 고도의 함수
z	:	기하학적 고도(단위, m)
$H_G(m)$	:	지오퍼텐셜고도(단위, m)

이제까지의 지오퍼텐셜 미터(기호 gpm, m)의 정의와 차이는 적분기호 앞의 분수의 분모가 단위를 포함하느냐 안 하느냐 하는 것뿐이다. 지오퍼텐셜 고도는 길이의 차원을 갖고, SI 국제단위계에서는 미터가 된다. 단위를 제외한 수치는 지오퍼텐셜과 완전히 같다. 이 변경으로 대기과학에서는 지오퍼텐셜 대신에 지오퍼텐셜고도를 사용하게 되었다.

1.2. 대 기

대기(大氣, atmosphere)는 행성의 중력에 의해 붙잡혀있는 모든 기체의 뜻한다. 여기서 대기라 함은 **지구대기**(地球大氣, earth atmosphere)를 의미한다. 대기는 지표면에서 떨어질수록 밀도가 작아져서 지상에서 약 15 km 까지 높이에 포함되어 있는 대기의 양은 전대기량의 90 %, 30 km 까지는 99 %에 이르고 있다. 80 km 정도까지 대기조성은 지표면 부근과 같은 정도로 균질(均質)하게 되어 있지만, 그 이상에서는 분자의 해리(解離)나 확산속도의 차이 때문에 균질성(均質性)을 잃어버린다. 600 km 이상에서의 기체는 전리상태(電離狀態)가 되어 운동은 지구 자장(磁場)에 의해 지배되어 1,000 km 부근에서 오로라가 관측된다. 대기과학에서 일반적으로 취급하는 대기는 100 km 정도까지이다.

1.2.1. 대기의 조성

대기의 조성(大氣의 組成, composition of the atmosphere)은 기체와 부유입자(浮遊粒子)의 혼합물로 되어 있다. 대기(공기)는 질소(窒素, N_2) 78 %, 산소(酸素, O_2) 21 %, 아르곤(A) 0.9 %, 이산화탄소(二酸化炭素, CO_2) 0.03 %, 수증기(水蒸氣, H_20), 0~4 %를 주성분으로 하는 혼합기체이다. 그 외에 미량의 네온(Ne), 헬륨(He), 크립톤(Kr), 크세논(Xe), 오존(O_3), 암모니아(NH_3), 과산화수소(過酸化水素, H_2O_2), 옥소(沃素, I_2), 라돈(Rn)을 포함하고 있지만 다 합해도 0.01 % 정도이다.

표 1.3. 건조공기의 조성(변하지 않는 성분)

성 분	원자기호(분자식)	원자량 또는 분자량	공기에 대한 비중	존재비율(%, 체적백분율)
질소분자	N_2	28.01	0.9673	78.088
산소분자	O_2	32.00	1.1056	20.949
아 르 곤	Ar	39.94	1.3790	0.934
네 온	Ne	20.18	1.5290	0.0018
헬 륨	He	04.00	0.1368	0.000524
크 립 톤	Kr	83.80	2.8180	0.000114
수소분자	H_2	02.02	0.0696	0.00005
크 세 논	Xe	131.3	4.5300	0.0000087

공기(空氣, 大氣)라고 부를 경우 단일기체와 같이 취급되는데, 수증기를 제외한 공기를 **건조공기**(乾燥空氣, dry air)라 부르고 그 평균분자량은 28.97이다. 이 값은 공기의 조성의 99 %를 질소(분자량 28.02)와 산소(분자량 32.00)가 차지하는 것이 된다. 건조공기의 성분은 그 조성이 거의 변하지 않는 성분(표 1.3 참고)과 변화하는 성분(표 1.4 참고)이 있다. 수증기(H_2O)·오존(O_3)·이산화탄소(CO_2) 등을 제외한 주요성분은 지상 약 80 km(중간권계면)까지 불변이지만, 그보다 위의 열권(熱圈)에 들어가면 극히 희박해지기 때문에 대기입자의 충돌빈도가 적어지기 때문에 확산분리가 일어나, 상공일수록 가벼운 분자나 원자의 비율이 커진다. 또 100 km를 넘으면 광해리(光解離) 과정이 탁월하기 때문에 산소는 원자의 분자에 대한 비율이 1보다 커진다. 고도 1,000 km를 넘는 영역〔외기권(外氣圈)}에서는 헬륨(he)과 산소원자(O)가 주성분이 된다.

표 1.4. 건조공기의 조성(변하는 성분)

성 분	원자기호 또는 분자식	원자량 또는 분자량	체 적 비	생 성 원
오존	O_3	48.000	0.1 ppm 이하	(오염대기 중에는 수 ppm)
이산화탄소	CO_2	41.0	350 ppm 이상	(1.5 ppm/년 증가)
이산화질소	NO_2	46.008	0~0.02 ppm	연소에 의해 방출
일산화질소	N_2O	44.02	0.00005 %	토양박테리아나 질소비
산화질소	NO	30.008	부정(不定)	NO_2 의 광해리
메탄	CH_4	16.04	0.0002 % 정도	유기물의 분해
아황산가스	SO_2	64.05	0 ~100 ppm	공 업
라돈	Rn	222	5×10^{-12} ppm	라듐의 α 붕괴
암모니아	NH_3	17.0	2.6×10^{-2} ppm	공업, 유기물의 분해
이산화수소	H_2O_2	34.0	4×10^{-2} ppm	공 업
옥소	I_2	254	3.5×10^{-3} ppm	공 업

오존(O_3, 註)은 지상 부근에서는 오염대기 중 이외에서는 극히 미량(0.1 ppmv 정도)밖에 존재하지 않지만, 성층권에서는 태양 자외선에 의해 생성되어, 20~25 km 에서 최대농도 2 ppmv 정도에 도달한다(오존층). 이 오존층(ozone layer, ozone sphere) 전체의 오존양은 표준상태로 고치면 약 0.3 cm 에 지나지 않지만, 성층권에서의 방사(放射)에 대해서는 중요한 역할을 한다. 수증기(H_2O)는 장소와 때에 따라 변동이 크고, 한국의 여름에는 3 %도 되지만 한대지방에서는 상당히 적어진다. 성층권에서의 수증기의 혼합비는 2~6 ppm 이고, 연직방향에는 거의 일정하게 유지되지만, 상공일수록 약간 증가하는 경향도 보인다.

이산화탄소(CO_2)는 인간 활동(주로 화석연료의 대량 소비)에 의해 매년 급속하게 증가(매년 약 1.5 ppm)하고 있다. 하층대기 중에서는 화산회(火山灰) · 사진(砂塵) · 매연(煤煙) · 염류(鹽類) · 화분(花粉) · 에어로졸 등이 부유(浮遊)하고 있다. 또 광화학스모그나 오염대기 중에서는 인공생성원의 물질이나 그 2 차 생성물질도 포함되어 있다. 성층권의 고도 20 km 부근에서는 황산이나 황산암모니아 등을 주체로 한 에어로졸 농도가 큰 층(융게層, Junge layer)이 존재한다.

1.2.2. 대기의 구조

대기(大氣, atmosphere)를 구분할 때 온도분포를 보면 쉽게 구분할 수가 있다. 그림 1.3에서 온도분포에 따른 높이의 구분을 해 보면, 밑에서부터 **대류권**(對流圈, troposphere), **성층권**(成層圈, stratosphere), **중간권**(中間圈, mesosphere), **열권**(熱圈, thermosphere)으로 분류할 수가 있다. 양 성층 사이의 경계면을 **권계면**(圈界面, pause)이라고 부르면 아래층의 이름을 따서 명명하였다. 그 이름은 **대류권계면**(對流圈界面, tropopause, 간단히 **권계면**(圈界面)이라고도 한다), **성층권계면**(成層圈界面, stratopause), **중간권계면**(中間圈界面, mesopause)이다.

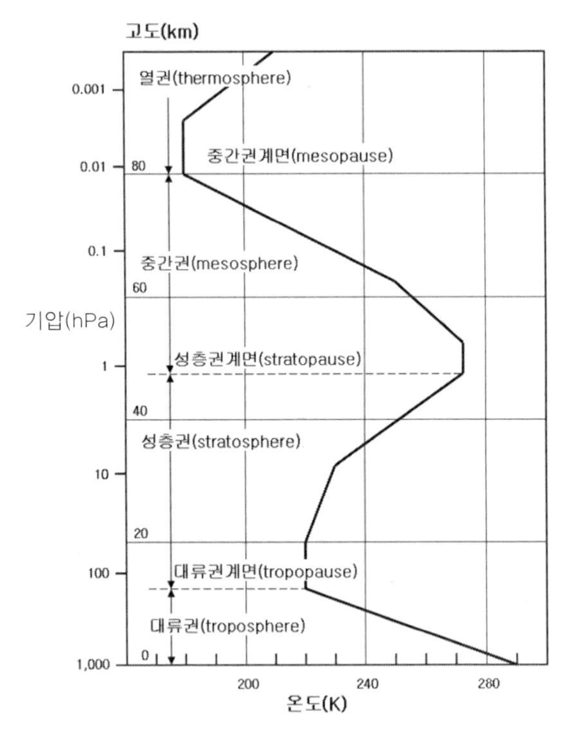

그림 1.3. 기온분포에 따른 성층의 구분(미국의 표준대기와 대기층의 구분)

대류권은 지면에서부터 대류권계면까지의 기층으로, 그 속에는 기온감률(氣溫減率, lapse rate of atmosphere)이 약 0.6 C/100 m(5~7 C/km) 로 기온은 높이와 함께 감소한다. 이것은 대류권에서 항상 대류가 일어나고 있으므로 상하의 혼합이 왕성하게 일어나고 있기 때문이다. 대류권계면의 높이는 위도, 계절, 기상상태 등에 의해 변화해서 적도 약 18 km, 극에서 약 8 km 이지만, 평균하면 약 11 km 이다. 그림 1.4 는 대류권에 있어서의 기온의 평균적인 분포와 대류권계면의 평균적인 높이를 표시하고 있다. 또 대기의 중량의 70~80%와 수증기의 대부분은 대류권 내에 있고 구름(雲, cloud)이나 강수(降水, precipitation)는 주로 해서 대류권에서 발생하고 있다.

역학적으로 대류권을 구분하면, **대기경계층**(大氣境界層, atmospheric boundary layer)과 **자유대기**(自由大氣, free atmosphere)로 구분할 수 있고, 또 대기경계층은 **접지층**(接地層, surface boundary layer, 境界層)과 **에크만경계층**(Ekman boundary layer)으로 구분된다 (그림 1.5 참고). 대기경계층 내에서는 지면마찰의 영향이 크고 에크만경계층 내에서는 코리올리의 힘·기압경도력·지면마찰력의 3자의 평형을 생각할 수가 있다. 이것에 대해서 접지층(接地層)에서는 지면마찰의 영향이 탁월하고, 또 난류확산(亂流擴散)에 의한 운동량과 열의 유속(流束)이 일정한 기층으로 되어 있다. 한편 자유대기에서는 지면마찰의 영향은 무시되고, 역학에서는 근사적으로 이상기체(理想氣体)로 간주한다.

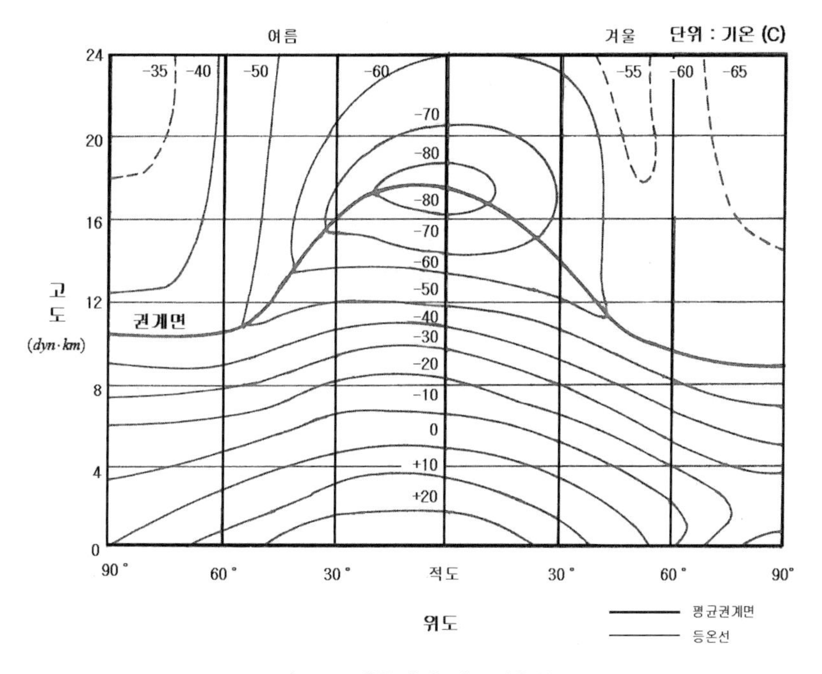

그림 1.4 대류권의 평균기온분포

성층권은 대류권계면에서 높이 약 50 km까지의 기층(氣層)이다. 성층권하부에서는 기온이 높이에 대해서 일정하지만 약 20 km 정도에서부터 위까지는 높이에 따라 증가하고 약 50 km에서 극대가 된다.

중간권에서는 다시 감소해서 약 80 km에서 최소가 된다. **열권**(熱圈)에서는 높이에 따라 기온이 증가한다.

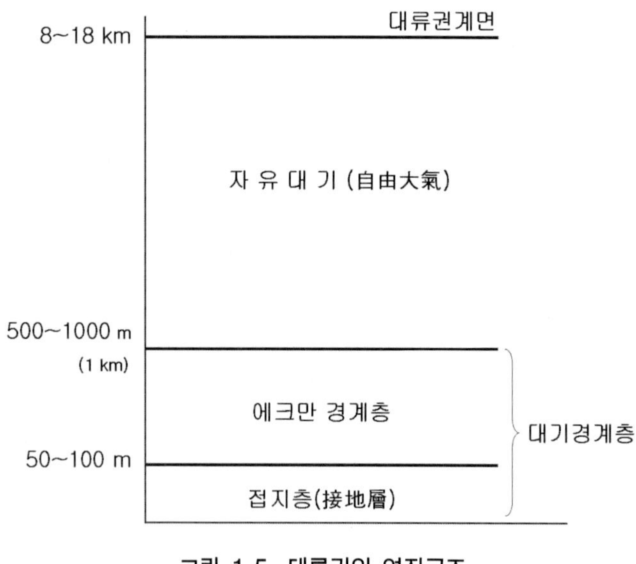

그림 1.5. 대류권의 연직구조

1.2.3. 표준대기

표준대기(標準大氣, standard atmosphere)란 기온이나 기압 등의 고도분포를 실제 대기의 평균상태에 근사하도록 단순한 형태로 나타낸 협정상의 기준대기(基準大氣)이다. 미국표준대기, 일본표준대기 등 여러 것들이 있지만, 내용은 거의 같아서 국제적으로는 국제민간항공기관(國際民間航空機關, international civil aviation organization, ICAO)이 채택하고 있는 국제표준대기(國際標準大氣, international standard atmosphere)가 일반적으로 이용되고 있어, 항공기의 성능 비교나 기압고도계의 눈금매기기 등의 기준으로 되어 있다. 다음의 표 1.5는 ICAO의 국제표준대기를 나타내고 있다(新版 氣象의 事典, 1980 : 東京堂出版. p.471 참조).

표 1.5. 국제표준대기(ICAO) 지상기압; 1013.25 hPa, 지상기온; 15 C(288. 15 K), 지상의 중력가속도: 9.8066m/s^2, 기온감률; 6.5C/km(고도 0~11km), 0 C/km(고도 11~20 km)

고위(高位) ($dyne$ • km)	기온 (C)	기압 (hPa)	밀도 (ρ, kg/m^3)	ρ/ρ_0 (지상밀도)	음속(音速) (m/s)	중력가속도 (m/s^2)
0	15.00	1013.25	1.2250	1.0000	340.1	9.8066
0.5	11.75	954.61	1.1673	0.9529	338.4	9.8051
1.0	8.50	898.75	1.1116	0.9075	336.4	9.8036
1.5	5.25	845.56	1.0581	0.8637	334.5	9.8020
2.0	2.00	794.95	1.0065	0.8216	332.5	9.8005
3	-4.5	701.09	0.9091	0.7421	328.6	9.7974
4	-11.0	616.40	0.8191	0.6687	324.6	9.7943
5	-17.5	540.20	0.7361	0.6009	320.5	9.7912
6	-24.0	471.81	0.6597	0.5385	316.4	9.7881
7	-30.5	410.61	0.5895	0.4812	312.3	9.7851
8	-37.0	356.00	0.5252	0.4287	308.1	9.7820
9	-43.5	307.42	0.4664	0.3807	303.8	9.7789
10	-50.0	264.36	0.4127	0.3369	299.5	9.7758
11	-56.5	226.32	0.3639	0.2971	295.1	9.7727
12	-56.5	193.30	0.3108	0.2537	295.1	9.7697
13	-56.5	165.10	0.2655	0.2167	295.1	9.7666
14	-56.5	141.02	0.2268	0.1851	295.1	9.7635
15	-56.5	120.45	0.1937	0.1581	295.1	9.7604
16	-56.5	102.87	0.1655	0.1350	295.1	9.7573
17	-56.5	87.87	0.1413	0.1153	295.1	9.7543
18	-56.5	75.05	0.1207	0.0985	295.1	9.7512
19	-56.5	74.10	0.1031	0.0841	295.1	9.7481
20	-56.5	54.75	0.0880	0.0719	295.1	9.7450
21	-55.5	46.78	0.0749	0.0611	295.8	9.7420
22	-54.5	40.00	0.0637	0.0520	296.4	9.7387
23	-53.5	34.22	0.0543	0.0443	297.1	9.7358
24	-52.5	29.30	0.0463	0.0378	297.8	9.7327
25	-51.5	25.11	0.0395	0.0322	298.5	9.7297
26	-50.5	21.53	0.0337	0.0275	299.1	9.7266
27	-49.5	18.47	0.0288	0.0235	299.8	9.7235
28	-48.5	15.86	0.0246	0.0201	300.5	9.7204
29	-47.5	13.63	0.0210	0.0172	301.1	9.7174
30	-46.5	11.72	0.0180	0.0147	301.8	9.7143

1.3. 공기와 습도

1.3.1. 대기변수

기체의 상태는 기압(氣壓, pressure) p, 온도(溫度, temperature) T, 밀도(密度, density) ρ 또는 비적(比積, specific volume, 比容) α 가 주어진다면, 완전히 결정되는 것으로 이들의 량(量)을 **대기변수**(大氣變數, atmospheric variables, 氣象變數)라고 한다.

ㄱ. 기 압

기압의 단위(unit)는 대기과학(기상학)에서는 mb(밀리바, $dyne/cm^2$)를 사용한다. $1mb$ 의 압력이란 $1cm^2$ 면적에 1,000 $dyne$(다인, $g \cdot cm/s^2$)의 힘이 작용하는 압력과 같다. $1mb$ 의 10 배가 $1cb$(센치바), 100 배가 1 db(데시바), 1,000 배가 $1bar$이다. mb 이외에는 $mmHg$ (수은주 mm)라고 하는 단위도 흔히 사용한다. 1 $mmHg$ 의 압력은 표준중력(標準重力, 980.665 cm/s^2)하에서, 온도 $0C$, $1mm$ 높이의 수은주가 그 저면(底面)에 미치는 압력이다. 따라서

$$p(1\,mmHg) = 0.1\,cm \times 13.5951\,g/cm^3 \times 980.665\,cm/s^2 \tag{1.17}$$

$$= 1.333233874 \times 10^3\,dyne/cm^2$$

$$= 1.3332\,mb \fallingdotseq \frac{4}{3}\,mb$$

이다. 그런데 국제단위계(SI, 소선섭, 2003 : 기상역학 주해. 공주대학교출판부, 12-20 참고)에서는 파스칼(Pa: Pascal)의 단위를 사용한다.

$$1\,mb = 100\,Pa \tag{1.18}$$

이고 100 Pa= 1 hPa (헥토파스칼, heto-Pascal) 로 고치면, 1,000mb가 100,000 Pa 이 되어 십만 단위가 되나, hPa 로 고치면 1,000 mb = 1,000 hPa 이 되어 mb 와 hPa 의 단위가 같아져 편리하게 된다. 즉

$$1\,mb = 1h\,Pa \tag{1.19}$$

가 된다. 또 1 기압〔氣壓, atm, atmospheric(barometric) pressure〕, 즉 760 mmHg 의 압력은

$$1\,atm = 760 \times 1.333223874\,hPa(mb) \qquad (1.20)$$
$$\fallingdotseq 1013.25\,hPa(mb)$$

이고, 반대로

$$1{,}000\,hPa(mb) = 750\,mmHg \qquad (1.21)$$

이 된다. 간단하게 계산을 할 경우에는 $mmHg$ 에서 hPa 이나 mb 로 고치는 데 대략 4/3 을, 반대의 경우는 3/4 을 곱하면 된다.
인치(inch)의 경우에는 $1\,in = 25.4\,mm$ 이므로, $1\,inHg$, 즉 수은주 1 인치의 압력은

$$1\,inHg = 25.4 \times 1.3332hPa(mb) \fallingdotseq 33.86hPa(mb) \qquad (1.22)$$

이다.

ㄴ. 온 도

대기과학(기상학)에 있어서 온도눈금(temperature scale)은 실용적인 목적으로는 **섭씨**〔攝氏, C, Celsius(Centigrade, 百分) temperature scale〕와 **화씨**(華氏, F, Fahrenheit temperature scale)를 이용하지만, 이론적으로는 **절대온도**〔絶對溫度, K, absolute(Kelvin, 켈빈, ☂) temperature scale〕를 사용한다. 이들 사이에는 다음의 관계가 있다.

$$T(F) = \frac{5}{9}(T-32) = (T-32)\left(\frac{1}{2}+\frac{1}{20}+\frac{1}{200}+\ldots\right)(C) \qquad (1.23)$$

$$T(C) = \left(\frac{9}{5}T+32\right) = \left\{\left(2T-\frac{2}{10}T\right)+32\right\}(F) \qquad (1.24)$$

$$T(C) = (T+273.15)(K) \qquad (1.25)$$

절대온도는 일정 압력 하에서 기체의 체적은 온도에 비례하는 사실로부터 온도의 규모를 정할 수가 있다. 1 기압에서 물의 비점(沸點, 끓는 점)과 빙점(氷点, 어는 점) 사이의 온도차를 100 C 로 하고, 빙점을 273.15 C 로 정한 것을 **절대온도**(絶對溫度, absolute temperature) 또는 **역학적온도**(力學的溫度)라고도 부른다. 이 온도는 열역학적으로 정한 켈빈온도(Kelvin temperature)와 일치해서 K로 표시한다.

이제까지 온도의 단위 앞에 붙여오던 도(度, °)는 단위의 구분과는 무관함으로 앞으로는 사용하지 않는 습관을 길러가도록 하자.

이외에도 지금은 잘 사용되고 있지 않지만, **열씨**온도눈금(列氏溫度눈금, temperature scale)이 있다. 이것은 1기압 하에서 물의 빙점을 0, 비점을 80으로 하는 레오뮤르(Reaumur)에 의한 것으로 R을 약자로 하고 있다.

ㄷ. 밀도 및 비적

공기의 밀도(密度, ρ, density)는 g/cm^3 또는 kg/m^3의 단위를 사용해서 나타낸다. 비적〔比積, α, specific volume, 비용(比容)〕은 밀도의 역수이다. 0 C에 있어서 건조공기의 밀도는 표 1.6의 값을 갖는다.

표 1.6 0 C에 있어서 건조공기의 밀도와 비적

기 압	밀도(kg/m^3)	비적(m^3/kg)
1013.25 hPa	1.2930	0.77340
100 〃	1.2761	0.78364

1.3.2. 상태방정식

기체의 대기변수 p, α, T의 사이에는 $f(p, \alpha, T) = 0$ 의 관계식이 성립한다. 이것을 **상태방정식**(狀態方程式, equation of state)이라고 한다. 공기 및 수증기는 이상기체가 아니지만, 역학대기에서는 이상기체로 가정해서 취급한다. 이상기체의 상태방정식은 샤를의 법칙(Charle′s law)과 보일의 법칙(Boyle′s law)을 결합한 식 (1.26) 으로 주어진다.

$$p\alpha = \frac{R^*}{m} T \qquad (1.26)$$

여기서 p는 기압, α는 비적, R^*는 만유기체상수, m은 기체의 분자량, T는 절대온도이다.

ㄱ. 건조공기의 상태방정식

앞에서 살펴본 것과 같이, 공기는 많은 기체의 혼합물이다. 각 기체에 대해서 식 (1.26)이 성립한다. i 번째의 기체에 대해서 다음의 식

$$p_i\, v = \frac{n_i}{m_i} R^* \, T \tag{1.27}$$

이 성립한다. 여기서 p_i 는 체적(体積, volume, 부피) v 속의 분압(分壓), n_i는 질량(mass)이다. 달톤(Dalton)의 "분압의 법칙"에 의하면 혼합기체의 압력 p 는 성분기체의 압력의 합과 같다. 즉,

$$p = \sum p_i \tag{1.28}$$

이다. 식 (1.27)을 모든 성분기체에 대해 더해 주면,

$$p = v \sum p_i = \sum_i \frac{n_i}{m_i} R^* \, T \qquad (1.29 \text{ 註})$$

$$\therefore vp = \frac{n}{m_d} R^* \, T$$

$$\text{단, } \frac{n}{m_d} = \sum_i \frac{n_i}{m_i}, \quad n = \sum n_i$$

여기서 m_d 는 공기의 분자량으로 간주되는 량으로, 그 값은 28.963 g 이다. 대기과학에서는 R^*를 사용하지 않고, $\frac{R^*}{m_d} = R_d$, 즉 R_d 은 **건조공기 고유의 기체상수**(乾燥空氣 固有의 氣體常數)를 사용한다. 따라서 건조공기의 상태방정식은

$$pv = nR_d T \text{ or } p = R_d \rho T \qquad (1.30 \text{ 註})$$

으로 주어진다. 여기서 R_d 은 $2.8704 \times 10^6 cm^2/(s^2 \cdot \text{deg})$ 이다.

ㄴ. 습윤공기의 상태방정식

자연의 공기 중에는 항상 수증기〔水蒸氣, vapo(u)r〕가 포함되어 있다. 이와 같은 공기를 **습윤공기**〔濕潤空氣, moist(wet) air〕라고 한다. 습윤공기의 상태방정식은 앞에서와 같은 방법으로 구할 수 있다. 건조공기에 관한 양에 첨자〔添字, 하첨자(下添字)〕 d , 수증기에 관한 양에는 첨자 v 를 붙여서 구별한다면, 식 (1.27) 로부터

$$p_d \ v = \frac{n_d}{m_d} R^* T \tag{1.31}$$

$$e \ v = \frac{n_v}{m_v} R^* T \tag{1.32}$$

가 성립한다. 단지 수증기압은 p_v 로 써야 하는데, 관습에 따라 e 로 쓰고 있다. 양식을 더하면,

$$p \ v = \left(\frac{n_d}{m_d} + \frac{n_v}{m_v}\right) R^* T = \left(n_d + \frac{n_v}{\epsilon}\right) R_d T \tag{1.33}$$

$$\text{단,}\ p = p_d + e, \quad \varepsilon = \frac{m_v}{m_d} = \frac{5}{8} \fallingdotseq 0.622 \quad R_d = \frac{R^*}{m_d} \tag{1.34}$$

가 된다. 이 식이 **습윤공기의 상태방정식**이다.

1.3.3. 습 도

습도(濕度, humidity)는 공기에 포함되어 있는 수증기를 양적으로 나타내는 개념으로 공기의 건습(乾濕)의 정도를 나타낸다. 대기과학에서는 건조공기뿐만 아니고 수증기도 이상기체(理想氣体)로 취급한다.

ㄱ. 상대습도

상대습도(相對濕度, RH, relative humidity)는 공기의 건습 정도를 가늠하기 위해서 현재의 수증기량(압, e)과 그 기온에서의 포화수증기량(압, E)의 비의 백분율(%)로 나타낸다. 일반적으로는 습도라 하면 상대습도를 의미한다.

$$RH = \frac{e}{E} \times 100 \quad (\%) \tag{1.35}$$

또 공기의 건습의 정도로 이용하는 **습수**(濕數, dew-point depression)가 있다. 이것은 기온과 노점온도(露点溫度)와의 차로 어느 정도 공기를 등압적(等壓的)으로 냉각시켜야만 포화(飽和)할 것인가를 의미한다. 상층일기도에서 노점온도 대신에 기입되게 되었다. 비슷한 개념으로 **포차**(飽差 : 포화수증기압과 실제의 수증기압의 차, saturation deficit, vapor-pressure deficit)가 있다.

ㄴ. 절대습도

절대습도(絶對濕度, absolute humidity, a)는 단위체적($1m^3$)의 습윤공기 속에 포함되어 있는 수증기의 질량으로 정의된다. 즉, 수증기의 **밀도**(密度)를 뜻한다. 단위는 g/m^3 (또는, kg/m^3)를 사용한다. 수증기의 상태방정식 식 (1.32)에서

$$n_w = \frac{m_v}{R^*} \cdot \frac{e\,v}{T} = \frac{\varepsilon}{R}\frac{e\,v}{T} \tag{1.36}$$

이다. 이 식에 $v = 1m^3 = 10^6 cm^3$, $R = 2.87 \times 10^6 cm^2/(s^2 \cdot \deg)$, $\varepsilon = 0.622$ 을 대입하면 다음과 같이 된다. 여기서 e ; hPa, T, $K(\deg)$의 단위이다.

$$a \fallingdotseq 217\frac{e}{T} \qquad (g/m^3) \tag{1.37}$$

이고, 이것이 절대습도이고, 수증기압과 온도를 알면 위식에서 구할 수 있다. 절대습도는 단열변화에 대해서 보존량이 아니므로 기상학에서는 그다지 잘 이용되고 있지 않다.

ㄷ. 비 습

비습(比濕, specific humidity, s)은 수증기 밀도(ρ_v)의 습윤공기 밀도(ρ)에 대한 비 (ρ_v/ρ)를 나타내고, 무차원(無次元)이지만 보통 g/kg(또는 kg/kg) 의 단위로 나타낸다.

i) 밀도비로 구하기

$$s = \frac{\text{수증기의 밀도}}{\text{습윤공기의 밀도}} = \frac{\rho_v}{\rho} \tag{1.38}$$

수증기의 밀도 ρ_v 는 식 (1.32) 로부터

$$\rho_v = \frac{m_v}{R^*}\frac{e}{T} \tag{1.39}$$

습윤공기의 밀도 ρ 는 식 (1.31) 과 식 (1.32) 를 더해서 다음과 같이 만들면,

$$\rho = \frac{n_d + n_v}{v} = \frac{m_d\, p_d + m_v\ e}{R^*\ T} \tag{1.40}$$

식 (1.39) 를 식 (1.40) 으로 나누면,

$$s = \frac{\rho_v}{\rho} = 10^3\frac{m_v\ e}{m_d\, p_d + m_v\, e} = 10^3\frac{\varepsilon\, e}{p_d + \varepsilon\, e} \qquad (g/kg) \tag{1.41}$$

여기서 $\varepsilon = m_v/m_d$ 이고, 단위를 (kg/kg)에서 (g/kg)으로 바꾸기 위해서 1,000 을 곱해 주었다.

ii) 질량으로 구하기

1 kg 의 습윤공기를 생각해서 그 속에 s g 의 수증기가 있다고 한다면 건조공기는 (1-0.00 s) kg 이다. 따라서 v 는 습윤공기의 체적이므로, 습윤공기의 상태방정식은 식 (1.33) 에서

$$p\,v = (1 - 0.00s + \frac{0.00s}{\epsilon})R\,T = (1 + 0.608\frac{s}{1{,}000})R\,T \tag{1.42}$$

이 된다. 여기서 $0.001s \times 0.00s$ 로 간단히 하였다. 이와 같은 비습(s) 을 쉽게 풀기 위

해서 식 (1.32) 를 식 (1.31) 로 나누면,

$$\frac{e}{p_d} = \frac{n_v}{m_v}\frac{m_d}{n_d} = \frac{1}{\varepsilon}\frac{0.00\,s}{1-0.00\,s} \tag{1.43}$$

이것을 s 에 대해 풀면,

$$s = \frac{10^3 \varepsilon\, e}{p_d + \varepsilon\, e} = \frac{10^3 \varepsilon\, e}{p + (\varepsilon - 1)e} = \frac{622\,e}{p - 0.378\,e} \quad (g/kg) \tag{1.44}$$

이것이 식 (1.41) 과 동일한 압력 p 와 수증기압 e 를 알고 있을 때 비습(s) 을 구하는 식이다.

ㄹ. 혼합비

혼합비(混合比, mixing ratio, x)는 수증기밀도(ρ_v)의 건조공기밀도(ρ_d)에 대한 비(比, ρ_v/ρ_d)를 나타내고, 역시 무차원이지만, 보통 g/kg(또는 kg/kg) 의 단위로 나타낸다.

i) 밀도비로 구하기

$$x = \frac{\text{수증기의 밀도}}{\text{건조공기의 밀도}} = \frac{\rho_v}{\rho_d} \tag{1.45}$$

건조공기의 밀도 ρ_d 는 식 (1,31)로부터

$$\rho_d = \frac{m_d}{R^*}\frac{p_d}{T} \tag{1.46}$$

식 (1.39)을 식 (1.46)으로 나누면,

$$x = \frac{\rho_v}{\rho_d} = 10^3\frac{m_v}{m_d}\frac{e}{p_d} = 10^3\frac{\varepsilon\, e}{p - e} \quad (g/kg) \tag{1.47}$$

여기서도 $\varepsilon = m_v/m_d$ 이고, 단위를 (kg/kg)에서 (g/kg)으로 바꾸기 위해서 1,000을 곱해 주었다.

ii) 질량으로 구하기

$(1+0.00x)kg$ 의 습윤공기를 생각해서 xg 이 수증기라고 하면 건조공기는 $1kg$ 이 된다. 따라서 $(1+0.00x)kg$의 체적을 v^* 라고 하면, 이 경우 습윤공기의 상태방정식은 식 (1.33) 에서

$$p\,v^* = \left(1+\frac{0.00\,x}{\varepsilon}\right)R\,T \tag{1.48}$$

이다. 따라서 같은 공기 $1kg$ 의 체적을 v 라고 하면 $v^* = (1+0.00x)v$ 이므로, 습윤공기의 상태방정식은

$$p\,v = \left(\frac{1+\dfrac{0.00\,x}{\varepsilon}}{1+0.00\,x}\right)R\,T \tag{1.49}$$

가 된다. 이와 같은 식에서 혼합비 x 를 구하면 되지만, 좀 더 간단히 구하기 위해서 식 (1.32)를 식 (1.31)로 나누면,

$$\frac{e}{p_d} = \frac{n_v}{m_v}\frac{m_d}{n_d} = \frac{1}{\varepsilon}0.00\,x \tag{1.50}$$

따라서 x 에 대해 풀면,

$$x = \frac{622\,e}{p_d} = \frac{622\,e}{p-e} \qquad (g/kg) \tag{1.51}$$

이 된다. 기압 p 와 수증기압 e 가 알려졌을 때 혼합비 x 를 구하는 식이 된다.

ㅁ. 비 장

앞에서 비습과 혼합비는 별개의 것인 것처럼 정의했지만, 실제로 이들의 값은 거의 같아서 실질적으로 이용하는 데는 같은 값으로 취급해도 무방하다. 따라서 이들 둘의 값을 같은 값으로 해서 근사식으로 만든 것이 **비장**(比張, specific tension, bijang, b)이라는 용어이다. 실제로 이 비장의 용어를 사용하면 이들 둘의 구별이 필요 없이 편리할 때가 많다.

비습의 식 (1.44) 를 다시 쓰면,

$$s = \frac{622\dfrac{e}{p}}{1+(\epsilon-1)\dfrac{e}{p}} \tag{1.52}$$

이고, 혼합비의 식 (1.51) 을 다시 고쳐 쓰면,

$$x = \frac{622\dfrac{e}{p}}{1-\dfrac{e}{p}} \tag{1.53}$$

이 된다. 따라서 이들 두 식의 어느 쪽도 수증기압과 기압의 비만의 함수이다. 이 비는 습윤공기의 체적의 변화 및 온도의 변화에는 무관하다. 즉 습윤공기의 압력을 일정하게 해 놓고, 체적을 변화시키기도 하고, 열을 더하거나 빼서 가열하거나 냉각시켜도 비습 및 혼합비의 값은 변하지 않는다. 이와 같은 성질을 **보존성**〔保存性, conservative (property)〕) 이 있다고 한다. 이것은 중요한 성질이다.
더욱이 e/p 는 0.04 를 넘는 일이 없으므로 식 (1.52) 및 식 (1.53) 의 분모를 1 로 놓아도 수량적으로는 큰 차가 없다. 즉,

$$s \approx x \approx \frac{622\,e}{p} = b \tag{1.54}$$

로 놓을 수 있다. 이와 같은 **비장**(比張, bijang, b)의 개념이 널리 이용되기를 바란다.

ㅂ. 가온도

습윤공기를 그것과 같은 압력과 밀도의 건조공기로 바꾸었을 때에 그 건조공기가 가질 수 있는 온도를 **가온도**(假溫度, virtual temperature, T_v)라고 한다. 수증기는 건조공기보다 가벼우므로 가온도는 습윤공기 자체의 온도보다 높다. 또 다른 표현을 하면, 건조공기도 수증기도 이상기체로 취급해서 수증기를 포함하는 습윤공기의 상태방정식을 나타내면, 그 때의 기체상수의 값은 수증기의 양에 따라 변한다. 이것을 대기과학에서 관습적으로 사용하는 건조공기고유의 기체상수로 표현했을 때의 온도가 가온도이다.

습윤공기의 상태방정식을 T_v 를 이용해서 표현하면, 다음과 같이 쓸 수도 있다.

$$p\,v = R\,T_v \tag{1.55}$$

또 식 (1.42)의 비습과 식 (1.49)의 혼합비의 개념을 도입해서 가온도를 표현하면 다음 식으로 주어진다.

$$T_v = T(1 + \frac{0.608\,s}{1{,}000}) = T(\frac{1 + \frac{x}{622}}{1 + 0.00\,x}) \tag{1.56}$$

$$= T(1 + 6.08 \times 10^{-4}\,s) \fallingdotseq T(1 + 6.08 \times 10^{-4} x)$$

습윤공기의 역학을 취급하는 경우, 엄밀하게는 가온도를 사용하는 것이 옳다.

ㅅ. 실효습도

화재예방을 목적으로 수일 전에서부터 상대습도에 경과시간에 의한 가중치(加重値)를 주어서 산출한 목재 등의 건조도(乾燥度)를 나타내는 지수(指數)이다. 공기의 건습(마르고 습한)의 정도를 나타내는 것으로, 목재나 섬유질 등의 수분이 함유된 양의 정도는 화재의 발생에 밀접한 관계를 가지고 있기 때문에 화재 발생의 위험성의 척도로써 이용되는 것이 **실효습도**(實效濕度, effective humidity, He)이다. 건조도를 나타내는 시수(示數) He 는

$$He = (1 - r)(H_0 + r\,H_1 + r^2 H_2 + r^3 H_3 \cdot \cdot \cdot + r^n H_n) \tag{1.57}$$

이고, 여기서 H_0는 당일의 평균습도, H_n 은 n일전의 평균습도, r 은 상수(常數, 보통은 0.7, 장시간의 습도에 의존하는 임야 화재에서는 0.5)이다.

목재 등의 건조도는 그 때의 공기의 건조상태만으로 결정되지 않고 수일 전부터의 건조상태의 영향을 받는다. 실효습도가 50~60 % 이하, 일최저습도 30~40 %가 화재발생 또는 확대의 위험성이 커진다. 화재경보는 실효습도, 당일의 최소 상대습도, 풍속 등의 예상을 참고로 해서 발표한다. 더 자세한 실제의 계산 예(소선섭 외 3 인, 2009 : 대기관측법. 교문사, 21.2절)를 참고하기 바란다.

1.4. 정지대기

지구상에 정지하고 있는 대기를 가상해서 이들의 공기입자들이 어떠한 힘〔力〕을 받고 있을까를 생각한다. 이 정지대기(靜止大氣, stationary atmosphere)의 상태를 관성계(慣性系)에서 보면, 공기입자는 지구와 같은 각속도(角速度)로 회전축의 주위를 돌고 있다. 이와 같은 원운동을 하기 위해서는 공기입자에 구심력(求心力)이 작용하게 되고, 이 구심력은 지구의 인력(引力)과 기압경도력(氣壓傾度力)의 합력으로 이루어져 있음을 알게 된다.

1.4.1. 정역학평형

정지대기에서 임의의 고도의 기압은 상당히 정확하게 그 고도에서 상층에 있는 공기의 중량과 같다. 단위저면적(單位底面積)에서 높이 z 에 있어서의 기압을 p , 높이 $z+dz$ 에서의 기압을 $p+dp$ 라고 하면, 이들 두 점의 기압차 dp 는 두 점간에 있는 공기층의 중력(重力, 질량×중력가속도$=\rho g dz$)과 같다(그림 1.6).

중력에 의한 하향(下向)의 힘이 연직방향의 기압경도(氣壓傾度)와 평형을 이루고 있다. 이 상태를 **정역학평형**(靜力學平衡, hydrostatic equilibrium)이라고 한다. 이것을 식으로 쓰면,

$$p+dp+\rho g\,dz=p \qquad (1.58)$$

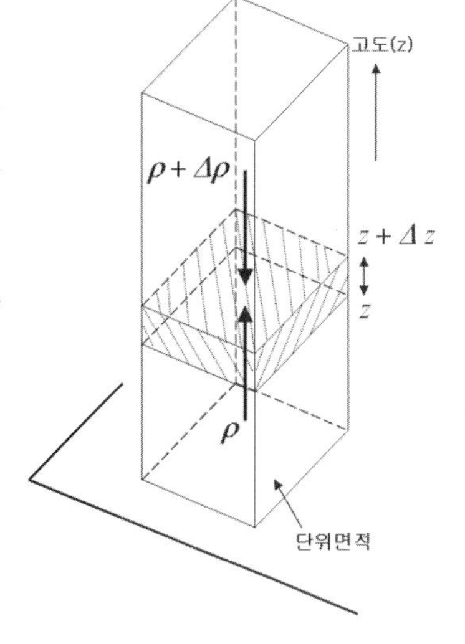

그림 1.6. 정역학평형

또는

$$dp=-\rho g\,dz=-\rho\,d\Psi \qquad (1.59)$$

이다. 이것을 **정역학방정식**(靜力學方程式, hydrostatic equation)이라고 말하고, 이것이 대기의 정역학에 있어서의 기본방정식이다.

기압과 고도와의 관계식 식 (1.59) 를 식 (1.55) 로 나누면,

$$\frac{dp}{p} = -\frac{g}{R}\frac{dz}{T_v} \fallingdotseq -\frac{g}{R}\frac{dz}{T} \qquad (1.60 \text{ 註})$$

이 된다. 따라서 양변을 지상($p = p_0$, $z = 0$) 에서 고도 $z(p = p)$ 까지 적분하면, 다음과 같이 된다.

$$\ln\frac{p_0}{p} = \int_0^z \frac{g}{R}\frac{dz}{T}, \quad \text{또는} \quad p = p_0 \exp\left[-\int_0^z \frac{g}{R}\frac{dz}{T}\right] \qquad (1.61)$$

엄밀히는 T_v 를 사용해야 하지만 이하에서는 간단히 하기 위해서 T 를 사용하도록 한다.

1.4.2. 등온대기

기온(氣溫, air temperature)이 높이와 함께 변화하지 않는다고 가정한 정역학적 평형에 있는 대기, 즉 기온이 고도에 대해서 무관하여 일정한 대기를 **등온대기**(等溫大氣, isothermal atmosphere)라 한다. 따라서 식 (1.61) 에서 T 를 상수로 해서 적분 밖으로 내놓으면,

$$p = p_0 \exp\left[-\frac{g}{R}\frac{z}{T}\right] \qquad (1.62)$$

또는

$$z = \frac{RT}{g}\ln\frac{p_0}{p} = \frac{RT}{gM}\log\frac{p_0}{p} \qquad (1.63 \text{ 註})$$

여기서

로그〔대수(對數), logarithm〕함수, $\ln e$ 는 자연로그, $\log_{10}$ 은 상용로그이고, $M = \log e = 0.4343$ 이다.

고도를 m 로 표현하면 $g/R = 3.416\ C/100\,m$ 이므로

$$z = 67.4\ T \log\frac{p_0}{p} \qquad (m) \qquad (1.64)$$

가 된다.

등온대기는 현실에는 존재하기 어렵지만, 기온의 연직변화가 적은 특정의 상황 하에서는 이 식이 성립한다. 이때 기압은 높이와 함께 지수함수(指數函數)적으로 감소해 간다.

기압이 지상기압의 $1/e$ 가 되는 높이를 등온대기의 규모고도(規模高度, scale height)라고 하고, $p = p_0/e$ 를 식 (1.63) 의 중간식에 대입하면, 그 값은

$$\frac{RT_0}{g} \tag{1.65}$$

가 된다.

1.4.3. 다방대기

정역학적 평형상태에서 기온감률 Γ 가 높이에 대해서 일정한 대기를 **다방대기**(多方大氣, polytropic atmosphere)라고 한다. 이 경우 기온

$$T = T_0 - \Gamma z \tag{1.66}$$

으로 주어지므로 이것을 식 (1.61)에 대입해서 적분하면,

$$p = p_0 \left(\frac{T_0 - \Gamma z}{T_0}\right)^{\frac{g}{R\Gamma}} \tag{1.67 註}$$

로 된다. Γ 를 100 m 에 대한 C 로 하면(즉 C/100 m),

$$p = p_0 \left(\frac{T_0 - \Gamma z}{T_0}\right)^{\frac{3.416}{\Gamma}} \tag{1.68}$$

또는

$$\frac{T_0 - \Gamma z}{T_0} = \left(\frac{p}{p_0}\right)^{0.293\,\Gamma} \tag{1.69}$$

상태방정식 식 (1.30) 을 고쳐 써서

$$p = R \rho T \tag{1.70}$$

으로 놓고, 식 (1.70)과 식 (1.67)에서 p, p_0 를 소거하면,

$$\rho = \rho_0 \left(\frac{T_0 - \Gamma z}{T_0}\right)^{\frac{g}{R\Gamma} - 1} \tag{1.71 註}$$

이고, 이것이 다방대기에 있어서 **밀도와 높이와의 관계식**이다.

기온감률이 다음의 값을 가지면,

$$\Gamma = \frac{g}{R} = 3.416\ C/100\,m \tag{1.72}$$

이 경우에는 $\rho = \rho_0$ 가 된다. 즉, 밀도는 높이에 무관하여 일정하게 된다. 이와 같은 대기를 **등밀대기**(等密大氣, homogeneous atmosphere)라고 한다.

일반적으로, $z = T_0/\Gamma$ 에 있어서는 $p = 0$, $\rho = 0$이 된다. 이 높이를 **다방대기의 높이**(height of polytropic atmosphere)라고 한다.

등밀대기의 높이 z_ρ 는 $z = T_0/\Gamma$ 에 식 (1.72) 와 식 (1.70) 을 대입하면

$$z_\rho = \frac{T_0}{\Gamma} = \frac{T_0 R}{g} = \frac{p_0}{g\rho_0} \tag{1.73}$$

으로 주어진다. 등밀대기의 높이는 지상기온(T_0)만이 관계하며 표 1.7과 같은 값을 갖는다.

표 1.7. 등밀대기의 높이(단위: m)

$T_0(C)$	-40	-30	-20	-10	0	10	20	30	40
$z_\rho(m)$	6,825	7,118	7,411	7,703	7,996	8,289	8,582	8,874	9,167

1.4.4. 평균기온

고도 z_1, 기압 p_1 의 면과 고도 z_2, 기압 p_2 의 면 사이에 있는 기층(氣層)에 대해 다음의 3개의 평균기온(平均氣溫, mean temperature)이 정의된다.

ㄱ. 평균을 구하는 방법

함수의 평균값(average value of a function)은 다음과 같이 유도된다(Mary L.Boas, p.304~305 참조).

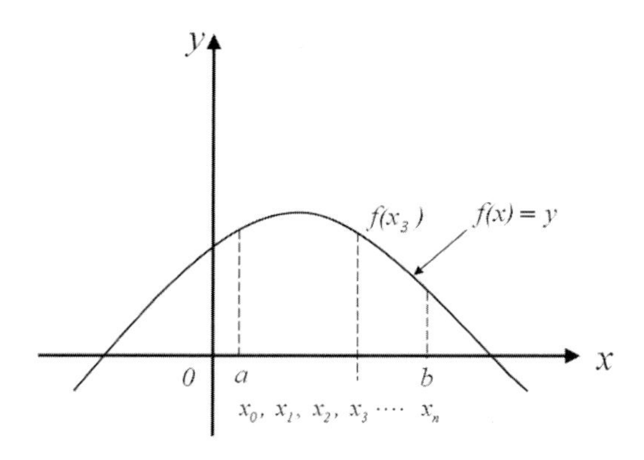

그림 1.7. 함수의 평균값의 산출 도해

구간 〔a, b〕사이의 $f(x)$ 의 평균값은 근사적으로

$$f\overline{(x)} = \frac{f(x_1) + f(x_2) + f(x_3) + \cdots\cdots + f(x_n)}{n} \tag{1.74}$$

여기서 n을 증가시키면 근사값은 더욱 좋아진다. 분자 분모에 x 의 등구간 Δx 를 곱하면

$$\overline{f(x)} = \frac{\{f(x_1) + f(x_2) + f(x_3) + \cdots\cdots + f(x_n)\}\Delta x}{n\ \Delta x} \tag{1.75}$$

$n\boldsymbol{\Delta}x = b - a$, $n \to \infty$ 로 하면 $\Delta x \to 0$으로 간다. 이 때 분자는

$$\lim_{\substack{n\to\infty \\ \Delta x\to 0}} \{f(x_1) + f(x_2) + f(x_3) + \cdots + f(x_n)\Delta x = \int_a^b f(x)\,dx \tag{1.76}$$

식 (1.76)을 식 (1.75)의 분자에 대입하면,

$$\therefore \quad f\overline{(x)} = \frac{\int_a^b f(x)\,dx}{b-a} = \frac{\int_a^b f(x)dx}{\int_a^b dx} \tag{1.77}$$

이것을 $f(x) \cdot g(x) \cdots$ 라는 함수에서 평균값 $\overline{f(x)}$ 를 구하는 일반식으로 쓰면,

$$\overline{f(x)} = \frac{\int_a^b f(x) \cdot g(x) ... dx}{\int_a^b g(x) ... dx} \quad (1.78)$$

이 된다. 이것이 산술평균을 구하는 **일반식**이다.

ㄴ. 산술평균기온

산술평균기온(算術平均氣溫, arithmetic mean temperature)은 $T\,dz$ 를 식 (1.77) 또는 식 (1.78) 에 적용하면,

$$\overline{T} = \frac{\int_{z_1}^{z_2} T\,dz}{\int_{z_1}^{z_2} dz} = \frac{1}{z_2 - z_1} \int_{z_1}^{z_2} T\,dz \quad (1.79 \text{ 註})$$

로 주어진다.

ㄷ. 질량평균기온

질량평균기온(質量平均氣溫, mass mean temperature)은 $T\rho\,dz$ 를 위의 식 (1.78) 에 대입하면

$$\overline{T_p} = \frac{1}{\int_{z_1}^{z_2} \rho\,dz} \int_{z_1}^{z_2} T\rho\,dz \quad (1.80)$$

으로 정의되지만, 식 (1.59) 을 이용하면,

$$\overline{T_p} = \frac{1}{\int_{p_2}^{p_1} dp} \int_{p_2}^{p_1} T\,dp = \frac{1}{(p_1 - p_2)} \int_{p_2}^{p_1} T\,dp \quad (1.81)$$

로 된다.

ㄹ. 측고평균기온

측고평균기온(測高平均氣溫, barometric mean temperature)은 식 (1.60) 에 T를 곱해서 적분하면,

$$z_2 - z_1 = -\frac{1}{g}\int_{p_1}^{p_2} R\,T\,d\ln p = \frac{1}{g}\int_{p_2}^{p_1} R\,T\,d\ln p \tag{1.82}$$

가 되고, $T = T(p)$ 가 주어지면 우변은 적분 가능하다.

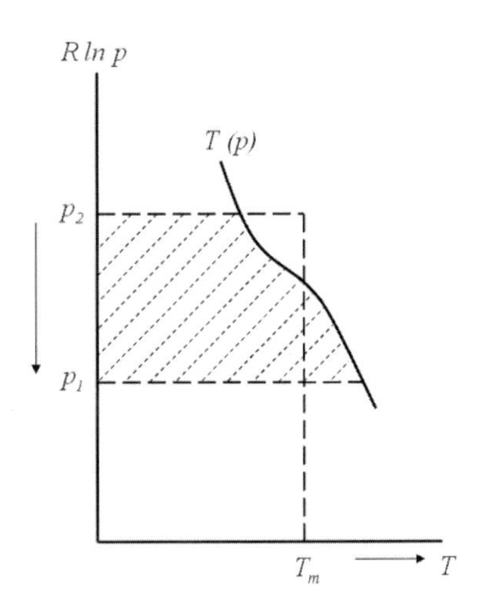

그림 1.8. 그림으로 해석한 층고평균기온

위의 적분을 간소화하기 위해서, 가로좌표(橫座標, abscissa)를 T, 세로좌표(縱座標, ordinate)를 $-R\ln p$ 와 같은 좌표 상에 $T(p)$ 를 기입하면, 위의 우변의 적분치는 $T=0$ 의 세로축, p_1, p_2 를 통하는 가로축에 평행한 2개의 직선 및 곡선 $T(p)$ 로 둘러싸여진 면적으로 나타내진다. 이 면적과 같은 사각형을 생각해서 그림 1.8에서 보는 것과 같이 T_m 을 취하면,

$$z_2 - z_1 = \frac{1}{g} R T_m (\ln p_1 - \ln p_2) = \frac{1}{g} R T_m \ln \frac{p_1}{p_2} \tag{1.83}$$

이 된다. 한편 식 (1.60) 을 적분하면,

$$g\int_{z_1}^{z_2} \frac{dz}{T} = \int_{p_2}^{p_1} R\frac{dp}{p} = \int_{p_2}^{p_1} R\,d\ln p = R\ln\frac{p_1}{p_2} \qquad (1.84 \text{ 註})$$

가 되기 때문에 식 (1.83) 과 식 (1.84) 를 비교해 보면,

$$\frac{z_2 - z_1}{T_m} = \int_{z_2}^{z_1} \frac{dz}{T} \quad \text{또는} \quad T_m = \frac{z_2 - z_1}{\int_{z_1}^{z_2} \frac{1}{T} dz} \tag{1.85}$$

를 얻는다. 이와 같은 T_m 을 **측고평균기온**(測高平均氣溫)이라고 한다.

1.5. 측고공식

측고공식(測高公式, hypsometric formula, barometric height formula)은 기압과 고도의 관계를 나타내는 식으로 정역학 방정식에서 기인한다. 고도와 기압과의 관계를 정확하게 구하는 경우를 생각하여 보자. 기층 (z_1, z_2) 에 식 (1.61) 을 적용하면,

$$\ln \frac{p_1}{p_2} = \int_{z_1}^{z_2} \frac{g}{R T_v} dz \tag{1.86}$$

이고, 여기에 식 (1.11) 에서

$g_0 \fallingdotseq g_{00}(1 + a_1 \sin^2\phi)$, $g_{00} = 978.032\,677\,15\, gal$, $a_1 = 0.005\,279\,041\,4$ 와 식 (1.12) 에서 $g = g_0(1 - a_2 z)$, $a_2 = 2/R_E$ 의 이 둘을 합하면,

$$g = g_{00}(1 + a_1 \sin^2\phi)(1 - a_2 z) \tag{1.87}$$

이다. 또 식 (1.56) 과 식 (1.55) 에서

$$T_v = T(1 + 0.000608 \cdot s) \fallingdotseq T(1 + 0.378 \frac{e}{p}) \tag{1.88}$$

이므로, 이들 두 식을 식 (1.86) 에 대입하면,

$$\ln\frac{p_1}{p_2} = \int_{z_1}^{z_2}\frac{g_{00}}{RT}(1+a_1\sin^2\phi)(1-a_2 z)(1-0.378\frac{e}{p})dz$$

$$= \int_{z_1}^{z_2}\frac{g_{00}}{RT_0}\frac{(1+a_1\sin^2\phi)}{T/T_0}(1-a_2 z)(1-0.378\frac{e}{p})dz$$

$$= \frac{\rho_0}{p_0}g_{00}(1+a_1\sin^2\phi)\int_{z_1}^{z_2}\frac{(1-a_2 z)}{(1+bt)}(1-0.378\frac{e}{p})dz \quad (1.89)$$

가 된다. 단, $b = 1/273.15 \approx 0.003661$, ρ_0, p_0 는 $0\,C$ 에서의 값이고, t 는 섭씨온도를 나타낸다.

z_1, z_2 사이에는 비교적 얇은 층의 경우를 생각하는 것으로 하고, 피적분함수의 각 인수내의 량은 산술평균으로 대치한다. 즉,

$$\frac{t_1+t_2}{2} = \bar{t}\ ,\ \ \frac{1}{2}\left(\frac{e_1}{p_1}+\frac{e_2}{p_2}\right) = \overline{\left(\frac{e}{p}\right)} \quad (1.90)$$

으로 놓고, 이것을 식 (1.89) 에 대입해서 상용로그(常用對數)를 사용하면 다음과 같이 된다.

$$\log\frac{p_1}{p_2} = \frac{M\rho_0 g_{00}}{p_0}\frac{\left\{1-0.378\overline{(\frac{e}{p})}\right\}}{(1+0.00366\,\bar{t})}(1+a_1\sin^2\phi)\times\left(1-a_2\frac{z_1+z_2}{2}\right)(z_2-z_1) \quad (1.91)$$

여기서 $\frac{p_0}{M\rho_0\, g_{00}}$ 를 **측고상수**(測高常數, barometric constant)라고 한다. 이것을 B 로 놓으면

$$B = \frac{p_0}{M\rho_0 g_{00}} = \frac{RT_0}{Mg_{00}} = \frac{2.8704\times10^6\times 273.15}{978.032\,677\,15\times 0.4343} = 18,458.76\ m \quad (1.92)$$

가 된다. 측고상수는 대기상수의 사용 값 여하에 따라서 10 m 자리 수 이하에 다소의 차이가 있어서 저자에 따라서 여러 값이 주어져 있다. 관용으로써 18,400 m 를 사용한다. 따라서 $h = z_2 - z_1$ 으로 놓으면,

$$h = 18,400(1+0.00366\bar{t})\left\{1+0.378\overline{\left(\frac{e}{p}\right)}\right\}(1-a_1\sin^2\phi) \qquad (1.93)$$
$$\times\left\{1+a_2\left(z_1+\frac{h}{2}\right)\right\}\log\frac{p_1}{p_2} \quad (m)$$

이 된다. 단, $a_2 = 2/R_E$ 는 자유대기 또는 보상이 완전한 산정(山頂, 산꼭대기)에서는 $3.14\times10^{-7}/m$, 보통의 산정에서는 $1.96\times10^{-7}/m$을 취한다. 이상의 식을 **라플라스의 측고공식**〔Laplace의 測高公式, Laplacian hypsometric(barometric height) formula〕이라고 한다.(당시의 중력가속도의 위도의 급수를 $\cos 2\phi$ 를 사용하였으나, 최근의 $\sin^2\phi$ 의 급수의 표현으로 바꾸었다).

근사측고공식(近似測高公式, approximate barometric formula)으로서는

※ 한(Hann) 의 공식

$$h = 18,428\log\left(\frac{p_1}{p_2}\right)\{1+0.002(t_1+t_2)\}\times(1+0.0026\cos 2\phi)\left(1+\frac{2z_1+h}{a}\right) \qquad (1.94)$$

여기서는 중력가속도의 위도의 급수의 표현 $\cos 2\phi$ 를 근사식이므로 원문 그대로 놓아 두었다.

※ 바비네트(Babinet)의 공식

$$h = 16,010\{1+0.002(t_1+t_2)\}\left(\frac{p_1-p_2}{p_1+p_2}\right) \qquad (1.95)$$

등이 있다. p 는 공합(空盒, Aneroid)기압계로 구한 기압이다.

1.6. 정역학방정식의 4 문제

정역학방정식의 적분 식 (1.61) 에 측고평균기온 T_m 을 사용하면

$$p_2 = p_1 \exp\left(-\frac{g}{R}\frac{z_2 - z_1}{T_m}\right) \tag{1.96}$$

에는 p_1, p_2, $z_2 - z_1$, T_m 의 4 개의 변수가 포함되어 있다. 따라서 이 중에서 어떤 것 하나를 미지수로 취하느냐에 따라서 4 가지의 경우가 나오는데, 각각에 대해서 실용문제가 있다.

i) p_1, $z_2 - z_1$, T_m 을 알고, p_2 의 계산(상층의 기압)
ii) p_2, $z_2 - z_1$, T_m 〃 , p_1 〃 (하층의 〃 , 해면경정)
iii) p_1, p_2, T_m 을 알고, $h = z_2 - z_1$ 의 계산(층후)
iv) p_1, p_2, $z_2 - z_1$ 을 알고, T_m 의 계산(측고평균기온)

1.6.1. 상층기압의 추산

제 i)의 문제는 지상의 기압과 기온은 용이하게 관측할 수 있고, 기온감률(Γ)의 변동이 작다고 할 때, 이것을 일정하게 놓고 p_1, $T_2 = T_1 - \Gamma z$ 가 주어지면 임의 고도의 기압 p_2 가 구해진다. 실용적으로 고층(상층)관측이 불충분한 곳에서는 이 방법에 의해 고층추산일기도(高層推算日氣圖)를 그릴 수가 있다.

식 (1.67) 에서

$$p_2 = p_1 \left(\frac{T_1 - \Gamma z}{T_1}\right)^{\frac{g}{R\Gamma}} = p_1 \left(1 - \frac{\Gamma}{T_1} z\right)^{\frac{g}{R\Gamma}} \qquad (1.67)' \ (1.97)$$

이 되어 상층기압을 계산할 수가 있다. 또 이것을 대수미분(對數微分)하면,

$$\frac{\delta p_2}{p_2} = \frac{\delta p_1}{p_1} - \frac{g}{R} \ln\left(1 - \frac{\Gamma z}{T_1}\right)\frac{\delta\Gamma}{\Gamma^2} + \frac{g}{R\,\Gamma}\left(\frac{\delta T_1 - z\,\delta\Gamma}{T_1 - \Gamma z} - \frac{\delta T_1}{T_1}\right)$$

$$= \frac{\delta p_1}{p_1} + \frac{g}{R\,\Gamma}\left(\frac{1}{T_1 - \Gamma z} - \frac{1}{T_1}\right)\delta T_1 + \frac{g}{R}\left\{- \ln\left(1 - \frac{\Gamma z}{T_1}\right)\frac{1}{\Gamma} - \frac{z}{T_1 - \Gamma z}\right\}\frac{d\Gamma}{\Gamma}$$

$$= \frac{\delta p_1}{p_1} + \frac{g\,z}{R T_1^2}\left(\delta T_1 - \frac{1}{2} z\ \delta\Gamma\right) \qquad (1.98\ 註)$$

가 된다. 그러므로

$$\delta p_2 = A\ \delta p_1 + B(\delta T_1 - \frac{1}{2} z\ \delta\Gamma) \qquad (1.99)$$

로 놓고 식 (1.97) 을 사용하면,

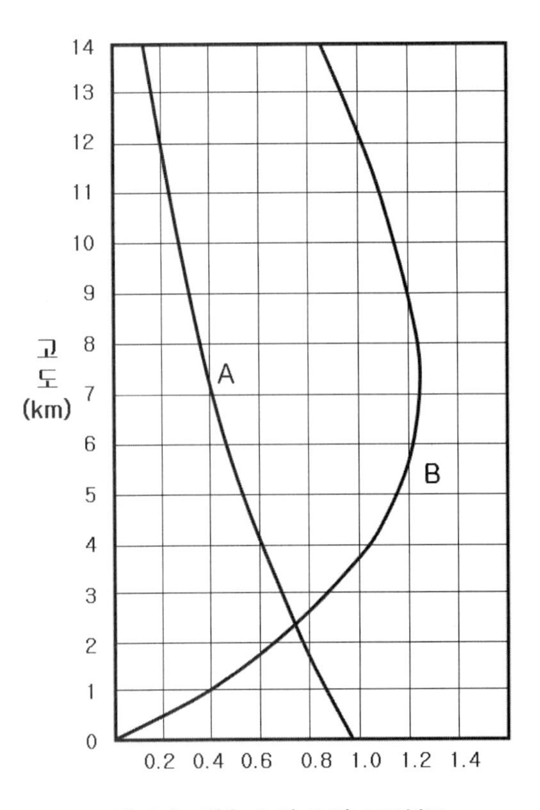

그림 1.9. 계수 A 와 B 의 고도분포

$$A = \frac{p_2}{p_1} = (1 - \frac{\Gamma z}{T_1})^{\frac{g}{R\Gamma}} \tag{1.100}$$

$$B = \frac{p_2 g z}{R T_1^2} = \frac{p_1}{R T_1^2} \frac{p_2 g z}{p_1} = \left(1 - \frac{\Gamma z}{T_1}\right)^{\frac{g}{R\Gamma}} \frac{p_1}{T_1^2} \frac{g}{R} z = A \frac{p_1}{T_1^2} \frac{g}{R} z \tag{1.101}$$

이 된다. 이 식은 δp_1, δT_1, $\delta \Gamma$ 를 오차로 생각한다면, 이들 오차에 의해서 일어나는 추산기압(推算氣壓)의 오차를 주어지는 식으로 생각할 수 있다. 또는 어떤 기준이 되는 대기로부터의 편차(偏差, anomaly, deviation)로 생각한다면, 기압의 편차를 주어지는 식으로도 생각할 수도 있다.

예를 들면, $p_1 = 1013.2\,hPa$, $T_1 = 0\,C$, $\Gamma = 0.5\,C/100\,m$ 이라고 한다면,

$$\delta p_2 = A\,\delta p_1 + 0.464\,A\,z\left(\delta T_1 - \frac{1}{2} z\,\delta \Gamma\right) \qquad (z;\ km) \qquad (1.102\ 註)$$

가 된다. 그림 1.9 는 계수 A 와 B 를 나타내고 있다. 이것을 보면, 약 2.4 km 에서 A 곡선과 B 곡선이 교차하고 있는 것은 이 높이에서는 지상기압편차 1 hPa 과 지상기온편차 1 C 가 같은 기압편차를 나타낸다는 것을 의미한다. 따라서 지상기압편차가 +1 hPa 이고, 지상기온편차가 -1 C이라면, 이 고도에서는 기압편차가 0 이 되고, 이 고도보다 낮은 곳에서는 정(正, 陽, +)의 편차이지만 높은 곳에서는 부(負, 陰, -)의 편차가 나타난다. 기온감률의 오차 또는 편차는 평균기온편차 또는 편차로 되어서 나타난다. 단, 값은 고도의 절반만으로 유효하다는 것에 주의해야 한다.

1.6.2. 해면경정

제 ii)의 문제는 해면일기도는 평균해면상에 있어서의 기압배치를 표시한 것이다. 기압의 수평경도(水平傾度)는 수백 km 에 대해서 수 hPa 인데 반해서, 연직경도(鉛直傾度)는 수십 m 에 대해서 수 hPa 이다. 따라서 해발고도의 차가 있는 관측소에 있어서 값은 그대로 비교해서 수평경도를 나타낼 수는 없다. 따라서 동일 고도로 환산한 기압을 사용해야 한다. 이 고도로써 평균해면이 선택된 이유이다. 높은 곳에 있는 관측소의 값을 평균해수면의 값으로 환산하는 것을 **해면경정**(海面更正, reduction to mean sea level)이라 한다.

식 (1.96) 에서 관측소의 해발고도를 $h = z_2 - z_1$ 라고 하고, 중력가속도 g 는 관측소의 값을 사용하고 변형하면,

$$p_1 = p_2 \exp\left(\frac{g}{R}\frac{h}{T_m}\right) \tag{1.103}$$

이다. 따라서 해면경정치(海面更正値) $\triangle p = p_1 - p_2$ 는

$$\Delta p = p_1 - p_2 = p_2\left\{\exp\left(\frac{g}{R}\frac{h}{T_m}\right) - 1\right\} \tag{1.104}$$

로 주어진다. 측고평균기온 T_m 을

$$T_m = 273.15 + t_m + \varepsilon_m \tag{1.105}$$

로 놓는다. t_m 은 가상적 공기 기둥의 평균온도(C), ε_m 은 수증기에 대한 보정항으로 통계적으로 t_m 과 ε_m 사이에는 표 1.8 또는 그림 1.10 과 같은 관계가 있다. 더욱이 이 t_m 을 기온감률 0.5 $C/100\,m$ 로 가정한다면, $t_m = t + 0.0025h$ 로 주어진다. 따라서

$$\Delta p = p_2\left[\exp\left\{\frac{g\,h}{287.04\,(273.15 + t_m + \epsilon_m)}\right\} - 1\right] \tag{1.106}$$

이 되고 위 식을 해면경정용(海面更正用)으로 사용한다. 이것의 계산 예는 "소선섭 등, 2009 : 대기관측법, 교문사, 62-64, 개정판"을 참고하기 바란다.

표 1.8. 평균기온에 대한 수증기압의 보정치

평균기온 $t_m(c)$	-30	-20	-10	0	10	20	30	40
수증기압의 보정값 $\varepsilon_m(c)$	0.1	0.2	0.3	0.5	1.0	2.1	3.2	3.3

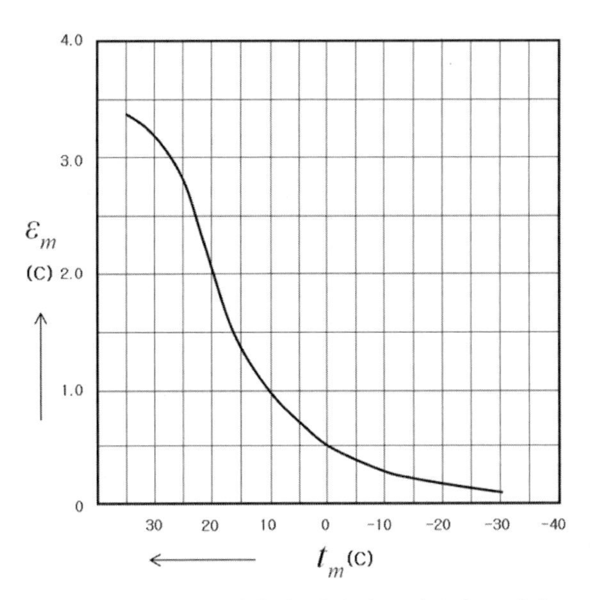

그림 1.10. 평균기온에 대한 수증기압의 보정치

1.6.3. 층 후

제 iii) 의 문제는 p_1, p_2, $T=T(z)$가 주어지고, $h=z_2-z_1$ 을 구하는 문제 즉, 기층의 두께, 층후(層厚, thickness)를 구하는 것이다. 이런 종류의 문제는 실용적으로는 2가지의 문제가 있다. 하나는 **기압측고법**(氣壓測高法, barometric hypsometry: altimetry) 이고, 또 다른 하나는 **등압면고도도**(等壓面高度圖, topography of isobaric surface)에 관계한 문제이다.

ㄱ. 기압측고법

기압측고법(氣壓測高法)의 가장 간단한 방법은 기압고도계〔氣壓高度計, barometric (pressure) altimeter〕에 의한 결정이지만, 산정(山頂: 산꼭대기)의 높이 측정을 자세하게 계산하기 위해서 지금 산록(山麓: 산기슭)과 산정에서 다음과 같은 값이 얻어졌다고 했을 경우를 생각하기로 한다.

산록 : $p_1 = 1{,}000\,hPa,\ \ t_1 = 10\,C,\ \ e_1 = 10\,hPa,\ \ z_1 = 10\,m,\ \ \phi_1 = 35^\circ\,00'$

산정 : $p_2 = 800\,hPa,\ \ t_2 = 2\,C,\ \ e_2 = 4\,hPa,\ \ z_2 = 10 + h\,m,\ \ \phi_2 = 35^\circ\,10'$

위의 값으로 1.5 절의 측고공식을 적용하기 위해서 다음의 계산을 해서 대입한다.

$$\frac{p_1}{p_2} = 1.25, \quad t_1 + t_2 = 12\,C, \quad \overline{(\frac{e}{p})} = \frac{1}{2}\left(\frac{e_1}{p_1} + \frac{e_2}{p_2}\right) = 0.0075$$

따라서

※ 바비네트(Babinet) 의 근사식(approximate formula) 식 (1.95)에 의하면,

$$h = 16{,}010\{1 + 0.002(t_1 + t_2)\}(\frac{p_1 - p_2}{p_1 + p_2})$$
$$= 16{,}010(1 + 0.002 \times 12)(\frac{200}{1{,}800}) = 1821.58\,m \qquad (1.107)$$

※ 한(Hann) 의 근사식 식 (1.94)에 의하면(근사치로 h=2,000 m 를 대입),

$$h = 18{,}428\log(\frac{p_1}{p_2})\{1 + 0.002(t_1 + t_2)\} \times (1 + 0.0026\cos 2\varphi)(1 + \frac{2z_1 + h}{a})$$
$$= 18{,}428\log(\frac{1{,}000}{800})(1 + 0.002 \times 12) \times (1 + 0.0026\cos 70^\circ)\left(1 + \frac{20 + 2 \times 10^3}{6{,}400 \times 10^3}\right)$$
$$= 18{,}428 \times 0.1 \times 1.024 \times 1.0009 \times 1.0003\ m = 1889.29\ m \qquad (1.108)$$

※ 라플라스의 측고공식 식 (1.93)에 의하면(근사치로 h=2,000 m 를 대입),

$$h = 18{,}400(1 + 0.00366\bar{t})\left\{1 + 0.378\overline{(\frac{e}{p})}\right\}(1 - a_1\sin^2\phi) \times \left\{1 + a_2(z_1 + \frac{h}{2})\right\}\log\frac{p_1}{p_2}(m)$$

$$= 18{,}400(1 + 0.00366 \times 6)(1 + 0.378 \times 0.0075) \times (1 + 0.0053\sin^2 35^\circ)$$
$$\times \{1 + 3.13 \times 10^{-7}(10 + 1{,}000)\}\log\frac{1{,}000}{800}$$

$$= 18{,}400 \times 1.02196 \times 1.002835 \times 1.00174317 \times 1.00031613 \times 0.1\,m$$

$$= 1{,}889.62\ m \qquad (1.109)$$

위의 계산에서 높이는 약 1,890 m 로써, 계수(18,400)와 기압의 대수비(對數比, log 1,000/ 800) 가 주로 작용하고 있는 것을 알 수 있다. 또 Hann 의 근사식도 좋은 값을 나타냄을 알 수가 있다.

▪ 다음에는 각 요소의 관측오차에 수반되는 고도오차를 살펴보자.

식 (1.93) 을 대수미분하면,

$$\frac{\delta h}{h} = \frac{0.00366\,\delta\,\bar{t}}{1+0.00366\,\bar{t}} + \frac{0.378\,\delta\overline{(\frac{e}{p})}}{1+0.378\overline{(\frac{e}{p})}} + \frac{2a_1\sin\phi\cos\phi\,\delta\phi}{1+a_1\sin^2\phi} + \frac{a_2\,\delta(z_1+\frac{h}{2})}{1+a_2(z_1+\frac{h}{2})} + \frac{M}{\log\frac{p_1}{p_2}}(\frac{\delta p_1}{p_1} - \frac{\delta p_2}{p_2})$$

(1.110 註)

① **우변 제 1 항 기온의 오차** $\delta t = 1\,C$ 에 대해 견적하기 위해서 좌변과 우변 제 1 항만을 남겨두고 나머지 항들은 모두 0 으로 놓으면,

$$\frac{\delta h}{h} = \frac{0.00366\,\delta t}{1+0.00366\bar{t}} = \frac{0.00366\times 1}{1+0.00366\times 6} \fallingdotseq 0.0036 = 0.36\ \%$$

(1.111)

따라서 위의 예에서는

$$\delta h = 1{,}890\,m \times 0.0036 = 6.80\,m \tag{1.112}$$

② **우변 제 2 항 수증기장력(水蒸氣張力)의 오차**를 견적하기 위해서,

$$\delta\overline{(\frac{e}{p})} = \frac{1}{2}(\frac{\delta e_1}{p_1} + \frac{\delta e_2}{p_2}) \tag{1.113}$$

이 되므로, 수증기의 오차 $\delta e_1 = \delta e_2 = 1\,hPa$ 에 대해서,

$$\delta\overline{(\frac{e}{p})} = \frac{1}{2}(\frac{1}{p_1} + \frac{1}{p_2}) = \frac{1}{2}(\frac{1}{1.000} + \frac{1}{800}) = 0.001125$$

그러므로 위의 예로는

$$\frac{\delta h}{h} = \frac{0.378\delta(\overline{\frac{e}{p}})}{1+ 0.378(\overline{\frac{e}{p}})} = \frac{0.378 \times 0.001125}{1+0.378 \times 0.0075} \fallingdotseq 0.000424 = 0.0424\ \% \tag{1.114}$$

따라서 위의 예에서는

$$\delta h = 1{,}890\ m \times 0.000424 \fallingdotseq 0.80\ m \tag{1.115}$$

가 된다.

③ 제 3 항의 중력의 위도변화에 의한 오차는

$$\frac{\delta h}{h} = \frac{2a_1 \sin\phi \cos\phi\, \delta\phi}{1+ a_1 \sin^2\phi} \tag{1.116}$$

에서,

$a_1 = 0.005\,279\,041\,1 \fallingdotseq 0.0053$, $\sin\phi = \sin 35^\circ \fallingdotseq 0.5736$,

$\cos\phi = \cos 35^\circ \fallingdotseq 0.8192$, $\sin^2\phi = \sin^2 35^\circ \fallingdotseq 0.3290$,

위도 $1 = \delta\varphi = 1/57.32 \fallingdotseq 0.0174(radian)$

이다. 이들을 위 식에 대입하면,

$$\frac{\delta h}{h} = \frac{2 \times 0.0053 \times 0.5736 \times 0.8192 \times 0.0174}{1+ 0.0053 \times 0.3290} \tag{1.117}$$

$$\fallingdotseq 0.00008652 = 0.008652\ \%$$

따라서 위의 예에서는

$$\delta h = 1{,}890\ m \times 0.00008652 \fallingdotseq 0.16\ m \tag{1.118}$$

이 된다.

④ 제 4항 중력의 고도변화에 기인한 오차는

$$\frac{\delta h}{h} = \frac{a_2 \delta(z_1 + \frac{h}{2})}{1 + a_2(z_1 + \frac{h}{2})} \tag{1.119}$$

이고, 여기에 $a_2 = 2/R_E \fallingdotseq 3.14 \times 10/m$, $\delta(z_1 + \frac{h}{2}) = 100m$, $z_1 = 10m$의 오차에 대하여

$$\frac{\delta h}{h} = \frac{3.14 \times 10^{-7}/m \cdot 100\ m}{1 + 3.14 \times 10^{-7}/m\ (10\ m + \frac{1,890\,m}{2})} \tag{1.120}$$

$$\fallingdotseq\ 0.00003139 = 0.003139\ \%$$

따라서 위의 예에서는

$$\delta h = 1,890\ m \times 0.00003139 \fallingdotseq 0.06\ m \tag{1.121}$$

이 된다.

⑤ 제 5항 기압관측에 수반된 오차는 식 (1.110) 에서

$$\frac{\delta h}{h} = \frac{M}{\log(\frac{p_1}{p_2})}(\frac{\delta p_1}{p_1} - \frac{\delta p_2}{p_2}) \tag{1.122}$$

가 된다. 같은 1 hPa 의 기압관측에 오차가 있다고 해도 기압의 낮은 상층에 대한 오차의 쪽이 고도오차로는 크게 작용하고 있다. 지상의 관측은 비교적 오차가 적으므로 없는 것으로 해서 $\delta p_1 = 0\,hPa$ 에 대해서 상층에서의 오차 $\delta p_2 = 1\,hPa$ 이 생겼다고 하고, M=0.4343, $p_1 = 1,000\,hPa$, $p_2 = 800\,hPa$ 을 대입하면

$$\frac{\delta h}{h} = \frac{0.4343}{\log(\frac{1,000}{800})}(0 - \frac{1}{800}) \fallingdotseq -0.0056 = -0.56\ \% \tag{1.123}$$

따라서 위의 예에서는

$$\delta h = -\ 1{,}890\ m \times 0.0056 \fallingdotseq -\ 10.58\ m \tag{1.124}$$

가 된다.

이상을 종합해 보면, 기온오차가 6.80 m, 수증기의 장력오차가 0.80 m, 중력의 위도변화에 대한 오차가 0.16 m이고, 중력의 고도변화에 대한 오차가 0.06 m, 기압의 관측오차가 10.58 m가 되어, "기압관측오차 > 기온관측오차 > 수증기의 장력오차 > 중력의 위도변화오차 > 중력의 고도변화오차"의 순이었다. 따라서 기압과 기온의 관측은 정확해야 한다는 사실이다. 중력에 대한 변화는 거의 없으므로 상수로 보아도 좋다는 뜻이 된다.

ㄴ. 등압면고도도

등압면고도도〔等壓面高度圖, height chart of isobaric(constant pressure) surface〕는 기압이 같은 면에서 그 높이의 분포로 저·고기압의 배치를 나타내는 것이다.

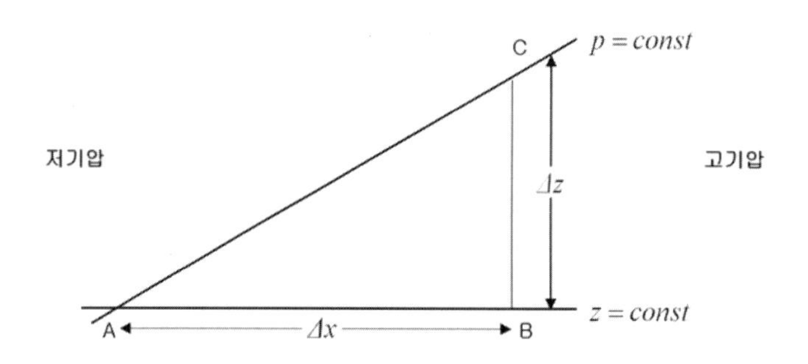

그림 1.11. 기압과 고도의 분포 관계

그림 1.11에서 AC가 등압면, AB가 수평면의 연직단면도이다. $AB = \Delta x$, $BC = \Delta z$ 라고 한다면,

$$p_B = p_A + \frac{\partial p}{\partial x}\Delta x = p_C + g\,\rho\,dz \tag{1.125}$$

이고, $p_A = p_C$ 이기 때문에

$$\frac{\partial p}{\partial x} = \rho\, g\, \frac{\partial z}{\partial x} \tag{1.126}$$

이다. 즉, $\partial x / \partial p$ 는 x 방향의 수평면에서 기압이 경사(구배)를 나타내고 있다. 이것은 등고도면 상에서의 기압의 배치를 뜻하며, 평균해수면($z = 0$) 상에서 지상일기도에 이용되고 있다. 또 $\partial z / \partial x$ 는 등압면 상에서의 고도분포를 그리는 것이다. 상층(고층)일기도에서 주로 사용한다. 이들의 등식이 성립함은 어느 쪽을 사용해도 같지만 다만 편리함이 다르다. 양변이 양(+)으로 같음은 수평방향으로 기압의 상승은 등압면의 높이도 높게 되어서 기압경도는 등압면의 경도에 비례하고 있다. 따라서 수평면에서 기압이 높은 구역(즉, 고기압)에서는 등압면도 높게 되어 있다. 그러므로 등고면에 의해서 기압배치를 표시하는 대신에, 등압면의 고도분포에 의해서도 나타낼 수 있어 양 식이 같음을 나타낸다.

식 (1.96) 에서

$$h = z_2 - z_1 = \frac{R}{g} T_m \ln \frac{p_1}{p_2} \tag{1.127}$$

이다. 여기서 h 가 두 개의 등압면간의 고도차로 **기층(氣層)의 두께** 또는 층후(層厚)가 된다. 이 두께는 평균기온에 비례하므로 등층후선으로 층후의 분포도를 그린다면, 평균기온분포를 표시하는 것이 된다. 이 분포도를 **상대적고도분포**(相對的高度分布, relative topography, 또는 thickness pattern)라고 한다.

p_1, p_2등은 임의로 택해도 좋지만, 일기도분석의 경우에는 편의상 약속해서 1,000 hPa, 850 hPa, 700 hPa, 500 hPa, 300 hPa, 200 hPa 등의 **정압면**〔定壓面, isobaric(constant pressure) surface, 등압면〕이 흔히 사용되고 있다. 위 식에서 $z_1 = 0$, $z_2 = h$, $p_1 = p_0$, $z_1 = 0$, $z_2 = h$, $p_1 = p_0$, $p_2 = p$로 놓으면,

$$h = \frac{R}{g} T_m \ln \frac{p_0}{p} \tag{1.128}$$

이고, 이것은 등압면 p 의 지면에서의 높이다. h 의 수평분포를 **절대고도분포**(絶對高度分布, absolute topography)라고 한다.

옛날에는 고도계산에 계산표에 의한 방법, 계산도표에 의한 방법, 고도계산척에 의한 방법, 단열도를 이용하는 방법 등의 사용되었다. 현재는 계산기의 발달로 머나먼 옛날이야기가 되어 가고 있는 듯하다.

1.6.4. 측고평균기온

p_1, p_2, $h = z_2 - z_1$ 이 주어지고 측고평균기온(測高平均氣溫), T_m 을 구하는 것이 4번째의 문제이다. 식 (1.96) 에서 T_m의 식으로 고치면,

$$T_m = \frac{g}{R} \frac{1}{\ln \frac{p_1}{p_2}} h \tag{1.129}$$

가 된다. 여기서 p_1, p_2를 정압면(定壓面)으로 하면 상수값이 되고, g/R 도 상수이므로 T_m은 h 만의 함수가 되어, 이 문제는 층후와 관계가 있게 된다. 또 등층후선은 온도풍(溫度風, 제 7 장 취급) 을 나타내는데 도움이 된다.

예를 들어,

$p_1 = 1{,}000 hPa$, $p_2 = 900 hPa$ 이라고 하면, 식 (1.72) 에서

$g/R = 3.416 \deg(C, K)/100m$ 이므로

$$T_m \fallingdotseq 0.3242\ h \tag{1.130}$$

이 되고 여기서 h 를 m 단위로 넣으면, T가 K 단위로 계산이 되어서 실무진에서는 매일 반복되는 작업에는 편리하게 사용할 수 있다.

1.7. 밀도불변고도

식 (1.71) 에 지표에서의 상태방정식($\rho_0 = p_0/RT_0$) 을 대입하면, 다방대기(多方大氣)의 밀도분포는

$$\rho = \frac{p_0}{R} \frac{(T_0 - \Gamma z)^{\frac{g}{R\Gamma} - 1}}{T_0^{\frac{g}{R\Gamma}}} \tag{1.131 註}$$

로 주어진다. 이것을 대수미분(對數微分)한다면,

$$\frac{\delta\rho}{\rho} = \frac{\delta p_0}{p_0} + \left\{\left(\frac{g}{R\Gamma} - 1\right)\frac{1}{T_0 - \Gamma z} - \frac{g}{R\Gamma}\frac{1}{T_0}\right\}\delta T_0 \qquad (1.132 \text{ 註})$$

가 되고, 만일 기온감률(Γ)과 지상기압(p_0)이 변하지 않는 상수라고 한다면,

$$\frac{\delta\rho}{\rho} = \left\{\left(\frac{g}{R\Gamma} - 1\right)\frac{1}{T_0 - \Gamma z} - \frac{g}{R\Gamma}\frac{1}{T_0}\right\}\delta T_0 \qquad (1.133 \text{ 註})$$

$$= \frac{g}{R T_0 (T_0 - \Gamma z)}\left(z - \frac{R}{g} T_0\right)\delta T_0$$

이 된다. 여기서

$$z = \frac{R}{g} T_0 \qquad (1.134)$$

가 되는 높이에서는 식 (1.133) 의 우변이 0 이 되므로 좌변의 분자(δρ)가 0 이 되어 밀도의 변화가 없게 된다. 즉 밀도가 상수(ρ= $const.$)가 되는 높이를 **밀도불변고도**(密度不變高度, density constant height) 또는 **베게너**(Wagner, ☔) **의 법칙**이라고도 한다.

기온감률이 일정함으로 δT_0 는 기층전체의 기온의 변화로 생각해도 좋다. 따라서 등밀대기(等密大氣)의 상단에서는 기온에 수반되는 밀도의 변화는 없다. 이 높이 이상에서는 기온의 증가에 수반되어 밀도는 증가하고, 이하에서는 밀도가 감소한다. 식 (1.134) 의 높이(z)보다 큰 값을 식 (1.133) 에 대입하면 좌변의 밀도 경도($\delta\rho$) 가 양(+)이 되어 밀도가 증가하고, 작은 값을 대입하면 음(-)이 되어 감소한다.

식 (1.134) 에 $R/g \fallingdotseq 29.2740$, $T_0 \fallingdotseq 273.15 + 15\,C = 288.15\,K$ 를 대입하면

$$z = \frac{R}{g} T_0 = 29.2740 \times 288.15 \fallingdotseq 8{,}435.30\,m \qquad (1.135)$$

가 된다. 실제는 8 km 부근에서는 연중 밀도변화는 대단히 작고, 이 보다 상층의 여름에는 밀도가 높고, 겨울에는 낮은 경향이 있다. 하층에서는 이와 반대의 관계가 성립한다.

1.8. 대류권계면의 높이

대류권과 성층권 하부에 해당하는 지상 및 상공 20 km 에서의 기압의 분포의 대략적인 값을 알아보면 표 1.9 와 같다. 표를 보면, 지상에서는 여름과 겨울의 계절적인 차이가 대략 4 hPa 정도, 저위도와 고위도의 차이는 2~4 hPa 정도이다. 상공 20 km에서도 계절적으로는 약 5 hPa 정도, 위도의 차이는 2 hPa 정도의 차이가 난다. 한편 기온은 적도에서 약 30 C, 극에서는 약 -35 C 로 약 65 C 정도의 차이가 나는 것에 비교하면, 기압차가 현저하게 작다는 것을 알 수가 있다. 이것은 주로 대류권의 두께의 차에 의해 설명을 할 수가 있다.

표 1.9. 지상과 고도 20 km 에서의 기압분포(hPa)

구분/위도(°)	지 상			높 이 20 km		
	여 름	겨 울	차	여 름	겨 울	차
15	1,010	1,014	4	58	54	4
30	1,013	1,019	6	56	55	1
45	1,010	1,017	7	55	53	2
60	1,010	1,014	4	57	52	5
75	1,011	1,011	0	59	52	7
90	1,012	1,010	2	60	52	8
평 균			3.8			4.5

지상의 값, 권계면에서의 값 및 성층권내(20 km)의 높이의 값을 각각 하첨자(下添字, subscript) o, h, H 로 표현하면,

- 대류권에서는 다방대기(多方大氣)에 해당하고,

$$p_h = p_0\left(\frac{T_0 - \Gamma h}{T_0}\right)^{\frac{g}{R\Gamma}} = p_0 \exp\left[\frac{g}{R\Gamma}\ln\left(\frac{T_h}{T_0}\right)\right] \tag{1.136}$$

- 성층권에서는 등온대기(等溫大氣)에 해당해서,

$$p_H = p_h \exp\left[-\frac{g}{R}\frac{(H-h)}{T_h}\right] \tag{1.137}$$

로 주어진다. 식 (1.136) 을 식 (1.137) 에 대입해서 성층권에서의 기압

$$p_h = p_0 \exp\left[\frac{g}{R\Gamma}\ln\left(\frac{T_h}{T_0}\right) - \frac{g(H-h)}{RT_h}\right] \tag{1.138}$$

로 주어진다. 가령 지상과 성층권의 높이 H 에 있어서의 기압이 위도변화에 둔하다는 것을 앞의 표에서 알았음으로 위도변화를 없는 것으로 하면,

$$\frac{1}{\Gamma}\ln\frac{T_0}{T_0-\Gamma h} + \frac{H-h}{T_0-\Gamma h} = \frac{R}{g}\ln\frac{p_0}{p_H} \fallingdotseq 86.24\,m/\mathrm{deg} \qquad (1.139\ 註)$$

로 놓을 수 있다.

$H = 20\,km$, $\Gamma = 0.6\,C/100\,m$, $p_0 = 1013.2\,hPa$, $p_H = 53.3hPa$ 로 해서 위 식을 풀고, h 를 결정하면 표 1.10 과 같이 된다.

표 1.10. 지상기온(T_0)에 대한 대류권계면의 고도(h)

$T_0(C)$	-10	0	10	15	19.1	19.9	20	24.2
$h\ (m)$	5,980	8,440	11,390	13,220	15,070	15,490	15,550	20,000

즉, 지상기온이 높아질수록 대류권계면이 높아지고 성층권의 기온은 낮아진다. 그림 1.12 는 이 관계를 표시한 것이다. 이것을 **보상의 원리**(補償의 原理, principle of compensation)라 하고, 1920 년 슈마우스(Schmauss, A.) 가 처음으로 제창하였다.

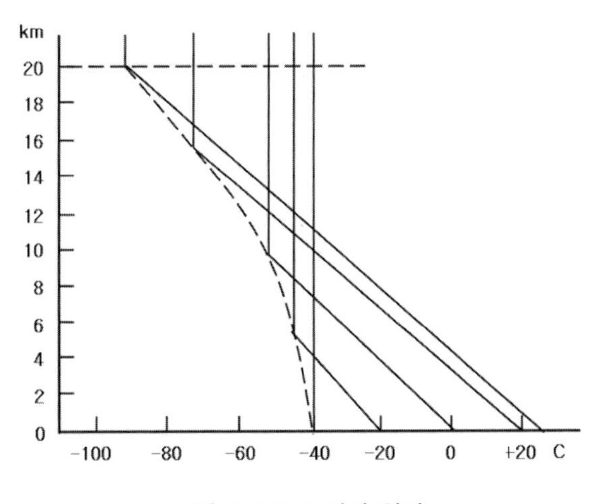

그림 1.12. 보상의 원리

연 습 문 제

1. 지상기압은 1,013 hPa , 중력가속도, 980 cm/s^2 , 지구 표면적은 $5.10 \times 10^{18} cm^2$ 이다. 대기의 질량은 어느 정도인가?

2. 표 1.3 을 사용해서 공기의 분자량과 기체상수를 계산해라.

3. 일반적으로 산술평균기온은 측고평균기온에 비해서 높은 것을 설명하고, 하면의 온도가 $300K$, 기온감률이 $0.6\,C/100\,m$ 일 때 기층의 두께가 $100m$, $1{,}000m$, $5{,}000m$ 인 경우의 양 평균기온의 차를 구하라. 또 지상기압 $1{,}013hPa$, 지상기온 $0\,C$, 기온감률 $0.6\,C/100\,m$ 일 때 측고기온 대신에 산술평균기온을 사용하면, 고도 $1\,km$, $5km$, $10\,km$ 에서는 어느 정도의 오차가 생기는가?

4. 고지(高地)에 있어서 지면부근에 얇은 고온층이나 저온층이 있으면, 일기도에서는 겉보기에 부저기압(副低氣壓)이나 소고기압(小高氣壓)이 나타난다. 이것에 대해서 논하라.

5. 기층의 두께 h 의 상단과 하단의 기압 p, p_0 와 그 기층의 평균기온 t_m 을 몇 번 관측하여 (p^i, p_0^i, t_m^i)의 n 개의 관측치를 얻었다. 어떠한 평균치를 사용하면 측고공식이 만족되어질까?

Chapter

2 건조공기

건조공기(乾燥空氣, dry air)라고 하면 두 가지의 정의가 있을 수 있다. 그 하나는 **이론정의**(理論定義)로 수증기가 전혀 없어 말 그대로 상대습도가 0% 인 경우를 뜻한다. 그러나 실제로는 이와 같은 경우는 극히 드문 일로 절대온도 $0\,K(-273.15\,C)$나 있을 법한 일이다. 따라서 **실용정의**(實用定義)에서는 포화되기 전까지의 공기를 건조공기로 보고 있다. 즉 상대습도가 100% 미만인 경우를 의미한다. 이 두 가지의 정의는 대기과학의 이론을 전개할 때는 다 소용이 되기 때문에 공존하고 있다.

열역학(熱力學, thermodynamics)은 열적인 현상을 거시적인 입장에서 현상론(現象論)으로 취급한다. 열역학은 3**개의 기초원리** 위에 논리적으로 구성되어 있다. **열역학 제1법칙**은 에너지 보존의 원리이고, **열역학 제 2법칙**은 열적과정의 방향을 주어지는 법칙으로 엔트로피 증대의 원리라고도 불리어진다. **열역학 제 3법칙**은 네른스트-플랑크(Nernst-Planck)의 정리라고도 불리며 절대영도(絶對零度, $0K$)에 도달할 수 있는 가능성을 의미한다. 열역학은 19세기의 중엽에서 후반에 이르러 완성되고, 열평형의 조건과 평형상태 사이의 변화 전후의 관계를 주어지는 것으로 변화의 시간적 기술은 그 범위를 벗어난다. 이 의미로는 열역학은 동역학(動力學)이 아니고 오히려 정역학(靜力學)적이지만, 그 범위의 현상론으로써 극히 일반적이어서 여러 분야에서 응용하고 있다. 열역학을 확장하고 어떤 한정된 조건 속에서 열적변화의 동적 기술을 현상론으로써 체계화한 것이 **불가역과정의 열역학**(不可逆過程의 熱力學)이라고 불리고 있다. 열역학을 마이크론(미크론)적인 입장에서 기초를 두고 있는 것이 **통계역학**(統計力學)에서 행하여지고 있다.

2.1. 준정적과정과 비정적과정

상태의 변화가 열평형의 상태에서 극히 조금밖에 어긋나지 않게끔 해서, 무한히 평형에 가깝게 유지하면서 서서히 변화시킬 때, 이 과정을 **준정적과정**(準靜的過程, quasi · static process)이라고 한다. 피스톤을 아주 서서히 움직여서 기체를 압축 또는 팽창시키는 경우, 또는 어떤 물체의 온도가 아주 근소하게 다른 물체를 접촉시켜서 그 사이에 열의 교환을 일으키는 경우 등이 이 예이다. 이들의 과정에서는 동일 조건 하에서 변화를 역행(逆行)시킬 수가 있다(예를 들면 압축과 팽창). 따라서 준정적과정은 가역(可逆)변화의 하나이다. 그러나 일반적인 가역변화는 반드시 준정적은 아니다. 예를 들면 마찰이나 공기의 저항을 무시할 수 있을 때, 진자의 운동은 가역적이지만, 힘의 평형이 성립되지 않기 때문에 준정적은 아니다. 준정적과정은 이상적인 극한상태로써 정의되는 것으로 열역학의 여러 가지 관계식을 이끌어 낼 때에 사고실험으로써 중요하다. 그렇지 않고 정적과정이 아닌 과정을 비정적과정(非靜的過程, non · static process)이라고 한다.

그림 2.1과 같이 한쪽이 벽으로 된 피스톤(piston)으로 만든 용기 속에 기체를 넣고, 피스톤을 유한의 속도로 움직인다면 용기내의 기체는 유체역학적인 의미로 복잡한 운동을 하지만, 준정적으로 움직인다면 기체를 정적상태로 유지된 채 체적을 변화시킬 수 있다. 따라서 운동에너지의 변화는 없는 것이다.

대기 중을 공기덩이가 상승하는 경우에는 비정적이지만, 정역학적인 계산을 행할 경우에는 준정적이라고 생각해서 취급하는 것이 보통이다. 위의 예에서 피스톤을 유한의 속도로 움직인다면 내부의 운동 때문에 용기내의 압력 p와 외부에서부터 가한 압력 p'과는 같지 않지만, 준정적과정에서는 양쪽을 같게 놓을 수가 있다.

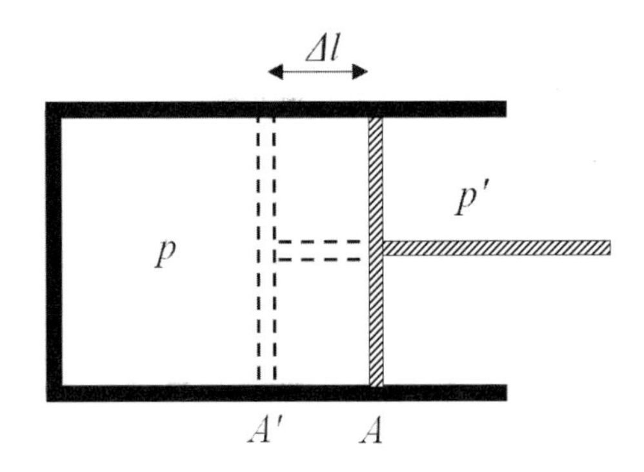

그림 2.1. 피스톤의 준정적과정과 비정적과정

피스톤을 A' 에서 A 까지 외압(外壓)에 대항해서 움직였을 때, 기체가 외압에 대해서 하는 일은

$$\Delta W = p' \cdot S \cdot \Delta l \tag{2.1}$$

이고, 반대로 A 에서 A' 까지 내압(內壓)에 저항해서 외부에서 기체에 대해서 하는 일은

$$\Delta W' = p \cdot S \cdot \Delta l \tag{2.2}$$

이다. 그러나 준정적인 경우 $p = p'$ 로 놓으므로 ΔW 와 $\Delta W'$ 는 같게 놓을 수 있다. 여기서 S 는 피스톤의 면적이고 Δl 은 움직인 거리이다. $S \cdot \Delta l$ 은 기체의 체적의 변화 (dV) 이므로

$$dW = pdV \tag{2.3}$$

이다. 이 기체가 외력(外力)에 대항해서 한 일이다. 역으로 외부에서 기체에 대항해서 한 일은

$$dW = -pdV \tag{2.4}$$

이다. 따라서 외부에서부터 한 일은 기체에 관한 량 p, V 로 표현된다. 비정적과정(非靜的過程)에서 외부에 대해 한 일은 기체에 관한 량 p, V 로 표현되지는 않는다.

지금부터 이하에서는 전체 질량에 관한 양은 대문자, 단위질량에 관한 양은 소문자로 표현하기로 한다.

2.2. 열역학 제 0 법칙

열역학 제 0 법칙(熱力學 第零法則, zeroth law of thermodynamics)은 **열평형**(熱平衡, thermal equilibrium)에 관한 법칙이다. 열의 교환이 가능하도록 연결된 개개의 물체나 장(場) 또는 그들의 각 부분 사이에 열의 이동이 일어나지 않고, 더욱 물질의 상(相)의 변화가 나타나지 않을 경우에 이들은 서로 열평형에 있다고 한다. 또는 열적으로 균형에 있다고 말하고, 그 때의 물체나 장으로 이루어진 계(系) 또는 그 각 부분을 **열평형상태**(熱平衡狀態)에 있다고 한다.

일반적으로 고립계(孤立系)는 일정 조건 하에서 충분히 길게 방치하면 열평형에 도달한다. 예를 들어 A 와 B가 열평형에 있고, B와 C가 열평형에 있다고 하면, A와 C를 직접 접촉시키면 반드시 열평형에 있게 된다. 이것으로부터 열역학 제 0법칙 또는 열평형이라는 이름을 붙여 부르게 되었다. 또한 이런 사실로부터 온도 개념의 성립이 증명되고, 열평형의 조건을 온도의 상등성(相等性)으로써 나타낸다.

열역학 제 2법칙에 의하면, 고립계의 열평형상태는 엔트로피의 극대(極大)의 상태로써 정의되고, 또 열역학 제 3법칙을 고려하면, 임의의 계에 대해서 그 어느 부분 또는 자유도까지 열평형상태로 되어 있는가가 엔트로피의 값에서 판정된다. 열평형상태에는 안정상태(安定狀態)와 준안정상태(準安定狀態)로 구분된다.

2.3. 열역학 제 1법칙

어떤 물체에 Q 라고 하는 **열**(熱, heat)이 주어졌을 때에 이 열량으로 W 라고 하는 **일**(work)이 행하여지고, 나머지의 열은 내부의 온도를 변화시키는데 사용되었다고 하자. 이것이 **내부에너지**(內部에너지, internal energy) U가 되고, U_1 에서 U_2 로 바뀌었다고 하자. 에너지는 창조되지도 않고 소멸되지도 않으며, 다만 한 형태에서 다른 형태로 바뀔 뿐이다. 따라서

$$Q - W = U_2 - U_1 \tag{2.5}$$

으로 이와 같은 에너지의 보존원리를 **열역학 제 1법칙**(熱力學 第一法則, first law of thermodynamics)이라고 하며, 거시적 현상에 적용되는 **에너지보존의 법칙**을 의미한다. 19세기 중엽쯤 마이야(Meyer, Julius Robert von, 獨逸, 1814.11.25~1878.3.20), 줄(Joule, James Prescott, 영국, 1818.12.24~1889.10.11), 헬름홀츠(Helmholtz, Hermann Ludwig, 독일, 1821.8.31~1894.9.8, ☂) 등의 연구에 의해서 확립되었다.

여기서, 운동에너지와 위치에너지는 변화하지 않고 일정하다고 하자. 열역학 제 1법칙은 말하자면, 어떤 물체(우리의 대기과학의 경우에는 공기)에 열을 가하였을 때, 그 물체가 그 계에 대해서 얼마만큼의 일을 하고 나머지의 열은 내부의 온도를 얼마나 올렸을까 하는 양을 정해주는 법칙이다. 즉, 에너지의 보존의 관계식에 내부에너지의 열을 포함시킨 것이 특징이라 하겠다.

Q, W가 작을 때에 내부에너지의 변화도 작으므로,

$$d'Q - d'W = dU \tag{2.6}$$

으로 놓을 수 있다. 여기서 d, d'는 다 같이 작은 양을 표시하는 기호이지만, d는 독립 변수에 대해서 전미분(全微分)을 나타내고, d'는 그렇지 않은 것을 나타낸다. 따라서 d에 대한 량은 처음과 마지막의 상태만 관계하지만, d'에 대한 량은 적분로를 가정하지 않으면 적분치는 결정되지 않는다. 이것을 알아보기로 하자.

일정량의 기체를 생각하고 처음 (V_1, T_1)의 대기변수로 나타낸 것이 최후에 (V_2, T_2)의 대기변수로 나타낼 수 있는 상태로 되었다고 하자.

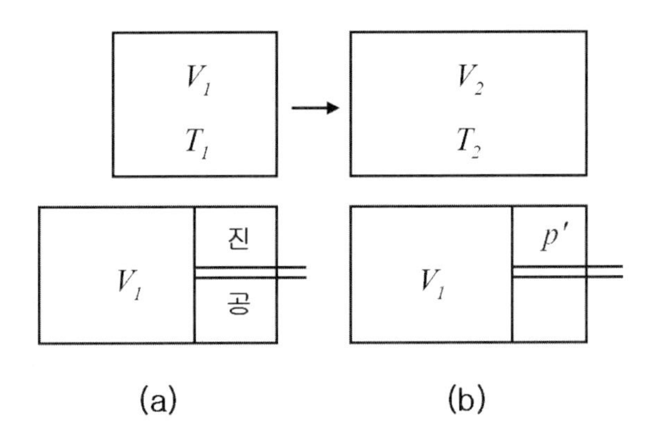

그림 2.2. 체적과 기온의 변화

제 1의 과정에서는 기체의 외부를 진공(眞空)으로 놓고, V_1에서 V_2까지 팽창시킨 후에 열을 가해서 T_2로 한다(그림 2.2 a). 제 2의 과정에서는 외압(外壓)을 p'로 해놓고 V_1에서 V_2까지 팽창시킨 후에 열을 가해서 T_2로 한다(그림 2.2b).

제 1의 과정에서의 식 (2.3)을 이용하고 진공($p' = 0$)을 생각하면, 일은

$$W = \int dW = \int p\,dV = \int p'dV = 0 \tag{2.7}$$

제 2의 과정에서의 일은 $p' \neq 0$이므로

$$W = \int dW = \int p\,dV = \int p'dV \neq 0 \tag{2.8}$$

이 된다. 즉, W는 한 가지 의미로는 결정되지 않는다. 물론 최후의 상태에서는 U는 같다. 또 Q도 양쪽의 경우에 다르다. 따라서 Q도 상태량만으로는 결정되지 않는 것이다. 좀 더 부연해서 설명하면, 두 경위의 상태 $Q_1 + W_1 = U$, $Q_2 + W_2 = U$ 가 있다고 할 때, 최종의 상태인 U는 같다하더라도 각각의 상태 $Q_1 \neq Q_2$, $W_1 \neq W_2$ 가 된다는 것을 의미한다.

Q 및 U는 cal 즉, 열의 단위(cal)로 측정하고, W는 erg 즉, 일의 단위로 표현하는 것이 보통이다. 따라서 단위를 맞추기 위해서는 계수를 곱한다.

$$dU = d'Q - A\,d'W \tag{2.9}$$

로 놓았을 때, A를 **일의 열당량**(熱當量)이라 하고, 그의 역수 $B = 1/A$ 를 **열의 일당량**(mechanical equivalent of heat)이라 한다. 각각 다음과 같은 값을 갖는다.

$$A = 2.389 \times 10^{-8}\ cal/erg$$
$$B = 4.186 \times 10^{7}\ erg/cal \tag{2.10}$$

2.4. 내부에너지와 비열

전 절에서 Q, W 등은 적분로(積分路)에 의해서 다른 값을 갖지만, U는 대기변수만의 함수인 것을 말했다. 이것을 간단하게 설명하자. 지금 상태 U_1 에서 어떤 경로를 따라서 $\delta'Q + A\delta'$ 만큼의 열과 일을 첨가해서 상태 U_2 까지 변화시키고, 다음에 다른 경로를 따라서 $\delta'Q + A\delta'W$ 만을 뺄 경우, 내부에너지가 U_1' 로 되었다고 하자. 이 경우 외계(外界)에 어떠한 변화도 주어져 있지 않기 때문에, 만일 $U_1 \neq U_1'$ 의 경우, 경로에 따라서 U의 값이 변할 경우, 이와 같은 과정을 반복한다면 영구운동을 얻게 된다. 그러므로 $U_1 = U_1'$ 가 되지 않으면 안 된다. 따라서 기체인 경우, $U = U(\alpha, T)$ 로 생각할 수가 있다. 그런데 줄-톰슨의 실험에 의해서 이상기체에 있어서 내부에너지는 비적 α 와는 무관계라는 것을 나타낼 수 있기 때문에 U는 온도 T만의 함수이다. 따라서

$$dU = \tilde{c}\, dT \tag{2.11}$$

로 놓을 수가 있다. $\tilde{c}$ 는 실제로는 상당히 넓은 범위에 걸쳐서 상수로 놓을 수가 있기 때문에

$$U = \tilde{c}\, T + U_0 \tag{2.12}$$

로 놓을 수가 있다. U_0 는 적분상수로 $T=0$ 에서의 내부에너지로 결정될 수도 없고, 필요하지도 않는 량이다.

단위질량에 $d'q$만큼의 열량을 가해서, dT 만큼의 온도가 상승할 경우

$$\frac{d'q}{dT} = C \tag{2.13}$$

을 **비열**(比熱, specific heat)이라고 한다. 즉 비열은 단위질량의 물질의 온도를 단위온도만큼 상승시키는데 필요한 열량을 뜻한다.

식 (2.6) 에 식 (2.11) 과 식 (2.3) 을 대입하면(앞으로 단위 양에는 소문자 사용),

$$d'q = \tilde{c}\, dT + A\, p\, dv \tag{2.14}$$

가 된다. 따라서

$$C_x = \left(\frac{d'q}{dT}\right)_x = \tilde{c} + \left(A\, p\, \frac{\partial v}{\partial T}\right)_x \tag{2.15}$$

로 된다. 여기서 x 는 과정을 표시하는 기호이다.

☀ 등적과정(等積過程, isochoric process)에서는 체적이 일정함으로

$$\left(\frac{\partial v}{\partial T}\right)_v = 0 \tag{2.16}$$

이 된다. 이 때의 과정 C_x 를 C_v 로 쓰면

$$C_v = \tilde{c} \tag{2.17}$$

를 얻는다. 이 때의 C_v 가 **정적비열**(定積比熱, specific heat at constant volume, 常積比熱)인 것을 알 수 있다.

☀ 등압과정(等壓過程)은 기압이 일정한 과정으로 식 (1.30) 의 상태방정식 $pv = RT$ $(n=1)$의 단위질량에서,

$$\left(\frac{\partial v}{\partial T}\right)_p = \frac{R}{p} \tag{2.18}$$

로 변형해서, 이것을 식 (2.15) 에 대입하고, 기압이 일정한 등압과정이므로 C_x 를 C_p 로 쓰고, 식 (2.17) 도 대입하면,

$$c_p = \tilde{c} + \left(A\, p \frac{\partial v}{\partial T}\right)_p = C_v + A\, R \tag{2.19}$$

을 얻는다. 이때의 C_p 가 **정압비열**(定壓比熱, specific heat at constant pressure, 常壓比熱)이 된다.

$$\gamma = \frac{C_p}{C_v} \tag{2.20}$$

으로 γ 를 정의하면 공기 및 수증기에 대한 값은 각각 다음과 같이 된다.

$$\text{얼음의 비열} \quad C_i = 0.49\, cal/g \cdot \text{deg} \tag{2.21}$$

$$\text{건조공기} \quad \begin{aligned} C_p &= 0.240\, cal/g \cdot \text{deg} \\ C_v &= 0.171\, cal/g \cdot \text{deg} \\ \gamma &= 1.400 \\ C_p - C_v &= A\,R = 0.685\, cal/g \cdot \text{deg} \end{aligned} \tag{2.22}$$

$$\text{수증기} \quad \begin{aligned} C_p' &= 0.455\, cal/g \cdot \text{deg} \\ C_v' &= 0.335\, cal/g \cdot \text{deg} \\ \gamma' &= 1.382 \\ C_p' - C_v' &= A\,R' = 0.110\, cal/g \cdot \text{deg} \end{aligned} \tag{2.23}$$

2.5. 단열과정

단열과정(斷熱過程, adiabatic process)은 외부와의 열을 차단하고 고립된 계 내에서 논의하는 것이다. 이하에서는 잠시 건조공기에 대해서 생각하도록 한다.

열역학 제 1 법칙의 식 (2.14) 에 식 (2.17) 를 대입하면,

$$d'q = C_v\, dT + A\, p\, dv \tag{2.24}$$

가 된다. 식 (2.18) 의 등압과정에서 사용했던 상태방정식 $pv = RT$ 를 미분하면,

$$p\, dv + v\, dp = R\, dT \tag{2.25}$$

이기 때문에, 이것을 식 (2.24) 에 대입해서 식 (2.19) 를 이용하면,

$$d'q = C_v\, dT + A R\, dT - A v\, dp = C_p\, dT - A v\, dp \tag{2.26}$$

이다. 더욱이 우변 제 2 항에 상태방정식을 대입해서, v ($v = RT/p$) 를 소거하고 T 로 나누면,

$$\frac{d'q}{T} = C_p \frac{dT}{T} - A R \frac{dp}{p} \tag{2.27}$$

이것($d'q/T$)은 다음의 열역학 제 2 법칙의 엔트로피(entropy)가 되며, 상태방정식 $pv = RT$ 를 이용하여 다음과 같이 변형한다.

$$\frac{d'q}{T} = C_p\, d\ln T - A R\, d\ln p \tag{2.28}$$

$$= d\ln\left(T^{C_p} p^{-AR}\right) \tag{2.29}$$

$$= d\ln\left(v^{C_p} p^{C_v}\right) \qquad (2.30\ 註)$$

$$= d\ln\left(T^{C_v} v^{AR}\right) \qquad (2.31\ 註)$$

식 (2.29) 에 식 (2.19) 와 식 (2.20) 의 γ 를 삽입해서 고쳐 쓰면,

$$\frac{d'q}{T} = C_p\, d\ln\left(Tp^{-\frac{AR}{C_p}}\right) = C_p\, d\ln\left(Tp^{-\frac{C_p - C_v}{C_p}}\right) = C_p\, d\ln\left(Tp^{-\frac{\gamma-1}{\gamma}}\right) \tag{2.32}$$

가 된다. 단열(斷熱)의 경우는 $d'q = 0$ 인 상태로 유한변위(有限變化)를 행한다. 즉 위 식을 적분하면,

$$Tp^{-\frac{\gamma-1}{\gamma}} = const \tag{2.33}$$

을 얻는다. 이와 같은 과정이 **단열과정**(斷熱過程) 이고, 또 이 방정식을 **푸아송방정식**(Poisson equation)이라고 한다.

식 (2.33) 의 상수(const.)는 보존된다는 의미이므로 어떠한 한 쌍 (T, p)를 대입해도 성립한다. 그 중의 $p = 1{,}000\,hPa = p_0$ 일 때의 온도 T를 Θ 로 쓴 한 쌍과 원래의 한 쌍의 두 쌍을 등식으로 성립시켜서 정리하면,

$$\Theta = T\left(\frac{p_0}{p}\right)^{\frac{\gamma-1}{\gamma}} = T\left(\frac{p_0}{p}\right)^{\frac{AR}{C_P}} \tag{2.34 註}$$

를 얻는다. 이 Θ 를 **온위**(溫位, potential temperature)라고 한다. "potential"라는 개념은 1888 년 베졸트(Wilhelm von Bezold, 독일, 1833~1907, ☂)에 의해 대기과학에 도입되었다. "온위(溫位)"라고 하는 용어는 어떤 과정에 의해서 표준기압(標準氣壓, $p_0 = 1{,}000\,hPa$)까지 가져왔을 때의 값을 의미한다.

$\frac{\gamma-1}{\gamma}$ 을 **온위지수**(溫位指數)라고 하고, 그 값은 $\gamma = 1.4$ 일 때

$$\kappa = \frac{\gamma-1}{\gamma} \fallingdotseq 0.2857 \tag{2.35}$$

이다.

온위를 사용해서 식 (2.32) 의 엔트로피(entropy)를 다시 표현하면,

$$\frac{d'q}{T} = C_p\, d\ln\Theta \tag{2.36 註}$$

으로 된다. 식 (2.34) 에서 T 대신에 **가온도**(假溫度, virtual temperature) T_v 를 이용했을 때는

$$\Theta_v = T_v\left(\frac{p_0}{p}\right)^{\kappa} \tag{2.37}$$

과 같이 된다. 이 때의 Θ_v 가 **가온위**(假溫位, virtual potential temperature)가 된다. 정확하게 하려면 온위지수(溫位指數)도 건조공기에 대한 것이 아니고, 습윤공기에 대한 값을 사용해야 한다.

2.6. 다방과정

기상현상은 단열적으로만 일어나는 것이 아니고, 난와(亂渦, eddy)확산 및 방사(放射)에 의한 과정 도중에 열의 출입이 있다. 그 양은 적은 것으로 해서 보통 생략해 있지만, 과정이 서서히 일어날 때에는 꼭 생략할 수만은 없을 것이다.

식 (2.32) 에 있어서 $d'q = \eta\, dT$ 또는 $\eta' dp$ 로 놓을 수 있으며, η, η' 이 대기변수에 관계하지 않는 경우를 **다방과정**(多方過程, polytropic process)이라고 부른다. 식 (2.24) 에 위 식을 대입하고, 상태방정식을 이용하면,

$$\eta\, dT = C_v\, dT + A\, p\, dv = C_v\, dT + A\, R\, T\frac{dv}{v} \tag{2.38}$$

이것을 변형하여 식 (2.19) 를 사용하면,

$$\frac{dT}{T} = \frac{A\, R}{\eta - C_v}\frac{dv}{v} = \frac{C_p - C_v}{\eta - C_v}\frac{dv}{v} \tag{2.39}$$

가 된다. 이것을 적분하면은

$$T\, v^{\frac{C_p - C_v}{C_v - \eta}} = const. \tag{2.40}$$

이 된다. 여기서

$$\frac{1}{n} = \frac{C_p - C_v}{C_v - \eta} \tag{2.41}$$

로 놓고, 이 n 을 **다방차수**(多方次數, class of polytropy)라고 부르자. 이것을 식 (2.40)에 대입해서 상태방정식을 사용해서 T 를 소거하면,

$$Tv^{\frac{1}{n}} = \frac{pv}{R}v^{\frac{1}{n}} = pv^{1+\frac{1}{n}} = const. \tag{2.42}$$

를 얻는다. 여기서 또

$$k = 1 + \frac{1}{n} \tag{2.43}$$

로 놓을 때, k 를 **다방상수**(多方常數, polytropic constant)라고 부른다. 그러면

$$p\,v^k = const. \tag{2.44}$$

가 된다. 온도와 기압과의 관계는 상태방정식을 이용하면,

$$p\,v^k = p\left(\frac{RT}{p}\right)^k = T\,p^{\frac{1-k}{k}} = const. \tag{2.45 註}$$

가 된다. 식 (2.34) 과 같은 과정으로 $p = p_0 = 1,000\,hPa$ 일 때의 온위를 Θ_k 로 쓰면,

$$\Theta_k = T\left(\frac{p_0}{p}\right)^{\frac{k-1}{k}} \tag{2.46}$$

이 된다. 이것을 **다방온위**(多方溫位, polytropic potential temperature)라고 한다.

η, n, k 를 여러 값으로 변화시켜 주면 여러 종의 과정이 나온다. 이상과 같이 다방과정은 다방상수를 매개변수〔媒介變數, 파리미터(parameter)〕로 생각해서 여러 과정을 포함할 수 있다는 점이 편리하다. 표 2.1 은 이들의 몇 개를 소개하고자 한다.

표 2.1. 특수한 경우의 다방과정

과 정	η	n	k
등밀과정(等密過程)	C_v	0	∞
단열과정(斷熱過程)	0	2.5	1.4(γ)
등온과정(等溫過程)	$\pm\infty$	$\pm\infty$	1.0
등압과정(等壓過程)	C_p	-1	0.0

2.7. 다방대기

전의 1.4.3 항에서는 기온감률 Γ 가 일정해서 정역학적 평형상태에 있는 대기를 다방대기(多方大氣, polytropic atmosphere)라고 불렀지만, 여기서는 다른 표현을 하자. 다방온위(多方溫位, Θ_k) 가 높이에 따라서 변하지 않고 일정한 대기를 다방대기로 정의한다. 식 (2.46)을 높이 z 에 대해 대수미분하면,

$$\frac{1}{\Theta_k}\frac{\partial\Theta_k}{\partial z}=\frac{1}{T}\frac{\partial T}{\partial z}-\frac{k-1}{k}\frac{1}{p}\frac{\partial p}{\partial z} \tag{2.47}$$

이지만, 정역학방정식에 상태방정식을 대입하면,

$$\frac{1}{p}\frac{\partial p}{\partial z}=-\frac{g}{R}\frac{1}{T} \tag{2.48}$$

이므로 이것을 식 (2.47) 의 우변에 대입하면,

$$\frac{1}{\Theta_k}\frac{\partial\Theta_k}{\partial z}=\frac{1}{T}\left(\frac{\partial T}{\partial z}+\frac{k-1}{k}\frac{g}{R}\right) \tag{2.49}$$

가 된다. 정의에 의해 좌변 Θ_k 가 일정하여 0 이므로, 다방대기의 기온감률 Γ_k 는

$$-\frac{\partial T}{\partial z} = \Gamma_k = \frac{k-1}{k}\frac{g}{R} \tag{2.50}$$

으로 일정하다.

단열대기(斷熱大氣)에서는 $k = \gamma = 1.4$ 이고, 식 (2.19) 와 (2.20) 을 사용하면

$$\Gamma_d = \frac{\gamma-1}{\gamma}\frac{g}{R} = \frac{Ag}{Cp} = 0.976\ C/100\,m \tag{2.51}$$

이다. 이 값을 **건조단열감률**(乾燥斷熱減率, dry adiabatic lapse rate)이라고 한다. 이것은 건조공기가 단열적으로 연직변위(鉛直變位)했을 때 기온의 변화율로 정역학적평형의 식이 성립할 때에 위의 감률로 주어진다.

표 2.2. 다방대기의 기온감률과 다방상수

Γ_k $(C/100\,m)$	k	n	비 고
3.416	∞	0.000	등밀대기
1.708	2.000	1.000	
1.000	1.414	2.416	
0.976	1.400	2.500	단열대기
0.9	1.358	2.796	
0.8	1.306	3.270	
0.7	1.258	3.880	
0.65	1.235	4.255	표준대기
0.6	1.213	4.693	
0.5	1.171	5.882	
0.4	1.133	7.540	
0.3	1.096	10.387	
0.2	1.062	16.080	
0.1	1.030	33.160	
0.0	1.000	∞	등온대기

다음에는 식 (2.50) 을 이용해서 다방상수(多方常數, k)의 여러 값 1~∞ 까지 기온감률을 계산해서 표 2.2 는 Γ_k, k, n 의 관계를 나타내 보았다.

2.8. 단열상승

기온감률 Γ 의 다방대기 중을 단열적으로 상승하는 공기덩이의 냉각률을 구한다. 상승 공기덩이에 관한 양을 주위의 대기에 관한 양과 구별하기 위해서 $'$ 을 붙여서 표시하기로 한다.

식 (2.33) 에서 단열과정의 공기덩이 속에서

$$T' p'^{-\frac{\gamma-1}{\gamma}} = const. \tag{2.52}$$

가 성립하므로 dz 의 상승에 대한 변화는 위 식을 대수미분하면,

$$\frac{1}{T'}\frac{dT'}{dz} - \frac{\gamma-1}{\gamma}\frac{1}{p'}\frac{dp'}{dz} = 0 \tag{2.53}$$

이다. 준정적과정에 의해서 공기덩이의 내압(內壓) p'는 항상 주위의 기압 p 와 같다. 따라서 $p' = p$ 이다. 한편 주위의 대기에 대해서는 식 (2.48) 이 성립하므로 이것을 대입하고, 식 (2.51) 의 건조단열감률(乾燥斷熱減率)로 바꾸어 주면,

$$\frac{dT'}{dz} = \frac{\gamma-1}{\gamma}\frac{T'}{p'}\frac{dp'}{dz} = -\frac{\gamma-1}{\gamma}\frac{g}{R}\frac{T'}{T} = -\Gamma_d \frac{T'}{T} \tag{2.54}$$

가 된다. 위 식이 건조 공기덩이의 단열적 상승에 대한 냉각률(冷却率)을 부여하는 식이다.

주위의 대기에 대해서 다방대기인 $T = T_0 - \Gamma z$ 로 놓고 위 식을 적분하면,

$$T' = T_0'\left(1 - \frac{\Gamma}{T_0}z\right)^{\frac{\Gamma_d}{\Gamma}} \tag{2.55 註}$$

가 된다. 단, T_0 는 $z = 0$ 에 있어서 공기덩이의 온도이다.

식 (2.55) 을 전개하면〔Taylor, 𝒯, (Maclaurin about the origin) series, 二項級數, By M.L. Boas 제 2 판, p.22~29 를 참조〕

$$T' = T_0'\left\{1 - \frac{\Gamma_d}{T_0}z + \frac{1}{2}\frac{\Gamma_d}{\Gamma}\left(\frac{\Gamma_d}{\Gamma} - 1\right)\left(\frac{\Gamma}{T_0}z\right)^2 \cdots\right\}$$

$$= T_0' - \Gamma_d \frac{T_0'}{T_0}z + \frac{1}{2}\Gamma_d(\Gamma_d - \Gamma)\frac{T_0' z^2}{T_0^2}\cdots \qquad (2.56\ 註)$$

이 된다. 여기서 $T_0 = T_0'$, $\Gamma = \Gamma_d$ 일 때에 한해서

$$T' = T_0 - \Gamma_d z \qquad (2.57)$$

이 되지만 일반적으로는 주위의 기온감률과 출발점에 있어서 온도차에도 관계한다. 그러나 보통은 $T_0'/T_0 \fallingdotseq 1$ 로 놓기 때문에, 냉각률은 건조단열감률과 같다고 생각해도 큰 차이는 없다($\Gamma = 0.5\ C/100\,m$ 일 경우, 식 (2.55) 또는 식 (2.56) 과 식 (2.57) 의 차는 $z = 1\,km$ 에서 $0\,C$, $5\,km$ 에서 $2\ C$, $10\ km$ 에서 $8\ C$ 정도의 차가 난다.

2.9. 열역학 제 2 법칙

열역학 제 1 법칙은 에너지 불변의 법칙을 표현한 것인데 반해서, **열역학 제 2 법칙**(熱力學 第二法則, second law of thermodynamics)은 과정의 방향을 규정한 것으로 옛날부터 여러 종류의 형식으로 표현되어 있다. 거시적인 동적 현상이 일반적으로 불가역(不可逆) 변화인 것을 주장하는 법칙이다. 다음과 같은 서로 동등한 각종의 표현들이 있다.

클라우시우스(Clausius, Rudolf Julius Emmanuel, 독일, 1822.1.2~1888.8.24)는 열이 고온도의 물체에서 저온도의 물체로 다른 아무런 변화도 남기지 않고 이동하는 과정은 불가역으로 **클라우시우스의 원리**(Clausius theorem)라고 말한다. 이것은 고립계(孤立系)의 가역변화에 있어서는 불변(不變)이지만, 비가역변화(非可逆變化)에 있어서는 반드시 엔트로피(entropy)가 증대하는 것을 나타냈다.

켈빈(Lord Kelvin, 본명 William Thomson, 영국, 1824.6.26~1907.12.17, ☔)경은 일이 열로 변하는 현상은 그 외의 아무런 변화도 없다면 불가역이라는 톰슨의 원리(Thomson's principle)를 발표했다. 또 제 2 종 영구기관(永久機關)을 만드는 것은 불가능하다고 말해도 좋다.

카라데오도리(C. Caratheodory)는 열적으로 균일한 계의 임의의 열평형 상태의 근방에서 그 상태의 단열변화에 의해서는 도달할 수 없는 다른 상태가 반드시 존재한다는 **카라데오도리의 원리**(principle of Caratheodory)도 있다.

이들의 주장은 서로 동등하고, 수학적으로는 엔트로피함수의 존재와 단열변화에서는 엔트로피가 결코 감소하지 않는다고 하는 형태로 정식화되었다. 엔트로피의 개념을 이용하면 열역학 제 2 법칙의 내용은 또 "독립계의 엔트로피는 불가역 변화에 의해 항상 증대된다"라고 하는 엔트로피 증대의 원리(principle of recrease of entropy)로도 표현된다.

상태 (1) 에 있는 물질을 어떤 과정을 거쳐, 상태 (2) 로 옮겼을 때 외계(外界)에 열 및 일을 준다. 다음에는 다시 상태 (2) 에서 어떠한 방법으로 상태 (1) 로 되돌렸을 때에 외계(外界)에 어떤 변화도 남지 않을 때 이것을 **가역적**(可逆的, reversible)이라 하고, 외계에 변화가 남을 때 이것을 **비가역적**(非可逆的, inreversible)이라고 한다. 준정적 과정은 가역과정이다.

위의 사실들을 정리해서 수식으로 표현하면, 가역과정에 있어서는 순환적분을 했을 때 〔식 (2.27), 식 (2.36) 참고〕는

$$\oint \frac{d'q}{T} = \oint d\phi = 0 \tag{2.58}$$

이고, 비가역과정(非可逆過程)에서는 순환적분을 했을 때는

$$\oint \frac{d'q}{T} = \oint d\phi > 0 \tag{2.59}$$

이다. 이것이 **열역학 제 2 법칙**(熱力學 第二法則)이다. 여기서 ϕ 를 **엔트로피**(entropy)라고 한다(enthalpy와 혼돈하지 말 것, 註).

준정적 과정을 가정하면, $d\phi$는 전미분(全微分)이 된다. 건조공기의 엔트로피는 식 (2.36) 을 적분하면,

$$\phi = C_p \ln \Theta + Const \tag{2.60}$$

이 된다. 여기서 $Const.$는 적분상수이고, 편의상 $T = 200\,K$, $p = 100\,hPa$ 에서 ϕ 를 0 으로 가정한다. 이와 같은 경계조건(境界條件, boundary condition)을 식 (2.60) 에 대입해서 적분상수 C를 구한 다음 다시 그 식에 대입해서 정리하면

$$\phi = C_p \ln \frac{\Theta}{400} \qquad (2.61\ 註)$$

이 된다.

단열과정에서는 $d\,'q = 0$ 이므로 식 (2.58) 에서 보아도 엔트로피 ϕ 는 일정하게 된다. 따라서 준정적 단열과정에서는 엔트로피는 일정하다. 이런 의미에서 대기과학(기상학)에서는 단열과정과 엔트로피 일정의 과정(過程, isentropic process)은 같은 뜻으로 사용되고 있다. 식 (2.61) 에서 온위와 엔트로피와는 1 대 1 의 관계에 있다. 공간에서 온위 일정의 면을 생각해서 이것을 등온위면(等溫位面, isentropic surface)이고, 선은 등온위선(等溫位線, isentrope)이 된다. 이 면상에 있어서 기온(등온선과 등압선은 일치) 이외의 대기(기상)요소의 분포를 그려 대기를 분석하는 방법을 **등온위면해석**(等溫位面解析) 또는 **등온위분석**(等溫位分析, isentropic analysis) 이라고 한다(註).

2.10. 연직운동의 감율변화

기층(氣層: 공기 층) 전체가 단열적으로 침강하거나 상승할 때, 기층내의 감률 변화를 생각하기로 한다.

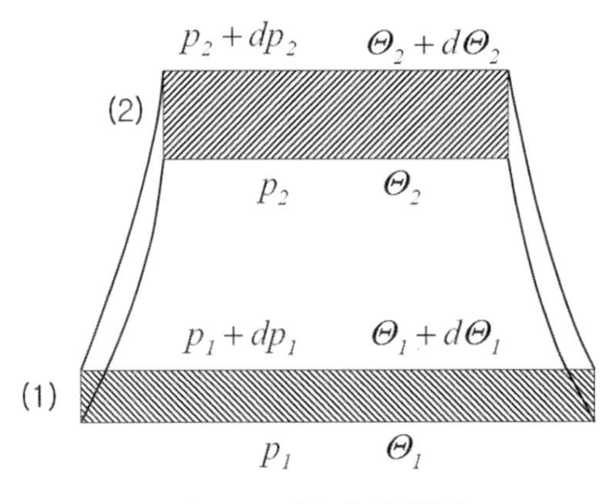

그림 2.3. 기층의 상하운동

그림 2.3 과 같이 단면적 S_1 의 얇은 기층이 상승해서 S_2 가 되었다 하자. 처음과 마지막의 상태에 있어서 밑면의 기압을 각각 p_1, p_2 로 하고, 온위를 Θ_1, Θ_2 로 한다. 또한 각각의 기층에서 상면의 기압을 $p_1 + dp_1$, $p_2 + dp_2$ 온위를 $\Theta_1 + d\Theta_1$, $\Theta_2 + d\Theta_2$ 로 한

다. 그런데 단열과정이기 때문에 서로 대응하는 면의 온위는 변하지 않는다. 기층내의 질량은 $\rho S \Delta z$ 이지만, 이것은 정역학방정식〔靜力學方程式 : 식 (1.59) 에서 $dp = -g\rho dz$〕을 통해서 $S\,dp/g$ 로 놓을 수 있다. 따라서 질량은 변하지 않으므로

$$S_1 dp_1 = S_2 dp_2 \tag{2.62}$$

가 된다. 온위도 변하지 않으므로

$$\frac{d\Theta_1}{\Theta_1} = \frac{d\Theta_2}{\Theta_2} \qquad (2.63\ 註)$$

으로 놓을 수가 있다. 그러므로 식 (2.63) 을 식 (2.62) 로 나누면,

$$\frac{1}{S_1\Theta_1}\frac{d\Theta_1}{dp_1} = \frac{1}{S_2\Theta_2}\frac{d\Theta_2}{dp_2} \tag{2.64}$$

가 된다. 그런데 식 (2.49) 를 이용하면,

$$\begin{aligned}\frac{1}{S\Theta}\frac{d\Theta}{dp} &= \frac{1}{S\Theta}\frac{d\Theta}{dz}\frac{dz}{dp} \qquad (2.65\ 註)\\ &= -\frac{1}{g\rho S\Theta}\frac{d\Theta}{dz}\\ &= \frac{1}{g\rho ST}(\Gamma - \Gamma_d) = \frac{R}{gSp}(\Gamma - \Gamma_d)\end{aligned}$$

가 된다. 따라서 위식 식 (2.65) 를 식 (2.64) 의 각각의 상하의 기층 (1) 과 (2) 에 대입하면,

$$\frac{1}{S_1p_1}(\Gamma_1 - \Gamma_d) = \frac{1}{S_2p_2}(\Gamma_2 - \Gamma_d) \tag{2.66}$$

이 된다. 이것은 마르그레스(Margules, Max R., 오스트리아, 1856~1920, ☂)가 1906년에 처음으로 구한 관계식이다. 그의 해석에 의하면, $S_1 p_1 > S_2 p_2$는 상승해서 단면적이 수축한 경우이고, $S_1p_1 < S_2p_2$는 침강해서 단면적이 확장한 경우이다. 이와 같은 경우 상

승하면 $\Gamma_d - \Gamma$ 는 작게 되고, 하강하면 크게 된다. 즉 처음 기온감률이 Γ_d보다 작은 기층이 상승하면 크게 되고, 침강하면 작게 된다. 처음에 기온감률이 Γ_d보다 크다면, 상승하면 작게 되고, 침강하면 크게 된다. 상승하면 단열감률에 가까워지고 침강하면 멀어진고 하는 뜻으로 해석을 하고 있다(註).

이것으로 예를 들면, $\Gamma_d = 1\ C/100m$, $\Gamma = 0.7\ C/100m$ 의 기층이 단면적을 변화시키지 않고, 상승했을 때의 감률의 변화는 다음의 표 2.3과 같이 된다.

표 2.3. 기층의 단열상승에 수반되는 감률의 변화

고 도 (km)	0	1	2	3	4	5	6	7	8	9	10
$-\dfrac{\partial T}{\partial z}\ (C/100m)$	0.70	0.73	0.76	0.79	0.82	0.84	0.86	0.88	0.90	0.91	0.92

2.11. 기 주

기주(氣柱, air column, 공기기둥)의 에너지(energy)와 이류(移流, advection)를 주로 다루기로 한다. 여기서 **이류**란 공기덩이에 수반되어 공기덩이 자체나 그것에 동반되는 대기량이 운반되는 것이다. 환언하면 대기나 해양에 관련된 물질이나 대기양이 바람이나 유속에 의해 운반되는 과정, 즉 다른 곳에서 이동해 오는 공기나 유체를 의미한다.

2.11.1 기주의 에너지

단위저면적의 연직기주(鉛直氣柱)를 생각한다. **위치에너지**(位置에너지, potential energy)를 P_E라 하면,

$$P_E = \int_0^\infty \rho\, g\, z\, dz \tag{2.67}$$

이기 때문에, 여기에 식 (1.59)의 정역학방정식 $dp = -\ \rho g dz$ 를 편미분으로 바꾸어서 $\rho g = -\,\partial p(z)/\partial z$ 로 만들어 대입하고, 부분적분법(주해를 참조)을 사용하면,

$$P_E = -\int_0^\infty z \frac{\partial p}{\partial z} dz = z\,p \mid_\infty^0 + \int_0^\infty p\,dz \qquad (2.68\ 註)$$

이 되고, $z = \infty$ 에서는 $p = 0$ 가 되므로, 우변 제 1 항은 0 이 되어 다음과 같이 된다.

$$P_E = \int_0^\infty p\,dz \qquad (2.69)$$

한편 **내부에너지**(內部에너지, internal energy) U는 식 (2.11) 과 식 (2.17) 을 이용해서 유도하면,

$$U = \frac{C_v}{A} \int_0^\infty \rho\,T\,dz \qquad (2.70\ 註)$$

과 같이 되는데, 상태방정식 식 (1.30) 의 $p = R\rho T$ 를 사용하고, 다음에 식 (2.19) 를 이용하면,

$$U = \frac{C_v}{A} \int_0^\infty \frac{p}{R} dz = \frac{C_v}{C_p - C_v} \int_0^\infty p\,dz \qquad (2.71)$$

이 되고, 위 식 우변의 적분항은 식 (2.69) 에 의해 위치에너지 P_E 가 되고, 식 (2.20) 에서 $\gamma = C_p / C_v$ 가 되므로

$$P_E = \frac{C_p - C_v}{C_v} U = (\gamma - 1) U \qquad (2.72)$$

가 되고, **정역학적에너지**(靜力學的에너지, hydrostatic energy)를 위치에너지와 내부에너지의 합으로 정의하고 H_E 로 하고, 식 (2.72) 와 U 를 더하면,

$$H_E = P_E + U = (\gamma - 1) U + U = \gamma\,U \qquad (2.73)$$

이 되고, 이것을 역으로 식 (2.73) 에서 U 의 함수로, 식 (2.72) 에 식 (2.73) 을 대입해서 P_E 의 식으로 바꾸어 주면,

$$U = \frac{1}{\gamma} H_E \fallingdotseq 0.7 H_E$$

$$P_E = \frac{\gamma - 1}{\gamma} H_E \fallingdotseq 0.3 H_E \tag{2.74}$$

가 되다. γ는 단열대기의 경우를 가정해서 1.4를 대입했다. 이 결과를 보면, 기주에 열을 가하면, 70 %는 내부에너지가 되고, 30 %는 위치에너지가 됨을 알 수가 있다.

2.11.2. 기주의 압축

높이 h의 기주의 상면에서 무거운 공기가 다른 곳에서 와서 $\delta\pi$에 해당하는 이류(移流)의 압력이 증가했다고 가정했을 때의 경우를 생각하자.

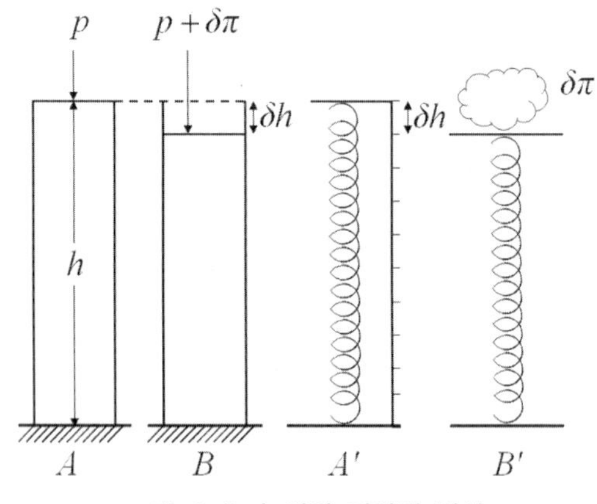

그림 2.4. 높이와 기압의 변화

처음 높이 h에 있던 실질면(實質面)이 이류 $\delta\pi$에 의해 높이가 δh만큼 변화하게 된다. 따라서 공간 h에 있던 압력계의 값은 δp_h의 변화를 해서(그림 2.4 참고)

$$\delta p_h = \delta\pi - (-\rho g \delta h) = \delta\pi + \rho g \delta h \tag{2.75}$$

가 되고, 임의의 고도에 있는 기압계의 값도

$$\delta p = \delta\pi + \rho g \delta z \tag{2.76}$$

이 되다. δz 는 처음 높이 z 에 있던 면의 변화량이다. 그림 2.5 와 같이 기층 AB 가 $A'B'$ 로 하강한 것이지만, 그 질량은 변하지 않기 때문에 단위저면적당(單位底面積當)의 질량은 상수이므로 미분값은 0 이 되고, 다음의

$$\delta(\rho dz) = 0 \tag{2.77}$$

이 되고, 이것을 미분하면,

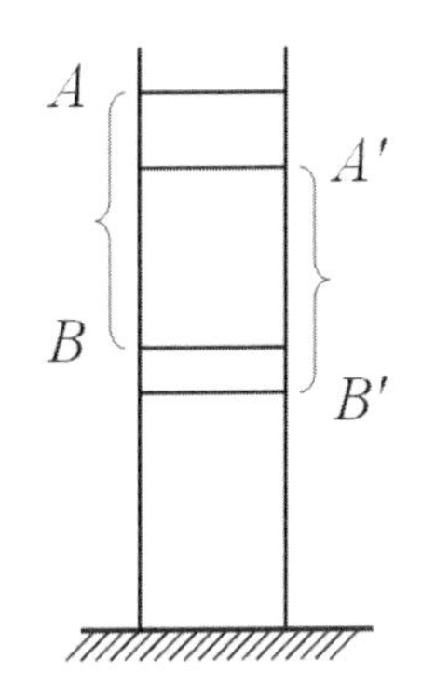

그림 2.5. 기층의 압축하강

$$\delta\rho \ dz + \rho \ \delta dz = 0 \tag{2.78}$$

이 된다. 기층 AB 가 다방적(多方的)으로 압축된 것이라고 한다면, 식 (2.44) 에서 질량은 상수이므로 밀도의 식 $p = c\rho^k$ (c : 상수)로 바꾸어서 대수미분해서 식 (2.76) 의 오른쪽 뒤 항을 무시해서 대입하면

$$\frac{\delta\rho}{\rho} = \frac{1}{k}\frac{\delta p}{p} \fallingdotseq \frac{1}{k}\frac{\delta\pi}{p} \tag{2.79}$$

가 되고, 위 식 (2.79) 를 식 (2.78) 에 대입하면,

$$\delta dz = -\frac{\delta\rho}{\rho}dz = -\frac{\delta\pi}{k}\frac{dz}{p} \tag{2.80}$$

이다. 그런데 $\delta dz = AB - A'B' = AA' + A'B - A'B - BB' = AA' - BB' = d\delta z$ 이므로 위 식은

$$d\delta z = -\frac{\delta\pi}{k}\frac{dz}{p} \tag{2.81}$$

이 된다. 따라서 $z=0$에서 $z=z$까지 적분하면,

$$\delta z = -\frac{\delta\pi}{k}\int_0^z \frac{dz}{p} \tag{2.82}$$

이 된다. 따라서 이것을 식 (2.76) 에 대입하면,

$$\delta p = \delta\pi\left(1 - \frac{\rho g}{k}\int_0^z \frac{dz}{p}\right) \tag{2.83}$$

이 된다.

좌변(δp)과 우변의 괄호 안의 양은 관측으로 결정할 수가 있는 양이다. 어떤 상층의 관측에서 우변의 괄호 안의 양은 각 고도에 대해 구하고, 각 고도에 대한 전 관측과의 차 δp를 구해서, 전에 구한 값으로 나눈다면, $\delta\pi$ 가 각 고도에 대해서 얻어진다.

만일 h 이상에서만 공기덩이의 이류가 있었던 것으로 한다면, 각 고도에 대한 $\delta\pi$는 같은 값을 가질 것이다. $\delta\pi$를 알면 식 (2.82) 에 의해 각 실질면에 하강량을 안다. 이상과 같이 어떤 높이 이상의 공기덩이의 교대가 있었을 경우를 **특수이류**(特殊移流, singular advection)라고 한다. 모든 층에 있어서 공기덩이의 교대가 있었을 경우를 **일반이류**(一般移流, general advection)라고 한다. 일반류(一般流)에 대해서는 각 층에 있어서 이류의 방법에 의해 여러 해가 얻어지고 특수이류와 같이 간단하게는 결정되지 않는다.

2.11.3. 특수이류에 따른 기주의 에너지변화

h의 높이에서 $\delta\pi$의 압력증가에 의해 실질 면이 δh만큼 하강했다고 하면, δh 를 식 (2.82) 에서 다시 고쳐 쓰면 다음과 같이 된다.

$$\delta h = -\frac{\delta\pi}{k}\int_0^h \frac{dz}{p} \tag{2.84}$$

위치에너지는 식 (2.67) 과 식 (2.68) 에서

$$P_E = \int_0^h \rho\, g\, z\, dz = -zp \mid_0^h + \int_0^h p\, dz = \int_0^h p\, dz - p_h h \tag{2.85}$$

이고, p_h는 h고도에서의 기압이다. 위의 위치에너지의 변화는 부변수(副變數)를 포함한 함수의 적분(주해를 참조)을 이용해서 구하면,

$$\begin{aligned} \delta P_E &= \delta \int_0^h p\, dz - \delta(p_h\, h) \\ &= \int_0^h \delta p\, dz + p_h\, \delta h - p_h\, \delta h - \delta_i p\, h \\ &= \int_0^h \delta p\, dz - \delta_i p\, h \end{aligned} \qquad (2.86\ 註)$$

이다. 여기서 $\delta_i p$는 h에서 $h - \delta h$까지 눌러 축소시키기 위한 실질의 압력변화이다. 식 (2.86) 의

$$\delta_i p = \delta p_h + \frac{\partial p}{\partial z}\delta h = \delta p_h - \rho\, g\, \delta h = \delta\pi \qquad (2.87\ 註)$$

이다. 또 같은 식의

$$\begin{aligned} \int_0^h \delta p\, dz &= \int_0^h \delta\pi \left(1 - \frac{\rho g}{k}\int_0^z \frac{dz}{p}\right) dz = \int_0^h \delta\pi\, dz + \frac{\delta\pi}{k}\int_0^h \frac{\partial p}{\partial z}\left(\int_0^z \frac{dz}{p}\right) dz \\ &= \delta\pi\, h + \frac{\delta\pi}{k}\int_0^h \frac{\partial}{\partial z}\left(p\int_0^z \frac{dz}{p}\right) dz - \frac{\delta\pi}{k}\int_0^h dz \\ &= \frac{k-1}{k} h\, \delta\pi + \frac{\delta\pi}{k} p_h \int_0^h \frac{dz}{p} = \frac{k-1}{k} h\, \delta\pi - p_h\, \delta h \end{aligned} \qquad (2.88\ 註)$$

따라서 식 (2.88) 의 3번째의 오른쪽 가운데 식과 식 (2.87) 을 식 (2.86) 에 대입하면,

$$\delta P_E = \frac{\delta\pi}{k}\left(p_h \int_0^h \frac{dz}{p} - h\right) \qquad (2.89\ 註)$$

가 된다. 그런데

$$\frac{h}{p_h} > \int_0^h \frac{dz}{p} > \frac{h}{p_0} \tag{2.90}$$

이기 때문에 이것을 식 (2.89) 에 넣어서 생각하며 δP_E는 부(-)가 된다. 이것은 위치에너지가 감소함을 의미한다.

중심(重心)의 위치 $\bar{z}$(1 장 1.4 항의 1.4.2. 평균을 구하는 방법을 참고)는

$$\bar{z} = \frac{g\int_0^h \rho\, z\, dz}{g\int_0^h \rho\, dz} = \frac{P_E}{p_0 - p_h} \tag{2.91}$$

인데, 여기에서 분자는 식 (2.85) 를, 분모는 식 (1.59) 를 이용하였다. 그것을 위치에너지의 감소에 의한 중심의 이동은 식 (2.89) 를 대입하면,

$$\delta\bar{z} = \frac{\delta P_E}{p_0 - p_h} = -\frac{\delta\pi}{k(p_0 - p_h)}\left(h - p_h\int_0^h \frac{dz}{p}\right) \tag{2.92}$$

만큼 하강한다.

다음에는 내부에너지의 변화를 구하자. 식 (2.71) 의 내부에너지에 식 (2.86) 을 대입하면,

$$\delta U = \frac{1}{k-1}\delta\int_0^h p\, dz = \frac{1}{k-1}\left(\int_0^h \delta p\ dz + p_h\ \delta h\right) \tag{2.93 註}$$

이 되고, 여기에 식 (2.88) 을 약간 변형하여 대입하면,

$$\delta U = \frac{1}{k} h\ \delta\pi \tag{2.94 註}$$

가 되므로 따라서 내부에너지의 변화는 처음의 높이와 압력변화에 비례함을 알 수가 있다.

위치에너지와 내부에너지의 합으로 정의되는 **정역학적(靜力學的)에너지**〔여기서는 편의상 전(全)에너지로도 부르자〕의 변화는 식(2.89) 와 식 (2.94) 를 합하면,

$$\delta H_E = \delta(P_E + U) = \frac{\delta\pi}{k}\left(p_h \int_0^h \frac{dz}{p} - h + h\right)$$

$$= \frac{\delta\pi}{k} p_h \int_0^h \frac{dz}{p} > 0 \tag{2.95}$$

가 된다. 따라서 이 결과에 의하면 전(全)에너지(정역학적에너지)는 특수이류(特殊移流)에 의해 증가한다.

2.12. 유효위치에너지

유효위치에너지(有效位置에너지, available potential energy)는 닫힌 단열계에서 운동에너지로 변환될 수 있는 최대량의 위치에너지를 의미한다. 만일 성층대기의 전층(全層)이 수평이라면 그 위치에너지는 전혀 운동에너지로 변환되지 않는다. 따라서 어떤 주어진 상태의 대기의 유효위치에너지란 그 상태에 있는 전위치에너지에서 등온위(等溫位)적으로 공기를 재분배시켜서 수평성층상태로 했을 때의 값을 뺀 것이 된다.

로렌츠(Lorenz, Edward N., 1955년, ☂)가 처음으로 유효위치에너지(A_{PE})라 명명하고, 정식화해서 등온위좌표(等溫位座標)에 준거해서 다음과 같이 정확한 표현을 했다.

$$A_{PE} = \frac{C_p}{g(1+\kappa)p_{00}^{\kappa}} \int_S \int_0^{\infty} (p^{1+\kappa} - \overline{p}^{1+\kappa})\, d\theta\, dS \tag{2.96}$$

여기서

C_p: 정압비열(定壓比熱)	g : 중력가속도(重力加速度)	$\kappa = R/C_p$
R: 기체상수(氣體常數)	p: 기압(氣壓)	Θ: 온위(溫位)
$p_{00} = 1{,}000\, hPa$	$\overline{p}$: 등온위면상의 평균기압	S: 면적(面積)

을 나타낸다. 위의 표현을 간단히 해서 실제의 자료에 적용하고, 대기의 에너지론에 사용되고 있다.

이 보다 앞서 마르그레스(Margules, MR, 1856~1920,)는 1905년에 두 개의 기층이 전도(轉倒 : 넘어짐)되어 층의 겹침을 변경했을 때의 위치에너지 감소에 의해 운동에너지가 생기고, 이 값이 저기압의 운동에너지를 설명하는 데 충분하다는 것을 나타냈다. 다음에 이것을 설명한다.

2.12.1. 상하성층의 전층

2개의 기층이 상하로 성층(成層)을 이루고 있고, 각 기층은 온위일정(溫位一定)으로 한다. 또한 처음의 상태에서는 온위의 낮은 쪽이 위에 있어 불안정하므로, 이것이 혼합(混合, mixing)되는 일이 없이 상하를 바꾸어 층이 뒤바뀌었을 경우를 가정하자.

찬 공기(1)에 관한 양은 하첨자 1, 따뜻한 공기(2)에 관한 양을 하첨자 2, 경계면(境界面, interface, 界面)에 있어서의 값을 하첨자 i, 윗면에 있어서의 값을 하첨자 h, 지면에 있어서의 값을 하첨자 0을 붙여서 나타내기로 한다(그림 2.6 참고).

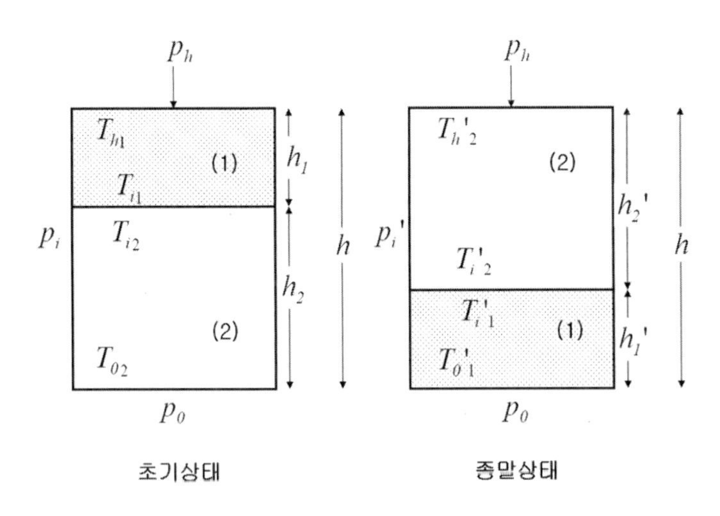

그림 2.6. 상하성층의 전층

조건의 가정에 의하여 각 기층에서는 온위가 일정하므로, 식 (1.67)의 **다방대기**(多方大氣, polytropic atmosphere)의 식을 사용하고 식 (2.19)를 이용하면,

$$p = p_0\left(\frac{T_0 - \Gamma_d\ z}{T_0}\right)^{\frac{C_p}{A\ R}} \qquad (2.97\ 註)$$

이 되고,

$$T_h = T_0 - \Gamma_d \, h \tag{2.98}$$

이기 때문에 위치에너지 P_E는 식 (2.85) 에서

$$P_E = \int_0^h p \, dz - p_h h \tag{2.85$'$}$$

내부에너지 U는 식 (2.71) 에서 식 (2.20) $\gamma = C_p / C_v$ 를 이용해 변경해서

$$U = \frac{1}{\gamma - 1} \int_0^h p \, dz \tag{2.71$'$}$$

따라서 전에너지(정력학적에너지, hydrostatic energy)는 H_E는

$$H_E = P_E + U = \frac{\gamma}{\gamma - 1} \int_0^h p \, dz - p_h \, h \tag{2.99}$$

이다. 식 (2.97) 을 위 식에 대입해서 풀어주면(부교재인 주해를 참조),

$$\begin{aligned} H_E &= \frac{\gamma}{\gamma - 1} \int_0^h p_0 \left(1 - \frac{\Gamma_d \, z}{T_0}\right)^{\frac{1}{\kappa}} dz - p_h \, h \\ &= \frac{C_p}{A \, g} \frac{1}{1 + \kappa} (p_0 T_0 - p_h T_h) - p_h \, h \end{aligned} \tag{2.100 註}$$

이 된다. 따라서 처음(initial) 상태의 전에너지 $(H_E)_i$는

$$(H_E)_i = \frac{C_p}{A \, g} \frac{1}{1 + \kappa} (p_0 T_{02} - p_i T_{i2} + p_i T_{i1} - p_h T_{h1}) - p_h \, h \tag{2.101}$$

전도(轉倒) 후의 상태를 생각한다. 계면(界面)의 기압은 p_I이다. 처음 기층(2) 의 기압 $= p_o - p_i$, 후의 기층 (2) 의 기압 $p_i' =$ (2)의 기압 $+ p_h$이므로

$$p_i{}' = p_0 + p_h - p_i \tag{2.102}$$

로 주어진다. 전도 후 지표면에 오는 공기는 (1) 속에서 어떤 것이 와도 같은 값을 갖지만, 편의상 윗면에 있던 것이 온 것으로 한다. 단열적으로 압축될 것을 생각한다면,

$$T_{01}{}' = T_{h1}\left(\frac{p_0}{p_h}\right)^{\kappa}, \qquad T_{i1}{}' = T_{i1}\left(\frac{p_i{}'}{p_i}\right)^{\kappa} \tag{2.103}$$

같은 방법으로 공기 (2) 에 대해서는 아래면의 것이 윗면에 왔다고 하면,

$$T_{i2}{}' = T_{i2}\left(\frac{p_i{}'}{p_i}\right)^{\kappa}, \qquad T_{h2}{}' = T_{02}\left(\frac{p_h}{p_0}\right)^{\kappa} \tag{2.104}$$

가 된다. 따라서 최후의 상태의 전에너지(정력학적에너지) $(H_E)_e$ 는

$$(H_E)_e = \frac{C_p}{A\,g}\frac{1}{1+\kappa}(p_0 T_{01}{}' - p_i{}' T_{i1}{}' + p_i{}' T_{i2}{}' - p_h T_{h2}{}') - p_h\, h \tag{2.105}$$

가 된다. h와 h'과의 차는 작으므로 생략하면, 전에너지의 차는 식 (2.101) 과 식 (2.105) 의 오른쪽 항의 괄호 안의 양의 차가 된다. 단위 저면적(底面積, $S=1$)에 대한 기층의 질량(m)은 $F=mg$에서

$$m = \frac{F}{g} = \frac{\Delta p\, S}{g} = \frac{p_0 - p_h}{g} \tag{2.106}$$

이기 때문에 $(H_E)_i$와 $(H_E)_e$와의 차가 운동에너지(K_E, kinetic energy)가 되는 것이므로

$$K_E = \frac{1}{2}m\,v^2 = (H_E)_i - (H_E)_e \tag{2.107}$$

이다. 여기서 v 는 속도이다. 따라서 속도는 식 (2.106) 을 대입해서 정리하면,

$$v = \sqrt{\frac{2\,g}{p_0 - p_h}\{(H_E)_i - (H_E)_e\}} \tag{2.108}$$

에 의해 풍속이 주어진다.

★ 마르그레스는 다음과 같은 수치 예를 주어서 계산을 했다.

$$\begin{array}{lll} \text{초기상태 :} & p_0 = 760\,hPa & p_i = 591.690\,hPa \\ & p_h = 450.222\,hPa & T_{02} = 283\,K \\ & T_{i\,2} = 263.1315\,K & T_{i\,1} = 260.1315\,K \\ & T_{h\,1} = 240.2630\,K & h_1 = h_2 = 2{,}000\,m \end{array} \tag{2.109}$$

$$\begin{array}{lll} \text{말기상태 :} & p_0 = 760\,hPa & p_i{}' = 618.532\,hPa \\ & p_h = 450.222\,hPa & T_{01}{}' = 279.773\,K \\ & T_{i\,1}{}' = 263.509\,K & T_{i\,2} = 266.548\,K \\ & T_{h2}{}' = 243.034\,K & h_1{}' = 1{,}637.17\,m \\ & h_2{}' = 2{,}366.97\,m & \end{array} \tag{2.110}$$

위의 예를 대입해서 계산을 하면,

$$\begin{aligned} (H_E)_i &= \frac{C_p}{A\,g}\frac{1}{1+\kappa}p_h \times 233.5142 \\ (H_E)_e &= \frac{C_p}{A\,g}\frac{1}{1+\kappa}p_h \times 233.4136 \\ \frac{1}{2}v^2 &= \frac{p_h}{p_0 - p_h}\frac{1}{1+\kappa}\frac{C_p}{A} \times 0.1006 \\ v &\fallingdotseq 15\,m/s \end{aligned} \tag{2.111}$$

가 된다. 마르그레스의 수치 예의 이 결과에 의하면 상하로 되어 있던 기층이 불안정하여 층이 전도되면 위치에너지가 감소하여 생기는 유효위치에너지에 의해 운동에너지로 전환되어 $15m/s$ 의 풍속이 부는 결과가 나왔다.

2.12.2. 수평기층의 전층

2번째의 예는 그림 2.7과 같이, 서로 다른 기층이 수평방향으로 늘어서 있는 경우이다. 처음의 저면적(底面積)은 각각 $B/2$ 로, 전층(轉層) 후의 저면적은 B 로 한다. 초기상태의 기온과 기압은 다음 식으로 주어져 있다. 기온은

$$T_{01} = T_{h1} + \beta_d\, h, \qquad T_{02} = T_{h1} + \beta_d\, h \tag{2.112}$$

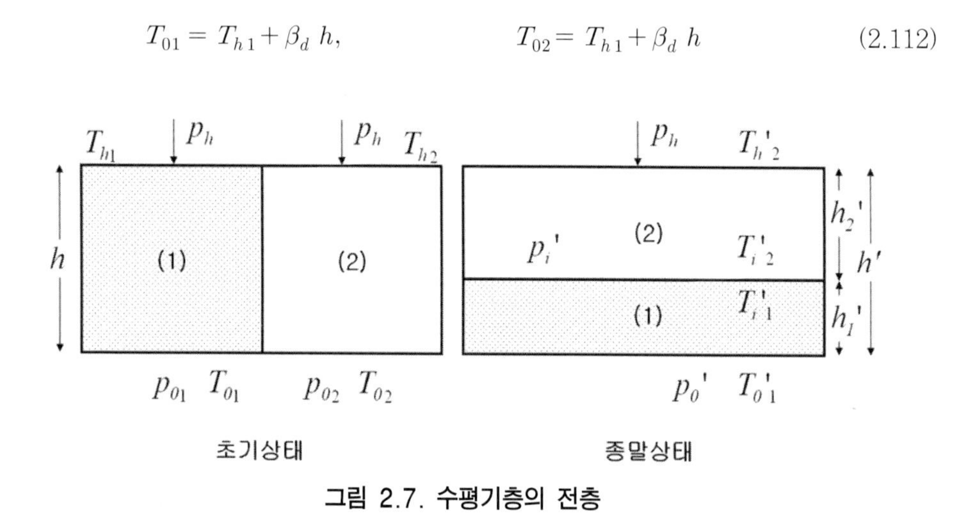

그림 2.7. 수평기층의 전층

이다. 여기서 β_d 는 기온의 증율(增率, 건조단열감률과 반대 부호)이다. 기압은

$$p_{01} = p_h\left(\frac{T_{01}}{T_{h1}}\right)^{\frac{1}{\kappa}}, \qquad p_{02} = p_h\left(\frac{T_{02}}{T_{h2}}\right)^{\frac{1}{\kappa}} \tag{2.113}$$

이다. 따라서 처음 상태의 전에너지(정력학적에너지) $(H_E)_i$는

$$(H_E)_i = \frac{C_p}{A\,g}\frac{1}{1+\kappa}\frac{B}{2}(T_{01}p_{01} - T_{h1}p_h + T_{02}p_{02} - T_{h2}p_h) - Bp_h\, h \tag{2.114}$$

가 된다.

전층(轉層) 후는 그림 2.7과 같이 찬공기(1)는 따뜻한 공기(2)의 밑으로 들어가고 온도와 기압은 다음 식으로 주어진다.

$$
\begin{aligned}
&T_{h2}' = T_{h2} && T_{01}' = T_{01} \\
&T_{i2}' = T_{02}\left(\frac{p_i'}{p_{02}}\right)^{\kappa} && T_{i1}' = T_{h1}\left(\frac{p_i'}{p_h}\right)^{\kappa} \\
&p_i' = p_h + \frac{1}{2}(p_{02} - p_h) && p_0' = \frac{p_{01} + p_{02}}{2}
\end{aligned}
\tag{2.115}
$$

따라서 전층 후의 전에너지(정력학적에너지) $(H_E)_e$는

$$(H_E)_e = \frac{C_p}{A\,g}\frac{1}{1+\kappa}B(T_{01}'p_0' - T_{i1}'p_i' + T_{i2}'p_i' - T_{h2}'p_h) - Bp_h\,h \tag{2.116}$$

이 된다.

★ 마르그레스는 여기에도 다음과 같은 수치 예를 주어서 계산을 했다.

$$
\begin{aligned}
\text{초기상태}: \ & p_{01} = 759.20\,hPa && p_{02} = 753.46\,hPa \\
& p_h = 510\,hPa && \\
\text{찬 공기}: \ & T_{01} = 272.80\,K && T_{h1} = 243\,K \\
\text{따뜻한 공기}: \ & T_{02} = 277.80\,K && T_{h2} = 248\,K \\
\text{높이}: \ & h = 3{,}000\,m &&
\end{aligned}
\tag{2.117}
$$

$$
\begin{aligned}
\text{말기상태}: \ & p_0' = 756.33\,hPa && p_i' = 631.73\,hPa \\
& p_h = 510\,hPa && \\
\text{찬 공기}: \ & T_{01}' = 272.5026\,K && T_{i1}' = 258.6055\,K \\
& h_1' = 1{,}398.9\,m && \\
\text{따뜻한 공기}: \ & T_{i2}' = 263.9266\,K && T_{h2}' = 248\,K \\
& h_2' = 1{,}603.2\,m &&
\end{aligned}
\tag{2.118}
$$

위의 예를 넣어서 계산을 하면,

$$
\begin{aligned}
(H_E)_i &= \frac{C_p}{A\,g}\frac{1}{1+\kappa}Bp_h \times 162.7558 \\
(H_E)_e &= \frac{C_p}{A\,g}\frac{1}{1+\kappa}Bp_h \times 162.7125 \\
\frac{1}{2}v^2 &= \frac{p_h}{p_0{}' - p_h}\frac{1}{1+\kappa}\frac{C_p}{A} \times 0.0433 \\
v &\fallingdotseq 12\,m/s
\end{aligned}
\tag{2.119}
$$

가 된다. 마르그레스의 이 수치 예의 이 결과에 의해서는 좌우로 되어 있던 기층이 불안정하여 전층(轉層)이 상하로 되어, 위치에너지가 감소하여 생기는 유효위치에너지에 의해 운동에너지로 전환되어 12 m/s의 풍속이 부는 결과가 나왔다.

유효위치에너지에 대한 더 상세한 연구와 공부는 櫻庭信一의 일본기상학회지 기상집지(氣象集誌) 21(1943), 30(1952)과, 小倉義光의 기상역학통론(氣象力學通論, 東京大學出版會, p.82-87)을 참고하기 바란다.

2.13. 열역학 제3법칙

열역학 제 3법칙(熱力學 第三法則, third law of thermodynamics)은 절대 $0K$에 있어서의 엔트로피에 관한 법칙으로 네른스트(Nernst, Hermann Walter, 獨逸, 1864.6.25~1941.11.18)의 열정리(熱定理) 또는 **네른스트의 정리**라고도 한다. 네른스트는 다수의 실험 사실에서의 귀납으로써, 동일물질의 다른 상(相) 사이에서의 전이가 등온변화로 일어날 때, 그 엔트로피의 변화를 $\Delta\phi$라고 하면, 절대온도 $T\to 0$의 극한에서 $\Delta\phi\to 0$이 되는 것을 일반법칙으로 해서 주장했는데(1906년), 프랑크(Planck, Max Karl Ernst Ludwig, 獨逸, 1858.4.23~1947.10.3)는 더욱 진전시켜 열평형 상태에 있는 물질이나 장(場)으로 이루어지는 계(系)의 엔트로피 ϕ의 값을 $T=0$에 있어서 항상 0이 된다고 가정했다. 이것은 유한회수의 과정에 있어서 절대 $0K$의 상태에 도달할 수 없다고 하는 형태를 나타내는 것도 가능하다. 절대 $0K$에 접근함에 따라서 비열이나 열팽창이 0에 접근하는 일 등은 이 법칙에서 열역학적으로 유도된다. 또 화학반응 등의 평형상수(平衡常數)를 열역학적으로 결정하는 것도 이 법칙에 의해 가능하게 된다.

이 법칙은 양자통계역학(量子統計力學)의 입장에서는 당연히 귀결로 인정된다. 즉 열평형상태에 있는 계는 $T=0$에 있어서 기저상태(基底狀態)에 있지만, 그 상태의 축퇴도(縮退度)를 W_0로 하면, 이 상태의 엔트로피 ϕ_0는 볼츠만의 원리에 의해

$$\phi_0 = k \log W_0 \tag{2.120}$$

가 된다. $W_0=0$ 즉 기저상태가 축퇴〔縮退 : 축중(縮重)이라고도 하며, 일반적으로 선형관계의 존재에 있는 자유도의 감소, 또는 몇 개의 자유도(自由度)에 대응하는 양이 동등의 관계에 있는 것을 말함〕를 가져오지 않는다면, 위 식에서 $\phi_0=0$이 되는 것은 분명하지만, 이 논의는 엄밀한 증명은 되지 않는다. 정확하게는 기저상태 부근의 양자(量子)상태 분포를 음미할 필요가 있다. 만일 절대 $0K$에서도 고도로 축퇴된 상태가 가능하다면, ϕ_0는 유한의 값으로 될 수 있다. 얼음 속의 수소결합의 분포나 $0K$에서의 유리 상태, 또 오르토 수소〔ortho-hydrogen : 수소분자 H_2중, 2개의 양자 핵의 회전 방향이 같은 방향의 것을 오르토수소($o-H_2$), 서로 반대방향의 것을 파라수소($p-H_2$)라고 한다〕와 파라수소(para-hydrogen)의 전환이 동결상태에 있는 수소분자결정 등은 이 예이지만, 이들은 물질계가 준안정상태에 떨어져, 유한한 시간 중에는 안정한 열평형상태에 도달하지 않기 때문이라고 볼 수도 있다.

연 습 문 제

1. $0C$의 얼음 $1g$을 같은 온도의 물로 녹이는데 약 $80cal$의 열량이 필요했다고 하면, 이 때의 내부에너지와 일을 구하라.

2. 단위질량에 대하여 단위시간에 E만큼의 열을 받으면서 대기 중을 속도 w로 상승하는 공기덩이의 다방상수(多方常數)

$$k = \frac{C_p}{C_v + \frac{RE}{gw}} \qquad \text{(연 2.1)}$$

로 주어지는 것을 나타내라.

3. 기층이 다방과정에 의해서 상하로 이동할 때의 기온감률은 어떻게 변할까?

4. 12.2 항의 경우, 근사적으로

$$V = \frac{1}{2}\sqrt{\left(g\,h\,\frac{\Delta T}{T}\right)} \qquad \text{(연 2.2)}$$

가 되는 것을 설명하라. 단,

$$T = \frac{1}{2}(\overline{T_1} + \overline{T_2}) \quad , \quad \Delta T = \overline{T_2} - \overline{T_1} \qquad \text{(연 2.3)}$$

이고, $\overline{T_1}$는 기체 (1) 의 평균기온, $\overline{T_2}$는 기체 (2) 의 평균기온이다.

Chapter

3 습윤공기

습윤공기〔濕潤空氣 moist(wet) air, 습윤대기(濕潤大氣)〕는 건조공기(대기)에서 정의 한 외의 공기에 해당한다. 즉 건조공기와 임의의 수증기와의 혼합물을 의미한다. 따라서 **이론정의**(理論定義)에서는 수증기를 포함을 해서 상대습도가 0 % 보다 크기만 하면 모두 습윤공기가 되는 것이다. 그러나 실제로는 거의 대부분의 공기가 절대온도 0 K(-273.15 C)가 아닌 이상 아무리 소량이라도 수증기를 포함함으로 습윤공기가 되는 것이다. 따라서 **실용정의**(實用定義)에서는 포화된 후의 포화공기를 습윤공기라 하고 있다. 즉 상대습도가 100 % 이상인 경우를 의미한다. 이 두 가지의 정의 역시 대기과학의 이론을 전개할 때는 다 소용이 되기 때문에 공존하고 있다.

일반에서 통상 이야기 할 때는 상대습도가 큰 공기를 습윤공기(濕潤空氣, 濕潤大氣), 작은 공기를 **건조공기**(乾燥空氣) 라고 간단히 말하는 경우도 있다.

열역학대기(熱力學大氣, 熱力學氣象)에서는 이론적인 고찰의 편의상, 공기에서 수증기를 제외한 부분을 건조공기라고 부른다. 대류권에 있어서 대기의 조성은 수증기를 제외하면 시간적 · 공간적으로 거의 변화하지 않는다. 그래서 수증기를 포함하지 않는 공기(건조공기)에 대해서는 질소, 산소 등 그 성분기체의 비율을 사용해서 평균적인 분자량을 생각해, 공기는 그 분자량을 갖는 이상기체(理想氣体)로 간주할 수가 있다. 이 때 공기덩이의 단열변화는 **푸아송**(Poisson)**의 법칙**에 따른다.

이것에 대해서, 통상의 공기는 그 속에 포함되어 있는 수증기의 비율이 시간적 · 공간적으로 크게 변화하고, 또 수증기의 응결 · 승화 등의 상(相, phase)의 변화도 활발해서, 그 때 대량의 잠열(潛熱)의 방출이 일어남으로 취급이 복잡하다. 건조공기와 수증기에서는 분자량이 다르므로, 습윤공기의 기체상수는 포함되어 있는 수증기의 비율에 따라서 변화한다.

3.1. 물의 상의 변화

이상기체를 한쪽 벽이 피스톤(piston)으로 되어 있는 용기에 넣고 등온(等溫)을 유지하면서 피스톤을 눌러서 압력(p)을 가하면 체적(부피, v)이 변하는데, 압력과 체적과의 관계는 $p-v$좌표축 상에서는 그림 3.1(ㄱ)과 같이 직각쌍곡선군(直角雙曲線群)으로 주어진다. 수증기에 대해서 같은 방법으로 실험해 보자〔그림 3.1(ㄴ)〕. 10 C 로 유지시키고 압력을 증가시켜서 12.28 hPa 이 되면, 수증기의 일부가 응결하기 시작한다(A). 더욱 피스톤을 눌러도 수증기의 압력은 변하지 않고 일정하며, 수증기는 응결해서 체적만이 감소하게 된다. 이와 같이 수증기와 물〔수분〕이 공존해 있을 때의 수증기의 압력〔수증기압(水蒸氣壓), water-vapo(u)r pressure, e〕이 **포화수증기압**(飽和水蒸氣壓, saturation vapor pressure, E)이고, **포화증기압**(飽和蒸氣壓)이라고도 한다. 이것은 온도만의 함수이다. 더욱 한층 진행되면 전부 물이 되고(B), 그 후는 압력의 증가에 대해서 체적의 변화는 극히 적다. 그림 3.1(ㄴ)의 곡선(1)이 위의 경과를 나타내고 있다. 다음에는 -10 C 로 유지시켜서 같은 실험을 행하면, 수증기압 2.60 hPa 이 포화수증기압으로 물 대신에 얼음이 생긴다(D). 그림 3.1(ㄴ) 곡선(2) 가 이 경과를 나타내고 있다.

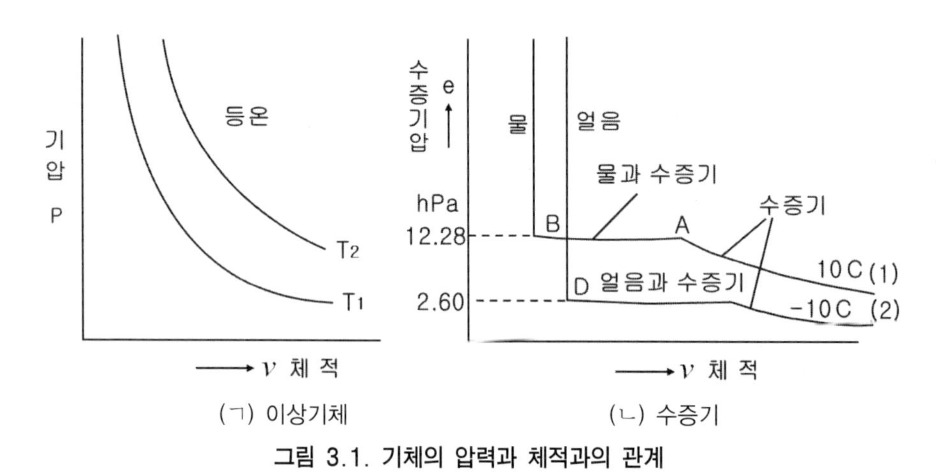

그림 3.1. 기체의 압력과 체적과의 관계

온도를 $0.0098C \fallingdotseq 0C$ 로 유지시키면, 수증기압 $6.11hPa$ 에서 생성물은 물과 얼음이 혼합된 것이 된다. 이 경우 수증기, 물, 얼음의 3 상(相, phase)이 공존하는 상태에 있다. 이것을 **삼중상태**(三重狀態, triple state, T_t)에 있다고 한다. 더욱 온도를 높여 $374C$ 이상으로 유지시키면, 압력을 아무리 높여도 물로 되지 않는다. 이 온도를 **임계온도**(臨界溫度, critical temperature, T_c)라 한다. 이상 모든 상태를 표현하면 그림 3.2 와 같이 된다.

그림 3.2에서 곡선 1은 임계온도 T_c 이상인 온도의 경우로 항상 수증기이다. 곡선 2는 임계온도의 경우로, c 점($T_c = 374\,C$, $v_c = 2.50 cm^3 g^{-1}$, $e_c = 218\,atm$)을 **임계점**〔臨界点(點), critical point〕이라고 하고, 이 점에서는 수증기와 물이 공존한다. 곡선 3, 4는 임계온도보다 낮고, 삼중상태의 온도 T_t 보다 높으므로 물과 수증기의 공존상태가 가능하다. 곡선 5는 삼중상태의 경우이다. 곡선 6은 T_t 이하에서 수증기와 얼음이 공존할 수 있다.

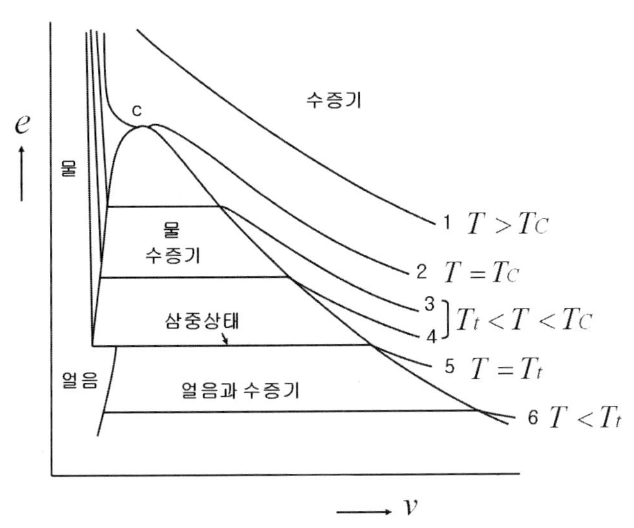

그림 3.2. 물〔수분〕의 상(相)의 분포

공기 중의 다른 몇몇 기체성분의 임계치(臨界値, 임계값)를 표 3.1에 수록하였다. 여기서 보면, 탄산가스(CO_2)를 제외하고는 임계온도가 너무 낮아서 보통 상온의 대기의 상태에서 기체로만 존재하고, 액체 및 고체로는 되지 않는다. 이것이 헬륨, 수소, 질소, 산소가 특수한 장치 없이는 공기 중의 우리 생활 주위에서 기체로만 존재하는 이유이다.

표 3.1 공기 중의 몇몇 기체의 임계치

기 체	$T_c(K)$	$p_c(hPa)$	$v_c(cm^3 \cdot g^{-1})$
He	5.2	2,300	14.4
H_2	33.2	13,000	32.2
N_2	126.0	33,900	3.2
O_2	154.3	50,400	2.3
CO_2	304.1	74,000	2.2
수증기	647.0	221,000	2.5

3.2. 잠 열

잠열(潛熱, latent heat, L)이란, 등온(等溫)·등압(等壓)의 상태에서 물질이 고체, 액체, 또는 기체의 어느 것인가의 상태에서 가역적으로 다른 상태로 이동할 때 방출 또는 흡수하는 열이다. 열을 가해도 물질의 상변화(相變化)에만 사용되어 온도 상승이 되지 않기 때문에 잠열(숨은열)이라고 명명되었다. 보통 단위는 단위질량 또는 1 mol의 물질에 대한 열량으로 나타낸다(cal/g, cal/mol).

대기과학(기상학)에서는 물(기체, 액체, 기체를 다 포함한 물)의 상변화(상태변화)에 수반되는 잠열이 중요하다. 액체의 물〔액수(液水)〕과 수증기 사이의 상변화에 수반되는 잠열을 **기화열**(氣化熱) 또는 **증발열**(蒸發熱, heat of vaporization), 액수와 얼음 사이의 상변화에 수반되는 잠열을 **융해열**(融解熱, heat of fusion), 수증기와 얼음 사이의 상변화의 수반되는 잠열을 **승화열**(昇華熱, heat of sublimation)이라고 부른다. 더욱 상세하게 수증기에서 액수로의 상변화에 수반되어 방출되는 열량을 **응결열**(凝結熱, heat of condensation), 그 반대의 변화로 흡수되는 잠열을 기화열(氣化熱) 또는 증발열, 수증기에서 얼음으로의 상변화에 수반되어 방출되는 잠열을 **승화응결열**(昇華凝結熱), 그 반대의 변화에 수반되어 흡수되는 잠열을 **승화증발열**(昇華蒸發熱), 액수에서 얼음으로의 상변화에 수반되어 방출되는 잠열을 **동결열**(凍結熱, heat of congelation, 氷結熱), 그 반대의 변화로 흡수되는 잠열을 융해열(融解熱)이라고 구분해서 부르는 것이 구체적이다. 반대 방향의 상변화에 수반되어 흡수 또는 방출되는 잠열의 크기는 같다. 또 등온·등압의 조건 하에서는

$$\text{승화열} = \text{기화열} + \text{융해열} \tag{3.1}$$

의 관계가 성립한다. 이들의 관계를 그림 3.3에 정리해서 표시했다.

수증기가 온도, 압력의 변화에 의해서 상(相)이 변할 때에는 내부 에너지 및 체적의 변화 때문에 열의 출입이 있다. 준정적(準靜的)인 상의 변화가 일어나는 것으로 해서 잠열을 구하자.

$d'q$ (단위질량)의 열을 가해서 준정적인 (1)의 상태에서 (2)의 상태에 옮겨진 경우를 생각하면, 열역학 제 2 법칙의 식 (2.58)에서 엔트로피(ϕ)를 이용해서,

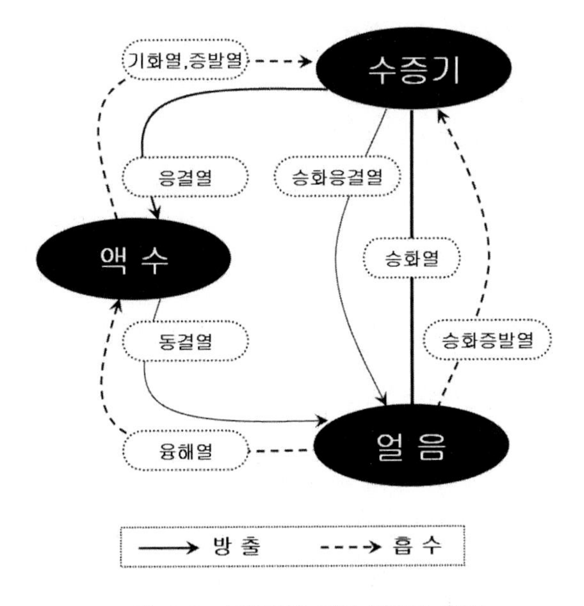

그림 3.3. 상변화에 따른 잠열의 종류

$$d'q = T\,d\phi \tag{3.2}$$

와 제 1 법칙의 식 (2.9) 에 식 (2.8) 을 대입하면,

$$d'q = dU + AE\,dv \tag{3.3}$$

이들 식 (3.2) 와 식 (3.3) 을 합하면 $T\,d\phi = dU + AE\,dv$ 가 되므로, 상태 (1) 에서 상태(2) 까지 적분하면,

$$\int_1^2 d'q = \int_1^2 T\,d\phi = \int_1^2 dU + A\int_1^2 E\,dv \tag{3.4}$$

가 된다. 위의 상태에서 압력은 포화수증기압(飽和水蒸氣壓, E)과 같고, 온도도 변하지 않는다. 그러므로 좌변은 (1) 에서 (2) 의 상태로 옮기는데 필요한 열이고, 이것이 잠열 L_{12} 가 된다.

$$L_{12} = T(\phi_2 - \phi_1) = U_2 - U_1 + A\,E(v_2 - v_1) \tag{3.5}$$

물(water, 액수)의 (1) 의 상태에서 수증기인 (2) 의 상태가 되는 경우 $L_{wv} = L$ 이라고 쓰고, 이것이 증발열이다. 같은 방법으로 얼음(ice)에서 수증기가 되는 경우는 L_{iv} 가 승화열이고, 얼음에서 액수가 되는 L_{iw} 는 융해열이다.
식 (3.5) 에서 기화열(증발열) $L_{wv} = L$ 은

$$L = AE(v_v - v_w) + U_v - U_w \tag{3.6}$$

이 되고, 액수의 체적 v_w 는 수증기의 체적 v_v 에 비교해서 생략할 수 있고, 상태방정식 $E v_v = R' T$ 를 대입하면

$$L = AR' T + U_v - U_w \tag{3.7}$$

이 되고, 또 이것을 미분형식으로 써 주면,

$$dL = AR' dT + dU_v - dU_w \tag{3.8}$$

이 되고, 식 (2.11) 과 식 (2.17) 을 조합하면, $d U_v = C_v' dT$ (C_v' 은 수증기의 정적비열)가 되고, $d U_w = C dT$ ($C = C_w$ 는 액수의 비열)이고, 식 (2.19) 를 이용해서 정압비열(C_p)로 교체하면,

$$dL = (AR' + C_v') dT - C dT = (C_p' - C) dT \tag{3.9}$$

가 된다. 그러므로

$$\frac{dL}{dT} = C_p' - C \tag{3.10}$$

이 된다. 이것을 적분하면,

$$L = L_0 + (T - T_0)(C_p' - C) \tag{3.11}$$

이 되다. 실험에 의하면,

융 해 열	$L_{iw} = 79.67 + 0.5\,t$	
증 발 열	$L_{wv} = 597.26 - 0.559\,t$	(3.12 註)
승 화 열	$L_{iv} = 676.93 - 0.059\,t$	

이다. 여기서 단위는 cal/g 이고, t 는 섭씨온도이다.

3.3. 포화(수)증기압

3.3.1. 클라페이론·클라우시우스의 식 (클클식)

물질의 2가지의 상(相, phase), 예를 들면, 어떤 액체와 증기(蒸氣)가 열평형에 있을 경우의 압력을 p, 절대온도를 T로 하고, 또 제 1의 상의 비체적(比体積)을 v_1, 제 2의 상의 비체적을 v_2 로 하고, 더욱 온도 T로 단위질량당의 제 1의 상에서 제 2의 상으로 전이열(轉移熱, 잠열)을 Δh로 했을 때, 다음의 관계

$$\Delta h = T\,\frac{dp}{dT}\,(v_2 - v_1) \tag{3.13}$$

이 된다. 이 식은 처음 **클라페이론**(Clapeyron, Benoit Pierre Émile, 프랑스, 1799. 2. 26,~1864. 1. 28. ☂)이 열을 물질로 생각하는 열소설(熱素說)의 입장에서 도출해, 후에 **클라우시우스**(Clausius, Rudolf Julius Emmanuel, 독일, 1822. 1. 2,~1888. 8. 24, ☂)가 열역학의 법칙에서 올바르게 유도했다.

임계온도(臨界溫度, $T_c = 374\,C$) 이하에서는 물의 두 상(相)이 공존하는 상태이다. 지금 상 1에서 상 2로 등온등압적(等溫等壓的)인 변화를 생각하자. 온도는 T이고, 수증기압(포화)은 E이기 때문에 식 (3.5) $T(\phi_2 - \phi_1) = U_2 - U_1 + AE(v_2 - v_1)$ 에서

$$U_1 + AEv_1 - T\phi_1 = U_2 + AEv_2 - T\phi_2 \tag{3.14}$$

따라서 $U + AEv - T\phi$는 등온등압적인 변화에 대해서 변하지 않는 양이고, 이것이 열역학포텐셜(thermodynamic potential)이라고 불리는 양이다. 다음에는 미소변화를 생

각해서 $T+dT$, $E+dE$ 등에 있어서의 변화를 생각해도 같은 식이 성립한다.

$$U_1+dU_1+A(E+dE)(v_1+dv_1)-(T+dT)(\phi_1+d\phi_1) \tag{3.15}$$
$$=U_2+dU_2+A(E+dE)(v_2+dv_2)-(T+dT)(\phi_2+d\phi_2)$$

식 (3.15) 에서 식(3.14) 를 빼고, 이차의 미소수(微小數, 섭동법)를 버리면,

$$dU_1+AE\,dv_1+A\,dE\,v_1-dT\,\phi_1-T\,d\phi_1 \tag{3.16}$$
$$=dU_2+AE\,dv_2+A\,dE\,v_2-dT\,\phi_2-T\,d\phi_2$$

그런데 식 (3.4)에서 $T\,d\phi=dU+AE\,dv$ 의 관계를 넣어 정리하면

$$A\,dE\,v_1-dT\,\phi_1=A\,dE\,v_2-dT\,\phi_2 \tag{3.17}$$

또는

$$\frac{dE}{dT}=\frac{\phi_2-\phi_1}{A(v_2-v_1)} \tag{3.18}$$

그런데 식 (3.5)에서 $\phi_2-\phi_1=\frac{L_{12}}{T}$ 이기 때문에

$$\frac{dE}{dT}=\frac{L_{12}}{AT(v_2-v_1)} \tag{3.19}$$

가 된다. 이것을 **클라페이론·클라우시우스의 식**(Clausius-Clapeyron equation, 또는 클라우시우스-클라페이론의 식, 간단히 **클클식**)이라 한다.

수증기, 액수(액체의 물), 얼음의 각 2 상(相)에 대하여 쓰면,

$$\begin{aligned}\frac{dE}{dT}&=\frac{L}{AT(v_v-v_w)} \quad (\text{액수}\leftrightarrow\text{수증기})\\ \frac{dE}{dT}&=\frac{L_{iv}}{AT(v_v-v_i)} \quad (\text{얼음}\leftrightarrow\text{수증기})\\ \frac{dE}{dT}&=\frac{L_{iw}}{AT(v_w-v_i)} \quad (\text{얼음}\leftrightarrow\text{액수})\end{aligned} \tag{3.20}$$

위 식은($E-T$) 좌표축상의 상변화 곡선의 기울기를 주는 것이다.

3.3.2. 계산 과정

수증기의 체적 v_v 에 비교해서 액수의 체적 v_w 를 생략하고, 식 (1.29) 를 사용해서 식 (1.34) 를 대입하면, $v_v = \dfrac{RT}{\epsilon E}$ 가 된다. 이것을 식 (3.20) 의 첫째 식에 대입하면,

$$\frac{1}{E}\frac{dE}{dT} = \frac{\epsilon L}{ART^2} = \frac{L}{AR_vT^2} \qquad (3.21 \text{ 註})$$

여기서 R_v 는 **수증기의 기체상수**이고 그의 값은 $0.4615\,J/(gK)$ 이고, $R_v = R^*/m_v$(제1장, 1.3.2. 상태방정식의 ㄱ. 건조공기의 상태방정식을 참조)가 된다. 또는 이것을 적분하면

$$\ln E = -\frac{\epsilon L}{ART} + C = -\frac{L}{AR_vT} + C \qquad (3.22)$$

여기서 C 는 적분상수이고 어떤 온도에서 포화수증기압을 측정함으로써 얻어진다. 증발이나 승화에 대해서 모두 $T = 273\,K$ 에 대해 $E = 6.11\,hPa$ 이 된다. 이것을 이용하여 적분상수를 제거하면,

$$\ln\frac{E}{6.11} = -\frac{L}{AR_v}\left(\frac{1}{T} - \frac{1}{273}\right) \qquad (3.23)$$

상용대수(常用對數)로 변환하고 $M = \log e = 0.4343$ 을 사용하면,

$$\log\frac{E}{6.11} = -\frac{\epsilon ML}{AR}\left(\frac{1}{T} - \frac{1}{273}\right) = \frac{\epsilon ML}{273AR}\,\frac{T-273}{T} \qquad (3.24 \text{ 註})$$

가 된다. 이것이 **포화수증기압**(飽和水蒸氣壓, saturation vapor pressure, E)을 구하는 식이다.

식 (3.23) 이나 식 (3.24) 를 이용해서 물의 위상도(位相圖)를 그린 것이 그림 3.4 이다. 삼중점(三重點)에서 시작해서 오른쪽 위로 뻗는 증발곡선(蒸發曲線)을 따라 액체상태와 기체상태가 평형을 이루고 있다. 그 곡선의 왼쪽에는 액상만, 오른쪽에는 기상만 존재할 수 있다. 증발곡선은 액상과 기상과의 차가 없어지는 임계점, 즉 수증기가 모든 기압과 같아지는 비점(沸點, boiling point)에서 끝난다. 승화곡선(昇華曲線)도 삼중점에서 시작해서 왼쪽 아래로 뻗는다. 삼중점 부근에서는 승화잠열이 증발잠열보다 크기 때문에 승화곡선

은 증발곡선보다 급하게 내려가게 된다. 승화곡선을 따라서 얼음과 수증기는 평형상태에 있고, 그 오른쪽에서는 수증기만, 왼쪽에서는 얼음만 존재할 수 있다. 융해곡선(融解曲線)은 연직선으로 나타내진다. 그러나 그것은 약간 왼쪽으로 기울어져 있고, 아주 약간 굽어 있다. 이 선을 따라서 액상과 고상(固相)이 공존하고 이 선의 오른쪽에서는 액수가 왼쪽에서는 얼음만이 존재할 수 있다.

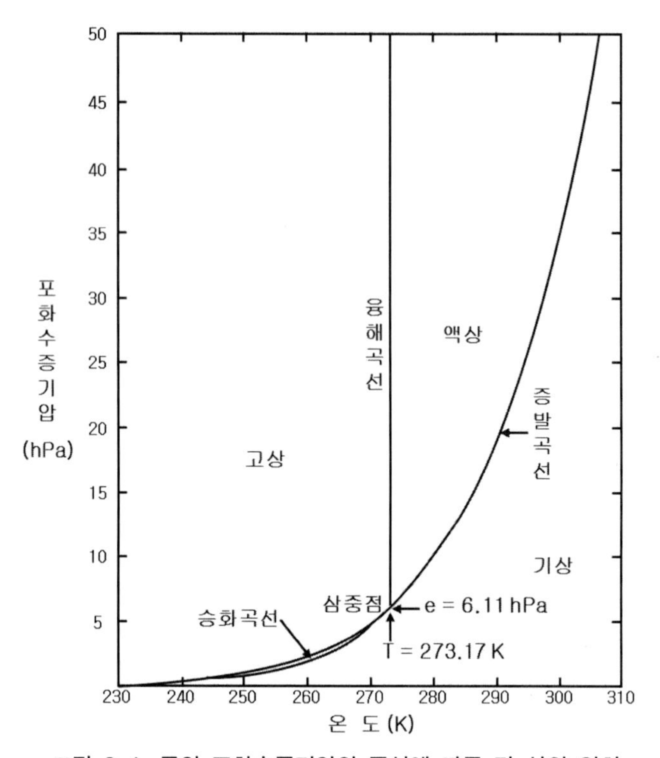

그림 3.4. 물의 포화수증기압의 곡선에 따른 각 상의 위치

식 (3.24)에서

$$a = \frac{\epsilon M L}{273\, A\, R}, \qquad b = T - t = 273 \qquad (3.25\ 註)$$

로 놓고 정리하면,

$$E = 6.11 \times 10^{\frac{a\, t}{b + t}} \qquad (3.26)$$

의 형태가 된다.

3.3.3. 그 외의 계산식

포화수증기압의 온도에 따른 변화를 실험실에서의 측정을 기반으로 해서 정리한 티텐스 (Tetens, 1930년)의 실험값이 자주 이용되고, 다음과 같다.

$$\left.\begin{array}{ll} \text{액수위} & a=7.5,\ b=273.3 \\ \text{얼음위} & a=9.5,\ b=265.5 \end{array}\right\} \quad (3.27)$$

위플(Whipple)은 $L = L_{iv} - (C - C_p')t$ 로 주어지고 다음의 형식을 얻었다.

$$\left.\begin{array}{ll} \text{액수위} & \log \dfrac{E}{6.11} = 10.78 \dfrac{t}{273+t} - 5.01 \log \dfrac{t+273}{273} \\ \text{얼음위} & \log \dfrac{E}{6.11} = 9.95 \dfrac{t}{273+t} - 0.445 \log \dfrac{t+273}{273} \end{array}\right\} \quad (3.28)$$

대기의 수증기 함유량의 표시에는 여러 방법이 있어, 목적에 따라서 분리되어 있다.

3.3.4. 액수와 얼음 위의 포화수증기압의 차

0 C 이하에 있어서 액수 위의 포화수증기압(E)과 얼음 위에 포화수증기압(F)이 다르므로 이들의 관계를 식 (3.24) 에서 구하면,

$$\log E - \log F = \frac{\epsilon M}{ART}(L_{iv} - L) \quad (3.29)$$

가 되는데, Robitsch 는 Arrhenius 의 공식을 간략하게 계산해서

$$\log E = \log F + 0.00415\, t \quad (3.30)$$

을 구했다.

3.3.5. 고프 - 그래취의 실험식 (註)

기상업무에서 사용되고 있는 포화수증기압의 산출은 더욱 정밀도가 좋은 식으로 고프-그래취(Goff-Gratch, 1945)의 실험식을 기본, 국제적으로 채용되고 있다. 이 식속의 물의 삼중점의 값을 273.16 K로 수정한 식이다.

◎ 액수의 포화수증기압

$$\begin{aligned}\log E_w = & -7.90298\left(\frac{373.16}{273.16+t}-1\right)+5.02808\log\frac{373.16}{273.16+t}\\ & -1.3816\times10^{-7}\left\{10^{11.344\left(1-\frac{273.16+t}{373.16}\right)}-1\right\}\\ & +8.1328\times10^{-3}\left\{10^{-3.49149\left(\frac{373.16}{273.16+t}-1\right)}-1\right\}\\ & +\log 1{,}013.246\end{aligned} \tag{3.31}$$

E_w 는 액수의 포화수증기압(hPa), 온도가 $0C$ 이하일 때는 과냉각한 액수에 대한 포화수증기압이고, t는 온도(C)이다.

◎ 얼음의 포화수증기압

$$\begin{aligned}\log E_i = & -9.09718\left(\frac{273.16}{273.16+t}-1\right)-3.56654\log\frac{273.16}{273.16+t}\\ & +0.876793\left(1-\frac{273.16+t}{273.16}\right)+\log 6.10714\end{aligned} \tag{3.32}$$

여기서 E_i는 얼음의 포화수증기압(hPa)이고 $t(C)$는 역시 온도이다(소선섭외 3인, 2009, 대기관측법, 교문사, 개정판).

3.3.6. 과냉각

물의 온도가 0 C 빙점(氷點) 이하로 내려가도 즉시 얼지 않고 물의 상태로 남아 있는 일이 있다. 이 상태를 **과냉각**(過冷却, supercooling)이라고 한다. 부연설명하면, 상 전이온도(相 轉移溫度, 융점이나 비점) 이하로 냉각시켜도 액체나 증기로 전이가 일어나지 않고 원래의 상을 유지하고 있는 상태를 의미한다. 불순물이 없는 용기 속에서 결정(結晶)의 종(種) 등이 존재하지 않고, 조용히 천천히 냉각하는 경우에 실현된다. 예를 들면, 물은 -12 C 까지 과냉각의 상태로 유지시킬 수가 있다. 일종의 준안정상태(準安定狀態)이고, 결정의 종을 넣거나 급하게 흔들면 즉시 상전이(相轉移)를 일으키고 안정한 상태로 변한다.

융해(融解)한 유리를 냉각시켜 가면 결정상태가 되지 않고 비정질(非晶質)의 유리 상태를 취하는 일이 많지만, 이것도 일종의 과냉각 상태이다. 순수액체의 과냉각을 과융해(過融解, superfusion)라고 하는 일도 있다.

대기과학(기상학)에서는 물의 과냉각 현상이 중요하다. 우리가 지상에서 보는 보통의 물은 0 C 이하로 냉각시키면 동결해서 얼음이 된다. 그러나 물이 순수할수록(포함하고 있는 동결핵의 수가 적어질수록), 또 수적(水滴, 물방울)의 크기가 작아질수록 과냉각으로 되기 쉽다. 실험에 의하면, 순수한 물의 경우 직경 100 ㎛, 10 ㎛, 1㎛ 의 수적은 각각 -35 C, -37.5 C, -40.7 C 까지 과냉각의 상태로 존재할 수가 있다. 일종의 준안정상태이기 때문에 안정한 상태로 옮기기 쉽고, 얼음의 미립자나 동결핵(凍結核)을 투입하면 바로 동결한다. 자연의 구름에서는 -10 C 는 물론, -20 C 에서도 액체의 운립자(雲粒子, 過冷却雲粒)가 존재한다. -40 C 는 물의 자발동결온도(自發凍結溫度)로써 중요하다.

표 3.2. 빙점 이하의 포화수증기압(hPa)

온도 C	0	-4	-8	-12	-16	-20	-24	-28	-32	-36	-40
액수 위 E	6.11	4.54	3.34	2.44	1.75	1.24					
얼음 위 F	6.11	4.37	3.10	2.18	1.51	1.04	0.702	0.468	0.310	0.202	0.131
$E-F$	0.00	0.17	0.24	0.26	0.24	0.20					

따라서 0 C 이하에서는 2 개의 포화수증기압이 존재한다. 표 3.2 에 그들의 값을 열거한다. 예를 들면, 수증기압이 -20 C 에서 수증기압이 1.24 hPa 이라면 물에 대해서는 포화이지만 얼음에 대해서는 과포화 상태가 된다. 또 1.12 hPa 이라면 얼음에 대해서는 과포화이지만 물에 대해서는 불포화의 상태에 있다.

◎ 과냉각수적

0 C 이하에서도 얼지 않고 액체의 상태로 존재하는 물방울을 **과냉각수적**〔過冷却水滴, supercooled (water) drops(droplets)〕이라고 한다. 자연의 구름 속에서는 -20 C 정도까지 과냉각수적이 빈번히 보인다. 대류성의 구름에서는 일시적으로 -40 C 가까이까지 과냉각수적이 보이는 일도 있다. 과냉각수적의 존재는 빙정과정에 의한 강수현상에 중요한 역할을 하고 있다. 그 하나는 고농도의 과냉각수적의 존재에 의해 빙정의 급속한 성장에 필요한 높은 빙과포화도(氷過飽和度, 거의 水飽和)를 증명하고, 강수 개시의 시간을 서두르고 있다. 또 하나는 과냉각수적이 강수입자에 직접 부착 동결함으로써 싸락・우박(雨雹, 누리) 등의 큰 질량을 갖는 입자를 단시간에 생성시키는 일이 가능하게 만든다.

이와 같은 과냉각수적은 빙정과정에 의한 강수형성을 지배하고 있음으로 0 C 이하의 구름을 대상으로 하는 인공증우설(人工增雨雪), 강설역이동(降雪域移動), 강박(降雹 : 우박이 내림) 억제의 실험에서는 과냉각운립(過冷却雲粒)의 존재는 필요불가결하다.

과냉각수적은 항공기의 주익(主翼 : 비행기의 동체의 좌우로 뻗은 날개) 등에 착빙〔着氷, icing, ice accretion : 대기 중의 수증기가 물체에 승화해서 생긴 수상(樹霜), 수적에 물체에 부착동결해서 생긴 얼음이나 그 현상〕을 가져오고, 기체(機體) 표면을 따라 기류를 교란시키고, 양력(揚力)의 저하에 기인하는 추락사고로 연결되기 때문에 그 생성기구나 시공간 분포에 중대한 관심을 기울이고 있다.

3.3.7. 기타 포화(수)증기압

포화수증기압은 통상 순수한 액수 또는 얼음의 평면에 대한 값으로 정의되지만, 수면, 빙면이 수적이라든가 빙정과 같이 평면이 아니고, 곡면을 갖는 경우에는 곡률이 클수록 그 값도 커진다. 또 흡습성(吸濕性) 물질을 용해하고 있는 수적의 경우는 포화수증기압이 작아신다. 이늘은 대기 중의 운립(雲粒)이 생기는 과정에서 중요한 의미를 갖는다.

ㄱ. 수 적

수적〔水滴, 물방울, (water drops(droplets)〕과 같이 표면에 곡률이 있으면, 표면장력의 영향이 미치고 있다. 액체 증기압은 수평평면보다 수적 쪽이 크고, 또 그 표면이 요철(凹凸)일 때는 반대로 작아진다고 하는 것이 **켈빈의 식**(Kelvin's equation, 1871년, ☂)이다. 영국의 켈빈 경, Lord Kelvin의 본명은 톰슨(William Thomson, 1824. 6. 26-1907. 12. 17, ☂)이다. 그의 식에 의하면 반경 r 의 수적과 평형상태에 있을 때의 포화수증기압 E_r 은

$$\frac{\rho_w R' T}{0.4343} \log \frac{E_r}{E} = \frac{2a}{r} \tag{3.33}$$

으로 주어진다. a는 표면장력(表面張力), ρ_w는 수적의 밀도이다. 예를 들면 10 C의 수적에서는

$$\log \frac{E_r}{E} = \frac{0.5 \times 10^{-7}}{r} \quad (r : cm) \tag{3.34}$$

가 된다. 따라서

$$\begin{aligned} r &= 10^{-5} cm = 0.1\mu \text{ 에 대해서 } E_r = 1.012\,E \\ r &= 10^{-6} cm = 0.01\mu \quad 〃 \quad E_r = 1.127\,E \\ r &= 10^{-7} cm = 0.001\mu \quad 〃 \quad E_r = 3.10\,E \end{aligned} \tag{3.35}$$

이다. 수적의 반경이 작아질수록 포화수증기압은 커지게 되고, 이는 빨리 증발하게 부추기는 결과가 된다.

모세관(毛細管) 속에 있어서는 그것을 적시지 않는 유체(예를 들면, 유리의 경우에는 수은 등)에서는 자유표면에 비교해서 보다 큰 증기압이 되고, 모관을 적시는 액체(물 등)에서는 보다 작은 증기압을 나타내고 있다.

ㄴ. 용 질

어떤 용매(溶媒)에 불휘발성의 용질(溶質)을 녹이면 용매의 증기압은 강하한다. 이 상대적인 강하는 용질의 몰분율(mol 分率)과 같다고 하는 것을 **라울의 법칙**(Raoult's law)이라고 하여 프랑스의 라울(Raoult, Francois Marie, 1830. 5. 10-1901. 4. 1)에 의하여 알려졌다. 그에 의하면 염분을 포함한 물의 포화수증기압의 저하(低下)는

$$dE = -E \frac{n_1}{n_0} \tag{3.36}$$

으로 주어진다. n_0, n_1는 각각 용매와 용질의 g 분자량이다. 예를 들어 10 C에 있어서 KCl의 포화용액은 순수한 물보다 22 %, NH_4NO_3의 포화용액은 29 %의 저하가 있다. 따라서 전자에서는 78 %, 후자에서는 71 %의 습도로 이미 포화되어 있다. 일반적으로 충

분히 희박한 범위(이상 희박용액)에서 이 관계가 성립하는 것이 확인되어 있다. 이 조건에서 증기압 강하의 측정에서 용질의 분자량을 구할 수가 있다.

3.4. 혼 합

2개의 공기덩이의 질량, 온도, 비습을 각각 m_1, m_2 ; T_1, T_2 ; s_1, s_2로 한다. 2개의 공기덩이가 등압적(等壓的)으로 섞여서 **혼합**(混合, mixing)되는 경우를 생각한다. 혼합 후에도 질량과 수증기량은 변하지 않으며, 하첨자를 붙이지 않기로 한다.

$$\begin{aligned} \text{질 량} &: m_1 + m_2 = m \\ \text{수증기량} &: m_1 s_1 + m_2 s_2 = m s \end{aligned} \tag{3.37}$$

위 식에서 혼합 후의 **비습**(比濕, specific humidity, s)을 구하면

$$s = \frac{m_1 s_1 + m_2 s_2}{m} \tag{3.38}$$

그런데 제 1장의 식 (1.44)의 비습 $s = \dfrac{622\,e}{p - 0.378\,e}$ 의 식에 위 식을 대입하면,

$$s = \frac{622\,e}{p - 0.378\,e} = \frac{622}{m}\left(\frac{m_1 e_1}{p - 0.378\,c_1} + \frac{m_2 e_2}{p - 0.378\,e_2}\right) \tag{3.39}$$

이 된다. 그런데 분모의 수증기압은 p 에 비해서 작으므로 생략하면,

$$e = \frac{m_1 e_1 + m_2 e_2}{m} \tag{3.40}$$

이 된다. 이것을 제 1장의 비습과 혼합비(x)의 근사식 (1.54) **비장**(比張, specific tension, b)의 식 $s \approx x \approx \dfrac{622\,e}{p} = b$ 를 사용하는 것과 같다. 비습과 혼합비의 차이가

적어, 이들 구분을 굳이 할 필요가 없을 때에는 근사식으로써 비장을 사용하면 편리하다.

다음에는 온도를 생각한다. $T_1 > T_2$ 로 한다면,

$$m_1 \text{이 잃은 열량} : \quad C_p m_1 (1 - s_1)(T_1 - T) + C_p' m_1 s_1 (T_1 - T)$$
$$m_2 \text{가} \quad 〃 \quad : \quad C_p m_2 (1 - s_1)(T - T_2) + C_p' m_2 s_2 (T - T_2) \tag{3.41}$$

단열적이라면 이것들이 서로 같으므로

$$\begin{aligned} & C_p m_1 (1 - s_1)(T_1 - T) + C_p' m_1 s_1 (T_1 - T) \\ & = C_p m_2 (1 - s_2)(T - T_2) + C_p' m_2 s_2 (T - T_2) \end{aligned} \tag{3.42}$$

여기서 혼합 후의 온도(T)를 구하고, 분자 분모의 뒤의 수증기의 항을 앞항과 크기비교〔규모분석, scale analysis〕를 해서 생략하면,

$$T = \frac{C_p(m_1 T_1 + m_2 T_2) + (C_p' - C_p)(m_1 s_1 T_1 + m_2 s_2 T_2)}{C_p m + (C_p' - C_p)(m_1 s_1 + m_2 s_2)} \fallingdotseq \frac{m_1 T_1 + m_2 T_2}{m} \tag{3.43}$$

이 된다.

위의 식 (3.37), 식 (3.38), 식 (3.40), 식 (3.43) 을 조합해서 정리하면,

$$\frac{s - s_1}{s_2 - s} = \frac{m_2}{m_1} = \frac{e - e_1}{e_2 - e} = \frac{T - T_1}{T_2 - T} \tag{3.44 註}$$

의 관계가 된다. 따라서 그림 3.5 와 같은 도법(圖法)에 의해서 혼합 후의 상태를 구하는 데에는 가로축에 T, 세로축에 e 또는 s 를 취해서 이와 같은 좌표축 상에 (T_1, e_1) 및 (T_2, e_2)의 점 A, B 를 구해, AB 를 직선으로 연결하고, T_1 과 T_2 사이를 m_1, m_2 에 역비례 하게끔 나눈 점 T 에서 수선을 세우고 AB 와 수선과의 교점 D 를 구한다면 D 점의 e, s, T 가 혼합 후의 수증기압, 비습, 온도가 된다.

한편 포화수증기압 곡선 그림 3.6 을 위의 내용에 적용해 본다. 포화수증기압의 곡선은 그림에 표시한 것과 같이 아래로 볼록한 곡선이기 때문에 혼합 전에 두 개의 공기덩이가 모두 불포화라 하더라도 혼합물의 수증기압이 포화수증기압보다 크게 되어 과포화 상태가 된다.

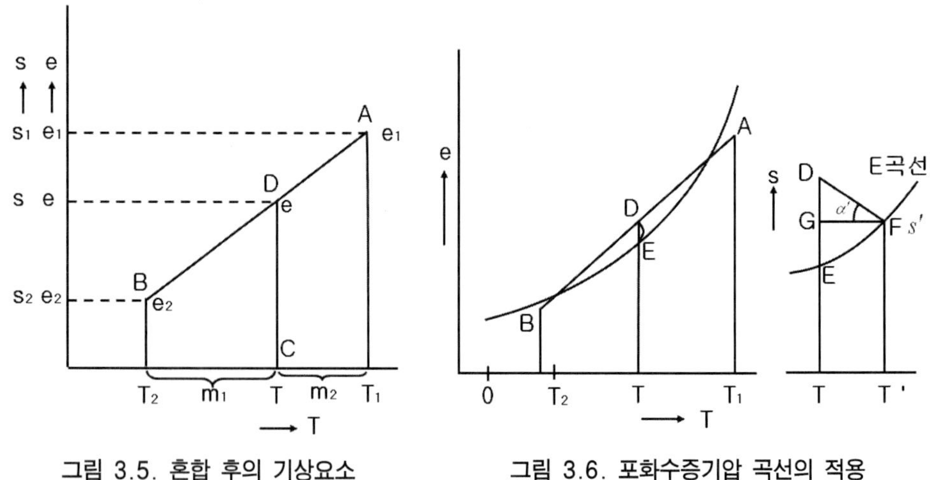

그림 3.5. 혼합 후의 기상요소

그림 3.6. 포화수증기압 곡선의 적용

그렇게 되면 수증기는 응결하고 잠열을 방출하므로 온도가 올라가고, 수증기압이 감소한다. 수증기가 ds 만큼 응결해서 기온이 dT 만큼 올라갔다고 한다면, 잠열에 의한 단위 질량($m = 1$)당의 열량(q)는

$$q = L\frac{ds}{1{,}000} = m\,C_p\,dT = C_p\,dT \tag{3.45}$$

의 관계가 성립한다. 잠열 L 은 식 (3.12)에서 온도에 좌우되지만 여기서는 편의상 600 cal/g 으로 상수로 취급한다. 식 (2.22)에서 $C_p = 0.240\,cal/g \cdot \mathrm{deg}$ 을 사용해서 계산하면,

$$\frac{ds}{dT} = \frac{\Delta s}{\Delta T} = \frac{s - s'}{T' - T} = 1{,}000\frac{C_p}{L} = \tan\alpha' \fallingdotseq 0.4 \quad , \alpha' \fallingdotseq 22^\circ \tag{3.46}$$

이 된다. 즉 D 점에서 가로축과 α' 을 이루는 방향에 직선을 그리고 포화수증기압 곡선과의 교점 F 가 응결 후의 상태이다. 혼합에 의해서 응결하는 수증기는 극히 적기 때문에 혼합은 강우의 원인이 되지 않는다. 혼합에 의해서는 기껏해야 박무(薄霧, mist, 엷은 안개, 시정 1 km 이상)가 생길 정도이다.

3.5. 치올림응결고도

3.5.1. 노점과 응결고도

노점온도〔露点温度, dew-point temperature, 간단히 노점(露点), 이슬점온도, (T_{de})〕는 습한 공기가 일정압력 하에서 냉각될 때 공기 중의 수증기가 어떤 온도에서 포화하여 응결해 수적(水滴, 물방울, 이슬)을 형성하기 시작하는 온도를 뜻한다. 이것은 공기 중에 포함되어 있는 수증기압을 포화수증기압으로 하는 온도라고도 말할 수 있다. 혼합비로 표현을 하면, 어떤 공기의 혼합비가 같은 압력 하에서 물에 대해 포화하고 있는 공기의 혼합비와 같을 경우 후자의 온도이다. 냉각될 때 빙정(氷晶, 서리)을 형성할 경우에는 **상점온도**(霜点温度, frost-point temperature, 간단히 霜點)라고 말하는 일이 있다.

노점을 측정하는 데에는 잘 닦은 금속면을 냉각시켜 표면에 이슬이 생기고 흐려진 때의 면의 온도를 측정하는 방법이나 염화리튬(鹽化 lithium) 수용액을 가열해 공기 중의 수증기압과 평형이 될 때의 온도를 측정하는 방법 등이 있다.

지상 부근의 습한 공기가 상승해서 그 온도가 내려가서 응결을 일으키는 고도를 **응결고도**(凝結高度, condensation level)라고 한다. **운저고도**(雲底高度, level of cloud base)에 상당한다. 이것은 적운(積雲, cumulus, Cu)이나 적란운(積亂雲, cumulonimbus, Cb)의 운저 높이가 되지만 상승 중의 주위 공기와 혼합 등에 의해서 보다 운저는 다소 높아진다. 운저(雲底, cloud base)는 구름의 최저면(最低面)으로써 보통은 경계가 흐려져 있고 강수가 있을 때는 특히 종종 흩어진 것 같이 교란되어 있다. 평균적인 운저의 높이는 열대(저위도)에서 한대(고위도)로 갈수록 높아져서 500 m~2 km 정도가 된다.

3.5.2. 치올림응결고도

위에서 노점을 정의했지만 이는 공기를 등압적으로 냉각했을 때에 포화에 도달하는 온도라고도 해석할 수 있다. 그런데 공기가 압력도 변하면서 냉각해 갈 때에는 수증기압도 그것에 수반하여 변화하므로 포화온도는 변화해간다. 따라서 대기 중을 공기덩이가 상승할 때 포화에 도달하는 온도를 구해 보자.

상승할 때 포화에 도달할 때까지 비장(比張, 1.3.3. ㅁ 참고)은 변하지 않는다. 따라서 식 (1.54) $b = 622e/p$ 를 z 에 대해서 대수미분(對數微分)하면,

$$\frac{1}{b}\frac{\partial b}{\partial z} = \frac{1}{e}\frac{\partial e}{\partial z} - \frac{1}{p}\frac{\partial p}{\partial z} = 0 \tag{3.47}$$

위 식에서 다음의 식을 얻는다.

$$\frac{1}{e}\frac{\partial e}{\partial z} = \frac{1}{p}\frac{\partial p}{\partial z} \tag{3.48}$$

그런데 식 (1.59)의 정역학방정식 $\frac{\partial p}{\partial z} = -g\rho$ 를 대입하고, 여기에 식 (1.30)의 상태방정식 $p = \frac{n}{v}RT = \rho RT$, $\rightarrow \rho = \frac{p}{RT}$를 대입하면,

$$\frac{1}{e}\frac{\partial e}{\partial T}\frac{\partial T}{\partial z} = -\frac{g}{RT} \tag{3.49}$$

가 되기 때문에

$$\frac{\partial T}{\partial z} = -\frac{g}{RT\frac{1}{e}\frac{\partial e}{\partial T}} \tag{3.50}$$

이 된다. 이것이 비장이 일정할 때의 **온도감률**(溫度減率, lapse rate of temperature)이다.

한편 상대습도(相對濕度, relative humidity, RH)의 식 (1.35)인 $100 \cdot e = R \cdot HE(T)$를 온도 T에 대해 대수미분(對數微分)하면,

$$\frac{1}{e}\frac{\partial e}{\partial T} = \frac{1}{RH}\frac{\partial RH}{\partial T} + \frac{1}{E}\frac{\partial E}{\partial T} \tag{3.51}$$

이 되는데, 응결이 일어나 포화된 상태이므로 상대습도 $R \cdot H$는 100%가 되므로, 온도는 노점온도(T_{de})로 놓을 수 있다. 즉 $T = T_{de}$ 이기 때문에 위 식은

$$\frac{1}{e}\frac{\partial e}{\partial T} = \frac{1}{E}\frac{\partial E}{\partial T} \tag{3.52}$$

가 된다. 이것을 식 (3.50) 에 대입하면

$$\frac{\partial T_{de}}{\partial z} = -\frac{g}{RT\frac{1}{E}\frac{\partial E}{\partial T}} = -g\frac{E}{RT}\frac{1}{\frac{\partial E}{\partial T}} = -g\rho'\frac{1}{\frac{\partial E}{\partial T}} = \frac{\partial E}{\partial z}\frac{\partial T}{\partial E} \tag{3.53}$$

이 된다. 여기서 ρ' 은 수증기의 밀도이고 마지막 항은 정역학방정식을 이용했다. 위 식을 해석하면 노점온도의 고도에 따른 변화는 높이에 따른 포화수증기압의 변화와 수증기압에 따른 온도의 변화에 의한 것이라는 것을 알 수가 있다.

식 (3.26)을 대수미분해서 $t = 0\ C$ 로 가정한다면($t \ll b$),

$$\frac{1}{E}\frac{\partial E}{\partial T} = \left\{\frac{a}{b+t} - \frac{a\,t}{(b+t)^2}\right\}\ln 10 = \frac{1}{0.4343}\frac{a\,b}{(b+t)^2}$$

$$= \frac{1}{M}\frac{a}{b} = \frac{7.5}{0.4343 \times 273.3} \fallingdotseq 0.063 \tag{3.54}$$

가 된다. 위의 값을 식 (3.53) 에 대입하면

$$\frac{\partial T_{de}}{\partial z} = -\frac{1}{0.063}\frac{g}{R}\frac{1}{T} \tag{3.55}$$

가 된다. 여기서 $t = 0$ C ($T = 273K$), 중력 $g = 980\,gal$,(cm/s^2 1.1.3. 중력 참조), 건조공기고유의 기체상수 $R = 2.8704 \times 10^6\ cm^2/(s^2 \cdot \deg)$, (1.3.2. ㄱ 참조)들의 값을 대입하면,

$$-\frac{\partial T_{de}}{\partial z} \fallingdotseq 1.98509 \times 10^{-5}\ \deg/cm = 0.1985\ C/100\,m = \Gamma_{de} \tag{3.56}$$

이 된다. 이것을 **노점온도감률**〔露点溫度減率, dew-point temperature lapse rate, 노점감률(露点減率), 이슬점감률〕이라 한다. 이 감률이 근사적으로 일정하다고 하고 지면에서 높이 z 까지 적분하면,

$$T_{de} = T_{de0} - \Gamma_{de}\, z \tag{3.57}$$

이 된다. 여기서 T_{de0}는 지표에서의 노점온도이다. 한편, 응결이 일어날 때까지는 대략 건조단열감률(乾燥斷熱減率, Γ_d) 로 온도가 내려가기 때문에

$$T = T_0 - \Gamma_d z \tag{3.58}$$

이 된다. T_0는 지표의 온도이다. 포화하는 높이에서는 $T_{de} = T$가 되므로

$$T_{de0} - \Gamma_{de} z = T_0 - \Gamma_d z \tag{3.59}$$

가 된다. 여기서 응결하는 높이 z를 구하면,

$$z = \frac{T_0 - T_{de0}}{\Gamma_d - \Gamma_{de}} = 125(T_0 - T_{de0})\ m \tag{3.60}$$

이 된다. 이것을 **Henning의 공식**(1895년)이라고 한다.

이와 같은 z를 **치올림응결고도**(lifting condensation level, 强制上昇凝結高度, LCL.)라 한다. 이것은 공기덩이를 강제로 치올려서 단열 냉각되어 공기덩이〔기괴(氣塊), 공기덩어리〕가 포화에 이르게 되는 높이이다. 단열(선)도에서는 생각하고 있는 공기덩이의 상태점을 통과하는 건조단열선과 기괴(氣塊)의 혼합비와 같은 값의 등포화혼합비의 교점에 상당한다.

위의 공식에 의해 구한 응결고도는 대류성(對流性)의 운저(雲底)의 높이를 주는 것인데 실예와 비교하면 실제의 운저의 높이는 이론적인 것보다 높게 나오는 것이 보통이다. 쥬링(Süring, 1940년, ☂)의 결과에 의하면 207회의 관측의 평균은 85 m 더 높았고, 그 중 15 %는 400 m 이상이나 높았다. 또 Peppler (1922년)에 의하면, 114 예에서는 평균은 293 m나 더 높았다. 그 이유로는 지상의 값을 쓰는 것이 적당하지 않은 것, 주위의 대기와의 교환에 의해 상승 중에 수증기를 잃어버리는 것을 들고 있다. 이 외에도 실제의 대류현상에서는 응결고도에 2종류가 있어서 위의 이론에 의한 것이 적당하지 않다는 생각도 있다.

3.5.3. 자유대류고도

조건부불안정(條件附不安定, conditional instability)한 성층의 대기 중에서 여러 가지의 원인에 의해서 대기 하층에서 일어나고 있는 상승기류를 타고 지면 부근의 불포화 공

기덩이가 단열적으로 상승해 간다고 하자. 그림 3.7과 같이, 어떤 시각에 관측된 높이에 따른 기온의 분포가 상태곡선(狀態曲線, ascent curve, 상승곡선)이 된다. 처음에는 공기덩이의 온도가 건조단열감률로 내려가고, 상대습도도 증가해 이윽고 어떤 높이에서 포화에 도달한다. 이 높이가 치올림응결고도(LCL)가 된다. 더욱 공기덩이가 상승을 계속하면 이번에는 습윤단열감률(濕潤斷熱減率)로 공기덩이의 온도는 내려가고, 어떤 고도에서 주위의 기온과 같아지게 된다. 이 고도가 **자유대류고도**(自由對流高度, level of free convection, LFC) 가 된다.

즉 이 고도를 넘으면 공기덩이의 온도 쪽이 주위의 기온보다 높음으로 공기덩이는 부력〔浮力, buoyancy(e), buoyant force, lifting power〕을 얻어 자발적으로 상승할 수가 있음으로 그렇게 부르는 것이다. 공기덩이가 더욱 상승해서 다시 주위의 기온과 같아지는 고도가 거의 운정고도(雲頂高度, level of cloud top)에 상당한다.

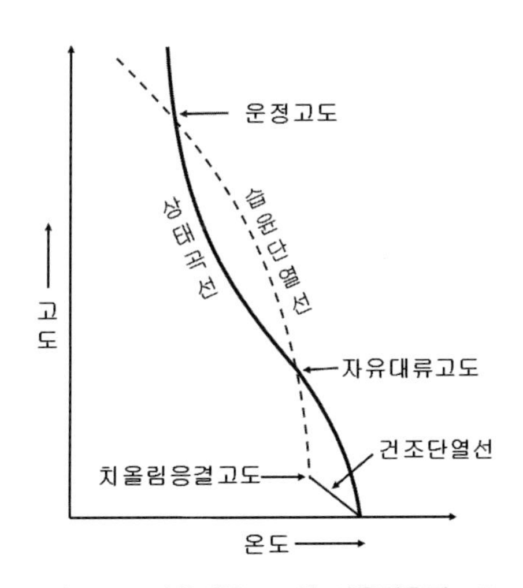

그림 3.7. 자유대류고도와 치올림응결고도

굵은 실선; 상태곡선, 가는 실선; 건조달열선, 점선; 습윤단열선

3.6. 단열상승과 과정

3.6.1. 상승 4 단계와 3 단계

건조공기가 단열상승(斷熱上昇)하는 경우에는 연속적으로 냉각하는 것이지만, 습윤공기가 상승할 때에는 여러 종류의 현상이 일어난다.

처음 불포화된 습윤공기가 상승할 때에는 수증기의 밀도와 비열이 공기와 다르므로 양적으로 건조공기와는 근사한 차를 가질 뿐 특별히 현저하지는 않다. 그러나 상승에 수반되어 단열팽창에 의해서 온도가 내려가고 습도는 증가해 응결고도(凝結高度)에 도달해서 포화한다. 응결고도까지의 과정을 **건조급**(乾燥級, dry stage)이라고 한다. 응결고도 이상에서는 공기의 상승에 수반되어서 수증기가 응결하고 수적(물방울)으로 된다. 즉, 구름이 생긴다. 이 상태가 온도 0 C 에 도달할 때까지 계속된다. 이 과정을 **성우급**(成雨級, rain stage)이라고 한다. 0 C 에 도달한 후에 상승하면, 수적이 전부 얼 때까지 0 C 에 머문다. 이 과정을 **성박급**(成雹級, hail stage)이라고 한다. 모든 수적이 얼면, 그 이상에서는 수증기는 승화해서 눈의 결정을 만든다. 이 과정을 **성설급**(成雪級, snow stage)이라고 한다. 이상의 4 단계를 **습윤공기의 상승 4 단계**(上昇四段階, four stage)라고 한다(그림 3.8).

건조급 이외에서는 잠열의 방출이 있기 때문에 냉각율은 건조단열감률보다 작다. 한편 위의 과정에 있어서 응결 또는 승화에 의해서 생긴 수적 및 빙정이 공기덩이와 함께 상승하면서 낙하하지 않고 그대로 보존된다고 하면, 그 공기를 다시 하강시키면 위와는 반대의 과정을 거쳐서 4 단계가 그대로 재현이 되면서 가열되어 완전히 원래의 상태로 되돌아간다고 하자. 즉 가역과정(可逆過程)인 것이다. 이 과정을 **습윤단열과정**(濕潤斷熱過程, moist adiabatic process)이라고 한다.

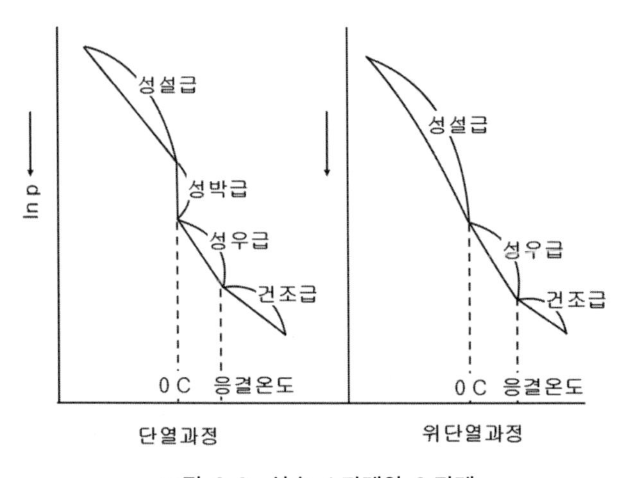

그림 3.8. 상승 4 단계와 3 단계

그러나 실제로는 생성물의 일부는 낙하하고 일부는 남겠지만, 극단의 경우로서 생긴 생성물인 수적이나 빙정이 전부 완전히 공기덩이에서 떨어져 빠져나간 가상적인 과정을 생각해서 이것을 **위단열과정**(僞斷熱過程, pseudo-adiabatic process)이라고 한다. 그림 3.8

에서 보듯이, 이 과정에서는 성우급에서 생긴 수적은 가정에 의해 이 계를 빠져나와 지상으로 낙하함으로 성박급에서 얼어 빙정이 될 수적이 없음으로 이 과정이 없다. 성설급에서 생긴 빙정도 다 낙하하여 그 계에는 없다. 따라서 이 과정에서는 상승 후 물이 전부 빠져나가서 하강하여 기온이 올라간다 해도 원상태로는 되지 않는 비가역과정(非可逆過程)이 되고, 성박급이 없어서 상승 3 단계(上昇三段階)가 되는 것이다.

습윤단열과정이든 위단열과정이든 상당온위(相當溫位, equivalent potential temperature)는 근사적으로 일정해서 보존(保存, conservation)된다. 일정한 기압 하에서 액수를 증발시키면서 포화가 될 때까지 냉각시켰을 때의 공기덩이의 온도가 습구온도(濕球溫度)이다. 이것을 1,000 hPa 까지 가져온 습구온위(濕球溫位)도 (위)습윤단열변화에서 근사적으로 보존량(保存量)이다.

습윤단열과정도 위단열과정도 극단의 경우이며, 실제는 그 중간의 과정에서 대기현상이 전개되고 있다. 어느 쪽에 가까울까하는 것은 그때의 조건에 따라서 다르다. 여기에다 현실에서는 0 C 이하에서 과냉각수적일 수도 있고, 진눈깨비일 수도 있고, 운립(雲粒, 구름입자) 또는 우립(雨粒, 빗방울)일 수도 있어서 그때그때의 상황조건에 따라 다르므로 어느 쪽도 결정되지 않는다. 따라서 완전히 대기 중에 일어나는 과정을 취급할 수가 없기 때문에 적당히 가정해서 이론을 진행시켜 나가는 것이다. 이것이 대기과학의 현상을 다루는데 어렵고 난해한 면일 수도 있다.

3.6.2. 습윤단열과정(4 단계)

습윤단열과정(濕潤斷熱過程)인 상승 4 단계(上昇四段階, four stage)에서는 상당온위(相當溫位, equivalent potential temperature), 습구온위(濕球溫位, wet-bulb potential temperature), 습윤정적에너지〔濕潤靜的에너지, moist statics energy, 정역학적에너지는 식 (2.73)을 참조〕 등이 거의 보존량이다.

여기서는 혼합비 x 를 갖는 불포화 습윤공기를 생각한다.

ㄱ. 건조급($T > T_c$)

기온 T 의 공기덩이가 건조단열감률로 상승해서 단열팽창에 의해 온도가 내려가 포화해서 응결고도의 온도 T_c 까지 이르기 전까지의 과정이 **건조급**(乾燥級, dry stage)이다. 여기서는 온위가 일정으로 보존된다.

열량(熱量) dq 를 그 공기에 주면, dq_d 가 건조공기에, dq_w 가 물〔水分(수분)〕에 주어진

다. 또 식 (2.26)을 이용하면,

$$
\begin{aligned}
dq &= dq_d + dq_w \\
dq_d &= C_p\, dT - A\, v\, dp_d \\
dq_w &= x\, C_p'\, dT - A\, v\, de
\end{aligned}
\tag{3.61}
$$

여기서 x 는 혼합비이고, $dp = dp_d + dp_w$ 이므로

$$dq = (C_p + x\, C_p')dT - A\, v\, dp \tag{3.62}$$

가 된다.

여기에 적분함수 $1/T$를 곱하면 좌변은 식 (2.58)의 엔트로피(entropy, ϕ)의 변화가 되지만, 단열변화이므로 엔트로피의 변화는 0이다. 이것에 습윤공기의 상태방정식 (1.33)을 사용하면,

$$
\begin{aligned}
\frac{dq}{T} = d\phi &= (C_p + x\, C_p')\frac{dT}{T} - A\frac{v}{T}dp \\
&= (C_p + x\, C_p')\, d\ln T - A\, R\left(1 + \frac{x}{\epsilon}\right) d\ln p = 0
\end{aligned}
\tag{3.63}
$$

이 된다. 따라서 지상에서부터 적분하면,

$$\phi = (C_p + x\, C_p')\ln T - A\, R\left(1 + \frac{x}{\epsilon}\right)\ln p = const. \tag{3.64}$$

가 된다. 초기치(i)를 넣으면,

$$(C_p + x\, C_p')\ln\frac{T}{T_i} = A\, R\left(1 + \frac{x}{\epsilon}\right)\ln\frac{p}{p_i} \tag{3.65}$$

또는 다음과 같이 간단히 표현할 수도 있다.

$$p\, T^{-m_1} = p_i\, T_i^{-m_1} \tag{3.66 註}$$

단, 여기서 식 (2.35)에서 $\kappa = \dfrac{\gamma - 1}{\gamma}$, 식 (2.20)에서 $\gamma = \dfrac{C_p}{C_v}$ 를, 식 (2.19)에서 $C_p - C_v = AR$ 를 대입해서 정리하면, $\dfrac{C_p}{AR} = \dfrac{1}{\kappa}$ 가 된다. 따라서

$$m_1 = \frac{C_p + x C_p'}{AR\left(1 + \dfrac{x}{\epsilon}\right)} = \frac{C_p}{AR} \frac{\left(1 + x \dfrac{C_p'}{C_p}\right)}{\left(1 + \dfrac{x}{\epsilon}\right)} = \frac{1}{\kappa} \frac{\left(1 + x \dfrac{C_p'}{C_p}\right)}{\left(1 + \dfrac{x}{\epsilon}\right)} \qquad (3.67 \text{ 註})$$

여기서 m_1을 계산을 하면, 식 (2.35)에서 $\kappa = 0.2857$, 식 (2.22)와 식 (2.23)에서 $C_p = 0.2399\, cal/g \cdot \deg$, $C_p' = 0.445\, cal/g \cdot \deg$, 식(1.34)에서 $\epsilon = 0.622$ 을 대입하면

$$m_1 = \frac{1}{\kappa} \frac{\left(1 + x \dfrac{C_p'}{C_p}\right)}{\left(1 + \dfrac{x}{\epsilon}\right)} \fallingdotseq 3.50 \frac{1 + 1.85\, x}{1 + 1.61\, x} \qquad (3.68 \text{ 註})$$

이 된다.

응결고도에 있어서 응결온도(凝結溫度, condensation temperature) 및 응결기압(凝結氣壓, condensation pressure)을 각각 T_c 및 p_c로 쓰고 이것을 식 (3.66) 에 대입하면,

$$p_i\, T_i^{-m_1} = p_c\, T_c^{-m_1} \qquad (3.69)$$

이고, 또 건조급에서는 비장(比張, bijang = b, specific tension)의 식 (1.53) $b = \dfrac{622\, e}{p} \approx x \approx s$ 는 변하지 않으므로

$$\frac{e_i}{p_i} = \frac{E(T_c)}{p_c} \qquad (3.70)$$

이 성립한다. 따라서 식 (3.69)와 식 (3.70)에서 T_c 및 p_c가 결정된다.

ㄴ. 성우급($0\,C < T < T_c$)

응결고도 이상에서는 공기의 상승에 수반되어서 수증기가 응결하고 수적(물방울)으로

된다. 즉, 구름이 생긴다. 이 상태가 온도 0C에 도달할 때까지 계속된다. 이 과정이 **성우급**(成雨級, rain stage)이다.

전체의 수분(水分, water, 물) w 중, 응결에 의해 $w-\xi$가 액체의 물이 되었다고 한다면, 남아있는 수증기의 양은 ξ가 된다. 만일 물에 대하여 열량 dq_w를 주어지면, 그것은 액수의 온도를 dT만큼 높이는데 $C(w-\xi)dT$, 액수를 수증기로 증발시키는데 $L\,d\xi$, 포화수증기를 포화한 채로 온도를 dT만큼 높이데 $h\xi dT$로 나누어서 다음과 같이 쓰여지게 된다. 즉,

$$dq_w = C(w-\xi)dT + L\,d\xi + h\,\xi\,dT \tag{3.71}$$

이 된다. 여기서 h는 포화수증기의 비열이다. 전과 같이 해서 적분함수 $\frac{1}{T}$을 곱하면,

$$\frac{dq_w}{T} = \{C(w-\xi) + h\,\xi\}\frac{dT}{T} + L\frac{d\xi}{T} \tag{3.72}$$

이지만, 가역과정(可逆過程)이므로 이것은 완전미분이 된다. 따라서

$$\frac{\partial}{\partial\xi}\left\{\frac{C(w-\xi) + h\,\xi}{T}\right\} = \frac{\partial}{\partial T}\left(\frac{L}{T}\right) \tag{3.73 註}$$

이것을 ξ에 대해서 편미분하면,

$$h = C + T\frac{\partial}{\partial T}\left(\frac{L}{T}\right) \tag{3.74}$$

가 된다. 이 h를 식 (3.71)에 대입하면,

$$dq_w = C\,w\,dT + T\,d\left(\frac{L\,\xi}{T}\right) \tag{3.75 註}$$

가 된다. 습윤공기에 대해서는 식 (3.61)과 식 (3.75)에서

$$dq = (C_p + w\,C)\,dT + T\,d\left(\frac{L\,\xi}{T}\right) - A\,v\,dp_d \tag{3.76}$$

가역과정인 것을 고려해서 위 식을 적분함수 $1/T$을 곱하고, 단열이므로 $dq = 0$ 으로 놓으면,

$$d\phi = \frac{dq}{T} = (C_p + w\,C)\frac{dT}{T} + d\left(\frac{L\,\xi}{T}\right) - A\,\frac{v}{T}\,dp_d = 0 \tag{3.77}$$

이 되고, 오른쪽 마지막 항에는 상태방정식 $\frac{v}{T} = \frac{R}{p}$ 을 대입해서 적분하면,

$$\phi = (C_p + w\,C)\ln T + \frac{L\,\xi}{T} - A\,R\ln p_d = const. \tag{3.78}$$

이 되고, 초기치를 넣으면,

$$(C_p + w\,C)\ln\frac{T}{T_i} + \frac{L\,\xi}{T} - \frac{L_i\,\xi_i}{T_i} - A\,R\ln\frac{p_d}{p_{di}} = 0 \tag{3.79}$$

가 되고, 여기서 초기치는 응결고도에 있어서의 값이다. 또 식 (3.78)의 const. 는 식 (3.64)의 상수(常數, constant, const.) 와 같은 값을 취한다. 이것은 단열과정에서 정해진 계(系, system)에서 에너지는 일정하다는 원리에 따른 것이다.

위 식을 고쳐 쓰면,

$$\ln\frac{p_d}{p_{di}} = \ln\frac{p - E}{p_i - E_i} = m_2\ln\frac{T}{T_i} + \frac{1}{A\,R}\left(\frac{L\,\xi}{T} - \frac{L_i\,\xi_i}{T_i}\right) \tag{3.80}$$

이 되고 단, 여기서 m_1 에서와 같이 계산을 하면,

$$m_2 = \frac{C_p}{A\,R}\left(1 + w\,\frac{C}{C_p}\right) \fallingdotseq 3.50\,(1 + 4.17\,w) \tag{3.81 註}$$

이 된다. 액수의 비열 $C = 1cal/g\cdot\deg$ 이다. 또는 수증기 ξ 는 포화되어 있음으로 혼합비

(x)로 표현을 하면 $x = \xi = \epsilon \dfrac{E}{p-E}$ (단위 ; kg/kg)를 사용하면,

$$\ln \frac{p-E}{p_i - E_i} = m_2 \ln \frac{T}{T_i} + \frac{\epsilon}{AR}\left(\frac{L}{T}\frac{E}{p-E} - \frac{L_i}{T_i}\frac{E_i}{p-E_i}\right) \tag{3.82}$$

가 된다. 여기서 간단한 비장(比張)의 식을 사용하지 않고 혼합비(비습)를 사용한 것은 지상 부근에서는 $p \gg e$ 의 관계가 있어 수증기압을 생략했으나, 상공으로 가면 기온의 하강에 따라 포화수증기압도 내려가지만, 기압도 많이 떨어지므로 그때그때의 상황에 따라서 독자의 판단에 맡기는 것이다.

ㄷ. 성박급($T=0C$)

기온이 $0C$에 도달한 후에 상승하면, 수적(水滴, 물방울)이 전부 얼 때까지 $0C$에 머문다. 이 과정이 **성박급**(成雹級, hail stage)이다. 이때는 액수 w 중 ξ가 수증기로 남고 η가 얼음으로 되어 있다고 한다면, 액수(液水)의 양은 $(w-\xi-\eta)$이다.

이 습윤공기에 열량이 주어져서 일정한 기온을 유지하게 한다면 이것은 잠열인 동결열(凍結熱, L_{wi})에서 나오는 열량이다. 따라서 이 잠열의 물〔수분〕에 열량 dq_w는 기온이 일정한 상태에서 액수를 얼음으로 만드는 데에만 사용되는 열량이다. 따라서

$$dq_w = L_{wi}\, d(w - \xi - \eta) = -L_{wi}(d\xi + d\eta) \tag{3.83}$$

이 되고, 식 (3.61)에서 $dT = 0$ 이므로 전 습윤공기의 열량

$$dq = dp_d + dp_w = -A\, v\, dp_d - L_{wi}(d\xi + d\eta) \tag{3.84}$$

가 되고, 이것은 가역과정(可逆過程)이기 때문에

$$d\phi = \frac{dq}{T} = -\frac{Av}{T}dp_d - \frac{L_{wi}}{T}d(\xi+\eta) = 0 \tag{3.85}$$

이다. 상태방정식에서 $\dfrac{v}{T} = \dfrac{R}{p_d}$ 을 가운데 첫째항에 대입해서 적분하면,

$$\phi = -AR\ln p_d - \frac{L_{wi}}{T}(\xi + \eta) = const. \qquad (3.86)$$

이 된다. 여기서 $T = 273K = 0\,C$ 이고, L_{wi} 동결열은 식 (3.12)에서 약 80 cal/g 정도가 된다. 초기치(i)를 사용하면,

$$AR\ln\frac{p_d}{p_{d'i}} = -\frac{L_{wi}}{T}\{(\xi + \eta) - (\xi_i + \eta_i)\} \qquad (3.87)$$

이다. 여기서 얼기 시작했을 때는 $\eta_i = 0$ 이고, 종말에는 $w - \xi_i = \eta$ 이다. 식 (3.86) 의 상수는 단열과정으로 ϕ = 일정 함으로 식 (3.64), 식 (3.78)의 상수와 같다.

ㄹ. **성설급($T < 0C$)**

모든 수적이 얼면, 그 이상 상승해서 기온이 영하로 내려가면 수증기는 승화해서 눈의 결정을 만든다. 이 과정이 **성설급**(成雪級, snow stage)이다. 성설급은 성우급과는 형식적으로는 같고, 증발열(응결열) $L_{wv} = L_{vw} = L$ 대신에 승화열(昇華熱, 승화증발열, 승화응결열) $L_{iv} = L_{vi}$, 물의 비열 C 대신에 얼음의 비열 C_i 를 사용하면 된다. 따라서 식 (3.78), 식 (3.79), 식 (3.80), 식 (3.82) 에 대해서 각각 다음과 같이 된다.

$$\phi = (C_p + wC_i)\ln T + \frac{L_{iv}\,\xi}{T} - AR\ln p_d = const. \qquad (3.88)$$

$$(C_p + wC_i)\ln\frac{T}{T_i} + \frac{L_{iv}\,\xi}{T} - \frac{L_{iv}\,\xi_i}{T_i} - AR\ln\frac{p_d}{p_{di}} = 0 \qquad (3.89)$$

$$\ln\frac{p - E}{p_i - E_i} = m_4\ln\frac{T}{T_i} + \frac{1}{AR}\left(\frac{L_{iv}\,\xi}{T} - \frac{L_{iv}\,\xi_i}{T_i}\right) \qquad (3.90)$$

$$\ln\frac{p - E}{p_i - E_i} = m_4\ln\frac{T}{T_i} + \frac{\epsilon}{AR}\left(\frac{L_{iv}}{T}\frac{E}{P - E} - \frac{L_{iv}}{T_i}\frac{E_i}{p - E_i}\right) \qquad (3.91)$$

단, 여기서 얼음의 비열은 식 (2.21)에서 $C_i = 0.49\,cal/g \cdot deg$ 로 해서, m_1에서와 같이 계산을 하면,

$$m_4 = \frac{C_p}{AR}\left(1 + w\frac{C_i}{C_p}\right) = 3.50(1 + 2.04\,w) \qquad (3.92)$$

가 된다. 승화열은 식 (3.12)의 $L_{iv} = 676.93 - 0.059\,t$를 사용하면 된다. 초기치로써 $E_i T_i$ 는 0 C 의 값을 취하고, ξ_i 는 성박급의 최종치를 취하면 된다.

3.6.3. 위단열과정(3 단계)

위단열과정(僞斷熱過程, pseudo-adiabatic process, 僞斷熱變化, pseudo-adiabatic change)은 포화공기의 습윤단열변화에 있어서 역학적 상태변화를 생각할 때, 응결 또는 승화로 생긴 생성물(액수, 얼음)은 즉시 낙하해 버려서 그 계에서 빠져나간다고 가정하는 과정이다. 따라서 단열과정이라고 하면 외부와의 열을 차단하는 것이므로 외부의 열이 이 계(系, system)로 들어오는 것은 아니지만, 수증기가 응결해서 액수가 되거나 승화나 액수가 얼어서 얼음이 되면 이 계를 빠져나감으로 엄밀히는 단열이 되지는 않는다. 따라서 위단열(僞斷熱)의 위(僞)는 거짓(가짜, pseudo-)이라는 뜻이 포함되어 있다.

이와 같은 과정은 비가역(非可逆)이어서 엔트로피(entropy) 는 일정하지 않지만, 일정하다고 가정해서 계산하는 것이다. 방정식을 성립시키기 위해서는 모순된 가정을 하는 것 같지만, 이 상태변화의 계산에서는 이렇게 해도 실용상으로는 거의 문제가 되지 않는다. 뒤에서 그 이해를 더 도울 것이다.

물(수분)에 주어진 열량 dq_w 가 주어졌다고 하자. 이 경우의 위단열과정에서는 가정에 의해 액수와 얼음은 이 계에는 존재하지 않음으로 수증기만 해당한다. 따라서 이 열량은 수증기가 포화한대로 온도를 높이기 위해서 쓰여 지는 것과 수적의 증발의 잠열(潛熱 ; 실은 응결하기 위한 것)로 쓰여 지게 된다. 즉,

$$dq_w = h\,\xi\,dT + L\,d\xi \qquad (3.93)$$

이다. 여기서 h 는 포화수증기의 비열이다. 적분함수 $1/T$를 곱해주면 엔트로피(ϕ, entropy)는

$$d\phi = \frac{dq_w}{T} = h\,\xi\,\frac{dT}{T} + \frac{L}{T}d\xi \qquad (3.94)$$

이기 때문에, 엔트로피 불변의 법칙을 사용해서 가역과정이며 완전미분으로 식 (3.73)에

서와 같은 방법으로

$$\frac{\partial}{\partial \xi}\left(\frac{h\,\xi}{T}\right) = \frac{\partial}{\partial T}\left(\frac{L}{T}\right) \tag{3.95}$$

가 된다. h를 풀기 위해서 좌변을 ξ에 대해서 미분해서 정리하면,

$$h = T\frac{\partial}{\partial T}\left(\frac{L}{T}\right) \tag{3.96}$$

이 된다. 따라서 이것을 식 (3.93)에 대입하면,

$$dq_w = T\,\xi\frac{\partial}{\partial T}\left(\frac{L}{T}\right)dT + L\,d\xi = T\,d\left(\frac{L\,\xi}{T}\right) \tag{3.97}$$

이 된다. 식 (3.61)과 같이, 전 습윤공기에 주어지는 열량 dq는 다음과 같이 된다.

$$dq = dq_d + dq_w = C_p\,dT - A\,v\,dp_d + T\,d\left(\frac{L\,\xi}{T}\right) \tag{3.98}$$

위단열(僞斷熱)에서 외부에서 열을 주어지지는 않으므로 $dq = 0$으로 해서 적분함수 $1/T$을 곱해주고, 상태방정식 $\frac{v}{T} = \frac{R}{p_d}$을 대입하면,

$$d\phi = \frac{dq}{T} = C_p\frac{dT}{T} + d\left(\frac{L\,\xi}{T}\right) - A\frac{R}{p_d}dp_d = 0 \tag{3.99}$$

가 된다. 이것을 적분하면,

$$\phi = C_p \ln T + \frac{L\,\xi}{T} - A\,R\ln p_d = const. \tag{3.100}$$

이 된다. 단열과정의 성우급(成雨級)의

$$\phi = (C_p + w\,C)\ln\,T + \frac{L\xi}{T} - A\,R\ln p_d = const. \qquad (3.78)'$$

과 비교하면, 제 1 항의 계수에 $w\,C$ 가 없는데, 이 양은 $C_p = 0.24$ 에 대해서 기껏해야 0.03 이기 때문에 10 % 이하의 오차를 보여주는데 불과하다. 따라서 처음에 가정을 했을 때 이와 같은 과정은 비가역(非可逆)이어서 엔트로피는 일정하지 않지만, 일정하다고 가정해서 계산을 했다. 오차가 이 정도로 작다면 위의 가정을 해도 무방하지 않을까 생각한다. 모순된 것 같지만 방정식을 성립시켜서 전개해나가는 데 뒤에서 그 이해를 돕기 위해 도움을 준다는 뜻이 이것이다.

실제의 대기에서 식 (3.78)과 식 (3.100)의 중간에 있을 것이다. 그 중간에서 어느 쪽에 가까우냐 하는 것은 그때그때의 기상상황에 의해 좌우될 것이다. 또한 위단열(僞斷熱) 변화에서는 성박급이 빠져 있는 것이 특징이다. 위 식은 형식적으로는 완전미분을 적분한 것 같이 보이지만, 수분(水分, 물방울)이 낙하할 때에는 계 밖으로 가지고 나가는 열을 생략하고 있다. 따라서 완벽하게 $dq = 0$ 로는 놓을 수는 없다.

3.7. 습윤단열감률

포화한 공기덩이가 단열적으로 상승할 때의 온도의 감소율을 **습윤단열감률**(濕潤斷熱減率, moist adiabatic lapse rate) 또는 **포화단열감률**(飽和斷熱減率, saturation-adiabatic lapse rate)이라고도 한다. 포화한 공기덩이가 상승할 때에는 단열팽창에 의한 온도저하로 포화수증기압이 내려가 여분의 수증기가 응결해서 잠열을 방출하기 때문에 기온의 저하율은 건조단열감률보다도 작고 또 그것과는 달리 기온과 압력에 의존한다.

저온(低溫)에서는 수증기의 함유량이 적어 수증기의 응결의 영향은 작으므로 건조단열감률에 가깝다. 그러나 기온이 높아지는 고온(高溫)에서는 단열팽창에 의한 포화수증기량의 변화가 커지기 때문에 그 삼열의 효과도 커서 기온감률은 현저하게 감소해서 건조단열감률과는 차이가 커진다. 한편 기압이 감소하면 근소하지만 감률은 감소한다.

습윤공기의 상승공기덩이의 냉각률을 구하기 위해서 이에 해당하는 성우급의 식 (3.76)을 취해서 dz 으로 나누고, 단열($dq = 0$)을 가정해서 좌변을 0 으로 놓으면,

$$\frac{dq}{dz} = (C_p + w\,C)\frac{dT}{dz} + T\frac{d}{dz}\left(\frac{L\,\xi}{T}\right) - A\,v\frac{dp_d}{dz} = 0 \qquad (3.101)$$

또는 중앙의 둘째 식을 미분하고 셋째 식에 상태방정식을 사용하면,

$$(C_p + w\,C)\frac{d\,T}{d\,z} + \frac{d}{d\,z}(L\,\xi) - \frac{L\,\xi}{T}\frac{d\,T}{d\,z} - \frac{A\,R\,T}{p_d}\frac{d\,p_d}{d\,z} = 0 \qquad (3.102\ 註)$$

비장(比張, bijang = b, specific tension) $\xi = \epsilon\frac{E}{p_d}$ 를 대수미분(對數微分)하면,

$$\frac{d\xi}{\xi} = \frac{d\,E}{E} - \frac{d\,p_d}{d\,z} \qquad (3.103)$$

따라서 이것을 위 식에 대입하면,

$$\left(C_p + w\,C - \frac{L\xi}{T} + \xi\frac{dL}{d\,T}\right)\frac{d\,T}{d\,z} + L\,\xi\left(\frac{1}{E}\frac{dE}{dT}\frac{dT}{dz} - \frac{1}{p_d}\frac{dp_d}{d\,z}\right) - \frac{A\,R\,T}{p_d}\frac{d\,p_d}{d\,z} = 0 \qquad (3.104\ 註)$$

가 된다.

이것들의 많은 항은 저자에 따라서 생략하는 방법이 다르기 때문에, 역시 다른 결과로 주어지고 있다. $w\,C$ 대신에 $\xi\,C$ 를 사용하고 있는 것은 위단열변화를 고려한 것이다. C_p 에 대해서 $w\,C$ 를 생략하고 있는 것도 있다. $w\,C$ 대신에 $\xi\,C$, 또

$$\frac{1}{p_d}\frac{d\,p_d}{d\,z} \fallingdotseq \frac{1}{p}\frac{d\,p}{d\,z} = \frac{1}{R\,\rho\,T}(-\,g\,\rho) = -\,\frac{g}{R\,T} \qquad (3.105)$$

로 놓고 위 식을 고쳐 쓰서 정리하면,

$$-\,\frac{d\,T}{d\,z} = \frac{A\,g}{C_p}\,\frac{\frac{\epsilon\,L}{A\;R}\frac{E}{T} + p}{p + \frac{\epsilon}{C_p}\left\{E\left(C + \frac{dL}{d\,T} - \frac{L}{T}\right) + \frac{d\,E}{d\,T}L\right\}} \qquad (3.106\ 註)$$

이 된다. 여기서 간편히 하기 위해서

$$\left.\begin{aligned} X &= \frac{\epsilon L}{AR}\frac{E}{T} \\ Z &= \frac{\epsilon}{C_p}\left\{E\left(C + \frac{dL}{dT} - \frac{L}{T}\right) + \frac{dE}{dT}L\right\} \end{aligned}\right\} \tag{3.107}$$

이라 놓고, 다시 위 식에 대입해서 간단하게 정리하면

$$-\frac{dT}{dz} = \Gamma_m = \frac{Ag}{C_p}\frac{p+X}{p+Z} = \Gamma_d \frac{p+X}{p+Z} \tag{3.108}$$

이 된다. 여기서 Γ_m 를 습윤단열감률〔濕潤斷熱減率, moist-(wet-, saturated = 飽和) adiabatic lapse late〕이라고 한다. 식 (2.51)에서 $\frac{Ag}{C_p} = \Gamma_d = -\beta_d$ 이고, Γ_d 를 건조단열감률이라고 부르는 대신 β_d 는 건조단열증율(乾燥斷熱增率)이 된다.

◈ 다음과 같은 근사식이 보통 쓰여 지고 있다.

$$\text{Brunt ☔ : } X = \frac{\epsilon L}{AR}\frac{E}{T}, \quad Z = \frac{\epsilon}{C_p}\left\{E\left(C + \frac{dL}{dT}\right) + \frac{dE}{dT}L\right\} \tag{3.109}$$

$$\text{Chromow, Haurwitz ☔ : } X = \frac{\epsilon L}{AR}\frac{E}{T}, \quad Z = \frac{\epsilon L}{C_p}\frac{dE}{dT}$$

표 3.3 은 위의 식으로부터 계산한 습윤단열감률의 값이다. 기온과 기압에 좌우되는 이것은 수증기량이 많을 때에는 건조단열감률의 절반 이하가 되지만, 적어지면 거의 건조단열감률에 가까워진다.

표 3.3. 습윤단열감률 (C / 100m)

기온(C) / 기압(hPa)	-30	-20	-10	0	10	20	30
1,013	0.93	0.86	0.76	0.63	0.54	0.45	0.38
1,000	93	86	76	63	54	44	38
900	93	85	74	61	52	43	37
800	92	83	71	58	50	41	
700	91	81	69	56	47	38	
600	90	79	66	52	44		
500	89	76	62	48	41		
400	87	72	57	44			
300	85	66	51	38			

연 습 문 제

1. 지상에서 $x = 20\,g/kg$ 의 혼합비를 갖는 습윤공기가 상승해서 $500\,hPa$ 에서 얼기 시작했다. 등온층(等溫層)의 두께를 구하라(註).

2. 상대습도에서 습윤공기의 수증기의 양인 g/kg, g/m^3 의 단위로 그 값을 구하라.

Chapter 4 대기과학 온도

온도(溫度, temperature, T)는 물질의 따뜻함이나 차가움의 정도를 객관적으로 계량화(計量化)한 개념이다. 대기과학적으로는 열역학에 있어서 상태량의 하나로, 열평형(熱平衡)을 특징지어 주는 척도이다. 기체분자 운동론에서 온도는 분자의 병진운동의 에너지와 비례관계에 있다. 이때 개개의 기체분자의 운동을 **열운동**(熱運動)이라고 하고, 온도는 열운동의 격렬함의 평균적 상태를 나타낸다.

온위(溫位, potential temperature, Θ)라고 이름이 붙여지는 것은 각각의 과정에 따라서 표준기압 1,000 hPa 로 가져왔을 때의 온도이다.

4.1. 온 도

4.1.1. 온도의 의의(뜻)

열을 가한 물체와 냉각한 물체를 접촉시키면, 시간이 경과함에 따라서 가열된 물체는 냉각하고 냉각된 물체는 따뜻해져서 이윽고 이와 같은 변화는 정지한다. 이때 가열된 물체에서 냉각된 물체로 열이 이동했다고 말하고, 두 개의 물체는 열평형(熱平衡, 열적으로 균형)에 도달했다고 말한다. 평형에 도달하기 전의 상태에서 따뜻한 쪽의 온도가 높다고 말하고, 차가운 쪽의 온도를 낮다고 말한다. 열평형에 있는 2개의 물체의 온도는 같다고 생각한다. 따라서 온도는 또 열이 하나의 물체에서 다른 쪽의 물체로 이동하는 경향의 강도를 나타내는 척도(尺度)이기도 하다.

온도를 객관적으로 정의할 수 있는 근거는 열역학 제 0 법칙의 경험적인 사실에 의한다. 즉 물체 A와 열평형에 있는 물체 B를 물체 C와 접촉시켜도 열평형에 있다고 한다면, A와 C도 열평형에 있다. A와 C를 직접 접촉시키지 않아도 A와 C의 온도가 같을지 그렇지 않을지를 물체 B를 이용해서 조사할 수가 있다고 하는 것은 온도를 일반적인 눈금으로 정의할 수 있다는 것을 나타내고 있다.

4.1.2. 온도의 눈금(단위)

온도를 측정하는 눈금(graduation, scale)은 옛날부터 2개 이상의 재현 가능한 온도에 의존하는 현상을 취하고, 그로부터 일어나는 온도에 적당한 값을 부여하는 온도정점(定点, 定點)으로 함으로써 만들어졌다. 예를 들면, 적당한 물질의 융점(融點)과 비점(沸點)을 온도정점으로 하고, 그 사이를 그 물질의 열팽창에 따라서 보간(補間, polation, 補法, 역학대기과학 주해 참조)한다면 그 사이의 온도눈금을 정의할 수 있는 것이 된다.

이 방법은 실용적이기는 하지만, 작업물질에 의존하기 때문에 보편성이 결여되고, 정확한 과학적 논의에는 부적당하다고 생각되어진다. 그래서 19세기 중엽, 켈빈은 물질의 개별적인 성질에서 독립된 기준으로써 열역학적인 온도눈금을 제창했다. 이것은 가역열기관의 효율에서 다음과 같이 결정했다.

2개의 다른 온도의 물체가 있고, 그들의 온도를 정하는 것을 생각한다. 어느 쪽이 보다 높은 온도인가는 보통의 온도계로 결정된다. 가역열기관(可逆熱機關)을 사용해서 보다 온도가 높은 물체에서 q_1의 열을 흡수하고, 일 $(q_1 - q_2)$를 해서 낮은 온도의 물체로 열 q_2를 부여할 수가 있다고 하자. 그의 효율은 $(q_1 - q_2)/q_1$이 되는데, 이 값은 고온열원의 온도를 T_1, 저온열원의 온도를 T_2로 한 $(T_1 - T_2)/T_1$과 일치해서

$$\frac{q_1 - q_2}{q_1} = \frac{T_1 - T_2}{T_1} \tag{4.1}$$

이 되는 것을 열역학 제2법칙에서 알 수가 있다. q_1, q_2의 측정에서 T_1과 T_2의 비가 결정되므로 하나의 기준온도를 정해서 임의승수(任意乘數)를 제거하면 작업물질의 성질에 의하지 않는 온도를 결정할 수가 있다.

이와 같이 정의된 온도를 **열역학적온도**(熱力學的溫度, thermodynamic temperature)라고 부른다. 현재의 국제단위계(國際單位系, SI)에서는 물〔수분〕의 삼중점(三重點, triple point)을 단 하나의 온도정점으로 하고, 그 열역학적온도의 1/273.15을 1K(단위는 켈빈 = Lord Kelvin, 본명은 William Thomson, 1824. 6. 26.~1907. 12. 17, ☂)로 하는 열역학적온도가 사용되고 있다. 이 끝수는 셀시우스 C와 1 C를 공통으로 하기 위함이다.

또 이 온도는 이상기체의 상태방정식(보일・샤르의 법칙)에 나오는 기체온도와 일치한다.

이것에 대해서 실용상의 온도눈금으로써는 셀시우스〔C, 섭씨(攝氏)〕가 사용되는 일이 많다. 이것은 스웨덴의 과학자 셀시우스(A. Celsius, 1701~1744, ☂)가 제창한 것을 근원으로 해서 만들어진 온도눈금으로 1기압 하에서 얼음의 융점(融點, 녹는 점) 또는 빙점(氷點, 어는 점) 0 C, 물〔水分〕의 비점(沸點, 끓는 점)을 100 C로 정해, 그 상하에도 외삽(外插)한 것이다. 절대온도 $T(K)$와 셀시우스 $t(C)$와의 사이에는

$$t = T - 273.15 \tag{4.2}$$

의 관계가 있다. 미국 지역에서는 파렌하이트〔F, 화씨(華氏)〕도 사용되고 있다. 이 눈금은 독일의 과학자 파렌하이트(Gabriel Daniel Fahrenheit, 1686~1736. 네덜란드)가 1720년경 제창한 것으로, 셀시우스 C에서 파렌하이트 F로의 변환식은

$$F = \frac{9}{5}C + 32 \tag{4.3}$$

이 된다.

4.2. 종 류

대기과학(기상학)에서 보통 온도 이외에 온도의 차원을 갖는 여러 가지의 양(量)들이 사용되고 있다. 이들을 총칭해서 **대기과학(기상학) 온도**〔atmospheric scientific (meteorological) temperature〕라고 하자. 이것들을 열거하면 다음과 같다.

ㄱ. 온 도

0. 온도(溫度, temperature), T
1. 건구온도(乾球溫度, dry-bulb temperature), T_d
2. 습구온도(濕球溫度, wet-bulb temperature), T_w
3. 위습구온도(僞濕球溫度, pseudo wet-bulb temperature), T_{sw}
4. 포화온도(飽和溫度, saturation temperature), T_s
5. 노점온도(露点溫度, 이슬점온도, dew-point temperature), T_{de}

6. 응결고도온도(凝結高度溫度, condensation-level temperature), T_c
7. 가온도(假溫度, virtual temperature), T_v
8. 상당온도(相當溫度, equivalent temperature), T_e
9. 위상당온도(僞相當溫度, pseudo-equivalent temperature), T_{se}

ㄴ. 온위

0. 온위(溫位, potential temperature), Θ
1. 다방온위(多方溫位, polytropic potential temperature), Θ_k
2. 분압온위(分壓溫位, partial potential temperature), Θ_d
3. 습구온위(濕球溫位, wet-bulb potential temperature), Θ_w
4. 위습구온위(僞濕球溫位, pseudo wet-bulb potential temperature), Θ_{sw}
5. 가온위(假溫位, virtual potential temperature), Θ_v
6. 상당온위(相當溫位, equivalent potential temperature), Θ_e
7. 위상당온위(僞相當溫位, pseudo-equivalentpotential temperature), Θ_{se}

대기과학(기상학) 온도는 이상의 것만이 아니고, 이외에도 정의할 수가 있다.

4.2.1. 습구온도와 온위

습구온도(濕球溫度, wet-bulb temperature, T_w)는 온도계의 감부(感部, sensor)를 얇은 물이나 얼음의 막(膜)으로 싸서, 직사광선이 닿지 않도록 공기 중에 놓아두고 측정한 온도를 뜻한다. 건습구습도계나 통풍건습계의 습구온도계에서 측정한 온도이다. 이 습구온도는 일정 기압의 공기덩이 속에서 포화에 이를 때까지 물을 증발시켜서 기화열(氣化熱)을 빼앗았을 때의 온도와 같다고 생각되어진다. 그 후 이 포화된 공기덩이를 위습윤단열과정(僞濕潤斷熱過程)에 의해서 습윤(포화)단열변화에 따라서 기준기압(1,000 hPa)까지 가져왔을 때에 나타내는 온도를 **습구온위**(濕球溫位, wet-bulb potential temperature, Θ_w)라고 한다.

온도계〔溫度計, 옛날에는 한난계(寒暖計)〕의 구부(球部 : 온도를 느끼는 부분)를 물로 잘 적셔서 이것에 일정한 바람을 통하게 해서 평형상태에 이르게 되었을 때의 습구온도를 생각하도록 하자. 그림 4.1과 같이, 구부의 주위에 가상적인 구면(球面) S를 생각해서 이 면을 통해서 출입하는 열을 생각하자. 단위시간에 질량 m의 공기가 출입(出入, in, out)하는 것으로 한다면,

◐ S 면을 통해서 들어오는(in) 건조공기(실제정의)의 열 H_{in} 은 건조공기(m), 수증기 ($m\,x$)가 갖는 열과 수증기의 잠열의 합으로 이루어져 다음과 같이 된다.

$$H_{in} = m\,C_p\,T + m\,x\,C_p{}'\,T + m\,x\,L \tag{4.4}$$

◐ 한편 S 면을 통해서 나가는(out) 열은 포화(x')되어 습구온도(T_w)가 되어 나가게 됨으로 이 열 H_{out} 도 위와 같이 3개의 열의 합으로 나가게 된다.

$$H_{out} = m\,C_p\,T_w + m\,x'\,C_p{}'\,T_w + m\,x'\,L \tag{4.5}$$

시간이 경과해서 습구온도의 시도가 안정되었다고 한다면, 이들은 평형상태에 도달했기 때문에 이 2식이 같아지게 된다. 따라서

$$(T - T_w)(C_p + x\,C_p{}') + L(x - x') + (x - x')C_p{}'\,T_w = 0 \tag{4.6}$$

이 된다. 그러나 왼쪽의 제 3항은 다른 항에 비해서 작으므로 생략하고 정리하면,

$$T_w = T - \frac{L}{C_p + x\,C_p{}'}(x' - x) \tag{4.7}$$

이 된다.

여기서 혼합비 $x = \dfrac{\epsilon\,e}{p - e} \fallingdotseq \dfrac{\epsilon\,e}{p}$ 〔비장(比張)과 같고, 단위는 kg/kg〕이고, S 면을 나갈 때의 혼합비 x'은 습구온도 T_w 에 대한 포화수증기압 $E(T_w)$으로 포화되어 있기 때문에 $x' = \dfrac{\epsilon\,E(T_w)}{p - E(T_w)} \fallingdotseq \dfrac{\epsilon\,E(T_w)}{p}$ (比張, 단위 kg/kg)이 된다. $x' > x$ 이므로 일반적으로 $T_w < T$ 이다. 위의 비장의 식들을 사용하고, 분모의 $x\,C_p$ 를 C_p에 비교해서 생략하면, 식 (4.7)은 다음과 같이 된다.

$$E(T_w) - e = \frac{C_p}{\epsilon\,L}\,p\,(T - T_w) = K\,p\,(T - T_w) \tag{4.8}$$

이 식이 건구와 습구의 온도차에서 수증기장력(水蒸氣張力)과 습도를 구하는 데에 사용하는 **습도계 방정식**(濕度計 方程式, psychrometer equation) 또는 **검습계 공식**(檢濕計 公式, psychrometric formula)이다. 여기서 K는 건습계의 상수이다. 소선섭 외 3인(2009년 대기관측법 개정판, 교문사)에서는 수증기압을 구하는 식으로 다음과 같이 사용하고 있다.

$$e = E' - Kp(t - t') = E(T_w) - Kp(T - T_w) \tag{4.9}$$

여기서는 $E' = E(T_w)$, $t = T$, $t' = T_w$를 사용하고 있다.

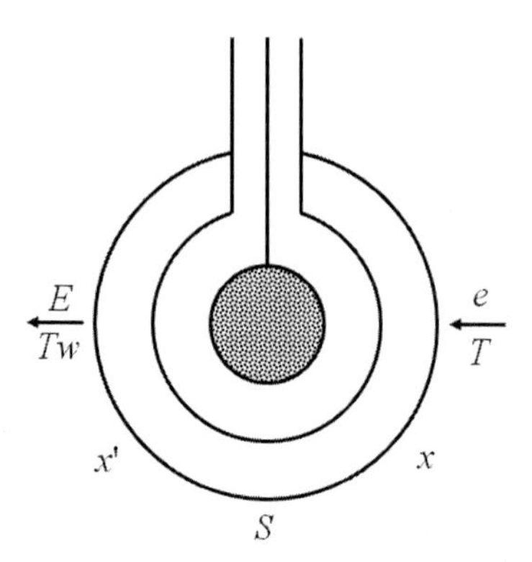

그림 4.1. S 면을 통한 열의 출입

4.2.2. 위습구 온도와 온위

처음 p, T, x의 공기덩이의 기압을 내림으로써 포화에 이를 때까지 건조단열적으로 냉각시켜 응결고도까지 올리고, 그 후 습윤(포화)단열과정에 의해 위습윤난열적으로 원래의 상태까지 가져왔을 때의 온도가 **위습구온도**(僞濕球溫度, pseudo wet-bulb temperature, T_{sw})이다. 응결고도에서 위습윤단열적으로 원래의 기압까지 내렸을 때에 갖는 온도가 위습구온도이기는 하지만, 위습윤단열적으로 내린다고 하는 것은 생각하기 어렵기 때문에 가상적인 것이므로 해서 반대로 생각하면 쉽다. 즉, p, T_{sw}에서 포화하고 있는 공기덩이를 위습윤단열적으로 응결고도까지 높이고, 거기에서 건조단열적으로 원래의 기압 p까지 내렸을 때 온도가 T가 되는 것과 같은 T_{sw}를 의미한다.

블리커(Bleeker)에 의하면,

$$T_w - T_{sw} = \frac{A}{C_p + \dfrac{\epsilon L^2 E(T_{sw})}{R' p T_w T_{sw}}} > 0 \tag{4.10}$$

이 된다. 여기서 습구온도는 위습구온도보다 높음을 알 수가 있다. 그림 4.2는(T, $\ln p$) 좌표 상에서 이들을 표시한 것이다. 온도(T), 습구온도(T_w), 위습구온도(T_{sw}), 노점온도(T_{de})의 일반적인 관계는 다음과 같다.

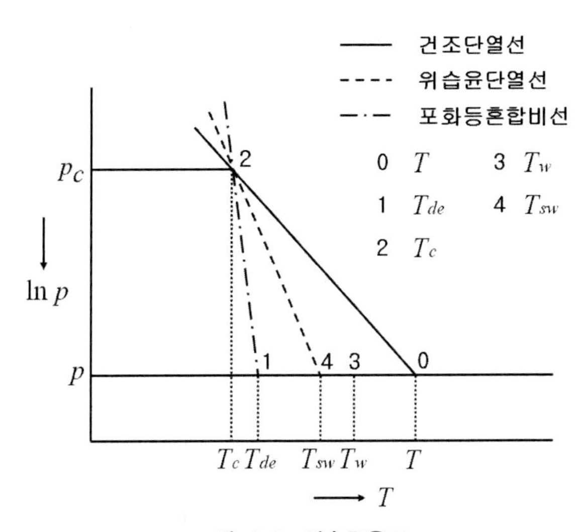

그림 4.2. 위습구온도

p : 기압, p_c : 응결고도 기압, T: 온도, T_{de} : 노점온도, T_c : 응결고도 온도, T_w : 습구온도, T_{sw} : 위습구온도

$$T > T_w > T_{sw} > T_{de} \tag{4.11}$$

습구온도와 위습구온도는 근소한 차이여서, 실용적으로는 무시해도 무방할 정도이다. 이들은 건조단열과정이나 습윤단열과정을 불문하고 가역단열과정에 대해서 보존된다.

위습구온위(僞濕球溫位, pseudo wet-bulb potential temperature)는 위습구온도의 정의와 같은 과정으로 표준기압(p_0 = 1.000 hPa)까지 가져왔을 때의 온도이다.

$p = p_0$일 때의 온도를 Θ_{sw}, $E = E_{p0}$, $\xi = \xi_{p0}$, $L = L_{p0}$로 한다면, 식 (3.100)에서

$$C_p \ln \frac{T}{\Theta_{sw}} - A R \ln \frac{p - E}{p_0 - E_{p0}} + \frac{L \xi}{T} - \frac{L_{p0}\, \xi_{p0}}{\Theta_{sw}} = 0 \tag{4.12}$$

를 얻는다. Θ_{sw}에 대한 식을 만들어 보자.

4.2.3. 분압온위

공기의 압력 p 는 건조공기의 압력 p_d 와 공기에 포함되는 수증기압 e 와의 합으로 되어 있음으로, 종종 p 를 전압(全壓, total pressure, 全壓力), $p_d = p - e$ 를 건조공기의 **분압**(分壓, partial pressure)이라고 부른다. 분압을 이용해서 만들어진 온위를 **분압온위**(分壓溫位, partial potential temperature, Θ_d)라고 한다.

공기덩이가 기압 p 에서 $p_0 = 1{,}000\,hPa$ 까지 단열적으로 변화했을 때의 온도인 온위 Θ 는 열역학 제 1 법칙을 근거로 푸아송방정식에서 유도된 식 (2.34)에서 식 (2.35)를 이용하면,

$$\Theta = T\left(\frac{p_0}{p}\right)^{\frac{\gamma - 1}{\gamma}} = T\left(\frac{p_0}{p}\right)^{\kappa} = T\left(\frac{p_0}{p}\right)^{\frac{AR}{C_p}} \tag{4.13}$$

이 된다. 건조공기에서는 $R/C_p = R_d/C_{pd} = 0.286$ (A는 생략)이다. 혼합비 x 의 불포화 습윤공기에서는 $R/C_{pd} = R_m/C_{pm} \fallingdotseq R_d/C_{pd}(1 - 0.26\,x)$ 가 되므로 건조공기의 온위와 같이 보아도 좋다.

습윤공기가 건조공기의 분압 $p - e$ 에서 p_0 까지 변화했다고 하고 **분압온위**(分壓溫位)

$$\Theta_d = T\left(\frac{p_0}{p - e}\right)^{\frac{R_d}{C_{pd}}} \tag{4.14}$$

가 정의되지만, 일반적으로 이용되는 일이 많지 않다.

또 다음과 같이

$$\Theta_d = T\left(\frac{P_0}{P_d}\right)^{\kappa} \tag{4.15}$$

로도 정의된다. 정리하면,

$$\begin{aligned}\Theta_d &= T\left(\frac{p_0}{p - e}\right)^{\kappa} = T\left(\frac{p_0}{p}\right)^{\kappa}\left(\frac{p}{p - e}\right)^{\kappa} \\ &\fallingdotseq \Theta\left(1 + \frac{e}{p_d}\kappa\right) = \Theta\left(1 + \frac{\kappa}{\epsilon}x\right) = \Theta(1 + 0.46\,x)\end{aligned} \tag{4.16}$$

을 얻는다.

4.2.4. 상당 온도와 온위

상당온도(相當溫度, equivalent temperature, T_e)는 공기덩이가 일정기압 하에서 거기에 포함되어 있는 수증기가 전부 응결했다는 가정에서 방출되는 잠열은 모두 그 공기덩이를 덥히는데 사용되었다고 했을 때의 온도이다. 일정기압에서 이루어졌다고 해서 **등압상당온도**(等壓相當溫度, isobaric equivalent temperature)라고도 한다. 수증기를 많이 포함하고 있는 공기일수록 기온에 비교해서 상당온도가 커진다.

ㄱ. 로비취의 정의

상당온도에 대한 로비취(Robitsch) 의 원래 정의는 정압(定壓)에서 수증기를 전부 응결시켜 방출 되는 잠열이 건조공기에 주어졌을 때의 온도이다. 따라서

$$T_e = T + \frac{L x}{C_p} \tag{4.17}$$

이 된다.

ㄴ. 페터슨의 정의

위의 로비취의 정의는 이론적으로는 올바르지만, 그러나 이와 같은 일은 실제 대기과학적으로 생각할 수 없으므로 페터슨(S. Petterssen, 1898~1974, ☂) 은 습구온도로 포화하고 있는 공기가 그 수증기를 전부 응결시켰을 때의 온도로 정의했다. 즉,

$$T_e = T_w + \frac{L x'}{C_p} \tag{4.18}$$

로 정의했다. 여기서 x' 은 습구온도(T_w)로 포화되었을 때의 혼합비이다.

ㄷ. 로스비의 정의

이것에 대해서 로스비(C.-G. A. Rossby, 1898~1957, ☂) 는 위습구온도의 경우와 같은 과정을 취해서 원래의 분압으로 취했을 때의 온도로 정의했다. 따라서 식 (4.31)에서

$$T_e = T \exp\left(\frac{L_c \ \xi_c}{C_p \ T_c}\right) \tag{4.19}$$

가 된다.

상당온위(相當溫位, equivalent potential temperature, Θ_e)는 상당온도 T_e와 기압 p의 공기를 건조단열적으로 표준기압 1,000 hPa 까지 가져왔을 때의 온도를 의미한다. 따라서 마지막 정의인 식 (4.19)의 상당온도를 이용하다면,

$$\Theta_e = T_e \left(\frac{p_0}{p_d} \right)^{\kappa} = T \left(\frac{p_0}{p_d} \right)^{\kappa} \exp \left(\frac{L_c \, \xi_c}{C_p \, T_c} \right) = \Theta_d \, \exp \left(\frac{L_c \, \xi_c}{C_p \, T_c} \right) \qquad (4.20)$$

이 된다.

공기덩이가 주위 공기와 열의 교환이 없이 단열변화를 할 때는 응결이 일어나지 않는 한 온위가 보존되지만, 상당온위 쪽은 응결이 일어나도 보존된다. 상당온위는 대기안정도를 조사하기도 하고, 그 보존성을 이용해서 기단(氣團, air mass)의 해석 등에 사용되고 있다.

4.2.5. 위상당온도와 온위

위상당온도(僞相當溫度, pseudo-equivalent temperature, T_{se})는 건조단열적으로 상승해서 치올림응결고도에서 포화에 다다른 후, 위단열팽창(僞斷熱膨脹)으로 모든 수증기를 잃어버리고, 그 후 건조단열변화로 원래의 기압까지 변화했을 때의 온도이다. 이것을 **단열상당온도**(斷熱相當溫度, adiabatic equivalent temperature)라고도 한다. 이 과정은 단열이 되지 않았지만, 되었다고 가정해서 그 모든 수증기의 열을 포함한 온도로 해석할 수가 있다.

위상당온위(僞相當溫位, pseudo-equivalent potential temperature, Θ_{se})는 위상당온도와 같은 과정으로, 위단열적으로 수증기가 전부 없어질 때까지 상승시키고, 그 후 건조단열적으로 표준(기준)기압 $p_0 = 1,000\,hPa$ 까지 내렸을 때에 갖는 온도이다. 완전히 수증기가 없어졌을 때의 기압과 온도를 p', T'로 한다면, 식 (4.12)에서 포화수증기압 E와 수증기 ξ 는 0 이므로, $E = \xi = 0$ 을 대입하면,

$$C_p \ln \frac{T'}{\Theta_{sw}} - A\,R \ln \frac{p'}{p_0 - E_{p0}} - \frac{L_{p0} \, \xi_{p0}}{\Theta_{sw}} = 0 \qquad (4.21)$$

이 된다. 그런데 위상당온위 Θ_{se} 는

$$\Theta_{se} = T'\left(\frac{p_0}{p'}\right)^{\kappa} \tag{4.22}$$

이므로, 자연대수를 취해 식 (2.34) 또는 식 (3.67)의 위 문장에서 $\kappa = \dfrac{AR}{C_p}$ 을 대입하면,

$$C_p \ln \Theta_{se} = C_p \ln T' - AR \ln \frac{p'}{p_0} \tag{4.23}$$

이 된다. 식 (4.21)과 식 (4.23)에서 T', p'을 소거하면,

$$C_p \ln \frac{\Theta_{se}}{\Theta_{sw}} - AR \ln \frac{p_0}{p_0 - E_{p0}} - \frac{L_{p0}\,\xi_{p0}}{\Theta_{sw}} = 0 \tag{4.24}$$

따라서

$$\Theta_{se} = \Theta_{sw}\exp\left(\frac{L_{p0}\xi_{p0}}{C_p\Theta_{sw}} + \frac{AR}{C_p}\frac{E_{p0}}{p_0}\right) \fallingdotseq \Theta_{sw}\exp\left(\frac{L_{p0}\xi_{p0}}{C_p\Theta_{sw}}\right) \fallingdotseq \Theta_{sw} + \left(\frac{L_{p0}\xi_{p0}}{C_p}\right) \quad (4.25\ 註)$$

가 된다. 식 (3.100)에 있어서 상수를 응결고도의 값(하첨자가 c) 으로 결정하기로 한다면,

$$C_p \ln T' - AR \ln p' = C_p \ln T_c - AR \ln p_{dc} + \frac{L_c\xi_c}{T_c} \tag{4.26}$$

이다. 그런데 응결고도에서 표준(기준)기압(1.000 hPa) 고도까지 건조단열과정을 사용하면 분압온위는

$$\Theta_d = T_c\left(\frac{p_0}{p_{dc}}\right)^{\kappa} = T\left(\frac{p_0}{p_d}\right)^{\kappa} \tag{4.27}$$

이 된다. 또 이것을 자연대수(自然對數, 로그)를 취하고, 식 (2.35)의 $\kappa = \dfrac{AR}{C_p}$ 를 사용하면,

$$C_p \ln \Theta_d = C_p \ln T_c - A R \ln \frac{p_{dc}}{p_0} \tag{4.28}$$

이기 때문에 식 (4.23)과 식 (4.28)을 식 (4.26)에 대입하면,

$$\Theta_{se} = \Theta_d \exp\left(\frac{L_c \xi_c}{C_p T_c}\right) \tag{4.29}$$

가 된다. 이것은 로스비(C.-G. A. Rossby, 1898~1957, ☂) 가 구한 형식이다.

위상당온도는 위상당온위와 같은 과정에 따라서 p_0 대신에 원래의 기압 p 까지 내려왔을 때의 온도이다. 위상당온위와 위상당온도와의 관계는

$$\Theta_{se} = T_{se}\left(\frac{p_0}{p}\right)^{\kappa} \tag{4.30}$$

이 된다. 또는 이것에 식 (4.29), 식 (4.16)을 사용하면,

$$\begin{aligned} T_{se} &= \Theta_{se}\left(\frac{p}{p_0}\right)^{\kappa} = \Theta_d\left(\frac{p}{p_0}\right)^{\kappa}\exp\left(\frac{L_c \xi_c}{C_p T_c}\right) \\ &= T\left(\frac{p_0}{p-e}\right)^{\kappa}\left(\frac{p}{p_0}\right)^{\kappa}\exp\left(\frac{L_c \xi_c}{C_p T_c}\right) = T\left(1+\frac{e}{p_d}\right)^{\kappa}\exp\left(\frac{L_c \xi_c}{C_p T_c}\right) \\ &= T(1+0.46\,x)\exp\left(\frac{L_c \xi_c}{C_p T_c}\right) \end{aligned} \tag{4.31}$$

이 된다. 위 식의 마지막 식은 테일러(Tayler, Sir Geoffrey Ingram, 1886. 3. 7.~1975. 6. 27, ☂)의 멱급수 전개(이항급수의 멱급수 전개)를 이용하면 $\frac{e}{p_e}\kappa$ 의 항이 나온다. 여기에 혼합비(x) = 비습(s) ≒ 비장(b)$=\frac{\epsilon e}{p_d}$ 를 대입하면, 식 (1.34)와 식 (2.35)를 이용해서, 식 (4.16)에서와 같이 $\frac{e}{p_d}\kappa = \frac{\kappa}{\epsilon}x = \frac{0.2857}{0.622}x$ ≒ $0.46\,x$ 를 계산할 수가 있다.

상당온도와 위상당온도는 그다지 큰 차이가 없어서 실용상으로는 무시해서 같이 쓰는 일이 자주 있다.

4.2.6. 가 온도와 온위

가온도(假溫度, virtual temperature, T_v)는 「1.3.3.의 ㅂ」에서 언급했다. 다시 한 번 상기하면서 뜻을 새기도록 하자. 수증기를 포함하는 습윤공기를 그것과 같은 기압으로 같은 밀도의 건조공기로 치환했을 때에 건조공기가 취할 수밖에 없는 온도를 뜻한다. 같은 온도, 같은 기압의 습윤공기와 건조공기의 밀도를 비교하면 가벼운 수증기를 포함하는 만큼의 습윤공기의 밀도 쪽이 작다. 따라서 습윤공기를 같은 기압, 같은 밀도의 건조공기로 바꾸는 데에는 건조공기의 온도를 높여서 밀도를 작게 한다. 식 (1.56)을 다시 표현하면,

$$T_v = T(1+6.08\times 10^{-4}s) \fallingdotseq T(1+6.08\times 10^{-4}x) \fallingdotseq T(1+6.08\times 10^{-4}b) \quad (1.56)'$$

이다. 여기서 비습(s), 혼합비(x), 비장(b)의 단위는 g/kg 이다.

가온도의 이점으로써는 다음과 같은 것들이 있다.

(1) 대기의 안정도나 부력은 공기덩이를 들어 올렸을 때의 주위의 공기와의 밀도차로 정해지는데 밀도차 대신에 관측하기 쉬운 온도차를 사용하는 일이 많다. 그러나 수증기가 많을 경우에는 정확하게는 가온도(차)를 사용하지 않으면 안 된다.

(2) 건조공기의 상태방정식이나 이것을 사용해서 도출된 층후(層厚, thickness)나 음속(音速)의 식을 습윤공기에 적용할 때는 온도를 가온도로 치환하는 것으로 족하다. 이유는 다음과 같다. 상태방정식 $p=R\rho T$는 건조공기의 경우 $R=R_d$로 일정하고, 습윤공기의 경우는 $R=R_d(1+6.08\times 10^{-4}s)$ 로 수증기가 증가할수록 R_d보다 커진다. 결국 상태방정식은 건조공기에서 $p=R_d\rho T$, 습윤공기에서는

$$p = R_d(1+6.08\times 10^{-4}s)\rho T = R_d\rho T_v \quad (4.32)$$

가 되어 양자는 T를 T_v로 치환한 만큼의 차이가 있을 뿐이다.

가온위(假溫位, virtual potential temperature, Θ_v)는 다음과 같은 2가지 정의가 있다.

$$\Theta_v = T_v\left(\frac{p_0}{p}\right)^{\kappa} = T_v\left(\frac{p_0}{p}\right)^{\frac{AR}{C_p}} \quad (4.33)$$

를 제 1 종의 가온위(第一種의 假溫位)라고 하고,

$$\Theta_v = T_v \left(\frac{p_0}{p}\right)^{\frac{1}{m}} \tag{4.34}$$

를 제 2 종의 가온위(第二種의 假溫位)라고 한다. m 에 대해서는 식 (3.67) 및 식 (3.80) 을 참고하기 바란다.

4.2.7. 종합

이제까지를 종합해서 각종의 온도와 온위를 열거하고, (T, $\ln p$ 좌표 상에서 그림으로 표시하면, 그림 4.3 과 같이 된다.

0) 온도(溫度, temperature) ; T
1) 노점온도(露点溫度, dew-point temperature, 露点, 이슬점온도) : T_{de}
2) 응결고도 온도(凝結高度 溫度, temperature of condensation level) : T_c
3) 습구온도(濕球溫度, wet-bulb temperature) : T_w
4) 위습구온도(僞濕球溫度, pseudo wet-bulb temperature) : T_{sw}
5) 온위(溫位, potential temperature) ; Θ
6) 분압온위(分壓溫位, partial potential temperature) ; Θ_d
7) 위습구온위(僞濕球溫位, pseudo wet-bulb potential temperature) ; Θ_{sw}
8) 습구온위(濕球溫位, wet-bulb potential temperature) ; Θ_w
9) 위상당온도(僞相當溫度, pseudo-equivalent temperature) ; T_{se}
10) 위상당온위(僞相當溫位, pseudo-equivalentpotential temperature) ; Θ_{se}
11) 상당온도(相當溫度, equivalent temperature) ; T_e
12) 상당온위(相當溫位, equivalent potential temperature) ; Θ_e

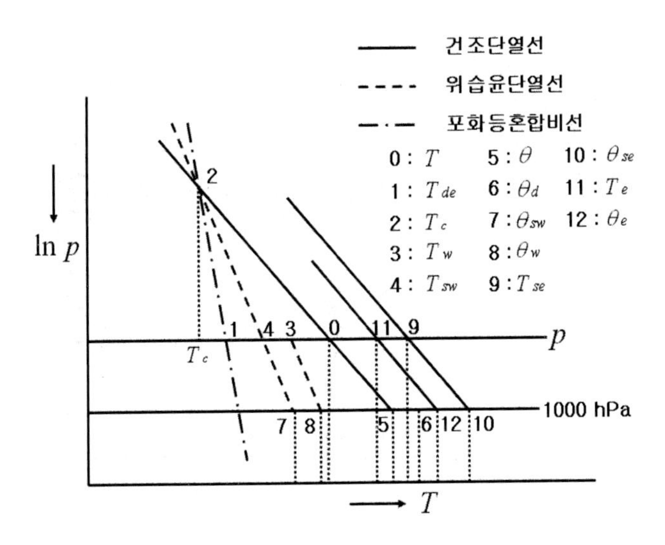

그림 4.3. 각종 온도와 온위

4.3. 흡입과 토출

흡입(吸入, entrainment, E)은 빨아들여서 안으로 들어가는 것을 뜻하고, **토출**(吐出, detrainment, D)은 안에서 밖으로 토해냈다는 뜻이다. 예를 들면 구름 속으로 주의의 공기가 들어가는 것은 흡입이고, 구름속의 습윤공기가 주위 밖으로 나오는 것은 토출이 된다. 흡입과 토출이 있으면, 안의 공기와 밖의 공기가 섞여서 혼합이 되어 서로의 특성을 잃어버리고 같은 공기가 되어 버린다.

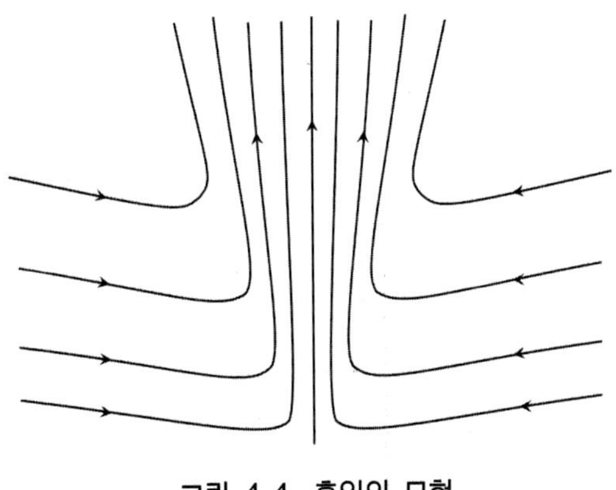

그림 4.4. 흡입의 모형

역학대기과학에서는 상승 공기덩이는 단열적으로 냉각하는 것으로 가정하는 것이지만, 스토멜(H. M. Stommel, 1920.9.27~, ☂) 은 적운계(積雲系)의 내부온도를 관측한 결과로 적운 내에서는 상당히 다량의 공기가 흡입되어 있는 것으로 결론지었다. 그 후 Byers 와 Hull 이 행한 관측에 의해서도 적란운계(積亂雲系)의 거의 전체에 걸쳐서 흡입이 있는 것이 확인되었다. 흡입에 대해서는 스코멜은 그림 4.4 와 같은 모형을 생각했다.

흡입이 일어나는 이유에는 수평난와혼합(水平亂渦混合) 또는 유체역학에 있어서 분류(噴流)의 이론의 적용을 생각하는 사람도 있지만, 다른 이유는 적운계의 공기덩이는 연직가속도를 갖기 때문에 연직방향의 발산(發散, divergence)이 있고 이 보상으로써 수평수렴(水平收斂, horizontal convergence)이 일어난다고 생각하는 사람도 있다. 후자를 호튼(Houghton)은 **역학적 흡입**(力學的 吸入, dynamic entrainment)이라고 명명했다. 여기서는 역학적 흡입작용에 대해서 말한다.

4.3.1. 건조공기덩이의 상승

그림 4.5 와 같이, 상승 공기덩이 내에서 높이 dz, 저면적 $d\sigma$ 의 공간을 생각해 주위의 대기는 정지하고 있는 것으로 한다. 또 상승 공기덩이에 관한 양에는 $'$ 을 붙여서 주위의 대기와 구별하는 것으로 한다. 저면에서 T', ρ' 의 공기가 들어가고 상면에서 $T' + \frac{\delta T'}{\delta z} dz$, $\rho' + \frac{\delta \rho'}{\delta z} dz$ 가 나오는 것으로 한다. 저면에서의 상승속도는 w' 이고, 상면에서의 상승속도는 $w' + \frac{Dw'}{Dz} dz$ 이다. 단 $\frac{Dw'}{Dz}$ 에는 부력(浮力, buoyancy)에 의한 속도변화와 혼합(混合, mixing)에 의한 속도변화가 합해지고 있다.

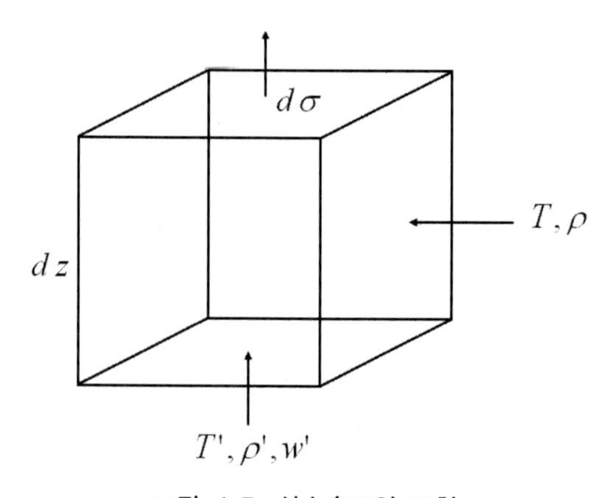

그림 4.5. 상승속도의 모형

단위체적당 Δm 만큼의 질량의 흡인(吸引)이 있었다고 한다면 질량의 연속방정식(連續方程式, equation of continuity, 운동방정식 편 참고)에서 저면과 옆에서 흡입된 양(왼쪽)은 상면에서 토출된 양(오른쪽)과 같으므로

$$\rho' w' d\sigma + \Delta m \, dz \, d\sigma = \left\{\left(\rho' + \frac{\delta \rho'}{\delta z} dz\right)\left(w' + \frac{Dw'}{Dz} dz\right)\right\} d\sigma \qquad (4.35)$$

와 같이 된다. 여기에 $\frac{\delta}{\delta z}$ 는 흡입에 의한 변화율을 나타내고 높이에 따른 압력변화의 영향은 생각하지 않는다. 위식을 전개해서 미소량을 버리면(섭동법으로 여기서는, $\frac{\delta \rho'}{\delta z}$ 과 $\frac{Dw'}{Dz}$ 의 곱은 무시),

$$\Delta m = w' \frac{\delta \rho'}{\delta z} + \rho' \frac{Dw'}{Dz} \qquad (4.36)$$

이 된다.

같은 방법으로 단위체적 내의 열의 출입을 생각하면

$$\begin{aligned} & C_p T' \rho' w' d\sigma + C_p T \Delta m \, dz \, d\sigma \\ & = C_p (\rho' w' d\sigma + \Delta m \, dz \, d\sigma)\left(T' + \frac{\delta T'}{\delta z} dz\right) \end{aligned} \qquad (4.37)$$

이 된다. 여기서 $\frac{\delta T'}{\delta z}$ 는 흡입에 의한 온도변화이다. 위식을 전개해서 위와 같은 방법으로 미소량(微小量)을 버리면,

$$\rho' w' \frac{\delta T'}{\delta z} + (T' - T)\Delta m = 0 \qquad (4.38)$$

이 된다.

흡입되는 공기는 처음 속도가 0 인 것을 생각해서 운동량(運動量, momentum, $\Delta m w'$)의 균형을 생각하고, 방법은 위의 질량의 연속방정식과 같다.

$$(\rho' w' + \Delta m \, dz)\left(w' + \frac{Dw'}{Dz} dz\right) d\sigma = \rho' w' \left(w' + \frac{\partial w'}{\partial z} dz\right) d\sigma \qquad (4.39)$$

여기서 $\frac{\partial w'}{\partial z}$ 는 부력에 의한 속도변화이고 분명히 $\frac{\partial w'}{\partial z} > \frac{Dw'}{Dz}$ 이다. 위식을 전개해서 미소량을 버리면,

$$\Delta m = \rho'\left(\frac{\partial w'}{\partial z} - \frac{Dw'}{Dz}\right) \tag{4.40}$$

이 된다. 식 (4.36)과 식 (4.40)에서 $\frac{Dw'}{Dz}$ 을 소거하면,

$$\Delta m = \frac{\rho'}{2}\left(\frac{\partial w'}{\partial z} + \frac{w'}{\rho'}\frac{\delta \rho'}{\delta z}\right) \tag{4.41}$$

이 된다.

한편, 연직방향의 운동방정식〔運動方程式, $F = mg$(단위 체적당), $\rho'\frac{dw'}{dt} = \Delta mg = \Delta\rho g = (\rho - \rho')g$〕에 상태방정식($\rho = \frac{p}{RT}$)을 사용하면,

$$\frac{dw'}{dt} = g\frac{(\rho - \rho')}{\rho'} = g\frac{T' - T}{T} \tag{4.42}$$

이고, 오일러(L. Euler, 1707. 4.15~1783. 9. 18, ☂)의 전미분(全微分)의 형식에서

$$\frac{dw'}{dt} = \frac{\partial w'}{\partial t} + u'\frac{\partial w'}{\partial x} + v'\frac{\partial w'}{\partial y} + w'\frac{\partial w'}{\partial z} \tag{4.43}$$

이지만, 정상(正常, $\frac{\partial}{\partial t} = 0$)이고 수평방향으로 상승속도의 변화가 없다고 하면,

$$\frac{dw'}{dt} = w'\frac{\partial w'}{\partial z} \tag{4.44}$$

가 된다. 그러므로 식 (4.42)와 식 (4.44)에서

$$\frac{\partial w'}{\partial z} = g\frac{T' - T}{Tw'} \tag{4.45}$$

이다. 더욱 상태방정식($\rho' = \frac{p'}{RT'}$)을 대수미분을 하면,

$$\frac{1}{\rho'}\frac{\delta\rho'}{\delta z} = \frac{1}{p}\frac{\delta p}{\delta z} - \frac{1}{T'}\frac{\delta T'}{\delta z} \tag{4.46}$$

이고, $\frac{\delta p}{\delta z}$ 는 주위에서 혼합의 영향이 없는 것으로 해서 0 으로 한다. 따라서

$$\frac{1}{\rho'}\frac{\delta\rho'}{\delta z} = -\frac{1}{T'}\frac{\delta T'}{\delta z} \tag{4.47}$$

이 된다. 그러므로 식 (4.38), 식 (4.45), 식 (4.47)을 식 (4.41)에 대입해서 $\frac{\delta T'}{\delta z}$ 에 대해서 풀면, 기온의 흡입에 의한 감률은

$$\frac{\delta T'}{\delta z} = -\frac{gT'(T'-T)^2}{w'^2\,T(T'+T)} \tag{4.48 註}$$

이 된다. 여기에 건조단열감률을 더하면 실제의 감률이 나온다.

식 (4.45), 식 (4.47), 식 (4.48)을 식 (4.41)에 대입하면,

$$\Delta m = \rho'\frac{T'}{T}\frac{g}{w'}\frac{T'-T}{T'+T} \tag{4.49 註}$$

가 된다. 식 (4.45), 식 (4.49)을 식 (4.40)에 대입하면,

$$\frac{Dw'}{Dz} = \frac{g}{w'}\frac{T'-T}{T'+T} \tag{4.50 註}$$

이 된다. $T'/T \approx 1$ 이므로, 식 (4.49) 및 식 (4.50)에서

$$\Delta m = \rho'\frac{Dw'}{Dz} \tag{4.51}$$

이 되고, 이것을 식 (4.40)에 대입하면,

$$\frac{Dw'}{Dz} = \frac{1}{2}\frac{\partial w'}{\partial z} \tag{4.52}$$

라고 하는 결과를 얻을 수 있다. 이것은 **상승속도**[연직속도, 수직속도]의 높이에 대한 변화율($\frac{Dw'}{Dz}$ = 부력과 혼합)이 부력에 의한 속도의 변화율($\frac{\partial w'}{\partial z}$)의 1/2이 되었다는 것이다. 즉 상승 중에 혼합에 의해 부력에 의한 속도의 반을 잃었다는 것이 된다.

4.3.2. 습윤공기덩이(구름)의 상승

발달하고 있는 적운에 주위의 건조공기가 흡입되는 경우를 생각한다. 가정은 전의 건조공기의 경우와 같지만, 이외에 구름은 언제든지 포화되어 있다고 하는 사실을 추가한다. 이 경우 온도 대신에 가온도, (T_v)를 이용하면 전의 결과를 그대로 사용할 수가 있다.

식 (4.45), 식 (4.47)을 식 (4.41)에 대입하고, T 대신에 T_v 를 사용하면,

$$\Delta m = \frac{\rho'}{2}\left(\frac{g}{w'}\frac{T_v' - T_v}{T_v} - \frac{w'}{T_v'}\frac{\delta T_v'}{\delta z}\right) \tag{4.53}$$

이 된다. 밖에서부터 건조공기가 흡입되지만 구름 속의 물방울[수적]이 증발해서 구름을 포화로 유지하게 한다. 그 때문에 잠열이 필요하고 그 영향을 넣으면, 식 (4.38)은

$$\rho' w' \frac{\delta T'}{\delta z} + (T' - T)\Delta m - \frac{\rho' w' L}{C_p}\left(\frac{\delta A'}{\delta z}\right)_e \tag{4.54}$$

가 된다. 여기서 A' 은 구름 속의 수적함유량(水滴含有量, g / cm^3)이고, $(\delta A' / \delta z)_e$ 는 수적함유량의 증발에 의한 변화를 나타낸다. 이것을 식 (3.45)를 이용해서 고쳐 쓰면,

$$\rho' w' \left(\frac{\delta s'}{\delta z} + \frac{\delta A'}{\delta z}\right) + \Delta m (s' - s) = 0 \tag{4.55 註}$$

이다. 여기서 s 는 비습이다.

수증기의 연속의 조건은 하면에서 유입되는 양과 옆면에서 흡입되는 양의 합(왼쪽 항들)이 상면에서 나가는 양(오른쪽 항)과 같다. 즉,

$$\rho' w'\left(s' - \frac{\delta A'}{\delta z} dz\right) d\sigma + s\, \Delta m\, d\sigma\, dz =$$

$$(\rho' w' d\sigma + \Delta m\, d\sigma\, dz)\left(s' + \frac{\delta s'}{\delta z} dz\right) \tag{4.56}$$

이 된다. $\dfrac{\delta s'}{\delta z}$ 를 구하는 데는 3.3.1. 항의 클라페이론·클라우시우스(클클식)의 식의 관계를 이용하자.

비습 $s' \fallingdotseq 0.622\, \dfrac{E'}{p}$ (kg/kg) 을 z 에 대해서 대수미분하면,

$$\frac{\delta s'}{\delta z} = \frac{0.622}{p} \frac{\delta E'}{\delta T'} \frac{\delta T'}{\delta z} \tag{4.57}$$

이기 때문에 클라페이론·클라우시우스의 식(클클식)인 식 (3.21)을 이용하면,

$$\frac{\delta s'}{\delta z} = \frac{0.622\, L}{A\, R' p} \frac{E'}{T'^2} \frac{\delta T'}{\delta z} \tag{4.58 註}$$

이 된다. 식 (1.56)에서 $T_v' = T'(1 + 0.61\, s')$ 이므로, 이것을 z로 미분해서 식 (4.58)에 대입하면,

$$\frac{\dfrac{\delta T_v'}{\delta z}}{\dfrac{\delta T'}{\delta z}} = \beta = \frac{1 + \dfrac{0.61\, L}{A\, R'} \dfrac{T_v'\, s'}{T'^2}}{1 - 0.61\, s'} > 1 \tag{4.59 註}$$

가 된다. 위 식에서 β 는 분명히 1 보다 크고, s' 및 T_v' 의 증가와 함께 증가하는 것이다.

식(4.54), 식(4.55), 식(4.53), 식(4.58), 식(4.59)들을 사용해서 구한 혼합기온감률은

$$\frac{\delta T'}{\delta z} = -\frac{\dfrac{g(T_v' - T_v)}{2\, T_v\, w'^2}\left\{(T' - T) + \dfrac{L}{C_p}(s' - s)\right\}}{1 + \dfrac{0.622\, L^2 E'}{A\, C_p R'\, p\, T'^2} - \dfrac{\beta}{2\, T_v'}\left\{(T' - T) + \dfrac{L}{C_p}(s' - s)\right\}} \tag{4.60 註}$$

으로 주어진다. 여기에 습윤단열감률을 더하면 전기온감률(全氣溫減率)이 얻어진다. $\dfrac{\delta T'}{\delta z}$ 를 알면, Δm, $\dfrac{\partial w'}{\partial z}$, $\dfrac{Dw'}{Dz}$ 등이 계산되지만 표현식이 복잡하므로 개개의 경우에 대해 수치계산을 해서 최후의 결과를 얻을 수가 있다. 이는 독자들의 몫으로 남겨둔다.

연 습 문 제

1. 식 (4.12)에서 Θ_{sw}에 대한 방정식을 만들어 풀어라.

2. T_{se}, $T_e{}^R$(로스비), $T_e{}^P$(페터슨)의 사이에는

$$T_{se} > T_e^R > T_e^P \qquad (\text{문 } 4.1)$$

의 관계가 있는 것을 보여라.(註)

3. 혼합적 흡입(吸入)의 경우 제 2 장 문제 2 의 결과를 이용해서 오스틴(Austin) 의 식

$$\Gamma_e = -\frac{\partial T}{\partial z} = \frac{\frac{g}{C_p}\left(A - \frac{xL}{RT}\right) + \frac{1}{m}\frac{dm}{dz}\left((T - T_e) + \frac{L}{C_p}(x - x_e)\right)}{1 - \frac{\epsilon x L^2}{A C_p R T^2}} \qquad (\text{문 } 4.2)$$

를 유도하라.

단 x 는 혼합비, m 은 상승공기덩이의 질량, 하첨자(下添字) e 는 주위대기에 관한 양으로 한다.(註)

4. 식 (4.60)의 $\frac{\delta T'}{\delta z}$ 을 이용해서 Δm, $\frac{\partial w'}{\partial z}$, $\frac{Dw'}{Dz}$ 등이 계산식을 만들어 보고, 수치계산으로 풀어 보아라.

5. 건습계를 독취해서 습도계 방정식을 이용하여 수증기를 계산해 보자.

제 II 부

안정성

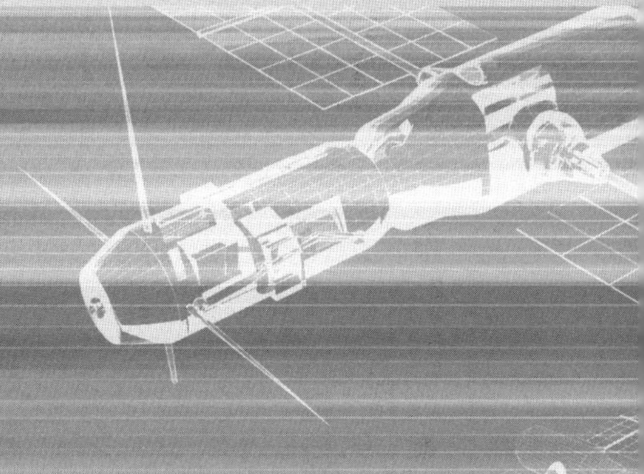

Chapter

5 단열도

대기의 구조나 성질을 조사하기 위해서 이용하고 있는 해석도(解析圖)의 하나로써 **단열도**〔斷熱圖, adiabatic diagram(chart)〕가 있다. 이것을 **단열선도**(斷熱線圖) 또는 **열역학도**(熱力學圖, thermodynamic chart)라고도 한다. 이것은 기압과 기온에 관한 양을 좌표축으로 잡고, 기압·기온·온위·상당온위·포화혼합비 등의 등치선(等値線, isoline)이 그려져 있다. 단열도에서 대기의 안정성, 공기의 연직운동에 수반되는 상태변화, 기단의 성질 등이 얻어진다. 대표적인 단열도로서는 에마그램(emagram), 테피그램(tephigram), 에어러그램(aerogram), skew T, Log P diagram 등이 있다.

5.1. 이 론

5.1.1. 소 개

2개의 상태변수 압력(壓力, pressure, p), 비적(比積, specific volume, 比容, α)을 직교좌표계의 변수로 하면, 이 계(系)의 폐곡선은 순환과정 중의 일의 양에 비례함으로, 기체의 열역학적 상태의 고찰에 편리하다. 대기과학에서 열역학적도 차트(熱力學的圖, thermodynamic chart, 열역학도) 로 불리는 것은 $p-\alpha$도(圖)만이 아니고, 기온 T를 변수로 하는 것도 있고, 또 그림 중에 건조단열선, 습윤단열선, 등혼합비선 등이 그려지는 일도 많다. 이와 같은 열역학도는 공기덩이의 단열적 연직운동에 수반되는 상태변화를 나타내는 과정곡선(過程曲線)을 가지므로 단열도라 불리게 되는 것이다.

고층관측에서 얻어지는 기온, 습도를 기압의 함수로써 단열도에 그리면, 대기의 연직구조를 표현할 수 있다. 열역학도로서, 에마그램(emagram)은 가로축을 T, 세로축을 $-R\ln p$라 하고, 기온과 기압은 직교하고 있다. 건조단열선(온위), 포화단열선(상당온위)

의 등치선(等値線)은 K 로 표시되고, 등혼합비선은 g/kg 으로 표시되어 있다. 어떤 기압 p 의 기온과 상대습도를 알면 에마그램 상에서 각종의 온도와 온위가 구해진다.

테피그램(tephigram)은 가로축은 T, 세로축은 엔트로피로 되어 잘 이용되고 있지만, 그 외에도 아래와 같은 것이 있다. 파스타그램(pastagram)은 가로축에 표준대기의 온도에서의 편차, 세로축은 표준대기의 높이가 그려져 있어서 고도계산에 편리하다. 이것은 베라미(Bellamy)에 의해 만들어졌다.

테피그램과 아주 유사한 단열선도로 skew T, Log P diagram이 있다. 이것은 온도축 방향을 인위적으로 변화시킨 약점에 있지만, 등압면을 나타내는 선이 직선(수평)을 나타내고 있어 고도를 결정하는 데 편리하다. 그러나 건조단열선은 약간 곡선이다.

데타그램(thetagram)은 가로축에 상당온위, 세로축에 기압 또는 고도의 눈금을 취하고 있다. 이것은 상당온위의 연직분포를 나타내는 도표에서 기단(氣團)의 판별(해석)에 이용되고 있다.

로스비도는 가로축에 혼합비를 세로축에 온위의 대수(對數)로 기단분석에 역시 이용되고 있다. 또 에마그램 또는 테피그램 상에 노점온도를 기압의 함수로써 그린 곡선을 **데페그램**(depegram)이라 한다.

5.1.2. 등면적 변환

그림 5.1과 같이 2개의 좌표계에서, 좌표계 (x, y) 에서 좌표계 (X, Y)에 어떤 관계에 의한 변환이 행해져서, (x, y) 좌표 상에서의 점 A, B, C, D가 (X, Y) 좌표 상의 점 A′, B′, C′, D′로 변환되었다고 하자. A, B, C, D로 둘러싼 미소면적과 A′, B′, C′, D′로 둘러싼 미소면적(微小面積)의 사이에는

$$dx\,dy = \frac{\partial(x, y)}{\partial(X, Y)} dX\,dY \qquad (5.1\ 註)$$

의 관계가 성립한다. 이것은 야코비(Jacobi)의 함수행렬식(函數行列式, Jacobian determinant, Jacobian, J)이 된다(M. L. Boas의 1983년의 제 2 판, 220쪽 ~ 또는 寺澤寛一, 1977 : 자연과학자를 위한 수학개론(증정판). 岩波書店, p. 21 ~ 참조). 만일 이 2차의 야코비의 함수행렬식 $\partial(x, y)/\partial(X, Y)$ 가 **상수**(常數, constant)라면, (x, y) 상의 면적은 그 위치를 관계없이 (X, Y)상에서 일정한 비율로 확대되고 있다. 이와 같은 변환을 **등면적변환**(等面積變換, equal area transformation)이라고 한다.

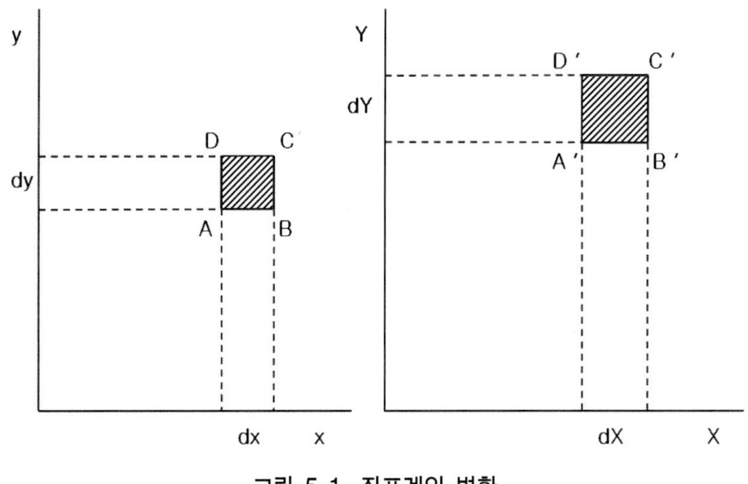

그림 5.1. 좌표계의 변환

열역학에서는 기체의 상태를 나타내는데 2.1 절에서 언급한 일의 양을 나타내는 데 (p, V) 좌표계를 사용해 보자(그림 5.2). pdV 는 기압 p 에 저항해서 dV 만큼 체적이 팽창할 때에 이루는 일 즉, 에너지(energy) 이다. $\int_A^B p\,d\,V$ 의 값은 면적 ABB′A′ 와 같다. 따라서 변 ABCD 를 따라서 순환했을 때의 적분은

$$\begin{aligned}\oint p\,d\,V &= \int_A^B p\,d\,V + \int_B^C p\,d\,V + \int_C^D p\,d\,V + \int_D^A p\,d\,V \\ &= \square A'ABB' + \square B'BCC' - \square D'DCC' - \square A'ADD' \\ &= \square ABCD \end{aligned} \tag{5.2}$$

가 된다. 그러므로 변 ABCD 를 둘러싼 면적은 이것들의 곡선이 표시하는 것과 같은 열역학적 과정에 따라서 한 순환을 했을 때의 일 (즉, energy)을 표시하고 있다. 따라서 (p, V) 좌표계와 등면적 변환의 관계에 있는 다른 좌표 상에서 대응점을 연결해서 생긴 면적은 에너지에 비례한 것이다. 그러므로 좌표계의 스케일 즉, 비례상수를 적당히 취하면 그 면적이 에너지양을 나타내는 것과 같다.

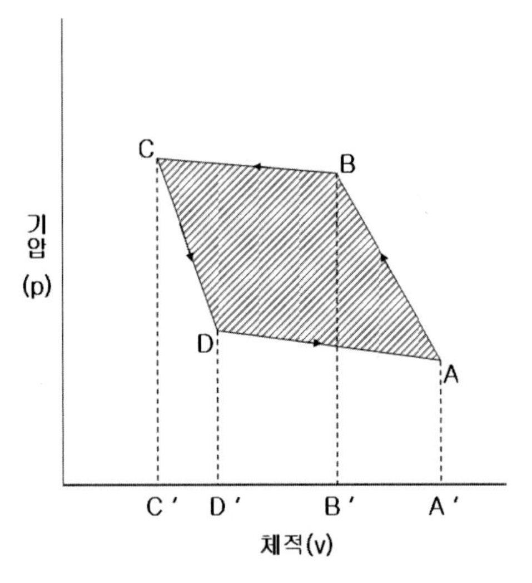

그림 5.2. 순환 면적적분

5.1.3. 다방에크스너함수

한편, 오스트리아의 기상학자 에크스너(F. Exner, 1876~1930, ☂)는 **다방에크스너함수**(多方에크스너函數, polytropic Exner function, Π_k)

$$\Pi_k = R\frac{k}{k-1}\left(\frac{p}{p_0}\right)^{\frac{k-1}{k}} \tag{5.3}$$

을 정의했다. 여기서 k 는 2.6 절의 다방상수(多方常數, polytropic constant)이다. 다방온위 Θ_k 와 Π_k 와의 곱은

$$\Theta_k \Pi_k = T\left(\frac{p_0}{p}\right)^{\frac{k-1}{k}} R\frac{k}{k-1}\left(\frac{p}{p_0}\right)^{\frac{k-1}{k}} = R\frac{k}{k-1}T \tag{5.4}$$

이다. 여기서

$$dX = d\ln\Theta_k,\ dY = -\Theta_k\, d\Pi_k \tag{5.5}$$

와 같은 좌표계를 생각한다. 이와 같은 좌표계에서 Y 축에 평행한 직선상에서는 Θ_k 는

일정하므로

$$dY = -d(\Theta_k \Pi_k) + \Pi_k d\Theta_k = -d(\Theta_k \Pi_k) = -R\frac{k}{k-1}dT \tag{5.6}$$

이 된다. 따라서

$$dX = d\ln\Theta_k,\ dY = -R\frac{k}{k-1}dT \tag{5.7}$$

과 같이 되고 이것은 식 (5.5) 와 동일하다.

5.1.4. 다방에크스너함수의 등면적 변환

다방에크스너함수에서 유도된 식(5.5) 또는 식 (5.7)이 (p, V)좌표계에서 등면적 변환이 어떻게 되는지를 살펴보자. $pV=RT$ 에서 T는 독립변수 p, V의 함수인 것을 고려하면,

$$\frac{\partial X}{\partial p} = \frac{1}{\Theta_k}\frac{\partial \Theta_k}{\partial p} = \frac{1}{T}\left(\frac{p}{p_0}\right)^{\frac{k-1}{k}}\frac{\partial}{\partial p}\left\{T\left(\frac{p_0}{p}\right)^{\frac{k-1}{k}}\right\} = \frac{1-k}{k}\frac{1}{p}$$

$$\frac{\partial X}{\partial V} = \frac{1}{T}\frac{\partial T}{\partial V} = \frac{p}{RT} = \frac{1}{V}$$

$$\frac{\partial Y}{\partial p} = -\Theta_k\frac{\partial \Pi_k}{\partial p} = -T\left(\frac{p_0}{p}\right)^{\frac{k-1}{k}}\frac{\partial}{\partial p}\left\{R\frac{k}{k-1}\left(\frac{p}{p_0}\right)^{\frac{k-1}{k}}\right\}$$

$$= -\frac{RT}{p} = -V$$

$$\frac{\partial Y}{\partial V} = -\Theta_k\frac{\partial \Pi_k}{\partial V} = 0 \tag{5.8 註}$$

이 된다. 이것을 2차 야코비의 함수행렬식(函數行列式, J)에 대입을 하면,

$$J = \frac{\partial(X,\ Y)}{\partial(p,\ V)} = \begin{vmatrix} \frac{\partial X}{\partial p} & \frac{\partial X}{\partial V} \\ \frac{\partial Y}{\partial p} & \frac{\partial Y}{\partial V} \end{vmatrix} = \frac{\partial X}{\partial p}\frac{\partial Y}{\partial V} - \frac{\partial X}{\partial V}\frac{\partial Y}{\partial p} = 1 \tag{5.9}$$

가 된다. 식 (5.5)나 식 (5.7)에서 같은 결과가 되는 것은 당연하다. 따라서 위의 다방에크스너함수에서 유도된 (p, V) 좌표계와는 $J=$ 상수이므로 등면적 변환의 관계에 있다. 그것도 비례상수에 해당하는 야코비의 함수행렬식이 1 이므로 1 : 1 의 관계에 있다. 그러므로 이들은 최상의 관계라 할 수 있겠다.

5.2. 종 류

여기서 만들어지는 단열도는 주로 다방에크스너함수에서 유도되어 등면적 변환의 관계에 있는 좌표계의 특징을 가지고 있다. 어떤 경우에도 (p, V)선도는 등면적 변환의 관계에 있다. 그러나 이와 같은 성질을 갖지 않는 단열도도 만들어져 있다

5.2.1. 에마그램

에마그램(emagram, energy-per-unit mass diagram의 약자)은 레후스달(Refsdal)이 고안해서 **레후스달도**(Refsdal chart)라고도 한다. 등밀대기의 경우 다방상수 k 를 ∞ 로 놓으면, 식 (5.7)에서

$$dY = -R\,dT \tag{5.10}$$

이 된다. 따라서 X 축에 평행한 직선상에서는 T 는 일정치를 가지므로,

$$dX = \frac{1}{\Theta_k} d\Theta_k = -\frac{1}{T}\left(\frac{p}{p_0}\right)^{\frac{k-1}{k}}\left(\frac{k-1}{k}\right)T\left(\frac{p_0}{p}\right)^{\frac{k-1}{k}}\frac{dp}{p} = -\frac{k-1}{k}\frac{dp}{p} \quad (5.11\ 註)$$

이 된다. 따라서 $k = \infty$ 로 놓으면,

$$dX = -\frac{dp}{p} = -d\ln p \tag{5.12}$$

이다.

이것은 그림 5.3 의 (a) 와 같은 좌표계를 나타낸다. 단, 화살표는 값이 증가하는 방향을 나타내고 있다. (a) 를 직각만큼 역전(逆轉, 反轉, backing, 저기압성 방향, 반시계방향)으로

회전하면 (b)가 되고, 이것에 다시 가로축의 원점을 이동시키면 (c) 가 된다. 보통은 세로축에 R, 가로축에 $1/R$ 이 곱해진다. 이것이 에마그램의 좌표계이다.

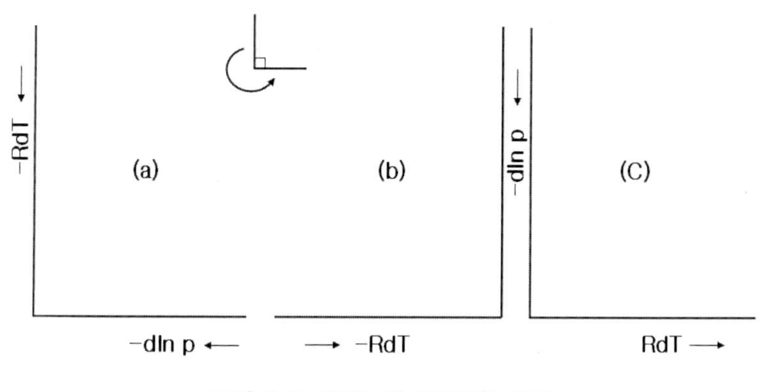

그림 5.3. 에마그램 좌표계의 구조

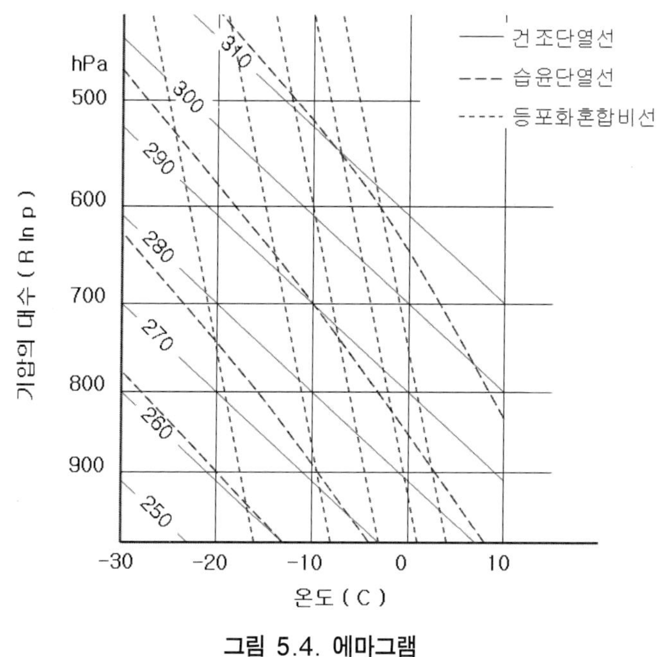

그림 5.4. 에마그램

그림 5.4 와 같이 에마그램은 온도를 가로축에, 기압의 대수(對數)를 세로축으로 해서 만들어져 있다. 에마그램 상의 폐곡선(閉曲線)의 면적은 그 곡선이 나타내는 단열과정의 일양을 올바르게 표현하고 있다.

5.2.2. 테피그램

테피그램(tephigram)은 쇼(Sir W. N. Shaw, 1854~1945, ☂)가 고안한 것으로, 가로축에 온도 T, 세로축에 엔트로피 ϕ에 상당하는 양이므로 테 · 피($T-\phi$)그램으로 명명되었다. 이것은 단열대기(斷熱大氣, $k=\gamma=1.4$)의 경우로 식 (5.7)에서 $k=\gamma=C_p/C_v$ 로 놓으면, 바로

$$dX = d \ln \Theta, \qquad dY = -C_p \, dT \qquad (5.13 \text{ 註})$$

이 된다. 이것은 그림 5.5의 (a)와 같은 좌표계이다. 이 (a)를 직각만큼 양(陽)의 방향(역전, 반전, backing, 저기압성 방향, 반시계방향)으로 회전하면 (b)가 된다. 더욱 원점이 동을 하고 X 좌표에 $1/C_p$을 곱하고, 대신 Y 좌표에는 C_p 를 곱하면, (c)가 되는데, 면적확대율은 1이다. (c)의 좌표가 그림 5.6에서 보는 테피그램의 좌표계이다.

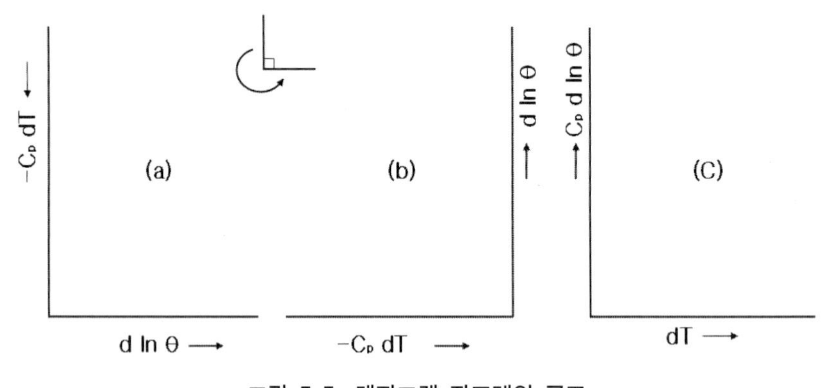

그림 5.5. 테피그램 좌표계의 구조

헤로후손(Herlofson, 노르웨이의 기상학자)은 데피그램을 변형해서, 세로축을 기압의 대수, 등온선을 등압선과 45°로 비스듬이 교차시켜서 헤로후손도(Herlofson's diagram)를 만들었다. 그러나 이것은 skew T, log p 선도(線圖)로 더 잘 알려져 있다.

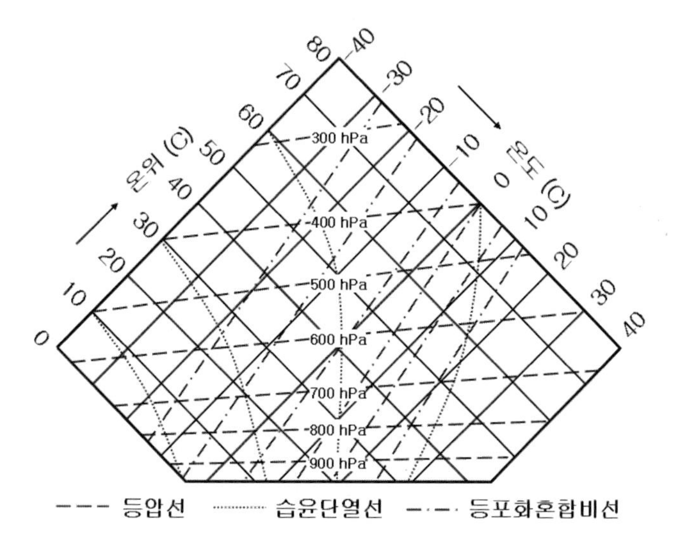

그림 5.6. 테피그램

5.2.3. 에어러그램

에어러그램(aerogram)은 레후스달(Refsdal)이 고안해서 만든 선도로 **레후스달도**(Refsdal chart)라고도 한다. 이것은 온도(T)의 대수(對數)를 가로축에, 온도와 기압의 대수의 곱($T \log p$)을 세로축으로 한 단열도이다. 따라서 이 좌표계는 기압면의 고도 계산이 간단히 되는 특징이 있다.

에어러그램은 등온대기(等溫大氣, $k=1$)의 경우로, 식 (5.5)의 제 1 식에서

$$dX = \frac{1}{T}\left(\frac{p}{p_0}\right)^{\frac{k-1}{k}} d\left\{T\left(\frac{p}{p_0}\right)^{\frac{k-1}{k}}\right\} \tag{5.14}$$

인데, $k=1$로 놓으면, 즉시

$$dX = d\ln T \tag{5.15}$$

가 된다. 또 같은 식 (5.5)의 제 2 식에서

$$dY = -T\left(\frac{p_0}{p}\right)^{\frac{k-1}{k}} \cdot R\frac{k}{k-1}d\left(\frac{p}{p_0}\right)^{\frac{k-1}{k}}$$

$$= -\frac{RT}{p}dp = -RT\,d\ln p \tag{5.16}$$

이 된다. Y 축에 평행한 직선상에서는 $T = const.$(상수) 인 것을 고려해서 적분하면,

$$X = \ln T, \quad Y = -RT\ln p \tag{5.17}$$

이 된다. 단, 적분상수는 본질적으로는 중요하지 않으므로 생략되어 있다. 위 식이 에어로그램의 좌표계이다.

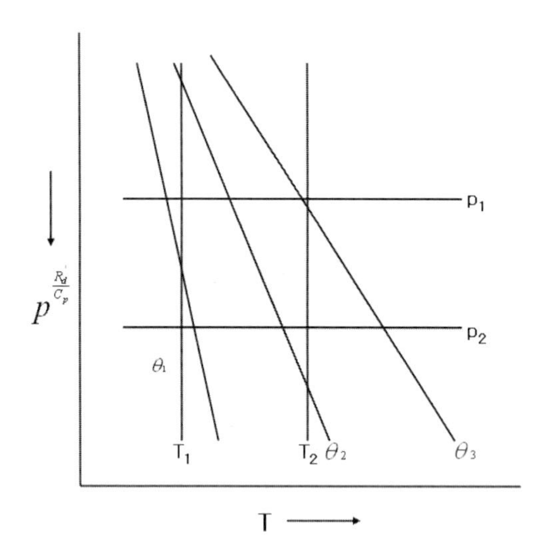

그림 5.7. 스튜브도

5.2.4. 스튜브도

스튜브도(Stüve diagram, p-T chart, pseudo-adiabatic diagram, 僞斷熱圖)는 스튜브(G. Stüve)에 의해 고안되었다. 스튜브도는 가로축에는 절대온도 T를 이용하고, 종축에는 p^{R_d/C_p}를 사용한 단열도이다.

여기서 p는 기압이고 R_d와 C_p는 건조공기의 기체상수와 정압비열이다. 그림 5.7에서 보는 바와 같이, 모든 건조단열선이 기압과 온도가 0에서 출발하는 직선으로 되어 있다.

5.2.5. 대기선도

대기선도는 같은 방법으로 만들어진 단열대기로 테피그램과 유사하다 $k=-\frac{1}{1-\alpha}$ 로 놓으면 $\alpha=\frac{k-1}{k}$ 이 되므로, 식 (5.5)의 제 1식에서

$$dX = d\ln\Theta_\alpha = d\ln T\left(\frac{p_0}{p}\right)^\alpha \tag{5.18}$$

이 된다. 이것을 적분하면,

$$X = \ln T\left(\frac{p_0}{p}\right)^\alpha \tag{5.19}$$

가 된다. 다음에 Y축에 평행한 직선상에서는 Θ_α을 일정하게 해서 식 (5.5)의 제 2 식을 적분하면,

$$Y = \frac{R}{\alpha}\Theta_\alpha\left\{\left(\frac{p}{p_0}\right)^\alpha + C\right\} \tag{5.20}$$

이 된다. $p=p_0$에 있어서 Y의 원점을 취하기로 한다면, $p=p_0$에서 $Y=0$이 되기 때문에 $C=-1$로 된다. 그러므로

$$Y = \frac{R}{\alpha}T\left\{1-\left(\frac{p_0}{p}\right)^\alpha\right\} \tag{5.21}$$

이 된다. 이 X, Y는 대기선도의 좌표계이다. 식 (2.46)에서

$$\frac{1}{\Theta_k}\frac{\partial\Theta_k}{\partial z} = \frac{1}{T}\left(\frac{\partial T}{\partial z} + \frac{k-1}{k}\frac{g}{R}\right) \tag{5.22 註}$$

이므로, 주어진 감률을 갖는 다방대기에 상당하는 α를 이용한다면, $\partial\Theta_k/\partial z=0$ 으로 되기 때문에 그 대기는 Y축에 평행한 직선으로 표시된다. 山岡(야마오카)・下瀨(시모세)는 0.56 C/m의 기온감률을 갖는 경우의 선도를 작성하고 이것을 **대기선도**(大氣線圖)라고

명명했다. 또한 正野重方(쇼-노 시게가따, 1911~1969,)은 0.5C/ 100m의 기온감률을 갖는 경우를 만들었다.

5.2.6. skew T, log p diagram

그림 5.8과 같이 skew T, log p 선도는 헤로후슨(Herlofson, 노르웨이의 기상학자)이 테피그램(tephigram)에서, 세로축을 기압의 대수(對數, 로그), 등온선을 등압선과 45°로 비스듬히 교차시켜서 만들었다. **헤로후슨도**(Herlofson's diagram)라고도 한다.

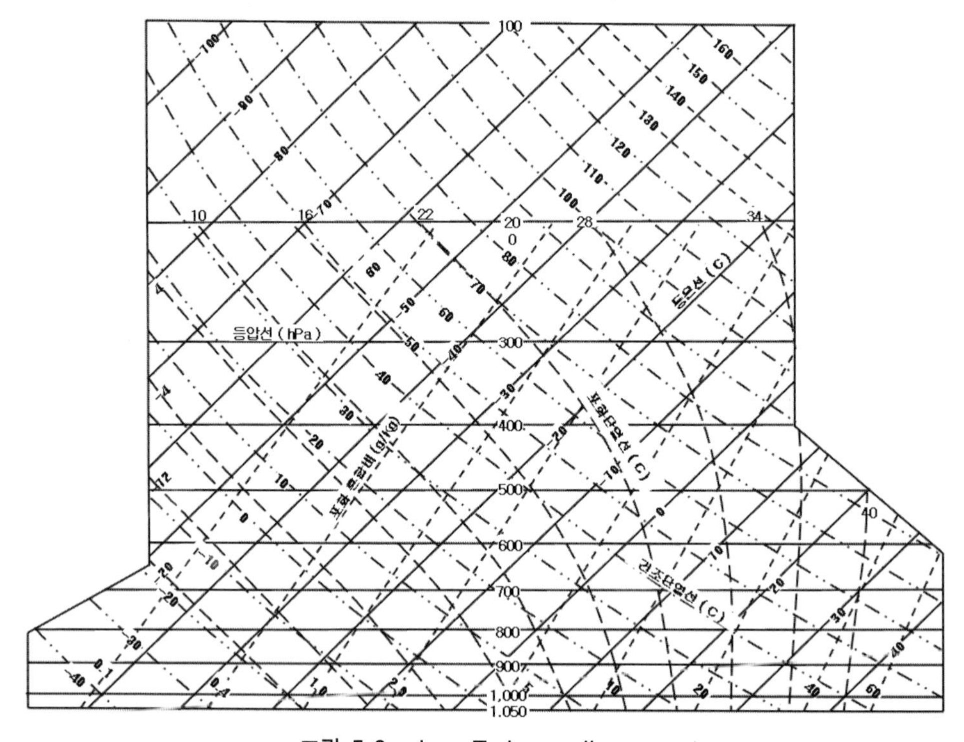

그림 5.8. skew T, log p diagram

ㄱ. 기본등치선

1. **등압선**(等壓線, isobar) : 수평방향으로 그려진 갈색의 로그척도(logarithm scale)의 직선으로 1,050~100 hPa까지, 또 400 hPa 선에서 100~25 hPa 선이 겹쳐서 상층일수록 넓게 그려져 있다.

2. **등온선**(等溫線, isotherm) : 등압선과 45°의 각도로 왼쪽 아래에서 오른쪽 위로 등간격의 직선으로 그려져 있다.
3. **건조단열선**(乾燥斷熱線, dry adiabat) : 왼쪽 위에서 오른쪽 아래로 기울어져 그려진 아래쪽으로 약간 오목한 갈색의 곡선이고, 등온위선(isentrope)이다.
4. **습윤(포화)단열선**〔濕潤(飽和)斷熱線, moist(saturation) adiabat〕: 왼쪽 위에서 오른쪽 아래로 약간 위로 오목한 녹색의 곡선이고, 위단열(僞斷熱)과정으로 보통 200 hPa 까지 그려져 있다.
5. **포화혼합비선**(飽和混合比線, saturation mixing ratio line) : 왼쪽 아래에서 오른쪽 위로 거의 직선에 가까운 녹색의 파선(破線, dashed line)이고, 200 hPa 등압선까지 그려져 있다.
6. **층후계산척**(層厚計算尺, thickness scale) : 수평으로 눈금이 새겨진 검정색 선으로 선의 왼쪽 끝에 두 층의 등압면 값이 있고, 층의 중앙에 선이 위치하고 있다.

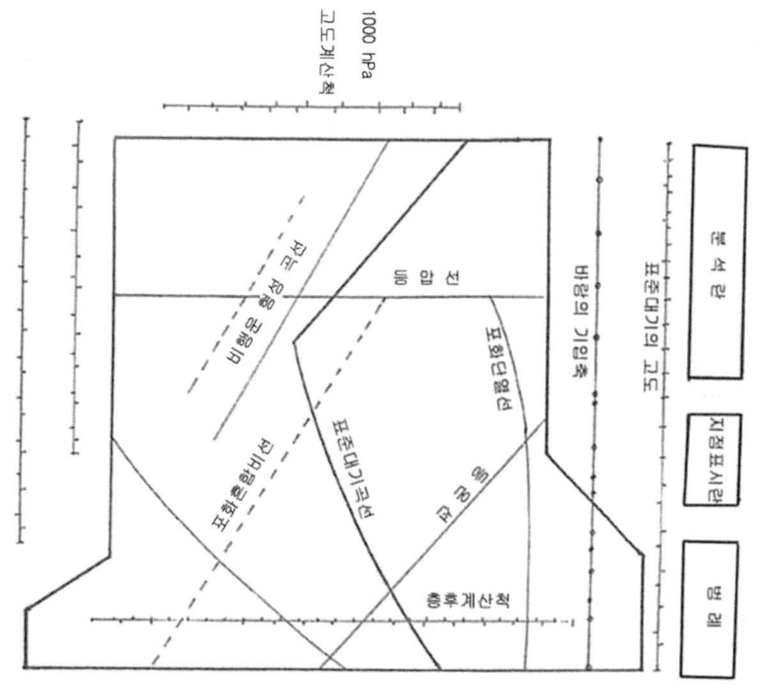

그림 5.9. 헤로후손도의 등치선과 보조선들

ㄴ. 보조 자료선

1. 1,000 hPa **고도계산척**(1,000 hPa height nomogram) : 지상 기온이 단열도의 최상단의 검정선이다. 기압은 최좌단의 안쪽 검정 수직선이고, 그 바깥쪽이 지상 또는 지하의 고도를 나타내는 수직선을 1 조로 하고 있다.
2. **표준대기곡선**(標準大氣曲線, standard atmosphere lapse rate) : 국제민간항공기관(國際民間航空機關, International Civil Aviation Organization, 약해서 ICAO)의 표준대기곡선으로 1013.25 hPa 과 15 C의 교점에서 시작해 약 227 hPa, -56.5 C 까지 일정한 감률(0.65 C/10 m)이고, 그 이상 상공에서 100hPa 까지 -56.5 C 의 등온층으로 되어 있다.
3. **바람 기입축**(wind scale) : 상공의 바람을 기입하기 위해 오른쪽에 원들을 포함한 세 개의 검정 수직선들이다.
4. **비행운 형성곡선**(飛行雲 形成曲線, contrail-formation curves) : 제트항공기에 의한 비행운의 형성 가능성을 분석하기 위해 임계 상대습도 값을 나타내는 왼쪽 아래에서 오른쪽 위로 뻗는 2 조 4 선의 검정 직선으로 실선은 500 -100 hPa, 점선은 100 -40 hPa 에 사용된다.
5. **표준대기의 고도**(標準大氣의 高度, standard atmosphere altitude) : 가장 오른쪽에 눈금이 새겨진 수직의 검정 직선으로, 1,000 hPa 기점으로 ICAO의 표준 높이가 표시되어 있다.

5.3. 단열도의 사용법

5.3.1. 기입

기압, 기온(또는 노점온도)의 관측치들로 단열도 상의 점을 구하고 차례로 관측점을 연결해서, **상태곡선**〔狀態曲線, state(ascent) curve〕을 만든다. 이것은 관측점에 있어서 대기의 연직구조를 나타낸다. 바람의 관측이 있다면, 상태곡선의 옆에 기입해 두면 편리하다.

각 상태 점을 통과하는 비장선에 상대습도(RH)를 곱하면 다음과 같이 비장(b)이 얻어진다. 식 (1.54)에서 $b = 622\, e/p$ 이고, 식 (1.35) 에서 $(e/E) \times 100$ → $e = E \cdot RH/100$ 이므로, 이것을 앞 식에 대입하면

$$b = \frac{622}{p} e = \frac{622}{p} \frac{E \cdot RH}{100} = b_s \frac{RH}{100} \tag{5.23}$$

이 된다. 여기서 $b_s\,(622\,E/p\,)$는 포화비습이다. 따라서 등포화비장선(等飽和比張線)이 그려져 있는 곳에서는 이 조작은 엄밀히 성립한다. 그러나 혼합비나 비습에서는 이 관계는 엄밀히 성립하지 않는다. 물론 실용상으로는 지장이 없다.

위의 값의 등포화비장선과 상태점을 통과하는 건조단열선과의 교점을 나타내는 고도가 응결고도이고, 이 교점을 차례로 연결한 것이 **특성곡선**(特性曲線, characteristic curve)이다(그림 5.10). 응결고도에서 습윤단열선을 따라서 본래의 기압까지 내린 점이 습구온도를 나타내는 점이다. 이 점을 연결해 특성곡선으로 하는 일도 있다.

상태곡선과 특성곡선이 만들어지면, 제 4 장에서 설명한 각종의 대기과학 온도들이 구해진다. 더욱이 고도계산도 그림 위에서 행하여지고 각관측점 및 정압면(定壓面)의 고도도 알 수 있다. 결국 각종의 양들이 구해지게 되는 것이다.

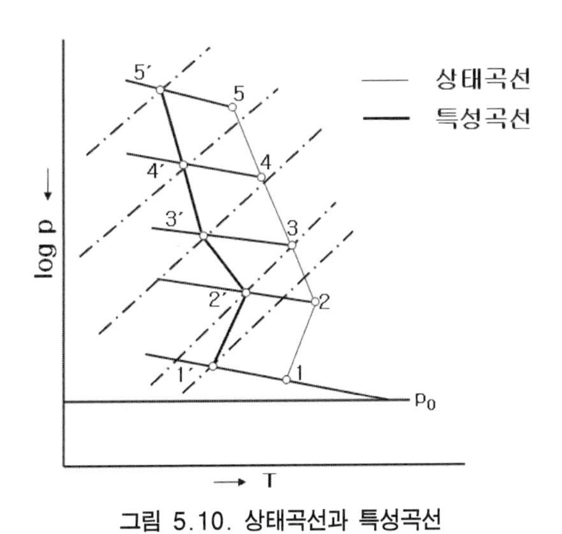

그림 5.10. 상태곡선과 특성곡선

5.3.2. 안정성의 음미

ㄱ. 공기괴법

공기덩이가 변위(變位)함에 수반되어 주위에 영향을 주지 않는다고 하는 **공기괴법**(空氣塊法, parcel method, 파셀법, 공기덩이법)에서, 각 관측점의 공기덩이의 미소변위에 대한 안정성(安定性, stability, 安定度)은 이 점 부근의 상태곡선의 경사와 건조단열선의 경사를 비교하면 알 수가 있다(그림 5.11).

이와 같은 안정성은 각 고도의 공기덩이에 대해서 생각하는 것이다. 응결고도 이상에 달하는 유한변위(有限變位)의 안정성은 에너지의 양(陽, 正, +)과 음(陰, 負, -)에 의해서 구해진다.

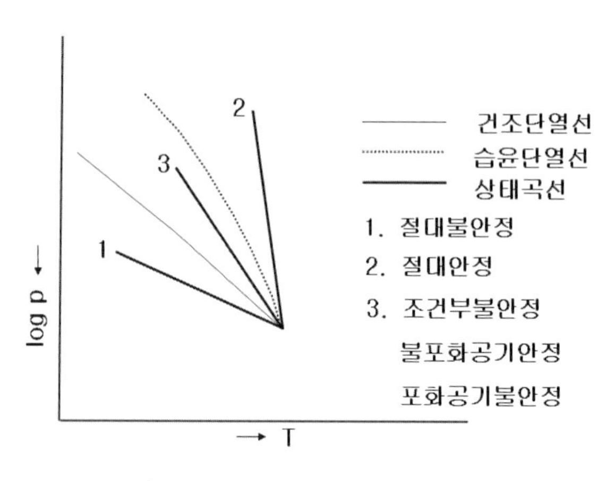

그림 5.11. 공기괴법의 안정성 판단

ㄴ. 기층법

공기덩이의 변위에 수반되어 주위의 보상적인 운동을 생략하는 공기괴법의 결점을 보충하면서 그 존재를 인정하는 것이 **기층법**(氣層法), slice method, 슬라이스법)이다. 그림 5.12와 같이, 상태곡선이 조건부불안정(條件附不安定)일 때를 생각한다.

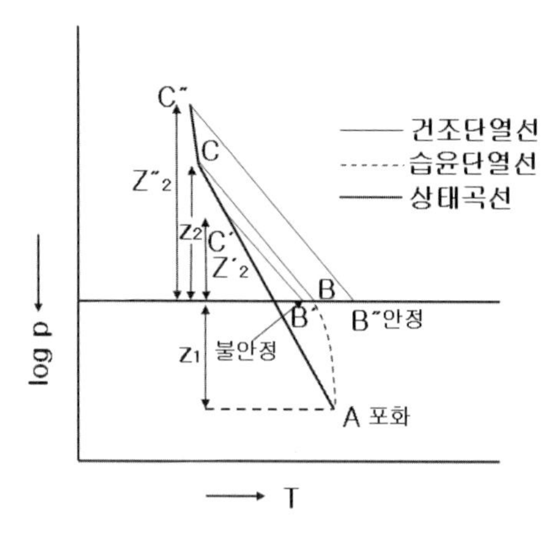

그림 5.12. 기층법의 안정성 판단

아래에서 올라가는 공기덩이가 포화되어 있다고 하면, A에 있던 공기덩이는 고도 z 까지 올라가서 B 에 이른다. B를 통과하는 건조단열선과 상태곡선의 교점을 C 로 한다. AB 의 고도차를 z_1, BC 의 고도차를 z_2 로 하면, z_2/z_1 는 상승 공기덩이와 하강 공기덩이의 면적비가 되며, 여기서 운량(雲量)이 나온다. C' 에서 내려오는 것은 B' 에서 와서 $T_B' < T_B$ 이기 때문에 불안정이고, C'' 에서 내려오는 주위 공기는 $T_B'' > T_B$ 로 되어 안정이다. 즉, 식 (6.45) 에서 알 수 있듯이, $z_2'/z_1 = A_1/A_2$ 의 요란(擾亂, disturbance)은 불안정이고, $z_2''/z_1 = A_1/A_2$ 의 요란은 안정이다.

5.3.3. 솔레노이드 계산

솔레노이드〔solenoid ; 그리스어로 관(管)의 의미〕 장(場)의 강도(强度)도 단열도에 의해서 구할 수가 있다. 즉, 공간의 폐곡선내의 솔레노이드를 구하는 데는 폐곡선 상에 각점의 기압과 온도로 단열도에서 점을 구하고, 이들의 점을 연결하는 폐곡선(閉曲線)을 작성하면 그것이 그 면적의 솔레노이드(일 = 에너지)를 나타내고 있다.

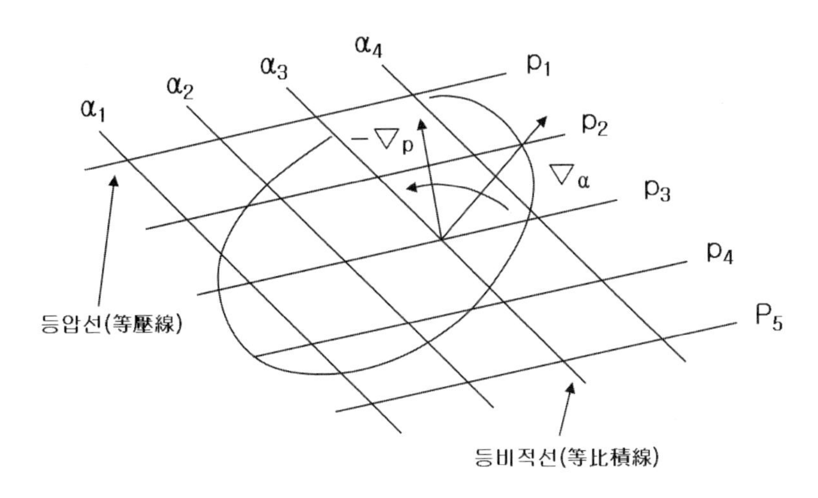

그림 5.13. 솔레노이드장

그림 5.13과 같이, 어떤 단위 폭을 갖는 2개의 등압면과 2개의 등밀도면[等密度面, 등비적면(等比積面) = 등비용면(等比容面)]으로 둘러싸인 관을 의미한다. 어떤 폐곡선으로 둘러싸인 영역 내의 솔레노이드의 수 N 은

$$
\begin{aligned}
N = & -\int (\nabla \alpha \times \nabla p) \cdot ds = -\oint \frac{1}{\rho} \nabla p \, d\boldsymbol{s} \\
= & -\oint \frac{\delta p}{\rho} = -\oint d\left(\frac{p}{\rho}\right) + \oint p \, d\left(\frac{1}{\rho}\right) = \oint p \, d V
\end{aligned} \tag{5.24}
$$

로 주어진다. 여기서 α는 비적$(1/\rho)$, ds 는 면적요소이다. 순압대기(順壓大氣, barotropic atmosphere)에서는 등압면과 등밀도면이 일치함으로 $N=0$ 이다. 또 기압좌표계에서는 솔레노이드가 표현되지 않는 것에 주의하기 바란다. 식 (2.4)와 식 (5.2)에서도 알 수 있듯이, 솔레노이드 N의 계산 결과는 $\oint p \, d V$ 로 에너지(일)임을 알 수가 있다.

5.3.4. 고도계산

연직선상에 있어서 기온과 기압의 관계를 알고 있을 때 임의의 두 점 (p_1 과 p_2) 사이의 고도차를 구하는 것을 **고도계산**〔高度計算, calculation of altitude(height)〕이라 한다. 단열도를 이용해서 고도계산을 행하는 방법은 다음과 같다.

ㄱ. 에마그램 상에서

i) 등온선을 이용

식 (1.59)에 상태방정식을 적용하면,

$$
g \, dz = -\frac{dp}{\rho} = -\frac{R \, T}{p} dp \tag{5.25}
$$

이다. 따라서 기압 p_1 과 p_2의 2 점 사이의 고도차를 구하기 위해 적분하면

$$
g \, z = \int_{p_1}^{p_2} - R \, T \, \frac{dp}{p} = \int_{p_1}^{p_2} R \, T \, d(-\ln p) \tag{5.26}
$$

로 주어진다. gz 는 에너지 차원(dimension, $g \cdot cm/s^2 \cdot cm = g \cdot cm^2/s^2 = erg$) 을 갖는 것이기 때문에, 우변은 단열도상에서는 면적을 나타내는 것이다. 위의 적분변수 및 피적분함수는 에마그램 상에서의 좌표를 나타내고 있기 때문에 면적(일)을 쉽게 계산

할 수가 있다. 그림 5.14(a)와 같이, AB는 기압과 기온의 관계를 나타내는 것으로 상태곡선(狀態曲線, ascent curve, 상승곡선)이다. 세로축은 절대 0 K를 통과하는 직선으로 하면, 위의 적분치는 면적 ABCD와 같다. 지금 세로축에 평행한 직선 EGF를 그리고, 의사삼각형(擬似三角形) AGF와 GEB를 같게 한다면, 면적 ABCD는 면적 FECD와 같게 되므로, 같은 고도차로 주어진다. 직선 EGF 상에서는 T (기온) 는 일정하므로 이것을 $\overline{T}$ (평균기온)로 놓고 상수 취급해서 위 식을 적분하면,

$$g z = R \overline{T} (\ln p_1 - \ln p_2) \tag{5.27}$$

이 된다. 이 식은 온도 $\overline{T}$의 등온대기에 대해서 기압차 $p_1 - p_2$에 대한 고도차를 주는 것이다. $\overline{T}$가 일정하다면, 고도차는 종좌표의 차에 비례한다. 그러나 비례상수가 절대온도에 비례하므로, 미리 에마그램 상에 일정한 고도차마다 많은 직선을 $T=0$, $p=p_0$의 점에 수렴하게 그려 놓는다면 이것들에 의해 EF를 읽어서 고도차를 얻을 수 있다[그림 5.14(a) 참조].

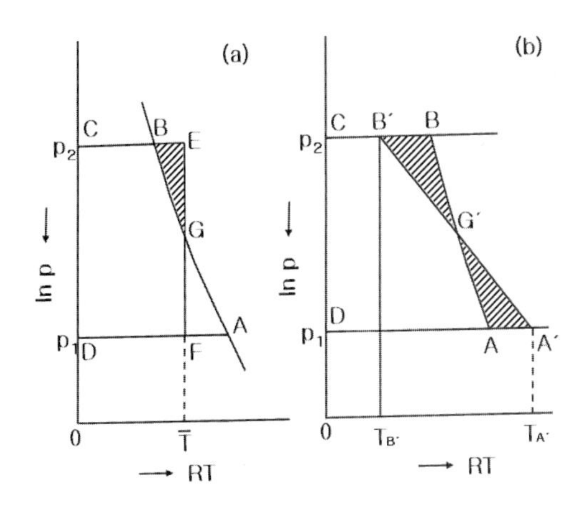

그림 5.14. 에마그램 상의 고도산출

ii) 건조단열선을 이용

그림 5.14(b)에서와 같이, 세로축에 평행한 직선(등온선)을 이용하는 대신에 건조단열선 $A'B'$를 이용하고, 면적 $AA'G'$와 면적 $BB'G'$를 같게 한다면, 면적 $DA'G'B'C$는 적분치와 같다. A'의 온도를 $T_{A'}$, B'의 온도를 $T_{B'}$으로 하면, $A'B'$이 건조단열선인 것을 고려하며, $T_{A'} - \Gamma_d z = T_{B'}$ 이므로,

$$z = \frac{T_{A'} - T_{B'}}{\Gamma_d} \tag{5.28}$$

에서 고도차가 구해진다.

ㄴ. 테피그램 상에서

그림 5.15 에서와 같이, 상태곡선이 테피그램 상에서 AB 와 같이 주어졌다고 하자.

$$\text{면적 } ABCD = C_p \int_{(1)}^{(2)} T d\ln\Theta = C_p \int_{(1)}^{(2)} T d\ln T - \kappa C_p \int_{(1)}^{(2)} T d\ln p$$

$$= C_p \int_{T_1}^{T_2} dT - R \int_{(1)}^{(2)} T\, d\ln p \qquad (5.29\ \text{註})$$

가 된다. 제 2적분은 식 (5.26)에서 gz 와 같으므로

$$gz = C_p(T_1 - T_2) + \text{면적 } ABCD \tag{5.30}$$

이 된다.

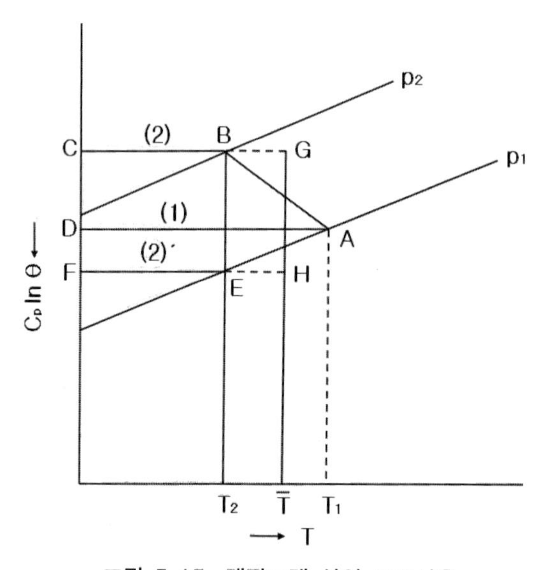

그림 5.15. 테피그램 상의 고도산출

다음에 면적 ADFE를 생각하면, AE는 등압선이기 때문에 식 (5.13)의 테피그램의 좌표계에서 면적 적분의 식을 만들고 여기에 식 (2.34)의 온위 식을 대입하면

$$면적\ ADFE = C_p \int_{(2)'}^{(1)} T d \ln \Theta = C_p \int_{T_2}^{T_1} T \frac{1}{T} dT$$

$$= C_p \int_{T_2}^{T_1} dT = C_p (T_1 - T_2) \tag{5.31}$$

과 같이 된다. 이것은 식 (5.30)의 우변의 첫 항과 같으므로 대입해서 면적을 합하면,

$$g z = 면적\ FEABC \tag{5.32}$$

와 같이 된다.

지금 세로축과 평행한 직선을 생각하고, CB 및 EF의 연장선과의 교점을 각각 G, H로 하고, 면적 FEABC가 면적 FHGC와 같도록 한다면,

$$g z = 면적\ FHGC = C_p \overline{T} (\ln \Theta_c - \ln \Theta_F) \tag{5.33}$$

과 같이 된다. 따라서 고도차는 각 $\overline{T}$(평균기온)에 대하여 종좌표 차에 비례한다. 에마그램의 경우와 같이해서, 미리 고도곡선을 그려둔다면, 이것에서 고도차를 읽는다.

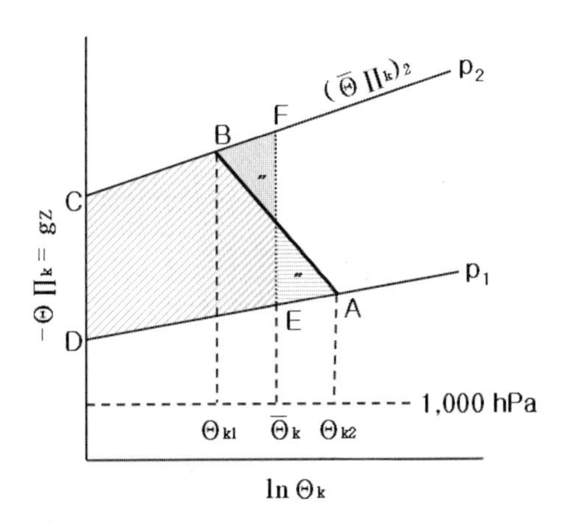

그림 5.16. 에어러그램 및 대기선도 상의 고도산출

ㄷ. 에어로그램 및 대기선도 상에서

그림 5.16과 같이, 상태곡선이 AB로 주어질 때, $A(p_1,\ T_1)$과 $B(p_2,\ T_2)$의 고도차는 식 (5.26)에서와 같이

$$g\,z = -R\int_{p_2}^{p_1} T\,d\ln p \qquad (5.26)'$$

으로 주어지지만, 등면적변환도(等面積變換圖)이기 때문에, 이것은 등압선 p_1과 p_2 및 AB로 둘러싸여진 면적상의 적분이다. 단, 등압선의 왼쪽 끝은 절대온도 0 K까지 미친다. 따라서

$$R\,T\,d\ln p = \Theta_k\,d\,\Pi_k \qquad (5.34\ 註)$$

이므로

$$g\,z = -\int_{\Pi_{k_1}}^{\Pi_{k_2}} \Theta_k\,d\,\Pi_k \qquad (5.35)$$

가 된다. 전과 같이 해서 세로좌표에 평행한 직선을 한 변으로 해서, 그림에서와 같이 원래의 면적과 같이 되는 EF를 취하면,

$$g\,z = \overline{\Theta_k}\,(\Pi_{k_1} - \Pi_{k_2}) \qquad (5.36)$$

이 된다. 이것은 F와 E와의 세로좌표의 차이다. 따라서 미리 세로좌표에 $\Theta_k = const.$와 같은 다방대기(多方大氣) 고도의 규모를 기입해 놓는다면, 바로 고도차가 읽어진다. 이 경우 에마그램 및 테피그램과 같이 가로좌표에 의해서 고도의 스케일이 변하는 것이 아니므로, 고도곡선군(高度曲線群)을 그릴 필요가 없고, 세로좌표에 다방대기의 고위(高位) 또는 고도의 규모를 기입해 놓으면 되는 것이다(다른 것은 $\ln p$ 스케일이고 등압면, 즉 고도차를 따라서 두 등압면이 세로축과 만나는 간격은 일정). 이런 의미로 에어로그램 및 대기선도는 고도계산에 적합한 것이라고 말할 수 있을 것이다.

5.3.5. 대류불안정

대류불안정(對流不安定, convective instability)은 대기의 정적안정도(靜的安定度)의 일종이다. 대기의 하층에는 상대습도가 높은 공기가 있고, 그 위에는 건조한 공기층이 있어, 이 대기층 전체가 상승류에 의해 치올려졌다고 하자. 하부의 공기는 바로 포화에 도달하고, 그 후는 상승함에 따라서 온도는 습윤단열감률로 내려간다. 한편, 상부의 공기는 좀처럼 포화에 이르지 않은 채 건조단열감률로 온도는 내려간다. 그 결과, 대기의 온도감률은 증대되고, 때로는 습윤단열감률보다 커진다. 이와 같이 대기층 전체가 상승해서 포화했을 때, 온도감률이 습윤단열감률보다 커서 불안정이 되는 성층을 대류불안정한 **성층**(成層)이라 한다.

이와 같은 대기의 성층이 대류불안정일 조건은 상당온위(相當溫位) 또는 습구온위(濕球溫位)가 고도와 함께 감소하고 있는 때이다. 대류불안정은 기층 전체가 전면(前面)이나 산염을 활승하고, 또는 저기압 내의 수렴성의 상승을 일으킬 때 전기층에서 기온감률이 습윤단열감률보다 크게 되므로 격렬한 대류를 일으키고 때로는 강우(强雨)를 일으키는 일이 있다.

조건부불안정은 대기 중의 온도의 고도분포만으로 결정되는데 반해서 대류불안정은 온도와 습도의 양자의 고도분포로 결정된다.

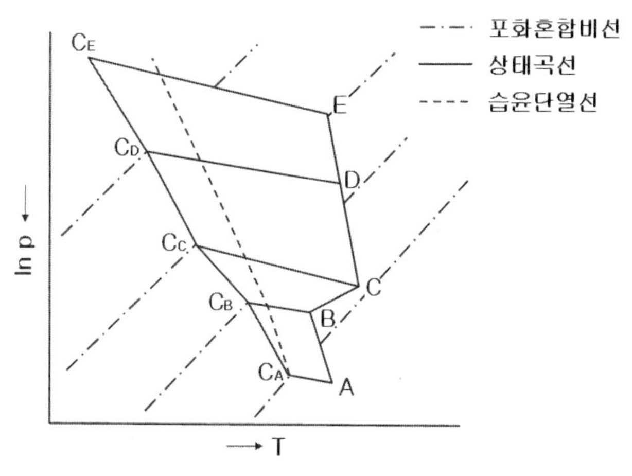

그림 5.17. 대류불안정이 되는 경우

그림 5.17의 ABCDE와 같이 기온이 분포하고 있을 때에는 공기괴법(공기덩이법)에 의해 A, B, C, …의 각점의 안정도를 음미하면 안정이다. 특히 BC의 역전층(逆轉層)도 존재

하고 있어 안정도를 더해주고 있다. 그러나 이 기층이 전체로서 상승하고 각점이 응결고도 이상이 되면, $C_A C_B C_C C_D C_E$ 와 같은 온도분포로 되고, BC의 역전층도 소멸하고 습윤단열감률보다 큰 기온감률로 되어 있다. 즉 대류불안정은 특성곡선(特性曲線)의 경사와 습윤단열선의 경사를 비교하면 알 수 있음으로, 이것이 대류불안정이 되는 경우이다.

5.3.6. 대류현상의 예상

그림 5.18과 같이, 동이 트기 직전 고층관측을 행한 결과, 지상 공기덩이의 상태점을 A, 치올림응결고도를 C, 그 때의 상태곡선을 AA′이었다고 하자. 일사(日射, 太陽放射)에 의해 A의 기온이 올라가면 A의 공기의 상태점은 $A \rightarrow A_1 \rightarrow A_2$ 와 같이 오른쪽으로 이동한다. 그 때 비장(比張, 비습, 혼합비)은 변하지 않으므로, 치올림응결고도는 $C \rightarrow C_1 \rightarrow C_2$ 로 옮긴다. A_1, A_2 로 옮긴 공기는 부력을 얻어서 상승하지만, D_1, D_2, …에서 멈추어 C에는 이르지 못해 포화에 도달에 도달하지 못한다. 즉 구름을 형성하는 데는 미치지 않는다.

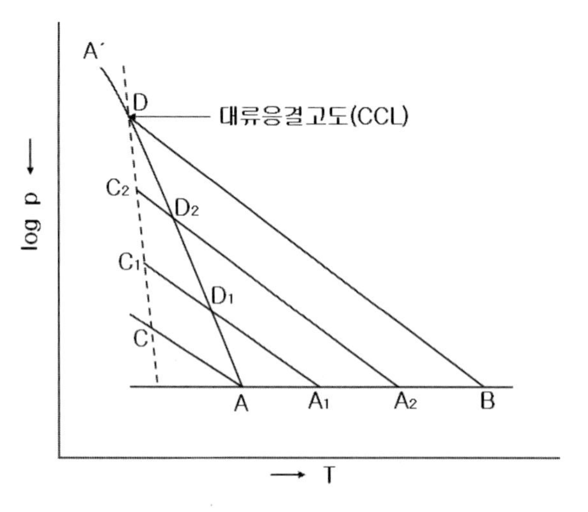

그림 5.18. 대류응결고도(CCL)

구름을 형성되려면, 등비장선(等比張線)과 상태곡선의 교점인 D까지는 공기가 상승을 해야 응결이 이루어진다. 즉 D를 통과하는 건조단열선과 지상등압선의 교점인 B까지는 지상의 기온이 상승을 해야 한다. 따라서 지상기온이 B가 되면 B에서 상승한 공기는 D까지 도달하는데, 여기서 비로소 포화가 이루어진다. 즉 구름이 생기기 시작한다. 이 D는 비장선과 상태곡선의 만나서 이루는 고도로 **대류응결고도**(對流凝結高度, CCL, convection condensation level)라 한다. 이것은 호청적운(好晴積雲)의 운저(雲底)에 해당한다.

대류응결고도 이상에서는 상승공기덩이는 습윤단열선을 따라서 올라가므로 일반적으로는 상승을 계속한다. 그러나 그림 5.19(a)의 경우에서는 E 에서의 상태곡선과 습윤단열선이 교차하고, 그 이상은 올라갈 수 없다. 그러므로 적운은 DE 사이에서 생긴다. 그런데 같은 그림 (b)와 같은 경우에 습윤단열선은 대류권에서는 상태곡선과 교차하지 않으므로 상승을 계속한다. 이와 같은 경우에는 적란운(積亂雲)이 발달하는 것이다. **대류운**(對流雲, convective cloud)은 대류에 의해 생기고, 연직상방으로 발달하는 구름의 총칭이다. 적운과 적란운이 이에 속한다.

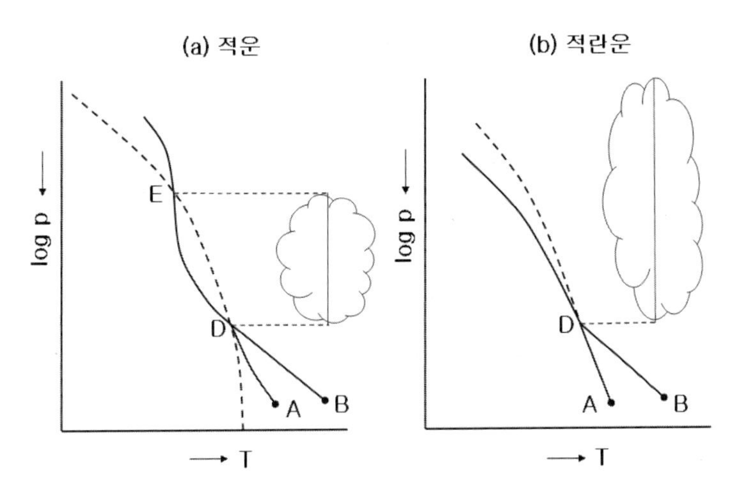

그림 5.19. 적운과 적란운의 발생(대류운)

5.4. 고층대기선도

대기의 연직구조의 분석에 도움이 되는 선도를 **고층대기선도**(高層大氣線圖, upper atmosphere chart), 또는 **고층기상선도**(高層氣象線度, aerological chart)라고 한다. 고층대기선도는 **단열도**(斷熱圖, adiabatic chart) 또는 **위단열도**(僞斷熱圖, pseudo-adiabatic chart), **기단선도**(氣團線圖, air mass diagram), **가강수량선도**(可降水量線圖, precipitable water diagram)로 구분할 수가 있다.

5.4.1. 단열도(또는 위단열도)

단열도(斷熱圖, adiabatic chart)는 기압 p, 기온 T 또는 이것들의 적당한 함수를 종좌표 및 횡좌표로 해서, 등압선, 등온선, 건조단열선, 습윤단열선, 포화등비습선(또는 포화등혼합비선 또는 포화등비장선) 등을 그린 것이어서 가장 널리 사용되고 있다. 그 용도는 종류에 따라 다소의 차이가 있지만, 고도계산, 대기의 모든 양의 계산, 솔레노이드 및 에너지 계산, 안정성의 분석, 대류현상의 응용, 기단분석 등에 사용되어 다른 선도(線度, chart, diagram)보다 현저하게 그 용도가 넓다.

단열도에는 대단히 많은 종류가 있지만, 보통 사용되고 있는 선도들을 요약하면 다음의 표 5.1과 같다.

표 5.1. 대표적인 단열도

명 칭	고 안 자	세로 좌표	가로 좌표
에마그램(emagram)	레후스달(Refsdal)	$-R\ln p$	T
테피그램(tephigram)	쇼(Shaw)	$C_p \ln \Theta$	T
에어로그램(aerogram)	레후스달(Refsdal)	$-RT\ln p$	$\ln T$
스튜브도(Stüve diagram)	스튜브(Stüve)	$p^{\frac{R_d}{C_p}}$	T
대기선도(大氣線圖)	산강(山岡)·하뢰(下瀨)	$T\left\{1-\left(\frac{p_0}{p}\right)^{\alpha}\right\}$	$\ln \frac{T}{p^{\alpha}}$
skew T, log p diagram (헤로후슨도, Herlofson's diagram)	헤로후슨(Herlofson)	$\ln p$	skewed T

5.4.2. 기단선도

기단선도(氣團線圖, air mass diagram)는 기단의 분석에 편리한 것으로, **로스비선도**(Rossby diagram)와 **테타그램**(thetagram) 등이 대표적이다.

로스비선도는 가로좌표에 혼합비, 세로좌표에 온위를 취하고 이 좌표상에 등상당온위가 그려져 있다. 이와 같은 선도 상에서는 공기의 성질이 서로 다름이 현저하게 표시된다.

테타그램은 가로좌표에 상당온위, 세로축에 고도 또는 기압을 취하고 상당온위의 연직분포를 나타내는 것과 같은 것이고, 미리 기단의 평균상태를 인쇄해 두고, 이것과 비교해서 기단의 종류를 판별할 수가 있다.

5.4.3. 가강수량선도

가강수량선도(可降水量線圖, precipitable water diagram)는 대기 중의 수증기량을 구하는 데에 편리한 것으로, 이것에는 다음과 같은 것들이 있다.

표 5.2. 가강수량선도

명 칭	고 안 자	세로 좌표	가로 좌표
소로선도	소로(Solot)	p(기압)	s(비습)
프레미그램	화달(和達)	p(기압)	x(혼합비)
가강수량선도	정야(正野)	z(고도)	a(절대습도)

프레미그램에는 위의 좌표 상에 모든 곡선이 그려져 있고, 공기덩이의 여러 과정에 수반되는 강수량이 구해지는 점이 특징이다. 正野(쏘-노)의 그림에서는 기온과 상대습도의 고도분포가 주어진다면, 각 고도의 절대습도 및 임의 고도까지의 공기 기둥 내의 모든 수증기량이 용이하게 구해진다.

연 습 문 제

1. (p, T), $(\log p, \log T)$, $(-p^{\frac{k-1}{k}}, T)$ 와 같은 좌표계를 갖는 선도는 에너지 계산에 사용될 수 있을까? (註)

Chapter
6 대기안정도

평형상태에 있는 대기 중에 미소(작은) 요란(擾亂, disturbance)이 일어났을 때, 그것이 점차로 발달해 갈 경우에는 대기는 **불안정**(不安定, instability)이라 하고, 요란이 차차로 감쇠(減衰)해 가서 대기는 원래의 평형상태로 접근해 갈 경우에 대기는 **안정**(安定, stability)이라고 말한다. 이 안정의 정도를 표현하는 것이 **대기안정도**〔大氣安定度, atmospheric stability, 간단히 안정도(安定度), 안정성(安定性)〕라고 한다.

6.1. 소 개

보통 미소변위를 파동(波動) 또는 공기의 작은 덩어리의 변위(變位)로 나타내고, 섭동법(攝動法, perturbation method)에 따른다. 파동으로 나타낸 경우에는 요란의 진폭이 시간과 함께 지수(指數)적으로 증대해지거나 진동하면서 증대해가면 불안정이 되고, 진폭이 지수적으로 감소하거나 진동하면서 감소해 갈 때는 안정이고, 요란의 진폭이 전혀 변화하지 않거나 정현적(正弦的, sine)으로 진동할 때는 중립(中立, neutral)이다. 이 방법에 있어서 불안정도는 **증폭률**〔增幅率, 또는 성장률〕로 나타낸다. 한편 작은 공기덩이의 변위로 표현할 경우에는 이 공기덩이가 원래의 위치에서 멀어지는 것과 같은 힘을 받으면 불안정, 원래의 위치로 돌아오는 힘을 받으면 안정이고, 변위한 위치에 머무르면 중립이다.

또 정지대기에서 성층상태의 안정도를 **정역학적안정도**(靜力學的安定度), 평형상태에서 운동하고 있는 대기의 안정도를 **동역학적안정도**(動力學的安定度) 또는 **역학적안정도**(力學的安定度)라고 한다. 정역학적안정도의 예로써는 **조건부불안정**, **대류불안정도**, **절대불안정**이 있다. 동역학적안정도의 예로써는 **순압불안정**〔順壓不安定(度, 性), barotropic instability〕,

경압불안정〔傾壓不安定(度, 性), baroclinic instability〕, **임계고도불안정(도)**〔臨界高度不安定(度), critical level instability〕, **대칭불안정(도)**〔對稱不安定(度), symmetric instability〕, **켈빈-헬름홀츠불안정(도)**〔Kelvin-Helmholtz instability〕, **관성불안정(도)**〔慣性不安定(度), inertial instability〕, **시어불안정(도)**〔shear(전단 = 剪斷, 층밀림) instability〕이 있다. 또 **유체역학적불안정(도)**〔流体力學的不安定(度), hydrodynamic instability〕이 있다.

6.2. 정역학적안정도

일반적인 온도성층의 접지층(接地層)의 안정도를 생각한다. 정지상태에 있는 대기의 안정도를 뜻한다. 대기(광범위한 주위)가 어떤 공기덩이의 변위에 대해서 안정일까, 불안정일까의 지표(指標)가 대기안정도이다. 정역학적(靜力學的) 평형상태에 있는 정지한 대기에 대해서 공기덩이가 연직방향으로 변위했을 때, 원래로 돌아오려고 한다면 안정, 더욱 변위하려고 한다면 불안정이 되고, 그 장소에 멈추어 있는 경우는 중립이 된다. 그의 정도를 정적(靜的) 또는 **정역학적안정도**(靜力學的安定度, hydrostatic stability)라고 한다. 이것의 원리는 주위를 교란하지 않고 상방으로 미소(微小) 변위한 공기덩이의 온도가 주위의 대기의 온도보다 높으면 공기덩이는 부력에 의해 더욱 상방으로 가속됨으로 불안정이 되는 것이다.

연직변위를 하는 공기덩이의 기온은 대기의 수증기로 불포화일 때는 건조단열감률 Γ_d로, 포화하고 있는 공기는 습윤단열감률 Γ_m으로 변화한다. 따라서 변위의 출발점에서 이들의 단열감률과 실제 경우의 기온감률 Γ와의 차이를 취하면, 불포화 및 포화의 경우는 불안정이 얻어져, 다음의 3개로 분류된다(그림 6.1 참조).

$\Gamma > \Gamma_d$: 대기가 불포화, 포화에 관계없이 불안정하므로 절대불안정(絶對不安定),

$\Gamma_d > \Gamma > \Gamma_m$: 불포화에서 안정, 포화로 응결이 일어나면 불안정이므로 조건부불안정(條件附不安定)

$\Gamma < \Gamma_m$: 포화, 불포화에 관계없이 안정이므로 절대안정(絶對安定)

한편 온위는 각 고도의 공기덩이를 기준면 1,000 hPa까지 건조단열적으로 변화시켰을 때의 온도이므로, 불포화 대기의 온위가 고도와 함께 커지면(작아지면) 안정(불안정)인 것을 알 수가 있다. 따라서 안정도는 온위의 연직경사로도 나타내진다. 포화대기의 경우는 온위를 상당온위 또는 습구온위로 대치하면 된다.

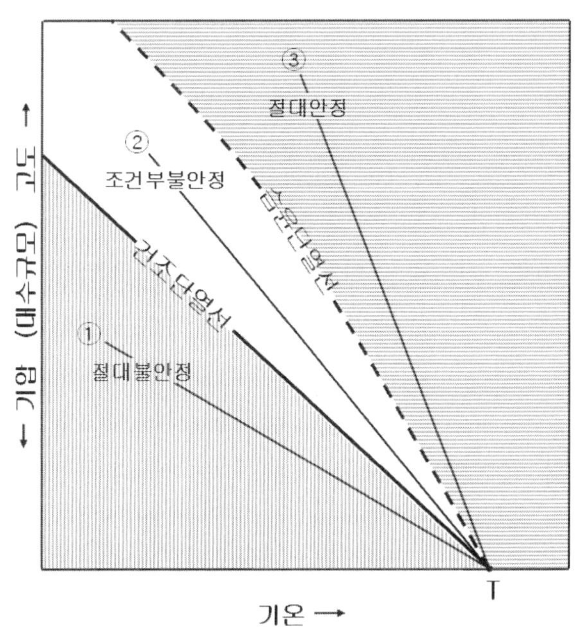

그림 6.1. 대기의 정적안정도

더욱이 위와 같은 미소변위(微小變位, 작은 위치의 변화)에 대해서는 안정이라도, 공기덩이를 유한(有限)변위시켰을 때 더욱 변위해서 불안정이 되는 경우가 있다. 이것을 **잠재불안정**(潛在不安定)이라고 한다. 또 상당온위가 높이와 함께 증가하고 있는 불포화대기에서는 절대 안정한 기층이었다고 해도 그 기층을 상방으로 변위시켰을 때 포화해서 온도감률이 조건부불안정한 상태가 되는 일이 있다. 즉 기층 중의 기온감률이 습윤단열보다 커져서 불안정이 된다. 이것을 **대류불안정**(對流不安定)이라고 한다. 대류안정도(對流安定度)는 상당온위의 감률에 의해 표현된다. 여기서는 주로 대기의 정역학적불안정도(靜力學的不安定度)에 대해서 언급하지만, 운동하고 있는 평형상태의 대기의 안정도는 **(동)역학적안정도**[(動)力學的安定度, dynamic stability]라고 부른다. 대기안정도를 넓은 의미로는 일반적으로 이들 양자를 다 포함해서 말하고 있다.

6.3. 역학적안정도

6.3.1. 순압불안정

순압불안정〔順壓不安定(度, 性), barotropic instability〕은 2차원 비발산류(非發散流)에 있어서 전단(剪斷, 층밀림, shear)이 존재할 경우에 나타난다. 이 불안정이 생기기 위한 필요조건은 와도(渦度, vorticity), 대기에서는 절대와도(絶對渦度, absolute vorticity)가 유체 중에서 극치(極値)를 갖는 것이다. 편서풍대의 제트기류(jet stream) 등에서는 이 조건이 만족되는 일이 있다.

6.3.2. 경압불안정

경압불안정〔傾壓不安定(度, 性), baroclinic instability〕은 태양방사(太陽放射, 日射) 등에 의해 불균일하게 가열이 되었을 때, 대기의 남북방향의 온도경도(溫度傾度)가 생긴다. 따라서 대상류(帶狀流)의 연직시어가 커지면 요란이 발달하고, 이 온도경도를 해소하려고 한다. 이 불안정을 의미한다. 그 때 남북온도경도에 수반되는 위치에너지가 요란의 운동에너지로 변환된다. 중위도대의 고·저기압의 대부분은 이 구조에 의해 발생해서 현저하게 발달한다고 생각되어지고 있다. 또한 최근에는 경압불안정 중에서 요란이 동서방향으로 균일한 경우를 **대칭불안정**(對稱不安定), 남북방향으로 균일한 경우만을 **경압불안정**으로 구별해서 부르는 일이 있다.

6.3.3. 임계고도불안정

임계고도불안정(도)〔臨界高度不安定(度), critical level instability〕은 연직 전단을 갖는 기본류(基本流) 중에 파동(波動, wave motion)이 존재하고 있을 때, 그 파동의 전파속도가 기본류의 유속과 일치하는 높이(임계고도)가 존재하는 경우에 나타난다. 경압불안정 속에도 포함되어 있다. 불안정화의 에너지는 위치에너지에서 전환되는 일도 기본류의 운동에너지에서 전환되는 일도 있다.

6.3.4. 켈빈-헬름홀츠불안정

켈빈-헬름홀츠불안정(도)〔Kelvin-Helmholtz instability〕은 밀도와 속도를 달리하는 2

종류의 유체가 안정한 성층(成層)을 하고 있을 때, 그 불연속면에 생기는 불안정이다. 헬름홀츠불안정이라고도 부른다. 이 불안정에 의해 증폭하는 파(波)를 켈빈·헬름홀츠파 또는 **헬름홀츠파**라고 부른다. 밀도나 속도가 불연속이 아니라도 국소적 리차드슨수가 1/4 이하가 되면 불안정화가 될 가능성이 있다. 밀도가 균일한 유체 속에서 시어불안정의 의미로도 사용된다. 이와 같은 불안정은 대기나 해양에서 종종 발생한다.

6.3.5. 시어불안정

시어불안정(도)〔shear(전단 = 剪斷, 층밀림) instability〕은 풍속의 불연속면(不連續面)에 생기는 불안정성(도)으로, 풍속차가 있으면 언제나 불안정이 된다. 노르웨이학파의 저기압 파동론에서 저기압의 발생은 극전선(極前線)에 있어서 시어불안정에 의한다고 되어 있지만, 금일에는 단순히 이것 만에 의한다고는 생각되지 않고 있다. 앞으로 더 자세히 설명하기로 하자.

6.4. 유체역학적불안정

유체역학적불안정(도)〔流体力學的不安定(度), hydrodynamic instability〕은 정상적인 흐름이 평형상태에 있는 유체에 있어서, 그 유체 덩이를 미소 변위시켰을 때, 그 변위가 시간과 함께 커질 때 그 유체는 유체역학적으로 불안정이라고 한다. 변위가 시간과 함께 감쇠하는 경우에는 안정이고, 증대도 감쇠도 하지 않으면 중립이다. 불안정화를 위한 에너지가 원래의 흐름의 운동에너지에서 보급되는 경우를 **관성불안정**(慣性不安定)이라고 한다. **켈빈·헬름홀츠불안정**, **회전불안정**, **순압불안정** 등이 그 예이다. 위치에너지에서 에너지가 보급되는 경우는 경압불안정이 된다.

6.4.1. 대칭불안정

대칭불안정(도)〔對稱不安定(度), symmetric instability〕은 유체역학적불안정의 일종으로, 흐름의 방향으로 변화가 없는 요란이 증폭할 때 일어난다고 한다. 흐름과 평행하게 x축, 직각으로 y축, 연직방향으로 z축을 잡고, 유속을 $\overline{u}$, 전향력(轉向力, 코리올리의 힘)을 f, 브런트-바이사라(Brunt-Väisälä)각진동수를 N으로 하면,

$$f\left(f - \frac{\partial \bar{u}}{\partial y}\right) - f^2\left(\frac{\partial \bar{u}}{\partial y}\right)^2 \frac{1}{N^2} < 0 \tag{6.1}$$

이 된다. 이것이 대칭불안정이 생기는 필요조건이다. 절대와도(絶對渦度)가 작아지면 부(-)가 된다. 태풍 중심 부근의 상층이나 정적안정도가 작고 연직시어가 큰 불안정선(不安定線) 등에서 발현(發現)하는 일이 있는 것으로 생각되고 있다.

6.4.2. 관성불안정

관성불안정(도)〔慣性不安定(度), inertial instability〕은 회전하고 있는 유체 속에서 생기는 역학적불안정이다. 준수평적으로 밖(안)을 향해서 변위된 유체가 갖는 원심력(遠心力, centrifugal force)이 이전 거기에 존재하고 있는 입자에 작용한 원심력보다 클(작을) 때 불안정이 생긴다. 즉 변위된 유체는 원래의 위치에서 더욱 멀어져 간다. 특히 절대각운동량(絶對角運動量, absolute angular momentum)이 보존되는 유체 중에서는 절대각운동량이 회전축(回轉軸)에서 밖을 향하여 감소할 때에 생긴다.

6.5. 난류와 안정도

난류(亂流, turbulence, turbulent flow)는 바람의 전단(剪斷, 층밀림, 시어 = shear)과 깊이 관계하고 있고, 또 부력에 의해 크게 영향을 받는다. 어떤 높이에서 단위질량의 공기가 갖는 난류운동의 에너지 E_t는

$$E_t = \frac{\tau}{\rho}\frac{\partial U}{\partial z} + \frac{gH}{C_p \rho T} \tag{6.2}$$

이다. 우변의 제 1 항은 기계적 난류에너지, 제 2 항은 열적 난류에너지로 불리는 일이 있다. 여기서 τ : 마찰응력, ρ : 공기밀도, $\partial U/\partial z$: 평균풍속기울기, g : 중력가속도, H : 열유속, C_p : 정압비열, T : 대표적인 온도이다.

리차드슨(Richardson, 1920년, ☔)은 기계적 난류에너지와 열적난류에너지의 간단한 관계에서 난류의 발달 여부가 결정된다고 생각했다. 그래서 그의 비를 목표로 했다. 이것이 **플럭스·리차드슨수**(flux-Richardson number, R_f)

$$R_f = - \frac{gH}{C_p T \tau \frac{\partial U}{\partial z}} \tag{6.3}$$

이다. 지금 열과 운동량에 관한 와확산계수(渦擴散係數)를 같다고 가정하면, 보통의 리차드슨수(Richardson number, R_i)인

$$R_i = \frac{g}{T} \frac{\frac{\partial T}{\partial z}}{\left(\frac{\partial U}{\partial z}\right)^2} \tag{6.4}$$

를 얻는다. 위와 구별하기 위해서 **기울기・리차드슨수**(gradient-Richardson number)라고 한다. 이 부호의 정부(正負, + -)에 의해 각각 안정 및 불안정이라고 한다. 또한 0인 경우는 중립이 된다.

모닌(Monin)과 오부코프(Obukhov)는 1954년에 접지층의 난류에 대해서 상사칙(相似則)을 생각해 안정도 길이(stability length) L 을 도입했다. 이것은 접지경계층의 대기의 안정도를 나타내는 지표로, 길이의 차원을 갖는다. 러시아의 모닌과 오부코프에 의해 처음으로 도입되었음으로 그의 이름을 따서 **모닌-오부코프의 길이**(Monin-Obukhov length, L)라 부르고, 다음의 식으로 나타낸다.

$$L = - \frac{{u_*}^3}{k \frac{g}{T} \frac{H}{C_p \rho}} = \frac{{u_{*0}}^2}{k \frac{g}{\overline{\Theta}} \Theta_{*0}} \tag{6.5}$$

여기서 u_*: 마찰속도, k : 카르만상수(Kármán constant), H: 상향의 열유속, u_{*0}, Θ_{*0} : 풍속과 온위의 변동 규모를 나타내는 파라미터(parameter, 媒介變數), $\overline{\Theta}$: 평균온위이다.

이 길이 L은 앞의 리차드슨의 2개의 에너지의 평형(균형)높이로도 생각되어져, 층 전체의 안정도를 주어진다. 이것에 대해서 어떤 높이 Z에서 안정도를 나타내는 데에는 무차원화된 Z/L이 이용된다. 이것은 리차드슨수에 해당된다. 지면 부근의 안정도는 주간에는 일사와 풍속, 야간에는 구름의 상태와 풍속에 의해 크게 좌우된다. 영국기상국에서는 종래에 관측되고 있는 이들의 자료에 의해 안정도를 정하고, 대기확산(大氣擴散)의 추정에

사용한다. 기타 접지층의 연구나 확산식에 사용되고 있는 것으로는 안정비, 경사면의 안정도 등을 들 수가 있다.

안정비(安定比, stability ratio, S_R)는 일반적으로 성층을 이루는 접지층(接地層)에 있어서, 공기덩이의 연직방향의 변위에 대해서 안정일지 어떨지의 기준을 나타내는 것의 하나로, 리차드슨수를 단순화해서 사용하기 쉽게 한 것으로, 다음의 식을 나타낸다.

$$S_R = \frac{\Delta T}{U^2} \tag{6.6}$$

여기서 ΔT : z_1과 z_3의 높이에 있어서의 온도차($z_3 > z_2 > z_1$), U : z_2에 있어서의 평균풍속, z_1, z_2, z_3의 관계는 $z_2^2 = z_1 \cdot z_3$가 되게 하는 것이 바람직하다. S_R의 값은 0 부근의 경우는 대기의 안정도는 거의 중립이고, 양(+)이면 안정, 음(-)이 되면 대기의 성층은 불안정이 된다.

경사면의 안정도〔坂上(고개 또는 비탈길 위)의 安定度, pansang's stability〕는 원래 접지층에서의 안정도를 나타내는 방법의 하나이다. 이 안정도를 ζ^* 라고 하면, 다음의 식으로 표현된다.

$$\zeta^* = \frac{\dfrac{\partial T}{\partial \ln z}}{\dfrac{u_*}{k} \ln z_0} \tag{6.7}$$

단, z_0 : 조도(粗度, roughness)상수이다. $\zeta^* > 0$ 일 때는 안정, $\zeta^* < 0$ 일 때는 불안정이다. 경사면의 확산식을 사용할 때는 이 안정도가 필요하다.

6.6. 전단불안정

앞에서 잠깐 언급을 했지만 여기서 좀 더 자세히 논하도록 하자. 시어(shear, 전단 = 剪斷, 층밀림)가 있는 흐름(시어류)은 이것을 잘 저어 만든 유속이 균일한 흐름보다 더 많은 운동에너지를 필요로 한다. 따라서 시어류〔전단류(剪斷流), 층밀림류〕가 갖는 여분의 운동에너지를 근원으로 해서 유속을 균일화하게 하는 역할을 하는 요란(擾亂)이 성장할 가능성이 있다. 이 성장하는 요란이 존재할 때, 전단류는 불안정이 되고, 이와 같은 불안정이 **시어**

불안정(도)〔shear(전단 = 剪斷, 층밀림) instability〕이다. 밀도가 균일한 흐름의 시어불안정에는 2개의 종류가 있다.

6.6.1. 변곡점

제 1은 불안정이 일어나기 위해서는 **변곡점**(變曲點, point of inflection : 평면곡선의 접선이 접점에서 곡선과 교차할 때 그 접점을 의미)의 존재가 본질적인 경우이다. 여기서 변곡점이란 전단류(剪斷流, 시어류)를 가로지르는 방향으로 유속의 기울기가 국소적으로 최대 또는 최소가 되는 점이다. 이 불안정성에 의해 생기는 요란은 점성이 없을 때에는 가장 큰 성장률을 갖고, 점성이 커짐에 따라서 성장률이 작아진다(그림 6.2 참고). 대기 중의 수평전단류의 불안정성의 대부분은 이 형태의 것이다.

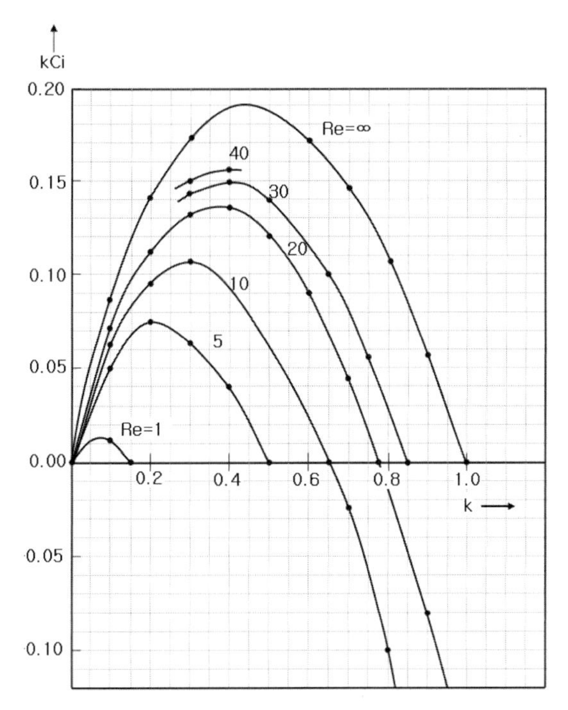

그림 6.2. $U(y) = U_0 \cdot \tanh(y/L)$**로 주어지는 전단류에 생기는 요란의 성장률의 레이놀즈수** $Re = U_0 L/v$**에 대한 의존성**

v : 동점성계수, 가로축은 L^{-1}로 무차원화한 요란의 방향의 파수,
세로축은 L/U로 무차원화한 성장률(R. Betchov, A. Szewczyk, 19x63)

6.6.2. 점 성

제 2는 **점성**(粘性, viscosity)의 존재가 본질적인 것으로, 평판위의 경계층류(境界層流)나 2차원적인 수로(水路) 속의 **점성류**(粘性流, 포아즈이유 흐름 = Poiseuille flow) 등의 불안정이 이것에 해당한다. 이들의 불안정에서는 점성이 흩어져 일부가 빠져 없어서 요란의 성장을 방해하는 한편, 요란의 구조를 전단류에서 에너지를 꺼내기 쉬운 형태로 해서 성장하기 쉽게 한다는 상반되는 2가지의 역할을 한다. 이 불안정성에는 점성의 존재가 본질적인 역할을 함으로, 대규모적인 대기운동에서는 중요하지 않다고 생각되고 있다.

어떤 종류의 전단류에서는 작은 진폭의 요란에 대해서는 안정이지만, 어떤 진폭 이상의 요란을 부여하면 불안정이 되어 요란이 성장하는 일이 있다. 이와 같은 불안정성을 **아임계불안정**(亞臨界不安定)이라고 한다. 반대로 미소한 진폭의 요란에 대해서는 안정이라면, 아무리 큰 진폭의 요란을 부여해도 안정인 경우가 있어 이것을 **초임계불안정**(超臨界不安定)이라고 한다.

안정에 밀도성층(密度成層)한 유체 중의 연직전단류(鉛直剪斷流)의 안정성에 대해서는, 내부중력파(內部重力波)에 의한 운동량 수송이 일어날 수 있기 때문에 변곡점의 존재가 불안정의 발생에 꼭 필요한 존재가 되지 않게 된다. 실제 불안정을 위한 필요조건은 리차드슨수 R_i가

$$R_i = \frac{N^2}{\left(\frac{\partial U}{\partial z}\right)^2} \tag{6.8}$$

이 1/4보다 작은 것이다. 변곡점을 갖는 연직전단류의 불안정성(대기과학에서는 밀도성층장 속의 변곡점이 있는 연직전단류의 불안정을 켈빈・헬름홀츠불안정이라고 하는 일이 많음)은 밀도성층이 강해짐에 따라서 약해지고, 리차드슨수가 1/4이하의 점이 흐름 속에서 없어지면 안정이 된다.

6.7. 선형안정성

선형안정성(線形安定性, linear stability)이란 다음과 같은 것이다. 어떤 현상을 기술하는 비선형(非線形, nonlinear)의 지배방정식(支配方程式, governing equations)과 경계조건(境界條件, boundary condition)에 대해서 어떤 해 A가 존재한다고 하자. 이 해는 수학

적으로 방정식의 해임에는 틀림이 없으나, 그것만으로는 자연계에서 실현될지 어떨지 알 수가 없다. 왜냐하면 자연계에는 노이즈(noise, 擾亂)가 반드시 존재하기 때문에, 이 해가 요란 a 로 교란되었을 때에도 계속해서 안정으로 존재할 것인지 어떻지가 문제가 되기 때문이다.

외부에서부터 가해진 미소 진폭의 요란 a 에 대해서 해 A 가 안정하게 존재할 것인지 어떻지를 조사하는 이론적인 구상을 **선형안정론**(線形安定論)이라고 한다. 지금 A 에 가해진 $A+a$ 도 지배방정식과 경계조건을 만족한다고 하자. $A+a$ 를 지배방정식과 경계조건에 대입해서 요란 a 의 진폭이 작다고 해서 a^2 의 차수(次數, 오더=order)의 항을 무시하면, 요란 a 에 대한 선형(線形)의 지배방정식과 경계조건이 유도된다. 이 경계조건의 근원으로 방정식을 풀면 요란의 공간구조와 시간적인 행동이 구해진다.

이와 같이 해서 구해진 요란은 몇 개인가 있는 일이 많다. 그 중 몇 개의 요란은 시간 t 와 함께 지수 함수적으로 $e^{\sigma t}$ 와 같이 변화하는 일이 많다. 이들의 요란 중에서 σ 의 실수부가 정(+)인 것이 하나라도 있다면, 그 해 A 는 불안정이고, 자연계에서는 실현되지 않는 일이 된다. 한편 모든 요란이 시간적으로 감쇠한다면, 해 A 는 안정이고, 자연계에서 실현된다.

이와 같이 대상으로 하는 해에 무한히 작은 진폭의 요란이 첨가되었을 때의 해의 안정성을 **선형안정성**(線形安定性)이라고 한다. 자연계에서는 선형안정성 해석에서는 안정이라도, 유한진폭(有限振幅)을 갖는 요란이 첨가되었을 때에는 불안정이 되는 흐름도 존재한다. 이와 같이 불안정을 **아임계불안정**(亞臨界不安定, sub-critical instability)이라고 한다. 유한진폭의 요란에 대한 안정성을 조사하는 데에는 **비선형안정성**(非線形安定性, nonlinear stability)의 해석이 필요하게 된다.

6.8. 대류유효위치에너지

대류유효위치에너지(對流有效位置에너지, convective available potential energy, CAPE)는 지면 부근의 공기덩이를 단열적으로 치올렸을 경우, 그 온도가 주위 대기의 기온보다 높은 층에서는 부력(浮力)에 의해 상방향의 운동에너지를 얻는 것이 되는데, 이것을 모두 쌓아서 더한 에너지양을 뜻한다. CAPE 라고 약칭한다. 대기안정도의 지표의 하나로써 사용되고 있다.

그림 6.3 은 에마그램 상에서는 1,000 hPa 에서 치켜 올려진 공기덩이는 처음 건조단열

선을 따라서 기온이 내려가지만, 치올림응결고도에 도달하고 나서는 습윤단열선을 따라서 비교적 부드럽게 저하한다. 이 공기덩이는 자유대류고도(自由對流高度, level of free convection, 약칭 LFC)를 넘어서 사선역(斜線域 : 사선을 친 부분)의 층을 통과할 때 부력을 받는다. 에마그램의 경우, 사선역의 면적은 대류유효위치에너지에 비례하게끔 되어 있다. 한편 자유대류고도 이하의 영역(그림자 친 부분)을 통과할 때에는 공기덩이는 하향(下向)의 운동에너지를 얻으므로, 이 면적이 클수록 대기는 안정으로 대류는 일어나기 어렵다. 영역의 면적을 나타내는 에너지를 **대류억제**(對流抑制, convective inhibition, 약칭 CIN)라고 부르고 있다.

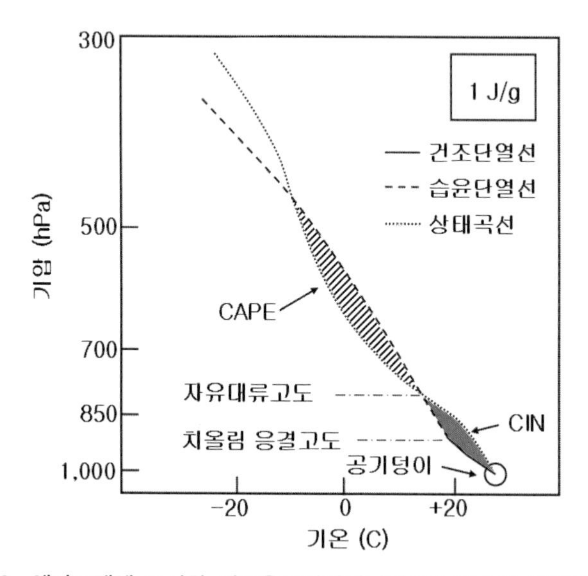

그림 6.3. 에마그램에 표시한 대류유효위치에너지(CAPE)와 대류억제(CIN)

6.9. 안정도의 정의

단위 체적(부피, volume)의 공기덩이를 생각한다. 그 공기덩이의 밀도를 ρ', 연직가속도를 $\frac{dw'}{dt}$, 외력(外力)의 연직성분을 G라고 한다면, 공기덩이의 연직방향의 운동방정식은 뉴턴(Newton, Sir Isasc, 1643.1.4~1727.3.31, 英)의 운동법칙(제 1법칙 ; 관성의 법칙 : 정지 또는 등속운동, 제 2법칙 ; 뉴턴의 운동방정식, 제 3법칙 ; 작용반작용의 법칙) 중, 제 2법칙 $F=ma$에서 다음과 같이

$$\rho' \frac{dw'}{dt} = G \tag{6.9}$$

로 주어진다. G 는 중력과 연직방향의 기압경도력과의 합력(合力)이다.
초기의 위치에서 공기덩이가 $\delta z'$만큼 상방으로 변위했을 때, 새로운 위치에 있어서의 운동방정식은 멱급수(冪級數)의 전개(expanding function in power series, Taylor series)를 하면,

$$\rho' \frac{dw'}{dt} = G_0 + \left(\frac{\delta G}{\delta z'}\right)_0 \delta z' + \frac{1}{2}\left(\frac{\delta^2 G}{\delta z'^2}\right)_0 (\delta z')^2 + \ldots \tag{6.10}$$

으로 주어진다.

$$G_0 = 0 \tag{6.11}$$

의 경우, 초기위치에서는 외력이 작용하지 않으므로 가속도도 없다. 이와 같은 경우 **평형상태**(平衡狀態, a state of equilibrium)에 있다고 한다. 따라서 식 (6.11)이 평형의 조건이다. 이와 같은 경우

$$\rho' \frac{dw'}{dt} = \delta z'\left\{\left(\frac{\delta G}{\delta z'}\right)_0 + \frac{1}{2}\left(\frac{\delta^2 G}{\delta z'^2}\right)_0 \delta z' + \ldots\right\} \tag{6.12}$$

가 된다. 따라서 오른쪽 항의 괄호안의 값이 정(+)이면, 왼쪽 항의 가속도가 +가 됨으로 공기덩이는 변위한 방향으로 가속된다. 이와 같은 경우 불안정(unstable, instability)이 된다. 이것은 파동요란(波動擾亂)의 진폭이 시간과 함께 무한히 증대하는 것이다. 대기요란의 발달과정의 이론적 연구에 있어서, 선형방정식의 파동해의 진폭(振幅)이 무한히 증대하는 해를 **불안정파**(不安定波, unstable wave) 라고 한다. 현실 대기나 그것에 가까운 비선형(非線型)의 모델대기에 있어서는 발달과정의 진전과 함께 반드시 그것을 진정시키는 효과가 나타나, 점차로 그 강도를 높이므로 당연 진폭은 항상 유한하게 된다. 이것이 **안정화작용**(安定化作用, stabilization, 안정작용, 안정화)이다.

또 부(-)이면 변위와는 반대 방향으로 가속된다. 초기위치로 되돌리려는 것과 같은 힘이 작용한다. 이와 같은 경우가 안정(stable, stability)이 된다. 0 이면 변위에 의해 가속도는 생기지 않는다. 이와 같은 경우가 **중립**(neutral)이다. 이것은 기층의 온도감률이 건

조 또는 습윤단열감률과 같아서, 연직으로 변위하는 공기덩이에 부력이 작용하지 않는 상태이다.

따라서 안정성의 규준은 가속도의 부호를 무엇으로 만드느냐에 달려있다. 양(+)이면 불안정, 음(-)이면 안정, 0이면 중립이 된다. 그러기 위해서는 식 (6.11)의 우변의 괄호안의 부호에 의한 다음의 판정

$$\left(\frac{\delta G}{\delta z'}\right)_0 + \frac{1}{2}\left(\frac{\delta^2 G}{\delta z'^2}\right)_0 \delta' z + \cdots \gtreqless 0 \quad \begin{matrix}\text{불안정}\\ \text{중 립}\\ \text{안 정}\end{matrix} \tag{6.13}$$

이 나오게 된다. 변위가 작을 경우는 제 1 항만이 문제가 된다. 즉

$$\left(\frac{\delta G}{\delta z'}\right)_0 \gtreqless 0 \quad \begin{matrix}\text{불안정}\\ \text{중 립}\\ \text{안 정}\end{matrix} \tag{6.14}$$

가 된다. 이것은 미소변위(微小變位)에 대한 규준이다.

지금 공기덩이의 상승속도를 $w' = \dfrac{dz'}{dt}$ 로 놓고, 식 (6.12)에 대입하고 식 (6.14)를 사용하면,

$$\rho' \frac{d^2 z'}{dt^2} = \left(\frac{\delta G}{\delta z'}\right)_0 \delta z' \tag{6.15}$$

가 되기 때문에, $\left(\dfrac{\delta G}{\delta z'}\right)_0 < 0$ 의 경우에 위의 가속도의 규준(規準)에 의해 안정이 되지만, 이 공기덩이는 **단진동**〔單振動, simple (harmonic) oscillation, 單調和振動, 註〕을 하게 된다. 그 때의 단진동의 주기(週期, period, T) 는

$$T = \frac{2\pi}{\sqrt{\dfrac{1}{\rho'}\left|\left(\dfrac{\delta G}{\delta z'}\right)_0\right|}} \tag{6.16}$$

으로 주어진다.

다음에는 식 (6.9)의 양변에 위 속도의 식 $w'dt = \delta z'$ 를 곱해서, $t = 0$, $z' = 0$ 에서

$t = t$, $z' = z'$까지 적분하면($2w' \frac{dw'}{dt} = \frac{dw'^2}{dt}$ 을 이용),

$$\rho' \int_0^t \frac{dw'}{dt} w' \, dt = \int_0^{z'} G \, \delta z' \tag{6.17}$$

$$\frac{\rho'}{2} (w'^2 - w_0'^2) = \int_0^{z'} G \, \delta z'$$

이 된다. 단, $w_0'^2$ 는 $t = 0$ 에 있어서 속도의 자승이다. 좌변은 t 시간 중의 운동에너지(運動에너지, kinetic energy)의 증가량이고, 우변은 t 시간 중에 외력이 한 일의 양(일량, amount of work)이다

식 (6.15)의 경우에 적용하면, 식 (6.17)의 $G = \left(\frac{\delta G}{\delta z'} \right)_0 \delta z'$ 에 해당함으로, 이것을 대입하면

$$\left(\frac{\delta G}{\delta z'} \right)_0 \int (\delta z') \, \delta z' = \left(\frac{\delta G}{\delta z'} \right)_0 \frac{1}{2} (\delta z')^2$$

$$\frac{\rho'}{2} (w'^2 - w_0'^2) = \frac{1}{2} \left(\frac{\delta G}{\delta z'} \right)_0 (\delta z')^2 \tag{6.18}$$

과 같이 된다.

6.10. 공기괴법

공기괴법(空氣塊法, 공기덩이법, 파슬법 = parcel method)은 정역학평형에 있는 대기의 연직안정성을 조사하는 방법의 하나이다. 작은 공기덩이를 연직방향으로 단열적인 가상 변위시켰을 때, 주위의 공기는 아무런 영향을 받지 않는다고 가정해서 공기덩이에 작용하는 부력에서 대기의 안정도를 조사하는 방법이다. 대기상태에 따르는 공기덩이의 기온변화는 건조단열감률 Γ_d , 습윤단열감률 Γ_m 이다. 주위 대기의 기온감률 Γ 가 $\Gamma > \Gamma_d$ 이면 **절대불안정**(絶對不安定), $\Gamma < \Gamma_m$ 이면 **절대안정**(絶對安定), $\Gamma_m < \Gamma < \Gamma_d$ 이면 **조건부 불안정**(條件附不安定)이 된다.

6.10.1. 미소변위

미소변위(微小變位, minute displacement)는 공기덩이의 위치가 아주 조금 이동했다고 했을 때, 주위에는 전혀 영향을 주지 않는다는 가정 하에서 안정성을 논하는 방법이다.

지금 정지한 대기 중에 있어서 공기덩이의 운동을 생각한다. 식 (6.9)에서 외력 G를 중력($-\rho' g$)과 기압경도력($-\dfrac{\partial p}{\partial z}$)을 넣어서 운동방정식을 만들면,

$$\rho' \frac{dw'}{dt} = -g\rho' - \frac{\partial p}{\partial z} \tag{6.19}$$

로 주어진다. 한편 주위의 대기, 즉 장(場)은 평형상태에 있기 때문에,

$$-g\rho = \frac{\partial p}{\partial z} \tag{6.20}$$

이 된다. 장에 관한 양은 ′ 를 붙이지 않는다. 따라서 식 (6.19)와 식 (6.20)에서

$$\rho' \frac{dw'}{dt} = g(\rho - \rho') \tag{6.21}$$

이 된다. 따라서 식 (6.9)와 비교하면 외력(G)은

$$G = g(\rho - \rho') \tag{6.22}$$

가 된다. 식 (6.21)을 다시 고쳐 쓰면,

$$\frac{dw'}{dt} = g\,\frac{\rho - \rho'}{\rho'} \tag{6.23}$$

이 되고, 또 이것을 상태방정식($p = R\rho T = R\rho' T'$, 엄밀히는 T가 아니고 T_v를 사용해야 하지만, 여기서는 간단히 하기 위해서 T를 사용한다)을 통해서 변수($\rho \to T$)를 바꾸어 본다.

$$\frac{dw'}{dt} = g\frac{T' - T}{T} \tag{6.24}$$

여기서 식 (6.10)에서와 같이, 온도에 대해서 멱급수의 전개(expanding function in power series, Taylor series)를 해서 1 차까지 근사하면,

$$T' = \mathrm{T_0}' + \left(\frac{\delta \mathrm{T}'}{\delta \mathrm{z}'}\right)_0 \delta \mathrm{z}' + \frac{1}{2!}\left(\frac{\delta^2 \mathrm{T}'}{\delta \mathrm{z}'^2}\right)(\delta \mathrm{z}')^2 + \cdots \fallingdotseq \mathrm{T_0}' + \left(\frac{\delta \mathrm{T}'}{\delta \mathrm{z}'}\right)_0 \delta \mathrm{z}'$$

$$T = T_0 + \left(\frac{\delta \mathrm{T}}{\delta \mathrm{z}'}\right)_0 \delta \mathrm{z}' + \frac{1}{2!}\left(\frac{\delta^2 \mathrm{T}}{\delta \mathrm{z}'^2}\right)(\delta \mathrm{z}')^2 + \cdots \fallingdotseq \mathrm{T_0} + \left(\frac{\delta \mathrm{T}}{\delta \mathrm{z}'}\right)_0 \delta \mathrm{z}'$$

$$T' - \mathrm{T} = \mathrm{T_0}' + \left(\frac{\delta \mathrm{T}'}{\delta \mathrm{z}'}\right)_0 \delta \mathrm{z}' - \mathrm{T_0} - \left(\frac{\delta \mathrm{T}}{\delta \mathrm{z}'}\right)_0 \delta \mathrm{z}' \tag{6.25}$$

그런데 평형의 조건에서 처음에 주위와 공기덩이의 밀도와 온도가 같았다고 하면,

$$\rho_0 = \rho_0' \text{ 또는 } T_0 = T_0' \tag{6.26}$$

이다. 이 평형의 조건을 위 식 (6.25)에 대입하며, $T_0' = T_0$이므로

$$T' - \mathrm{T} = \left(\frac{\delta \mathrm{T}'}{\delta \mathrm{z}'}\right)_0 \delta \mathrm{z}' - \left(\frac{\delta \mathrm{T}}{\delta \mathrm{z}'}\right)_0 \delta \mathrm{z}' = \delta \mathrm{z}'\left\{\left(\frac{\delta \mathrm{T}'}{\delta \mathrm{z}'}\right)_0 - \left(\frac{\delta \mathrm{T}}{\delta \mathrm{z}'}\right)_0\right\} \tag{6.27}$$

이 된다. 이 식을 식 (6.24)에 대입하면,

$$\frac{dw'}{dt} = \frac{g}{T}\delta \mathrm{z}'\left\{\left(\frac{\delta \mathrm{T}'}{\delta \mathrm{z}'}\right)_0 - \left(\frac{\delta \mathrm{T}}{\delta \mathrm{z}'}\right)_0\right\} \tag{6.28}$$

이 된다. 6.9 절의 안정도의 정의에서 안정도는 가속도의 부호에 의해 결정되므로, 위 식의 좌변의 가속도의 부호를 결정하는 것은 우변의 다음의 항에 의해서 안정도가

$$\left(\frac{\delta T'}{\delta z'}\right)_0 - \left(\frac{\delta T}{\delta z'}\right)_0 \gtreqless 0 \quad \begin{matrix} 불안정 \\ 중\ \ 립 \\ 안\ \ 정 \end{matrix} \qquad (6.29\ 註)$$

으로 되지만, 이것을 무차원수(無次元數, dimensionless)로 좀 더 표현이 좋은 용어로 미소변위에 대한 안정조건을 만들면,

$$-\frac{1}{g}\frac{dw'}{dt} = \left\{\left(\frac{\delta T'}{\delta z'}\right)_0 - \left(\frac{\delta T}{\delta z'}\right)_0\right\}\frac{\delta z'}{T_0} = S \quad \begin{matrix} > 0 & 안\ \ 정 \\ = 0 & 중\ \ 립 \\ < 0 & 불안정 \end{matrix} \qquad (6.30\ 註)$$

으로 정의하고, S를 안정도(安定度, stability)라 명명하겠다.

$\dfrac{\delta T'}{\delta z'}$는 공기덩이의 냉각율이다. 따라서

$$\begin{aligned} &건조단열변화의\ 경우\ ; \quad -\frac{\delta T'}{\delta z'} = \Gamma_d \\ &습윤단열변화의\ 경우\ ; \quad -\frac{\delta T'}{\delta z'} = \Gamma_m \end{aligned} \qquad (6.31)$$

이 된다.

한편 공기덩이의 운동에 수반해서, 장에는 변화가 없으므로,

$$-\frac{\delta T'}{\delta z'} = \Gamma \qquad (6.32)$$

로 놓을 수가 있다. 따라서 안정조건은

$$\begin{aligned} &건조단열변화의\ 경우\ ;\ \Gamma_d \gtreqless \Gamma, \quad \begin{matrix} 불안정 \\ 중\ \ 립 \\ 안\ \ 정 \end{matrix} \\ &습윤단열변화의\ 경우\ ;\ \Gamma_m \gtreqless \Gamma, \quad \begin{matrix} 불안정 \\ 중\ \ 립 \\ 안\ \ 정 \end{matrix} \end{aligned} \qquad (6.33)$$

이 되고, 안정도는 각각

$$S_d = (\Gamma_d - \Gamma)\frac{\delta z'}{T_0}, \qquad S_m = (\Gamma_m - \Gamma)\frac{\delta z'}{T_0} \tag{6.34}$$

가 된다. $\Gamma > \Gamma_d$의 경우를 **절대불안정** $S_d < 0$은 **절대불안정도**(絶對不安定度, absolute instability)이고, $\Gamma > \Gamma_m$의 경우를 **절대안정** $S_m > 0$은 **절대안정도**(絶對安定度, absolute stability)이라고 한다.

$\Gamma_d \approx 1C/100m$, $\Gamma_m \fallingdotseq 0.5C/100m$ (대표값 : 온도, 기압, 수증기 등으로 변화폭이 큼) 이어서 $\Gamma_d > \Gamma_m$이기 때문에

$$\Gamma_d > \Gamma > \Gamma_m \tag{6.35}$$

의 경우, 건조공기 또는 불포화공기에 대해서는 안정이지만(S_d), 포화공기에 대해서는 불안정이다(S_m). 이와 같은 경우가 **조건부불안정**(條件附不安定, Conditional instability)이 된다.

6.10.2. 유한변위

ㄱ. 불안정에너지

변위량이 유한의 경우는 식 (6.12)에 있어서 고차의 항(項)까지 생각해야 한다. 이 식을 일반적으로 논의하는 것은 상당히 귀찮을 뿐만 아니라, 일반적 결론을 내기 어려움으로 다른 방법으로 생각하기로 한다.

단위질량의 공기덩이를 생각해서 식 (6.24)에 $w' dt = \delta z'$를 곱하면,

$$\frac{dw'}{dt} w' dt = g \frac{T' - T}{T} \delta z' \tag{6.36}$$

이고, 이것을 적분하면,

$$\int_{w_0'}^{w'} \frac{dw'}{dt} w' dt = \frac{1}{2}\left(w'^2 - w_0'^2\right) = g\int_0^{z'} \frac{T' - T}{T} \delta z' \tag{6.37}$$

이 된다. 그런데 정역학방정식 식 (1.59)에서 $\delta z' = -\frac{1}{g}\frac{1}{\rho}dp\,(p' \simeq p)$ 이고, 상태방정식에서 $\frac{1}{\rho} = \frac{RT}{p}$ 를 대입하면,

$$\delta z' = -\frac{RT}{gp}dp \tag{6.38}$$

이기 때문에 이것을 식 (6.37)의 우변에 대입하면,

$$\frac{1}{2}(w'^2 - w_0'^2) = -\int_{p_0}^{p} g\frac{T'-T}{T}\frac{RT}{gp}dp = -R\int_{p_0}^{p}(T'-T)\frac{dp}{p} \tag{6.39}$$

가 된다. 이것은 단위질량의 공기덩이가 기압 p_0에서 p까지 상승했을 때, 부력에 의해 그 공기덩이가 얻는 에너지를 나타내고 있다. 우변이 정(+)이면 공기덩이가 에너지를 얻어서 운동에너지의 증가가 일어나는 경우이다. 레후스달(Refsdal)은 우변의 적분이 나타나는 양을 **불안정에너지**(不安定―, instability energy, E_{is})라고 명명했다. 우변이 양(+)일 때, 정(+)의 불안정에너지, 음(-)일 때 부(-)의 불안정에너지라고 한다.

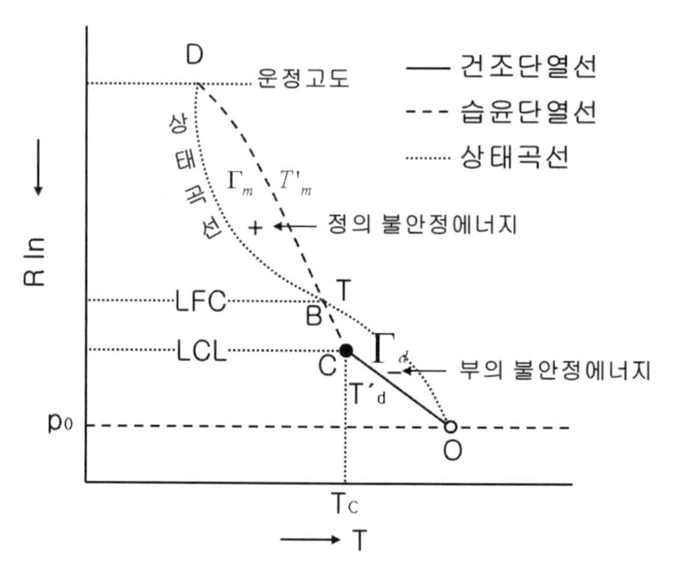

그림 6.4. 불안정에너지

지금 그림 6.4와 같은 좌표계에서 $dx = dT$, $dy = -Rd\ln p$ 와 같은 좌표 상에서는 식 (6.39)의 불안정에너지는

$$E_{is} = -R\int_{p_0}^{p}(T' - T)\frac{dp}{p} = \int_{y_0}^{y}(x' - x)dy \tag{6.40}$$

이 되기 때문에, 위의 값은 x' 곡선과 x 곡선 사이의 좁은 면적을 나타낸다. 그림과 같이 O 에서 상승한 공기는 (치올림)응결고도(LCL, lifting condensation level, 3.5절 참조) C 까지 건조단열적으로 상승하고, C 이상에서는 습윤단열적으로 상승한다. 즉, 공기덩이의 온도 T'의 변화는 $T_d{}'$(C 이하) 과 $T_m{}'$(C 이상)으로 나타난다. 한편 주위 대기의 기온분포는 T 로 나타내지고 있다. 따라서 B 이하에서는 $T' - T$ 는 부(-)이고, B 이상에서는 $T' - T$ 는 정(+)이다. 그러므로 B 이하에서는 부(-)의 불안정에너지가 있고, B 이상에서는 정(+)의 불안정에너지가 있다. B 의 높이가 **자유대류고도**(自由對流高度, level of free convection, LFC)가 된다. 즉 LFC 에서 공기덩이는 주위의 기온과 같아지는 것이다. 이 고도를 넘어서면 공기의 온도가 주위의 기온보다도 높아지므로 공기덩이는 부력을 얻어서 저절로 자유롭게 상승할 수 있음으로 그렇게 부르는 것이다.

공기덩이는 치올림응결고도 LCL인 그림의 C 점이 구름이 생기기 시작하는 운저(雲底, cloud base : 구름의 가장 아래 부분)에 해당하고, 더욱 상승하여 다시 주위의 기온과 같아지는 높이(그림의 D 점)가 거의 운정(雲頂, cloud top : 구름의 최고 높은 부분)에 해당하는 운정고도(雲頂高度, height of cloud top)가 된다.

그림의 O 점에 있어서 $T = T'$ 의 경우를 생각하기로 하고, 모든 높이에서 $\Gamma > \Gamma_d$ 이라면, 항상 $T < T'$ 이기 때문에 대류권에서는 양곡선은 교차하지 않고 불안정에너지 E_{is} 는 높이(z') 에 관계없이 정(+)이다(정의 불안정에너지). 반대로 모든 높이에서 $\Gamma < \Gamma_m$ 이라면, 항상 $T > T'$ 이므로 대류권에서 양곡선은 교차하지 않고 E_{is} 는 z'의 어떤 값에도 관계없이 부(-)이다(부의 불안정에너지). 이들의 경우에 안정도의 규준(規準)은 미소변위의 경우와 다르지 않고 같다. $\Gamma_d > \Gamma > \Gamma_m$ 의 경우에는 T'곡선과 T 곡선이 대류권에서 교차하는 경우가 생긴다.

ㄴ. 조건부불안정의 3 가지 형

조건부불안정(條件附不安定, $\Gamma_d > \Gamma > \Gamma_m$)의 3가지 형을 그림 6.5를 보면서 설명하도록 하자.

O 에서 상승한 공기덩이의 응결고도는 처음의 수증기량에 따라 다르다. 수증기량이 많아 대단히 포화에 가까울 때에는 응결고도가 낮기 때문에 C_1 에서 포화에 이르러 그 곳에서부터 습윤단열적으로 공기덩이의 온도가 내려가기 시작한다. T_1'의 경우가 그것이다. 이 경우 부(-)의 불안정에너지 보다 정(+)의 불안정에너지 쪽이 크다. 이와 같은 경우를 **진잠재불안정(형)**〔眞潛在不安定(型), real latent instability(type)〕이라고 한다.

점점 수증기량이 적어지고, 응결고도도 높아졌을 경우, 자유대류고도는 전의 경우보다 높아지고 C_2 에서 응결이 일어나 곡선 T_2'로 나타낸 것과 같은 경우에는 정(+)의 불안정에너지보다 부(-)의 불안정에너지 쪽이 크다. 이 경우를 **위잠재불안정(형)**〔僞潛在不安定(型), pseudo-latent instability(type)〕이라고 한다.

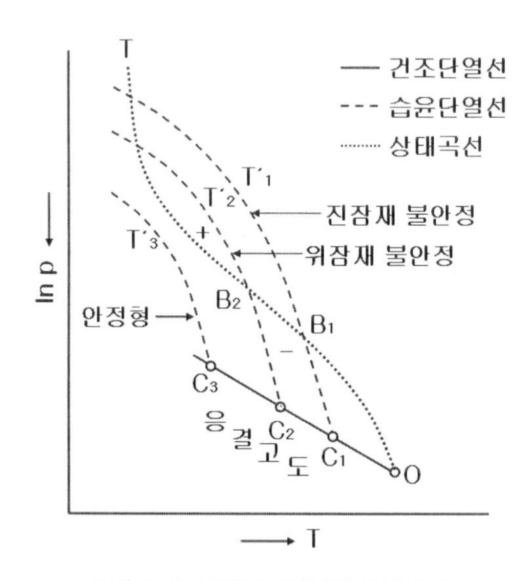

그림 6.5. 조건부불안정의 3 가지 형

더욱 수증기가 적어지고 응결고도도 높아지면, C_3 에서 응결하여, T_3' 곡선으로 나타낸 것과 같은 T 곡선과 T' 곡선과는 교차하지 않게 된다. 즉, 이 경우는 부(-)의 불안정에너지만이 존재하게 되어 불안정에너지가 전혀 없어, **안정형**(安定型, stable type)이라고 한다.

6.11. 기층법

기층법〔氣層法, 슬라이스법, slice method, 박편법(薄片法)〕은 공기괴법에서 공기덩이의 상승 때 주위 대기는 전혀 영향을 받지 않는다고 생각하지만, 공기덩이의 상승 때 주위의 대기는 보상적으로 하강한다고 생각해서 공기덩이의 안정도를 음미하는 방법이다. 이것은 1938 년 비야크네스(J.A.B. Bjerknes, ☔) 에 의해 고찰된 것이다.

6.11.1. 간단한 경우

기층법은 공기덩이의 변위에 수반되어 주위의 보상적인 운동을 생략하는 공기괴법의 결점을 보충하고, 생각하는 면(面)으로 올라오는 공기덩이의 온도 T'과 내려오는 공기덩이의 온도 T를 비교해서 공기괴법(空氣塊法)과 같이

$$T' \lesseqgtr T \quad \begin{array}{c}\text{안 정}\\ \text{중 립}\\ \text{불안정}\end{array} \tag{6.41}$$

에 따라서 그 면에서의 안정, 중립, 불안정으로 정의하는 방법을 의미한다. 생각하고 있는 유한한 영역 내에서 상승공기덩이와 하강공기덩이는 같은 양이라는 조건을 달면, 이 안정 기준은

$$A(\Gamma - \Gamma') \lesseqgtr A'(\Gamma_d - \Gamma) \quad \begin{array}{c}\text{안 정}\\ \text{중 립}\\ \text{불안정}\end{array} \tag{6.42}$$

로 표현된다. 단, 여기서

A, A′ : 하강역(下降域), 상승역(上昇域)의 면적,

Γ_d : 하강공기덩이의 온도감률로, 보통 건조단열감률을 이용,

Γ' : 상승공기덩이의 〃 , 〃 습윤단열감률 〃 ,

Γ : 생각하고 있는 면을 포함하는 주위의 온도감률

이다. 상승 및 하강하는 공기덩이의 밀도차는 생략하고 있다.

6.11.2. 일반적인 경우

그림 6.6을 보면서 다음과 같이 생각하자. 상승기류의 속도, 단면적 및 밀도를 각각 w', A' 및 ρ', 하강기류의 속도, 단면적 및 밀도 역시 각각 w, A 및 ρ로 한다. 지금 기준면($z = z_0$)에서 상승기류의 양과 하강기류의 양이 같다고 가정하면,

$$\rho' w' A' = \rho w A \tag{6.43}$$

이 된다. 평형조건에서 $\rho = \rho'$ 으로 놓으면

$$w' A' = w A \tag{6.44}$$

이고, 속도 $w' = \dfrac{dz'}{dt}$, $w = \dfrac{dz}{dt}$ 로 놓으면,

$$dz' A' = dz A \tag{6.45}$$

가 된다. 식 (6.15)와 식 (6.22)에서

$$\rho' \frac{dw'}{dt} = \frac{\delta G}{\delta z'} \delta z' = g\left(\frac{\delta \rho}{\delta z'} - \frac{\delta \rho'}{\delta z'}\right)\delta z' \tag{6.46}$$

이 된다.

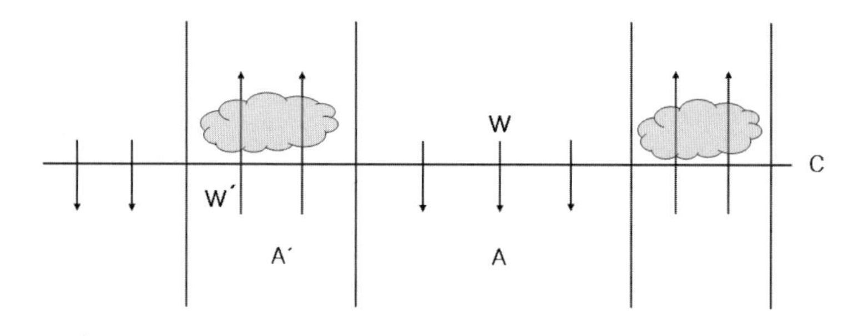

그림 6.6. 상승, 하강지역

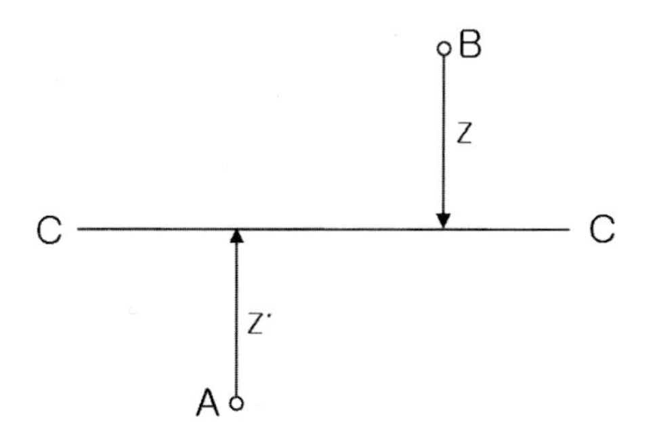

그림 6.7. 높이의 방향성

공기괴법에서는 공기덩이의 상승에 수반해서 주위에는 변화가 없으므로 $\delta\rho/\delta z'$ 는 공간분포 $\partial\rho/\partial z'$ 로 놓을 수가 있었지만, 기층법에서는 주위도 하강하기 때문에 $\delta\rho/\delta z'$ 는 $\partial\rho/\partial z'$ 에 공기덩이의 하강에 의한 보정($\Delta\rho/\Delta z'$)을 해 주어야만 한다. 즉,

$$\frac{\delta\rho}{\delta z'} = \frac{\partial\rho}{\partial z'} + \frac{\Delta\rho}{\Delta z'} \tag{6.47}$$

밀도의 보정량은

$$\Delta\rho = \left(\rho_B + \frac{\partial\rho}{\partial z}\Delta z\right) - \left(\rho_B + \frac{\delta\rho}{\delta z}\Delta z\right) = \left(\frac{\partial\rho}{\partial z} - \frac{\delta\rho}{\delta z}\right)\Delta z \tag{6.48}$$

이다. 여기서 높이 z 는 아래 방향을 취하고 있다(그림 6.7 참조). 따라서 식 (6.46)에 식 (6.47), 식 (6.48)을 대입해서, 미분개념으로 $\dfrac{\Delta z}{\Delta z'} \to \dfrac{dz}{dz'}$ 을 사용하면,

$$\rho'\frac{dw'}{dt} = -g\left\{\left(\frac{\delta\rho'}{\delta z'} - \frac{\partial\rho}{\partial z'}\right) + \left(\frac{\delta\rho}{\delta z} - \frac{\partial\rho}{\partial z}\right)\frac{dz}{dz'}\right\}\delta z' \qquad (6.49\ 註)$$

가 된다. 따라서 식 (6.45)을 대입하고, 6.9절의 "안정의 정의"의 가속도의 부호를 좌우하는 요인에 따라 안정도를 판단하면

$$\left(\frac{\delta\rho'}{\delta z'} - \frac{\partial\rho}{\partial z'}\right) + \left(\frac{\delta\rho}{\delta z} - \frac{\partial\rho}{\partial z}\right)\frac{A'}{A} \lesseqgtr 0 \quad \begin{matrix}\text{불안정}\\ \text{중 립}\\ \text{안 정}\end{matrix} \tag{6.50}$$

이 된다. 이들을 공기괴법에 있어서 계산을 같이 하기 위해서, 식 (6.23)에서 식 (6.24)로의 과정에서 밀도→온도의 변수로 변환하는 방법을 취하면,

$$\left(\frac{\delta T'}{\delta z'} - \frac{\partial T}{\partial z'}\right) + \left(\frac{\delta T}{\delta z} - \frac{\partial T}{\partial z}\right)\frac{A'}{A} \gtreqless 0 \quad \begin{matrix}\text{불안정}\\ \text{중 립}\\ \text{안 정}\end{matrix} \tag{6.51}$$

과 같이 된다. 식 중에 부등호의 방향에 반대가 된 것에 주의한다.

1) 상승, 하강 공기덩이가 모두 건조단열변화인 경우 : $\delta T'/\delta z' = -\Gamma_d$ 상승공기, $\partial T/\partial z' = -\Gamma$, $\delta T/\delta z = -\Gamma_d$ 하강공기, $\partial T/\partial z = -\Gamma$의 해당 조건을 대입하면 다음과 같이 된다.

$$(\Gamma - \Gamma_d)\left(1 + \frac{A'}{A}\right) \gtreqless 0 \quad \begin{matrix}\text{불안정}\\ \text{중 립}\\ \text{안 정}\end{matrix} \tag{6.52 註}$$

2) 상승, 하강 공기덩이가 모두 습윤단열변화인 경우 : $\delta T'/\delta z' = -\Gamma_m$ 상승공기, $\partial T/\partial z' = -\Gamma$, $\delta T/\delta z = -\Gamma_m$ 하강공기, $\partial T/\partial z = -\Gamma$의 해당 조건을 대입하면 다음과 같이 된다.

$$(\Gamma - \Gamma_m)\left(1 + \frac{A'}{A}\right) \gtreqless 0 \quad \begin{matrix}\text{불안정}\\ \text{중 립}\\ \text{안 정}\end{matrix} \tag{6.53 註}$$

3) 상승 공기덩이는 습윤단열변화, 하강 공기덩이는 건조단열변화인 경우 : $\delta T'/\delta z' = -\Gamma_m$ 상승공기, $\partial T/\partial z' = -\Gamma$, $\delta T/\delta z = -\Gamma_d$ 하강공기, $\partial T/\partial z = -\Gamma$의 해당 조건을 대입하면 다음과 같이 된다.

$$(\Gamma - \Gamma_m) + (\Gamma - \Gamma_d)\frac{A'}{A} \gtreqless 0 \quad \begin{matrix}\text{불안정}\\ \text{중 립}\\ \text{안 정}\end{matrix} \tag{6.54 註}$$

이와 같이 공기괴법에서 절대안정($\Gamma < \Gamma_m$) 또는 절대불안정($\Gamma > \Gamma_d$) 이라면, 기층법에서도 절대안정 또는 절대불안정이다. 즉 안정도의 규준은 공기괴법의 경우와 다르지 않고 같다는 뜻이다.

4) 조건부불안정의 경우 : 이때의 조건인 $\Gamma_d > \Gamma > \Gamma_m$ 을 위의 식 (6.54)에 넣어서 생각하면, 제 1항이 정(+)이고 제 2항은 부(-)이므로 A'/A 의 크기 여하에 의해 다음과 같이 안정, 중립 또는 불안정의 안정도가 된다.

$$\Gamma - \Gamma_m \gtreqless (\Gamma_d - \Gamma)\frac{A'}{A} \quad \begin{matrix} \text{불안정} \\ \text{중립} \\ \text{안정} \end{matrix} \tag{6.55}$$

이상에서

$$\frac{\Gamma - \Gamma_m}{\Gamma_d - \Gamma} > \frac{A'}{A} \tag{6.56}$$

과 같은 공기덩이만이 불안정으로 발달한다. 따라서 상승 공기덩이는 습윤단열변화를 함으로 구름이 생긴다고 한다면, $A + A' = 10$, $A' = C$ (운량)로 놓으면, 운량(雲量) C 는

$$C \leq 10\frac{\Gamma - \Gamma_m}{\Gamma_d - \Gamma_m} \qquad (6.57\ 註)$$

을 넘지 않는다. 최대운량과 기온감률을 위의 식에 의해 계산한 것을 정리하면 표 6.1과 같다.

표 6.1 최대운량과 기온감률 ($\Gamma_d = 1\,C/100\,m$, $\Gamma_m = 0.5\,C/100\,m$)

Γ (C/100 m)	0.5	0.6	0.7	0.8	0.9	1.0
운량(C)	0	2	4	6	8	10

연 습 문 제

1. 안정도는

$$s_d = \frac{1}{\Theta}\frac{\partial \Theta}{\partial z}, \quad s_m = \frac{1}{\Theta_{se}}\frac{\partial \Theta_{se}}{\partial z} \quad \text{또는} \quad s_m = \frac{1}{\Theta_e}\frac{\partial \Theta_e}{\partial z} \qquad (\text{연 } 6.1)$$

로 주어지는 것을 보여라.(註)

2. 기온감률 0.5 $C/100\,m$ 의 대기 중에서, 온도 27 C 의 공기덩이가 상하로 진동할 때, 주기가 어느 정도인가? 또 처음 1 m/s 로 상승했다고 한다면 최고의 위치는 어느 정도일까?(註)

3. 응결고도가 h_c 의 공기덩이를 기온감률 $\Gamma(\Gamma_m < \Gamma < \Gamma_d)$ 의 대기 중을 상승할 때, 자유대류고도(自由對流高度, LFC) h_f 는

$$h_f = h_c \frac{\Gamma_d - \Gamma_m}{\Gamma - \Gamma_m} \qquad (\text{연 } 6.2)$$

로 주어지는 것을 보여라. 또 구름이 생기는 범위는

$$h_c \frac{\Gamma_d - \Gamma}{\Gamma - \Gamma_m} \qquad (\text{연 } 6.3)$$

이다. 후자를 레후스달(Refsdal)의 **취우공식**(驟雨公式, shower formula)이라고 한다. 단, Γ, Γ_m 는 일정하다고 가정한다.(註)

〔참고〕 취우(驟雨, 소나기, rain shower) : 강우강도의 변화가 큰 비로, 지속시간은 짧은 일이 많다. 지우(地雨)에 대조적인 강수방법을 가지고 있다. 급히 시작되고 급하게 멈추는 일, 강도도 급하게 크게 변화하는 일들이 많다. 주로 적란운이나 적운에서 내리고, 여름의 저녁 등에 출현하는 것이 전형적인 예이다. 레이더에서는 대류성(對流性) 에코로써 관측된다.

Chapter

7 대기방사

물질에서 방출되는 **전자파**(電磁波, 전자기파, 전기자기파, electromagnetic wave)를 총칭해서 **방사**(放射, radiation)라고 한다. 옛날 일본에서 복사(輻射)라고 했으나, 상용한자(常用漢字, 당용한자, 약 2,000 자 정도)에 복(輻)자가 어려운 자로 포함되지 않았기 때문에 현재의 방사(放射)로 통일되었다. 그 후 우리나라도 여러 분야에서 이 용어가 사용되고 있으나(예를 들면 의학계도 방사선과는 있어도 복사선과는 없다), 복사로 사용되는 학문분야는 없는 것으로 알고 있다. 유일하게 대기과학 분야에서만 사용되고 있다. 선두에 서서 새로운 용어를 사용해야 할 대기과학에서 어디도 사용하고 있지 않는 시대에 뒤진 용어를 사용해서는 안 될 것이다. 하루 빨리 **"방사(放射)"**로 통일해서 사용해야 한다. 전자파를 방출하는 그 자체를 방사(emission)라고도 한다.

대기방사(大氣放射, atmospheric radiation)는 광의로는 태양광, 그 산란광, 야광(夜光)과 같이 화학반응에 수반되는 발광(發光), 대기나 지표에서 나오는 적외선이나 마이크로파 등, 대기·지표계를 날아 교차하는 전자파(電磁波)를 총칭해서 이르는 말이다. 협의로는 문자대로 대기가 방사하는 적외선이나 마이크로파를 가리킨다. 광의에 대해서는 일사, 태양방사, 지구방사, 방사, 적외선, 전자파 등에서 그 대부분을 설명하고 있다.

7.1. 소 개

7.1.1. 방사의 종류와 표현

방사는 전자파의 총칭이다. 전자파(電磁波)는 그림 7.1 에서 보는 바와 같이 많은 파장(진동수)들로 이루어져있다. 파장(波長)의 범위에 따라서 살펴보면, 단파(短波)쪽에서부터 X 선, 자외선(紫外線), 가시광선(可視光線), 적외선(赤外線), 전파(電波) 등의 다양한 명칭들이 붙어 있다.

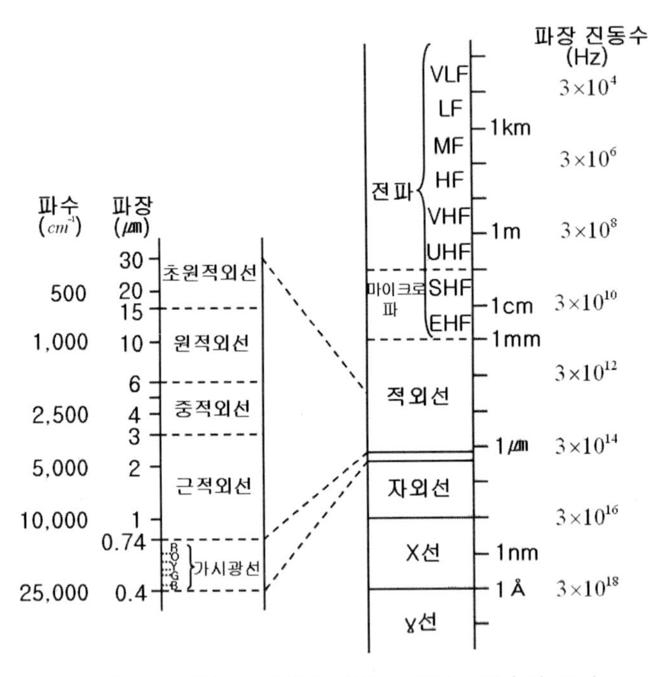

그림 7.1. 방사의 명칭과 파장 · 진동수 · 파수의 관계

대기과학 분야에서 주로 문제 삼고 있는 것은 태양에서 오는 방사와 지구 자체에서 나가는 방사이다. 전자를 **태양방사**(太陽放射, solar radiation), 후자를 **지구방사**(地球放射, terrestrial radiation)라 부른다. 이것은 방사의 원(源, source)에 따라 분류한 호칭이다. 지구에 입사하는 태양방사에너지의 대부분은 파장 4㎛보다 짧은 파장역이고, 한편 지구방사에너지는 4㎛보다 긴 파장역에 집중되어 있음으로 이들을 각각 **단파(장)방사**〔短波(長)放射, short-wave radiation〕, **장파(장)방사**〔長波(長)放射, long-wave radiation〕라고도 한다(그림 7.2를 참조).

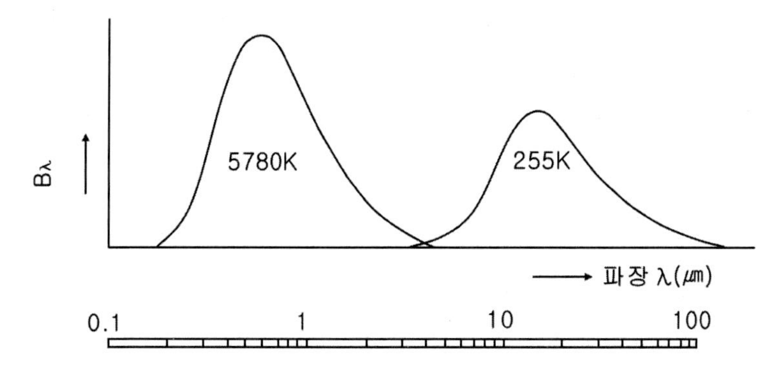

그림 7.2. 태양방사(단파방사)와 지구방사(장파방사) 5,780 K(태양의 유효방사온도에 상당)와 255 K(지구의 유효방사온도, 지구대기의 평균온도에 가까움)의 흑체방사에너지 B_λ 의 곡선

또 지구방사가 적외선(赤外線, infrared)영역에 있는 것으로부터 **적외방사**(赤外放射, infrared radiation), 또는 그 방사를 기체분자 등의 내부에너지가 전자파로써 방출되는 것으로부터 **적외열방사**〔赤外熱放射, infrared thermal(heat) radiation〕라고도 불린다. 방사의 용어와 사용되는 방법은 꼭 통일되어 있지는 않고, 현재에도 혼용되고 있다. 예를 들면, 지구방사의 넓은 의미로는 지표면에서 방출되는 방사(지표면방사라고 한다)와 대기가 방출하는 방사(대기방사라고 한다)의 양면을 포함하지만, 좁게는 전자에 한정해서 사용되고 있는 일도 있다. 또 **대기방사**(大氣放射, atmospheric radiation)라고 하는 용어는 대기 중에 있어서 방사를 의미하는 것이지만, 태양방사와 지구방사를 총칭해서 사용되는 경우도 있다(예를 들면, 대기방사학).

일반적으로 방사는 파장(波長, wavelength, 단위 : ㎛, nm 등)으로 구별한다. 적외역의 스펙트럼을 나타내는 경우에는 파장의 역수인 **파수**(波數, wave number, 단위 : cm^{-1} Kayzer '카이저' 라 읽음)가 이용되는 일이 많다. 또 마이크로파에서는 **진동수**(振動數, frequency, 단위 GHz)로 표현된다. 어떤 방향으로 나아가는 방사의 강도를 나타내는 데에는 **방사휘도**(放射輝度, radiance)를 이용한다. 이것은 그 방향의 단위입체각에 포함되는 방사가, 그 방향에 수직한 단위단면적을 단위시간에 통과하는 에너지로써 정의하고, 관용적으로 **방사강도**(放射强度, emissive power, intensity of radiation)라고 부른다. 또 단위시간당 단위면적을 모든 방향에서 통과하는 방사에너지의 양을 **방사속밀도**(放射束密度, radiant flux density)라고 하지만, 관용적으로는 **방사플럭스**〔radiant flux, 방사속(放射束, flux of radiation)〕라고 표현하는 일이 많다. 이들의 양은 특정 파장의 단색광(單色光)에 대해서 정의하고, 전파장(全波長)에 대한 양은 단색광에 대한 양의 파장적분으로써 주어진다. 대기 중에서 방사는 산란(散亂, scattering), 흡수(吸收, absorption) 및 사출(射

出, emanations, 發散)의 과정을 거쳐서 방사의 강도와 방향은 끊임없이 변화해 간다. 방사에너지가 전달해 가는 과정을 **방사전달**(放射傳達, radiative transfer)이라 하고, 이것은 **방사전달방정식**(放射傳達方程式, radiative transfer equation)에 의해 수식으로 기술되고 있다.

7.1.2. 방출기구

전자파를 방출(放出)하는 기구(機構, mechanism)는 하전(荷電)입자가 강한 전장(電場) 속에서 진행방향을 굽힐 수 있을 때에 일어나는 제동(制動)방사도 있지만, 대기의 문제에서 중요한 것은 다음과 같은 것들이다.

물질 내의 전자운동이나 진동 또는 회전에너지는 이산(離散)적이고, 이것이 빛의 흡수나 다른 분자와의 충돌 등에 의해 여기(勵起)되고, 다시 저위(低位)의 에너지 준위(準位)로 되돌아 갈 때 방사를 발한다. 방출되는 빛의 진동수 υ는 고위(高位)와 저위(低位)의 에너지 차 ΔE에 비례해서

$$h\upsilon = \Delta E \tag{7.1}$$

이 된다. 여기서 h는 플랑크의 상수이다. 대략적으로 말해서, 전자에너지의 준위간격은 크고, 천이(遷移)로 방출되는 빛은 자외(紫外)에서 가시역(可視域)에, 진동이나 회전에너지의 천이에 의한 것은 근적외(近赤外)에서 마이크로파역에 나타난다. 저위의 수준으로 떨어지는 원인으로써는 자연의 수명에 의한 것과 다른 전자파의 전자장(電磁場)에 의해 유도(誘導)되는 것이 있다.

에너지 준위간의 천이는 고전역학에서 분자내의 전화(電化)의 편재(遍在) 등에 의해 생기는 전기쌍극자(電氣雙極子)나 자기쌍극자(磁氣雙極子) 등과 전자장과의 상호작용으로써 설명된다. 가시나 적외역에서 중요한 것의 대부분은 전기쌍극자이고, 이것에는 H_2O, O_3 등과 같이 분자내의 전하가 정상적으로 편재하는 경우와 원자의 진동에 의해 생기는 경우가 있다. CO_2는 진동에 의해서만 쌍극자가 발생한다. N_2나 O_2 등 대칭인 2원자 분자에서는 진동에 의해서도 발생하지 않기 때문에 가시, 적외에서는 광학적으로 불활성(不活性)이다. 단, O_2는 자기쌍극자를 가지고 있고, 이것과의 상호작용에 의한 천이가 가시역 또는 마이크로파 영역의 60 GHz 부근에서 일어난다. 이 마이크로파역의 방사는 충분히 강해서 대기온도의 원격탐사(遠隔探査, remote sinsing)에 사용되고 있다.

분자는 그 근방에 전장(電場)을 가지고 있고, 그러기 때문에 분자간의 충돌 때에는 순간

적으로 쌍극자가 유발되는 경우가 있다. 4.2㎛에서는 이와 같이 해서 생기는 N_2에 의한 방사가 있고, O_2에서도 약하지만 가시, 적외역에 방사의 띠가 나타난다.

7.1.3. 대기방사의 전달

대기방사의 전달(大氣放射의 傳達, transfer of atmospheric radiation)은 다음과 같다. 앞에서 언급한 것과 같이, 대류권 및 성층권에서는 국소열역학적 평형이 성립하는 것을 인정할 수가 있고, 또 대기는 수평방향으로 균일한 평행평판상(平行平板狀)의 층으로써 근사할 수 있다. 더욱이 적외파장역에서는 구름을 제외하고 산란의 효과를 무시할 수 있음으로, 임의의 방향으로 진행하는 방사의 강도는 빛의 경로 상에서의 흡수와 사출의 과정의 적분효과로써 기술할 수 있다. 평형평판 대기에 있어서 하늘방향으로 진행하는 방사를 **상향방사**(上向放射, upward radiation)라고 하고, 지표면 방향으로 나아가는 방사를 **하향방사**(下向放射, downward radiation)라고 한다. 대기의 임의 고도의 수평면을 통과하는 상향적외방사플럭스(上向赤外放射플럭스, 또는 방사속밀도)는 지표면이 사출하는 방사에너지가 그 고도까지 흡수를 받아 감쇠하면서 투과한 것과 지표면과 그 고도간의 각 미소체적에서 사출되는 상향방사가 흡수를 받으면서 그 고도까지 도달하는 에너지의 총합이 된다.

한편, 하향방사플럭스에 대해서는 대기성분의 사출·흡수 효과의 항만으로 주어진다. 상향방사플럭스와 하향방사플럭스의 차를 **정미방사플럭스**〔正味, 순(純)放射플럭스, net radiation flux〕라고 부른다. 어떤 두께의 기층의 상단 및 하단에 있어서 정미방사플럭스의 차가 그 기층에 있어서의 방사에너지의 수렴 또는 발산량을 나타낸다. 방사에너지의 수렴은 그 기층이 정미로써 적외방사의 흡수에 의해 가열되는 것을 의미하고, 역으로 발산은 냉각되는 것을 의미한다.

전파장을 포함하는 대기방사플럭스의 계산에는 파장에 관한 적분과 고도에 관한 적분이 포함된다. 이 2중적분의 실행은 적외흡수대의 복잡한 선구조에 의해 흡수계수(吸收係數, absorption coefficient)가 파장에 의해 보다 크게 변동하는 것과 또 대기의 불균질한 연직구조에 수반되는 기온, 기압, 흡수물질의 농도, 흡수선형(吸收線形), 흡수계수 등이 고도에 따라 변화하는 것 등 아주 어려운 것이 있다. 파장적분에 관해서는 유한의 파장폭으로 평균한 투과함수(透過函數, transmission function)를 구하기 위한 각종의 밴드모델(band model) 등이 불균질 대기에 대해서는 스케일링법(scaling method) 등 각종의 근사계산법이 개발되어 왔다. 또 실용적 관점에서 적분을 도식적(圖式的)으로 구하는 방사도(放射圖, radiation chart)가 궁리되었다. 현재까지는 컴퓨터의 발전에 따라서, 흡수선 한 개 한 개의 구조를 고려하면서 직접 수치적분을 수행하는 일이 가능하게 되었다.

또한 방사는 지구-대기계에 있어서 에너지 수송의 중요한 담당을 하고 있다. 그것과 동시에 방사는 대기나 지표면을 구성하는 물질과 그 상태에 관한 정보를 운송하는 또 하나의 중요한 역할을 가지고 있다. 방사는 대기 중을 전파하는 사이에 흡수·사출·산란을 받아, 이들의 소과정(素過程)에 관여하는 물질이 그때그때의 시시각각의 분포에 대응한 방사장(放射場)을 형성한다. 대기물질의 효과에 의해 변조를 받은 방사를 측정해서(방사의 전파과정을 이론적으로 시뮬레이션 함으로써), 역으로 그 물질(또는 그 상태)에 관한 정보를 찾는 것이 원격탐사(遠隔探査)이고, 대기방사학의 중요한 응용분야의 하나이다. 여기서는 방사의 광원(光源)으로써, 태양방사나 지구방사와 같은 자연광원 이외에 인공광원(레이저광이나 마이크로파 등)을 이용한다.

7.1.4. 대기방사의 역할

맑은 하늘에 있어서 정미의 대기방사플럭스의 연직분포는 저온의 권계면(圈界面) 부근 등을 제외하면, 일반적으로 고도와 함께 증대한다. 따라서 대기는 거의 모든 층에 걸쳐서 대기방사의 발산에 의한 냉각을 받는다. 대류권에 있어서의 냉각률은 장소나 계절에 따라 다르지만, 평균 약 1C/일의 크기이다. 수증기량이 많은 열대의 대류권 하층의 냉각에서는 적외창영역의 연속흡수대의 기여가 크지만, 대류권 전체로써는 수증기 회전대(回轉帶)의 기여가 탁월하다.

한편, 성층권에서는 전체로써 CO_2, 15㎛대의 기여가 크고, O_3, 9.6㎛대가 다음을 잇는다. 일반적으로 구름은 적외방사에 대단히 큰 효과를 미친다. 특히 수운(水雲)은 거의 흑체(黑体)로 간주할 수 있는 유효한 방사체(放射体)이고, 종종 구름 정상부에서 큰 방사냉각이 생겨 강한 온도역전을 가져온다. 이와 같은 방사냉각에 의한 온도역전은 지상에 있어서 바람이 약한 맑은 날의 야간방사(유효지구방사)에 의한 접지역전층(接地逆轉層)으로써 일상 경험한다. 이와 같이 일사가 지구-대기계를 덥혀주는데 반해, 대기방사는 이것을 식히는 역할을 담당하고 있다. 또 대기방사는 방사에너지를 운반하는 대기를 냉각시킴과 동시에 대기의 구조에 관한 정보도 운반하고 있다. 예를 들면, 그림 7.3의 CO_2, 15㎛대에 걸치는 스펙트럼 분포를 보면, 강한 흡수대 중심부에서는 저온의 대기상층부에서 사출된 방사가 관측되지만, 창영역에 가까운 흡수가 약한 파장에서는 도중의 대기층에 의해 흡수도 사출도 적기 때문에, 비교적 고온의 대기하층부에서의 방사가 관측되고 있다. 이 원리를 이용하면 방사의 분광(分光)측정에 의한 기온의 연직분포의 원격측정이 가능하게 된다. 현재 인공위성의 대기방사의 분광관측에 의해 기온, 습도, 오존량 등의 원격측정이 실용화되고 있다.

7.2. 태양방사와 지구방사

지구의 대기나 해양의 운동을 구동(驅動)하고 있는 에너지원은 태양에서의 방사이다. 지구가 받는 태양방사에너지는 대기・해양・육지에 있어서 여러 가지 과정을 거쳐서, 다시 방사(지구방사)의 형태로 우주로 되돌아간다. 충분히 긴 시간에서 평균상태로써의 지구-대기계의 온도는 흡수되는 태양방사에너지와 방출되는 지구방사에너지가 평형(균형)을 이루는 형태로 결정이 된다. 방사의 과정은 지구-대기계가 우주와 에너지의 교환을 하는 유일한 수단이다. 태양방사의 입사와 지구방사의 방출 사이에서 일어나는 지구-대기계 내의 방사의 대기과정과 그 효과를 연구대상으로 하는 대기과학의 학문 분야가 대기방사학(大氣放射學) 또는 기상방사학(氣象放射學)이다.

7.2.1. 태양방사

태양에서 방출하는 방사(전자파)를 **태양방사**(太陽放射, solar radiation)라 하고, 대기과학(기상학)의 분야에는 종종 **일사**(日射)라고도 부른다. 또 지구방사의 장파장방사에 비교해서 **단파(장)방사**〔短波(長)放射, short-wave radiation〕라고도 한다.

ㄱ. 스펙트럼과 흡수·산란

태양방사는 단파장의 X선에서 수백 m 의 전파영역까지 아주 넓은 범위에 걸쳐서 있지만, 지구에 입사하는 태양방사에너지의 99 % 가 0.25~4 ㎛ 까지의 파장역에 포함되어 있다. 지구대기 외에서의 태양방사 스펙트럼을 그림 7.3 에 나타낸다. 세계방사센터 제창의 값을 근거로 한 스펙트럼이다. 태양방사에너지의 파장분포는 파장 0.47 ㎛(청록색) 부근에 최대치를 갖는 연속스펙트럼이고, 자외역을 제외하고, 대략 절대온도 약 5,800 K 의 흑체방사스펙트럼에 잘 근사할 수 있다. 전(全)에너지의 약 반(46.6 %)이 가시광선역(可視光線域, 0.39~0.77 ㎛)에 포함되어 있고, 나머지의 대부분(46.6 %)은 적외선역(赤外線域, 파장 〉 0.77 ㎛)에 있다. 자외선(紫外線, 〈 0.39 ㎛)에 포함되어 있는 에너지는 약 7 % 에 지나지 않는다.

지구대기에 입사한 태양방사는 대기 중을 전파하는 사이에 공기・에어러솔・구름 등 대기의 구성요소에 의한 흡수와 산란을 받아서 감쇠함과 동시에 그 일부는 모든 방향으로 흩어져 간다. 그 결과, 그 순간순간의 대기요소의 분포나 태양고도에 대응해서 에너지나 스펙트럼분포, 하늘에 있어서 강도분포 등에 큰 변조(變調)를 받는다. 태양방사의 흡수에 관여하는 기체성분의 주된 것은, 수증기(H_2O)·이산화탄소(CO_2)·오존(O_3)이다. 이 중, 수증기와 이 산화탄소에 의한 흡수는 태양방사의 적외선영역[이것을 근적외(선)역이라 함]의 특정 파장대에 이산적으로 일어나고 있다. 오존에 의한 흡수도 선택적이고, 가시역의 넓은 파장역에서 비교적 약한 흡수가 있지만, 주로 흡수는 자외부(紫外部)에서 현저하다. 0.28㎛보다 짧은 파장의 자외선은 성층권 오존에 의한 강한 흡수의 결과, 지표까지는 거의 도달하지 않는다(그림 7.3 참조). 이들의 기체성분에 의해 흡수된 태양방사는 열에너지로 바뀌고, 대기를 직접 가열한다.

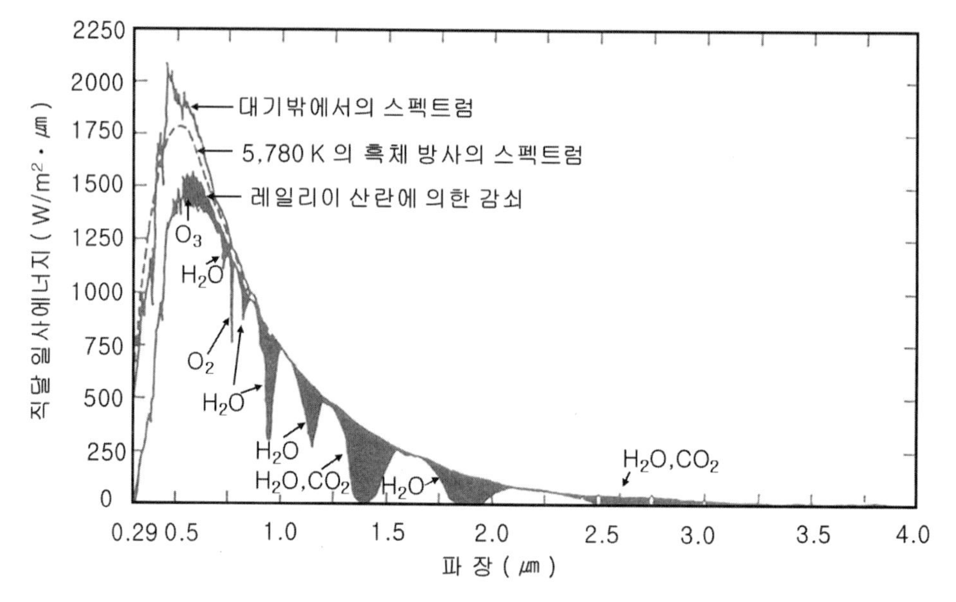

그림 7.3. 대기 밖과 지표면의 직달 태양방사에너지의 파장별 분포

그림자 부분은 연직기주 내의 기체성분에 의한 흡수를 표시

한편, 산란에 관여하는 대기요소로써는 공기분자에 더해진 에어러솔이나 구름입자가 있다. 태양방사는 기체성분이나 지표면 등에 의해 흡수되던지, 아니면 우주공간으로 산란·반사되어서 없어질 때까지 대기 중에서 여러 번 산란을 받아서 확산해 간다[이것을 다중산란과정(多重散亂過程)이라 함]. 입자에 의한 태양방사의 산란은 기체에 의한 흡수의 경우와 달리 모든 파장에서 연속적으로 일어나지만, 산란의 강도와 양상은 파장에 대한 산란입자의 상대적인 크기에 의존해서 크게 다르다. 기체성분에 의한 흡수와 산란의 결과, 지표면에 도달하는 직달태양방사의 스펙트럼은 그림 7.3의 최하부의 선으로 표시되듯이 복잡한 양상을 띤다. 에어러솔이나 구름을 포함하는 실제의 대기에 대해서는 그들의 양이나 공간분포에 따라서, 더욱 다른 스펙트럼이 된다는 것을 용이하게 예상할 수 있다. 이와

같은 흡수나 산란이 있지만, 태양방사에 대해서 분자대기는 전체로써 상당히 투명하다고 말할 수 있다.

ㄴ. 계절적 지리적 변화

지구가 받는 태양방사에너지는 지구와 태양 사이의 거리 2승에 반비례해서 변한다. 지구는 태양의 주위를 약 365일의 주기로 타원궤도 상을 공전하고 있다. 지구가

$$
\begin{aligned}
\text{근일점(近日点)} &= 1.47 \times 10^{8}\ km \qquad \text{북반구가 겨울 1월 3일 경,}\\
\text{원일점(遠日点)} &= 1.52 \times 10^{8}\ km \qquad \text{〃 여름 7월 3일 경.} \qquad (7.2)\\
\text{평균거리} &= 1.495 \times 10^{8}\ km
\end{aligned}
$$

이다. 즉 지구가 받는 태양방사에너지는 북반구가 겨울 시기 쪽이 여름의 시기보다 많아, 그 차는 최대 약 7 %에 달한다(그림 7.4 참조).

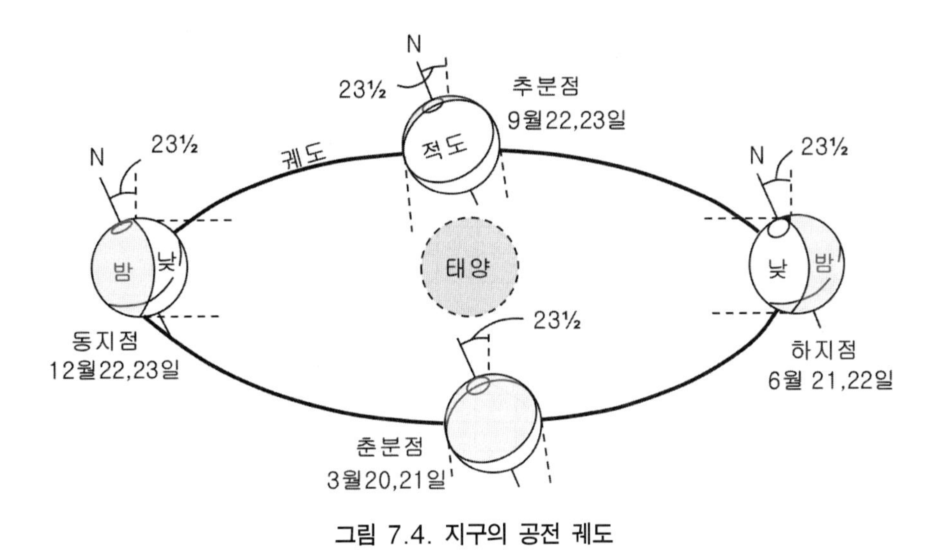

그림 7.4. 지구의 공전 궤도

지구와 태양이 평균거리에 있을 때, 대기상단에 있어 태양광선에 수직인 단위면적이 단위시간에 받는 전방사에너지를 **태양상수**(太陽常數, solar constant, S_0)라고 부른다. 현재 가장 신뢰할 수 있는 태양상수는 $S_0 = 1,367 \pm 7\ KW/m^2$(평균 $1.96\ cal/cm^2 \cdot \min$)이고, 그림 7.3의 스펙트럼과 함께 세계방사센터에서 제창하고 있는 값이다. 태양상수는 결코 불변의 상수가 아니고(옛날 태양상수 $S_0 = 1.98\ cal/cm^2 \cdot \min$), 최근의 인공위성관

측에 의하면, 태양광구면의 변화(흑점이나 백반) 등에 관련된 각종 시간스케일의 변동이 존재한다. 또 태양활동(흑점수의 증감)에 대응해서, 약 11년의 주기로 증감하고 있는 듯하고, 그 변동 폭은 약 $1\,W/m^2$으로 견적되고 있지만, 확실한 값을 얻는 데에는 또한 장기의 관측을 필요로 하고 있다.

지구에서 받는 태양방사(일사)는 지구의 단면적 πR_E^2과 태양상수 S_0와의 곱이다. 이것이 전 지구상에 분포하도록 분배하면(표면적), 평균 일사 S_m은

$$S_m = \frac{\pi R_E{}^2}{4\,\pi R_E{}^2} S_0 = \frac{1}{4} S_0 \tag{7.3}$$

이 된다. 실제로 각지의 일사는 S_m (= 705.6 $cal/cm^2 \cdot day$)과는 현저하게 다르고, 계절·시각·위도에 현저하게 변한다.

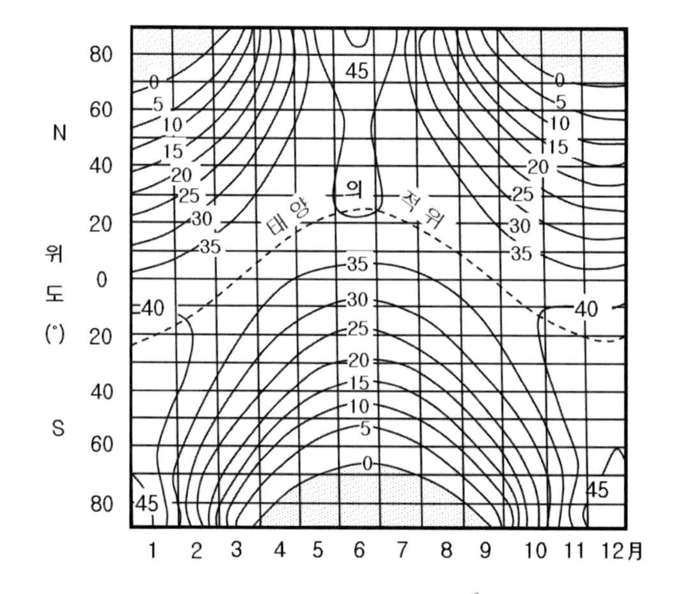

그림 7.5 대기의 상단에서의 일사량($cal/cm^2 \cdot day = ly/day$)
ly는 랑리(langley)로 방사 분야에서 잘 이용되는 단위로 $ly = cal/cm^2$이다.
태양방사의 연구에 공헌한 아메리카의 랑리(S.P. Langley)의 이름을 기념한 것이다.

그림 7.5는 대기가 없다고 가정했을 때, 즉 지구 상단에서 $1 \cdot cm^2$에 대해서 1일에 받는 일사량(日射量, cal)을 표시한 것이다. 이 그림에서 알 수 있는 것과 같이 북반구와 남반구를 비교하면, 적도에 대해서 대칭으로 되어 있지 않다. 이것은 지구의 공전궤도가 타

원이어서, 북반구의 겨울에 태양과 지구사이의 거리가 가장 작게 되는 근일점에 놓인다. 같은 이치로 여름에는 가장 먼 원일점에 있기 때문이다. 그림 중 0 의 곡선(그림자 부분)으로 둘러싸인 고위도역에서는 하루 중 태양이 수평선 위에 오르지 않는 밤의 연속이다.

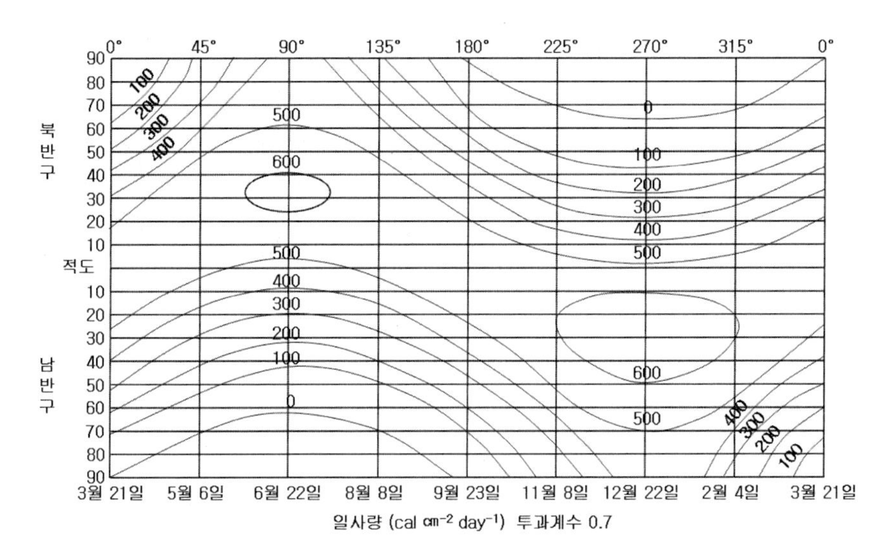

그림 7.6. 지표에 도달하는 평균일사량

그림 7.6 은 지구의 투과계수(透過係數, transmission coefficient)를 0.7 로 가정을 하고, 지표면에 도달하는 평균일사량을 구한 것이다. 그림 7.5 의 대기 상단에서 방사가 대기층을 통과하기 전과 공기를 통과해서 실제로 지표에 도달하는 방사를 비교해서 알기 위함이다.

7.2.2. 지구방사

지구방사(地球放射, terrestrial radiation)란, 지표면 및 대기가 방출하는 방사로 지구의 온도환경에서는 방사에너지의 대부분이 파장 3~100 ㎛의 적외선영역에 있다. 이것으로부터 **적외(선)방사**〔赤外(線)放射, infrared radiation)〕라고도 불리고, 또 태양방사에 대한 단파(장)방사와의 대비로 **장파(장)방사**〔長波(長)放射, long-wave radiation〕라고도 불린다.

ㄱ. 대기방사

여기서는 태양방사 등을 포함하는 넓은 의미적인 해석의 의미가 아니고, 문자 그대로 대기만의 방사를 의미하는 좁은 의미의 **대기방사**(大氣放射, atmospheric radiation)를 설명한다.

태양광이나 대기·지표에서의 방사의 흡수 및 지표에서의 잠열이나 현열 등에 의해 대기분자는 가열되어, 진동이나 회전운동이 여기(勵起)된다. 여기된 분자는 언젠가 자연의 수명에 의해 또는 다른 전자파의 유도에 의해, 저위의 에너지준위로 떨어진다. 이 때, 적외선이나 마이크로파를 방사한다. 진동이나 회전에너지에는 무수한 이산(離散)적인 수준(레벨, level)이 존재하기 때문에 방출되는 빛의 에너지도 이산적이 되고, 그 스펙트럼은 무순한 선상(線狀)의 것이 된다. 선의 강도, 선폭은 기체의 종류, 온도, 기압, 흡수선 마다 다르고, 상세한 스펙트럼 구조를 보는 데에는 $0.1\,cm^{-1}$ 이하의 분리능을 갖는 분광장치가 필요하게 된다. 한편 구름이나 에어러솔, 지표 등 고체나 액체에서의 방사는 완만(느슨)한 파장 변화밖에 하지 않는다.

성층권 상층 이하의 대기에서는 국소적으로 열평형상태에 있고, 이와 같은 조건 하에서는 어떤 미소한 공기덩이가 방사하는 방사량(放射量)은 물질의 양 및 그 온도의 플랑크의 함수, 흡수계수의 곱에 비례한다. 따라서 방사광(放射光)의 스펙트럼은 흡수계수의 모양과 아주 닮은 것이 된다.

ㄴ. 대기열방사

대기가 사출하는 적외선(赤外線)방사를 의미한다. 대기방사는 주로 수증기(H_2O), 이산화탄소(CO_2), 오존(O_3) 등의 미량기체 성분 및 에어러솔이나 운립자(雲粒子)의 내부에너지가 전자파로써 방출된 열방사(熱放射)이다. 이중 기체성분에 의한 사출은 흡수대(吸收帶, absorption band)라고 부르는 각 기체성분에 고유 파장대에서 일어난다. 지구대기의 온도환경에서는 방사에너지의 대부분은 3~100㎛의 적외선영역(赤外線領域)에 있다. 이것으로부터 **적외(열)방사**라고도 일컬어진다. 지표면도 적외열방사(지표면방사라 함)를 내고 있다. 대기방사와 지표면방사를 합해서 지구방사가 된다.

고도 약 60 km 보다 아래의 대기에서는 운동에너지, 내부에너지 및 방사에너지의 수수(授受 : 서로 주고받음)관계가 공기분자의 충돌에 의해 빠르게 이루어져 있고, 그 장소에서 열역학적평형의 상태에 있다고 간주할 수가 있다(이것을 국소열역학평형의 근사라고 함). 키르히호프의 법칙(Kirchhoff's law)에 의하면, 열역학적 평형상태 하에서 방사를 흡수하는 성질을 갖는 물질과 같은 파장의 방사를 자기 자신의 온도에 대응해서 방출하는 성질을 갖는다. 이 성질에 의해 H_2O, CO_2, O_3 등의 기체분자는 그들 기체에 고유의 흡수대(吸收帶)와 같은 파장역에 있어서 선택적으로 열방사를 사출한다.

한편, 지표면이나 구름은 거의 흑체(黑體, 黑体, black body) 또는 회색체(灰色体, gray body)로 간주할 수가 있어, 그 방사의 파장분포는 플랑크함수로 표현되는 연속스펙트럼에 가까운 것이 된다.

자연에서 지표면의 사출율(射出率)은 0.90 ~0.97 의 범위에 있지만, 신선한 구름은 완전한 흑체에 가까워 0.99 이상의 사출율을 나타낸다. 한편 건조한 광물질의 지면에서는 사출율이 다소 작아서 0.7 ~0.9 의 범위이다. 장파방사에 대해서 하층의 수운(水雲)의 경우 그 사출율은 구름의 두께(cloud thickness) 또는 빙수량(氷水量)에 의해 크게 변화한다. 따라서 대기에서 사출되는 방사의 양과 스펙트럼 분포는 주로 기온·습도의 연직분포, 및 구름의 종류와 고도에 의존한다.

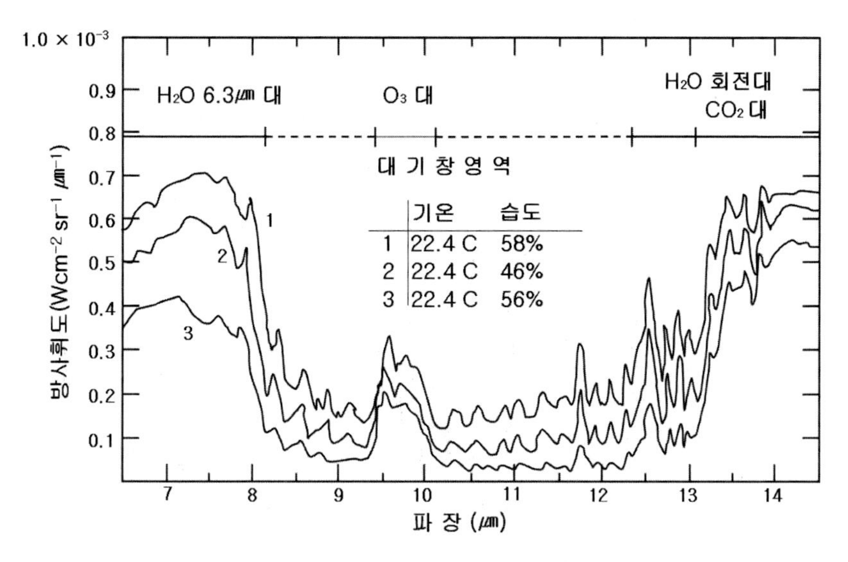

그림 7.7. 천정방향에서의 대기방사의 파장분포

상이한 기온과 습도에서의 관측치

그림 7.7 에 맑은 날〔청천(晴天)〕에 지상에서 관측된 대기방사의 파장분포에 예를 나타낸다. 천정(天頂)에서의 대기방사는 기체흡수대에 대응하는 파장역에서 강하고, 흡수대가 없는 11 ㎛ 부근의 창 영역(窓 領域)에서는 극히 약하지만, 완전히 투명하다고는 할 수 없다. 이 창 영역의 비교적 부드러운 배경의 스펙트럼은 물 분자의 다이마〔dyma, $(H_2O)_2$〕에 의한 방사, 또는 멀리 있는 수많은 강한 흡수선의 끝부분의 겹침 등으로 생각되고 있지만, 상세한 것은 아직 확실하지 않다. 이 창 영역의 연속흡수의 효과는 수증기가 많은 열대(熱帶)의 하층대기에서 현저하게 나타난다.

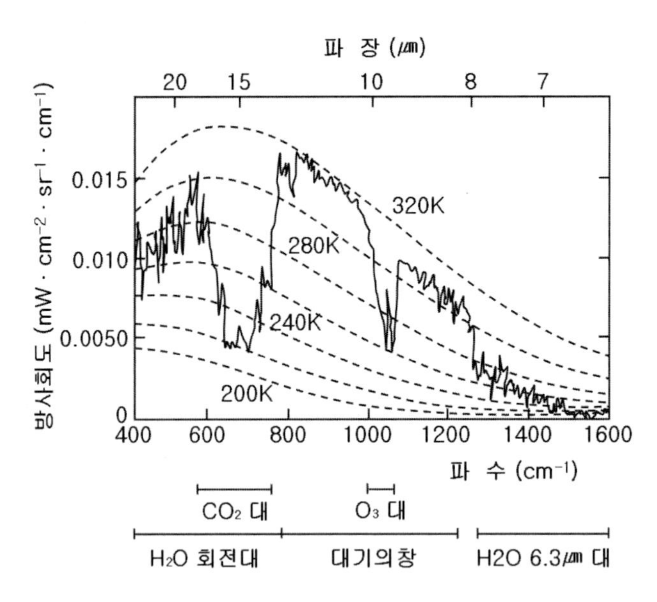

그림 7.8. 지구방사의 파장분포 북아프리카 사막 위에서 관측

대기상단에서 우주로 나가는 지구방사의 스펙트럼의 예를 나타낸 것이 그림 7.8 이다. 지표면온도가 기온보다 높은 이 사례에서는 강한 흡수대의 파장역에서 방사휘도(放射輝度)는 작은 반면, 비교적 투명해서 지표면이 상당히 비쳐 보이는 적외창영역(赤外窓領域)에서는 방사휘도는 크고, 그 파장분포의 모양은 지표면온도에 있어서 흑체방사의 그것과 가까운 것으로 되어 있다. 이것은 흡수가 강한 파장일수록 보다 저온의 대기상층에서 사출된 방사를 관측하고 있는 것을 의미한다. 이와 같이 11 ㎛ 부근의 적외창영역을 제외하고, 지구대기는 장파방사에 대해서 불투명하다.

7.2.3. 지구 - 대기계의 방사평형

지구에 입사하는 태양방사의 일부는 대기 중의 공기분자 · 에어러솔 · 구름 등으로 산란되고, 또 지표면에 도달한 태양방사의 일부도 거기서 반사되어 우주공간을 돌아간다. 지구-대기계(地球-大氣系) 전체에서 방사된 방사량의 입사하는 태양방사에 대한 비를 **행성반사율**(行星反射率, planetary albedo, 알베도)이라고 부른다. 방사된 분을 제외한 나머지의 태양방사는 지구-대기계에서 흡수되고, 그것을 덥힌다. 한편 지구-대기계는 끊임 없이 적외방사를 방출해서 열을 잃어버리고 있다. 이 양자가 균형의 상태에 있는 것을 **방사평형**〔放射平衡, radiative(radiation) equilibrium〕이라고 하고, 그 때의 계가 취하는 온도를 **방사평형온도**〔放射平衡溫度, radiative equilibrium temperature)라고 한다. 지구-대기계를 1년 이상의 긴 시간평균해서 보면, 방사평형의 상태에 있다. 그 경우의 방사평형온도를 구해보자. 가령, 지구-대기계를 고체표면이 갖는 흑체(적외방사에 대해서)로 간주하고, 방사평형은 흑체방사에 대한 스테판-볼츠만의 법칙(Stefan-Boltzmann law)을 이용해서

$$\pi R_E{}^2 S_0 (1 - A) = 4 \pi R_E{}^2 \sigma T_E{}^4 \tag{7.4}$$

로 쓸 수 있다. 여기서

R_E ; 지구반경, S_0 ; 태양상수, A ; 행성반사율,
σ ; 스테판・볼츠만 상수, T_E ; 지구 표면의 온도

이다.

연평균한 반사율 A 의 값은 기상인공위성 관측에 의해 0.30 으로 견적하고 있다. 태양상수 $S_0 = 1.367\, W/m_2$ 으로 하면, 지표의 온도 $T_E = 255K$ (- 18 C)가 구해진다. 이 값은 실제 지표면의 평균온도 288 K(15 C)보다 33 K 나 낮다. 이 차이는 다음에 언급하는 대기의 온실효과(溫室效果, greenhouse effect)에서 보충해 준다.

한편, 이제까지는 지구-대기계를 하나의 행성 전체로써 생각해서 그 방사평형을 보아왔지만 지구가 구형이기 때문에, 국지적으로 이와 같은 방사평형은 연평균의 상태로써도 성립하지 않는다. 그림 7.9 는 대기 상단에서 본 연평균의 방사수지와 반사율(알베도)의 위도분포를 나타낸다. 이것은 Vonder Harr & Suomi(1971)에 의한 방사수지는 1962~66년까지 5년 간에 걸친 기상인공위성관측에 의한 것이다.

이 그림에 의하면, 적도를 끼고 남북양반구의 위도 약 35° 까지 범위에서는 흡수된 태양방사량이 방출되는 지구방사량보다 많아져 있고, 그것보다 고위도 쪽에서는 반대로 되어 있다. 즉 저위도 지방에서는 방사수지가 정+)으로 방사에 의해 가열되고 있다. 한편, 고위도 지방에서는 방사수지가 부(-)로 방사에 의해 열을 잃어버리고 있다. 반사율의 경우도 열을 많이 잃고 있는 고위도 쪽에서 커서 외부로의 열의 손실을 부채질하고 있다. 이 위도 방향의 방사수지의 불균형이 대기나 해양의 대규모의 운동을 구동하는 것이다. 대기나 해양의 운동에 의해, 저위도 지방의 여분의 열이 고위도 지방으로 운반되는 것에 의해, 지구의 온도분포가 정상적인 상태를 유지하고 있는 까닭이다. 즉 이것이 **대기대순환**(大氣大循環, general circulation)의 원동력이 되는 것이다.

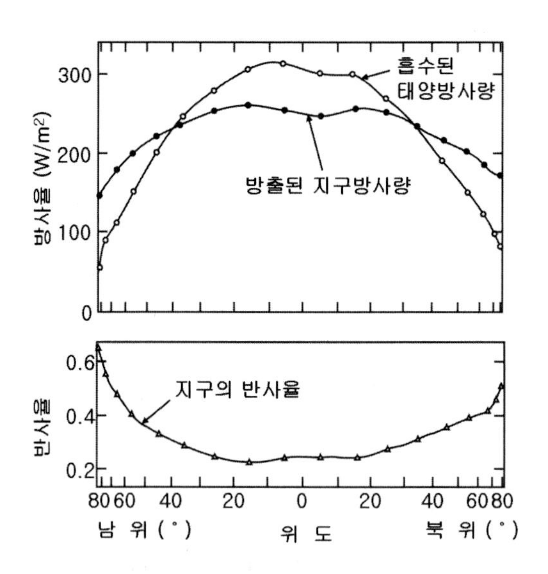

그림 7.9. 평균 지구의 방사수지와 반사율의 위도분포

가로축은 면적보정을 한 위도의 눈금을 나타낸다.

7.3. 대기 중의 방사과정

7.3.1. 방사법칙

물체의 표면에서 방사되는 에너지의 양은 그 물체의 성질과 온도에 의존한다. 또 파장에 따라서 방사의 정도도 달라진다. 즉 파장(波長, wavelength) λ 의 함수라는 뜻이 된다.

ㄱ. 키르히호프의 법칙

파장 λ 의 방사에 대해서 단위면적의 표면에서 단위시간에 방사하는 정도를 **방사능**〔放射能, emissive(radiant) power, E_λ〕이라고 하고, 표면에 입사하는 양에 대해 흡수하는 비율을 **흡수능**(吸收能, absorptive power, 吸收力, A_λ)이라고 한다.

방사능 E_λ와 흡수능 A_λ와의 비 E_λ/A_λ는 온도만의 함수로 물질 및 입사방향과는 무관하다. 모든 입사한 방사를 완전히 흡수하고, 표면의 온도에서 이론상 최대 에너지를 방출하는 가상적인 물체를 **흑체**(黑体, black body)라고 한다. 흑체의 흡수능은 전파장에 걸쳐서 $A_\lambda = 1$이기 때문에, 흑체의 방사능을 B_λ 라고 한다면, $E_\lambda/(A_\lambda = 1) = B_\lambda$ 가 된다. A_λ는 일반적으로는 1보다 작으므로, $E_\lambda < B_\lambda$ 이다. A_λ가 1보다는 작지만, 파장에 관

계하지 않는 물체를 **회색체**(灰色体, gray body)라고 한다. 일정한 온도에서 모든 물체는 $A_\lambda = E_\lambda$의 관계가 성립한다. 이것을 잘 흡수하는 물체는 잘 방사한다는 의미의 법칙을 **키르호프의 법칙**(Kirchhoff's law)이라고 한다. 이 법칙에 따르면 흑체는 모든 파장에 있어 그 온도에서 가능한 최대의 방사를 사출하는 물체라고 하는 뜻이 된다.

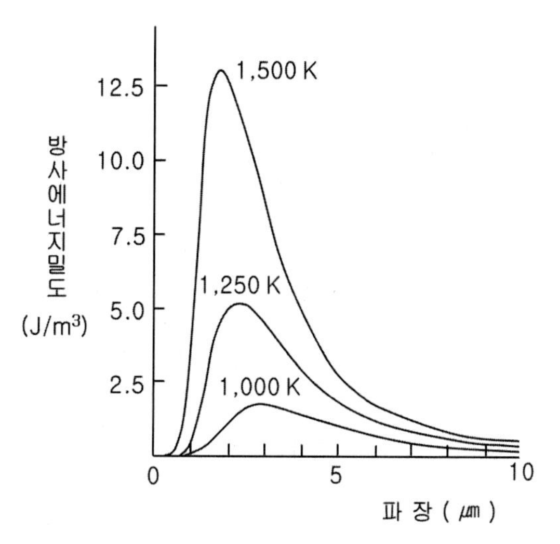

그림 7.10. 플랑크의 법칙에 따른 파장별 에너지의 스펙트럼 분포

ㄴ. 플랑크의 법칙

흑체에서 사출되는 방사 스펙트럼 분포는 **플랑크의 법칙**(Planck's law)에 의해서 기술된다. 즉 단위온도 T의 흑체의 단위면적에서 단위시간·단위입체각당 사출되는 파장 λ와 $\lambda + d\lambda$ 사이의 방사에너지를 $B_\lambda \, d\lambda$ 라고 놓으면, 방사하는 강도 B_λ는

$$B_\lambda(T) = \frac{2\,h\,c^2}{\lambda^5 \left\{ \exp\left(\frac{h\,c}{k\,\lambda\,T} \right) - 1 \right\}} \qquad (7.5 \text{ 註})$$

로 주어진다. 이것이 **플랑크함수**(Planck's function)이다. 여기서,

플랑크의 상수 : $h = 6.6262 \times 10^{-27} erg \cdot s = 6.6262 \times 10^{-34} J \cdot s$,

광속(光速, 빛의 속도) : $c = 2.9988 \times 10^{10}\ cm/s = 2.9988 \times 10^{8}\ m/s$,

볼츠만의 상수 : $k = 1.3806 \times 10^{-16}\ erg/\deg = 1.3806 \times 10^{-23}\ J/K$,

물체의 절대온도 : T

이다. 이상의 법칙을 **플랑크의 방사법칙**(Plank's radiation law, Plank's law of radiation) 이라고 한다. 각 온도에 따른 방사에너지의 파장별 분포를 보면, 그림 7.10과 같다. 온도가 높으면 에너지의 면적도 많아지고, 극대의 위치도 높아지면서 단파 쪽으로 이동하고 있다.

빈의 변위법칙(빈의 變位法則, Wien's displacement law)이나 스테판-볼츠만의 법칙(Stefan-Boltzmann's law)은 플랑크의 법칙으로부터 유도된다.

ㄷ. 빈의 변위법칙

플랑크의 파장별 에너지의 스펙트럼 분포를 보면, 파장이 짧은 부분과 긴 부분의 양쪽 가장자리에는 에너지의 분포가 적고, 가운데 중간의 파장에 에너지가 많은 것을 알 수가 있다. 이렇게 가운데 부분에 볼록하게 되어 에너지가 가장 많이 집중되어 있는 부분의 파장을 극대파장으로 λ_m 이라고 하자.

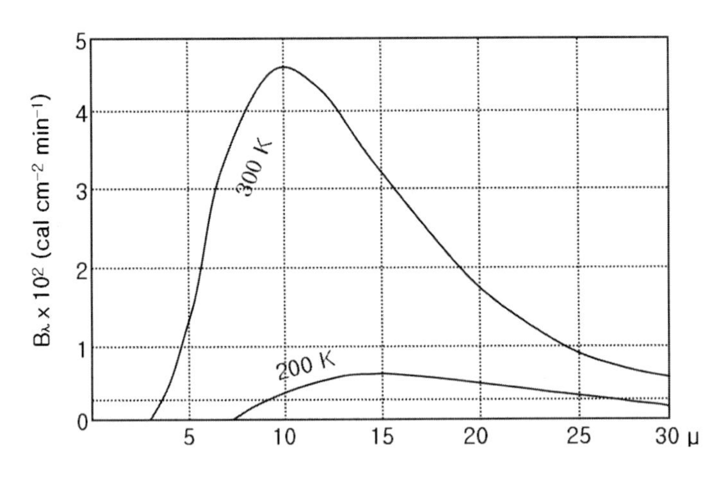

그림 7.11. 플랑크함수의 극대값(빈의 변위법칙)

그림 7.11에서 알 수 있는 것같이 온도가 높아지면 B_λ 의 극대치(極大値, maximum value)에 상당하는 파장 λ_m 이 파장의 작은 쪽으로 이동해 있다. 온도와 λ_m 과의 관계를 보기위해서 식 (7.5)를 λ에 대해 미분해서, $dB_\lambda / d\lambda = 0$ 로 놓으면(극대치를 찾기 위해서),

$$e^{\frac{hc}{k\lambda_m T}} = \frac{5}{5 - \frac{hc}{k\lambda_m T}} \quad (7.6\ 註)$$

의 관계를 얻는다. 따라서 $\lambda_m T$를 변수로 생각해서 위식의 근(根)을 구하면, 근은 위의 대기상수(a)로만 표현된다. 즉,

$$\lambda_m T = a \tag{7.7 註}$$

이 된다. 이 $a = 2{,}897\,\mu m\,\mathrm{deg}$이다. 식 (7.7)로 표현되는 법칙을 **빈의 변위법칙**(빈의 變位法則, Wien's displacement law)이라고 한다.

온도(T)와 극대파장(λ_m)과는 반비례하는 관계에서 몇 가지 예를 들어본다.

$$\begin{aligned} T &= 6{,}000\,K \qquad & \lambda_m &\fallingdotseq 0.48\,\mu m \\ T &= 300\,K \qquad & \lambda_m &\fallingdotseq 9.66\,\mu m \\ T &= 200\,K \qquad & \lambda_m &\fallingdotseq 14.49\,\mu m \end{aligned} \tag{7.8}$$

이 예에서 알 수 있듯이 빈의 변위법칙에 의하면, 태양의 표면온도는 약 6,000 K 이므로 λ_m은 약 0.5㎛ 정도인데, 지표면의 평균온도는 288 K로 λ_m은 약 10㎛이다. 따라서 태양에서 오는 방사파보다 지구에서 나가는 방사파 쪽이 훨씬 파장이 길다. 이러한 의미에서 태양방사파를 **단파**(短波), 지구로부터의 방사파를 **장파**(長波)라고 부르는 의미를 다시 한 번 더 확인할 수가 있다.

ㄹ. 스테판·볼츠만의 법칙(註)

플랑크함수에 대응하는 파장별 플럭스(flux)는 흑체방사의 사출이 등방성(等方性)인 것을 고려해서, 입체각(立體角, solid angle)에 대해서 적분함으로써 πB_λ로 주어진다. 전파장역에 대한 흑체방사플럭스 B는 πB_λ를 파장 $0 \sim \infty$까지 적분해서 얻어진다.
전방사강도(全放射强度)는 식 (7.5)를 파장 λ에 대해 0에서 ∞까지 적분하면,

$$B = \int_0^\infty B_\lambda\, d\lambda = 2hc^2 \int_0^\infty \frac{1}{\lambda^5} \frac{1}{e^{\frac{hc}{k\lambda T}} - 1}\, d\lambda \tag{7.9}$$

가 된다. 여기서 $x = hc/k\lambda T$로 놓으면,

$$B(T) = \frac{2k^4 T^4}{h^3 c^2} \int_0^\infty \frac{x^3 dx}{(e^x - 1)} \tag{7.10}$$

이 된다. 위식의 적분은

$$\int_0^\infty \frac{x^3}{e^x - 1} dx = \int_0^\infty \frac{x^3}{e^x(1 - e^{-x})} dx \tag{7.11}$$

$$= \int_0^\infty x^3 (e^{-x} + e^{-2x} + \cdots e^{-nx} + \cdots) dx = 6 \sum_{n=1}^{\infty} \frac{1}{n^4} = \frac{\pi^4}{15}$$

(여기서 $\sum_{n=1}^{\infty} \frac{1}{n^4}$ 은 Riemann 의 $\zeta(s)$함수 $\zeta(s) = \sum_{n=1}^{\infty} n^{-s}$ 에서 $s = 4$ 로 한 것이다.) 로 주어지므로

$$B = \frac{2\pi^4 k^4}{15 c^2 h^3} T^4 = \frac{\sigma}{\pi} T^4, \qquad \sigma = \frac{2\pi^5 k^4}{15 c^2 h^3} \tag{7.12}$$

로 주어진다. 따라서 단위표면에서 전 방향으로 나가는 방사속(放射束) $\boldsymbol{B}$ 는

$$\boldsymbol{B} = \pi B = \sigma T^4 \tag{7.13}$$

이 된다. 여기서 σ 는 **스테판-볼츠만 상수**(Stefan-Boltzmann constant)라 해서, 그 값은

$$\begin{aligned} \sigma &= 5.6698 \times 10^{-5} erg/cm^2 \cdot s \cdot \deg^4 = 5.6698 \times 10^{-8} W/m^2 \cdot K^4 \\ &= 8.1266 \times 10^{-11} cal/cm^2 \cdot \min \cdot \deg^4 = 8.1266 \times 10^{-11} lymin \cdot K^4 \end{aligned} \tag{7.14}$$

가 된다. 위의 식 (7.13)과 같이 표현되는 법칙을 **스테판·볼츠만의 법칙**(Stefan Boltzmann's law)이라고 한다. 이것은 흑체에서 사출되는 전방사(全放射)에너지는 흑체의 절대온도(絶對溫度, absolute temperature, T)의 4승(乘)에 비례한다고 하는 것이다. 방사전달의 기본법칙(基本法則)의 하나이다.

7.3.2. 흡수 · 산란 · 방사전달

방사는 대기 중을 전파하는 사이에 흡수나 산란을 받아서 감쇠한다. 흡수와 산란의 과정은 방사전달의 근본이 되는 중요한 기본과정이므로 그 개념을 간결하게 설명한다. 또한 흡수와 산란의 양쪽 효과를 합해서 **소산**(消散, extinction, dissipation, burn-off)이라 한다.

ㄱ. 흡 수

방사의 **흡수**(吸收, absorption)에 관여하는 기체성분은 수증기・오존・이산화탄소 등의 공기의 미량성분이다. 그림 7.12 에 주된 미량성분과 대기전층의 흡수율의 파장분포를 나타냈다. 이들 기체성분에 의한 흡수는 **흡수대**(吸收帶, absorption band)라고 부르는 각 기체에 고유의 파장대에서 일어난다. 이것은 기체분자에 의한 방사의 흡수는 분자의 전자레벨이나 진동・회전의 상태 등이 양자화(量子化)된 내부에너지의 준위(準位)가 입사광양자를 흡수하는 것에 의해 여기(勵起)되고, 더욱 그 에너지가 주위의 공기분자 등과의 충돌에 의해 빠르게 운동에너지로 전화(轉化)되므로 일어난다. 이들 3 개의 내부에너지의 모두에서는 에너지준위에 큰 차가 있다. 에너지준위가 가장 큰 전자에너지의 천이(遷移)는 자외선이나 가시광선의 흡수에 상당하고, 다음에 큰 진동에너지의 천이는 근적외선이나 적외선, 그리고 가장 작은 회전(回轉)에너지의 천이는 원적외선의 흡수에 상당한다.

입사광이 연속스펙트럼을 갖는 경우, 많은 에너지준위간의 천이가 동시에 일어난다. 그러나 다원자분자(多原子分子)에서는 통상 하나의 진동상태의 천이에 흡수해서 다른 회전상태의 천이가 무수히 일어난다. 이것의 근원으로 각 흡수기체에 고유의 파장역에 많은 흡수선이 무리지어 모여서 흡수대가 형성된다. 공기의 주성분인 질소(N_2)나 산소(O_2) 등은 산소의 0.76 ㎛ 대 등을 제외하고 태양방사나 지구방사의 파장역에 있어서는 불활성(不活性)이다. 한편 수증기・오존・이산화탄소 등은 이들의 방사에 대해서 극히 활성(活性)이다. 이들의 파장대에 나타나는 흡수대의 대부분은 다원자분자의 진동-회전상태의 천이에 의해 생기는 흡수대이다. 예외로써, 오존의 전자천이에 의한 자외역과 가시역의 흡수대, 및 산소 0.76 ㎛ 대와 같은 전자천이에 수반되는 진동-회전대, 또는 원적외역의 수증기회전대 등이 있다. 이와 같이 기체성분에 의한 방사의 흡수와 사출은 기체에 고유의 파장대에서 선택적으로 일어나는 것이 특징이다.

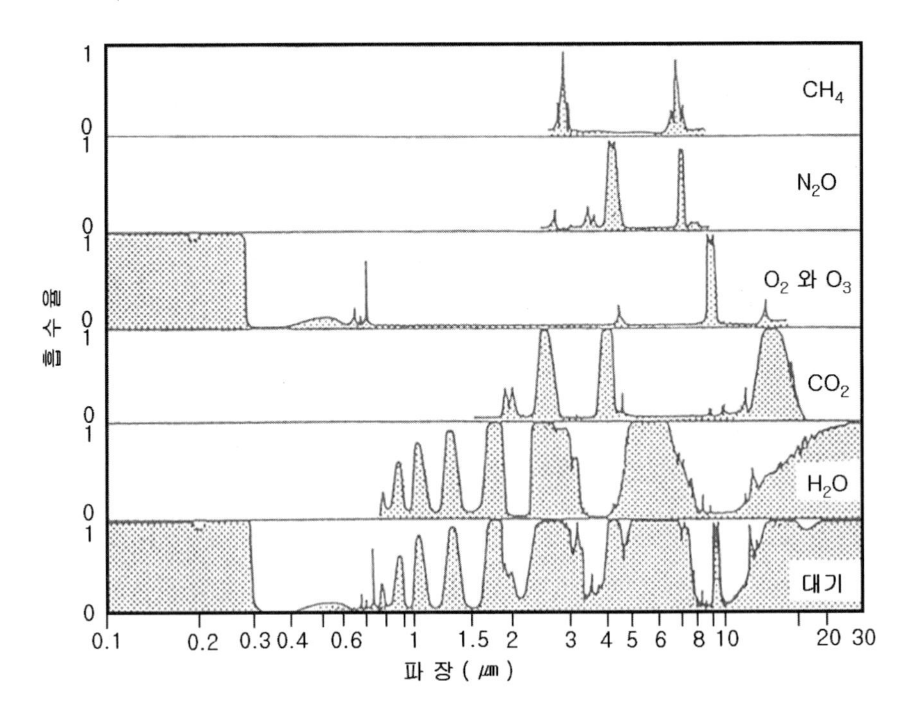

그림 7.12. 주된 미량기체성분 및 대기전층의 파장별 흡수율

ㄴ. 산 란

대기 중을 통과하는 방사를 감쇠시키는 구조에는 기체흡수 외에 **산란**(散亂, scattering)의 과정이 있다. 산란이란 전자파가 미소한 구체(球体)에 부딪치면 그 구체를 자극해서 그로부터 전자파를 방출한다. 입자에 입사한 방사의 에너지가 산란입자를 중심으로 해서 사방팔방으로 재분배하는 과정의 의미하고, 산란입자와 주위의 매질과의 사이에 굴절률의 불연속이 있는 경우에 일어난다. 재분배된 방사는 제각기의 방향에 가지각색의 강도(强度, 에너지)를 갖고, 구면파(球面波)로써 퍼져간다. 따라서 원래의 입사방향에 대해서 보면 산란의 결과, 그 방향으로의 도달양이 감소하는 것이 된다. 순수한 산란에서 입사한 방사는 사방으로 흩어지는 것뿐임으로 열로 교환은 일어나지 않는다. 그러나 입자가 빛을 흡수하는 성질을 갖는 경우〔예를 들면, 먼지나 적외선에 대한 운립(雲粒)과 같이〕, 산란의 과정에서 입자의 내부에 들어간 방사의 일부는 흡수되어, 열로 전화(轉化)된다. 이와 같은 순수한 산란만이 아니고, 동시에 흡수를 동반하는 산란과정도 넓은 뜻으로는 산란이라고 하는 일이 있다.

입자에 의한 방사의 산란은 기체성분에 의한 흡수와는 달리, 모든 파장에서 연속적으로 일어난다. 단지 산란의 강도(효과)와 양상은, 입자의 광학적 성질〔파장의 함수이고, 복소수(複素數)의 굴절률로써 나타내진다. 실수부가 소위 굴절률을, 허수부가 흡수성을 나타낸다]과 형상에 첨가되어, 방사의 파장에 대한 산란입자의 상대적인 크기에 의해 크게 다르다.

태양광의 파장에 비교해서 충분히 작은 공기분자에 의한 산란은 **레일리산란**(Rayleigh scattering)이라고 부른다[기상레이더의 전파의 우적(雨滴, 빗방울)에 의한 산란도 레일리산란으로 근사할 수 있다]. 입자 크기의 기준은 파장의 1/10 이하로 한다. 레일리산란은 강하게 파장에 의존성이 있고, 산란의 강도는 파장의 4승에 반비례한다. 따라서 파장이 짧은 빛일수록 강하게 산란한다.

공기분자는 0.0001 μm 정도이므로, 레일리산란을 한다. 레일리산란에서는 파장에 의한 변화가 크다. 태양광선 중에서 가장 산란되기 쉬운 자색(紫色, 보라)의 부분은 성층권에서 산란되어 버린다. 따라서 성층권에서 보는 하늘의 색은 보라(자색)이다. 지상에서 보는 하늘의 색인 청색(青色)은 그보다 약한 산란을 보고 있기 때문이다. 아침노을이나 저녁노을의 경우는 태양광선이 대기층을 대략 수평으로 긴 거리를 통과해서 적색(赤色)의 산란광을 보고 있는 이치이다. 태양 자체의 색도 청색의 부분을 완전히 상실하기 때문에 빨갛게 보이는 것이다.

한편 입자의 크기가 파장에 비교해서 무시할 수 없는 경우로 그 크기가 파장의 1/10보다 큰 경우가 기준이다. 이 임의크기의 구형입자에 의한 것을 **미산란**(--散亂, Mie scattering)이라 부른다. 미산란의 강도는 그다지 파장에 의존하지 않는다. 공기가 혼탁한 날에 하늘이 하얗게 보이기도 하고, 갠 날에는 파란 하늘을 배경으로 해서, 적운(積雲) 등이 하얗게 보인다. 이것은 태양광선이 대기 중의 에어러솔이나 운립(雲粒, 1~100 ㎛), 우립(雨粒, 500 ~5,000 ㎛)에 의해 미산란되어 산란광이 입사한 태양광과 같이 백색광(白色光)에 가깝기 때문이다. 에어러솔이나 미소수적(微小水滴)에 의한 태양방사의 산란은 미산란 이론에서 기술할 수 있다. 산란광강도의 각도분포는 입자가 커짐에 따라서 전방(前方) 방향(입사광의 진행방향)으로 산란이 탁월하다.

ㄷ. 방사전달방정식

대기 중의 어떤 장소의 방사는 거기에 이르는 각양각색의 경로를 거쳐서 도달하는 것이다. 이 경로에는 방사의 흡수·산란·사출 과정이 있고, 그 구조는 대단히 복잡하지만, 각 과정의 체계를 세움으로써 **방사전달**(放射傳達, radiation transfer)을 풀 수가 있다.

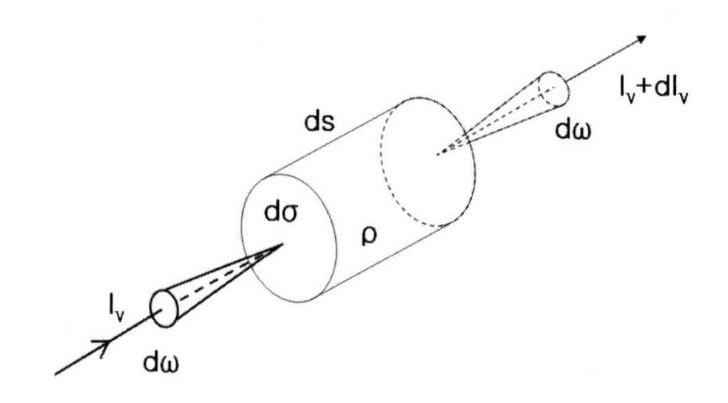

그림 7.13. 방사전달의 개념

그림 7.13과 같이 공기층(空氣層, 氣層, air layer)의 단면적이 $d\sigma$, 길이가 ds인 원통을 생각해서, 이것에 진동수(振動數, frequency) $\nu \sim \nu + d\nu$ 사이에서 방사휘도(放射輝度, radiance) I_ν의 방사가 입체각 $d\omega$에서 dt 시간에 입사하는 것으로 한다. 그 결과, 이 기주(氣柱, 공기 기둥)를 통과한 방사휘도가 $I_\nu + d_\nu$인 것으로 한다면, 이 공기층 중에서 흡수된 방사에너지는

$$(I_\nu + dI_\nu) d\sigma\, d\omega\, d\nu\, dt - I_\nu\, d\sigma\, d\omega\, d\nu\, dt = -k_\nu I_\nu \rho\, ds\, d\sigma\, d\omega\, d\nu\, dt \qquad (7.15)$$

가 되므로, 방사의 감쇠(減衰)는

$$dI_\nu = -k_\nu \rho I_\nu ds \qquad (7.16)$$

으로 표현이 된다. 여기서 ρ는 이 기층의 밀도이고, k_ν는 진동수 ν의 방사에 대한 **질량소산계수**(質量消散係數, mass extinction coefficient, 질량소산단면적)이다. 이 소산계수는 일반적으로 흡수와 산란의 양 과정을 포함하고 있다.

한편, 이 기층을 통과하고 있는 사이에 기층 내에서 생기는 방사의 사출(射出)과 다른 방향에서 여기서 생각하고 있는 방향으로의 산란이 첨가되어 방사휘도는 강해진다. 거기서 이 사출과 산란에 의해 방사가 증강되는 계수를 **질량사출계수**(質量射出係數, mass emission coefficient) j_ν라고 명명하면, 방사의 증가는 식 (7.16)과 같은 사고(思考)로

$$dI_\nu = j_\nu \rho ds \qquad (7.17)$$

로 나타내진다. 따라서 식 (7.16)과 식 (7.17)에 의해 2개의 과정이 동시에 성립한다고 생각하면, 실제 방사의 변화는

$$dI_\nu = -k_\nu \rho I_\nu ds + j_\nu \rho ds \tag{7.18}$$

이 된다. 더욱, 여기서 **방사원함수**(放射源函數, source function) J_ν 를 다음과 같이 정의하면,

$$J_\nu \equiv \frac{j_\nu}{k_\nu} \tag{7.19}$$

가 되고, 식 (7.18)에 이것을 대입해서 고쳐 쓰면,

$$\frac{dI_\nu}{k_\nu \rho ds} = -I_\nu + J_\nu \tag{7.20}$$

이 된다. 이것을 **방사전달방정식**(放射傳達方程式, radiative transfer equation)이라고 한다. 즉 방사전달방정식은 전파하는 방사의 강도가 산란·흡수·사출을 받아서 변화할 때의 **에너지보존칙**(에너지保存則, energy conservation law)을 나타낸다. 여기서 J_ν는 I_ν와 같은 방사휘도의 단위($W/m^2 \cdot sr$)를 갖는 것이다.

식 (7.20)을 진동수 ν 대신에, 파장 λ로 표현을 하면,

$$\frac{dI_\lambda}{k_\lambda \rho ds} = -I_\lambda + J_\lambda \tag{7.21}$$

과 같이 된다.

7.3.3. 에어러솔과 구름의 방사과정

에어러솔과 구름을 포함하는 대기의 방사전달과정의 특징은 **다중산란**(多重散亂, multiple scattering: 다수의 입자에 의해서 차차로 여러 차례 일어나는 산란) 과정이 중요한 역할을 한다는 것이다, 물론 기체흡수대의 파장에서는 입자에 의한 산란에 첨가되어, 기체흡수의 과정도 고려할 필요가 있다. 산란입자 층의 반사율·흡수율 등의 방사특성은 층의 광학적두께, 단일산란반사율(알베도) 및 산란광의 각(角) 분포를 나타내는 위상함수의 3개

의 1차 산란량(散亂量)에 의존한다. 특히 광학적 두께가 중요하다. **광학적 두께**〔optical thickness, 광학적후(光學的厚)〕 τ_λ 는 다음과 같이 질량소산계수(質量消散係數, k_ν, 소산계수)의 고도 적분치로 정의된다.

$$\tau_\lambda = \int_z^\infty k_\lambda \rho \, dz \tag{7.22}$$

에어러솔이나 운립자 등은 어떤 입경분포를 갖는다. 다분산계(多分散系)의 산란매질에 대한 소산계수 등의 1차 산란양은 개개의 입자에 의한 산란이 독립현상인 것으로 해서 개개의 입자의 1차 산란량을 입경분포에 대해 적분한 것으로 해서 주어진다.

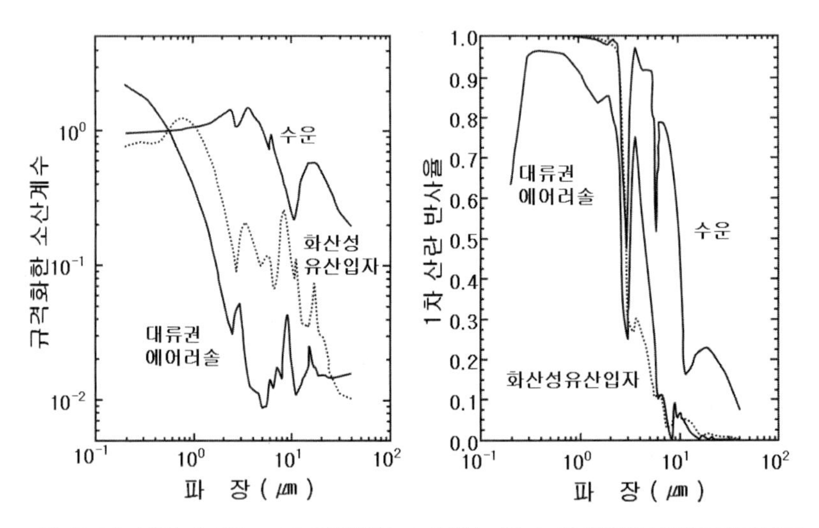

그림 7.14. 파장 0.55 ㎛로 규격화한 소산계수 및 1 차 산란반사율의 파장분포

에어러솔과 구름에서는 방사전달방정식의 해법은 기본적으로 같고, 다른 것은 각각 1차 산란특성이다. 그림 7.14에 에어러솔 및 수운입자(水雲粒子)의 광학적두께(상대치)와 1차 산란반사율의 파장분포를 나타낸다. 대류권 에어러솔의 광학적두께는 태양방사의 파장역에서는 거의 파장에 반비례하는 파장특성을 갖는다. 성층권 에어러솔의 광학적두께의 파장특성은 조성(組成)이나 입경(粒徑)분포에 의존하지만, 그림에 나타난 화산성 황 입자의 성층권 에어러솔의 경우에는 가시에서 근적외역에 걸쳐서 값이 크다. 대류권 에어러솔·성층권 에어러솔 모두 지구방사의 파장역에서는 가시역의 1/10 이하의 크기이다. 이것으로부터 에어러솔은 특히 태양방사에 대해 유효하다는 것을 알 수가 있다. 한편 운립자의 광학적두께의 파장 의존성은 태양방사의 파장역에서나, 적외방사에 대해서도 그 값이 비교적 크다. 따라서 구름은 태양방사와 적외방사의 양쪽에 대해서 큰 효과를 갖는다. 같은 그림에서, 1차 산란반사율의 파장분포에 보이는 것처럼 수적(水滴, 물방울)인 운립자는 가사역에서 반사율의 값이 거의 1(흡수가 없다)이고, 투명하다. 그러나 적외파장역에서는 값이 작게(산란에 수반되는 흡수가 크다) 되어 있고, 적외선을 잘 흡수하는 성질을 가진다. 한편, 에어러솔의 경우에 단파 쪽인 태양방사에 대해서는 반사율이 커서 흡수 쪽이 작지만, 장파인 지구방사 쪽으로 갈수록 작아져 급격히 떨어진다. 즉 수운(水雲)과는 상이한 반사율의 효과를 보인다.

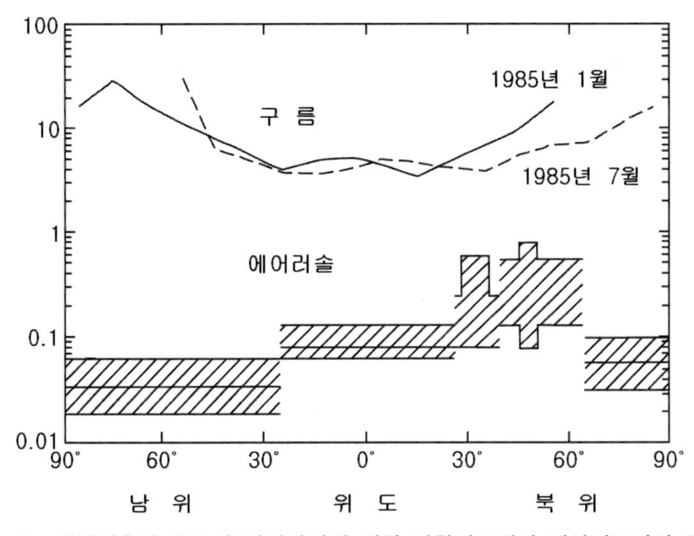

그림 7.15. 에어러솔과 구름의 가시광선에 대한 광학적두께의 대상평균치의 위도분포

구름이나 에어러솔의 분포와 성질은 공간적·시간적으로 아주 변동이 크다. 그림 7.15에 대류권 에어러솔과 구름의 광학적두께(光學的厚)의 위도분포를 나타낸다. 대류권 에어러솔의 평균적 광학적두께는 0.1의 자리수(order)이고, 구름의 평균적인 광학적두께 10의 자리수에 비교해서 1/100 정도의 크기이다. 즉, 구름의 광학적두께의 효과가 100배 정도 크다는 것은, 구름이 끼어 있을 때는 에어러솔의 효과는 상대적으로 무시할 수 있다는 것이다. 따라서 대류권 에어러솔의 직접적 방사효과는 주로 구름이 없는 청천역(晴天域 : 맑은 하늘 지역)에서 유효하다(덧붙여서, 분자대기의 파장 0.55㎛의 가시광선에 대한 광학적두께는 0.094이다). 성층권 에어러솔의 광학적두께는 배경 값(~0.005)으로는 극히 작지만, 성층권에 도달할 수 있는 큰 화산분화 후에는, 일시적으로 증대해 0.1의 자리수가 되는 일도 있어, 수년에 걸쳐서 회복이 된다.

7.3.4. 온실효과

대기는 가시역의 태양방사(단파방사)에 대해서는 거의 투명하지만, 적외역의 지구방사(장파방사)에 대해서는 불투명한 성질을 갖는다. 일반적으로 이 성질을 대기의 **온실효과**(溫室效果, greenhouse effect)라고 부르게 되었다. 이것은 식물의 육성에 이용되는 온실의 유리 지붕이 갖는 광학적 특성과 닮아 있다고 하는 생각에서 왔다. 실제의 농업용 온실에서는 방사 이외에, 온실 내의 공기가 바깥 공기와 차단됨으로써 나타나는 보온효과(保溫効果) 쪽이 크다. 이와 같은 열의 손실을 막는 작용이 있음으로, 온실효과라고 하는 명칭은 헷갈리기 쉬운 면이 있으나, 대기가 갖는 방사의 파장별 투과 특성의 차이를 표현하는 용어로써, 이 명칭은 정확해서 널리 이용되고 있다(그림 7.16 참조).

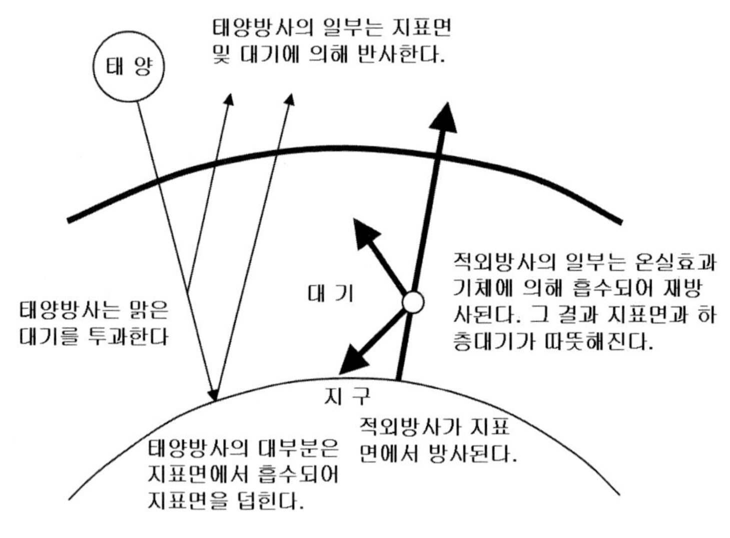

그림 7.16. 온실효과의 개념

이 대기의 성질이 지표면 온도를 결정하는 데에 중요한 역할을 하고 있다. 앞(7.2.3 항 참조)에서 우리는 대기를 무시한 경우의 지구의 방사평형온도 T_E는 255 K가 되는 것을 보았다. 이 값은 실제 지표면의 평균온도 288 K에 비교해서 33 C나 낮아, 고도 약 5 km에 있어서 상공의 평균기온에 상당한다.

여기서 대기의 온실효과를 정성적으로 이해하기 위해서, 방사평형의 관계식 (7.4)의 우변을 흑체의 방사평형온도 T_E 대신에 지표면온도 T_S를 사용해 고쳐 써 보자. 지표면에서의 흑체방사에 대한 대기의 투과율(透過率, transmissivity)을 ϵ으로 하면,

$$\pi R_E^2 S_0 (1 - A) = 4 \pi R_E^2 \epsilon \sigma T_S^4 \tag{7.23}$$

으로 고쳐 쓸 수가 있다. $T_S = 288K$ 로 하면 $\epsilon = 0.61$ 이 된다. 즉 장파방사를 잘 흡수하는 대기가 존재하기 위해서, 지표면에서 사출된 흑체방사의 61 %에 상당한 분밖에는 우주공간으로 도망가고 있지 않다. 즉 지표면에서 사출된 방사의 많은 부분이 대기에 의해 흡수되어, 실제로 대기상단에서 방출되는 방사양은 대기중층(大氣中層)의 온도에서 사출되는 흑체방사량에 상당하는 양으로 감소하고 있다. 이때 지표면 자신은 태양방사 외에, 지표면에서 사출된 방사를 흡수하는 대기가 하향으로 사출하는 장파방사양도 받는다.

이렇게 하여 적외방사에 대해서 $\epsilon < 1$ 인 대기의 온실효과에 의해, 지표면온도는 대기가 없는 경우($\epsilon = 1$ 로 한 경우에 상당)의 방사평형온도 T_E 보다 높아진다. 단, 식 (7.23)에 근거하는 위의 논의는 정량적으로는 옳지 않다. 그것은 대기의 연직구조를 고려하고 있지 않기 때문이다. 보다 정확한 논의는 다음 절에서 한다. 그런데 식 (7.23)에 포함되어 있는 행성반사율 A 와 대기의 적외투과율 ϵ 은 대기 중의 흡수기체나 구름의 분포, 해륙이나 설빙(雪氷)의 분포 등에 의존해서 변동하는 양이다. 기후(지표면온도 T_S 로 나타냈다)가 무엇인가의 원인으로 변화한 경우에, A 나 ϵ 의 값도 변하는 일이 있고, 이것이 기후의 변화를 더욱 증폭 또는 억제한다고 하는 연결된 사슬이 생각되어진다. 이것을 **기후의 피드백(feedback)작용**이라고 한다.

결국, 지구대기의 평균기온이 생물의 생존에 적당한 15 C 로 되어 있는 것은 대기 중의 이산화탄소와 수증기의 온실효과의 덕택이다. 기후형성에 온실효과가 중요한 역할을 하고 있는 부분이다.

7.4. 지구대기의 방사수지

7.4.1. 지구대기의 온실효과

대기가 태양방사의 파장역에서는 투명하지만, 적외방사에 대해서는 불투명하기 때문에, 지표면온도가(대기가 없을 경우의 온도보다) 높아지는 현상을 온실효과라 불렀다. 온실효과의 역할을 갖는 기체성분을 **온실효과기체**(溫室效果氣体, greenhouse gases)라 부른다. 지구대기의 경우, 그 주성분인 질소나 산소는 전혀 온실효과에 기여하지 못한다. 지구대기의 주된 온실효과기체는 대기조성으로써는 근소한 비율밖에 포함되어 있지 않는 수증기·

이산화탄소(CO_2 ; 체적비 = ~ 0.035 %) · 오존(O_3 ; ~ 0.000 04 %) · 메탄(CH_4 ; ~ 0.000 2 %) · 일산화이질소(N_2O ; ~ 0.000 03 %) 등이다(그림 7.1 참조).

이 외에도 원래는 대기에는 포함되어 있지 않고, 인간이 인공적으로 만들어 대기에 방출하고 있는 온실효과기체로써는 프레온류($CFCs$)가 있다. 프레온류는 그 자신의 온실효과와 함께, 그것이 성층권으로 운반되어, 거기서 오존층을 파괴하는 효과가 있다고 되어 있어, 그 방출규제가 사회문제로 되어 있다.

이들 중, 지구대기의 온실효과에 가장 중요한 것은 수증기, 다음으로 이산화탄소이다. 온실효과기체는 원래 지구의 대기 중에서는 아주 근소한 양이기 때문에, 그 농도는 인간 활동의 영향을 받기 쉽다. 인간 활동에 의해 대기 중에 방출된 온실효과기체의 양이 증가함으로써 온실효과가 강화되고, 지표면온도가 상승하는 **지구온난화**가 큰 문제로 되어 있다. 적외방사를 흡수하는 온실효과기체의 증가에 의해, 지표면온도가 상승하는 것은 방사평형의 식 (7.23)에 있어서 대기의 적외방사에 대한 투과율 ϵ 의 값이 0.61 보다 감소하는 것에 의해, 지표면온도가 288 K 보다 높아지는 일도 이해할 수가 있다.

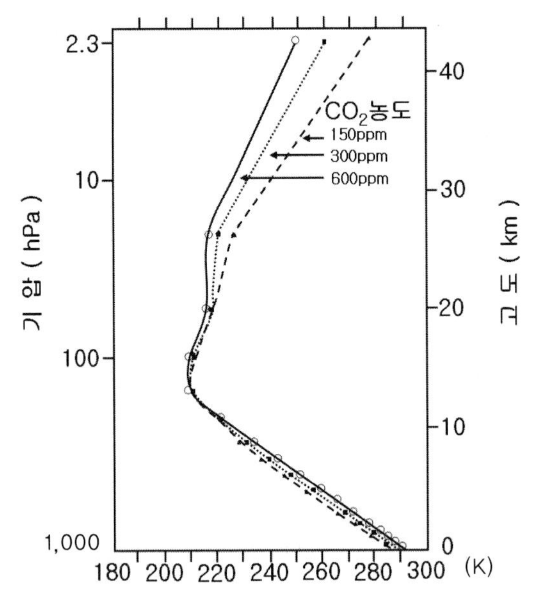

그림 7.17. 방사-대류평형대기의 기온의 고도분포(이산화탄소의 여러 농도에 대함)

인간 활동에 의해 영향을 받는 온실효과기체 중, 그 효과가 가장 큰 것은 이산화탄소, 다음으로 메탄이다. 이산화탄소의 농도 변화에 의해 평균기온의 분포가 어떻게 변화할까를 그림 7.17 의 계산결과에서 보자(Manabe & Weatherald, 1967년). 이산화탄소 농도가 예를 들면 300 ppm(ppm : 체적비 10^{-6})에서 600 ppm 으로 2 배가 되면, 지표에서 대류권의 모든 층에 걸쳐서 기온이 2.4 C 상승한다. 반대로 성층권에서는 기온이 저하하고, 그 저하는 상층으로 갈수록 크다.

이와 같은 기온분포가 되는 메커니즘〔mechnism, 기구(機構)〕은 다음과 같이 이해할 수 있다. 대류권에서 공기를 덥히고 있는 것은, 태양방사의 직접 흡수와 대류에 의해 지표에서의 열수송이다. 이 열을 우주공간으로 방출해서 균형을 갖는 역할을 하는 것이, 지표나 대기에서의 적외방사이다. 또 수증기나 이산화탄소의 양이 많기 때문에, 방사의 유효사출고도(有效射出高度)는 대류권의 중층(中層)으로 되어 있다. 한편, 대류권의 기온분포는 대류에 의해 기온감률이 일정치(이 경우 $6.5K/km$)를 넘지 않는 형태에서 결정된다. 거기서 이산화탄소가 증가하면, 대기는 그 만큼 적외선에 대해 불투명하게 되고, 방사의 유효사출고도가 높아진다. 즉 보다 높은 곳이 현재와 같은 온도가 되도록, 지표면이나 대류권의 온도가 상승한다.

한편, 대류권과는 열적으로 격리된(대류에 의한 열수송이 없는) 성층권에서는 방사평형의 모양으로 온도분포가 결정되고 있다. 즉, 오존의 태양방사흡수에 의한 가열과 이산화탄소나 수증기의 적외방사사출에 의한 냉각이 거의 평형을 이루고 있다. 거기서 이산화탄소 농도가 증가해서 적외방사의 사출률(射出率)이 증가하면, 지금보다도 낮은 온도에서도 오존이 흡수하는 태양방사에너지와의 평형을 달성할 수가 있다.

이와 같이 이산화탄소의 농도가 증가하면, 지표에서 대류권에 걸쳐서 온도가 상승하고, 역으로 성층권에서는 온도가 내려가는 것이 된다.

7.4.2. 에어러솔과 구름의 방사효과

ㄱ. 에어러솔의 방사효과

에어러솔의 방사효과에 대해서는 방사를 산란·흡수하는 직접적인 효과와 함께 운립자의 응결핵(凝結核)이 되는 구름의 광학적 성질을 변화시키는 것을 통해서의 간접적인 효과가 있다. 에어러솔은 특히 태양방사를 효과적으로 산란, 또는 흡수하고, 지표면에 도달하는 태양방사량을 줄인다. 이것을 에어러솔의 **파라솔**〔parasol, 양산(洋傘, 陽傘), 일산(日傘)〕**효과**(umbrella effect)라고 부른다. 에어러솔의 증가는 특히 직달일사량의 감소에 큰 영향을 미친다. 산란된 태양방사의 상당한 부분은 산란일사량으로써 지표면에 도달함으로, 직달일사 감소량의 태반은 산란일사량의 증가로써 보상된다. 에어러솔의 방사수지(放射收支)에 미치는 효과의 크기는 에어러솔의 양·입경(粒徑)분포 뿐만이 아니고, 입자의 광학적 성질(조성이나 상재습도 등의 상태)에 크게 의존한다.

그림 7.18은 대류권 에어러솔의 증가가 지상기온의 변화에 미치는 효과를 파장 1㎛의 광학적두께로 표현한 대류권 에어러솔의 양 및 태양방사에 대한 흡수성을 파라미터〔parametter, 매개변수(媒介變數), 조변수(助變數)〕로써 나타냈는데, 전구평균의 상태에 대응된다. 대단히 흡수성이 강한 경우($n_i = 0.1$)를 제외하고, 지상기온은 대류권 에어러솔의 증가에 의해 감소하는 것을 나타내고 있다. 그 효과는 흡수성이 약한 에어러솔의 경우일수록 크다.

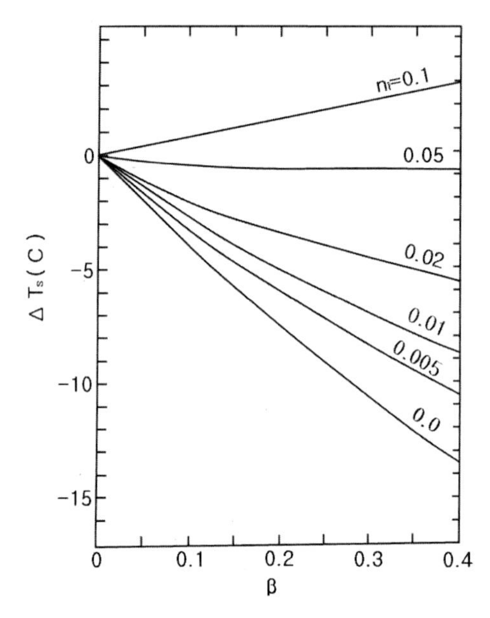

그림 7.18. 대류권 에어러솔의 양의 변화에 따른 전구평균의 지상기온 T_s 의 변화량

Yamamoto & Tanaka(1972)에 의함, 가로축 β : 파장 1 ㎛ 의 광학적두께,
파라미터 n_i: 에어러솔의 복소굴절률의 허수부

인간활동이 기후에 미치는 영향에 관련해서 근년 주목하고 있는 것은 인공기원(人工起源) 에어러솔의 효과이다. 인간활동에 기인하는 에어러솔의 대부분은 화석연료의 소비에 의한 이산화탄소와 함께 방출되는 이산화황(SO_2)이 입자화한 것이다. 이런 종류의 에어러솔은 태양방사에 대해서 상당히 불투명하므로, 지상기온을 내리는 효과가 강하다. 이산화탄소의 증가량에서 추정되는 지상기온의 승온량(昇溫量)이 관측에서 검출된 평균기온의 상승분의 약 반 밖에 안 되는 것으로부터 인공기원의 황산에어러솔의 파라솔효과가 이산화탄소 등의 온실효과에 의한 승온을 억제하고 있는 것은 아닐까라고 하는 견해도 있다.

한편, 인간활동에 수반해서 매연(煤煙, 그을음) 등이 태양광을 강하게 흡수하는 에어러솔도 동시에 방출되고 있다. 그 가열효과도 경합(競合)하고 있어, 대류권 에어러솔의 방사효과는 그리 단순하지가 않다. 대류권 에어러솔의 운대기(雲大氣)과정을 통해서의 간접적인 방사효과로써는, 화전(火田)이나 선박의 배연(排煙) 등 인간활동에 의한 에어러솔의 방출이 구름의 방사특성을 바꾸고 있는 것을 나타내는 예가 최근 관측되고 있다.

대규모의 화산분화에 의해 초래되는 성층권 에어러솔의 증대도, 파라솔효과에 의해 지상기온을 내리는 효과를 갖는다. 한편으로는 화산성의 성층권 에어러솔은, 태양방사의 흡수(화산재 주체의 에어러솔의 경우) 또는 따뜻한 지표면이나 대류권에서의 적외방사를 흡수(이산화황기체가 입자화한 황산수용액 입자의 경우)하는 것에 의해 성층권을 덥힌다. 성층권 에어러솔의 파라솔효과의 내용도 그 조성에 따라 차이가 있다.

ㄴ. 구름의 방사효과

구름입자의 산란특성의 파장 의존성(그림 7.14 참고)과 큰 광학적두께와 어울려서, 구름은 태양방사와 지구방사의 양쪽에 대해서 아주 큰 방사효과를 갖는다.

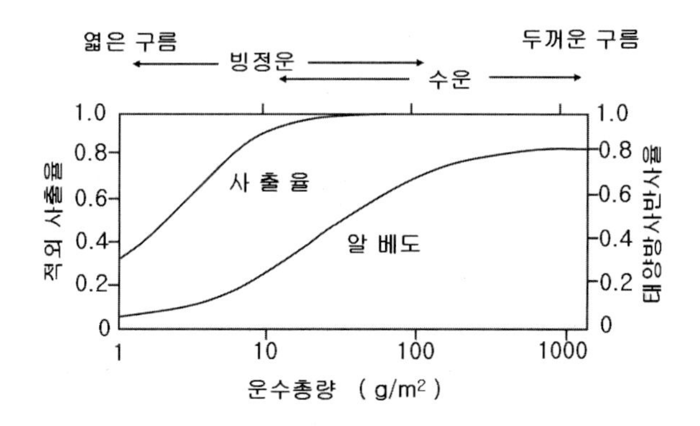

그림 7.19. 운수총량의 함수로써 표시한 운층의 적외방사에 대한 사출율과 태양방사에 대한 반사율

그림 7.19는 태양방사에 대한 반사율과 적외방사에 대한 사출률(射出率, 흡수율)을 구름 층의 연직운수총량(鉛直雲水總量)의 함수로써 그림으로 표시한 것이다. 가로축을 운수총량(雲水總量) W로 취한 것은 운수량이 구름의 미대기(微大氣) 특성을 기술하는 대표적 양임과 동시에, 수운립자(水雲粒子)의 유효반경을 r_e로 했을 때,

$$\tau_v = \frac{3\,W}{2\,r_e} \tag{7.24}$$

로 되는 근사관계를 통해서 가시광에 대한 광학적두께 τ_v 와 연결지울 수가 있다. 운수량이 많은(광학적으로 두꺼운) 수운(水雲)은 태양방사를 잘 반사하는 일, 또 적외방사를 거의 완전히 흡수하는 흑체로써 행동하는 것을 나타내고 있다.

한편, 수운(빙)량〔雲水(氷)量〕이 적은(광학적으로 얇은) 빙정운의 경우에는 태양방사는 비교적 잘 투과하지만, 적외방사에 대해서는 반투명에서 거의 흑체와 운수량에 의존해서 크게 변한다. 이와 같이, 구름은 한편으로 태양방사를 강하게 반사해서, 지구-대기계가 흡수하는 태양방사량을 줄임으로써 이것을 냉각시키는 역할을 한다. 다른 한편으로는 (유효사출고도가 보다 저온의 운정고도로 올라감으로써)지구에서 우주로 방출되는 적외방사량을 줄여서, 지표면을 보온하는 역할을 동시에 갖는다.

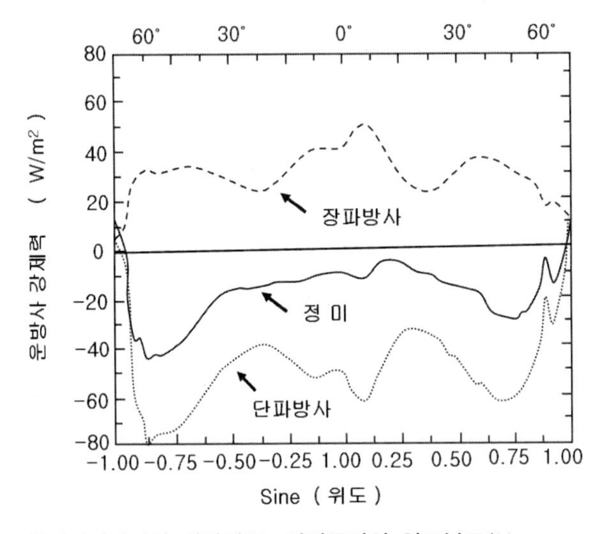

그림 7.20. 운방사강제력의 대상평균 · 연평균치의 위도분포(Hartmann, 1993년)

구름이 지구-대기계의 방사수지에 미치는 효과는 태양방사에 대한 반사효과와 적외방사에 대한 보온효과라고 하는 상반된 2개의 효과의 겹침의 결과로써 정해진다. 각각의 효과의 크기는 구름의 종류 · 미대기특성 · 분포상태 · 지리적 위치 · 태양고도 등 많은 요소와 복잡하게 관련되어 있다. 일반적으로는 하층의 수운에서는 태양방사에 대한 반사효과가, 상층의 엷은 빙정운의 경우에는 적외방사에 대한 보온효과가 탁월하다.

실제 구름의 방사수지효과의 한 예를 나타낸 것이 그림 7.20이다. 이것은 연평균한 운방사강제력(雲放射强制力)의 위도분포를 태양방사와 지구방사 및 그들의 차인 정미방사(正味放射)에 대해서 나타낸 것으로, 인공위성에서의 관측결과이다. 운방사강제력은 흐린 경우와 구름이 없는 청천(晴天)의 경우의 대기상단에 있어서 방사수지의 차로써 정의된다. 이 해석 예에서는 양극역(兩極域)을 제외하고, 태양방사에 대한 반사효과의 쪽이 강하고, 현 기후 하에서의 구름의 분포상태는 청천의 경우에 비교해서 지구-대기계를 냉각시키는 쪽으로 작용하는 것 같다. 기후와의 관계에서 복잡한 문제는 기후의 변화에 수반해서 구름의 양이나 분포상태 또는 미대기(微大氣) 특성이 변화하고, 그것에 의해 구름의 방사효과가 바뀌고, 더욱 기후에 영향을 미친다고 하는 피드백(feedback)의 작용이 생각되는 것이다. 구름-방사-기후-구름의 피드백의 연결에 대해서는 현재 거의 알려져 있지 않아서, 이후의 연구가 기대되는 분야이다.

7.4.3. 열(방사)수지

최후에 이제까지를 종합해서 지구-대기계의 **열수지**(熱收支, heat budget, 熱均衡) 또는 **방사수지**(放射收支, radiation balance)를 본다. 지구는 끊임없이 태양에서부터 $S_0 \pi {R_E}^2$의 열을 받고 있음에도 불구하고 지구의 평균기온이 대략 일정하게 유지되어 있는 것은 반사, 산란, 장파의 방사에 의해서 같은 양의 열을 상실하고 있기 때문이다. 전구평균・연평균한 경우에 대응하는 것으로, 지구표면이 하루에 받는 평균열량 S_m 은 태양상수(S_0)의 1/4 로, 식 (7.3)에 의해

$$S_m = \frac{1}{4} S_0 = 705.6\ cal/cm^2 \cdot day \fallingdotseq 342\ W/m^2 \qquad (7.25)$$

가 된다. 이 값을 100% 로 해서 대기의 에너지의 수수(授受)의 관계 즉 수지(收支, budget)를 그림 7.21 을 보면서, 다음과 같이 이해하도록 하자.

먼저 태양방사(100 %)의 행방을 보자. 지구대기의 상단에서 입사한 에너지의 30 % 가 대기나 구름에 의해 산란과 지표면의 반사에 의해 우주공간으로 되돌아 간다(이것을 지구의 행성반사율이고, 이 30 % 의 값은 인공위성에 의한 관측치이다). 이중 특히 구름에 의한 반사 효과가 큰 것에 주목하기 바란다. 나머지의 70 % 중 약 20 % 는 대기 중의 수증기・오존 등의 기체성분, 및 에어러솔이나 구름 등에 의해 흡수되어서 직접 대기를 가열한다. 잔여의 50 % 가 직달일사나 산란일사로써 지표면에 도달하고, 거기서 흡수되어 지표면을 덥힌다.

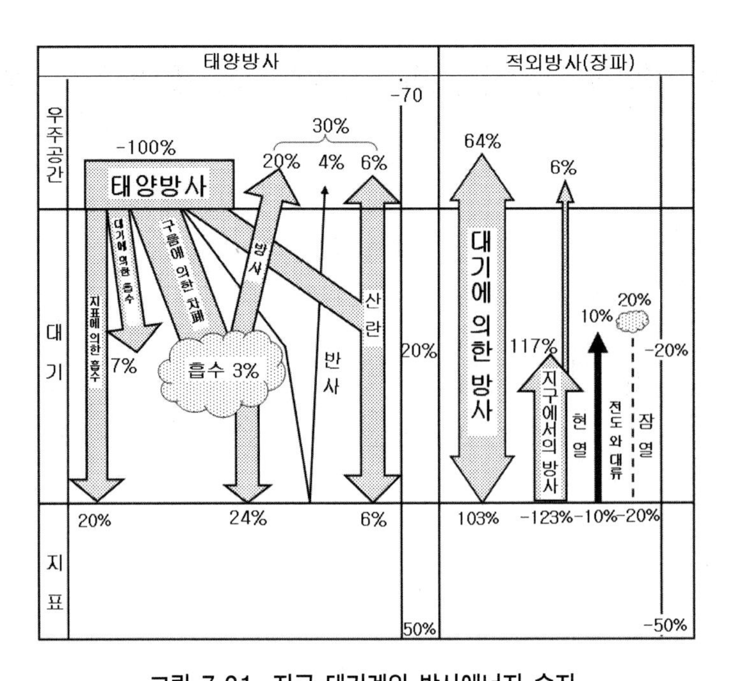

그림 7.21. 지구-대기계의 방사에너지 수지

전구평균 · 연평균으로, 대기 상단에 입사하는 태양방사량을 100 % 로 했을 경우로, 반사율을 0.3으로 함. Eagleman, J. R. (1980년)에 의함.

다음에 지구방사의 수지를 알아본다. 대기 상단에서는 대기방사의 64 %에, 지표면 방사 중 대기에 흡수되지 않고 남은 6 %가 더해져서 합계 70 %가 우주공간으로 방출되고 있다. 즉, 대기-지표계가 받는 유효태양방사(有效太陽放射)와 같은 양의 지구방사가 우주공간으로 방출되고 있고, 지구 전체의 방사수지가 유지되고 있다. 에너지의 수지는 대기 및 지표면 각각에 있어서도 성립하고 있다. 지표면에서는 입사하는 태양방사의 123 % 에 상당하는 에너지가 지표면방사로써 사출되고 있지만, 그 대부분(103 %)이 대기에서의 하향방사에 의해 상쇄되어서, 정미(正味, 순, net)로써 지표면에서 잃어버리는 방사에너지는 20 % 에 지나지 않는다. 이 상쇄효과가 온실효과의 이름으로 불리고 있는 대기의 보온작용이다. 또 지표면에서는 잠열이나 현열의 형태로 합해서 30 % 상당의 에너지가 대기로 운반되고, 대기에 있어서는 과잉의 방사냉각 - 50 %(= 117 - 103 - 64)를 보충하고 있다. 잠열에 의한 20 % 는 구름 속에서 수증기의 응결에 의해 해방되어 대기를 덥힌다.

또한 이들의 수치는 대표적인 평가치고, 대기 내 및 지표면에 있어서의 에너지 분포에 대해서는 연구자에 따라 다소 평가가 다르다.

이와 같이 태양방사에너지의 수지는 계절별 또는 지역별로 보면 성립하지 않는다. 연평균상태로써도 위도별로 보면, 남북 양반구 모두 다 위도 약 35° 를 경계로 해서, 그것보다 저위도 측에서는 대기-지표계가 흡수하는 태양방사 쪽이 많고, 반대로 고위도 측에서는 우주공간으로 방출되는 지구방사 쪽이 많게 되어 있다. 이것은 이미 언급했다. 대기나 해양의 대규모의 운동이 저위도 쪽에서 고위도 쪽으로 열에너지를 운반함으로써, 이 방사에너지수지의 불균형을 보상하고 있다. 이와 같은 방사에너지의 수지는 대기순환의 평균상태로 기후의 형성에 깊은 관련성이 있고, 에너지 분포의 근소한 변조(變調)가 기후의 변화를 가져올 수가 있다.

연 습 문 제

1. 지구와 태양사이의 거리는 최대 $1.52 \times 10^8 km$, 최소 $1.47 \times 10^8 km$ 이다. 지구가 받는 일사는 몇 %의 변화가 있을까(註)?

2. 흑체방사의 휘도를 주어지는 플랭크함수에서 $B_\lambda(T)d\lambda = B_\nu(T)d\nu$ 의 관계를 이용해서 진동수 ν 에 대한 표현으로 고치면,

$$B_\nu(T) = \frac{2h\nu^3}{c^2\left(e^{\frac{h\nu}{kT}} - 1\right)} \qquad (연\ 7.1)$$

로 주어진다. 또 이것을 파수 n에 대한 것으로, $B_n(T)dn = B_\nu(T)d\nu$ 의 관계를 고치면,

$$B_n(T) = \frac{2hc^2n^3}{e^{\frac{hcn}{kT}} - 1} \qquad (연\ 7.2)$$

로 주어진다. 이들을 증명하라.
〔참고서 대기와 방사과정, 會田 저, 69쪽과 최신기상사전 461쪽 참조〕

3. 지구표면이 하루에 받는 평균열량 S_m 은 태양상수(S_0)의 1/4로, 식 (7.3)에 의해

$$S_m = \frac{1}{4}S_0 = 705.6\ cal/cm^2 \cdot day \fallingdotseq 342\ W/m^2 \qquad (7.25)'$$

이다. 단위를 환산해 보도록 한다(cal → W).
(15 C 의 $1cal = 4.1855J$, $\quad J = \frac{hr}{3.6 \times 10^3}W$ 을 이용)

제 Ⅲ 부

대기운동

Chapter

8 대기운동 I

대기 중에서 발현(發現)하고 있는 현상을 진실로 이해하기 위해서는 **대기운동**(大氣運動, atmospheric motion)의 실태, 역학적·열역학적 기구, 대기-해양-육지-얼음의 상호작용, 대기 중 물질의 존재·생성소멸·이동·상변화 등에 대해서 모두 해명해야 된다. 이러한 관점에서 여기서는 대기대순환에서 건물풍까지 광범위하게 알아본다.

8.1. 대기운동의 규모(스케일)

지구대기 중에 보이는 각양각색의 대기운동이나 요란(擾亂, disturbance)에는 고유의 수명과 크기(규모)가 있어서 결코 완전한 난류상태에 있는 것이 아니다. 그들을 대표적인 시간 규모·공간 규모에 따라서 분류하면, 그림 8.1과 같이 거의 대각선상에 줄지어 놓이게 된다. 즉, 어느 정도 존속하는 것은 어느 정도의 크기가 있다는 것이다. 규모(scale)의 엄밀한 정의는 어렵다.

예를 들면, 오구라〔小倉, 1984 : 오구라 요시미쓰(小倉 義光); 前 東京大學 교수〕는 수평규모로써

① 적운이나 뇌우와 같이 독립된 현상이라면, 그 수평(水平) 사이즈(size, 크기),
② 온대저기압이나 이동성고기압과 같은 유사한 현상이 서로 줄지어 있을 경우에는 서로 이웃한 거리,
③ 그리고 편서풍대의 파동 등에서는 파장

을 시사하고 있다.
또 시간규모는

① 발생에서 소멸까지의 수명시간,
② 반복해서 생기거나 강약을 반복해서 바꾸거나 하는 경우에는 그 주기,
③ 모양이나 강도가 그다지 변하지 않고 이동하고 있는 현상에서는 그 현상이 어떤 지점을 통과하는 데 필요한 시간

으로 하고 있다.

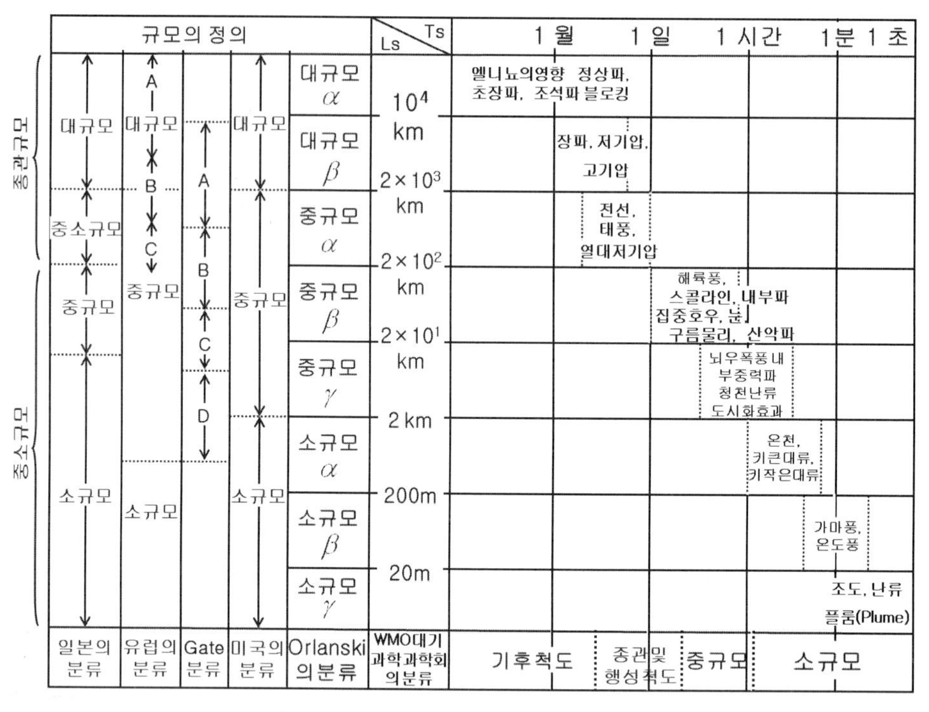

그림 8.1. 스케일의 정의와 각종의 대기현상

규모(스케일)의 정의와 각양각색의 대기현상 고유의 수평스케일(Ls) 및 시간스케일(Ts)로 만들어진 좌표 상에 표현

이들은 현상에 따르는 적절한 정의의 시도라고 말할 수 있고, 충분히 사용할 수 있는 것들이다. 또한 규모 해석에 의해 방정식의 각 항의 크기를 견적하는 경우에는 수평규모로써 준주기적(準週期的) 변동의 파장이나 크기의 1/2 정도, 시간규모로써는 주기나 수명·통과시간의 1/2 정도를 이용한다. 규모에 의한 대기운동의 분류는 그림 8.1을 보듯이, 여러 가지 기관이나 연구자에 의해 행하여지고 있고, 그 규모의 명명도 각양각색이어서 어느 것을 기준으로 해야 할지 혼란스럽기도 하다.

8.2. 대기대순환

지구대기의 운동의 구동력(驅動力)은 지구-대기계가 태양으로부터 열에너지를 동력원(動力源)으로 해서 받는 태양방사의 남북경도(南北傾度)이다. 더욱 지구 자전의 영향이 더해져서 전구규모(全球規模)의 흐름을 만들고 있다. 이것에 대륙이나 해양에 의한 열적인 차이나, 대규모의 산악에 의한 영향을 받아서 지구를 도는 순환을 형성하고 있다. 이것들을 총칭한 지구 전체의 대기의 흐름을 **대기대순환**(大氣大循環, general circulation)이라고 한다.

8.2.1. 풍계와 기온장

ㄱ. 풍계

그림 8.2는 1월과 7월의 북위 50°~남위 50°의 지상풍의 풍계(風系, wind system, system of winds) 분포이다(Mintz, 1968).

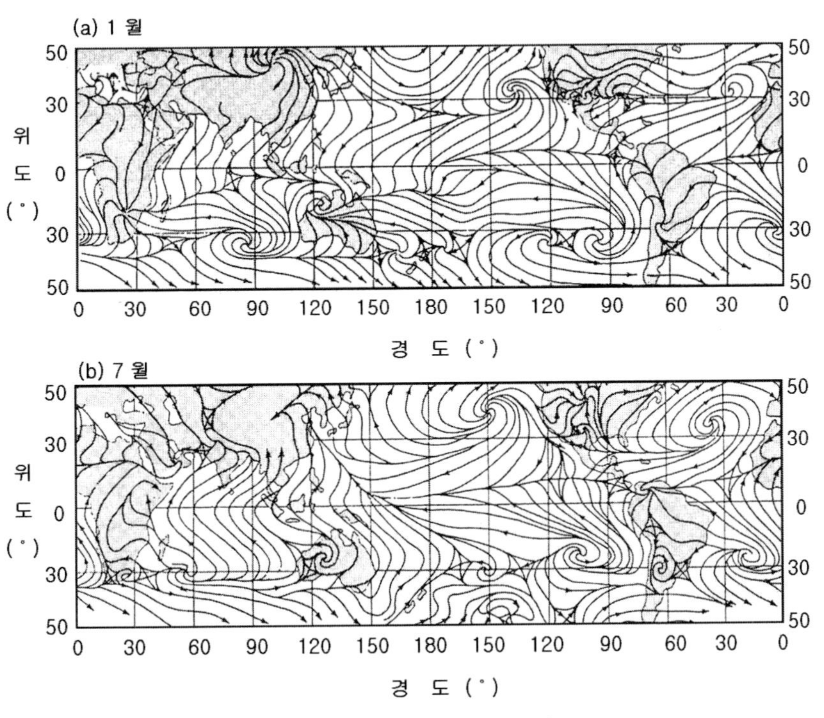

그림 8.2. 지표의 평균 풍계

1년을 통해서 평균적으로 열대지역에서는 동풍〔東風(east wind), 편동무역풍(偏東貿易風, easterly trade wind)〕, 중위도역에서는 서풍〔西風(west wind), 편서풍(偏西風, westerlies)〕이 탁월하지만, 큰 대륙 주변에서는 계절에 의해 거의 반대 방향의 바람이 불고 있다. 이것은 대륙과 해양과의 열적 차이에 의해, 여름에는 상대적으로 차가운 해양에서 따뜻한 대륙방향으로, 겨울에는 차가운 대륙에서 따뜻한 해양방향으로 바람이 불고 있기 때문에, 이와 같은 바람을 **몬순**(monsoon, **계절풍**(季節風)〕이라고 부른다. 또 티베트 고원이나 로키 산맥 등의 대규모 산악 부근에서는 산의 주위를 우회(迂廻, 迂回 : 곧바로 가지 않고 멀리 돌아서 감)하는 흐름과 산을 넘는 기류가 복잡하게 서로 엉켜있다.

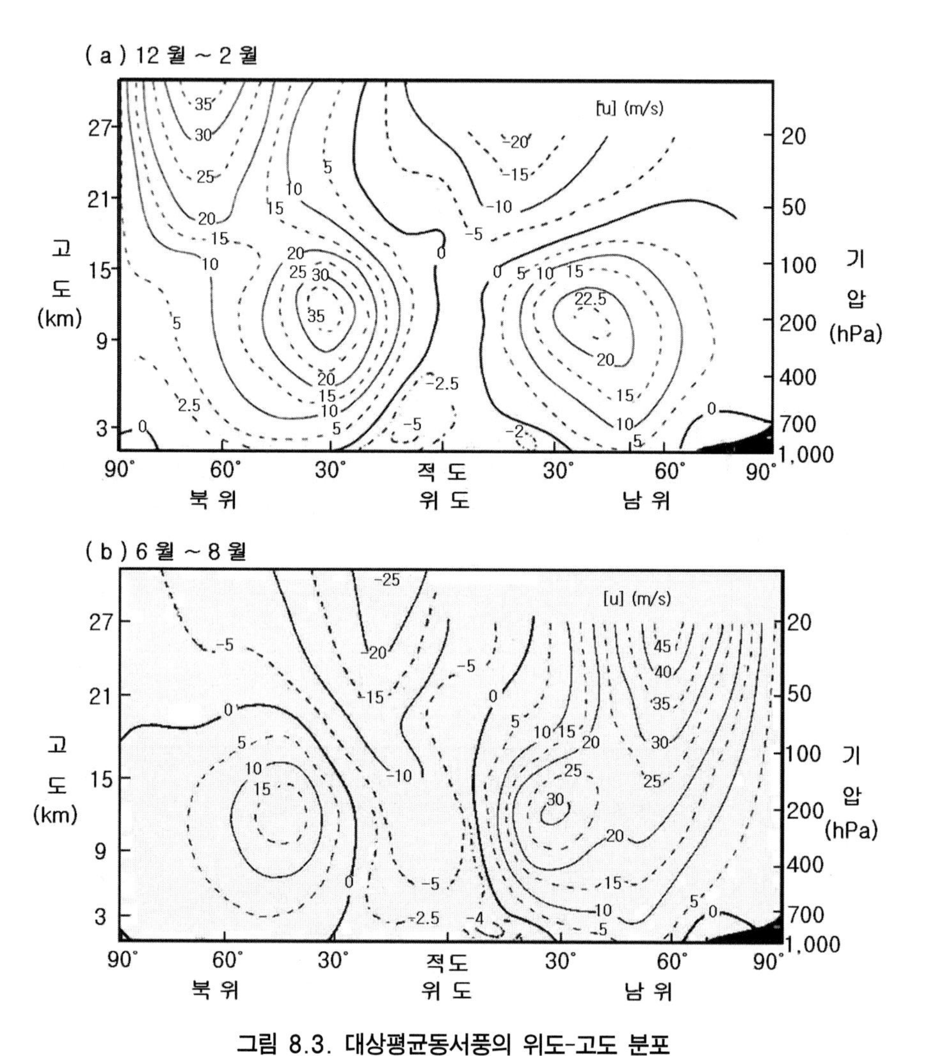

그림 8.3. 대상평균동서풍의 위도-고도 분포

(a) : 12~2월, (b) : 6~8월, +(-)은 서(동)풍을 나타내고, 단위는 m/s 이다. Newell et al.(1972)에 의함.

지상에서 약 30 km 상공까지 동서방향 바람의 위도-고도 단면도를 나타낸 것이 그림 8.3 이다. 대류권에서는 지상풍에서도 본 것 같이, 열대지역에서는 동풍이, 중·고위도역에서는 서풍이 탁월하게 불고 있다. 또 극 부근의 하층에서는 약한 동풍이 존재한다. 중위도의 편서풍의 중심은 대류권 상부 12 km 부근에 있고, 그 강도는 여름보다도 겨울에 강하고 극대치는 30~35 m/s 이다. 이 편서풍은 **아열대제트류**(亞熱帶제트流, subtropical jet stream)라 부르고, 제트의 중심은 겨울은 위도 30° 부근에 있지만, 여름에는 위도 40~45° 부근으로 이동한다.

그림 8.3 의 2 장의 분포가 반대칭으로 되어 있지 않는 것은 북반구와 남반구의 해륙이나 지형의 분포가 다르기 때문에 같은 계절에서도 양 반구의 대기 흐름이 다르게 나타나고 있기 때문이다. 성층권에서는 겨울 반구의 위도 60~70° 부근에 대류권의 아열대제트와 다른 강한 서풍이 나타나고 있다. 이 서풍은 **극야제트류**(極夜제트流, polar night jet stream)라고 부르고, 상층으로 갈수록 강해진다.

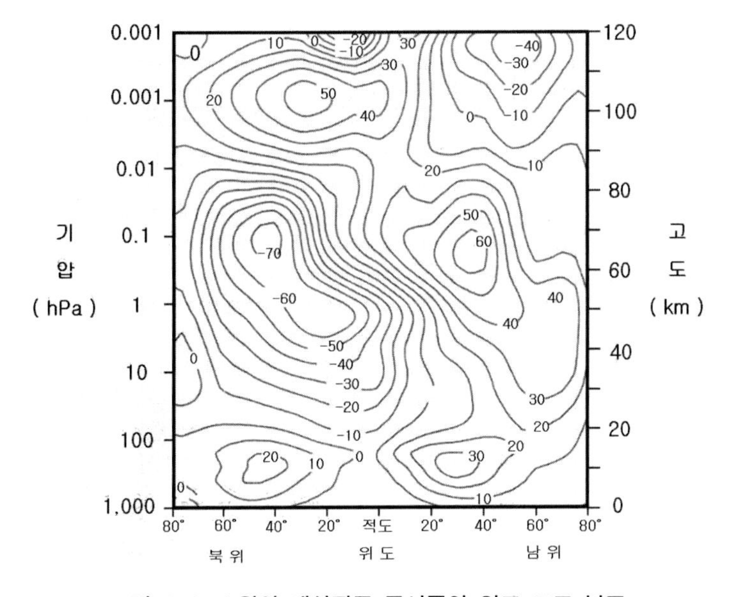

그림 8.4. 1 월의 대상평균 동서풍의 위도-고도 분포

+(-)은 서(동)풍을 나타내고, 단위는 m / s 이고, Holton(1992)에 의함.

그림 8.4 는 1 월의 지상에서 상공 120 km 까지 동서풍의 위도-고도 단면도이다. 위 그림은 대류권과는 다르게 성층권보다 상층에서 계절에 의한 반구규모에 흐름이 역전되어 있다. 즉 성층권·중간권에서 겨울반구(冬半球)에서는 서풍이 여름반구(夏半球)에서는 동풍이 탁월하다. 70 km 부근에 제트(jet)의 중심이 존재하고 있고, 각각 60~70 m / s 의 강

풍이 불고 있다. 이것은 다음에 기술하는 기온의 장의 그림에서도 보는 것과 같이, 기온이 성층권에서는 여름반구의 극에서 최대, 겨울반구의 극에서 최소가 되는 계절변화에 대응하고 있다.

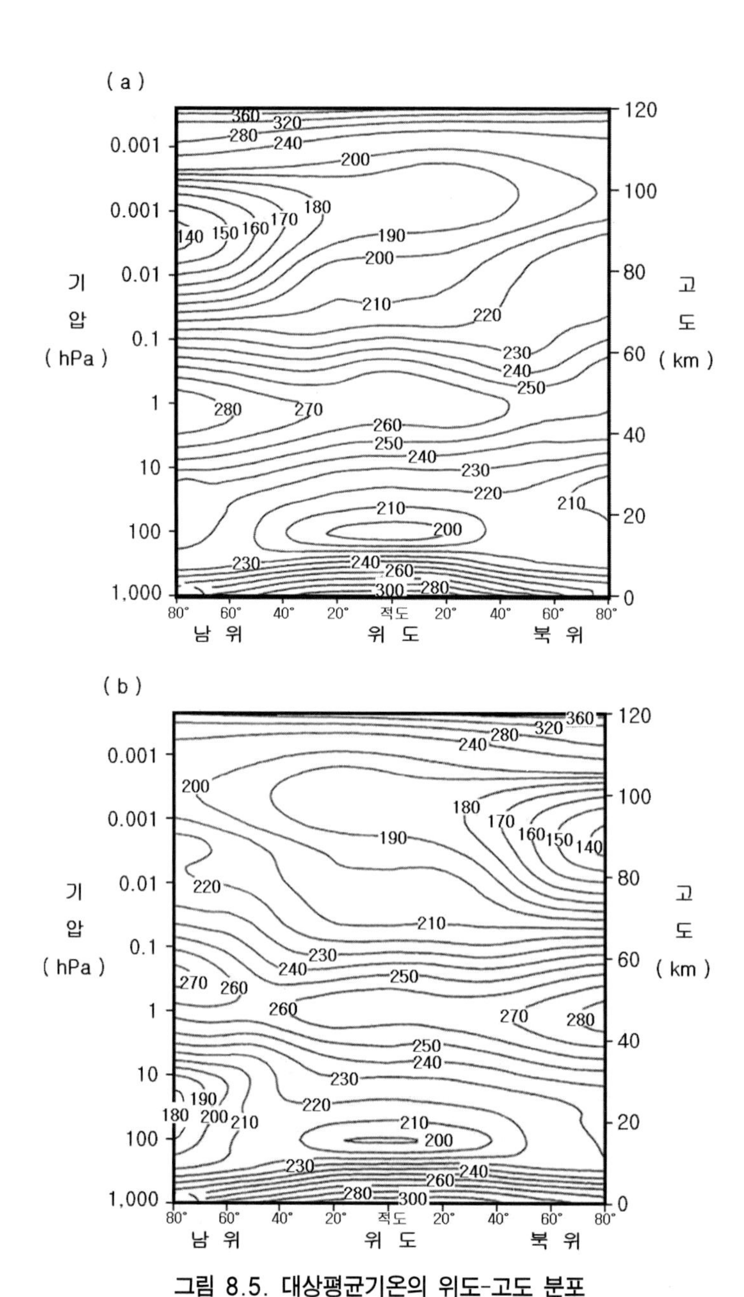

그림 8.5. 대상평균기온의 위도-고도 분포

(a) : 1월, (b) : 7월, 단위는 K이고, Flemming et al.(1990)에 의함.

ㄴ. 기온장

앞에서 기술한 바람의 장(場)은 기온분포와 밀접한 관계를 가지고 있다. 그림 8.5는 지상에서 상공 약 120 km 고도까지 기온의 위도-고도 단면도인 **기온장**(氣溫場, air temperature field)이다. 대기의 하층에 해당하는 대류권에서는 기온은 위로 가면서 감소하고, 열대지역에서는 약 16 km 부근, 고위도에서는 약 10 km 부근에 존재하는 권계면(圈界面)에서 최저가 된다. 그 상방의 성층권에서는 역으로 상승하고, 50 km 부근에 있는 성층권계면에서 최고가 된다. 대류권의 기온은 여름·겨울 모두 저위도 지역에서 최대, 고위도 지역에서 최소가 되어 있지만, 성층권보다 상층에서는 겨울반구의 극에서 저온, 여름반구의 극에서 고온이 나타난다. 성층권의 기온분포가 계절에 의해 크게 변화하는데 대해서, 대류권의 기온분포는 계절변화가 작다. 이것은 대류권의 기온은 비열이 큰 해양의 영향을 강하게 받고 있는데 반해서, 성층권보다 상층에서는 해양의 영향은 작고, 태양에서 방사량의 계절변화에 직접 응답하고 있기 때문이다.

8.2.2. 대기 - 해양의 상호작용

대기의 하층 해양에서는 바람에 의해 풍성순환(風成循環)이 만들어지고 있다. 이 해양표층의 순환에 의해 열에너지·염분이 수평방향으로 수송되고, 수온·염분 농도가 변화한다. 주로 해양에서 대기로 열과 수증기가 공급되지만, 그 양은 쌍방이 접하고 있는 해면 가까이의 대기와 해양의 온도·수증기의 차와 풍속의 강도에 의해 정해진다.

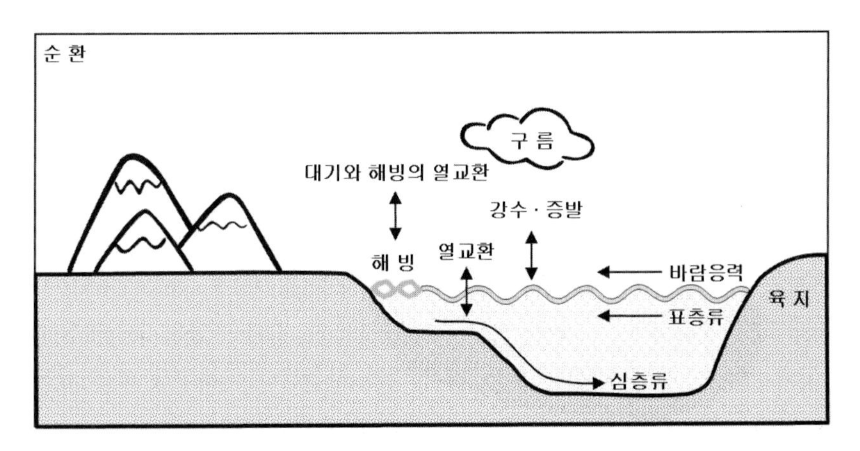

그림 8.6. 대기-해양 상호작용의 개념도

대기로 공급된 열과 수증기는 현열·잠열로써 대기를 가열하고, 대기의 순환을 바꾼다. 대기의 순환의 변화와 함께 대기하층의 바람도 변해 해류에 영향을 준다. 해양 상에 내리는 비는 해양표면의 수온을 변화시킴과 동시에, 염분농도를 희석한다. 또 해빙(海氷) 상에서는 태양에서의 열에너지가 반사됨과 동시에 하층대기를 냉각시킨다. 이와 같이 대기와 해양은 상호관련을 가지면서 대기-해양간의 운동량·열·수증기 등을 서로 주고받으면서 변화하고 있다(그림 8.6).

대기와 해양은 비열(比熱, specific heat)의 차이로 같은 양의 에너지의 가열에 대해서 상승온도 폭이 다르다. 즉 바다는 많은 열을 받아도 서서히 가열되고 냉각도 서서히 일어나는 반면, 육지는 작은 열에도 빨리 가열되고 냉각도 빠르다. 따라서 같은 양의 태양방사를 받아도 육지는 빨리 가열되고 해양은 더디다. 따라서 육지를 가열한 열을 바다가 흡수해서 육지의 상승을 더디게 한다. 한편 겨울과 같이 추울 때에는 많은 열을 저장하고 있던 바다가 열을 내어서 육지한테 준다. 육지는 지나친 냉각을 막아준다. 이와 같은 해양(바다)을 항온조(恒溫槽 : 항상 일정한 온도의 그릇)의 역할이라 할 수 있다. 대륙성기후의 심한 냉각과 가열로 일교차가 큰 것을 해양성기후에서는 바다가 최고기온을 낮추고 최저기온을 높여서 일교차를 적게 하고 일정한 기온에 가깝도록 하는 역할이다. 이와 같은 작용을 "어머니"와 같을 역할이라 할 수가 있다.

물의 순환〔수순환(水循環)〕 : 지구는 물의 행성이라고 말할 수 있을 정도로 태양계의 다른 별에 비해서 물이 비교적 풍부하고, 지구 표면의 74%가 물로 뒤덮여있다. 지구상의 물의 분포를 보면, 지상의 물의 97.3%는 해양에 존재하고, 바다가 일정한 깊이를 갖는다고 가정하면 3.6km의 깊이를 갖는다. 나머지 물의 80% 이상은 양극, 그린란드, 대륙위의 만년빙(萬年氷)으로 존재한다. 육상의 지하수·호수에 존재하는 물은 근소하며, 그중 더욱 대기 중에 존재하는 물은 겨우 0.001%로 아주 미미하게 존재한다.

지표면적의 약 2/3를 차지하는 해양에서 태양에너지를 받아 수분이 잠열(潛熱, latent heat)을 먹고 수증기가 되어 부력을 얻어 가벼워져 하늘로 올라가 바람을 타고 육지 쪽으로 이동하여 온다. 육지로 온 수증기는 상공으로 상승하면서 냉각이 되어 다시 바다에서 가져온 잠열을 내고 액체의 물인 비나 얼음의 고형강수(固形降水, solid precipitation)가 되어 육지에 물을 공급한다. 이 물은 식수, 강물, 지표수, 지하수 등의 삼라만상(森羅萬象)의 모든 곳에 쓰이고 나서 최종적으로는 다시 강과 하천이나 지하수를 따라 결국은 바다로 모이게 된다. 이와 같은 물의 세계 일주의 순환을 **물의 순환**(水循環, water cycle)이라고 한다. 이 물의 순환의 자연현상에 의해서 무료로 지상 상의 모든 생물이 생명을 유지할 수 있게 해주고, 인류가 존재하는 이치가 된다(그림 8.7).

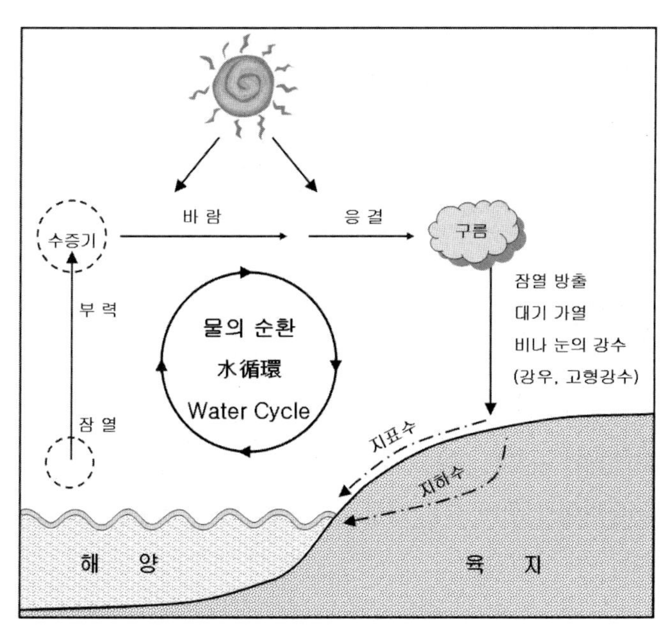

그림 8.7. 물의 순환〔水循環〕의 개략도

표 8.1 을 보면, 물의 대부분은 염수(塩水 = 소금물, 97.3 %)이고, 극의 빙하와 육수(陸水)를 합해서 전체의 겨우 2.7 %에 지나지 않는다.

표 8.1. 지표면 부근의 수량과 순환일수

항 목		전량(km^3)	백분율(%)	순환속도(년)	순환량(km^3/yr)
해 양		$1,362 \times 10^6$	97.3	3,200	425×10^3
극의 빙하		29.3×10^6	2.1	12,200	2.4×10^3
육수	표류수	0.0012×10^6	0.0001	0.032	38×10^3
	호소	0.3×10^6	0.02	3.4	38×10^3
	지하수	8.5×10^6	0.61	650	13×10^3
대기 중의 수증기		0.017×10^6	0.001	0.034	496×10^3
총량		$1,400.1182 \times 10^6$	100		

거기에서 극의 빙하를 제외하면 담수(淡水)는 전체의 0.6 % 이고, 그 중 대부분은 지하수로써 천부적으로 존재하고, 결국 인간이 바로 이용할 수 있는 표류수(表流水)는 극히 조금의 1×10^{-4}% 인 1,200 km^3에 불과하다. 가령 전 세계의 인구를 6×10^9 명으로 하면, 1 인당의 수량은 약 200 m^3로 아주 적다. 그러나 표류수의 순환속도는 0.032 년으로 알려

져 있어 즉 1년에 30회를 순환함으로, 이것으로 바꾸어 넣을 수 있음으로 사실 우리들은 200 m^3의 표류수를 1년에 30회 이용할 수 있는 기회가 있는 셈이 된다.

8.2.3. 몬순

몬순〔monsoon, **계절풍**(季節風)〕이라고 하는 말의 어원은 아라비아어의 '계절'을 의미하는 말(영어식으로 적으면 mausim)이었다고 한다. 옛날 범선의 시대에 아라비아 바다를 왕래했던 선원들은 1년을 통해서 대체로 2개의 시기, 즉 해상을 남서바람이 불어 지나가는 시기와 북동(北東)의 바람이 탁월한 시기로 나누어진 것을 알고, 이것을 항해에 이용했다. 두 말할 것도 없이, 이것은 같은 지역의 여름과 겨울의 특징을 짓는 풍계(風系)이고, 틀림없이 '계절'을 나타내는 현상이다. 현재의 기상분야에서 몬순의 정의도 이 같은 감각을 답습하고 있다.

Khromov(1957)는 몬순역(域)의 정의로써 다음과 같은 2개의 조건을 들고 있다.

① 1월과 7월의 지표면 탁월풍향의 차가 120° 이상 있다.
② 〃 탁월풍의 출현빈도가 40%를 넘고 있다.

이 2개의 조건에 의하면, 몬순역이란 탁월풍향이 여름과 겨울에 거의 역전하고, 또한 각 계절에 있어서 **탁월풍**(卓越風, dominant wind, prevailing wind)이 거의 정상으로 나타난 지역으로써 정의되어 있는 것을 알 수가 있다. 그림 8.8은 이렇게 해서 정의된 몬순역의 분포를 나타낸다. 아시아 대륙의 남동 가장자리와 남동아시아, 거기에 인도의 전역이 여기에 포함되어 있다. 이와 같이 현재의 기상학 상의 용어로써 몬순은 거의 계절풍과 동의어적으로 이용되고 있다.

그런데 글의 첫머리에서 언급한 것 같이 우리들의 사회용어로써 몬순이라고 말할 때에는 위에서와 같이 계절풍으로써의 의미만이 아니고, 그 계절에 있어서 비를 가리키는 일이 많다. 인도에서는 특히 좋은 몬순(good monsoon) 또는 나쁜 몬순(bad monsoon)이란 계절강우량(季節降雨量)의 다소와 같은 뜻을 가지고 있다. 여름과 겨울에서 계절풍 변화에 동반된 풍계의 변동은 강우활동의 변동을 수반하고, 그 지역에서의 사회·경제활동에 영향을 미친다. 특히 농업인구가 다수를 차지하는 아시아의 여러 나라에서는 그 영향이 크다. 최근의 기상연구 분야에서도 지구대기에 대한 열원이나 지구의 물의 순환의 일환으로써 강우활동에 주목하고 있고, 몬순역이라고 하면 강우활동의 계절변화가 현저한 곳을 일컫는 것처럼도 되어 있다.

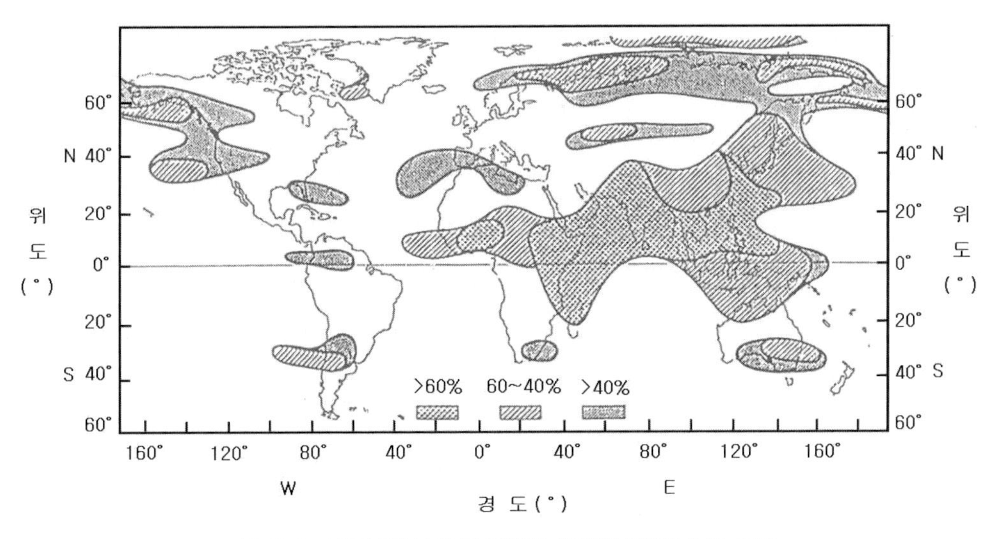

그림 8.8. 지표면에서의 탁월풍향 역전역(逆轉域)의 분포

풍향역전의 평균출현빈도가 3개의 범주(카테고리)로 나누어서 나타내고 있다. Khromov(1957)에 의함.

ㄱ. 아시아몬순

전항에서 언급한 것 같이 강우활동의 계절변화가 현저한 곳은 곧 우계(雨季)의 출현이 명료한 곳이라는 것이다. 아시아 지역을 바라다보면, 이와 같은 지역은 우계(雨季, rainy season)가 사회적으로도 화제가 되는 인도, 중국, 일본 등 각지에 존재한다. 그림 8.9에 이들 3지역의 우계 개시일(開始日)과 그 이동을 나타내고 있다.

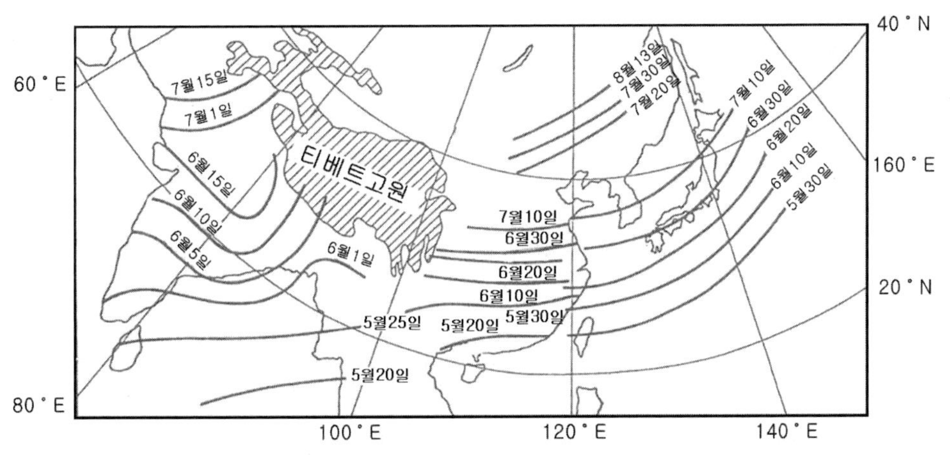

그림 8.9. 아시아 우기의 북상(倉嶋, 1972)

이들의 날짜와 이동은 모두 다 평균적인 것이지만, 해마다 매년 평균에서의 변위는 각 지역에 있어서 큰 관심사이다. 이들의 지역에 공통되는 특징은 어느 쪽도 습윤(濕潤)아시아〔moist(wet) asia〕로써 구분되는 영역에 속하고 있는 것이다. 인도 북서에서 티베트의 남쪽 가장자리를 거쳐서 중국 동북지역에 이르는 영역을 북서 한계로 하는 이 영역은 연우량(年雨量) 500 mm를 넘는 강수량으로 축복받은 지역이 많고, 인공관개(人工灌漑) 없이 영유할 수 있는 농업의 원천으로도 되어 있다.

이와 같은 강수량은 바로 몬순의 존재에 의존하고 있고, 풍부한 강수와 여름의 고온으로 특징지어지는 아시아몬순의 영역은 수전〔水田, 답(畓) = 논〕에 의한 쌀농사를 중심으로 한 사회를 형성해 왔다. 이 지역은 면적으로써 세계의 1/7에 지나지 않지만, 세계인구의 약 1/2의 생명을 지탱해 왔다. 이것이 가능했던 것도 세계의 총생산량의 약 90%를 산출하는 쌀농사의 덕택이었다. 기상학적으로는 정확하지 않다고 하더라도 아시아라고 하면 몬순, 몬순하면 아시아라고 하는 인상이 지정학적으로는 끈질긴 것도 수긍할 만하다.

한편, 이들 아시아 각지의 몬순은 서로 대기순환을 매체로 밀접한 관계를 가지고 있고, 더욱 지구규모의 대기·육지·해양계의 틀 속에 있다. 아시아몬순의 시점에서의 틀 형성에 중요한 요소로써는 다음의 3개가 있다.

① 여름반구(夏半球)와 겨울반구(冬半球)의 대비,
② 대륙(아시아대륙)과 해양(인도양, 서태평양)
③ 티베트 고원의 존재

기본적으로 아사아몬순은 여름반구와 겨울반구에서의 태양입사의 불균형을 배경으로 한 양 반구간의 기류의 교환이고, 북반구에 치우쳐 위치하는 아시아대륙과 그 남쪽 및 동쪽의 광대한 해양의 대비가 그 교환을 더욱 증진시키고 있다. 이런 뜻으로, 몬순은 같은 태양입사의 조건 하에서 지면과 해면의 열적 특성의 대비에서 오는 해륙풍과는 크게 다르다.

더욱이 아시아몬순의 행방을 크게 지배하고 있는 요소로서 티베트고원)의 존재가 있다. 티베트고원은 대류권 상층에 미칠 정도로 높은 지면고도와 존재 면적의 넓이에 의해, 아시아 대기순환에 열적·역학적 양면의 효과를 미치고 있다. 티베트고원의 동쪽 가장자리를 돌아서 중국의 동북지구에 도달하는 몬순의 기류계(氣流系)는 같은 고원이 존재하여 비로소 실현된다. 만일 티베트고원이 없었다면 습윤(濕潤)아시아의 분포 양상도 크게 변화했을 것이고, 아시아 사회 형태도 지금과 같지는 않았을 것이다.

8.2.4. 무역풍

적도를 중심으로 위도로 해서 남북으로 약 30° 의 열대 및 아열대에서는 지표에서 고도 약 1,500 m의 높이에 걸쳐서 동쪽에서부터 바람이 불고 있다. 이것을 **무역풍**(貿易風, trade wind)이라고 한다. **열대편동풍**(熱帶偏東風, tropical easterly)이라고도 부르는 이 바람은 특히 대서양에 있어서 현저하게 형성되고, 극히 안정된 상태에 있다. 범선에 의한 무역의 시대에 있어서 유럽 대륙에서 아메리카 대륙을 향하는 무역선(貿易船)은 이 바람을 이용하기 위해 남쪽으로 코스를 잡았다. 무역풍은 15세기에 시작된 이 범선무역에서 유래된 이름이다. 적도를 중심으로 하는 이 동쪽에서의 바람은 태평양이나 인도양에 있어서도 같이 존재하고 있다.

동쪽에서의 바람이라고 해도 북반구에서는 북위 30°부근에서는 북동풍에 가깝고, 적도에 접근하면서 점차 동풍으로 바뀐다. 반대로 남반구에서는 남위 30°부근에서 남동풍에 가깝고, 적도에 접근하면서 점차 동풍으로 바뀐다. 이런 일로부터 북반구 쪽은 **북동무역풍**(北東貿易風), 또 남반구 쪽은 **남동무역풍**(南東貿易風)이라고 불리는 일도 있다. 즉 남북 양 반구에서 동쪽에서의 기류가 적도를 향해서 수렴하려고 하는 풍계(風系)로 되어 있는 것이다. 이 양 반구에서의 북동 및 남동무역풍이 수렴하는 해역이 **열대수렴대**(熱帶收斂帶, intertropical convergence zone, ITCZ)라고 부르고, 열대저기압 등이 발생하기 쉬운 해역(海域)으로 되어 있다(그림 8.10 참조).

현재 대기과학에서 적도를 중심으로 하는 무역풍은 지구규모의 **대기대순환**(大氣大循環)의 중요한 요소로써 위치를 차지하고 있다. 북반구의 북동무역풍, 남반구의 남동무역풍의 영역은 특히 남북 각각 30° 부근의 위도에 위치하는 아열대고기압의 적도 쪽에 해당한다. 아열대고기압에서 불기 시작해 적도를 향하는 기류가 지구자전의 영향을 받아서 동쪽에서의 바람으로 된 것이 북반구의 북동무역풍이고, 또 남반구의 남동무역풍이다. 양반구의 무역풍이 수렴하는 **적도수렴대**(赤道收斂帶, equatorial convergence zone)에서는 대기의 하층에서 상층을 향해서 대규모의 상승류가 형성되고, 열대저기압 등의 활발한 발생의 배경으로 되어 있다. 적도에서 형성된 대규모의 상승류는 대기의 상층에서는 남북 양반구의 극 쪽을 향하는 흐름이 되고, 아열대고기압의 영역에서 하강류가 된다. 이와 같이, 남북양반구의 무역풍은 아열대고기압의 영역과 열대와의 사이에서 수직방향의 대기순환과 더불어 대기하층에 있어서 하나의 순환을 형성하고 있다. 이 순환을 **해들리순환**(—循環, Hadley circulation)이라 부르고 있다.

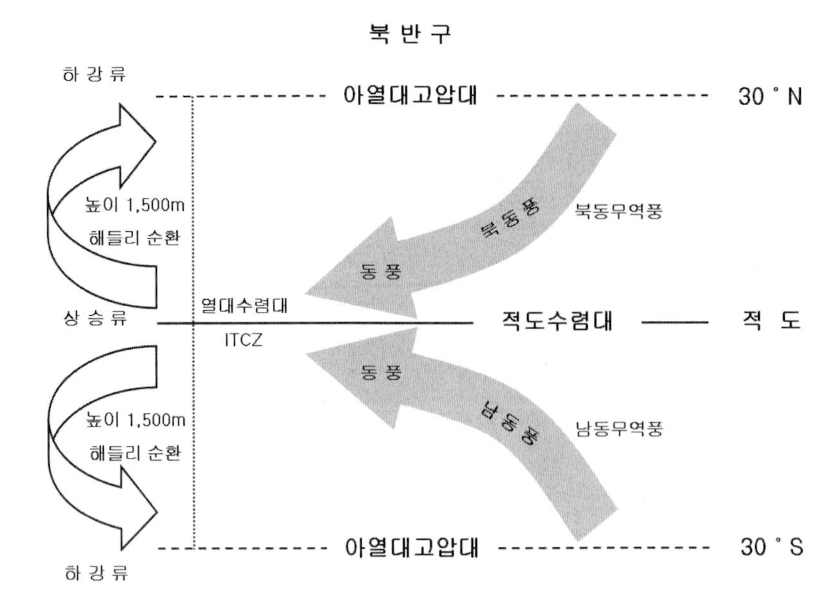

그림 8.10. 무역풍(열대편동풍)의 개략도 대기대순환(大氣大循環)의 중요한 요소

8.2.5. 엘니뇨와 엔소(ENSO)

엘니뇨(El Niño)란, 원래 스페인어로 '남자의 아들'을 의미하지만 고유명사적으로는 '어린 크리스트(예수)'의 의미도 가지고 있다. 이 용어가 보이듯이, 현상으로써 엘니뇨는 연말의 크리스마스 전후에 발생하여 중앙아메리카, 에콰도르(Ecuador)의 태평양 연안에 난수괴(暖水塊, 따뜻한 물덩이)를 가져오는 해양현상이다. 이 국지적인 해류변동으로써 엘니뇨는 거의 매년 나타나는 계절적인 것으로 보통은 겨울 수개월 내로 종식되고, 봄에는 해수온도가 저하한다. 그러나 수년 ~ 10년에 한번 정도의 간격으로 이 난수괴가 이상적으로 발달하고, 범위도 남아메리카, 페루의 태평양 연안을 따라서 확대되고, 1년 이상도 지속되는 일이 있다. 이렇게 되면 본래는 남극 쪽에서의 한류(寒流)가 탁월한 해황(海況)은 일변하고, 안초비(anchovy ; 지중해 연안에 사는 멸치) 등 한류계(寒流系)의 어류를 대상으로 하는 어업은 괴멸적인 피해를 입는 한편, 육지에 있어서도 때 아닌 호우(豪雨)를 만나는 등의 피해를 초래하는 상황이 된다. 일반적으로 이와 같은 상황을 지적해서 엘니뇨현상(El Niño event)이라고 부르는 일이 많다.

최근 50 년간에 걸쳐서 이와 같은 현상의 발생은 1940, 51, 53, 57, 63, 65, 69, 72, 76, 82, 86, 91 년의 각 해 겨울에 기록되어 있다. 근년에 되어서 해양관측이 활발하게 되고, 또 인공위성 등에 의해 넓은 범위의 해역의 관측이 가능하게 되면서부터 위에서 언급한 엘니뇨현상은 단순한 에콰도르나 페루 부근의 국지적 해역의 현상이 아니고, 적도를 중심으로 하는 열대태평양 전역에 걸치는 동서의 퍼짐을 갖는 것을 알았다.

일반적으로 말해서, 태평양 상의 적도를 따라서 해면수온의 분포는 서태평양 쪽에서 높고, 동태평양에서 낮은 서고동저(西高東低)의 분포를 나타내고 있다. 엘니뇨현상의 발생 시에는 이와 같은 해면수온을 갖는 열대태평양의 동쪽 절반부분에서 수온이 상승하고, 서쪽 절반부분에서는 수온이 하강한다. 1982년 겨울에 발생했던 20세기 최대인 대규모의 엘니뇨현상의 경우에는 이와 같은 해면수온의 상승역이 서태평양에서 동태평양 쪽으로 적도를 따라 진행해 가는 것이 명료하게 관측되었다. 이와 같은 사실로부터 현재에는 엘니뇨현상이란 서태평양 쪽에 축적된 비교적 고온의 표면 가까이의 해수가 무엇인가의 원인으로 동쪽으로 향해서 확대해 감으로써 야기되는 것으로 생각되어진다. 그러면 서태평양에 축적된 고온의 해수는 어떠한 상황의 근원 하에서 동쪽으로 확대될까? 이것에는 대기의 대규모 흐름의 변화가 중요한 역할을 하고 있다. 이 대기의 흐름에 관한 현상이 **남방진동**(南方振動, southern oscillation)이다.

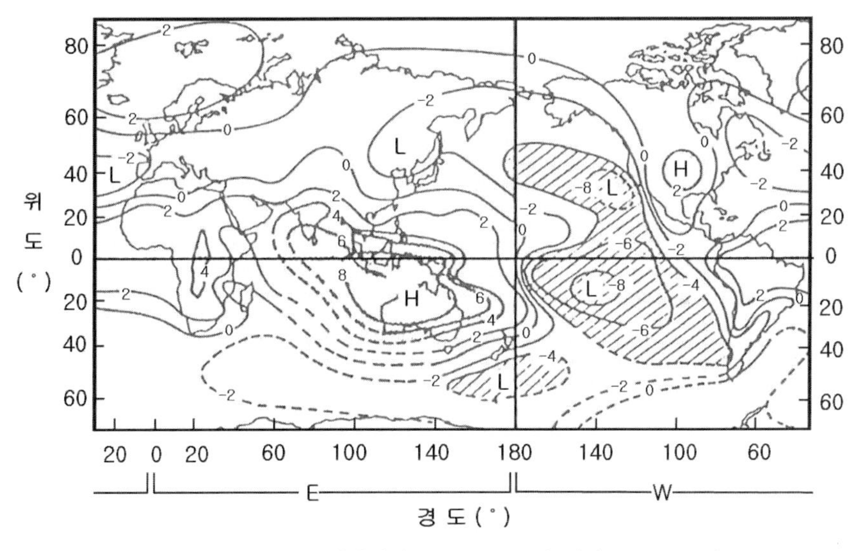

그림 8.11. 오스트레일리아(Australia)의 다윈(Darwin)과 세계각지와의 연평균 지상기압의 상관계수의 분포

장기간의 관측에서 축적된 태평양 각지의 지표면 기압변동을 연년 변동의 시간규모로 해석해 보면, 동태평양과 서태평양에서 넓은 범위에 걸쳐서 각각 덩어리를 갖고 뭉쳐서 변동하고 있는 것을 알 수 있다. 그림 8.11에 오스트레일리아(Australia)의 다윈(Darwin)을 기점으로 한 각지의 연평균 지표면기압의 상관계수 분포를 나타낸다. 이 그림에서 보이는 변동의 양상은 동태평양과 서태평양에서 역상관(逆相關)의 변동을 하고 있다. 즉 서태평양 쪽에서 지표면기압이 상승할 때는 동태평양 쪽에서 하강하고, 서쪽에서 하강할 때는 동쪽에서 상승한다. 변동의 진폭은 태평양의 적도역을 중심으로 해서 다소 남반구 쪽으로 기운 위도에서 최대가 된다. 남방진동이라고 하는 명칭을 얻게 된 것도 여기서 유래했다.

일반적으로 말해 지표면기압의 분포는 위에서 말한 해면수온의 분포와는 반대로 적도 부근에서는 동쪽이 높고 서쪽이 낮다. 남방진동에 대해서는 이와 같은 동서의 지표면기압의 경도가 소위 **시소**〔seesaw, 원격상관(遠隔相關, teleconnection), 널뛰기〕와 같이 수년~10년의 주기로 강해지기도 하고 약해지기도 한다. 이 진동의 상황을 수치적으로 나타내기 위해서 이용되는 것이 **남방진동지수**(南方振動指數, southern oscillation index, SOI)로, 동태평양에 위치하는 타히티(Tahiti)섬과 서태평양의 다윈(Darwin)과의 지표면기압의 차를 위에서 언급한 시소의 경사 정도의 지표로써 하고 있다.

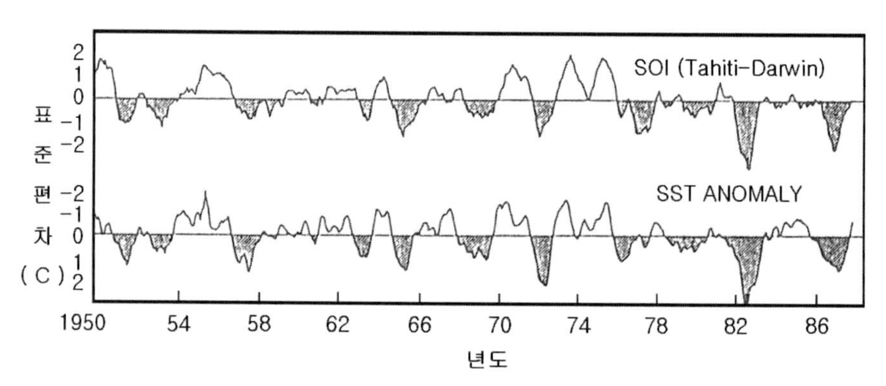

그림 8.12. 남방진동지수와 동태평양의 해면수온편차의 시간경과

위 : 남방진동지수(5개월 이동평균), 아래 : 해수면수온편차(3개월 이동평균)는 북위 4°~남위 4°, 서경 150°~동경 90°의 평균으로, +편차는 아래 방향을 하고 있다.

한편, 이 남방진동지수와 엘니뇨현상에 관련된 동태평양의 해면수온 변동을 비교해 보는 것이 그림 8.12이다. 이 그림을 보면, 이 2개의 변동에는 아주 강한 상관이 있다는 것을 알 수 있다. 구체적으로 남방진동지수가 낮은 시기가 엘니뇨현상의 시기와 아주 잘 일치하고 있는 것이 명료하게 나타나고 있다. 이것은 해양의 현상인 엘니뇨현상과 대기의 현상인 남방진동이 서로 밀접한 관계를 가지고 변동하고 있는 것을 의미하고 있다. 양자의 변동을 연결하는 매체가 되는 것이 해면수온이고 또 해양 상의 바람이다. 앞 절의 무역풍의 설명에서 말한 것과 같이 태평양의 적도 부근의 해상에서는 동풍이 불고 있다. 이 동풍은 동태평양에서 높고 서태평양에서 낮은 지표면기압의 경도와 균형을 맞추고 있다.

또 해양에 대해서 이 동풍은 해면 부근의 따뜻한 해수가 서쪽을 향해서 불어붙이는 효과를 갖고, 서태평양에서 고온의 해수의 축적을 가져온다.

엘니뇨현상의 시기에 남방진동지수가 낮다고 하는 것은 지표면기압의 동서의 경도가 감소하고 있는 것에 대응해서 이 경도의 약한 현상은 적도 부근에서 동풍이 약해지고 있는 것을 의미한다. 이 동풍이 약해짐으로써, 서태평양에 축적된 고온의 해수가 동쪽으로 향해 퍼져가는 것이 된다. 이와 같이 동태평양에서 해면수온이 상승하면, 거기서의 지표면기압을 더욱 저하시키는 효과를 갖고, 동풍의 약해짐과 고온의 해수의 동쪽으로의 퍼짐을 더욱 가속시키는 것이 된다. 이와 같이 해서 엘니뇨현상과 남방진동과는 서로 영향을 주고받으면서 수년 ~ 10년의 주기로의 변동을 반복하고 있다. 현재로는 엘니뇨현상도 여기서 언급한 것과 같이 대기와 해양이 결합한 계(系, system)의 진동현상으로써 생각되고 있다. 이 대기-해양결합계(大氣-海洋結合系)의 변동을 엘니뇨-남방진동 양자의 영어단어의 앞 문자를 따서, ENSO(El Niño southern oscillation)**사이클**이라 부르고 있다.

8.2.6. 계절내변동(30~60일 주기변동)

계절내변동(季節內變動, intra・seasonal variation)이라고 불리는 대기순환의 변동현상이 근년 수 주간(數週間)~수개월(數個月) 정도의 시간규모의 기상변화에 관련되어 주목을 받아 왔다. 이 명칭을 대상으로 하는 변동은 주기로 해서 일단은 30~60일 정도를 가리키지만, 그 내용은 상당히 막연해서 연구자에 따라서는 2주간 정도의 주기변동을 이것에 포함시키는 일도 있다. 이들의 연구에 대해서 염두에 두어야 할 시간규모를 요약해서 말하면, 단기예보의 대상이 되는 수~10일 정도의 주기의 변동과 계절변동과의 사이에 있는 것이 될 것이다.

이와 같은 시간규모의 변동이 존재하는 것은 1950년대에는 중위도편서풍의 변동 등의 연구에서 이미 알려져 있었다. 이 변동을 다시 주목하게 된 것은 Madden & Julian (1972)의 의한 열대에 있어서 계절내변동의 해석 이후이다. 그들은 57년에서 10년 간에 걸친 열대 각 지점에서의 지표면기압 변동을 해석해 인도양에서 태평양에 걸친 적도를 따르는 지점에서 40~50일 주기의 변동이 현저히 존재하는 것은 분명하고, 변동에 수반되는 기압의 변화가 적도를 따라서 동쪽으로 나아가는 것을 나타냈다.

그들은 더욱 57~58년에 걸쳐서 실시되었던 국제지구관측년(國際地球觀測年, International Geophysical Year, IGY)의 관측자료를 이용해서 변동의 수직구조를 조사하고, 적도 상의 수직면내에서 동서로 펼쳐진 대규모의 대기순환의 변동에 이르렀다.

이와 같은 적도지역에 있어서 계절내변동은 동쪽으로 진행하는 적운대류활동의 영역과 이것에 수반되는 동서순환에 의해 특징 지워진다. 그러나 계절내변동은 적도역에 국한되어 나타나는 것이 아니다. 현저한 예로써는 여름의 인도몬순에 있어서 계절내변동을 들 수 있다. 그림 8.13은 1979년 여름의 몬순기에 있어서 인도 서해안의 일우량(日雨量)의 변동을 나타낸다. 이 변동은 몬순강우의 활발·정지의 사이클로써 같은 지역에 있어 사회·경제활동에도 큰 영향을 주는 현상이다.

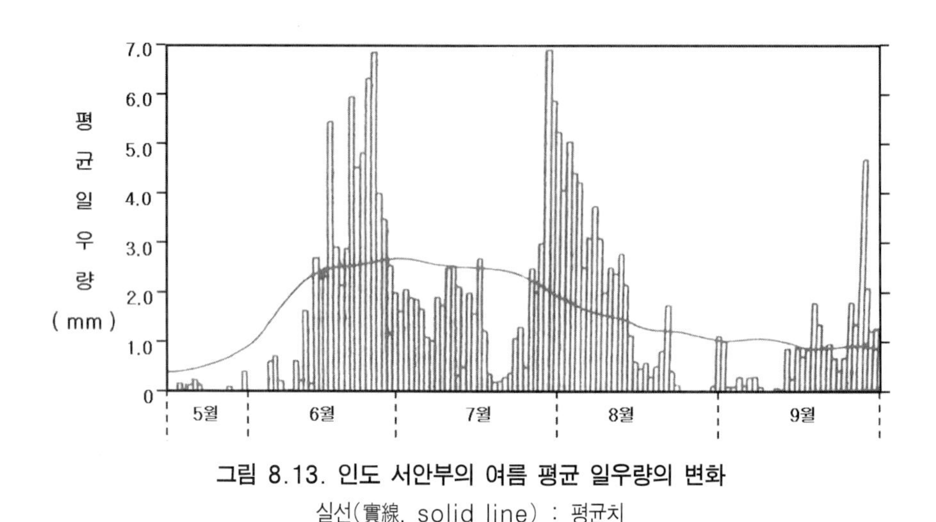

그림 8.13. 인도 서안부의 여름 평균 일우량의 변화

실선(實線, solid line) : 평균치

Sikka & Gadgil(1980)은 1970년대에서부터 왕성하게 이용하고 있던 기상위성의 관측자료를 이용해서 인도 부근의 경도대에서 운량(雲量) 분포를 조사하고, 몬순의 개시나 위에서 언급한 활발·정지의 사이클이 적도 부근에서 30~60일 주기로 줄지어서 계속 북상하는 동서방향으로 뻗은 구름대(帶, 띠)에 의해 일어나는 것을 발견했다.

8.2.7. 준 2년주기진동

1950년대 이전은 열대 성층권에 있어서의 바람은 대류권의 무역풍과 같이 거의 일정한 방향의 풍향을 가지고 있다고 생각해 왔다. 그러나 60년대가 되어서 기구(氣球)에 의한 고층의 바람 관측자료가 축적됨에 따라 적도 부근의 고도 약 20~30 km에 걸쳐서 하부성층권(下部成層圈, lower stratosphere)이라 불리는 영역에서는 동풍과 서풍이 주기적으로 교대하는 것이 분명하게 되었다. 이 교대의 주기가 약 26개월인 것으로부터 이 현상을 **준 2년주기진동(변동)**(準二年週期振動, quasi-biennial oscillation, QBO)이라고 불리게 되었다. 26개월 주기진동이라고 부르는 일도 있다.

그림 8.14에 그 양상을 나타냈다. 높은 고도에서 20~30 km/s 속도의 동풍이나 서풍의 교대는 우선 상부에 나타나 시간과 함께 하향으로 전파해 간다. 전파 속도는 월(月)에 고도 약 1~2 km 정도이다. 이와 같이 하부성층권의 변동은 적도를 중심으로 해서 위도 폭 약 10°의 범위로, 남북 양반구에 거의 대칭으로 나타난다. 이 변동의 원인으로는 열대 대류권에서 여기(勵起)된 **혼합로스비중력파**(混合로스비重力波, mixed Rossby-gravity wave)나 **켈빈파**(Kelvin wave)의 파동에 의해 상방으로의 전파되어, 서풍 또는 동풍의 운동량이 성층권으로 연직수송에 의해 평균류가 가속되는 결과 야기되는 것으로 생각되고 있다. 최근의 연구에 의하면, 준2년주기진동은 성층권만이 아니고 열대대류권이나 중고위도 성층권의 대기순환 변동과 몬순 등과도 무엇인가의 상호작용을 가지고 있는 것으로 주목받고 있다.

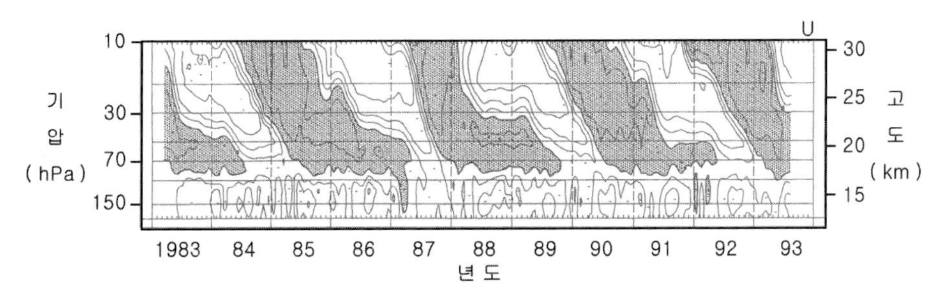

그림 8.14. 평균동서풍의 시간과 고도에 따른 변화

등치선의 간격 : $10m/s$, 그림자 친 부분 ;동풍, 싱가포르(Singapore)에서 관측된 마루야마(丸山, 1993)에 의함.

8.3. 대규모운동

대기과학에 관련되는 대기운동 중 가장 기본적인 것이 **대규모운동**(大規模運動, large scale motion)이다. 이것은 지구전체를 영역으로 해서 변동하는 대기운동으로, 수직 대표규모에 비교해서 수평 대표 규모가 1,000배 정도 된다. 이 속에는 지구 전체를 둘러싸는 운동에서부터 파장 1,000 km 정도의 파동까지 포함된다. 대단히 광범위하게 느낄지도 모르지만, 실은 여기에 대기과학의 독특한 점이 있다. 대기운동의 전(全)운동에너지의 주요한 부분이 이 규모에 집중되어 있으며, 이 규모 내의 운동이 서로 밀접하게 관련되어 있는 것이다. 대규모운동을 크게 구별하면 행성규모(10,000 km의 규모)와 종관규모(수천 km)로 나눌 수 있다.

8.3.1. 행성규모의 운동

지구를 둘러싸고 있는 편서풍(偏西風, 제트류)이나 초장파(超長波 ; 전지구 상에서 파수 1~3의 파)가 행성규모(行星規模)의 운동으로 지구라고 하는 행성의 크기에 필적할 수 있는 크기를 갖는 것을 의미한다. 또 이들의 초장파를 **행성파**(行星波, planetary wave)라고도 한다. 행성규모의 현상은 히말라야나 럭키 등의 대규모 산악계(山岳系)나 대륙-해양의 열적 대비(對比, contrast)와 관계가 깊고, 또 지구 전체의 열수지(熱收支)에 의해 생기고 있다.

ㄱ. 제트기류

1930년대 후반에서부터 고층대기관측이 치밀하게 행해지게 된 결과, 이전에는 단편적으로밖에 알지 못했던 상층대기 운동의 실태가 분명하게 되었다. 이 해명에 중심적인 역할을 한 것이 로스비(Rossby, C. G. A., ☂)가 인솔하는 시카고대학의 그룹으로 그들에 의해 제트기류(제트氣流, jet stream)의 개념이 확립되었다. 제트기류는 편서풍대 속에서 특히 풍속이 큰 부분을 말하며, 그림 8.15와 같이 **한대제트**(寒帶제트, polar jet)와 **아열대제트**(亞熱帶제트, subtropical jet stream)가 있다. 한대제트는 **남북**으로 크게 사행(蛇行)하고, 장소와 시기에 의해 2개가 되는 일도 있다. 아열대제트와 비교해서 변동이 크므로 **평균도**나 **대상평균도**(帶狀平均圖) 등에서는 나타내기 어렵다.

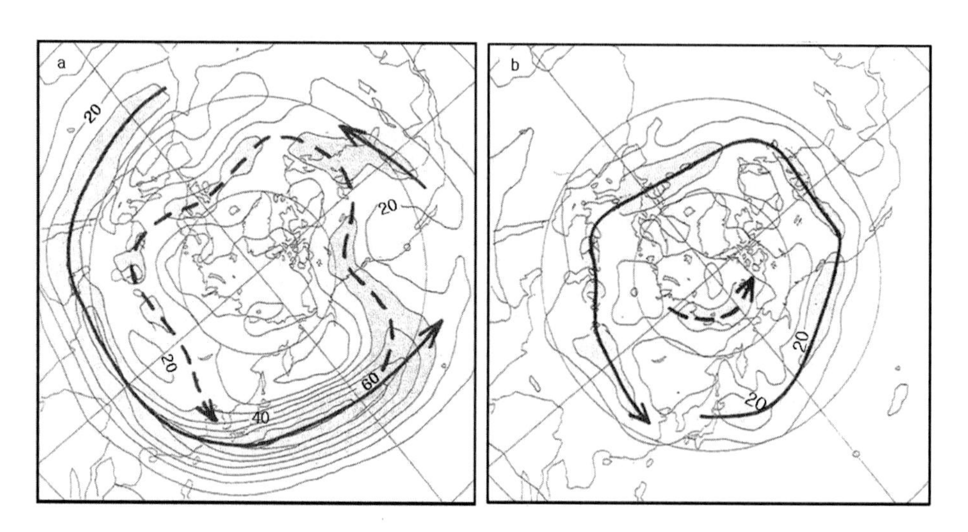

그림 8.15. 300 hPa의 풍속분포의 한 예

등압선의 간격 : $10m/s$, 굵은 선 : 아열대제트의 축, 점선 : 한대제트의 축

그림 8.16에는 한대제트의 수직단면도를 나타내고 있다. 제트의 축은 권계면 부근에 있다. **온도풍**(溫度風, thermal wind)의 관계에서 제트기류의 축 아래에서는 수평온도경도가 크게 되어 있고, 특히 한대제트는 온도경도의 집중대에 있는 한대전선(寒帶前線, polar front)의 상공에 생긴다. 또 제트기류의 가까이에서는 강한 바람의 **전단**〔(剪斷), shear, 층밀림〕 때문에 간혹 청천난(기)류〔晴天亂(氣)流, clear air turbulence, CAT〕라고 부르는 난기류가 생긴다. 후에 언급하지만, 제트기류는 경압불안정난류(傾壓不安定亂流, turbulence of baroclinic instability)의 발달에 수반되어, 전선(前線, front)과 함께 강화된다. 또 아열대제트의 유지에는 해들리 순환에 의한 극 방향의 각운동량수송이 중요하다.

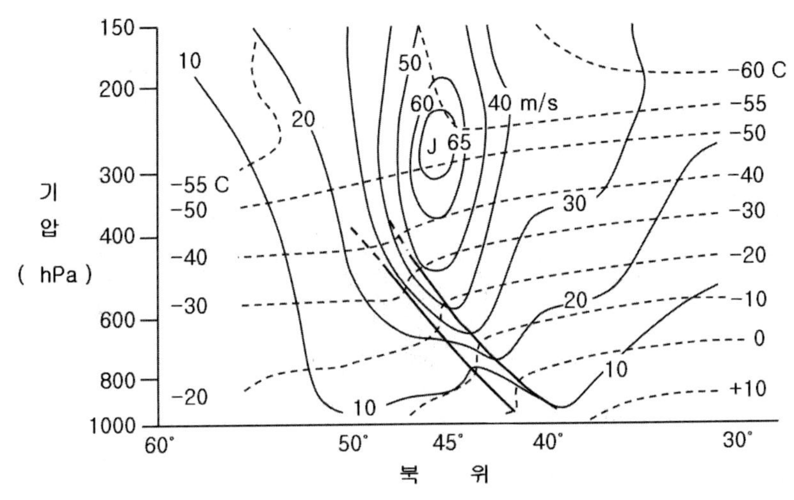

그림 8.16. 한대제트의 서경 80°를 따른 수직단면도

실선 ; 등풍속선, 점선 ; 등온선, 굵은 실선 ; 한대전선, J ; 제트기류의 축

ㄴ. 초장파와 장파

그림 8.17은 500 hPa 북반구의 일기도〔日氣圖, weather map(chart), 천기도(天氣圖)〕이다. **지형풍**(地衡風, geostrophic wind, 지균풍)의 관계에서 상공의 바람은 거의 등압선(등고선)을 따라 불고, 등압선이 조밀한 부분이 제트기류로 되어 있다. 이 그림에서 등압선이 격렬하게 파도치고, 각종의 파동(波動, wave motion)이 겹쳐있는 것을 알 수 있다. 이것을 위도대별로 동서방향으로 파수분석해서 상층대기에서 보이는 파수 1~3 또는 4의 것을 **초장파**(超長波, ultra long wave ; 파장 9 000~10 000 km 이상, 주기 1 주간 이상), 파수 5~8 또는 9 정도의 것을 **장파**(長波, long wave ; 파장 5 000~6 000 km 정도, 주기 2~3 일)라고 부른다. 또 정상일기도나 월평균일기도에 나타나는 파나 기압장(고도장)・바

람장 등이 스펙트럼(파수)분석에서 검출되는 파도 있다. 일기도에서는 고위도에 동시베리아와 그린란드에 기압의 골이 뻗는 파수 2의 초장파가 탁월하고, 또 한국의 상공에는 기압이 마루인 장파가 있다.

초장파는 위상(位相)의 시간변화에서 준정상파(準定常波)와 이동파(移動波), 성인으로부터 강제파(强制波)와 자유파(自由波)로 나뉜다. 평년도나 월평균도에서 보이는 것은 준정상파이다. 대류권의 준정상파는 대규모산악이나 대륙·해양분포의 역학적·열원에 의한 강제나 각종의 파동 사이의 비선형(非線形)상호작용에 의해 형성되는 강제파이고, 자유파는 경압적(傾壓的, baroclinic)인 구조를 가지나 성인은 하나가 아니다. 이동파의 자유파는 순압적(順壓的, barotropic)인 구조를 갖지만, 역시 성인은 하나로 정리되지 않는다. 성층권의 초장파는 주로 대류권에서 운동에너지의 연직전파에 의해 여기되는 것으로 생각된다.

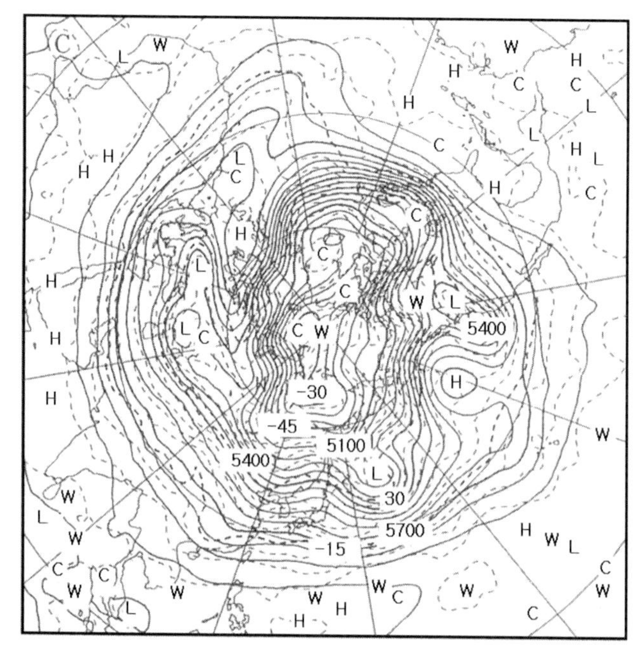

그림 8.17. 500 hPa 북반구 일기도

실선 ; 등고선(60 m 간격)으로 지상일기도의 등압선에 상당한다. 점선 ; 등온선(3 C 간격)

장파의 종류와 성인을 살펴보면 통상 이동성의 자유파만 있지만, 다음과 같은 2종류로 나눌 수가 있다. 첫째는 경압불안정성에 의해 여기(勵起)되는 **경압파**(傾壓波, baroclinic wave)이고, 둘째는 순압불안정성에 의해 여기되는 **순압파**(順壓波, barotropic wave)가 있다. 그러나 이외에 초장파·장파·단파 사이의 비선형상호작용의 결과로 생기는 파가 있다고 생각한다.

준정상파 중, 기후학적인 평균장에서 편차성분(偏差成分, anomaly)만을 취하면, 중·고위도에서는 연직방향의 위상경사는 그다지 없다. 대류권의 준정상파 편차에는 나타나기 쉬운 패턴이 있는 것으로 알려져 있고, 동계(冬季)북반구의 월평균 500 hPa 고도의 편차의 주된 패턴을 그림 8.18 에 나타냈다. 이것으로부터 예를 들면 유라시아(Eurasia ; 유럽과 아시아 대륙의 총칭) 패턴이 탁월할 때에는 한국과 유럽에서 같은 부호의 편차가 생기고, 동시에 따뜻한 겨울 또는 추운 겨울이 되는 경향이 있는 것을 알 수 있다. 이와 같이 지리적으로 떨어진 지역의 천후〔天候, Witterung(독, 비터룽), 일후(日候)〕가 관련되어 있는 것이 **원격상관**(遠隔相關, teleconnection, 시소, 널뛰기, 제 19 장 참고)이다.

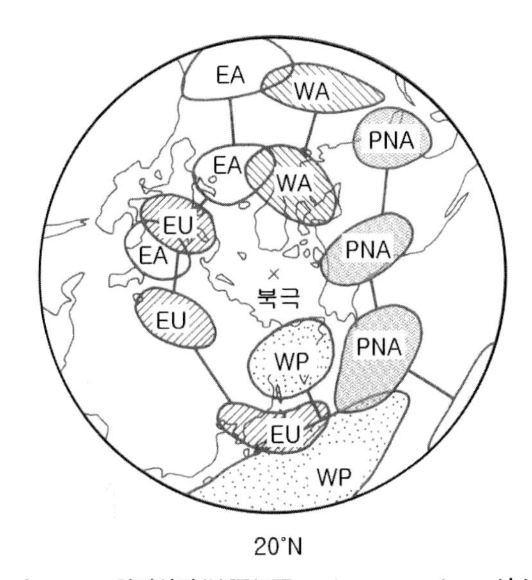

그림 8.18. 원격상관(遠隔相關, teleconnection, 시소)
굵은 실선으로 연결된 서로 이웃한 영역의 기압은 반대부호의 변화를 한다. PNA ; 태평양-북아메리카 패턴, EU ; 유라시아 패턴, WP ; 서태평양 패턴, WA ; 서대서양 패턴, EA ; 동대서양 패턴, 겨울의 북반구의 500 hPa 고도(Wallace & Gutzler, 1981)

성층권의 중·고위도의 준정상파는 대류권에서 전해온 **로스비파**(Rossby wave)로 이 일에 대응해서 위상이 높이와 함께 서쪽으로 기울어져 있다. 성층권의 돌연승온(突然昇溫, sudden warming)은 이와 같은 파와 평균류와의 상호작용에 의해 야기된다. 한편, 이동성의 자유파로써 로스비파의 자유진동이 있고, 5 일 파와 16 일 파가 잘 알려져 있다. 이들은 파의 주기에 속한 명칭이지만, 동서파수 1 의 전구적인 구조를 갖고 기압장은 적도를 끼고 거의 대칭이다. 또 연직방향의 위상의 기울기는 거의 없다.

ㄷ. 열대성층권의 대규모파동

전향력(轉向力, Coriolis force)이 작은 열대에서는 중・고위도와는 다른 파동이 존재하고 있다. 1960년대 이후에 열대 하부성층권의 대규모파동으로써 야나이-마류야마(柳井-丸山) 파와 월리스-코스키(Wallace-Kousky) 파가 계속해서 발견되었다. 야나이-마류야마(柳井-丸山) 파는 파수 4의 **혼합로스비중력파**(混合로스비重力波, mixed Rossby-gravity wave)로, 주기 4~5일로 서쪽으로 진행하고 있다(그림 8.19 b).

한편 월리스-코스키 파는 파수 1~2의 켈빈파(Kelvin wave)로 15일 정도의 주기로 동쪽으로 진행한다(그림 8.19 a). 성층권의 준2년 주기진동은 이들의 파동과 평균류와의 상호작용의 결과로써 설명되고 있지만 최근에는 **중력파**(重力波, gravity wave)의 역할이 탁월하지는 않은가라고 생각하기도 한다.

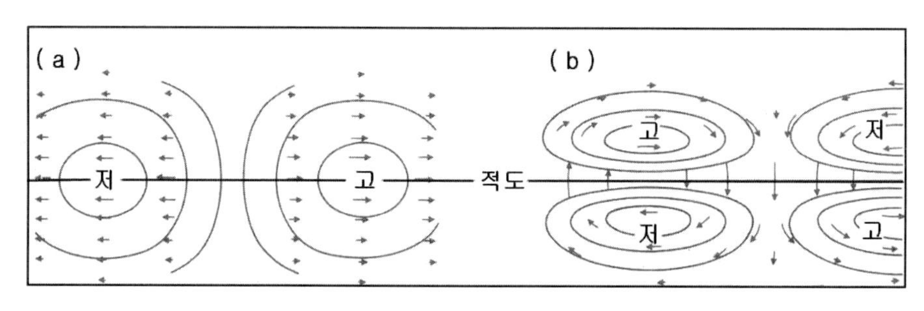

그림 8.19. 열대의 대규모파동(a ; 캘빈파, b ; 혼합로스비중력파)

8.3.2. 종관규모의 현상

장파(파수 4~7)나 단파(파수 8~12)는 이동성의 고・저기압과 한 몸으로 일체가 되어 있고, 일기장(日氣場, 天氣場)을 지배하는 것으로부터 종관해석법에서 취급하는 규모의 것이라고 하는 의미에서 **종(총)관규모**〔綜(總)觀規模, synoptic scale〕**의 파동**이라고 부르고 있다. 종관규모의 현상은 대기의 내재적인 유체역학불안정성, 특히 경압불안정성의 해소에 의해 생기고 있는 것이다.

ㄱ. 기 단

공기의 지표면상태가 균일한 지역에 장시간 머물러 있으면 지표면에서 현열이나 수증기의 공급 및 장파방사의 영향을 받아서 기온이나 습도 등이 그 지역특유의 성질을 갖게끔 된다. 수평규모가 클수록 주위의 공기와 수평방향으로 혼합되기 어려우므로 이와 같은 성질이 유지되기 쉽다. 이와 같이 해서 형성된 공기덩이를 **기단**(氣團, air mass)이라 부른다.

북반구의 주된 기단의 발원지를 그림 8.20에 나타냈다. 아열대해역이나 겨울의 시베리아대륙에서는 정체성의 대규모의 고기압으로 덮이지만, 고기압 내에서는 일반적으로 풍속이 약하므로 기단이 형성되기 쉽다. 반대로 한국과 같이 중위도의 편서풍대에서는 강한 서풍 때문에 기단의 형성이 어렵다. 한반도에 영향을 미치는 기단으로는 **시베리아기단**(Siberian air mass, 대륙성한대기단), **오호츠크해기단**(Okhotsk sea air mass, 해양성한대기단), **양쯔강기단**(揚子江氣團, 대륙성열대기단), **북태평양기단**(北太平洋氣團, North Pacific air mass, 해양성열대기단), **적도기단**(赤道氣團, equatorial air mass, 확실하지 않음)이 있다.

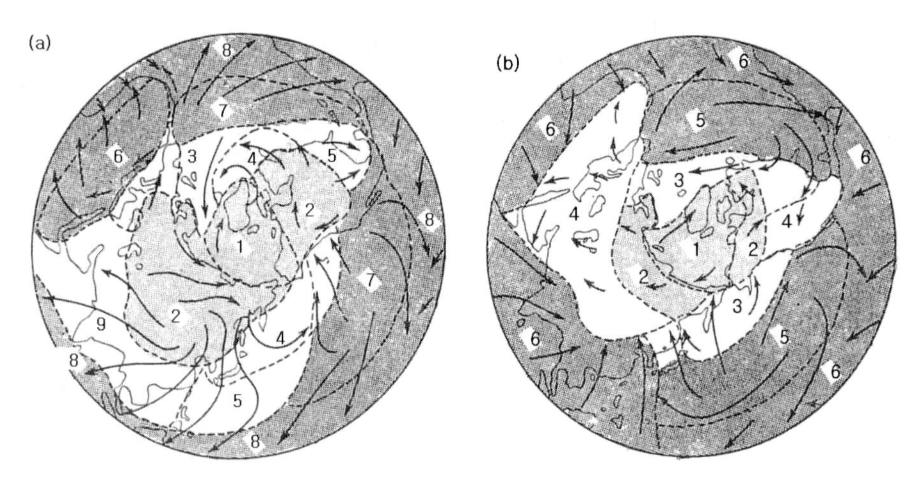

그림 8.20. 북반구의 기단의 발원지(Petterssen, 1956)

(a) 겨울 ; 1. 북극기단(北極氣團), 2. 대륙성한대기단(大陸性寒帶氣團), 3. 해양성한대기단(海洋性寒帶氣團) 또는 변질기단, 4. 변질기단(變質氣團). 5. 변질기단 또는 해양성열대기단(海洋性熱帶氣團), 6. 대륙성열대기단(大陸性熱帶氣團), 7. 해양성열대기단(海洋性熱帶氣團), 8. 적도기단(赤道氣團), 9. 몬순

(b) 여름 ; 1. 북극기단, 2. 대륙성한대기단, 3. 해양성한대기단, 4. 대륙성열대기단, 5. 해양성열대기단, 6. 적도기단, 7. 몬순

기단은 주위의 바람에 의해 발원지와는 지표면상태가 다른 지역으로 이동하는 일이 있다. 그 때 지표면과 현열이나 수증기의 교환을 함으로써, 기단의 성질이 지표면 부근에서 점차로 변화한다. 이것을 **기단변질**(氣團變質, air mass transformation)이라고 부른다. 한냉한 지역으로 향하는 따뜻한 기단은 아래에서부터 냉각됨으로 성층이 안정화되고, 수증기가 포화해서 층운계(層雲系)의 구름이 생기기 쉽다. 반대으로 온난한 지역을 향하는 한기단은 아래로부터 덮여져서 성층이 불안정화하고, 수증기의 보급을 받으므로 대류성(對流性)의 구름이 생기기 쉽다. 겨울철 한반도의 북서계절풍이 강할 때에 서해(황해)나 동해에서 대설(大雪, 큰 눈)은 따뜻한 바다로 남하하는 차가운 시베리아기단의 변질에 수반되는 대류운(對流雲, convective cloud)에 의해 일어난다.

ㄴ. 전 선

상이한 기단의 지표면에 있어서의 경계를 전선(前線, front), 대기 중의 경계면을 **전선면**(前線面, frontal surface)이라고 한다. 이들은 수학적인 선이나 면이 아니고, 수평방향으로 100 km, 연직방향으로 1 km 정도의 두께를 가지고 있다. 전선을 끼고 기온이나 습도, 바람의 방향 등이 급격하게 변하게 된다. 그림 8.16 에 있는 한대전선(寒帶前線)은 한대기단과 열대기단과의 경계면이다.

전선은 기단의 운동에 근거해서 **온난전선**(溫暖前線, warm front), **한냉전선**(寒冷前線, cold front), **정체전선**(停滯前線, stationary front), **폐색전선**(閉塞前線, occluded front)의 4 개로 분류된다. 각각 난기가 한기를 밀어 물리쳐 나아가는 경우, 한기가 난기를 밀어 물리쳐 나아가는 경우, 정체하고 있는 경우, 한냉전선이 온난전선을 따라잡은 경우의 전선을 가리킨다. 대표적인 정체전선으로는 **장마전선**(Changma front, seasonal rain front)이 있고〔장마(changma) = 장림(長霖), 매우(梅雨, baiu) = Bai-u, rainy(wet) season(spell)〕, 나머지의 3 개의 전선은 온대저기압에 수반되어 나타난다.

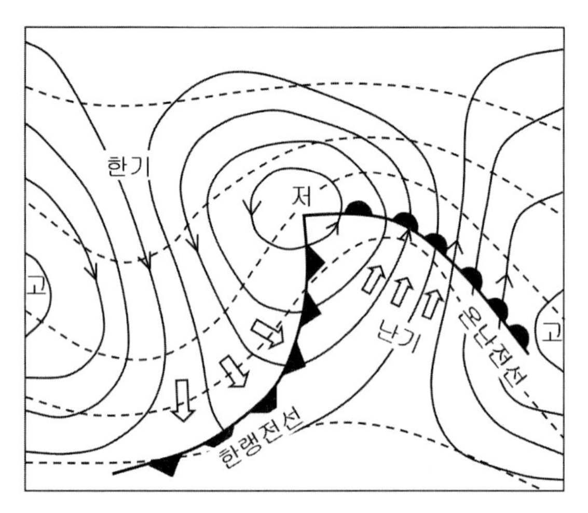

그림 8.21. 발달하고 있는 온대저기압에 수반된 전선강화과정의 모식도
실선 ; 등압선, 점선 ; 등온선

전선은 언젠가 수평확산 등으로 해소되어 버릴 것이지만 그렇게 되지 않는 것은 전선을 강화하는 과정이 작용하고 있기 때문이다. 이것을 **전선강화과정**(前線强化過程, frontogenesis)이라 부르고, 온대저기압의 발달에 동반하는 강화과정이 특히 중요하다. 또한 이것과는 반대의 과정을 **전선약화과정**(前線弱化過程, frontolysis)이라 한다. 그림 8.21 은 발달 중 온대저기압의 지표 부근의 흐름과 온도분포이다. 온난전선의 남쪽에 강한 난기이류(暖氣移流) 때문에 전선을 끼고 온도의 대비(對比, contrast)가 증가되어, 전선이 계속해서 강화되고 있는 것을 알 수 있다. 또 한냉전선의 북쪽의 강한 한기이류와 남쪽의 약한 난기이류 때문에 한냉전선도 강화되고 있다.

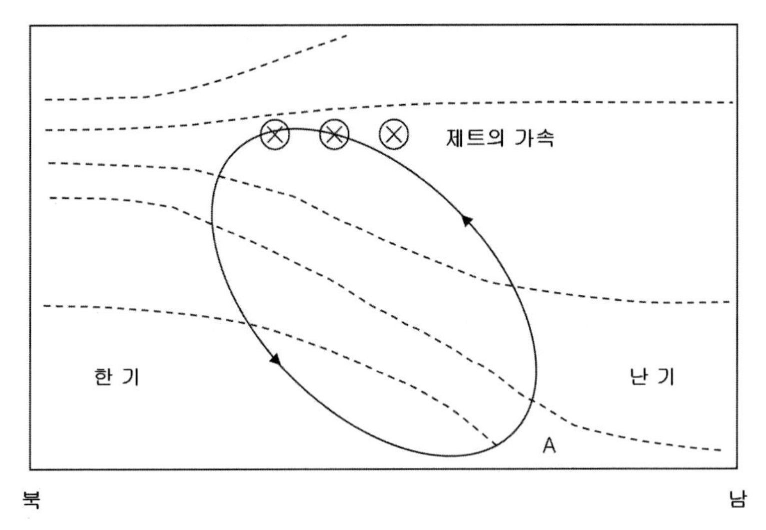

그림 8.22. 전선강화과정에서 형성된 전선에 수직인 면내의 순환의 모식도

점선 ; 등온위선(等溫位線, isentrope)

이와 같은 종관규모의 흐름에 대해서 수평온도경도가 증가하면 온도풍밸런스가 깨지므로 전선에 수직인 면내에 그림 8.22 와 같은 순환이 생긴다. 이 순환에 의해, 지표의 점 A의 부근에서 전선이 더욱 강화된다. 또 이 순환의 상부에 전향력이 작용해서 전선에 평행한 방향의 풍속이 증가함으로 편서풍대의 제트기류가 강해진다.

ㄷ. 온대저기압과 장파

온대저기압(溫帶低氣壓)을 영어로는 'extratropical cyclone(low)'이라 하는데 이는 정확히 열대저기압 이외의 저기압을 가리키는 말로 적당하지는 않다. 온대(溫帶, temperate zone)에 어울리는 이름이라고 하면, "temperate cyclone"이 되어야 하지 않을까!

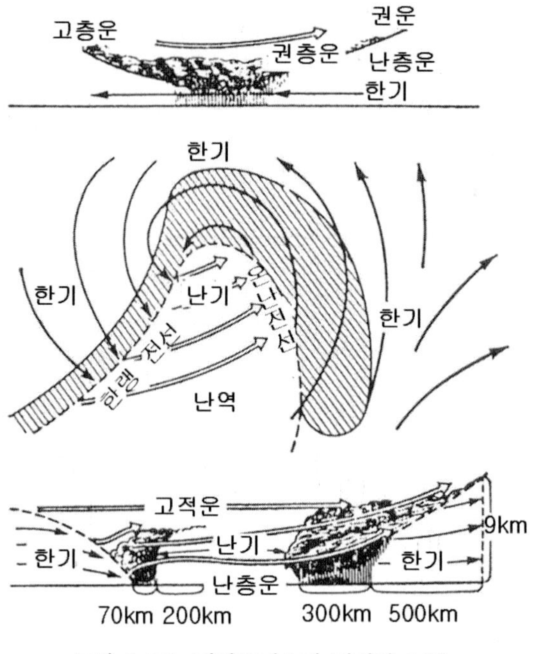

그림 8.23. 비야크네스의 저기압 모델

온대저기압은 중위도의 대표적인 **대기요란**(大氣擾亂, atmospheric disturbance, 氣象擾亂)이지만, 그 실태해명에는 1910~20 년대의 비야크네스(J. Bjerknes, 父, 子)로 대표되는 노르웨이학파의 기여가 크다. 그림 8.23 은 그가 제출한 온대저기압의 모식도로 개요로는 현재에도 통용되고 있는 것이다. 사실은 고층일기도에서 보이는 장파(長波, long wave)는 지상일기도에서 나타나는 고·저기압과 밀접하게 관련되어 있다. 그림 8.24 는 지상의 전선대에 장파의 기압골이 접근해서 온대저기압이 발생되고, 점차로 폐색(閉塞)해서 일생을 마칠 때까지의 모식도이다. 발달 중의 온대저기압 상공에는 그 서쪽에 장파의 기압골이 있는 일이 많다. 그리고 상층의 골이 동진함에 따라서 지상저기압도 동진한다. 계속 발달해서 쇠약기(衰弱期)에 들어간 저기압에서는 지상저기압의 바로 위에 장파의 곡이 존재한다. 또 근년 기상위성의 구름화상(雲畵像)과 수치시뮬레이션의 결과에서 온대저기압의 발달과정이 상세하게 알려졌다. 그림의 f, g 는 최종단계의 모양을 나타낸다.

같은 과정으로 지상의 이동성 고기압은 장파의 기압의 마루와 관련되어 있다. 이와 같이 장파는 지상의 이동성(移動性, migratory, mobility)의 고·저기압과 일체가 되어 있다. 지상에서는 등압선이 닫혀있는데 반해 상층에서 파와 같이 보이는 것은 강한 편서풍에 지형풍(지균풍) 평형을 이룬 기압장이 겹쳐있기 때문이다. 이들은 **편서풍대**(偏西風帶, westerly belt)의 **경압불안정**(傾壓不安定, baroclinic instability)에 의해 생기고, 북반구에서 말하면, 북쪽의 한기(寒氣)가 남하하면서 침강하고, 남쪽의 난기(暖氣)가 북상하면서 상승하는 과정에서 위치에너지가 해방되고 이것에 의해 난류가 발달한다(그림 8.25).

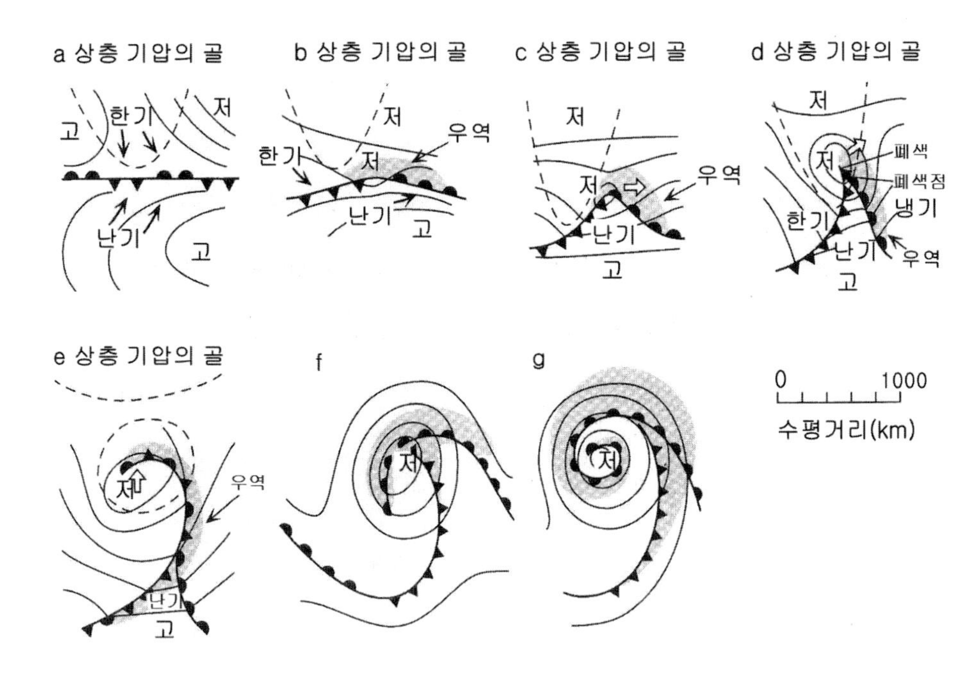

그림 8.24. 온대저기압의 일생을 나타내는 모식도

a ; 한대전선의 준정체부(準停滯部), b ; 저기압의 발생, c ; 저기압의 발달, d ; 일부 폐색(閉塞)된 저기압, e ; 소멸하고 있는 저기압, f, g ; 최종단계, a~e 까지 4~5 일 걸린다.

경압불안정요란(傾壓不安定擾亂)은 대기대순환에 있어서 열이나 각운동량의 수송에 중요한 역할을 하고 있다. 발달 중인 지상저기압의 서쪽에 상층 기압의 골이 있는 이유는 다음과 같다. 기압이 낮은 것은 그 위의 공기가 적기 때문으로 지상저기압의 상공에는 밀도가 작은 따뜻한 공기가 있다. 이것이 북상하면서 상승해 위치에너지가 해방되기 위해서는 거기에 남풍이 불어야 할 필요가 있다. 그러기 위해서 지형풍의 관계에서 상층의 기압의 골이 지상저기압의 서쪽에 있지 않으면 안 된다.

온대저기압 중에는 하루에 수십 hPa 이나 중심기압이 저하해 급격히 발달하는 것이 있다. 이것을 **폭발적저기압**(爆發的低氣壓, explosive cyclone) 또는 폭탄(爆彈, bomb) 이라 부르고, 겨울철의 태평양과 대서양의 서부에서 많이 보인다. 급격히 발달하기에는 하층과 상층의 **와**(渦, eddy, vortex, 소용돌이)가 결합하기도 하고, 응결열 등의 **비단열과정**(非斷熱過程, diabatic process)이 중요하다고 생각되어진다. 또한 장마전선대 상의 저기압이나 소저기압(小低氣壓 ; 파장은 1,000 km, 수명은 1일 정도) 등은 파장 1,000 ~ 2,000 km 로 짧고 또 고층일기도에서는 포착되기가 어려운 일이 많다. 이들은 **중간규모요란**(中間規模擾亂, medium-scale disturbance)이라고 불리는 일도 있는데, 다음 절에서 언급하는 메소 알파(α)스케일의 요란에 속한다.

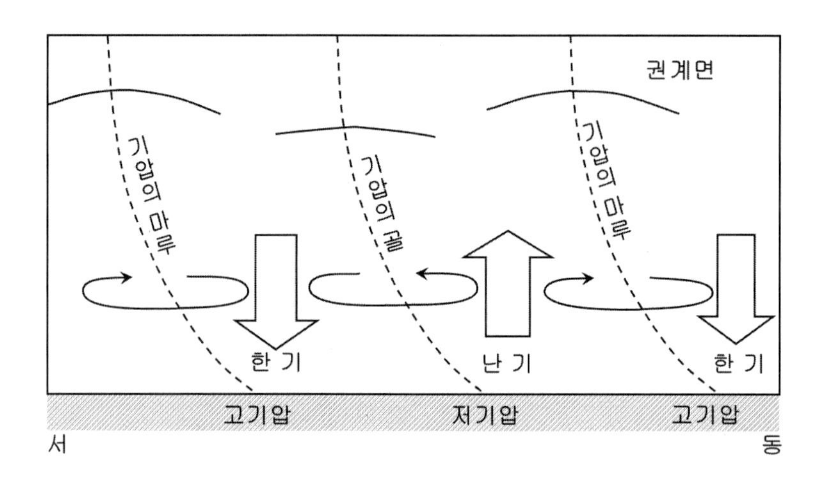

그림 8.25. 계속 발달하고 있는 장파의 연직구조의 모식도

ㄹ. 열대저기압과 태풍

태풍(颱風, typhoon)은 거대한 와권(渦卷, 소용돌이)이고, 전선을 동반하지 않는 것으로부터도 알 수 있듯이, 온대저기압과는 사뭇 다른 대기(기상)요란이다. 태풍은 **열대저기압**(熱帶低氣壓, tropical cyclone) 중의 하나이고, 열대저기압은 최대풍속에 의해 표 8.2과 같이 분류하고 있다. 강한 열대저기압을 가리키는 말로 태풍은 한국이나 일본 등에 해당하는 북서태평양에서 불리고, 허리케인〔hurricane, 풍력계급 12 = 구풍(颶風), 구(颶 ; 맹렬한 폭풍)〕은 동대서양, 카리브해(Caribbean Sea), 맥시코만, 북태평양 동부에서 불린다.

표 8.2. 열대저기압의 분류

분 류	국제분류	최대풍속
약한 열대저기압	tropical depression	17.2 m / s 미만
태 풍	tropical storm	17.2 m / s 이상, 24.5 m / s 미만
	severe tropical storm	24.5 m / s 이상, 32.7 m / s 미만
	typhoon, hurricane	32.7 m / s 이상

열대저기압의 연직구조 모식도를 그림 8.26에 그려 놓았다. 중심 주위에 환상(環狀, ring, 고리) 또는 나선상(螺旋狀)으로 둘러싸고 있는 적란운이 심한 비를 가져오고 있다. 중심부가 주위보다 따뜻한 온난핵형(溫暖核型)의 구조를 하고 있고, 주위와 온도차의 최대치는 대류권 상부에 있다. 이것은 구름 속의 응결열(凝結熱)이나 구름 사이의 하강류에 수반되는 단열승온(斷熱昇溫)에 의한다. 중심 주위를 회전하고 있는 공기덩이는 지표 부근에서 마찰력 때문에 기압이 낮은 중심부를 향한다. 공기덩이는 마찰에 의해 각운동량을 어느 정도 잃어버리지만, 중심에 가까이 감에 따라 원심력이 점점 증가해서 어떤 반경의 안쪽에서는 기압경도력보다 커져 그 이상 안으로 들어갈 수 없게 된다. 이 때문에 중심부에서는 바람이 약하고 구름이 적은 눈[eye, 안(眼), 목(目)]이라 부르는 부분이 생긴다. 중심에 접근하지 않는 공기덩이는 각운동량을 보존하면서 상승해 위로 갈수록 기압경도력이 작아지므로 원심력에 의해 주위로 불어 나간다.

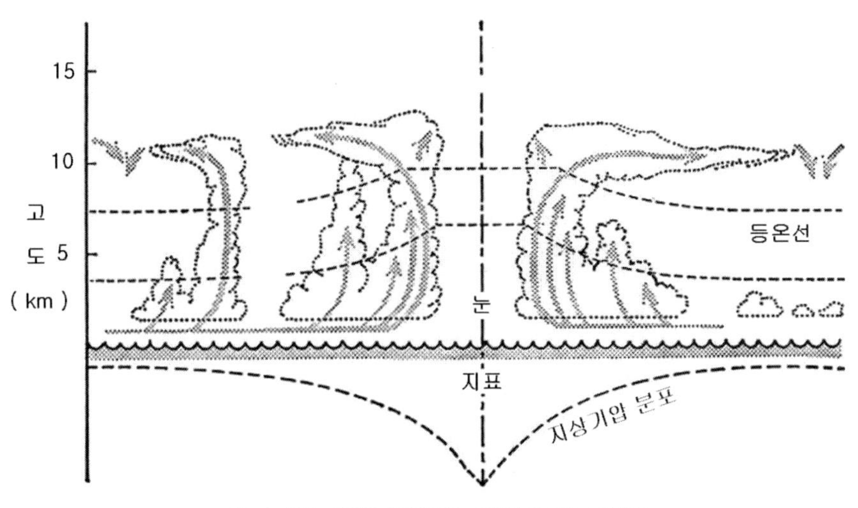

그림 8.26. 열대저기압의 연직구조의 모식도

열대저기압은 열대수렴대 상의 **구름무리**(cloud cluster : 적운군에서 형성된 거대한 구름의 덩어리)에서 발생하는 일이 많지만 뒤에서 언급하는 편동풍파동에서 발생하는 일도 있다. 그림 8.27은 태풍급의 열대저기압의 발생지역과 경로, 해면수온과 함께 나타내고 있다. 열대저기압은 해면수온이 27 C 이상의 해역에서 발생하지만, 북위 5°와 남위 5° 사이에서는 거의 발생하지 않는다. 즉 완전 적도 부근에서는 안 생긴다. 또 남대서양(아프리카 서부, 남아메리카 동부)과 남태평양 동부(남아메리카 서부)에서는 전혀 발생하지 않고 있다. 이것은 주목할 만한 일이다. 이것들로부터 열대저기압의 발생에는 해면에서의 수증기의 보급과 전향력(轉向力, 코리올리 힘, Coriolis force)이 중요하다는 것을 추측할 수가 있다. 실제로 열대저기압의 에너지원은 수증기의 응결열이고, 개개의 적운대류가 태풍으로써 조직화되기 위해서는 전향력과 지표마찰이 중요하다는 것을 알게 되었다.

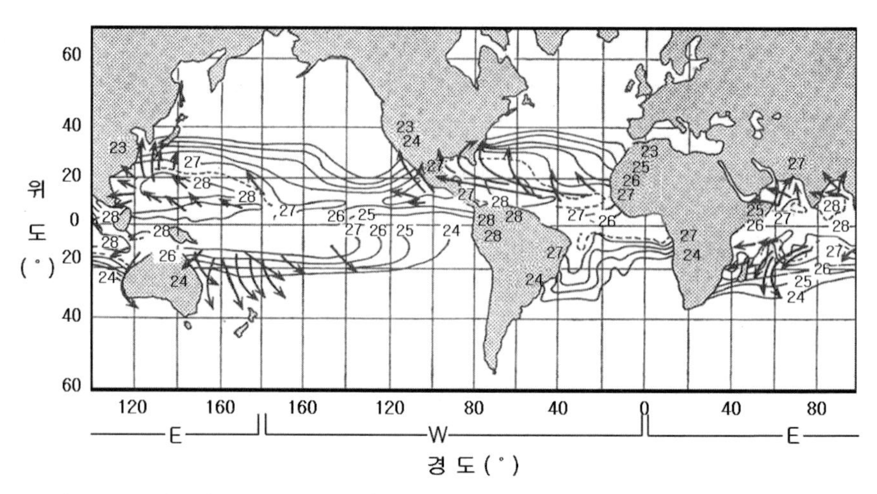

그림 8.27. 열대저기압의 발생지역과 경로 숫자는 해면수온으로 등온선(等溫線, C)

태풍, 저기압, 적운 등의 대기요란은 제 1 근사로서 기본류에 흘려서 이동한다. 이 기본류의 것을 **지향류**〔指向流, steering current(flow)〕라고 한다. 그 영향이 미치는 것을 **지향**(指向, steering)이라고 한다. 일반류와 같은 뜻이다. 본류의 연직전단(鉛直剪斷)이 있는 경우에 요란의 이동속도와 일치하는 풍향·풍속을 갖는 층을 **지향층**(指向層, steering surface)이라고 하고, 그 높이를 **지향고도**(指向高度, steering level)라고 한다. 그 높이의 바람에 의해 요란이 흐른다고 생각한다. 관측 자료에서 지향류와 태풍을 분리하는 경우는 태풍을 둘러싼 넓은 영역 내의 풍속장을 평균해서 얻어진 것이 지향류가 된다. 최근 태풍의 이동 등의 연구에서는 이 지향류가 시간이 지나도 변화하지 않는 것이 아니고, 태풍 자신과 서로 영향을 주고받으면서 변화해가는 것으로써 이해되고 있다.

발생한 열대저기압은 지향류라 불리는 주위 대규모의 바람에 의해 흐르고, 주로 아열대 고기압의 서쪽 주변 흐름에 의해 중위도로 온다. 단, 지향류가 약한 저위도에서는 **전향인자(수)**〔(轉向因子(數), Coriolis parameter)〕의 위도변화에 의해 열대저기압 자신이 북북서 내지 서북서로 이동하는 효과도 무시할 수 없다. 열대저기압은 상륙하면 수증기의 보급이 끊어질 뿐만 아니라 큰 지표마찰을 받으므로 쇠약해지기 시작한다. 또 차가운 해상에서도 약해진다. 단, 편서풍대의 장파의 기압곡과 결합하면, 온대저기압으로써 재발생하는 일이 있음으로 주의를 요한다. 이것을 태풍의 **온대저기압화**〔溫帶低氣壓化, 또는 온저화(溫低化)〕라고 한다.

ㅁ. 고기압

고기압(高氣壓, anticyclone)이 형성되기 위해서는 주위에서 공기가 모일 필요가 있고, 또 지상 부근에서는 지표마찰 때문에 고기압에서 공기가 불어나간다. 그렇기 때문에 고기압 내는 약한 하강기류로 되어 있고, 일반적으로 구름이 적고 일기(日氣, 天氣, 날씨)가 좋은 경우가 많다. **경압불안정**(傾壓不安定)에 의한 온대저기압과 한 쌍이 되어서 발달하는 중위도 고기압은 보통 **이동성고기압**〔移動性高氣壓, travel(l)ing(migratory) anticyclone〕이라고 불린다. 그림 8.28은 온대저기압과 이동성고기압의 입체적인 구조를 그린 것이다.

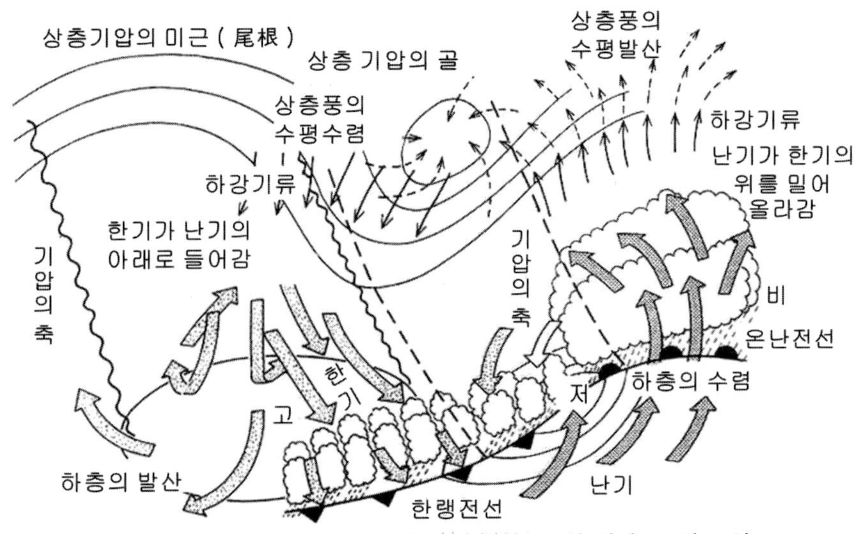

그림 8.28. 온대저기압(저)과 이동성고기압(고)의 입체구조의 모식도

겨울철 대륙에서 생기는 시베리아고기압은 하층의 공기가 차가워 침강함으로써 생기는 정체성(停滯性)의 고기압이다. 또 여름철의 태평양고기압은 해들리순환의 하강역에서 생기는 아열대고압대(亞熱帶高壓帶)에 속한다. 저기압과는 달리, 고기압의 시도나 풍속은 어느 정도 이상으로 강해지지 않는다. 그 이유는 다음과 같다. 마찰력을 무시하면, 고기압 주위를 도는 공기덩이에는 기압경도력과 원심력이 같은 방향으로 작용해서, 그것이 전향력과 평형을 이루고 있다(그림 8.29 참고). 고기압의 시도(示度)가 증가해서 기압경도력과 풍속이 강해짐에 따라 원심력 쪽이 전향력보다 급격히 증가하기 때문에, 언젠가 이와 같은 균형(평형)은 유지할 수 없게 된다. 고기압의 발달에는 한계가 있다는 뜻이다. 그러나 저기압에서는 기압경도력과 원심력이 반대 방향으로 균형을 이루기 때문에 이와 같은 일은 없다. 따라서 강한 대기요란(기상요란)은 항상 저기압에 있다.

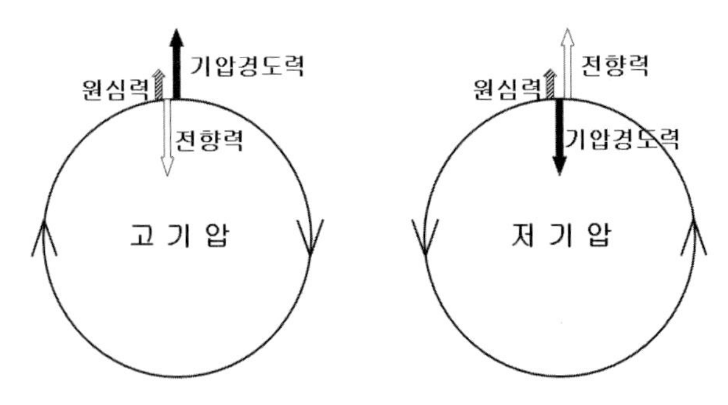

그림 8.29. 북반구에서 고 · 저기압의 공기덩이에 작용하는 힘

ㅂ. 편동풍파동

열대의 대류권에서는 동풍 속을 3~6일 주기로 서쪽으로 전파하는 요란이 종종 관측된다. 이것을 **편동풍파동**(偏東風波動, easterly wave)이라고 하고, 파장은 2,000~5,000 km 이다. 고층대기관측망이 정비됨에 따라서 당초에는 비교적 자료가 많은 열대서부태평양이나 카리브해에서 해석되고 있었지만, 현재에는 중부태평양, 아프리카 대륙서부, 대서양의 열대역이나 벵갈만에도 존재하는 것을 알았다. 이들의 영역은 **열대수렴대**(熱帶收斂帶, intertropical convergence zone, ITCZ)와 거의 일치하고 있고, 편동풍파동과 적운대류와의 밀접한 관계도 시사되고 있다.

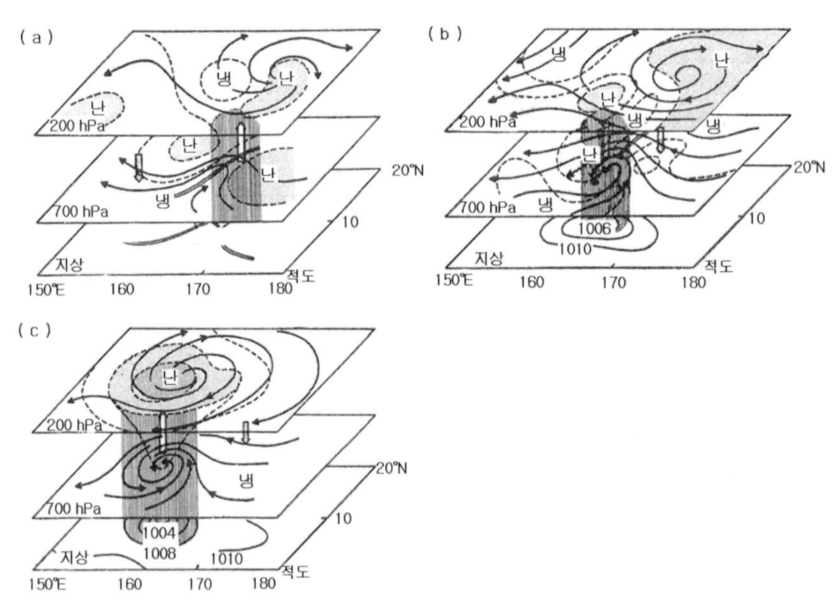

그림 8.30. 편동풍파동에서 태풍으로 이행과정 모식도

(a); 파동의 단계(시작), (b); 핵(核, core)온난화의 단계(24 시간 후), (c); 발달단계(48 시간 후),
그림자 부분; 온역(溫域)과 강수역(降水域), 야나이〔유정(柳井), Yanai, 1961〕에 의함

편동풍파동의 마루의 서쪽은 건조하고 구름이 적고, 동쪽에는 습한 대류운이 많은 소나기나 뇌우(雷雨)를 동반한다. 따라서 편동풍파동은 동쪽에서 서쪽으로 진행하면서 이러한 순서로 천후(天候, 日候)가 변화하고, 풍향도 동북동에서 동남동으로 바뀌게 된다.

편동풍파동은 열대태평양에서는 태풍으로 열대대서양에서는 허리케인으로 벵갈만에서는 몬순저기압(monsoon depression)으로 발달되는 일이 있다. 그림 8.30 은 그 예로써, 하층의 편동풍파동 위에 고기압성의 와가 겹친 단계에서 태풍 특유의 온난핵형(溫暖核型)의 구조로 이행해 가는 과정을 나타내고 있다.

ㅅ. 블로킹(저색)

중・고위도의 상층 편서풍대에서 준정상(準定常)으로 큰 척도의 고기압이 발생하면, 통상 동쪽으로 이동하는 종관규모의 이동성저기압, 골, 고기압, 미근(尾根, 산등성이 ; 고・저기압의 경계 부분) 등이 장시간 움직임이 저지되어, 정체한 상태가 되는 일이 있다. 이와 같이 정체된 상태를 저색〔沮塞, blocking, 저지(沮止)〕이라고 한다. 이것이 남북으로 크게 사행(蛇行)하면서 떨어져 절리(切離)된 고기압을 **절리고기압**(切離高氣壓, cut-off high)이라 하고, 이것이 정체성고기압이 되어 거의 움직이지 않는 것을 **저색고기압**(沮塞高氣壓, blocking high)이라고 한다. 같은 원리로 편서풍파동의 진폭이 증대되어 저위도 쪽으로 뻗은 부분이 본류(本流)에서 떨어져 나와 생긴 상공의 한냉저기압(寒冷低氣壓)을 **절리저기압**(切離低氣壓, cut-off low)이라고 하고, 역시 정체된 경우는 **저색저기압**(沮塞低氣壓, blocking low)이 된다. 저색은 10 일 이상이나 지속되는 경우도 있다(그림 8. 31 참고).

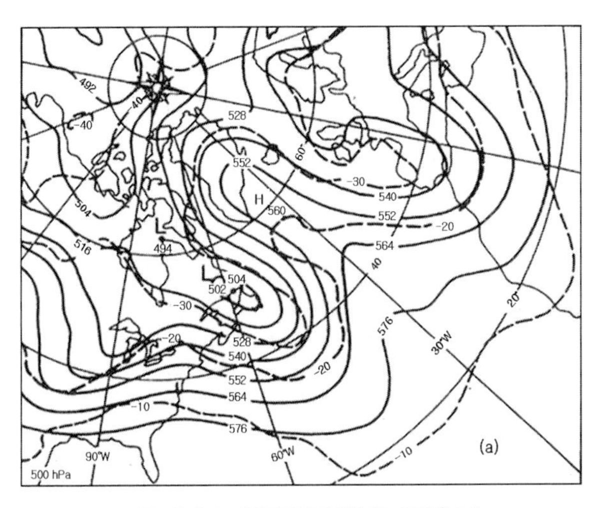

그림 8.31. 블로킹(저색)의 예(계속)

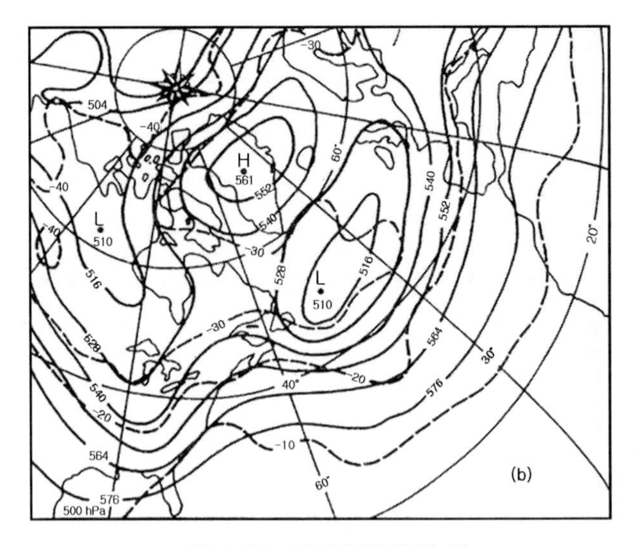

그림 8.31. 블로킹(저색)의 예
500 hPa 면의 고층일기도로 그림 (b)는 (a)의 4 일 후,
실선은 고도〔dam(deca meter), 10 m〕, 파선은 온도(C)

저색이 발생하면 일상과는 상이한 일후(日候, 天候)가 계속됨으로 **이상기상**〔異常氣象, unusual(exceptional) weather〕의 원인 중 하나라고 거론되고 있다. 유럽과 동북태평양에서 발생하기 쉽지만, 장마기에 태평양 쪽의 오호츠크해고기압도 저색에 의해 생기는 일이 많다. 저색의 형성과 유지에는 그것보다 시간규모가 짧은 이동성 고・저기압이 중요한 역할을 하고 있는 것이 지적되고 있다. 그러나 몇 개의 설이 제안되어 있기는 하지만, 저색의 생성원인에 관해서 결정적인 것은 아직 없다.

Chapter

9 대기운동 II

9.1. 중규모운동

중규모운동(中規模運動, mesoscale motion)에는 **대규모**(大規模, 수평규모 2,000 km 이상)와 **소규모**(小規模, 1 km 이하) 사이의 수평규모 2,000 ~1 km를 **중규모**(中規模, mesoscale)라고 한다. 구체적으로는 메소 고・저기압, 호우(豪雨)・호설(豪雪), 하층제트, 해륙풍과 산곡풍, 휀, 구름무리, 불안정선(不安定線, 스콜선) 등이 포함된다.

오란스키(I. Orlanski)에 의하면, 이들을 다음과 같이 더욱 세밀하게 분류하고 있다.

① 메소 α 스케일 ; 2,000~200 km
② 메소 β 스케일 ; 200~20 km
③ 메소 γ 스케일 ; 20~2 km

이 중, 메소 α 스케일(규모, scale)을 **중간규모**(中間規模), 메소 β와 γ 스케일을 합해서 **메소(중)규모**(中規模)라고 부르는 일도 있다. 중규모현상이 발현(發現)되는 구조에 대해서는 습윤대기 중의 비단열과정이 중요한 역할을 하고 있다. 이 요란은 대규모장의 특정한 대기과학적 조건 하에서 발달하지만 대규모요란과 중규모(및 중간규모)요란의 상호의존형 상호작용도 중요해서 대규모요란 중에서 중규모적 미세구조가 보이는 경우도 많다.

오란스키의 분류로 메소 α 스케일은 겨울철 동해에서 보이는 소저기압(小低氣壓), 전선파동(前線波動, frontal wave motion), 태풍이나 허리케인, 중대류복합체(中對流複合体, mesoscale convective complex, 메소대류복합체) 등이 여기에 속한다. 여기서는 직경이 수

100~1,000 km 정도로 1~2일 수명의 **와상요란**(渦狀擾亂)인 소저기압을 들 수 있다.

메소 β스케일로는 강수를 동반하지 않는 것으로써 해륙풍(海陸風)이나 산곡풍(山谷風)·야간 하층제트 등이 있다. 한편 강수를 동반하는 것으로는 **대칭불안정**(對稱不安定, symmetric instability), **중규모대류계**(中規模對流系, mesoscale convective system), 겨울철 동해상에서 보이는 **와열상요란**(渦列狀擾亂) 등이 있다. 중규모대류계란 개개의 뇌운(雷雲)보다도 크고 대류권 중·상층에 층상성(層狀性)의 모루구름을 갖는 대류계(對流系, convective system)를 의미한다.

9.1.1. 호우·호설

ㄱ. 호우(대우)

짧은 시간에 대량으로 내리는 많은 비인 **대우**(大雨)를 **호우**(豪雨, heavy rainfall, 큰 비)라고 한다. 엄밀하게 대기과학적으로 정의가 있는 것은 아니지만 기상청에서는 호우경보 등 방재(防災) 상의 관점에서 각지의 호우의 우량기준치를 정해놓고 있다. 호우는 저기압의 통과, 장마전선이나 정체전선(停滯前線)의 주변, 또는 태풍에 수반되어 발생한다. 경우에 따라서는 토석류(土石流), 급토수(急吐水 : 계곡 등에서 갑자기 밀어닥치는 물), 산사태, 홍수(洪水) 등을 일으켜 큰 사회적·인적피해를 초래한다. 호우가 최대로 심할 때는 하루에 연강수량의 1/3 정도 내릴 때도 있다. 우리나라 연강수량이 1,200 mm 정도이니까, 24시간에 400 mm 이상의 강수도 가능하다는 뜻이 된다. 충분한 경계가 필요한 대목이다.

가강수량(可降水量, precipitable water)이 장마기에 60 mm 정도이므로, 단순히 상공에 있는 수증기만을 소비하는 것으로는 호우가 일어나지 않는다. 대량의 수증기를 어떤 영역에 모아 강우(降雨, 비)로써 효율적으로 내리게 하기 위해서는 호우(대우)가 발생할 수 있는 기상조건이 필요하다. 이것으로는 대기 중에 수증기가 많을 것, 주위에서 높은 습도의 기류가 집중될 것(수증기 유속의 수렴이 있을 것), 및 응결을 가져올 수 있는 상승류가 있어야 한다.

호우를 생기게 하는 상승류에는 태풍·저기압의 습한 기류가 산지에 불어 닿쳐 생기는 지형성 상승류, 태풍·저기압·전선 등의 요란에 수반되는 상승류 및 대기의 연직불안정에서 생기는 적운대류의 상승류가 있고, 그들이 겹치면 대단한 대량의 강수가 초래된다. 태풍에 수반되는 지형성 상승류가 일으키는 호우(대우)는 비교적 광범위하게 미치지만, 장마전선이나 장마전선의 중규모요란 또는 적란운에 초래되는 대우는 좁은 지역에만 단시간 내에 집중된다. 이와 같은 대우를 **집중호우**(集中豪雨)라고 한다.

ㄴ. 호설(대설)

교통장해나 건조물 파손 등, 큰 사회적 영향을 미쳐서 경보(警報)를 낼 정도로 많이 내리는 눈을 **대설**(大雪) 또는 **호설**〔豪雪, heavy snow(fall)〕이라고 부른다. 역시 대기과학적으로 호설의 정의는 없지만, 기상청의 호설경보(豪雪警報, 대설경보) 등에서는 방재의 관점에서 각 지역의 호설(대설)의 강설량기준치를 정해 놓고 있다.

호설이 발생하기 위한 조건은 눈〔설(雪)〕이 되도록 저온(低溫 : 지상기온 2~0℃ 이하)으로 공기 중에 충분한 수증기가 있을 것(너무 저온이면 오히려 수증기량이 감소한다), 및 대량의 수증기의 응결을 가져오는 상승운동이 일어나는 것이다.

극동의 태평양 쪽이나 북아메리카 동안에서는 온대저기압이 호설(대설)을 가져온다. 또 대륙성극기단(大陸性極氣団)이 따뜻한 해상으로 흘러나가 기단변질이 일어나면 적운대류(積雲對流)가 발생해서 호설을 가져온다. 동해 연안지역이나 북아메리카 오대호(五大湖) 풍하(風下 : 바람이 불어 나가는 것)지역의 호설은 그 대표적인 예이다. 일반적으로 대규모의 산맥의 풍상측(風上側 : 바람이 불어오는 쪽) 사면에서는 지형성 상승 때문에 강설량(降雪量)이 많다.

9.1.2. 하층제트

지구를 둘러싸고 있는 대규모의 서풍이나 동풍의 흐름 속에는 제트(jet)라고 부르는 강풍대(强風帶)가 있다. 이 제트는 적어도 대기의 중층 이상의 고도에 있으며, 그 범위도 넓다. 이것과는 달리 고도 3 km 이하의 대기하층 대략 700~850 hPa(mb) 부근의 한정된 좁은 지대에 강풍대가 존재한다. 풍속이나 위치는 변동이 크고, 20 m/s 이상의 풍속이 관측된다. 이것을 하층제트(下層제트, low level jet, LLJ)라고 부른다. 하층제트는 수증기의 수송 및 수평발산, 상승류를 만드는 역할을 갖는다. 호우역(豪雨域)은 하층제트의 저기압성 전단〔(剪斷) shear〕영역의 감속부에서 보인다. 하층제트는 하층의 안정도가 급격히 악화되거나 또는 대류활동이 활발하게 이루어지고 있을 때 발생된다(그림 9.1 참고). 하층제트를 크게 분류하면, 첫째로, 기후학적으로 장소가 결정되어 있는 하층제트와 둘째로, 요란(擾亂, disturbance)에 수반되어 나타나는 하층제트가 있다.

첫째로, 기후학적으로 장소가 결정되어 있는 하층제트로 미국 중서부의 **야간제트**(夜間제트, nocturnal jet)와 아프리카대륙 동안의 **소마리제트**(Somali jet)가 유명하다. 미국 중서부의 야간제트는 로키산맥 동쪽의 사면(斜面)에서 밤중에 높이 500 m 부근에서 보이고, $20m/s$ 를 넘는 남풍이 불고 있다. 한편 소마리제트는 몬순기에 높이 850 hPa 부근에 남반구의 인도양에서 아프리카대륙 동안에서 적도를 넘어서 인도까지 도달하는 15 m/s 이상의 제트이다. 이 형성에는 인도 부근의 몬순에 의한 흡입과 아프리카고원의 존재가 중요한 것으로 생각되고 있다.

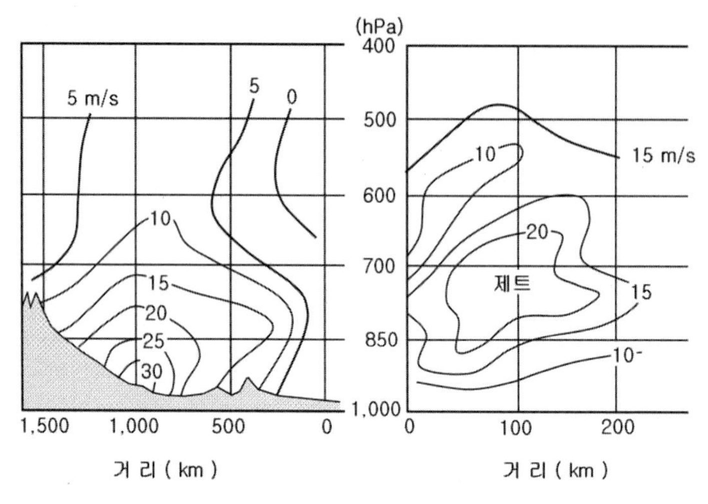

그림 9.1. 하층제트의 상이한 두 가지 예

둘째로, 요란에 수반되어 발생하는 것으로써 장마전선 부근의 호우 시에 발생하는 현상인 하층제트가 잘 알려져 있다. 20 m/s 를 넘는 초지형풍(超地衡風)의 강풍이 700 hPa 부근에서 보인다. 이 초지형풍과 그 주위에 종종 관측되고 있는 바둑판무늬의 습도분포에서 하층제트는 격렬한 대류활동에 의한 운동량의 혼합에 의해 형성되고, 그 주위에 연직방향으로 이중의 순환을 만든다고 생각된다. 또 하층제트의 발달의 다른 구조로써 대류역의 열원이나 전선에서의 합류・전단에 의해 자오면순환이 일어나, 전향력으로 가속된다고 하는 메커니즘도 있다. 상층제트기류의 출구인 하층에서 보이는 하층제트는 상층과 결합되어 발달한다고 말해지고 있다. 또 하층제트의 발달이 대류혼합이나 열원에 의한 경우는 호우 쪽이 하층제트에 선행하는 것이 되지만, 하층제트가 호우에 선행한다고 하는 보고도 있어 아직 몇 개의 하층제트의 발달 기구가 있을 것으로 추정이 된다.

9.1.3. 국지풍

국지풍(局地風, local winds)은 지형의 영향으로 국지적으로 부는 바람이다. 넓은 뜻으로는 갑(岬 : 호수나 바다로 뾰쪽하게 나온 땅, 곶)에서의 강풍과 같이, 극히 한정된 장소의 지형형상에 의한 풍향의 변화나 풍속의 증대를 포함하는 경우도 있지만, 기상학이나 기후학에서 통상 국지풍이라 부르는 경우는 10 km 크기 정도 이상의 퍼짐을 갖는 특정의 지역・지방에 발생하는 바람을 가리킨다. 이와 같은 국지풍은 특정의 기상조건 하에서 발생하고 계절도 어느 정도 한정되어 있고, 각 지방의 고유의 명칭을 갖는 경우도 있다. 생성 원인으로는

① 해륙풍이나 산곡풍 등처럼 온도분포에 의해 생기는 것,
② 활강풍(滑降風, downslope wind : 산을 넘는 기류에 의한 바람)이나, 출풍(出風 : 배를 띄울 정도의 온화한 산골짜기의 수렴효과에 의한 육풍의 일종)과 같이 일반풍이 산맥이나 산골짜기 지형에 의해 속도가 증가된 것

의 2가지로 대별할 수 있다. 이 중 피해를 동반할 정도의 강풍을 가져오는 것은 후자에 의한 것이 대부분이다.

ㄱ. 해륙풍

주간(晝間, 낮)에 비열(比熱, specific heat)의 차로 육상의 공기가 가열되어 밀도가 작아진다. 그 결과, 바다와 육지 사이에 기압차가 생겨 바다에서 육지를 향해서 해풍(海風 sea breeze)이 분다. 전형적인 해풍의 속도는 수 m/s , 높이는 수백 m ~ 1 km 정도이다. 그 상공에는 약하지만 역방향의 바람(반류)이 불어, 전체로서 순환(循環, circulation)을 이룬다. 호수 연안에서도 같은 현상의 호풍(湖風, lake breeze)이 나타난다. 해풍과 육풍을 합해서 **해륙풍**(海陸風, land and sea breeze)이 된다.

육상의 기압저하량은 지표면에서 공기로의 가열량(현열공급량)에 거의 비례한다. 이 가열량은 일사량만이 아니고 지표면에서의 증발산량에도 의존됨으로 일사가 강해도 증발산이 활발하면 그 기화열(氣化熱)만큼 가열량은 작아지고, 따라서 해풍도 약해진다. 또 해풍의 강도는 해면수온에도 의존한다. 겨울에는 해풍이 나타나기 어렵지만, 이것은 일사가 약하기 때문이라고 하기 보다는 오히려 해면수온이 지온에 비교해서 높기 때문이라고 생각되어진다. 해풍이 내륙으로 침입할 때에는 그 선단부분에 예리한 불연속선〔不連續線, 해풍전선(海風前線) = sea breeze front〕이 나타나는 일이 있다.

야간(夜間, 밤)에는 비열이 작은 지면의 냉각에 의해 육상 쪽에 기압이 높아져, 땅에서 바다 또는 호수를 향해서 **육풍**(陸風, land breeze)이 분다. 봄・여름에는 육풍이 해풍보다도 훨씬 약하지만, 늦가을 ~ 겨울에는 해면에서의 가열이 해륙 간에 기압차를 만들어 육풍을 발달시킨다.

현실에서는 해륙풍만이 순수한 형태로 나타날 까닭은 없고, 고·저기압에 의한 바람(일반풍)이나 산곡풍(山谷風) 등의 영향도 있으므로 복합적으로 나타난다. 바다에서 육지로 불고 있는 바람 **향육풍**(向陸風, onshore wind: 땅을 향하는 바람)을 총칭해서 **해풍**(海風)이라고 부르기도 한다.

ㄴ. 산곡풍

사면의 가열·냉각에 의해 공기의 온도변화가 일어나 가열 시에는 사면(斜面)을 기어올라가고, 냉각 시에는 흘러내려오는 바람이 분다. 이것이 **사면풍**(斜面風, slope wind)이다. 또 평지와 산지 사이에는 해륙풍과 닮은 순환이 생기는데, 이것을 사면풍과 합해서 **산곡풍**(山谷風, mountain and valley breeze)이라고 한다. 주간에 평지에서 산지로, 즉 사면을 아래에서 위로 부는 바람을 곡풍(谷風, valley breeze), 야간에 산지에서 불어 내려오는 바람이 산풍(山風, mountain breeze)이다.

곡풍은 계곡 양쪽의 사면으로 불어 올라가는 바람이 생겨 이것을 보충하기 위해서, 곡의 중앙부 상공에는 하강기류가 생긴다. 이 하강기류에 의한 단열승온(斷熱昇溫) 때문에, 곡 가운데의 기온은 평지보다 높아지고, 평지에서 곡사이를 향해 불어 올라가는 바람이 일어난다.

산풍(山風)은 곡풍보다도 층이 얇고, 사면을 따라 흘러내려오는 경향이 있다. 소규모의 산풍은 냉기류〔冷氣流, drainage flow, 배출류(排出流)〕라고도 부른다. 육풍과는 달리, 산풍은 여름에도 명료하게 나타나기 때문에 연안지역에서 배후에 산이 있는 장소에서는 겉보기에 상륙풍(上陸風)이 현저하다. 이때의 상륙풍은 야간의 산풍이 우세한데 해륙풍의 육풍도 역시 야간에 불기 때문에 겹쳐서 더욱 세게 나타난다.

ㄷ. 산월기류

산월기류(山越氣流, airflow over mountains: 산을 넘는 공기의 흐름)의 성질은 풍속, 기온의 연직분포에 의존한다. 풍속을 U, 부력진동수〔浮力振動數, 브런트-바이사라 진동수(Brunt-Bäisälä frequency)〕를 N $(= \sqrt{g/\Theta \cdot d\Theta/dz})$, 산의 높이를 H로 하면,

$$F_n = \frac{U}{NH} \tag{9.1}$$

은 공기가 산을 넘는데 필요한 유효위치에너지와 공기의 운동에너지의 비(比, 의 평방근)

를 나타내고, 산월기류의 성질을 나타내는 지표를 나타낸다. 이 F_n을 종종 영국의 프루드(W. Fruude)에 의한 **프루드 수**(Froude number, 註)라고 불리지만, 이 명칭은 부적당하다는 의견도 있다.

$$F_n = \frac{U}{NH} \ll 1 \qquad (9.2)$$

인 경우, 또는 산정보다도 낮은 곳에서 강한 역전층(逆轉層)이 있는 경우에는 산지의 **장벽효과**〔障壁效果, blocking(barrier) effect〕가 크다. 독립된 산이 장벽이 되는 경우에는 산의 양옆을 돌아들어간 기류가 산의 풍하측에 와(渦)를 만드는 일이 있다(그림 9.2 참고).

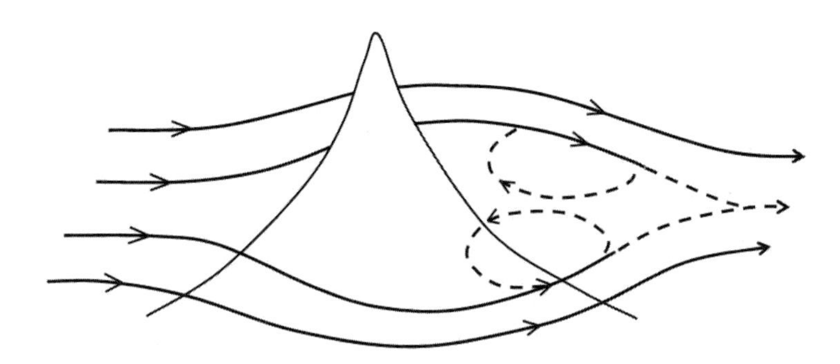

그림 9.2. 고립봉(孤立峰)의 풍하에 생기는 와(渦)

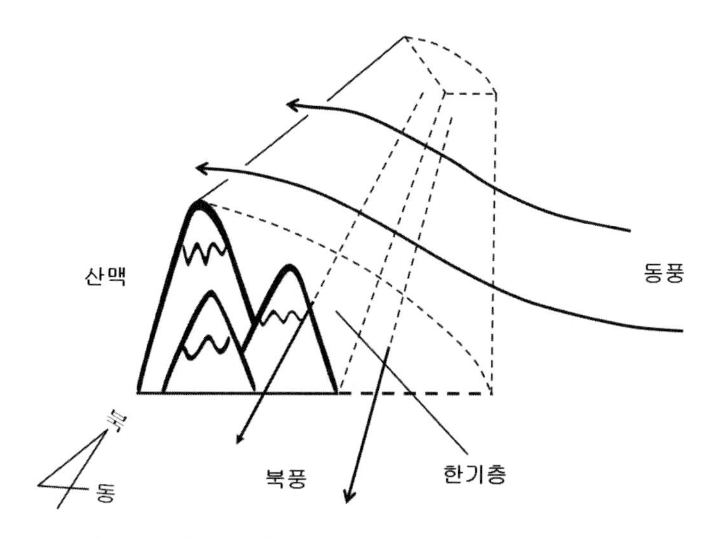

그림 9.3. 남북방향의 산맥을 따라 생기는 저온역의 모식도

한편 로스비의 변형반경보다 긴(100 km 정도 이상) 산맥이 장벽이 되는 경우는 산맥에 의해 흐름이 막힌 공기는 전향력을 잃어버리고 왼쪽으로 돌아 산맥을 오른쪽으로 보면서 부는 경향이 있다(남반구에서는 좌우반대). 특히 남북으로 뻗은 산맥에 동풍이 불어 닿치는 경우에는 하층의 기류는 북풍이 되어 한기(寒氣)의 남하를 초래하고, 산맥을 따라 대상(帶狀)의 **저온역**(低溫域, cold-air damming)을 만든다(그림 9.3 참조).

산맥을 따라 북풍이 불어 한기층(寒氣層)이 되고, 동풍은 그 위의 상공을 불어 산을 넘는다.

$$F_n = \frac{U}{NH} \leq 1 \tag{9.3}$$

과 같은 1보다 약간 작거나 산정 부근의 높이에 역전층이 있는 경우에는 산의 풍하측(風下側)을 강풍이 불어 내려오는 일이 있고, 국지적으로 강한 **하강풍**〔下降風, fall wind, downslope wind(滑降風), 내리바람, 颪〕을 일으킨다(그림 9.4 (a) 참조).

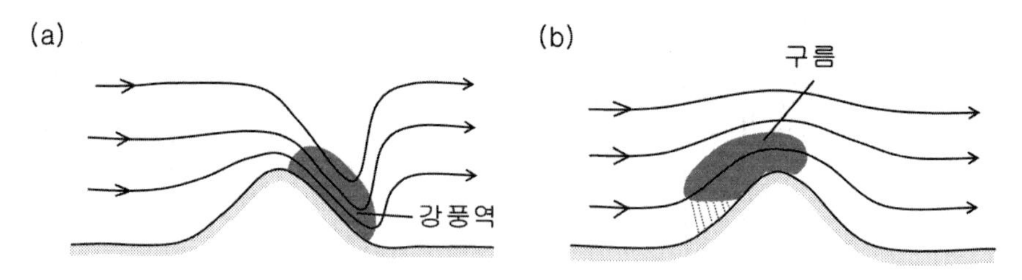

그림 9.4. 산월기류의 모식도

a : $Fn \fallingdotseq 1$ 정도의 경우에, 산의 풍하측에 국지적인 강풍이 부는 상태,

b : $F_n \gg 1$의 경우에, 광범위하게 강풍이 부는 상태

$$F_n = \frac{U}{NH} \gg 1 \tag{9.4}$$

와 같이 됨에 따라 공기는 비교적 순조롭게 산지를 넘게 된다(그림 9.4 b). 그림 a의 경우와 비교해서 강풍의 국지성은 완화되지만 이 형태의 기류도 하강풍으로 불리는 일이 있다. 현실적으로는 지형의 복잡함이 더해져서 풍속・풍향의 고도변화 등 산월기류(山越氣流)의 성질에 영향을 미치는 여러 가지의 요인이 있다.

ㄹ. **푄과 보라**

하강풍은 일반적으로 기온이 높고 건조하다. 그 이유로는

① 산기슭을 따라 상공에서 공기가 불어 내려오는 것(그림 9.4의 (a) 의 경우),
② 공기가 산을 타고 넘을 때에 공기 중의 수증기가 응결해서 비를 내리고, 그 응결열 만큼 승온(昇溫)되는 일(그림 9.4의 (b) 의 경우)

의 2 가지가 있다. 실제로는 ①과 ②가 복합되는 일도 많다고 생각된다. 격심한 고온・건조를 동반하는 하강풍을 푄(Föhn, foehn, 독)이라 한다. 원래는 유럽 알프스에서 산을 넘어 불어 내려오는 국지풍(남풍)인 하강풍의 고유명사로 '강풍' 을 나타내는 말이었지만, 현재에는 산월기류에 수반된 승온에 대한 일반명칭으로, '고온'을 가리키는 의미로 사용되는 경향이 있고, 바람이 약해도 푄현상이라 일컬어지는 경우도 있다.

위의 ①, ②에 의한 승온이 있어도 그 전과 비교해서 기온이 내려간다. 이와 같이 차가운 하강풍이 **보라**(bora)이다. 원래는 구 유고슬라비아의 아드리아(Adria)해 연안지방에서 한후계(寒候季)에 부는 한랭한 국지풍의 고유명사로, 러시아 쪽에서 산맥을 넘어서 불어 내려오는 북동풍에 대해서 이용되었던 언어로 그리스어로 '북풍' 의 의미이다. 유고슬라비아에서는 열차가 보라로 전복된 일이 있어, 바람이 강한 곳에서는 바람막이용 콘크리트 벽이 만들어져 있었다. **활강풍**(滑降風, katabatic wind)의 일종이라고 할 수 있으나 보라로 불리는 것은 산맥을 넘을 경우만이다. 지형적으로는 산의 능선이 말안장 모양으로 움푹 들어간 부분의 풍하측(風下側)에서 일어나는 경향이 있다.

넓은 뜻으로는 산맥 풍상측에서 찬공기가 머물러 있는 것이 명료하지 않아도 산기슭에서의 승온을 동반하지 않는 한랭한 하강풍을 일반적으로 보라로 총칭하는 경우도 있다.

9.1.4. 구름무리

기상위성에서 본 수10 ~ 수100 km 규모의 구름 덩어리로 대류성운(對流性雲)을 갖는 계(系, system)를 **구름무리**〔cloud cluster, 운군(雲群)〕라고 한다. **중규모대류계**(中規模對流系)를 위성에서 바라보는 경우가 많다. 중위도에서 바라본 메소대류복합체(메소對流複合体, mesoscale convective complex, MCC)는 장시간 지속되는 원형에 가까운 메소 α 스케일의 운계(雲系, cloud system, 구름시스템)이고, 운정(雲頂, 구름 꼭대기)의 적외온도가 -32 C 이하인 영역이 $10^5 km^2$ 이상이고, -52 C 이하의 영역이 $5 \times 10^4 km^2$ 이상, 수명이 6 시간 이상이라고 하는 조건을 만족하는 것이다.

북미 대륙에서는 옥수수나 소맥(小麥, 밀)의 성장기에 강우(降雨)을 가져오는 중요한 강수계(降水系)이다. MCC가 발생하는 대기는 대류권 전층에 걸쳐서 습윤층(濕潤層)과 수평풍이 약한 연직전단〔(剪斷), shear〕으로 특징지어진다. 최근 독립적으로 있던 폭풍(storm)이 합류하기도 하는 등의 상호작용으로, MCC로 발달하는 일이 많다. MCC의 내부에는 메소 β 스케일의 활발한 대류가 몇 개 정도가 있어, 그들은 중층의 바람에 평행하게 줄지어 있기도 하고 랜덤하게 존재하기도 한다. 성숙기의 MCC의 운동장(運動場)은 거의 지형풍(地衡風, 지균풍)으로 밸런스를 취하고 그 수평규모(~300 km, MCC의 운동장을 넣어서 평가한)는 로스비의 변형반경(變形半徑)에 가까우므로 MCC는 관성적으로 안정한 중규모 대류계라고 말하고 있다.

우리나라 부근에서는 장마전선, 저기압 등에서 구름무리가 종종 발생한다. 이 경우 위성에서 본 구름무리는 원형에 가까운 타원형을 하고 있고, 크기는 시간과 함께 그다지 변동하지 않았다. 그 크기는 MCC에 비교해서 작았다. 시간과 함께 타원형의 축이 시계방향으로 돌고, 구름무리의 내부를 레이더로 보면 강에코역의 모양이 스콜선, 동서로 줄지은 정체성의 밴드, 북서에서 남동으로 줄지은 밴드로 시간과 함께 계속해서 변해간다.

9.1.5. 스콜선

스콜〔squall, 진풍(陣風), (陣 : 줄 진)〕은 격렬한 뇌우 등의 통과에 수반되는 일과성(一過性)의 바람으로, 갑자기 바람이 강해지고 잠시 후에 바람이 진정되는 것을 말한다. 열대지방에서 내리는 소나기 비를 가리키는 경우도 있다.

스콜선〔squall line, 진풍선(陣風線)〕은 선상으로 길게 수10 ~ 수100 km 에 걸쳐 줄지어 선 뇌우역(雷雨域)을 의미한다. **선상메소대류계**(線狀 meso 對流系)의 일종이다. 일반풍에 대해서 빠르게 움직이는 것을 스콜선이라 부르는 일이 많다.

열대 서대서양에서는 대류권 모든 층의 바람보다도 빠르게 움직이는 스콜선이 보인다. 이 스콜선을 위성에서 보면, 바람에 직교하는 방향인 호상(弧狀)으로 적란운군(積亂雲群)이 줄지어 서, 그 뒤에는 계란모양으로 모루구름이 퍼져 보인다. 그림 9.5는 미국 중서부에서 관측된 스콜선에 직교하는 단면도이다. 스콜선 진행방향의 전면에는 대류성의 강한 강수세포(降水細胞, precipitation cell)가 있고, 뒤쪽에는 층상성(層狀性)의 약한 강수역이 퍼져 있다. 레이더로 보면 강한 에코역이 **대류성영역**(對流性領域)과 **층상성영역**(層狀性領域)의 0 C 부근의 높이〔명대(明帶), 밝은 띠, bright band〕에 있다. 흐름의 구조는 대류성영역과 층상성영역에서 서로 크게 다르다. 대류성영역에서는 강수세포 스케일의 격심한 상승류와 하강류가 있다. 한편, 층상성영역에서는 바람은 3층 구조를 하고 있고, 상층의 모루구름에서는 약한 상승류를 동반한 후면으로의 외출류(外出流), 중층에서는 약한 하강류를 동반한 후면에서 흘러 들어오는 제트, 지상부근에서는 후면으로의 외출류가 보인다. 지상기압은 스콜선의 전면의 저압부, 강수역의 고압부, 층상성영역의 하강류의 저압부라고 하는 특징적인 분포를 하고 있다.

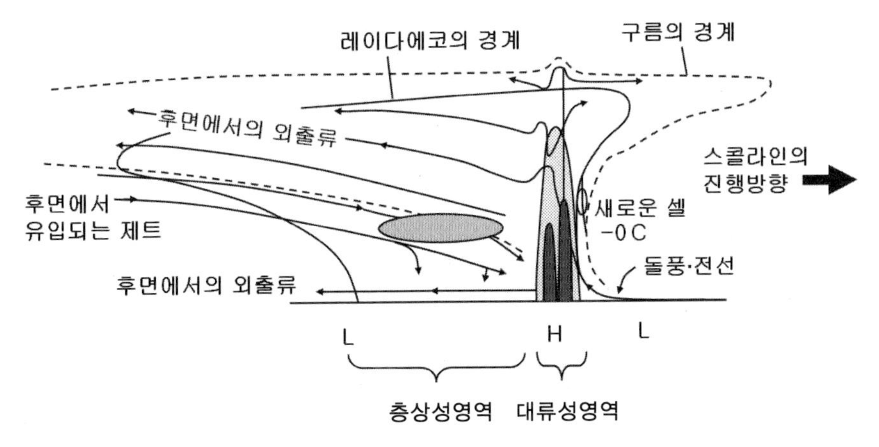

그림 9.5. 스콜선(진풍선)의 모식적인 연직단면도

파선(破線, dashed line, - - -)은 구름의 경계, 실선(實線, solid line, —)은 등에코선(等echo line), 점선(點線, dot line, …) 및 검은 지역은 강한 에코역이다. 층상성영역에 있는 강한 에코역은 밝은 띠(明帶, bright band), 화살표가 붙어 있는 실선은 흐름, H 와 L 은 지상에서 고기압과 저기압으로 표시한다(Houze 등, 1989).

9.2. 소규모운동

그림 8.1 을 보아서 알 수 있듯이, 오란스키(I. Orlanski)의 분류에 의하면 소규모운동(小規模運動, microscale motion)을 다음과 같이 세분하고 분류하고 있다.

① 마이크로(미크로) α 스케일 ; 2 km ~ 200 m
② 〃 β 〃 ; 200 ~ 20 m
③ 〃 γ 〃 ; 20 m 이하

로 구분하고 있다. 그러나 미국의 분류에서는 2 km 이하로 마이크로(미크로)스케일(microscale)을 정의하고 있고, 우리나라가 속해있는 동남아시아 극동지방의 일본의 분류에서는 20 km 이하의 운동을 소규모운동으로 정의하고 있다. 즉 중규모의 메소 γ 스케일이 겹쳐있다는 것을 알 수가 있다. 즉 대기현상은 연속적이고 상호관련을 지어서 존재한다. 따라서 이와 같이 대기현상 규모의 분류도 고정적이 아니어서 명백하게 구분이 되지 않는 것 역시 특징이라고 할 수 있겠다.

9.2.1. 산악파

안정성층을 이룬 기류가 산악을 넘을 때(山越氣流)에는 산악의 풍하측에 생기는 정상파동인 **산악파**(山岳波, mountain wave), **하강풍**(下降風, fall wind, 내리바람), **도수**(跳水, hydraulic jump, 물뜀) 등의 현상이 나타나는데, 하강풍에 상당하는 푄이나 보라에 대해서는 앞의 중규모현상에서 언급했음으로 여기서는 산악파와 도수에 대해서 설명한다.

산악파의 성질은 산의 규모나 대기의 성층상태에 따라 다르다. 산맥의 폭이 100 km 정도 이하의 경우에는 **내부중력파**(內部重力波, internal gravity wave)가 중요하다. 산월기류의 문제에서 중요한 파라미터는 영국의 기상학자 스코어(R. S. Scorer)에 의한 **스코러수**(Scorer number, S_n)로

$$S_n{}^2 = \frac{N^2}{U^2} - \frac{1}{U}\frac{d^2U}{dz^2} \tag{9.5}$$

와 같이 정의되었다. S_n은 파수의 차원을 가지고 있다. 여기서 N(**브런트·바이사라진동수**, Brunt-Väisälä frequency), U(풍속), z(높이) 이다. 산악파의 기본적인 개념은 **선형이론**(線形理論, linear theory)에 의해 설명할 수 있다. 이하에서는 모델의 간단한 순서로 설명한다.

ㄱ. 선형이론

선형(線形, 線型, linear, linearity)이란 말은 생각하고 있는 양(量, 대기량)이 1차식을 이루는 것이다. 예를 들면, $a+bx+cy$는 x, y에 관해서는 선형이다. $a\sin x+b\cos y$는 계수 a, b에서 보면 선형이지만, x, y에 관해서는 **비선형**(非線形, nonlinear)이다. 일반적으로 말하면, 미분방정식이나 적분방정식 등의 함수방정식에 있어서 미지수가 1차식으로 포함되어 있는 경우를 선형, 그렇지 않을 경우를 비선형이라고 한다.

i) 정현함수형의 산맥을 넘을 경우

풍속과 브런트·바이사라진동수(주파수)가 고도방향으로 일정한 비점성(非粘性) 부시네스크(Boussinesq)유체가 흐르는 방향으로 파수 k 로 무한히 계속되는 정현함수(正弦函數, sine 함수)로 표현되는 미소진폭(微小振幅)의 산맥을 넘을 경우를 생각한다. 미소진폭으로 간주하는 것은 산맥의 높이 H 가

$$S_n H \ll 1, \quad k H \ll 1 \tag{9.6}$$

을 만족하는 경우이다. 산악파의 연직방향의 구조는 스코러수 S_n 과 수평방향의 파수 k 의 크기에 의존해서 변화한다.

$$k \gg S_n \tag{9.7}$$

의 경우에는 파의 진폭은 고도방향으로 지수함수(指數函數, exponential function) 적으로 감소한다. 소위 외부파형(外部波型)이 된다. 풍속은 산의 풍상과 풍하에 대칭이 되고, 미근(尾根) 상에서 가장 강해진다.

한편,

$$k \ll S_n \tag{9.8}$$

의 경우에는 내부파형(內部波型)이 되고, 진폭은 고도방향으로 일정하게 유지된다. 파의 위상(位相)은 고도가 증가하면서 풍상측으로 기운다. 풍속은 풍하측에서 강해진다.

ii) 고립된 산맥을 넘을 경우

고립된 산맥의 경우에도 산맥이 미소진폭(微小振幅)으로 간주되는 경우에는 산맥의 모양을 후리에급수(--級數, Fourier series)로 표현함으로써 i)과 같은 논의가 전개될 수 있다. 즉, 산맥의 폭이 좁은 경우에는 진폭이 고도방향으로 지수함수적으로 감소하는 파동이 지배적이 되고, 한편, 산맥의 폭이 넓은 경우에는 연직방향으로 전파하는 파동이 지배적이 된다.

산맥의 형태가

$$H(x) = H_0 \frac{a^2}{a^2 + x^2} \tag{9.9}$$

라고 하는 조종형(釣鐘型 : 매단 종)으로 표현되는 경우의 결과를 그림 9.6 에 나타낸다. 여기서, H(고도), H_0(산맥의 높이), a(산맥의 높이의 1/2 가 되는 거리)이다. 산맥의 폭이 좁은 경우($a^{-1} \gg S_n$)에는 흐름은 산맥을 끼고 대칭(對稱)이 되고, 고도와 함께 진폭은 감소한다. 한편, 산맥의 폭이 넓을 경우($a^{-1} \ll S_n$)에는 파동은 연직상방으로 전파하고, 등위상선(等位相線)은 풍상측으로 기운다. 정역학평형이 가정될 수 있을 정도 수평규모가 큰 산에서는 파동의 모양은 어느 고도에 있어도 산맥의 모양과 서로 닮는다. $a^{-1} = S_n$의 경우에도 파동은 연직상방으로 전파하고, 등위상선은 풍상측으로 기울고, 더욱 풍하측으로 파동이 감쇠하면서 몇 개나 존재하게끔 된다.

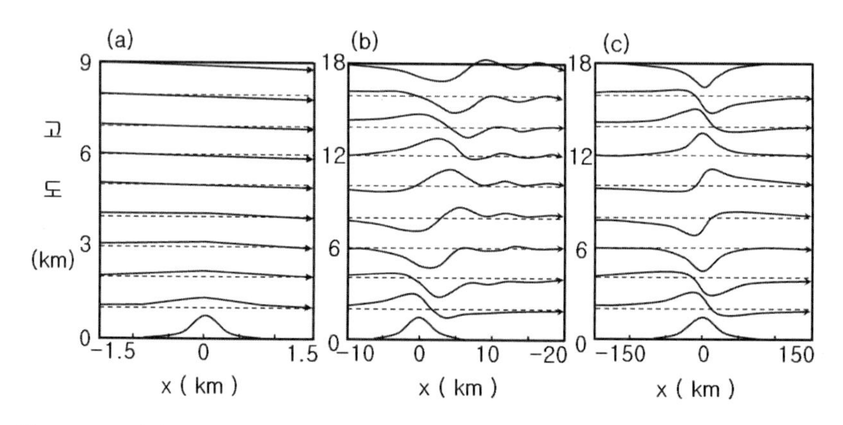

그림 9.6. 고립된 조종형의 산맥을 넘는 경우에 생기는 산악파의 특징(Durran, 1986)

iii) 대기의 성층상태가 연직방향으로 변화하는 경우

스코러수 S_n이 높이방향으로 감소하는 경우(풍속이 높이방향으로 증가하든가 안정도가 높이방향으로 감소하는 경우에 해당)에는 파동은 파의 전파가 불가능한 상층과 지표면 사이에 갇혀서 반사를 반복하고 풍하방향으로 진폭이 감쇠되지 않고 전해간다. 또 위상은 고도방향으로 변화하지 않는다. 이와 같은 경우의 산악파를 **피풍하파**(被風下波, trapped lee wave) 또는 **공명풍하파**(共鳴風下波, resonant lee wave)라고 한다. 상하 2 층에 있어서 스코러수가 각각 일정한 값을 취하는 경우, 공명파(共鳴波)가 생기기 위해서는 파수 k의 값은 상하 2 층의 각각의 스코러수의 값 사이에 존재할 필요가 있다.

ㄴ. 대진폭의 산악파

위의 ⅰ)에서는 미소진폭(微小振幅)의 선형론(線形論)에 의해 산악파의 발생을 설명했다. 이와 같은 산악파에 의해 현저하게 구름은 발생하지만, 실제의 인간활동에 영향을 미치는 것은 하강풍이나 청천난(기)류〔晴天亂(氣)流, 晴日亂流, clear air turbulence, CAT〕를 발생시키는 **대진폭**(大振幅, large amplitude)의 파동이다. 그 원인으로써는 도수(跳水, hydraulic jump, 물뜀), 상방으로 전파하는 파동의 반사, 쇄파(碎波 : 파가 부서짐)에 의한 국소적인 풍향의 급변 등을 생각하고 있다. 또 도수에 수반되는 두루마리구름(rotor cloud)이 발생한다.

ㄷ. 산악파에 수반되는 구름

수평방향으로 전파하는 피풍하파(被風下波, trapped lee wave) 및 연직방향으로 전파하는 산악파의 어느 것인가에 의해 구름이 발생하고, 이 2개의 구름 형태를 쉽게 구별할 수가 있다. 피풍하파에 수반되는 구름은 렌즈운〔(lenticular cloud, lenticularis(len), 렌즈구름, 렌즈상운(狀雲)〕으로 풍하방향으로 몇 개의 열(列)도 생긴다. 한편 연직방향으로 전파하는 파의 경우에는 구름은 한 장소에만 생기지 않는다. 그림 9.7에 산악파에 수반되는 구름의 모양을 모식적으로 나타낸다.

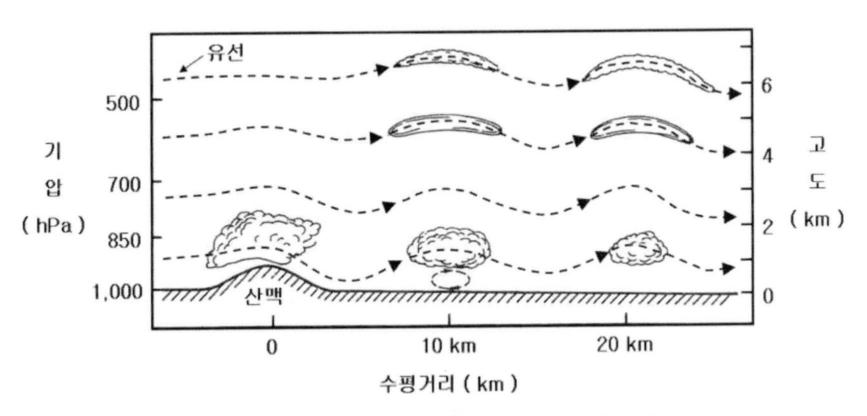

그림 9.7. 산악파에 수반되는 구름 분포의 모식도

9.2.2. 적운대류

대기의 기온감률(氣溫減率, Γ)이 습윤단열감률(Γ_m, 3.7절 참고)보다도 크고, 건조단열감률(Γ_d, 2.7절 참고)보다도 작은 경우가 **조건부불안정**(條件附不安定, conditional instability)이다. 대류권 중하층의 성층은 통상 조건부불안정으로 되어 있고, 각종의 중규모(中規模, mesoscale)요란에 수반되어, 수평거리 10 km 정도의 열대류[熱對流, thermal(heat) convection], 또는 적운대류(積雲對流, cumulus convection)가 일어난다.

본 항에서는 **적운**(積雲, cumulus)이라고 하는 용어는 대류성의 구름을 가리키고 적란운도 그 속에 포함되는 것으로 한다. 적운대류는 보통 안정한 밀도성층 속에서 생기는 현상으로, 수증기의 상변화(相變化, phase change)와 그것에 의한 열의 방출・흡수에 의해 상승・하강류가 강제(强制)되는 점이 보통의 열대류와 다른 점이다. 적운은 열기포(熱氣泡, thermal)라고 하는 수명이 짧은 상승역으로 구성되는 대단히 복잡한 내부구조를 갖고 있고, 더욱 이 열은 주위의 공기와 혼합해서, 구름 내부의 공기의 성질을 변질시킨다. 이 열은 정역학적평형이 아니고, 또 비정상(非定常)적으로 대단히 교란되어 있다. 개개의 열에 작용하는 부력의 크기는 주위 공기의 기온감률이나 **흡입**(吸入, entrainment, E)율과 **토출**(吐出, detrainment, D, 4.3절 참고)율, 더욱 운립의 수분의 중량에 의한 항력(抗力) 등에 의존한다. 적운대류의 논의에 있어서 필요한 습윤공기의 열역학적인 양과 안정성에 대해 아래에서 설명한다.

ㄱ. 상당온위

포화습윤공기에 대해서 그 포화단열과정(습윤단열과정 및 위단열과정)에 대해서 보존되는 양으로써 **상당온위**(相當溫位, equivalent potential temperature) Θ_e^*가 있고, 다음과 같이 정의된다[식 (4.20)을 참고].

$$\Theta_e^* = \Theta \exp\left(\frac{L_c\, x_s}{C_p\, T}\right) \tag{9.10}$$

여기서,

Θ : 온위(溫位, potential temperature), 식 (2.34)와 식 (4.13)을 참고,

L_c : 응결의 잠열(latent of condensation), 3.2절 참고,

x_s : 포화혼합비(飽和混合比, saturation mixing ratio), 1.3.3. 항의 혼합비 참고,

C_p : 공기의 정압비열(定壓比熱, specific heat at constant pressure), 식 (2.20) 참고,

T : 공기의 온도(C)

이다. 불포화 습윤공기(濕潤空氣, 혼합비 x)에 대해서도 위와 같은 상당온위의 식

$$\Theta_e = \Theta \exp\left(\frac{L_c\, x}{C_p\, T_{lc}}\right) \tag{9.11}$$

이 적용된다. 단, 여기서 T_{lc}〔불포화 공기덩이를 단열적으로 상승시켰을 때의 치올림응결고도(lifting condensation level, LCL, 3.5.절 참고)〕에 도달했을 때의 온도이다. 이 온위 Θ_e 는 포화 및 미포화의 습윤공기의 단열과정에 있어서 보존 되는 양이다.

ㄴ. 조건부불안정과 대류불안정

포화습윤공기에 대한 상당온위(相當溫位) Θ_e^* 가 고도방향을 감소하는 경우

$$\frac{d\,\Theta_e{}^*}{d\,z} < 0 \tag{9.12}$$

이며, **위단열과정**(僞斷熱過程, pseudo-adiabatic process, 3.6.3. 항 참고)에 있어서의 기온감률 Γ_{sa} 는 다음과 같이 표현이 된다.

$$\Gamma_{sa} = \Gamma_d \frac{1 + \dfrac{L_c\, x_s}{R_d\, T}}{1 + \dfrac{\epsilon\, L_c{}^2\, x_s}{C_p\, R_d\, T^2}} \tag{9.13}$$

여기서

Γ_d : 건조단열감률(乾燥斷熱減率, dry adiabatic lapse late), 식 (2.51) 참고,
R_d : 건조공기고유의 기체상수〔건공기상수(乾空氣常數)〕, 1.3.2. 항 참고,
ϵ : 수증기와 건조공기의 분자량의 비 = 5/8 ≒ 0.622, 식 (1.34) 참고

이다. 기온감률 Γ 가 위단열과정의 기온감률 Γ_{sa} 보다 크고, 건조단열감률 Γ_d 보다 작은 경우에 대기는 **조건부불안정**(條件附不安定, conditional instability, 6.10 절 참고)의 상태가 된다. 조건부불안정한 성층상태에 있는 대기가 대류를 발생시키기 위해서는 공기덩이가 포화될 필요가 있고, 포화되기 위해서는 공기덩이가 **자유대류고도**(自由對流高度, level of free convection, LFC, 6.10.2. 항 참조)에 도달할 필요가 있다. LFC 에 도달한

공기덩이는 자신의 부력으로 상승을 시작해서 적란운〔積亂雲, cumulonimbus, Cb, 소선섭 외 3인 (2009) : 대기관측법. 제 8 장 구름, 교문사, 참조〕이 발달한다.
불포화습윤공기에 대한 상당온위 Θ_e 가 고도방향으로 감소하는 기층

$$\frac{d\Theta_e}{dz} < 0 \tag{9.14}$$

가 존재하는 경우, 이 기층이 상승해서 포화하면 식 (9.12) $d\Theta_e^*/dz < 0$가 되어 확실히 불안정이 된다. 따라서 이와 같은 상태를 **대류불안정**(對流不安定, convective instability) 또는 **잠재불안정**(潛在不安定, latent instability)이 된다. 대류불안정층이 상승해서 대류운(對流雲, convective cloud)이 생기는 반면, 한편 대류안정층이 상승해서 포화하면 층상운(層狀雲, stratiformis)이 생긴다. 대류가 생기기 위해서는 대기최하층에 있어서 공기의 가열 또는 수렴에 의한 강제적인 상승이나 대기경계층 속의 난류에 의한 활발한 혼합(混合, mixing)이 필요하다. 대륙 위에서는 지표면의 강한 가열에 의해 대류가 일어나고, 한편 열대해양 상에서 적란운이 발달하는 것과 같은 경우는 특히 하층에 있어서 **수평수렴**(水平收斂, horizontal convergence)이 중요하다.

ㄷ. CAPE

대류성의 요란이 발달하기 위해서는 적란운 등과 같은 키가 큰 대규모의 대류가 생길 필요가 있지만, 이와 같은 대류가 발생할지 어떨지를 판단하기 위한 기준으로 이용되고 있는 것이 CAPE(대류유효위치에너지, convective available potential energy, 6.8 절 참고)이다. CAPE 는 공기덩이가 주위와 혼합하지 않고 상승하는 경우에 얻을 수 있는 최대한의 운동에너지양이고 다음과 같이 표현된다.

$$\int_{z_{LFC}}^{z_{LNB}} g\left(\frac{T_{parcel} - T_{env}}{T_{env}}\right) dz \tag{9.15}$$

여기서,

T_{parcel} : 공기덩이의 온도,

T_{env} : 주위의 온도,

z_{LFC} : LFC(자유대류고도, level of free convection, 6.10.2. 항 참조),

z_{LNB} : 중립고도(中立高度, level of neutral balance)

이다. 이와 같이 해서 얻은 CAPE의 열대대기의 대표적인 값은 500 m^2/s^2 정도이고, 중위도의 격렬한 요란의 경우에는 2,000 ~3,000 m^2/s^2 가 된다. 그러나 열대에 있어서는 강수에 의한 부(負, -)의 부력(浮力, buoyancy)을 무시하고 있음으로 과대평가로 되어 있을 가능성이 있다.

ㄹ. 흡입

지금까지 논의에서는 상승하는 공기덩이는 주위의 공기와 혼합하지 않는다고 가정해 왔지만, 실제의 대기에서는 구름의 측벽을 통해서 주위의 공기와 혼합한다. 이와 같은 혼합이 **흡입**〔吸入, entrainment, E, 사실 그 속에는 **토출**(吐出, detrainment, D)도 있다. 4.3절 참고〕이다. 이 수평혼합에 의해 실제의 적운 내의 기온감율은 포화습윤단열감율 Γ_m 보다 작아지고, 또 운수량(雲水量)이나 운정고도 등도 습윤단열과정에서 예측되는 것보다 작거나 또는 낮아진다. 포화습윤공기덩이가 미포화의 공기 중을 상승하는 경우에 상승 공기덩이 중에 생긴 물방울은 혼합에 의해 구름 속에 잡혀있는 불포화공기덩이의 영향에 의해 증발함으로 혼합의 효과는 한층 현저하게 된다.

상승하는 공기덩이를 분류 또는 열(熱)로 간주해서 흡입의 구조를 모델화하는 시도가 여러 차례 이루어지고 있다. 종례의 모델은 연속, 균질 흡입(連續, 均質 吸入, continuous, homogeneous entrainment)이라고 부르는 것으로 다음과 같은 가정을 하고 있다.

① 주위의 공기는 반경방향으로 유입한다.
② 유입된 공기는 공기덩이 내에서 순간적으로 즉시 완전히 혼합한다.
③ 흡입은 공기덩이가 상승하는 사이 연속해서 생긴다.

한편, 또 최근의 모델에서는 불연속(不連續, discontinuous), 불균질(不均質, inhomogeneous) 흡입이라고 하는 시간·공간적으로도 간헐적으로 생기는 것으로 해서 취급하는 경우도 있다. 그러나 이하에서는 연속, 균질흡입모델에 기초해서 그 구조를 설명하기로 한다.

흡입을 생각하는 경우, 연직속도나 온도·혼합비 등의 대기량이 구름의 내외에서 각각 균일한 분포를 하고 있다고 하는 탑·햇모델(top-hat model)이 종종 이용된다. 또 흡입의 효과로 상향 질량(M)수송의 증가율(μ)은

$$\mu = \frac{1}{M}\frac{DM}{Dt} \tag{9.16}$$

으로 표현하고, 이것을 **흡입률**(吸入率, entrainment rate)이라고 한다. 또 상승속도 w 는 측벽(側壁)에 있어서의 동경(動徑)방향의 속도 u 에 비례하는

$$u = \alpha w \tag{9.17}$$

로 가정하는 일이 많고, 이때의 α 를 **흡입상수**(吸入常數, entrainment constant)라고 부른다. 실내실험에서 제트의 경우에는 이 값은 0.1 정도, 열의 경우에는 0.2 정도이다. 흡입률 μ 는

$$\mu = \frac{2\alpha}{r} \text{ 〔분류의 경우〕}, \quad \mu = \frac{3\alpha}{r} \text{ (열의 경우)} \tag{9.18}$$

로 나타날 수가 있다. 여기서 r 은 상승 공기덩이의 반경을 나타낸다. 그러나 실제의 적운에서는 측정이 어렵고 값이 확정되어 있지 않다.

ㅁ. 전단류 중의 적운대류

정지유체 중의 대류실험에서는 **레일리수**(Rayleigh number, Ra, 註 : 주해 참조)의 변화에 수반해서 2차원적인 두루마리〔롤(roll), 권축(卷軸)〕 상대류(狀對流)에서 연직축에 관해 대칭인 3차원 세포상대류가 발현(發現)하는데, 흐름이 존재하면 흐름의 방향으로 평행한 롤상의 대류운동(longitudinal roll)이 발현된다. **베나르·레일리형대류**(—·—型對流, Bénard- Rayliegh convection, 註)의 경우에 그 종횡비(縱橫比)는 2 정도가 된다. 선형이론에 의한 연구에 의하면, 전단〔剪斷, shear, 층밀림〕류 중의 대류의 발달은 전단이 없는 경우에 비해서 작아지지만, 시어류의 방향에 균일한 롤상대류만은 전단에 의한 발달율의 억제를 받지 않는다. 실제의 대기 중에서는 종종 호상(縞狀 : 흰 비단모양, 줄무늬 모양, banded)·근상〔筋狀 : 줄무늬 모양, 섬유상(纖維狀), 가늘고 긴 모양〕 또는 대상(帶狀, 밴드모양)의 구름이 보인다. 예를 들면, 겨울의 북서계절풍이 탁월할 때 동해에 발생하는 근상운(筋狀雲, 帶狀雲)은 계절풍의 연직전단에 의해 만들어지는 것으로 생각되고 있다.

9.2.3. 적란운 · 뇌우

적운이 발달하면 **웅대적운**(雄大積雲, cumulus congestus)이 되고, 더욱더 발달하면 **적란운**(積亂雲, cumulonimbus, Cb)이 된다. 웅대적운과 적란운과는 그 형상이 닮아 있지만, 웅대적운에서는 꼭대기 부분의 형상이 확실하게 되어 있다. 적란운의 꼭대기 부분에는 수적(水滴; 물방울)이나 과냉각수적 이외에도 빙정(氷晶, 얼음결정, ice crystals)이 포함되어 있기 때문에 그 형상은 엉클어져 확실하지가 않다. 또 적란운에서는 운정(雲頂, cloud top, 구름꼭대기)이 대류권계면에 도달되어 있기 때문에 연직방향의 발달이 억제되어, 모루구름(anvil)으로써 수평방향으로 퍼져가고 있다. 적란운은 대기 중에서도 가장 격심한 대류현상이고, 열에너지나 운동량의 연직수송을 통해서 대규모적인 대기운동에 영향을 끼칠 뿐만 아니고, **뇌우**(雷雨, thunderstorm, 드물게 electric storm)나 우박(雨雹, hail) 또는 용권(龍卷, spout), 하강돌연풍(下降突然風, downburst) 등의 국지적인 기상재해도 일으킨다.

이하에서는 적란운군(積亂雲群)에 의해 구성되어 있는 뇌우를 포함해서 적란운을 설명한다. 적란운의 발생에는 몇 개의 조건이 있다. 기단성(氣團性)의 적란운은 여름철에 지표면의 가열 등에 의해 생긴다. 또 전선면을 따라 생기는 전선성(前線性)의 것이나 지형을 따라서 상승기류에 의해 생기는 지형성(地形性)의 적란운 등이 있다. 이들의 적란운은 단일의 세포로 구성되어 있는 경우도 있지만, 발달 단계가 다른 몇 개의 세포〔다세포(多細胞), multi-cell〕로 구성되어 있는 경우도 있다. 이 세포 하나하나에 대응해서 강한 레이더에코가 보인다. 개개의 강수세포(降水細胞, precipitating cell)의 직경은 5~10 km 정도, 상승기류가 탁월하고, 강수가 인정되지 않는 초기의 단계인 **발달기**(發達期, developing stage)에서 강수입자가 급격히 성장하고, 우적(雨滴, 빗방울) · 싸락눈〔산(霰), snow pellets〕 · 우박(雨雹) 등이 지상에 도달하는 **성숙기**(成熟期, mature stage), 강수가 약해지고 구름 전체에 약한 하강기류가 지속된 후, 구름이 소멸하는 **소멸기**(消滅期, dissipating stage)를 걸쳐 30~60 분으로 그 생애를 마친다.

이들의 적란운은 심한 기상재해는 생기지 않는다. 재해를 발생시키는 격심한 적란운의 발생 · 유지에는 바람의 연직전단이 중요하다. 이들 적란운의 구조는 복잡해서 몇 개의 세포로 구성되어 있는 일이 많고, 그 구조에 의해 몇 개의 형(型, type)으로 분류할 수가 있다.

ㄱ. 다세포형

적란운이 여러 개의 강수세포로 구성되어 있는 것을 **다세포형**(多細胞型, multicell type)이라고 부른다. 이 경우, 발달단계에 서로 다른 세포의 위치에 규칙성이 발견되는 경우를 조직화된 다세포형, 규칙성이 없는 경우를 불규칙한 다세포형이라고 한다. 이 불규칙한 다세포형 적란운의 경우는 이것을 하나의 적란운으로 간주하는 경우도 있고, 또 적란운의 군(群, 무리, group) 적란운무리(積亂雲群)로 보는 경우도 있다. 규칙적인 다세포형의 적란운에 있어서는 구성하고 있는 세포가 형성되는 위치나 시간적인 간격이 규칙적이다.

그림 9.8 에 관측된 규칙적인 다세포형의 적란운의 개념도 및 적란운·세포의 이동방향과 풍향의 관계를 나타낸다. 적란운은 n+1, n, n-1, n-2 의 4 개의 세포로 구성되어 있다. n+1 의 세포가 발생단계, n-2 의 세포가 소멸단계이다. 중심부의 세포는 성숙기의 것으로 우박[흰 동그라미]이 지상으로 낙하하고 있다. 그림의 유선(流線)은 적란운에 대한 상대적인 운동을 나타내고 있다. 세포가 형성되는 시간간격은 대략 15 분이고, 수명은 45 분 정도이다.

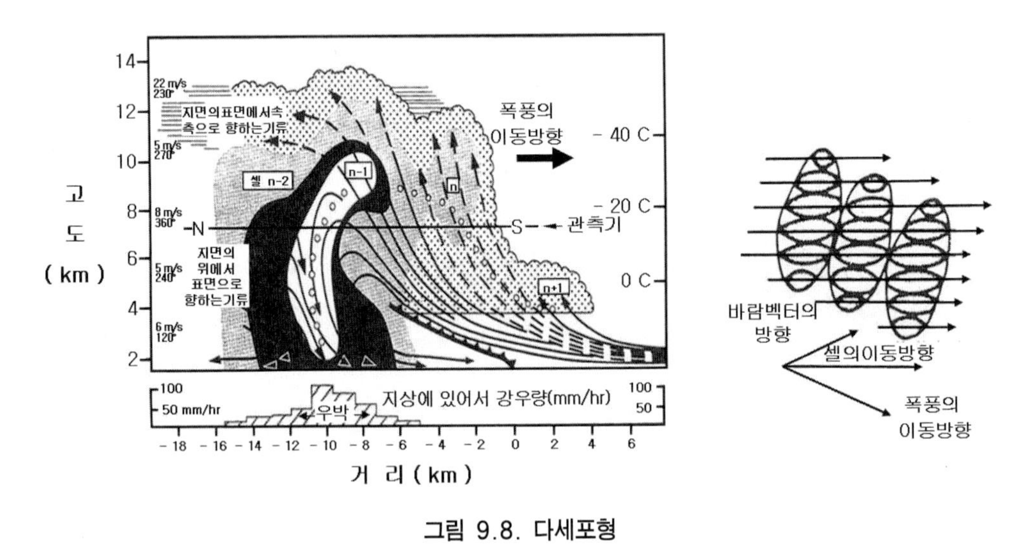

그림 9.8. 다세포형

(a) : 다세포형 적란운의 구조(Browning et al., 1976),
(b) : 적란운·세포의 이동방향과 풍향의 관계(Marwitz, 1972)

수치실험의 결과에서 그다지 강하지 않은 전단의 경우에는 다세포형의 적란운이 발달한다. 적란운 전체의 움직임과 개개의 세포의 움직임과는 일반적으로 다르고, 세포는 바람의 방향으로 이동하지만 세포의 집합체로서 적란운의 움직임은 개개의 세포의 움직이는 방향과는 오른쪽으로 치우쳐서 이동하는 경우가 많다.

ㄴ. 거대세포형

우박이나 용권(龍卷) 등의 재해를 가져오는 적란운의 형태로써 **거대세포형**(巨大細胞型,

supercell type)이 있다. 이 형의 적란운의 크기는 다세포형과 그다지 차이는 없지만, 하나의 상승류와 하나의 하강류로서 순환계(循環系)를 이루고 있다. 단일의 거대세포로 되어 있고, 수 시간 이상도 지속된다. 거대세포형의 적란운은 풍속 및 풍향이 강한 연직전단이 존재하고, 풍속벡터가 고도와 함께 시계방향으로 회전할 때에 발생하는 일이 많다.

그림 9.9에 거대세포의 진행방향단면 내의 구조를 나타낸다. 상승류가 강한 부분에서는 강수입자가 위에서 낙하하기 어려워 레이더에코의 약한 부분이 보인다. 이 부분을 **천정**(天井, vault)이라고 부른다. 상승기류가 바람의 전단벡터와 역방향으로 상승함으로써 운정(雲頂)에서 낙하하는 강수입자는 상승류에 의해 다시 상승·하강이라고 하는 순환을 반복하면서 성장한다. 낙하하는 강수입자에 의한 하강기류가 하층의 바람과의 사이에 돌풍전선(突風前線, gust front)을 형성하고, 여기서 야기된 수평수렴에 의한 상승기류에 의해 에너지의 공급이 이루어져 대류가 지속됨에 따라서 정상상태(定常狀態)가 유지된다.

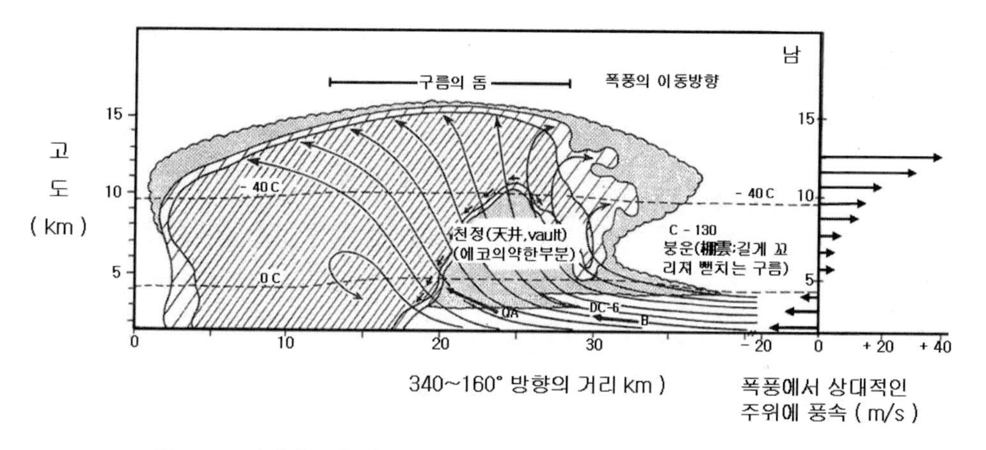

그림 9.9. 거대세포형 적란운의 연직단면도(Browning & Foote, 1976)

9.2.4. 용권 · 토네이도

용권(龍卷, spout)의 용(龍)은 상상의 새로 단순히 '오름'의 상징이고, 권(卷)은 소용돌이의 와(渦)를 의미한다. 용권의 모든 실체가 모두 밝혀진 것은 아니지만, 용권의 생명은 권(卷, 소용돌이)에 있다. 이 소용돌이에 의해 속에 저압부가 생기고, 그 결과 상승 부분이 생겨 보이게 되는 것이다. 따라서 용권을 '용오름'이라 부르는 것은 아마추어적으로 대기과학적인 이론의 사실을 모르고 하는 말이다. 따라서 앞으로 올바르게 "용권"으로 호칭해야 한다고 권해 주고 싶다.

용권은 국지적인 규모로써는 가장 파괴적인 기상현상 중의 하나이다. 권(卷) 또는 와(渦)의 순환이 지상에 도달한 것을 용권(龍卷), 롤상운〔롤狀雲, roll cloud, 권축상운(卷軸狀雲), 회전상운(回轉狀雲), 두루마리모양구름〕이 보이지만, 와(渦)가 지상에 도달되지 않은 것을 **공중용권**(空中龍卷)이라고 한다. 육상에서 생긴 것을 육상용권(陸上龍卷, land spout), 물 위에서 생긴 것을 **수상용권**(水上龍卷, water spout)이라고 한다. 미국의 중남부에 생기는 큰 육상용권을 **토네이도**(tornado)라고 부른다. 미국은 토네이도에 의한 피해를 방지하기 위해서 토네이도주의보(注意報)・경보(警報)를 국가강폭풍우예보센터(國家强暴風雨豫報--, national severe storm forecast center)에서 내고 있다. 또 중규모저기압을 검출하기 위해 도플러레이더망(網)(next generation weather radar, NEXRAD)이 현재 전개되고 있다.

ㄱ. 용권의 발생기구

용권의 발생기구(發生機構, genesis mechanism)가 완전히 해명되지는 않았지만, 기류가 회전하고 있는 것과 수렴하고 있는 것이 필요하다. 미국 중남부의 용권인 토네이도 발생의 대기조건을 보면 강한 토네이도는 격심한 뇌우를 동반하는 수명이 수 시간 또는 그 이상의 거대세포형(巨大細胞型, supercell type) 적란운에서 생긴다. 거대세포형은 앞에서 언급한 것 같이 일반장(一般場)의 바람의 전단이 강할 때에 발생한다. 강대한 적란운에서는 하층의 폭풍 선단부의 강한 상승기류역에서 바람이 저기압성의 회전운동을 하고 있다. 이와 같은 직경 5~10 km 정도의 저기압성의 회전하는 부분을 **중규모저기압**(中規模低氣壓, mesocyclone)이라 부른다. 중규모저기압의 순환에 의한 이류(移流) 때문에 비 오는 지역인 구형(鉤型 : 갈고리 형태)이 된 부분〔레이더에서는 갈고리에코(hook echo)〕과 천정(天井, vault)구조로 불리는 레이더에코가 약한 부분(이것이 상승기류가 강하기 때문으로 생각됨)이 있다. 회전운동은 적란운의 중층에서 발생해서 서서히 하층으로 이동하고, 동시에 중규모저기압은 연직방향으로 뻗고, 수평방향으로는 수축한다. 이 2~4 km로 수축한 중규모저기압의 중층에 회전이 강한 와가 발생해 서서히 하층으로 뻗는다(이 과정은 잘 알지 못함). 이것이 지면에 도달하면 토네이도가 된다. 용권을 동반하는 중규모저기압을 **토네이도저기압**〔tornado cyclone, 메소저기압, 용권선풍(龍卷旋風)〕으로 부르는 일이 있다. 그림 9.10은 토네이도를 동반하는 거대세포형의 뇌운의 구조를 나타낸다.

한편, 수상(水上) 용권의 대부분은 적운무리(積雲群) 또는 적란운 밑의 수렴선 부근에서 발생한다. 또 육상에 있어서도 전단이 강한 수렴선 부근에 용권이 발생하는 일이 있다. 수렴선의 성인으로써는 돌풍전선(突風前線, gust front), 국지적 전선, 태풍에 동반되는 강우대(降雨帶, rain band), 지형 등이 생각되고, 이 수렴선 위에 생긴 회전성의 기류와 적란운에 의한 상승류에 의해 토네이도가 발생한다. 우리의 용권의 생성 원인의 대부분은 이 수렴선에 동반되는 것으로 생각되어지고 있다.

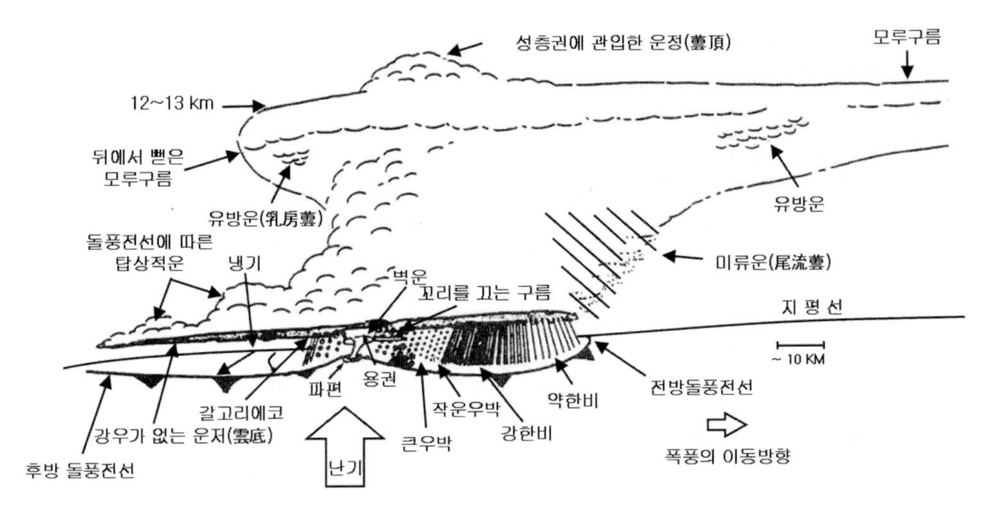

그림 9.10. 토네이도를 동반하는 거대세포형 뇌운의 구조(小倉 義光, 1991)

ㄴ. 용권의 특징

용권의 직경은 각양각색이어서 작은 것은 고작 10 m 정도이지만, 그 대부분은 100 ~ 600 m 정도의 범위에 있고 토네이도에서는 1,600 m에 미치는 것도 있다. 풍속은 중심부의 가장 강한 최대풍속반경에서의 실험치는 얻어져 있지 않지만, 피해에서 추정된 값으로는 110 m/s를 넘는 것도 있다. 대부분의 토네이도나 용권에서는 풍속이 63 m/s 이하이다. 단 구조물의 피해에서 추정된 최대풍속은 100 m/s 이상의 값도 얻어져있다. 미국에서는 68 m/s 이상의 실측기록도 있다.

풍속은 회전에 의한 것과 용권을 이동시키는 일반류의 유속과 합성된 것이고, 용권의 대부분의 경우 남서에서 북동으로 이동하고 있음으로 풍속분포는 남동쪽이 가장 강하고 북서쪽이 가장 약하다. 풍속이 90 m/s를 넘는 강렬한 토네이도(또는 용권)의 경우에는 그 속에 보다 작은 스케일의 와를 포함하고 있는 일이 있다. 이와 같은 와는 **흡입와**(吸込渦, suction vortex)라 불리고, 그 직경은 10 m 정도이지만 강렬하다. 그림 9.11은 그의 개념도를 나타내고 있다.

용권(토네이도)의 강함을 나타내는 규모로써 일본의 후지타(藤田, Fujuta, T. T.,

1971)에 의한 후지타규모(F scale)가 있다. 이것은 뷰포트 풍력계급표 12를 F1과 일치시키고, 또 F12를 마하(독 Mach : 음속과의 비속도 단위) 1로 일치시켜서 풍속계급〔風速階級, wind speed (velocity) scale〕을 설정한 것으로 피해의 상황에서 용권의 강도를 평가할 수 있도록 되어 있다. 표 9.1에 자세하게 기록되어 있다. 이제까지 발생한 토네이도에서 가장 강렬한 것은 F5의 계급이고, 일본의 용권에서는 F3가 최대이었다. 미국에서 1950~1980년에 발생한 토네이도의 2/3는 F0 또는 F1이고, F3이상은 2% 에 지나지 않는다. 그러나 이 2%에서 사망자의 2/3가 발생하고 있다.

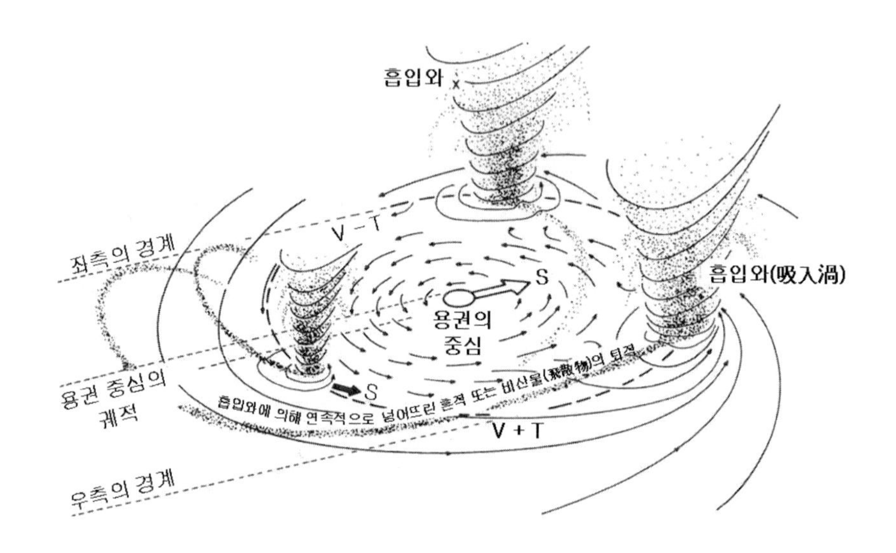

그림 9.11. 흡입와를 동반하는 용권의 구조의 모식도

T ; 용권의 이동속도, S ; 흡입와의 이동속도, V ; 용권의 중심 주위의 회전속도, 후지타(1971)에 의함.

표 9.1. 용권의 풍속계급에 관한 후지타 규모(F scale)

척 도	명 칭	풍 속(m/s)	평균시간(초)	목조주택의 피해
F 0	미약한 용권	18~32	약 15	미약한 피해
F 1	약한 용권	33~49	약 10	기와장이 난다
F 2	강한 용권	50~69	약 7	지붕을 떼어내다
F 3	강렬한 용권	70~92	약 5	무너지다
F 4	격렬한 용권	93~116	약 4	분해되어 조각나다
F 5	상상외의 용권	117~142	약 3	흔적도 없이 날아가다

9.2.5. 하강돌연풍

하강돌연풍(下降突然風, downburst)은 발달된 적란운 중 일부의 공기 밀도가 주위보다 크게 되기 때문에 하강이 시작되어 이것이 지면에 충돌해서 주위로 수평으로 퍼져서 생기는 발산성(發散性)의 강풍이다. 풍향은 직선의 경우와 곡선의 경우가 있다. 그 생성 원인으로써는

① 우립(雨笠 : 빗방울 입자)이 지상에 낙하하는 사이에 증발해서 공기를 냉각시킨다.
② 우박이나 설편이 구름 속을 낙하하는 사이에 융해해, 이것에 의해 공기가 냉각된다.
③ 강수입자의 존재에 의해 공기의 밀도가 증가한다.

라고 생각되지만, 주로 ①과 ②이다. 수평으로 퍼지는 영역의 크기는 1 km 이하~수 10 km에 미치지만, 영역의 크기에 따라서 2 종류로 분류된다. 즉, 강풍역(强風域)의 직경에 따라

4 km 정도 이상 : 대돌연풍(大突然風, macroburst), 최대풍속 60 m/s , 지속시간 5~30 분
″ 이하 : 소돌연풍(小突然風, microburst), 영역이 좁지만, 강열한 경우에는 풍속은 75 m/s, 지속시간 2~5 분으로 구분한다.

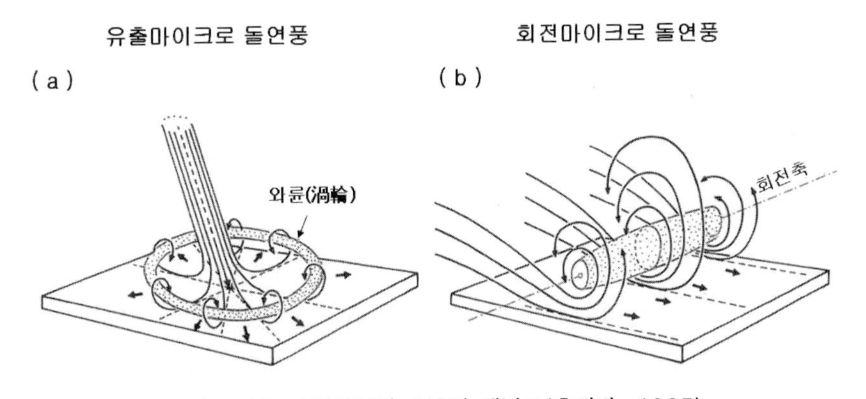

그림 9.12. 소돌연풍의 흐름의 개념도(후지타, 1985)

검출은 곤란하지만 이착륙시의 항공기의 사고를 유발하는 일로부터 주목을 모으고 있다. 공기가 건조하고 운저고도(雲底高度)가 높은 경우에는 도중에 우적(雨滴, 빗방울)이 증발해서 지상에는 도달하지 않든지 약한 강우밖에는 동반하지 않는 하강류가 된다. **건조하강돌연풍**(乾燥下降突然風, dry downburst)이라고 부른다. 한편, 강한 강우를 동반하는

경우를 **습윤하강돌연풍**(濕潤下降突然風, wet downburst)이라고 부른다. 하강돌연풍에 동반해서 기압의 급상승과 기온의 급강하가 생긴다. 또 주위로 퍼지는 흐름의 선단은 중력류의 성질을 갖는다. 그림 9.12 에 소돌연풍과 대돌연풍의 흐름의 선단(先端)에 생기는 **회전자하강돌연풍**(回轉子下降突然風, rotor downburst)의 3 차원적인 개념도를 나타낸다.

9.3. 미소규모운동

미소규모운동(微小規模運動, minute-scale motion)은 소규모운동보다도 작은 규모의 운동이어야 함으로 20 m 이하의 크기의 운동을 취급해야만 하겠지만, 대기운동의 규모에서도 이에 관해서는 나와 있지 않다. 따리서 정확한 규모의 개념을 정의하기는 어렵고, 제일 작은 규모의 운동을 취급하는 정도로 해두자.

9.3.1. 대기경계층

ㄱ. 대기경계층의 정의

유체역학에 있어서 **경계층**(境界層, boundary layer)이라고 하는 개념은 프란틀(Plandtl)에 의해 도입되었다. 층류(層流)상태를 유지하고 있는 점성유체의 흐름의 장(場)은

① 고체 벽을 따라 속도구배(와도)가 큰 점성의 영향을 무시할 수 없는 층(경계층)과
② 그 외측의 완전유체의 이론이 적용될 수 있는 영역

에서 성립하고 있다. 레이놀즈수(Reynolds number, 11.1 절 참고 ☂)가 증가하면 흐름은 불안정이 되고, 층류경계층(層流境界層)은 난류경계층(亂流境界層)으로 이행한다. 대기과학에서는 대기의 최하층의 영역에서 지구표면의 영향을 직접 받고 있는 층을 **대기경계층**(大氣境界層, atmospheric boundary layer)이라고 한다. 지구표면의 전체에 걸쳐서 존재하는 층인 것으로부터 **행성경계층**(行星境界層, planetary boundary layer)이라고도 한다.

대기는 대략 난류상태에 있기 때문에 특별한 경우를 제외하고는 난류경계층(亂流境界層)만을 대상으로 하면 충분하다. 이 층에 있어서 지표면의 마찰이나 가열·냉각 등의 영향이 1 일 이하 시간규모로 직접 운동량이나 열 또는 물질 등 유속이 경계층 두께 이하 규모의 와(渦, 난류)에 의해 수송되고 있다. 이와 같은 지표면에서의 영향에 대해 1 시간 정도의 시간규모로 응답을 개시하는 층을 대기경계층(大氣境界層)으로 정의할 수도 있다.

사람들의 생활의 대부분은 대기경계층 속에서 이루어지고 있고, 대기에 대한 에너지원인 태양에서의 방사에너지도 그 절반 정도는 지구표면에 흡수됨으로 경계층 내의 수송과정에 의해 대기에 공급되고 있다. 또 대기경계층에는 전 지구대기 질량의 약 10%가 포함되어 있고, 대기의 운동에너지의 50%가 대기경계층 내에 있어서 마찰로 인해 소산(消散)되고 있다. 따라서 대기경계층 내에 있어서 운동에너지의 감쇠효과를 고려하는 것이 긴 시간규모의 기상현상에서는 중요하다.

대기경계층 중 지표면의 영향을 가장 많이 받아 열이나 운동량의 연직방향의 플럭스(flux)가 높이방향으로 거의 일정하다고 인정할 수 있는 층을 **접지(경계)층**〔接地(境界)層, surface (boundary) layer〕이고, 이것보다 위의 부분을 **상부대기경계층**(上部大氣境界層, upper atmospheric boundary layer) 또는 **에크만층**(Ekman layer)이라고 한다. 이 층에서는 마찰력·기압경도·전향력이 거의 평형을 이루고 있다.

ㄴ. 대기경계층의 구조

대기경계층은 지표면의 마찰·증발산·열 수송·지형에 의한 흐름의 변형, 오염물질의 방출 등 지구표면에서 각종의 영향을 받고 있기 때문에 그 구조는 시간·장소·대기의 상태에 의해 크게 변화한다. 특히 육상의 대기경계층의 구조는 1일주기의 지표면 가열이나 냉각, 및 구름의 존재에 크게 좌우된다. 중립상태의 경계층은 완전히 구름에 뒤덮인 강풍시에 근사적으로 실현되고 있다. 불안정성층의 대기경계층은 일사에 의해 강한 지표면의 가열에 의해 열기포(熱氣泡, thermal : 고립된 상승)나 줄기흐름〔플룸, 권류(卷流), plume : 연속되는 상승〕의 형태를 한 대류가 생길 때에 형성되고, 대류운동이 지배적인 경우에는 **혼합층**(混合層, mixing layer)이 생긴다. 대류가 생기고 있는 대기경계층의 꼭대기 부분에는 **안정층**〔安定層, 모자역전(帽子逆轉, capping inversion)〕이 존재하고, 아래로부터의 난류운동은 속까지 침입할 수가 없다.

한편, 안정성층의 대기경계층은 주로 지표면에서의 장파방사에 의한 냉각에 의해 야간(밤)에 생기고, 아주 맑아서 바람이 약한 야간의 육지 상에서는 접지역전층(接地逆轉層)의 존재에 의해 특징지어진다. 대기경계층의 두께는 평균적으로는 약 1 km 정도로 생각하고 있지만, 안정도에 따라 500~2,000 m 정도로 변화한다. 한여름의 사막 위에서는 대기경계층의 고도가 5 km에도 이른다. 안정성층의 경우에는 난류의 강도가 약하고, 경계층의 고도는 겨우 수100 m를 넘지 않는다. 접지역전층의 높이는 더욱 낮아 50~100 m 정도이다. 이 경우, 내부중력파(內部重力波)의 영향을 강하게 받게 된다. 육상에 있어서 대기경계층의 구조의 일변화를 모식적으로 그림 9.13에 표시하였다.

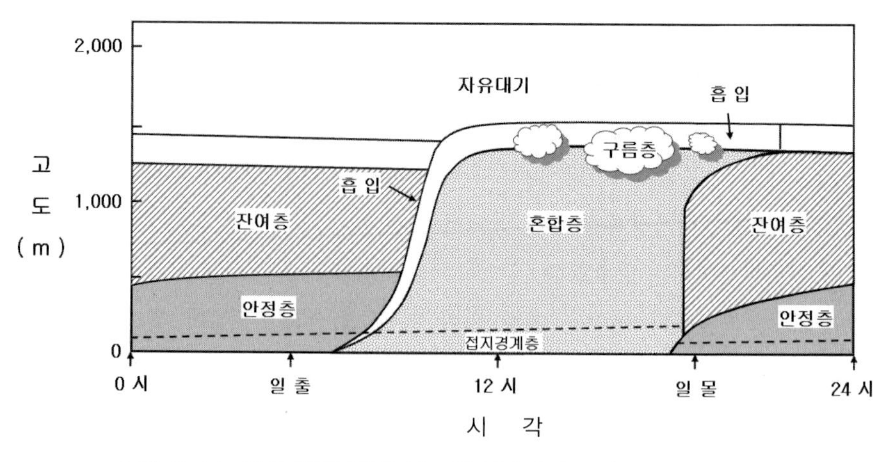

그림 9.13. 육상 대기경계층 구조의 일변화의 모식도(Stull, 1988)

한편, 해상에 있어서의 대기경계층은 해면수온이 시간적으로도 공간적으로도 비교적 천천히 변화하기 때문에, 그 구조 역시 천천히 변화한다. 경계층의 구조 변화는 중간규모현상의 운동이나 요란 또는 상이한 기단의 이류에 의해 생긴다. 대기경계층의 고도는 수 100 m 정도이다. 열대해역에 있어서는 경계층의 구조는 주위의 기상상태가 **요란상태**(disturbed : 열대수렴대 근방), **비요란상태**(undisturbed)인가에 따라서 다르다. 요란상태의 경우에 발달하는 적란운 등 때문에 경계층의 높이를 정의 하는 것이 곤란하지만, 비요란상태의 경우에는 무역풍역전에 의해 경계층의 높이는 확실하게 정의할 수가 있다.

ㄷ. 접지층의 상사칙

지표면에 접한 접지경계층의 높이는 수10 m 정도이다. 이 층에서는 지표면에 직접적인 영향인 마찰력이 지배적이고, 연직방향의 운동량플럭스(마찰응력)나 열(현열 · 잠열)플럭스는 높이방향으로 거의 일정(10 % 정도 이하의 변화)하다고 인정할 수가 있다. 관측이 비교적 용이한 관계로 이 층에 대해서는 아주 상세하게 연구되어 있다. 특히 수평방향으로(국소적으로) 균일한 (준)정상적인 접지경계층에 대해서는 평균치를 포함하는 각종 대기량의 통계치를 보편적인 함수형으로 표현하는 방법, 즉 적당한 파라미터를 선택해서 **규모분석**(尺度分析, scaling, 규모화, 눈금매기기)을 하면 많은 관측결과가 공통의 양상을 나타낸다고 하는 **상사칙**〔相似則, similarity law, 상사율(相似律)〕이 성공을 거두고 있다. 이것을 **모닝-오부코프의 상사칙**(similarity law of Monin-Obukhov)이라고 한다.

접지경계층에 있어서 지배(支配)파라미터(parameter, 媒介變數, 某數)는

$$\begin{aligned} \text{운동량 플럭스} &= -\rho\,\overline{u'w'}, \\ \text{온도 플럭스} &= \overline{T'w'}, \\ \text{부력(浮力) 플럭스} &= g/T \end{aligned} \tag{9.19}$$

가 선택되고 있다. 여기서 u', w' : 각각의 속도의 수평・연직성분의 변동성분, T': 온도변동성분, T: 평균기온, g : 중력가속도, $\overline{\quad}$: 시간평균을 의미한다. 이것들로부터 만들어지는 속도・온도・길이의 기본척도로써,

$$\begin{aligned} \text{마찰속도} : u_* &= (-\overline{u'w'})^{1/2} \\ \text{마찰온도} : T_* &= \frac{-\overline{T'w'}}{u_*} \\ \text{모닝・오부코프의 안정도장(安定度長)} : L &= \frac{-u_*^{\,3}\,T}{k\,g\,\overline{T'w'}} \end{aligned} \tag{9.20}$$

이다(14.2.4 항 참조). 여기서 k : **카르만상수**(Kármán constant) 이다.

접지경계층에 있어서 통계량을 F로 하고, 위에 기록된 것의 3 개의 기본척도에서 도출된 F와 같은 차원의 양을 F_*로 하면, 수평방향으로 균일한 접지경계층을 대상으로 하고 있는 것임으로, 통계치는 높이 z 만의 함수이고,

$$\frac{F}{F_*} = g_F\,\frac{z}{L} \tag{9.21}$$

이 성립하는 것이 상사칙의 내용이다. 여기서 g_F는 F에 대한 **보편함수**〔(普遍函數, general function)〕이다. 대기의 성층이 극단으로 불안정 또는 안정의 경우에는 지배매개변수(파라미터)를 대신해서 상사칙(相似則)을 적용한다.

강풍에다 흐린 날의 경우에는 온도(엄밀히는 온위)가 높이방향으로 일정하게 되고, 대기의 조건은 중립이 된다. 이 경우에 상사칙을 적용하면 풍속분포는 잘 알려져 있는 대수분포(對數分布)

$$U = \frac{u_*}{k}\ln\left(\frac{z}{z_0}\right) \tag{9.22}$$

가 된다. 단, U (높이 z 에 있어서의 평균풍속), z_0 는 지표면의 거칠음을 나타내는 양으로 **조도장**〔(粗度長, roughness length)〕이다. 대기의 안정도가 중립에서 약간 어긋나는 경우에는, z 에 대해서 1차의 보정항을 더한 "대수(對數) + 직선칙(直線則)"이 성립한다. 지금까지의 논의에 대해서는 수증기의 영향을 고려하지 않고 있으나, 특히 열대해역 등 수증기에 의한 부력의 효과를 고려할 필요가 있는 경우에는 온도 대신에 가온도를 사용면 된다.

ㄹ. 에크만층

접지경계층보다 위의 부분을 **상부대기경계층**(上部大氣境界層, outer boundary layer) 또는 **에크만층**(Ekman layer)이라 부르고 있다(14.3절 참조). 이층에서는 마찰력 외에 기압경도력·전향력이 중요하게 되고, 이들이 거의 균형을 이루고 있다. 이 층에서는 접지경계층과는 달리 플럭스는 높이방향으로 변화하고, 풍향도 변화한다. 와확산계수(渦擴散係數)를 높이방향으로 일정하게 하고 정상상태를 고려하는 고전이론을 이 층에 적용하면, 얻어진 풍속·풍향의 고도분포의 호도그래프(hodograph)는 지상에서 풍향은 등압선에 대해서 45°의 각도로 저기압으로 향하고, 상공으로 감에 따라서 풍속은 증가하고 등압선과 이루는 각도는 시계방향으로 회전해서 감소하는 **나선형**(螺旋形, spiral, 스파이럴)이 된다. 이것이 **에크만나선**(에크만螺旋, Ekaman spiral)이라고 하는 것이다. 풍향은 고도

$$H_E = \sqrt{\frac{2K}{f}} \tag{9.23}$$

에서 처음으로 지형풍(地衡風, 지균풍)과 평행하게 된다. 여기서 K 는**확산계수**(擴散係數), f 는 **전향인자**(轉向因子, Coriolis parameter)이다. 이 고도 H_E 를 **마찰고도**(摩擦高度, frictional height)라고 부르고, 대기경계층의 두께의 가늠으로 주어진다.

지상에서의 등압선과 이루는 각도는 실제로 지표면의 조도(粗度)나 안정도·위도에 의해 변화해서 45°보다 작은 값을 나타낸다. 그러나 에크만층에 있어서는 극히 근소한 온도변동(0.1 C 정도 이하)이라도 존재하면, 관성력에 비해서 부력이 중요하게 되기 때문에, 진정한 의미의 중립의 대기경계층의 존재는 드물다.

그림 9.13에 나타냈듯이 실제의 대기경계층에서는 접지경계층 위에 낮 동안에는 혼합층(混合層)이, 야간에는 안정층(安定層)과 잔여층(殘余層)이 존재한다. 혼합층에서는 대류에 의한 난류혼합이 지배적이고, 이것은 지면에서의 열수송과 운층 상단에 있어서 방사냉

각의 양쪽의 과정에 의해 생기는 따뜻한 공기와 차가운 공기의 열기포(熱氣泡)에 의해 구동(驅動)되고 있다. 혼합층 내는 대류에 의해 충분히 혼합되기 때문에 온위나 비습은 높이 방향으로 거의 균일하다. 이 층은 지면이 일사에 의해 가열되고 열플럭스가 대기로 수송되면서 발달하고 그 높이는 지면에서의 적산열플럭스(積算熱 flux)의 1/2 에 비례해서 변화한다.

층의 상단 부근에서는 상승하는 열기포(熱氣泡)에 의해 상층의 교란된 적은 공기를 돌면서 빨아들이는 **흡입**(吸込, 吸入, entrainment)이 생기고 있다. 혼합층에 수증기가 충분히 있을 경우에는 상단에서 층적운(層積雲, stratocumulus)이 생기고, 또 열기포에 의해 호천적운(好天積雲, 好日積雲)이 생긴다. 혼합층의 상사칙에 있어서는 혼합층고도가 중요한 매개변수(파라미터)가 된다.

일몰(日沒)과 함께 지표면에서 안정층이 성장한다. 이 층에서 지표면 부근은 정온(靜穩, calm)이지만, 상단 부근에서는 바람이 강해서 지형풍속보다도 강하게 되는 경우가 있다. 이것을 야간제트 또는 저층제트라고 부른다(8.4.2 항 참조). 이 안정층 위에는 잔여층(殘余層)이 존재하여 이제까지의 혼합층에 있어서 값이 보존되고, 중립성층(中立成層)에서 난류는 등방성(等方性)이 된다.

에크만층 전체에 대한 안정도(stability)를 매개변수〔안정도의 파리미터(parameter, 媒介變數) $= h/L$, h : 대기경계층의 두께〕로써 통일적으로 설명하는 상사칙은 현재로는 확립되어 있지 않지만, **지표로스비수**〔地表 --- 數, surface Rossby number, V_g/fz_0, V_g: 지형풍속〕를 이용해서 설명하는 시도(試圖, 로스비수 상사칙)가 있다.

9.3.2. 대기난류

ㄱ. 대기난류의 정의

유체역학(流体力學, hydrodynamics, fluid dynamics(mechanics)에서 취급하는 흐름에 대해서는 **일반류**(一般流, 平均流)에 불규칙한 변화가 없는 경우를 **층류**(層流, laminar flow), 불규칙한 변동이 존재하는 경우를 **난류**(亂流, turbulence, turbulent flow)라고 수월하게 구별할 수가 있다. 그러나 대기 중의 흐름은 대부분의 경우 일반류 그 자체보다 대규모 흐름의 영향을 받아서 변동하기 때문에 난류를 정의하는 것은 용이하지가 않다. 운동의 인과관계를 충분히 설명하기 위해서 필요로 하는 자료양이 많아 그들을 얻는 것이 거의 불가능한 경우에 그와 같은 흐름을 난류로 정의하고 통계적으로 취급하는 것이 중요하게 된다. 이와 같이 생각을 하면 적어도 대기경계층은 난류상태에 있고, 경계층의 높이

정도보다도 작은 규모의 운동에 대해서는 난류로 취급하는 것이 가능하다.

흐름의 속도와 압력을 평균치와 그 주위의 변동의 합으로 나타내면, 평균부분은 평균기온이나 평균풍의 효과를 나타내고 요란부분은 평균류에 중첩된 변동의 효과를 나타낸다. 평균류에 의해 수평방향으로, 또 난류에 의해 주로 연직방향으로 열 또는 물질 등의 수송이 지배적으로 행해지고 있다. 평균치와 변동을 분리한 흐름의 속도와 압력을 나비어・스토크스방정식(Navier-Stokes equation)에 대입해서 시간평균을 취하면, 평균류의 운동방정식에 속도변동의 곱의 형태를 한 변수간의 비선형(非線形) 상호작용을 나타내고 있는 겉보기의 응력(應力)이 나타난다. 이것이 레이놀즈응력(Reynolds stress)이고, 유체의 거시적인 운동량 교환에 의해 생기고 있다. 난류경계층에 있어서는 점성(粘性)에 의한 마찰응력(摩擦応力)보다 레이놀즈응력 쪽이 지배적이다. 자세히는 제 14, 15장을 참고하기 바란다.

ㄴ. 대기난류의 성질

대기경계층에 있어서 풍속의 **전단**(剪斷, shear, 층밀림)이나 기온의 연직구배가 크고, 이것을 원인으로 해서 난류가 탁월해진다. 성층의 영향이 없는 중립상태의 난류경계층에 대해서는 이론적으로는 자세하게 조사되어 있지만, 앞에서도 언급했듯이 현실의 대기경계층 속에서는 성층의 영향이 없는 중립상태는 일몰 전(日沒前)과 일출 후(日出後)의 극히 단시간에 과도적으로 안정되든가 흐린 날의 강풍 시 등 특별한 경우밖에 생기지 않고, 현실의 대기난류현상은 항상 성층(成層)의 영향을 받고 있다. 성층유체(成層流体)의 난류의 발달・감쇠를 나타내는 매개변수로써는 리차드슨(Lewis. Fry. Richardson, 1881~1953, ☂)에 의한 **리차드슨수**(Richardson number)가 있다. 수평방향으로 균일한 난류장(亂流場)의 에너지방정식에 있어서 레이놀즈응력과 부력에 의한 난류에너지 생성율의 비로써 플럭스-리차드슨수(flux-Richardson number) R_f가 정의된다. 레이놀즈응력이나 열플럭스를 난류확산계수로 표시한 **구배** (句配)**-리차드슨수** 〔slop(gradient)-Richardson number〕 R_i 도 잘 사용된다. R_f 와 R_i 는 다음과 같이 정의된다.

$$R_f = \frac{g}{T} \frac{\overline{w' T'}}{\overline{u' w'} \frac{dU}{dz}} \tag{9.24}$$

$$R_i = \frac{g}{T} \frac{\dfrac{dT}{dz}}{\left(\dfrac{dU}{dz}\right)^2} = \frac{K_m}{K_h} R_f \tag{9.25}$$

$$-\overline{u'w'} = K_m \frac{dU}{dz}$$

$$-\overline{u'T'} = K_h \frac{dT}{dz} \tag{9.26}$$

여기서,

U, T : 각각의 풍속과 기온의 평균치,
u', w', T' : 풍속의 수평과 연직성분 및 기온의 변동,
g : 중력가속도
$\overline{\quad}$: 시간평균,
K_m, K_h : 운동량과 열의 난류확산계수(亂流擴散係數)

를 나타낸다. $R_f > 1$ 에서는 난류가 감쇠·소멸한다. 불안정에 의한 난류의 발생한계가 주어지는 임계-리차드슨수(critical-Richardson number) R_{ic}는 이것과는 다르고, 실험치로는 0.2 정도의 값이 보고되고 있다(14.1.6 항 참조).

경계층이 지표면의 강제력(強制力, forcing)에 재빨리 응답할 수 있는 것은 난류에 의한 운동량·열·물질 등이 분자확산보다도 몇 자리 정도 효과 좋게 수송되기 때문이다. 난류수송량(亂流輸送量)을 구하는 가장 신뢰 있는 방법은 **와상관법**(渦相關法, eddy correlation method)이라고 하는 방법이 있다. 대상으로 하는 대기량 a 를 평균치 $\overline{a}$ 와 그것으로부터의 편차 a' 으로 나누어서 생각을 하면, 난류에 의한 대기량의 연직방향의 단위시간·단위면적당의 수송량은 $\overline{a'w'}$ 로 나타내진다.

여기서 w' : 풍속의 연직성분의 변동성분, $\overline{\quad}$: 시간평균을 나타낸다. 즉 연직난류수송량을 대상으로 하는 대기량과 연직풍속의 변동성분의 공분산에 비례한다. a 를 풍속의 수평성분 u 로 하면 운동량, 온도 T 로 하면 현열, 또 비습 s 로 하면 증발량이 구해진다. 이 방법에서는 측정고도 이하의 기층이 수평방향으로 균일하고, 관측시간 내에서는 장(場)이 정상이라고 하는 것만을 가정하고 있어 원리적으로는 가장 우수한 측정법이다. 종래는 풍속의 연직성분을 측정하는 것이 곤란했기 때문에, 그다지 이용하지 않았지만 초음파풍속계(超音波風速計)가 실용화되면서부터 기본적인 측정법으로서 많이 이용하게 되었다.

ㄷ. 대기난류의 통계적 성질

난류의 성질을 분명하게 하기 위해서는 통계적인 취급이 중요하다. 불규칙한 장(場)을 표현하는 수학적인 방법으로 통상 잘 이용되고 있는 것이 **상관계수**(相關係數, correlation coefficient)와 **스펙트럼**(spectrum)이 있다.

공간의 2점에 있어서 흐름의 상사성(相似性)을 나타내기 위해서 **장소적 상관계수**(場所的相關係數) $R(r)$ 이 이용된다.

$$R(r) = \frac{\overline{u'(x)\ u'(x+r)}}{\sqrt{\overline{u'(x)^2}}\ \sqrt{\overline{u'(x+r)^2}}} \tag{9.27}$$

r : 2점간의 거리. u' : 속도변동성분, $\overline{}$: 총합조화평균(總合調和平均, ensemble mean)을 나타낸다. 여기서 총합조화〔總合調和, 프 ensemble(英 together), 앙상블〕란 "각 부분이 총합이 되어 조화를 취하는 전체"라는 의미가 있다. 위의 식에 있어서 좌표 x 대신에 시간 t, 거리 r 대신에 시간의 어긋남 τ를 취하면, 각 점에 있어서의 **자기상관계수**(自己相關係數)가 된다. 또 난류장(亂流場)은 각종의 주파수(파장) 변동의 중첩이라고 생각된다. 그렇기 때문에 각 성분파(成分波) 마다의 에너지분포를 구하는 것이다.

광학에서 스펙트럼의 개념을 확장해서 각성분파의 에너지밀도(진폭의 2승)와 주파수의 관계를 **스펙트럼**(spectrum)이라 부른다. 위너-킨친(Wiener-Kinchin)의 정리에 의해 자기상관계수와 스펙트럼은 서로 **후리에변환**(變換, Fourier transforms)의 관계가 있다. 난류의 통계적 평균량이 좌표축의 회전이나 반사에 대해서 불변일 때, 난류는 통계적으로 **등방성**(等方性, isotropic)이라고 한다. 더욱이 난류의 통계적평균량이 공간적으로 불변일 때 **균일**(均一, homogeneous)이라고 한다.

대기요란에 있어서 보통은 위와 같은 성질은 만족되지 않지만, 코로모고로프(Kolomogorov, 1941)에 의해 도입된 **국소등방성**(局所等方性, local isotropy) 이론은 대기요란의 통계적인 성질이 분명하게 되었다. 이 이론에 있어서 난류는 큰 규모의 지표면이나 부력의 영향 때문에 비등방성(非等方性)을 나타내지만 레이놀즈수가 충분히 크면 관성항(慣性項)의 지배 영역이 넓어지고, 에너지가 어떠한 구조에 의해 발생했는가에 관계하지 않고, 난류에너지의 분포는 등방성을 갖는 데에 이른다, 라고 하는 난류의 대기과학적인 성질이 기초가 되어 있다. 이와 같은 난류의 평형영역에서는 난류의 구조의 평균적인 성질이 2개의 외부의 매개변수(파라미터), 즉 동점성계수(動粘性係數) ν 와 난류에너지의 점성소산율(粘性消散率) ϵ 으로 결정된다고 하는 결론이 얻어진다. 평형영역 중, 교란의 소산역(消散域)에서 멀리 떨어진 영역에서의 와 구조는 ϵ 만으로 결정되는 소위 **관성소영역**(慣性小領域, inertial subrange)이 존재하는 것도 명백하게 되어 있다. 이 관성소영역에서는 차원해석의 결과에서 난류스펙트럼은 파수의 -5/3 승에 비례하는 것이 유도되어 실제 대기 중의 스펙트럼에서 그 존재가 확인되고 있다. 이어서 14.1.4 항에서 계속 공부하기 바란다.

9.3.3. 확산현상

대기 중의 운동에 의해 열·운동량·물질농도 등의 대기량이 수송·혼합되어 평균화된다. 이와 같은 현상을 **확산**(擴散, diffusion)이라고 한다. 확산에는 분자확산(分子擴散)과 난류확산(亂流擴散)이 있다고 생각되지만, 대기는 일반적으로 난류상태에 있음으로 난류확산이 지배적이다. 열이나 물질 등의 대기량의 농도를 C 라 하면, 그 플럭스(flux)는 C 의 기울기에 비례한다. 이 비례상수를 **확산계수**(擴散係數, diffusion coefficient)라고 한다.

분자확산의 경우에는 물질에 의해 정해진 값을 취하고, 공기의 **분자확산계수**〔分子擴散係數, molecular diffusion coefficient, **동점성계수**(動粘性係數, coefficient of dynamic viscosity)〕는 20 C , 1 기압에서 $1.5\times 10^{-5} m^2/s$ 이다.

한편, **난류확산계수**(亂流擴散係數, turbulent diffusion coefficient)는 흐름의 상태에 따라 변화하며 전형적인 값은 $1\times 10^0 m^2/s$ 정도로 분자확산계수에 비교해서 10 만 배(10^5) 정도 유난히 크고, 또 안정도나 높이에 따라 변화한다.

대기 중의 확산현상을 취급하는 방법은 확산계수를 이용한 **픽형확산**(-型擴散, Fickian diffusion)의 **확산미분방정식**〔擴散微分方程式, **픽확산방정식**(-確散方程式, Fickian diffusion equation)〕을 푸는 방법과 테일러(Tayler)로 시작되는 난류확산의 통계이론의 방법이 있다. 더욱 최근에는 **몬테카르로법**〔Monte Carlo(이탈리아어로 '카르로의 山'의 의미) method〕을 이용한 **확률보행**(確率步行, random walk, 랜덤워크) 이론도 이용되고 있다.

ㄱ. 확산미분방정식을 푸는 방법

픽형의 확산미분방정식을 푸는 경우는 차분법(差分法) 등을 이용해서 직접 푸는 경우와 해석해(解析解)를 이용하는 경우가 있다. 여기서 해석해를 이용하는 방법에 대해서 간단히 언급한다. 이 경우에도 점원(点源)에서 연속적으로 방출되는 경우〔권류(卷流, 줄기흐름, 플름, plume)모델〕와 순간적으로 방출되는 경우〔일취모델(一吹모델) 퍼프(puff, 한번 훅 불기)모델〕가 있다.

평탄하고 값이 일정한 지표면의 경우에 대해서 권류모델이 가장 잘 연구되어 그 농도분포는 다음과 같이 주어진다.

$$C(x, y, z) = \frac{Q}{2\pi U\sigma_y\sigma_z} exp\left(-\frac{y^2}{2\sigma_y^2}\right) \cdot \left[\exp\left\{-\frac{(H_e - z)^2}{2\sigma_z^2}\right\} + \exp\left\{-\frac{(H_e + z)^2}{2\sigma_z^2}\right\}\right] \tag{9.28}$$

여기서

C : 농도(濃度, concentration), Q : 연원(煙源)의 강도, U : 풍속, σ_y, σ_z : 각각의 가로바람방향 및 연직방향의 농도분포의 표준편차〔확산폭(擴散幅)〕, H_e : 유효연돌고(有效煙突高)이다. σ_y, σ_z 는 대기난류의 관측에서 구하는 것이 가장 정확하지만, 대부분의 경우 안정도를 지표로 하는 간단한 방법이 이용되고 있다.

표 9.2. NO_x **규제총량의 안정도분류**

풍속(m/s, 지상 10 m)	일사량($(cal/cm^2 \cdot hr)$) ≧50	49~25	≦24	본흐림 (일중·야간)	상층운(5~10 중·하층운(5~7)	운 량 (0~4)
〈2	A	A-B	B	D	(G)	(G)
2~3	A-B	B	C	D	E	F
3~4	B	B-C	C	D	D	E
4~6	C	C-D	D	D	D	D
6〈	C	D	D	D	D	D

① 일사량의 원문은 정성적이므로 이것에 상당하는 양을 추정해서 정량화했다.
② 야간(밤)은 일몰 1시간 전~일출 1시간 후까지의 사이를 가리킨다.
③ 일중(日中, 낮 동안)、야간 모두 본흐림(8~10)일 때는 풍속에 관계없이 중립상태 D로 한다.
④ 야간(2)의 전후 1시간은 구름의 상태에 관계없이 중립상태 D로 한다.

풍속과 일사량(야간은 운량)의 값에서 불안정(A)~안정(F)까지의 6단계로 안정도를 분류해 이것을 이용해서 연직 또는 가로방향의 확산폭을 그림에서 평가하는 **파스퀼안정도**〔Pasquill's stability, 영국 기상국의 F. Pasquill(1961)의 제안〕가 잘 이용되고 있다. 일본에서는 일사량을 강중약(强中弱)이 아니고 수치로 주어져 야간운량 대신에 방사수지량(放射收支量)을 이용하는 개량형분류법이 널리 이용되고 있다. 표 9.2와 그림 9.14에 환경청의 NO_x 총량규제 안내서에 있다. 안정도분류와 확산폭 추정도를 나타낸다.

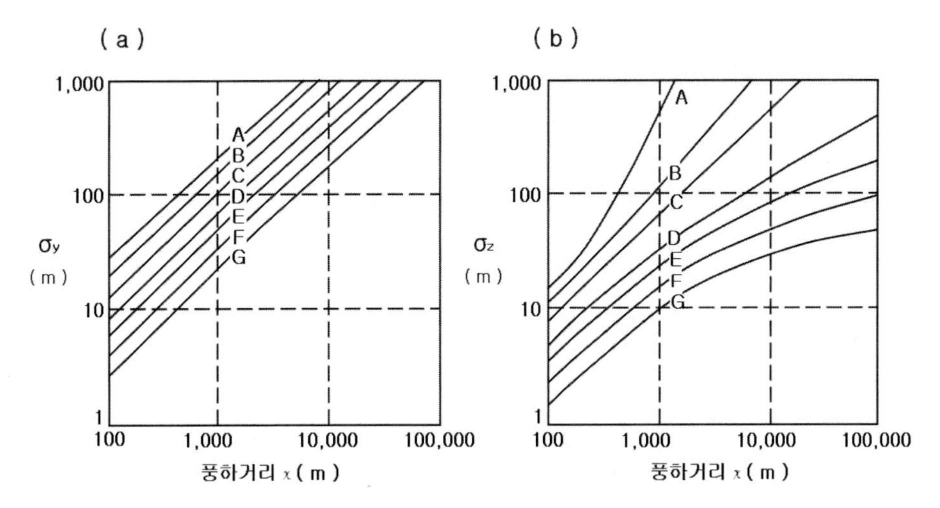

그림 9. 14. NO_x 규제총량의 확산폭 추정도

ㄴ. 난류확산의 통계이론의 방법

평균류 방향을 x, 그것의 직각방향을 y로 하고, x방향의 난류성분은 평균류에 비교해서 작다고 하면 x방향으로의 물질은 평균류로 운반된다. 한편 y방향에는 난류성분에 의해 이동한다. 연속적으로 방출되는 점원에 의한 T시간 후의 확산폭 Y는 **테일러(Taylor)의 확산이론식**(擴散理論式)에 의해 아래와 같이 주어진다.

$$\overline{Y^2} = 2\overline{v'^2} \int_0^{\tau} \int_0^{\eta} R_L(\xi)\, d\xi\, d\eta \tag{9.29}$$

여기서, v'(y 방향의 풍속변동성분), R_L(라그란지 상관계수(Lagrangian correlation coefficient) = $\overline{v'(t)v'(t+\xi)}/\overline{v'^2}$: ξ 시간만큼 떨어진 2개의 시각의 유속의 자기상관(自己相關)이다. R_L의 형태로서 지수함수나 다른 함수를 가정해도 결과는 그다지 변하지 않고, T가 작은 동안 확산폭은 **풍하거리**〔風下距離, downward(lee side = leeward) distance〕 x에 비례하지만, 어떤 거리 이상을 넘어서면 x의 1/2 승에 비례한다라고 하는 중요한 결론이 얻어진다.

9.3.4. 건물풍

건물풍〔建物風, 빌딩풍, wind around buildings, pedestrian(步行者) level wind〕은 고층의 건물 주위에서 풍속이 변화하기도 하고, 바람이 교란되기도 하는 현상을 말한다. 초고층 건물(빌딩)이 출현함에 따라 일반적으로 인식되게 되었지만, 현재에는 정도의 차마저 있어 같은 방법의 현상이 중고층 또는 저층건물의 주위에도 생기고 있는 것이 널리 인식되고 있다.

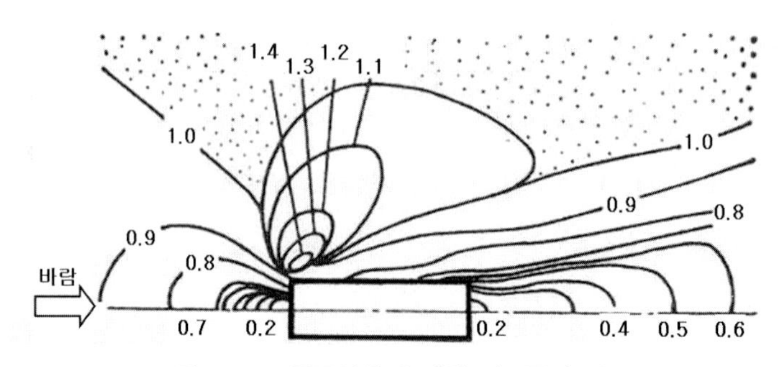

그림 9.15. 풍동실험에 의한 건물풍의 분포
고층건물이 없을 때의 풍속을 기준 1로 함〔村上(무라까미), 1978〕

지표 부근의 바람은 지표와의 마찰이나 지물의 모양 등의 영향을 받아 지면에 가까울수록 풍속은 작아진다. 지금 풍속을 U (m/s), 지면에서의 높이를 z 라고 할 때, 여러 가지의 관측결과에서

$$U \propto z^{\frac{1}{n}} \tag{9.30}$$

이라고 하는 것이 알려져 있다. 여기서 멱지수(冪指數) n 은 지물의 요철(凹凸)이 심할수록 작은 값을 취한다. 해면과 같이 평탄한 곳에서는 6 정도인데 반해서, 대도시와 같이 큰 건물이 많아 마찰이 큰 곳에서는 3 이하의 값이다. 이것이 지표 가까운 곳에서는 바람이 약해지고, 상공으로 갈수록 상당히 강풍이 불고 있는 까닭이다.

그림 9.15 는 풍동실험(風洞實驗)이나 컴퓨터 시뮬레이션에 의해 생기는 건물풍을 나타내고 있는 것이다. 고층건물이 없는 경우의 풍속을 1 (unity) 로 했을 때 풍속의 분포이다. 건물풍은 심히 교란되고 풍속도 많이 변화해서 풍속이 대부분 약해지나 특히 강해지는 부분에 주목하기 바란다.

★ 건물풍에 의해 생기는 바람의 피해에는

① 주변의 가옥 등에 미치는 영향,
② 보행자(步行者) 등 인체에 미치는 영향,
③ 건물 자체에 미치는 영향

등이 있지만, 주로 ①, ②의 것을 가리킨다.

★ 건물풍은 건물의 형상・배치 또는 주변의 상황에 따라 복잡하게 변화하는데 기본적으로는

1 박리유(剝離流) : 건물의 모서리 부분에서 생겨 떨어져 나가는 흐름,
2 취강류(吹降流) : 건물의 정면에서 좌우로 나누어진 바람이 측면을 상방에서 하방으로 향함,
3 역류(逆流) : 건물정면의 벽면(壁面)을 따라 하강해 반대방향으로 향함,
4 곡간풍(谷間風) : 2개의 건물 사이의 빠른 바람,
5 개구부풍(開口部風) : 특히 필로티(프 pilotis ; 1층은 기둥만, 2층 이상이 물)에서 건물 하층부의 개구부를 빠져나가는 빠른 바람,
6 가로풍(街路風) : 시가지에서 길거리를 따라 부는 바람,
7 와영역(渦領域) : 건물의 배후에 생기는 약풍으로 풍향이 확실하지 않는 영역,
8 취승류(吹昇流) : 건물의 풍하의 모서리 부근에 생기는 선회상승류(旋回上昇流)

등으로 분류된다.

★ 건물풍의 대책으로는

1 고층건물 주위에 빈 땅을 설치,
2 나무 심기・방풍망(防風網 ; 바람막이 그물) 설치,
3 고층건물의 저층부의 면적을 상층부보다 충분히 넓게 하고, 한걸음 나아가 주위의 건물보다 높게 함,
4 아케이드(arcade ; 건물 안쪽의 둥근 지붕의 복도)를 설치,
5 건물평면형(建物平面形)을 원형화(圓形化)함,
6 벽면에 요철(凹凸 ; 거칠기)을 설치,
7 고층건물의 중층 부분에 개구부(開口部)를 설치함

등을 고려할 수가 있다. 또 사전에 풍동실험을 해서 예측을 하는 경우도 있다. 최근에는

풍속치의 대소(大小)만이 아니고, 빈도분포나 더 나아가서 순간적인 강풍에 대해서도 고려한 풍환경평가기준(風環境評價基準)도 설정되게끔 되어가고 있다.

연 습 문 제

1. 프루우드수(Froude number, 무차원수)는 관성력(대표적인 속도를 U)이 중력가속도(g)의 몇 배의 크기일까를 나타내는 수이다. 대표적인 길이를 L이라 하면, F_n은

$$F_n = \frac{U^2}{g\,L} \qquad (연\ 9.1)$$

로도 표현할 수 있다. 본문의 프루우드수와 비교 설명하라.

L이 깊이일 때는 $\sqrt{gL}$이 장파속도(長波速度)이기 때문에, 프루우드수는 유속과 장파속도의 비의 2승으로 생각할 수도 있다.

위 식의 평방근(平方根)으로 프루우드수를 정의하는 일도 있다($U/\sqrt{g\,L}$). 유체의 자유표면 가까이를 운동하는 기하학적으로 서로 닮은 한 물체를 비교할 때, 프루우드수가 같으면 운동은 역학적으로 상사가 된다. 즉 길이 및 시간의 단위를 적당히 바꾸면, 운동상태는 수식적으로도 완전히 같은 모양으로 나타난다. 이것을 **프루우드의 상사법칙**(相似法則)이라 부르고, 예를 들어, 선박의 모형실험의 결과에서 실물의 경우를 추정하기 위해서 이용된다.

2. 스코러수(Scorer number, S_n)는 무차원량(無次元量, non-dimensional quantity)으로 다음과 같이도 표현할 수도 있다.

$$S_n^{\,2} = H^2\left(\frac{s\,g}{U^2} - \frac{1}{U}\frac{d^2 U}{d\,z^2}\right) \qquad (연\ 9.2)$$

에서 교재의 식 (9.5)를 비교 설명하라.

단, H : 산의 높이, s : 정역학안정도, g : 중력가속도,
U : 풍속, z : 높이(고도)

이다.

2차원의 산월기류(山越氣流)를 실험실에서 모형적으로 실현하는 데는 적어도 이 수(數)의 실제와의 모형과에서 같은 값일 것이 필요하다.

Chapter

10 운동방정식 I

여기서의 **운동방정식**(運動方程式, equation of the motion)은 **대기과학**(기상학)에서 운동을 지배하는 방정식을 총칭해서 이르는 말이다. 지구는 각속도(角速度, angular velocity) Ω 으로 회전하고 있음으로 공기의 운동을 회전하는 좌표계에 준거해서 상대적인 표현을 하는 것이 편리하다.

10.1. 소개

뉴턴(Newton, Sir Isaac, 1643.1.4~1727.3.31, 영국, ☂)의 운동의 법칙에는 제 1법칙 ; 관성의 법칙, 제 2법칙 ; 뉴턴의 운동방정식, 제 3법칙 ; 작용반작용의 법칙이 있다. 이중 **운동의 제 2법칙**(運動의 第二法則)은 질량(m)과 가속도(a)의 곱이 힘(F)과 같다는 법칙이다. 식으로 표현하면 다음과 같다.

$$F = ma \tag{10.1}$$

예를 들면 손에 든 사과에는 중력(重力, 사과의 질량×중력가속도, g)이 아래로 작용함으로 손을 놓으면 사과는 시간과 함께 낙하속도가 커진다. 이때의 가속도(加速度 = 속도×증가율)는 중력가속도와 같다. 대기에 대한 운동방정식은 사과에 대한 운동방정식 정도로 간단하지 않다. 대기는 연속체이므로 대기의 각 부분은 따로따로 운동하기 때문이다.

일반적으로 유체의 운동을 생각하는 경우에는 유체의 미소부분 즉 유체입자, 대기의 경우는 공기덩이에 대한 운동방정식을 생각한다. 유체 속의 임의장소의 유체입자에 착안하

면, 운동방정식은

$$\text{유체입자의 밀도} \times \text{유체입자의 가속도} = \text{유체입자에 작용하는 힘} \qquad (10.2)$$

라고 하는 형태로 쓸 수가 있다. 유체입자에 작용하는 힘은 중력 외에 **압력구배**(壓力勾配, 대기의 경우는 기압경도력), **점성력**(粘性力), 회전계의 운동방정식에서는 **전향력**(轉向力, 코리올리의 힘) 등이 있다. 유체역학에서 점성력을 포함한 운동방정식을 **나비어·스토크스 방정식**(Navier-Stokes equation), 점성력이 없는 운동방정식을 **오일러방정식**(Eulerian equation)이라 부른다. 기체의 점성은 분자의 열운동에 의해 발생하는데 대기의 경우는 점성계수(粘性係數)로써 **와점성계수**(渦粘性係數)를 이용한다(이 값이 분자점성에 비교해서 압도적으로 크므로 기상학에서는 분자점성을 무시하는 일이 많다). 압력구배는 이웃하는 유체입자가 떨어지는 일도 겹치는 일도 없는 흐름의 장(場)이 되도록(바꾸어 말하면, 연속의 식을 만족하는 흐름이 되도록), 유체자체가 자기조절을 하기위한 힘이다. 따라서 압력의 분포를 외적(外的)으로 주어지는 일은 불가능하다. 이것에 대해서 중력이나 전향력(轉向力, 코리올리의 힘)을 **외력**(外力)이라고 한다.

초기에 유체의 1점에 표시를 해서 이 표시를 한 유체입자의 운동을 추적하는 경우는 질점의 운동을 추적하는 것과 같기 때문에 유체에 대한 운동방정식은 사과에 대한 운동방정식과 거의 같은 형태를 하고 있다. 그러나 바람을 측정하는 경우, 하나의 유체입자의 운동을 좇아서 바람의 변화를 알기 보다는 풍속계의 위치를 고정해서 풍속의 시간변화를 측정하는 쪽이 일반적이다. 이 경우 유체입자가 차례차례 풍속계를 통과해서 갈 것이므로, 하나의 질점의 운동을 좇는 경우와 의미가 다르다. 이와 같은 시점에서 유체의 운동을 보는 것을 **오일러적 시점**, 하나의 유체입자를 좇는 시점을 **라그란지적**(Lagrangian) **시점**이라 한다. 라그란지적 시점에서 착안한 유체입자의 속도는 시간만의 함수이다. 입자의 위치는 속도를 적분해서 구한다. 그런데 오일러적 시점에서 유체의 속도는 장소와 시간의 연속함수이다. 이 경우는 고정점에 있어서 속도의 변화와 함께 그 장소의 속도로 유체입자의 운동량이 운반하는 효과를 고려할 필요가 있다. 이 효과를 나타내는 항을 **이류항**(移流項)이라 부른다.

바람은 지구의 자전에 상대적인 공기의 운동이다. 공기의 운동을 관성계(慣性系)에서 보면, 지구자전에 수반되는 강체회전(剛体回轉)의 부분이 탁월하다. 그렇기 때문에 대기순환을 생각할 때는 지구와 함께 회전하는 좌표계에서 공기의 운동을 조사하는 것이 일반적이다. 회전하는 좌표계는 관성계가 아니므로 **겉보기의 힘**(apparent force)을 고려할 필요가 있다. 겉보기의 힘은 전향력과 원심력이 있지만, 지구 자전의 경우 원심력은 만유인력과 합체시켜서 중력으로써 취급한다. 따라서 회전의 효과는 코리올리의 힘만 생각해도 좋다.

유체의 운동방정식은 복잡한 형태를 하고 있으므로, 풀기 쉽게 하기 위해 문제에 합해서 근사식으로 취급하는 일이 많다. 어떠한 근사식이 좋을까를 조사하기 위해서 **규모분석**(規模分析, scale analysis)을 한다. 밀도성층유체(密度成層流体)에서는 장소에 따라 관성질량이 다르지만, 근사적으로 관성질량을 일정한 것으로 취급한다. 밀도변화의 효과를 부력의 항만으로 고려하는 근사방정식이 대류의 문제 등에서 사용되어, **부시네스크근사**(Boussinesq approximation)라고 부른다. 수치예보에서는 연직방향으로 정역학평형(靜力學平衡)을 가정한 경우를 **프리미티브 방정식계**〔**기초**(基礎), **원시**(原始)**방정식**, primitive equations〕라고 한다. 수면파(水面波)의 파장의 깊이보다 훨씬 클 경우에는 천수파 근사가 잘 성립한다. 이 때 사용되는 방정식을 **천수파방정식**(淺水波方程式)이라고 한다.

10.2. 각종 좌표계에서의 운동방정식

10.2.1. 극좌표계

극좌표계(極座標系, polar coordinate system)의 평면에서 운동을 하는 질점의 운동방정식을 생각한다. 먼저 우수계(右手系)의 **카테시안**〔Cartesian, 직교=직각= rectangular〕**좌표**(座標, coordinate) (x, y)의 가속도 성분을 $\dfrac{d^2x}{dt^2}$, $\dfrac{d^2y}{dt^2}$로 하고, 외력의 성분을 G_x, G_y로 한다면, 질량 m의 운동방정식은 식 (10.1)에서

$$m\frac{d^2x}{dt^2} = G_x, \quad m\frac{d^2y}{dt^2} = G_y \tag{10.3}$$

로 주어진다.

질량이 P점 (x, y)에 있고 원점 0에서의 동경(動徑)을 r, x축이 동경과 이루는 각을 θ로 한다면, 그림 10.1에서 보는 것과 같이

$$x = r\cos\theta, \quad y = r\sin\theta \tag{10.4}$$

가 된다.

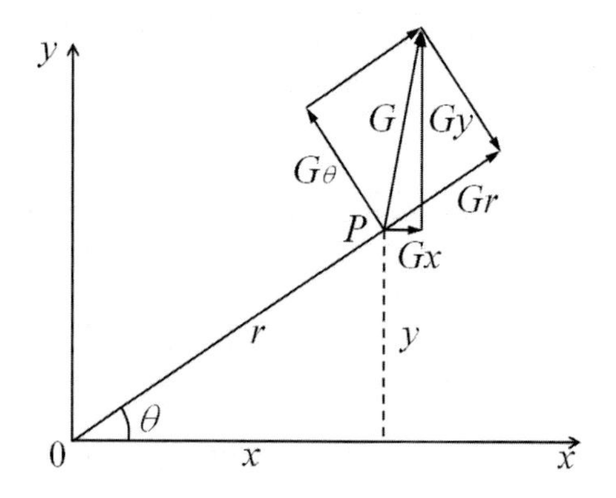

그림 10.1. 극좌표와 직교좌표계의 관계

그림 10.1 에서 알 수 있듯이 질점에 작용하는 외력 $G(G_x,\ G_y)$ 의 동경 및 접선방향의 성분을 각각 $G_r,\ G_\theta$ 라고 한다면,

$$
\begin{aligned}
G_r &= G_x \cos\theta + G_y \sin\theta \\
G_\theta &= -G_x \sin\theta + G_y \cos\theta
\end{aligned}
\qquad (10.5\ 註)
$$

로 주어진다. 따라서 식 (10.3)의 제 1 식에 $\cos\theta$, 제 2 식에 $\sin\theta$ 를 곱해서 양식을 더하면, 식 (10.5)에서

$$
m\left(\frac{d^2x}{dt^2}\cos\theta + \frac{d^2y}{dt^2}\sin\theta\right) = G_x \cos\theta + G_y \sin\theta = G_r \qquad (10.6)
$$

이 되고, 같은 방법으로 제 1 식에 $-\sin\theta$, 제 2 식에 $\cos\theta$ 를 곱해서 양식을 더해주면 식 (10.5)에서

$$
m\left(-\frac{d^2x}{dt^2}\sin\theta + \frac{d^2y}{dt^2}\cos\theta\right) = -G_x \sin\theta + G_y \cos\theta = G_\theta \qquad (10.7)
$$

이 된다.

한편, 속도를 구해기 위해서 식 (10.4)를 시간 t 로 미분하면,

$$\frac{dx}{dt} = \frac{dr}{dt}\cos\theta - r\sin\theta\,\frac{d\theta}{dt}$$

$$\frac{dy}{dt} = \frac{dr}{dt}\sin\theta + r\cos\theta\,\frac{d\theta}{dt} \tag{10.8}$$

이 되고, 더욱 가속도(加速度, acceleration)를 구하기 위해서 t 로 미분하면,

$$\frac{d^2x}{dt^2} = \frac{d^2r}{dt^2}cos\,\theta - 2\frac{dr}{dt}\sin\theta\frac{d\theta}{dt} - r\cos\theta\left(\frac{d\theta}{dt}\right)^2 - r\sin\theta\frac{d^2\theta}{dt^2}$$

$$\frac{d^2y}{dt^2} = \frac{d^2r}{dt^2}\sin\theta + 2\frac{dr}{dt}\cos\theta\,\frac{d\theta}{dt} - r\sin\theta\left(\frac{d\theta}{dt}\right)^2 + r\cos\theta\frac{d^2\theta}{dt^2} \tag{10.9}$$

가 된다.

식 (10.9)의 앞 식에 $\cos\theta$, 뒤 식에 $\sin\theta$ 를 곱해서 양식을 더하면,

$$\frac{d^2x}{dt^2}\cos\theta + \frac{d^2y}{dt^2}\sin\theta = \frac{d^2r}{dt^2} - r\left(\frac{d\theta}{dt}\right)^2 \tag{10.10}$$

이 되고, 또 식 (10.9)의 앞 식에 $-\sin\theta$, 뒤 식에 $\cos\theta$ 를 곱해서 양식을 더하면,

$$-\frac{d^2x}{dt^2}\sin\theta + \frac{d^2y}{dt^2}\cos\theta = 2\frac{dr}{dt}\frac{d\theta}{dt} + r\frac{d^2\theta}{dt^2} \tag{10.11}$$

이 된다. 식 (10.10)과 식 (10.11)을 각각 식 (10.6) 및 식 (10.7)에 대입하면,

$$m\left\{\frac{d^2r}{dt^2} - r\left(\frac{d\theta}{dt}\right)^2\right\} = G_r$$

$$m\left(r\frac{d^2\theta}{dt^2} + 2\frac{dr}{dt}\frac{d\theta}{dt}\right) = G_\theta \tag{10.12}$$

을 얻는다. 이것이 극좌표(極座標)로 표현한 질점의 운동방정식이다.

10.2.2. 직교좌표계의 회전

그림 10.2과 같이 두 개의 **직교좌표계**(直交座標系, **직각좌표계**, rectangular (Cartesian) coordinate system)가 겹쳐 있다가 하나의 좌표계가 원점을 중심으로 회전을 한다고 하자. 이때 정지좌표계 (x, y) 에 대해 원점 주위의 일정한 각속도(角速度, angular velocity) Ω 로 회전하는 좌표계 (x', y') 에 대한 질점(質点)의 운동방정식을 구하자.

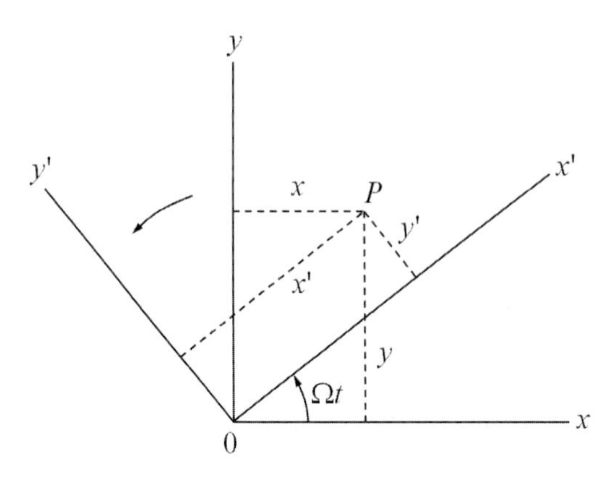

그림 10.2. 직교좌표계의 회전

질점 P 의 좌표를 양 좌표계에서 각각 (x, y)및 (x', y') 로 한다면 그들 간에는 다음의 관계가 있다.

$$x' = x\cos\Omega t + y\sin\Omega t$$
$$y' = -x\sin\Omega t + y\cos\Omega t \qquad (10.13\ 註)$$

여기서 시각 t 는 양 좌표계가 겹친 때부터 측정하는 것으로 한다. 식 (10.13)을 시간 t 로 미분하면 속도가 된다.

$$\frac{dx'}{dt} = \frac{dx}{dt}cos\,\Omega t + \frac{dy}{dt}\sin\Omega t + \Omega(-x\sin\Omega t + y\cos\Omega t)$$
$$= \frac{dx}{dt}cos\,\Omega t + \frac{dy}{dt}sin\,\Omega t + \Omega y' \qquad (10.14)$$

$$\frac{dy'}{dt} = -\frac{dx}{dt}\sin\Omega t + \frac{dy}{dt}cos\,\Omega\,t + \Omega(-x\cos\Omega t - y\sin\Omega t)$$

$$= -\frac{dx}{dt}\sin\Omega t + \frac{dy}{dt}\cos\Omega t - \Omega x' \tag{10.15}$$

한 번 더 t 로 미분하고, 식 (10.14)와 식 (10.15)을 고려하면 가속도가 된다.

$$\frac{d^2x'}{dt^2} = \frac{d^2x}{dt^2}cos\,\Omega t + \frac{d^2y}{dt^2}sin\,\Omega t + \Omega\left(-\frac{dx}{dt}sin\,\Omega t + \frac{dy}{dt}cos\,\Omega t\right) + \Omega\frac{dy'}{dt}$$

$$= \frac{d^2x}{dt^2}cos\,\Omega t + \frac{d^2y}{dt^2}sin\,\Omega t + 2\Omega\frac{dy'}{dt} + \Omega^2x' \tag{10.16}$$

$$\frac{d^2y'}{dt^2} = -\frac{d^2x}{dt^2}sin\,\Omega t + \frac{d^2y}{dt^2}cos\,\Omega t - \Omega\left(\frac{dx}{dt}cos\,\Omega t + \frac{dy}{dt}sin\,\Omega t\right) - \Omega\frac{dx'}{dt}$$

$$= -\frac{d^2x}{dt^2}sin\,\Omega t + \frac{d^2y}{dt^2}cos\,\Omega t - 2\Omega\frac{dx'}{dt} + \Omega^2y' \tag{10.17}$$

한편 시각 t에 있어서 외력 G의 양 좌표계의 성분을 $(G_x,\ G_y)$, $(G_x',\ G_y')$로 한다면 그 사이에는 식 (10.13)과 같은 똑같은 관계가 성립해서

$$G_x' = G_x\cos\Omega t + G_y\sin\Omega t$$

$$G_y' = -G_x\sin\Omega t + G_y\cos\Omega t \tag{10.18}$$

이 된다. 따라서 식 (10.16), 식 (10.17)에 질량 m을 곱하고 정리해서 전 항의 식 (10.6), 식 (10.7)에서의 각도 $\theta \to \Omega t$로 교체하고 문자를 $G_r \to G_x$, $G_\theta \to G_y'$으로 바꾸어 주면 용이하게 다음이 성립하는 것을 알 수 있다.

$$m\left(\frac{d^2x'}{dt^2} - 2\Omega\frac{dy'}{dt} - \Omega^2x'\right) = G_x'$$

$$m\left(\frac{d^2y'}{dt^2} + 2\Omega\frac{dx'}{dt} - \Omega^2y'\right) = G_y' \tag{10.19}$$

이것이 회전좌표계에 있어서 운동방정식으로 식 (10.3)과 비교하면 좌변에 여분의 2항이 나타나고 있다.

ㄱ. 전향력

식 (10.19)의 왼쪽 괄호 속의 2번째의 Ω의 일차 항에는 $(dx'/dt,\ dy'/dt)$과 같은 속도가 곱해져 있으므로, 회전좌표계에 대해서 상대속도가 있는 경우에 한하여 나타난다. 이 항의 의미를 보기위해서는 각속도 이외의 다른 항을 잠시 0으로 놓으면,

$$\frac{d^2x'}{dt^2} = 2\Omega\frac{dy'}{dt}, \quad \frac{d^2y'}{dt^2} = -2\Omega\frac{dx'}{dt} \tag{10.20}$$

이 된다. 따라서 Ω가 정(正, +, 북반구)의 경우에는 $\frac{dy'}{dt} > 0$에 대해서 $\frac{d^2x'}{dt^2} > 0$이고, $\frac{dx'}{dt} > 0$에 대해서 $\frac{d^2y'}{dt^2} < 0$ 가 된다. 즉, y' 축의 정(+)의 방향에 움직이는 질점에는 x' 축의 정(+)의 방향에 가속도가 주어지고, x' 축의 정(+)의 방향에 움직이는 질점에는 y'축의 부(-)의 방향에 가속도가 주어지는 것과 같은 힘으로 해석할 수 있다. 다시 말하면 운동하는 방향의 오른쪽으로 주어지는 것과 같은 힘이다. 이 힘을 **전향력**(轉向力, deflecting force) 또는 **코리올리힘**(Coriolis force)이라고 한다.

ㄴ. 원심력

같은 과정으로 식 (10.19)의 왼쪽 괄호 속의 3번째의 Ω^2을 포함하는 항은 좌표계에 대해서 상대속도가 없어도 나타나므로, 이항하면 알 수 있듯이

$$\frac{d^2x'}{dt^2} = \Omega^2 x', \qquad \frac{d^2y'}{dt^2} = \Omega^2 y' \tag{10.21}$$

과 같이 되어 Ω의 부호에도 관계없이 항상 중심에서 멀어지려고 하는 방향으로 작용하는 힘이다. 이것을 **원심력**(遠心力, centrifugal force)이라고 한다.

10.2.3. 구좌표계

지구와 같이 구로 만들어진 것이 **구좌표계**(球座標系, spherical coordinate system)이다. 여기서의 운동은 지구표면의 곡률 및 자전을 고려하는 여러 가지 구하는 방법이 있지만 앞에서 구한 결과를 이용해 초보적으로 구해보자. 그림 10.3을 보면서 다음의 구좌표

계를 이해해 보자. 임의의 점 P의 위치는 $P(r, \lambda, \phi)$로 나타낼 수 있다. 지구는 지축의 주위에 **각속도**(角速度, angular velocity) Ω로 회전하고 있으므로, 지구에 대해서 $d\lambda/dt$의 각속도로 지축의 주위로 회전하고 있는 질점은 정지좌표계에 대해서

$$\Omega + \frac{d\lambda}{dt} = \frac{d\psi}{dt} \tag{10.22}$$

로 회전하고 있는 것이 된다.

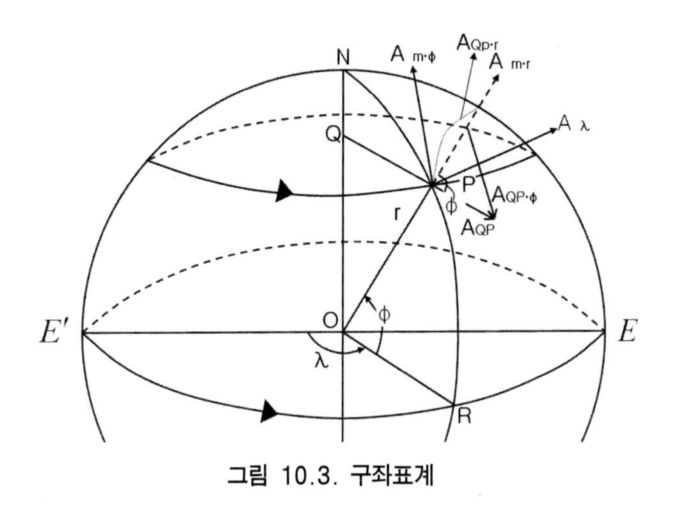

그림 10.3. 구좌표계

지금 P점에서의 운동은 자오면 내 운동과 동경(動徑)을 포함한 자오면과 P점의 경도의 변화에 의한 자오면의 회전운동으로 나누어서 생각할 수가 있다.

자오면(子午面, meridian) 내의 운동은 원점을 중심으로 하는 극좌표계의 운동과 같으므로, 그 성분은 식 (10.12)에서 다음과 같이 된다. 여기서 구의 중심에서 반경방향의 가속도를 **동경가속도**(動徑加速度) $A_{m \cdot r}$과 자오면을 따라 접선방향의 운동에 의한 가속도를 **위선가속도**(緯線加速度) $A_{m \cdot \phi}$로 하면($\theta \rightarrow \phi$),

$$A_{m \cdot r} = \frac{d^2 r}{dt^2} - r\left(\frac{d\phi}{dt}\right)^2$$

$$A_{m \cdot \phi} = \frac{r\, d^2\phi}{dt^2} + 2\,\frac{dr}{dt}\,\frac{d\phi}{dt} \tag{10.23}$$

이 된다.

또, 자오면의 지축에 대한 회전운동에 대해서 QP 방향의 가속도는 식 (10.19)의 좌변의 3번째 항의 원심력($-\Omega^2 x'$)과 같아서 반경은 $r\cos\phi$, 각속도는 식 (10.22)의 $d\psi/dt$와 같음으로 QP 방향의 가속도 A_{QP}는

$$A_{QP} = -r\cos\phi\left(\frac{d\psi}{dt}\right)^2 \tag{10.24}$$

가 된다. 이 QP 방향의 가속도 A_{QP}를 동경가속도 $A_{QP\cdot r}$과 위선가속도 $A_{QP\cdot\phi}$로 나누면 다음과 같이 된다.

$$A_{QP\cdot r} = -r\cos\phi\left(\frac{d\psi}{dt}\right)^2 \times \cos\phi = -r\cos^2\phi\left(\frac{d\psi}{dt}\right)^2$$

$$A_{QP\cdot\phi} = r\cos\phi\left(\frac{d\psi}{dt}\right)^2 \times \sin\phi = r\sin\phi\cos\phi\left(\frac{d\psi}{dt}\right)^2 \tag{10.25}$$

2번째 식에 부(-)가 빠진 것은 저위도 방향이므로 부(-)가 추가된 것이다(접선속도의 경우 고위도 방향이 + 이다).

점 P에 있어서 위선에 평행한 가속도인 **경선가속도**(經線加速度) A_λ는 극좌표계의 식 (10.12)의 2번째 식과 같다($\theta \to \lambda$, 반경은 $r\cos\phi$).

$$A_\lambda = r\cos\phi\frac{d^2\psi}{dt^2} + 2\frac{d(r\cos\phi)}{dt}\frac{d\psi}{dt} \tag{10.26}$$

이 경우 동경가속도에 d^2r/dt^2이 나타나지 않는 것은 자오면의 회전에 의한 영향만을 생각하면 되기 때문이다.

따라서 식 (10.23)과 식 (10.25)를 더하고, 식 (10.26)을 같이 정리해서 동경가속도 A_r, 위선가속도 A_ϕ, 경선가속도 A_λ는

동경가속도 ; $A_r = A_{m\cdot r} + A_{QP\cdot r} = \dfrac{d^2r}{dt^2} - r\left(\dfrac{d\phi}{dt}\right)^2 - r\cos^2\phi\left(\dfrac{d\psi}{dt}\right)^2$

위선가속도 ; $A_\phi = A_{m\cdot\phi} + A_{QP\cdot\phi} = r\dfrac{d^2\phi}{dt^2} + 2\dfrac{dr}{dt}\dfrac{d\phi}{dt} + r\sin\phi\cos\phi\left(\dfrac{d\psi}{dt}\right)^2$

경선가속도 ; $A_\lambda = r\cos\phi\dfrac{d^2\psi}{dt^2} + 2\dfrac{d(r\cos\phi)}{dt}\dfrac{d\psi}{dt}$ (10.27)

을 얻는다. 식 (10.22)의 $\Omega + \dfrac{d\lambda}{dt} = \dfrac{d\psi}{dt}$ 이고, 위의 가속도에 질량 m 을 곱한 것이 외력(外力, F)과 같으므로 운동방정식으로써

$$
\begin{aligned}
&\text{동경} \ ; \ m\left\{\frac{d^2 r}{dt^2} - r\left(\frac{d\phi}{dt}\right)^2 - r\cos^2\phi\left(\Omega + \frac{d\lambda}{dt}\right)^2\right\} = F_r \\
&\text{경선} \ ; \ m\left\{r\cos\phi\frac{d^2\lambda}{dt^2} + 2\left(\Omega + \frac{d\lambda}{dt}\right)\left(\cos\phi\frac{dr}{dt} - r\sin\phi\frac{d\phi}{dt}\right)\right\} = F_\lambda \\
&\text{위선} \ ; \ m\left\{r\frac{d^2\phi}{dt^2} + 2\frac{dr}{dt}\frac{d\phi}{dt} + r\sin\phi\cos\phi\left(\Omega + \frac{d\lambda}{dt}\right)^2\right\} = F_\phi \qquad (10.28)
\end{aligned}
$$

을 얻는다. 이것이 Ω 의 각속도로 회전하는 구좌표계(球座標系)에 의한 운동방정식이다.

ㄱ. 대기과학에 응용

지구에서 정지하고 있는 질점에 대해서는 $\dfrac{dr}{dt} = \dfrac{d\lambda}{dt} = \dfrac{d\phi}{dt} = 0$ 이기 때문에 이것을 위식 (10.28)에 대입하면

$$
\begin{aligned}
m\left(\frac{d^2 r}{dt^2} - r\Omega^2\cos^2\phi\right) &= F_r \\
m\, r\cos\phi\,\frac{d^2\lambda}{dt^2} &= F_\lambda \\
m\left(r\frac{d^2\phi}{dt^2} + r\Omega^2\sin\phi\cos\phi\right) &= F_\phi \qquad (10.29)
\end{aligned}
$$

가 된다. 위 식의 F_r, F_λ, F_ϕ 에는 지구의 중력, 기압경도력, 마찰력 등이 포함되어 있지만, 지금 중력에 대해서만 설명하면 지구가 구형고체로 내부까지 균일한 밀도분포를 하고 있는 것으로 하면, $F_\lambda = F_\phi = 0$ 이고, F_r 만이 인력(引力)에 의해 중심을 향하는 힘으로서 남는다. 따라서 지구표면에 속박된 질점은 위의 식 (10.29)의 3 번째 식에서 $F_\phi = 0$ 이므로, 적도(-, +는 극 방향)를 향해서

$$
r\frac{d^2\phi}{dt^2} = -r\Omega^2\sin\phi\cos\phi \qquad (10.30)
$$

의 힘을 받는다. 지구가 완전한 고체가 아니므로 이와 같은 힘에 의한 지구의 형태는 **회전타원체**(回轉楕圓體)가 되고 평균해면은 인력과 원심력의 합력 즉, 중력의 **등포텐셜면**〔equi(iso)potential surface〕이 되어 있는 것이다. 그러나 타원율은 처음 언급한 것과 같이 대단히 작으므로 구(球)로 간주하고, 원심력과 인력의 합력은 지구의 중심을 향한다고 가정한다.

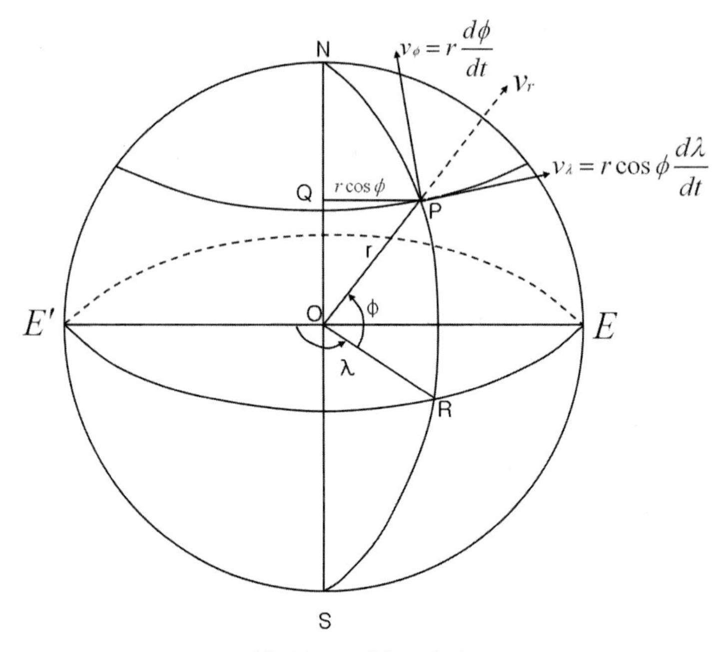

그림 10.4. 각속도와 속도

따라서 동경 방향으로 중력을 고려하는 운동방정식으로써,

$$\frac{d^2r}{dt^2} - r\left(\frac{d\phi}{dt}\right)^2 - \left(2\Omega + \frac{d\lambda}{dt}\right)\frac{d\lambda}{dt}r\cdot\cos^2\phi = -g + \frac{F_r + r\cos^2\phi\,\Omega^2}{m} = \frac{F'}{m}$$

$$r\cos\phi\frac{d^2\lambda}{dt^2} + 2\left(\Omega + \frac{d\lambda}{dt}\right)\left(\cos\phi\frac{dr}{dt} - r\sin\phi\frac{d\phi}{dt}\right) = \frac{F_\lambda{}'}{m}$$

$$r\frac{d^2\phi}{dt^2} + 2\frac{dr}{dt}\frac{d\phi}{dt} + r\frac{d\lambda}{dt}\left(\frac{d\lambda}{dt} + 2\,\Omega\right)\sin\phi\cos\phi = \frac{F_\phi + r\sin\phi\cos\phi\,\Omega^2}{m} = \frac{F_\phi{}'}{m}$$

(10.31)

을 이용한다. $F_r{}'$, $F_\lambda{}'$, $F_\phi{}'$는 원심력, 인력을 제외한 외력성분(外力成分)이다.

그림 10.4와 같이 각속도 대신에 속도(v_r, v_λ, v_ϕ)를 이용하면,

$$v_r = \frac{dr}{dt}\ ,\ v_\lambda = r\cos\phi\frac{d\lambda}{dt}\ ,\ v_\phi = r\frac{d\phi}{dt} \tag{10.32}$$

이므로, 가속도성분은

$$\frac{dv_r}{dt} = \frac{d^2r}{dt^2}$$

$$\frac{dv_\lambda}{dt} = r\cos\phi\frac{d^2\lambda}{dt^2} - r\sin\phi\frac{d\phi}{dt}\frac{d\lambda}{dt} + \cos\phi\frac{dr}{dt}\frac{d\lambda}{dt}$$

$$\frac{dv_\phi}{dt} = r\frac{d^2\phi}{dt^2} + \frac{dr}{dt}\frac{d\phi}{dt} \tag{10.33}$$

이 되기 때문에, 이것을 식 (10.31)에 대입하면,

$$\frac{dv_r}{dt} - \bar{f}\,v_\lambda - \frac{v_\lambda^2 + v_\phi^2}{r} = -g + \frac{F_r{}'}{m}$$

$$\frac{dv_\lambda}{dt} - f\,v_\phi + \bar{f}\,v_r + \frac{v_\lambda v_r}{r} - \tan\phi\frac{v_\lambda v_\phi}{r} = \frac{F_\lambda{}'}{m}$$

$$\frac{dv_\phi}{dt} + f\,v_\lambda + \frac{v_\phi v_r}{r} + \tan\phi\frac{v_\lambda^2}{r} = \frac{F_\phi{}'}{m} \tag{10.34 註}$$

를 얻는다. 이것이 역학대기과학에서 회전하는 지구인 구좌표(球座標) 상에서의 운동방정식이다. 여기서

$$f = 2\Omega\sin\phi\ ,\ \bar{f} = 2\Omega\cos\phi \tag{10.35}$$

이고, 이들을 **전향인자**〔轉向因子, deflecting(Coriolis) factor(parameter)〕라고 한다.

위 식 (10.34) 는 다음 3가지의 가속도로 되어있다.

① **오일러가속도** (Eulerian acceleration)

$$E_r = \frac{dv_r}{dt}\ ,\ E_\lambda = \frac{dv_\lambda}{dt},\ E_\phi = \frac{dv_\phi}{dt} \tag{10.36}$$

② **전향가속도**[轉向加速度, deflecting (Coriolis) acceleration]

$$D_r = -\bar{f}\, v_\lambda \ , \ D_\lambda = -f\, v_\phi + \bar{f}\, v_r \ , \ D_\phi = f\, v_\lambda \tag{10.37}$$

③ **측도가속도**(測度加速度, metric acceleration)

$$M_r = -\frac{1}{r}\left(v_\lambda^2 + v_\phi^2\right), M_\lambda = \frac{v_\lambda}{r}\left(v_r - v_\phi \tan\phi\right), M_\phi = \frac{1}{r}\left(v_\phi v_r + v_\lambda^2 \tan\phi\right) \tag{10.38}$$

측도가속도에는 Ω 가 포함되어 있지 않기 때문에 지구의 곡률(曲率, curvature)에 의한 것이다. 식 (10.37) 및 식 (10.38)의 3 식에 각각 v_r, v_λ, v_ϕ를 곱해서 더하면,

$$\begin{aligned} D_r v_r + D_\lambda v_\lambda + D_\phi v_\phi &= \boldsymbol{D} \cdot \boldsymbol{v} = 0 , \\ M_r v_r + M_\lambda v_\lambda + M_\phi v_\phi &= \boldsymbol{M} \cdot \boldsymbol{v} = 0 \end{aligned} \tag{10.39}$$

가 된다. 즉, 벡터 $\boldsymbol{D}$ 와 $\boldsymbol{M}$ 은 속도벡터와 직교하고 있다. 따라서 이들의 가속도는 일을 하지 않고 단지 운동방향을 바꾸는 것뿐이다.

10.2.4. 국소직교좌표계

지구 크기 정도의 대규모 운동을 취급하는 경우에는 지표면의 곡률을 생각하지 않으면 안 되지만, 국소적(局所的)인 운동을 생각하는 경우에는 곡률을 무시해서 지표면을 평면으로 간주할 수가 있다.

어떤 지점의 위도 ϕ에 있어서 동쪽을 x, 북쪽을 y, 천정(天頂)방향을 z로 잡았을 때의 운동방정식을 구하기로 한다. 식 (10.34)에서 속도 $u = v_\lambda$, $v = v_\phi$, $w = v_r$ 로 놓고, 외력은 기압경도력만으로 한다면,

$$\frac{F_\lambda'}{m} = -\frac{1}{\rho}\frac{\partial p}{\partial x}, \quad \frac{F_\phi'}{m} = -\frac{1}{\rho}\frac{\partial p}{\partial y}, \quad \frac{F_r'}{m} = -\frac{1}{\rho}\frac{\partial p}{\partial z} \tag{10.40}$$

으로 된다. 더욱이 $r \to \infty$ 로 잡으면, 다음의 방정식을 얻는다.

$$\frac{du}{dt} - f\,v + \bar{f}\,w = -\frac{1}{\rho}\frac{\partial p}{\partial x}$$

$$\frac{dv}{dt} + f\,u = -\frac{1}{\rho}\frac{\partial p}{\partial y}$$

$$\frac{dw}{dt} - \bar{f}\,u + g = -\frac{1}{\rho}\frac{\partial p}{\partial z} \tag{10.41}$$

여기서 $\frac{d}{dt} = \frac{\partial}{\partial t} + u\frac{\partial}{\partial x} + v\frac{\partial}{\partial y} + w\frac{\partial}{\partial z}$ 는 **오일러의 가속도**(Eulerian acceleration)이다.

여기서 **규모해석**(規模解析, scale analysis, 크기비교)을 해보자. 일반적인 경우에는 수평속도에 비하여 연직속도는 1/100 정도의 크기이기 때문에 제 1식에서 $\bar{f}\,w$를 $f\,v$에 비교해서 생략할 수 있다. 제 3식에서 $\bar{f}\,u$ 는 $10^{-1}\,cm/s^2$의 크기이고, g(중력)는 $10^3\,cm/s^2$의 크기이기 때문에 g에 비해서 $\bar{f}\,u$는 생략할 수 있다. 상승가속도 $\frac{dw}{dt}$도 $1cm/s$ 이하이므로 대부분의 경우 생략할 수 있다. 따라서 그의 **근사식**(近似式, approximation equation, approximate expression)은 일반적으로

$$\frac{du}{dt} - f\,v = -\frac{1}{\rho}\frac{\partial p}{\partial x}$$

$$\frac{dv}{dt} + f\,u = -\frac{1}{\rho}\frac{\partial p}{\partial y}$$

$$g = -\frac{1}{\rho}\frac{\partial p}{\partial z} \tag{10.42}$$

가 사용된다. 제 3식은 정역학방정식으로써 이미 상세히 설명한 바가 있다.

10.2.5. 원통좌표계

지구의 곡률을 고려하지 않아도 좋을 정도의 규모의 운동에서도 일기도에서 보는 것과 같이 등압선이 곡률을 갖고 있으므로, 공기도 곡선궤도를 움직이기 위해서는 수평방향의 곡률을 고려하지 않으면 안 되는 일이 많다. 고기압 및 저기압은 완벽한 원형등압선을 갖지 않지만, 원형으로 간주해서 **원통좌표계**(圓筒座標系, cylindrical coordinate system)로 취급하는 일이 많다.

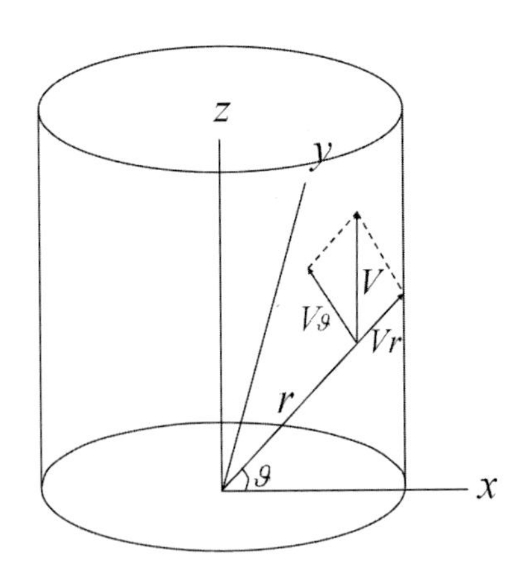

그림 10.5. 원통좌표계

다음에 원통좌표(圓筒座標 r, θ, z)을 이용한 운동방정식을 구하자. 원통좌표계는 밑면은 극좌표계, 높이는 직교좌표계와 같다. 따라서 그림 10.5 에서와 같이 원통좌표계와 직교좌표계와의 관계는 식 (10.4)에서부터

$$x = r\cos\theta,\ y = r\sin\theta,\ z = z \tag{10.43}$$

이 된다. 이것에서 속도를 구하기 위해 미분해서 식 (10.32)를 이용하면,

$$u = v_r\cos\theta - v_\theta\sin\theta\ ,\ v = v_r\sin\theta + v_\theta\cos\theta \tag{10.44}$$

가 되고, 이것을 연립으로 풀면 다음의 원통좌표계(극좌표계)의 속도

$$v_r = u\cos\theta + v\sin\theta\ ,\ v_\theta = -u\sin\theta + v\cos\theta \tag{10.45}$$

가 된다. 식 (10.5)와 유사한 형태임을 알 수가 있다.

식 (10.41)의 제 1식에 $\cos\theta$, 제 2식에 $\sin\theta$ 를 곱해서 두 식을 더하면,

$$\frac{du}{dt}\cos\theta + \frac{dv}{dt}\sin\theta - f(v\cos\theta - u\sin\theta) + \overline{f}\,w\cos\theta$$
$$= -\frac{1}{\rho}\left(\frac{\partial p}{\partial x}\cos\theta + \frac{\partial p}{\partial y}\sin\theta\right) \tag{10.46}$$

또 같은 식에 제 1식에 $-\sin\theta$, 제 2식에 $\cos\theta$를 곱하여 두 식을 더하면,

$$-\frac{du}{dt}\sin\theta + \frac{dv}{dt}\cos\theta + f(v\sin\theta + u\cos\theta) - \bar{f}\, w\sin\theta$$

$$= -\frac{1}{\rho}\left(-\frac{\partial p}{\partial x}\sin\theta + \frac{\partial p}{\partial y}\cos\theta\right) \tag{10.47}$$

이 된다. 식 (10.44), 식 (10.45), 식 (10.10), 식 (10.11)과 식 (10.41)의 제 3 식을 참조하면 다음과 같이 된다.

$$\frac{dv_r}{dt} - f\,v_\theta + \bar{f}\,w\cos\theta - \frac{{v_\theta}^2}{r} = -\frac{1}{\rho}\frac{\partial p}{\partial r}$$

$$\frac{dv_\theta}{dt} + f\,v_r - \bar{f}\,w\sin\theta + \frac{v_r\,v_\theta}{r} = -\frac{1}{\rho}\frac{1}{r}\frac{\partial p}{\partial \theta}$$

$$\frac{dw}{dt} - \bar{f}\,(v_r\cos\theta - v_\theta\sin\theta) = -g - \frac{1}{\rho}\frac{\partial p}{\partial z} \tag{10.48 註}$$

이것이 원통좌표계에 의한 운동방정식이다. 여기서 오일러의 가속도 dv_r/dt, dv_θ/dt, dw/dt 는 다음과 같이 표현된다.

$$\frac{d}{dt} = \frac{\partial}{\partial t} + v_r\frac{\partial}{\partial r} + \frac{v_\theta}{r}\frac{\partial}{\partial \theta} + w\frac{\partial}{\partial z} \tag{10.49}$$

직교좌표의 경우와 같이 규모해석을 해서 작은 항을 생략하면,

$$\frac{dv_r}{dt} - f\,v_\theta - \frac{{v_\theta}^2}{r} = -\frac{1}{\rho}\frac{\partial p}{\partial r}$$

$$\frac{dv_\theta}{dt} + f\,v_r + \frac{v_r\,v_\theta}{r} = -\frac{1}{\rho}\frac{1}{r}\frac{\partial p}{\partial \theta}$$

$$g = -\frac{1}{\rho}\frac{\partial p}{\partial z} \tag{10.50}$$

이 된다. 해석은 앞에서와 동일하다.

10.2.6. 자연좌표계

이제까지의 좌표계는 물체의 운동방향에 무관하게 설정을 했으나 여기서는 자연운동의 방향을 자연스럽게 좌표축으로 잡아서 운동을 묘사하고자 하는 취지이다. 따라서 그것을 고려하여 운동의 방향, 운동의 방향과 직각으로 수평한 방향, 이들의 2방향에 직각인 방향을 취하면, 국소적인 직교좌표를 만들 수가 있다. 이와 같은 좌표를 **자연좌표계**(自然座標系, natural coordinate system)라고 한다(註).

수평운동에 대해서 자연좌표에 의한 운동방정식을 구하자. 식 (10.42)의 처음 두 식을 고쳐 쓰면,

$$
\begin{aligned}
\frac{\partial u}{\partial t} + u\frac{\partial u}{\partial x} + v\frac{\partial u}{\partial y} - fv &= -\frac{1}{\rho}\frac{\partial p}{\partial x} \\
\frac{\partial v}{\partial t} + u\frac{\partial v}{\partial x} + v\frac{\partial v}{\partial y} + fu &= -\frac{1}{\rho}\frac{\partial p}{\partial y}
\end{aligned}
\tag{10.51}
$$

이 된다. 제 2식에 복소수(複素數, complex numbers)의 허수단위(虛數單位) i를 곱해서 제 1식에 더하면,

$$
\frac{\partial(u+iv)}{\partial t} + u\frac{\partial(u+iv)}{\partial x} + v\frac{\partial(u+iv)}{\partial y} + if(u+iv) = -\frac{1}{\rho}\left(\frac{\partial p}{\partial x} + i\frac{\partial p}{\partial y}\right) \tag{10.52}
$$

가 된다.

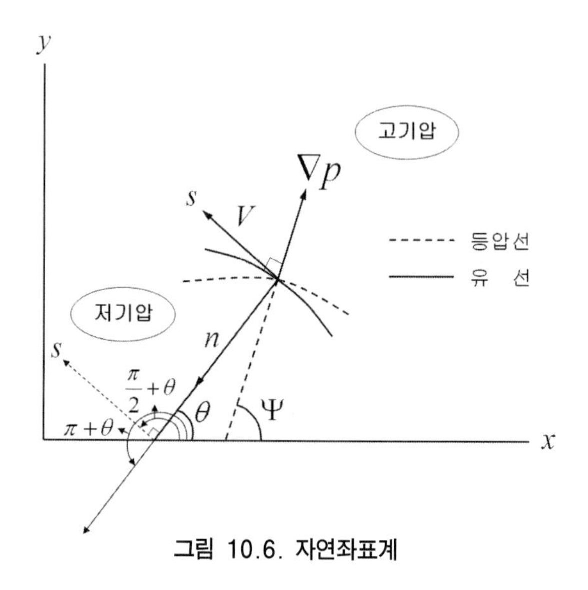

그림 10.6. 자연좌표계

그림 10.6과 같이 운동의 방향과 그것의 법선(法線)의 방향을 각각 s, n으로 한다. n의 방향과 x축과의 이루는 각을 θ로 한다면, s의 방향과 x축과의 이루는 각을 $\theta + \pi/2$ 이다. 기압경도 벡터 $grad\, p(\nabla p)$와 x축과의 이루는 각을 ψ로 한다. 속도의 절대치를 V로 한다면,

$$u + iv = Ve^{i(\theta + \frac{\pi}{2})}$$

$$\frac{\partial p}{\partial x} + i\frac{\partial p}{\partial y} = |\nabla p|\, e^{i\psi} \qquad (10.53)$$

이 된다. 이것을 식 (10.52)에 대입하면,

■ $$\frac{\partial}{\partial t}\left\{Ve^{i(\theta + \frac{\pi}{2})}\right\} + V\frac{\partial}{\partial s}\left\{Ve^{i(\theta + \frac{\pi}{2})}\right\} + ifVe^{i(\theta + \frac{\pi}{2})} = -\frac{1}{\rho}|\nabla p|\, e^{i\psi}$$

또는 정리하면,

$$\left(\frac{\partial V}{\partial t} + V\frac{\partial V}{\partial s}\right)e^{i(\theta + \frac{\pi}{2})} + i\left(V\frac{\partial \theta}{\partial t} + V^2\frac{\partial \theta}{\partial s} + fV\right)e^{i(\theta + \frac{\pi}{2})} = -\frac{1}{\rho}|\nabla p|e^{i\psi} \qquad (10.54 \text{ 註})$$

가 된다.

위 식을 실수부(實數部, real part)와 허수부(虛數部, imaginary part)로 나누면,

$$\frac{\partial V}{\partial t} + V\frac{\partial V}{\partial s} = -\frac{1}{\rho}|\nabla p|\cos\left(\psi - \theta - \frac{\pi}{2}\right)$$

$$V\frac{\partial \theta}{\partial t} + V^2\frac{\partial \theta}{\partial s} + fV = -\frac{1}{\rho}|\nabla p|\sin\left(\psi - \theta - \frac{\pi}{2}\right)$$

또는

$$\frac{\partial V}{\partial t} + V\frac{\partial V}{\partial s} = -\frac{1}{\rho}|\nabla p|\sin(\theta - \psi)$$

$$V\frac{\partial \theta}{\partial t} + V^2\frac{\partial \theta}{\partial s} + fV = \frac{1}{\rho}|\nabla p|\cos(\theta - \psi) \qquad (10.55 \text{ 註})$$

위 식의 좌변에 $\frac{d}{dt} = \frac{\partial}{\partial t} + V\frac{\partial}{\partial s}$ 를 적용하고, 공기의 궤도의 곡률반경 r_T 로 하고, $\frac{d\theta}{dt} = \frac{V}{r_T}$ 를 대입하면,

$$\begin{aligned} \frac{dV}{dt} &= \frac{1}{\rho}|\nabla p| \sin(\theta - \psi) \\ \frac{V^2}{r_T} + fV &= \frac{1}{\rho}|\nabla p| \cos(\theta - \psi) \end{aligned} \qquad (10.56)$$

이 된다. 식 (10.55) 또는 식 (10.56)이 자연좌표계에서 나타낸 수평의 운동방정식이다. 제 1식에서 $\theta > \psi$ 의 경우 $\frac{dV}{dt} > 0$ 이 된다. 즉, 등압선을 가로로 절단하여 저압부를 향하고 있을 때에는 가속되고 있다. $\theta < \psi$ 의 경우는 반대가 된다. $\theta = \psi$ 의 경우 등압선을 따라서 움직이고 있으면 가속도는 없다.

이 경우 제 2식에서

$$\frac{V^2}{r_T} + fV = \frac{1}{\rho}|\nabla p| \qquad (10.57)$$

을 얻는다. 즉, 원심력과 전향력의 합력이 기압경도력과 평형을 이루고 있는 **경도풍**(傾度風, gradient wind, v_{gr})을 얻게 된다. 식 (11.71, 11.72)를 참조하기 바란다.

10.3. 대기유체 운동

지금까지는 대기(기상) 현상을 단순계(單純系)로 보아 왔던 입장에서 앞으로는 복잡계(複雜系) 또는 복합계(複合系)로 전진하는 고찰이 있어야 할 것으로 사려 된다. 대기유체는 나비어·스토크스방정식(Navier-Stokes equation)에 따라 운동한다. 이때 지구에 대한 상대운동을 기술하는 데에는 앞에서 언급한 지구와 함께 각속도(角速度, angular velocity) Ω 으로 회전하는 좌표계에 준거한 표현이 편리하다.

10.3.1. 기초방정식계

지구와 함께 회전하는 계(系, system)에 있어서 밀도 ρ, 유속(流速, fluid velocity) $\boldsymbol{v}$, 압력 p, 온도 T에 대한 폐쇄된 **기초방정식계**(基礎方程式系. basic equational system)는

$$\text{질량보존식} : \frac{1}{\rho}\frac{d\rho}{dt} + \nabla \cdot \boldsymbol{v} = 0 \tag{10.58a}$$

$$\text{운동방정식} : \frac{d\boldsymbol{v}}{dt} = \frac{1}{\rho}\nabla p - 2\boldsymbol{\Omega}\times\boldsymbol{v} - \nabla\Psi + \boldsymbol{F} \tag{10.58b}$$

$$\text{열역학식} : C_p\frac{dT}{dt} - \frac{1}{\rho}\frac{dp}{dt} = Q \tag{10.58c}$$

$$\text{상태방정식} : p = R\rho T \tag{10.58d}$$

가 된다. 여기서 $-2\boldsymbol{\Omega}\times\boldsymbol{v}$는 전향력(轉向力, 코리올리힘), Ψ는 지구회전에 의한 원심력의 효과를 포함한 중력포텐셜(gravitational potential) $\Psi = -GM/r + r^2\Omega^2\cos^2\phi/2$ 로 정의되고 단, G 만류인력상수, M, r, ϕ는 지구 질량, 중심에서의 거리, 위도, $\boldsymbol{F}$: 점성항(粘性項), C_p : 정압비열(定壓比熱), Q : 가열항, R : 대기의 기체상수이다.

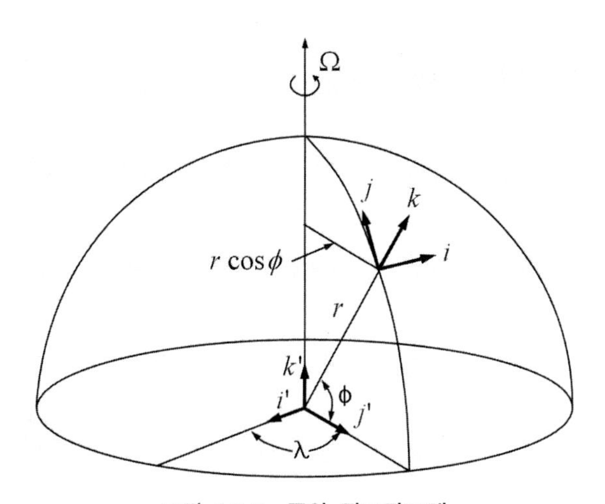

그림 10.7. 구와 직교좌표계

회전하는 직교직선좌표계(i', j', k')와 구좌표계(i, j, k)

이어서 그림 10.7의 구좌표계(경도 λ, 위도 ϕ, 지구의 중심에서의 거리 r)를 사용해서 운동방정식을 성분 표시하자. 측도계수(測度係數) h_1, h_2, h_3가 다음과 같을 때 바람들은 다음과 같이 정의 된다.

$$h_1 = r\cos\phi\,,\qquad \text{서풍}:\ u \equiv h_1 \frac{d\lambda}{dt}\,,$$
$$h_2 = r\,,\qquad \text{남풍}:\ v \equiv h_2 \frac{d\phi}{dt}\,,$$
$$h_3 = 1\,,\qquad \text{상승류}:\ w \equiv h_3 \frac{dr}{dt} \tag{10.59}$$

구좌표의 기저 벡터 $\boldsymbol{i}$, $\boldsymbol{j}$, $\boldsymbol{k}$ 는 주목하고 있는 입자의 운동에 수반되어 시간변화 하므로 가속도는

$$\frac{d\boldsymbol{v}}{dt} = (\boldsymbol{i}\frac{du}{dt} + \boldsymbol{j}\frac{dv}{dt} + \boldsymbol{k}\frac{dw}{dt}) + (u\frac{d\boldsymbol{i}}{dt} + v\frac{d\boldsymbol{j}}{dt} + w\frac{d\boldsymbol{k}}{dt}) \tag{10.60}$$

으로 표현된다.

또 그림 10.8과 같이 기저(基底) 벡터 $\boldsymbol{i}$, $\boldsymbol{j}$, $\boldsymbol{k}$ 는 회전직교직선좌표계의 기저벡터 $\boldsymbol{i}'$, $\boldsymbol{j}'$, $\boldsymbol{k}'$를 우선 $\boldsymbol{k}'$ 를 중심으로 $\pi/2 + \lambda$ 회전한 후, 새로운 $\boldsymbol{i}$ 를 중심으로 $\pi/2 - \phi$ 회전한 것이므로 이것을 행렬(行列, matrix)로 표현하면

$$\begin{pmatrix} \boldsymbol{i} \\ \boldsymbol{j} \\ \boldsymbol{k} \end{pmatrix} = \begin{pmatrix} 1 & 0 & 0 \\ 0 & \sin\phi & \cos\phi \\ 0 & -\cos\phi & \sin\phi \end{pmatrix} \begin{pmatrix} -\sin\lambda & \cos\lambda & 0 \\ -\cos\lambda & -\sin\lambda & 0 \\ 0 & 0 & 1 \end{pmatrix} \begin{pmatrix} \boldsymbol{i}' \\ \boldsymbol{j}' \\ \boldsymbol{k}' \end{pmatrix} \tag{10.61}$$

과 같이 된다.

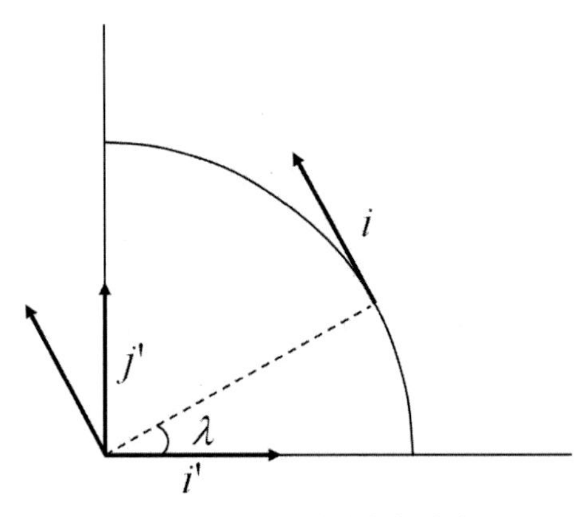

그림 10.8. 기저벡터의 회전

회전하는 직교좌표계에 있어서의 기저벡터 i', j' 와 구좌표계에 있어서의 기저벡터 i 의 관계

이들의 관계를 사용해서

$$\frac{d\boldsymbol{i}}{dt} = \boldsymbol{j}\,\frac{u\tan\phi}{r} - \boldsymbol{k}\,\frac{u}{r}$$

$$\frac{d\boldsymbol{j}}{dt} = -\boldsymbol{i}\,\frac{u\tan\phi}{r} - \boldsymbol{k}\,\frac{v}{r}$$

$$\frac{d\boldsymbol{k}}{dt} = \boldsymbol{i}\,\frac{u}{r} + \boldsymbol{j}\,\frac{v}{r} \tag{10.62}$$

가 유도되어, 결국 구좌표의 운동방정식의 성분 표시는

$$\frac{du}{dt} - \frac{uv\tan\phi}{r} + \frac{uw}{r} = -\frac{1}{\rho r\cos\phi}\frac{\partial p}{\partial\lambda} + 2\Omega v\sin\phi - 2\Omega w\cos\phi + F_{\lambda}$$

$$\frac{dv}{dt} + \frac{u^2\tan\phi}{r} + \frac{vw}{r} = -\frac{1}{\rho r}\frac{\partial p}{\partial\phi} - 2\Omega u\sin\phi - \frac{1}{r}\frac{\partial\Psi}{\partial\phi} + F_{\phi}$$

$$\frac{dw}{dt} - \frac{(u^2+v^2)}{r} = -\frac{1}{\rho}\frac{\partial p}{\partial r} + 2\Omega u\cos\phi - \frac{\partial\Phi}{\partial r} + F_r \tag{10.63}$$

이 된다.

이들의 운동방정식에서 자전축 주위의 **각운동량보존식**(角運動量保存式, conservation equation of angular momentum)은

$$\frac{d}{dt}\{r\cos\phi(u + r\,\Omega\cos\phi)\} = -\frac{1}{\rho}\frac{\partial p}{\partial\lambda} + r\cos\phi\,F_{\lambda} \tag{10.64}$$

운동에너지보존식(運動에너지保存式, conservation of kinetic energy)은

$$\frac{1}{2}\frac{d}{dt}(u^2 + v^2 + w^2) = -\frac{1}{\rho}\boldsymbol{v}\cdot\nabla p - \boldsymbol{v}\cdot\nabla\Psi + \boldsymbol{v}\cdot\boldsymbol{F} \tag{10.65}$$

더욱이 비점성($\boldsymbol{F}=0$), 단열($Q=0$)일 때, **와위보존식**(渦位保存式, conservation of potential vorticity)은

$$d\left\{\frac{(2\,\boldsymbol{\Omega} + \boldsymbol{\omega})\cdot\nabla\theta}{\rho}\right\} = 0 \tag{10.66}$$

이 유도된다. 여기서 $\omega \equiv \nabla \times v$: 와도(渦度, vorticity), $\theta \equiv T(p_{00}/p)^{R/C_p}$: 온위(溫位, potential temperature), p_{00} : 기준기압이다.

이 구좌표 표시는 엄밀하게 정확한 것이지만, 이론적 고찰이나 수치모델의 실행을 위해서는 각양각색의 근사표현이 이용된다. **근사좌표계**(近似座標系, approximate coordinate system)를 구성할 때에는 이들의 중요한 보존식의 근사판(近似版)이 성립하도록 주의해야 한다.

10.3.2. 기하학적 근사좌표계

이 항에서는 주목하고 있는 현상의 기하학적 성질에 착안해서 근사표현(近似表現)을 구성한다.

ㄱ. 구면좌표근사

실제 구면인 지구유체는 지구반경에 비교해서 극히 엷은 층 내에 현상인 것으로부터 $r = R_E + z$, $R_E \gg z$ (R_E : 지구의 평균반경)로,

$$\text{측도계수(測度係數)} : h_1 = R_E \cos\phi,\ h_2 = R_E,\ h_3 = 1,$$
$$\text{속도} : u = R_E \cos\phi \frac{d\lambda}{dt},\ v = R_E \frac{d\phi}{dt},\ w = \frac{dz}{dt} \quad (10.67)$$

로 근사된다. 이때의 운동방정식은

$$\frac{du}{dt} - \frac{uv\tan\phi}{R_E} = -\frac{1}{R_E \rho \cos\phi}\frac{\partial p}{\partial \lambda} + 2\Omega v \sin\phi + F_\lambda$$
$$\frac{dv}{dt} + \frac{u^2\tan\phi}{R_E} = -\frac{1}{R_E \rho}\frac{\partial p}{\partial \phi} - 2\Omega u \sin\phi + F_\phi$$
$$\frac{dw}{dt} = -\frac{1}{\rho}\frac{\partial p}{\partial z} - g + F_z \quad (10.68)$$

이 된다. 단, 이미 **각운동량보존**(角運動量保存, conservation of angular momentum)의 원리에 따라 위 식의 첫째 식에는 uw/R_E , $2\Omega w \cos\phi$ 가 제거되어 있다(Philips, N. A., 1966). 또 운동에너지보존식에는 측도항(測度項, metric term)과 전향력항이 기여하지

않는 관계로 위 식의 둘째와 셋째 식에는 이미 vw/R_E, $(u^2+v^2)/R_E$, $2\Omega u\cos\phi$ 가 제거되어 있다. 더욱 중력(重力, gravity)은 〔0, 0, $-g(\equiv GM/R_E{}^2)$〕로 근사되어 있다. 또 수평규모(스케일)의 큰 운동에 대해서는 규모해석의 관점에서도 이들의 제거가 정당화 되고 있다〔오구라 요시미쓰(小倉義光), 1978 : 기상역학통론, 동경대학출판회〕.

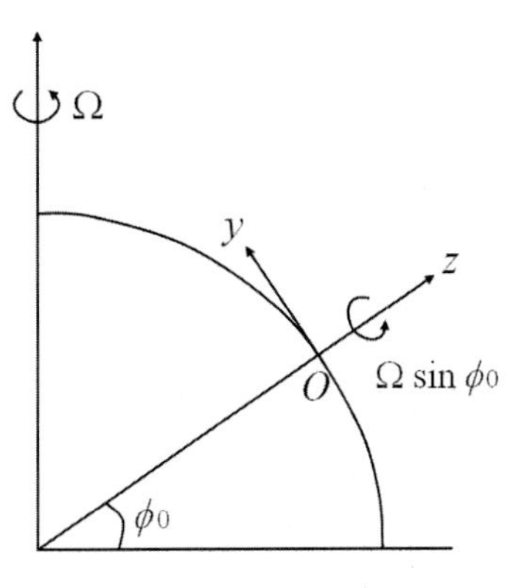

그림 10.9. 평면좌표근사계

ㄴ. 평면좌표근사

주목하고 있는 현상의 수평규모가 지구반경에 비교해서 작을 경우에는 그림 10.9와 같이, $\phi=\phi_0+y/R_E$, $y\ll R_E$ (ϕ_0 : 기준위도)의 근사 하에서 dx, dy를 정하면, 속도는 다음과 같이 된다.

$dx=R_E\cos\phi_0\,d\lambda$, $\quad dy=R_E\,d\phi$ 로 놓으면,

$$\text{속도 : } u=\frac{dx}{dt},\ v=\frac{dy}{dt},\ w=\frac{dz}{dt} \tag{10.69}$$

가 되고, 운동방정식은

$$\frac{du}{dt}=-\frac{1}{\rho}\frac{\partial p}{\partial x}+fv+F_x$$

$$\frac{dv}{dt}=-\frac{1}{\rho}\frac{\partial p}{\partial y}-fu+F_y$$

$$\frac{dw}{dt}=-\frac{1}{\rho}\frac{\partial p}{\partial z}-g+F_z \tag{10.70}$$

이 된다. 여기서 **전향인자**〔轉向因子, deflecting(Coriolis) factor, parameter〕

$$f = f_0 + \beta y \quad \left(f_0 = 2\,\Omega \sin\phi_0, \quad \beta = \frac{2\,\Omega \cos\phi_0}{R_E} \right) \tag{10.71}$$

이 된다. 식 (10.70)에서 좌변의 측도항은 곡률을 무시하기 때문에 제거되어 있지만, 우변의 전향항에는 곡률의 효과가 남아 있다. 이것이 **베타평면근사**(β 平面近似, beta-plane approximation)라고 불리고 있다. 또 주목하는 현상의 수평규모가 반드시 지구반경과 비교해서 작지 않아도 취급의 간단함 때문에 이론적 고찰에 있어서는 β 평면근사를 이용하는 일이 많다.

10.3.3. 얇은층 근사좌표계

이 항에서는 얇은 층의 유체의 성질에 착안한 근사 표현을 구성한다. 앞의 항의 기하학적근사좌표와 각종의 조합이 있을 수 있지만, 여기서는 β평면근사와 조합한다.

ㄱ. 천유방정식

천유방정식(淺流方程式, shallow fluid equation)은 얇은 유체층에 대한 방정식이다. 그림 10.10과 같이, 등밀도유체(等密度流体, $\rho = \rho_0 = 0$)를 가정하고 자유표면이 존재하는 것으로 한다. 정역학평형, 즉 $\rho_0{}^{-1}\partial p/\partial z = -g$ 가 성립하는 경우에는 위치 z에 있어서 압력 $p = -\rho_0 g(z-\eta)$ 를 운동방정식의 수평성분으로 대입하면,

$$\frac{d\boldsymbol{v}}{dt} + f\boldsymbol{k} \times \boldsymbol{v} = -g\nabla\eta + \boldsymbol{F} \tag{10.72}$$

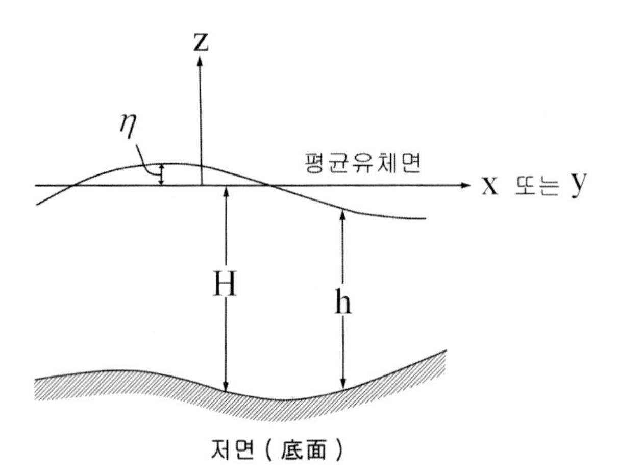

그림 10.10. 등밀도유체층

가 된다($\boldsymbol{k}$: 연직상방의 기저벡터). 이 식의 우변은 z에 의하지 않음으로 수평류 $\boldsymbol{v}$도 z에 의하지 않는다. 이 성질을 이용해서 등밀도유체의 질량보존칙을 유체의 두께에 걸쳐서 적분해서, 자유표면에 있어서의 연직류는 자유표면 변위 η의 시간변화에 같게, 유체저에 있어서 연직류는 유체가 고정저를 따라서 운동함으로써 생기는 것을 고려하면 다음의 식이 얻어진다. 즉,

$$h = \eta + H$$

$$\frac{\partial \eta}{\partial t} + \nabla \cdot (h\boldsymbol{v}) = 0 \qquad (10.73)$$

이 된다. 여기서

기호 ∇ : 수평 나블라 (nabla $\equiv \partial/\partial x$, $\partial/\partial y$)를 나타낸다.

∗ : $\nabla = \boldsymbol{i}\partial/\partial x + \boldsymbol{j}\partial/\partial y + \boldsymbol{k}\partial/\partial z$ 는 처음 해밀턴(W. R. Hamilton)에 의해 사용되었고, 헤브라이의 현악기와 비슷한데서 유래한 그리스어로 해밀턴 연산자(演算子, Hamilton's operator)는 기울기와 같은 의미이다.

위 식 (10.72)와 (10.73)은 $\boldsymbol{v}$, η, H에 대해서 닫혀있다. 이것을 **천유방정식계**(淺流方程式系, shallow fluid equations)라고 부른다. 해양이나 물의 경우는 **천수방정식계**(淺水方程式系)가 된다. 또 비점성의 경우, 식 (10.72)에 $\nabla\times$ 를 적용시켜 **와위보존식**(渦位保存式, conservation equation of potential vorticity)

$$\frac{d}{dt}\frac{f + \zeta}{h} = 0 \qquad (10.74)$$

가 얻어진다. 여기서 식 (10.73)도 이용되었다. ζ는 와도(渦度, vorticity)이다. 등밀도라고 하는 가정은 해양은 그렇다고 해도 대기에 있어서는 비현실적이지만, 연직방향의 요란전파(擾亂傳播)를 무시할 때에는 이론적인 고찰에 있어서 유용성이 크다.

ㄴ. 부시네스크근사

부시네스크근사(Boussinesq approximation)는 다음과 같다. 밀도와 압력을

$$\rho = \rho_0(z) + \rho'(x, y, z, t)$$
$$p = p_0(z) + p'(x, y, z, t) \qquad (10.75)$$

와 같이 z에만 의존하는 기본장(ρ_0, p_0)와 그것으로부터의 편차로 나누어 기본장은 정역학평형($\rho_0^{-1}\partial p_0 / \partial z = -g$)이 성립하고 있을 때, p'과 ρ'의 곱의 항을 떨어뜨린 β평면상의 **지배방정식계**(支配方程式系, governing equation system)는

$$\frac{1}{\rho_0}\frac{d\rho_0}{dt} + \frac{\rho'}{{\rho_0}^2}\frac{d\rho_0}{dt} + \frac{1}{\rho_0}\frac{d\rho'}{dt} + div\,\boldsymbol{v} = 0$$
$$\frac{du}{dt} = -\frac{1}{\rho_0}\frac{\partial p'}{\partial x} + fv + F_x$$
$$\frac{dv}{dt} = -\frac{1}{\rho_0}\frac{\partial p'}{\partial y} - fu + F_y$$
$$\frac{dw}{dt} = -\frac{1}{\rho_0}\frac{\partial p'}{\partial z} - g\frac{\rho'}{\rho_0} + F_z$$
$$\frac{C_v}{p_0}\frac{dp_0}{dt} - \frac{C_p}{\rho_0}\frac{d\rho_0}{dt} - \frac{C_v p'}{p_0^2}\frac{dp_0}{dt} + \frac{C_p\rho'}{{\rho_0}^2}\frac{d\rho_0}{dt} + \frac{C_v}{p_0}\frac{dp'}{dt} - \frac{C_p}{\rho_0}\frac{d\rho'}{dt} = \frac{Q}{T} \qquad (10.76)$$

이 된다. 이 식 자체는 음파(音波)·중력파(重力波)·행성파(行星波)와 지구유체 속의 모든 파동(波動, wave motion)을 포함하는데, 만일 중력에 근거한 부력(浮力)의 효과에 주목하고 싶지만, 압축성에 근거한 음파의 효과를 제거하고 싶을 경우에는 제 1 식의 질량보존식을 비압축성의 식

$$div\,\boldsymbol{v} = \nabla \cdot \boldsymbol{v} = 0 \qquad (10.77)$$

로 바꾸어서 질량보존식과 모순되지 않도록 열역학의 식(마지막 식)의 정적비열을 형식적으로 $C_v = 0$ 으로 놓고,

$$\frac{1}{\rho_0}\frac{d\rho_0}{dt} - \frac{\rho'}{{\rho_0}^2}\frac{d\rho_0}{dt} + \frac{1}{\rho_0}\frac{d\rho'}{dt} = 0 \qquad (10.78)$$

로 치환함으로서 음파를 포함하지 않는 지배방정식을 얻는다. 연직규모가 작은 현상에 대

해서는 더욱 ρ_0를 상수로 간주하는 일도 있다. 이렇게 해서 얻어진 식

$$\begin{aligned}
&\nabla \cdot \boldsymbol{v} = 0 \\
&\frac{du}{dt} = -\frac{1}{\rho_0}\frac{\partial p'}{\partial x} + fv + F_x \\
&\frac{dv}{dt} = -\frac{1}{\rho_0}\frac{\partial p'}{\partial y} - fu + F_y \\
&\frac{dw}{dt} = -\frac{1}{\rho_0}\frac{\partial p'}{\partial z} - g\frac{\rho'}{\rho_0} + F_z \\
&\frac{1}{\rho_0}\frac{d\rho_0}{dt} - \frac{\rho'}{{\rho_0}^2}\frac{d\rho_0}{dt} + \frac{1}{\rho_0}\frac{d\rho'}{dt} = 0
\end{aligned} \tag{10.79}$$

를 **부시네스크근사계**(Boussinesq approximation system)라고 한다.

10.3.4. 정역학평형 근사좌표계

정역학평형(靜力學平衡, hydrostatic equilibrium)을 이룬 계에 있어서 독립좌표를 변환함으로써 지배방정식을 간단화 할 수가 있다.

ㄱ. 일반화 원시방정식계

우선 독립좌표를 (x, y, z, t)에서 (x, y, ξ, t)로 변환되도록 일반화(一般化)된 연직좌표 ξ를 도입한다. $\xi = \xi(x, y, z, t)$, $z = z(x, y, \xi, t)$ 일 때, 임의의 종속변수 A는 $A^*(x, y, z, t) = A(x, y, \xi, t)$라고 하는 2 가지의 표현이 가능하다. 단, A 와 A^*는 함수형(函數形)이 다르다.

수평나블라(nabla), ∇의 기호($\equiv \boldsymbol{i}\,\partial/\partial x + \boldsymbol{j}\,\partial/\partial y$)를 사용해서

$$\begin{aligned}
&\frac{dA^*}{dt} = \frac{dA}{dt} = \frac{\partial A}{\partial t} + \boldsymbol{v} \cdot \nabla A + \frac{d\xi}{dt}\frac{\partial A}{\partial \xi} \\
&\frac{\partial A^*}{\partial z} = \frac{\partial A}{\partial x}\frac{\partial x}{\partial z} + \frac{\partial A}{\partial y}\frac{\partial y}{\partial z} + \frac{\partial A}{\partial t}\frac{\partial t}{\partial z} + \frac{\partial A}{\partial \xi}\frac{\partial \xi}{\partial z} = \frac{\partial A}{\partial \xi}\frac{\partial \xi}{\partial z}
\end{aligned} \tag{10.80}$$

이므로 s를 x, y 또는 t로 할 때,

$$\frac{\partial A}{\partial s} = \frac{\partial A^*}{\partial s} + \frac{\partial A^*}{\partial z}\frac{\partial z}{\partial s} = \frac{\partial A^*}{\partial s} + \frac{\partial A}{\partial \xi}\frac{\partial \xi}{\partial z}\frac{\partial z}{\partial s} \tag{10.81}$$

이 됨으로, 따라서

$$\begin{aligned} \nabla A &= \nabla^* A^* + \frac{\partial A}{\partial \xi}\frac{\partial \xi}{\partial z}\nabla z \\ \nabla \cdot \boldsymbol{B} &= \nabla^* \cdot \boldsymbol{B}^* + \frac{\partial \boldsymbol{B}}{\partial \xi}\frac{\partial \xi}{\partial z} \cdot \nabla z \end{aligned} \tag{10.82}$$

가 되고, 정역학평형의 식 $\alpha\,\partial p^*/\partial z = -g$ 에 위 식의 2번째를 적용시켜서

$$\alpha\frac{\partial p}{\partial \xi} = -\frac{\partial \Psi}{\partial \xi} \tag{10.83}$$

이 된다. 여기서

$\alpha(\equiv \rho^{-1})$: 비적(比積, 비용, specific volume),
$\Psi(= g z)$: 고위(高位, geopotential, 지오퍼텐셜, 1.1.4항 참조)

이다.

질량보존의 식

$$\frac{d \ln \rho^*}{dt} + \nabla^* \cdot \boldsymbol{v}^* + \frac{\partial w^*}{\partial z} = 0 \tag{10.84}$$

가 되는데, 위 식 좌변의 제 2항과 제 3항에 각각 식 (10.82)의 2번째 식과 식 (10.80)을 적용하면,

$$\begin{aligned} \nabla^* \cdot \boldsymbol{v}^* &= \nabla \cdot \boldsymbol{v} - \frac{\partial \boldsymbol{v}}{\partial \xi}\frac{\partial \xi}{\partial z} \cdot \nabla z \\ \frac{\partial w^*}{\partial z} &= \frac{\partial w}{\partial \xi}\frac{\partial \xi}{\partial z} = \frac{\partial \xi}{\partial z}\left\{\frac{d}{dt}\left(\frac{\partial z}{\partial \xi}\right) + \frac{\partial \boldsymbol{v}}{\partial \xi} \cdot \nabla z + \frac{\partial}{\partial \xi}\left(\frac{d\xi}{dt}\right) \cdot \frac{\partial z}{\partial \xi}\right\} \end{aligned} \tag{10.85}$$

가 된다. 따라서 새로운 **질량보존칙**(質量保存則, law of mass conservation)은

$$\frac{d}{dt}\ln\left(\frac{\partial p}{\partial \xi}\right) + \nabla \cdot \boldsymbol{v} + \frac{\partial}{\partial \xi}\left(\frac{d\xi}{dt}\right) = 0 \tag{10.86}$$

이 된다. 식 (10.83)에서 $\frac{d}{dt}\ln\left(\rho^* \frac{\partial z}{\partial \xi}\right) = \frac{d}{dt}\ln\left(\frac{\partial p}{\partial \xi}\right)$ 가 되는 것을 사용했다.

운동방정식의 기압경도력의 항 $-\alpha \nabla^* p^*$ 은 식 (10.80)의 둘째 식과 식 (10.82)의 첫째 식을 적용해서

$$-\alpha \nabla^* p^* = -\alpha \nabla p + \alpha \frac{\partial p}{\partial \xi}\frac{\partial \xi}{\partial z}\nabla z = -\alpha \nabla p + \alpha \frac{\partial p^*}{\partial z}\nabla z$$
$$= -\alpha \nabla p - g\nabla z = -\alpha \nabla p - \nabla \Psi \quad (10.87)$$

이 된다. 여기서도 정역학평형이 사용되었다.

이 외의 항이나 열역학의 식, 상태방정식은 특별히 변경이 없다. 단, 식 (10.80)의 제 1 식에 따라서 전미분(全微分, d/dt)의 독립변수가 변환되는 것에는 주의하기 바란다.

이상의 방정식계는 정역학평형의 전제에서 음파는 제거되었지만 중력파와 행성파를 포함하고 있고, 일반적으로 **원시방정식계**(原始方程式系, primitive equation system)라고 부르고 있다.

ㄴ. p 좌표계

$\xi = p$ 로 선택하고, $d_p = dp/dt$ 로 놓으면 **지배방정식계**(支配方程式系)는

$$\alpha = -\frac{\partial \Psi}{\partial p},$$
$$p\alpha = RT,$$
$$\nabla \cdot \boldsymbol{v} + \frac{\partial d_p}{\partial p} = 0,$$
$$C_p \frac{dT}{dt} - \alpha d_p = Q,$$
$$\frac{d\boldsymbol{v}}{dt} = -\nabla \Psi - f\boldsymbol{k} \times \boldsymbol{v} + \boldsymbol{F} \quad (10.88)$$

이 된다. 위 식은 독립변수 (x, y, p, t)에, 미지변수 $\boldsymbol{v}$, d_p, Ψ, α, T 의 **완전계**(完全系)이다. 또 열역의 식에서 T 와 α 를 소거할 수가 있다. 즉 식 (10.88)의 5번째 식을 사용해서,

$$\frac{dT}{dt} = \frac{p\frac{d\alpha}{dt} + \alpha d_p}{R} = \frac{p\left(\frac{\partial \alpha}{\partial t} + \boldsymbol{v} \cdot \nabla \alpha\right) + d_p \frac{\partial}{\partial p}(p\alpha)}{R}$$

$$= \frac{p\left(\frac{\partial \alpha}{\partial t} + \boldsymbol{v} \cdot \nabla \alpha + \frac{d_p}{p}\frac{\partial}{\partial p}(p\alpha)\right)}{R} \tag{10.89}$$

가 된다. 이 식과 식 (10.88)의 4번째 식에 대입해서,

$$\frac{\partial}{\partial t}\frac{\partial \Psi}{\partial p} + \boldsymbol{v} \cdot \nabla \frac{\partial \Psi}{\partial p} + \frac{d_p}{p}\frac{\partial}{\partial p}\left\{\frac{\partial}{\partial p}(p\Psi) - \kappa\Psi\right\} = -\kappa\frac{Q}{p} \tag{10.90}$$

을 얻는다. 단, 여기서 $\kappa = R/C_p$ 이다. 이렇게 해서 구한 식 (10.88)의 둘째와 셋째 식과 식 (10.90)은 미지변수 $\boldsymbol{v}$, d_p, Ψ의 완전계를 만들고 있다.

이러한 질량보존칙 및 기압경도력의 항이 선형화되어 취급하기 쉽게 된다. 그러나 이 방정식계에서는 대기과학적으로는 반무한(半無限)으로 퍼지고 있는 연직좌표를 좌표변환에 의해 유한(有限, 0~지상기압)으로 억지로 넣어 버린 것에 유래하는 여러 문제가 있다(松野太郎・島崎達夫, 1981). 또 수치계산에 있어서는 지상 지형의 존재에 의해 지표 부근에서는 등압선 상의 자료 결손의 문제도 생긴다(栗原宣夫, 1979).

ㄷ. log p **좌표계**

연직좌표의 유한성에 휘감기는 문제를 개선하기 위해서 $\xi = -\ln(p/p_{00}) \equiv Z$($p_{00}$: 일정한 표준기압)로 선정하고, $W \equiv dZ/dt$ 로 하면 지배방정식은 식 (10.88)을 수정해서

$$\frac{d\boldsymbol{v}}{dt} = -\nabla\Psi - f\boldsymbol{k} \times \boldsymbol{v} + \boldsymbol{F}$$

$$p\alpha = -\frac{\partial \Psi}{\partial Z}, \qquad \nabla \cdot \boldsymbol{v} + \frac{\partial W}{\partial Z} - W = 0,$$

$$C_p\frac{dT}{dt} - \alpha\frac{dp}{dt} = Q, \qquad p\alpha = RT \tag{10.91}$$

이 된다. 이 Z에 **규모고도**(規模高度, scale height) $H \equiv RT_{00}/g$(T_{00}: 일정한 표준온도)를 곱하면, 실제의 높이에 거의 같아진다고 하는 장점도 있다. 또 p 좌표와 같은 열역

의 식에서 T와 α를 소거할 수도 있다. 즉, 위 식 (10.91)의 첫 번째와 마지막 식에서 $RT = \partial\Psi/\partial Z$, 또 W의 정의에서 $dp/dt = -pW$, 이들을 식 (10.91)의 네 번째 식에 대입하면,

$$\frac{\partial}{\partial t}\frac{\partial \Psi}{\partial Z} + \boldsymbol{v} \cdot \nabla \frac{\partial \Psi}{\partial Z} + W\frac{\partial}{\partial Z}\left(\frac{\partial \Psi}{\partial Z} + \kappa\Psi\right) = \kappa Q \tag{10.92}$$

가 된다. 이렇게 해서 식 (10.91)의 둘째, 셋째 식과 식 (10.92)은 미지변수 $\boldsymbol{v}$, W, Ψ의 완전계(完全系)를 만들고 있다.

ㄹ. 기타 좌표계

지표 부근의 자료 결손의 문제를 개선하기 위해서

$$\xi = \frac{p}{p_s} = \sigma \tag{10.93}$$

으로 놓은 것이 σ **좌표계**(시그마 座標系, sigma coordinate system)가 된다. 여기서 $p_s(x, y, t)$: 지표면 기압이다. 또

$$\xi = T\left(\frac{p_{00}}{p}\right)^{\frac{R}{C_p}} = \Theta \tag{10.94}$$

로 선택한 좌표계인 Θ **(온위) 좌표계**〔溫位座標系, theta(potential temperature) coordinate system〕 등이 사용되고 있다(栗原宣夫, 1979).

10.3.5. 규모분석

특정의 규모를 갖는 현상에 한정해서 그 특징을 명확하게 하고 싶을 경우에 다음에 언급하는 **규모분석**(規模解析, scale analysis, 크기비교)의 수법을 이용하고 있다〔오구라 요시미쓰(小倉義光), 1978과 Haltiner, 1980 참조〕. 여기서는 형식적으로 비점성(非粘性)·단열(斷熱)로 하지만, 현실에 응용할 때에는 각각의 규모에 따라서 점성이나 비단열가열(非斷熱加熱)을 매개변수화(parameterize) 해서 첨가할 필요가 있다. $\log p$ 좌표계에서의 운동방정식 (10.91)의 3번째 식에 $\boldsymbol{k} \cdot \nabla \times$ 및 $\nabla \cdot$ 을 적용시키면 **와도방정식**(渦度方程式, vorticity equation) 및 **발산방정식**(發散方程式, divergence equation)이 얻어진다. 즉,

$$\frac{\partial \zeta}{\partial t}+\boldsymbol{v}\cdot\nabla(f+\zeta)+W\frac{\partial \zeta}{\partial Z}+(f+\zeta)D+\boldsymbol{k}\cdot\left(\nabla W\times\frac{\partial \boldsymbol{v}}{\partial Z}\right)=0$$

$$\frac{\partial D}{\partial t}\nabla\cdot(\boldsymbol{v}\cdot\nabla\boldsymbol{v})+\nabla W\cdot\frac{\partial \boldsymbol{v}}{\partial Z}+W\frac{\partial D}{\partial Z}+\nabla^2\Psi-f\zeta-(\boldsymbol{k}\times\nabla f)\cdot\boldsymbol{v}=0 \quad (10.95)$$

가 된다. 단, 여기서 $\zeta=\boldsymbol{k}\cdot\nabla\times\boldsymbol{v}$, $D=\nabla\cdot\boldsymbol{v}$ 이다.

대표적인 풍속 V, 수평척도 L, 및 연직척도 1 로 해서 각 미분연산자의 규모를

$$\nabla \sim \frac{1}{L},\ z\sim 1,\ t\sim\frac{V}{L},\ \nabla f\sim\frac{2\omega\cos\phi}{R_E} \quad (10.96)$$

이 되고, 더욱 수평풍(水平風) $\boldsymbol{v}$ 를, 유선함수(流線函數, stream function) ψ (푸시이, 푸시)와 속도퍼텐셜(velocity potential) χ (카이)를 사용해서 회전성분(回轉成分, $\boldsymbol{v}_\psi=\boldsymbol{k}\times\nabla\psi$)과 발산성분(發散成分, $\boldsymbol{v}_\chi=\nabla\psi$)으로 나누고, 또 고위(高位, 지오퍼텐셜 = geopotential) Ψ 도, 표준대기 $\Psi_0(Z)$ 와 그것으로부터의 편차(偏差) Ψ' 으로 나누어, 각 종속변수는

$$\boldsymbol{v}_\psi\sim V,\ \boldsymbol{v}_\chi\sim R_1V,\ \zeta\sim\frac{V}{L},\ D\sim R_1\frac{V}{L},\ W\sim R_1\frac{V}{L},\ \Psi'\sim fVL \quad (10.97)$$

로 견적된다. 단, 지금 R_1은 미정(未定)의 **무차원수**(無次元數, non-dimensional number)이고, 풍속의 회전성분에 대한 발산성분의 비를 나타내고 있다. 또 W의 견적은 질량보존칙에서 요청되는 것이고, Ψ'의 견적은 바람이 **지형풍**(地衡風, 지균풍)적인 것을 의미하고 있다.

이상의 견적을 식 (10.95)과 식 (10.92)에 대입하면,

$$\begin{aligned}&\underset{(1)}{\frac{\partial \zeta}{\partial t}}+\underset{(1)}{\boldsymbol{v}_\psi\cdot\nabla\zeta}+\underset{(R_1)}{\boldsymbol{v}_\chi\cdot\nabla\zeta}+\underset{(\beta L/R_0/f)}{\boldsymbol{v}_\psi\cdot\nabla f}+\underset{(R_1\beta L/R_0/f)}{\boldsymbol{v}_\chi\cdot\nabla f}+\underset{(R_1)}{W\frac{\partial\zeta}{\partial Z}}+\underset{(R_1/R_0)}{fD}+\underset{(R_1)}{\zeta D}\\&\quad+\underset{(R_1)}{\boldsymbol{k}\cdot\left(\nabla W\times\frac{\partial \boldsymbol{v}_\psi}{\partial Z}\right)}+\underset{(R_1{}^2)}{\boldsymbol{k}\cdot\left(\nabla W\times\frac{\partial \boldsymbol{v}_\chi}{\partial Z}\right)}=0\end{aligned} \quad (10.98)$$

$$\begin{aligned}&\underset{(R_1)}{\frac{\partial D}{\partial t}}+\underset{(1)}{\nabla\cdot(\boldsymbol{v}_\psi\cdot\nabla\boldsymbol{v}_\psi)}+\underset{(R_1)}{\nabla\cdot(\boldsymbol{v}_\psi\cdot\nabla\boldsymbol{v}_\chi+\boldsymbol{v}_\chi\cdot\nabla\boldsymbol{v}_\psi)}+\underset{(R_1{}^2)}{\nabla\cdot(\boldsymbol{v}_\chi\cdot\nabla\boldsymbol{v}_\chi)}\\&+\underset{(R_1)}{\nabla W\cdot\frac{\partial \boldsymbol{v}_\psi}{\partial Z}}+\underset{(R_1{}^2)}{\nabla \boldsymbol{W}\cdot\frac{\partial \boldsymbol{v}_\chi}{\partial \boldsymbol{Z}}}+\underset{(R_1{}^2)}{W\frac{\partial D}{\partial Z}}+\underset{(1/R_0)}{\nabla^2\Psi}-\underset{(1/R_0)}{f\zeta}-\underset{(\beta L/R_0/f)}{(\boldsymbol{k}\times\nabla f)\cdot\boldsymbol{v}_\psi}-\underset{(R_1\beta L/R_0/f)}{(\boldsymbol{k}\times\nabla f)\cdot\boldsymbol{v}_\chi}=0\end{aligned} \quad (10.99)$$

$$\frac{\partial}{\partial t}\frac{\partial \Psi'}{\partial Z}+\boldsymbol{v}_{\psi}\cdot\nabla\frac{\partial \Psi'}{\partial Z}+\boldsymbol{v}_{\chi}\cdot\nabla\frac{\partial \Psi'}{\partial Z}+W\Gamma(Z)+W\frac{\partial}{\partial Z}\left(\frac{\partial \Psi'}{\partial Z}+\kappa\Psi'\right)=0 \quad (10.100)$$

$$(1) \qquad (1) \qquad (R_1) \qquad (R_1/R_0/\epsilon) \qquad (R_1)$$

이 된다. 단, 여기서

$$\Gamma(Z)=\frac{\partial}{\partial Z}\left(\frac{\partial \Psi_0}{\partial Z}+\kappa\Psi_0\right)=R\left(\frac{\partial T_0}{\partial Z}+\kappa T_0\right),\quad \epsilon=\frac{f^2L^2}{\Gamma},\quad R_0=\frac{V}{fL} \quad (10.101)$$

이다. R_0는 **로스비수**(Rossby number)이고, ϵ은 **회전프루드수**(回轉—數, rotation Froude number)로 무차원 매개변수이다. 각 항의 밑에 ( ) 속은 각 항의 상대적인 크기를 무차원량을 이용해서 표현하고 있다. 또 기본장의 정적안정성을 나타내는 무차원량인 리차드슨수(Richardson number) R_i는 $R_i=\Gamma/V^2$으로 정의되며, 지구대기의 전형적인 수치는 약 100 정도이다.

ㄱ. 준지형풍계

종관규모의 중위도 요란에 주목해서 $L\sim 10^6 m$, $R_E\sim 6.4\times 10^6 m$, $f\sim 10^{-4}/s$로 하면,

$$R_0\sim 0.1\,,\ \epsilon\sim 1\,,\ \frac{\beta R_E}{f}\sim 1 \qquad (10.102)$$

가 됨으로, 미정(未定)이었던 R_1의 크기가 R_0와 같은 정도의 크기(회전풍의 탁월)여서 위의 와도·발산·열역의 식의 안에서 중요한 항만을 남기면,

$$\frac{\partial\zeta}{\partial t}+\boldsymbol{v}_{\psi}\cdot\nabla(\zeta+\beta_0 y)+f_0D=0$$

$$\nabla^2\Psi'-f_0\zeta=0$$

$$\frac{\partial}{\partial t}\frac{\partial \Psi'}{\partial Z}+\boldsymbol{v}_{\psi}\cdot\nabla\frac{\partial \Psi'}{\partial Z}+W\Gamma(Z)=0 \qquad (10.103)$$

이 된다. 단, 여기서 β 평면근사의 도입으로 단순한 계수(係數, coefficient)로써 f는 f_0로, ∇f는 $\nabla\beta_0 f$로 바꾸어 놓았다. 이 때 와도의 정의식과 이 단순화된 발산방정식의 비교에서 유선함수(流線函數) ψ는 고위(高位, 지오퍼텐셜 = geopotential) Ψ'에 비례하

는 것을 알 수 있다. 따라서 회전풍(回轉風, rotating wind)은

$$\boldsymbol{v}_{\psi} = \frac{1}{f_0} \boldsymbol{k} \times \nabla \Psi' \tag{10.104}$$

로 표현되는 **지형풍**(地衡風, geostrophic wind, 지균풍)이다. 이렇게 해서 식 (10.91)의 2번째 식, 식 (10.103)과 식 (10.104)는 닫혀진 계를 만들고 있고 **준지형풍계**(準地衡風系, quasi-geostrophic wind system)라 부른다. 또 변수 D, W, ζ를 소거하면,

$$\left(\frac{\partial}{\partial t} + \frac{1}{f_0}\boldsymbol{k} \times \nabla \Psi'\right) \cdot \nabla\left\{\frac{1}{f_0} \nabla^2 \Psi' + \beta_0 y + e^Z \frac{\partial}{\partial Z}\left(\frac{f_0}{e^Z \Gamma} \frac{\partial \Psi'}{\partial Z}\right)\right\} = 0 \tag{10.105}$$

가 되고, 이것이 **준지형풍와도방정식**(準地衡風渦度方程式, vorticity equation of quasi-geostrophic wind)이라 불리고 있다. 이것은 단 하나의 변수 Ψ'에 관한 시간발전미분방정식(時間發展微分方程式, differential equation of time development)으로 되어 있고, 중·고위도의 종관규모의 현상의 이론적 연구나 수치계산에 이용되고 있다.

ㄴ. 그 외의 계

이제까지 언급한 것 외에도 저위도대에 주목한 계(系, system)나 행성규모의 운동에 주목한 **균형계**(均衡系, balance system, 平衡系)가 발전되고 있다(Haltiner, et al., 1980 참고). 그렇지만 그들은 규모해석에 근거를 둔 이상, **적도파**(赤道波, equatorial wave)나 **중력파**(重力波, gravity wave) 및 빠른 위상속도를 갖는 행성규모의 **로스비파**(Rossby wave) 등 모든 중요한 대기파동을 포함하는 계로는 될 수가 없다. 그 이유는 **이류시간규모**(移流時間規模, advection time scale)보다 빠르게 전파하는 파동이나, **규모고도**(規模高度, scale height)보다 작은 연직규모를 갖는 파동이 존재하기 때문이다. 전구규모(全球規模)의 수치예보에는 전 항의 원시방정식계(原始方程式系)가 이용되고 있다.

10.4. 주요 대기방정식들

10.4.1. 오일러의 가속도

오일러방법(Eulerian method)에서는 공간좌표와 시간이 독립변수로, 속도 및 가속도를 공간좌표와 시간의 함수로 정하는 것이다. 직교좌표(x, y, z)를 이용한다면, dx/dt, dy/dt, dz/dt는 오일러방법에서는 의미가 없는 것이다. 속도벡터(速度 vector)를 $\boldsymbol{v}$로 하고, 가속도 $d\boldsymbol{v}/dt$로 쓰기로 한다면 오일러 형식에서는

$$\frac{d\boldsymbol{v}}{dt} = \frac{\partial \boldsymbol{v}}{\partial t} + u\frac{\partial \boldsymbol{v}}{\partial x} + v\frac{\partial \boldsymbol{v}}{\partial y} + w\frac{\partial \boldsymbol{v}}{\partial z} \tag{10.106}$$

으로 주어진다. 단, 여기서 u, v, w는 $\boldsymbol{v}$의 x, y, z 성분이다.

[증명] : 하나의 유체의 미소(微小)부분이 갖는 대기량을 Ξ 〔크사이, 크시 = 그리스어 Ξ, ξ로, 영어로는 xi(zài, sài)〕로 한다. 이 미소부분이 시각 t의 x, y, z에서 그 값이 $\Xi(x, y, z, t)$였다고 하자. δt 시간 후에 이것이 $\Xi(x+\delta x, y+\delta y, z+\delta z, t+\delta t)$가 되었다고 한다. $\Xi(x+\delta x, y+\delta y, z+\delta z, t+\delta t)$와 $\Xi(x, y, z, t)$의 차는 δt 시간에 변화한 양이므로 $\frac{d\Xi}{dt}\delta t$ 가 된다. 따라서 δt, δx, δy, δz가 작다고 한다면,

$$\begin{aligned}\frac{d\Xi}{dt}\delta t &= \Xi(x+\delta x, y+\delta y, z+\delta z, t+\delta t) - \Xi(x, y, z, t) \\ &= \frac{\partial \Xi}{\partial t}\delta t + \frac{\partial \Xi}{\partial x}\delta x + \frac{\partial \Xi}{\partial y}\delta y + \frac{\partial \Xi}{\partial z}\delta z \end{aligned} \tag{10.107}$$

이 된다. 그런데 δx, δy, δz는 δt 시간 중의 미소부분의 변위량(變位量)을 나타낸 것이므로,

$$\delta x = u\,\delta t\,,\ \delta y = v\,\delta t\,,\ \delta z = w\,\delta t \tag{10.108}$$

이다. 이것을 위 식에 대입해서 δt로 나누면,

$$\frac{d\Xi}{dt} = \frac{\partial \Xi}{\partial t} + u\frac{\partial \Xi}{\partial x} + v\frac{\partial \Xi}{\partial y} + w\frac{\partial \Xi}{\partial z} \tag{10.109}$$

가 된다. d/dt는 **실질적변화**(實質的變化, individual change)이며, $\partial/\partial t$는 **국소적변화**(局所的變化, local change)가 된다. 시간에 대한 변화가 없는 경우 즉, $\frac{\partial \boldsymbol{v}}{\partial t}=0$의 장을 정상장(定常場, steady field)이라고 한다. Ξ로서 속도 $\boldsymbol{v}$를 취하면 식 (10.106)이 나온다.

식(10.106)은 직교좌표계만이 아니고, 임의의 좌표계 (α, β, γ)에 대해서도 같은 형식을 갖는 것을 알 수 있다. 이 경우 3 방향의 선소(線素, line element)성분을 $h_\alpha\delta\alpha$, $h_\beta\delta\beta$, $h_\gamma\delta\gamma$로 하고 속도성분을 v_α, v_β, v_γ로 한다면(예, $\delta x \to h_\alpha\delta\alpha$, $\frac{\partial \Xi}{\partial x} = \frac{1}{h_\alpha}\frac{\partial \Xi}{\partial \alpha}$),

$$\frac{d\Xi}{dt} = \frac{\partial \Xi}{\partial t} + \frac{v_\alpha}{h_\alpha}\frac{\partial \Xi}{\partial \alpha} + \frac{v_\beta}{h_\beta}\frac{\partial \Xi}{\partial \beta} + \frac{v_\gamma}{h_\gamma}\frac{\partial \Xi}{\partial \gamma} \tag{10.110}$$

으로 된다.

구좌표계(r, λ, ϕ)에 위의 식을 적용해 보면, 선소의 성분은 식 (10.32)에 의해 δr, $r\cos\phi\,\delta\lambda$, $r\,\delta\phi$이고, 속도성분은 v_r, v_λ, v_ϕ이므로 가속도의 성분은 다음과 같이 된다.

$$\begin{aligned}
\frac{dv_r}{dt} &= \frac{\partial v_r}{\partial t} + v_r\frac{\partial v_r}{\partial r} + \frac{v_\lambda}{r\cos\phi}\frac{\partial v_r}{\partial \lambda} + \frac{v_\phi}{r}\frac{\partial v_r}{\partial \phi} \\
\frac{dv_\lambda}{dt} &= \frac{\partial v_\lambda}{\partial t} + v_r\frac{\partial v_\lambda}{\partial r} + \frac{v_\lambda}{r\cos\phi}\frac{\partial v_\lambda}{\partial \lambda} + \frac{v_\phi}{r}\frac{\partial v_\lambda}{\partial \phi} \\
\frac{dv_\phi}{dt} &= \frac{\partial v_\phi}{\partial t} + v_r\frac{\partial v_\phi}{\partial r} + \frac{v_\lambda}{r\cos\phi}\frac{\partial v_\phi}{\partial \lambda} + \frac{v_\phi}{r}\frac{\partial v_\phi}{\partial \phi}
\end{aligned} \tag{10.111}$$

10.4.2. 절대각운동량 보존의 법칙

식 (10.31)의 제 2식을 고쳐 쓰면,

$$\frac{d}{dt}\left\{r^2\cos^2\phi\left(\frac{d\lambda}{dt} + \Omega\right)\right\} = r\cos\phi\,\frac{F_\lambda'}{m} \tag{10.112}$$

가 된다. 우변의 $r\cos\phi\dfrac{F_\lambda{}'}{m}$는 단위질량에 작용하는 λ 방향의 힘의 능률(能率, force moment)이다. $I = mr^2$ 이 **관성능률**(慣性能率, moment of inertia)이고, **각운동량**(角運動量, angular momentum) = $I\omega$ 이다(ω는 각속도). 위 식의 좌변의 $r^2\cos^2\phi\dfrac{d\lambda}{dt}$를 상대각운동량(相對角運動量, relative angular momentum), $\Omega r^2\cos^2\phi$를 Ω(지구)-각운동량(Ω-angular momentum), 이들이 둘을 합한 $r^2\cos^2\phi\left(\dfrac{d\lambda}{dt}+\Omega\right)$를 **절대각운동량**(絶對角運動量, absolute angular momentum)이라고 한다. 식 (10.112)에서 절대각운동량의 변화는 λ 방향의 능률에 의해 나타나는 것이다.

만일 이 힘의 능률 $F_\lambda{}'$가 0인 경우에는

$$\frac{d}{dt}\left\{r^2\cos^2\phi\left(\frac{d\lambda}{dt}+\Omega\right)\right\}=0 \tag{10.113}$$

이 되고, 이것을 시간에 대해서 적분하면,

$$r^2\cos^2\phi\left(\frac{d\lambda}{dt}+\Omega\right)=const.=M\quad(\text{일정}) \tag{10.114}$$

를 얻는다. 이것이 **절대각운동량 보존법칙**(絶對角運動量 保存法則, conservation law of absolute angular momentum)이라고 한다.

지금 반경 r이 일정이고, 질량이 위도 ϕ_1 에서 ϕ_2 까지 변위했다고 한다면 위의 보존의 법칙을 이용해서

$$\left\{\left(\frac{d\lambda}{dt}\right)_1+\Omega\right\}\cos^2\phi_1=\left\{\left(\frac{d\lambda}{dt}\right)_2+\Omega\right\}\cos^2\phi_2 \tag{10.115}$$

가 성립한다. 식 (10.32)에서 $v_\lambda = r\cos\phi\dfrac{d\lambda}{dt}$ 이므로, 위 식에서

$$v_{\lambda 2}=v_{\lambda 1}\frac{\cos\phi_1}{\cos\phi_2}+\Omega r\frac{\cos^2\phi_1-\cos^2\phi_2}{\cos\phi_2} \tag{10.116}$$

이 된다. 처음 ϕ_1 에서 지구에 대해서 정지하고 있던 질점이 ϕ_2 까지 변위했을 때에는 위 식에서 $v_{\lambda 1}=0$ 으로 놓을 수 있으므로, $v_{\lambda 2}$는

$$v_{\lambda 2} = \Omega r \frac{\cos^2 \phi_1 - \cos^2 \phi_2}{\cos \phi_2} \tag{10.117}$$

로 주어진다. 따라서 $\phi_2 \gtrless \phi_1$ 에 따라서 $v_{\lambda 2} \gtrless 0$ 이게 된다. 즉, 고위도로 변위한 질점은 동쪽 방향의 속도를 갖고, 저위도로 변위했던 질점은 서쪽 방향의 속도를 갖는다. 고위도에서는 약간의 변위에 의해서도 현저하게 큰 속도의 증가가 보인다. 그러나 같은 위도에서는 동경(動徑, r)의 변화에 따른 풍속의 증감(增減)은 크지 않다. 이것을 수치계산으로 확인하고 응용해 보자(예: 피겨스케이트).

10.4.3. 연속방정식

일정한 공간을 생각해서 그 주위의 벽으로부터 유체가 출입하는 양의 차가 그 공간 내에서 유체의 밀도변화가 된다. 이 관계를 나타낸 것이 오일러 형식의 **연속방정식**(連續方程式, equation of continuity, continuity equation, 連續의 式)이다. 말을 바꾸어서 표현하면 유체의 질량의 보존을 표현하는 방정식으로 유체 내에 가상한 임의의 체적 내에 유입하는 유체의 질량은 체적 내의 질량 증가가 되는 것을 나타내는 식이다.

그림 10.11 과 같이 직육면체 OABCD…를 생각해 그 일변의 길이를 dx, dy, dz 로 한다.

x 축에 직각인 면 OABC 를 통해서 유입되는 양과 상대하는 면 DEFG를 통해서 유출되는 양과 차로 단위시간에 육면체 내에 남는 양은 다음과 간다.

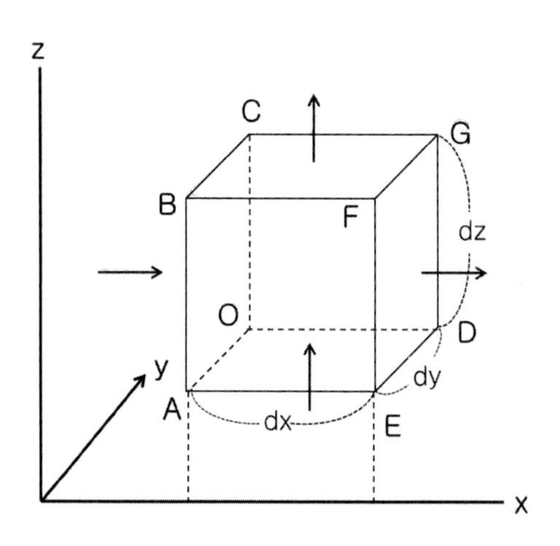

그림 10.11. 연속방정식 유도용 직육면체

x 축에 유입하는 양 : $\rho\, u\, dy\, dz$

유출되는 양 : $\left\{\rho\, u + \frac{\partial(\rho\, u)}{\partial x} dx\right\} dy\, dz$

남는 양(차) : $-\frac{\partial(\rho\, u)}{\partial x}\, dx\, dy\, dz$ (10.118)

같은 방법으로 y 축 및 z 축에 직각인 면에서 출입하는 남는 양인 차는 각각

$$y \text{ 축의 남는 양 : } -\frac{\partial(\rho\, v)}{\partial y}\, dx\, dy\, dz\,,$$

$$z \quad 〃 \quad : -\frac{\partial(\rho\, w)}{\partial z}\, dx\, dy\, dz \tag{10.119}$$

이다. 따라서 이들의 총합이 밀도증가와 같게 된다. 체적은 $dx\, dy\, dz$ 이므로,

$$\frac{\partial \rho}{\partial t}\, dx\, dy\, dz = -\left\{\frac{\partial(\rho\, u)}{\partial x} + \frac{\partial(\rho\, v)}{\partial y} + \frac{\partial(\rho\, w)}{\partial z}\right\} dx\, dy\, dz$$

또는

$$\frac{\partial \rho}{\partial t} + \frac{\partial(\rho\, u)}{\partial x} + \frac{\partial(\rho\, v)}{\partial y} + \frac{\partial(\rho\, w)}{\partial z} = 0 \tag{10.120}$$

이 된다. 이것이 직교좌표에 의한 오일러형식의 연속방정식이다. 이것을

$$\frac{\partial \rho}{\partial t} + \nabla \cdot \rho\, \boldsymbol{v} = \frac{d\rho}{dt} + \rho\, \nabla \cdot \boldsymbol{v} = 0 \tag{10.121}$$

로도 표현할 수가 있다. $\nabla \cdot (\rho\, \boldsymbol{v}) = \boldsymbol{v} \cdot \nabla\rho + \rho\nabla \cdot \boldsymbol{v}$ 이기 때문이다.

건조공기의 밀도를 ρ_d 라 하고 위 식을 적용하면,

$$\frac{d\rho_d}{dt} + \rho_d\, \nabla \cdot \boldsymbol{v} = 0 \tag{10.122}$$

이 건조공기의 연속방정식이다. 다음에 수증기의 질량수지(質量收支)에 대해서 생각하자. 이 경우에는 수증기량의 응결에 의한 감소, 증발에 의한 증가를 고려해야 한다. 단위 체적

속에 수증기가 액상(液相) 또는 고상(固相)으로 변화율을 m 으로 하고, 수증기의 밀도를 ρ_v 로 하면 수증기의 연속방정식은

$$\frac{d\rho_v}{dt} + \rho_v \nabla \cdot \boldsymbol{v} = -m \tag{10.123}$$

의 형태가 된다. 이것과 식 (10.122)에서 $\nabla \cdot \boldsymbol{v}$ 를 소거하고, 식 (1.45)에서 혼합비 $x = \rho_v / \rho_d$의 변화를 나타내는 식

$$\frac{dx}{dt} = -\frac{m}{\rho_d} \tag{10.124}$$

가 얻어진다.

한편, 밀도가 변하지 않는 경우에는 $d\rho / dt = 0$ 으로 놓을 수 있으므로, 위 식은

$$\nabla \cdot \boldsymbol{v} = \frac{\partial u}{\partial x} + \frac{\partial v}{\partial y} + \frac{\partial w}{\partial z} = 0 \tag{10.125}$$

가 된다. 밀도가 변하지 않는다고 하는 것은 유체가 **비압축성**(非壓縮性, incompressible flow, non-compression)인 경우이다.

식 (10.121)은 고도좌표계(高度座標系)의 경우이고 기압좌표계(氣壓座標系)의 경우는 다음과 같다.

$$\nabla p \cdot \boldsymbol{v} + \frac{\partial \omega}{\partial p} = 0 \tag{10.126}$$

으로 표현이 된다. 여기서 $\nabla p \cdot$: 등압면 상의 수평발산, $\omega = dp/dt$: **연직 p 속도**(鉛直 p速度, vertical p-velocity)이다.

원통좌표계(圓筒座標系)에 의한 연속방정식의 표현은 다음과 같다.

$$\frac{\partial \rho}{\partial t} + \frac{1}{r}\frac{\partial}{\partial r}(\rho v_r) + \frac{1}{r}\frac{\partial}{\partial \theta}(\rho v_\theta) + \frac{\partial}{\partial z}(\rho w) = 0 \tag{10.127}$$

구좌표계(球座標系)에 의한 연속방정식은 다음과 같다.

$$\frac{\partial \rho}{\partial t} + \frac{1}{r^2}\frac{\partial}{\partial r}(\rho r^2 v_r) + \frac{1}{r\cos\phi}\frac{\partial}{\partial \phi}(\rho \cos\phi \, v_\phi) + \frac{1}{r\cos\phi}\frac{\partial(\rho v_\lambda)}{\partial \lambda} = 0 \tag{10.128}$$

10.4.4. 상승속도의 계산

상승속도(上昇速度, upward vertical velocity) = **연직속도**(鉛直速度, vertical velocity)는 연직방향의 공기의 흐름인 기류(氣流, air current)의 빠르기를 나타낸다. 기류에는 **상승기류**〔上昇氣流, ascending(upward) motion, updraft, ascending air current〕와 **하강기류**〔下降氣流, descending(downward) flow, downdraft, descending air current〕가 있다.

보통 일기도에서 보이는 온대저기압이나 기압골에서의 상승속도는 $1 \sim 10\,cm/s$ 정도이다. 이것에 반해서 수평속도는 $1 \sim 10\,m/s$ 정도이다. 상승속도가 수평속도에 비해서 약 100 배 정도로 두 자릿수가 작은 것이다. 이것은 저기압의 수평규모(스케일)가 약 1,000 km, 연직규모가 $10\,km$ 인 것에 대응하고 있다.

이것을 좀 더 자세하게 살펴보면 현상의 규모에 따라서 다음의 3 개로 대별할 수가 있다.

① **지형성상승**(地形性上昇) : 산악에 의해 강제적으로 일어나는 연직류이다. 대규모적인 산악(山岳)의 경우는 수 cm/s 정도의 크기(order)이지만, 소규모적인 산악에서는 때에 따라서 $10\,m/s$ 정도에도 미친다.

② **대류성상승**(對流性上昇) : 대류에 의한 연직류로 보통 $1 \sim 5m/s$ 정도의 크기이다. 중위도 대에 있어서 여름의 뇌우(적란운) 속의 상승속도는 $1 \sim 10m/s$ 정도이고, 최대로 클 때는 $30 \sim 40m/s$ 에 도달되는 것도 있다. 이것은 뇌우일 때 수평속도와 같은 정도이다.

③ **대규모운동에 의한 상승** : 저기압에 수반되는 연직상방의 흐름과 고기압에 의한 하향의 하강류가 맞서고 있을 경우에 그 속도는 3 개 중에서 가장 약해서 $1\,cm/s$ 정도의 크기를 갖는다. 전면(前面) 위에서 난기(暖氣)가 상승할 때에도 이것에 포함된다.

위에서 본 바와 같이 적란운과 같은 특별한 경우가 아니고 일반적으로 상승속도는 작아서 직접측정이 곤란하다. 따라서 이것을 다음과 같이 계산으로 구하는 것이다.

ㄱ. 단열법

공기덩이의 온도 T 의 변화는

$$\frac{dT}{dt} = \frac{\partial T}{\partial t} + u\frac{\partial T}{\partial x} + v\frac{\partial T}{\partial y} + w\frac{\partial T}{\partial z} \tag{10.129}$$

로 주어지지만, 단열변화(斷熱變化)를 한다면,

$$\frac{dT}{dt} = \frac{dT}{dz}\frac{dz}{dt} = \frac{dT}{dz}w = -\Gamma_d w \quad , \quad \frac{\partial T}{\partial z} = -\Gamma \tag{10.130}$$

이므로, 이것을 식 (10.129)에 대입해서 우리가 구하고자 하는 w 에 대해서 정리하면,

$$w = \frac{\dfrac{\partial T}{\partial t} + u\dfrac{\partial T}{\partial x} + v\dfrac{\partial T}{\partial y}}{\Gamma - \Gamma_d} \tag{10.131}$$

로 주어진다. 위 식에서 상승속도(w) 이외의 양은 비교적 관측하기 쉬우므로 이것에서 w 가 구해진다. 이와 같은 방법을 단열법(斷熱法, adiabatic method)이라고 한다. u, v 는 지형풍(지균풍) 등을 대입해서 계산할 수 가 있다.

단열법에서 온위(溫位, potential temperature)를 사용해서 상승속도를 구하자. 단열변화에서 온위는 일정(Θ = const.)함으로

$$\frac{1}{\Theta}\frac{d\Theta}{dt} = \frac{1}{\Theta}\frac{\partial\Theta}{\partial t} + \frac{u}{\Theta}\frac{\partial\Theta}{\partial x} + \frac{v}{\Theta}\frac{\partial\Theta}{\partial y} + \frac{w}{\Theta}\frac{\partial\Theta}{\partial z} = 0 \tag{10.132}$$

이고, 위의 각 항을 계산을 하면,

$$\begin{aligned} \frac{1}{\Theta}\frac{\partial\Theta}{\partial z} &= \frac{1}{T}(\Gamma_d - \Gamma) \\ \frac{1}{\Theta}\frac{\partial\Theta}{\partial x} &= \frac{1}{T}\frac{\partial T}{\partial x} - \frac{\kappa}{p}\frac{\partial p}{\partial x} \\ \frac{1}{\Theta}\frac{\partial\Theta}{\partial y} &= \frac{1}{T}\frac{\partial T}{\partial y} - \frac{\kappa}{p}\frac{\partial p}{\partial y} \end{aligned} \tag{10.133 註}$$

이고, 지형풍(地衡風, 지균풍, V_g)을 가정하면, V_g와 ∇p는 직교($\boldsymbol{V_g} \cdot \nabla p = 0$)하고 있으므로, 위 식의 2 째와 3 째 식에 각각의 속도성분을 곱해서 다음과 같이 정리한다.

$$\frac{u}{\Theta}\frac{\partial\Theta}{\partial x} + \frac{v}{\Theta}\frac{\partial\Theta}{\partial y} = \frac{u}{T}\frac{\partial T}{\partial x} + \frac{v}{T}\frac{\partial T}{\partial y} \tag{10.134}$$

그런데 온도풍의 식 (11.63)의 두 식을 더해주면,

$$\frac{u}{T}\frac{\partial T}{\partial x} + \frac{v}{T}\frac{\partial T}{\partial y} = \frac{f}{g}\left(u\frac{\partial v}{\partial z} - v\frac{\partial u}{\partial z}\right) \qquad (10.135)$$

가 된다. 따라서 식 (10.135)를 식 (10.134)에 대입하고, 이것과 식 (10.133)의 첫째 식을 식 (10.132)에 대입해서 상승속도에 관한 식으로 정리해 주면,

$$w = \frac{-g\dfrac{T}{\Theta}\dfrac{\partial \Theta}{\partial t} - Tf\left(u\dfrac{\partial v}{\partial z} - v\dfrac{\partial u}{\partial z}\right)}{g(\Gamma_d - \Gamma)} \qquad (10.136)$$

이 된다. u, v, $\frac{\partial u}{\partial z}$, $\frac{\partial v}{\partial z}$ 등은 지형풍에서 구하고, 온위를 사용해서 상승속도 w를 결정할 수가 있다.

ㄴ. 연속방정식법

다른 방법으로는 연속방정식을 사용하는 **연속방정식법**(連續方程式法, method of continuity equation)이 있다. 식 (10.120)에서

$$\frac{\partial \rho}{\partial t} + \frac{\partial(\rho u)}{\partial x} + \frac{\partial(\rho v)}{\partial y} + \frac{\partial(\rho w)}{\partial z} = 0 \qquad (10.120)' \ (10.137)$$

에 있어서, 밀도의 시간과 수평적인 변화가 없다고 생각해서 $\frac{\partial \rho}{\partial t}$, $u\frac{\partial \rho}{\partial x}$, $v\frac{\partial \rho}{\partial y}$를 생략하면,

$$\rho \nabla \cdot \boldsymbol{V} + \frac{\partial(\rho w)}{\partial z} = 0 \qquad (10.138)$$

이 되므로, 이것을 지상에서 h의 높이까지 적분하면, $w_{z=0} = 0$ 으로 놓을 수 있으므로

$$w_h = w_{z=0}\frac{\rho_0}{\rho_h} - \frac{1}{\rho_h}\int_0^h \rho \nabla \cdot \boldsymbol{v}\, dz = -\frac{1}{\rho_h}\int_0^h \rho \nabla \cdot \boldsymbol{v}\, dz \qquad (10.139)$$

가 된다. 상승속도 w_h를 연속방정식에서 구해서 **연속방정식법**(連續方程式法)이라 명명했다. 예전에는 $\nabla \cdot \boldsymbol{V}$를 도식(圖式)에서 구해서 계산을 했기 때문에 이 방법을 **도식법**(圖式法, graphical method)이라고 부른 일도 있었다.

10.4.5. 에너지방정식

운동방정식 식 (10.41)에 식 (10.106)을 적용해서

$$\rho\left(\frac{\partial u}{\partial t}+u\frac{\partial u}{\partial x}+v\frac{\partial u}{\partial y}+w\frac{\partial u}{\partial z}\right)-\rho f v+\rho \bar{f} w=-\frac{\partial p}{\partial x}+R_x$$

$$\rho\left(\frac{\partial v}{\partial t}+u\frac{\partial v}{\partial x}+v\frac{\partial v}{\partial y}+w\frac{\partial v}{\partial z}\right)+\rho f u=-\frac{\partial p}{\partial y}+R_y$$

$$\rho\left(\frac{\partial w}{\partial t}+u\frac{\partial w}{\partial x}+v\frac{\partial w}{\partial y}+w\frac{\partial w}{\partial z}\right)-\rho \bar{f} u+\rho g=-\frac{\partial p}{\partial z}+R_z \qquad (10.140)$$

이 된다. 단, R_x, R_y, R_z는 마찰력으로 한다. 각 식에 u, v, w를 곱해서 더하면,

$$\rho\left[\frac{\partial}{\partial t}\left\{\frac{1}{2}(u^2+v^2+w^2)\right\}+u\frac{\partial}{\partial x}\left\{\frac{1}{2}(u^2+v^2+w^2)\right\}\right.$$
$$\left.+v\frac{\partial}{\partial y}\left\{\frac{1}{2}(u^2+v^2+w^2)\right\}+w\frac{\partial}{\partial z}\left\{\frac{1}{2}(u^2+v^2+w^2)\right\}\right]+\rho g w$$
$$=-\left(u\frac{\partial p}{\partial x}+v\frac{\partial p}{\partial y}+w\frac{\partial p}{\partial z}\right)+uR_x+vR_y+wR_z \qquad (10.141)$$

이 된다. 한편 연속방정식 (10.120)에 $\frac{1}{2}(u^2+v^2+w^2)$을 곱해서 위 식 (10.141)에 더하면,

$$\frac{\partial}{\partial t}\left\{\frac{\rho}{2}(u^2+v^2+w^2)\right\}+\frac{\partial}{\partial x}\left\{\frac{\rho}{2}(u^2+v^2+w^2)u\right\}$$
$$+\frac{\partial}{\partial y}\left\{\frac{\rho}{2}(u^2+v^2+w^2)v\right\}+\frac{\partial}{\partial z}\left\{\frac{\rho}{2}(u^2+v^2+w^2)w\right\}+g\rho w$$
$$=-\left(\frac{dp}{dt}-\frac{\partial p}{\partial t}\right)+uR_x+vR_y+wR_z \qquad (10.142)$$

가 된다. 위 식을 일정한 체적에 대하여 적분하고, $\frac{\partial}{\partial t}$와 $\iiint$의 교환 가능한 것을 생각하면,

$$\frac{\partial}{\partial t}\left\{\iiint\frac{\rho}{2}(u^2+v^2+w^2)dx\,dy\,dz\right\}+\iiint g\rho w\,dx\,dy\,dz+\iint\frac{\rho}{2}(u^2+v^2+w^2)\,V_n\,dS$$
$$=-\iiint\frac{dp}{dt}dx\,dy\,dz+\frac{\partial}{\partial t}\iiint p\,dx\,dy\,dz+\iiint(uR_x+vR_y+wR_z)\,dx\,dy\,dz \qquad (10.143)$$

단, 여기서 V_n은 표면에 있어서 바깥방향의 속도이다. 이 속도가 들어 있는 항의 적분은 가우스(Gauss)의 적분정리(積分定理, 註)에 의해 3중적분이 2중적분으로 바뀌었다.

열역학 제 1법칙 식 (2.26)을 시간(t)에 대해서 미분하면,

$$\frac{d'q}{dt} = C_p \frac{dT}{dt} - A v \frac{dp}{dt} \tag{10.144}$$

이고, 여기서 v는 체적이지만, 단위질량당의 밀도를 생각하면, $\rho = \frac{1}{v}$이므로 비적(比積, specific heat, 比容, 1.3.1의 ㄷ 참조)이 된다. 이것을 위 식에 곱하면,

$$\rho \frac{d'q}{dt} = C_p \rho \frac{dT}{dt} - A \frac{dp}{dt} \tag{10.145}$$

가 된다. 따라서

$$\frac{dp}{dt} = -\frac{1}{A}\left\{\frac{\partial}{\partial t}(\rho q') + \frac{\partial}{\partial x}(\rho u q') + \frac{\partial}{\partial y}(\rho v q') + \frac{\partial}{\partial z}(\rho w q')\right\}$$
$$+ \frac{1}{A}\left\{\frac{\partial}{\partial t}(C_p \rho T) + \frac{\partial}{\partial x}(C_p \rho T u) + \frac{\partial}{\partial y}(C_p \rho T v) + \frac{\partial}{\partial z}(C_p \rho T w)\right\} \tag{10.146 註}$$

이 된다. 따라서 식 (10.146)을 식 (10.143)에 대입하고, 식 (2.19)의 $C_p = C_v + AR$을 사용하면,

$$\underbrace{\frac{\partial}{\partial t}\left\{\iiint \frac{\rho}{2}(u^2 + v^2 + w^2)\, dx\, dy\, dz\right\}}_{(좌\ 변)} = \underbrace{-\iiint g \rho w\, dx\, dy\, dz}_{①}$$
$$\underbrace{-\iint_s \frac{\rho}{2}(u^2 + v^2 + w^2) V_n\, dS}_{②} + \underbrace{\frac{1}{A}\frac{\partial}{\partial t}\iiint \rho q'\, dx\, dy\, dz}_{③}$$
$$\underbrace{+\iint_s \rho q' V_n\, dS}_{④} \underbrace{- \frac{1}{A}\frac{\partial}{\partial t}\iiint C_v \rho T\, dx\, dy\, dz}_{⑤} \underbrace{- \frac{1}{A}\iint_s C_v \rho T V_n\, dS}_{⑥}$$
$$\underbrace{-\iint_s \rho V_n\, dS}_{⑦} + \underbrace{\iiint (u R_x + v R_y + w R_z)\, dx\, dy\, dz}_{⑧} \tag{10.147}$$

과 같이 된다. 이것이 **에너지방정식**(---方程式, energy equation)이다. 위 식 (10.147)을 설명하면 다음과 같다.

좌변 : 운동에너지(kinetic energy)의 증가(+ 일 때),
① : 위치에너지(potential energy)의 감소(- 부호가 있음으로),
② : 표면을 통해서 유출되는 운동에너지,
③ : 내부에서 발생되는 에너지(방사의 흡수, 응결에 의한 잠열의 방출 등),
④ : 표면에서 유입되는 에너지,
⑤ : 내부에너지의 감소(- 부호가 있음으로),
⑥ : 내부에너지의 유출,
⑦ : 밖에 대해서 이루는 일,
⑧ : 마찰력에 대해서 이루는 일이다. 또한 제 ⑧항은 R_x, R_y, R_z의 형태로 주어지면, 표면에서 이루는 일과 내부에서 이루는 일로 나눌 수가 있다. 표면적분을 0으로 놓으면, 닫쳐진 계(系)의 에너지방정식이 얻어진다.

닫혀진 계에서 단열적으로 마찰도 없는 경우 위 식 (10.147)에서 좌변과 우변의 제 ①항과 ⑤항만이 살아남아서 다음과 같이

$$\frac{\partial}{\partial t}\left[\iiint\left\{\frac{\rho}{2}(u^2+v^2+w^2)+g\rho z+\frac{1}{A}C_v\rho T\right\}dx\,dy\,dz\right]=0 \qquad (10.148)$$

이 된다. 따라서 이것을 적분해서 정리하면,

$$\frac{1}{2}(u^2+v^2+w^2)+g\,z+\frac{C_v}{A}T=const. \qquad (10.149)$$

가 된다. 이것이 **베르누이의 정리**(Bernoulli's theorem, ☂)를 일반화한 것이다. 이 정리는 운동에너지, 위치에너지, 내부에너지의 3자가 정상상태에 있는 완전체에 대한 **에너지 보존칙**(energy conservation law)이다.

또 달리 표현을 하면, 유체 내에서 취한 단위질량의 입자가 갖는 전(全)에너지는 유선(流線)을 따라서 보존된다고 하는 정리이다. 유속을 V라고 하면,

$$\frac{V^2}{2} + g\,z + \int \frac{dp}{\rho} = const. \qquad (\text{유선을 따라서}) \tag{10.150}$$

으로도 쓸 수 있다. $\int \frac{dp}{\rho}$ 는 비압축유체의 경우에는 p/ρ가 되고 단열변화를 하는 이상기체에 있어서는 $C_p T$ 로 쓸 수 있다(15.2.4. ㄴ의 '베르누이의 정리' 참조).

연습문제

Chapter

11 운동방정식 Ⅱ

이제까지는 주로 **질점**(質点. material point : 질량을 갖고 있으면서 부피가 없는 물체)의 운동방정식을 구하는 것이지만, 역학대기과학에는 공기의 운동을 취급하는 것이기 때문에 공기의 운동방정식을 구해야 한다. 공기는 유체여서 연속적으로 공간을 채우고 있다. 따라서 유체의 미소부분은 서로 압력을 미치며 운동하고 있는 것이 질점의 운동과는 다른 점이다. 용기 속에 작은 구슬을 가득 넣은 것과는 달라서, 처음 서로 옆에 있는 미소부분은 나중까지 서로 옆에 있는 것으로 생각하는 것이다. 즉, 독립한 작은 구의 집합에서는 서로 위치하는 순서의 교대가 있지만, 유체에서는 이와 같은 일이 없다고 가정한다. 이것이 연속성(連續性, continuity)의 가정이다. 이와 같은 사항을 고려한다면 위에서 유도한 질점의 운동방정식을 이용해서 공기의 운동방정식이 얻어진다.

유체의 운동을 취급하는데 특정 유체의 공간 점을 통과하는 유체의 속도변화를 조사하는 것이 오일러(Euler, L., 1707~1783, ☂)의 방법이고, 미소(微小) 부분에 착안해서 그것의 운동을 추적해 가는 것이 라그란지(Lagrange, J. L., 1736~1813, ☂)의 방법이다(註). 어느 방법이 좋다고 하는 일반적인 판단은 있을 수 없고, 단지 취급하는 문제에 따라서 적당한 방법을 선택해 이용하면 되는 것이다.

11.1. 수평관성운동

수평방향에 기압경도가 없을 때 원활한 지구상에 공기가 속박된 채 초속도를 주면 공기는 운동을 계속한다. 이 운동을 **수평관성운동**(水平慣性運動, horizontal inertia motion)이라고 한다.

11.1.1. 국지적 관성운동

운동의 범위가 좁은 경우에는 지구의 곡률과 **전향인자**(轉向因子, deflecting factor, 코리올리인수)의 위도 변화는 생략할 수 있다. 이 경우 직교좌표에 의한 운동방정식이 사용된다. 식 (10.42)에 있어서 수평방향의 기압의 변화가 없어 일정하다고 하면,

$\frac{\partial p}{\partial x} = \frac{\partial p}{\partial y} = 0$으로 놓을 수가 있어,

$$\frac{du}{dt} = f v \ , \ \frac{dv}{dt} = -f u \tag{11.1}$$

이 된다. 이 식은 오일러가속도와 전향(코리올리)가속도가 평형을 이루고 있는 것을 나타내고 있다.

제 1식에 u, 제 2식에 v를 곱해서 양 식을 더하면, 우변은 상쇄되므로

$$u\frac{du}{dt} + v\frac{dv}{dt} = \frac{d}{dt}\left\{\frac{1}{2}(u^2 + v^2)\right\} = 0 \tag{11.2}$$

가 된다. 따라서 이것을 적분하면,

$$\frac{1}{2}(u^2 + v^2) = const. = \frac{1}{2}{v_i}^2 \tag{11.3}$$

을 얻는다. 즉, 운동에너지는 일정하고 이것은 **관성풍속**(慣性風速, inertia velocity) v_i의 일정한 값이 된다.

공기덩이의 좌표를 X, Y로 한다면, 식 (11.1)은

$$\frac{du}{dt} = f\frac{dY}{dt}, \quad \frac{dv}{dt} = -f\frac{dX}{dt} \tag{11.4}$$

가 된다. 지금 복소수(複素數, complex numbers)를 활용하기 위해서 제 2식에 허수단위 i를 곱하고 양변을 더하면,

$$\frac{d(u + iv)}{dt} = -if\frac{d(X + iY)}{dt} \tag{11.5}$$

가 된다. 국지적인 여건으로 **전향인자**[轉向因子= deflecting(Coriolis) factor, 식 (10.35)] f의 위도변화가 없으므로 상수로 보고 적분하면,

$$u + iv = -if(X + iY) + const. \tag{11.6}$$

이다. **초기조건**(初期條件, initial value)으로써 $X+iY=0$, $u+iv=u_0+iv_0$ 로 가정하면, 상수 const. = u_0+iv_0 가 된다. 이것을 위 식에 대입하면 다음과 같은 1차미분방정식이 된다.

$$u + iv = -if\left\{(X + iY) + \frac{i}{f}(u_0 + iv_0)\right\} \tag{11.7}$$

더욱이 $u = \dfrac{dX}{dt}$, $v = \dfrac{dY}{dt}$ 를 위 식에 대입해서 t에 대해서 적분하면,

$$X + iY + \frac{i}{f}(u_0 + iv_0) = \frac{i}{f}(u_0 + iv_0)e^{-ift} \tag{11.8 註}$$

이 된다.

여기서 다음과 같이 복소수의 일반적인 형태($x+iy=re^{i\theta}$, $r=\sqrt{x^2+y^2}$, $\theta=\tan^{-1}\dfrac{y}{x}$)로 만들기 위해서 위 식을 변형하여

좌변 : $X+iY+\dfrac{i}{f}(u_0+iv_0)=(X-\dfrac{v_0}{f})+i(Y+\dfrac{u_0}{f})=re^{i\theta}$

우변 : $re^{i\theta}=\dfrac{i}{f}(u_0+iv_0)e^{-ift}=\dfrac{1}{f}\cdot(0+i1)\cdot(u_0+iv_0)\cdot e^{i(-ft)}$

$$=\frac{1}{f}e^{i\frac{\pi}{2}}\sqrt{u_0^2+v_0^2}\,e^{i\tan^{-1}\frac{v_0}{u_0}}e^{i(-ft)}=\frac{\sqrt{u_0^2+v_0^2}}{f}e^{i(\frac{\pi}{2}+\tan^{-1}\frac{v_0}{u_0}-ft)} \tag{11.9}$$

로 놓고, 이것을 정리하면,

$$(X-\frac{v_0}{f})+i(Y+\frac{u_0}{f})=re^{i\theta}=\frac{\sqrt{u_0^2+v_0^2}}{f}e^{i(\frac{\pi}{2}+\tan^{-1}\frac{v_0}{u_0}-ft)} \tag{11.10}$$

이 된다. 식 (11.3)을 고려하면,

$$r = -\frac{\sqrt{{u_0}^2 + {v_0}^2}}{f} = -\frac{v_i}{f}$$

$$\theta = \frac{\pi}{2} + \tan^{-1}\frac{v_0}{u_0} - ft \quad (11.11)$$

이 된다. 따라서 이것을 그림 11.1과 같이 볼 수 있다.

여기서 공기의 궤도(軌道)는 점($\frac{v_0}{f}$, $-\frac{u_0}{f}$)를 중심으로 하는 반경 $\frac{v_i}{f}$의 원이다. 이 원을 **관성원**(慣性圓, inertia circle)이라고 한다. 관성원의 반경은 초속도 즉 관성풍속 v_i 에 비례하고 전향인자에 역비례 한다. 또 관성원은 순전(順轉, veering, 고기압성 회전, 시계방향)을 한다. 그 이유는 θ 속에 $-ft$가 있어 시간과 함께 부(負, 陰, -)의 방향으로 회전을 한다.

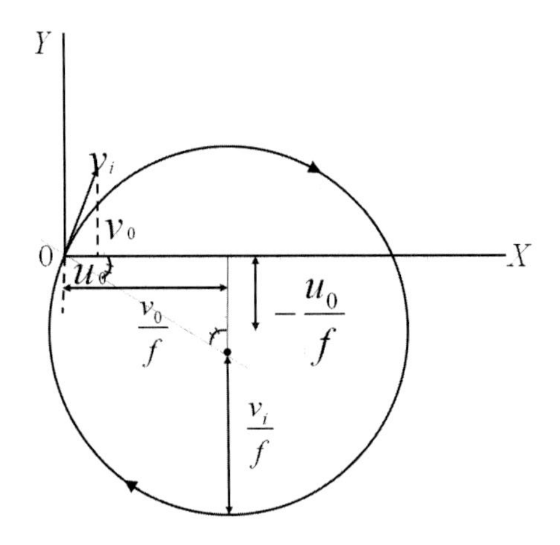

그림 11.1. 관성원(慣性圓)

표 11.1은 관성풍속(초속도) $1m/s$ 일 때, 관성원의 반경 ($\frac{v_i}{f} = \frac{v_i}{2\Omega\sin\phi}$)과 주기의 위도 분포를 나타내고 있는 것이다.

표 11.1. 위도에 따른 관성원의 반경과 관성주기 (초속도 ; $1m/s$)

위도(°)	0	5	10	20	30	40	50	60	70	80	90
반경(km)	∞	78.6	39.5	20.0	13.7	10.7	9.0	7.9	7.3	7.0	6.9
주기(h)	∞	139.9	69.0	35.1	24.0	18.7	15.7	13.9	12.8	12.2	12.0

위 표의 관성주기를 구하기 위해서 이 관성원 상을 공기가 도는 방향은 θ가 감소하는 방향 즉, 시계방향이다. 관성원을 일주(一周)하는데 요하는 시간 즉, **주기**(週期, period) $T\,(T=\dfrac{2\pi}{\omega}$, $\omega=\dfrac{d\theta}{dt}=\dfrac{d}{dt}(-ft)=-f$ ω : 각속도)에서 (-)는 주기와 무관함으로 버리고 지구의 자전각속도 $\Omega=\dfrac{2\pi}{1\text{일}=24h}$ 를 대입하면,

$$T=\frac{2\pi}{f}=\frac{2\pi}{2\Omega\sin\phi}=\frac{\pi\cdot 24h}{2\pi}\cdot\frac{1}{\sin\phi}=\frac{12h}{\sin\phi}=12\text{ 진자시(振子時)} \tag{11.12}$$

가 된다. 이것은 초속도가 커지면 회전반경은 커지지만 주기와는 무관하다. 위 표의 제 3행에는 관성주기가 주어지고 있다. 이 주기는 지구상의 여러 관성운동에서 나타나고 있다.

11.1.2. 대규모의 관성운동

전항(前項)에 있어서 지구의 곡률과 전향인자의 위도변화를 무시했지만, 공기의 범위가 클 경우에는 위의 어느 것도 무시할 수 없다. 식 (10.34)에 있어 외력(外力)으로써 기압경도력(氣壓傾度力)을 구좌표계로 표현해서(註) 넣으면 다음과 같이 된다.

$$\frac{dv_r}{dt}-\bar{f}v_\lambda-\frac{v_\lambda^2+v_\phi^2}{r}=-g-\frac{1}{\rho}\frac{\partial p}{\partial r}$$

$$\frac{dv_\lambda}{dt}-fv_\phi+\bar{f}v_r+\frac{v_\lambda v_r}{r}-\frac{v_\lambda v_\phi}{r}\tan\phi=-\frac{1}{\rho}\frac{1}{r\cos\phi}\frac{\partial p}{\partial\lambda}$$

$$\frac{dv_\phi}{dt}+fv_\lambda+\frac{v_\phi v_r}{r}+\frac{v_\lambda^2}{r}\tan\phi=-\frac{1}{\rho}\frac{1}{r}\cdot\frac{\partial p}{\partial\phi} \tag{11.13}$$

관성운동의 조건에서 수평기압경도가 없을 경우에는 $\partial p/\partial\lambda=\partial p/\partial\phi=0$ 이고, 제 1식의 연직기압경도 $\partial p/\partial r$만 존재하게 되어,

$$\frac{dv_r}{dt}-\bar{f}v_\lambda-\frac{v_\lambda^2+v_\phi^2}{r}=-g-\frac{1}{\rho}\frac{\partial p}{\partial r}$$

$$\frac{dv_\lambda}{dt}-fv_\phi+\bar{f}v_r+\frac{v_\lambda v_r}{r}-\frac{v_\lambda v_\phi}{r}\tan\phi=0$$

$$\frac{dv_\phi}{dt}+fv_\lambda+\frac{v_\phi v_r}{r}+\frac{v_\lambda^2}{r}\tan\phi=0 \tag{11.14}$$

가 된다. 위 식의 제 1식, 제 2식, 제 3식에 각각 v_r, v_λ, v_ϕ 를 곱해서 3식을 더하면,

$$v_r \frac{dv_r}{dt} + v_\lambda \frac{dv_\lambda}{dt} + v_\phi \frac{dv_\phi}{dt} = -\left(g + \frac{1}{\rho}\frac{\partial p}{\partial r}\right) v_r \tag{11.15}$$

가 된다. 수평운동의 경우에는 $v_r = 0$이므로 위 식을 적분하면,

$$\frac{1}{2}({v_\lambda}^2 + {v_\phi}^2) = const. = \frac{1}{2}{v_i}^2 \tag{11.16}$$

이 된다. 즉, 이것은 식 (11.3)과 같은 운동에너지가 일정하다(관성풍속 v_i의 보존). 이 경우에는 10.4.2항에서 구한 식 (10.114)의 절대각운동량(絶對角運動量)도 보존된다. 즉, 식 (10.32)에서 구한 $v_\lambda = r\cos\phi \dfrac{\partial \lambda}{\partial t}$ 를 대입하면,

$$r\cos\phi(v_\lambda + r\Omega\cos\phi) = M \tag{11.17}$$

이 된다.

식 (11.16)과 식 (11.17)에서 공기의 궤도가 구해진다. 궤도와 x축과 이루는 각을 θ_t로 놓으면, 그림 11.2에서 보는 바와 같이 경선속도(經線速度, v_λ)와 관성풍속(v_i)과는 다음의 관계가 있다.

$$v_\lambda = v_i\cos\theta_t \tag{11.18}$$

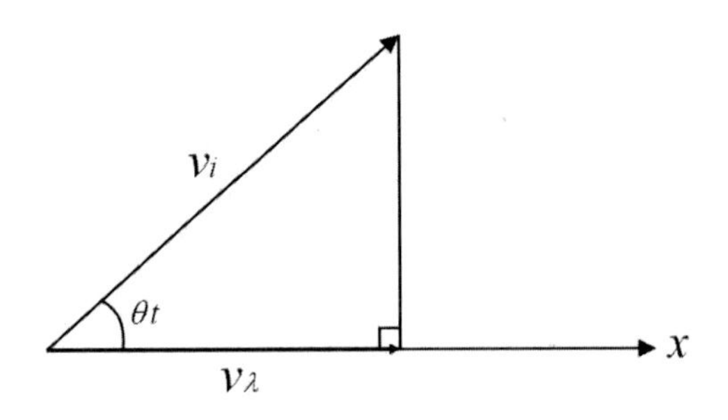

그림 11.2. 경선속도와 관성풍속과의 관계

이것을 식 (11.17)에 대입하고 r을 식 (1.2)의 지구의 반경 $R_E = 6{,}400km$ 로 놓는다면,

$$R_E v_i \cos\phi\cos\theta_t + {R_E}^2\Omega\cos^2\phi = M \tag{11.19}$$

를 얻는다. 이 식에서 ϕ와 θ_t와의 관계가 구해지고 궤도도 주어진다. v_i 및 M에 여러 값이 주어진다면 여러 궤도가 구해진다. 일반적인 경우에 대해서 자세히 고찰하기 위해서 연구자들의 결과를 종합한다.

우선 궤도의 존재역(存在域)을 구한다. $\cos\phi = \pm\sqrt{1-\sin^2\phi}$ 로 놓고, 위 식에 대입해서 $\sin\phi$에 대해서 풀면,

$$\sin\phi = \pm\sqrt{1 - \frac{v_i^2}{2\Omega^2 R_E^2}\cos^2\theta_t - \frac{M}{\Omega R_E^2} \pm \frac{v_i^2}{2\Omega^2 R_E^2}\sqrt{\cos^2\theta_t + 4\frac{M\Omega}{v_i^2}}} \qquad (11.20)$$

이 된다. 궤도 한계의 위도에서는 $\theta_t = 0$ 즉, $\cos\theta_t = 1$이므로 한계위도(限界緯度)를 ϕ_m 으로 한다면,

$$\sin\phi_m = \pm\sqrt{1 - \frac{v_i^2}{2\Omega^2 R_E^2} - \frac{M}{\Omega R_E^2} \pm \frac{v_i^2}{2\Omega^2 R_E^2}\sqrt{1 + 4\frac{M\Omega}{v_i^2}}} \qquad (11.21)$$

로 주어진다. $\sqrt{\ }$ 앞의 $\pm$ 부호는 남북대칭을 의미하고, 속의 부호는 두 개의 해가 있음을 뜻한다. 따라서 일반적으로는 4개의 해가 존재한다. 그 각각을 논하기 위해서 위의 $\sqrt{\ }$ 속의 해의 값들을 다음과 같이 간단히 놓고 시작하기로 한다.

$$1 - \frac{v_i^2}{2\Omega^2 R_E^2} - \frac{M}{\Omega R_E^2} + \frac{v_i^2}{2\Omega^2 R_E^2}\sqrt{1 + 4\frac{M\Omega}{v_i^2}} = \alpha^2$$

$$1 - \frac{v_i^2}{2\Omega^2 R_E^2} - \frac{M}{\Omega R_E^2} - \frac{v_i^2}{2\Omega^2 R_E^2}\sqrt{1 + 4\frac{M\Omega}{v_i^2}} = \beta^2 \qquad (11.22)$$

로 놓는다. 위의 식을 식 (11.21)에 대입해서 간단히 하면,

$$\sin\phi_m = \pm\sqrt{\alpha^2} \quad \text{또는} \quad \sin\phi_m = \pm\sqrt{\beta^2} \qquad (11.23)$$

이 된다.

그림 11.3 을 보면서 대규모(지구규모)의 관성운동을 음미해 보기로 한다.

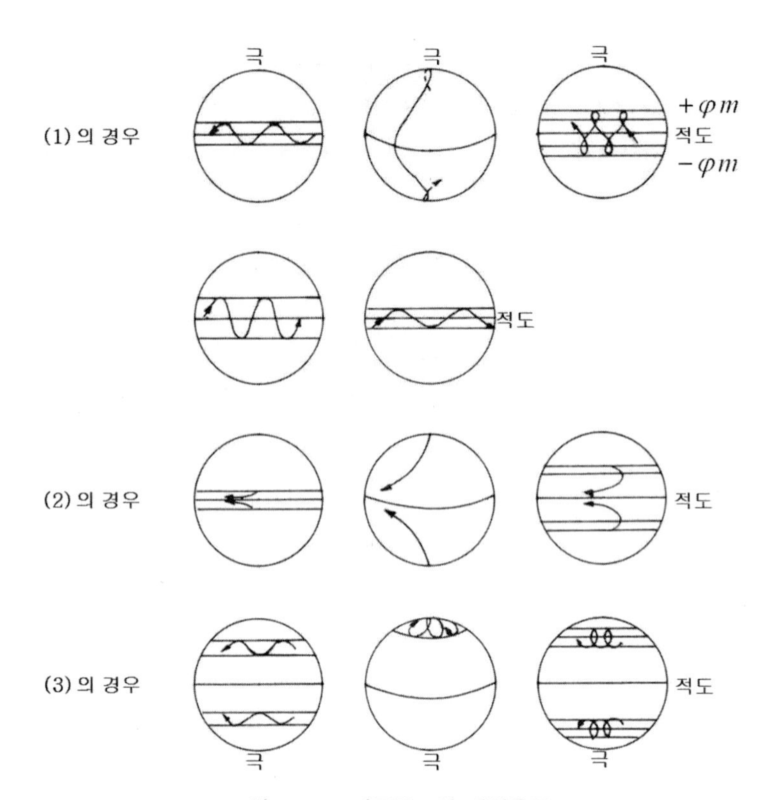

그림 11.3. 지구규모의 관성운동

(1) $1 > \alpha^2 > 0$, $\beta^2 < 0$ 의 경우

근호 내의 양수(+)에 대해서 ϕ_m 이 결정되고, $+\phi_m$, $-\phi_m$ 이 양단의 위도이다. 근호 내의 음수(-)에 대해서 근은 없다(실수 범위 내).

(2) $1 > \alpha^2 > 0$, $\beta^2 = 0$ 의 경우

$$\sin\phi_m = \pm\sqrt{2\left(1 - \frac{{v_i}^2}{2\,\Omega^2 {R_E}^2} - \frac{M}{\Omega\, {R_E}^2}\right)} \tag{11.24}$$

가 된다. $\sqrt{\ }$ 속의 값, $1 - \dfrac{v_i^2}{2\,\Omega^2 R_E^2} - \dfrac{M}{\Omega\, R_E^2} \neq 0$ 인 경우는 양수와 음수의 두 개의 $\pm\,\phi_m$이 결정되지만, $1 - \dfrac{v_i^2}{2\,\Omega^2 R_E^2} - \dfrac{M}{\Omega\, R_E^2} = 0$ 의 경우에는 $\phi_m = 0$으로 되고, 적도에서 접하는 2개의 해가 얻어진다.

(3) $1 > \alpha^2 > 0$, $1 > \beta^2 > 0$ 의 경우

ϕ_m 으로써 양수와 음수를 합쳐서 4개의 근이 얻어진다. 즉, 남북 양반구에 대칭적인 대상의 존재역이 있다. 또한 α^2의 값에 의하여 여러 종류의 궤도가 얻어진다.

11.2. 기압의 변화

11.2.1. 기압경도력

그림 11.4와 같은 유체 내에 δx, δy, δz를 변으로 하는 미소 입방체를 생각한다. x축에 직각인 평면 $\delta y\,\delta z$에 작용하는 압력을 생각한다. x면에 작용하는 양(+)의 방향의 압력은 $p\,\delta y\,\delta z$ 이고, $x+\delta x$ 면에 작용하는 음(-)의 방향의 압력은 $-\left(p+\dfrac{\partial p}{\partial x}\delta x\right)\delta y\,\delta z$ 이다. 이 압력의 합력(合力)

$$\left\{p-\left(p+\frac{\partial p}{\partial x}\delta x\right)\right\}\delta y\,\delta z=-\frac{\partial p}{\partial x}\delta x\,\delta y\,\delta z \tag{11.25}$$

가 입방체의 x의 정(正)의 방향으로 작용하려고 하는 **기압력**(氣壓力, pressure force)이다. 이 유체의 밀도를 ρ로 한다면, $\rho\,\delta x\,\delta y\,\delta z$가 입방체 내의 유체의 질량이므로 단위질량에 작용하는 힘은

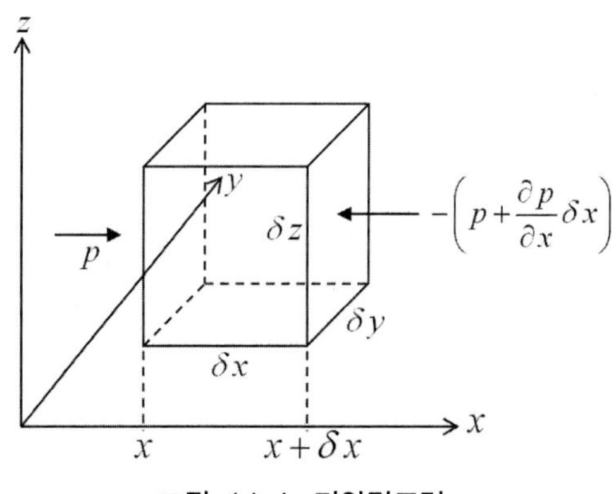

그림 11.4. 기압경도력

$$- \frac{1}{\rho}\frac{\partial p}{\partial x} \tag{11.26}$$

이다. 같은 방법으로 y 및 z의 양의 방향에 작용하는 힘은 각각

$$- \frac{1}{\rho}\frac{\partial p}{\partial y}, \; - \frac{1}{\rho}\frac{\partial p}{\partial z} \tag{11.27}$$

이다. 이것들은 유체 내에서 서로 누르고 있기 때문에 일어나는 힘으로 **기압경도력**(氣壓傾度力, pressure gradient force)이라고 부르고 있다. 이 기압경도력을 종합하면

$$- \frac{1}{\rho}\frac{\partial p}{\partial x} - \frac{1}{\rho}\frac{\partial p}{\partial y} - \frac{1}{\rho}\frac{\partial p}{\partial z} = - \frac{1}{\rho}\left(\frac{\partial p}{\partial x} + \frac{\partial p}{\partial y} + \frac{\partial p}{\partial z}\right) = - \frac{1}{\rho}\nabla p \tag{11.28}$$

이 된다. 이것을 구좌표계(球座標系)로 표현을 하면,

$$- \frac{1}{\rho}\nabla p = - \frac{1}{\rho}\left(\frac{1}{r\cos\phi}\frac{\partial p}{\partial \lambda}\boldsymbol{i} + \frac{1}{r}\frac{\partial p}{\partial \phi}\boldsymbol{j} + \frac{\partial p}{\partial r}\boldsymbol{k}\right) \tag{11.29}$$

가 된다.

11.2.2. 경향방정식

고도 z에 대해서 기압은 식 (10.41)의 제 3 항을 적분해서 얻을 수 있다. 즉,

$$- \int_p^0 \frac{\partial p}{\partial z} dz = p = \int_z^\infty g\rho\, dz + \int_z^\infty \rho \frac{dw}{dt} dz - \bar{f}\int_z^\infty \rho u\, dz \tag{11.30}$$

이 된다. 10.2.4 하에서 언급한 것과 같이 위 식의 제 2 및 제 3 항의 피적분함수는 일반적으로 제 1 항의 피적분함수에 비해서 작으므로 생략할 수 있다. 따라서 식 (10.42)의 규모분석(크기비교)을 한 것과 같은 결과로 다음의

$$p \fallingdotseq g\int_z^\infty \rho\, dz \tag{11.31}$$

이 된다. 이것을 시간에 대해서의 국소미분(局所微分)을 취하면,

$$\frac{\partial p}{\partial t} = g \int_{z}^{\infty} \frac{\partial \rho}{\partial t} dz \tag{11.32}$$

이다. 이것에 연속방정식 식 (10.120)을 대입하면,

$$\begin{aligned} \frac{\partial p}{\partial t} &= -g \int_{z}^{\infty} \left\{ \frac{\partial(\rho u)}{\partial x} + \frac{\partial(\rho v)}{\partial y} \right\} dz - g \int_{z}^{\infty} \frac{\partial(\rho w)}{\partial z} dz \\ &= -g \int_{z}^{\infty} \left\{ \frac{\partial(\rho u)}{\partial x} + \frac{\partial(\rho v)}{\partial y} \right\} dz + g \left| \rho w \right|_{\infty}^{z} \end{aligned} \tag{11.33}$$

이 된다. 그런데 $\rho_{\infty} = 0$ 이므로

$$\frac{\partial p}{\partial t} = -g \int_{z}^{\infty} \left\{ \frac{\partial(\rho u)}{\partial x} + \frac{\partial(\rho v)}{\partial y} \right\} dz + g(\rho w)_{z} \tag{11.34}$$

가 된다. 이것을 **비야크네스**(Bjerknes, ☔)**의 경향방정식**(傾向方程式, tendency equation)이라고 한다. 이 식은 처음에 마르그레스(Margules, ☔)에 의해 1904년에 유도되었는데 1937년 비야크네스가 응용한 이래 비야크네스의 경향방정식이라고 불리고 있다.

위 식을 그림 11.5를 보면서 우변의 각 항을 음미해 보자. 우변의 제 1항은 수평방향의 질량발산(質量發散)의 항이다. 발산이면 기압은 감소하고 질량수렴(質量收斂)이 있다면 기압이 상승하는 것을 나타내고 있다.

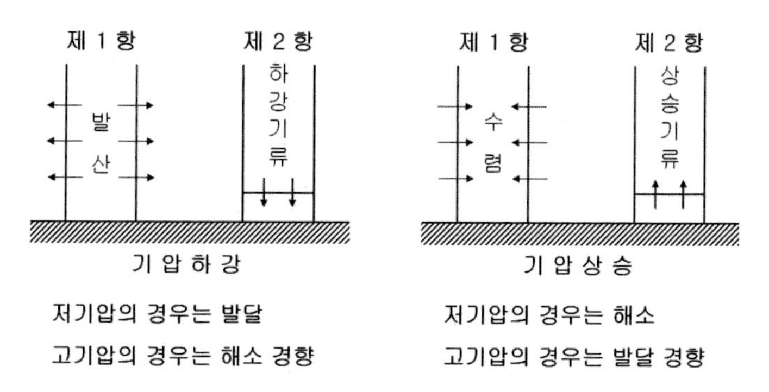

그림 11.5. 수평발산과 연직기류에 의한 기압의 변화

제 2항은 고도 z의 면을 통해서 상승기류가 있다면 기압이 올라가고 하강기류가 있다면 기압이 내려가는 것을 나타내고 있다. 지표면($z=0$)에 있어서 일반적으로는 $w=0$ 으로 놓지만, 기압계는 지표면에서 떨어진 곳에 있으므로 공기에 대해서는 $w=0$으로 놓아도 좋지만, 강우(降雨)에 대해서는 $w \neq 0$ 이다. 따라서 세찬 비에서는 이 항도 무시할 수 없다. 예를 들면 $10mm/h$의 비는 $1hPa/h$의 기압하강에 상당하는 것이다.

11.2.3. 수평질량발산 적분

경향방정식 (11.34)의 수평질량발산의 적분 항만을 자세히 살펴보기 위해서 지형풍(地衡風, 지균풍)의 식 (11.50)을 대입하면,

$$\frac{\partial p}{\partial t} = -g\int_z^\infty \left\{-\frac{\partial}{\partial x}\left(\frac{1}{f}\frac{\partial p}{\partial y}\right) + \frac{\partial}{\partial y}\left(\frac{1}{f}\frac{\partial p}{\partial x}\right)\right\}dz = \frac{g\beta}{f^2}\int_z^\infty \frac{\partial p}{\partial x}dz \qquad (11.35\ 註)$$

가 된다. 여기서 β는

$$\beta = \frac{\partial f}{\partial y} = \frac{\partial}{\partial y}(2\,\Omega\sin\phi) = \frac{2\,\Omega\cos\phi}{R_E} = \frac{1}{R_E}\frac{\partial f}{\partial \phi} \qquad (11.36\ 註)$$

으로 이것을 **로스비인자**〔—因子, Rossby factor(parameter)〕라고 부르고 있다. 와도방정식에서 f의 위도변화 때문에 서향(西向)의 이류효과(移流效果)가 보이는데, 이것을 **베타효과**〔β (beta) effect〕라고 한다. 또 대기운동의 이론적인 고찰에 있어서, 간단화하기 위한 가정으로 β를 상수(常數, 평면지구)로 하는 경우가 있는데, 이것이 **베타면근사**(β面近似, bata-plane approximation)이다.

만일 $\beta=0$ 즉, 전향인자 f가 위도에 대해서 변화가 없다고 한다면 우변은 0이 된다. 즉, 지형풍에 의해서는 기압변화를 일으키지 않는 것이 된다.

$\beta \neq 0$ 인 경우, 식 (11.35)에 식 (11.36)을 대입하면,

$$\frac{\partial p}{\partial t} = \frac{g}{2\,\Omega\,R_E}\cdot\frac{\cos\phi}{\sin^2\phi}\int_z^\infty \frac{\partial p}{\partial x}dz \qquad (11.37)$$

이 된다. 기압경향(氣壓傾向) $\frac{\partial p}{\partial t}$ 를 hPa/hr 로 취하고, 위 식의

$$\frac{g}{2\,\Omega\,R_E} = \frac{980\,cm/s^2}{2\times 7.29\cdot 10^{-5}\,rad/s\times 6.400\,km} \fallingdotseq 38/hr \tag{11.38}$$

이므로, 이것을 식 (11.37)에 대입하면,

$$\frac{\partial p}{\partial t} = 38\,\frac{\cos\phi}{\sin^2\phi}\int_z^{\infty}\frac{\partial p}{\partial x}dz \qquad (hPa\,/\,hr) \tag{11.39}$$

가 된다. 대표 값으로 공기기둥의 높이를 10 km , $\frac{\partial p}{\partial t} = 1hPa/(500km)$ 로 하고 위도 45° 에서의 값을 구하면,

$$\frac{\partial p}{\partial t} = 0.76\,\frac{\cos\phi}{\sin^2\phi} \fallingdotseq 1.1\,hPa/hr \tag{11.40}$$

이 된다. 이 정도의 기압변화는 무시할 수 없는 값이다.

지형풍의 식 (11.50, $f\,v = \frac{1}{\rho}\frac{\partial p}{\partial x}$)에서 알 수 있듯이, $\frac{\partial p}{\partial x} > 0$ 이면 남풍(南風, $v > 0$)이다. 즉, 남풍의 지형풍에서 기압이 올라가고 북풍은 기압이 내려가는 것이 된다.

11.2.4. 수평발산과 밀도이류

식 (11.34)의 수평질량발산(水平質量發散)항의 피적분함수

$$\frac{\partial(\rho u)}{\partial x} + \frac{\partial(\rho v)}{\partial y} = \rho\left(\frac{\partial u}{\partial x} + \frac{\partial v}{\partial y}\right) + u\,\frac{\partial\rho}{\partial x} + v\,\frac{\partial\rho}{\partial y} \tag{11.41}$$

과 같이 나누어져 우변 제 1항을 **수평발산**(水平發散. horizontal divergence), 제 2항을 **밀도이류**(密度移流, density advection)라고 한다. 따라서 식 (11.35)의 수평질량발산 항은

$$\frac{\partial p}{\partial t} = -g\int_z^{\infty}\rho\left(\frac{\partial u}{\partial x} + \frac{\partial v}{\partial y}\right)dz - g\int_z^{\infty}\left(u\,\frac{\partial\rho}{\partial x} + v\,\frac{\partial\rho}{\partial y}\right)dz \tag{11.42}$$

(수평발산) (밀도이류)

와 같이 된다.

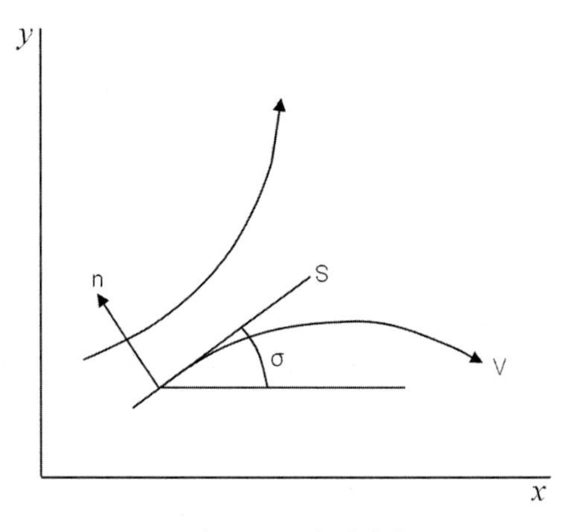

그림 11.6. 수평발산

ㄱ. 수평발산

위의 식 (11.42)의 첫 번째 식인 수평발산을 D 항으로 고쳐 써 본다. 그림 11.6과 같이 유선(流線)의 방향에 s, 그것의 직각에 n 을 취하고, s 의 방향과 x 축과 이루는 각을 σ, 유속(流速) V 로 한다면, $u = V\cos\sigma$, $v = V\sin\sigma$ 이므로 수평발산을 자연좌표계로 표현을 하면,

$$D = \frac{\partial u}{\partial x} + \frac{\partial v}{\partial y} = V\frac{\partial \sigma}{\partial n} + \frac{\partial V}{\partial s} \qquad (11.43\ 註)$$

과 같이 쓸 수가 있다. 위 식의 우변 제 1항을 **횡발산**(橫發散, transverse divergence) 또는 **방향발산**(方向發散, direction divergence)이라고 하고, 제 2항을 **종발산**(縱發散, longitudinal divergence)이라고 한다.

따라서 식 (11.43)을 수평발산 항인 식 (11.42)의 제 1적분에 대입하면,

$$-g\int_z^\infty \rho\left(\frac{\partial u}{\partial x} + \frac{\partial v}{\partial y}\right)dz = -g\int_z^\infty \rho V\frac{\partial \sigma}{\partial n}dz - g\int_z^\infty \rho\frac{\partial V}{\partial s}dz \qquad (11.44)$$

가 된다. 이렇게 자연자표계로 표현을 하면 그림 11.7에서와 같이, 2가지의 현상을 쉽게 알아 볼 수 있다. 즉 횡발산인 제 1항은 유선이 진행방향으로 넓어지는 곳에서는 기압(氣壓)이 하강(下降)하고, 좁아지는 곳에서는 기압이 상승(上昇)하는 것을 나타내고 있다. 종발산인 제 2항은 속도가 빠른 곳에서는 기압이 하강하고, 느린 곳에서는 기압이 상승하는 것을 나타내고 있다.

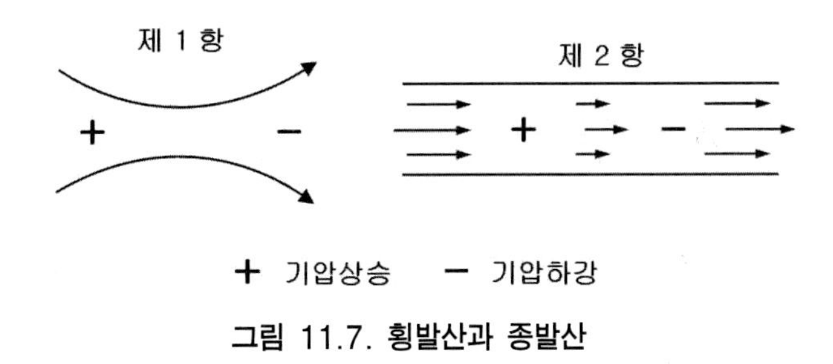

그림 11.7. 횡발산과 종발산

ㄴ. 밀도이류

다음에는 식 (11.42)에서 **밀도이류**(密度移流, density advection) 항을 지형풍의 경우에 대해 변형하자. 지형풍과 정역학방정식을 이용해 피적분함수를 정리하면 다음과 같이 된다.

$$u_g \frac{\partial \rho}{\partial x} + v_g \frac{\partial \rho}{\partial y} = -\frac{\rho f}{g} V^2 \frac{\partial \sigma}{\partial z} \qquad (11.45\ 註)$$

따라서 식 (11.42)의 밀도이류 항은

$$-g \int_z^{\infty} \left(u_g \frac{\partial \rho}{\partial x} + v_g \frac{\partial \rho}{\partial y} \right) dz = f \int_z^{\infty} \rho V^2 \frac{\partial \sigma}{\partial z} dz \qquad (11.46)$$

이 된다.

높이와 함께 지형풍(지균풍)이 반전(反轉, backing, 반시계방향, 저기압성 방향)할 때에는 $\frac{\partial \sigma}{\partial z} > 0$ 이므로 식 (11.42)에서 $\frac{\partial p}{\partial t} > 0$ 이어서 기압이 상승하고, 반대로 순전(順轉, veering, 시계방향, 저기압성 방향)일 때에는 반대가 되어서 $\frac{\partial p}{\partial t} < 0$ 이므로 기압은 하강한다. $V^2 \frac{\partial \sigma}{\partial z}$ 는 **연직전단**(鉛直剪斷, vertical shear)이며 온도풍 효과를 주는 항이기도 하다.

11.2.5. 등압선

공간에 있어서 기압의 같은 점은 곡면(曲面)을 형성한다. 이 곡면을 등압면(等壓面, isobaric surface)이라고 한다. 동일 지점에서는 기압이 높이와 함께 감소하므로 주위에 비해서 기압이 낮은 구역에서는 기압면이 낮다. 어떤 순간의 등압면은

$$p(x, y, z) = const. \tag{11.47}$$

로 정의할 수 있다. 등압면 상의 2점은 같으므로 이 2점의 좌표차를 dx, dy, dz로 한다면,

$$\delta p = \frac{\partial p}{\partial x}dx + \frac{\partial p}{\partial y}dy + \frac{\partial p}{\partial z}dz = 0 \tag{11.48}$$

이다. 따라서 등압면 상(하첨자 p)에서

$$\left(\frac{\partial z}{\partial x}\right)_p = -\frac{\left(\frac{\partial p}{\partial x}\right)_p}{\left(\frac{\partial p}{\partial z}\right)_p}, \qquad \left(\frac{\partial z}{\partial y}\right)_p = -\frac{\left(\frac{\partial p}{\partial y}\right)_p}{\left(\frac{\partial p}{\partial z}\right)_p} \tag{11.49}$$

와 같이 된다.

11.3. 바 람

일반적으로 바람은 지구 위의 수평적인 공기의 흐름을 가리키고 상하방향의 흐름은 **기류**〔氣流, air current(stream)〕라 하여 구분하고 있다. 영어의 wind는 **강풍**(强風), breeze는 **약풍**(弱風) 또는 **연풍**(軟風)을 의미한다. 바람은 벡터양이므로 보통 풍향(風向, wind direction)과 풍속〔風速, wind velocity(speed)〕의 2개의 양으로 나타내지만 대기과학(기상학) 분야에서 이론적으로 취급할 때에는 동서성분(u)과 남북성분(v)으로 나누어서 생각하는 경우가 많다.

11.3.1. 지형풍(지균풍)

2차원류에 있어서 전향력과 기압경도력이 완전히 평형을 이루었을 때, 등고선을 따라서 부는 가상적인 바람을 지형풍(地衡風 geostrophic wind, V_g)이라고 한다. 실제 대기 중에서 1 km 이상의 상층에서 즉, 자유대기 중의 바람은 거의 지형풍의 상태에 있다(준지형풍). 지구대기와 같이 엷은 층의 회전유체 속에서 수천 km 이상의 수평규모의 대규모운동이 일어날 때, 전향력과 수평기압경도력이 가장 큰 값을 갖고 운동방정식 속에서 이 2항이 지배적으로 평형을 이룬다.

북반구의 고층일기도에서 정압면고도도를 보면 풍하(風下)를 향해서 오른쪽으로 전향력

이 작용하고 왼쪽에 기압경도력이 작용한다. 또 오른쪽으로 등고선의 값이 커지고(수평면에서 보면 기압이 높음)있어 풍하를 향해서 오른쪽에 고기압, 왼쪽에 저기압이 존재한다. 이런 사실은 남반구에는 이와는 반대가 됨으로 주의하기 바란다.

등압선이 직선이고, 가속도가 없는 수평운동에 대해서 식 (10.42)의 제 1과 2식에서 운동방정식은

$$f\,v = \frac{1}{\rho}\frac{\partial p}{\partial x}, \qquad f\,u = -\frac{1}{\rho}\frac{\partial p}{\partial y} \tag{11.50}$$

으로 주어진다. 이 식은 기압경도력과 전향력이 평형을 이루고 있는 것을 나타내고 있다.

※ 지형풍이란 이름이 일본에서 한국으로 올 때 '지균풍'이라고 수정되어 왔으나, 같은 이론을 사용하는 해양학 등 이웃의 학문에서는 지형류(地衡流)라고 하는 명칭을 그대로 쓰고 있다. 따라서 용어의 혼동을 피하고 같은 한자권에서 통일을 기하기 위해서도 "지형풍"이라고 써야 옳다고 생각되며 지리에서의 지형(地形)과 혼돈될 우려가 있다고 해서 피해갈 필요는 없다고 생각한다.

식 (10.147)의 제 3식과 식 (11.50)을 식 (11.49)에 대입하면 지형풍의 장(場)에서 등압면의 경사를 주는 다음 식으로 주어진다.

$$f\,v = g\left(\frac{\partial z}{\partial x}\right)_p, \qquad f\,u = -g\left(\frac{\partial z}{\partial y}\right)_p \tag{11.51}$$

등압면의 경사에 대해서 규모분석을 해보면, CGS 단위계로 f는 10^{-4}, u, v는 10^{-3}, g는 10^3 정도이므로, 경사는 10^{-4} 정도이다. 즉, $100km$에 대해서 10 m 정도의 경사이다.

이들 2식 (11.50)과 식 (11,51)은 같인 식들이다. 이들을 지형풍의 풍속들(u_g, v_g)로 같이 표현을 하면,

$$u_g = -\frac{1}{f\rho}\frac{\partial p}{\partial y} = -\frac{g}{f}\left(\frac{\partial z}{\partial y}\right)_p, \quad v_g = \frac{1}{f\rho}\frac{\partial p}{\partial x} = \frac{g}{f}\left(\frac{\partial z}{\partial x}\right)_p \tag{11.52}$$

가 된다.

ㄱ. 정압면고도도

지상일기도(地上日氣圖, surface weather chart)에서는 정고도면(定高度面, 평균해수면)의 기압배치를 그리는데 반해서 **고층일기도**〔高層日氣圖, 상층(上層)일기도, upper air(level) chart, upper level weather chart〕에서는 정압면(定壓面)의 고도배치를 그린다. 그 이유는 여러 가지가 있는데, 여기서는 위의 지형풍을 계산하는 데에도 정압면의 고도배치(高度配置)를 그리면 편리함이 있다. 즉, 고층일기도에서 등압면을 사용하는 이유 중의 하나가 되겠다. 그림 11.8 과 같은 다음의 2 가지의 경우를 생각해 보자.

위의 결과에서 상공의 밀도 ρ 의 관측이 어려운데 2) 의 정압면의 이용하면 그러한 불편함이 없어진다. 또 등고선의 간격에서 값이 얻어져서, 어떤 고도에서도 같은 장소에서 같은 간격에 대해 같은 지형풍속이 대응한다고 하는 이점이 있다. 따라서 이런 이유 등으로 상공에서는 정(등)압면고도도〔定(等)壓面高度圖〕를 이용하는 편리함이 있다.

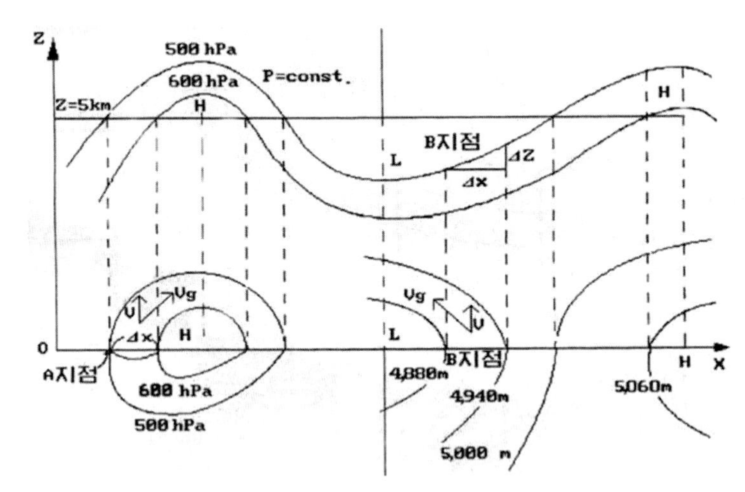

그림 11.8. 정고도면과 정압면에서 지형풍속 구하기

1) 정고도면(5 km)의 기압배치에서 지형풍속 구하기.

$$\text{A 지점의} \quad \frac{\Delta p}{\Delta x} = \frac{100\, hPa}{200\, km} = \frac{1}{2}\, hPa/km$$

$$\therefore \text{ 식 (11.50)에서} \quad v = \frac{1}{f\rho}\left(\frac{\partial p}{\partial x}\right)_z = \frac{1}{f\rho}\frac{\Delta p}{\Delta x} = \frac{1}{f\rho}\frac{1}{2}\, hPa/km$$

2) 정압면(500 hPa) 상의 고도배치에서 지형풍속 구하기.

$$\text{B 지점의} \quad \frac{\Delta z}{\Delta x} = \frac{60\, m}{200\, km} = 3 \times 10^{-4}$$

$$\therefore \text{ 식 (11.52)에서} \quad v = \frac{g}{f}\left(\frac{\partial z}{\partial x}\right)_p = \frac{g}{f}\frac{\Delta z}{\Delta x} = \frac{g}{f} \times 3 \times 10^{-4}$$

ㄴ. 지형(균)풍속

그림 11.9를 보면서 다음을 이해하자. 등압선의 방향이 x 축과 각 β 를 이루는 경우, 식 (11.50)의 제 1식에 $\sin\beta$, 제 2식에 $\cos\beta$ 를 곱하고 양식을 더하면,

$$f(u\cos\beta+v\sin\beta)=f\,V_g=\frac{1}{\rho}\left(\frac{\partial p}{\partial x}\sin\beta-\frac{\partial p}{\partial y}\cos\beta\right)$$

$$=\frac{1}{\rho}\left\{\frac{\partial p}{\partial x}\cos\left(\beta-\frac{\pi}{2}\right)+\frac{\partial p}{\partial y}\sin\left(\beta-\frac{\pi}{2}\right)\right\} \qquad (11.53)$$

이 된다. 여기서 $V_g(=u_g+v_g)$ 는 지형(균)풍속〔地衡(均)風速, geostrophic wind velocity〕이다. 또 위 식 (11.53) 속의

$$\left\{\frac{\partial p}{\partial x}\cos\left(\beta-\frac{\pi}{2}\right)+\frac{\partial p}{\partial y}\sin\left(\beta-\frac{\pi}{2}\right)\right\}=\frac{\partial p}{\partial n} \qquad (11.54\ 註)$$

는 **기압경도**〔氣壓傾度, pressure(barometric) gradient, 기압의 증가하는 방향을 + 로 한다)〕이기 때문에 그 방향의 선소(線素)를 n 로 나타내서, $\frac{\partial p}{\partial n}$ 으로 나타낸 것이다.

따라서 식 (11.54)를 식 (11.53)에 대입하고 또 식 (11.52)의 관계를 이용하면,

$$V_g=\frac{1}{f\rho}\frac{\partial p}{\partial n}=\frac{g}{f}\left(\frac{\partial z}{\partial n}\right)_p \qquad (11.55)$$

가 된다. 위의 가운데 식에서는 정고도면(定高度面, 지상일기도)에서 기압경도에 비례하는 지형풍속을 구할 수가 있고, 오른쪽 식에서는 정압면(定壓面, 고층일기도)에서 고도경도에 따른 지균(형)풍속을 구할 수가 있다.

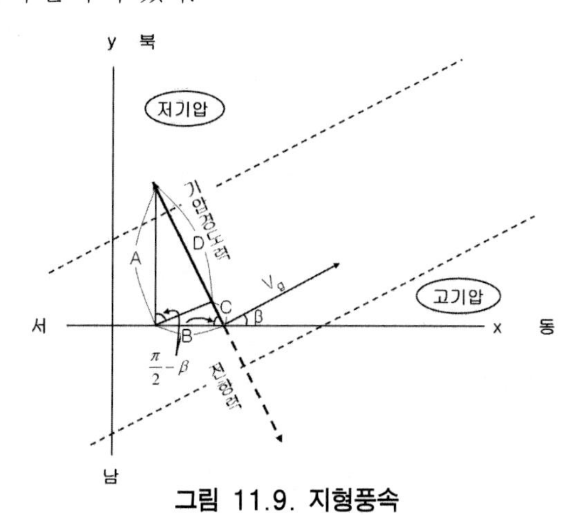

그림 11.9. 지형풍속

11.3.2. 온도풍

ㄱ. 소개

온도풍(溫度風, thermal wind)의 관계는 순환 생성의 관점에서 다음과 같이 볼 수도 있다. 남북으로 차가운 공기와 따뜻한 공기가 이웃하고 있으면 차가운 공기가 따뜻한 공기의 밑으로 파고 들어가고, 따뜻한 공기는 차가운 공기 위로 타고 올라가면서 반시계방향의 순환(循環)을 만들어 내려고 한다. 한편, 전향력은 상공으로 갈수록 크므로 시계방향의 순환을 만들어 내려고 한다. 이 2개의 효과가 균형을 이루므로 평형상태가 보존되고 있는 것이다.

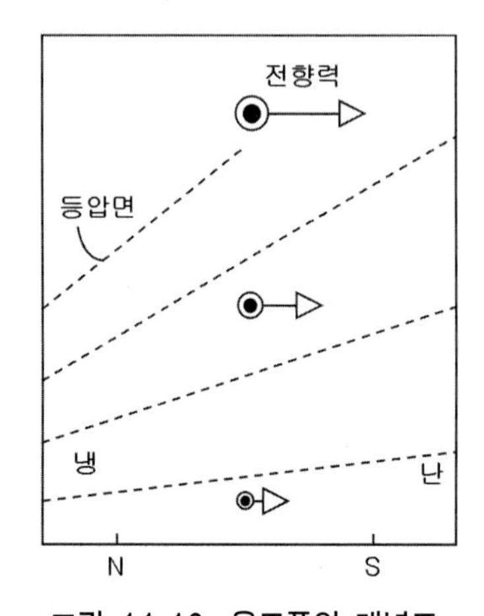

그림 11.10. 온도풍의 개념도

위도-고도 단면도를 서쪽에서 본 것으로, 왼쪽이 북쪽, 오른쪽이 남쪽.

부연해서 설명하면 대기와 해양의 중·고위도의 대규모의 흐름에서는 수평방향으로 전향력과 기압경도력이 평형을 이루는 지형풍평형, 연직방향으로 중력과 기압경도력이 평형을 이루는 정역학평형이 좋은 근사가 이루어지고 있다. 간단히 하기 위해서 그림 11.10과 같이 서풍이 지상에서는 0으로 높이와 함께 강해지는 경우를 생각해서 남북을 떨어진 2점(북쪽을 N점, 남쪽을 S점)의 상공의 기압분포를 생각하자. 북반구에서는 서풍에 작용하는 전향력은 남쪽방향으로 높이와 함께 커지므로 지형풍평형에서 남북방향의 기압경도력은 북쪽방향으로, 고도와 함께 커져야 한다. 지표면에서는 바람이 없어, 기압경도가 없으므로, 결국 상공으로 갈수록 남쪽의 S점의 기압이 커지고 있다. 이것에서 N점의 상공의 상하로 이웃한 2개의 등압면의 간격은 S점의 상공의 간격보다 좁아지는 것을 알 수가 있다. 2개의 등압면에 포함되어 있는 공기의 질량은 같으므로 이것은 북쪽인 N점의 상공의 공기의 밀도가 S점보다도 크다. 즉, N점의 상공의 온도 쪽이 낮은 것을 나타내고 있다. 이와 같이 지형풍평형과 정역학평형에 있는 대기 중에서는 남북의 온도차와 바람의 연직전단 사이에는 비례관계에 있어 온도풍의 관계가 된다.

온도풍의 상태에 있는 흐름은 수평방향으로 밀도구배가 있고, 유효위치에너지를 가지므로 조건에 따라서는 경압불안정(傾壓不安定)이 생겨서 파동요란(波動擾亂)이 증폭된다.

ㄴ. 온도풍방정식

지형(균)풍은 각 고도에 있어서 기압경도에 상당해서 불고 있다. 그러나 각 고도에 있어서의 기압분포는 기온의 공간분포에 따라서 변한다. 따라서 임의의 2개의 고도에 있어서 지형풍은 같지 않다. 그 차는 양고도간의 기온분포에 의해 결정되고 있다. 이 관계를 알아보자. 식 (11.50)에 상태방정식($\frac{1}{\rho}=\frac{RT}{p}$)를 대입하면,

$$f v = \frac{1}{\rho}\frac{\partial p}{\partial x} = \frac{RT}{p}\frac{\partial p}{\partial x} = RT\frac{\partial \ln p}{\partial x}$$

$$-f u = \frac{1}{\rho}\frac{\partial p}{\partial y} = \frac{RT}{p}\frac{\partial p}{\partial y} = RT\frac{\partial \ln p}{\partial y} \qquad (11.56)$$

이 되고, 이것을 z로 미분하면 다음과 같이 된다.

$$f\frac{\partial v}{\partial z} = R\frac{\partial T}{\partial z}\frac{\partial \ln p}{\partial x} + RT\frac{\partial^2 \ln p}{\partial z\,\partial x} = R\frac{\partial T}{\partial z}\frac{\partial \ln p}{\partial x} + RT\frac{\partial^2 \ln p}{\partial x\,\partial z}$$

$$-f\frac{\partial u}{\partial z} = R\frac{\partial T}{\partial z}\frac{\partial \ln p}{\partial y} + RT\frac{\partial^2 \ln p}{\partial z\,\partial y} = R\frac{\partial T}{\partial z}\frac{\partial \ln p}{\partial y} + RT\frac{\partial^2 \ln p}{\partial y\,\partial z} \qquad (11.56)$$

한편 정역학방정식 (10.42)에 위와 같은 상태방정식을 대입하면,

$$-g = \frac{1}{\rho}\frac{\partial p}{\partial z} = \frac{RT}{p}\frac{\partial p}{\partial z} = RT\frac{\partial \ln p}{\partial z} \qquad (11.58)$$

이 된다. 이것을 x 및 y 로 미분하면,

$$0 = R\frac{\partial T}{\partial x}\frac{\partial \ln p}{\partial z} + RT\frac{\partial^2 \ln p}{\partial x\,\partial z}$$

$$0 = R\frac{\partial T}{\partial y}\frac{\partial \ln p}{\partial z} + RT\frac{\partial^2 \ln p}{\partial y\,\partial z} \qquad (11.59)$$

가 된다. 위 식을 식 (11.57)에 대입하면,

$$f\frac{\partial v}{\partial z}=R\left(\frac{\partial T}{\partial z}\frac{\partial \ln p}{\partial x}-\frac{\partial T}{\partial x}\frac{\partial \ln p}{\partial z}\right)=\frac{R}{p}\left(\frac{\partial T}{\partial z}\frac{\partial p}{\partial x}-\frac{\partial T}{\partial x}\frac{\partial p}{\partial z}\right)$$

$$-f\frac{\partial u}{\partial z}=R\left(\frac{\partial T}{\partial z}\frac{\partial \ln p}{\partial y}-\frac{\partial T}{\partial y}\frac{\partial \ln p}{\partial z}\right)=\frac{R}{p}\left(\frac{\partial T}{\partial z}\frac{\partial p}{\partial y}-\frac{\partial T}{\partial y}\frac{\partial p}{\partial z}\right) \quad (11.60)$$

이 된다. 따라서

$$\frac{\partial T}{\partial x}:\frac{\partial T}{\partial y}:\frac{\partial T}{\partial z}=\frac{\partial p}{\partial x}:\frac{\partial p}{\partial y}:\frac{\partial p}{\partial z} \quad (11.61)$$

의 관계가 성립한다면,

$$\frac{\partial u}{\partial z}=\frac{\partial v}{\partial z}=0 \quad (11.62)$$

이다. 즉, **순압대기**(順壓大氣, barotropic atmosphere)는 등온면과 등압면이 겹쳐 있으므로 높이에 따른 지형풍의 변화가 없어($\partial V_g/\partial z=0$) 온도풍은 존재하지 않는다. 반면 **경압대기**(傾壓大氣, baroclinic atmosphere, $\partial V_g/\partial z\neq 0$)에서만은 이와 반대이므로 온도풍이 존재하게 된다.

식 (11.60)에 식 (11.56)과 식 (11.58)을 대입하면,

$$\frac{\partial v}{\partial z}=\frac{1}{fT}\left(fv\frac{\partial T}{\partial z}+g\frac{\partial T}{\partial x}\right)$$

$$\frac{\partial u}{\partial z}=\frac{1}{fT}\left(fu\frac{\partial T}{\partial z}-g\frac{\partial T}{\partial y}\right) \quad (11.63)$$

이 된다. 이 1차미분방정식을 **온도풍방정식**(溫度風方程式, thermal wind equation)이라고 한다.

CGS 단위로 표현하면, 일반적인 경우 $\frac{\partial T}{\partial y}\approx\frac{\partial T}{\partial x}\geq O(10^{-8})$, $\frac{\partial T}{\partial z}\leq O(10^{-4})$, $f=O(10^{-4})$, $g=O(10^{3})$ (11.64) 이므로

$$f\,v\frac{\partial T}{\partial z}\approx f\,u\frac{\partial T}{\partial z}\leq O(10^{-5})\ ,\ g\frac{\partial T}{\partial x}\approx g\frac{\partial T}{\partial y}\geq O(10^{-5}) \tag{11.65}$$

이고, 일반적으로 식 (11.63)의 우변 제 1항은 제 2항에 비해서 1/10 또는 그 이하이므로 생략하면,

$$\frac{\partial v}{\partial z}\fallingdotseq\frac{g}{f}\frac{1}{T}\frac{\partial T}{\partial x}$$

$$\frac{\partial u}{\partial z}\fallingdotseq-\frac{g}{f}\frac{1}{T}\frac{\partial T}{\partial y} \tag{11.66}$$

이 된다. 이 식을 **근사온도풍방정식**(近似溫度風方程式, approximate thermal wind equation)이라고 해서 잘 사용되고 있다.

식 (11.63)을 z에 대해서 z_0에서 z까지 적분하면,

$$v=v_0+\int_{z_0}^{z}\left(\frac{1}{T}\frac{\partial T}{\partial z}v+\frac{1}{T}\frac{\partial T}{\partial x}\frac{g}{f}\right)dz$$

$$u=u_0+\int_{z_0}^{z}\left(\frac{1}{T}\frac{\partial T}{\partial z}u-\frac{1}{T}\frac{\partial T}{\partial y}\frac{g}{f}\right)dz \tag{11.67}$$

이 된다. 위 식의 제 2항이 나타내는 바람을 **온도풍**(溫度風, thermal wind)이라고 한다. 근사식 (11.66)을 이용하면,

$$v\ =v_0\ +\frac{g}{f}\int_{z_0}^{z}\frac{1}{T}\frac{\partial T}{\partial x}dz$$

$$u\ =u_0\ -\frac{g}{f}\int_{z_0}^{z}\frac{1}{T}\frac{\partial T}{\partial y}dz \tag{11.68}$$

이 된다.

ㄷ. 전단벡터

온도풍은 지형(균)풍이 불고 있는 상하의 2개의 등압면이 있을 때, 거기에 낀 기층의 평균기온의 수평구배와 평형을 이루는 2면간의 지형풍의 차인 **풍속연직전단**(風速鉛直剪斷)을 의미한다. 중·고위도와 같은 좋은 근사에서 지형풍평형과 정역학평형이 있는 경우

에 성립한다. 그림 11.11과 같이 온도풍은 상·하 면의 지형풍의 전단벡터의 방향으로 등온선을 따라 분다.

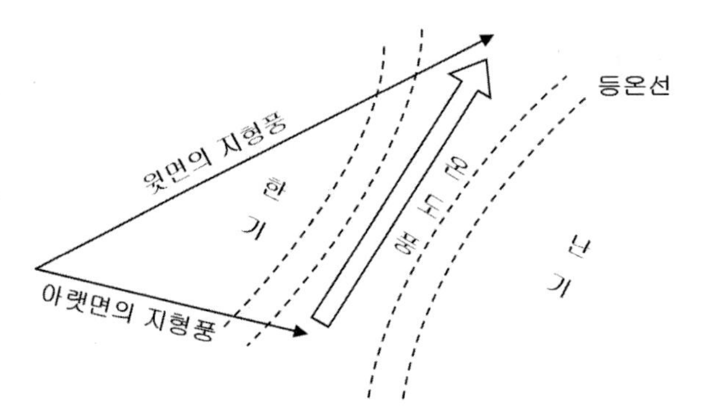

그림 11.11. 지형풍, 등온선, 온도풍의 관계

식 (11.63) 또는 식 (11.66)에서 주어진 것과 같은 $\frac{\partial u}{\partial z}$, $\frac{\partial v}{\partial z}$ 를 **지형풍전단**(地衡風剪斷, geostrophic shear)이라고 하고, 이와 같은 성분을 갖는 벡터를 **전단벡터**(剪斷--, 층밀림--, shear vecter, $\boldsymbol{v}_t$)라고 한다. 이 전단벡터를 식 (11.66)을 이용해서 표현을 하면,

$$v_t = \frac{\partial V_g}{\partial z} = \frac{g}{fT}\left|\frac{\partial T}{\partial n}\right| \tag{11.69}$$

로 고쳐 놓을 수가 있다. 여기서 n 은 등온선에 직각방향이다. 전단벡터는 고위도로 갈수록 그 값이 작아진다($f = 2\Omega\sin\phi$).

전단벡터의 방향은 지형(지균)풍의 식과 비교해서 알 수 있듯이 등온선에 평행하고 고온부를 오른쪽(북반구)으로 보는 것과 같은 방향이 되어 있다. 따라서 다음의 법칙이 얻어진다(註).

(i) 저압역과 저온부가 일치하면 지형풍속은 고도와 함께 증가한다.

(ii) 고압역과 저온부가 일치하면 지형풍속은 고도와 함께 감소한다.

(iii) 지형풍이 저온부를 향해서 불고 있을 때, 고도와 함께 오른쪽으로 방향을 변경한다.

(iv) 지형풍이 고온부를 향해서 불고 있을 때, 고도와 함께 왼쪽으로 방향을 변경한다.

이상의 관계를 더 깊이 알고 싶으면 역학대기과학주해(소선섭·소은미 저)를 참조하기 바란다. 고층풍의 관측이 없을 때 기온분포에서 고층풍의 추정에 사용할 수 있고, 역으로 고층풍의 관측이 있을 때 기온분포의 대체적인 모양을 아는 데에도 사용할 수가 있다.

11.3.3. 경도풍

지금부터의 바람에는 원형수평운동(圓形水平運動, circular horizontal motion)을 생각한다. 이로서 연직선 z의 주위에 대칭적인 수평운동을 생각한다. 원통좌표계의 운동방정식 (10.48)의 제 1과 2 식에서 수평($w=0$)과 원형($\partial p/\partial\theta=0$)수평운동의 조건을 고려하면,

$$\frac{dv_r}{dt} - f v_\theta - \frac{v_\theta^2}{r} = -\frac{1}{\rho}\frac{\partial p}{\partial r}$$

$$\frac{dv_\theta}{dt} + f v_r + \frac{v_r v_\theta}{r} = 0 \qquad (11.70)$$

이 된다.

위 식 (11.70)에 있어서 가속도가 없는 경우에는 제 2식에서 $v_r=0$ 또는 $v_\theta=-fr$을 얻는다. 그러나 $v_\theta=-fr$의 해는 제 1식의 좌변을 0으로 만들어서 우변의 기압경도력이 존재하지 않는 것이 되므로 등식이 성립하지 않아서 버린다. 따라서 $v_r=0$의 동심원이 될 수 있는 것만이 해가 되므로, 제 1식에서

$$f v_\theta + \frac{{v_\theta}^2}{r} = \frac{1}{\rho}\frac{\partial p}{\partial r} \qquad (11.71)$$

을 얻는다. 이 식은 기압경도력이 전향력과 원심력의 합력과 평형을 이루고 있는 것을 나타내고 있다. 이 식을 만족하는 바람을 **경도풍**(傾度風, gradient wind)이라고 하고, V_{gr}로 쓰기도 한다. 이 식은 자연좌표계에서 유도한 식 (10.57)과도 일치한다.

그림 11.12을 보면서 다음을 이해하자.

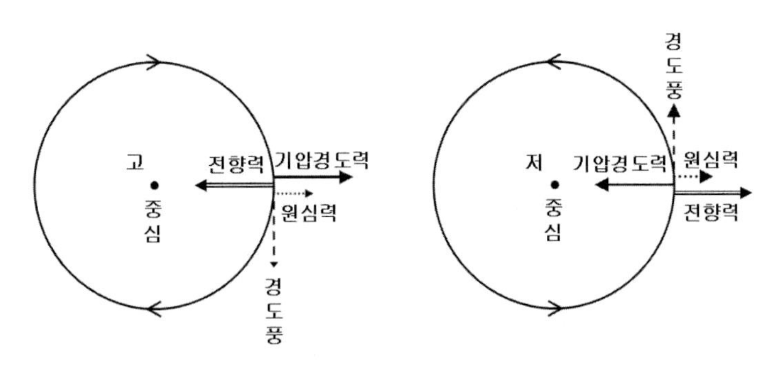

a. 고기압성방향 b. 저기압성방향

그림 11.12. 경도풍 방향

고기압역 내에서는 기압경도력 $\frac{\partial p}{\partial r} < 0$이기 때문에 위 식 (11.71)의 우변이 음수(陰數, -)이다. 따라서 좌변도 음수(-)가 되지 않으면 안 된다. 즉, 고기압에 수반된 바람은 시계방향〔순전(順轉, veering)〕으로 불고 있다. 이와 같은 방향성을 **고기압성방향**(高氣壓性方向, anticyclonic sense)이라고 한다(남반구에서는 $\phi < 0$ 이므로 $f < 0$이 되고, 따라서 북반구와는 반대로 반시계방향이 된다). 기압경도력과 원심력은 외부로 작용하고 전향력은 안으로 적용한다(그림 11.12 a. 참조).

저기압역 내에서는 $\frac{\partial p}{\partial r} > 0$ 이므로 우변은 양수(+)이다. 따라서 좌변도 양수(+)가 되어야 한다. V_{gr} 이 음수(-)의 경우 제 2항은 양수이므로 좌변은 양수가 될 수 있지만, 제 2항이 $r \rightarrow \infty$ 가 되어 직선등압선에 가까운 경우는 0이 된다. 이 경우는 지형풍이 되고 곡률반경의 증가와 함께 경도풍은 지형풍에 연속적으로 이행(移行)하지 않으면 안 되므로 $V_{gr} > 0$ 이 되어야 한다. 따라서 저기압 내에서는 반시계방향〔반전(反轉), 역전(逆轉), backing〕으로 바람이 분다. 이와 같은 방향을 **저기압성방향**(低氣壓性方向, cyclonic sense)이라고 한다. 원심력과 전향력이 외부로 작용하고 기압경도력은 안으로 작용한다(그림 11.12 b. 참조).

기압경도력($\frac{1}{\rho}\frac{\partial p}{\partial r}$)을 P_r 로 쓰면, 식 (11.71)은

$$\frac{{V_{gr}}^2}{r} + f V_{gr} = P_r \tag{11.72}$$

인데, 편의상 다음과 같이 생각하면 중심이 저기압일 때와 고기압일 때의 구분이 쉽다. 지금부터는 그림 11.13을 참고한다.

고기압의 경우 : $V_{gr} < 0$, $P_r < 0$: |경도풍| 〈 |지형풍| (풍속)

저기압의 경우 : $V_{gr} > 0$, $P_r > 0$: 경도풍 〈 지형풍 (풍속) (11.73)

위 식 (11.72)는 V_{gr} 에 대해서 2차식이므로 이를 풀면,

$$V_{gr} = \frac{1}{2}\left(- f r \pm \sqrt{f^2 r^2 + 4 r P_r} \right) \tag{11.74}$$

가 된다. 실수의 해를 갖기 위해서는 근호 속이 양수이어야 한다. 저기압의 경우는 기압경

도력 $P_r > 0$이므로 기압경도력의 증가와 함께 경도풍 V_{gr}은 무한히 커질 수가 있다.

그러나 고기압의 경우는 $P_r < 0$ 이므로 V_{gr}이 실수이려면 근호 속이 양수(+)가 되기 위해서는 다음의 조건을 갖게 된다.

$$- P_r \leq \frac{f^2 r}{4} = \Omega^2 r \sin^2\phi \quad (11.75)$$

따라서 정상적인 고기압의 경우는 기압경도력이 위의 값 이상으로는 가질 수 없게 된다. 이때의 극한풍속(極限風速)은 식 (11.74)의 근호를 0으로 하는 값

$$V_{gr} = -\frac{1}{2} f r = -\Omega r \sin\phi = -\frac{1}{2} v_i \quad (11.76)$$

이 된다. 이 값은 식 (11.72)에서 기압경도력이 없을 때가 관성풍이므로 관성풍속 v_i의 반이 된다.

보통의 정상적인 해에서 식 (11.74)의 근호 앞의 음수(-)는 버리고 논의를 하지만, 여기서는 차원을 높여서 복소수를 포함하는 가능해들을 포함해서 그림 11.13에 설명하도록 한다(북반구의 경우).

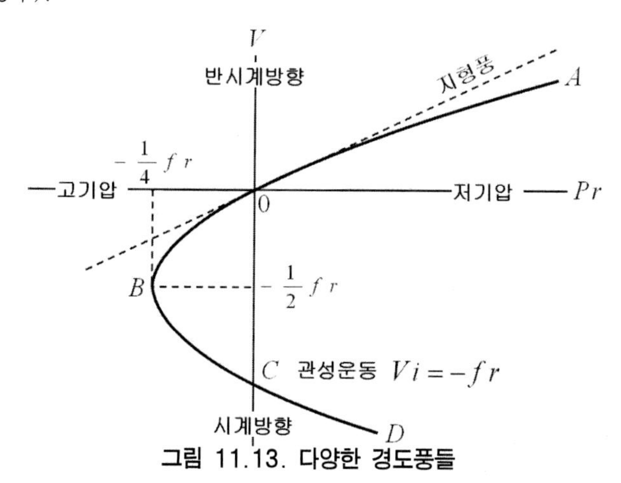

그림 11.13. 다양한 경도풍들

A-O-B : 보통의 경도풍

A-O : 저기압성 경도풍 ($V_g > V_{gr}$)

O-B : 고기압성 경도풍($|Vg| < |Vgr|$)(절대치로)

B-C-D : 이상(異常)적의 경도풍: 관측되는 일은 드물다.

B-C : 고기압성(시계방향, 順轉, veering)이나 풍속이 이상적으로 강함, 정상의 고기압성 풍속(B점)을 능가

C : 기압경도력 $P_r = 0$ 이므로 관성풍속 v_i, 시계방향의 회전 B 점의 정상고기압 풍속의 2배

C-D : 시계방향의 저기압성 바람(異常)

11.3.4. 선형풍

식 (11.71)의 경도풍 중에서 반경 r이 충분이 작거나 풍속 v_θ가 충분히 클 때 즉, $f \ll v_\theta / r$에서는 제 1항(전향력)은 제 2항(원심력)에 비교해서 생략할 수 있다. 따라서 다음과 같이

$$\frac{V_c^{\,2}}{r} = \frac{1}{\rho}\frac{\partial p}{\partial r} \qquad (11.77)$$

을 얻는다. 이 식을 만족하는 바람을 **선형풍**(旋衡風, cyclostrophic wind)이라고 한다. 이것을 V_c로 쓰기로 한다. 선형풍은 기압경도력과 원심력이 평형을 이루고 있을 때에 부는 바람이고, 회전의 방향에 관계없이 중심부는 저기압으로 되어있다.

선형풍의 성질을 갖춘 것은 용권(龍卷, spout, 토네이도), 선풍〔(旋風 : 육상의 작은 와권(渦卷), 회오리바람, whirl wind)〕, 태풍의 중심부근의 바람 등이다(註). 예를 들면, 반경 $10m$에 걸쳐서 주속도가 $100m/s$의 선풍의 경우, $f \approx 10^{-4}/s$에 대해서 $v_\theta / r \approx 10$이기 때문에 원심력이 전향력의 약 10만배나 크다. 이와 같은 선풍은 시계방향의 회전(고기압성의 회전)이라도 중심의 기압은 주위보다도 낮아져 저기압성 회전이 된다.

11.3.5. 바람들의 관계

지형풍(지균풍), 관성풍, 선형풍, 경도풍들과의 관계를 맺어본다. 지형풍속은 식 (11.55)에서 등압선에 수직인 n 방향을 반경 r 방향으로 전환해서

$$V_g = \frac{1}{f\rho}\frac{\partial p}{\partial r} \qquad (11.55)'$$

이고, **관성풍속**(慣性風速)은 식 (11.11)에서

$$v_i = -fr \qquad (11.11)'$$

이고, **선형풍속**(旋衡風速)은 식 (11.77)에서

$$V_c^{\,2} = \frac{r}{\rho}\frac{\partial p}{\partial r} \qquad (11.77)'$$

이다. 이들 간에는 다음의 관계가 있다.

$$V_c^{\,2} = \frac{1}{f\rho}\frac{\partial p}{\partial r}\cdot f r = - V_g v_i \tag{11.78}$$

더욱 이들을 이용하고, 경도풍방정식 (11.71)을 고쳐 쓰면,

$$V_{gr}^2 = \frac{r}{\rho}\frac{\partial p}{\partial r} - f r V_{gr} = f r\left(\frac{1}{f\rho}\frac{\partial p}{\partial r} - V_{gr}\right) = v_i (V_{gr} - V_g) \tag{11.79}$$

또,

$$\frac{V_{gr}^{\,2}}{\dfrac{r}{\rho}\dfrac{\partial p}{\partial r}} + \frac{f V_{gr}}{\dfrac{1}{\rho}\dfrac{\partial p}{\partial r}} = 1 \tag{11.80}$$

로 고쳐 쓰면, 식 (11.77)′과 식 (11.55)′에서

$$\frac{V_{gr}^{\,2}}{V_c^{\,2}} + \frac{V_{gr}}{V_g} = 1 \tag{11.81}$$

의 관계가 있음을 알 수가 있다.

11.3.6. 비정상풍

다음에는 가속도가 있는 경우를 생각한다. 중심을 둘러싸고 있는 공기윤(空氣輪)을 생각해서 그 반경을 r 로 한다면, 그 속도는 $vr = \dfrac{dr}{dt}$ 로 놓을 수 있다. 식 (11.70)의 제 2식을 고쳐 쓰면,

$$\frac{dv_\theta}{dt} + \left(f + \frac{v_\theta}{r}\right)\frac{dr}{dt} = 0 \tag{11.82}$$

이기 때문에, 이것을 다시 전미분 형식으로 고쳐 쓰면,

$$\frac{d}{dt}\left\{r\left(v_\theta + \frac{f}{2}r\right)\right\} = 0 \tag{11.83}$$

이 되고, 또는 이것을 적분하면,

$$r(v_\theta + \frac{f}{2}r) = const. = M \tag{11.84}$$

를 얻는다. 이것은 식 (10.114)와 같이 좌표축 주위의 **절대각운동량 보존법칙**(絶對角運動量 保存法則, conservation law of absolute angular momentum)을 나타낸다. $M(= I\omega = m r^2 \omega)$의 초기치로 r_0 와 v_θ 로 주어지면 즉,

$$r_0(v_\theta + \frac{f_0}{2}r_0) = M \tag{11.85}$$

가 된다. 여기의 초기치에서 상수인 운동량 M을 구할 수가 있다.

식 (11.84)에서 v_θ 를 구하면,

$$v_\theta = \frac{M}{r} - \frac{f}{2}r \tag{11.86}$$

이 된다. 즉, 공기윤(空氣輪)을 동경(動徑)방향으로 변위시키면(r 의 변화), 접선속도(接線速度, v_θ, tangential velocity)는 위 식에 따라서 변화한다.

위 식 (11.86)을 식 (11.70)의 제 1 식에 대입하면,

$$\frac{dv_r}{dt} = -\frac{1}{\rho}\frac{\partial p}{\partial r} + \frac{M^2}{r^3} - \frac{f^2}{4}r \tag{11.87}$$

이 된다. 위 식의 오른쪽 항을 2 덩치로 묶어서

$$\frac{1}{\rho}\frac{\partial p}{\partial r} \gtrless \frac{M^2}{r^3} - \frac{f^2}{4}r \tag{11.88}$$

에 따라서

$$\frac{dv_r}{dt} \lessgtr 0 \tag{11.89}$$

와 같이 가속된다.

그림 11.14는 가속도가 있는 경우 경도풍이나 선형풍과 같이 일정한 동심원의 원을 그리는 것이 아니고, 가속도로 인해 동심원을 넘어 동경속도와 접선속도의 부호와 크기에 따라 동심원의 반경과 속도, 방향이 다양하게 변화하는 것을 보여주고 있다.

동경방향 v_r 및 접선방향 v_θ의 변위에 수반하는 증가는 기압경도력이 이루는 일에 의한 것을 다음과 같이 해서 안다. 식 (11.70)의 제 1식에 v_r, 제 2식에 v_θ를 곱해서 더하면,

$$v_r \frac{dv_r}{dt} + v_\theta \frac{dv_\theta}{dt} = -\frac{1}{\rho}\frac{\partial p}{\partial r} v_r$$

$$\frac{d}{dt}\left\{\frac{1}{2}(v_r^{\ 2} + v_\theta^{\ 2})\right\} = -\frac{1}{\rho}\frac{\partial p}{\partial r} v_r = -\frac{1}{\rho}\frac{\partial p}{\partial r}\frac{dr}{dt} \tag{11.90}$$

이 된다.

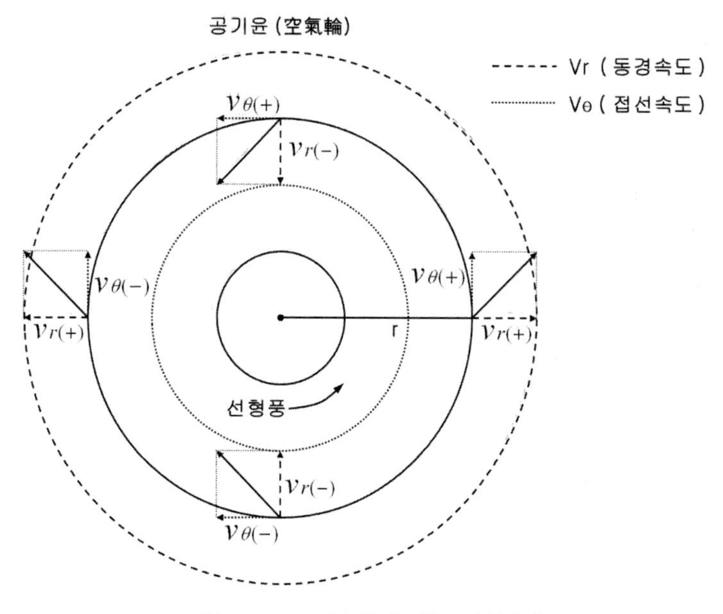

그림 11.14. 가속도가 있는 비정상풍

그러므로 이것을 t에 대해서 적분하면,

$$\frac{1}{2}(v_r^{\ 2} + v_\theta^{\ 2}) - \frac{1}{2}(v_{r_0}^{\ 2} + v_{\theta_0}^{\ 2}) = -\int_{r_0}^{r} \frac{1}{\rho}\frac{\partial p}{\partial r} dr \tag{11.91}$$

이 된다. 즉, 좌변의 운동에너지 증가는 우변의 기압경도력이 이루는 일의 양과 같다.

11.4. 전면과 전선

서로 밀도가 다른 두 기단(氣團, air mass)이 접하고 있을 때 그 경계에서는 밀도의 변화가 연속적이지만 크다. 잘 알려져 있는 것과 같이 이 면을 **전면**(前面, frontal surface)이라고 하고, 지표면과의 교선을 **전선**(前線, front)이라고 한다. 양쪽 기단은 모두 공기이므로 물과 기름의 경계와는 달리 서로 혼합될 것이다. 사실 실제의 기단의 경계는 엄밀한 의미에서는 선(線)도 면(面)도 아니다. 양 기단이 섞여서 폭(幅)을 형성한다. 이 경계층을 **전이층**(轉移層, transitional layer)이라고 한다. 단, 그 폭이 기단의 퍼짐에 비교해서 좁으므로 선 또는 면으로 취급하게 된 것이다. 전이층의 폭은 수직방향으로 1~2 km, 수평방향으로는 50~300 km 정도이다. 한편 전선의 양쪽의 기단의 수평방향의 퍼짐은 1,000~3,000 km 정도의 폭을 가지고 있다(그림 11.15 참조).

현저한 전선의 경우 풍속이 $10\,m/s$, 풍향이 거의 반대, 기온이 7 C 정도, 습도 등이 서로 다르다. 따라서 전선의 통과 즘에는 일기의 급변을 예고하는 것이므로 초단기 일기예보에 주의를 기울여야 함의 교훈을 주고 있는 것이다.

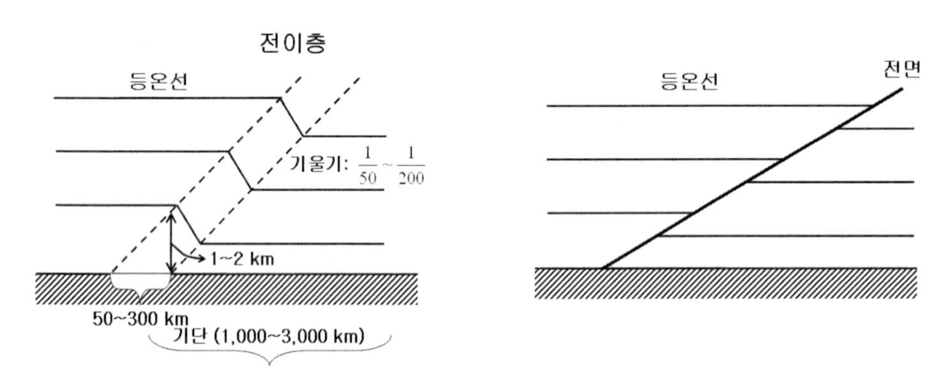

그림 11.15. 전이층과 전면

11.4.1. 기본 사항

전면 상에서 같은 점에 양측에서 작용하는 기압은 항상 같다. 양측의 기압에 차가 있으면 면에 무한대의 가속도가 작용하기 때문이다(기압경도력 $\frac{\partial p}{\partial n} = \frac{\Delta p}{0} \rightarrow \infty$, $p = \frac{F}{s} = \frac{ma}{s}$, $\therefore$ 가속도 $a = \frac{ps}{m} \rightarrow \infty$). 따라서 양측의 기단에 관한 양을 하첨자 1,

2로 구별하면 위의 조건은

$$p_1 = p_2 , \qquad dp_1 = dp_2 \tag{11.92}$$

와 같이 된다. 이것이 **역학적 조건**〔力學的條件, dynamic(al) condition〕이다. 이 식은 면상(面上)에서 성립하므로 면상의 2점의 기압차도 양측에서 같게 된다. 두 점간의 좌표차를 (dx, dy, dz)로 한다면, 위 식은

$$\left(\frac{\partial p}{\partial x}\right)_1 dx + \left(\frac{\partial p}{\partial y}\right)_1 dy + \left(\frac{\partial p}{\partial z}\right)_1 dz = \left(\frac{\partial p}{\partial x}\right)_2 dx + \left(\frac{\partial p}{\partial y}\right)_2 dy + \left(\frac{\partial p}{\partial z}\right)_2 dz \tag{11.93}$$

이 된다.

다음에 전면(前面)의 양측에 있어서 공기가 면을 넘어서 다른 곳으로 들어가거나 떨어지지 않기 위해서는 풍속에 법선(n)방향의 수직속도가 같아야 한다. 이 관계를 식으로 쓰면,

$$(v_n)_1 = (v_n)_2 \tag{11.94}$$

가 된다. 이것을 **운동학적 조건**(運動學的條件, kinematic condition)이라고 한다.

전면의 경사를 알아보기 위해서 식 (11.93)을 고쳐 쓰면,

$$\left\{(\frac{\partial p}{\partial x})_1 - (\frac{\partial p}{\partial x})_2\right\}dx + \left\{(\frac{\partial p}{\partial y})_1 - (\frac{\partial p}{\partial y})_2\right\}dy + \left\{(\frac{\partial p}{\partial z})_1 - (\frac{\partial p}{\partial z})_2\right\}dz = 0 \tag{11.95}$$

가 되고 위 식의 z를 x, y로 편미분하면 전면의 경사(기울기)는

$$\left(\frac{\partial z}{\partial x}\right)_F = -\frac{\left(\frac{\partial p}{\partial x}\right)_1 - \left(\frac{\partial p}{\partial x}\right)_2}{\left(\frac{\partial p}{\partial z}\right)_1 - \left(\frac{\partial p}{\partial z}\right)_2}, \qquad \left(\frac{\partial z}{\partial y}\right)_F = -\frac{\left(\frac{\partial p}{\partial y}\right)_1 - \left(\frac{\partial p}{\partial y}\right)_2}{\left(\frac{\partial p}{\partial z}\right)_1 - \left(\frac{\partial p}{\partial z}\right)_2} \tag{11.96}$$

으로 주어진다.

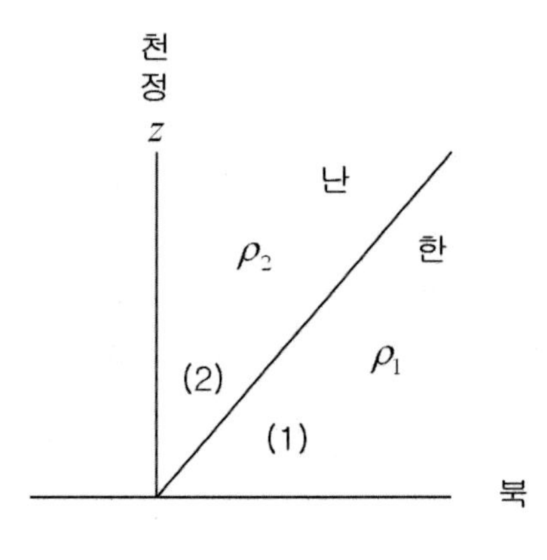

그림 11.16. 전면의 경사

그림 11.16과 같이 전면과 지표와의 교선, 즉, 전선은 x축에 평행으로 하고 따뜻한 공기 (1)의 밀도 ρ_1은 찬공기 (2)의 밀도 ρ_2보다 크고, (1)은 y축의 양(+)의 쪽에, (2)는 음(-)의 쪽에 있는 것으로 가정한다. 더욱이 정역학방정식 $\partial p/\partial z = -g\rho$ 를 이용하면, 식 (11.96)의 제 2식에서

$$\left(\frac{\partial z}{\partial y}\right)_F = \frac{\left(\frac{\partial p}{\partial y}\right)_1 - \left(\frac{\partial p}{\partial y}\right)_2}{g(\rho_1 - \rho_2)} \tag{11.97}$$

이 된다. 분모 $\rho_1 > \rho_2$ 이기 때문에 분자의 부호에 따라서 전면의 구배는 결정이 된다.

11.4.2. 지형풍전면

전면의 양측에서 지형풍이 불고 있는 경우 그 전면을 **지형풍전면**(地衡風前面, frontal surface of geostrophic wind)이라고 한다. 식 (11.50)에서

$$f\rho v = \frac{\partial p}{\partial x}, \qquad -f\rho u = \frac{\partial p}{\partial y} \tag{11.50$'$}$$

이다. 전면이 x축을 포함하게 되는 경우 역학적조건에서

$$\left(\frac{\partial p}{\partial x}\right)_1 = \left(\frac{\partial p}{\partial x}\right)_2 \text{ 이기 때문에, } (\rho v)_1 = (\rho v)_2 \tag{11.98}$$

이 되어야 한다. 그런데 운동학적조건 식 (11.94)에서 $v_1 = v_2$ 가 아니면 안 된다. 따라서 그렇게 되려면 $\rho_1 = \rho_2$ 가 되어야 한다. 이것은 전면의 정의에 어긋난다. $\rho_1 \neq \rho_2$ 의 경우에 지형풍전면이기 위해서는 $v_1 = v_2 = 0$, 즉 전면에 직각의 풍속성분은 0 이다. 따라서 전면 자신도 정체(停滯)해 있지 않아야 한다.

지형풍전면의 경사각(傾斜角) α 는 식 (11.50)′의 2번째 식을 식 (11.97) 에 대입하면 얻어진다.

$$\tan\alpha = \left(\frac{\partial z}{\partial y}\right)_F = -\frac{f(\rho_1 u_1 - \rho_2 u_2)}{g(\rho_1 - \rho_2)} \approx \frac{f\,T_m}{g}\frac{u_1 - u_2}{T_2 - T_1} \tag{11.99}$$

이것을 **마르그레스의 식**(Margules's equation, ☂)이라고 한다. 여기서 ρ_1, ρ_2 와 T_1, T_2 는 각각 찬 기단과 따뜻한 기단의 밀도 및 기온이다. T_m 은 T_1 과 T_2 의 평균기온이다.

$\left(\frac{\partial z}{\partial y}\right)_F > 0$, $\rho_1 > \rho_2$ 의 경우 $\rho_1 u_1 < \rho_2 u_2$ 이다. 따라서 $u_1 < u_2$ 이다. 이것은 그림 11.17 에 표시한 것과 같은 3 개의 경우이다. 어느 경우에도 전면의 양측에 있어서 전단(剪斷, 시어)은 저기압성이다. 이와는 반대로 $\left(\frac{\partial z}{\partial y}\right)_F < 0$의 경우에는 고기압성이 된다. 즉, 전면의 경사의 부호에 따라 저기압성 또는 고기압성의 회전성이 결정이 된다.

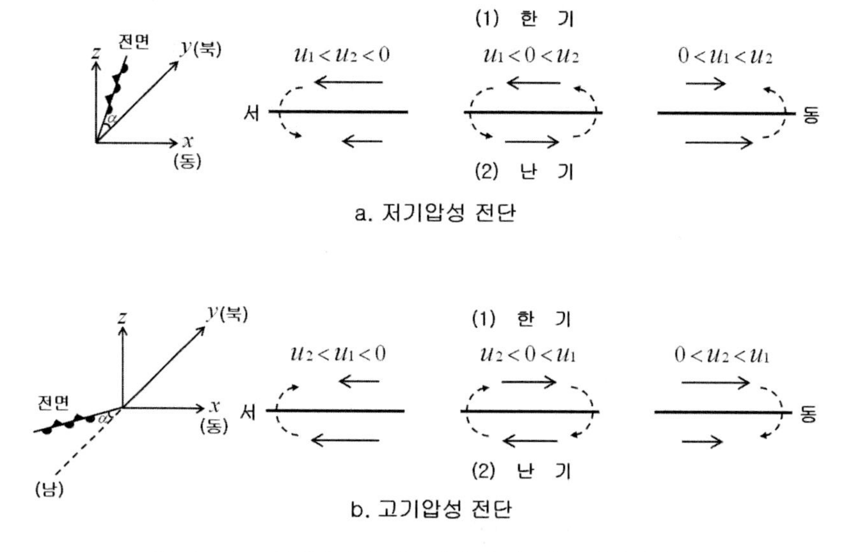

그림 11.17. 지형풍전면 경사의 부호에 따른 전단의 회전성

식 (11.99)에 상태방정식 $p = R\rho T$ 를 대입하고 역학적조건 $p_1 = p_2$ 의 관계를 고려해서 고쳐 쓰면,

$$\left(\frac{\partial z}{\partial y}\right)_F = \frac{f}{g}\frac{T_1 u_2 - T_2 u_1}{T_2 - T_1} \tag{11.100}$$

이 된다. $T_2 = T_1 + \Delta T$ 로 놓고 분자의 T_1 에 대해서 ΔT 를 생략하면, 근사식

$$\left(\frac{\partial z}{\partial y}\right)_F \fallingdotseq \frac{f}{g}\frac{u_2 - u_1}{\Delta T}T_1 \tag{11.101}$$

을 얻는다. 전면의 경사는 대략 1/50 ~1/500 정도이다.

11.4.3. 경도풍전면

고기압 또는 저기압의 주위에서 중심에 대칭인 전면이 있고. 그 양측에서 경도풍이 불고 있을 경우를 **경도풍전면**(傾度風前面, frontal surface of gradient wind)이라고 한다.

원통좌표계의 식 (10.50)에서 $\frac{dv_r}{dt} = \frac{dv_\vartheta}{dt} = \frac{\partial p}{\partial \vartheta} = 0$ 로 놓으면,

$$f v_\theta + \frac{v_\theta^2}{r} = \frac{1}{\rho}\frac{\partial p}{\partial r}$$

$$-g = \frac{1}{\rho}\frac{\partial p}{\partial z} \tag{11.102}$$

가 된다. 안쪽의 기단에 대한 양에 첨자 (1), 바깥쪽의 기단에 관한 양에 첨자 (2)를 붙여서 구별한다. 전면의 경사는 식 (11.96)과 같이

$$\left(\frac{\partial z}{\partial r}\right)_F = -\frac{\left(\frac{\partial p}{\partial r}\right)_1 - \left(\frac{\partial p}{\partial r}\right)_2}{\left(\frac{\partial p}{\partial z}\right)_1 - \left(\frac{\partial p}{\partial z}\right)_2} \tag{11.103}$$

으로 주어짐으로, 식 (11.102)를 대입하면,

$$\left(\frac{\partial z}{\partial r}\right)_F = \frac{f(\rho_1 v_{\theta 1} - \rho_2 v_{\theta 2}) + \frac{1}{r}(\rho_1 {v_{\theta 1}}^2 - \rho_2 {v_{\theta 2}}^2)}{g(\rho_1 - \rho_2)} \qquad (11.104)$$

가 된다. 지형풍에서와 같이 상태방정식 $p = R\rho T$ 를 대입하고 역학적조건 $p_1 = p_2$ 의 관계를 고려해서 위 식을 고쳐 쓰면,

$$\left(\frac{\partial z}{\partial r}\right)_F = \frac{f}{g}\frac{T_2 v_{\theta 1} - T_1 v_{\theta 2}}{T_2 - T_1} + \frac{1}{gr}\frac{T_2 {v_{\theta 1}}^2 - T_1 {v_{\theta 2}}^2}{T_2 - T_1} \qquad (11.105)$$

가 된다. $T_2 = T_1 + \Delta T$, $v_{\theta 2} = v_{\theta 1} + \Delta v_\theta$ 로 놓으면, 근사식으로

$$\left(\frac{\partial z}{\partial r}\right)_F = \left(\frac{\partial z}{\partial r}\right)_P - \frac{f}{g}\frac{\Delta v_\theta}{\Delta T} T_1 \left(1 + \frac{2 v_{\theta 1}}{fr}\right) \qquad (11.106)$$

이 된다.

그런데 우변 제 1 항의 등압면의 경사는 10^{-5} 정도이고, 제 2 항은 $10^{-2} \sim 10^{-4}$ 정도이므로, 근사적으로는

$$\left(\frac{\partial z}{\partial r}\right)_F \fallingdotseq -\frac{f}{g}\frac{\Delta v_\theta}{\Delta T} T_1 \left(1 + \frac{2 v_{\theta 1}}{fr}\right) \qquad (11.107)$$

로 주어진다. 우변의 부호를 결정하자. 괄호 안 부호의 변화는 풍속 $v_{\theta 1}$ 인데 저기압은 양(+) 이다. 고기압에서만 음(-)의 값을 갖는다. 그런데 경도풍 고기압의 최대는 식 (11.76)에서 $V_{gr} = -\frac{1}{2}fr = -\Omega r \sin\phi = -\frac{1}{2}v_i$ 이므로 이것을 위 식의 괄호에 대입을 하면($V_{gr} \to v_{\theta 1}$, 북반구의 경우),

$$\left(1 + \frac{2 v_{\theta 1}}{fr}\right) = 1 + \frac{-2\frac{1}{2}fr}{fr} = 1 - 1 = 0 \qquad (11.108)$$

이 된다. 이것은 부(-)의 최대일 때의 값이므로 괄호 안은 부호의 결정에 관여하지 않는다. 따라서 온도차(ΔT)와 풍속차(Δv_θ)에 의해 경사의 부호가 결정된다. 그림 11.18은 식 (11.107)의 관계를 그림으로 나타내는 것이다.

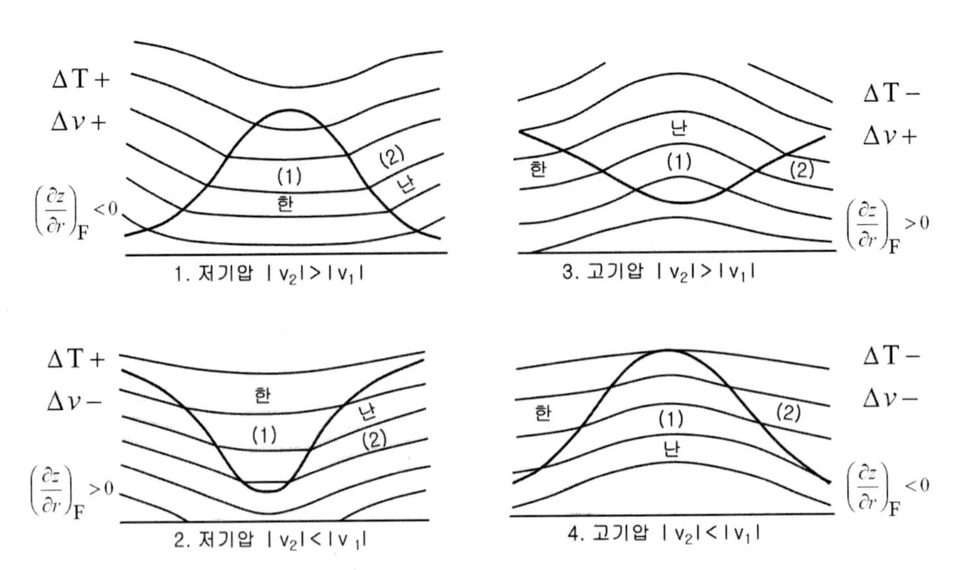

그림 11.18. 경도풍전면의 경사

11.4.4. 대상전면

지축(地軸)의 주위에 대칭으로 전선이 위도권에 일치하는 전면을 **대상전면**(帶狀前面, zonal frontal surface)이라고 한다. 바람이 지면에 평행한 경우 즉, $v_r = 0$ 으로 가속도가 없을 경우 운동방정식은 식 (11.13)에서

$$\bar{f}\, v_\lambda + \frac{v_\lambda{}^2 + v_\phi{}^2}{r} = g + \frac{1}{\rho}\frac{\partial p}{\partial r}$$

$$f\, v_\phi + \tan\phi\, \frac{v_\lambda\, v_\phi}{r} = \frac{1}{\rho}\, \frac{1}{r\cos\phi}\, \frac{\partial p}{\partial \lambda}$$

$$f\, v_\lambda + \tan\phi\, \frac{v_\lambda{}^2}{r} = -\frac{1}{\rho}\, \frac{\partial p}{r\,\partial \phi} \tag{11.109}$$

가 된다. 위도방향(λ 방향, x축, 동서방향)으로 전선이 있음으로 전면의 역학적조건에서 $\left(\frac{\partial p}{\partial \lambda}\right)_1 = \left(\frac{\partial p}{\partial \lambda}\right)_2$ 가 성립하므로 위의 2번째 식에서

$$\rho_1\, v_{\phi 1}\left(f + \tan\phi\, \frac{v_{\lambda 1}}{r}\right) = \rho_2\, v_{\phi 2}\left(f + \tan\phi\, \frac{v_{\lambda 2}}{r}\right) \tag{11.110}$$

이고, 운동학적조건(전선 전후의 공기가 서로 떨어지지 않음)에서 전선의 법선방향인 경도방향(ϕ 방향, y-축, 남북방향)의 $v_{\phi 1} = v_{\phi 2}$ 이다. 따라서 이것이 동시에 성립하기 위해서는

$$\rho_1 \left(f + \tan\phi \frac{v_{\lambda 1}}{r} \right) = \rho_2 \left(f + \tan\phi \frac{v_{\lambda 2}}{r} \right) \tag{11.111}$$

이 성립해야 된다. f는 10^{-4} 정도, $\tan\phi \frac{v_\lambda}{r}$는 $10^{-5} \sim 10^{-6}$ 정도이므로 제 2항은 그다지 문제가 되지 않는다. 따라서 $\rho_1 = \rho_2$ 이어야 한다. 이것은 지형풍에서와 같이 처음 조건에 대한 모순이므로, $v_{\phi 1} = v_{\phi 2} = 0$이어야 한다. 즉, 대상전면은 정상(定常)이다. 즉 전선에 평행인 바람(v_λ)만 있지 법선방향(남북방향)의 바람(v_ϕ)은 없다.

식 (11.109)의 제 1식에서 좌변은 g에 비해서 생략할 수가 있다. 또 제 2식은 $v_\phi = 0$ 이므로 삭제하면,

$$\frac{1}{\rho}\frac{\partial p}{\partial r} = -g$$

$$\frac{1}{\rho}\frac{\partial p}{r\,\partial\phi} = -f v_\lambda - \tan\phi \frac{{v_\lambda}^2}{r} \tag{11.112}$$

와 같이 된다. 따라서 전면의 경사는 식 (11.96)에서 다음 식으로 주어진다.

$$\left(\frac{\partial r}{r\,\partial\phi}\right)_F = -\frac{\left(\frac{\partial p}{r\,\partial\phi}\right)_1 - \left(\frac{\partial p}{r\,\partial\phi}\right)_2}{\left(\frac{\partial p}{\partial r}\right)_1 - \left(\frac{\partial p}{\partial r}\right)_2}$$

$$= -\frac{f(\rho_1 v_{\lambda 1} - \rho_2 v_{\lambda 2})}{g(\rho_1 - \rho_2)} - \tan\phi \frac{(\rho_1 {v_{\lambda 1}}^2 - \rho_2 {v_{\lambda 2}}^2)}{g r(\rho_1 - \rho_2)} \tag{11.113}$$

고위도 측의 기단에 관한 양을 첨자 1 (차가운 공기), 저위도 측의 기단에 관한 양을 첨자 2 (따뜻한 공기)로 나타내면, $\rho_1 > \rho_2$ 이다. 위 식을 고쳐 쓰면,

$$\left(\frac{\partial r}{r\,\partial\phi}\right)_F = -\frac{1}{g(\rho_1 - \rho_2)} \left\{ \rho_1 v_{\lambda 1} + \left(f + \tan\phi \frac{v_{\lambda 1}}{r} \right) - \rho_2 v_{\lambda 2} \left(f + \tan\phi \frac{v_{\lambda 2}}{r} \right) \right\} \tag{11.114}$$

가 된다. 극히 고위도가 아닌 이상 f에 비해서 $\tan\phi\,\frac{v_\lambda}{r}$는 생략할 수 있으므로

$$\left(\frac{\partial r}{r\,\partial\phi}\right)_F \fallingdotseq -\frac{f\left(\rho_1 v_{\lambda 1} - \rho_2 v_{\lambda 2}\right)}{g\left(\rho_1 - \rho_2\right)} \tag{11.115}$$

이고, 또는 상태방정식을 이용해서 온도로 나타내면,

$$\left(\frac{\partial r}{r\,\partial\phi}\right)_F \fallingdotseq -\frac{f\left(T_2 v_{\lambda 1} - T_1 v_{\lambda 2}\right)}{g\left(T_2 - T_1\right)} \tag{11.116}$$

이 된다. 일반적으로 $T_2 > T_1$이므로, $T_2 v_{\lambda 1} \lesseqgtr T_1 v_{\lambda 2}$에 따라서

$$\left(\frac{\partial r}{r\,\partial\phi}\right)_F \lesseqgtr 0 \tag{11.117}$$

과 같이 대상전면의 경사의 부호가 결정된다(그림 11.19 참고).

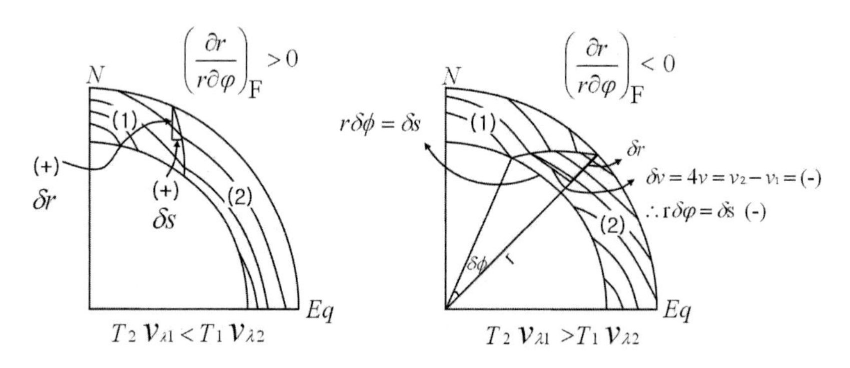

그림 11.19. 대상전면의 경사

11.4.5. 비정상전면

지형풍전면은 정상전면이지만 지형풍이 아닌 바람이 전면의 양측에 불고 있으면 전면은 찬공기 또는 따뜻한 공기 쪽으로 이동한다. 찬 공기 쪽에서 따뜻한 공기 쪽을 향해서 전면이 이동할 때 **한랭전면**(寒冷前面, cold frontal surface), 따뜻한 공기 쪽에서 찬 공기 쪽을 향해서 이동할 때 **온난전면**(溫暖前面, warm frontal surface)이라고 한다. 이것들을

합해서 **비정상전면**(非定常前面, non-stationary frontal surface)이라 한다. 비정상면에 대해서 한기와 난기의 속도가 전면의 진행속도와 같지 않을 때 공기는 전면을 따라서 상승 또는 하강한다.

ㄱ. 활주면

지금 전면의 진행속도를 v_F, 한기의 수평속도를 v_1, 연직속도를 w_1, 따뜻한 공기의 수평속도를 v_2, 연직속도 w_2로 한다면 다음과 같이 분류할 수 있다. 단, 찬 공기의 방향을 향해서 양(+)으로 취한다(도표 11.1. 참고).

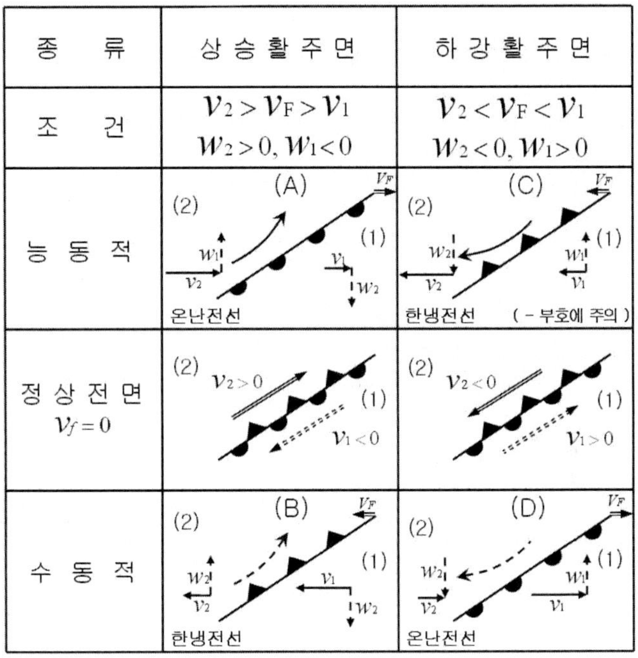

종 류	상 승 활 주 면	하 강 활 주 면
조 건	$v_2 > v_F > v_1$ $w_2 > 0,\ w_1 < 0$	$v_2 < v_F < v_1$ $w_2 < 0,\ w_1 > 0$
능 동 적	(A) v_F (2) (1) w_1 v_1 v_2 w_2 온난전선	(C) v_F (2) (1) w_2 w_1 v_2 v_1 한냉전선 (- 부호에 주의)
정 상 전 면 $v_f = 0$	(2) $v_2 > 0$ (1) $v_1 < 0$	(2) $v_2 < 0$ (1) $v_1 > 0$
수 동 적	(B) v_F (2) (1) w_2 v_1 v_2 w_2 한냉전선	(D) v_F (2) (1) w_2 w_1 v_2 v_1 온난전선

도표(圖表) 11.1. 비정상전면

A) **능동적상승활주면**(能動的上昇滑走面, active anafrontal surface): 온난전면

$$v_2 > v_F > v_1, \quad v_F > 0, \quad w_2 > 0, \quad w_1 < 0$$

전면보다 따뜻한 공기쪽이 빨리 진행하므로 따뜻한 공기는 적극적으로 전면을 따라서 올라간다.

B) **수동적상승활주면**(受動的上昇滑走面, passive anafrontal surface): 한랭전면

$$v_2 > v_F > v_1, \quad v_F < 0, \quad w_2 > 0, \quad w_1 < 0$$

전면보다 따뜻한 공기쪽이 늦게 진행하므로 따뜻한 공기는 강제적으로 전면에 밀어올려진다. 베르세론(Bergeron, 1895~1877, 🌂)은 이 전면을 **제 1 종한냉전면**(第一種寒冷前面)이라고 명명했다.

C) **능동적하강활주면**(能動的下降滑走面, active katafrontal surface); 한랭전면

$$v_2 < v_F < v_1, \quad v_F < 0, \quad w_2 < 0, \quad w_1 > 0$$

따뜻한 공기는 전면보다 빨리 진행하므로 적극적으로 전면을 따라서 하강한다.

D) **수동적하강활주면**(受動的下降滑走面, passive katafrontal surface): 온난전면

$$v_2 < v_F < v_1, \quad v_F > 0, \quad w_2 < 0, \quad w_1 > 0$$

전면보다 따뜻한 공기 쪽이 늦게 진행하므로 따뜻한 공기는 수동적으로 하강한다.

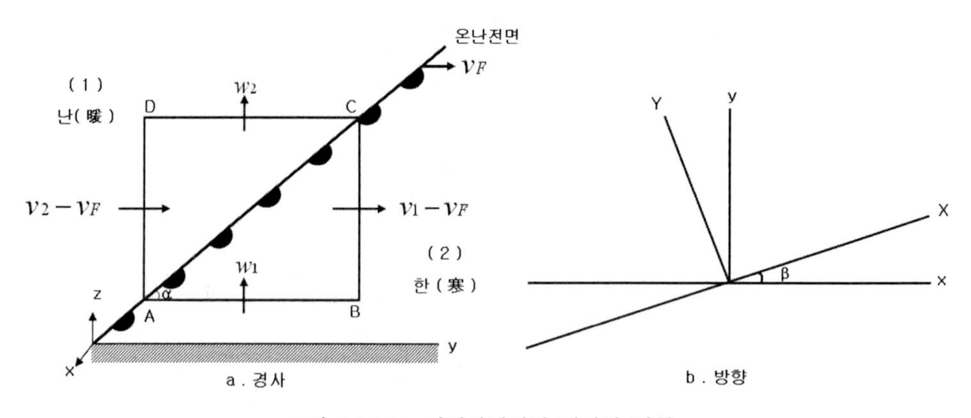

그림 11.20. 비정상전면의 경사와 방향

ㄴ. 경사

그림 11.20 a 와 같이 전면이 x 축에서 평행하고, 전면의 속도 v_F 로 찬공기(1)의 방향(온난전면)으로 움직이고 있는 것으로 한다. ABC 및 ACD 의 공간으로 들어가는 공기를 생각하면,

$$w_1 dy = (v_1 - v_F) dz, \qquad w_2 dy = (v_2 - v_F) dz \tag{11.118}$$

이 성립한다. 단, $AB = CD = dy$, $BC = AD = dz$ 이다. 전면의 각을 α(경사각)로 한다면

$$\tan\alpha = \frac{w_1}{v_1 - v_F}, \quad \tan\alpha = \frac{w_2}{v_2 - v_F} \tag{11.119}$$

가 된다.

그림 11.20 b 와 같이 전선의 방향이 동서축에 대해서 β 만큼 기울어져 있을 경우를 생각하기로 한다. X 축 및 Y 축의 속도성분을 U, V 로 한다면, 운동방정식 (10.146)과 전면의 경사의 식 (11.96)을 이용하고 규모분석하면 충분히 좋은 근사로

$$\left(\frac{\partial Z}{\partial Y}\right)_F = \tan\alpha = -\frac{\left(\frac{\partial p}{\partial Y}\right)_1 - \left(\frac{\partial p}{\partial Y}\right)_2}{\left(\frac{\partial p}{\partial Z}\right)_1 - \left(\frac{\partial p}{\partial Z}\right)_2}$$

$$\fallingdotseq -\frac{f(\rho_1 U_1 - \rho_2 U_2) + \rho_1\left(\frac{dV}{dt}\right)_1 - \rho_2\left(\frac{dV}{dt}\right)_2}{g(\rho_1 - \rho_2)} \tag{11.120 註}$$

이 된다. 이것이 **비정상면의 경사**이다. 한 단계 높은 수준의 자세한 저기압성과 고기압성 전단과 지형풍의 전면의 경사(傾斜, α_G)를 알기 위해서는 주해(註解)를 참고하기 바란다.

11.4.6. 전선 통과의 기압변화

일반적인 기압의 변화에 대해서는 11.2 절 '기압의 변화'에서 언급했다. 여기서는 전면(前面)이 통과할 때 찬 공기의 두께가 변화하기 때문에 일어나는 정역학적인 기압의 변화를 취급해서 설명하기로 한다.

간단히 하기 위해서 그림 11.21 a 와 같이 한기도 난기도 **등온대기**(等溫大氣, isothermal atmosphere)로 가정한다. 경사각을 α 로 하고 온난전면을 생각한다. 그림의 점 A 에서 관측하기로 한다. A 에서의 한기의 두께를 h, 그 때의 전면의 기압을 p_h 로 한다면 정역학방정식의 등온대기 식 (1.62)에서

$$p_0 = p_h \exp\left(\frac{g}{R}\frac{h}{T_1}\right) \tag{11.121}$$

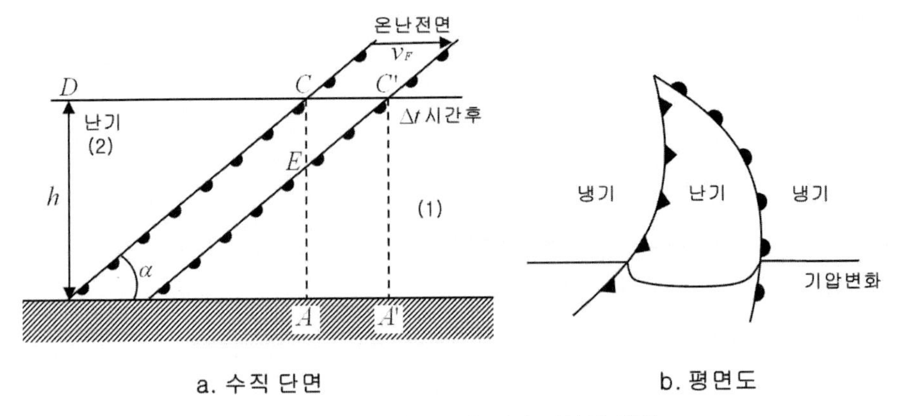

a. 수직 단면 b. 평면도

그림 11.21. 전선 통과 시의 기압의 변화

이다. Δt 시간 후에는 A 에 있던 기층이 A' 에 도착한다. 그때 한기의 두께는 CE 만큼 감소하고 그만큼 난기로 치환된다.
그때의 기압은

$$p_{0\,\Delta t} = p_h \exp\left[\frac{g}{R}\frac{C'E}{T_2} + \frac{g}{R}\frac{h - C'E}{T_2}\right]$$

$$= p_h \exp\left[\frac{g}{R}\frac{h}{T_1} + \frac{g}{R}C'E\left(\frac{1}{T_2} - \frac{1}{T_1}\right)\right] \qquad (11.122)$$

가 된다. 따라서 Δt 시간 후의 기압변화는

$$p_{0\,\Delta t} - p_0 = p_h e^{\frac{g}{R}\frac{h}{T_1}}\left[\exp\left\{\frac{g}{R}\left(\frac{1}{T_2} - \frac{1}{T_1}\right)C'E\right\} - 1\right]$$

$$\fallingdotseq p_0\left\{\frac{g}{R}\left(\frac{1}{T_2} - \frac{1}{T_1}\right)C'E\right\} \qquad (11.123)$$

으로 주어진다. 그런데 $C'E = v_F \Delta t \tan\alpha$ 와 같으므로 기압 변화의 속도는

$$\frac{\partial p_0}{\partial t} = p_0\left(\frac{g}{R}\frac{T_1 - T_2}{T_1 T_2}v_F \tan\alpha\right) = -\frac{g}{R}\frac{\Delta T\,p_0}{T_1 T_2}v_F \tan\alpha \qquad (11.124)$$

로 주어진다. 단, $\Delta T = T_2 - T_1$ 이다.

지금 $p_0 = 1,000\,hPa$, $T_1 T_2 = (273)^2$ 으로 놓고, v_F 를 m/s , $\dfrac{\Delta p}{\Delta t}$ 를 hPa/hr 로 취하면,

$$\frac{\partial p_0}{\partial t} \fallingdotseq -\frac{5}{3}\Delta T\, v_F \tan\alpha \qquad (11.125)$$

가 된다. 그림 11.21 b 에서 보는 것과 같이 온난전선의 통과 시에는 기압이 내려가고, 한랭전면의 경우는 v_F 가 음수(-)가 되므로 기압은 올라간다.

연 습 문 제

1. 절대각운동량 보존이 법칙을 이용하여 피겨스케이트 선수의 회전의 각속도의 변화를 계산해 보자(학부 논문 대상).

2. 지형풍속은 등압면일기도 상에서는 등고선의 간격과 코리올리 인수에 역비례한다. 따라서 위도에 따라 같은 간격이라도 같은 풍속을 주지 않는다. 등고선의 간격이 위도에 관계없이 풍속을 주게 하려면 어떤 지도를 이용하면 좋은가?

3. 등온위면(等溫位面) 상에서는 지형풍의 유선(流線)은 montgomery 함수

$$\psi_\theta = g z + C_p T \tag{연 11.1}$$

의 등치선(等値線)으로 주어지는 것을 나타내라.

4. 순압대기에서는 경도풍도 높이에 관계하지 않는 것을 설명하라.

5. 경도풍이 불 경우, 등압면의 경사각과 등온위면의 경사각의 사이에는

$$\tan\Theta_\theta - \tan\Theta_p = -\frac{T}{g}\frac{\frac{\partial K}{\partial z}}{\left(\frac{\partial T}{\partial z} + \Gamma\right)}, \quad K = f v_\vartheta + \frac{{v_\vartheta}^2}{r} \tag{연 11.2}$$

의 관계가 있는 것을 설명하라.

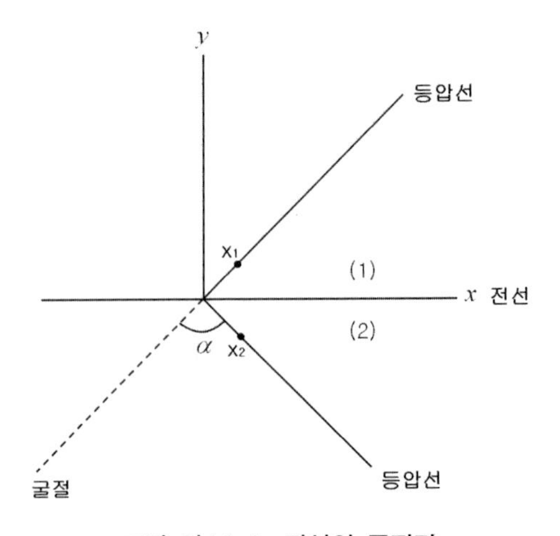

그림 연11.1. 전선의 굴절각

6. 전선에 있어서 등압선의 굴절각 α 는

$$\tan\alpha = \frac{\left(\frac{\partial p}{\partial x}\right)_1 \left\{ \left(\frac{\partial p}{\partial y}\right)_1 + \left(\frac{\partial p}{\partial y}\right)_2 \right\}}{\left(\frac{\partial p}{\partial y}\right)_1 \left(\frac{\partial p}{\partial y}\right)_2 - \left(\frac{\partial p}{\partial x}\right)_1^2} \qquad (\text{연 } 11.3)$$

로 주어지는 것을 설명하라(그림 연11.1 참조).

7. 한난 양 기단이 다 함께 다방성층(多方成層)을 이루는 경우에도 전면의 통과에 수반되는 기압변화는 식 (11.124)로 주어지는 것을 나타내라.

Chapter

12 순환과 와도

유체 속에서 회전하고 있는 부분을 **와**(渦, 소용돌이, 맴돌이, eddy, vortex)라고 하고, 그 강한 정도를 **와도**(渦度, vorticity)로 표현한다. 대기 중에서는 풍식(風息)을 생기게 하는 수cm 정도의 작은 규모의 와에서 지구를 둘러쌀 정도로 큰 규모의 대상류(帶狀流)에 이르기까지, 크고 작은 각양각색의 규모의 와가 혼입되어 있다. 이 와로 인해 공기덩이는 혼합하고 각종의 대기량이 수송된다.

와에는 2 가지의 의미를 내포되어 있다. ① 유체 속에서 회전하고 있는 부분이 있는 와(vortex), ② 큰 흐름 속에서 난류(요란)가 있는 것은 **난와**(亂渦, eddy)라 하여 세분된다. ②의 난와의 의미의 교란은 ①의 와의 의미에서 회전하고 있는 것도 있지만, 꼭 그럴 필요는 없고 보다 일반적인 의미로 사용된다.

순환(循環, circulation)이란 말은 대기과학에서는 2가지의 의미로 사용되고 있다. 그 하나는 조직적인 공기의 흐름을 가리키는 경우로 예를 들면 대기대순환, 태풍 내의 순환, 중규모계에 있어서의 순환과 같은 정리된 운동계를 의미한다. 또 다른 하나는, 본서인 역학대기과학에서 정의되고 있는 순환(C)으로 유체 내의 폐곡선을 따라 평균 정도의 빠르기로 회전운동을 하고 있는 것을 나타내는 양이다. 폐곡선의 모든 길이와 이 평균속도를 곱한 것이 된다.

12.1. 유 선

12.1.1. 정 의

유선(流線, streamline)이란, 흐름 속에서 그린 곡선으로 그 위의 각 점에서 흐름의 방향이 그 점에서의 접선의 방향과 일치하는 것을 뜻한다. 이 곡선의 선소(線素) ds의 성분이 dx, dy, dz 이고, 유체(流体)의 속도를 $\boldsymbol{v}(u, v, w)$로 하면, 유선의 (미분)방정식은

$$\frac{dx}{u} = \frac{dy}{v} = \frac{dz}{w} = \frac{ds}{\sqrt{u^2 + v^2 + w^2}} \tag{12.1}$$

로 주어진다. 유체입자가 움직이는 궤적(軌跡, trajectory, 유적선)이나 가는 관에서 주입하는 염료(染料)의 줄기〔유맥선(流脈線)〕는 일반적으로 유선과는 다르지만, 특히 정상(定常)인 흐름에서는 유선이 시간적으로 변하지 않으므로 이들과 일치한다(註).

궤적의 방정식은

$$\frac{dx}{u} = \frac{dy}{v} = \frac{dz}{w} = dt \tag{12.2}$$

이다. 예를 들면 흐름 속에 알루미늄의 분말을 뿌려 짧은 노출시간으로 사진을 찍으면 유선이 얻어진다. 시간을 길게 하면 유적선이 얻어진다. 2차원의 수축하지 않는 흐름에서는 **유선함수**(流線函數, 흐름의 함수, stream function) Ψ (psai, psi)가 도입되는데, 이 때 유선은

$$\Psi = \text{일정} \tag{12.3}$$

으로 표현된다.

흐름 속에 놓여 진 물체의 모양을 자세히 살펴보면, 표면에 생기는 경계층(境界層)이 벗겨지지 않고, 와(渦)를 발생시키지 않으므로 저항은 극히 작아진다(형상저항). 이와 같은 모양을 **유선형**(流線形, streamlined shape)이라고 한다. 비행기의 날개나 동체(胴體)의 형태로써 사용된다. 또 빠르게 움직이는 물고기는 이상적인 유선형을 하고 있다. 일반적으로 유선형에서는 끝 부분이 뾰족하게 되어 있다. 유선형에서 떨어져 나간 것을 **둔한 물체**〔bluff body, **둔체**(鈍体)〕라고 한다.

수축하지 않는 유체의 2차원의 흐름에서는 흐름이 일어나는 평면을 xy면, 속도의 x, y 성분을 (u, v)로 하면, 유선함수 $d\Psi$의 미소변화는

$$d\Psi = \frac{\partial \Psi}{\partial x} dx + \frac{\partial \Psi}{\partial y} dy \tag{12.4}$$

가 되고,

$$u = \frac{\partial \Psi}{\partial y}, \qquad v = -\frac{\partial \Psi}{\partial x} \tag{12.5}$$

와 같은 함수 Ψ가 존재한다. 식 (12.3)의 "$\Psi =$ 일정"의 곡선은 식 (12.4)에서 $d\Psi = 0$이 되고, 여기에 식 (12.5)를 대입하면

$$\frac{dx}{u} = \frac{dy}{v} \tag{12.6}$$

을 만족함으로 유선이다. 이 Ψ 가 **유선함수**(流線函數)이다.

수축하는 유체에 대해서도 흐름이 정상이라면, 연속방정식 (10.120)은

$$\frac{\partial}{\partial x}(\rho u) + \frac{\partial}{\partial y}(\rho v) = 0 \tag{12.7}$$

이기 때문에

$$u = \frac{1}{\rho}\frac{\partial \Psi}{\partial y}, \quad v = -\frac{1}{\rho}\frac{\partial \Psi}{\partial x} \tag{12.8}$$

과 같은 유선함수 Ψ 를 생각할 수 있다. 여기서 ρ 는 유체의 밀도이다. 3차원에서도 축대칭〔軸對称(稱)〕의 경우에는 유선함수가 존재한다. 대칭축을 x 축, 동경방향(動徑方向)에 r 축을 잡으면, 연속방정식은

$$\frac{\partial}{\partial x}(r u) + \frac{\partial}{\partial r}(r v) = 0 \tag{12.9}$$

가 되고, 이것에서

$$u = \frac{1}{r}\frac{\partial \Psi}{\partial r}, \quad v = -\frac{1}{r}\frac{\partial \Psi}{\partial x} \tag{12.10}$$

와 같은 함수 Ψ를 정의하면 된다. 이것을 **스토크스**(Stokes, G. G., 1818-1903, ☔)**의 유선함수**(Stokes's stream function)**라고** 부른다. 상대유선(相對流線, relative stream line)에 대해서는 주해(註解)를 참조하기 바란다.

12.1.2. 유선장의 특이성

유선이 교차하는 점을 **특이점**(特異點, singular point), 접촉하는 곡선을 **특이선**(特異線, singular line)이라고 한다. 이들의 **특이성**(特異性, singularity)의 중요한 것은 다음의 것들이 있다.

ㄱ. 중성점

서로 반대방향의 유선이 일점에 모이기도 하고, 나가기도 하는 점을 **중성점**(中性点, neutral point)이라고 한다.

ㄴ. 수렴점(선)과 발산점(선)

주위에서 일점으로 유선이 모인 점을 **수렴점**(收斂点, convergent point, 收束点), 일점에서 주위로 유선이 나가 있는 점을 **발산점**(發散点, divergent point)이라고 한다. 실제의 경우에는 지구의 자전의 영향으로 그들의 점을 중심으로 한 회전운동이 겹쳐 있는 것이 보통이다.

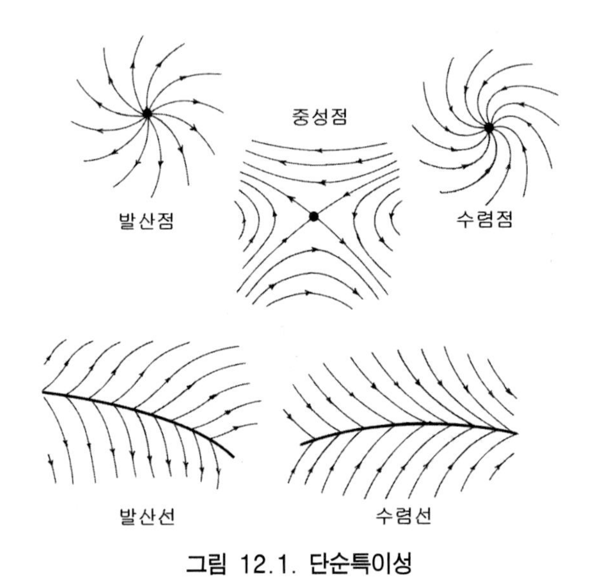

그림 12.1. 단순특이성

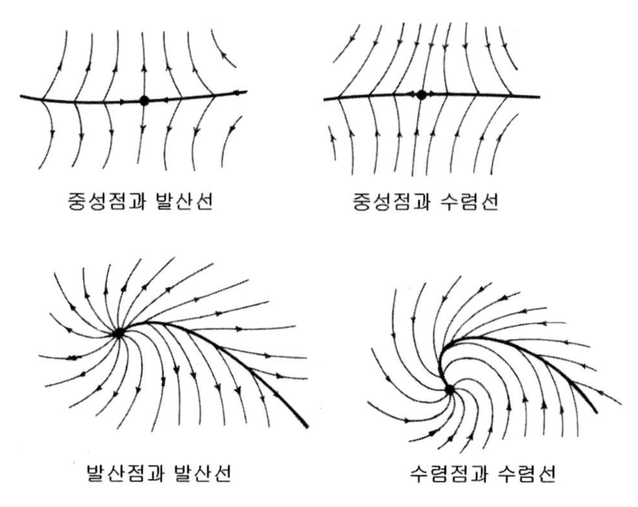

그림 12.2. 복합특이성

하나의 곡선에 양측으로부터 유선이 모여 드는 선을 **수렴선**(收斂線, convergent line, 收束線), 하나의 곡선에서부터 양측으로 나아가는 곡선을 **발산선**(發散線, convergent line)이라고 한다.

그림 12.1 은 이들의 단순한 특이성들을 표시한 것이지만, 이들의 단순한 특이성들이 겹쳐서 복잡한 **복합특이성**(複合特異性, complex singularity)을 타나내기도 한다. 그림 12.2 는 이들 복합특이성의 예를 표시한 것이다.

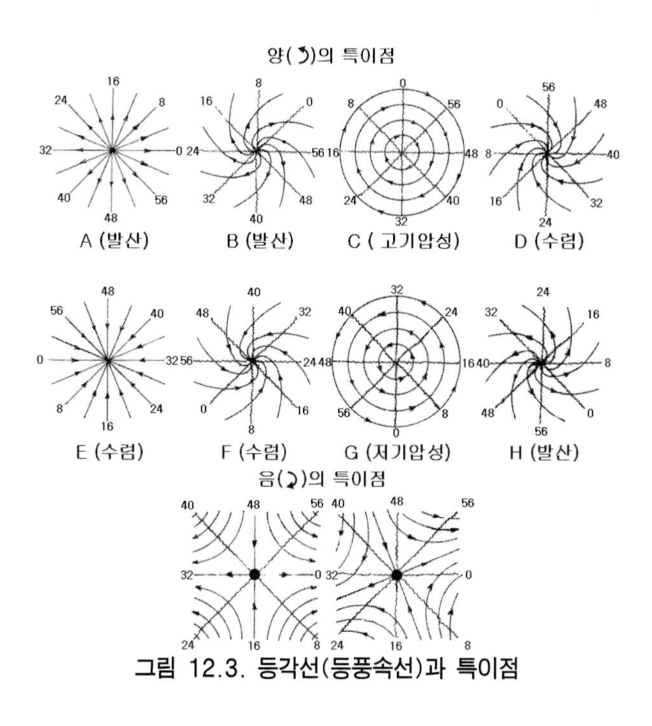

그림 12.3. 등각선(등풍속선)과 특이점

12.1.3. 등속선과 등각선

순간의 흐름의 장을 표현하는 데에는 유선만으로는 불완전하고 병행해서 속도의 분포를 나타내는 것도 필요하다. 그래서 속도가 같은 점을 연결한 등속선(等速線, isotach, isovel)을 그리면 좋다.

흐름 속에 곡선을 생각해서 그 곡선 위에서는 흐름의 방향이 일정할 때, 그 곡선이 등풍향선(等風向線)인데, 이것을 간단히 **등각선**(等角線, isogonal line)이라고 한다. 그림 12.3 은 등각선을 각도 대신 수치로 표현을 했다.

등각선이 일점에서 교차하고 있을 때가 특이점이 되고, 그 점을 중심으로 해서 등각선의 수치가 증가 방향〔반전(反轉, backing), 저기압성 방향, 반시계방향〕과 같을 때에는 **양의 특이점**(陽의 特異点), 감소하는 방향〔순전(順轉, veering), 고기압성 방향, 시계방향〕일 때에는 **음의 특이점**(陰의 特異点)이라고 한다.

그림 12.4 는 다양한 등각선의 예를 나타낸 것이다.

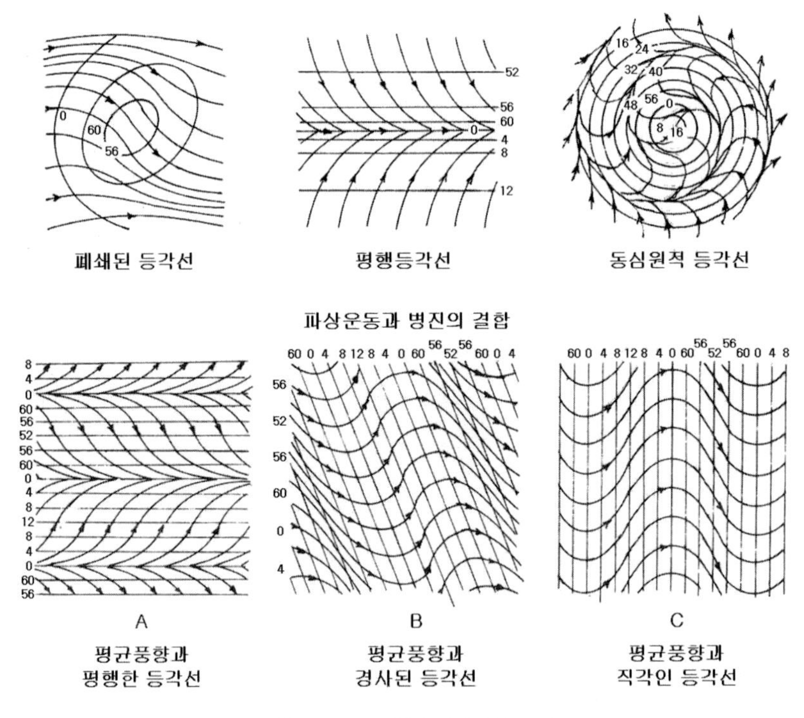

그림 12.4. 다양한 등각선의 예

12.2. 유적선

12.2.1. 정의

공기덩이가 실제로 움직여가는 길을 **유적선**(流跡線, trajectory, path line)이라고 한다. 공기덩이의 좌표를 x, y 로 한다면,

$$\frac{dx}{dt} = u(x, y, t), \quad \frac{dy}{dt} = v(x, y, t) \tag{12.11}$$

이 성립한다. 따라서 식 (12.2)에서와 같이,

$$dt = \frac{dx}{u} = \frac{dy}{v} \tag{12.12}$$

가 **유적선의 방정식**(流跡線의 方程式, equation of trajectory)이다. 흐름의 장이 시간적으로 변하지 않을 경우 즉, 정상장(定常場, $\partial/\partial t = 0$)에 있어서는 위 식 (12.12)의 유적선과 식 (12.1)의 유선은 일치한다.

12.2.2. 블레이톤의 공식

비정상장(非定常場)에 있어서 유적선과 유선의 곡률 관계를 구하는 것이다. 그림 12.4와 같이 처음 P 에 있던 공기덩이가 dt 시간 후에 Q 에 왔다고 하자. P 및 Q 에 있어서 공기덩이의 운동방향은 각각의 유선의 방향이다.

방향의 변화는

$$\theta(Q) - \theta(P) = \frac{\partial\theta}{\partial t}dt + \frac{\partial\theta}{\partial s}ds = d\theta \tag{12.13}$$

이다. 그런데 유적선의 곡률반경을 r_t 로 한다면,

$r_t\, d\theta = ds$ 이다. 또 $\frac{\partial\theta}{\partial s}$ 는 유선의 곡률반경 r_s 의 역수이기 때문에($\frac{\partial\theta}{\partial s} = \frac{1}{r_s}$, 시간에 무관),

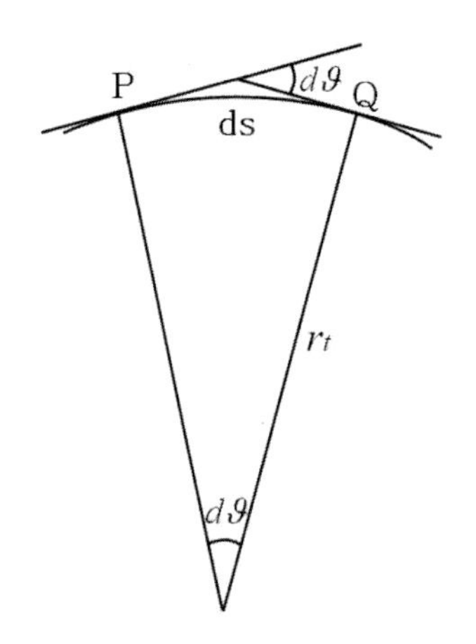

그림 12.5. 유적선과 유선의 곡률

$$\frac{\partial \theta}{\partial t} dt = \left(\frac{1}{r_t} - \frac{1}{r_s} \right) ds \tag{12.14}$$

그런데 $\frac{ds}{dt} = v$ 이므로,

$$\frac{\partial \theta}{\partial t} = v \left(\frac{1}{r_t} - \frac{1}{r_s} \right) \tag{12.15}$$

를 얻는다. 이것을 **블레이톤의 공식**(Blaton의 公式, Blaton's formula)이라고 한다. 정상장(定常場)에 있어서는 $\frac{\partial \theta}{\partial t} = 0$ 이기 때문에 $r_t = r_s$ 가 되고 유적선과 유선은 일치한다.

예) 지금 원형의 유선을 갖는 계(系)가 반전(反轉, 저기압 방향, 반시계방향)으로 회전하면서 형태를 변화시키지 않고, x 방향(동서방향)에 속도 c 로 움직이는 경우를 생각한다. 계에 상대적인 시간적 변화는 없으므로,

$$\frac{\delta \theta}{\delta t} = \frac{\partial \theta}{\partial t} + c \frac{\partial \theta}{\partial x} = 0 \tag{12.16}$$

으로 놓을 수 있다. 따라서 θ를 유선과 x 축과의 이루는 각으로 취하면,

$$\frac{\partial \theta}{\partial t} = -c\frac{\partial \theta}{\partial x} = -\frac{c}{r_s}\cos\theta \qquad (12.17,註)$$

이 된다. 따라서 식 (12.15)에 대입하면,

$$\frac{1}{r_t} = \frac{1}{r_s}\left(1 - \frac{c}{v}\cos\theta\right) \qquad (12.18)$$

이 된다. 그림 12.6 을 보면서 다음을 이해하자.

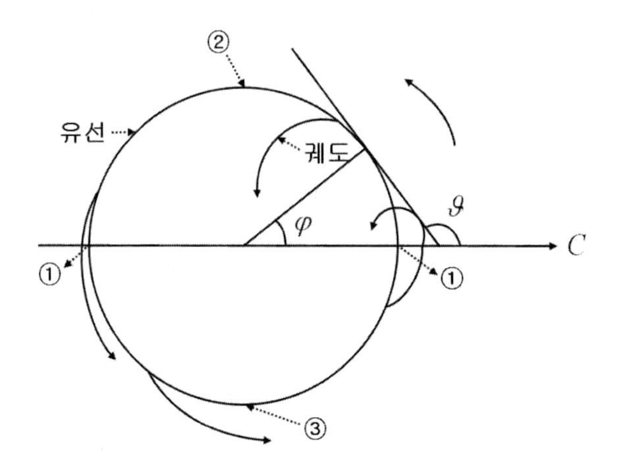

그림 12.6. 유적선과 유선의 관계

① $\theta = 90°$, 또는 $270°$ 에서는 $\cos\theta = 0$ 즉, 전면과 후면에서는

$$r_t = r_s \qquad (12.19)$$

가 된다. 유적선과 유선은 일치한다.

② $\theta = \pi$ 즉, $\cos\theta = -1$ 에서는

$$r_t = \frac{r_s}{1 + \frac{c}{v}} < r_s \qquad (12.20)$$

③ $\theta = 0$ 즉, $\cos\theta = 1$ 에서는

$$r_t = \frac{r_s}{1 - \frac{c}{v}} > r_s \tag{12.21}$$

이 된다.

따라서 이들을 전부 종합하면 진행방향에 대해서 전면과 후면에서는 유적선의 곡률반경은 유선과 같지만, 진행방향을 향해서 좌측에서의 곡률반경은 작고 우측에서는 크다. 순전(順轉, 고기압성 회전, 시계방향)일 때에는 이것과 반대가 된다.

12.2.3. 유적선의 도법

유적선을 실제 일기도에서의 그리는 방법을 생각해 보기로 한다. 단, 실제의 경우에 지상부근에서는 마찰이 작용하므로 이것이 작용하지 않는 높이에 대해서 생각하기로 한다. 또 실제의 측풍기구관측은 국지적, 단주기적인 변화가 현저하게 작용하므로 여기서 바람이라고 하는 것은 기압배치에서 지형(균)풍의 식 (11.50)으로써 계산한 것을 이용하는 것이다.

일정시간 t 마다 일기도가 그려지는 것으로 한다. t 시간에 움직인 거리 D 는 테일러급수(Taylor's series)로 전개하면,

$$D = \int_0^t V dt = \int_0^t \left(V_0 + \alpha_0 t + \beta_0 \frac{t^2}{2} + \cdots \right) dt = V_0 t + \frac{\alpha_0}{2} t^2 + \frac{\beta_0}{6} t^3 + \cdots \tag{12.22}$$

로 주어진다. 여기서 V_0, α_0, β_0, … 는 속도, 가속도, 가가속도(加加速度) … 등의 벡터이다.

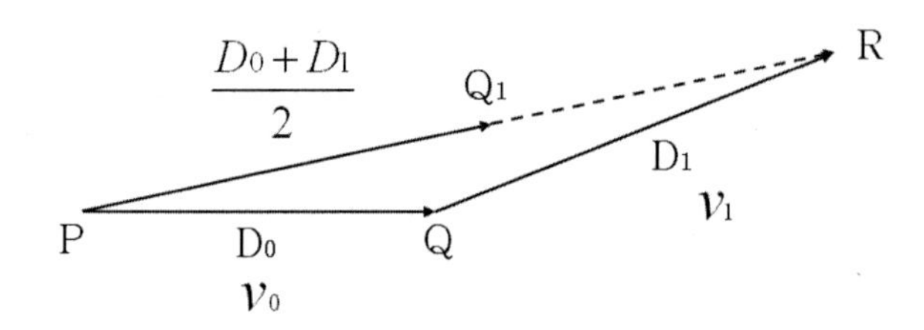

그림 12.7. 유적선의 정정(訂正)

한 장의 일기도가 있을 때 그림 12.7과 같이 P점에 있던 공기는 다음 일기도에서 $D_0 = V_0 t$의 거리 Q점에 와 있을 것이라고 예상할 수 있다. 그러나 한 장의 일기도만으로는 가속도를 알 수가 없다. 다음의 일기도가 있다고 하면 Q에 있어서의 풍속은 V_1인 것을 안다.

따라서 t 시간 중에 V_0에서 V_1이 된 것이므로,

$$\alpha_0 = \frac{V_1 - V_0}{t} \tag{12.23}$$

로 놓을 수 있다. 가속도까지 고려하면 즉 식 (12.22)의 우변의 2째 항까지만 계산하면,

$$D = V_0 t + \frac{V_1 - V_0}{2t} t^2 = \frac{V_0 + V_1}{2} t = \frac{D_0 + D_1}{2} \tag{12.24}$$

이다. 따라서 가속도가 있다면 실제의 위치는 Q 점이 아니고 $\frac{D_0 + D_1}{2}$의 거리에 있는 Q_1이 되는 것이다.

그러나 이것만으로는 가속도의 변화(가가속도라 칭함) 등은 알 수 없으므로 다음 근사에는 전진하지 못 한다. 더욱 고차의 근사를 얻는 데에는 β_0 (가가속도) 등의 값을 알아야 한다. 이를 결정하기 위해서 2장의 일기도의 전과 후의 일기도가 한 장씩 더 필요하다. 이와 같이 해서 차례차례로 바른 위치를 연결해 감으로써 유적선이 구해진다.

12.3. 흐름의 장

12.3.1. 도입

간단히 하기 위해서 이차원적으로 연속적인 흐름의 장을 생각한다. 어떤 순간에 있어서 속도분포를

$$u = u(x, y), \ v = v(x, y) \tag{12.25}$$

로 주어진다. 원점 (0,0) 의 바로 가까운 부근의 점의 운동을 생각한다. 위 식을 테일러급수로 전개해서(주해 부록의 『멱급수 전개』를 참고 할 것) 제 1 차까지만 취하기로 한다면,

$$u = u(0,\ 0) + \left(\frac{\partial u}{\partial x}\right)_0 x + \left(\frac{\partial u}{\partial y}\right)_0 y$$

$$v = v(0,\ 0) + \left(\frac{\partial v}{\partial x}\right)_0 x + \left(\frac{\partial v}{\partial y}\right)_0 y \qquad (12.26)$$

이 된다. $u(0,\ 0)$ 는 원점의 운동과 가깝다. 이 제 1 항에서 나타나는 운동을 **병진운동**(並進運動, translational motion)이라고 한다. 원점에 대한 상대적인 운동만을 생각하고

$$a_1 = \left(\frac{\partial u}{\partial x}\right)_0,\quad a_2 = \left(\frac{\partial u}{\partial y}\right)_0,\quad b_1 = \left(\frac{\partial v}{\partial x}\right)_0,\quad b_2 = \left(\frac{\partial v}{\partial y}\right)_0$$

$$h = b_1 + a_2,\quad \zeta = b_1 - a_2 \qquad (12.27)$$

과 같이 놓으면,

$$u = a_1 x + a_2 y = a_1 x + \frac{1}{2} h y - \frac{1}{2} \zeta y$$

$$v = b_1 x + b_2 y = \frac{1}{2} h x + b_2 y - \frac{1}{2} \zeta y \qquad (12.28)$$

과 같이 된다.

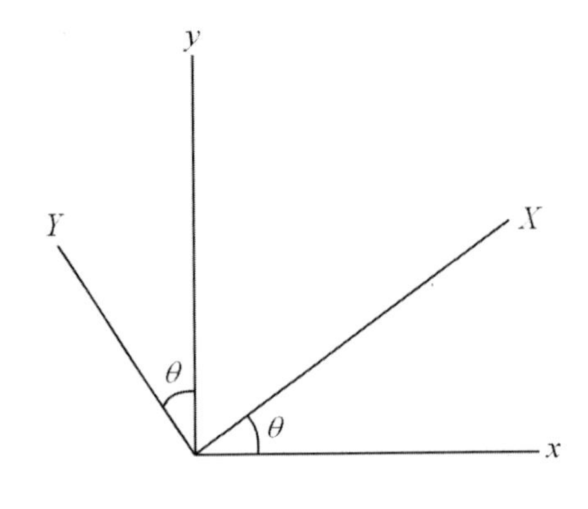

그림 12.8. 직교좌표계의 회전

그림 12.8과 같이 좌표축을 (x, y) 에서 θ 만큼 회전해서 (X, Y) 로 변화시키고, 그 좌표축 방향의 속도성분을 U, V 로 한다. 따라서 좌표계 변환을 하면,

$$x = X\cos\theta - Y\sin\theta, \quad y = X\sin\theta + Y\cos\theta$$
$$u = U\cos\theta - V\sin\theta, \quad v = U\sin\theta + V\cos\theta \qquad (12.29, 註)$$

가 된다. 이들을 식 (12.28)에 대입해서 회전좌표에 대한 속도로 정리해 주면,

$$U = aX + bX - \frac{1}{2}\zeta Y$$
$$V = -aY + bY + \frac{1}{2}\zeta X \qquad (12.30, 註)$$

과 같이 된다. 여기서 $2a = (a_1 - b_2)\cos 2\theta + h\sin 2\theta$, $2b = a_1 + b_2$ 이다(자세한 유도 과정은 주해를 참고 할 것).

이와 같이 나타나는 각 항의 뜻을 새겨보자. 그러기 위해서는 유선을 그리는 것이 알기 쉽다. 유선의 식 (12.6)은

$$\frac{dX}{U} = \frac{dY}{V} \qquad (12.31)$$

이므로 이것에 각 항을 대입해서 적분한다. 물론 이 적분은 원점에서 그다지 멀리 미치지 못한다.

ㄱ. $b = \zeta = 0$ 의 경우

위의 조건의 경우, 식 (12.30)은 다음과 같이 된다.

$$U = aX, \qquad V = -aY \qquad (12.32)$$

따라서 이것을 식 (12.31)에 대입해서 적분하면,

$$\frac{dX}{aX} = -\frac{dY}{ay}, \qquad X \cdot Y = const. \qquad (12.33, 註)$$

이 된다. 이것을 그려보면, 그림 12.9 와 같이 원점을 중심으로 하는 **직각쌍곡선군**(直角

雙曲線群, orthogonal hyperbolic group)이 나타난다.

이와 같은 흐름의 장에 처음 어떤 형태로 연쇄(連鎖)한 공기덩이의 윤(輪)을 생각하면, 그 형태는 시간이 지나가면 변한다. 예를 들면 처음 원이었던 것은 $a > 0$ 의 경우, X 축을 장축, Y 축을 단축으로 하는 타원으로 변해 간다. 따라서 이와 같은 장을 **변형의 장**(變形의 場, deformation field)이라 하고, 장축인 X 축이 신장축(伸張軸, axis of dilatation)이 되고, 단축인 Y축이 단축축(短縮軸, axis of reduction)이 된다. $a < 0$ 의 경우는 반대가 된다.

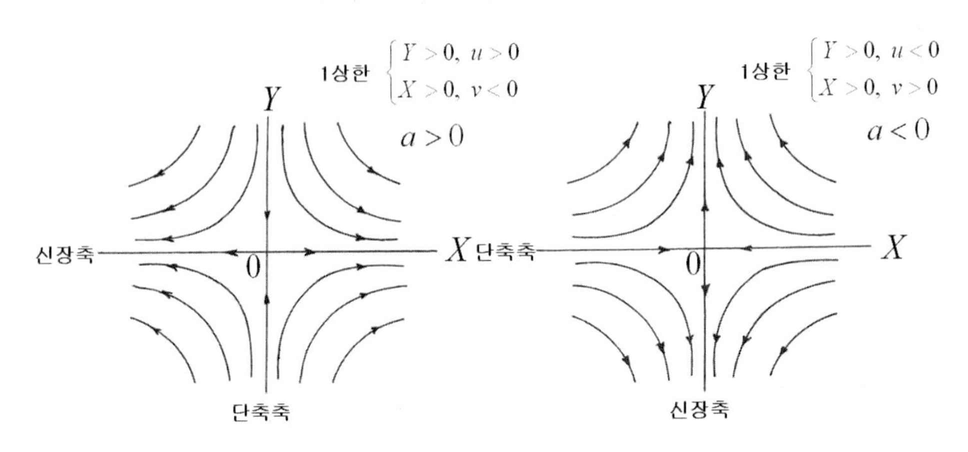

그림 12.9. 직각쌍곡선군의 변형의 장

ㄴ. $a = \zeta = 0$ 의 경우

ㄱ과 같은 방법으로 위의 조건을 식 (12.30)에 대입하면 다음과 같이 된다.

$$U = bX, \qquad V = bY \tag{12.34}$$

이것을 식 (12.31)에 대입해서 적분하면,

$$\frac{dX}{bX} = \frac{dY}{bY}, \qquad \frac{Y}{X} = const. \qquad (12.35, 註)$$

가 된다. 그림 12.10에서와 같이 이것은 원점에서 방출($b > 0$) 또는 입사($b < 0$)하는 직선군(直線群, line group)을 형성한다. 이와 같은 장을 **발산장**(發散場, field of divergence)

또는 **수렴장**(收斂場, field of convergence, 收束場) 이라고 한다.

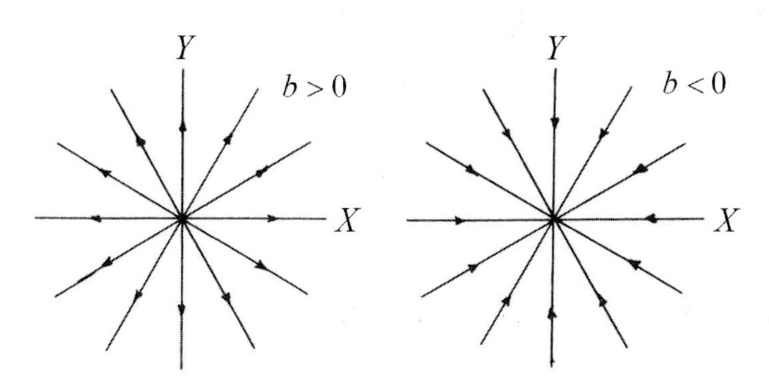

그림 12.10. 발산장과 수렴장

ㄷ. $a = b = 0$ 의 경우

앞에서와 같은 과정으로 위의 조건을 식 (12.30)에 대입하면 다음과 같이 된다.

$$U = -\frac{1}{2}\zeta Y \quad , \qquad V = \frac{1}{2}\zeta X \tag{12.36}$$

이것을 식 (12.31)에 대입해서 적분하면,

$$\frac{dX}{\frac{1}{2}\zeta Y} = \frac{dY}{\frac{1}{2}\zeta X} \quad , \qquad X^2 + Y^2 = const. \qquad (12.37, 註)$$

이 된다.

그림 12.11 과 같이 이것은 원점을 중심으로 하는 동심원군(同心圓群, consentric circle group)을 나타낸다. 이와 같은 장을 **회전의 장**(回轉의 場, rotational field)이라고 한다. 북반구의 경우, $\zeta > 0$ 일 때는 반시계방향으로 이것을 **저기압성회전**〔低氣壓性回轉, cyclonic rotation, 반전(反轉, backing)〕이라고 하고, $\zeta < 0$ 일 때는 시계방향으로 **고기압성회전**〔高氣壓性回轉, anticyclonic rotation, 순전(順轉)〕이라고 한다.

각속도 ω 로 회전하고 있는 경우,

$$U = -\omega Y, \qquad V = \omega X \qquad (12.38, 註)$$

이기 때문에 식 (12.36)과 비교하면 ζ 는 각속도의 2배가 된다. ζ 에 대해서는 앞의 식 (12.27)에서 알 수 있듯이,

$$\zeta = b_1 - a_2 = \left(\frac{\partial v}{\partial x}\right)_0 - \left(\frac{\partial u}{\partial y}\right)_0 = 2\omega \qquad (12.39)$$

가 된다. 이 ζ 를 **와도**〔渦度, vorticity, $\zeta \rightarrow \zeta_z$ (연직와), 식 (12.103)을 참고〕라고 한다.

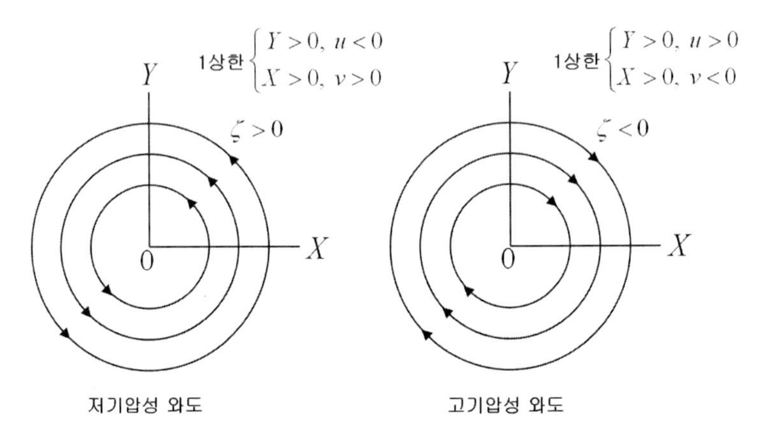

그림 12.11. 와도

12.3.2. 특성선의 이동

일기도에는 등압선, 그 외 여러 종류의 특성을 갖는 곡선 또는 점이 있는데 이들의 이동속도 및 가속도를 구하는 것에 대해서 생각해 보자.

어떤 순간 즉, 한 장의 일기도 상에서 여러 종류의 **특성선**(特性線, characteristic line) 또는 **특성점**(特性点, characteristic point)은 각각 다음 식으로 주어진다.

	주조건	부조건	
등압선	$p = const.$	$\nabla p \gtrless 0$	
등변압선(等變壓線)	$\frac{\partial p}{\partial t} = const.$	$\nabla \frac{\partial p}{\partial t} \gtrless 0$	
전선(前線)	$p - p' = 0$	$\frac{\partial p}{\partial x} - \frac{\partial p'}{\partial x} \gtrless 0$	y 축에 평행한 특성선
곡선(谷線)	$\frac{\partial p}{\partial x} = 0$	$\frac{\partial^2 p}{\partial x^2} > 0$	
산선(山線)	$\frac{\partial p}{\partial x} = 0$	$\frac{\partial^2 p}{\partial x^2} < 0$	
저기압의 중심	$\frac{\partial p}{\partial x} = \frac{\partial p}{\partial y} = 0$	$\frac{\partial^2 p}{\partial x^2} > 0$, $\frac{\partial^2 p}{\partial y^2} > 0$: 극소	
고기압의 중심	$\frac{\partial p}{\partial x} = \frac{\partial p}{\partial y} = 0$	$\frac{\partial^2 p}{\partial x^2} < 0$, $\frac{\partial^2 p}{\partial y^2} < 0$: 극대	
안장역(鞍裝域)	$\frac{\partial p}{\partial x} = \frac{\partial p}{\partial y} = 0$	$\frac{\partial^2 p}{\partial x^2} < 0 \Rightarrow$ 극대, $\frac{\partial^2 p}{\partial y^2} > 0 \Rightarrow$ 극소	(12.40)

이상 각종의 선은 y 축에 평행하다고 가정했을 경우의 조건들이다.

위의 주조건은 일반적으로

$$F(x, y, t) = 0 \tag{12.41}$$

로 놓을 수가 있다. 이 조건을 만족하는 것이 $t + \Delta t$ 시간 후에는

$$F(x + \Delta x, y + \Delta y, t + \Delta t) = 0 \tag{12.42}$$

로 되었다고 한다. 따라서 식 (12.42)를 전개해서 식 (12.41)을 빼면,

$$\frac{\partial F}{\partial x}\Delta x + \frac{\partial F}{\partial y}\Delta y + \frac{\partial F}{\partial t}\Delta t = 0 \tag{12.43}$$

이 된다. 따라서 속도 V_x, V_y 는

$$\lim_{\Delta t \to 0}\frac{\Delta x}{\Delta t} = V_x = -\frac{\frac{\partial F}{\partial t}}{\frac{\partial F}{\partial x}}, \quad \lim_{\Delta t \to 0}\frac{\Delta y}{\Delta t} = V_y = -\frac{\frac{\partial F}{\partial t}}{\frac{\partial F}{\partial y}} \tag{12.44}$$

가 된다. 곡선의 일부분을 생각해서 직선으로 간주할 수 있는 경우 그 곡선을 따라서 y 축으로 취하면 V_y 는 의미가 없어지게 된다. 따라서 곡선의 이동(移動, migration = 철새와 같이 기단의 이동)은 V_x 만을 생각하면 된다.

식 (12.44)에 각종의 특성선과 특성점의 주조건을 넣으면 그들의 속도가 나온다.

등압선 ; $V_x = -\dfrac{\frac{\partial P}{\partial t}}{\frac{\partial p}{\partial x}}$, 등변압선 ; $V_x = -\dfrac{\frac{\partial^2 p}{\partial t^2}}{\frac{\partial^2 p}{\partial t \partial x}}$

전선 ; $V_x = -\dfrac{\frac{\partial p}{\partial t} - \frac{\partial p'}{\partial t}}{\frac{\partial p}{\partial x} - \frac{\partial p'}{\partial x}}$, 곡선, 산선 ; $V_x = -\dfrac{\frac{\partial^2 p}{\partial x \partial t}}{\frac{\partial^2 p}{\partial x^2}}$

고·저기압의 중심 및 안장역

$$V_x = -\frac{\frac{\partial^2 p}{\partial x \partial t}}{\frac{\partial^2 p}{\partial x^2}} , \qquad V_y = -\frac{\frac{\partial^2 p}{\partial y \partial t}}{\frac{\partial^2 p}{\partial y^2}} \tag{12.45}$$

다음에는 가속도 A_x, A_y 에 대해서 생각한다.

$$A_x = \frac{dV_x}{dt} = \frac{\partial V_x}{\partial t} + V_x \frac{\partial V_x}{\partial x} , \quad A_y = \frac{dV_y}{dt} = \frac{\partial V_y}{\partial t} + V_y \frac{\partial V_y}{\partial y} \tag{12.46}$$

이므로, 식 (12.44)의 속도를 식 (12.46)의 가속도에 대입하면,

$$A_x = -\frac{\dfrac{\partial^2 F}{\partial t^2}}{\dfrac{\partial F}{\partial x}} + \frac{\dfrac{\partial F}{\partial t}\dfrac{\partial^2 F}{\partial x \partial t}}{\left(\dfrac{\partial F}{\partial x}\right)^2} + \frac{\dfrac{\partial F}{\partial t}}{\dfrac{\partial F}{\partial x}} \left\{ \frac{\dfrac{\partial^2 F}{\partial x \partial t}}{\dfrac{\partial F}{\partial x}} - \frac{\dfrac{\partial F}{\partial t}\dfrac{\partial^2 F}{\partial x^2}}{\left(\dfrac{\partial F}{\partial x}\right)^2} \right\}$$

$$= -\frac{\dfrac{\partial^2 F}{\partial t^2}}{\dfrac{\partial F}{\partial x}} - \frac{-2\dfrac{\dfrac{\partial F}{\partial t}}{\dfrac{\partial F}{\partial x}}\dfrac{\partial^2 F}{\partial x\, \partial t}}{\dfrac{\partial F}{\partial x}} - \left(\frac{\dfrac{\partial F}{\partial t}}{\dfrac{\partial F}{\partial x}}\right)^2 \frac{\dfrac{\partial^2 F}{\partial x^2}}{\dfrac{\partial F}{\partial x}}$$

$$= -\frac{\dfrac{\partial^2 F}{\partial t^2} + 2\, V_x \dfrac{\partial^2 F}{\partial x\, \partial t} + V_x^2 \dfrac{\partial^2 F}{\partial x^2}}{\dfrac{\partial F}{\partial x}} \tag{12.47}$$

이 되고, 같은 방법으로

$$A_y = -\frac{\dfrac{\partial^2 F}{\partial t^2} + 2\, V_y \dfrac{\partial^2 F}{\partial y\, \partial t} + V_y{}^2 \dfrac{\partial^2 F}{\partial y^2}}{\dfrac{\partial F}{\partial y}} \tag{12.48}$$

이 된다. 여기에 주조건을 넣으면 각각의 가속도가 나온다.

등압선 ; $A_x = -\dfrac{\dfrac{\partial^2 p}{\partial t^2} + 2\, V_x \dfrac{\partial^2 p}{\partial x\, \partial t} + V_x{}^2 \dfrac{\partial^2 p}{\partial x^2}}{\dfrac{\partial p}{\partial x}}$

등변압선 ; $A_x = -\dfrac{\dfrac{\partial^3 p}{\partial t^3} + 2\, V_x \dfrac{\partial^3 p}{\partial x\, \partial t^2} + V_x{}^2 \dfrac{\partial^3 p}{\partial x^2\, \partial t}}{\dfrac{\partial^2 p}{\partial x\, \partial t}}$

전선 ; $A_x = -\dfrac{\dfrac{\partial^2 p}{\partial t^2} - \dfrac{\partial^2 p'}{\partial t^2} + 2\, V_x\left(\dfrac{\partial^2 p}{\partial x \partial t} - \dfrac{\partial^2 p'}{\partial x \partial t}\right) + V_x{}^2\left(\dfrac{\partial^2 p}{\partial x^2} - \dfrac{\partial^2 p'}{\partial x^2}\right)}{\dfrac{\partial p}{\partial x} - \dfrac{\partial p'}{\partial x}}$

$$\text{곡선, 산선 ; } A_x = -\frac{\dfrac{\partial^3 p}{\partial x \partial t^2} + 2V_x \dfrac{\partial^3 p}{\partial x^2 \partial t}}{\dfrac{\partial^2 p}{\partial x^2}} \tag{12.49}$$

단, 곡선(谷線), 산선〔山線, 봉(峰), 능(陵)〕)에 대해서 대칭이라고 한다면 $\dfrac{\partial^3 p}{\partial x^3} = 0$ 이다. 이와 마찬가지로 중심에 대해서 대칭이라고 한다면 고·저기압의 중심 및 안장역에 대해서도 위 식의 곡선, 산선의 경우와 같이

$$A_x = -\frac{\dfrac{\partial^3 p}{\partial x \partial t^2} + 2V_x \dfrac{\partial^3 p}{\partial x^2 \partial t}}{\dfrac{\partial^2 p}{\partial x^2}}, \quad A_y = -\frac{\dfrac{\partial^3 p}{\partial y \partial t^2} + 2V_y \dfrac{\partial^3 p}{\partial y^2 \partial t}}{\dfrac{\partial^2 p}{\partial y^2}} \tag{12.50}$$

으로 구할 수가 있다. 위에서 구한 속도 및 가속도를 이용해서 유적선의 도법에 구한 식 (12.22)에서와 같이

$$D = Vt + \frac{A}{2}t^2 \cdots \tag{12.22$'$}$$

에 의하여 변위(變位, displacement)를 구할 수가 있다.

이상의 결과를 실제에 응용하는 경우에 미분은 미차(微差) 또는 차분(差分)으로 치환하는데 이때 오차가 발생한다. 특히 가속도가 큰 곳에서는 오차가 크므로 가속도의 작은 부분에 응용하는 것이 좋다.

12.3.3. 수평발산과 와도

그림 12.12 에서와 같이 흐름 속에서 양변의 길이가 dx, dy 와 같이 공간에 고정한 사각형 $OABC$를 생각하여 그 사변을 출입하는 유속을 생각한다.

① x 방향의 유출입(流出入)을 생각하면,

OC 에서의 유입량(流入量) ; $u\,dy$

AB 에서의 유출량(流出量) ; $(u + du)\,dy = \left(u + \dfrac{\partial u}{\partial x}dx\right)dy$

따라서 실제의 유입량은

$$u\,dy - \left(u + \frac{\partial u}{\partial x}dx\right)dy = -\frac{\partial u}{\partial x}dx\,dy \tag{12.51}$$

② 같은 방법으로 y 방향의 실제의 유입량은

$$v\,dx - \left(v + \frac{\partial v}{\partial y}dy\right)dx = -\frac{\partial v}{\partial y}dx\,dy \tag{12.52}$$

이들 ①과 ②의 2 방향을 모두 더하면,

$$-\left(\frac{\partial u}{\partial x} + \frac{\partial v}{\partial y}\right)dx\,dy = -(\nabla \cdot \boldsymbol{v})S \tag{12.53}$$

으로 주어진다. $S = dx\,dy$ 는 □$OABC$의 면적이다. 여기서

$$\begin{aligned}\frac{\partial u}{\partial x} + \frac{\partial v}{\partial y} = D &> 0 \text{ ; 발산} \\ &< 0 \text{ ; 수렴}\end{aligned} \tag{12.54}$$

를 **수평발산**(水平發散, horizontal divergence, D)이라고 한다. 주로 **속도발산**(速度發散)을 가리키는 일이 많다. 단위체적, 단위시간당의 체적의 증가율을 뜻한다. 질량의 증가율이 감소할 때는 발산($D > 0$)이라고 하지만, 증가할 때는 부(-)의 발산으로 **수렴**〔收斂, convergence = C, 수속(收束), $C < 0$〕하여 구분한다.

다음에 □$OABC$ 를 어떤 순간에 있어서의 공기덩이가 점령하는 면적이라고 생각하자. du 는 OC 와 AB 와의 간격이 넓어지는 속도이고, dv 는 OA 와 CB 와의 간격이 넓어지는 속도이다. 따라서 $du\,dy + dv\,dx$ 는 면적이 넓어지는 속도(dS/dt)와 같다. 따라서

$$\begin{aligned}\frac{dS}{dt} &= \frac{d}{dt}(dx\,dy) = d\left(\frac{dx}{dt}\right)\cdot dy + d\left(\frac{dy}{dt}\right)\cdot dx = du\,dy + dv\,dx \\ &= \frac{\partial u}{\partial x}dx\cdot dy + \frac{\partial v}{\partial y}dx\cdot dy = \left(\frac{\partial u}{\partial x} + \frac{\partial v}{\partial y}\right)S\end{aligned} \tag{12.55}$$

가 된다. 그러므로

$$D = \frac{\partial u}{\partial x} + \frac{\partial v}{\partial y} = \frac{1}{S}\frac{dS}{dt} \tag{12.56}$$

이 되고, 이 뜻은 수평발산은 단위면적 내의 같은 질량이 점유하는 면적이 넓어지는 속도와 같다고 하는 것을 식으로 재확인하는 셈이 된다.

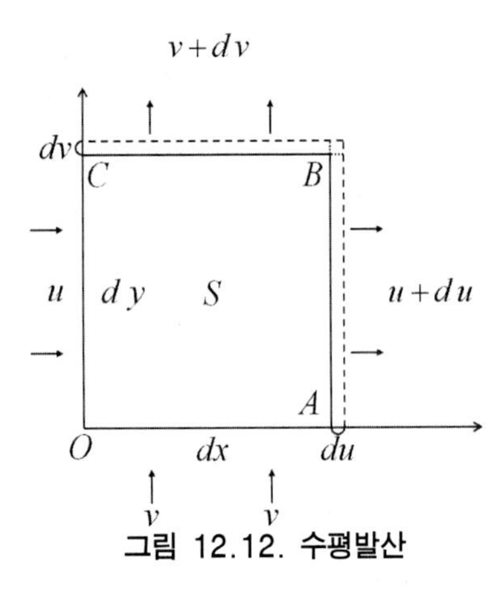

그림 12.12. 수평발산

그림 12.12 의 사각형의 주변을 따라 속도성분을 적분해 본다.

$$\begin{aligned}
&(u\,dx)_{OA} + (v\,dy)_{AB} + (u\,dx)_{BC} + (v\,dy)_{CO} \\
&= (u_{OA} - u_{CB})dx + (v_{AB} - v_{OC})dy \\
&= -\frac{\partial u}{\partial y}dy\,dx + \frac{\partial v}{\partial x}dx\,dy = \left(\frac{\partial v}{\partial x} - \frac{\partial u}{\partial y}\right)dx\,dy
\end{aligned} \tag{12.57, 註}$$

위의 적분은 **순환**(循環, circulation)이라고 한다. 또 순환 속의

$$\frac{\partial v}{\partial x} - \frac{\partial u}{\partial y} = \left(\frac{\partial v}{\partial x} - \frac{\partial u}{\partial y}\right)\boldsymbol{k} = \zeta_z\,\boldsymbol{k} = \begin{vmatrix} \boldsymbol{i} & \boldsymbol{j} & \boldsymbol{k} \\ \frac{\partial}{\partial x} & \frac{\partial}{\partial y} & 0 \\ u & v & 0 \end{vmatrix} = \nabla \times \boldsymbol{V} \tag{12.58, 註}$$

은 와도를 나타내므로, 순환은 역내(域內)의 와도의 총합 또는 면적적분(面積積分)과 같다. ζ_z 는 연직와도로 식 (12.103)을 참조하기 바란다.

12.4. 순환정리

순환(循環, circulation, C)은 유체 내의 폐곡선을 따라서 유체가 평균 어느 정도의 빠르기로 회전운동을 하고 있는가를 나타내는 양으로, 폐곡선의 모든 길이와 그 평균속도를 곱한 것이다. 따라서

$$C = \oint (u\,\delta x + v\,\delta y + w\,\delta z) \tag{12.59}$$

가 된다. 대기 중에 공기와 함께 움직이는 폐곡선 즉, 항상 같은 공기덩이에서 구성된 폐곡선을 따르는 순환의 시간적 변화에 대해서 생각한다. 위 식의 실질적인 시간미분을 취하면

$$\begin{aligned} \frac{dC}{dt} &= \frac{d}{dt}\oint (u\,\delta x + v\,\delta y + w\,\delta z) \\ &= \oint \left(\frac{du}{dt}\delta x + \frac{dv}{dt}\delta y + \frac{dw}{dt}\delta z\right) + \oint \left(u\frac{d\delta x}{dt} + v\frac{d\delta y}{dt} + w\frac{d\delta z}{dt}\right) \end{aligned} \tag{12.60}$$

이 된다. δx, δy, δz 는 공기입자로 구성된 폐곡선의 선소편(線素片)의 x, y, z 축 성분이므로, $\frac{d\,\delta x}{dt}$, $\frac{d\,\delta y}{dt}$, $\frac{d\,\delta z}{dt}$는 이 선소편의 양단의 속도차(速度差)와 같다. 이는

$$\frac{d\,\delta x}{dt} = \delta u\ ,\quad \frac{d\,\delta y}{dt} = \delta v\ ,\quad \frac{d\,\delta z}{dt} = \delta w \tag{12.61}$$

로 놓을 수 있다는 것을 말한다. 따라서 식 (12.60)의 우변의 제 2 적분은

$$\begin{aligned} \oint \left(u\frac{d\delta x}{dt} + v\frac{d\delta y}{dt} + w\frac{d\delta z}{dt}\right) &= \oint (u\,\delta u + v\,\delta v + w\,\delta w) \\ &= \oint \delta\left\{\frac{1}{2}(u^2 + v^2 + w^2)\right\} = 0 \end{aligned} \tag{12.62}$$

이 되고, 식 (11.2)를 참고하여 '일정한 운동에너지'를 미분하면 0 이 된다. 그러므로 순환

의 식 (12.60)은

$$\frac{dC}{dt} = \oint\left(\frac{du}{dt}\delta x + \frac{dv}{dt}\delta y + \frac{dw}{dt}\delta z\right) \tag{12.63}$$

이 된다. 위 식에 식 (10.41)을 대입하면

$$\frac{dC}{dt} = -\oint\frac{1}{\rho}\left(\frac{\partial p}{\partial x}\delta x + \frac{\partial p}{\partial y}\delta y + \frac{\partial p}{\partial z}\delta z\right) - \oint g\,\delta z$$
$$+ 2\Omega\oint\{(v\sin\phi - w\cos\phi)\delta x - u\sin\phi\,\delta y + u\cos\phi\,\delta z\} \tag{12.64}$$

가 된다.

위 식의 순환을 적도면에 투영해서 좌표축을 변환해서 정리해 주면 다음의 식이 된다. 이 과정은 주해에 유도되어 있다. 확인하기 바란다.

$$\frac{dC}{dt} = -\oint\frac{1}{\rho}\left(\frac{\partial p}{\partial x}\delta x + \frac{\partial p}{\partial y}\delta y + \frac{\partial p}{\partial z}\delta z\right) - 2\Omega\frac{dS}{dt}$$
$$= -2\Omega\frac{dS}{dt} - \oint\frac{dp}{\rho} \tag{12.65, 註}$$

S는 적도면에 투영한 순환 C'의 면적이다. 또는 위 식은

$$\frac{d(C + 2\Omega S)}{dt} = -\oint\frac{dp}{\rho} \quad + \text{ 점성항} \tag{12.66}$$

으로 바꿔 쓸 수도 있다. 이상유체가 아닌 경우에는 운동방정식의 우변에 점성항(粘性項, viscosity term, 제 15 장 '점성유체' 참조)이 붙는다.

위 정리를 **비야크네스**(Bjerknes, 노르웨이, ☔)의 **순환정리**(循環定理, circulation theorem)라고 한다. 만일 폐곡선 C가 위도 ϕ의 수평면상에 있고 그것으로 둘러싸인 면적을 S로 한다면 적도면에 투영하려면 $S\cos(90° - \phi) = S\sin\phi$이 됨으로 식 (12.65)는

$$\frac{dC}{dt} + 2\Omega\frac{d(S\sin\phi)}{dt} = -\oint\frac{dp}{\rho} \qquad (12.67)$$

이 된다.

12.4.1. 경압항

식 (12.67)의 우변 $-\oint\frac{dp}{\rho}$ 를 **경압항**(傾壓項, baroclinic term)이라고 한다. 이것을 N 으로 쓰기도 한다. 밀도가 압력만의 함수의 경우 즉, 등밀도면과 등압면이 겹쳐 있는 경우에는 $\frac{dp}{\rho} = dP(p)$ 와 같은 P 가 존재하므로 폐곡선을 따른 적분은 0이 된다. 이것은 **순압대기**의 경우가 된다.

스토크스의 정리(定理, Stokes's theorem, 註)를 사용하면,

$$N = -\oint\frac{dp}{\rho} = -\iint_S \nabla\times\left(\frac{1}{\rho}\nabla p\right)\cdot d\boldsymbol{S} \qquad (12.68)$$

이 되고, 벡터해석의 공식(부록 : '벡터의 연산'을 참고)에서 피적분 함수 속의

$$-\nabla\times\left(\frac{1}{\rho}\nabla p\right) = \nabla p\times\nabla\frac{1}{\rho} = \frac{1}{\rho^2}\nabla\rho\times\nabla p \qquad (12.69)$$

가 된다.

① 상태방정식 $p = R\rho T$ 를 공간적으로 대수미분을 하면,

$$\frac{1}{p}\nabla p = \frac{1}{\rho}\nabla\rho + \frac{1}{T}\nabla T \qquad (12.70)$$

이 되므로 이것을 식 (12.69)에 대입해서 $\nabla\rho$ 를 소거하면,

$$\frac{1}{\rho^2}\nabla\rho\times\nabla p = \frac{1}{p\rho}\nabla p\times\nabla p - \frac{1}{\rho T}\nabla T\times\nabla p = \frac{R}{p}\nabla p\times\nabla T \qquad (12.71)$$

이 된다.

② 또 온위(溫位, potential temperature)의 식 (2.37)인 $\Theta = T\left(\frac{p_0}{p}\right)^\kappa$를 대수미분 하면,

$$\frac{1}{\Theta}\nabla\Theta = \frac{1}{T}\nabla T - \frac{\kappa}{p}\nabla p \tag{12.72}$$

이므로 이것을 식 (12.71)에 대입해서 ∇T를 소거하면,

$$\frac{1}{\rho^2}\nabla\rho\times\nabla p = \nabla\Pi\times\nabla\Theta \quad , \quad \Pi = C_p\left(\frac{p}{p_0}\right)^\kappa \qquad (12.73,\ 註)$$

이 된다. 여기서 Π는 5.1.3 항에서 소개한 **에크스너 함수**(Exner function)이다.

따라서 식 (12.69) ①에서 식 (12.71), ②에서 식 (12.73)을 식 (12.68)에 대입하면 경압항은

$$\begin{aligned} N &= \iint \frac{1}{\rho^2}(\nabla\rho\times\nabla p)\cdot d\boldsymbol{S} = R\iint \frac{1}{p}(\nabla p\times\nabla T)\cdot d\boldsymbol{S} \\ &= \iint (\nabla\Pi\times\nabla\Theta)\cdot d\boldsymbol{S} \end{aligned} \tag{12.74}$$

가 된다. 경압항의 $(\nabla\rho,\ \nabla p)$, $(\nabla p,\ \nabla T)$, $(\nabla\Pi,\ \nabla\Theta)$에서의 표현과 N의 방향은 그림 12.13에 표시한 것과 같이 $\nabla\rho$에서 ∇p, ∇p에서 ∇T, $\nabla\Pi$에서 $\nabla\Theta$의 방향으로 되어 있다. 각도의 크기가 경압항의 크기가 되고, 각도가 영(零, 0, zero)인 것은 역시 $N=0$, 순압대기가 된다.

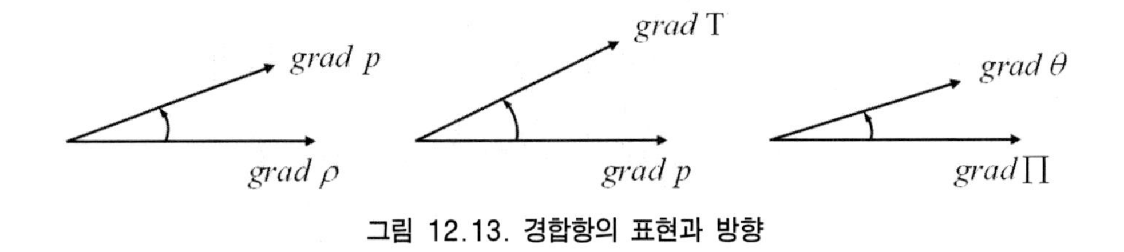

그림 12.13. 경합항의 표현과 방향

식 (12.74)의 피적분함수의 절대치는

$$
\begin{aligned}
\frac{1}{\rho^2}|\nabla\rho\times\nabla p| &= \frac{1}{\rho^2}|\nabla\rho|\ |\nabla p|\sin(\nabla\rho,\ \nabla p) \\
&= \frac{R}{p}\nabla p\ \nabla T\sin(\nabla p, \nabla T) \\
&= |\nabla \Pi|\ |\nabla\Theta|\ \sin(\nabla\Pi,\ \nabla\Theta)
\end{aligned} \tag{12.75}
$$

이다. 폐곡선 C로 둘러싸인 면적을 일정치마다의 등압면, 등밀도면, 그 외로 분할한다면 순압대기가 아니면 이들의 면은 겹치지 않고 사각으로 교차하므로 그것에 의해서 장(場)은 관상(管狀)으로 구분된다. 이와 같은 장을 **솔레노이드장**(場, solenoidal field)이라고 한다(5.3.3 항 참조). 각도가 클수록 적분치는 크게 된다.

경압항의 크기는 제 5 장의 단열도 5.2.1 항의 '에마그램'에 의해서도 구할 수가 있다.

$$
N = -\oint \frac{dp}{\rho} = -\oint RT\frac{dp}{p} = \oint RT\,d(-\ln p) \tag{12.76}
$$

이므로, 에마그램 상 C 위의 각 점을 기입하고 순번으로 이것을 연결하면 에마그램 상의 면적이 N으로 주어진다. 단, 에마그램 상에서 곡선이 도는 방향에 의해 N의 부호가 변하는 것에 주의할 필요가 있다.

12.4.2. 순환정리의 응용

ㄱ. 수렴과 위도변화의 효과

수평면내의 솔레노이드장은 연직면내의 솔레노이드에 비해서 10^{-4} 정도 이하이다. 따라서 연직축 주위의 수평운동에 대해서 솔레노이드는 효과적이지 않다. 따라서 경압장이 0으로 놓여 질 수 있을 경우에 대해서 식 (12.66)을 음미(吟味)한다. 이것을 시간에 대해 적분한다면,

$$
C + 2\Omega S = const. \tag{12.77}
$$

이 된다.

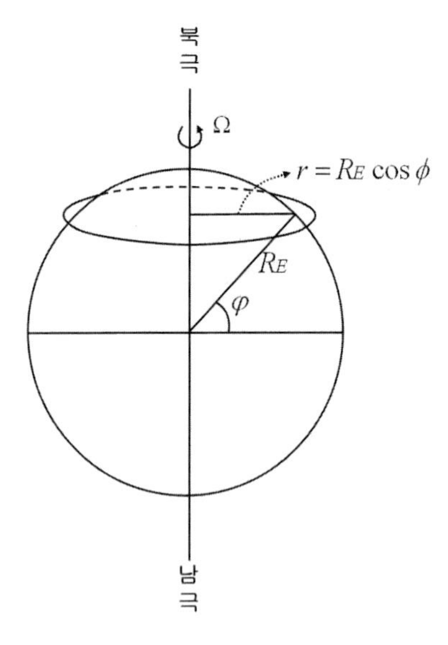

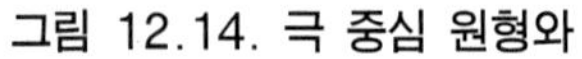

그림 12.14. 극 중심 원형와

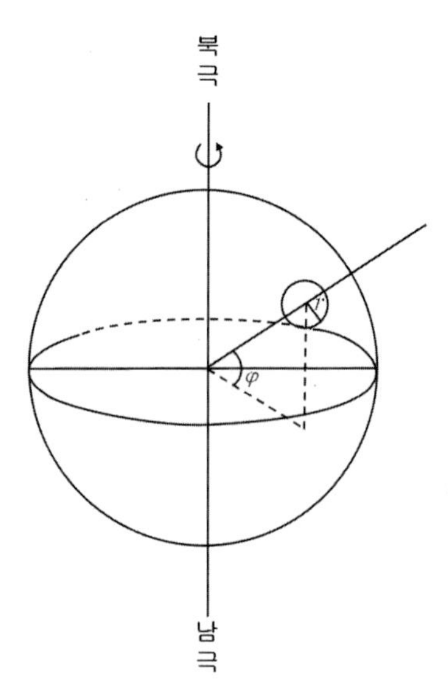

그림 12.15. 연직축 중심 원형와

i) 위도 ϕ 에 있어서 극(極)을 둘러싼 원형와〔圓形渦, 대상대순환을 형성하는 공기윤(空氣輪)〕를 생각하면(그림 12.14 참고),

순환 C=전체 길이 × 평균속도 = 원둘레 × 속도 $=2\pi r \cdot v_\lambda = 2\pi (R_E \cos\phi) v_\lambda$

면적 $S= \pi r^2 = \pi (R_E \cos\phi)^2 = \pi R_E^{\,2} \cos^2\phi$ (12.78)

이다. 단, 여기서 $R_E \fallingdotseq 6{,}400\,km$는 지구 중심에서의 거리인 식 (1.2)의 지구반경이다. 따라서 위 식을 식 (12.77)에 대입하면,

$$2\pi R_E \cos\phi (v_\lambda + \Omega R_E \cos\phi) = const. \tag{12.79}$$

가 된다. 식 (10.32)의 $v_\lambda = R_E \cos\phi \dfrac{d\lambda}{dt}$ 를 이용하면

$$R_E^{\,2} \cos^2\phi (\frac{d\lambda}{dt} + \Omega) = r^2 (\frac{d\lambda}{dt} + \Omega) = const. = M \tag{12.80}$$

이 된다. 위 두 식 (12.79) 및 식 (12.80)은 10.4.2 항의 **절대각운동량 보존법칙**(絶對角運動量

保存法則, conservation law of absolute angular momentum) 을 나타내고 있다.

ii) 다음에는 그림 12.15 와 같이 위도 ϕ 에 있어서 연직축(鉛直軸)의 주위 원형와(圓形渦, 예를 들면 태풍을 구성하는 공기윤)를 생각하면

$$C = 2\pi r \cdot v_\theta \ , \ S = \pi r^2 \cdot \sin\phi \ (\text{적도면에 투영}) \tag{12.81}$$

단, r 은 원형와의 중심에서 와(渦)까지의 거리이다. 따라서 식 (12.77)에 대입하면,

$$2\pi r (v_\theta + \Omega r \sin\phi) = r\left(v_\theta + \frac{f}{2} r\right) = const. \tag{12.82}$$

가 된다. 이 식 역시 연직축 주위의 절대각운동량 보존법칙을 나타내고 있다.

iii) 위 식 (12.82)에서 원형와가 이동하지 않아 위도가 일정할 때($\phi = const.$), 반경이 r_0 에서 r 까지 변화했을 때의 접선속도(接線速度, tangential velocity) v_θ 는

$$v_\theta = v_{\theta 0}\frac{r_0}{r} + \frac{f}{2r}({r_0}^2 - r^2) \tag{12.83}$$

이 된다. 따라서 $r_0 > r$ 즉, 수렴하면 $v_\theta > v_{\theta 0}$ 로 접선속도 v_θ 가 증가한다. 이것을 **수렴효과**(收斂效果, convergent effect) 또는 **반경효과**(半徑效果) 라고 한다.

예) $r_0 = 1{,}000\,\text{km}$, $\phi = 36°$, $f = 2\Omega \sin\phi \fallingdotseq 9 \times 10^{-5}$ /s일 때 반경 r 과 접선속도 v_θ 와의 관계는 표 12. 1에 나타낸다.

표 12.1. 수렴효과에 의한 접선속도의 증가 (m/s)

$v_{\theta 0}$ \ r (km)	1,000	900	800	700	600	500	400	300	200	100
0 m/s	0	9.5	20.3	32.8	48.0	67.5	94.5	136.5	216.0	445.5
5 〃	5	15.1	26.6	39.9	56.3	77.5	107.0	153.2	241.0	495.5

ⅳ) 다음에는 반경이 일정할 때에 중심의 위도가 ϕ_0 에서 ϕ 까지 변위했을 경우를 생각하면 식 (12.82)에서

$$v_\theta = v_{\theta 0} + \frac{r}{2}(f_o - f) \tag{12.84}$$

가 된다. 북상(北上)하면 $\phi > \phi_0$ 따라서 $f > f_0$ 이므로, $v_\theta < v_{\theta 0}$, 즉 접선속도는 감소한다. 감소의 비율은 중심거리에 비례한다. 와를 구성하는 기륜(氣輪) 내에서 외측으로 갈수록 속도의 감소는 크다.

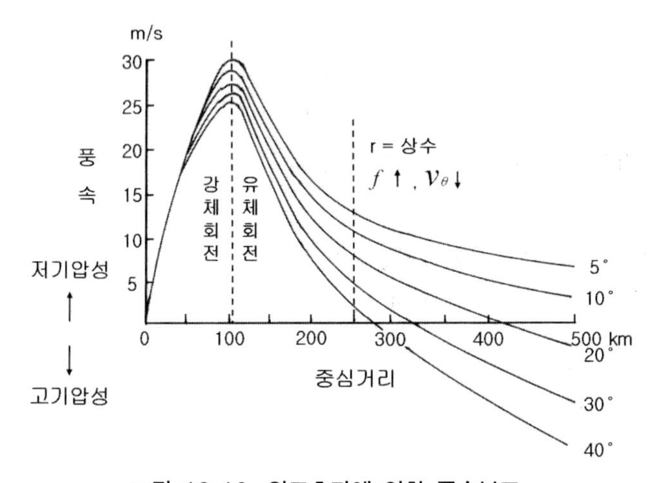

그림 12.16. 위도효과에 의한 풍속분포

그림 12.16 은 위도 5°에 있던 와가 북상할 때 위도와 함께 속도분포가 변해가는 정도를 표시한 것이다. 이것이 **위도효과**(緯度效果, latitude effect)이다. 실제로는 수렴과 위도변화에 의한 효과의 이 두 작용이 같이 일어나고 있는 것이다.

이 그림에서 **란킹의 복합와**(複合渦, Rankine's combined vortex)를 볼 수가 있다. 와에 수반되는 접선(회전)속도가 와의 안쪽 구역에서는 와의 중심에서 거리에 비례하는 강체회전〔剛體回傳, liquid(fluid) rotation, $v_\theta/r = const.$〕을 하고 바깥쪽 구역에서는 거리에 반비례하는 유체회전〔流體回傳, solid(rigid) rotation, $v_\theta \cdot r = const.$〕을 하는 가상적인 와이다. 태풍의 지상에서 풍속분포를 근사하는 모델로써 이용되는 일이 있었다. 이 모델에서 와도는 안쪽 구역에서는 일정, 바깥쪽 구역에서는 0 이다.

또한 위의 그림에서 접선속도(v_θ)는 반경(r)의 증가와 함께 풍속이 저기압성(+)으로 불다가 점점 커지면 고기압성(-)으로 부는 것을 알 수가 있다. 이것을 수식에서 보자. 식

(12.82)를 다음과 같이 변형하면,

$$v_\theta = -\frac{f}{2}r + \frac{C}{r} \tag{12.85}$$

가 된다. 여기서 반경 r이 작을 때는 위 식의 오른쪽의 2번째 항이 더 커서 양수(+)가 되어 저기압성의 바람이 불지만, 점점 반경이 커지면 1째 항의 음수(-)가 더 커져서 고기압성의 바람이 불게 되는 것을 알 수가 있다. 이런 모형을 머리속에서 그려 보자.

ㄴ. 절대와도보존의 법칙

위도 ϕ에 있어서 연직축 주위의 와에 대해서 생각한다. 식 (12.59)에 스토크스(☂)의 정리(2차원 = 평면)를 적용하고, 또 식 (12.58)의 와도(ζ)의 식을 이용하면,

$$\begin{aligned} C &= \oint (u\,dx + v\,dy) = \iint_S (\nabla \times \boldsymbol{V}) \cdot d\boldsymbol{S} \\ &= \iint_S \left(\frac{\partial v}{\partial x} - \frac{\partial u}{\partial y}\right) dS = \iint_S \zeta\,dS \end{aligned} \tag{12.86}$$

과 같이 된다. 따라서 식 (12.67)에서 경압항을 0으로 놓으면

$$\frac{dC}{dt} + \frac{d}{dt}(2\,\Omega \sin\phi \cdot S) = \frac{dC}{dt} + \frac{d}{dt}(f\,S) = \frac{d}{dt}\left(C + \iint_S f\,dS\right) \tag{12.87}$$

이 된다. 여기에 식 (12.86)을 대입하면,

$$\frac{d}{dt}\left(\iint_S \zeta\,dS + \iint_S f\,dS\right) = \frac{d}{dt}\left\{\iint_S (\zeta + f)\,dS\right\} = 0 \tag{12.88}$$

이 된다. 또는 이것을 적분하면

$$\iint_S (\zeta + f)\,dS = \iint_S Z\,dS = 0 \tag{12.89}$$

가 된다. 와도 ζ가 면적적분 영역 속에서 균일하다면,

$$ZS = const. \tag{12.90}$$

이 된다. 또 면적의 변화 즉, 수평발산이 없다면 위 식에서 면적 S도 일정값인 상수가 됨으로

$$Z = const. \tag{12.91}$$

이 된다. 여기서 $Z = \zeta + f$ 로 절대와도의 연직성분이라고 한다. 이 법칙은 **절대와도보존의 법칙**(絶對渦度保存의 法則, law of absolute vorticity conservation)이라고 한다.

ㄷ. 와위

단면적 S가 충분히 작다고 한다면 식 (12.89)에서

$$Z \Delta S = const. \tag{12.92}$$

라 놓을 수가 있다. 한편 높이 Δz, 저면적(底面積, 밑면적) ΔS의 공기기둥을 생각해서 그 질량을 일정하게 놓으면(ρ는 밀도),

$$\rho \Delta z \Delta S = const. \tag{12.93}$$

이 된다. 여기서 식 (12.93)으로 식 (12.92)를 나누면,

$$\frac{Z}{\rho \Delta z} = const. \tag{12.94}$$

가 된다. 더욱 정역학방정식 $\Delta p = -g\rho\Delta z$ 를 대입하면,

$$\frac{Z}{\Delta p} = const. \tag{12.95}$$

가 된다.

여기서 $\Delta p_s = 1{,}000\, hPa$, $f_s = 10^{-4}/s$일 때, ζ를 ζ_s로 놓으면(첨자 s는 standard의 의미),

$$\frac{Z}{\Delta p} = \frac{\zeta_s + f_s}{\Delta p_s} \tag{12.96}$$

이 된다. 따라서

$$\zeta_s = Z \frac{\Delta p_s}{\Delta p} - f_s \tag{12.97}$$

이 된다. 여기서 ζ_s 를 **와위**(渦位, potential vorticity)라고 한다. 와위를 언어로 표현하면 절대와도와 정역학안정도의 곱, 연직기주의 경우, 상단과 하단의 기압차로 절대와도를 나눈 값, 또는 기주의 수평단면적과 절대와도의 곱, 이들 3개 모두 완전히 같은 의미이다.

마르그레스(Margules, 오스트리아, ☂)의 식 (2.64)에서

$$\frac{1}{\Theta} \frac{\Delta \Theta}{\Delta p \, \Delta S} = const. \tag{12.98}$$

을 식 (12.92)에 곱하면,

$$\frac{Z}{\Theta} \frac{\Delta \Theta}{\Delta p} = \frac{Z}{\Theta} \frac{\partial \Theta}{\partial p} = const. \ , \quad \frac{d}{dt}\left(Z \frac{d \ln \Theta}{dp} \right) = 0 \tag{12.99}$$

가 된다.

단열의 경압대기에서는 온위 Θ 가 일정함으로 위 식에서 제거하면

$$\frac{d}{dt}\left(Z \frac{\partial \Theta}{\partial p} \right) = \frac{d}{dt}\left\{ (\zeta + f) \frac{\partial \Theta}{\partial p} \right\} = 0 \tag{12.100}$$

이 된다. 여기서 괄호 속의 양(절대와도와 정역학안정도의 곱)을 경압대기에 있어서 **절대와위**(絶對渦位, absolute potential vorticity)라고 한다. 위 식을 시간에 대해서 적분하면

$$(\zeta + f) \frac{\partial \Theta}{\partial p} = const. \tag{12.101}$$

이 된다. 이것은 단열된 경압대기에 대해서 **와위보존칙**(渦位保存則, law of potential vorticity conservation)이 성립하고 있음을 나타내고 있다.

발산순압대기(發散順壓大氣, divergent barotropic atmosphere)에서는 다음의 식이 성립한다.

$$\frac{d}{dt}\left(\frac{\zeta + f}{h} \right) = o \ , \quad \frac{\zeta + f}{h} = const. \tag{12.102}$$

h 는 대기의 자유표면(自由表面)의 높이를 나타낸다. 여기서는 $(\zeta + f)/h$ 를 절대와위라고 하고, 역시 여기서도 절대와위가 공기덩이에 대해서 보존되고 있는 것을 의미하고 있다. 이것이 **와위보존의 법칙**(渦位保存의 法則)이다.

12.5. 와 도

이제까지 와도(渦度, vorticity, ζ)에 대해서 여기저기서 배울 수 있는 기회가 있었다. 그것을 확인하면서 정리하는 기회를 갖도록 하자. 유체 내의 국소적인 회전의 속도를 나타내는 벡터양이다. 수학적으로는 속도를 V 로 하면 식 (12.58)을 참고해서 와도는〔라플라스 전개(Laplace′s development of a determinant)를 사용, 수리대기과학 참고〕

$$\nabla \times \boldsymbol{V} = \begin{vmatrix} \boldsymbol{i} & \boldsymbol{j} & \boldsymbol{k} \\ \dfrac{\partial}{\partial x} & \dfrac{\partial}{\partial y} & \dfrac{\partial}{\partial z} \\ u & v & w \end{vmatrix} = + \begin{vmatrix} \dfrac{\partial}{\partial y} & \dfrac{\partial}{\partial z} \\ v & w \end{vmatrix} \boldsymbol{i} - \begin{vmatrix} \dfrac{\partial}{\partial x} & \dfrac{\partial}{\partial z} \\ u & w \end{vmatrix} \boldsymbol{j} + \begin{vmatrix} \dfrac{\partial}{\partial x} & \dfrac{\partial}{\partial y} \\ u & v \end{vmatrix} \boldsymbol{k}$$

$$= \left(\frac{\partial w}{\partial y} - \frac{\partial v}{\partial z} \right) \boldsymbol{i} + \left(\frac{\partial u}{\partial z} - \frac{\partial w}{\partial x} \right) \boldsymbol{j} + \left(\frac{\partial v}{\partial x} - \frac{\partial u}{\partial y} \right) \boldsymbol{k} = \zeta_x \boldsymbol{i} + \zeta_y \boldsymbol{j}$$

여기서

$$\frac{\partial w}{\partial y} - \frac{\partial v}{\partial z} = \zeta_x : (y,\ z) \quad \text{평면에 대한 } x \text{ 방향의 와도}$$

$$\frac{\partial u}{\partial z} - \frac{\partial w}{\partial x} = \zeta_y : (x, z) \quad \text{평면에 대한 } y \text{ 방향의 와도}$$

$$\frac{\partial v}{\partial x} - \frac{\partial u}{\partial y} = \zeta_z : (z, y) \quad \text{평면(수평면)에 대한 } z \text{ 방향의 와도}$$

$$\text{(이 연직와도를 주로 와도로 취급)}(\zeta_z \rightarrow \zeta) \tag{12.103}$$

이 된다. 위와 같이 세 방향의 와도가 있지만, 보통의 경우는 연직속도 성분이 수평의 속도의 성분에 비해서 생략할 수 있음으로 와도하면 연직와도만을 생각해서 $\zeta_z \rightarrow \zeta$ 로 취급하는 일이 많다.

와도는 폐곡선 주위의 순환을 곡선이 둘러싼 면적으로 나눈 값이다. 즉, 단위면적당의 순환의 면적을 한없이 작게 한 경우의 극한치로 생각해도 좋다. 지표면과 같은 고체가 회전하고 있을 때에는 각속도의 2배가 와도이다. 위도 $\phi°N$ 의 지면의 지구자전에 의한

와도는

$$f = 2\,\Omega \sin\phi \qquad (10.35),\ (12.104)$$

이다. 여기서 Ω 는 지구자전에 의한 **각속도**(角速度, angular velocity)이다.

12.5.1. 와도방정식

와도방정식(渦度方程式, vorticity equation)은 와도의 시간적인 변화를 나타내는 식이다. 운동방정식에 회전연산자(回轉演算子, rotation, curl, $\nabla\times$)를 작용시켜서 얻어진다. 와도는 벡터이므로 3성분으로 나타내지만, 역학대기과학에서 특히 중요한 것은 연직성분이다. 그러므로 연직성분의 방정식을 구하기로 한다.

◆ 구좌표에 있어서 운동방정식의 수평성분은 식 (10.34)의 2과 3번째 식과 식 (10.111)에서

$$\frac{\partial v_\lambda}{\partial t}+v_r\frac{\partial v_\lambda}{\partial r}+\frac{v_\varphi}{r}\frac{\partial v_\lambda}{\partial \phi}+\frac{v_\lambda}{r\cos\phi}\frac{\partial v_\lambda}{\partial \lambda}-f v_\phi+\bar{f} v_r+\frac{v_r v_\lambda}{r}-\tan\phi\frac{v_\phi v_\lambda}{r}$$

$$=-\frac{1}{\rho}\frac{1}{r\cos\phi}\frac{\partial p}{\partial\lambda}$$

$$\frac{\partial v_\phi}{\partial t}+v_r\frac{\partial v_\phi}{\partial r}+\frac{v_\phi}{r}\frac{\partial v_\phi}{\partial \phi}+\frac{v_\lambda}{r\cos\phi}\frac{\partial v_\phi}{\partial \lambda}+f v_\lambda+\frac{v_r v_\phi}{r}+\tan\phi\frac{v_\lambda^2}{r}$$

$$=-\frac{1}{\rho}\frac{1}{r}\frac{\partial p}{\partial\phi} \qquad (12.105)$$

가 된다. 이것을 간단하게 정리해서 고쳐 쓰면,

$$\frac{\partial v_\lambda}{\partial t}-v_\phi Z+v_r Y=-\frac{1}{\rho}\frac{1}{r\cos\phi}\frac{\partial p}{\partial\lambda}-\frac{1}{r\cos\phi}\frac{\partial K}{\partial\lambda}$$

$$\frac{\partial v_\phi}{\partial t}-v_r X+v_\lambda Z=-\frac{1}{\rho}\frac{1}{r}\frac{\partial p}{\partial\phi}-\frac{1}{r}\frac{\partial K}{\partial\phi} \qquad (12.106)$$

단, 여기서 X, Y, Z는 **절대와도**(絶對渦度, absolute vorticity)의 x, y, z의 각 성분이고, ζ_x, ζ_y, ζ_z는 와도의 각 방향의 성분으로 이들은 다음과 같다.

$$X = \frac{1}{r}\frac{\partial v_r}{\partial \phi} - \frac{\partial v_\phi}{\partial r} - \frac{v_\phi}{r} = \zeta_x$$

$$Y = \frac{\partial v_\lambda}{\partial r} + \frac{v_\lambda}{r} - \frac{1}{r\cos\phi}\frac{\partial v_r}{\partial \lambda} + \overline{f} = \zeta_y + \overline{f}$$

$$Z = \frac{1}{r\cos\phi}\frac{\partial v_\phi}{\partial \lambda} - \frac{1}{r}\frac{\partial v_\lambda}{\partial \phi} + \tan\phi\frac{v_\lambda}{r} + f = \zeta_z + f \qquad (12.107)$$

이고, 운동에너지(kinetic energy)

$$K = \frac{1}{2}(v_r^{\,2} + v_\phi^{\,2} + v_\lambda^{\,2}) \qquad (12.108)$$

이다. 식 (12.106)의 제 1식에 $-\cos\phi$ 를 곱하여 $\frac{1}{r\cos\phi}\frac{\partial}{\partial\phi}$ 를 시행하고, 제 2식에는 $\frac{1}{r\cos\phi}\frac{\partial}{\partial\lambda}$ 를 시행한 후 두 식을 더하면,

$$\underset{①}{\frac{\partial\zeta}{\partial t}} + \underset{②}{v_r\frac{\partial Z}{\partial r}} + \underset{③}{\frac{v_\phi}{r}\frac{\partial Z}{\partial \phi}} + \underset{④}{\frac{v_\lambda}{r\cos\phi}\frac{\partial Z}{\partial\lambda}} + \underset{⑤}{DZ} - \underset{⑥}{\left(\frac{1}{r}\frac{\partial Y}{\partial\phi} + \frac{1}{r\cos\phi}\frac{\partial X}{\partial\lambda}\right)v_r}$$
$$- \underset{⑦}{\frac{1}{r\cos\phi}\frac{\partial(\cos\phi\, v_r)}{\partial\phi}Y} - \underset{⑧}{\frac{1}{r\cos\phi}\frac{\partial v_r}{\partial\lambda}X} = \underset{⑨}{\widetilde{N}_2} \qquad (12.109)$$

가 된다. D는 발산, $\widetilde{N}_2$는 경압항으로 다음과 같다.

$$\text{발산 :}\quad D = \frac{1}{r\cos\phi}\left\{\frac{\partial(\cos\phi\, v_\phi)}{\partial\phi} + \frac{\partial v_\lambda}{\partial\lambda}\right\}$$

$$\text{경압 :}\quad \widetilde{N}_2 = \frac{1}{r\cos\phi}\left\{\frac{\partial}{\partial\phi}\widetilde{\left(\frac{1}{\rho}\right)}\frac{\partial p}{\partial\lambda} - \frac{\partial}{\partial\lambda}\left(\frac{1}{\rho}\right)\frac{\partial p}{\partial\phi}\right\} \qquad (12.110)$$

① 항은 와도의 국소적 변화의 빠르기를 나타낸다. 이항은 f가 시간에 무관계함으로 $\partial(\zeta + f)/\partial t = \partial Z/\partial t$ 로 쓸 수도 있다.

②, ③, ④ 항은 절대와도의 이류적 수송을 나타내고 있다.

⑤ 항은 수평발산에 의한 절대와도의 변화를 나타내고 있다.

⑥ 항은 구좌표계를 사용하기 때문에 나타나는 기하학적 발산에 수반된 변화를 나타내고 있다. 이 항은 직교좌표계에서는 0 이 된다.

⑦, ⑧ 항은 수평와(水平渦)의 경사의 변화에 의한 연직와(鉛直渦)로의 보충을 나타낸다.

⑨ 항인 우변은 경압항을 나타낸다.

◆ 국소적 직교좌표계(直交座標系, rectangular coordinate)의 경우는

$$\frac{\partial \zeta}{\partial t} + u\frac{\partial Z}{\partial x} + v\frac{\partial Z}{\partial y} + w\frac{\partial Z}{\partial z} + DZ - \frac{\partial w}{\partial x}X - \frac{\partial w}{\partial y}Y = \widetilde{N_z} \qquad (12.111)$$

가 된다. 여기서

$$\text{발 산}: D = \frac{\partial u}{\partial x} + \frac{\partial v}{\partial y}$$

$$X = \frac{\partial w}{\partial y} - \frac{\partial v}{\partial z} = \zeta_x$$

$$\text{절대와도, 와도}: Y = \frac{\partial u}{\partial z} - \frac{\partial w}{\partial x} + \overline{f} = \zeta_y + \overline{f}$$

$$Z = \frac{\partial v}{\partial x} - \frac{\partial u}{\partial y} + f = \zeta_z + f$$

$$\text{운동에너지}: K = \frac{1}{2}(u^2 + v^2 + w^2)$$

$$\text{경 압}: \widetilde{N_z} = \widetilde{N_2} = \frac{1}{\rho^2}\left(\frac{\partial \rho}{\partial x}\frac{\partial p}{\partial y} - \frac{\partial \rho}{\partial y}\frac{\partial p}{\partial x}\right) \qquad (12.112)$$

가 된다.

◆ 수평운동의 경우 구좌표계의 식 (12.109)에서는 $v_r = 0$ 이고, 직교좌표계의 식 (12.111)에서는 $w = 0$ 가 되어 각각 다음과 같이 된다.

$$\frac{\partial \zeta}{\partial t} + \frac{v_\phi}{r}\frac{\partial Z}{\partial \phi} + \frac{v_\lambda}{r\cos\phi}\frac{\partial Z}{\partial \lambda} + DZ = \widetilde{N_2}$$

$$\frac{\partial \zeta}{\partial t} + u\frac{\partial Z}{\partial x} + v\frac{\partial Z}{\partial y} + DZ = \widetilde{N_z} \qquad (12.113)$$

따라서 수평순압대기(水平順壓大氣)에서는 경압항인 $\widetilde{N}_2 = \widetilde{N}_z = 0$ 이 된다.

12.5.2. 와도방정식의 간단한 적분

다방대기(多方大氣, polytropic atmosphere) 중의 수평운동을 생각하면 식 (12.113)의 2번째 식에서(f 는 시간에 일정)

$$\frac{\partial(\zeta + f)}{\partial t} + u\frac{\partial Z}{\partial x} + v\frac{\partial Z}{\partial y} + DZ = \frac{dZ}{dt} + DZ = 0 \qquad (12.114)$$

가 된다.

그런데 식 (12.56)에서 $D = \frac{1}{S}\frac{dS}{dt}$ 이다. 여기서 S 는 와주(渦柱)의 단면적이다. 따라서

$$\frac{1}{Z}\frac{dZ}{dt} + \frac{1}{S}\frac{dS}{dt} = \frac{1}{ZS}\frac{d(ZS)}{dt} = 0 \qquad (12.115)$$

가 된다. 이것을 적분하면,

$$\int \frac{1}{ZS}\, d(ZS) = \ln(ZS) = \cos nt. \quad , \quad ZS = \cos nt. \qquad (12.116)$$

이 된다. 이것은 식 (12.91)과 같이 **절대와도보존의 법칙**(絶對渦度保存의 法則, law of absolute vorticity conservation))이다

발산 $D = const.$ 의 경우에는 식 (12.114)에서

$$\frac{1}{Z}\frac{dZ}{dt} = -D \qquad (12.117\ \text{a})$$

이 된다. 이것을 적분하면〔'수리대기과학(數理大氣科學)'의 미분방정식 편을 참고〕 다음과 같이 된다.

$$Z = Z_0 e^{-Dt} \ , \quad 또는\ \zeta + f = (\zeta_0 + f_0)e^{-Dt} \qquad (12.117\ \text{b})$$

초기의 절대와도 $Z_0 = \zeta_0 + f_0$ 가 양수(+)의 경우, $D > 0$ 즉, 발산일 때 Z는 시간과 함께 0에 점근한다. 즉 ζ 는 $-f$ 에 점근한다. 그러나 $D < 0$ 즉, 수렴일 때 $Z = \zeta + f$ 는 시간과 함께 무한히 증가한다. 더욱이 수렴의 경우는 같은 수렴량에 대해서 초기와도가 크다면 그것에 비례해서 와도의 증가도 크다.

12.5.3. 와도효과

운동방정식 (10.41)에 식 (10.106)과 식 (12.112)를 이용하면 다음과 같이 정리할 수 있다.

$$\frac{\partial u}{\partial t} - (vZ - wY) = -\frac{1}{\rho}\frac{\partial p}{\partial x} - \frac{\partial K}{\partial x}$$

$$\frac{\partial v}{\partial t} - (wX - uZ) = -\frac{1}{\rho}\frac{\partial p}{\partial y} - \frac{\partial K}{\partial y}$$

$$\frac{\partial w}{\partial t} - (uY - vX) = -g - \frac{1}{\rho}\frac{\partial p}{\partial z} - \frac{\partial K}{\partial z} \qquad (12.118)$$

관성항(慣性項, inertia term)을 와도부분〔$-(vZ - wY)$, $-(wX - uZ)$, $-(uY - vX)$〕과 동압부분〔動壓部分, $-\frac{1}{\rho}\frac{\partial p}{\partial x}$, $-\frac{1}{\rho}\frac{\partial p}{\partial y}$, $-\frac{1}{\rho}\frac{\partial p}{\partial z}$)으로 나누어서 운동의 성질을 생각해 보면 양자는 서로 별개의 것이라고 말할 수 있다.

순압대기의 경우 위 3번째 식의 우변을 0으로 놓고 z에 대해서 적분하면

$$-g - \frac{1}{\rho}\frac{\partial p}{\partial z} - \frac{\partial K}{\partial z} = 0, \quad \int\left(-g - \frac{1}{\rho}\frac{\partial p}{\partial z} - \frac{\partial K}{\partial z}\right)dz = const. \qquad (12.119)$$

이고, 식 (10.150)을 참고로 해서 '**운동에너지 + 위치에너지 + 내부에너지 = 일정**'의 원리를 이용하면,

$$\frac{V^2}{2} + gz + \frac{p}{\rho} = K + gz + \frac{p}{\rho} = const. = \Psi \qquad 12.120)$$

를 北尾次郎〔기따오 지로, 일본, ☂〕는 Ψ를 등동력면(等動力面, isodynamical surface)으로 명명했다.

정상(定常)일 때는 식 (12.118)에 $\partial/\partial t = 0$ 을 적용시키면,

$$v\,Z - w\,Y = \frac{\partial \Psi}{\partial x}\ ,\quad w\,X - u\,Z = \frac{\partial \Psi}{\partial y}\ ,\quad u\,Y - v\,X = \frac{\partial \Psi}{\partial z} \qquad (12.121)$$

이 되기 때문에 각 식에 u, v, w 또는 X, Y, Z를 곱해서 더하면 좌변은 0이 된다. 그러므로

$$u\frac{\partial \Psi}{\partial x} + v\frac{\partial \Psi}{\partial y} + w\frac{\partial \Psi}{\partial z} = \textbf{속도}\,(u, v, w) \cdot \nabla \Psi = 0$$

$$X\frac{\partial \Psi}{\partial x} + Y\frac{\partial \Psi}{\partial y} + Z\frac{\partial \Psi}{\partial z} = \textbf{와도}\,(X, Y, Z) \cdot \nabla \Psi = 0 \qquad (12.122)$$

가 된다. 이것은 순압대기의 정상상태(正常狀態)에서는 Ψ면은 속도벡터 및 절대와도벡터를 포함하는 면이 된다는 뜻이다. 그 이유는 Ψ 면과 $\nabla\Psi$ 은 서로 수직이고, $\nabla\Psi$과 속도(u, v, w) 또는 절대와도(X, Y, Z) 면과는 내적〔內積, scalar(dot, inner) product〕이 0이므로 서로 수직이다. 따라서 Ψ 면과 이들은 같은 면이 된다.

더욱이 식 (12.118)의 각 식에 u, v, w를 곱해서 더하면,

$$\frac{\partial K}{\partial t} = -u\frac{\partial \Psi}{\partial x} - v\frac{\partial \Psi}{\partial y} - w\frac{\partial \Psi}{\partial z} = -\boldsymbol{V} \cdot \nabla \Psi \qquad (12.123)$$

이 된다. 즉, 어떤 장소에 있어서 운동에너지의 시간적인 변화는 속도(V)가 Ψ 면에 직각($\nabla\Psi$)으로 작용할 때 내적(內積, $\cos 0 = 1$)의 값이 가장 크므로 최대가 된다. 이와 같이 에너지 변화의 문제에서는 상대와도나 전향력은 직접적으로는 영향이 없다.

식 (12.118)을 보면 전향(코리올리)인자와 와도와는 v, u, w에 대해서 동등의 작용을 하고 있다. 이와 같이 상대와도(ζ)가 일반운동에 대해서 지구자전의 작용(f, $\bar{f}$)과 동등의 역할을 하는 것을 **와도효과**(渦度效果, vorticity effect)라고 이름 붙이자. 즉, 절대와도($Z = \zeta + f$) 속에서 와도(ζ)와 지구자전에 의한 와도(f)〔식 (12.104)을 참조〕가 각각 자기 몫을 한다는 의미이다.

절대와도가 보존되는 경우($Z = \zeta + f$ =const.), 양와도〔陽渦度, $\zeta > 0$, 저기압성회전, 반전(反轉, backing), 반시계방향〕의 구역에서는 보다 고위도로 갈수록 f가 크게 됨으로 와도는 작아지게 된다. 그러면 운동량의 보존에서 접선속도가 작아지면 운동의 반경이 커져서 직선에 가까워지려고 하는 성질을 갖게 된다. 음와도〔陰渦度, $\zeta < 0$, 고기압성회전, 순전(順轉, veering), 시계방향〕의 경우는 저위도 쪽으로 갈수록 f가 작아짐으로 음와도

$(-\zeta)$가 커져야 하는데 (-)값이므로 절대값을 씌우면 와도의 수치는 작아지게 된다. 따라서 와도가 작아지면 앞의 경우와 같이 직선에 접근하려고 하는 성질을 갖는다. 이 두 경우는 회전운동이 약해지고 직선운동으로 가려고 하는 와도효과가 나타난다. 이와 반대의 경우는 회전운동이 강화되는 와도효과가 나타날 것이다.

와도효과를 좀 더 알기 쉽게 이해를 돕기 위해서 수평운동에 대하여 생각하자. 식 (12.118)의 첫째와 둘째의 식에서 수평운동이므로 $w=0$ 을 대입하면,

$$\frac{\partial u}{\partial t} - Zv = -\frac{1}{\rho}\frac{\partial p}{\partial x} - \frac{\partial K}{\partial x}$$

$$\frac{\partial v}{\partial t} + Zu = -\frac{1}{\rho}\frac{\partial p}{\partial y} - \frac{\partial K}{\partial y} \qquad (12.124)$$

가 된다. 지구자전에 의한 와도 f 에 비해서 요란의 와도 ζ 의 변화가 같은 정도인 경우, Z 의 변화는 크다. 이것에 대해서 동압(動壓, $-\frac{1}{\rho}\frac{\partial p}{\partial x}$, $-\frac{1}{\rho}\frac{\partial p}{\partial y}$) 은 많은 경우 대단히 작다. 예를 들면 $1\,hPa/100\,km$, $\rho \fallingdotseq 10^{-3}g/cm^3$ 에 상당하는 동압경도(動壓傾度)는 등압선과 직선으로 $100\,km$ 에 대해서 대략 $10m/s$ 의 풍속차가 있는 셈이 되는데, 이것은 대규모의 현상에서는 드문 일이다. 따라서 대규모 현상에서는 동압효과에 비교해서 와도효과가 탁월하다.

관성항(慣性項 = 와도부분 + 동압부분)이 비선형(非線形, non-linear)이기 때문에 운동방정식을 해석적으로 풀 수 없는 현상에 대해서 운동에 대한 와도의 영향은 고찰하고 근사해를 얻는데 도움이 된다. 이 효과에 나타나고 있는 현상을 여러 군데에서 지적할 수 있다.

> ＊ **비선형** : 직선이 아니라 곡선처럼 일정하지 않고 변화하는 것을 말한다. 커졌다, 작아졌다 예측불한 변화를 **비선형효과**(非線形效果)라고 한다. 예를 들면 와도가 2 배로 증가하면 가속도가 5 배로 증가했다고 하자. 이것이 선형이라면 와도가 4 배로 증가했을 때 가속도가 10 배로 증가할 것이지만, 비선형이면 몇 배가 될지 알 수 없고 제멋대로 변화해 간다는 뜻이 된다.

예) 고기압성와도(음와도)를 갖는 운동을 H, 균일한 직선운동을 S, 저기압성와도(양와도)를 갖는 운동을 L로 한다면 동일 기압경도에 대한 풍속은 $H > S > L$ 이

된다. 이외의 다른 예는 주해를 참고하기 바란다.

풀이) 식 (11.74)의 경도풍의 정상해(定常解, 근호 속의 부호가 +)를 이용해서 와도 효과를 생각해 보자.

$$V_{gr} = \frac{1}{2}(-fr + \sqrt{f^2r^2 + 4rP_r}) = \frac{1}{2}fr\left(-1 + \sqrt{1 + \frac{4P_r}{f^2r}}\right) \tag{12.125}$$

실제의 값들은 다르겠지만, 비교하기 위해서 편의상 $\frac{1}{2}f = 1$, $r = 1$, $\frac{4}{f^2r} = 1$ 로 놓으면

$$V_{gr} = -1 + \sqrt{1 + P_r} \tag{12.126}$$

① 저기압성(L) 와도의 경우, 근호 속의 기압경도력 $P_r > 0$이므로 이 값을 $P_r = 1$이라 놓고 계산하면,

$$V_{gr} = -1 + \sqrt{1+1} = \sqrt{2} - 1 \fallingdotseq 0.4 , \quad \Rightarrow \quad L = 0.4 \tag{12.127}$$

이 된다. 경도풍 $V_{gr} > 0$ 로 양와도로 반전(反轉, backing, 반시계방향)으로 저기압성 와도인 것을 알 수가 있다.

② 고기압성(H) 와도의 경우, 근호 속의 기압경도력 $P_r < 0$ 이므로 이 값을 $P_r = -1$ 이라 놓고 계산하면,

$$V_{gr} = (-1 + \sqrt{1-1}) = -1 , \Rightarrow \ H = |-1| = 1 \tag{12.128}$$

이 된다. 경도풍 $V_{gr} < 0$ 로 음와도로 순전(順轉, veering, 시계방향)으로 고기압성 와도인 것을 알 수가 있다. 이 경도풍의 방향은 (-)이나 풍속의 크기는 절대값을 취해서 (+)로 한다.

③ 직선의 경우 $r \rightarrow \infty$ 일 때로 이것은 지형풍(地衡風, V_g, 지균풍)이 된다. 따라서 식

(11.52)에 앞의 조건 $\frac{1}{2}f = 1 \Rightarrow f = 2$, $P_r = 1$ 를 대입하면 다음과 같이 된다.

$$v_g = \frac{1}{f}\frac{1}{\rho}\frac{\partial p}{\partial x} = V_g = \frac{1}{f}P_r = \frac{1}{2}P_r = 0.5 \quad \Rightarrow \quad S = 0.5 \qquad (12.129)$$

따라서 이들 ①, ②, ③을 종합하면, $1 = H > 0.5 = S > L = 0.4$ 이 되어 풍속의 크기는 $H > S > L$ 과 같이 됨을 알 수 있다.

연 습 문 제

1. 한국의 각 섬(예를 들면 제주도)의 해안선을 따른 관측소의 기압과 기온을 일기도에서 구하고, 단열도에 기입해서 그 섬의 위에 연직솔레노이드를 구하라.

2. 한국의 상층관측의 결과를 이용해서 동서 또는 남북 단면도를 만들고, 1과 같은 방법으로 해서 고도 1 km 마다의 기층의 수평솔레노이드를 구하라.

3. 순압비압축(順壓非壓縮)의 이상유체 내에서 반경 r 의 균일한 연직와가 동일 위도에서 원래의 길이의 N 배가 되었을 때 와도 및 외선(外線, 최대 반경)의 풍속을 구하라.

Chapter

13 섭동법

원래 천체역학(天体力學)의 용어로 행성의 공전운동이 다른 행성의 인력의 영향을 받아서 혼란되는 현상을 뜻한다. 이 경우 행성의 공전궤도는 태양과 그 행성의 인력에 의해 기본적인 성질이 결정됨으로 이론적으로는 우선 다른 행성의 영향을 고려하지 않고 공전궤도를 구하고 그것을 기본해로 한다. 다른 행성의 작용을 고려할 때에는 기본해에 부가항을 붙여서 문제를 다시 푸는 일을 한다. 이 부가항을 **섭동**(攝動, perturbation)이라고 한다. 섭동의 섭(攝)은 '잡아끌어 당긴다'의 의미가 있어 섭동은 움직여 교란을 시킨다는 뜻이 있다.

유체역학에서는 이류항(移流項, 비선형항)을 고려한 해를 구할 때 이류항의 크기가 다른 항에 비해서 크지 않으면, 우선 이류항을 무시한 해(선형해)를 구하고 다음에 이류항의 영향을 나타내는 섭동을 도입해서 비선형해를 구하는 일을 한다. 대부분의 경우 작은 값을 갖는 상수의 멱급수로 부가항을 나타내는데, 이와 같은 해의 표현방법을 **섭동전개**(攝動展開, expanding perturbation)라고 한다. 흐름이 불안정론에서는 기본장의 흐름에 섭동을 덧붙인 흐름을 기초방정식에 대입해서 섭동부분이 시간적으로 발달하면 기본장의 흐름은 불안정으로 간주한다.

즉, 비선형방정식을 선형화하는 하나의 방법이다. 기본장으로써 평형상태를 생각하고 그것에 미소한 진폭을 갖는 요란을 더한다. 이들을 지배방정식에 넣으면 이류항 등의 비선형항에는 요란량의 곱으로 나타나진다. 이와 같은 항을 2차의 미소량으로써 생략하면 결국 미지량(未知量, 요란)에 관한 1차의 방정식을 얻는다. 이렇게 해서 비선형방정식은 선형화된다. 이것이 **섭동법**(攝動法, perturbation method)이다. 각종의 불안정론을 취급하는데 이용되고 있다.

13.1. 선형화

역학대기과학에서는 속도(u, v, w), 기압(p), 밀도(ρ), 기온(T) 등이 미지함수로 운동방정식, 운속방정식, 상태방정식, 대기방정식들을 시성방정식 또는 열수송의 방정식을 이용해서 그 함수형을 결정한다. 다음에 경계조건 및 초기조건에 의해서 미지함수를 결정해서 문제가 풀린 것이 된다. 각 방정식 및 조건식이 선형이라면 수학적으로 그다지 곤란하지는 않지만, 많은 문제에서는 비선형항을 피할 수가 없다. 운동방정식에서는 $u\dfrac{\partial u}{\partial x}$, $v\dfrac{\partial v}{\partial y}$, … 등과 같은 관성항 및 $\dfrac{1}{\rho}\dfrac{\partial p}{\partial x}$, $\dfrac{1}{\rho}\dfrac{\partial p}{\partial y}$ 등과 같은 기압경도항이 비선형이다. 상태방정식 $pv=RT$, 시성방정식〔示性方程式, 식(13.26) 참조〕 $\dfrac{dp}{dt}=\left(\dfrac{dp}{d\rho}\right)_{ph}\dfrac{d\rho}{dt}$, 열수송 방정식의 이류항 $u\dfrac{\partial T}{\partial x}+v\dfrac{\partial T}{\partial y}+w\dfrac{\partial T}{\partial z}$ 도 모두 비선형이다. 따라서 극히 특수한 문제에 한해서만 완전히 풀릴 수 있는 것이다. 이 곤란한 문제를 선형화하는 것이 1926년에 비야크네스(V. Bjerknes, 父, 1862~1951, ☂)가 제출한 **섭동법**(攝動法, perturbation method)이다.

이 방법은 어떤 상태를 이미 알고 있는 상태에서 2차 항을 생략할 수 있는 섭동이 더해진 것으로 해서 선형의 **섭동방정식**(攝動方程式, perturbation equation)을 만들어 푸는 것이다. 예를 들면 AB라고 하는 2차의 미지함수의 곱이 방정식 속에 있을 때, $A=\overline{A}+A'$, $B=\overline{B}+B'$ 로 놓는다. $\overline{A}$, $\overline{B}$ 는 이미 알고 있는 함수로 이 함수가 나타내는 상태를 **기본상태**(基本狀態, basic state)라고 한다. A', B'는 **섭동함수**(攝動函數, perturbation function)이다. 이것을 사용하면

$$AB=(\overline{A}+A')(\overline{B}+B')=\overline{A}\,\overline{B}+\overline{A}B'+\overline{B}A'+A'B' \qquad (13.1)$$

이지만, 가정에 의해

$$A'B'\Rightarrow 0, \qquad A'B'=0 \qquad (13.2)$$

로 해서 생략한다. 위 식을 방정식 속에 대입했을 때 $\overline{A}$, $\overline{B}$ 와 같은 기본 상태에 관한 양은 미분방정식의 해로써 얻어져 있으므로 방정식에서 제거 된다(상수가 됨). 따라서 얻어

진 방정식은 미지함수 A', B'에 관해서 선형($\overline{A}B'+\overline{B}A'$)이다. 따라서

$$AB=\overline{A}\,\overline{B}(\text{상수})+\overline{A}(\text{계수})B'+\overline{B}(\text{계수})A'=aA'+bB'+c \qquad (13.3)$$

과 같은 1차 **함수**가 된다. 여기서 a, b, c는 상수 또는 계수(係數 : 변수 앞의 상수)이다. **선형화**(線型化, linearization)가 되었다. 이와 같은 선형화된 섭동방정식을 구하기에는 위와 같은 조작으로도 좋지만, 방정식의 변분(變分)을 취하면 기계적으로 바로 얻어진다.

13.2. 섭동방정식

13.2.1. 선형방정식

유체의 운동이나 상태를 지배하는 방정식계가 있고, 그 유체의 기본장이 주어졌다고 하자. 이 기본장에 미소진폭의 요란(擾亂, disturbance)이 겹쳤다고 가정하면, 원래의 방정식계에서 요란에 관한 방정식계를 이끌어 낼 수가 있다. 그런데 이 방정식계를 만족하기 위해서 요란은 특별한 역학적 특성이나 구조를 가져야 한다. 바꾸어 말하면, 주어진 유체 속에는 고유 형태의 요란만이 존재할 수 있는 것이다. 이것을 조사하는 방법을 **섭동법**(攝動法, perturbation method)이라고 표현할 수가 있다.

섭동법에서는 이미 보아온 것처럼 모든 변수를 기본장과 요란의 2부분으로 나눈다. 예를 들면, 변수 X는 $X=\overline{X}+X'$과 같이 나타낸다. 기본장 $\overline{X}$는 시간에 의해 변하지 않는 것으로 하는 것이 보통이다. 그것은 공간적으로는 변하고 있어도 좋다. X'은 시간 및 공간의 함수이다.

한편, 방정식 속의 변수는 전부 이와 같이 고쳐 쓰고 나서 요란 성분을 영(零, 0, zero)으로 하면 기본장에 대해서의 식이 얻어진다. 여기서 시간변화의 항을 떨어뜨리면 기본의 바람이라든가, 기압장이라든가, 기본장 상호의 균형 관계를 나타내는 식이 얻어진다. 기본장을 지정할 때에는 이 관계를 고려해야 한다. 다음에 변수를 고쳐 쓴 식으로 돌아가고, 그러고 나서 기본장의 식을 빼면 요란에 관한 식이 구해진다. 여기서 요란에 관한 2차의 양($u'\dfrac{\partial u'}{\partial x}$라든가 $u'\,T'$ 등)을 식에서 생략하면, 요란에 대해서의 식은 **선형방정식**(線形方程式, linear equation)이 된다. 이 근사는 항상 무조건으로 허용되는 것은 아니다. 이 선형방정식에서 기본장에 관한 양은 각 항의 계수로써 나타난다. 이와 같이 해서 이끌어

낸 식을 **섭동방정식**(攝動方程式, perturbation equation)이라고 부른다.

13.2.2. 복소수 표현

간단한 방정식으로 지배되는 유체를 상정해서 이 경우의 섭동방정식을 구해 보자. 우선 유체 중의 운동이 x 방향과 z 방향만으로 한정하고 또 운동은 지구회전의 영향을 받지 않는다고 가정한다. 더욱 이 유체는 비점성으로 상태변화는 단열적인 것으로 하자. 그러면 운동방정식, 연속방정식, 열역학 제 1 법칙은 다음과 같이 쓸 수 있다.

운동방정식(x 방향) : $\dfrac{du}{dt} + \dfrac{1}{\rho}\dfrac{\partial p}{\partial x} = 0$

〃 (z 〃) : $\dfrac{dw}{dt} + \dfrac{1}{\rho}\dfrac{\partial p}{\partial z} + g = 0$

연 속 방 정 식 : $\dfrac{d\rho}{dt} + \rho\left(\dfrac{\partial u}{\partial x} + \dfrac{\partial w}{\partial z}\right) = 0$

열역학 제 1 법칙 : $\dfrac{dp}{dt} - \dfrac{C_p}{C_v}\dfrac{p}{\rho}\dfrac{\partial \rho}{\partial t} = 0$ (13.4)

단, 여기서 식 (10.106)의 오일러 형식은 2 차의 (x, z) 평면으로

$$\frac{d}{dt} = \frac{\partial}{\partial t} + u\frac{\partial}{\partial x} + w\frac{\partial}{\partial z} \tag{13.5}$$

가 된다. 4 번째의 식은 열역학의 식 $C_v dT/dt = -p d(1/\rho)/dt$ 와 상태방정식 $p = R\rho T$ 에서 T 를 제거하면 얻어진다. 한편 이 유체의 기본장으로써 유체가 정지한 상태를 취하기로 한다. 즉,

$$\overline{u} = 0 \ , \quad \overline{w} = 0 \tag{13.6}$$

이 된다. 그러면 식 (13.4)의 처음 2 개의 식인 운동방정식에서 $\overline{p}$ 는 z 만의 함수가 되고, $\overline{p}$ 와 $\overline{\rho}$ 의 사이에는

$$\frac{1}{\overline{\rho}}\frac{\partial \overline{p}}{\partial z} + g = 0 \tag{13.7}$$

의 관계가 성립함을 알 수 있다. $\overline{T}$를 알고 싶으면 상태방정식

$$\overline{p} = R\overline{\rho}\,\overline{T} \tag{13.8}$$

에서 구할 수가 있다. 여기서 식 (13.4)의 변수를

$$u = u', \quad w = w', \quad p = \overline{p} + p', \quad \rho = \overline{\rho} + \rho' \tag{13.9}$$

와 같이 치환한다. 그리고 위의 기본장의 관계를 고려하고, 또

$$\frac{1}{\rho} = \frac{1}{\overline{\rho} + \rho'} \approx \frac{1}{\overline{\rho}}\left(1 - \frac{\rho'}{\overline{\rho}}\right) \tag{13.10}$$

의 근사를 사용하면 다음의 섭동방정식을 얻을 수가 있다.

$$\begin{aligned}
&\text{운동방정식}(x\text{ 방향}) : && \frac{du'}{dt} + \frac{1}{\overline{\rho}}\frac{\partial p'}{\partial x} = 0 \\
&\quad〃 \quad (z \; 〃) : && \frac{dw'}{dt} + \frac{1}{\overline{\rho}}\frac{\partial p'}{\partial z} + g\frac{\rho'}{\overline{\rho}} = 0 \\
&\text{연속방정식} : && \frac{d\rho'}{dt} + \frac{\partial \overline{\rho}}{\partial z}w' + \overline{\rho}\left(\frac{\partial u'}{\partial x} + \frac{\partial w'}{\partial z}\right) = 0 \\
&\text{열역학 제 1 법칙} : && \frac{dp'}{dt} - \overline{\rho}gw' - \frac{C_p}{C_v}R\overline{T}\left(\frac{\partial \rho'}{\partial t} + \frac{\partial \overline{\rho}}{\partial z}w'\right) = 0
\end{aligned} \tag{13.11}$$

위의 식에서 알 수 있듯이 $\overline{\rho}$, $g/\overline{\rho}$, $\partial\overline{\rho}/\partial z$, $(C_p/C_v)R\overline{T}$ 등의 기본장에 관련된 양이 요란의 성질을 결정하는 역할을 하고 있다.

그런데 섭동법에서는 요란의 형태로써 삼각함수〔三角函數 : 정현(正弦, sine), 여현(餘弦, cosine), 정접(正接, tangent) 등〕파를 가정하는 것이 보통이다. 임의 형태의 요란은 여러 가지 삼각함수파(三角函數波, trigonometric function's wave)를 겹쳐 모은 것으로 간주하기 때문에 섭동법에서는 개개의 성분파(成分波)를 독립적으로 조사하고 있는 것이 된다. x 방향에 전파하는 여현파〔余(餘)弦波, cosine wave〕는 일반적으로

$$y = A\,e^{\mu t}\cos\{k(x - c_r t) + \delta\} \tag{13.12}$$

의 형태로 나타낼 수가 있다. 여기서

y : u', w' 등의 요란량,

k : 파수, 파장을 L로 할 때 $k = 2\pi / L$,

A : 미소진폭(微小振幅), $t = 0$ 일 때의 값,

μ : 진폭의 증폭에 관한 인수, 시간이 $1/\mu$ 지날 때마다 진폭이 e배가 됨,

c_r : 파의 전파속도,

δ : 파의 위상각(位相角), $t = 0$ 에 있어서의 값

이다. 섭동방정식에서는 요란의 시간미분이나 공간미분을 취해야 한다. 식 (13.12)의 경우 이들은

$$\frac{\partial y}{\partial t} = A e^{\mu t} \left[k c_r \sin\left\{ k(x - c_r t) + \delta \right\} + \mu \cos\left\{ k(x - c_r t) + \delta \right\} \right] \tag{13.13}$$

$$\frac{\partial y}{\partial x} = - k A e^{\mu t} \sin\left\{ k(x - c_r t) + \delta \right\} \tag{13.14}$$

가 된다.

한편, 식 (13.12)와 같은 삼각함수파를 나타내는 데에 지수함수

$$\psi = \hat{\psi} e^{ik(x - ct)} \tag{13.15}$$

와 같이 쓰면 계산상 대단히 편리하다. 단, 여기서 ψ, $\hat{\psi}$ (^ : hat) 및 c는 복소수로 실수부분과 허수부분으로 나누면,

$$\psi = \psi_r + i\psi_i \ , \qquad \hat{\psi} = \hat{\psi}_r + i\hat{\psi}_i \ , \qquad c = c_r + i c_i \tag{13.16}$$

과 같이 된다. $\hat{\psi}_r$, $\hat{\psi}_i$, c_i 를

$$A^2 = \hat{\psi}_r^{\,2} + \hat{\psi}_i^{\,2} \ , \qquad \delta = \tan^{-1} \frac{\hat{\psi}_i}{\hat{\psi}_r} \ , \qquad \mu = k c_i \tag{13.17}$$

과 같이 되도록 정하면, 식 (13.15)는

$$\psi = A\,e^{i\delta}e^{\{ik(x - c_r t) + \mu t\}}$$
$$= A\,e^{\mu t}\left[\cos\{k(x - c_r t) + \delta\} + i\sin\{k(x - c_r t) + \delta\}\right] \quad (13.18)$$

과 같이 된다. 위 식 (13.18)과 식 (13.12)를 비교해 보면, $y = \psi_r$ 로 실수부에 해당한다는 것을 알 수가 있다. 즉 식 (13.15)와 같이 썼을 경우 대기과학적으로 의미가 있는 것은 ψ의 실수부분이다(특별히 사유를 언급하지 않는 일이 많지만). 허수부분 ψ_i 는 ψ_r의 미분에 관계하고 있음으로 y의 미분을 표현할 때에 사용하면 편리하다.

예를 들면, 식 (13.15)의 **시간미분**을 취하면,

$$\frac{\partial\psi}{\partial t} = -ikc\psi \quad (13.19)$$

가 된다. 이 식의 양변의 실수부분을 취하면,

$$\frac{\partial\psi_r}{\partial t} = k(c_r\psi_i + c_i\psi_r) \quad (13.20)$$

이 되는데, 우변의 ψ_i와 ψ_r에 식 (13.18)의 허수, 실수부분을 각각 대입해서 계산하면 결국 식 (13.20)과 식 (13.13)은 완전히 일치한다는 것을 알 수가 있다. 즉,

$$\frac{\partial y}{\partial t} = \frac{\partial\psi_r}{\partial t} = R\left[\frac{\partial\psi}{\partial t}\right] = R[-ikc\psi] \quad (13.21)$$

이 된다. 이것은 y의 시간 미분값 $\frac{\partial y}{\partial t}$를 구하는 데는 식 (13.15)의 ψ에 $-ikc$〔식 (13.19)〕를 곱해서 실수부분 $R[\ ]$을 취하면 된다.

공간미분에 대해서는 식 (13.15)의 x 미분은

$$\frac{\partial\psi}{\partial x} = ik\psi \quad (13.22)$$

가 된다. 양변의 실수부분을 취하고, 식 (13.18)을 이용하면,

$$\frac{\partial \psi_r}{\partial x} = -k\psi_i = -kAe^{\mu t}\sin\{k(x - c_r t) + \delta\} \tag{13.23}$$

이 된다. 이것은 식 (13.14)와 같음을 알 수가 있다. 따라서 식 (13.22)를 이용해서

$$\frac{\partial y}{\partial x} = \frac{\partial \psi_r}{\partial x} = R\left[\frac{\partial \psi}{\partial x}\right] = R[ik\psi] \tag{13.24}$$

와 같이 정리할 수 있다. 이것은 $\frac{\partial y}{\partial x}$ 를 구하는데 ψ 에 ik를 곱해서 실수부분 $R[\ ]$을 취하면 되는 것이다. $\frac{\partial^2 y}{\partial x^2}$ 의 경우에는 ψ 에 $(ik)^2$을 곱하면 된다. 이와 같이 파의 논의를 하는 데에는 식 (13.15)의 형태로 파를 나타내면 연산이 대단히 간단해진다.

한편, 어떤 기본장 하에서 유도된 섭동방정식에 대해서 식 (13.15)의 형태의 **파동해**(波動解, wave solution)를 구할 때, c 가 실수가 되는 해가 있다면 그 해는 **중립파**(中立波 : 파의 진폭이 시간에 의해 변하지 않는 파, neutral wave)를 나타낸다. 이 경우에는

$$u' = \hat{U}e^{ik(x - c_r t)}, \qquad v' = \hat{V}e^{ik(x - c_r t)} \tag{13.25}$$

등으로 쓸 수 있다. 파의 구조를 나타내는 $\hat{U}$, $\hat{V}$ 등은 섭동방정식에서 조사할 수가 있다. 또한 요란으로써는 y 방향이나 z 방향으로도 전파하는 모양을 주어지기도 하고, **정체파**(停滯波 : 머물러 정지해 있는 파, stationary wave)를 생각할 수도 있다.

또한, 식 (13.15)의 형태의 파의 c 가 복소수로 특히 $c_i > 0$ 가 되는 경우에는 파의 진폭이 시간과 함께 증대한다. 이와 같은 **발달파**(發達波, development wave)에 관해서는 어떠한 기본장의 근원에서 파가 발달할까, 더 잘 발달하는 것은 어떤 파장의 파일까, 그 파의 구조는 어떠할까 등을 섭동방정식에 근거해서 조사할 수가 있다.

13.2.3. 연립방정식

다음의 **연립방정식**(聯立方程式, simultaneous equations)이 주어졌다고 하자.

운동방정식(x 방향) : $\frac{\partial u}{\partial t}+u\frac{\partial u}{\partial x}+v\frac{\partial u}{\partial y}+w\frac{\partial u}{\partial z}-fv+\overline{f}w=-\frac{1}{\rho}\frac{\partial p}{\partial x}$

〃 (y 〃) : $\frac{\partial v}{\partial t}+u\frac{\partial v}{\partial x}+v\frac{\partial v}{\partial y}+w\frac{\partial v}{\partial z}+fu=-\frac{1}{\rho}\frac{\partial p}{\partial y}$

〃 (z 〃) : $\frac{\partial w}{\partial t}+u\frac{\partial w}{\partial x}+v\frac{\partial w}{\partial y}+w\frac{\partial w}{\partial z}-\overline{f}u=-g-\frac{1}{\rho}\frac{\partial p}{\partial z}$

연 속 방 정 식 : $\frac{\partial \rho}{\partial t}+\frac{\partial(\rho u)}{\partial x}+\frac{\partial(\rho v)}{\partial y}+\frac{\partial(\rho w)}{\partial z}=0$

상 태 방 정 식 : $p = R\rho T$

시 성 방 정 식 : $\frac{\partial p}{\partial t}+u\frac{\partial p}{\partial x}+v\frac{\partial p}{\partial y}+w\frac{\partial p}{\partial z}$

$$=\left(\frac{\partial p}{\partial \rho}\right)_{ph}\left(\frac{\partial \rho}{\partial t}+u\frac{\partial \rho}{\partial x}+v\frac{\partial \rho}{\partial y}+w\frac{\partial \rho}{\partial z}\right) \tag{13.26}$$

의 경우 u, v, w, p, ρ, T가 미지함수로 이것을 결정하는 6개의 방정식이 있다. 여기서 $\left(\frac{dp}{d\rho}\right)_{ph}$ 의 역수 $1/\left(\frac{dp}{d\rho}\right)_{ph}$ 를 **피에조트로피의 계수**[coefficient of piezotropy, **압축성계수**(壓縮性係數)]라고 한다.

> ＊ **피에조트로피**(piezotropy) : 유체의 개개의 덩어리(예를 들면 공기덩이)의 밀도 ρ의 변화가 압력 p만에 의한 것으로 그 때의 변화율 $d\rho/dp$는 공기덩이 초기의 상태만으로 결정되고, 이것을 피에조트로피의 계수[압축성계수, 압성계수(壓性係數), piezocoefficient, 피에조계수]라고 한다. 공기덩이의 단열변화에 있어서는 피에조트로피(압축성, 압성)의 성질을 가지고 있다. 밀도의 공간분포에 대해서 일견 같은 그러나 전혀 다른 내용에 대해서는 순압(順壓, barotropic)이 있고, 후자에 있어서는 대기 전체의 구조를 의미한다.

평균치에 해당하는 $\overline{u}$, $\overline{v}$, $\overline{w}$, $\overline{p}$, $\overline{\rho}$, $\overline{T}$를 위 식 (13.26)에 대입하면,

$$\frac{\partial \overline{u}}{\partial t}+\overline{u}\frac{\partial \overline{u}}{\partial x}+\overline{v}\frac{\partial \overline{u}}{\partial y}+\overline{w}\frac{\partial \overline{u}}{\partial z}-f\overline{v}+\overline{f}\,\overline{w}=-\frac{1}{\rho}\frac{\partial \overline{p}}{\partial x}$$

$$\frac{\partial \overline{v}}{\partial t}+\overline{u}\frac{\partial \overline{v}}{\partial x}+\overline{v}\frac{\partial \overline{v}}{\partial y}+\overline{w}\frac{\partial \overline{v}}{\partial z}+f\overline{u}=-\frac{1}{\rho}\frac{\partial \overline{p}}{\partial y}$$

$$\frac{\partial \overline{w}}{\partial t} + \overline{u}\frac{\partial \overline{w}}{\partial x} + \overline{v}\frac{\partial \overline{w}}{\partial y} + \overline{w}\frac{\partial \overline{w}}{\partial z} - \overline{f}\,\overline{u} = -g - \frac{1}{\rho}\frac{\partial \overline{p}}{\partial z}$$

$$\frac{\partial \overline{\rho}}{\partial t} + \frac{\partial(\overline{\rho}\,\overline{u})}{\partial x} + \frac{\partial(\overline{\rho}\,\overline{v})}{\partial y} + \frac{\partial(\overline{\rho}\,\overline{w})}{\partial z} = 0$$

$$\overline{p} = R\,\overline{\rho}\,\overline{T}$$

$$\left(\frac{\partial \overline{p}}{\partial t} + \overline{u}\frac{\partial \overline{p}}{\partial x} + \overline{v}\frac{\partial \overline{p}}{\partial y} + \overline{w}\frac{\partial \overline{p}}{\partial z}\right) = \left(\frac{\partial p}{\partial \rho}\right)_{ph}\left(\frac{\partial \overline{\rho}}{\partial t} + \overline{u}\frac{\partial \overline{\rho}}{\partial x} + \overline{v}\frac{\partial \overline{\rho}}{\partial y} + \overline{w}\frac{\partial \overline{\rho}}{\partial z}\right) \tag{13.27}$$

을 만족하는 **기지함수**(既知函數 : 이미 알고 있는 함수)로 섭동법을 적용하기 위해서

$$u = \overline{u} + u', \quad v = \overline{v} + v', \quad w = \overline{w} + w'$$

$$p = \overline{p} + p', \quad \rho = \overline{\rho} + \rho', \quad T = \overline{T} + T' \tag{13.28}$$

로 놓고, 식 (13.26)의 제 1 식인 x 방향의 운동방정식에 대입하면,

$$\frac{\partial \overline{u}}{\partial t} + \frac{\partial u'}{\partial t} + \overline{u}\frac{\partial \overline{u}}{\partial x} + u'\frac{\partial \overline{u}}{\partial x} + \overline{u}\frac{\partial u'}{\partial x} + u'\frac{\partial u'}{\partial x} + \overline{v}\frac{\partial \overline{u}}{\partial y} + v'\frac{\partial \overline{u}}{\partial y} + \overline{v}\frac{\partial u'}{\partial y}$$

$$+ v'\frac{\partial u'}{\partial y} + \overline{w}\frac{\partial \overline{u}}{\partial z} + w'\frac{\partial \overline{u}}{\partial z} + \overline{w}\frac{\partial u'}{\partial z} + w'\frac{\partial u'}{\partial z} - f\overline{v} - fv' + \overline{f}\,\overline{w} + \overline{f}w'$$

$$= -\frac{1}{\overline{\rho}}\frac{\partial \overline{p}}{\partial x} - \left(\frac{1}{\rho}\right)'\frac{\partial \overline{p}}{\partial x} - \frac{1}{\overline{\rho}}\frac{\partial p'}{\partial x} - \left(\frac{1}{\rho}\right)'\frac{\partial p'}{\partial x} \tag{13.29}$$

를 얻는다. ′이 붙은 양의 이차항을 버리고, 더욱이 식 (13.27)의 첫째 식을 빼주면, x 방향의 (섭동)운동방정식은 다음과 같이 된다. 이하 모든 방정식은 같은 방법으로 구할 수가 있다.

◉ x 방향의 (섭동)운동방정식

$$\frac{\partial u'}{\partial t} + u'\frac{\partial \overline{u}}{\partial x} + \overline{u}\frac{\partial u'}{\partial x} + v'\frac{\partial \overline{u}}{\partial y} + \overline{v}\frac{\partial u'}{\partial y} + w'\frac{\partial \overline{u}}{\partial z} + \overline{w}\frac{\partial u'}{\partial z} - fv' + \overline{f}w'$$

$$= -\left(\frac{1}{\rho}\right)'\frac{\partial \overline{p}}{\partial x} - \frac{1}{\overline{\rho}}\frac{\partial p'}{\partial x} \tag{13.30}$$

◉ y 방향의 (섭동)운동방정식

$$\frac{\partial v'}{\partial t}+u'\frac{\partial \overline{v}}{\partial x}+\overline{u}\frac{\partial v'}{\partial x}+v'\frac{\partial \overline{v}}{\partial y}+\overline{v}\frac{\partial v'}{\partial y}+w'\frac{\partial \overline{v}}{\partial z}+\overline{w}\frac{\partial v'}{\partial z}+f u'$$
$$= -\left(\frac{1}{\rho}\right)'\frac{\partial \overline{p}}{\partial y} - \frac{1}{\overline{\rho}}\frac{\partial p'}{\partial y} \tag{13.31}$$

◉ z방향의 (섭동)운동방정식

$$\frac{\partial w'}{\partial t}+u'\frac{\partial \overline{w}}{\partial x}+\overline{u}\frac{\partial w'}{\partial x}+v'\frac{\partial \overline{w}}{\partial y}+\overline{v}\frac{\partial w'}{\partial y}+w'\frac{\partial \overline{w}}{\partial z}+\overline{w}\frac{\partial w'}{\partial z}-\overline{f}u'$$
$$= -\left(\frac{1}{\rho}\right)'\frac{\partial \overline{p}}{\partial z} - \frac{1}{\rho}\frac{\partial p'}{\partial z} \tag{13.32}$$

◉ (섭동)연속방정식

$$\frac{\partial \rho'}{\partial t}+\frac{\partial(\overline{\rho}u')}{\partial x}+\frac{\partial(\overline{\rho}v')}{\partial y}+\frac{\partial(\overline{\rho}w')}{\partial z}+\frac{\partial(\rho'\overline{u})}{\partial x}+\frac{\partial(\rho'\overline{v})}{\partial y}+\frac{\partial(\rho'\overline{w})}{\partial z}=0 \tag{13.33}$$

◉ (섭동)상태방정식

$$p' = R\rho'\overline{T} + R\overline{\rho}T' \tag{13.34}$$

◉ (섭동)시성방정식

$$\frac{\partial p'}{\partial t}+\overline{u}\frac{\partial p'}{\partial x}+\overline{v}\frac{\partial p'}{\partial y}+\overline{w}\frac{\partial p'}{\partial z}+u'\frac{\partial \overline{p}}{\partial x}+v'\frac{\partial \overline{p}}{\partial y}+w'\frac{\partial \overline{p}}{\partial z}$$
$$=\left(\frac{\partial p}{\partial t}\right)_{ph}\left(\frac{\partial \rho'}{\partial t}+\overline{u}\frac{\partial \rho'}{\partial x}+\overline{v}\frac{\partial \rho'}{\partial y}+\overline{w}\frac{\partial \rho'}{\partial z}+u'\frac{\partial \overline{\rho}}{\partial x}+v'\frac{\partial \overline{\rho}}{\partial y}+w'\frac{\partial \overline{\rho}}{\partial z}\right) \tag{13.35}$$

가 된다. 이상이 섭동방정식들이다

13.2.4. 경계조건

다음에는 2개의 기단의 **경계조건**(境界條件, boundary condition)에 대하여 생각해 보기로 하자.

ㄱ. 운동학적 경계조건

운동학적 경계조건(運動學的 境界條件, kinematic boundary condition)은 경계면을 $F(x, y, z, t) = 0$ 으로 한다면, 식 (11.94)를 참고로 해서

$$(u_1 - u_2)\frac{\partial F}{\partial x} + (v_1 - v_2)\frac{\partial F}{\partial y} + (w_1 - w_2)\frac{\partial F}{\partial z} = 0 \tag{13.36}$$

이므로, **섭동조건식**(攝動條件式, conditional equation of perturbation)은

$$(u_1' - u_2')\frac{\partial \overline{F}}{\partial x} + (v_1' - v_2')\frac{\partial \overline{F}}{\partial y} + (w_1' - w_2')\frac{\partial \overline{F}}{\partial z}$$

$$+(\overline{u}_1 - \overline{u}_2)\frac{\partial F'}{\partial x} + (\overline{v}_1 - \overline{v}_2)\frac{\partial F'}{\partial y} + (\overline{w}_1 - \overline{w}_2)\frac{\partial F'}{\partial z} = 0 \tag{13.37}$$

이 된다.

ㄴ. 역학적 경계조건

역학적 경계조건〔力學的 境界條件, dynamic(al) boundary condition〕은 경계면 상에서 $p_1 - p_2 = 0$ 이므로, 식 (11.92)을 참고로 해서 이것을

$$\frac{\partial(p_1 - p_2)}{\partial t} + u_1\frac{\partial(p_1 - p_2)}{\partial x} + v_1\frac{\partial(p_1 - p_2)}{\partial y} + w_1\frac{\partial(p_1 - p_2)}{\partial z} = 0$$

$$\frac{\partial(p_1 - p_2)}{\partial t} + u_2\frac{\partial(p_1 - p_2)}{\partial x} + v_2\frac{\partial(p_1 - p_2)}{\partial y} + w_2\frac{\partial p_1 - p_2)}{\partial z} = 0 \tag{13.38}$$

로 쓰면, 섭동조건식은

$$\frac{\partial(p_1'-p_2')}{\partial t}+\bar{u}_1\frac{\partial(p_1'-p_2')}{\partial x}+\bar{v}_1\frac{\partial(p_1'-p_2')}{\partial y}+\bar{w}_1\frac{\partial(p_1'-p_2')}{\partial z}$$

$$+u_1'\frac{\partial(\bar{p}_1-\bar{p}_2)}{\partial x}+v_1'\frac{\partial(\bar{p}_1-\bar{p}_2)}{\partial y}+w_1'\frac{\partial(\bar{p}_1-\bar{p}_2)}{\partial z}=0$$

$$\frac{\partial(p_1'-p_2')}{\partial t}+\bar{u}_2\frac{\partial(p_1'-p_2')}{\partial x}+\bar{v}_2\frac{\partial(p_1'-p_2')}{\partial y}+\bar{w}_2\frac{\partial(p_1'-p_2')}{\partial z}$$

$$+u_2'\frac{\partial(\bar{p}_1-\bar{p}_2)}{\partial x}+v_2'\frac{\partial(\bar{p}_1-\bar{p}_2)}{\partial y}+w_2'\frac{\partial(\bar{p}_1-\bar{p}_2)}{\partial z}=0 \quad (13.39)$$

로 된다.

이하의 절에 있어서 간단한 예를 들어 설명하도록 한다.

13.3. 단층의 자유표면파, 중력파

13.3.1. 개요

자유파(自由波, free wave)란 발생 시를 제외하고, 어떠한 외력도 경계의 불규칙성의 영향을 받지 않는 파를 의미한다. 강제파(强制波, forced wave)와 대조적인 용어이다.

표면파(表面波, surface wave)는 매질의 표면 또는 계면(界面)에 따라서 전달되고, 내부에서는 표면(계면)에서의 거리에 따라 진폭이 급속도로 감쇠(減衰)하는 파이다. 감쇠는 일반적으로 지수함수적이다. 수파(水波)에 있어서 물의 깊이가 파장과 같은 정도 이상일 때에는 밑바닥의 영향이 나타나지 않음으로 이 경우를 특별히 표면파라고 한다.

자유표면(自由表面, free surface)은 액체가 기체와 접하고 있을 경우의 경계면을 뜻한다. 보통 자유표면에서는 대기압 일정의 조건이 성립한다. 중력을 받아서 정지하고 있는 액체의 자유표면은 중력에 수직으로 소위 수평면이 된다. 액체가 소량의 경우 또는 용기의 벽 근처에서는 그 자신의 표면장력 또는 용기와의 사이의 계면장력 때문에 자유표면은 수평을 유지하지 못한다. 정지상태에서 교란된 액체에서는 자유표면의 형태가 변하고, 그 변형은 파로써 전달된다.

이들을 종합해 보면 **자유표면파**(自由表面波, free surface wave)는 자유로운 경계면으로 전달되는 파라고 간단하게 정의할 수 있다.

중력파(重力波, gravity wave)는 중력장 속에 놓여 진 정역학적평형에서 공기덩이가 변위했을 때, 부력을 복원력으로 하는 파동을 일반적으로 이르는 말이다. 상대론에 있어서 중력파와는 구별하기 바란다. 대기나 해양 중에서 각종의 불안정성이나 강제력에 의해 발생한다. 연직전파성을 갖는 것을 **내부중력파**(內部重力波, internal gravity wave), 연직방향으로 진폭이 감쇠하는 것을 **외부중력파**(外部重力波, external gravity wave)라고 한다. 수평 및 시간규모는 다양하고 관측이 어려운 파동현상이기도 하다.

13.3.2. 본론

그림 13.1과 같이 단층(單層)의 깊이 h의 비압축성유체(非壓縮性流体, non-compressible fluid)가 x 방향의 속도 U로 움직이고 있을 때의 파를 생각한다. 단, 지구의 전향력은 무시한다. 그러면

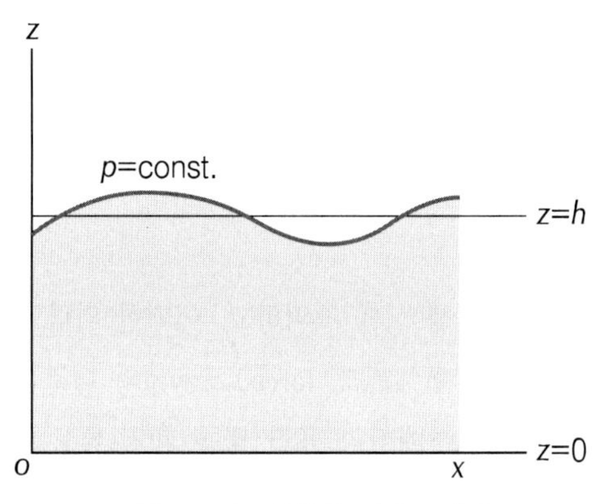

그림 13.1. 단층의 자유표면파

◉ 기본상태

$$\bar{u} = U\ , \qquad -g = \frac{1}{\rho}\frac{\partial \bar{p}}{\partial z} \tag{13.40}$$

◉ 경계조건

$$\begin{aligned} z &= h\ (\text{표면}) : & p &= const. \\ z &= 0 \qquad\ \ : & w &= 0 \end{aligned} \tag{13.41}$$

◉ 섭동방정식

식 (13.30) ⇒ x 방향의 섭동운동방정식 : $\dfrac{\partial u'}{\partial t}+U\dfrac{\partial u'}{\partial x}=-\dfrac{1}{\rho}\dfrac{\partial p'}{\partial x}$

식 (13.32) ⇒ z 〃 : $\dfrac{\partial w'}{\partial t}+U\dfrac{\partial w'}{\partial x}=-\dfrac{1}{\rho}\dfrac{\partial p'}{\partial z}$

식 (13.33) ⇒ 섭 동 연 속 방 정 식 : $\dfrac{\partial u'}{\partial x}+\dfrac{\partial w'}{\partial z}=0$ (13.42)

가 된다.

연립미분방정식의 계수가 상수인 것에 주의해서 다음과 같이 놓는다[식 (13.12)와 비교를 해면, 진폭이 지수함수가 아니다].

$$u' = A\cos k(x - ct)\cdot e^{\gamma z}$$
$$w' = C\cos k(x - ct)\cdot e^{\gamma z}$$
$$p' = D\cos k(x - ct)\cdot e^{\gamma z} \tag{13.43}$$

이것을 식 (13.42)에 대입하면,

$$A\,k(c-U)\sin k(x-ct)\cdot e^{\gamma z} = \frac{D}{\rho}k\sin k(x-ct)\cdot e^{\gamma z}$$
$$-C\,k(c-U)\cos k(x-ct)\cdot e^{\gamma z} = -\frac{D}{\rho}\gamma\cos k(x-ct)\cdot e^{\gamma z}$$
$$-A\,k\sin(x-ct)\cdot e^{\gamma z} + C\gamma\sin k(x-ct)\cdot e^{\gamma z} = 0 \tag{13.44}$$

가 된다. 위 식에서 다음의 관계를 알 수가 있다.

$$A(c-U) = \frac{D}{\rho}$$
$$C(c-U) = \frac{D}{\rho}\frac{\gamma}{k}$$
$$A\,k = C\gamma \tag{13.45}$$

위의 제 2식을 제 1식으로 나누면 $\dfrac{C}{A}=\dfrac{\gamma}{k}$이고, 제 3식에서 $\dfrac{C}{A}=\dfrac{k}{\gamma}$이므로 $\gamma^2 = k^2$ 이 되어,

$$\gamma = \pm k \tag{13.46}$$

이 되고, 더욱이 식 (13.45)의 제 3 식에 위의 관계를 대입하면,

$$A = \frac{\gamma}{k} C = \pm C \tag{13.47}$$

이 된다. 이것을 식 (13.45)의 제 1 식에 대입하면,

$$D = \pm \rho(c - U) C \tag{13.48}$$

이 된다. 따라서

$$\begin{aligned} u' &= (C e^{kz} - C' e^{-kz}) \cos k(x - ct) \\ w' &= (C e^{kz} + C' e^{-kz}) \sin k(x - ct) \\ p' &= \rho (c - U)(C e^{kz} - C' e^{-kz}) \cos k(x - ct) \end{aligned} \tag{13.49}$$

가 된다. 여기서 방정식의 풀이에는 보충해(補充解, complementary solution)가 사용되었다. 보충해는 해끼리 서로 선형독립일 때는 이들의 선형결합은 임의의 상수들을 포함하고, 그의 일반해는 이들을 더하는 것이다.

경계조건에서 $z = 0$의 밑바닥에서는 $w' = 0$ 이므로 이 관계를 위 식 (13.49)의 2 번째 식에 넣으면, $C = -C'$ 가 된다.

표면의 경계조건에 있어서는 식 (13.41)에서 $p = const.$ 이므로 $\delta p = \delta(\bar{p} + p') = 0$ 이다. 다음과 같이 성분별로 미분을 할 때, 수평성분(x, y: 여기서는 y 성분은 없음)과 시간(t)에 관해서 기압의 평균치($\bar{p}$)는 상수가 되어 일정한 값이 되나, 연직성분의 경우만은 변수가 되어 변하고 있는 것을 고려하면,

$$\delta p = \frac{\partial p'}{\partial t} + U \frac{\partial p'}{\partial x} + w' \frac{\partial \bar{p}}{\partial z} = 0 \tag{13.50, 註}$$

과 같이 된다. 식 (13.40) 및 식 (13.49)를 사용하면,

$$\rho(c - U)^2 k C \sin k(x - ct) \cdot (e^{kh} + e^{-kh}) = g \rho C \sin k(x - ct) \cdot (e^{kh} - e^{-kh})$$

$$\text{즉, } (c - U)^2 = \frac{g}{k} \frac{e^{kh} - e^{-kh}}{e^{kh} + e^{-kh}} = \frac{g}{k} \tanh(kh) \tag{13.51, 註}$$

과 같이 된다. 따라서 여기서 **전파속도**(傳播速度, propagation velocity) 또는 **위상속도**(位相速度, phase velocity) c를 구하면,

$$c = \underset{\text{대류항}}{U} \pm \underset{\text{역학항}}{\sqrt{\frac{g}{k}\tanh(kh)}} \tag{13.52}$$

가 된다. 그러므로 파의 전파속도(위상속도)는 기본류(基本流, U)가 흐르는 속도와 중력에 기인하는 속도[重力波(중력파), gravity wave]와의 합이 된다. 전자를 **대류항**(對流項, convective term), 후자를 **역학항**(力學項, dynamic term)이라고 한다.

ㄱ. 단파

위의 식 (13.52)에서 파장(λ)에 비해서 충분히 깊을 경우는 $kh \gg 1$이 됨으로 $\tanh(kh) = 1$ 이 되고, 이것을 대입하면,

$$c = U \pm \sqrt{g\frac{1}{k}} = U \pm \sqrt{g\frac{\lambda}{2\pi}} \tag{13.53}$$

이 된다. 여기서 k는 파수(波數, wave number, 각 파수)이고, λ는 파장(波長, wave lenght)이다. 이들은 $k = 2\pi/\lambda$의 관계가 있다. 주해의 '파동' 참고 바란다. 이렇게 전파되는 파를 **단파**(短波, short wave) 또는 **심수파**(深水波, deep water wave)라고 한다.

ㄴ. 장파

반대로 이번에는 파장에 비해 충분히 얕은 경우에는 $kh \ll 1$이 됨으로 $\tanh(kh) = kh$가 되므로 이것을 위 식 (13.52)에 대입하면,

$$c = U \pm \sqrt{gh} \tag{13.54}$$

가 된다. 이것을 **장파**(長波, long wave) 또는 **천수파**(淺水波, shallow water wave)라고 한다.

예) 수심 $h = 10m$의 물 위 천수파의 역학항을 계산하면,

$$\sqrt{gh} = \sqrt{9.8\,m/s^2 \cdot 10\,m} \fallingdotseq 10\,m/s \tag{13.55}$$

가 된다.

대기 중에서는 단파의 내부중력파와 장파의 외부중력파가 존재할 수 있다. 전자의 예로서는 산악파, 후자에 가까운 예로서는 대기조석(大氣潮汐)이 있다. 장파가 되면 지구의 회전의 영향을 받아서 관성중력파가 되고, 수치예보 등에서는 모델대기에 나타나기 쉬우며, 종종 대기과학적 잡음으로 불리는 행성파와 구별된다.

13.4. 2층의 경계파

경계파(境界波, boundary wave)는 이질적인 두 물질 사이의 경계층(境界層, boundary layer)을 따라 전파되는 파를 의미한다.

13.4.1. 이론

그림 13.2와 같이 2개의 비압축성유체가 상하로 성층을 이루고 있고, 각각 U_1, U_2의 속도로 x축의 방향에 전해지는 경우 경계면에 일어나는 파에 대해서 생각한다. 유체는 각각 상하로 무한까지 존재하고 있다. 파가 유한(有限)의 진폭이기 위해서는 식 (13.49)에 있어서 하층의 해로써는 e^{-kz}버리고, 상층의 해로써는 e^{kz} 버려야 한다. 따라서 해는 다음과 같이 주어진다.

◉ 하 층 :

$$u_1' = C_1 e^{kz} \cos k(x - ct)$$

$$w_1' = C_1 e^{kz} \sin k(x - ct)$$

$$p_1' = \rho_1 (c - U_1) C_1 e^{kz} \cos k(x - ct) \qquad (13.56)$$

◉ 상 층 :

$$u_2' = -C_2 e^{-kz} \cos k(x - ct)$$

$$w_2' = +C_2 e^{-kz} \sin k(x - ct)$$

$$p_2' = -\rho_2 (c - U_2) C_2 e^{-kz} \cos k(x - ct) \qquad (13.57)$$

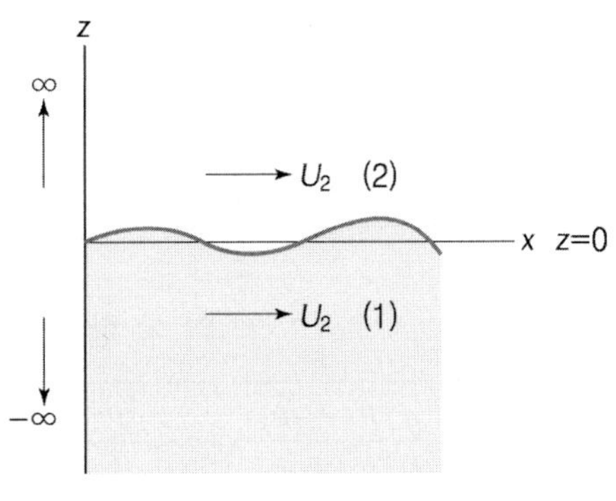

그림 13.2. 2층의 경계파

경계조건(境界條件, boundary condition)으로써는 경계면에 있어서 $w_1{}' = w_2{}'$, $p_1{}' = p_2{}'$ 이 성립해야 한다. 따라서

$$\frac{\partial w_1{}'}{\partial t} + U_1 \frac{\partial w_1{}'}{\partial x} = \frac{\partial w_2{}'}{\partial t} + U_2 \frac{\partial w_2{}'}{\partial x}$$

$$\frac{\partial (p_1{}' - p_2{}')}{\partial t} + U_1 \frac{\partial (p_1{}' - p_2{}')}{\partial x} + w_1{}' \frac{\partial (\overline{p_1} - \overline{p_2})}{\partial z} = 0$$

$$\frac{\partial (p_1{}' - p_2{}')}{\partial t} + U_2 \frac{\partial (p_1{}' - p_2{}')}{\partial x} + w_2{}' \frac{\partial (\overline{p_1} - \overline{p_2})}{\partial z} = 0 \tag{13.58}$$

이 된다. 하층 식 (13.56) 및 상층 식 (13.57)을 위 식에 대입하고, 경계파를 생각하고 있음으로 경계층에 해당하는 $z = 0$ 부근에서는 $e^{kz} \approx e^{-kz} \approx 1$ 로 놓을 수 있음으로

$$k(U_1 - c)C_1 = k(U_2 - c)C_2$$

$$k(c - U_1)\{\rho_1(c - U_1)C_1 + \rho_2(c - U_2)C_2\} - g(\rho_1 - \rho_2)C_1 = 0$$

$$k(c - U_2)\{\rho_1(c - U_1)C_1 + \rho_2(c - U_2)C_2\} - g(\rho_1 - \rho_2)C_2 = 0 \tag{13.59}$$

가 된다. 위 식에서 C_1, C_2 를 소거하면

$$\rho_1(c - U_1)^2 + \rho_2(c - U_2)^2 - \frac{g}{k}(\rho_1 - \rho_2) = 0 \tag{13.60}$$

이 되고, 이것을 c에 대한 내림차순으로 정리하면,

$$c^2(\rho_1+\rho_2)-2c(\rho_1 U_1+\rho_2 U_2)+\rho_1 U_1^2+\rho_2 U_2^2-\frac{g}{k}(\rho_1-\rho_2)=0 \qquad (13.61)$$

이 된다. 그러므로 c에 대한 2차방정식을 풀면 다음과 같다.

대 류 항 역 학 항

$$c = \frac{\rho_1 U_1 + \rho_2 U_2}{\rho_1 + \rho_2} \pm \sqrt{\frac{g}{k}\frac{\rho_1 - \rho_2}{\rho_1 + \rho_2} - \frac{\rho_1 \rho_2 (U_1 - U_2)^2}{(\rho_1 + \rho_2)^2}} \qquad (13.62)$$

하중평균속도 중력효과 전단효과

식 (13.52)를 참고로 하여, 오른쪽 첫 번째 항인 대류항(對流項, convective term)은 2층의 밀도의 **하중평균속도**(荷重平均速度, weighted mean velocity)이고, 근호 속에 들어있는 두번째 항인 역학항(力學項, dynamic term)은 첫 번째 항인 **중력효과**(重力效果, gravity effect)와 두번째 항인 **전단효과**(剪斷效果, shear effect)로 이루어진다.

13.4.2. 해석

위 식 (13.62)를 다음과 같이 각각의 경우에 대해서 해석한다. 여기서 c는 **전파속도**(傳播速度, propagation velocity) 또는 **위상속도**(位相速度, phase velocity)이다.

ㄱ. $\rho_2 = 0$ 의 경우

$\rho_2 = 0$ 를 위 식 (13.62)에 대입하면, 식 (13.53)의 단파 또는 심수파의 경우와 같게 된다. 이것은 단층의 경우가 된다.

ㄴ. $\rho_2 > \rho_1$ 의 경우

상층의 밀도가 무겁고 하층의 밀도가 가벼운 경우가 된다. $\rho_2 > \rho_1$의 조건을 식 (13.62)에 대입을 하면, 근호 속이 항상 음수가 되어 c 는 허수가 되고 파는 시간과 함께 증대한다. 즉, 성층은 불안정인 것이다.

ㄷ. $\rho_1 = \rho_2$ 의 경우

$\rho_1 = \rho_2$ 는 양 층의 밀도가 같은 경우이다. 이 조건을 식 (13.62)에 대입을 하면,

$$c = \frac{U_1 + U_2}{2} \pm i\frac{(U_1 - U_2)}{2} \tag{13.63}$$

이 된다. 이것은 중력효과는 사라졌지만 전단효과는 살아남아서 속도 차가 있다면, 오른쪽 2번째 항의 허수 부분이 존재하게 된다. 따라서 파는 항상 불안정이다.

ㄹ. $\rho_2 < \rho_1$ 의 경우

$\rho_2 < \rho_1$ 의 조건을 식 (13.62)에 넣으면 우변 첫째항인 대류항의 부호에는 변화가 없으나, 두 번째 항인 역학항의 근호 속에는 변화가 생긴다. 중력효과의 항은 양수가 되나, 전단효과의 항은 음수가 되어 어느 쪽이 크냐에 따라 근호속이 + 도 되고, - 도 된다. 따라서 다음과 같은 판단기준이 생긴다.

$$c\text{의 역학항} = \sqrt{\underbrace{\frac{g}{k}\frac{\rho_1 - \rho_2}{\rho_1 + \rho_2}}_{\text{중력효과}} \gtrless \underbrace{\frac{\rho_1\rho_2(U_1 - U_2)^2}{(\rho_1 + \rho_2)^2}}_{\text{전단효과}}} \quad : \quad \frac{\text{실수}}{\text{허수}} \tag{13.64}$$

즉 중력효과가 크면 근호 속이 양수가 되고, 전단효과가 크면 근호 속이 음수가 되어 실수와 허수가 교차한다. 따라서 이것은 파가 시간과 함께 증가해서 불안정일 것이냐 감소해서 안정인 쪽으로 갈 것이냐의 판가름이 된다.

ㅁ. $U_1 = U_2$ 의 경우

$U_1 = U_2$의 조건을 식 (13.62)에 대입하면 역학항의 중력효과 항만이 다음과 같이 살아남아

$$c = \pm\sqrt{\frac{g}{k}\frac{\rho_1 - \rho_2}{\rho_1 + \rho_2}} \tag{13.65}$$

이 된다. 여기서 상태방정식 $p = R\rho T$ 를 사용해서 변수를 기온으로 바꾸어주면

$$c = \pm\sqrt{\frac{g}{k}\frac{T_2 - T_1}{T_2 + T_1}} \tag{13.66}$$

이 된다. $T_2 - T_1 = 10\,K$, $T_1 \fallingdotseq 273\,K$ 로 가정한다면, $\sqrt{\dfrac{T_2 - T_1}{T_2 + T_1}} \fallingdotseq 0.02$ 가 되므로 식 (13.53)의 $\pm\sqrt{\dfrac{g}{k}}$ 자유표면의 파에 비해 여기서의 내부파 $\pm\sqrt{\dfrac{g}{k} \cdot 0.02}$ 는 현저하게 늦다는 것을 알 수가 있다.

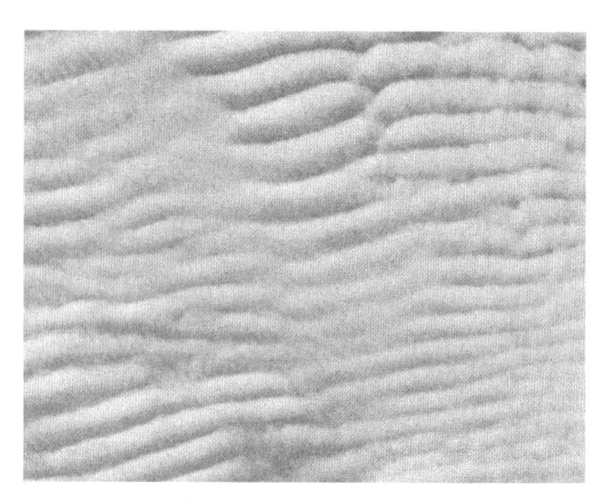

사진 13.1. 파상운의 모습

ㅂ. 파상운

파상운〔波狀雲, undulatus(un), billow cloud(큰 물결, 파도, 소용돌이치다)〕은 구름 분류의 변종(變種)의 이름이다(소선섭 외 저, 2009, 대기관측법 : 제 8 장 '구름'을 참고). 많은 운편(雲片)이나 운괴(雲塊)로 이루어져 있다. 또는 더욱 넓은 큰 운괴 등이 파도 모양인 파상(波狀)으로 배열하고 있는 구름이다. 대상(帶狀) 또는 괴상(塊狀)의 구름의 열이 나열된 상태이다. 산맥의 풍하측에 생기는 일도 있다. 구름의 간극이 없을 정도로 두껍고, 강수를 몰고 오는 일도 있다. 또는 운저(雲底)에 파상의 기복이 보이는 층상의 구름이다. 주로 권적운・권층운・고적운・고층운・층적운・층운에 나타난다. 정어리구름〔약운(鰯雲), 조개구름, 인운(鱗雲, 비늘구름)〕, 고등어구름〔청운(鯖雲)〕도 이런 종류(권적운의 속칭)이다.

파상운은 상층의 역전층(逆轉層, inversion layer)에 생기는 내부파(內部波, internal wave)에 수반된 것으로 상승역에서 구름이 생기고 하강역에서는 구름이 사라져 호상(縞狀)의 구름이 생기는 것으로 생각되어진다. $c = 0$ 의 경우 식 (13.61)에서 파장〔λ, wave length, $\lambda = 2\pi/k$ (파수)〕은

$$\lambda = \frac{2\pi}{k} = \frac{2\pi}{g}\frac{\rho_1 U_1^2 + \rho_2 U_2^2}{\rho_1 - \rho_2} = \frac{2\pi}{g}\frac{U_1^2 T_2 + U_2^2 T_1}{T_2 - T_1} \tag{13.67}$$

에서 관측과 비교할 수 있다. 이 식과 실측치를 비교하면 실측치 쪽이 현저하게 작다. 이것은 비압축성을 가정했기 때문으로 앞으로는 압축성을 고려해서 한층 실측치에 가까운 결과를 얻도록 해야 할 것이다.

13.5. 원형와의 발달

13.5.1. 이론

역학적으로 불안정한 장내(場內)에서 대칭적〔對稱的, symmetric(al), 식 (10.49)에서 θ의 방향에 없다는 뜻이므로, $\frac{v_\theta}{r}\frac{\partial}{\partial\theta} = 0$ 을 의미〕인 연직 원형와가 정역학적 불안정성에 의해서 발달하는 경우를 생각한다.

원통방정식계 식 (10.48)에서 운동방정식, 연속방정식, 시성방정식은 다음 식으로 주어진다.

동경(r)방향의 운동방정식 : $\frac{\partial v_r}{\partial t} + v_r\frac{\partial v_r}{\partial r} + w\frac{\partial v_r}{\partial z} - f v_\vartheta - \frac{v_\vartheta^2}{r} = -\frac{1}{\rho}\frac{\partial p}{\partial r}$

접선(θ)방향의 운동방정식 : $\frac{\partial v_\vartheta}{\partial t} + v_r\frac{\partial v_\vartheta}{\partial r} + w\frac{\partial v_\vartheta}{\partial z} + f v_r + \frac{v_r v_\vartheta}{r} = 0$

연직(z)방향의 운동방정식 : $\frac{\partial w}{\partial t} + v_r\frac{\partial w}{\partial r} + w\frac{\partial w}{\partial z} = -g - \frac{1}{\rho}\frac{\partial p}{\partial z}$

연속방정식 : $\frac{\partial\rho}{\partial t} + \frac{\partial(\rho v_r)}{\partial r} + \frac{\rho v_r}{r} + \frac{\partial(\rho w)}{\partial z} = 0$

시성방정식 : $\frac{\partial p}{\partial t} + v_r\frac{\partial p}{\partial r} + w\frac{\partial p}{\partial z} = \sigma^2\left(\frac{\partial\rho}{\partial t} + v_r\frac{\partial\rho}{\partial r} + w\frac{\partial\rho}{\partial z}\right)$

$$\sigma^2 = kR\overline{T} \tag{13.68}$$

시성방정식은 화학에서 사용하는 시성식(示性式, rational formula : 분자식 속에서 화합물의 특성을 나타내는 원자단만을 꺼내서 분리해서 쓴 화학식, 구조식을 간단화해서 나타낸 것)에서 나온 용어이다. 여기서는 상태방정식을 통해서 기압의 변화를 밀도의 변화로 전환한 식으로 이해하면 되겠다.

◉ 기본상태로 전혀 운동이 없고 수평방향에는 균일한 상태를 생각하면 기본상태(정역학적 평형)는

$$\bar{v}_r = \bar{v}_\theta = \bar{w} = 0$$
$$g = -\frac{1}{\rho}\frac{\partial \bar{p}}{\partial z} \qquad (13.69)$$

가 된다. 식 (13.68)의 섭동방정식은

$$m_r = \bar{\rho}\, v_r{}', \quad m_\vartheta = \bar{\rho}\, v_\vartheta{}', \quad m_z = \bar{\rho}\, w' \qquad (13.70)$$

을 이용하면 다음과 같이 된다.

동경(r)방향의 섭동운동량방정식 : $\dfrac{\partial m_r}{\partial t} - f\, m_\vartheta = -\dfrac{\partial p'}{\partial r}$

접선(θ)방향의 섭동운동량방정식 : $\dfrac{\partial m_\vartheta}{\partial t} + f\, m_r = 0$

연직(z)방향의 섭동운동량방정식 : $\dfrac{\partial m_z}{\partial t} = -\dfrac{\partial p'}{\partial z} - g\,\rho'$

섭동연속방정식 : $\dfrac{\partial \rho'}{\partial t} + \dfrac{\partial m_r}{\partial r} + \dfrac{m_r}{r} + \dfrac{\partial m_z}{\partial z} = 0$

섭동시성방정식 : $\dfrac{\partial p'}{\partial t} + \dfrac{m_z}{\bar{\rho}}\left(\dfrac{\partial \bar{p}}{\partial z} - \sigma^2 \dfrac{\partial \bar{p}}{\partial z}\right) = \sigma^2 \dfrac{\partial \rho'}{\partial t}$ (13.71)

다방온위(多方溫位, polytropic potential temperature, Θ_k) 식 (2.46)인 $\Theta_\kappa = \bar{T}\left(\dfrac{p_0}{p}\right)^{\frac{k-1}{k}}$ 를 이용해서 2.7절의 식 (2.47)과 같이 대수미분해서 σ^2으로 정리해 주고, 이것을 S라 놓으면〔제6장 식(6.30)의 안정도(安定度, stability)를 참고〕,

$$\frac{1}{\Theta_k}\frac{\partial \Theta_k}{\partial z} = \frac{1}{\bar{T}}\frac{\partial \bar{T}}{\partial z} - \frac{k-1}{k}\frac{1}{\bar{p}}\frac{\partial \bar{p}}{\partial z} = \frac{1}{\sigma^2 \bar{\rho}}\left(\frac{\partial \bar{p}}{\partial z} - \sigma^2 \frac{\partial \bar{\rho}}{\partial z}\right) \equiv S \qquad (13.72)$$

로 된다. 위 식을 식 (13.71)의 제 5번째 식인 섭동시성방정식에 대입을 하면,

$$\frac{\partial p'}{\partial t} + \sigma^2 S\, m_z = \sigma^2 \frac{\partial \rho'}{\partial t} \tag{13.73}$$

이 된다. 여기서 σ^2, S는 높이 z에 대해서 상수로 가정한다. 그리고 식 (13.71)의 제 1식, 제 2식, 제 3식과 식 (13.73)에서 m_θ와 ρ'을 소거하면,

$$\frac{\partial^2 m_r}{\partial t^2} + f^2 m_r = -\frac{\partial^2 p'}{\partial t\, \partial r}$$

$$\frac{\partial^2 m_z}{\partial t^2} + g\, S\, m_z = -\frac{\partial^2 p'}{\partial t\, \partial z} - \frac{g}{\sigma^2}\frac{\partial p'}{\partial t} \tag{13.74}$$

가 된다. 또 식 (13.71)의 제 4식인 섭동연속방정식과 식 (13.73)에서 ρ'를 소거하면,

$$\frac{\partial m_r}{\partial r} + \frac{m_r}{r} + \frac{\partial m_z}{\partial z} + \frac{1}{\sigma^2}\frac{\partial p'}{\partial t} + m_z S = 0 \tag{13.75}$$

가 된다. 이들 모두(운동량 m_r, m_θ, m_z, 섭동기압 p'등)가 $e^{i\nu t}$에 비례하는 것으로 한다면,

$$m_r \propto e^{i\nu t} = A\, e^{i\nu t}\ , \quad m_\theta \propto e^{i\nu t} = B e^{i\nu t}\ ,$$

$$m_z \propto e^{i\nu t} = C\, e^{i\nu t}\ , \quad p' \propto e^{i\nu t} = D e^{i\nu t} \tag{13.76}$$

과 같이 놓고 이것을 위 식들에 대입하면 각각의 식에서 다음과 같은 것들이 나온다.

식 (13.74)의 제 1식에서 : $(f^2 - \nu^2) m_r = -i\,\nu \dfrac{\partial p'}{\partial r}$

식 (13.71)의 제 2식에서 : $i\,\nu\, m_\vartheta + f\, m_r = 0$

식 (13.74)의 제 2식에서 : $(g\, S - \nu^2) m_z = -i\nu\left(\dfrac{\partial p'}{\partial z} + \dfrac{g}{\sigma^2} p'\right)$ (13.77)

이들로부터 다음의 운동량들이 나온다.

$$m_r = -\frac{i\nu}{f^2 - \nu^2}\frac{\partial p'}{\partial r}$$

$$m_\vartheta = -\frac{f}{i\nu}m_r = \frac{f}{f^2 - \nu^2}\frac{\partial p'}{\partial r}$$

$$m_z = -\frac{i\nu}{gS - \nu^2}\left(\frac{\partial p'}{\partial z} + \frac{g}{\sigma^2}p'\right) \tag{13.78}$$

이것들을 식 (13.75)에 대입하고, p'의 시간적인 변화($\frac{\partial p'}{\partial t} = 0$)는 무시하면,

$$\frac{\partial^2 p'}{\partial r^2} + \frac{1}{r}\frac{\partial p'}{\partial r} + \frac{f^2 - \nu^2}{gS - \nu^2}\left\{\frac{\partial^2 p'}{\partial z^2} + \left(\frac{g}{\sigma^2} + S\right)\frac{\partial p'}{\partial z} + \frac{gS}{\sigma^2}p'\right\} \fallingdotseq 0 \tag{13.79}$$

가 된다. 여기서 $\frac{1}{H} = \frac{g}{\sigma^2} + S$, $p' \propto e^{-\frac{z}{2H} + i\frac{\pi}{D}z}$ 로 놓으면,

$$\frac{\partial^2 p'}{\partial r^2} + \frac{1}{r}\frac{\partial p'}{\partial r} - \left\{\left(\frac{\pi}{D}\right)^2 + \frac{1}{4H^2} - \frac{gS}{\sigma^2}\right\}\left(\frac{f^2 - \nu^2}{gS - \nu^2}\right)p' = 0 \tag{13.80}$$

이 된다. 여기서 다음과 같이

$$n^2 = \left\{\left(\frac{\pi}{D}\right)^2 + \frac{1}{4H^2} - \frac{gS}{\sigma^2}\right\}\frac{\nu^2 - f^2}{gS - \nu^2} \tag{13.81}$$

로 놓고, 위 식 (13.80)에 대입하면,

$$\frac{\partial^2 p'}{\partial r^2} + \frac{1}{r}\frac{\partial p'}{\partial r} + n^2 p' = 0 \tag{13.82}$$

가 된다. 이것은 0차의 베셀(Bessel, F. W., 1784~1846, 獨)의 미분방정식이다. 그 해 중에서 J_0의 쪽은 $r = 0$ 에 있어서 유한(有限)이고, 다른 것은 무한대가 되므로 J_0 만을 취하면, p'의 해로써

$$p' = \left(P_1\cos\frac{\pi}{D}z + P_2\sin\frac{\pi}{D}z\right)J_0(nr)e^{-\frac{z}{2H} + i\nu t} \tag{13.83}$$

을 얻는다.

13.5.2. 규모분석

여기서 규모분석(規模分析, scale analysis, 크기비교)을 해 보자.

$$D \approx 15\,km = 1.5 \times 10^6 \quad , \; \therefore \left(\frac{\pi}{D}\right) \fallingdotseq \left(\frac{3}{1.5}\right)^2 \times 10^{-12} = 4 \times 10^{-12}$$

$$\frac{1}{H} = \frac{g}{\sigma^2} + S = \frac{g}{kRT} + S = \frac{g\rho}{kp} + S \,:\, \frac{p}{g\rho} = 8 \times 10^5, \; \frac{g\rho}{kp} \fallingdotseq 10^{-6}$$

$$S \approx \frac{\Delta T}{300} 10^{-5} = 3\,\Delta T \times 10^{-8} \quad \therefore \; \frac{1}{4H^2} \approx 3 \times 10^{-13}$$

$$\nu = \frac{2\pi}{\tau} : \; \tau \approx 10^4 \quad \therefore \; \frac{gS}{\sigma^2} \approx 10^{-4} \times 10^{-9} = 10^{-13} \tag{13.84}$$

따라서 이들을 식 (13.81)에 비교해서 규모분석을 하면 다음과 같은 근사식이 나온다. 그러나 이것은 하나의 예이고 항들 간의 차이가 확연하게 차이가 나는 것이 아니므로 실제의 상황에 있어서는 각각의 경우에 대해서 신중하게 규모분석을 해야 할 것이다.

$$n^2 \approx \left(\frac{\pi}{D}\right)^2 \frac{\nu^2 - f^2}{gS - \nu^2} \tag{13.85}$$

이것에서 ν에 대한 2차식을 풀어서 구하면,

$$\nu = \pm \sqrt{\frac{f^2\left(\frac{\pi}{D}\right)^2 + gSn^2}{\left(\frac{\pi}{D}\right)^2 + n^2}} \tag{13.86}$$

이 된다. 또는 $\nu = \frac{2\pi}{\tau}$ 로 놓고, τ(tau, 타우)에 대해서 풀면,

$$\tau = \pm 2\pi \sqrt{\frac{\left(\frac{\pi}{D}\right)^2 + n^2}{f^2\left(\frac{\pi}{D}\right)^2 + gSn^2}} \tag{13.87}$$

이 된다.

13.5.3. 해석

정역학적 불안정〔靜力學的 不安定, hydrostatic instability, 정역학불안정(도)〕의 경우 $S < 0$ 이므로

$$f^2\left(\frac{\pi}{D}\right)^2 < g\,n^2\,|S| \qquad \text{또는} \qquad \frac{g\,|S|}{f^2} > \left(\frac{\pi}{D}\right)^2 \frac{1}{n^2} \tag{13.88}$$

의 경우, 이것을 식 (13.86)에 대입을 하면 ν가 허수가 된다. 이것을 $e^{i\nu t}$에 대입을 하면, e(exponential)의 지수가 실수로 되어 요란이 시간과 함께 발달한다. 요란의 수평 크기는 베셀함수의 제 1 근에 상당하는 반경(半徑)이 규모가 된다.

제 1 근은 2.4이기 때문에, $n = \dfrac{2.4}{r}$ 가 된다. 따라서 다음과 같다.

$$\frac{g\,|S|}{f^2} \geq 1.7\left(\frac{r}{D}\right)^2 \tag{13.89}$$

위의 규준에서 다음과 같은 결론이 나온다.

① 같은 위도에서 같은 형의 요란에 대해서 정역학적 불안정도가 커지면 불안정이 된다. 즉 정역학불안정 S가 커지면, r/D가 커진다. 반경(r)과 크기(D)가 커진다는 것은 불안정이 된다.

② 같은 형(形)의 요란에서는 고위도 갈수록($f \rightarrow$ 大) 안정성이 강하다($r \rightarrow$ 小, 수평 안정도의 영향).

③ 안정도가 같다고 한다면(S가 상수), 가늘고 긴 요란($D \rightarrow$ 大) 보다 평평한 요란($D \rightarrow$ 小) 쪽이 안정하다.

13.5.4. 극단의 경우

식 (13.86)을 변형해서

$$\nu = \pm\sqrt{\frac{f^2\left(\frac{\pi}{D}\right)^2 + g\,S\,n^2}{\left(\frac{\pi}{D}\right)^2 + n^2}} = \pm\sqrt{\frac{f^2\left(\frac{\pi}{n\,D}\right)^2 + g\,S}{\left(\frac{\pi}{n\,D}\right)^2 + 1}} \tag{13.90}$$

으로 놓고 다음을 생각하자.

ㄱ. $nD \gg 1$ 의 경우[가늘고 긴 요란 : 적란운형(積亂雲型)]

이 조건을 식 (13.90)에 대입을 하면

$$\nu = \pm \sqrt{\frac{f^2\left(\frac{\pi}{nD}\right)^2 + gS}{\left(\frac{\pi}{nD}\right)^2 + 1}} = \pm \sqrt{\frac{f^2\left(\frac{\pi}{\infty}\right)^2 + gS}{\left(\frac{\pi}{\infty}\right)^2 + 1}} = \pm \sqrt{\frac{0 + gS}{0 + 1}} = \pm \sqrt{gS} \quad (13.91)$$

이 되고, 정역학불안정에 의해 발달하는 적란운의 경우이다.

ㄴ. $nD \ll 1$ 의 경우(편평한 요란)

같은 방법으로 식 (13.90)에 대입하면,

$$\nu = \pm \sqrt{\frac{f^2\left(\frac{\pi}{nD << 1}\right)^2 \gg gS}{\left(\frac{\pi}{nD \ll 1}\right)^2 \gg 1}} = \pm \sqrt{\frac{f^2\left(\frac{\pi}{nD \ll 1}\right)^2}{\left(\frac{\pi}{nD \ll 1}\right)^2}} = \pm \sqrt{f^2} \quad (13.92)$$

가 되고, 수평안정도 때문에 관성진동(慣性振動)을 한다.

13.5.5. 임계반경

원형와의 반경의 최대로 클 때의 **임계반경**(臨界半徑, critical radius, r_c)을 구하기 위해서 식 (13.89)를 변형하면,

$$r_c = \sqrt{\frac{1}{1.7}\frac{g\,|S\,|}{f^2} \cdot D^2} \quad (13.93)$$

이 된다. 여기서

$$f = 1.3 \times 10^{-5}\ (\text{위도 } 5°),\quad f = 7.3 \times 10^{-5}\ (\text{위도 } 30°),$$
$$f = 13 \times 10^{-5}\ (\text{위도 } 60°),\quad D = 15\,km$$
$$T = 280\,K\ ,\ S = \frac{\Delta T}{T} \times 10^{-5} \quad (13.94)$$

로 놓고, 이것을 위 식 (13.93)에 대입하여 요란의 임계반경을 구하고 정리해서 표 13.1과 같이 만들었다.

표 13.1. 원형와의 임계반경($r_c = km$)

$f(\times 10^{-5})$ \ $-\Delta T$	0.1	0.5	1	1.5	2	2.5	3
1.3(저위도)	1,656	3,702	5,236	6,412	7,404	8,278	9,068
7.3(중위도)	298	666	941	1,153	1,331	1,488	1,630
13(고위도)	166	370	524	641	740	828	907

이 표에서 알 수 있듯이 저위도로 갈수록 약한 정역학적 불안정도에 의해서도 태풍 정도의 요란은 발달할 수 있지만, 고위도로 갈수록 정역학적 불안정도가 강해져도 태풍 정도의 요란이 발달하기가 어렵다는 것을 알 수가 있다.

연 습 문 제

1. 이중성층(二重成層)의 경우 불안정파가 일어나는 임계파장(臨界波長, critical wave length, λ_c)을 나타내고, 양 층의 온도차와 속도차에 의해 임계파장이 어떻게 변화하는가를 조사해보자.

2. 비압축유체의 같은 방향에 다른 속도로 흐르는 이중층(二重層)에서 각 층의 상면과 하면이 단단한 벽으로 되어 있는 경우, 경계면에 있어서의 내부파의 속도를 구하라. 단, 전향력은 생략하고 파장에 비해서 각 층의 두께는 얇은 것으로 한다.

제 IV 부

유체역학

Chapter

14 대기난류

굴뚝에서 나오는 연기를 보면 연기의 흐름이 규칙 정연하게 흩어지지 않는 것을 알게 된다. 또 바람이 불 때, 풍속계와 풍향계는 끊임없이 변동하고 있는 것을 안다. 이러한 예에서 알 수 있듯이 공기의 운동을 간단한 유선함수로 나타내질 수 있는 규칙 정연한 흐름을 **층류**(層流, laminar flow)라고 하고, 이와는 반대로 불규칙한 흐름을 **난류**(亂流, turbulence, turbulent flow)라 부른다. 대기는 시간적으로나 공간적으로 끊임없이 운동하고 그 상태가 불규칙하여 대부분 난류라고 생각되어져 **대기난류**(大氣亂流, atmospheric turbulence)라고 한다.

14.1. 유체의 난류

14.1.1. 발생, 레이놀즈수

비교적 좁고 곧바른 가는 관 속에 물을 흐르게 할 때, 유속이 작은 동안에는 층류이지만, 속도가 점점 빨라져서 어느 일정한 한계치를 넘으면 난류가 된다. 관 속에 색소(色素)를 주입하면 속도가 작은 동안에는 색선(色線)이 부드럽고 길게 뻗지만, 속도가 어떤 값을 넘으면 색선은 도중에 교란되고 그 하부에서는 일정하게 물들인 것이 된다. 이러한 한계치가 있어 층류에서 난류로 넘어간다고 하는 것은 하겐(Hagen, 1839)에 의해 이미 알려져 있었다.

19세기 말에 난류연구의 선구자라고 할 수 있는 레이놀즈(O. Reynolds, 1883, ☂)는 수평으로 놓여 진 유리관 속에 물을 흘려서 거기에서 발생하는 난류를 실험을 통해서 흐름 속에 근소하게 혼입된 색소에 작용하는 형태에 의해 조사했다. 물에 섞인 색소는 그림

14.1과 같이 (a)의 경우에는 똑바로 흐르고, (b)와 같은 경우에는 불규칙하게 혼합되는 것을 발견했다. 일직선으로 줄기가 되는 것은 관이 가는 경우이든지 유속이 느린 경우였다. 이와 같은 경우는 층류가 되고 관이 두껍든지 유속이 빠른 경우에는 착색된 부분이 관의 입구 가까이에서는 똑바로 흐르지만, 하류로 가면서 가는 진동을 시작해서 진동이 심하게 되어 마지막에는 관 전체가 균일하게 착색된다. 거기서 난류가 되는 것이다.

레이놀즈는 관의 반경(흐름의 대표적인 길이)을 a, 평균(대표적인)유속을 U, 물의 동점성계수(動粘性係數)를 ν로 해서,

$$Re = \frac{a\,U}{\nu} = \frac{\text{관성력}}{\text{점성력}} \tag{14.1}$$

의 무차원수(無次元數, dimensionless number)를 만들어 냈다. 이것은 주어진 흐름에 대한 관성력(慣性力=분자)과 점성력(粘性力=분모)의 비로 상대적인 중요성을 나타내는 수로 레이놀즈수(Reynolds number, Re) 라고 한다. 유체운동이 이 양자만으로 지배되는 경우에는 흐름의 성질이 Re 만에 의존한다. 레이놀즈는 이 숫자가 1,000이라고 하는 한계치를 넘으면 층류에서 난류로 변하는 것이 발견됐다. 이 천이(遷移)가 일어나는 경계의 한계치를 **임계레이놀즈수**(臨界레이놀즈數, critical Reynolds number, Rec) 라고 한다(15.3.4항도 참조).

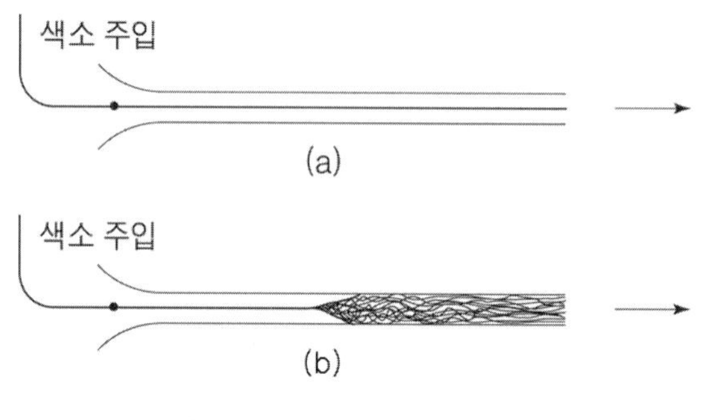

그림 14.1. 관 속의 층류와 난류

그러나 주의 깊게 관의 입구에서 요란을 만들지 않도록 하면 1,200까지 층류로 유지할 수 있었다는 예도 있다. 그래서 위의 임계치 Rec 라고 하는 것은 관의 입구에서 만들어진 요란이 발달하든가 감쇠하든가의 한계를 주는 것으로 풀이된다. 즉 관의 입구의 흐름에 아주 미약한 교란이 포함되어 있으면 이 값이 변하는 것을 발견했다. 최초의 교란이 극도로 작으면 레이놀즈수는 10,000 정도라도 하류에 교란이 생기지 않는 일도 있다. Rec 의

값은 요란의 크기에 따라 변화하고, 미소요란(微小擾亂)에 대한 선형이론(線形理論)에서는 $Rec = \infty$가 되지만, 유한의 요란의 경우에는 실험적으로 $Rec = 2,000$ 정도가 하한치(下限値)이다.

또한 쉴러(Schiller, 1921)의 실험에서는 임계레이놀즈수로써 $Rec = 1,160$ 을 얻었다. 이 조건이 대기에도 적용될 수 있는 것으로 한다면, 공기의 동점성계수(動粘性係數)는 $1.33 \times 10^{-1} cm^2/s$ 이므로, $a\,U \approx 1.5 \times 10^2 cm/s^2$ 이 된다. 그러므로 지표면부근에서 급히 속도가 변하는 두께 10 m = 1,000 cm 를 a 로 적용하면, $U \approx 1.5 \times 10^{-1} cm/s$ 가 된다. 즉, 풍속 $1.5\,mm/s$ 로 이미 임계레이놀즈수를 넘어서 있는 것이다. 이 세상에는 층류와 난류가 공존하고 있지만, 위의 아주 약한 풍속($1.5mm/s$)으로도 이미 난류가 되어 버리는 것을 보아 대부분의 대기는 난류에 속한다. 따라서 우리는 대기의 흐름하면 난류로 생각해도 무방해서 대기난류라는 용어를 사용하게 되는 것이다.

14.1.2. 특성

난류는 3 차원적인 구조를 가지고 있고 와도도 가지고 있다. 난류는 층류에 비해 운동량, 열 연기 등의 확산 능력이 압도적으로 크다. 이런 난류의 능력이 이 세상에 층류보다 난류가 압도적으로 많이 존재하는 섭리일지도 모르겠다. 또 난류는 본질적으로 비선형이기 때문에 해석적으로는 풀리지 않으므로 통계적으로 취급하는 경우가 많아 통계유체역학(統計流体力學)이라고 하는 분야가 있다. 또 큰 난자(亂子)에서 작은 난자(亂子) 쪽으로 교란의 에너지(난류에너지, turbulent energy ; 통상 속도 변동의 운동에너지)가 끊임없이 흘러가서 결국에는 분자점성에 의해 열로 흩어져 없어지게 된다. 따라서 외부에서 에너지의 공급이 없으면 난류는 소멸해 버리고 만다.

난류라고 하는 것은 균일한 흐름 속에서 많은 크고 작은 가지각색의 복잡한 와가 불규칙하게 포함된 것과 같은 개념으로 생각할 수도 있다. 이와 같은 와를 **난와**(亂渦, eddy)라고 부르기도 했다.

대기 중의 흐름의 대부분은 난류이므로, 고층대기는 자유난류(自由亂流)이고 유성(流星)이나 전파의 산란 등의 관측에서 그 양상을 알 수가 있다. 지구 표면에 가까운 층〔層, 대기경계층(大氣境界層)이라 부름〕은 표면마찰의 영향을 받아 벽 부근의 난류에 상당한다. 일반적으로 온도성층을 하고 있고 안정도도 여러 종류의 경우가 있다. 그 중 표면의 상태도 복잡하므로 난류의 양상도 대단히 복잡하다.

대기 중에서 난류가 강한 층과 그 위의 교란이 적은 층과의 사이에서 일어나는 온도의 역전을 **난류역전**(亂流逆轉, turbulent inversion)이라 한다. 안정한 대기가 복잡한 지형을 통과하면 하층의 부분이 혼돈되어 온도분포가 단열감률에 가까워진다. 그러나 상층은 그대로이기 때문에 그 하층과 상층과의 사이에 온도의 역전이 생긴다. 또 난류의 작용에 의해 교반되어 대기량이 평균화되는 것을 **난류혼합**(亂流混合 turbulent mixing)이라 한다. 대기에서는 수직혼합과 수평혼합으로 나눌 수 있다. 대기의 안정도에 의해 크게 좌우된다. 난류층 상부에 생기는 구름이 난류운(亂流雲, turbulent cloud)이다.

난류권(亂流圈, turbosphere)은 중간권계면(中間圈界面, 80~90 km)에서 약 110 km 주위의 열권 하부에서는 풍속이나 풍향의 시간적 공간적 변동에 크고 난류가 탁월하기 때문에 그렇게 부르고 있다. 난류의 에너지원은 열, 조석운동이나 내부중력파에 의한 바람의 중직전단(重直剪斷)으로 생각되어지고 있다. 난류권계면(亂流圈界面, turbopause)은 난류권의 상면에서 지상 약 106±4 km의 높이이다. 이 면에서 위는 **확산권**(擴散圈)이라 불리고 층류가 탁월하고 확산분리에 의한 평균분자량은 높은 곳일수록 작아진다(불균질권).

14.1.3. 확산

난류확산(亂流擴散, turbulent diffusion)은 난류 중의 대기량이 그 교란에 의해 확산되는 현상이다. 층류일 때의 분자운동에 의한 확산에 비교해서 현저히 크다. 확산의 정도를 나타내는 데는 와도확산계수(渦度擴散係數)를 이용한다. 이것을 이용해서 확산의 양상을 나타내는 확산식이 만들어졌다. 확산계수(擴散係數, diffusion coefficient)가 상수라면 간단하지만 일반적으로는 그렇지는 않다. 평균장(平均場)에 미치는 난류의 효과를 평균장의 대기량으로 나타내는 것을 난류의 매개변수화[媒介變數化, parameterization, 모수화(某數化)]라고 한다. 난류확산에 관한 와도확산계수도 이것의 한 예이다.

한편 확산에는 여러 가지의 경우가 있다. 연기의 확산을 생각하면 흐름 속에서 고정된 연속점원에서 나오는 경우나 순간적으로 점원에서 나와 확산하는 경우 등이 있다. 균일한 난류 속에서 연속점원(連續点源)의 경우 처음에는 시간(즉 거리)에 비례해서 확산되지만, 후에는 시간의 평방근에 비례하게 된다. 연기 덩이의 확산에 대해서는 만일 난류의 관성소영역(慣性小領域)에서의 현상이라면 어떤 시간이 경과하면 퍼짐의 크기는 시간의 3/2승(乘)에 비례한다. 이것은 와도확산계수가 퍼짐의 4/3승에 비례하는 것에 상당한다. 이 순간점원의 상대확산을 처음 실험적으로 실측치에서 분명하게 한 것은 리차드슨(L. F. Richardson, 1926, ☂)이다. 와도확산계수 K와 길의 스케일 L과의 관계식

$$K = 0.2\,L^{\frac{4}{3}} \tag{14.2}$$

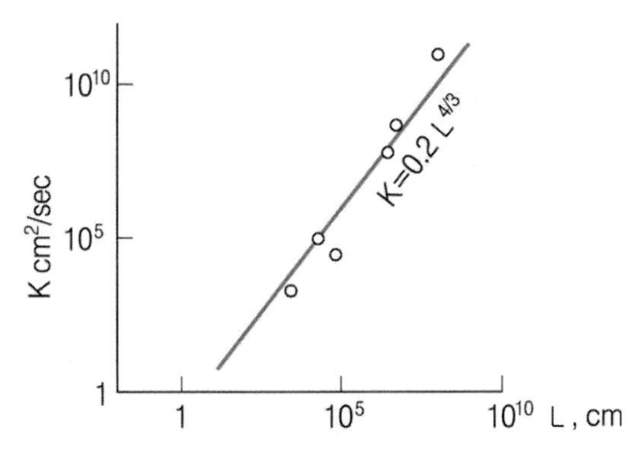

그림 14.2. 와도확산계수 K와 길이 L과의 관계

를 얻는다(그림 14.2 참조). 그 후 국소적 등방난류(等方亂流)의 이론이 나와서 리차드슨의 식의 이론적 뒷받침이 되었다.

벽 부근의 난류확산에 대해서는 와도확산계수 K가 거의 벽에서의 거리에 비례하는 것으로 해서 취급할 수 있다. 지표면 부근에서의 운동량, 열, 수증기 등의 수송의 추정에 이 생각이 이용된다.

14.1.4. 등방성

통계적인 성질로 방향성을 갖지 않는 난류를 **등방성난류**(等方性亂流, isotropic turbulence)라고 부르고, 가장 간단한 경우이므로 많은 성질이 분명하게 되어 있다. 그러나 일반적인 난류라도 그 비선형성 때문에 비교적 작은 와도군(渦度群)에서는 등방성으로 되어 있다. 이 성질을 **국소등방성**(局所等方性, local isotropy)이라고 부르고 있다. 코로모고로프(1941)는 국소적등방성 난류에 대해서 유명한 평형영역(平衡領域)이라고 하는 생각을 내어 놓았다. 즉 거기에서는 변동의 상태가 난류에너지의 일산율(逸散率) ε과 동점성계수에 의해 하나의 뜻으로 결정된다. 그러나 레이놀즈수가 대단히 클 경우에는 ε만으로 결정되는 작은 영역이 평형영역 속에 존재하는 것으로 했다. 이 작은 영역을 **관성소영역**(慣性小領域, inertial subrange)이라고 했다. 차원 해석에 의해 이 작은 영역에서의 에너지 스펙트럼(스펙트럼 밀도) $E(k)$는 다음과 같이 표현된다.

$$E(k) \;=\; c\ \varepsilon^{\frac{2}{3}}\ k^{-\frac{5}{3}} \tag{14.3}$$

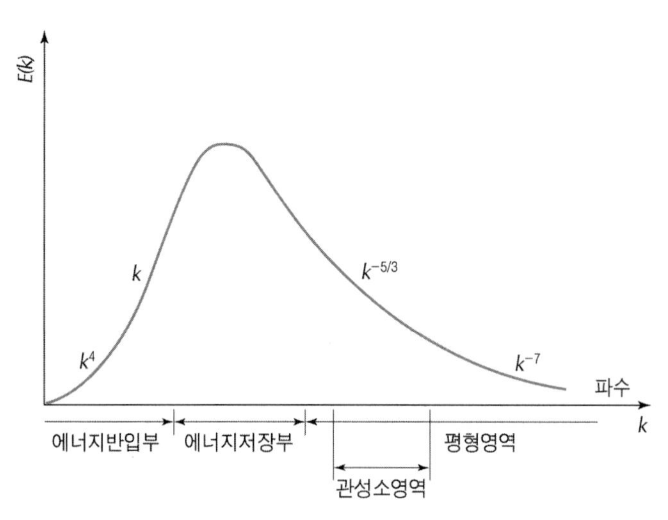

그림 14.3. 난류의 에너지 스펙트럼

에너지스펙트럼〔energy spectrum, $E(k)$〕, 파수(k), 에너지반입부, 에너지저장부, 관성소영역, 평형영역

여기서 k ; 파수, c ; 보편상수(널리 두루 쓰이는 상수)이다. 그림 14.3 이 참고가 된다. 대기 중에서 풍속, 기온, 습도의 변동의 실측에서 관성소영역의 존재가 확인되어 있다.

일반류에서 운동에너지를 받아 그것이 큰 와로 전달되고, 점점 작은 와로 옮겨져 최종 단계에서는 점성에 의해 열이 되어 소멸된다.

14.1.5. 평균치의 주의

실내실험에서 난류와 대기의 난류와의 현저한 차이는 난와(亂渦)의 크기가 한정되어 있는데 대해, 대기에서는 크기에 명확한 한계가 없다는 것이다. 여기서부터 다음과 같은 평균치의 해석에 문제가 있음을 인식하자. 속도성분 u를 생각한다. 한 점에 있어서 τ시간 관측의 평균치를 $\overline{u}$로 생각한다면(1.4.4 항의 "ㄱ. 평균을 구하는 방법" 참조),

$$\overline{u} = \frac{\int_0^\tau u\,dt}{\int_0^\tau dt} = \frac{\int_0^\tau u\,dt}{t\;\Big]_0^\tau} = \frac{1}{\tau}\int_0^\tau u\,dt \tag{14.4}$$

이고, τ 시간 내의 임의 시각의 속도 u 를〔섭동법(攝動法, perturbation method)〕

$$u = \overline{u} + u' \tag{14.5}$$

로 놓으면, 정의에서

$$\frac{1}{\tau}\int_0^\tau u'\,dt = \frac{1}{\tau}\int_0^\tau (u-\overline{u})\,dt = \frac{1}{\tau}\int_0^\tau u\,dt - \frac{1}{\tau}\int_0^\tau \overline{u}\,dt = \overline{u} - \overline{u} = 0 \tag{14.6}$$

이다. 또 어느 순간에 용기의 부피 V 속이 속도의 평균치를 $\{u\}$로 한다면,

$$\{u\} = \frac{1}{V}\int_0^V u\,dV \tag{14.7}$$

이지만,

$$u = \{u\} + u' \tag{14.8}$$

로 놓으면, 위와 같이 해서

$$\frac{1}{V}\int u'\,dV = 0 \tag{14.9}$$

가 된다.

시간적 평균치를 취할 경우 $\overline{u}$ 가 시간과 함께 변할 경우에는 τ 를 취하는 방법에 따라서 값은 변한다. 공간의 경우에도 마찬가지이다. 일반적으로 평균화 시간 또는 평균화 공간의 크기가 평균치의 변화에 비해서 작고, 난와에 의한 변화에 비해서 크다고 가정하고 있다. 실내실험에서는 이와 같은 조건을 만족시킬 수 있는 것도 가능하지만 대기 중에서는 난와의 크기와 속도가 평균화 시간과 평균화 공간에 비해서 클 수도 있으므로, 위의 조건을 꼭 만족되지 않는다는 일에 주의해야 한다.

14.1.6. 리차드슨수

성층유체 중의 난류의 발달·감쇠를 나타내는 매개변수가 리차드슨수(Richardson number)이다. 밀도성층을 한 연직전단(鉛直剪斷, 층밀림, vertical shear)류의 운동에 있어서 밀도성층과 연직전단의 상대적인 중요성을 나타내는 무차원수로 기상학자 리차드슨(Lewis. Fry. Richardson, 1881~1953, ☂)의 이름에서 유래했다. 난류에너지 방정식에 있어서 레이놀즈응력과 부력과에 의한 에너지 생성률의 비로써 **플럭스-리차드슨수**(flux-Richardson number) R_f 는 다음과 같이 정의된다.

$$R_f = -\frac{g H}{C_p \Theta \tau \dfrac{\partial U}{\partial z}} \tag{14.10}$$

여기서

g : 중력가속도
H : 열플럭스(열 flux, 유속)
C_p : 공기의 정압비열(specific heat at constant pressure)
Θ : 평균온위
τ : 레이놀즈응력
U : 평균수평속도
z : 높이(height, 고도)

이다. 기체의 연직운동에 의한 에너지의 손실과 바람의 연직전단에 의한 에너지의 생성과의 비(R_f에 해당함)를 생각해서 이것이 난류의 발생, 유지, 소멸에 큰 역할을 한다고 생각했다. 그 하나의 가늠으로써 1/4~2 보다 크면 교란이 증대되는 것이 이론적으로 표시되어 있다.

대기경계층(大氣境界層)에서는 난류에 의한 연직방향의 부력의 유속 $g\overline{w'\theta'}$ 과 운동량 유속 $\overline{u'w'}$ (레이놀즈응력 항을 참조)으로 정의되는 플럭스-리차드슨수 R_f는

$$R_f = \frac{g\overline{w'\Theta'}}{(\overline{u'w'})^{\frac{3}{2}}} \tag{14.11}$$

이 안정도의 지표로써 사용되는 일이 있다. 또 적운대류(積雲對流)에 있어서는 대류의 환경장이 갖는 대류유효위치에너지(對流有效位置에너지, CAPE ; convective available potential energy)와 대기 중층과 하층과의 속도차 $(\Delta U)^2$ 에서 정의되는 총체(總体) **벌크*・리차드슨수**(bulk・Richardson number, 통상의 리차드슨수와 부호를 취하는 방법이 반대인 것에 주의할 것)

$$R_i = \frac{2\,CAPE}{(\Delta U)^2} \tag{14.12}$$

가 대류의 형태를 결정하는 데에 중요하다고 알려져 종종 사용되고 있다.

레이놀즈응력이나 열플럭스를 난류확산계수로 표현한 무차원수(無次元數, dimensionless) 구배(句配)-리차드슨수〔slope(gradient)-Richardson number〕 R_i 도 잘 사용된다. 높이와 함께 기온도 바람도 변하고 있는 기층에서 난류가 중력에 거슬러서 단위 시간당 일의 양을 레이놀즈응력에 의해 바람에서 교란으로 보급되고 있는 에너지의 몇 배일까를 대기난류의 안정도로 나타내는 중요한 무차원수 R_i는

$$R_i = \frac{N^2}{\Lambda^2} = \frac{g}{\Theta} \frac{\frac{\partial \Theta}{\partial z}}{\left(\frac{\partial U}{\partial z}\right)^2} \fallingdotseq \frac{g}{T} \frac{\frac{\partial T}{\partial z} + \Gamma}{\left(\frac{\partial U}{\partial z}\right)^2} \tag{14.13}$$

이다.

여기서

$N = \sqrt{\frac{g}{\Theta} \frac{\partial \Theta}{\partial z}}$: 브런트·바이사라 진동수(振動數, Brunt-Väisälä frequency)

$\Lambda = \frac{\partial U}{\partial z}$: 바람의 연직기울기〔연직전단(鉛直剪斷)〕

T : 기온,

Γ : 단열감률,

$\frac{\partial \Theta}{\partial z}$, $\frac{\partial T}{\partial z}$: 각각 온위, 기온의 연직기울기

이다.

리차드슨수는 개략적으로 말해서 흐름을 안정화하려고 하는 밀도성층이 갖는 위치에너지와 흐름을 불안정화하려고 하는 연직전단류가 갖는 이용 가능한 운동에너지의 비로 되어 있다. 대략 $R_i > 1$에서는 난류가 감쇠·소멸한다. 더 정확히 말해 흐름 속의 모든 영역에서 $R_i > 1/4$ 이면, 전단류 속에 첨가된 미소요란은 최종적으로는 감쇠한다(선형안정성 참조). 즉, 전단류는 안정이다. 역으로 흐름 속의 어디인가에 $R_i < 1/4$ 이 되는 점이 있다면 그 흐름은 불안정이 되고, 켈빈·헬름홀츠파(Kalvin-Helmholtz wave) 등과 같이 증폭되는 요란이 일어날 가능성이 있다. $R_i < 0$ 일 때에는 밀도성층은 불안정이 되고, 대류가 발생한다. 불안정에 의한 난류의 발생 한계를 부여하는 **임계(臨界)·리차드슨수**(critical-Richardson number) R_{ic} 는 실험적으로 0.2로 보고되고 있다.

* **벌크법**〔bulk method, 총체법(總体法)〕: 지표면 부근의 대기 중에 있어서 대기량의 연직수송량을 측정으로 결정하는 간단한 방법의 하나이다. 열, 수증기, 운동량 등의 대기량의 연직수송량은 얼마만큼 대기에서 지표면으로 또는 역으로 지표면에서 대기로 옮겨가고 있을까를 나타내어, 해면이나 육지면과 대기의 상호작용을 나타내는 기본적인 양이다. 연직수송량은 풍속이나 대기량의 연직분포와 어떤 관계식으로 연결되어 있음으로 총체법(벌크법)에서는 어떤 고도와 지표면에 있어서 풍속과 대기량의 값을 측정해서 연직수송량을 정한다.

예를 들면, 해면에서의 증발량(수증기의 연직수송량)은 $\rho c U(x_s - x)$로 주어진다. 여기서 ρ 는 공기의 밀도, c 는 상수(실험으로 미리 결정), U 는 지표면 부근의 어떤 고도의 풍속, x 는 같은 고도에 있어서의 수증기의 혼합비, x_s는 해면에 있어서의 포화혼합비이다. U, x , x_s 를 측정하면 증발량을 알 수가 있다.

14.2. 운동방정식과 에너지방정식

전단〔(剪斷), shear〕이 있을 때의 난류는 운동방정식을 이용해서 어느 정도까지는 해명할 수가 있다. 운동방정식에 대해서는 앞에서 언급했다. 풍속으로써 일반적으로 측정하고 있는 것은 순간풍속보다는 평균풍속인 경우가 많지만, 운동방정식은 순간풍속에 대한 것임으로, 평균량에 대해서 표현과 변동량에 대해서의 표현을 궁리할 필요가 있다. 여기서는 변동량의 2승에 관계하는 에너지의 식에 대해서 논의하자.

14.2.1. 운동방정식과 속도변동

ㄱ. 운동방정식

대기의 운동을 자세하게 보면, 항상 매우 복잡한 양상을 나타내고 있지만 어떠한 복잡한 흐름에 대해서도 속도의 시간적, 공간적인 분포는 대기의 운동방정식에 의해 기술된다고 생각되어 진다. 그것은 점성유체의 운동방정식으로 알려져 있는 나비어·스토크스 방정식(Navier-Stokes equation)에 지구의 자전하고 있는 결과로써 생기는 전향력의 항이 부과된 것이다. 운동이 무한히 세밀한 변동을 포함하고 있으면 속도의 미분이 정의 될 수 없게 되어, 나비어·스토크스의 식과 같이 미분에 의한 표현은 불가능하게 될 것이다. 그러나 분자점성의 존재가 그 걱정을 해소시켜준다. 난류에서는 무한히 작은 와는 생각할 필요가 없어서 속도의 미분을 정의하는 것이 필요 없다.

이와 같은 일은 별도로 하면 대기의 운동을 생각할 때, 분자점성의 영향은 무시하는 것이 보통이다. 마크로〔macro, 거시적(巨視的)〕인 입장에서 본 대기의 마찰은 와점성에 의해 일어나는 것으로 생각되어, 분자점성이 직접 영향을 갖는 기상현상은 그다지 발견되지 않는다. 특히 심한 교란은 점성의 영향이 그다지 없는 상태에서 일어나므로, 난류를 생각할 때에는 더욱 점성은 불필요한 것으로 생각된다. 점성은 난류를 억제하는 역할을 하기 때문이다. 그러나 실은 난류를 억제하는 역할이 있어 비로소 난류가 통계적으로 정상의 상태를 유지할 수가 있다. 분자점성이 있기 때문에 난류의 에너지는 열의 에너지로 변환되어 간다. 그 부분의 구조가 교란의 작은 구조를 규정하고, 결국에는 난류 전체를 지배하는 것이 된다. 교란을 억제하는 역할을 하는 분자점성이 난류를 무시할 수 없는 이유이다.

대기의 운동방정식을 자세히 설명하도록 한다. z 축이 연직상방을 향하도록 하고, 풍속의 x, y, z 성분을 각각 u, v, w 로 전과 동일하게 잡아 대기의 운동방정식을 각 성분에 대해서 쓰면 다음과 같다.

$$
\begin{aligned}
\frac{du}{dt} + f_y w - f_z v &= -\frac{1}{\rho}\frac{\partial p}{\partial x} + \nu \nabla^2 u \\
\frac{dv}{dt} + f_z u - f_z w &= -\frac{1}{\rho}\frac{\partial p}{\partial y} + \nu \nabla^2 v \\
\frac{dw}{dt} + f_x v - f_y u + g &= -\frac{1}{\rho}\frac{\partial p}{\partial z} + \nu \nabla^2 w
\end{aligned}
\qquad (14.14)
$$

여기서 연산자 d/dt (오일러 가속도, Eulerian acceleration)와

$$
\frac{d}{dt} = \frac{\partial}{\partial t} + u\frac{\partial}{\partial x} + v\frac{\partial}{\partial y} + w\frac{\partial}{\partial z} \qquad (14.15)
$$

및 ∇^2(라플라시안, Laplacian)은

$$
\nabla^2 = \nabla \cdot \nabla = div\ grad = \frac{\partial^2}{\partial x^2} + \frac{\partial^2}{\partial y^2} + \frac{\partial^2}{\partial z^2} \qquad (14.16)
$$

이다.

식 (14.14)에서 p 는 대기의 기압, ρ 는 밀도, 각 식의 우변 제 1 항은 기압경도력의 3 성분이다. f_x, f_y, f_z 를 포함하는 항은 지구의 자전에 의해 생기는 겉보기의 힘, 즉 전향력을 나타낸다. (f_x, f_y, f_z)는 자전의 각속도벡터의 2 배이다. f_z 및 $f_x^2 + f_y^2 \equiv f_c^2$ 는 각각

$$f_z = 2\ \Omega\ \sin\phi\ , \quad f_c = 2\ \Omega \cos\phi \qquad (14.17)$$

이다. f_x와 f_y는 x축과 y 축의 잡는 방법에 따라 다르고, 동서방향에서는 0이 된다.

Ω는 지구의 자전각속도로 식 (1.6)과 같이

$$\Omega = \frac{2\pi}{86,164} = 7.2921 \times 10^{-6}\ rad/s \qquad (1.6)'$$

이다. 여기서도 ϕ 는 위도로 북반구에서는 정(+)을, 남반구에서는 부(-)를 취한다. f_y 를 포함하는 항은 통상 f_z를 포함하는 항 또는 g 와 비교해서 상당히 작기 때문에 생략한다. 이하의 기술에 있어서도 f_x, f_y 는 생략하고, f_z 는 단순히 f 로 쓰기로 한다. f 는 코리올리의 파라미터라 부르고, ϕ 도 같이 북반구에서는 정(+) 남반구에서는 부(-)가 된다. 여러 위도에서의 f 의 값은 표 14.1 에 표시한다.

표 14.1. 코리올리 파라미터의 값

위도(°)	$f \times 10^{-4} (/s)$
0	0
10	0.2532
20	0.4988
30	0.7292
40	0.9374
50	1.117
60	1.263
70	1.370
80	1.436
90	1.458

ν 는 동점성계수(動粘性係數)로써, 점성계수 μ 와의 사이에는

$$\nu = \frac{\mu}{\rho} \qquad (14.19)$$

의 관계가 있다. 1기압 공기의 동점성계수 ν 의 값은 0C 에서 $0.132\ cm^2/s$, $20C$ 에서

$0.150\,cm^2/s$ 이다. μ 는 압력을 바꾸어도 그다지 바뀌지 않음으로 온도를 일정하게 유지하고 압력을 바꾼 경우의 ν 의 변화는 ρ 또는 p 에 비례하는 것을 알 수 있다.

나비어 · 스토크스식을 설명하는 참에 레이놀즈수에 대해서 이해를 높이자. 식 (14.14)의 제 1 식에 대해서 생각하자. 간단히 하기 위해서 전향력을 생략하면,

$$\frac{du}{dt} = -\frac{1}{\rho}\frac{\partial p}{\partial x} + \nu\nabla^2 u \tag{14.20}$$

이 된다. 여기서 길이의 기준을 L, 속도의 기준을 U 로 잡고, 운동방정식 중의 모든 양을 L 과 U 에 의해 무차원화 해보자. 무차원화된 량에는 ~(물결)을 붙여서 나타내기로 하면

$$\tilde{u} = \frac{u}{U} \tag{14.21}$$

$$\tilde{t} = t\,\frac{U}{L} \tag{14.22}$$

$$\frac{\tilde{P}}{\tilde{p}} = \frac{P}{\rho}\frac{1}{U^2} \tag{14.23}$$

$$\tilde{x} = \frac{x}{L} \tag{14.24}$$

$$\tilde{\nabla}^2 = \nabla^2 L^2 \tag{14.25}$$

가 된다. 위의 운동방정식의 양변에 L/U^2 을 곱하면

$$\frac{d\tilde{u}}{dt} = -\frac{1}{\tilde{\rho}}\frac{\partial\tilde{p}}{\partial x} + \frac{\nu}{LU}\tilde{\nabla}^2 u \tag{14.26}$$

이라고 하는 무차원량이 얻어진다. 이 식은 무차원량에 대한 식이므로 길이나 속도의 규모가 어떠한 경우라도 모양이 서로 비슷한 흐름에 대해서는 널리 적용된다. 이와 같은 사고를 일반적으로 상사이론(相似理論) 또는 그 결과 얻어진 법칙을 **상사칙**(相似則)이라고 한다. 여기서 마지막 항에 나타난 ν/LU 의 역수가 바로 레이놀즈수인 것이다. 즉 레이놀

즈수란 운동방정식을 속도와 길이의 기준 U, L 로 무차원화된 동점성계수의 역수라고 하는 말도 가능하다.

식 (14.14)의 좌변의 du/dt, dv/dt, dw/dt 는 관성력을 나타내는 항으로 **관성항**(慣性項, inertia term)이라 불린다. 관성항 속에는 $\partial u/\partial t$ 와 같은 속도에 대한 1차 항과 $u(\partial u/\partial x)$ 와 같은 속도에 대한 2차 항도 포함되어 후자를 **비선형관성항**(非線形慣性項)이라 부른다. 운동방정식에 비선형관성항이 포함되는 것이 지금부터 언급하는 흐름을 복잡하게 하는 원인이 되기도 한다.

ㄴ. 속도변동과 평균류

속도가 끝임 없이 미세하게 변동하고 있는 경우에는 $\partial u/\partial t$ 는 정(+)이 되기도 하고 부(-) 가 되기도 하여 격심하게 변화해서, $\partial u/\partial t$ 는 적당한 시간으로 평균한 값은 작아도 순간순간의 $|\partial u/\partial t|$ 의 값은 상당히 커진다. 같은 모양의 공간에서도 속도의 장에 불규칙한 작은 변화가 있다면, $|\partial u/\partial x|$, $|\partial u/\partial y|$ 또는 $|\nabla^2 u|$ 등의 미소량은 결코 작지 않다. 다른 속도성분에 대해서도 같은 모양이다. 그렇기 때문에 미시적(微視的)으로 보면 운동방정식 속의 각항 중 미분의 항이 커지고, 상대적으로 fv 와 같은 전향력의 항이 작아진다.

속도가 끊임없이 미세하게 변동하는 것은 지표 부근에서 특히 현저하지만, 상공에서도 변동이 없는 것은 아니다. 그러나 상공에서는 운동방정식 속의 속도의 미분 항이 작은 것으로 해서 생략하는 형태, 즉

$$
\begin{aligned}
-fv &= -\frac{1}{\rho}\frac{\partial p}{\partial x} \\
fu &= -\frac{1}{\rho}\frac{\partial p}{\partial y}
\end{aligned}
\qquad (14.27)
$$

의 관계가 상당히 정확하게 성립한다고 생각해도 별 지장이 없는 경우가 꽤 자주 존재한다. 식 (14.27)에서 정의된 바람을 **지형풍**〔地衡風, **지균풍**(地均風), geostrophic wind〕이라고 부르고 있다. 지형풍이 상공의 바람의 상당히 좋은 근사라고 하는 것으로부터 상공에서는 식 (14.27)에 있어서 속도의 미분항이 전향력이나 기압경도력의 항보다도 작다고 생각하고 싶지만 꼭 그렇지는 않다. 물론 역으로 이들의 미분량이 작으면 지형풍의 관계식 (14.27)은 즉시 유도되지만, 우리들이 지형풍 등을 대상으로 할 때에 이용하고 있는 바람의 자료는 순간풍속이 아니라는 것에 주의해야 한다. u, v, w가 평균풍속을 나타낸다고 할 때에 식 (14.27)의 관계가 좋은 근사가 될까 어떠한가의 논의는 순간풍속에 대해

식 (14.14)에 있어서 항의 대소를 비교함으로써는 설명할 수가 없다. 식 (14.14)에 있어서 $\partial u/\partial t$ 등 속도의 순간적인 미분량이 다른 항보다도 작다고 하는 것은 평균풍이 지형풍으로 근사되기 위한 충분조건이라고 해도 필요조건은 아니다.

즉, 순간적으로 생각한 미분량에 대해서

$$\left|\frac{\partial u}{\partial t}\right| \gg |f v| \tag{14.28}$$

과 같이 속도미분이 전향력의 항에 비해서 클 경우에는 평균풍은 지형풍으로 간주될 경우에도 그렇지 않을 수도 있다. 운동방정식을 순간적으로 바라보면, 그 경우에는 당연 $\partial u/\partial t$ 에 비교해서 fv 가 생략되지만, 그렇게 생각해서는 지형풍의 관계가 얻어지지 않는다. 그러나 실제로 그 경우에도 지형풍이 좋은 근사가 되어있는 일이 있다. 이것은 운동방정식을 순간적으로 바라보는 것이 불합리하다는 것을 보여주고 있다. 운동방정식을 세밀하게 좇음으로 해서 미세한 변동을 조사하는 것이 일반적으로는 행해지지 않는 것은 그렇게 해서는 필요한 정보량이 너무 많아지므로 관측이나 자료처리의 능력의 한계를 넘는다고 하는 이유에 의해 설명되고 있다. 그러나 이상에서 언급한 것과 같이 미세한 변화에 사로잡혀 있어서는 도리어 대국적인 것을 잃어버릴 우려가 있다고 하는 쪽이 보다 본질적인 견해일 것이다. 이와 같은 이유로 우리들은 크던 작던 시간적 또는 공간적으로 평균한 풍속에 대해서의 운동방정식을 생각하게 된다.

14.2.2. 평균속도의 운동방정식

ㄱ. 관성항의 평균

속도 u의 평균은 $\overline{u}$ 이지만, u 와 v의 곱의 평균 $\overline{uv}$ 는 $\overline{u}$ 와 $\overline{v}$ 의 곱이 아니다.

$$uv = (\overline{u} + u')(\overline{v} + v') = \overline{u}\,\overline{v} + \overline{u}\,v' + u'\,\overline{v} + u'v' \tag{14.29}$$

로, $\overline{\overline{u}v'} = \overline{u}\,\overline{v'} = 0$, $\overline{u'\overline{v}} = \overline{u'}\,\overline{v} = 0$ 이기 때문에

$$\overline{uv} = \overline{u}\,\overline{v} + \overline{u'v'} \tag{14.30}$$

이 된다.

$v(\partial u/\partial x)$의 평균도 같은 식으로 해서

$$\overline{v\frac{\partial u}{\partial x}} = \bar{v}\frac{\partial \bar{u}}{\partial x} + \overline{v'\frac{\partial u'}{\partial x}} \tag{14.31}$$

이 된다.

운동방정식의 관성항 du/dt, dv/dt, dw/dt는 위와 같이 2차의 항을 포함하기 때문에 평균하면 $\overline{v'(\partial u'/\partial x)}$과 같은 항이 출현한다. 위와 동일하게 해서 일반적인 양 a에 대해서

$$\overline{\frac{da}{dt}} = \overline{\frac{\partial a}{\partial t}} + \bar{u}\frac{\partial \bar{u}}{\partial x} + \bar{v}\frac{\partial \bar{a}}{\partial y} + \bar{w}\frac{\partial \bar{a}}{\partial z} + \overline{u'\frac{\partial a'}{\partial x}} + \overline{v'\frac{\partial a'}{\partial y}} + \overline{w'\frac{\partial a'}{\partial z}} \tag{14.32}$$

의 관계가 얻어진다. 연속의 식을 사용하면 보다 사용하기 쉬운 식이 된다. 즉,

$$\overline{\frac{da}{dt}} = \overline{\frac{\partial a}{\partial t}} + \bar{u}\frac{\partial \bar{u}}{\partial x} + \bar{v}\frac{\partial \bar{a}}{\partial y} + \bar{w}\frac{\partial \bar{a}}{\partial z} + \frac{\partial}{\partial x}(\overline{a'u'}) + \frac{\partial}{\partial y}(\overline{a'v'}) + \frac{\partial}{\partial z}(\overline{a'w'}) \quad \text{(14.33, 註)}$$

이 된다. 우변의 처음 4개의 항들은 da/dt의 전개에서 얻어진 모든 양에 $^{-}$를 붙인 것뿐이지만, 뒤의 3개의 항들은 새롭게 첨가된 것을 알 수 있다. 지금부터 이 3항들은 운동방정식에서는 x 성분의 식에 있어서 du/dt에 대해서

$$\frac{\partial}{\partial x}(\overline{u'^2}), \quad \frac{\partial}{\partial y}(\overline{u'v'}), \quad \frac{\partial}{\partial z}(\overline{u'w'}) \tag{14.34}$$

이고, y 성분의 식에 있어서 dv/dt에 대해서

$$\frac{\partial}{\partial x}(\overline{v'u'}), \ \frac{\partial}{\partial y}(\overline{v'^2}), \ \frac{\partial}{\partial z}(\overline{v'w'}) \tag{14.35}$$

또 z 성분의 식 dw/dt에 대해서

$$\frac{\partial}{\partial x}(\overline{w'u'}), \ \frac{\partial}{\partial y}(\overline{w'v'}), \ \frac{\partial}{\partial z}(\overline{w'^2}) \tag{14.36}$$

이 된다.

평균속도에 대해서 운동방정식은 이들의 항을 포함하는 형태가 된다. x 성분에 대해서의 식은

$$\frac{\partial \bar{u}}{\partial t} + \bar{u}\frac{\partial \bar{u}}{\partial x} + \bar{v}\frac{\partial \bar{u}}{\partial y} + \bar{w}\frac{\partial \bar{u}}{\partial z} - f\bar{v}$$

$$= -\frac{1}{\rho}\frac{\partial \bar{p}}{\partial x} + \nu\nabla^2\bar{u} - \frac{\partial}{\partial x}(\overline{u'u'}) - \frac{\partial}{\partial y}(\overline{u'v'}) - \frac{\partial}{\partial z}(\overline{u'w'}) \qquad (14.37)$$

이다. 단 여기서는 밀도 ρ 는 변동하고 있지 않은 것으로 하고 있다.

ㄴ. 레이놀즈응력

난류운동을 기술할 때에 앙상블(ensemble, 각 부분이 총합되어 조화를 취한 전체)평균 내지는 공간평균 등 무엇인가의 통계평균을 정의해서 풍속 벡터의 3성분 u, v, w를 평균풍 $\bar{u}$, $\bar{v}$, $\bar{w}$ 와 변동부(變動部) u', v', w'으로 나누면 섭동법(攝動法, perturbation method), 나비어·스토크스 방정식(Navier-Stokes equation)의 이류항을 갖는 비선형성에서 평균풍의 시간변화를 기술하는 지배방정식에 $-\overline{u'v'}$, $-\overline{u'w'}$, $-\overline{w'^2}$ 등의 양의 발산항이 나타난다. 이들의 양은 어떤 체적으로 적분했을 때, 체적내의 운동량의 시간변화가 그 경계면에서의 출입만에 의존하는 형태로 되어 있고, 분자점성에 의한 점성응력(粘性應力)과 유사한 역할을 한다. 이것은 유체의 거시적인 운동량교환에 의해 생기는 난류에 의한 운동량수송으로 생각되어지므로 **레이놀즈응력**〔應(応)力, Reynolds stress, ☔〕이라고 부른다. 점성응력의 발산이 항상 평균류의 기울기를 해소하는 방향으로 작용하는 데에 대해서, 레이놀즈응력의 발산은 난류의 구조에 따라서는 평균류의 기울기를 강화시키는 (-)효과를 갖는 경우도 있다는 것에 주의할 필요가 있다. 난류경계층(亂流境界層)에 있어서는 마찰응력보다도 레이놀즈응력 쪽이 지배적이다.

식 (14.14)과 식 (14.37)을 비교해 보면, 운동방정식 식 (14.14) 중의 속도 u, v, w로써 평균풍속(예를 들면 10분간 평균값)을 이용하는 경우에는 식 (14.37)의 우변에 있는 속도변동의 통계량만큼의 불일치를 보게 되는 것이 된다. 여기서 만일

$$\frac{\partial}{\partial x}(\overline{u'u'}) = \frac{\partial}{\partial y}(\overline{u'v'}) = \frac{\partial}{\partial z}(\overline{u'w'}) \qquad (14.38)$$

이 성립한다면, 식 (14.14)의 제 1식과 식 (14.37)과는 형식적으로 완전히 같은 것이 되고,

운동방정식 식 (14.14)은 평균속도에 대해서도 그대로 성립하는 것이 된다. 상공에서 지형풍(지균풍)이 좋은 근사라고 하는 것은 상공에서는 식 (14.37)와 같은 관계가 잘 만족되고 있기 때문에 식 (14.14)의 형태가 평균속도에 대해서 성립하게 되는 것에 지나지 않는 것이다.

이것은 $u' = v' = w' = 0$을 요구하고 있는 것이 아니다. 상공에서는 $u' = v' = w' = 0$이 아닌데 식 (14.38)이 근사로 성립하는 일이 많은데 그것은 다음과 같은 사정에 의한다. 식 (14.37) 및 다른 2성분의 식 속에서 변동의 통계량을 포함하는 항은 다음의 9개다.

$$\begin{aligned}
&\frac{\partial}{\partial x}(\overline{u'u'}), \quad \frac{\partial}{\partial y}(\overline{u'v'}), \quad \frac{\partial}{\partial z}(\overline{u'w'}) \\
&\frac{\partial}{\partial x}(\overline{v'u'}), \quad \frac{\partial}{\partial y}(\overline{v'v'}), \quad \frac{\partial}{\partial z}(\overline{v'w'}) \\
&\frac{\partial}{\partial x}(\overline{w'u'}), \quad \frac{\partial}{\partial y}(\overline{w'v'}), \quad \frac{\partial}{\partial z}(\overline{w'w'}) \qquad (14.39)
\end{aligned}$$

이 중에서 x 또는 y 에서의 미분은 장(場)이 수평방향으로 균일할 때는 0이 된다. 지표 부근에서는 지형의 영향에 의해 수평방형의 미분이 꽤 큰일도 있지만, 상공에서는 충분히 작은 값의 된다는 것은 쉽게 상상할 수 있다. 따라서 중요한 것은 z 에서의 미분의 항인데 대기경계층 부분에서 설명하듯이 고도 약 1,000 m 이하에서는 이들의 항은 전향력에 비해서 무시할 수 없지만, 그 이상의 높이에서는 전향력보다도 상당히 작아진다. 그러나 그 경우도 $u' = v' = w' = 0$ 이 성립하는 것을 기대하고 있지는 않다.

그래서 전에도 언급했듯이, 운동방정식 식 (14.14)을 국지적(局地的)으로 보는 것은 식 (14.37)이 성립하고 있는데 $u' = v' = w' = 0$ 이 성립하고 있지 않는 대기의 경우에는 도리어 올바른 인식을 얻는 일에 방해가 된다. 대기의 운동을 생각할 때에 식 (14.14) 보다도 식 (14.37)을 이용하는 쪽이 좋은 이유는 거기에 있다. 그러나 식 (14.37)을 이용하기 위해서는 식 (14.39) 에 표시된 항이 어떠한 값을 갖을까를 알아야 한다. 대기의 경계층에 있어서는 이들의 양은 무시할 수 없는 크기의 것이고, 식 (14.14) 의 u, v, w 를 그대로 $\overline{u}$, $\overline{v}$, $\overline{w}$ 로 치환하는 것을 허용되지 않는다. 이와 같은 경우에 대해서 생각하는 것이 대기경계층의 주된 목적이다.

식 (14.39)에 포함되어 있는 속도적의 평균에 밀도 ρ 를 곱한 것은 레이놀즈응력이라고 불리는 응력텐서〔應力 tensor, (註), 15.3 참고〕의 성분이다.

대기의 운동은 식 (14.14) 또는 식 (14.37) 로 기술할 수 있으나, 실제로는 그들의 식에 포함되어 있는 밀도 ρ가 온도에 의해 변화하는 것도 생각해야 한다. 그 경우에는 $d\theta/dt$를 취급하는 데에 속도적의 평균 외에도 온도 또는 온위 Θ에 대한 통계량

$$\frac{\partial}{\partial x}(\overline{\Theta' u'}), \quad \frac{\partial}{\partial y}(\overline{\Theta' v'}), \quad \frac{\partial}{\partial z}(\overline{\Theta' w'}) \tag{14.40}$$

이 나타난다.

14.2.3. 에너지방정식

ㄱ. 속도변동의 식

온도 T, 기압 p, 밀도 ρ에 대해서 변동량을 포함하지 않는 표준적 분포를 다음의 조건을 만족하도록 택해, 각각 T_s, p_s, ρ_s로 나타낸다. 조건은

$$\begin{aligned} \frac{\partial p_s}{\partial x} &= \frac{\partial p_s}{\partial y} = 0 \\ \frac{\partial p_s}{\partial z} &= -\rho_s g \\ p_s &= R\rho_s T_s \end{aligned} \tag{14.41}$$

이다. 즉 p_s는 수평방향으로는 균일한 것으로 하고, 정역학의 식과 상태방정식을 만족하도록 정한다. ρ_s, T_s도 수평방향으로 균일하게 된다.

이들의 표준적인 량을 이용해서 변동량 p_d, ρ_d, T_d를

$$\begin{aligned} p &= p_s + p_d \\ \rho &= \rho_s + \rho_d \\ T &= T_s + T_d \end{aligned} \tag{14.42}$$

에 의해 정의된다. d가 붙어 있는 양은 s가 붙어 있는 양에 비해서 작아지도록 표준적인 양을 정해 둔다. d가 붙어 있는 양은 생각하고 있는 범위에 있어서 수평면내에서의 변동이나 시간적인 변동을 포함하는 양으로 그것에 대해서 s가 붙어 있는 양은 변동량을 포

함하고 있지 않다.

여기서 비압축성 $(\partial\rho/\partial p)_T = 0$ 을 가정한다. $(\partial\rho/\partial p)_T$ 는 $T=$ 일정의 조건하에서의 $\partial\rho/\partial p$ 를 나타낸다. 그 때 ρ_d 는

$$\rho_d = \left(\frac{\partial\rho}{\partial T}\right)_p T_d = -\frac{\rho_s}{T_s} T_d \tag{14.43}$$

이 된다. $(\partial\rho/\partial T)_p$ 는 $p=$일정일 때의 $\partial\rho/\partial T$이다.

이상의 정의나 가정을 이용해서 전향력을 무시하면 식 (14.14)는

$$\frac{du}{dt} = -\frac{1}{\rho_s}\frac{\partial p_d}{\partial x} + \nu\nabla^2 u$$

$$\frac{dv}{dt} = -\frac{1}{\rho_s}\frac{\partial p_d}{\partial y} + \nu\nabla^2 v$$

$$\frac{dw}{dt} = -\frac{1}{\rho_s}\frac{\partial p_d}{\partial z} + \frac{g}{T_s} T_d + \nu\nabla^2 w \tag{14.44, 註}$$

가 된다. 식 (14.44)와 식 (14.14)를 비교해 보면, 식 (14.14)의 p 대신에 p_d 를 취하면 운동방정식의 제 3 식에서 $-g$ 대신에 부력을 나타내는 $g\ T_d\,/\,T_s$ 가 나타나는 것을 알 수 있다. 이상의 수속에 의해 행해진 것과 같이 밀도 ρ 의 변동성분의 취급의 간략화를 **부시네스크근사**(Boussinesq approximation)라고 한다.

ㄴ. 변동에너지의 보존칙

음에 T_d 와 p_d 를 평균량($\bar{}$)과 변동량($'$)으로 나누자. 즉

$$T_d = \overline{T_d} + T'$$

$$p_d = \overline{p_d} + p' \tag{14.45}$$

로 놓는다. 이것을 식 (14.44)에 대입하고 속도도 평균량과 변동량의 합으로 나타내서 변형하면, 운동에너지

$$E = \frac{1}{2}(u'^2 + v'^2 + w'^2) \tag{14.46}$$

의 평균량 $\overline{E}$ 의 보존칙을 구할 수가 있다. 즉

$$\frac{\partial \overline{E}}{\partial t} = -\overline{u'w'}\frac{\partial \bar{u}}{\partial z} - \overline{v'w'}\frac{\partial \bar{v}}{\partial z} + \frac{g}{\Theta}\overline{w'\Theta'} - \epsilon - \frac{1}{\rho_s}\left\{\frac{\partial}{\partial x}(\overline{u'p'}) + \frac{\partial}{\partial y}(\overline{v'p'}) + \frac{\partial}{\partial z}(\overline{w'p'})\right\} - \frac{\partial}{\partial z}(\overline{w'E}) + \nu\frac{\partial^2 \overline{E}}{\partial z^2} + \nu\frac{\partial^2 \overline{w'^2}}{\partial z^2} \quad (14.47, 註)$$

이 된다. T_s 는 온위 Θ 로 대신사용하고 있다.

다음에는 식 (14.47)의 각 항의 의미를 생각해 보자.

i) 우변 1째 항과 2째 항

$$-\overline{u'w'}\frac{\partial \bar{u}}{\partial z}, \qquad -\overline{v'w'}\frac{\partial \bar{v}}{\partial z} \quad (14.48)$$

대기량 s 의 평균치 $\bar{s}$ 가 y 방향으로 변화하고 있을 때, 만일 s 의 수송이 유체부분의 단순한 혼합에 의해 행해지고 있다면, s 의 y 방향의 수송량 $\overline{sv'}$ 또는 $\overline{s'v'}$ 는 $-\partial\bar{s}/\partial y$ 에 비례할 것이다. 이것은 고체 속의 열전도에서 열의 흐르는 양이 온도경도에 비례하는 것과 같은 관계이다. 여기서

$$\overline{s'v'} = -K\frac{\partial \bar{s}}{\partial y} \quad (14.49)$$

라고 놓고, K 를 **와확산계수**(渦擴散係數, eddy diffusivity), 또는 대상이 난류로 한정되어 있을 경우에는 간단히 **확산계수**(擴散係數)라고 한다. 위 식의 관계는 근사적으로 밖에는 성립하지 않지만 실용상의 가치는 크다. 대기량 s 로써 운동량, 열량, 수증기량, 부유물질의 양 등의 어느 것을 취할까에 의해 확산계수 K 의 값은 어느 정도 달라질 거라고 생각하고 있다. 그것은 운동량의 경우에는 운동량 수송이 직접장(直接場)의 흐름에 영향을 미치는 것에 의해 또 열의 경우에는 열의 수송의 결과 온도분포가 변하기 때문에 대기의 성층의 안정도가 변하고, 그 결과 난류혼합의 세기가 변함으로써 확산계수 K 는 각각 독자의 성질을 띠게끔 된다. 그것에 대해서 부유(浮遊)물질의 수송은 장의 흐름에 그다지 영향을 주지 않는다. 이와 같이 3종류의 수송에 대한 K 의 값은 완전히 일치하지 않지만, 그 차이는 그다지 크지 않다. 그들의 확산계수를 같은 것으로 해서 취급하는 일도 자주 이루어지고 있다.

s 로써 운동량 ρu를 이용하면, 식 (14.49)는 y 를 z 로 치환해서

$$\overline{(\rho u)' w'} = -\bar{\rho} K_M \frac{\partial \bar{u}}{\partial z} \tag{14.50}$$

이 된다. $\bar{\rho}$의 높이에 의한 변화는 $\bar{u}$의 높이에 따른 변화에 비해서 작다고 하고 있다. 더욱이

$$\frac{\rho'}{\rho} \ll \frac{u'}{u} \tag{14.51}$$

이 성립하는 경우에는 ρ의 변동은 무시할 수 있어서,

$$\overline{u' w'} = K_M \frac{\partial \bar{u}}{\partial z} \tag{14.52}$$

가 되고, y 성분에 대해서도 같은 방법으로

$$\overline{v' w'} = K_M \frac{\partial \bar{v}}{\partial z} \tag{14.53}$$

의 관계를 얻는다. 여기서 K_M을 **와점성계수**(渦粘性係數, eddy viscosity)라고 말하는 일도 있다. 위의 식 (14.52)와 식 (14.53)을 이용하면, 식 (14.48)을

$$\begin{aligned} -\overline{u'w'} \frac{\partial \bar{u}}{\partial z} &= K_M \left(\frac{\partial \bar{u}}{\partial z} \right)^2 \\ -\overline{v'w'} \frac{\partial \bar{v}}{\partial z} &= K_M \left(\frac{\partial \bar{v}}{\partial z} \right)^2 \end{aligned} \tag{14.54}$$

로도 쓸 수가 있다. 응력과 평균속도의 경도(傾度) 즉 비뚤어짐〔왜곡(歪曲)〕과의 곱으로 평균류에 의해 행하여지는 일을 나타낸다. 변동의 에너지 수지(收支)를 생각하는 경우에는 변동에너지의 생성을 나타내는 항이 된다.

ii) 우변 3째 항

$$\frac{g}{\theta}\ \overline{w'\Theta'} \tag{14.55}$$

를 생각한다. 식 (14.49)에서 s 가 부유물질의 질량일 때는 그것을 c 로 쓰면,

$$\overline{c\,v'} = -K_s \frac{\partial \bar{c}}{\partial y} \tag{14.56}$$

이 된다. c 는 부유물질의 밀도이지만 이 식은 c 를 농도로 생각해도 지장이 없다. 이 식은 난류확산에 의한 수송을 확산계수를 이용해서 나타낸 식이다.

s가 열량일 때는 $s = C_p\,\rho\,\Theta$ 로 놓으면, 열의 수송량 H 는

$$H = \overline{(C_p\,\rho\,\Theta)'v'} = -\ C_p\,K_H \frac{\partial(\overline{\rho\,\Theta})}{\partial\,y} \tag{14.57}$$

이 되지만, $\rho'/\bar{\rho} \ll \Theta/\overline{\Theta}$ 이라면, ρ 의 변동은 무시 가능해서

$$\frac{H}{C_p\,\bar{\rho}} = \overline{\Theta'v'} = -\ K_H \frac{\partial\overline{\Theta}}{\partial y} \tag{14.58}$$

이 된다. 이것이 난류에 대한 열전도의 식이고, K_H는 열의 와확산계수이다. 식 (14.58)의 $(y,\ v)$에 대한 값을 $(z,\ w)$의 값으로 바꾸어서 식 (14.55)를 고쳐 쓰면,

$$\frac{g}{\Theta}\ \overline{w'\Theta'} = -\ \frac{g}{\Theta}\ K_H \frac{\partial\overline{\Theta}}{\partial z} \tag{14.59}$$

로 쓸 수도 있다. 부력에 대해서 이루어지는 일로 역시 변동에너지의 생성을 나타내는 항인데, i)이 역학적인 원인에 의한 변동에너지의 생성을 나타내는데 대해서 ii)는 열적인 원인에 의한 것이다.

기층이 안정(위로 갈수록 온위가 높음)일 때는 아래에서 차가운 공기가 위에서 따뜻한 공기가 오므로 $\overline{w'\Theta} < 0$ 이 된다. 이때는

$$\frac{g}{\Theta}\ \overline{w'\Theta'} < 0 \qquad \text{안정 = 에너지소멸} \tag{14.60}$$

이 되고 에너지의 소멸을 나타낸다. 반대로 기층이 불안정일 때는

$$\frac{g}{\Theta}\overline{w'\Theta'} > 0 \qquad \text{불안정 = 에너지생성} \tag{14.61}$$

이 되고 에너지의 생성을 나타낸다.

iii) 우변 4째 항

여기서 우변 제 4항의 ε 은

$$\varepsilon = \nu \sum_{i=1}^{3} \sum_{j=1}^{3} \overline{\frac{\partial u'_i}{\partial x_j}\left(\frac{\partial u'_i}{\partial x_j} + \frac{\partial u'_j}{\partial x_i}\right)} \tag{14.62}$$

이다. 여기서는 x, y, z 를 x_1, x_2, x_3로, 또 u', v', w'을 u'_1, u'_2, u'_3으로 표현했다. 분자점성에 의한 응력

$$\nu\left(\frac{\partial u'_i}{\partial x_j} + \frac{\partial u'_j}{\partial x_i}\right) \tag{14.63}$$

과 변동속도의 경도

$$\frac{\partial u'_i}{\partial x_j} \tag{14.64}$$

와의 곱의 평균이고, 단위시간에 변동의 에너지가 분자점성에 의해 열이 되는 양을 나타낸다. **에너지소산율**(dissipation rate of energy)이라고도 한다.

iv) 우변 5째 항

$$-\frac{1}{\rho_s}\left\{\frac{\partial}{\partial x}(\overline{u'p'}) + \frac{\partial}{\partial y}(\overline{v'p'}) + \frac{\partial}{\partial z}(\overline{w'p'})\right\} \tag{14.65}$$

는 주위에서 변동이 0인 것처럼 폐곡면 속에서 적분하면 0이 됨으로 에너지의 생성소멸에는 관계가 없는 것을 알 수 있다. 각 성분에 대해서 식을 세우면 그 속에서 나타나는

이런 종류의 항에서는 그렇게 말 할 수 없음으로 각 성분의 에너지는 증감한다. 식 (14.65)의 항은 변동에너지의 방향성분에 대해서 재분배를 나타낸다.

v) 우변 6째 항

$$-\frac{\partial}{\partial z}(\overline{w'E}) \tag{14.66}$$

속도변동에 의한 에너지의 와에 의한 수송을 나타낸다. 속도변동의 에너지 수송에 대해서의 확산계수를 K_E로 표현하면,

$$-\frac{\partial}{\partial z}(\overline{w'E}) = \frac{\partial}{\partial z}\left(K_E \frac{\partial \overline{E}}{\partial z}\right) \tag{14.67}$$

로 쓸 수가 있다.

vi) 우변 7째 항

$$\nu \frac{\partial^2 \overline{E}}{\partial z^2} \tag{14.68}$$

분자확산에 의한 에너지의 수송을 나타낸다. 와확산에 의한 수송 ν에 대응한다.

vii) 우변 8째 항

$$\nu \frac{\partial^2 \overline{w'^2}}{\partial z^2} \tag{14.69}$$

분자확산에 의한 연직성분의 에너지의 수송이다. v), vi), vii) 은 어느 쪽도 속도변동의 통계량의 z에서의 미분이기 때문에 에너지의 생성소멸에는 관계없이 에너지를 공간적으로 이동시키는 것이다.

이상의 일로부터 i), ii) 는 에너지의 생성, iii)은 에너지의 소멸, iv)는 방향성분간의 에너지의 수송, v), vi), vii)은 에너지성분의 공간적인 수송을 나타내는 것을 알 수 있다.

이 결과, 교란(난류)의 에너지의 생성소멸에 대해서 다음과 같이 결론을 지을 수가 있

다. 교란의 에너지는 풍속전단과 성층의 불안정에 의해 만들어져, 와확산과 분자확산에 의해 수송되고, 압력변동에 수반되어 방향성분간의 재분배가 이루어져 열에너지로 변환과 안정성층으로 공급에 의해 잃어버린다. 실제의 문제에 있어서는 iv), vi), vii)을 생략하는 일이 많다.

14.2.4. 안정도

앞 항 14.2.3의 ㄴ에서 변동에너지의 생성에 대해서 역학적인 원인을 나타내는 i)과, 열적 원인을 나타내는 ii)와의 비는 기층의 안정도(安定度, stability)를 나타내는 지표로써 이용할 수가 있다. x축을 평균류의 방향으로 할 때

$$\frac{g}{\Theta}\,\overline{w'\Theta'} \qquad \div \qquad \overline{u'w'}\,\frac{\partial \bar{u}}{\partial z} \tag{14.70}$$

과 같이 나누어서 얻어진 것이 플럭스-리차드슨수(flux-Richardson number) R_f가 된다. 즉,

$$R_f = \frac{\dfrac{g}{\Theta}\,\overline{w'\Theta'}}{\overline{u'w'}\,\dfrac{\partial \bar{u}}{\partial z}} = \frac{g}{\Theta}\cdot\frac{\overline{w'\Theta'}}{\overline{u'w'}\,\dfrac{\partial \bar{u}}{\partial z}} \tag{14.71}$$

또 이 식을 식 (14.52), 식 (14.53)과 식 (14.58)에 의해 고쳐 쓰면, $K_M = K_H$로 했을 때에 얻어지는 것이 **구배(句配)리차드슨수**〔slope(gradient)-Richardson number〕 R_i가 된다(14.1.6 항의 리차드슨수 참조).

$$R_i = \frac{g}{\Theta}\cdot\frac{\dfrac{\partial \bar{\Theta}}{\partial z}}{\left(\dfrac{\partial \bar{u}}{\partial z}\right)^2} \tag{14.72}$$

이다. R_f 와 R_i 의 사이에는

$$R_f = \alpha_K R_i\ , \qquad \alpha_K = \frac{K_H}{K_H} \tag{14.73}$$

의 관계가 있다. α_K 는 거친 근사에서 1로 볼 수가 있다. R_i 와 R_f 와는 비슷한 의미를 갖고 있다.

또, 러시아의 모닌과 오부코프(A. S. Monin and A. M. Obukhov)는 식 (14.71)에 포함된 3개의 량인 g/Θ, $\overline{w'\Theta'}=H/C_p\rho$, $(-\overline{u'w'})^{1/2}=u_*$ 로 만들어지는 길이의 차원을 갖는 량

$$L=-\frac{{u_*}^3}{k\dfrac{g}{\Theta}\dfrac{H}{C_P\rho}}=\frac{{u_*}^3C_P\rho\,\Theta}{k\,g\,H}=-\frac{{u_*}^3}{k\dfrac{g}{T}\dfrac{H}{C_P\rho}} \tag{14.74}$$

가 접지(기)층〔接地(氣)層, surface boundary layer, 接地境界層〕의 안정도를 나타내는 데에 적당한 지표라고 생각했다. 그래서 L 을 **모닌-오부코프의 길이**(Monin-Obukhov length)라고 부르고 종종 이용되고 있다. 길이의 차원을 갖는다. 뜻으로는 안정도길이〔안정도장(〔安定度長), stability length, 식 (9.20) 참고〕라고도 한다.

단, 위 식에서

u_* ; 마찰속도,

k ; 카르만상수(Kármán constant) : 지표 부근의 풍속의 연직분포를 나타내는 대수법칙에서 나온 약 0.4의 상수,

g ; 중력가속도,

T ; 대표적인 온도, θ ; 온위,

H ; 현열플럭스(sensible heat flux), 상향의 열유속(熱流束),

C_p ; 정압비열,

ρ ; 공기밀도

표 14.2. 안정도의 부호

	안 정	중 립	불 안 정
H	−	0	+
R_f	+	0	−
R_i	+	0	−
L	+	∞	−

H는 상향의 수송량이므로 불안정일 때에 정(+)이 된다. R_f, R_i, L등은 안정도라고 하는 이름에 맞도록 안정일 때 (+)가 되도록 정의되어 있다. L은 중립에서는 무한대가 되므로 $1/L$이나 그 층 속에서 높이 z의 안정도는 무차원량 z/L을 안정도의 지표로써 이용하는 일도 있다. 이것은 리차드슨수의 상당한다. 또한 $L>0$일 때는 안정, $L<0$일 때는 불안정이 된다. 이들을 정리하면 표 14.2과 같이 된다.

14.3. 대기경계층

지표 가까이의 바람은 지표의 마찰이나 지면의 온도변화의 영향을 받는다. 그러한 기층은 낮과 밤에서 두께가 상당히 변화하는데, 대략적으로 말하면 $1\,km=1{,}000\,m$ 정도이다. 이와 같은 기층이 **대기경계층**(大氣境界層, atmospheric boundary layer)이라고 한다. 고체 벽 가까이에서 점성작용으로 와가 존재하고 속도가 급변하는 층을 일반적으로는 **경계층**(境界層, boundary layer)이라고 하지만, 대기과학에 있어서는 최하층의 영역에서 지구표면의 영향을 직접 받고 있는 층을 대기경계층이라고 한다. 지구표면의 전체에 걸쳐서 존재하는 층이라는 점에서 **행성경계층**(行星境界層, 惑星境界層)이라고도 불리고, 대류권의 나머지의 부분은 **자유대기**(自由大氣, free atmosphere)라고 부른다.

경계층에는 **층류경계층**(層流境界層)과 **난류경계층**이 있지만, 대기는 대략 난류상태로 있기 때문에 특별한 경우를 제외하고는 난류경계층만을 대상으로 하면 충분하다. 인간 활동의 대부분은 대기경계층 속에서 이루어지고 있고, 대기에 대한 에너지원인 태양에서의 방사에너지도 지구표면에서 흡수되고 있기 때문에 경계층 내의 수송 과정에 의해 대기로 공급되고 있다. 그리고 대기경계층의 바람은 전단이 있는 것이 특징이라고 말 할 수 있다. 또 운동방정식을 간단화하는 것에 의해 또는 차원해석(次元解析)에 의해 대기경계층의 역학적인 성질의 개략을 조사할 수가 있다.

14.3.1. 운동방정식

평균류(平均流, mean flow)가 수평운동을 하고 있어서 상승기류나 하강기류는 존재하지 않는 것으로 한다. 정확하게 말하면, 풍속의 연직성분에는 단주기의 스펙트럼 성분만이 포함되어, 상식적인 길이의 자료채집 시간에서의 평균에 의해 평균류로써 연직성분이 무시할 수 있게 된 것이다. 또 평균풍속 및 풍속의 곱의 평균치는 수평면 내에서 균일하다. 이와 같이 $\overline{w}=0$ 에서 풍속의 통계량의 x 또는 y 에서의 미분을 0 으로 하면, 평균량에 관한 운동방정식의 x 성분 식 (14.37)과 y 성분의 식은 분자점성의 항을 생략하고 다음과 같이 된다.

$$\frac{\partial \overline{u}}{\partial t} - f\overline{v} = -fv_g - \frac{\partial}{\partial z}(\overline{u'w'})$$

$$\frac{\partial \overline{v}}{\partial t} - f\overline{u} = fu_g - \frac{\partial}{\partial z}(\overline{v'w'}) \tag{14.75}$$

여기서 u_g 및 v_g 는

$$u_g = -\frac{1}{f\rho}\frac{\partial \overline{p}}{\partial y}$$

$$v_g = -\frac{1}{f\rho}\frac{\partial \overline{p}}{\partial x} \tag{14.76}$$

으로 정의되는 것으로 지형풍〔地衡風, geostrophic wind, 지균풍(地均風)〕의 풍속이지만, 이것은 생각하고 있는 높이에서의 기압경도에서 정의된 것으로 자유대기의 풍속의 의미는 아니다. 만일 우변의 양이 높이에 의해 변화하지 않는다면, u_g 나 v_g 는 경계층의 상단 위의 풍속에 일치하는데, 이 조건은 현실에서는 다소 특수한 경우이다. 특히 해안지방에서는 해륙풍 때문에 기압경도가 높이와 함께 변화하는 것이 보통이다. 그러나 이론적인 취급에 있어서는 u_g 나 v_g 가 z 에 독립이라고 하는 쪽이 간단함으로 그 경우에 대해서는 생각해 보기로 하자.

여기서 식 (14.52), 식 (14.53)에서 정의 된 확산계수 K_M 을 이용한다. K_M 을 간단히 K 로 쓰면($K_M = K$), 식 (14.75)는 다음과 같이 된다.

$$\frac{\partial \overline{u}}{\partial t} - f\overline{v} + fv_g = \frac{\partial}{\partial z}\left(K\frac{\partial \overline{u}}{\partial z}\right)$$

$$\frac{\partial \overline{v}}{\partial t} - f\overline{u} - fu_g = \frac{\partial}{\partial z}\left(K\frac{\partial \overline{v}}{\partial z}\right) \tag{14.77}$$

풍속의 연직전단 $\partial\overline{u}/\partial z$, $\partial\overline{v}/\partial z$ 에서 떨어짐에 따라서 작아지고, 또 K 는 어떤 높이까지는 증가하지만 그 후에는 오히려 높이가 증가하면 감소하는 경향이 보이므로 식 (14.77)의 우변은 어떤 높이 이상에서는 대단히 작게 되고, 좌변의 f 를 포함하는 항과 비교해서 무시할 수 있게 된다. 그러한 기층이 소위 자유대기이다. 그것에 대해서 우변의 양을 무시할 수 없게 자유대기보다 아래의 층이 대기경계층이다. 대기경계층이라고 하는 말은 예를 들면 바다 위를 통과해 온 교란의 작은 공기가 육지 위에 와서 갑자기 교란이 강해진 경우에 지면의 영향이 미치는 높이의 범위, 즉 육지에 의해 만들어진 경계층 등을 가리키는 데에도 이용되는 일이 있다. 여기서 식 (14.77)에 있어서 우변을 무시할 수 없는 기층의 일을 지구 즉 행성의 전 표면을 덮고 있는 경계층 또는 지구의 자전의 영향 즉 전향력의 영향이 있는 경계층의 의미로 **행성경계층**(行星境界層, planetary boundary layer, PBL), 또는 이와 같은 경계층 내의 속도분포에 대해서 최초로 이론적인 연구를 했다고 일컬어지는 에크만(V. W. Ekman)의 이름을 따서 **에크만층**(Ekman layer)이라 부른다. 그것에 대해서 국지적인 지형의 변화에 의해 생기는 경계층은 내부경계층이라 불러 구분하고 있다. 이하에서는 단순히 대기경계층이라 말하면 행성경계층을 가리키는 것으로 한다. 식 (14.77)은 $\overline{u}$ 와 $\overline{v}$ 에 대해서의 연립방정식인데,

$$
\begin{aligned}
V &= \overline{u} + i\overline{v} \\
V_g &= \overline{u_g} + i\overline{v_g}
\end{aligned}
\tag{14.78}
$$

로 정의되는 복소변수(複素變數) V 와 V_g 를 이용하면 하나의 식으로 정리할 수가 있다. V 와 V_g 는 복소평면에서의 벡터로 나타낼 수 있는데, 2차원벡터의 연산규칙은 복소수의 연산규칙과 모순되지 않음으로 복소수로써 취급하면 계산이 용이하게 된다. 식 (14.77)의 제 2식에 i 를 곱해, 제 1식에 더하면,

$$
\frac{\partial V}{\partial t} + if(V - V_g) = \frac{\partial}{\partial z}\left(K\frac{\partial V}{\partial z}\right) \tag{14.79}
$$

가 된다. 비정상 상태에 대해서의 대기경계층의 기본방정식이다. 이 식을 풀기 위해서는 K 에 대해서 지식이 필요하다. 여기서는 $\partial V/\partial t = 0$ 의 경우, 즉 정상상태에 대해서 생각하자.

식 (14.79)에서 $\partial V/\partial t = 0$으로 놓고 얻어지는

$$
if(V - V_g) = \frac{\partial}{\partial z}\left(K\frac{\partial V}{\partial z}\right) \tag{14.80}
$$

이 정상인 대기경계층의 기본방정식으로써 종종 이용된다.

14.3.2. 에크만의 식

에크만은 지형풍속도 확산계수 K 도 높이에 무관계한 경우에 대한 식 (14.80)의 해를 구했다. 그가 구한 것은 해양의 흐름이었음으로 대기경계층의 경우와는 미분방정식의 경계조건은 다르지만, 큰 변동 없이 대기에 적용할 수가 있다. 에크만이 놓은 $K=$ 일정의 가정은 대기경계층에서는 그다지 좋은 근사는 아니지만, $K=$ 상수로 하면 식 (14.80)은 간단히 풀려, 다음에 나타내듯이 그의 결과 중 어떤 것을 현실의 대기를 생각할 경우에도 도움이 되므로 우선 K 도 V_g 도 일정하다고 하고, 정상상태에 대해서의 식 (14.80)의 해를 구하자. 운동방정식은

$$\frac{dV_g}{dz} = 0, \quad 과 \quad \frac{dK}{dz} = 0 \tag{14.81}$$

의 조건에 의해

$$if(V - V_g) = K\frac{d^2}{dz^2}(V - V_g) \tag{14.82}$$

라고 하는 $V - V_g$ 에 대한 간단한 선형미분방정식(線形微分方程式)이 된다. 이 방정식의 해 중, z 가 증가할 때에 V 가 V_g 에 가까워지는 것은

$$V - V_g = a\exp\left\{-(1+i)\frac{2\pi z}{D}\right\}$$
$$D = 2\pi\sqrt{\frac{2K}{f}} \tag{14.83}$$

이다. $\sqrt{i} = (1+i)/\sqrt{2}$ 의 관계를 이용하고 있다. 적분상수 a 는 지상에 있어서 경계조건으로 결정된다. $z=0$ 에서 $V=0$ 으로 하면 $a = -V_g$ 가 되므로 식 (14.83)은

$$V = V_g\left[1 - \exp\left\{-(1+i)\frac{2\pi z}{D}\right\}\right] \tag{14.84}$$

가 된다. 여기서 $u_g = |V_g|$, $v_g = 0$ 와 같이 좌표축을 잡고, $e^{i\theta} = \cos\theta + i\sin\theta$ 의 관계를 이용해서 실수와 허수로 나누어서 쓰면,

$$\bar{u} = u_g \left(1 - e^{-\frac{2\pi z}{D}} \cdot \cos \frac{2\pi}{D} z\right)$$

$$\bar{v} = u_g \cdot e^{-\frac{2\pi z}{D}} \cdot \sin \frac{2\pi}{D} z \tag{14.85}$$

가 된다. 이것을 그림으로 그리면 그림 14.4와 같이 된다. 그림에서 알 수 있듯이, 지표 가까이에서는 지형풍(지균풍)의 방향과 45°의 각을 이루고 저압부로 불어 들어가는 것이 된다. 이 결과는 식 (14.85)에서 바로 유도된다.

$$\lim_{z \to 0} \frac{\bar{v}}{\bar{u}} = 1 \tag{14.86}$$

에서도 알 수가 있다. 지표풍의 방향과 등압선이 이루는 각은 실제에는 45° 보다 작고, 특히 해상에서는 상당히 작다. 이 각도에 대해서 이론치가 현실의 값보다도 크게 나온 것은 확산계수 K가 일정하다고 하는 가정이 옳지 않기 때문이다. 사실, 접지층에서의 K의 변화는 중립의 경우에는 높이에 비례해서 증가한다($K = k u_* z$).

거기서 에크만 연구의 뒤, $K \propto z$의 관계가 대기경계층의 전역에서 성립한다고 하는 가정 하에서 식 (14.80)을 푸는 일도 시도되었다. 그 결과는 벳셀함수(Bessel function)를 포함하는 모양으로 표현되는데, $K \propto z$의 가정을 해도 $K =$ 일정을 가정한 경우보다도 많은 수확을 거두었다고는 꼭 말할 수가 없다. 분명히 지표 부근에서는 $K \propto z$ 이지만, 약 200 m 이상의 높이에서는 K는 오히려 높이와 함께 감소하고 있다고까지 알려져 대기경계층 전체를 생각할 때에는 그 하부에서는 $K \propto z$, 중층에서는 $K =$ 일정으로 볼 수밖에 없고, $K =$ 일정의 가정도 $K \propto z$의 가정도, 대기경계층의 일부분에서만 성립하는 가정이라고 하는 점이다. 따라서 여기서는 K가 상수의 경우만을 취급하는 것으로 한다.

14.3.3. 에크만나선의 성질

그림 14.4는 나선상으로 되어 있음으로, 이것을 **에크만나선**(螺旋, Ekman spiral)이라고 부르고 있다. 에크만나선의 성질의 하나는 지표풍의 풍향과 등압선과의 사이의 각이 45°이라고 하는 것이지만, 이것은 사실과는 그다지 잘 맞지 않는다. 그러나 에크만나선의 성질 중에는 사실의 설명에 도움이 되는 것도 있다.

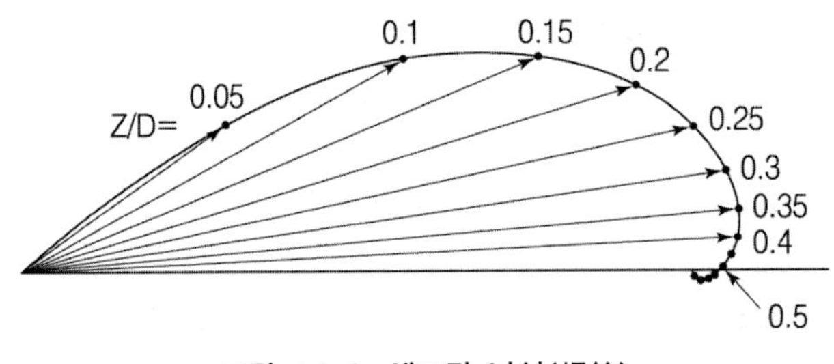

그림 14.4. 에크만 나선(螺線)

식 (14.83)의 형태의 해는 아직 경계조건을 넣고 있지 않기 때문에 K 가 일정하다고 인정되는 층에 대해서 국소적으로 그대로 성립하게 된다. 복소평면에 있어서 그림 14.5 에 나타낸 대로 $V-V_g$ 는 그 높이의 풍속(벡터)과 지형풍(벡터)와의 차인데, 식 (14.83)은 높이가 D 만큼 변하면 $V-V_g$ 가 원점($V=V_g$ 의 점, 즉 V_g 의 벡터의 끝, 그림 14.5 의 점 G)의 주위를 일주(一週)하는 것을 나타내고 있다. D의 값은 위도와 확산계수로 정해지고, $f=10^{-4}/s$ 의 위도(약 40°)에서는 표 14.3 과 같이 된다.

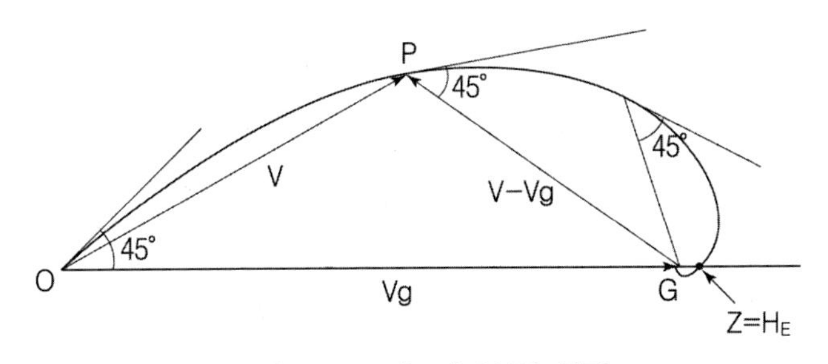

그림 14.5. 에크만나선의 성질

표 14.3. 에크만나선의 D의 값

$K(m^2/s)$	$D(m)$
0.1	280
1	890
10	2,800
100	8,900

에크만층의 높이 $z=H_E$ 는 속도벡터의 방향이 처음의 지형풍의 방향과 일치하는 높이, 즉 나선이 최초에 x 축을 자르는 점에 상당하는 높이로써 정의(그림 14.5 참고)하는 것이 보통이지만(이 정의는 현실에서는 부적당한 경우가 있다), 이것은 $V-V_g$ 가 π만큼 회전

하는 높이이다. $K=$ 일정의 경우는

$$H_E = \frac{D}{2} = \pi\sqrt{\frac{2K}{f}} \tag{14.87}$$

이 되지만, $K \neq$ 일정$(const.)$인 경우에도 평균적인 K의 값에 대해서 위 식이 성립한다고 하면, 에크만층의 높이 H_E가 만일 1,400 m 이라면 층 내의 평균적인 K의 값은 $10\,m^2/s$가 되고, 이 H_E와 K의 값은 주간의 현실의 자료와 적어도 오더(order = O, 크기, 자릿수)만큼은 일치하고 있다. 또 에크만층의 높이가 500 m 이하가 되면, K도 $1\,m^2/s$보다 작아지지만, 이것은 야간의 자료로써 거의 사실을 설명하고 있다.

식 (14.83)의 결과에서

$$\frac{d(V - V_g)}{dz} = -\frac{2\pi}{D}(1+i)(V - V_g) \tag{14.88}$$

이 얻어진다. 복소평면에서 $1+i$는 원점의 오른쪽 위 45°의 방향에 있음으로 이 식은 벡터 $V - V_g$의 방향과, 그 미분 즉 나선(螺旋)의 접선과 항상 45°의 각을 이루고 있는 것을 나타내고 있다(그림 14.5를 참조). 이것은 $K=$ 일정할 때 성립하는 결론이고, 경계층 전체에서 $K \neq$ 일정$(const.)$이라도 $K=$ 일정이라고 간주하는 층에서는 국지적으로 성립하는 관계이다. 따라서 지면에 가까운 곳에서는 실측치에 있어서 이 각도는 45° 보다 작지만, 주간에는 200 m 정도, $K(z)$가 극대치를 취하는 높이 부근에서는 나선 상의 일점과 V_g의 선단을 연결하는 선과 나선의 접선의 방향과의 사이의 각은 거의 45° 일 것이 예상된다.

식 (14.84)에서 $\tau/\rho = K(dV/dz)$를 계산하면,

$$K\frac{dV}{dz} = \left(K\frac{dV}{dz}\right)_{z=0} \cdot \left(\frac{V_g - V}{V_g}\right) \tag{14.89}$$

가 된다. 이것은 응력 τ의 크기가 그림 14.5의 PG의 길이에 비례하고, 높이와 함께 감소하고 있는 것을 나타내고 있다. 이것은 $K=$ 일정의 경우에 대해서만 말할 수 있는 것이지만, 이 경우에는 $z < H_E/20$의 범위에서는 τ/ρ는 지표의 값과 15 % 정도까지밖에 변화하지 않고, 거의 $\tau/\rho=$ 일정$(const.)$이라고 생각할 수가 있다. 이와 같은 $\tau/\rho=$일정이라고 인정할 수 있는 범위를 접지(기)층〔接地(氣)層〕, surface boundary layer]이라고 부른다. $H_E = 1{,}000\ m$로 가정하면 접지층의 두께는 약 50 m가 된다. 접지층의 두께는 K의 연직분포에 의해 변화하고, $K \neq$ 일정인 경우에는 위의 논의는 수정할 필요가 있지만, 이 50 m라고 하는 값은 실제의 관측에서도 평균적인 값으로써 지지(支持)되고 있고, 접지층의 두께의 개략의 값을 나타내는 것으로써 잘 이용되고 있다. $K \neq$ 일정일 때의 접지층의 두께에 대해서는 다음 기회에 다시 논의하기로 하자.

Chapter

15 점성유체

움직이고 있는 기체·액체의 유체 내부에 그 움직임을 멈추게 하려고 하는 응력(應力, stress)이 작용하는 성질을 **점성**(粘性, viscosity)이라 한다. 이러한 점성의 특성을 갖는 유체를 **점성유체**(粘性流体, viscous fluid)라 한다. 유동유체(流動流體)가 서로 이웃하고 있는 각 부분이 서로 다른 속도로 움직이고 있을 때에 그 속도를 균일하게 하려고 하는 응력이 작용한다. 이 힘을 **점성력**(粘性力, viscous force)이라고 한다.

15.1. 소 개

15.1.1. 점성

정지하고 있는 유체 속에 임의의 평면을 생각할 때 그 면을 통해서 양쪽의 유체부분에 미치는 힘은 항상 면에 직각으로 어긋남〔비뚤어짐, 왜곡(歪曲), 변형, 전단(剪斷), shear : 체적변화를 동반하지 않는 뒤틀림의 일종으로 물체 내의 평면이 균일한 각도만큼 경사지도록 하는 변형을 뜻함〕 응력 〔**전단응력**(剪斷應力), shear stress〕은 존재하지 않는다. 그러나 운동하고 있는 유체에서는 속도기울기가 있을 경우, 속도를 평균화해서 균일하게 하려고 하는 방향의 접선응력이 나타난다. 이 성질이 유체의 **점성**이다. 기체의 점성에 대해서는 분자적인 스케일로 보면, 빠른 부분에 있는 유체분자가 열운동에 의해 늦은 부분으로 뛰어 들어갈 때 운동량이 운반되어 그 부분이 가속되어 역으로 늦은 부분에서 빠른 부분으로 뛰어 들어간 분자는 거기의 속도를 늦추려고 하는 것이 점성의 원인이다. 유체의 경우에는 이웃하고 있는 분자끼리는 항상 분자 사이의 힘이 미치고 있으므로 분자가 혼합되는 이외에도 분자력의 효과도 점성에 기여하고 있다. 유체에 미립자가 분산해 있기도 하고 다른 물질이 녹아있는 경우, 그 점성은 용매의 점성 외에 용질의 종류·농도 등에 의해 변화한다.

15.1.2. 점성계수

유체의 속도가 흐름 속의 각 점에서 다르면, 점성 때문에 속도의 구배에 비례하는 접선응력이 나타난다. 예를 들면 유체가 x 축에 평행하게 흘러 속도 u 가 y 방향으로 변화하고 있을 때 y 축에 수직한 면에는

$$\text{접선응력} = \mu \frac{\partial u}{\partial y} \tag{15.1}$$

의 크기의 접선응력이 나타난다[뉴턴의 점성법칙(粘性法則)]. **비례상수** μ 가 **점성계수**[(粘性係數, coefficient of viscosity, 점성율, 점도]가 된다. 이것은 유체에 의해 결정되는 물질상수이다. 단위는 SI 계에서는 뉴턴・초/평방(平方)미터(Ns/m^2)이지만, CGS 단위로 포아즈라고 한다. **포아즈**(poise)의 기호는 P 이며, 포아즈이유(J. Poiseuille)에서 유래했다.

$$1\,P = 1\,dyn \cdot s\,/\,cm^2 = 1\,g\,/cm \cdot s = 10^{-2}\,N \cdot s\,/\,m^2 \tag{15.2}$$

여기서

$$1\text{다인}(dyne, dyn) = 1\,g \cdot cm\,/s^2\,(CGS),$$
$$1\text{뉴턴}(newton, N) = 1\,kg \cdot m\,/\,s^2\,(MKS) = 10^5\,dyn$$

이다. 일반적으로 온도가 올라가면 액체에서는 점성율이 감소하고, 기체에서는 증가한다. 또 보통의 액체에서는 압력과 함께 점성율이 증가하지만 기체에서는 거의 변화하지 않는다. 점성율의 수치 예(단위, P)를 들면, 물 $1.79\times10^{-2}(0C)$, $1.00\times10^{-2}(20C)$: 글리세린 121($0C$), 15.0($20C$) : 공기 $1.71\times10^{-4}(0C)$, $1.81\times10^{-4}(20C)$ 이 된다[안드레드의 식, 아인슈타인의 점도식(粘度式), 국한점도수(極限粘度數) 참조].

또 유체의 밀도를 ρ 라고 할 때, 동점성계수(動粘性係數, kinematic viscosity, 동점성율) ν 는

$$\nu = \frac{\mu}{\rho} \tag{14.19)', (15.3}$$

이 된다. 점성유체 속을 움직이는 물체에 작용하는 힘은 점성계수 μ 에 의하지만, 흐름의 상태는 ν 인 동점성계수에 의해 지배된다. 단위는 국제단위계에서는 m^2/s 이고, 종례의 단위인 스토크스(St) 와의 관계는 $1St = 10^{-4}m^2/s$ 이다. 기체의 점성율(점성계수)은

일반적으로 작지만, 밀도가 작으므로 동점성율(동점성계수)은 상당히 크고, 또 낮은 기압의 기체일수록 커진다. 예를 들면, $20\,C$의 물의 동점성계수는 $1.0038 \times 10^{-6}\, m^2/s$, $1\,atm$, $20\,C$의 공기에서는 $1.501 \times 10^{-5} m^2/s$가 된다.

15.1.3. 점성류

점성류(粘性流, viscous flow)란, 넓은 의미로는 점성을 갖는 유체의 층류를 말한다. 좁은 의미로는 진공기술 등에서 이용하는 파이프 등을 따라서 압력구배가 있을 때 기체의 흐름에서 기체분자 끼리의 충돌이 지배적일 때의 압력 하에서의 층류를 뜻한다. 원형 파이프를 흐르는 점성류는 포아즈이유의 흐름으로써 해석적으로 완전히 나타내지지만, 원형 이외의 파이프에 대해서는 해석적으로 푸는 일은 일반적으로 곤란하다. 더욱 압력이 낮고, 기체분자와 파이프 내벽과의 충돌만이 지배적일 경우의 흐름을 **분자류**(分子流, molecular flow)라고 한다. 이 분자류는 분자의 움직임이 문제가 될 정도로 희박한 기체의 흐름을 말한다.

15.1.4. 점성유체

유체 속에서 유속이 장소에 따라 다르면, 속도차를 없애도록 작용하는 응력이 나타난다. 이 응력이 점성인데, 운동을 논의할 때에 점성을 무시할 수 없는 유체가 **점성유체**(粘性流体, viscous fluid)이다. 점성유체의 운동은 나비어・스토크스 방정식(Navier-Stokes equations)에 지배된다. 특히 점성이 크고 속도가 작은(즉 레이놀즈수가 작다) 흐름에서는 스토크스근사나 오센근사(Oseen′s approximation)가 허용된다. 이것에 반해서 점성이 작고 속도가 큰(레이놀즈수가 크다) 흐름에서는 완전유체(完全流体, ideal fluid)의 이론이 적용되지만, 그래도 고정벽(固定壁)의 가까이에서는 점성의 효과가 중요하게 된다. 이 영역에 대해서는 경계층의 이론이 이용된다. 이들 방정식에 대해서는 다음에 설명하기로 한다.

15.1.5. 점성저항

점성저항(粘性抵抗, viscous drag)이란 점성유체 속을 물체가 속도 U로 움직일 때, 물체에 작용하는 저항 중 U에 비례하는 부분을 말한다. 압력저항과 마찰저항으로 이루어지고, 흐름의 운동에너지가 점성에 의해 직접 에너지로 변하기 때문에 생긴다. 점성저항은 점성율(점성계수)에 비례한다. U가 충분히 작을 경우(레이놀즈수 〈 1의 경우), 또는 유선형(流線形)의 물체에서는 저항의 대부분이 점성저항이다. 느리게 움직이는 구에 작용하는 점성저항은 **스토크스의 법칙**으로 잘 알려져 있다.

15.2. 방 정 식 들

15.2.1. 나비어·스토크스방정식

유체의 밀도를 ρ, 점성계수를 μ(일정), 속도를 $\boldsymbol{v}(u, v, w)$, 압력을 p, 유체의 단위질량의 유체에 작용하는 외력을 $\boldsymbol{G}(X, Y, Z)$로 하면,

$$\rho \frac{D\boldsymbol{v}}{Dt} = \rho \boldsymbol{G} - grad\, p + \frac{1}{3}\mu\, grad\, \Theta + \mu \triangle \boldsymbol{v} \tag{15.4}$$

즉, 성분으로 나타내면

$$\begin{aligned} \rho \frac{Du}{Dt} &= \rho X - \frac{\partial p}{\partial x} + \frac{1}{3}\mu \frac{\partial \Theta}{\partial x} + \mu \triangle u \\ \rho \frac{Dv}{Dt} &= \rho Y - \frac{\partial p}{\partial y} + \frac{1}{3}\mu \frac{\partial \Theta}{\partial y} + \mu \triangle v \\ \rho \frac{Dw}{Dt} &= \rho Z - \frac{\partial p}{\partial z} + \frac{1}{3}\mu \frac{\partial \Theta}{\partial z} + \mu \triangle w \end{aligned} \tag{15.5}$$

가 성립한다. 이것을 **나비어·스토크스방정식**(Navier-Stokes equation, ☂)이라고 한다. 여기서

$$\begin{aligned} \frac{D}{Dt} &= \frac{\partial}{\partial t} + u\frac{\partial}{\partial x} + v\frac{\partial}{\partial y} + w\frac{\partial}{\partial z} \\ \Theta &= div\ \boldsymbol{v} = \nabla \cdot \boldsymbol{v} = \frac{\partial u}{\partial x} + \frac{\partial v}{\partial y} + \frac{\partial w}{\partial z} \\ \triangle &= \frac{\partial^2}{\partial x^2} + \frac{\partial^2}{\partial y^2} + \frac{\partial^2}{\partial z^2} \end{aligned} \tag{15.6}$$

이다. D/Dt 는 **라그란지미분**(Lagrangian differentiation)이라 불리고, 유체와 같이 움직

이는 관찰자의 입장에서 본 시간변화를 나타낸다. 이론적으로는 연속물질에 대해서 뉴턴의 운동방정식을 적용해서 유도된다. 또 기체분자 집단에 대한 볼츠만방정식에서도 유도된다. **수축하지 않는 유체**(incompressible fluid)* 에서는 연속방정식(連續方程式, equation of continuity)에 의해 $\Theta = 0$ 이기 때문에

$$\rho \frac{D\boldsymbol{v}}{Dt} = \rho \boldsymbol{G} - grad\, p + \mu \triangle \boldsymbol{v} \tag{15.7}$$

로 간단화된다. 나비어・스토크스방정식에서 $\mu = 0$ 으로 놓으면, 완전유체(完全流体)에 대한 오일러방정식(Eulerian equations)이 얻어진다. 나비어・스토크스방정식은 비선형이고, **포아즈이유흐름**(Poiseuille flow), **쿠에테흐름**(Couette flow) 등, 특별한 경우 이외에 엄밀해(嚴密解)는 없기 때문에 고전역학에 속하면서 아직까지 미해결의 문제가 많다. 선형화해서 근사적으로 푸는 방법으로써는 **오센근사**, **스토크스근사**가 있다. 흐름에 평행한 평판에 흐름〔경계층〕에 대해서는 경계층근사가 적용된다. 특히 경계층의 해에서는 특이섭동법(特異攝動法)이라 불리는 비선형미분방정식의 일반적근사해법(一般的近似解法)이 발달했다. 나비어・스토크스방정식의 양변에 rot 를 적용시키면 와도방정식이 된다. 난류도 나비어・스토크스방정식에 따른다고 생각되어지고 있다.

* **수축하지 않는 유체**(incompressible fluid) : 유체의 균형이나 운동을 생각할 때, 밀도변화가 무시되는 경우에 이 유체를 수축하지 않는 유체 또는 비압축성유체(非壓縮性流体)라고 한다. 밀도변화를 생각할 필요가 있는 유체를 수축하는 유체 또는 압축성유체(壓縮性流体, compressible fluid)라고 한다. 보통 흐름에서는 유체를 비압축성유체로 생각하고 있다. 음속에 비교해서 늦은 운동, 즉 마하수 $M = U/a \ll 1$ (U 는 대표적인 속도, a 는 음속의 경우에는 기체도 비압축성유체)로 보아도 좋다.

ㄱ. 포아즈이유흐름

가는 둥근 관을 통해서 점성유체를 흘릴 때, 레이놀즈수가 작다면 유속 u 는 관(管)의 축에 평행하고 그 크기는

$$u = \frac{dp}{dx} \frac{1}{4\mu} (a^2 - r^2) \tag{15.8}$$

로 주어진다. 여기서 dp/dx 는 압력구배, μ는 점성률(점성계수), a 는 관의 반경, r 은 축

에서의 거리이다. 이것을 **포아즈이유흐름**(Poiseuille flow) 또는 **하겐-포아즈이유흐름**(Hagen-Poiseuille flow), **포아즈이유-하겐흐름**이라고 한다. 2장의 평행한 무한평판 사이에서 점성유체를 흐르게 할 경우에도 속도분포는 포물선으로 된다.

즉,

$$u = \frac{dp}{dx}\frac{1}{2\mu}(h^2 - y^2) \qquad (15.9)$$

$2h$는 판(板)의 간격이고, y는 중심평면에서의 거리이다. 이것을 2차원 포아즈이유흐름이라고 한다. 둥근 관의 경우는 단위시간 내에 흐르는 유체의 양은

$$-\frac{\pi a^4}{8\mu}\frac{dp}{dx} \qquad (15.10)$$

으로 주어진다. 이것을 **포아즈이유법칙**(——法則, Poiseuille law) 또는 **하겐-포아즈이유의 법칙**(Hagen-Poiseuille law), **포아즈이유-하겐법칙**이라고 한다.

〔**단위**〕 **포아즈**(poise) : 점성률, 점성계수, 점도]의 CGS 단위로 기호는 P이다. 포아즈이유(J. Poiseuille)에서 기인되었다.

$$1\,P = 1\,dyn \cdot s\,/\,cm^2 = 1\,g\,/\,cm \cdot s = \frac{1}{10}N \cdot s\,/\,m^2 \qquad (15.11)$$

이고, 여기서

$dyn(dyne$, 다인$) = g \cdot cm/s^2(CGS)$, N(newton,뉴턴) $= kg \cdot m/s^2(MKS) = 10^5\,dyn$

이다.

ㄴ. **쿠에테흐름**

2장의 평행한 무한평판 사이에 점성유체를 채우고, 한편의 판($y = 0$)을 정지시키고, 다른 한편($y = h$)을 일정속도 U로 평행하게 움직이게 할 때,

$$u = \frac{Uy}{h} \qquad (15.12)$$

라고 하는 속도분포의 흐름이 생긴다. 이것을 **쿠에테흐름**(Couette flow)이라고 한다. 동축원

통(同軸圓筒)의 사이에 점성유체를 넣어서, 내외의 원통을 회전시킬 때의 흐름을 쿠에테의 흐름이라고 하는 일도 있다. 이것과 구별하기 위해서 전자를 2차원의 쿠에테흐름이라고도 하며, 후자에서는 실험의 조건에 따라서 테일러와(Taylor′s vortex)가 생기기도 한다.

ㄷ. 테일러와

같은 축 2중 원통 사이에 유체를 넣고, 내외의 원통을 다른 각속도 ω_1, ω_2로 회전시킬 때, ω_1, ω_2가 작은 동안에는 유체는 축을 중심으로 하는 원궤도를 그리면서 흐르고, 축방향의 흐름은 생기지 않는다. ω_1, ω_2가 어떤 임계치(臨界値, critical value)를 넘으면 축방향으로 주기적으로 변화하는 흐름이 나타나, 흐름의 영역은 도넛을 겹친 것과 같은 형태로 나누어진다. 이것을 **테일러와**(Taylor′s vortex)라고 한다. 이 현상은 G. I. 테일러(Taylor, Sir Geoffrey Ingram, 1886. 3. 7-1975. 6. 27, ☂)가 실험적 및 이론적으로 상세하게 연구하고, 층류 안정성 이론의 최초 성공 예로 되어있다(1923년). 이 현상을 특징화시켜서 무차원수화한 것이 테일러수 T이다. T가 임계치 T_c를 넘어서 어느 정도 크기가 되면 테일러와는 불안정이 되고, 층류상태에서 난류상태로 옮겨진다.

15.2.2. 스토크스근사

수축하지 않는 점성유체의 운동을 나타내는 나비어·스토크스의 방정식 식 (15.7)에 있어서 가속도

$$\frac{D\boldsymbol{v}}{Dt} = \frac{\partial \boldsymbol{v}}{\partial t} + u\frac{\partial \boldsymbol{v}}{\partial x} + v\frac{\partial \boldsymbol{v}}{\partial y} + w\frac{\partial \boldsymbol{v}}{\partial z} \quad \Rightarrow \quad \frac{\partial \boldsymbol{v}}{\partial t} \tag{15.13}$$

로 바꾸어 놓은 것 즉,

$$\rho\frac{\partial \boldsymbol{v}}{\partial t} = \rho\boldsymbol{G} - grad\, p + \mu\Delta\boldsymbol{v} \tag{15.14}$$

를 **스토크스근사**(Stokes′s approximation, ☂)라고 한다. 이것은 속도의 2승에 비례하는 관성의 효과를 점성에 대해서 무시하는 것에 상당하고, 레이놀즈수가 작은 운동의 경우에 좋은 근사를 부여한다. 구의 저항에 대해서 스토크스의 법칙은 이 근사를 근거로 한 해에서 구해진다.

스토크스의 법칙(Stokes′s law)은 점성계수 μ의 유체 속을 반경 a의 구가 속도 U

로 움직일 때, 구에는

$$D = 6\pi\mu a U \tag{15.15}$$

의 크기의 저항이 작용하고 있는 법칙이다. 이것은 스토크스가 스토크스근사를 이용해서 이론적으로 유도해낸 것으로(1850년) 레이놀즈수

$$Re = \frac{\rho a U}{\mu} \qquad (14.1)(15.16)$$

가 대체로 1 이하의 경우에 성립한다.

〔**단위**〕 **스토크스**(Stokes) : 동점성율〔, 동점성계수, 동점도〕의 CGS 단위로 기호는 St 이다. G. stokes(스토크스)에서 기인되었다.

$$1St = 1\,cm^2/s = 10^{-4}\ m^{-4}/s \tag{15.17}$$

$1\,cSt = 1/100\,St$ 도 잘 이용된다.

15.2.3. 오센근사

점성유체의 균일한 흐름이 물체에 닿는 경우, 흐름이 늦어지면 나비어・스토크스방정식에 있어서 유체의 가속도를 나타내는 라그란지미분 $D\boldsymbol{v}/Dt$를 $\partial\boldsymbol{v}/\partial t$로 치환하는 스토크스근사가 보통 이용되고 있다. $\boldsymbol{v}$ 는 유체의 속도이다. 그러나 스토크스근사는 물체에서 먼 곳에서는 정밀도가 나빠지고, 특히 주체(柱体, 柱體)를 통과하는 2차원의 흐름에서는 해가 얻어지지 않는다. 이 어려움을 해결하기 위해서 오센은

$$\frac{D\boldsymbol{v}}{Dt} = \frac{\partial\boldsymbol{v}}{\partial t} + U\frac{\partial\boldsymbol{v}}{\partial x} \tag{15.18}$$

로 할 것을 제안했다. 여기서 U 는 균일류의 속도이다. x 는 그의 방향이다. 이것을 **오센근사**(Oseen's approximation)라고 하고, 그 결과 얻어지는

$$\frac{\partial\boldsymbol{v}}{\partial t} + U\frac{\partial\boldsymbol{v}}{\partial x} = \boldsymbol{G} - \frac{1}{\rho}\,grad\,p + \frac{\mu}{\rho}\Delta\boldsymbol{v} \tag{15.19}$$

를 **오센방정식**(Oseen's equation)이라고 한다. 오센방정식을 사용하면 구의 저항에 대해

서 스토크스의 법칙과 같은 결과가 유도된다. 원주(圓柱)에 대해서는 단위 길이당의 **저항계수**(抵抗係數, C_D, resistance(drag) coefficient, friction factor)로써 다음의 식을 주어진다.

$$C_D = \frac{8\pi}{Re\left(\frac{1}{2} - \gamma - \log\frac{Re}{8}\right)} \tag{15.20}$$

여기서 Re 는 레이놀즈수이고, $\gamma = 0.577\cdots$은 오일러의 상수이다.

오센방정식은 점성유체 속의 1점에 힘을 가했을 때, 이 힘에 의해 유도되어 일어나는 유체의 속도장을 부여하는 식이다. 즉 점성률 μ의 점성유체에 있어서 x 방향의 힘 F_x를 원점에 부과할 때, 점 $\boldsymbol{r}(x, y, z)$에 있어서 유도되어 일어나는 속도장 (v_x, v_y, v_z)는

$$v_x = \frac{1}{8\pi\mu}\left(\frac{1}{r} + \frac{x^2}{r^3}\right)F_x$$

$$v_y = \frac{1}{8\pi\mu}\frac{xy}{r^3}F_x \tag{15.21}$$

로 주어지고, 이것이 **오센방정식** 또는 **오센의 식**이다. 이들은 나비어・스토크스방정식을 스토크스근사로 풀어서 얻어지고, 저레이놀즈수의 유체역학적 여러 문제, 특히 분산계(分散系)나 고분자 용액의 유체역학적 거동의 해석에 종종 이용되고 있다.

15.2.4. 완전유체

완전유체(完全流体, ideal fluid)는 점성이 없는 유체 즉, 운동하고 있을 때에도 그 속에서 생각하고 있는 임의의 면에 작용하는 힘이 그 면에 수직인 방향을 갖는 유체이다. 점성이 작은 실존유체의 이론적 취급을 간단하게 하기 위해서 생각한 가상적인 유체로, **이상유체**(理想流体)라고도 한다. 초유동물질(超流動物質)은 완전유체로 간주된다. 완전유체는 오일러방정식에 따른다. 또 베르누이의 정리(定理, Bernoulli's theorem)나 **헬름홀츠의 와정리**(渦定理, Helmholtz's vortex theorem)가 성립한다.

ㄱ. 오일러방정식

완전유체 속의 점(x, y, z)에서 시각 t 에 있어서의 속도를 $\boldsymbol{v}(u, v, w)$, 기압을 p, 밀도를 ρ, 그 부분의 단위질량의 유체에 작용하는 외력을 $\boldsymbol{G}(X, Y, Z)$라 하면, 다음의 미분방정식이 성립한다.

$$\frac{D\boldsymbol{v}}{Dt} = \boldsymbol{G} - \frac{1}{\rho}\, grad\, p \tag{15.22}$$

이 식을 완전유체의 **오일러방정식**(Eulerian equations, ☂) 또는 **오일러의 운동방정식**(Euler's equations of motion)이라고 한다. 여기서

$$\frac{D}{Dt} \equiv \frac{\partial}{\partial t} + u\frac{\partial}{\partial x} + v\frac{\partial}{\partial y} + w\frac{\partial}{\partial z} \tag{15.23}$$

의 D/Dt 는 라그란지미분이다. x, y, z 성분을 나누어서 표현하면 다음과 같이 된다.

$$\begin{aligned}
\frac{\partial u}{\partial t} + u\frac{\partial u}{\partial x} + v\frac{\partial u}{\partial y} + w\frac{\partial u}{\partial z} &= X - \frac{1}{\rho}\frac{\partial p}{\partial x} \\
\frac{\partial v}{\partial t} + u\frac{\partial v}{\partial x} + v\frac{\partial v}{\partial y} + w\frac{\partial v}{\partial z} &= Y - \frac{1}{\rho}\frac{\partial p}{\partial y} \\
\frac{\partial w}{\partial t} + u\frac{\partial w}{\partial x} + v\frac{\partial w}{\partial y} + w\frac{\partial w}{\partial z} &= Z - \frac{1}{\rho}\frac{\partial p}{\partial z}
\end{aligned} \tag{15.24}$$

이것과 유체의 상태방정식〔$p = f(\rho)$〕 및 연속방정식에서 5개의 미지량 u, v, w, p, ρ가 적당한 초기조건 및 경계조건 하에서 정해져 운동이 결정된다. 점성이 있는 유체에 대해서도 점성의 효과가 중요하지 않은 영역에서는 이 방정식이 사용된다.

ㄴ. 베르누이의 정리

점성이 없는 수축하지 않는 유체의 정상 흐름에서는 하나의 유선에 대해서

$$\frac{v^2}{2} + \frac{p}{\rho} + gz = \text{일정} \tag{15.25}$$

가 성립한다. 여기서 v는 유속이고, g는 중력가속도, z는 임의의 수평면에서의 높이이

다. 이것은 유체의 운동에 대해서 **에너지보존법칙**(保存法則, law of energy conservation)을 나타내는 정리로 D. 베르누이(Bernoulli, Daniel, 1738, ☂, J. 베르누의 차남, 10명의 유명 수학자 집안)에 의한다. 보존력(保存力, conservative force, C_F)을 받고 수축하는 유체에서는 ρ가 p만의 함수인 경우, 위 식은

$$\frac{v^2}{2} + \int \frac{dp}{\rho} + C_F = \text{일정} \tag{15.26}$$

의 형태로 일반화된다. C_F는 단위질량당의 보존력의 포텐셜(potential)이다. 또한 와가 없는 흐름에서는 속도퍼텐셜(velocity potential)을 Φ로 하면 비정상운동의 경우에도

$$\frac{\partial \Phi}{\partial t} + \frac{v^2}{2} + \int \frac{dp}{\rho} + C_F = f(t) \tag{15.27}$$

의 관계가 흐름의 속에 이르는 곳에서 성립한다. $f(t)$는 시간 t의 임의의 함수이다. 이것을 **일반화된 베르누이의 정리**(定理, Bernoulli's theorem)라고 부르는 일이 있다. 베르누이의 정리는 오일러방정식의 하나의 적분이다.

ㄷ. 헬름홀츠의 와정리

밀도 ρ가 압력 p의 하나의 의미인 함수 $\rho = f(p)$이도록 완전유체가 보존력의 원천에서 운동하는 경우, 와의 강도가 보존되는 것을 나타내는 정리인 **와정리**(渦定理, vortex theorem)로 다음과 같은 몇 개의 표현이 있다.

1) 와 없는 흐름은 언제까지나 와 없음이고, 와도를 갖는 유체입자는 언제까지나 와도를 갖는다(라그란지의 와정리). 이것은 "완전유체에서 와는 불생불멸(不生不滅)이다" 라고도 표현하고 있다
2) 어떤 시각의 동일한 와선(渦線) 상에 있던 유체입자는 언제까지나 동일한 와선을 형성한다. 와계(渦系)의 강도, 즉 그 주위의 순환 C는 와계를 따라서 일정하고 운동 중 일정하게 유지 된다(헬름홀츠의 와정리, Helmholtz's vortex theorem, ☂).
3) 임의의 폐곡선에 따른 순환 C에 대해서 라그란지미분(나비어・스토크스방정식 참조)을 사용해서 $DC/Dt = 0$으로 표현할 수 있다. 이것을 켈빈의 순환정리(循環定理, Kelvin's circulation theorem)라고 불린다.

15.3. 운 동

15.3.1. 응력

유체 속의 임의의 한 점 P를 통과하는 하나의 평면을 생각한다. 그 면의 법선(法線)방향을 $\boldsymbol{n}$ 이라 하고, 면을 통해서 양쪽의 유체부분이 서로 미치는 단위면적당의 힘, 즉 응력(應力, stress)을 P_n 으로 하면, P_n 은 일반적으로 $\boldsymbol{n}$ 의 방향에 따라 다르다(그림 15.1 참고). 다시 말하면 점 P를 지정한 것만으로는 응력은 정해지지 않는다.

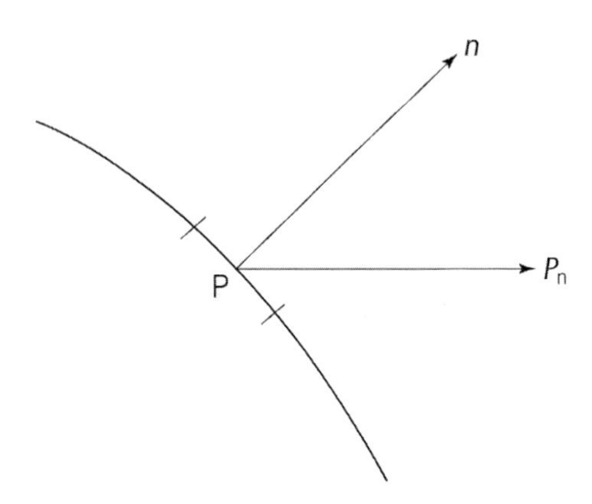

그림 15.1. 응력과 법선의 관계

유체 속의 임의의 한 점의 폐곡면 S를 취하고, S의 내부의 유체에 대해서 운동량보존의 법칙을 생각해서 완전유체의 경우와 같이 하면,

$$\iiint_V \left(G - \frac{Dv}{Dt}\right) \rho\, dV + \iint_S P_n\, dS = 0 \tag{15.28}$$

이 얻어진다. 여기서

G : 유체의 단위질량에 대해서 작용하는 외력,

Dv/Dt : 가속도,

ρ : 밀도,

n : 바깥방향의 법선

이다(그림 15.2 참고).

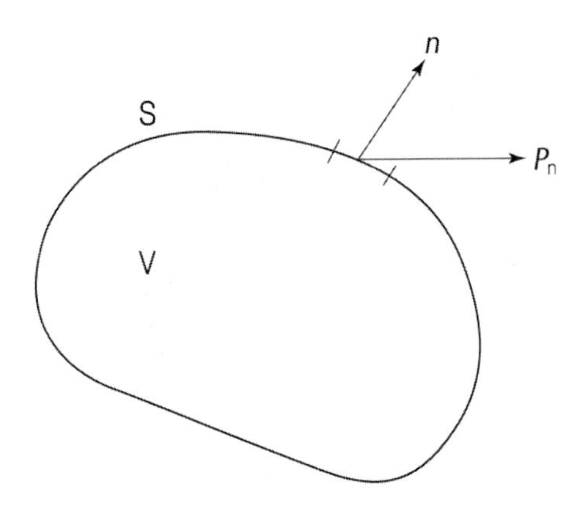

그림 15.2. 폐곡선의 표면과 체적의 적분

지금 S로써 점 P를 정점으로 해서 좌표축에 평행한 변을 갖는 무한소의 사면체 $PABC$를 택하기로 한다(그림 15.3 참고). 이 경우 식 (15.28)의 제 1항은 제 2항에 대해서 고차의 무한소(無限小)가 되기 때문에 식 (15.28)은

$$P_n \Delta S + P_{-x} \Delta S_x + P_{-y} \Delta S_y + P_{-z} \Delta S_z = 0 \tag{15.29}$$

가 된다. 여기서

ΔS, ΔS_x, ΔS_y, ΔS_z : 각각 $\triangle ABC$, $\triangle PBC$, $\triangle PCA$, $\triangle PAB$의 면적,

$\boldsymbol{n}(l, m, n)$: $\triangle ABC$의 법선벡터

라고 하면,

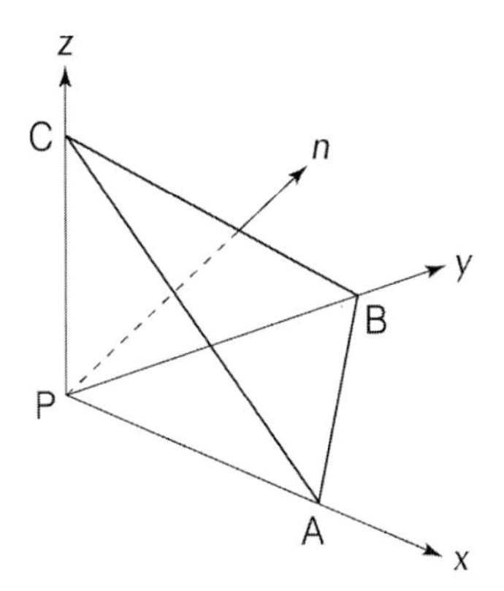

그림 15.3. 무한소의 4면체

$$(\Delta S_x, \ \Delta S_y, \ \Delta S_z) = (l, \ m, \ n)\Delta S \tag{15.30}$$

이 된다. 또 P_{-x} 는 $-x$에 수직한 면, 즉 $\triangle PBC$ 에 작용하는 응력이어서 작용·반작용의 법칙에 따라서 $P_{-x}=-P_x$ 이다. 같은 모양으로 $P_{-y}=-P_y$, $P_{-z}=-P_z$ 의 관계가 있다. 따라서 식 (15.29)는

$$P_n = l P_x + m P_y + n P_z \tag{15.31}$$

과 같이 된다. 이것은 임의의 방향 $\boldsymbol{n}$ 을 법선으로 하는 면에 작용하는 응력이 3개의 좌표면에 작용하는 응력 P_x, P_y, P_z 에서 개선할 수 있다는 것을 나타내고 있다. 식 (15.31)을 성분별로 나누어서 쓰면,

$$\begin{pmatrix} P_{nx} \\ P_{ny} \\ P_{nz} \end{pmatrix} = \begin{pmatrix} P_{xx} & P_{yx} & P_{zx} \\ P_{xy} & P_{yy} & P_{zy} \\ P_{xz} & P_{yz} & P_{zz} \end{pmatrix} \begin{pmatrix} l \\ m \\ n \end{pmatrix} \tag{15.32}$$

와 같은 행렬의 형태로 표현할 수가 있다.

벡터 $\boldsymbol{P}_n$, $\boldsymbol{P}_x$ …의 성분을 각각 (P_{nx}, P_{ny}, P_{nz}), (P_{xx}, P_{xy}, P_{xz}) …과 같이 나타내고 있다. 식 (15.32)를 기호적으로

$$\boldsymbol{P}_n = P \cdot \boldsymbol{n} \tag{15.33}$$

과 같이 표현할 수도 있다. 여기서 P 는 P_{xx}… 과 같은 9개의 성분을 갖는 양으로, 이것과 벡터 $\boldsymbol{n}$ 과의 곱(행렬의 곱과 같은 방법으로 만듦)이 벡터 $\boldsymbol{P}_n$ 이다. 이와 같은 성질을 갖는 양을 **텐서**(tensor, 주해 14.2 참고)라고 한다. P 는 응력을 나타냄으로 **응력텐서**(stress tensor)로 불리고 있다. P 의 대각(對角)성분 P_{xx}, P_{yy}, P_{zz} 는 **법선응력**(法線應力, normal stress)을 나타내고, 비대각(非對角)성분 P_{yz}, P_{zx}, … 은 **접선응력**(接線應力, tangential stress)을 나타낸다. 접선응력은 **전단응력**(剪斷應力, shearing stress)이라고도 불린다.

다음에는 점 P 를 중심으로 하는 미소입방체에 대해서 각운동량보존의 법칙을 생각한다 (그림 15.4 참고). 이 경우에도 식 (15.29)를 얻었을 때와 같이 표면에 작용하는 응력에 의한 힘의 모멘트만을 고려하면 된다. 예를 들어 z축 주위의 모멘트의 평형에서

$$\Delta z(P_{xy}\Delta y\Delta x - P_{yx}\Delta x\Delta y) = 0 \tag{15.34}$$

가 되므로, 따라서

$$P_{xy} = P_{yx}\ ,\ P_{yz} = P_{zy}\ ,\ P_{zx} = P_{xz} \tag{15.35}$$

의 제 1 식이 얻어진다. 다른 2 개도 같은 모양으로 증명된다. 위 식 (15.35)와 같은 성질을 갖는 텐서를 **대칭텐서**(symmdtric tensor)라고 한다. 응력은 대칭텐서이다.

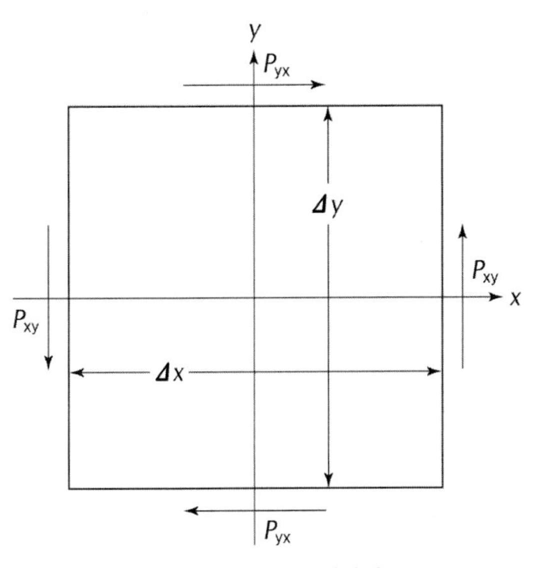

그림 15.4. 미소입방체

지금, 벡터 $\boldsymbol{r}(x,\ y,\ z)$과 텐서 P와의 곱 $P\cdot\boldsymbol{r}$을 식 (15.33)과 같이 정의하면 이것은 벡터가 되기 때문에 더욱 $\boldsymbol{r}$ 와 $P\cdot\boldsymbol{r}$ 의 스칼라적(곱)을 생각하면

$$S_c \equiv \boldsymbol{r}\cdot P\cdot\boldsymbol{r} = P_{xx}x^2 + P_{yy}y^2 + P_{zz}z^2 \tag{15.36}$$

은 스칼라(scalar)이고, 좌표변환 할 때에는 불변량(不變量, 상수)이므로 여기서

$$S_c = const.\ (일정) = c \tag{15.37}$$

로 생각하면, 이것은 xyz 공간에 있어서 하나의 유심(有心) 2 차곡면(二次曲面)을 나타내고 있다. 이것을 **텐서2 차곡면**(tensor quadric)이라고 하고, 그 주축의 방향을 **텐서의 주**

방향(主方向, principal direction)이라고 한다. 지금 주방향을 새로운 좌표축 X, Y, Z로 선택하면, 텐서 2차곡면은

$$P_1 X^2 + P_2 Y^2 + P_3 Z^2 = c \tag{15.38}$$

과 같은 모양으로 나타내질 것이다. P_1, P_2, P_3를 텐서의 **주치**(主値, principal value)라고 한다. 이 좌표계에서는 텐서 P 는

$$P = \begin{pmatrix} P_1 & 0 & 0 \\ 0 & P_2 & 0 \\ 0 & 0 & P_3 \end{pmatrix} \tag{15.39}$$

와 같은 간단한 모양으로 나타내진다. 주축방향에서 응력은 법선성분만을 갖고, 접선성분이 나타나지 않는 것을 알 수 있다.

한편, 식 (15.31)을 식 (15.28)에 대입해서 **가우스정리** 〔가우스의 적분정리(積分定理), Gauss′s theorem, Gauss′theorem, 註, ☂)에 의해

$$\iint (l\,\boldsymbol{P}_x + m\,\boldsymbol{P}_y + n\,\boldsymbol{P}_z)\,dS = \iiint \left(\frac{\partial \boldsymbol{P}_x}{\partial x} + \frac{\partial \boldsymbol{P}_y}{\partial y} + \frac{\partial \boldsymbol{P}_z}{\partial z} \right) dV \tag{15.40}$$

으로 바꿔 쓸 수 있고, 식 (15.22)의 오일러방정식을 이용하면,

$$\frac{D\boldsymbol{v}}{Dt} = \boldsymbol{G} - \frac{1}{\rho} \left(\frac{\partial \boldsymbol{P}_x}{\partial x} + \frac{\partial \boldsymbol{P}_y}{\partial y} + \frac{\partial \boldsymbol{P}_z}{\partial z} \right) \tag{15.41}$$

이 된다. 이것이 완전유체에 있어서 **오일러방정식**(Eulerian equations, ☂) 또는 **오일러의 운동방정식**(Euler′s equations of motion)에 상당한다. 유체만이 아니고 탄성체(彈性体, ∗), 소성체(塑性体, ∗) 등 임의의 연속물체에 대해서 성립하는 운동방정식이다.

∗ : **탄성체**(彈性体, elastic body) : 물체에 힘을 가했을 때의 변형을 탄성한계(彈性限界) 내로 한정해서 논하는 경우, 이것을 탄성체라고 한다. 보통 고체를 의미한다. 압축에 대해서는 기체나 액체도 탄성체로 간주된다. 고탄성(高彈性)을 나타내는 물체를 속세에서는 탄성체라고 하는 일도 있다.

* : **탄성한계**(彈性限界, elastic limit) : 고체에 힘을 가해서 변형시키는 경우, 응력이 작으면 힘을 제거함과 동시에 물체는 원래의 모양으로 돌아가지만, 응력의 크기가 어떤 한계를 넘으면, 외력을 제거해도 변형은 사라지지 않는다. 이 경계의 응력을 완전탄성(完全彈性)의 한계 또는 간단히 탄성한계라고 한다. 비례한계(比例限界)와 거의 같은 정도이지만, 일반적으로 이것보다 크다.

* : **탄성**(彈性, elasticity) : 외력에 의해 변형을 받은 물체가 그 변형을 원래의 모양대로 되돌리려고 하는 성질이다. 체적변형하는 왜곡에 나타나는 체적변형(体積變形)과 그렇지 않은 형상탄성(形狀彈性)과 구별된다. 일반적인 탄성은 양자의 복합이다. 모든 물질은 다소나마 탄성을 갖는다. "elasticity"라고 하는 말의 어원은 그리스어의 "elaunō(돌아가다)"에서 유래된 것으로 보일에 의해 처음으로 사용되었다.

* : **소성체**(塑性体) : 일반적으로 고체는 적당한 조건에 놓이면, 외력에 의해 이상적인 탄성체로써 행동하지 않고 소성변형을 발생시켜 연속적으로 변형한다. 이런 성질을 소성(塑性, plasticity)이라 하고, 이 물질이 소성체이다. 소성변형은 응력이 탄성한계를 넘을 때에 일어나지만, 강복점(降伏点, 降伏現象) 이후에 현저하게 되고, 이것을 소성변형의 시작으로 보는 일이 많다. 결정질 재료의 소성변형은 전위(轉位)의 발생과 증식에 의하는 것이 보통이만, 고온에서는 원자의 확산운동이나 결정입(結晶粒) 간의 미끄러짐에 의하는 일도 있다. 고분자물질이나 그 외에 분자간의 미끄럼 운동이나 분자의 확산운동의 의한 경우도 있다. 유리나 점토와 같은 유동적인 변형을 소성유동(塑性流動)이라고 부르는 일이 있다.

15.3.2. 텐서

직각축 방향의 단위 벡터를 $e_i(i=1,\ 2,\ 3)$, 좌표축을 회전해서 얻은 새로운 직각축 방향의 단위 벡터를 $\boldsymbol{e}_l'$ 으로 한다. $\alpha_{il}=\boldsymbol{e}_i\bullet\boldsymbol{e}_l'$은 신구좌표계의 방향여현(方向余弦, direction cosine)을 주어진다. 잘 알려진 것처럼

$$\boldsymbol{e}_i\cdot\boldsymbol{e}_j=\delta_{ij}\ ,\qquad \boldsymbol{e}_l'\cdot\boldsymbol{e}_m'=\delta_{lm} \tag{15.42}$$

$$\boldsymbol{e}_i=\alpha_{il}\,\boldsymbol{e}_l'\ ,\qquad \boldsymbol{e}_l'=\alpha_{il}\,\boldsymbol{e}_i \tag{15.43}$$

이다. 단, 여기서

$\delta_{ij}=1(i=j)$, $\delta_{ij}=0(i\neq j)$ 이고, 또 간단하게 하기 위해서 $\sum_{l=1}^{3}\alpha_{il}\boldsymbol{e}_l' \rightarrow \alpha_{il}\boldsymbol{e}_l'$ 로 써져 있다. 즉 같은 첨자가 두 번 나타날 때에는 그것에 대해서의 합을 취하는 것으로 약속한다. 식 (15.43)에 의해

$$\boldsymbol{e}_i \cdot \boldsymbol{e}_j = \alpha_{il}\alpha_{jm} \quad \boldsymbol{e}_l' \cdot \boldsymbol{e}_m' = \alpha_{il}\alpha_{jm}\delta_{lm} = \alpha_{il}\alpha_{jl} \tag{15.44}$$

이고, 같은 방법으로

$$\boldsymbol{e}_l' \cdot \boldsymbol{e}_m' = \alpha_{il}\alpha_{im} \tag{15.45}$$

가 얻어지기 때문에, 이것들을 식 (15.42)와 비교해서

$$\alpha_{il}\alpha_{jl} = \delta_{ij} , \quad \alpha_{il}\alpha_{im} = \delta_{lm} \tag{15.46}$$

이 얻어진다. 이것은 **직교변환**(直交變換, Orthogonal Transform)에 대해 널리 알려진 관계식이다.

임의의 벡터 $\boldsymbol{v}$ 를 단위 벡터 $\boldsymbol{e}_i$ 또는 $\boldsymbol{e}_l'$ 을 이용해서

$$\boldsymbol{v} = v_i\boldsymbol{e}_i = v_l'\boldsymbol{e}_l' \tag{15.47}$$

과 같이 표현할 수가 있다. v_i, v_l' 은 각각 $\boldsymbol{v}$ 의 구, 신좌표성분이다. 식 (15.43)에 대입하면, 쉽게

$$v_i = \alpha_{il}v_l' , \qquad v_l' = \alpha_{il}v_i \tag{15.48}$$

의 관계를 얻는다. 이것은 좌표변환에 대한 벡터의 성분의 **변환법칙**(變換法則, transformation law)을 나타내고 있다. 지금

$$\boldsymbol{T} = t_{ij}\boldsymbol{e}_i\boldsymbol{e}_j \tag{15.49}$$

로 정의되는 양 $\boldsymbol{T}$를 생각한다. 여기서 $\boldsymbol{e}_i\boldsymbol{e}_j$ 는 스칼라 곱이 아니고, 단순히 $\boldsymbol{e}_i$ 와 $\boldsymbol{e}_j$ 를 이 순서로 나열해서 쓴 것뿐이다. 9개의 양 $t_{ij}(i, j = 1, 2, 3)$ 는 $\boldsymbol{T}$의 성분으로 생각한다. $\boldsymbol{T}$는 좌표축의 선택 방법에 의하지 않는 일정한 의미를 갖는 대기과학량으로 생각하면, 새로운 좌표계에서는

$$T = t_{lm}' \, e_l' \, e_m' \tag{15.50}$$

과 같이 나타낼 수 있을 것이다. t_{lm}'은 바로 신좌표계에서의 $\boldsymbol{T}$의 성분이다. 식 (15.43)을 식 (15.49), 식 (15.50)에 대입하면,

$$\begin{aligned} \boldsymbol{T} &= t_{ij}\, \boldsymbol{e}_i \boldsymbol{e}_j = t_{ij}\, \alpha_{il}\alpha_{jm}\, \boldsymbol{e}_l' \boldsymbol{e}_m' \\ &= t_{lm}'\, \boldsymbol{e}_l' \boldsymbol{e}_m' = t_{lm}'\, \alpha_{il}\alpha_{jm}\, \boldsymbol{e}_i \boldsymbol{e}_j \end{aligned} \tag{15.51}$$

이므로, 따라서

$$t_{ij} = \alpha_{il}\alpha_{jm} t_{lm}' \quad , \qquad t_{lm}' = \alpha_{il}\alpha_{jm} t_{ij} \tag{15.52}$$

가 얻어진다. 이것은 벡터의 변환법칙 식 (15.48)에 대응하는 것이다. 이와 같은 **변환법칙**에 따르는 양 $\boldsymbol{T}$를 **텐서**(tensor, 벡터의 상위 개념)라고 한다.

9개의 양 t_{ij}가 텐서를 구성하기 위해서는 좌표변환을 할 때에 식 (15.52)의 변환법칙을 만족해야 한다. 식 (15.33)에서 언급한 P가 분명히 이 요구를 만족하고 있는 것은 쉽게 증명할 수 있을 것이다.

텐서 $\boldsymbol{T}$의 성분이 $t_{ij} = t_{ji}$ 라고 하는 관계를 만족할 때 $\boldsymbol{T}$는 **대칭텐서**(symmetric tensor), $t_{ij} = -t_{ji}$ 의 경우를 **반대칭텐서**(antisymmetric tensor)라고 한다.

$\boldsymbol{S}(s_{ij})$, $\boldsymbol{T}(t_{ij})$가 텐서라면, $s_{ij} \pm t_{ij}$를 성분으로 하는 텐서를 생각할 수가 있다. 이것을 $\boldsymbol{S}$와 $\boldsymbol{T}$와의 합[또는 차]라고 칭하고, $\boldsymbol{S} \pm \boldsymbol{T}$로 나타낸다. c를 스칼라(scalar)라고 하면, $c\,t_{ij}$를 성분으로 하는 텐서도 생각할 수 있다. 이것을 $c\boldsymbol{T}$로 써서 나타낸다. 지금 $\boldsymbol{T}(t_{ij})$에 대해서, $\tilde{t}_{ij} \equiv t_{ji}$를 성분으로 하는 텐서를 $\widetilde{\boldsymbol{T}}$로 쓰기로 하면,

$$\boldsymbol{T} = \frac{1}{2}(\boldsymbol{T} + \widetilde{\boldsymbol{T}}) + \frac{1}{2}(\boldsymbol{T} - \widetilde{\boldsymbol{T}}) \tag{15.53}$$

의 제 1항 $\frac{1}{2}(\boldsymbol{T} + \widetilde{\boldsymbol{T}})$은 분명히 대칭텐서, 제 2항 $\frac{1}{2}(\boldsymbol{T} - \widetilde{\boldsymbol{T}})$은 반대칭텐서이다. 이와 같이 임의의 텐서는 대칭부분과 반대칭부분으로 분해할 수 있다.

15.3.3. 변형속도

유체 속의 응력은 유체의 운동상태에 따라 결정되는 것이다. 유체의 국부적인 운동, 즉 임의의 1점 O 에서 $\delta \boldsymbol{r}(\delta x, \delta y, \delta z)$ 만큼 떨어진 점 O 에 대한 상대적인 속도 $\delta \boldsymbol{v}(\delta u, \delta v, \delta w)$ 는

$$\begin{pmatrix} \delta u \\ \delta v \\ \delta w \end{pmatrix} = \begin{pmatrix} \frac{\partial u}{\partial x} & \frac{\partial u}{\partial y} & \frac{\partial u}{\partial z} \\ \frac{\partial v}{\partial x} & \frac{\partial v}{\partial y} & \frac{\partial v}{\partial z} \\ \frac{\partial w}{\partial x} & \frac{\partial w}{\partial y} & \frac{\partial w}{\partial z} \end{pmatrix} \begin{pmatrix} \delta x \\ \delta y \\ \delta z \end{pmatrix} \tag{15.54}$$

로 주어진다. 이것은

$$\delta \boldsymbol{v} = \boldsymbol{D} \cdot \delta \boldsymbol{r} \tag{15.55}$$

의 형태로 써서 표현할 수가 있음으로 $\boldsymbol{D}$ 는 텐서가 된다. 식 (15.53)에서와 같이 $\boldsymbol{D}$ 를 대칭부분과 반대칭부분으로 나누어서

$$\boldsymbol{D} = \frac{1}{2}\boldsymbol{E} + \frac{1}{2}\boldsymbol{\Omega} \tag{15.56}$$

과 같이 되고, 여기서

$$\boldsymbol{E} \equiv \boldsymbol{D} + \widetilde{\boldsymbol{D}} = \begin{pmatrix} e_{xx} & e_{xy} & e_{xz} \\ e_{yx} & e_{yy} & e_{yz} \\ e_{zx} & e_{zy} & e_{zz} \end{pmatrix}, \quad \boldsymbol{\Omega} \equiv \boldsymbol{D} - \widetilde{\boldsymbol{D}} = \begin{pmatrix} 0 & -\zeta & \eta \\ \zeta & 0 & -\xi \\ -\eta & \xi & 0 \end{pmatrix} \tag{15.57}$$

과 같이 나타내면,

$$\begin{gathered} e_{xx} = 2\frac{\partial u}{\partial x}, \qquad e_{yy} = 2\frac{\partial v}{\partial y}, \qquad e_{zz} = 2\frac{\partial w}{\partial z}, \\ e_{xy} = e_{yx} = \frac{\partial v}{\partial x} + \frac{\partial u}{\partial y}, \qquad e_{yz} = e_{zy} = \frac{\partial w}{\partial y} + \frac{\partial v}{\partial z}, \\ e_{zx} = e_{xz} = \frac{\partial u}{\partial z} + \frac{\partial w}{\partial x} \end{gathered} \tag{15.58}$$

과 같이 되고, 또

$$\xi = \frac{\partial w}{\partial y} - \frac{\partial v}{\partial z}\ ,\ \eta = \frac{\partial u}{\partial z} - \frac{\partial w}{\partial x}\ ,\ \zeta = \frac{\partial v}{\partial x} - \frac{\partial u}{\partial y} \tag{15.59}$$

가 된다. 여기서 $\omega(\xi,\ \eta,\ \zeta)$ 는 와도(渦度, vorticity, $\boldsymbol{\omega} = rot\,\boldsymbol{v}$)이다. 또 대칭텐서 $\boldsymbol{E}$ 의 대각성분 e_{xx} , e_{yy} , e_{zz} 은 x, y, z 축 방향의 신축(伸縮 : 늘어남과 줄음)을 나타내고, 비대각성분 e_{yz} , e_{zx} , e_{xy} 는 미끄러짐 운동을 나타내고 있다. 즉 $\boldsymbol{E}$ 는 유체의 **변형속도**(變形速度, rate of strain)를 나타내는 텐서이다.

대칭텐서에 대해서의 일반적인 성질에 의해 적당한 방향으로 좌표축 X, Y, Z 를 선택하면,

$$\boldsymbol{E} = \begin{pmatrix} e_1 & 0 & 0 \\ 0 & e_2 & 0 \\ 0 & 0 & e_3 \end{pmatrix} \tag{15.60}$$

과 같이 대각성분만으로 할 수가 있다. 즉 변형속도는 서로 직각인 3 방향의 신축만으로 나타내진다. 이것이 변형속도의 주방향(主方向)이다.

일반적으로 응력 P 는 변형속도 E의 함수이다. 이것은 P의 성분 p_{ik} 가 E 의 성분 e_{ik} 의 함수라고 하는 것을 의미한다. 지금 p_{ik} 가 e_{ik} 의 1 차식으로 표현된다고 하자. 더욱 유체는 특별한 방향을 갖지 않는 즉, 등방(等方)적이라고 생각하면 응력텐서의 주방향과 변형속도텐서의 주방향과는 일치할 것이다. 이 때 P 의 주치(主値) p_1 , p_2 , p_3 는 E 의 주치 e_1 , e_2 , e_3 의 1 차식이 됨으로, 일반적으로

$$p_i = a_i + b_{i1} e_1 + b_{i2} e_2 + b_{i3} e_3 \tag{15.61}$$

와 같은 모양으로 나타내야 한다. 그런데 주방향 X, Y, Z 라고 해도 유체의 대기과학적 성질에는 어떤 특별한 방향성도 없는 것을 생각하면,

$$a_1 = a_2 = a_3\ (= -p)\quad ,\ b_{11} = b_{22} = b_{33}\ (= \lambda + \mu)\quad ,$$

$$b_{12} = b_{13} = b_{21} = b_{23} = b_{31} = b_{32}\ (= \lambda) \tag{15.62}$$

로 쓸 수 있을 것이다. 따라서

$$p_i = -p + 2\lambda\Theta + \mu e_i \quad , \quad \Theta = \frac{1}{2}(e_1 + e_2 + e_3) = div\, \boldsymbol{v} \tag{15.63}$$

과 같이 쓸 수가 있다. 식 (15.63)의 앞 식을 텐서의 형태로 나타내면,

$$\boldsymbol{P} = (-p + 2\lambda\Theta)\boldsymbol{I} + \mu\boldsymbol{E} \tag{15.64}$$

가 된다. 단 P, E 는 각각 식 (15.39)와 식 (15.60)에서 주어졌고, 또 I 는

$$\boldsymbol{I} = \begin{pmatrix} 1 & 0 & 0 \\ 0 & 1 & 0 \\ 0 & 0 & 1 \end{pmatrix} \tag{15.65}$$

이다. I는 소위 단위텐서(unit tensor)이고, 좌표축의 선택방법에 의하지 않고 항상 이 형태를 갖는다. 한편, 식 (15.64)는 임의의 좌표축에 대해서 성립하는 식이기 때문에 xyz 좌표축에 관한 성분을 취하면,

$$\begin{aligned} p_{xx} &= -p + 2\lambda\Theta + 2\mu\frac{\partial u}{\partial x} \quad , \quad etc. \\ p_{yz} &= \mu\left(\frac{\partial w}{\partial y} + \frac{\partial v}{\partial z}\right) \, , \quad etc. \end{aligned} \tag{15.66}$$

이 얻어진다.

정지유체에서는 $e_i = 0$ 이기 때문에 $p_i = -p$ 가 되고, p는 정수압(靜水壓, 靜氣壓)을 나타내고 있다. 운동하고 있는 경우에도 p 는 '압력'이라고 하는 의미를 가지고 있는 것이 된다. 한편 서로 직각 방향의 법선응력의 평균치 $(p_{xx} + p_{yy} + p_{zz})/3$ 를 생각하면, 텐서의 성질에 의해 이것은 불변량이기 때문에 그 부호를 바꾼 것을 압력 p 로 간주하는 것으로 하면, 식 (15.66)의 제 1 식에서

$$\lambda = -\frac{1}{3}\mu \tag{15.67}$$

의 관계가 얻어진다. 따라서 결국

$$p_{xx} = -p - \frac{2}{3}\mu\Theta + 2\mu\frac{\partial u}{\partial x} \quad , \quad etc.$$

$$p_{yz} = \mu\left(\frac{\partial w}{\partial y} + \frac{\partial v}{\partial z}\right), \qquad etc. \tag{15.68}$$

이 된다.

일반적으로 응력이 변형속도의 1 차식으로 표현되는 것과 같은 유체를 **뉴턴유체**(Newtonian fluid), 그렇지 않은 것을 **비뉴턴유체**(non-Newtonian fluid)라고 말한다. 위 식 (15.68)은 뉴턴유체에 대한 응력과 변형속도의 관계를 구체적으로 주어지는 것이다. 보통의 유체에서는 뉴턴유체의 가정이 충분히 만족되고 있다. 그러나 고분자용액이나 코로이드용액에서는 경우에 따라서 비뉴턴유체로써의 취급이 필요하게 되는 것에 주의해야 한다.

식 (15.68)을 식 (15.41)에 대입하면 보통의 점성유체에 대한 운동방정식이 얻어진다. 이것이 **나비어・스토크스방정식**(Navier-Stokes equation, ☞, 15.2.1 항 참고)이다. 또 μ 는 이미 소개한 **점성계수**가 된다. μ 는 물질상수이지만 같은 유체에서도 일반적으로 온도에 따라 변화한다. 그 변화를 무시하면 식 (15.41)은

$$\frac{D\boldsymbol{v}}{Dt} = \boldsymbol{G} - \frac{1}{\rho}\,grad\,p + \frac{1}{3}\frac{\mu}{\rho}\,grad\,\Theta + \frac{\mu}{\rho}\Delta\boldsymbol{v} \qquad (15.4),(15.69)$$

가 된다. 만일 유체가 수축하지 않는다고 한다면, 연속방정식에서

$$div\,\boldsymbol{v} = \Theta = 0 \tag{15.70}$$

이기 때문에, 위의 식은 간단히 되어서

$$\frac{D\boldsymbol{v}}{Dt} = \boldsymbol{G} - \frac{1}{\rho}\,grad\,p + \frac{\mu}{\rho}\Delta\boldsymbol{v} \qquad (15.7),\ (15.71)$$

이 된다. 즉 이 경우 4 개의 미지수 $\boldsymbol{v}(u,\ v,\ w)$, p 를 연속방정식 (15.70)과 나비어・스토크스방정식 (15.71)에서 결정하면 되는 것이다.

연속방정식 속에 점성계수 μ 는 항상 μ/ρ 의 형태로 들어감으로 흐름의 모양을 결정하는 데에는 μ 자신보다도 오히려 μ/ρ 가 중요하다. 이것은 이미 식 (14.19)나 식 (15.3)에서 언급했듯이 **동점성계수**(動粘性係數, kinematic viscosity, 動粘性率, $\nu = \frac{\mu}{\rho}$)이다. 예를 들면, 온도 20 C 에서 물(수분)과 공기의 점성계수(μ)와 동점성계수(ν)의 값은 각각

물 : $\mu = 0.01\, g/cm \cdot s$, $\nu = 0.01\, cm^2/s$,

공기 : $\mu = 1.8 \times 10^{-4}\, g/cm \cdot s$, $\nu = 0.15\, cm^2/s$

이다. 그런 까닭에 운동상태로 말하면, 공기는 물보다도 점성이 큰 것 같이 보이는 것이다.

15.3.4. 레이놀즈의 상사법칙

영국의 레이놀즈(Reynolds, Osborne, 1842 ~1912, ☔)에 의한 **레이놀즈의 상사법칙**(레이놀즈의 相似法則, Reynolds's law of similarity)은 다음과 같다. 점성과 압축성의 영향을 동시에 고려한다고 하는 것은 수학적으로 대단히 어려움으로, 여기서는 우선 점성의 영향만을 고려하는 것으로 한다. 또한 유체는 수축하지 않는 것으로 하고, 또한 점성률(점성계수)은 일정하다고 가정하자. 그러면 식 (15.71)과 식 (15.70)인

$$\frac{D\boldsymbol{v}}{Dt} = \boldsymbol{G} - \frac{1}{\rho}\, grad\, p + \frac{\mu}{\rho} \Delta \boldsymbol{v} \tag{15.71}'$$

$$div\, \boldsymbol{v} = 0 \tag{15.70}'$$

을 기초로 해서 유체의 운동을 논의하다.

우선, 예에 따라 외력은 중력과 같이 보존력이라고 하자.

$$G = -\, grad\, \Omega \tag{15.72}$$

또,

$$p^* = p + \rho\, \Omega \tag{15.73}$$

로 놓도록 하면, 식 (15.71)′은

$$\frac{D\boldsymbol{v}}{Dt} = -\frac{1}{\rho}\, grad\, p^* + \frac{\mu}{\rho} \Delta \boldsymbol{v} \tag{15.74}$$

가 되어, 외력은 겉보기 상 없어진다. 즉 보존력의 장에 있어서 유체의 운동은 외력이 전혀 없는 경우의 유체의 운동과 같아서 단지 압력에 정압(靜壓)$-\rho\Omega$ 만의 차이가 있을 뿐이다. 그러므로 지금부터는 외력의 작용이 없는 경우만을 생각하기로 한다[예를 들면, 중력장에서 유체 속을 운동하는 물체에 작용하는 힘은 중력을 고려하지 않는 경우에 물체가

받는 힘과 부력과의 합이다].

물체를 지나가는 (또는 관 속을 흐르는) 점성유체의 흐름을 생각하자. 지금 흐름을 특징지어주는 길이(예를 들면, 물체의 길이, 관의 반경 등)를 L, 속도를 U, 유체의 밀도를 ρ, 점성계수(점성률)를 μ 로 한다.

$$\boldsymbol{v} = U\boldsymbol{v}', \quad (x, y, z) = L(x', y', z'),$$

$$t = \left(\frac{L}{U}\right)t', \qquad p = \rho U^2 p' \tag{15.75}$$

로 놓으면, $'$ (prime)을 붙인 양은 모두 무차원이다. 이들을 식 (15.71)$'$, 식 (15.70)$'$에 대입하면, 쉽게

$$\frac{D\boldsymbol{v}'}{Dt'} = -\frac{1}{\rho}\,grad'\,p' + \frac{\mu}{\rho UL}\Delta'\boldsymbol{v}', \quad div'\,\boldsymbol{v}' = 0 \tag{15.76}$$

이 얻어진다. 여기서 $grad'$, div', Δ'은 모두 x', y', z'에 대한 미분연산자(微分演算子)를 나타낸다.

이제 2개의 흐름의 장이 어떠한 조건 하에서 서로 닮게 될까를 생각해 보자. 그러기 위해서는 흐름의 경계(예를 들면 흐름 속에 놓여 있는 물체)의 형태가 기하학적으로 서로 닮아야 한다. 그러나 그것만으로는 충분하지가 않다. 거기에 흐름을 지배하는 방정식을 무차원으로 쓴 식 (15.76)이 같은 형태가 되는 것이 필요하다. 따라서 식 (14.1)과 같은

$$Re = \frac{\rho UL}{\mu} = \frac{UL}{\nu} \tag{14.1), (15.77}$$

로 정의되는 무차원량 Re는 양방의 흐름에 대해서 같은 값을 취해야 한다. 이 Re가 이미 14.1.1항에서 소개한 레이놀즈수이다. 또한 방정식만이 아니고, 경계조건도 양방의 흐름에 대해서 같아야 하는 것도 당연하다. 예를 들면, 물체에 흐름이 닿았을 경우에 물체표면의 조건은 $\boldsymbol{v} = 0$ 이므로, 무차원의 형태로 써도 $\boldsymbol{v}' = 0$ 으로 양방의 흐름의 장에서 공통이 된다.

이상을 정리하면, 기하학적으로 상사인 경계조건 하에 놓이는 흐름이 역학적으로도 상사이기 위해서는 흐름을 특징짓는 레이놀즈수가 같은 값을 취하는 것이 필요하다. 이것을 **레이놀즈의 상사법칙**이라고 한다.

식 (15.77)의 레이놀즈수의 구조에서 생각하면 레이놀즈수를 크게 해서 난류가 되게 하

는 데에 공헌하는 것은

분자 = 관성력 : 물체의 크기(L), 유속(U), 밀도(ρ)가 커지는 일
분모 = 점성력 : 점성(μ, ν)가 작아지는 일

의 이 2가지의 효과가 흐름의 양상을 결정짓는 데에 동등한 영향력을 가지고 있다는 것을 알 수 있을 것이다. 즉 관성력과 점성력이 분자, 분모에 포진해서 커지고 작아짐으로 서로 대등한 역할을 하고 있다는 뜻이 된다.

15.4. 한 방향의 흐름

주어진 경계조건 하에서 나비어 · 스토크스방정식의 엄밀해(嚴密解)를 구한다고 하는 것은 일반적으로 어려운 일이다. 여기서 엄밀해가 얻어지는 하나의 경우를 언급한다.

한방향의 흐름, 즉 모든 유선이 어떤 하나의 직선으로 평행한 경우를 생각한다. 그 방향을 x 축으로 택하면 속도는 $\boldsymbol{v}(u,\ 0,\ 0)$ 가 됨으로 연속방정식 (15.70)′은

$$\frac{\partial u}{\partial x} = 0 \tag{15.78}$$

이 되고, u 는 $(y,\ z,\ t)$ 만의 함수가 된다. 따라서

$$\frac{Du}{Dt} = \frac{\partial u}{\partial t} + u\frac{\partial u}{\partial x} + v\frac{\partial u}{\partial y} + w\frac{\partial u}{\partial z} = \frac{\partial u}{\partial t} \tag{15.79}$$

이다. 그러므로 나비어 · 스토크스방정식 (15.71)′은

$$\begin{aligned} \frac{\partial u}{\partial t} &= -\frac{1}{\rho}\frac{\partial p}{\partial x} + \nu\left(\frac{\partial^2 u}{\partial y^2} + \frac{\partial^2 u}{\partial z^2}\right) \\ 0 &= -\frac{1}{\rho}\frac{\partial p}{\partial y}, \qquad 0 = -\frac{1}{\rho}\frac{\partial p}{\partial z} \end{aligned} \tag{15.80}$$

이 된다. 위 식의 2번째 식에서 p 는 x 와 t 만의 함수라는 것을 알 수 있다. 그래서 위

식 (15.80)을

$$\frac{\partial u}{\partial t} - \nu\left(\frac{\partial^2 u}{\partial y^2} + \frac{\partial^2 u}{\partial z^2}\right) = -\frac{1}{\rho}\frac{\partial p}{\partial x} = \alpha \tag{15.81}$$

로 쓰면, 좌변은 x 를 포함하지 않고 우변은 y, z를 포함하지 않으므로, 결국 α는 t만의 함수라는 것을 알 수가 있다. 따라서

$$p = p_0 - \rho\alpha x \tag{15.82}$$

로 주어지듯이, 흐름의 방향으로 직선적으로 변화한다. 또한 속도 u는 yz평면에 있어서 열전도형의 방정식을 만족하는 것을 알 수 있다.

15.4.1. 포아즈이유흐름

정상적인 흐름에서는 $\partial/\partial t = 0$ 으로 놓고, 식 (15.81)에서

$$\frac{\partial^2 u}{\partial y^2} + \frac{\partial^2 u}{\partial z^2} = -\frac{\alpha}{\nu} \tag{15.83}$$

이 얻어진다. 이것은 무한히 긴 관 속을 점성유체가 흐르는 경우에 상당한다. yz 평면에서 관의 자른 단면적의 입구를 나타내는 곡선을 C로 하면, 식 (15.83)을 C 위에서 $u = 0$ 이라고 하는 조건을 취하면 된다.

특히, 반경 r의 원통의 관에서 극좌표를 이용하면 식 (15.83)은

$$\frac{1}{r}\frac{d}{dr}\left(r\frac{du}{dr}\right) = -\frac{\alpha}{\nu} \tag{15.84}$$

가 되고, 이 해는

$$u = -\frac{1}{4}\frac{\alpha}{\nu}r^2 + A\log r + B \tag{15.85}$$

로 주어진다. 단, A, B는 적분상수이다. $r = 0$ 에서 흐름에 특이성이 없는 것으로부터

$A = 0$ 이고, 또 관벽(管壁) $r = a$ 에서 유속이 0이 되는 것으로부터 $B = \alpha a^2/4\nu$ 가 되어, 식 (15.81)을 생각하면, 결국

$$u = -\frac{dp}{dx}\frac{1}{4\mu}(a^2 - r^2) \tag{15.86}$$

이 얻어진다.

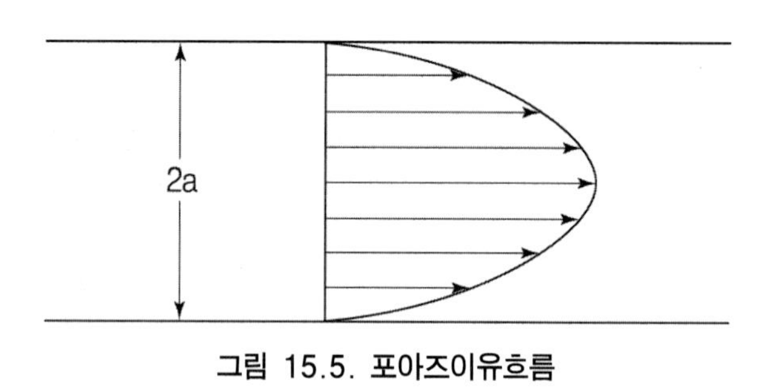

그림 15.5. 포아즈이유흐름

관을 통해서 단위시간에 흐르는 흐름의 양을 Q라 하면,

$$Q = \int_0^a 2\pi u r\,dr = -\frac{dp}{dx}\frac{\pi a^4}{8\mu} \tag{15.87}$$

이 된다. 즉 유량은 관의 반경의 4승과 압력구배에 비례하고, 점성계수(점성률)에 역비례한다. 이것이 **포아즈이유법칙**(——法則, Poiseuille law)이다. 또 이와 같은 원관 내의 흐름이 **포아즈이유흐름**(Poiseuille flow)이다(그림 15.5 참고).

무한히 넓은 2장의 평행한 평판(平板) 사이를 유체가 흐르고 있을 때에는 식 (15.83)은 간단히

$$\frac{\partial^2 u}{\partial y^2} = -\frac{\alpha}{\nu} \tag{15.88}$$

이 되고, 그 해로써는

$$u = -\frac{1}{2}\frac{\alpha}{\nu}y^2 + Ay + B \tag{15.89}$$

가 얻어진다. 양쪽의 판자가 정지하고 있어 압력구배에 의해 유체가 눌려 흐를 경우에 속도분포는 포물선적으로 됨으로 2차원 **포아즈이유흐름**이 된다. 압력구배가 없고($\alpha = 0$)

한 쪽의 판자만 정지해 있고 다른 쪽이 일정한 속도로 움직이고 있을 때에는 속도분포는 직선적이 된다. 이것이 **쿠에테흐름**(Couette flow)이다.

15.4.2. 레일리의 문제

정지유체 속에서 무한히 긴 기둥이 축의 방향으로 운동하는 경우를 생각한다. 이 때 압력 p 는 흐름의 장을 통해서 일정하다고 생각하기 때문에 식 (15.81)은

$$\frac{\partial u}{\partial t} = \nu\left(\frac{\partial^2 u}{\partial y^2} + \frac{\partial^2 u}{\partial z^2}\right) \tag{15.90}$$

이 된다. 특히 기둥이 처음 정지하고 있어서 어떤 순간($t=0$)에서 일정한 속도 U로 운동을 시작하는 경우에는 **레일리의 문제**(레일리의 問題, Rayleigh's problem)라고 부르고 있다. 이것은 같은 단면형(斷面形)을 갖는 반무한장(半無限長)의 통(筒, 벽의 두께는 0)이 균일한 흐름 중에 놓여있을 때 경계층의 흐름을 근사적으로 나타내기 위해서는 이론적으로 흥미가 있다. 여기서는 최초에 레일리(Rayleigh, Lord, 본명은 John William Strutt, 1842~1919, 英)가 취급한 평판(平板)의 경우를 생각하자.

판자의 면에 직각으로 y축을 취하면, 식 (15.90)은

$$\frac{\partial u}{\partial t} = \nu\frac{\partial^2 u}{\partial y^2} \tag{15.91}$$

이 된다. 이것을 $t=0$에서 $u=0$, $y=0$에서 $u=U$, $y\to\infty$에서 $u\to 0$이라고 하는 조건 하에서 풀면 된다. 열전도론(熱傳導論)에서 잘 알려져 있는 것처럼 해는

$$u = U(1 - erf\,\eta)$$
$$\eta = \frac{y}{2\sqrt{\nu t}}, \quad erf\,\eta = \frac{2}{\sqrt{\pi}}\int_0^{\eta} e^{-t^2}dt \tag{15.92}$$

로 주어진다. 속도분포는 대체로 그림 15.6과 같이 된다.

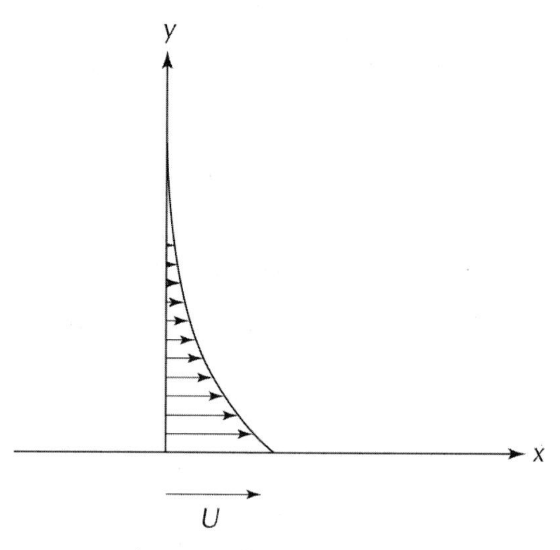

그림 15.6. 레일리문제의 속도분포

$erf\,2 = 0.9953$ 이므로,

$$\delta = 4\sqrt{\nu t} \tag{15.93}$$

으로 놓으면 판자의 면에서 δ 만큼 떨어질 때, 유속은 판자의 속도의 $0.5\,\%$ 이하로 내려가는 것을 알 수가 있다. 즉 δ 는 판자의 운동을 전달하는 범위가 대체로 주어지므로, 소위 판자의 면을 덮는 경계층의 두께를 나타내는 것이다. δ 가 점성계수의 평방근에 비례하고, 또한 움직이기 시작해서부터 시간의 평방근(平方根)에 비례해서 두꺼워지는 것이 주목되고 있다.

지금 속도 U 의 균일한 흐름 속에서 반무한장(半無限長)의 평판이 흐름에 평행하게 놓여있는 것으로 하자. 이때 점성 때문에 유속은 판자의 평면에서 0 이 됨으로, 유속분포는 대체로 그림 15.7 과 같이 될 것이다. 판자의 선단(先端, $x = 0$)에서 x 만큼 하류에서 흐름의 모습은 위의 레일리의 문제에서 $t = x / U$ 만큼 시간이 지난 경우와 거의 같을 것이라고 하는 상상을 할 수 있기 때문에, 식 (15.93)에서 경계층의 두께는

$$\delta \fallingdotseq 4\sqrt{\frac{\nu x}{U}} \tag{15.94}$$

로 주어진다. $\delta \propto \sqrt{\nu x / U}$ 결과는 경계층이론에서도 같이 활용이 된다.

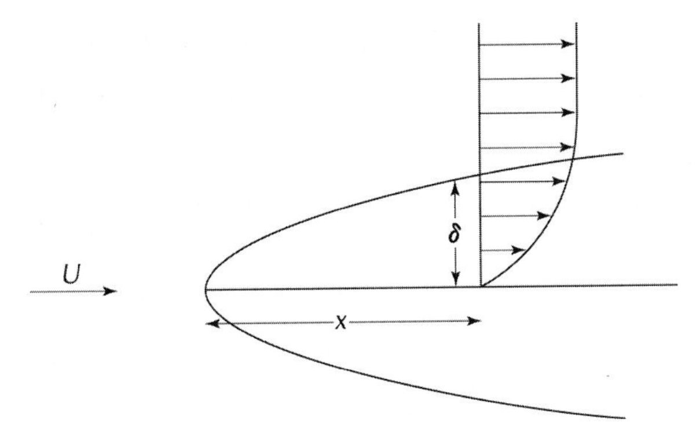

그림 15.7. 반무한장의 평판의 흐름의 유속분포

15.5. 늦은 흐름

나비어 · 스토크스방정식 (15.71)′은 미지수 $\boldsymbol{v}$에 관한 비선형(非線形, non-linear)이다. 즉 가속도 $D\boldsymbol{v}/Dt$를 식 (15.6)에서와 같이 자세하게 쓰면,

$$\frac{D\boldsymbol{v}}{Dt} = \frac{\partial \boldsymbol{v}}{\partial t} + u\frac{\partial \boldsymbol{v}}{\partial x} + v\frac{\partial \boldsymbol{v}}{\partial y} + w\frac{\partial \boldsymbol{v}}{\partial z} \tag{15.95}$$

이기 때문에 $\boldsymbol{v}$ 에 관한 2차식으로 되어 있다. 그렇기 때문에 수학적으로 취급이 아주 곤란하게 되어 있다. 실제 현재로써는 균일한 흐름 속에서 물체가 놓여 있을 경우를 나타내는 엄밀해(嚴密解)는 하나도 알려져 있지 않는 상태이다. 따라서 나비어 · 스토크스방정식의 해를 도출하는 데에는 무엇인가의 근사를 실행해야 한다. 그 하나로 늦은 흐름(slow motion)의 근사이다.

15.5.1. 스토크스근사

유속이 늦어 예를 들어 $\boldsymbol{v}= O(\epsilon)$ 이라고 가정하면, 식 (15.95)의 우변의 제 2항 이하는 $O(\epsilon^2)$이기 때문에, 이것을 무시하고 외력 $G= 0$ 으로 놓으면, 나비어 · 스토크스방정식 (15.71)′은

$$\frac{\partial \boldsymbol{v}}{\partial t} = -\frac{1}{\rho}\, grad\, p + \nu \Delta \boldsymbol{v} \tag{15.96}$$

이 되고, 미지수 $\boldsymbol{v}$ 및 p 에 관한 선형이 된다. 문제는 식 (15.96)과 연속방정식 (15.70)′을 연립시켜서 $\boldsymbol{v}$, p 를 구하는 것으로 귀착이 된다. 이 근사가 스토크스근사(Stokes′s approximation, ☔)이다.

식 (15.96)에 $div\,(\nabla\cdot\ )$ 를 걸어주면, 식 (15.70)′에 의해

$$\frac{\partial}{\partial t}\nabla\cdot v = \nabla\cdot\left(-\frac{1}{\rho}\Delta p\right)+\nu\Delta\nabla\cdot v \rightarrow 0 = \nabla\cdot\left(-\frac{1}{\rho}\Delta p\right)+0$$

$$\therefore\ \Delta p = 0 \tag{15.97}$$

을 얻는다. 즉 스토크스근사에서 압력은 **조화함수**(調和函數, harmonic function, 라플라스의 미분방정식을 만족시키는 x, y의 함수 u를 이른다)가 된다. 다음에 식 (15.96)에 $rot\,(\nabla\times\ )$ 를 취하면, 와도 $\boldsymbol{\omega} = rot\,\boldsymbol{v}$ 에 대해서

$$\frac{\partial\boldsymbol{\omega}}{\partial t} = \nu\Delta\boldsymbol{\omega} \tag{15.98}$$

이라고 하는 방정식이 얻어진다. 즉 와도는 열전도형(熱傳導型)의 방정식을 만족한다. 특히 정상인 흐름에서는 와도 $\boldsymbol{\omega}$ 는 조화함수이다.

정상($\partial\boldsymbol{v}/\partial t = 0$)인 흐름에서는 식 (15.96)은

$$\Delta\boldsymbol{v} = \frac{1}{\mu}\,grad\,p \tag{15.99}$$

가 된다. 지금 $\Delta r = 2/r$ 이라고 하는 관계에 주의하면

$$p_e = \frac{\partial}{\partial x}\left(\frac{1}{r}\right),\quad \boldsymbol{v}_e = \frac{1}{2\mu}\,grad\,\frac{\partial r}{\partial x} - \frac{1}{\mu}\frac{1}{r}\boldsymbol{i} \tag{15.100}$$

이 식 (15.97), 식 (15.99) 및 $div\,\boldsymbol{v} = 0$ 을 만족하는 것을 쉽게 확인할 수가 있다($\boldsymbol{i}$ 는 x 방향의 단위벡터). 성분으로 쓰면 식 (15.100)은

$$p_e = -\frac{x}{r^3},\quad u_e = -\frac{1}{2\mu}\left(\frac{1}{r}+\frac{x^2}{r^3}\right),\quad v_e = -\frac{xy}{2\mu r^3},\quad w_e = -\frac{xz}{2\mu r^3} \tag{15.101}$$

이 된다.

식 (15.100)의 p_e, $\boldsymbol{v}_e$는 따라서 점성유체의 늦은 흐름을 나타낸다. 더욱 이것을 x, y, z에 대해서 임의의 회수 미분한 것도 스토크스방정식과 연속방정식을 만족하는 것이 분명하다. 일반적으로 늦은 점성류는 이들의 **기본해**(基本解, basic solution : n 계의 동차방정식에는 일반적으로 n 개의 선형독립인 해)가 있다. 그리고 그 해의 임의의 한 쌍이 기본해이다(註). 와 없는 흐름 $\boldsymbol{v}_i = grad\,\Phi$ ($\Delta\Phi = 0$) 의 선형결합으로써 나타내진다.

예) 구의 저항

속도 U의 균일류 속에 반경 a의 구가 놓여 있다고 하자. 구의 중심을 원점으로 하고, 흐름의 방향을 x축으로 잡으면 경계조건은

$$\begin{aligned} r = a \ &: u = v = w = 0 \\ r \to \infty \ &: u \to U, \quad v \to 0, \quad w \to 0, \quad p \to p_\infty \end{aligned} \tag{15.102}$$

이다. 식 (15.100)의 기본해를 사용해서

$$\boldsymbol{v} = U\boldsymbol{i} + A\,\boldsymbol{v}_e + grad\,\Phi, \quad p = p_\infty + A\,p_e \tag{15.103}$$

으로 놓으면, 분명히 $r \to \infty$ 에서의 조건을 만족한다. $r = a$ 에서의 경계조건을 생각하면, Φ 로써 $B\dfrac{\partial}{\partial x}\left(\dfrac{1}{r}\right)$을 채용하는 것이 적당하다. 즉,

$$grad\,\Phi = B\left(-\frac{1}{r^3} + \frac{3x^2}{r^5},\ \frac{3xy}{r^5},\ \frac{3xz}{r^5}\right) \tag{15.104}$$

로 하고, $r = a$ 에서 $\boldsymbol{v} = 0$ 로 하면 쉽게

$$A = \frac{3}{2}\mu a U, \quad B = \frac{1}{4}a^3 U \tag{15.105}$$

가 얻어진다. 따라서 해는

$$u = U - \frac{1}{4}\frac{aU}{r}\left(3 + \frac{a^2}{r^2}\right) - \frac{3}{4}aU\frac{x^2}{r^3}\left(1 - \frac{a^2}{r^2}\right)$$

$$v = -\frac{3}{4}aU\frac{xy}{r^3}\left(1 - \frac{a^2}{r^2}\right)$$

$$w = -\frac{3}{4}aU\frac{xz}{r^3}\left(1 - \frac{a^2}{r^2}\right)$$

$$p = p_{\infty} - \frac{3}{2}\mu a U\frac{x}{r^3} \qquad (15.106)$$

으로 주어진다.

구에 작용하는 힘을 계산하는 데에는 구면상의 응력 $\boldsymbol{p}_r$을 전 표면에 걸쳐서 적분하면 된다. 대칭성을 생각해서 힘은 x성분 즉 저항밖에 갖지 못한다. 이것을 D로 하면,

$$D = \iint p_{rx}\, dS \qquad (15.107)$$

이고, 그런데 식 (15.32)에 의해

$$(p_{rx})_{r=a} = \left(\frac{x}{r}p_{xx} + \frac{y}{r}p_{yx} + \frac{z}{r}p_{zx}\right)$$

$$= \frac{1}{a}\left\{-xp + 2\mu x\frac{\partial u}{\partial x} + \mu y\left(\frac{\partial u}{\partial y} + \frac{\partial v}{\partial x}\right) + \mu z\left(\frac{\partial u}{\partial z} + \frac{\partial w}{\partial x}\right)\right\}_{r=a} \qquad (15.108)$$

이 되고, 또 이것에 식 (15.106)을 대입하면, 간단한 계산을 거친 후에

$$(p_{rx})_{r=a} = \frac{1}{a}\left(-p_{\infty}x + \frac{3}{2}\mu U\right) \qquad (15.109)$$

가 얻어진다. 이것을 식 (15.107)에 대입하고,

$$\iint x\, dS = 0, \qquad \iint dS = 4\pi a^2 \qquad (15.110)$$

에 주의하면,

$$D = 6\pi\mu a U \qquad (15.111)$$

이 얻어진다. 이것을 **스토크스의 저항법칙**(스토크스의 抵抗法則, Stokes's law of resistance)이라고 한다. 무차원의 형태로 나타내기 위해서 **저항계수**(抵抗係數, resistance coefficient, drag coefficient, friction factor, 註) C_D 를

$$C_D \equiv \frac{D}{\frac{1}{2}\rho U^2 S}, \qquad S = \pi a^2 \tag{15.112}$$

로 정의하면,

$$C_D = \frac{24}{Re}, \qquad Re = \frac{2aU}{\nu} \tag{15.113}$$

이 된다. 단, S 는 구의 단면적이고, Re 는 직경을 대표적 길이로 했을 때의 레이놀즈수이다.

15.5.2. 오센근사

15.2.3 항에서 언급한 것과 같이 **오센근사**(--近似, Oseen's approximation)는 외력 $G = 0$ 으로 해서 식 (15.19)에서부터

$$\frac{\partial \boldsymbol{v}}{\partial t} + U\frac{\partial \boldsymbol{v}}{\partial x} = -\frac{1}{\rho}\, grad\, p + \nu \Delta \boldsymbol{v} \tag{15.114}$$

로 주어진다. 이것에 $div\,(\nabla \bullet\ )$ 를 취하고, 연속방정식 $div\ \boldsymbol{v} = 0$ 을 생각하면 이 경우에도

$$\therefore\ \Delta p = 0 \qquad (15.97),(15.115)$$

가 된다. 즉 압력은 조화함수이다. 또 식 (15.114)에 rot 를 취하면,

$$\frac{\partial \omega}{\partial t} + U\frac{\partial \omega}{\partial x} = \nu \Delta \omega \tag{15.116}$$

이 되고, 이것은 또,

$$\frac{\partial}{\partial t}\left(e^{-kx}\omega\right) = \nu\left(\Delta - k^2\right)e^{-kx}\omega \tag{15.117}$$

의 형태로 표현할 수가 있다. 특히 정상인 흐름에서는 $e^{-kx}\omega$ 는 **헬름홀츠의 방정식** (Helmholtz's equation)

$$(\Delta - k^2)\chi = 0 \tag{15.118}$$

을 만족한다.

한편, 간단히 확인할 수 있는 것과 같이

$$\chi_e = \frac{e^{-kr}}{r}, \quad r = \sqrt{x^2 + y^2 + z^2} \tag{15.119}$$

는 식 (15.118)을 만족한다. 또 χ_e를 x, y, z에 대해서 임의 회수 미분한 것도 식 (15.118)을 만족하기 때문에, $e^{-kx}\omega$ 는 그들의 선형결합으로써 주어질 것이다. 그때 e^{-kr}이 되는 인자가 항상 존재하기 때문에, 결국 $r \to \infty$에 대해서

$$\omega \sim e^{kx} e^{-kr} P(x, y, z) = e^{-kr(1 - \cos\theta)} P(x, y, z) \tag{15.120}$$

이 된다. 단, $P(x, y, z)$는 x, y, z의 분수식이다 또 θ 는 x 축과 동경(動徑)벡터와 이루는 각을 나타낸다. 위 식에 의하면, $r \to \infty$ 로 하면, $\theta \neq 0$ 이 되는 한 와도는 지수함수적으로 0이 되는 것을 알 수가 있다. 또 $\omega \neq 0$ 인 영역은

$$kr(1 - \cos\theta) \leq c \tag{15.121}$$

이 된다. 단, $c \simeq 1$ 정도의 수로 한정되어 있다. 이것은

$$y^2 + z^2 = \frac{2c}{k}x + \frac{c^2}{k^2} \tag{15.122}$$

로 주어지는 포물면의 내부의 영역이다(그림 15.8 참고).

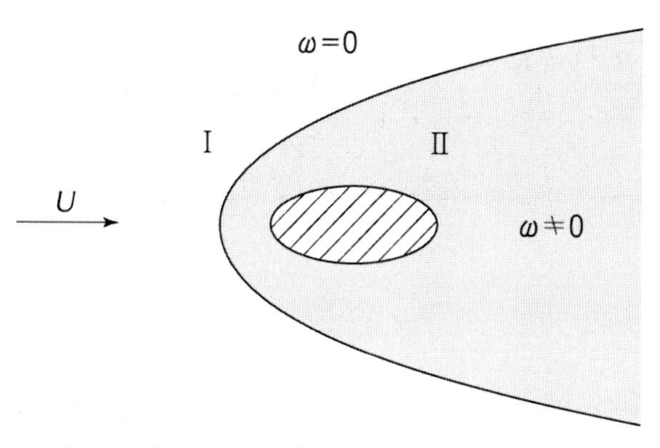

그림 15.8. 오센근사의 2 개의 흐름장

오센방정식을 기초로 해서 골드슈타인(Goldstein, Eugen, 1850~1930, 독일)은 구의 저항을 계산해서

$$C_D = \frac{24}{Re}\left(1 + \frac{3}{16}Re - \frac{19}{1,280}Re^2 + \frac{71}{20,480}Re^3 \right.$$
$$\left. - \frac{30,179}{34,406,400}Re^4 + \frac{122,519}{560,742,400}Re^5 - \cdots\right) \tag{15.123}$$

이라고 하는 결과를 얻었다. 이 제 1 항은 스토크스의 저항법칙과 일치한다.

구의 저항 C_D 는 물론 레이놀즈수 Re 의 함수이다. 골드슈타인의 결과 식 (15.123)은 일견(一見) $C_D(Re)$ 의 $Re \to \infty$ 에 대한 관계식을 주어지는 것 같지만, 실은 그렇지 않다. 즉 식 (15.123)은 오센근사 이론에 대한 엄밀한 전개식이지만, 나비어 · 스토크스방정식에 대한 엄밀해(嚴密解)는 아닌 것이다. 나비어 · 스토크스방정식에 근거한 계산은 Proudman과 Pearson(1957)에 의해 처음으로 시도되었고, 그 후 Chester 와 Breach(1969)에 의해

$$C_D = \frac{24}{Re}\left\{1 + \frac{3}{16}Re + \frac{9}{160}Re^2\left(\log Re + \gamma + \frac{2}{3}\log 2 - \frac{323}{360}\right) \right. \tag{15.124}$$
$$\left. + \frac{27}{640}Re^3 \log Re + O\left(Re^3\right)\right\}$$

라고 하는 결과가 얻어졌다. 여기서 $\gamma = 0.57721$ 는 오일러의 상수이다. 골드슈타인의 결과는 최초의 2 항 이외에는 올바르지 않다. 그러나 Proudman 과 Pearson 의 결과는 제 3

항(괄호 속의 $\frac{9}{160} Re^2 \log Re$의 항)까지 올바르게 주어지고 있다.

Chapter

16 대기파동

파동(波動, wave motion)이란 파의 형태를 한 운동을 의미한다. 엄밀히는 유체 속에 있는 유체입자가 파의 통과에 의해 행해지는 반복운동, 진동을 말한다. 파동에 수반되는 유체의 순수한 양의 이동은 없다.

파(波, wave)란 일반적으로는 시간이나 공간에 관해서 거의 주기성을 갖는다고 인정되는 형태를 말한다. 대기과학(기상학)에서는 수평 대기의 흐름의 형태에 적용해서 **대기파동**(大氣波動, atmospheric wave motion)이라 부르고 있다. 예를 들면, 로스비파(Rossby wave), 장파(長波), 단파(短波), 저기압(低氣壓), 순압파(順壓波), 관성파(慣性波), 중력파(重力波) 등이다.

16.1. 소 개

대기파동을 엄밀하게 말하면, 유체입자의 주기운동(週期運動, 진동)에 의해 전달되는 요란(擾亂, disturbance)을 뜻한다. 어떤 점에서 본 경우에는 유체입자의 운동은 위치의 함수이고, 어떤 순간에서 본 경우에는 운동은 시간의 함수이다.

파를 생각할 때

(1) 에너지와 가해진 힘(예 ; 자유파, 강제파, 불안정파)

(2) 힘의 형태〔예 ; 중력파, 조석(潮汐)〕

(3) 유체입자의 진동 방법〔예 ; 종파(縱波), 횡파(橫波)〕

(4) 파와 유체 사이의 겉보기의 상대운동〔예 ; 진행파(進行波), 정상파(定常波)〕

(5) 파에 의해 영향 받는 유체의 부분(예 ; 내부파, 외부파, 표면파)

(6) 파의 검출법〔예 ; 음파(音波)〕

등에 의해 분류된다. 또 파는 방사에서도 이용되고 있고, 대기과학, 해양학을 비롯해서 여러 많은 분야에서 사용되고 있다. 특별한 경우에는 단일파를 가리키는 경우도 있다.

16.1.1. 파

파(波, wave)란 공간적으로도 시간적으로도 변동하는 것과 같은 장의 운동을 말한다. 소리는 공기의 조밀파〔粗密波, compression wave : 탄성체 속을 밀도의 고저(高低)가 전달되는 파로 종파이다. 음파와 지진의 P 파가 그 예이다〕이고, 전자파나 빛〔광(光), light〕은 물질이 존재하지 않는 진공 중에도 존재하고, 전장(電場)과 자장(磁場)이 존재한다. 위상 변화가 전반(傳搬, 전달해서 옮기는 것, propagation)하는 파를 **진행파**(進行波), 전반하지 않는 파를 **정재파**(定在波), 파형이 변하지 않고 전반하는 파를 **정상파**(定常波)라고 부른다.

가장 기본적인 예로서 x 축의 정방향(正方向)으로 속도 c 로 전달되는 1 차원의 정현파(正弦波, sine 파)는

$$\eta = A\sin(kx - \omega t) \quad , \left(k = \frac{2\pi}{\lambda} \ , \quad \omega = \frac{2\pi}{T} \right) \tag{16.1}$$

로 쓸 수 있다. 여기서

A : 진폭(振幅, amplitude),

k : 파수(波數, wave number, 각파수),

ω : 각진동수〔角振動數, angular frequency, 각주파수(角周波數)〕,

λ : 파장(波長, wave length),

T : 주기(週期, 周期, period)

가 된다.

파동과 주기적인 현상에 있어서 1 주기 내의 진행단계를 나타내는 모양이 **위상**(位相, phase)이 되고, 정현파가 전반할 때 일정한 위상의 상태, 즉 파면이 진행하는 속도가 **위상속도**(位相速度, phase velocity)가 된다. 위상속도를 c_p 로 표현하면,

$$c_p = \frac{\omega}{k} \tag{16.2}$$

가 된다. 거리 λ 또는 시간 T 마다 같은 모양의 운동이 반복된다. 파의 가장 높은 부분

을 마루, 낮은 부분을 골이라 부르고, 마루와 골의 높이의 차를 파고(波高, wave height, 진폭의 2배)라고 부르는 일이 있다(그림 16.1 참고).

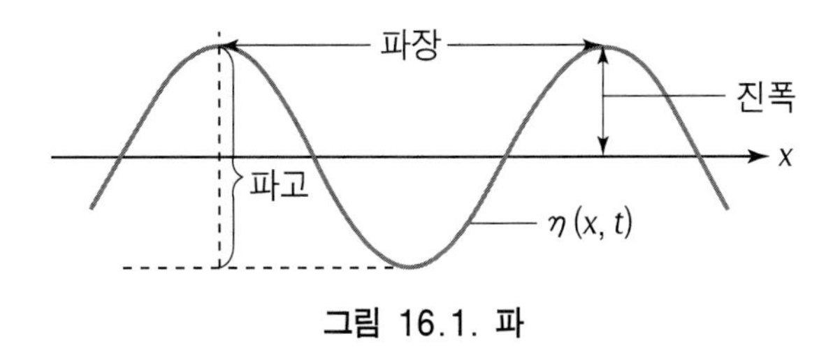

그림 16.1. 파

η 에 그것과 같은 특성을 갖는 역방향으로 진행하는 파를 겹친 파 ζ 는

$$\begin{aligned}\zeta &= A\sin(kx - \omega t) + A\sin(kx + \omega t) \\ &= 2A\sin kx \cos\omega t\end{aligned} \tag{16.3}$$

이 되고 정재파(定在波)이다. ζ 의 절대치가 최대인 점을 복(腹, 배), ζ 가 0인 점을 파의 절(節, 마디)이라 한다. 2차원 또는 3차원의 파도 성분으로 분석해서 생각하면 각 성분은 정현파이다. 복잡한 파동은 A, ω, k가 다른 다수의 파의 중첩으로 기술할 수 있다(주파수분석). 대다수의 파는 주기적으로 반복운동을 수반하고 있지만, 단 하나의 마루, 또는 골이 전달되는 파도 있어 이것을 **고립파**(孤立波)라고 한다. 또 충격파(衝擊波)와 같이, 물질의 밀도가 급격히 증가하는 곳이 전달되는 파도 있다. 파가 전달되는 매질에 의해 각양각색의 종류가 있어, 탄성파(彈性波), 음파(音波), 수파(水波), 전자파(電磁波), 전자유체파(電磁流體波) 등의 예들이 있다.

16.1.2. 속도

ㄱ. 파의 속도

파의 속도(wave velocity, 파속)는 파의 종류와 매질에 따라 다르다. 보통은 정현파의 일정한 위상면의 진행속도 즉, 위상속도를 가리키고, 일반적으로 파의 주파수에 따라 변한다(분산). 이방성(異方性)물질을 전달하는 파에서는 파면의 진행방향과 파의 에너지의 진행방향이 다르다.

정현파(正弦波, sine 파)가 아닌 파가 분산성 매질에서 전달될 때는 주파수가 다른 성분의 위상속도가 다르므로, 파가 진행함에 따라서 파형이 변화되고, 파의 속도도 일정하지 않다. 그러나 정현파에 가까운 형태의 파속은 주파수 성분의 분포가 비교적 좁음으로 진폭 최대점의 이동속도는 군속도(群速度, group velocity, c_g)가 된다. 엄밀하게는 분산성 매질은 반드시 흡수를 동반함으로, 파의 강도의 이동속도와 군속도는 일치하지 않는다. 또 충격파, 폭발음과 같은 대진폭의 파에서는 매질의 비선형 효과에 의한 속도의 변화도 생긴다. 분산이 없는 등방성 선형매질에서는 각 정의에 의한 파의 속도는 모두 같아진다.

ㄴ. 분산(관계)

파의 위상속도가 진동수에 따라 다를 때에 일어나는 현상을 일반적으로 **분산**(分散, dispersion)이라고 부른다. 진동에 관계하는 물질상수의 값이 진동수(振動數, 周波數)에 따라 변하기 때문에 일어난다. 분산에는 정상분산(正常分散)과 이상분산(異常分散)이 있다. 분산이 있는 경우는 전반(傳搬) 중에 파형이 무너져 위상속도와 군속도가 일치하지 않는다. 원래는 굴절 등에 의해 빛(light)이 스펙트럼으로 분해하는 현상을 가리킨다. 분산의 개념은 진동수에 의존하는 유전율(誘電率), 투자율(透磁率), 탄성률(彈性率) 등과 같이 입력에 대한 응답함수로 보이는 것에 확장되어 있다(분산관계).

매질 중을 진행하는 파동의 위상속도 c 가 파의 파장(또는 주파수)에 의존하는 경우 매질은 분산을 갖는다고 말하고 이것을 나타내는 관계를 **분산관계**(分散關係, dispersion relation)라고 한다. 진행평면파를

$$A\cos(\omega t - kx + \delta) \tag{16.4}$$

로 표현하면,

$$\omega = f(k) \tag{16.5}$$

의 형태로 쓸 수 있다.

여기서

ω : 각주파수, k : 파수, δ : 위상상수

이다.

위상속도 식 (16.2)의 $c_p = \omega / k$ 와 군속도 $c_g = \partial\omega / \partial k$ 는 일반적으로 다르다.

ㄷ. 군속도

군속도(群速度, group velocity, c_g)는 주기에 비교해서 진폭이 천천히 변화하는 파에서 진폭의 대소(大小)의 위치가 이동하는 속도이다. 진폭이 느리게 변화하는 파속이 전달되는 속도와 같다. 주파수가 근소하게 다른 2개의 파의 울림(beat)의 진행속도이기 때문에 각 주파수 ω 에 위상속도를 c_p, 파수 k 는 식 (16.2)에서(λ 는 파장)

$$k = \frac{\omega}{c_p} = \frac{2\pi}{\lambda} \tag{16.6}$$

이 된다. 여기서 군속도 c_g 는

$$c_g = c_p - \lambda \frac{dc}{d\lambda} = \frac{d\omega}{dk} \tag{16.7}$$

로 주어진다. 분산성 매질 중의 군속도는 정상분산에서는 위상속도 c_p 보다 작지만, 이상분산에서는 크다.

16.1.3. 파의 종류

ㄱ. 자유파와 강제파

자유파(自由波, free wave)는 발생 당시를 제외하고는 어떠한 외력도 경계의 불규칙성의 영향도 받지 않는 파이다. **강제파**(强制波, forced wave)는 생각하고 있는 공간의 경계의 불규칙성에 합치하도록 요청되는 파이다(예 ; 산악파). 또는 밖으로부터 부가된 힘에 대응하는 파이다(예 ; 조석파동). 자유파와 강제파는 서로 한 짝을 이룬다.

ㄴ. 진행파와 정상파

진행파(進行波, progressive wave)는 정상파에 대해서 공간 내의 어떤 방향으로 나아가는 파를 의미한다. **정상파**(定常波, stationary wave, standing wave)는 마디가 움직이지 않고 진동하고 있는 파로, 진행파와 대비해서 사용된다. **정재파**(定在波), **정립파**(定立波)라고도 한다. 같은 진동수와 진폭을 갖는 진행파와 후퇴파(後退波)를 겹쳐서 얻어지는 파와 같다. 대기 중에서는 열대의 열원(熱源)에 의해 여기(勵起)되는 지구규모의 파나, 기류가 산을 넘을 때에 생기는 지형파(地形波)에 그 예가 있다.

ㄷ. 종파와 횡파

종파(縱波, longitudinal wave)는 파동의 진동〔입자의 운동〕방향과 진행방향이 일치하는 진행파를 의미한다. 압축파(壓縮波)라고도 한다. 음파가 그 대표적인 예이다. 천수파(淺水波 ; 얇은 물의 파동)도 제 1 근사로 이것에 속한다. 탄성파(彈性波)에서는 체적탄성에 의해서 일어난다. 그림 16.2 는 종파의 모식도이다.

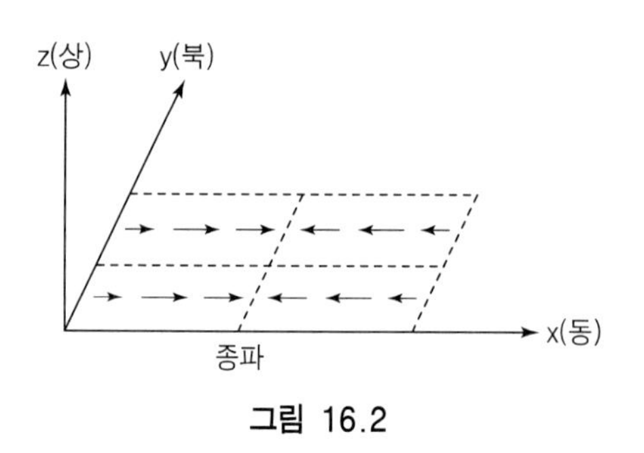

그림 16.2

횡파(橫波, transverse wave)는 매질의 진동방향과 파동의 진행방향이 수직이 되는 진행파이다. 진동면이 수직이 되어 있는 것이 중력파이고, 수평으로 누워있는 것이 로스비파나 관성파이다(그림 16.3 참고).

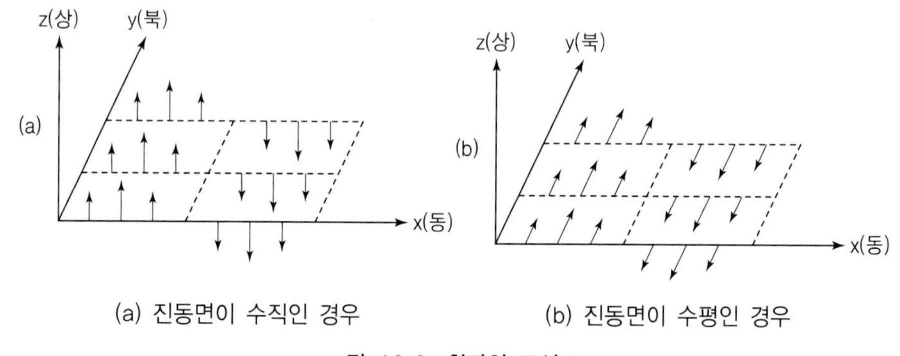

(a) 진동면이 수직인 경우　　(b) 진동면이 수평인 경우

그림 16.3. 횡파의 모식도

탄성파의 경우에는 어긋남 탄성에 의해 일어나고, 유체 내에서는 보통 보이지 않는다. 전자파에서는 전장(電場)과 자장(磁場)이 진행방향과 직교함으로 이것도 횡파라고 한다. 정상파에 대해서는 진폭이 공간적으로 변하는 방향과 진동방향이 직교하는 경우를 말한다.

ㄹ. 내부파, 외부파 및 표면파

내부파(內部波, internal wave)는 유체 내 또는 유체 내의 내부경계면에 최대진폭을 갖는 파이다. 연속적으로 밀도가 변화하는 것과 같은 유체 내에 있어서는 보통 전자만을 가리키고, 후자는 외부파라고 부른다.

내부파는 연직방향으로 위상구조를 갖고, 에너지를 연직방향으로 전달하는 작용을 한다. 대기 중에서는 상공일수록 밀도가 작으므로, 에너지를 보존하면서 상방으로 전파하는 내부파의 진폭은 높이와 함께 증대한다. 대기중력파(大氣重力波)나 로스비파의 대부분은 내부파의 성질을 갖고 있다.

밀도가 다른 2개의 유체가 상하로 겹쳐, 위쪽이 가벼운 때에 그 경계(불연속면)에서 일어나는 파이다(위쪽의 유체가 무거운 때는 레일리-테일러 불안정성이 생김, 6.3.3항 참고). 계면(界面)에서 상하로 멀어질수록 진동의 진폭은 작아진다. 대기의 경우에는 중력 외에 지구의 자전도 내부파의 발생에 영향을 미친다. 상하의 유체의 속도차에 의해 일어나는 것도 넓은 의미에서는 내부파에 속한다(켈빈-헬름홀츠 불안정성). 호수나 좁은 항만의 수면 밑에 밀도의 불연속면이 있으면 파장이 긴 정상파가 생기는 일이 있다.

외부파(外部波, external wave)는 유체의 외부경계면(자유표면이나 지표면) 등에 최대진폭을 갖는 것과 같은 파이다. 성층 상에 밀도가 변화하는 유체 내에서는 내부경계면에 최대진폭을 갖는 것과 같은 파도 이것에 들어간다.

연직방향으로 위상구조를 갖지 않는 파이다. 진폭은 연직방향으로 지수함수적으로 증대 또는 감소한다. 위상이 직립하고 있기 때문에 연직방향으로 에너지를 전달하는 작용은 하지 않는다. 즉 연직방향으로는 파로써 전반(傳搬)하지 않고, 진폭이 단조롭게 감소하고 있는 것과 같은 파를 총칭해서 외부파라고 부른다. 대기 중의 실 예로는 중력파나 자유진동에 외부파의 성질을 갖는 것이 있다. 내부파에 대응해서 논의하는 일이 많다.

표면파(表面波, surface wave)는 매질의 표면 또는 계면(界面)을 따라서 전달되고, 내부에서는 표면(계면)에서의 거리와 함께 진폭이 급속히 감쇠하는 파이다. 감쇠는 일반적으로 지수함수적이다. 수파(水波)에 대해서는 물의 깊이가 파장과 같은 정도 이상일 때에는 밑(바닥)의 영향이 나타나지 않으므로 이 경우를 특히 표면파라고 한다. 유전체(誘電體) 또는 도체(導體)의 표면을 따라서 전달되는 전자파도 표면파의 예이다.

ㅁ. 고립파와 충격파

고립파(孤立波, solitary wave)는 단 하나의 마루 또는 골만을 전달해 가는 비선형파(非線形波)의 일종이다. 19세기 후반에 러셀(J. S. Russel)이 수로(水路)의 표면에 생긴 국소적인 수면의 올라옴이 모양을 바꾸지 않은 채 일정한 속도로 전반(傳搬)하는 것을 관찰하고 고립파라고 불렀다. 수면을 전달하는 고립파는 코르테웨크-디・후리스방정식에 의해 기술된다. 그 외 플라스마 속의 파, 와운동(渦運動) 등 많은 유체현상에 고립파가 나타난다.

코르테웨크-디・후리스방정식(Korteweg-de・Vries equation)은 2변수 x, t의 함수 $u(x,t)$에 대한 편미분방정식

$$\frac{\partial u}{\partial t} + u\frac{\partial u}{\partial x} + \frac{\partial^3 u}{\partial x^3} = 0 \tag{16.8}$$

이 된다. 간단히 KdV 방정식이라고도 한다. 처음에 코르테웨크(Korteweg)와 G. 디・후리스(de Vries)가 한 방향으로 전달되는 천수파(淺水波 : 엷은 물의 파)의 근사이론을 도입했다(1895년). 1960년대가 되어 고립파의 간섭에 관련해서 플라스마를 비롯한 각 분야에 나타나는 비선형파동의 전형예(典型例)로써 주목을 끌게 되었다. 좌변 제 2항이 비선형항, 제 3항이 파의 분산을 나타내는 항이다. 또한 $u(\partial u/\partial x)$를 $u^p(\partial u/\partial x)(p=2, 3, \cdots)$로 치환한 것을 변형$KdV$방정식(變形---方程式, modifed Korteweg-de Vries equation)이라 부르고 있다.

충격파(衝擊波, shock wave)는 폭발이나 뇌전(雷電) 등에 의해 발생하는 불연속적으로 기압상승을 동반하는 압축파이다. 항공기의 표면기류가 초음속으로 그 후방으로 음속 이하의 부분이 있으면 음속기류면에 충격파가 발생한다.

일반적으로 수축하는 유체 속에서는 어떤 면을 경계로 해서 압력, 밀도, 온도가 급격히 증가하는 것과 같은 일종의 불연속면이 나타날 수가 있다. 이것이 충격파이다. 폭발에 수반되는 압축파로 강렬한 압력 변화는 그 예이고, 음속을 넘는 빠르기로 전반(傳搬)한다. 충격파 전방의 압력, 밀도를 각각 p_1, ρ_1, 후방의 압력, 밀도를 p_2, ρ_2로 하면, $p_2 > p_1$, $\rho_2 > \rho_1$ 이어서

$$\frac{\rho_2}{\rho_1} = \frac{(\gamma - 1)p_1 + (\gamma + 1)p_2}{(\gamma - 1)p_2 + (\gamma + 1)p_1} \tag{16.9}$$

라고 하는 랜킨-유고니오의 관계(Rankine-Hugoniot relation, ☂)가 성립한다. 여기서 γ는 식 (2.20)의 $\gamma = C_p / C_v$ 인 정압비열과 정적비열의 비(比)이다. 또 충격파의 진행속도(進行速度, progressive velocity, c)는

$$c = \sqrt{\frac{p_1}{2\rho_1}} \sqrt{(\gamma - 1) + (\gamma + 1)\frac{p_2}{p_1}} \qquad (16.10)$$

으로 주어지고, 음속〔音速, the velocity(speed) of sound, c_s〕

$$c_s = \sqrt{\gamma \frac{p_1}{\rho_1}} \qquad (16.11)$$

보다 크다.

충격파가 흐름에 직각인 경우에는 **수직충격파**(垂直衝擊波, normal shock wave), 경사져 있을 경우에는 **경사충격파**(傾斜衝擊波, oblique shock wave)라고 한다. 첨두탄환(尖頭彈丸)의 두부파(頭部波)는 경사충격파의 예이고, 천음속(遷音速)으로 비행하는 날개의 표면에 나타나는 것이나 충격파관(衝擊波管, shock tube) 내의 것은 수직충격파의 예이다.

ㅂ. 산악파와 풍하파

산악파(山岳波, mountain wave)는 산의 영향으로 대기의 흐름 속에 발생하는 정상파이다. 강한 바람이 산맥을 불어 넘을 때, 산맥의 풍하측에서는 강한 하강기류가 되고, 이것이 풍하측에 파상(波狀)으로 이어지는 풍하파의 일종이다. 그 범위는 산맥의 풍하측 수 100 km 에 달하는 경우가 있다. 그 파장은 4 ~ 20 km 이고, 고도는 10 km 정도가 되는 일이 있다. 훼르히트곳트(그림 16.4 참고)에 의하면, 정상파가 생기기 위해서는 바람의 연직분포에 특유한 형이 있어 산정(山頂)에서 대류권 상부에 걸쳐 풍속의 값이 점차로 증대해 있던지, 아니면 적어도 일정하게 되어 있는 것이 필요하다. 파는 하나 또는 그 이상으로 어떤 경우에는 닫힌 순환이 생기는 일이 있고, 여기서는 대단히 강한 난기류(亂氣流)가 있다. 항공기 운행 상의 중요한 현상이고 때로는(註) 입운(笠雲, 삿갓구름, cap cloud, collar cloud), 조운(吊雲, 매달린 구름), 권축운(卷軸雲, 롤운, roll cloud) 등이 나타난다.

풍하파(風下波, lee wave)는 산의 풍하에 생기는 파동이다. 풍하산악파(風下山岳波)라고도 한다. 안정한 성층을 갖는 대기에 상하의 요란이 가해지면 복원력(復原力)이 작용해서 파동이 생긴다. 일반류가 있는 장에 산이 있으면 공기는 교란되어 풍하(바람이 불어 나가는 곧)에 파동이 생긴다. 이 파동의 진폭이나 파장은 산의 모양, 일반류의 연직분포, 대기의 정적안정도에 의존한다. 이 파동에 의해 산의 풍하에 강풍역이나 파상운(波狀雲)이 생기는 일이 있다.

또 산맥을 기류가 넘을 때에 풍속이 높이와 함께 증가하고 있을 때에는 풍하의 흐름에 파동이 생기고, 바람이 산의 높이의 1.5 배 정도까지 강하고, 그보다 위에서는 급격히 약해지면 흐름은 회전형(回轉型)이 된다. 이론적으로는 풍하파의 형은 바람의 연직분포와 안정도에 의해 결정된다. 고립된 봉우리에서는 산을 우회해서 오는 흐름이 있음으로 더욱 복잡하게 된다.

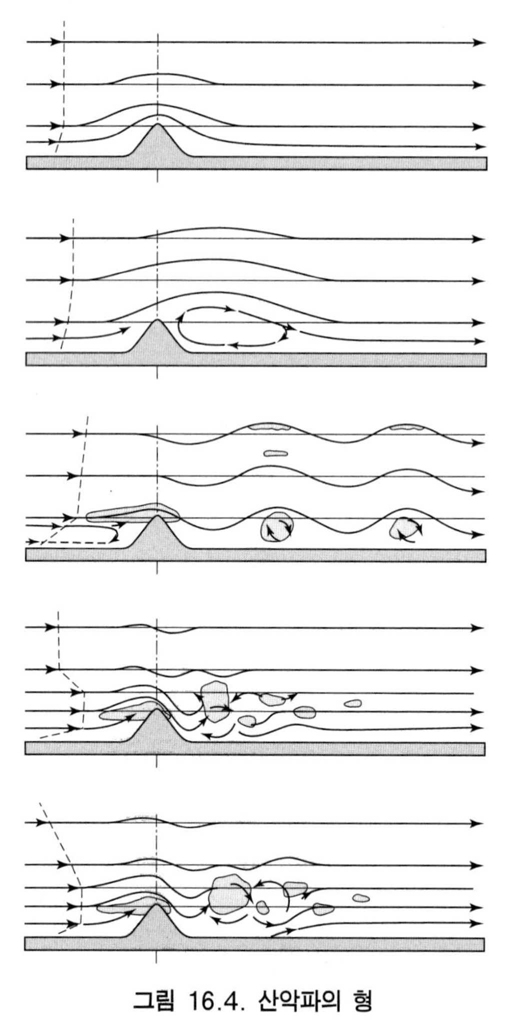

그림 16.4. 산악파의 형

왼쪽의 점선(點線, dotted line)은 풍속의 연직분포를 나타낸다.

또한 풍하파는 산에 의해 여기(勵起)된 안정성층 중의 내부중력파라고 하는 점에서 산악파의 한 형태이지만, 풍하파로써 인식되는 것은 파가 산에서 떨어진 풍하측에 전반(傳搬)하는 경우이다.

일반장의 바람이 산맥에 거의 직각방향으로 불고, 일반풍의 연직전단이나 안정도의 분포에 의해 스코러수(Scorer number, 註)가 어떤 높이에서 급격히 감소하는 듯한 경우 하층에서 생긴 산악파 중 상층의 스코러수의 역수보다도 짧은 수평파장성분을 갖는 파는 층의 경계점에서 상방으로 전반될 수 없으므로 반사되어 하층으로 포착된다. 결과적으로 하층에서는 층의 두께로 결정되는 특정의 수평파장의 파만이 선택적으로 탁월하다. 이 원인에 의한 풍하파를 공명풍하파(共鳴風下波) 또는 포착된 풍하파라고 한다.

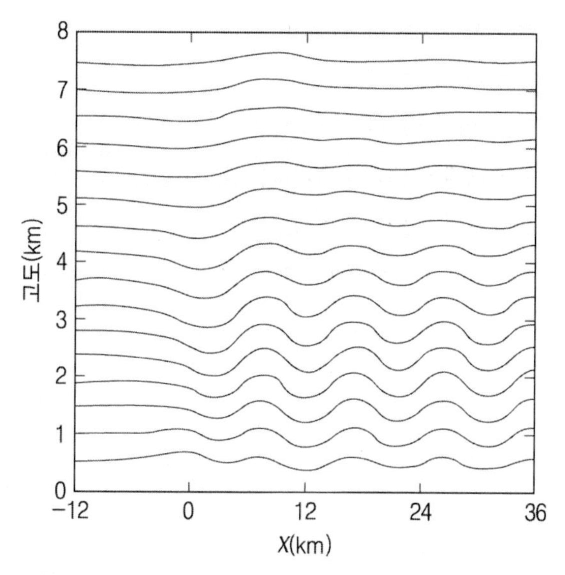

그림 16.5. 풍하파의 이론적인 해의 예(Durran, 1986)

하층의 파가 축의 기울기를 갖지 않고, 산에서 떨어진 풍하측에 거의 감쇠하지 않고 전반되는 점에서 통상의 풍하파와 구별된다. 그림 16.5는 고도 3.3km 부근을 경계로 스코러수 S_n이 $1.0\times10^{-3}/m$ 에서 $0.4\times10^{-3}m$ 으로 급감하는 경우 풍하파의 이론적인 해의 예이다.

풍하파에서 대기가 적당히 젖어 있을 때에는 파두(波頭)에 대응하는 장소에 구름이 생겨서 기상위성의 구름 화상 등에서 파상운(波狀雲)으로써 시각화되는 일이 있다.

16.1.4. 대기요란

대기요란(大氣擾亂, atmospheric disturbance)은 지구대기 중에 3 차원적으로 분포하고 있는 **파동요란**(波動擾亂, wave disturbance)을 의미한다. 지표경계층 등에서 보이는 난류를 제외하고, 상당히 명확한 시간과 공간의 고유규모를 갖고 있고, 통계적으로 많이 발생하고 있음으로 표 16.1 과 같이 분류된다.

대기요란 발생의 근원의 에너지원은 태양방사(일사)이지만 직접적으로는 역학적・열역학적 불안정성의 해소 및 역학적·열역학적 강제의 모양을 취하고 나타나 최종적으로는 운동에너지로 전환된다. 이 불안정성에는 몇 개의 종류가 있고, 개별 또는 복수의 불안정성의 조합으로써 기능하고 있다. 대표적인 것으로는 경압불안정성(종관규모 요란의 생성), 순압불안정성(기본류의 변동), 관성불안정성, 켈빈·헬름홀츠불안정성, 제 2종조건부불안정성(태풍의 발생) 등이 있다.

표 16.1. 대기요란의 분류

오란스키의 규모	대 기 요 란			대응하는 기상현상			대표적인 파장, 수명: 수평파장	연직의 퍼짐	수명	지구를 둘러싼 파수 (중위도)
마크로 α	대규모 요란	행성파 (로스비파)	초장파	열대성층권파동 (준 2년주기의 변동도 포함)			약 10,000km	약 10km	약 5 주간	1 ~ 3
마크로 β	대규모 요란	종관규모 요란	장 파	이동성 고·저기압 (태풍·열대저기압)	지우성강수현상	저기압가족	5,000	10	1 주간	4 ~ 7
마크로 β	대규모 요란	종관규모 요란	단 파	이동성 고·저기압 (태풍·열대저기압)	지우성강수현상	저기압가족	3,000	10	3 일	8 ~ 12
메소 α	중소규모요란		중간규모 요란	전선성파동	지우성강수현상	저기압가족	1000	5	1 일	13 ~ 22
메소 β / 메소 γ	중소규모요란		중규모 요란	메소 고·저기압 돌풍선, 국지풍	호우·호설		500	5 ~ 10	5 시간	≳ 23
마이크로 $\alpha\beta\gamma$	중소규모요란		소규모 요란	거대한 적란운, 돌풍대류성 강수현상	호우·호설		5 ~ 50	5 ~ 10	1 시간	
마이크로 $\alpha\beta\gamma$	난 류			접지 및 행성경계층, 청천난류			≲ 5	≲ 3	≲ 5 분	

중 력 파	보존은 양자가 연결된 형태로 나타난다. 장 파 : 조성진동 단 파 : 중규모 요란에도 관계	기상현상을 문제로 할 때 음파는 잡음으로 간주하지만, 그 외의 파동은 자연계에 존재하는 한 대상이 된다. 수치예보 등에서 계산상의 이유로 생긴 것은 역시 잡음으로 간주할 수밖에 없다.
관 성 파		
음 파	그다지 날씨 현상에 기여하지 않는다.	

불안정성은 파장(파수)에 선택적으로 작용하기 때문에 발생, 발달하는 파는 거의 단일파로 간주된다. 따라서 파동이 뚜렷한 경우의 일기도 상의 파는 지형효과 및 비선형효과 때문에 매끈한 파상(波狀)을 하고 있지 않아도 복수의 파동의 합성된 군파(群波 : 파의 집합)로 간주하기 보다는 오히려 단일파로서 그의 동정(動靜)을 생각하는 쪽이 좋다. 반대로 파형(波型)이 무너지거나 장(場)이 바뀔 때의 일기도 상의 파는 군파의 행동을 보인다.

불안정파는 일반적으로 자유파로 간주되고, 비정상파인 일이 많다. 한편, 지구표면의 지형의 역학적 효과나 해륙분포의 열역학적 효과에 의해 생기는 강제파도 존재하고, 이들은 정상파인 것이 많다. 비선형 효과에 의해 자유파와 강제파가 연결되는 일도 충분히 가능하다. 따라서 관측 사실의 해석에 있어서는 이론적 본질론과 현상적 실체론을 확실하게 구별할 필요가 있다.

대규모요란(大規模擾亂, large scale disturbance)은 지구를 둘러싸고 있는 파수 15 정도까지의 파동요란을 의미한다. 초장파, 장파, 단파를 포함하는 총칭이다. 일기도 상에 탁월하게 나타나는 요란으로 대기대순환 변동의 주요부분을 이룬다. 일기예보 상 가장 주목해야할 요란이다. 수직에 비교해서 수평규모가 약 1,000배 큰 준수평운동으로, 거의 지형풍(地衡風, 지균풍)의 관계를 만족한다. 이 요란에 관한 와도는 $10^{-5}/s$의 크기, 수평속도 발산은 $10^{-6}/s$의 크기로 대체로 와도방정식에 따른다. 대규모요란의 유지에는 대규모 산악계나 해양·대륙의 분포, 경압불안정성이나 각종의 비단열효과, 마찰효과 등이 중요한 역할을 하고 있다.

16.2. 파동의 기초지식

고요한 수면에 작은 돌을 던지면 잔잔했던 수면에 마루와 골의 굴곡이 생겨서 그것이 사방으로 전파해 나간다. 또 긴 스프링의 한 끝을 끌어당기면 거기서부터 소밀(疏密 : 성김과 빽빽함)이 교대로 생겨서 스프링의 가운데로 소밀의 진동이 전파해 간다. 수면이나 스프링처럼 파를 전달하는 것을 **매질**(媒質, medium)이라고 한다. 이처럼 매질의 일부를 진동시키면 어떤 부분의 진동은 언제나 그 이웃을 움직이게 하기 때문에 진동이 매질을 통하여 전파해 나간다. 매질의 각 부분은 원래 있던 장소의 근처를 진동하는 것뿐이지만 전체로써는 어떤 파가 전파해 나가는 것처럼 보인다. 진동 혹은 일반적으로 얼마간의 국소적 상태변화가 점차 공간적으로 전파해나가는 현상이 파 또는 파동이다.

매질 내의 한 점에서 시작된 진동은 각 방향으로 주어진 속도로 전파해 나간다. 따라서 어떤 특정한 시각에 진동이 도달하는 점의 궤적을 추적하면 공간 내에 하나의 곡면이 얻어진다. 이 진동의 궤적을 일반적으로 **파면**(波面, wave front)이라 부른다. 공간의 모든 방향으로 전파속도가 같은 파의 경우, 파면은 구면을 이루며 이러한 파를 **구면파**(球面波, spherical wave)라고 한다. 한편 파가 한 방향으로만 동일한 전파속도로 전파하는 경우, 파면은 평면이고 이때의 파동을 **평면파**(平面波, plane wave)라고 부른다.

16.2.1. 정현파

가장 간단한 형태의 파가 **정현파**(正弦波, sine wave)이다. 수면 위를 일정한 방향으로 진행하는 파를 취해서 그 방향을 x 축으로 하고, 좌표가 x 인 지점에서 시간 t 인 때의 수면의 상승을 η 라고 하면,

$$\eta = A\sin(kx - \omega t + \phi) \tag{16.12}$$

로 나타낼 수 있다. 여기서 A, k, ω ; 양의 상수, ϕ ; 상수이다. 정현은 2π 를 주기로 하는 주기함수이므로 일정 시각 t 에서 x 가 $2\pi/k$ 만큼 떨어져 있는 지점에서는 η 는 항상 같은 값을 가진다. 이 간격이 파장(wave length, λ)이 된다.

한 지점 x 에서 살펴보면 수면의 높이 η 는 **단진동**〔單振動, simple (harmonic) oscillation, 단조화진동(單調和振動), 6.9절 참고〕을 하고 있으며 그 진폭(振幅, amplitude)은 A 이다. 또 $2\pi/\omega$를 경과한 시각에서는 η 는 항상 같은 값이 되어 이 간격이 주기(period, T)이다. 주기의 역수는 단위시간 동안의 진동하는 횟수를 나타내므로 이것이 진동수(振動數, frequency, ν) 또는 주파수가 된다. 파장 λ, 주기 T, 진동수 ν 사이에는 다음의

$$\lambda = \frac{2\pi}{k}, \qquad T = \frac{2\pi}{\omega} = \frac{1}{\nu} \tag{16.13}$$

의 관계가 있다.

파장의 역수는 단위길이에 포함되는 마루 또는 골의 수이고, 그 2π배인 k 가 **파수**(波數, wave number)이다. ω 는 진동수의 2π 배이고 이것이 **각진동수**(角振動數, angular frequency) 또는 **각주파수**(角周波數)이다.

식 (16.12)의 괄호 안의 $kx-\omega t+\phi$ 가 **위상**(位相, phase)이다. 시각 t 때 점 x 에서 위상과 시각 $t+\delta t$ 에서의 점 $x+\delta x$ 에서의 위상이 같다고 한다면,

$$k x - \omega t + \phi = k(x + \delta x) - \omega(t + \delta t) + \phi \tag{16.14}$$

가 되고, 여기서 $k \delta x - \omega \delta t = 0$ 이다. 따라서 파의 속도 c 는 c_p 가 되어

$$c_p = \frac{\delta x}{\delta t} = \frac{\omega}{k} = \frac{\lambda}{T} \tag{16.15}$$

로 표시되고, 이것이 식 (16.2)의 **위상속도**(位相速度, phase velocity)이다.

정현파 등과 같은 삼각함수형의 파는 복소수 및 복소함수를 쓰면 그 표현이 간단해진다.

$$e^{ix} = \cos x + i \sin x \tag{16.16}$$

에서 $i = \sqrt{-1}$ 이므로, 식 (16.12)는 $\phi = \pi/2$ 일 때

$$\eta = A\, Real\left[e^{i(kx - \omega t)}\right] \tag{16.17}$$

로 표현할 수가 있다.

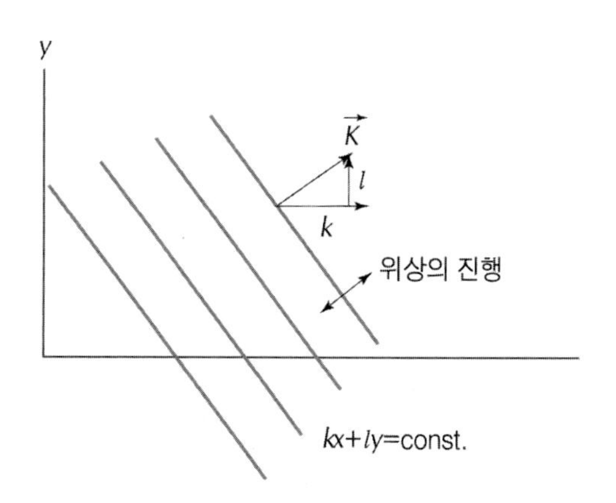

그림 16.6. 평면파(平面波)

파수벡터는 등위상선과 수직으로 만난다.

여기서 위상속도에 대해 유의해야 할 일이 있다. 삼각함수형의 파를 2차원으로 확장해서

$$\eta = \eta_0\, e^{i(kx + ly - \omega t)} \tag{16.18}$$

로 하고, 여기서 l 은 y 축 방향의 파수이다. 그림 16.6의 평면파를 참고하면서 생각하면, 어떤 시각에서 위상은 $kx + ly = const.$ 한 직선상에서 같게 된다. 이것은 등위상선(等

位相線, isophase line)인 마루 또는 골을 나타내고 있다. 이 등위상선에 수직인 벡터가 파수벡터

$$\boldsymbol{K} = k\boldsymbol{i} + l\boldsymbol{j} \tag{16.19}$$

이다.

따라서 k 및 l 은 각각 x, y 방향의 파수벡터의 성분이다. 파수벡터의 절대치는 $|\boldsymbol{K}| = \sqrt{k^2 + l^2}$ 이므로 식 (16.18)로 표현되는 파의 파장(λ)은 $2\pi/|\boldsymbol{K}|$ 이다. 어떤 관측지점에서의 위상의 변화율은 $\omega = -\partial\theta/\partial t$ 이고, 여기서 $\theta = kx + ly - \omega t$이다. x 축 방향으로 위상이 진행하는 속도는 고정된 y 축에 있어서 θ 가 일정한 경우로부터

$$c_x = -\frac{\dfrac{\partial\theta}{\partial t}}{\dfrac{\partial\theta}{\partial x}} = \frac{\omega}{k} \tag{16.20}$$

이 되고, 같은 방법으로 y 축 방향의 속도는

$$c_y = -\frac{\dfrac{\partial\theta}{\partial t}}{\dfrac{\partial\theta}{\partial y}} = \frac{\omega}{l} \tag{16.21}$$

이 된다.

한편, 파수벡터 $\boldsymbol{K}$ 의 방향으로 진행하는 위상속도는

$$c_p = -\frac{1}{|\nabla\theta|}\frac{\partial\theta}{\partial t} = \frac{\omega}{|\boldsymbol{K}|} = \frac{\omega}{\sqrt{k^2 + l^2}} \tag{16.22}$$

이다. 그러므로 위상속도는 각 성분벡터의 합이 아닌 것을 알 수가 있다.

16.2.2. 파동방정식

3 차원적인 매질을 전파하는 파는 일반적으로

$$\frac{\partial^2\eta}{\partial x^2} + \frac{\partial^2\eta}{\partial y^2} + \frac{\partial^2\eta}{\partial z^2} = \frac{1}{c^2}\frac{\partial^2\eta}{\partial t^2} \tag{16.23}$$

의 편미분방정식으로 정의된다. 여기서 x, y, z 는 위치, t 는 시간을 나타내고, 이들의 함수 $\eta(x, y, z, t)$ 는 매질의 대기과학적 상태의 변화를 나타내는 양이다. c 는 매질에 따라 정해진 상수이다. 매질이 균질하다면 c 는 매질 내에서 일정하다. 이 편미분방정식을 **파동방정식**(波動方程式, wave equation)이라고 한다.

c 가 매질 내에서 일정하다고 해도 식 (16.23)을 만족하는 η 의 형〔즉 식 (16.23)의 해〕은 무수히 많다. 식 (16.23)에서 η 가 좌표 y, z 에 독립적이라면 $\partial^2\eta/\partial y^2$, $\partial^2\eta/\partial z^2$ 항은 없어지므로,

$$\frac{\partial^2 \eta}{\partial x^2} = \frac{1}{c^2}\frac{\partial^2 \eta}{\partial t^2} \tag{16.24}$$

가 된다. 이 일차원 파동방정식의 해 중 하나는 $x-ct$ 의 임의의 함수 $F(x-ct)$ 로써

$$\eta = F(x - ct) \tag{16.25}$$

가 된다. 실제로 식 (16.25)가 식 (16.24)의 해가 됨을 대입해 보면 알 것이다. 이 해는 $t=0$일 때, $\eta=F(x)$ 로 표시되는 파형의 변형없이 x 축의 양(+)의 방향으로 일정한 속도 c 로 진행하는 것을 나타내고 있다. 이와 함께 $G(x+ct)$ 는 x 의 음(-)의 방향으로 진행하는 파도 해가 됨을 알 수가 있다. 이러한 파는 x 축에 수직인 평면 내에서는 η 가 언제나 같은 값을 가지기 때문에 평면파이다.

같은 방법으로 식 (16.23)으로부터 y 방향, z 방향의 평면파도 표현이 가능하며, 또한 임의의 방향으로 진행하는 평면파도 나타낼 수가 있다. 실제로 정현파

$$\eta = A\sin(kx + ly + mz - \omega t) \tag{16.26}$$

은

$$k^2 + l^2 + m^2 = \frac{\omega^2}{c^2} \tag{16.27}$$

을 만족하면, 식 (16.23)의 해가 되는 것을 알 수가 있다. 여기서 벡터(k, l, m)은 파수벡터이다.

식 (16.23)의 해에는 한 점으로부터 파가 퍼져 나오거나 수렴해 들어오는 듯한 양상을 보이며, 그 점을 중심으로 하는 구면상에는 동일한 상태를 나타내는 파, 즉 구면파(球面

波)도 있다. 또

다음에는 1 차원의 경우 x 축 방향의 +, -, 양방향으로 전파하는 동일한 진폭, 파장의 정현파를 합하여 보자.

$$\begin{aligned} \eta_1 &= A\sin(kx - \omega t) \\ \eta_2 &= A\sin(kx + \omega t) \\ \eta_1 + \eta_2 &= A\{\sin(kx - \omega t) + \sin(kx + \omega t)\} \\ &= 2A\sin kx \cos \omega t \end{aligned} \tag{16.28}$$

이 파에 있어서 진폭이 일정한 점은 진행파의 경우처럼 공간적으로 이동하지 않고 정위치(定位置)에 존재한다. 이러한 파는 정상파가 된다. 예를 들면, 수면파의 경우 양 끝에 절벽이 존재하면 정상파가 형성된다.

또 일정한 위상속도 c_p 로 진행하는 파를 정상파에 대해서 속도 $U = c_p$ 로 움직이는 좌표계에서 볼 경우, 수면파형(水面波形)은 완전히 정지해 있는 것으로 나타난다. 이와 같은 정지파형(靜止波形)은 파의 전파방향과는 역으로 일정속도 $U = -c_p$ 로 흐르는 물에서도 나타난다. 이처럼 파형이 정지한 파가 정상파이다. 물론 정상파의 경우 물의 운동까지 멈춰 있는 것은 아니고, 물은 진행파의 운동과 속도가 U 인 일정한 흐름이 합쳐진 운동을 하고 있는 것이다.

16.2.3. 분산과 군속도

정현파 등의 파동을 특징 지워 주는 것은 공간적으로는 파수, 시간적으로는 진동수이다. 한 점에서 정현파를 관측하면 그 진동수를 알 수가 있다. 그러나 이것만으로는 파장이 긴 파가 빠른 속도로 움직이는 것인지, 파장이 짧은 파가 느리게 움직이는 것인지를 판별하는 것은 불가능하다.

정현파의 속도 c 는 이 두 개의 양을

$$c = \frac{\omega}{k} \tag{16.29}$$

라고 하는 관계로 결합한 것이다. 그러므로 식 (16.12)은

$$\eta = A\sin k(x - ct) \tag{16.30}$$

으로 나타낼 수가 있다. 이것은 정현파의 속도가 매질에서 고유한 상수 c 가 되는 경우이다. 정현파의 속도는 매질에 의해서만 정해지는 것이 아니고, 정현파의 파수와도 관계되는 경우가 있다. 이 경우에 볼 수 있는 현상이 일반적으로 분산(分散, dispersion)이다.

다음으로 어떤 파원(波源)으로부터 출발한 파가 단일 정현파가 아니고, 무수한 다른 파장을 가진 정현파로 구성된 경우를 생각해 보자. 파가 분산성을 가지는 경우에는 어떤 시간 이후에는 이들 정현파 중에서 전파속도가 빠른 성분은 파원에서 먼 곳까지 도착하고, 느린 성분은 가까운 곳까지만 전파된다. 이러한 성분파의 분산은 시간이 경과함에 따라 더욱 뚜렷해져, 파원으로부터 먼 곳은 빠른 성분파가 가까운 곳에서는 느린 성분파가 나타나게 된다.

따라서 분산이 많이 진행된 후에는 공간 내의 장소에 따라 특정한 파수와 진동수의 성분파만이 존재하게 되고, 이러한 분포양상은 시간에 따라 변화하게 된다. 이러한 경우를 전체적으로 고려할 때, 파수와 진동수가 장소와 시간의 함수임을 알 수 있다. 또 매질이 불균일한 경우에는 파의 전파속도가 장소와 함께 변화함으로 위와 같이 다룰 필요가 있다. 이러한 파의 경우를 기술하는 데에는 군속도의 개념이 필요하다.

예를 들면, 진폭, 파수, 진동수가 거의 같은 두 개의 정현파

$$\begin{aligned} \eta_1 &= A\sin(kx - \omega t) \\ \eta_2 &= (A + \delta A)\sin\{(k + \delta k)x - (\omega + \delta\omega)t\} \end{aligned} \tag{16.31}$$

이 공존하는 경우로 여기서 $\delta A \ll A$, $\delta k \ll k$, $\delta\omega \ll \omega$ 이다. 이때 전체 파형은

$$\begin{aligned} \eta &= \eta_1 + \eta_2 \\ &= 2A\cos\left\{\frac{1}{2}(\delta k \cdot x - \delta\omega \cdot t)\right\}\sin\left\{\left(k + \frac{\delta k}{2}\right)x - \left(\omega - \frac{\delta\omega}{2}\right)t\right\} \\ &\quad + \delta A\sin\{(k + \delta k)x - (\omega - \delta\omega)t\} \end{aligned} \tag{16.32}$$

라고 생각할 수 있고, δA , δk , $\delta\omega$ 를 각각 A , k , ω 에 비교해서 무시하면,

$$\eta = 2A\cos\left\{\frac{1}{2}(\delta k \cdot x - \delta\omega \cdot t)\right\}\sin(kx - \omega t) \tag{16.33}$$

이 된다. 이 파형은 $\delta k \ll k$, $\delta\omega \ll \omega$ 임을 고려하면, 성분파의 식 (16.31)과 동일한

파수 k 와 진동수 ω 를 가지는 정현파로써 진폭이 공간적, 시간적으로 완만하게 변하는 것을 볼 수가 있다. 이 파의 진폭의 포락선(包絡線)은 그 자신이 기본파에 비교해서 훨씬 긴 파장 $4\pi/\delta k$ 와 주기 $4\pi/\delta\omega$ 를 가진 진행 정현파이고, 그에 따라서 기본파는 길이 $2\pi/\delta k$ 의 파군(波群)으로 나누어진다. 이러한 파군의 진행속도는 식 (16.7)과 같이

$$c_g = \frac{\delta\omega}{\delta k} \tag{16.34}$$

로 주어지며, 이것이 군속도(c_g)이다(그림 16.7 참고).

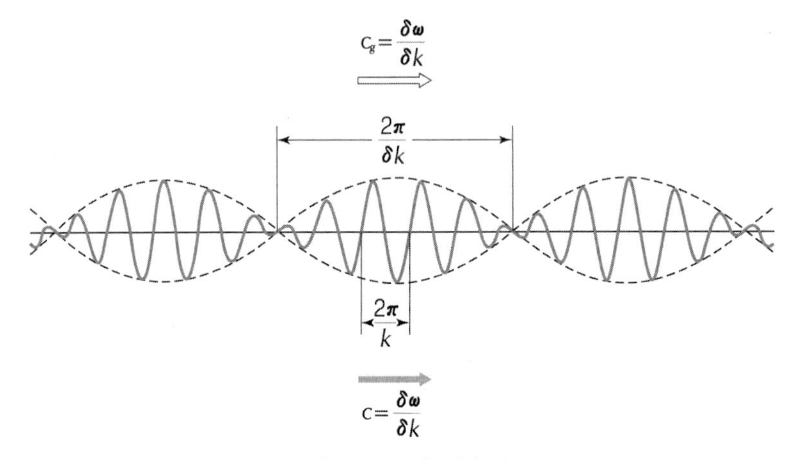

그림 16.7. 파군(波群)

조금 더 일반적인 경우로 예를 들어 보자. 어떤 파수 k 를 중심으로 그 근방의 파수를 연속적으로 포함하는 경우를 생각한다. 파수에 대응하는 진폭의 분포로 정규형(正規型)을 취하면 전체의 파형은

$$\eta = A\sqrt{\frac{\alpha}{\pi}}\int_{-\infty}^{+\infty} e^{-\alpha(k'-k)^2}\sin\{k'x - \omega(k')t\}dk' \tag{16.35}$$

의 형태로 표현된다.

여기서 $\alpha > 0$ 은 상수이다. $\alpha \gg 1$ 인 경우, 피적분함수는 $k' = k$ 근방에서만 0 이 아닌 값을 취함으로

$$\omega(k') = \omega(k) + \frac{d\omega}{dk}(k' - k) \tag{16.36}$$

으로 근사적으로 나타낼 수가 있고, 따라서 식 (16.35)의 근사식은

$$\eta \approx A\exp\left\{-\frac{1}{4\alpha}\left(x - \frac{d\omega}{dk}t\right)^2\right\}\sin(kx - \omega t) \tag{16.37}$$

이 된다. 이것은 서로 연속하여 나타나는 파군을 나타내는 식 (16.33)과 다르며, 좌표 $x = (d\omega/dk)t$ 의 지점에서 최대진폭을 가지는 단독 파군을 나타낸다. 이 파군은 속도 $d\omega/dk$ 로 진행한다(그림 16.8 참조).

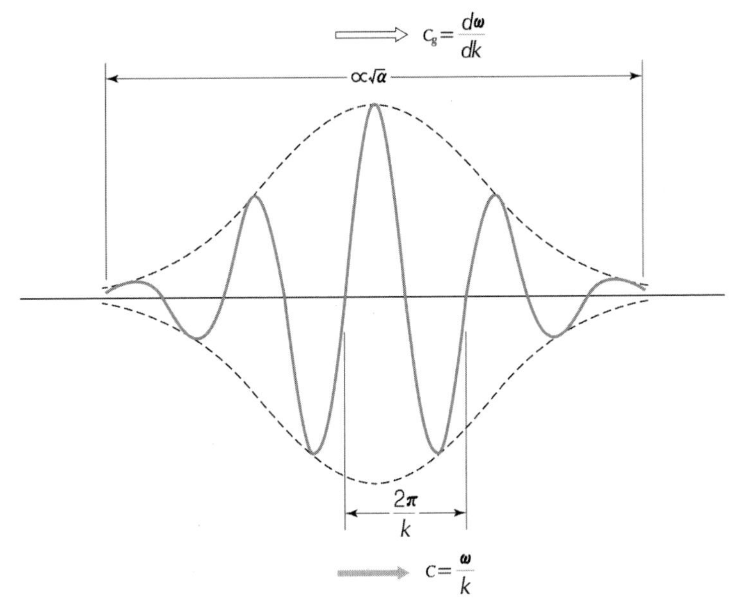

그림 16.8. 파군의 전파(傳播)

일반적으로 이 속도로 군속도를 정의해서

$$c_g = \frac{d\omega}{dk} = \frac{d}{dk}(kc) = c + k\frac{dc}{dk} \tag{16.38}$$

로 놓고, 비분산성의 파동은 $dc/dk = 0$ 이므로 군속도 c_g 가 위상속도 c_p 와 일치한다 ($c_g = c$).

16.3. 파장에 의한 구분

16.3.1. 초장파

초장파〔超長波, ultra(very) long wave〕는 지구를 둘러싸고 있는 동서파수 1 ~ 3 정도의 대기파동을 의미한다. 동서파수 4 ~ 7 정도의 장파와 구별되고 있다. 파장으로써 7,000 ~ 30,000 km 범위의 것으로 대략 10,000 km 전후나 그 이상의 대기요란으로 수명이 수십일 정도의 변동이다. **행성파**〔行星波, planetary wave, 혹성파(惑星波)〕라고도 한다. 매일의 일기도를 스펙트럼 분석한 결과를 말하는 일도 있고, 시간과 공간에 대해서 평균일기도에 나타나는 파동을 가리키는 일도 있다. 근년 성층권 일기도를 취급하기도 하고, 장기예보에서 중요하게 인정되기도 함에 따라서 초장파를 주목하고 있다.

발생원인에 대해서는 강제파와 자유파로 대별할 수가 있다. 전자에 대해서는 대규모 산악계의 역학적 영향 및 대륙·해양의 열적 영향에서 생기는 준정상파(準定常波)이다. 후자에서는 경압불안정이나 파동 상호의 비선형 작용에 의한 이동파가 있지만, 일반적으로는 이들이 겹쳐있다. 성층권에 현저하게 보여서 중요한 역할을 하고 있지만(예를 들어, 준2년 주기진동의 성인), 대류권에서도 천후(天候) 기초를 결정하는데 주요한 파동이다.

행성의 반경과 같은 정도의 수평파장을 갖는 초장파에서는 장파에 대해서 보다 좋은 정밀도로 지형풍(地衡風, 지균풍)근사가 성립한다. 장파에 대한 지형풍근사(地衡風近似)를 **제 1 종지형풍근사**(第 1 種地衡風近似), 초장파에 대한 지형풍근사를 **제 2 종지형풍근사**(第 2 種地衡風近似, 行星地衡風近似)라고 하는 일이 있다. 장파에 대해서는 제 1 차 근사가 무시될 수 있었던 수평발산과 베타효과가 초장파에서는 중요한 역할을 하고 있다. 따라서 초장파는 수평발산이 있는 로스비파로 생각되어진다.

현실의 대류권에 존재하는 준정상(準定常)인 초장파는 히말라야 산맥이나 로키 산맥과 같은 대규모의 산악에 편서풍이 닿음으로써 역학적 효과 및 대륙이 여름에 가열되는 등의 열적효과에 의해 만들어진다. 또 경압불안정에 의해 만들어지는 장파가 비선형의 상호작용을 해서 운동에너지를 파장보다 큰 장파로 옮김으로써도 초장파가 만들어지는 효과가 있다.

겨울철의 성층권에 대해서는 동서파수 1 과 2 의 초장파가 탁월해 있다. 이것은 대류권에서 초장파가 상방으로 전반한 결과이고, 기압의 곡이나 봉은 높이에 따라 서쪽으로 기울어져 있다. 로스비파의 연직전반(鉛直傳搬)의 이론에 의하면 여름철의 성층권에서 탁월한 동풍 중에서는 로스비파는 연직으로 전반할 수 없다. 또 겨울철의 성층권과 같이 서풍이 탁월해 있어도 동서파수가 3 이상의 파는 연직으로 전반할 수 없다는 것이 알려져 있다.

행성파〔行星波, 프라네타리파, planetary wave, 혹성파(惑星波)〕는 행성대기 중에서 보이는 행성규모의 파동을 의미한다. 로스비파를 특별히 가리키는 경우도 있다. 통상은 편서풍대 중의 파동에서 지구를 둘러쌓고 있는 파수가 1 ~ 5 정도의 것을 일컫지만, 최근에는 더욱 일반적인 의미로 이용되는 경우가 있고, 지구대기 중의 저위도 지방의 장파장의 요란이나 일반의 행성대기 중의 대규모요란을 포함해서 부르는 일이 많다. 중위도 편서풍대의 이동성 고・저기압에 대응하는 상공의 장파(경압파)는 통상 이것보다 파장이 짧다.

행성파는 어느 정도 시간・공간에 대해서 평균한 일기도에 보이고, **정체**〔停滯, 저색(沮塞, blocking, 8.3.2 ㅅ 참고) 등〕, 동진, 서진의 경우도 있다. 행성파는 본질적으로 로스비파라고 생각되어지지만, 현실 대기 중에 존재하는 것에는 자유파와 강제파도 존재하고 있다고 생각되어진다. 일기예보의 경우, 예보기간이 길어지면 행성파의 행동이 중요하게 된다. 즉 천후(天候)의 기본동향을 지배하고 있기 때문이다. 이상기상(異常氣象)이라고 불리는 것 중에는 행성파에 관련되는 현상이 있다. 그러나 행성파의 이동이나 발달, 쇠약에 대해서는 산악이나 해륙분포, 파동 상호간의 비선형작용 등이 영향을 미치고 있다고 생각되어지나 아직 그 구조의 상세함은 모르고 있다.

16.3.2. 장파

장파(長波, long wave)는 개개의 고・저기압의 규모보다는 크고, 지구를 둘러쌓는 중위도 편서풍대(偏西風帶) 중, 파수 4 ~ 6 정도로 파장으로는 3,000 ~ 8,000 km 로, 대표적으로 6,000 km 정도의 긴 파동이다. 수 일 정도의 수명으로 변동을 한다. 관습적으로는 상당한 폭을 가지고 사용되고 있어서 초기에는 초장파를 포함하는 경우도 있었지만, 현재에는 대기과학적 성질의 차이에 들어남에 따라서 현재와 같이 세분하게 분류를 하고 있다.

초장파나 단파를 포함해서 고층일기도 상의 요란의 총칭에 사용되는 일도 있다. 이러한 장파의 존재는 로스비(C, G. A. Rossby, ☂)에 의해 최초로 이론이 만들어지고, 그 후 관측치의 해석에 의해 확인 되었다. 더욱 자세한 해석과 이론적인 연구가 거듭된 결과, 대기과학적인 특성으로는 경압불안정파(傾壓不安定波)의 성질이 탁월하다는 것을 알게 되었다. 장파의 골 부분은 장파곡(長波谷, long wave trough)이라고 부르고, 그 전면(前面)에서 저기압이 발생・발달함으로 중요시되고 있다. 저기압의 발생・발달에는 단파의 골(경우에 따라서는 장파・단파가 겹침)과 같은 효과가 있다.

장파는 구체적으로는 경압불안정파 또는 로스비파로 생각되고 있다. 중고위도의 대류권의 상태는 장파의 파장영역에서 거의 경압불안정이고, 장파가 경압불안정파로써 생성되고 있다. 파의 연직전반(鉛直傳搬)의 이론이 보여주고 있는 것과 같이 초장파와는 달리, 장파는 대류권에서 성층권으로 전반(傳搬)할 수가 없다.

장파의 수평규모는 로스비의 변형반경(變形半徑, deformation radius) 정도이고, 준지형풍근사(準地衡風近似, quasi-geostrophic approximation, 준지균풍근사)가 잘 성립한다.

16.3.3. 단파

단파(短波, short wave)는 통상 중위도 편서풍대 중, 저기압 규모의 파동을 의미한다. 지구를 둘러싸고 있는 파수 7 ~ 12 정도이거나 그 이상이다. 관용적으로는 상당히 폭을 가지고 사용하고 있지만, 파장으로는 3,000 km 부근 이하로 한정하는 것이 바람직하고, 대표적인 파장은 300 km 정도의 진동을 가리킨다.

장파와 중복되어서 나타나는 일도 있지만, 제트기류 중의 소규모요란(小規模擾亂, microscale disturbance)으로써 존재하는 일이 많다. 장파보다 빨리 동진(東進)한다. 본질적으로는 경압파(傾壓波, baroclinic wave)로 생각되어진다. 상층의 단파의 골에 대해서 중위도의 지상일기도에도 비교적 작은 온대저기압이 보이는 것이 보통이다.

16.4. 성인에 의한 구분

16.4.1. 중력파

중력장(重力場) 속에 놓여있는 안정밀도성층을 한 유체 속에서 부력을 복원력으로 하는 파동을 일반적으로 **중력파**(重力波, gravity wave)라고 한다. 상대론에서 나오는 중력파(gravitational wave)와는 구별하기 바란다. 대기나 해양 중에서 각종의 불안정성이나 강제력에 의해 발생한다. 연직전파성을 갖는 것을 **내부중력파**(內部重力波, internal gravity wave), 연직방향으로 진폭이 감쇠하는 것을 **외부중력파**(外部重力波, external gravity wave)라고 한다. 수평 및 시간규모는 각양각색이고, 관측이 어려운 파동현상이기도 하다.

정역학적평형에서 공기덩이가 변위(變位)했을 때, 부력을 복원력으로 해서 위치에너지와 운동에너지가 서로 주고받으면서 연직면 내를 진동하는 횡파이다. 순수한 중력파는 정(正, +)의 정적안정도를 갖는 유체에 대해서는 안정이다. 이 정적안정도는

① 밀도가 서로 다른 2개의 같은 유체의 내부경계면에 집약해서 나타나거나,

② 중력의 축에 대해서 연속적으로 분포하고

있다.

①의 형은 내부경계면에서 최대의 진폭을 갖고, 위의 유체의 밀도가 0이라면 표면파가 된다. 이때 위상속도 c_p 는 깊은 유체 중의 심수파(深水波, 스토크스파 또는 단파)에서는

$$c_p = U \pm \sqrt{\frac{g\lambda}{2\pi}} \tag{16.39}$$

가 된다. 얇은 유체 중의 천수파(淺水波, 라그란지파 또는 장파)에서는

$$c_p = U \pm \sqrt{gh} \tag{16.40}$$

이 된다. 단, 여기서 U : 유속, g : 중력가속도, λ : 파장, h : 유체의 두께 이다.

②의 형은 대기 중의 경우와 같은 성층상태를 이루는 유체에서 보인다. 대기 중에서는 단파의 내부중력파와 장파의 외부중력파가 존재할 수 있다. 전자로써는 산악파, 후자에 가까운 예로써는 대기조석이 있다. 장파가 되면 지구회전의 영향을 받아서 관성중력파가 되고, 수치예보 등에서 모델대기에 등장하기 쉽고, 종종 기상학적 잡음으로 불리는 행성파와 구별된다.

연못의 수면과 같은 자유표면을 갖는 유체에 요란을 부여하면, 중력이 복원력이 되어 진동하고 전반하는 파동가 생긴다. 이곳과 같이 대기가 안정하게 성층을 이루고 있는 경우(온위가 상층일수록 높은 상태), 공기덩이가 상하로 변위할 때 거기에 부력이 복원력이 작용하여, 공기덩이가 진동하고 그 진동이 전반한다. 이것이 중력파이다. 수면파(水面波)와 구별해서 **내부중력파**(內部重力波)라고도 한다.

대기의 성층도를 나타내는 브런트·바이사라진동수(振動數, Brunt-Väisälä frequency)를 N, 동서파수를 k, 남북파수를 l, 연직파수를 m, 규모고도(規模高度, 스케일 하이트, scale height : 대기압이 $1/e$로 감소하는 연직방향의 고도차)를 H 로 하면, 중력파의 진동수 ν 는

$$\nu = \pm N \sqrt{\frac{k^2 + l^2}{k^2 + l^2 + m^2 + \frac{1}{4H^2}}} \tag{16.41}$$

로 표현된다. 수평방향의 파장이 연직방향의 파장보다 상당히 큰 경우에는

$$\nu = \pm N \sqrt{\frac{k^2 + l^2}{m^2 + \frac{1}{4H^2}}} \tag{16.42}$$

가 된다.

중력파의 구조를 살펴보면 그림 16.9와 같고, 연직면 내를 전반하는 횡파라는 것을 알 수가 있다.

중력파는 그 진동수의 크기가 브런트・바이사라진동수보다 작을 경우에는 연직방향으로 전반할 수가 있다. 중력파의 연직방향의 에너지의 전반을 나타내는 군속도는 연직방향의 위상속도와 역부호이다. 따라서 여기원(勵起源)이 하방에 있는 중력파에서는 군속도가 상향이고, 위상이 하향으로 전반한다.

일반풍(一般風, general wind) 속을 전반하는 중력파에서는 중력파의 수평위상속도와 일반풍의 수평속도가 일치하는 임계고도(臨界高度, critical level)가 중요한 역할을 한다. 중력파는 임계고도를 넘어서 전반할 수가 없고, 거기서 '흡수'(吸收)된다.

현실의 대기에 있어서 중력파는 바람이 산악에 닿아서 생기는 산악파 등으로 만들어진다(관성중력파).

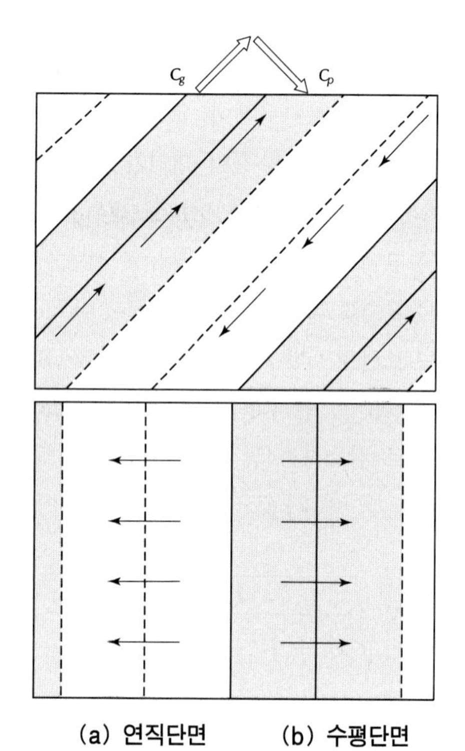

(a) 연직단면 (b) 수평단면

상단의 화살표는 c_p : 위상속도, c_g : 군속도

그림 16.9. 중력파의 구조의 모식도

굵은 실선(實線, solid line)과 파선(破線, dashed line)은 압력의 최대, 최소의 위치를, 가는 실선과 파선은 밀도의 최대, 최소의 위치를 각각 나타내고 있다.

ㄱ. 내·외부중력파

유체의 내부나 내부경계면 상에 최대의 진폭을 갖는 중력파를 **내부중력파**(內部重力波, internal gravity wave)라고 부른다. 연직전파성을 갖고 내부파로써의 중력파이다. 그 진동수는 수평파장 및 연직파장에 의해 다르고, 브런트·바이사라진동수보다 적다. 대기 중에서 현상의 예로는 소규모의 산을 넘는 기류의 풍하측(風下側)에 생기는 산악파(山岳波)가 있다. 내부중력파는 하층 대기 중의 각종의 교란에 의해 생성되고, 성층권이나 중간권까지 전파해서 대순환에 중요한 역할을 하고 있다.

수면과 같은 자유표면이나 대기 중의 밀도불연속면에서와 같은 외부경계면에서 최대진폭을 갖는 중력파로 연직전파성을 갖지 않는 외부파로써의 중력파를 **외부중력파**(外部重力波, external gravity wave)라고 부른다. 지구상에서 현상의 예로는 해저지진에 기인하는 쓰나미〔진파(津波), tsunami, 해일(海溢)〕나 화산폭발에 수반되어 수평원방까지 전달되는 미기압진동(微氣壓振動) 등이 여기에 해당한다. 대기과학의 경우, 일기예보와 관련은 거의 없고, 관측적으로 검출되는 일도 드물다.

ㄴ. 관성중력파

관성파와 중력파를 연결해 묶은 파동을 **관성중력파**(慣性重力波, inertial gravity wave)라고 한다. 대기와 같은 회전유체에서는 지배방정식의 선형해에서 보이는 위상속도의 식에서 관성파와 중력파에 대응하는 항이 항상 합의 형태로 나타난다. 바꾸어 말하면, 이것은 회전유체 중에서는 순수한 형의 대규모의 관성파나 중력파는 단독으로는 존재하지 않고, 중력파는 관성, 관성파는 중력의 영향을 상시 받는다는 것을 말하고 있다. 중력관성파(重力慣性波)라고도 불린다.

달리 표현을 하면 자전하는 지구상에서는(회전유체) 전향력의 효과를 받아서 독특한 행동을 나타내는 중력파이다. 수평파장이 클수록 전향력의 효과는 현저하게 된다. 로켓이나 레이더에서 관측되는 대기 중의 관성중력파는 호도그래프의 해석에서 보면, 일반적으로 타원편파(楕圓偏波)를 하고 있고, 상방으로 전파하는 것은 북반구에서 높이와 함께 고기압성방향〔高氣壓性方向, 순전(順轉, veering), 시계방향〕, 남반구에서 저기압성방향〔低氣壓性方向, 반전(反轉, backing), 반시계방향〕의 입체구조를 나타낸다.

수평방향의 파장이 연직방향의 파장에 비교해서 대단히 긴 경우에는 중력파의 주기가 길어진다. 이것이 하루(1일) 정도가 되면 지구의 자전효과를 무시할 수가 없게 되어 진동수나 파동의 구조가 순수한 중력파와는 다른 것이 된다. 순수한 중력파의 진동수를 ν_g, 전향인자〔轉向因子, deflecting(Coriolis) factor(parameter), 식 (10.35) 참고〕를 f 라고

하면, 관성중력파의 진동수 ν_{ig} 는

$$\nu_{ig} = \pm \sqrt{\nu_g^{\ 2} + f^{\ 2}} \tag{16.43}$$

으로 쓸 수가 있다. 관성중력파에서도 압력이 높은(낮은) 부분에서의 속도가 파의 진행방향과 같은(반대) 방향인 것은 중력파와 같지만, 전향력의 작용에 의해 파의 진행방향으로 수직한 속도성분도 존재하게 된다.

진동수가 전향인자보다 크고, 브런트・바이사라진동수보다 작을 때, 관성중력파는 연직방향으로 전반할 수 있다. 이 경우, 관성중력파도 중력파와 같이 연직방향의 위상속도와 군속도는 서로 반대방향이 된다.

ㄷ. 전단중력파

밀도와 유속의 불연속면 위에 발생하는 중력파와 헬름홀츠파(Helmholtz wave)가 결합된 파동을 **전단중력파**(剪斷重力波, shear-gravity wave, 시어중력파)라고 한다. 상하층의 밀도와 유속을 각각 $\rho_{상}$, $\rho_{하}$; $U_{상}$, $U_{하}$ 라고 하면, 전단중력파의 위상속도 c_p 는

$$c_p = \frac{\rho_{상}\, U_{상} + \rho_{하}\, U_{하}}{\rho_{상} + \rho_{하}} \pm \sqrt{\frac{g\,\lambda}{2\pi}\,\frac{\rho_{상} - \rho_{하}}{\rho_{상} + \rho_{하}} - \frac{\rho_{상}\,\rho_{하}\,(U_{상} - U_{하})^2}{(\rho_{상} + \rho_{하})^2}} \tag{16.44}$$

가 된다. 여기서도 g 는 중력가속도, λ 는 파장이다. 파상운(波狀雲) 발생의 설명에 이용된다(13.4.2 ㅂ 을 참고).

16.4.2. 관성파

관성파(慣性波, inertial wave)는 일반적으로 넓은 뜻으로는 운동에너지 이외의 형태의 에너지를 갖지 않는 파동을 의미한다. 좁은 뜻으로는 운동에너지원이 유체의 어떤 축 주위의 회전에 의한 파동을 가리킨다. 대기 중에서는 전향력에 중력의 효과가 연결되어 관성중력파가 된다.

관성파는 에너지원을 운동에너지만으로 한정되는 것으로 정의했다. 구체적으로는 열이나 중력에 관계하지 않고, 수평 2차원 내의 운동만으로 기술할 수 있는 파동이다. 이런 의미로 헬름홀츠파, 순압파(順壓波), 2차원 로스비파 등이 관성파의 일종이다.

관성파와 유사한 의미의 **관성진동**(慣性振動, inertial oscillation)이란 용어의 입장에서 생각해 보자. 이것은 유체입자가 전향력의 영향만으로 운동하고 있을 때의 진동*(振動, oscillation, vibration)이다. 압력 등 전향력 이외의 모든 힘이 무시될 수 있을 때, 유체입자는 전향력을 향심력(向心力 : 중심을 향하는 힘)으로 해서 원운동을 한다. 원운동의 방향은 북반구에서는 고기압성방향, 남반구에서 저기압성방향이다. 그의 속도 V_i 는 일정하고, 전향인자가 f 일 때, 원의 반경(R_i) 은

$$R_i = \frac{V_i}{f} \tag{16.45}$$

이고, 유체입자가 원을 1주(周, 週)하는데 요하는 시간 주기 T_i 는

$$T_i = \frac{2\pi}{f} \tag{16.46}$$

이 된다. 이것은 푸코진자(－振子, Foucault's pendulum)가 360° 회전하는 데에 소요되는 시간(1진자일) $4\pi/f$ 의 절반에 해당한다.

관성중력파에 있어서 압력항의 크기는 수평 파수에 비례함으로, 파장이 큰 극한에서는 압력항을 무시할 수 있다. 따라서 관성진동은 관성중력파의 장파장의 극한으로 생각되어진다. 관성중력파의 진동수는 장파장의 극한으로써 관성진동의 진동수 f 가 된다. 또 관성중력파에 수반되는 입자의 수평운동의 궤적은 타원이고, 파장이 길어지면 원에 접근한다.

관성진동이 바다 속에서 관측되는 일이 있다. 폭풍 뒤의 해수의 운동을 부표(浮漂)의 운동으로 조사하면, 원을 그리고 있으면서 일반류에 흐르고 있는 것이 관측되고 있다.

* **진동** : 한글의 진동을 한자로 쓰면, 이런 진동(振動)과 이런 진동(震動)이 있다. 앞의 진동은 공기나 유체와 같은 물체의 떨림을 의미하고, 뒤의 진동은 천둥번개나 지진과 같이 거대한 자연이나 땅의 흔들림을 뜻한다. 또 영어의 진동(振動)은 oscillation, vibration, a swing과 다른 진동(震動)에는 a shock, vibration, a tremor, a quake, concussion 등이 있다. 이 중 oscillation은 시계추와 같이 비교적 느리고 눈이 보이는 흔들림의 감각이 있고, vibration은 기타의 현과 같이 빠르고 눈에 안보는 떨림의 느낌이 있다. 물론 이들의 절대적인 구분은 없다. 다만 학문을 오래 해오다 보니까 이러한 느낌이 든다는 의미이다.

16.4.3. 순압파와 경압파

순압파(順壓波, barotrophic wave, 正壓波)는 2 차원 비발산류(非發散流) 속의 파동이다. 파를 형성하는 힘은 기본류(基本流, basic flow) 또는 지구회전의 와도의 수평변화이다. 만일 기본류가 균일하다면 로스비파가 된다. 마루와 골이 연직으로 똑바로 서있는 장파를 일컫는 경우도 있다.

경압파(傾壓波, baroclinic wave)는 성층대기의 경압불안정(도, 성)〔傾壓不安定(度, 性), baroclinic instability, 6.3.2 항 참조〕에 의한 이동성의 파동이다. 대기 중의 에너지 변환에서 위치에너지를 운동에너지로 변환해서 발달한다. 대류권 내의 일기도에 나타나는 요란은 대체로 이 파동이다(행성파 참고).

16.4.4. 로스비파

로스비파(Rossby wave)는 지구의 회전의 영향으로 대기 중에 존재하는 파동이다. 전향력의 수평성분의 크기는 위도에 따라 달라 이 일이 일종의 복원력으로 작용하여 로스비파가 존재한다. 전향력의 위도 변화가 초래하는 효과를 **베타효과**(β 效果)라고 한다. 1937 년에 하르비츠(Haurwitz, Bernhard, 1905~1986))가 대기조석(大氣潮汐)에 관계해서 관성중력파와는 다른 제 2 종의 진동을 이론적으로 발견했다. 거기에다 1939 년에 로스비(Carl-Gustaf Arvid Rossby, 1898~1957, ☂)가 편서풍대에 존재하는 파동으로 제창했다.

로스비파의 위상속도는 서쪽을 향함으로 파장이 클수록 위상속도는 크지만, 관성중력파의 위상속도보다도 작으나 편서풍의 속도와 같은 정도이다. 따라서 편서풍대에 있어서 적당한 파장에 대해서 로스비파는 정체파가 될 수가 있다. 파장이 작은 로스비파의 군속도는 동쪽으로 향하지만, 파장이 큰 로스비파의 군속도는 서향(西向)이다. 또 조건에 따라서는 연직방향으로도 전반할 수 있는데, 군속도가 상향의 정체성 로스비파는 축이 서쪽으로 기울어져 있다.

로스비파는 편서풍이 대규모인 산악에 부딪치는 등에 의해 여기(勵起)된다. 동서파수가 1 ~ 3 의 로스비파를 행성파라고 하는 일이 있다.

로스비인자〔— 因子(因數), — 매개변수(媒介變數), Rossby factor(parameter)〕는 전향인자의 북향(北向 ; 경도 방향)의 변화율이다. 지구가 구형이기 때문에 나타나며, 기호로서는 β 로 표기한다. 전향인자〔f , 식 (10.35) 참고〕의 위도(ϕ) 미분으로

$$\beta = \frac{\partial f}{\partial y} = \frac{\partial}{\partial y}(2\,\Omega \sin\phi) = 2\,\Omega\cos\phi \cdot \frac{\partial \phi}{\partial y} = \frac{\partial f}{\partial \phi} \cdot \frac{1}{R_E} \qquad (16.47,\ 註)$$

이 된다. 여기서 y 는 북향(北向)의 국소좌표이고, Ω 와 R_E 는 1.1 절에 있는 각각 지구의 자전각속도와 반경이다. 와도방정식에 있어서 f 의 위도변화 때문에 서향(西向)의 이류효과가 보이는데, 이것이 베타효과〔β 效(効)果, 果, beta effect〕이다. 또 대기운동의 이론적인 고찰에 있어서 단순화하기 위한 가정으로 β 를 상수(常數, 평면지구)로 하는 경우가 있는데 이것을 **베타면근사**(β 面近似)라고 한다.

지구상의 대규모의 운동을 취급할 때에 구면좌표계에서 지구 전체를 표현하는 대신에 어떤 남북축을 갖는 위도대만을 직각좌표계로 근사하는 일이 있다. 이 때 전향인자 f 의 위도분포를 직선근사, 즉, 선형의 식

$$f = f_0 + \beta(y - y_0) \qquad (16.48,\ 註)$$

로 표현한다. 여기서 f_0 는 위도 y_0 에 있어서의 f 의 값이다. 이것은 구형의 지구 상의 자전의 영향을 평면상에서의 식으로 근사하는 것에 해당하고 있다. 국소적으로는 좋은 정밀도로 성립해서 주로 이론적인 취급에 종종 이용되고 있다. 이와 같은 근사를 **베타면근사**(β 面近似, beta-plane approximation) 또는 **베타평면근사**(平面近似)라고 한다.

순압(順壓)으로 수평발산이 없는 회전유체 중에서 로스비인자(β)의 효과에 의해 서진(西進)하는 파동으로 순압파(順壓波)라고도 한다. 그 위상속도(位相速度, 파속) c_p 는

$$c_p = -\frac{\beta\lambda^2}{4\pi^2} \qquad (16.49)$$

이고, 여기서 λ 는 대표적 파장이다. 로스비(1939년)가 편서풍 파동의 이론적 설명으로써 처음으로 제창한 것으로부터 이와 같은 이름이 붙여졌다. 이미 19 세기에 해양에 대해서 호프(Hough) 등에 의해 이 파의 이론의 존재는 인식되고 있었는데, 이것을 대기에 적용한 것이다. 중립파(中立波)로 절대와도를 보존하면서 이동하고 있다. 편서풍의 대표적인 풍속을 U 로 하면 위상속도는

$$c_p = U - \frac{\beta\lambda^2}{4\pi^2} \qquad (\text{로스비의 파속공식}) \qquad (16.50)$$

으로 주어진다. 특히

$$\lambda_s = 2\pi\sqrt{\frac{U}{\beta}} \tag{16.51}$$

로 주어지는 파장의 파는 정체(停滯, stationary)이고, 그 때의 파장 λ_S 를 **임계파장**(臨界波長, critical wave length)이라고 한다. 파속공식은

$$c_p = U\left(1 - \frac{\lambda^2}{{\lambda_s}^2}\right) \tag{16.52}$$

로도 쓸 수 있으므로 임계파장보다 긴 파는 서진(西進, westward)하고, 짧은 파동은 동진(東進, eastward)한다.

또 파동의 남북의 폭 D 를 고려하면,

$$c_p = U - \frac{\beta\lambda^2}{4\pi^2} \cdot \frac{D^2}{D^2 + \lambda^2} \tag{16.53}$$

이 되고, 이 파를 로스비·하르비츠파(Rossby-Haurwitz wave)라고 한다. 행성의 반경에 필적하는 규모를 갖고 있는 것으로부터 로스비파를 광의로 사용해서 행성파 전반을 가리키는 일도 많지만, 위의 파속공식은 중립파에만 적용할 수 있다. 또한 실제의 대기 중에도 존재하고 있어서 **원격상관**(遠隔相關, teleconnection)에 있어서 군속도에서의 에너지 전파 작용을 행하는 일이 근년에 분명하게 되어 다시 주목을 이끌고 있다. 그러나 통상의 대규모 편서풍 파동의 대부분은 순압적인 성질을 가지고 있어서 단순한 로스비파는 아니다.

16.4.5. 켈빈파

켈빈(Lord Kelvin, 본명은 William Thomson, 1824~1907,)은 영국의 학자이다. **켈빈파**(Kelvin wave)는 열대요란의 이론에 의해 적도상에 존재한다고 예언되었고, 관측상에서도 월레스·코스키파(Wallace-Kousky wave)로 거의 확인되고 있는 중력파이다. 대기 중에서 동서방향만으로 진동하고 적도상에서 최대의 기압진폭(氣壓振幅)을 갖는다. 파장 40,000 km, 주기 20 일 정도로 18 ~ 25 km 의 높이의 성층권 내에서 관측되고 있다. 성층권의 동서풍의 준 2 년주기진동(準2年週期振動)에 중요한 역할을 하고 있다는 설도 있다. 이름의 출처는 해양학의 연안파(沿岸波)에서라고 유추하고 있다(그림 16.10 참고).

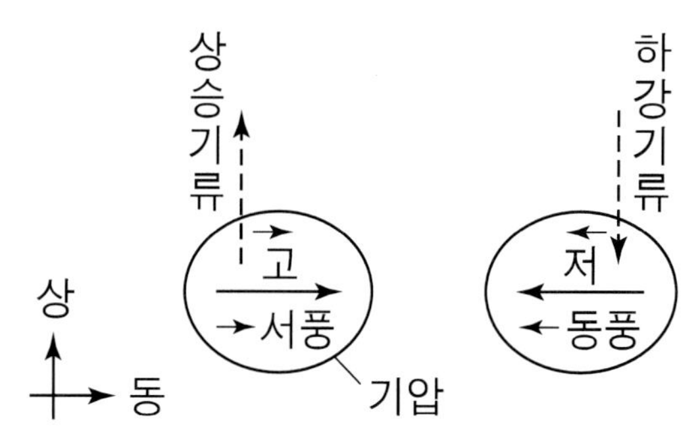

그림 16.10. 켈빈파의 입체 모식도

적도상의 고도 $10 \sim 25\,km$ 의 성층권에서 기압의 진폭이 최대

켈빈파는 적도 부근에 존재하는 적도파[(赤道波, equatorial wave : 적도 부근에 포착(捕捉)된 파의 총칭]의 일종이다. 해양학에서 수직한 벽(해안선)이 있을 때, 벽을 따라서 전반하는 수면파도 켈빈파라고 한다. 이것과 구별하기 위해서 적도 부근에 존재하는 켈빈파를 적도켈빈파라고 해서 구별하는 일도 있다.

적도 부근에서 천수파의 운동을 기술하는 방정식의 해에는 동진하는 파로써 관성중력파가 있지만, 그 외에 아래와 같은 성질을 갖는 켈빈파가 존재한다. 동진의 위상속도는 동서파수에 의하지 않고, 중력파의 위상속도와 같다. 수평구조는 그림 16.11 에 나타낸 것과 같이 남북풍속은 없고, 기압과 동서풍속은 적도에 대해서 대칭으로 분포하고, 그 크기는 적도에서 최대가 되는 가우스형의 분포(정규분포)를 하고 있다. 저압부에서는 동풍, 고압부에서는 서풍으로 되어 있고, 동진의 중력파와 구조가 비슷하다. 그러나 남북방향으로는 동서풍에 작용하는 전향력과 기압경도력이 평형을 이루는 지형풍(地衡風, 지균풍)의 관계가 성립하고 있다.

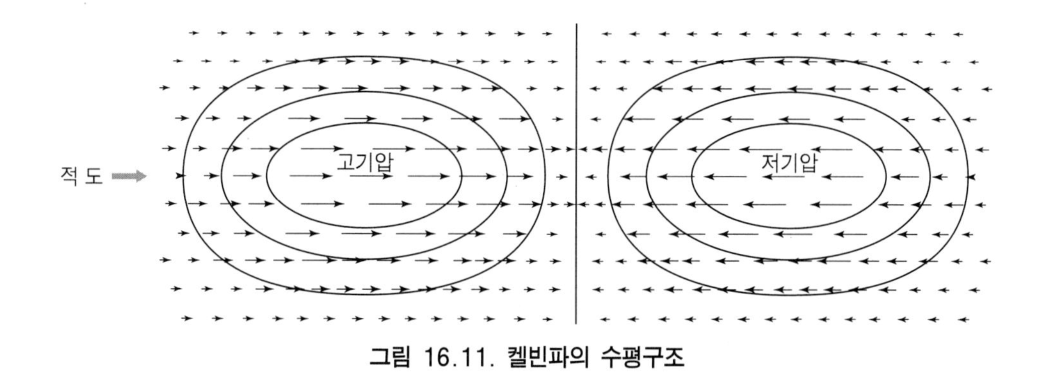

그림 16.11. 켈빈파의 수평구조

그 진동수가 브런트·바이사라진동수(振動數, Brunt-Väisälä frequency, N)보다 작을 경우, 켈빈파는 연직방향으로 전반할 수가 있다. 내부중력파와 같이 연직방향으로 에너지의 전반을 나타내는 군속도의 방향은 위상의 진행방향과 반대이다.

1968년 월리스(J. M. Wallace)와 코스키(V. E. Kousky)가 처음으로 대기 중의 켈빈파를 열대 하부성층권(熱帶 下部成層圈)의 관측자료에서 검출했다. 주기는 약 15일, 동서파장 20,000 ~ 40,000 km, 위상속도 25 m/s 로 동진한다. 켈빈파는 연직방향으로 전반한다.

16.4.6. 헬름홀츠파(전단파)

헬름홀츠(H. L. F. von Helmholtz, 1821~1894, ☂)는 독일의 학자이다. **헬름홀츠파**(Helmholtz wave)는 2개의 동일한 유체가 상하로 성층(成層)을 이루고 있을 경우에 그 내부 경계면 상에 생기는 파동이다. 전단파(剪斷波, 시어파, shear wave : 탄성강체 내를 전파하는 파동을 말하는 일도 있음)라고도 한다. 2개의 유체의 속도에 차가 있으면, 파동은 항상 불안정이 된다. 이 불안정을 헬름홀츠불안정(Helmholtz instability, 전단불안정과 같음)이라고 한다. 헬름홀츠파는 헬름홀츠불안정에 의한 불안정파이다. 1920년대의 노르웨이학파의 저기압파동론(低氣壓波動論)에서는 저기압의 발생은 극전면(極前面)에 있어서의 전단불안정(剪斷不安定 = 시어불안정, 6.3절 참고)에 의한 것으로 되어 있다.

16.4.7. 켈빈·헬름홀츠파

켈빈·헬름홀츠파(Kelvin-Helmholtz wave)는 전단중력파(剪斷重力波, 시어중력파)의 일종으로 켈빈·헬름홀츠불안정성(6.3절 참고)에 의해 정적으로 안정한 대기층에서 발생하고, 평균류의 운동에너지를 난와의 운동에너지로 전환하는 파동이다. 리차드슨수(Richardson number, 14.1.6항 참고) R_i는 부력과 전단응력의 비로도 간주할 수 있는데, 이것이 0.25의 임계치에 도달하면 난류가 발생한다고 이론적으로 표현되고 있다. 청천난류(晴天亂流)의 성인으로써 유력시되고 있기도 하고, 행성의 경계층 상부에서 음향(音響)측정에 의해 발견되고 있는 노이즈도 이 파에 의한 것으로 되어 있다.

또 이 파동은 밀도가 서로 다른 2개의 유체층이 접하는 수평경계면에서의 속도차에 의해 불안정이 생길 때에 생기는 파동이다. 위쪽에 가벼운 것이 있는 밀도성층을 한 유체 속에서 높이와 함께 수평속도가 변화하는 흐름에 있는 경우, 성층이 안정함에도 불구하고 기본장의 운동에너지를 에너지원으로 해서, 난류가 성장해 유체층이 불안정으로 되는 일이 있다. 대기의 성층의 안정도와 풍속의 연직전단의 비인 리차드슨수가 1/4 이하의 경우,

유체층이 불안정으로 될 수 있다. 이 문제의 특수한 경우로써 일정의 속도와 일정의 밀도를 갖는 2개의 유체층이 수평한 경계면에서 접하고 있는 경우를 생각할 수가 있다. 이 경우의 불안정이 켈빈・헬름홀츠불안정이 되고 거기서 발생하는 파동이 켈빈・헬름홀츠파이다.

16.4.1. ㄷ의 전단중력파에서와 같이 중력가속도 g, 상하층의 밀도와 수평속도를 각각 $\rho_{상}$, $\rho_{하}$; $U_{상}$, $U_{하}$ 라 하고, 수평속도 방향의 파동의 파수를 k 로 한다. 그러면 위쪽의 가벼운 경우($\rho_{상} < \rho_{하}$) 파수 k 는

$$k > \frac{g(\rho_{하} - \rho_{상})(\rho_{하} + \rho_{상})}{\rho_{상}\ \rho_{하}(U_{하} - U_{상})} \tag{16.54}$$

가 되는 파동은 불안정이 되어 성장한다. 상층의 쪽이 무거운 경우는($\rho_{상} > \rho_{하}$) 모든 파수에 대해서 불안정이 생긴다.

불안정에 의해 켈빈・헬름홀츠파의 진폭이 시간과 함께 증대하면 파동이 말려 들어가 와권(渦卷, 소용돌이)의 열(列)이 되어, 이윽고 와(渦, vortex, eddy)는 붕괴해서 난류상태가 된다.

현실의 대기에 있어서는 경계면을 끼고 밀도가 불연속적으로 변화하는 일은 없지만, 대류권의 상층이나 중층에서는 전선면(前線面)을 끼고 위쪽의 따뜻한 공기, 아래쪽의 차가운 공기 사이에서 상당한 속도차가 있다. 이 경우 파상운(波狀雲, 13.4.2. ㅂ 참고)을 동반하는 켈빈・헬름홀츠파가 출현하는 경우가 있다.

16.4.8. 혼합로스비중력파

혼합로스비중력파(混合—重力波, mixed Rossby-gravity wave)는 구면효과(球面効果)에 의한 로스비파와 중력파의 양자의 특징과 성질을 모아서 갖고 있는 대규모의 파동이다. 전향력의 효과가 작은 적도역(赤道域) 성층권의 파동이론에서 그 존재가 마쓰노 다로〔松野太郎, 1966년〕에 의해 예언되어 그 이론해가 나왔고, 관측으로는 柳井 迪雄・丸山 健人(1966년)에 의해 적도역 성층권에서 발견되었다. 관측된 것으로는 동서파수 4～5, 주기 4～5일, 서진 위상속도 약 $30m/s$ 였다.

적도 부근에 존재하면서 로스비파와 중력파의 중간적 성질을 보여 주는 이 파동은 적도파(赤道波)의 일종이다. 적도파의 이론에 의하면 위상속도가 서향으로 위상속도(및 진동수)가 서진하는 관성중력파보다 작지만, 로스비파보다 큰 파가 존재한다. 이 파동이 혼합로스비중력파이다. 작은 동서파수에서는 혼합로스비중력파의 진동수는 관성중력파에 접근

하지만, 큰 파수에서는 로스비파에 가까워진다.

혼합로스비중력파는 고압부와 저압부가 적도를 끼고 짝(한 쌍)을 이루고 있다. 적도 부근에서는 등압선을 가로지르는 바람의 성분이 크고, 적도상에서는 남북방향으로 바람이 분다. 적도에서 떨어짐에 따라서 등압선에 따라 부는 바람(지형풍)이 불게끔 된다.

열대하부성층권에서 발견된 야나이・마류야마 파〔柳井・丸山 波〕는 혼합로스비중력파로 생각되고 있다.

16.4.9. 야나이・마루야마파

야나이・마루야마 파〔柳井・丸山 波, Yanai-Maruyama wave〕는 柳井 迪雄・丸山 健人이 1966년에 발견된 열대요란으로 적도파의 일종이다. 적도파로써 이론적으로 얻어지고 있는 혼합로스비중력파에 대응한다고 생각되어진다.

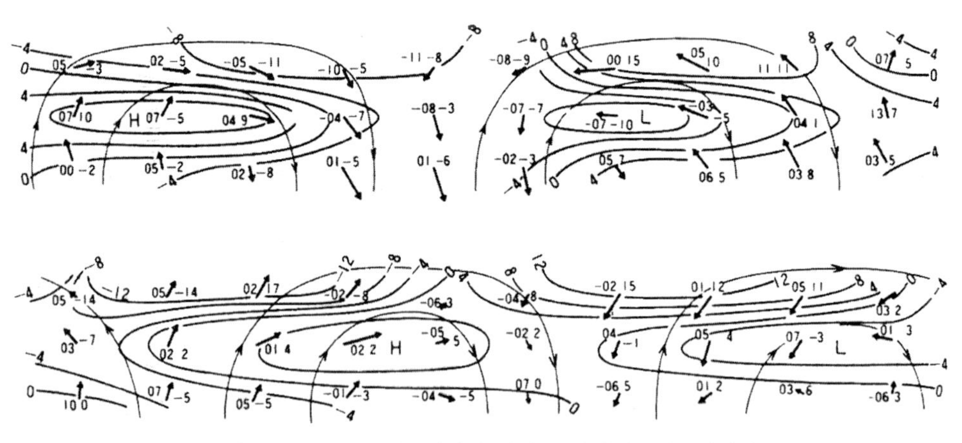

그림 16.12. 하부성층권에서 발견된 야나이・마루야마파

위로 갈수록 위상이 서쪽으로 이동하고, 혼합로스비중력파의 일종(丸山 健人, 1967)

야나이〔柳井〕와 마루야마〔丸山〕는 열대 서부 태평양의 바람의 해석에서 하부성층권에서 남북풍속이 주기 4～5일로 변동하고 있는 것과 같은 파를 발견했다. 그 후의 연구에 의해 이 파는 파장 약 $10{,}000km$, 속도 $23m/s$ 로 서진하고, 남북풍속은 적도 부근에서 최대인 것을 알았다. 적도상의 대류권 상부와 하부성층권 속을 하루에 약 경도 20°(위상속도 약 $20m/s$)로 서진하는 적도 하부 성층권에 존재하는 초장파이다. 적도를 둘러싸고 파수 4～5, 주기 4～5일, 진폭은 풍속으로 $3m/s$ 정도, 연직파장 $6km$ 정도, 유선은 적도상에 중심을 갖는다. 기압의 패턴은 적도를 끼고 고기압과 저기압이 쌍을 이루고, 수평 폭은 남북 양 반구에서 위도 약 20° 까지 도달하고 있다(그림 16.12 참고). 바람은 기압분포에 대해서 상당히 비지형풍(非地衡風)적이다. 이들의 특징에서 야나이·마루야마 파〔柳井·丸山 波〕는 혼합로스비중력파인 것을 알았다.

이 파동의 실체는 마쓰노 다로〔松野 太郎, 1966 년〕가 이론적으로 그 존재를 나타낸 혼합로스비중력파로 해석되고, 준 2 년주기진동(準二年周期振動)의 원인의 하나로 간주되고 있다. 이외에도 역시 마쓰노(松野)가 그 존재를 나타낸 켈빈파도 이어서 발견되고, 발견자에 연유해서 월리스·코스키파(Wallace-Kousky wave)로 불리고 있다.

이들의 파의 성인에 대해서는 대류권 중에서의 적운대류의 중위도 요란에 의한 변조(變調), 적운대류의 자동적 변조(自動的 變調, wave-CISK), 서태평양에서 인도몬순지역에 걸쳐서 대류발생역에서의 무엇인가의 구조에 의한 준주기적 변동 등이 논의되고 있지만 정설(定說)을 얻는데 이르지는 못하고 있다.

16.4.10. 적도파

적도파(赤道波, equatorial wave)는 적도지방 부근에서 포착되어 현저하게 보이는 파동의 총칭이다. 근년 자료가 충실히 뒷받침되어 상당히 해명되어 왔다. 그 존재가 확인되어 있는 것으로는 대류권에서는 편동풍 상에서 보이는 파동, 하부성층권에서는 야나이·마루야마 파〔柳井·丸山 波, 혼합로스비중력파〕, 월레스·코스키파(Wallace-Kousky wave, 켈빈파) 등이 알려져 있다.

전향인자가 작고, 베타효과(β 효과)가 큰 것, 전향인자가 적도를 끼고 반대가 되는 것 등에 의해 적도역(赤道域) 특유의 파동이 생긴다.

적도파를 이론적으로 논의하기 위해서는 전향인자의 크기가 위도에 비례한다고 근사(적도 β 면)한 천수방정식계(淺水方程式系)가 잘 이용된다. 이 방정식계의 해로써 적도 부근에 포착된 로스비파나 동진 및 서진의 관성중력파뿐만이 아니고, 동진의 켈빈파와 서진의 혼합로스비중력파가 얻어진다.

이들의 파의 진동수 ν 와 동서파수 k 의 관계가 그림 16.13 에 표시되어 있다. 파수 k 가 주어졌을 때, 켈빈파는 모두 동진의 관성중력파보다 진동수(동진의 위상속도)가 작다. 혼합로스비중력파의 진동수(서진의 위상속도)는 로스비파와 서진의 관성중력파의 중간이다.

켈빈파의 구조는 적도 상에서는 동진의 중력파에 닮아 있으나, 흐름은 동서방향만으로 남북방향에는 지형풍평형의 상태에 있다. 혼합로스비중력파는 적도를 가로지르는 남북풍속을 갖고, 적도를 끼고 고압부와 저압부가 쌍을 이루고, 로스비파와 중력파의 중간의 성질을 나타낸다. 적도파의 진폭은 위도와 함께 작아지지만, 남북파수는 클수록 고위도로 퍼지는 분포를 하고 있다.

구면 상의 천수방정식에서는 평균적으로 수심이 얕을 경우에는 적도 부근에 포착된 파가 해로 나타난다. 이것은 3 차원의 방정식의 변수분리의 논의에 의하면, 실제의 대기에서는 연직방향으로(고압부 위에 저압부가 있는 것과 같은) 2 층 건물 이상의 구조를 하고 있는 경우에 적도 부근에 파동이 포착되는 것을 의미한다.

1960 년대의 후기 쯤, 관측자료의 해석에서도 켈빈파나 혼합로스비중력파가 실제로 열대에 존재하고 있는 것이 나타나고 있다.

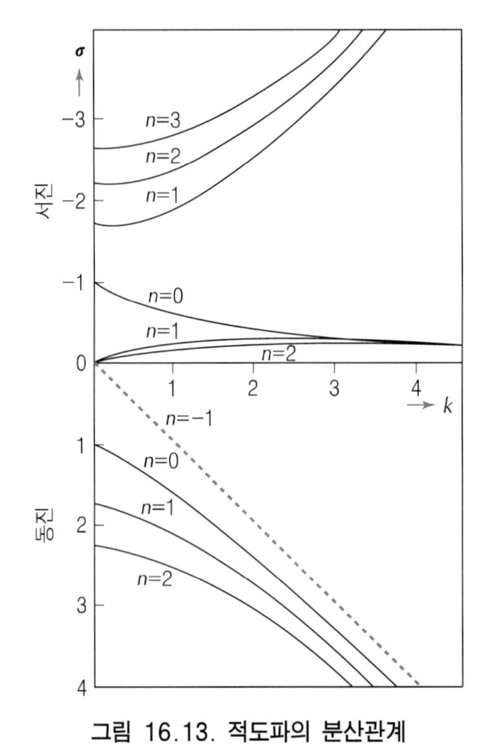

그림 16.13. 적도파의 분산관계

진동수(ν)와 동서파수(k)는 적당히 무차원화되었다.

Chapter

17 회전유체

회전유체(回轉流体, rotating fluid)란 어떤 고정좌표계에 대해서 전체로 회전하고 있는 유체의 총칭이다. 예를 들면, 손으로 휘저은 대수대야의 물에서 **디쉬펜**(dishpan, 초기의 실험 수조) 내의 유체, 중력에 잡혀서 행성의 자전과 함께 회전하고 있는 지구대기나 행성대기의 운동이 이에 해당한다. 이것은 유체가 갖는 수평의 퍼짐에 필적할만한 규모를 갖는 운동의 경우로 전향력이 탁월해서 지형풍(지균풍)평형이 실현되고, 또 로스비파 등이 존재한다. 비회전유체(非回轉流体)와의 현저한 차이 때문에 근년 회전유체역학(回轉流体力學)이 주목을 받고 있다.

회전유체역학(回轉流体力學, rotating fluid dynamics)은 회전유체의 변동을 지배하는 법칙에 따라서 전개되는 유체역학이다. 통상의 유체역학은 비회전계를 대상으로 하는 일이 많지만, 최근 역학대기과학 등 회전계의 연구에 관심이 높아짐에 따라서 그 체계화가 시험되고 있다. 기초방정식은 나비어・스토크스방정식(Navier-Stokes equation)으로 이 식이 주어지는 해와 그 성질을 조사하는 것이 중심의 과제로 되어 있다.

17.1. 소 개

17.1.1. 지구 - 회전유체

어떤 축 주위의 회전운동이 그 외의 운동에 비교해서 탁월한 경우의 유체의 운동은 회전운동에 작용하는 원심력이나 각운동량보존칙(角運動量保存則)의 제한을 강하게 받는다. 따라서 기본장으로써 존재하는 회전운동을 밀도성층과 같이 유체 자신이 가지고 있는 성질로 포착하면, **회전유체**라고 하는 개념이 성립한다. 따라서 대기나 해양의 대규모의 운동은 지구의 자전과 함께 회전하는 강체회전이 탁월하여 전형적인 회전유체로 간주할 수가 있다.

회전유체의 특징이 가장 단적으로 잘 나타나 있는 것이 균일한 밀도로 거의 강체회전〔剛体回轉, solid(rigid) rotation, 12.4.2 ㄱ 참고〕을 하는 유체이다. 이와 같은 유체의 운동은 강체회전의 각속도로 회전하는 좌표계로 기술하는 것이 편리하다. 강체회전의 각속도를 $\Omega\,(rad/s)$로 하면, 회전계에 상대적인 운동에는 전향력과 원심력이 작용한다. 관성력과 전향력의 비를 로스비수(Rossby number, R_o)*

$$R_o = \frac{U}{\Omega L} \qquad (17.1)$$

로 표현한다. 여기서 U: 유속, L: 현상의 수평규모이다. 강체회전에서 어긋남이 작은 운동에서는 풍속 U가 작음으로 로스비수가 작고, 관성력은 무시할 수 있다. 이 때 수평방향으로는 전향력과 기압경도력이 균형을 취하는 지형풍평형이 성립한다. 지형풍(지균풍) 평형을 만족하는 유체가 지형풍이 된다.

* **로스비수**(Rossby number, R_o)는 역학대기과학이나 지구유체역학에서 사용하는 무차원량이다. 유속을 U, 현상의 수평 규모를 L, 그리고 전향인자를 f〔$= 2\Omega\sin\phi$, 식 (10.35) 참고〕로 할 때,

$$R_o = \frac{U}{fL} = \frac{관성력}{전향력} \qquad (17.1)'$$

로 정의된다. R_o가 1보다 작을 때는 관성보다 전향력이 탁월하고, 흐름은 거의 지형풍이 된다. 종관규모의 요란의 경우, $U = 10m/s$, $f = 10^{-4}/s$, $L = 1{,}000km$로 놓으면, $R_o = 0.1$ 정도이다. 로스비(Carl-Gustaf Arvid Rossby, 1898~1957, ☂)는 스웨덴의 기상학자이다.

밀도균일한 유체 중의 지형류가 회전축 방향으로 변화하지 않는 성질이 있다(테일러·프라우드멘의 정리, Taylor-Proudman theorem). 이 때문에 저면(底面) 상의 산 등의 고립된 장애물에 지형류가 닿을 때에는 마치 산 위에라도 장애물이 있는 것과 같이 우회(迂回)해서 흐르게 된다. 장애물 위에 이와 같은 기둥 모양의 영역이 생기는 현상을 테일러기

등이라고 부른다.

지형류의 밑 바닥면에 거의 수평인 강체면(剛体面)이 있으면, 강체면 위에서는 속도가 0이 되지 않으면 안 되는 제약 때문에 **에크만층**(Ekman layer, 9.3.1 ㄹ 참조)이 생긴다. 지형류는 에크만층에서의 연직류〔鉛直流, 에크만펌핑(Ekman pumping)〕에 의해 와관(渦管)의 압축으로 감쇠된다. 이와 같은 마찰의 효과나 저면의 지형의 기복에 의한 와관의 신축(伸縮) 등에 의한 지형풍의 부드러운 변화는 준지형풍(準地衡風)의 와도방정식으로 기술된다.

회전유체 중에서 유체입자가 변위하면 관성진동(慣性振動, inertial oscillation. 16.4.2 항 참고)을 발생시킨다. 또 회전유체 중에서는 **관성파**(慣性波, inertial wave)라고 하는 파동이 존재한다.

2 차원의 회전유체의 운동과 2 차원의 성층유체의 사이에는 아주 좋은 유추가 성립해서 한쪽 편에서 일어나는 현상은 다른 편에서도 대응하는 현상이 존재한다. 예를 들면, 지형풍평형에는 정수압평형(靜水壓平衡, 정역학평형)이 관성파에서는 내부중력파가 관성불안정에서는 대류불안정이 테일러기둥에서는 상류로의 저색(沮塞, 블로킹, 8.3.2 ㅅ 참조)이 대응된다.

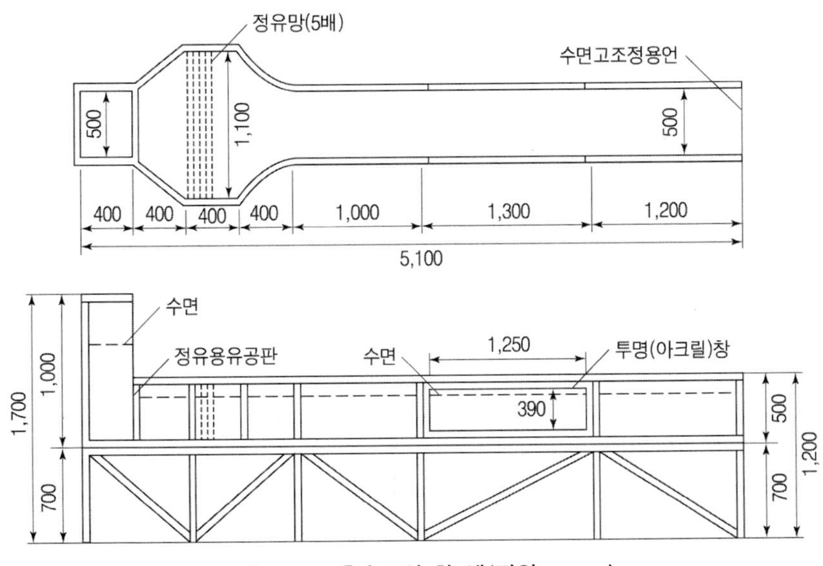

그림 17.1. 유수조의 한 예(단위 : mm)

17.1.2. 회전수조

대기 중의 공기를 대신해 물〔수(水), water〕을 사용해서 실험을 행하는 것으로 정수조(靜水槽 : 정지된 물그릇)와 유수조(流水槽 : 흐르는 물그릇)가 있는데, 수면 위를 부는 바람의 영향을 조사하기 위해서 풍로(風路 : 바람의 길)에 붙어 있는 수조나 지구의 회전의 영향을 고려하기 위해서 회전수조 등이 있다. 수조〔水槽, 조(槽)는 동물 먹이통의 구유, 통, 그릇, a cistern, a water tank〕란 물을 담는 큰 통의 의미이다.

정수조(靜水槽)는 모형 등을 물속에서 움직여야 함으로 대기과학(기상학)의 분야에서는 그다지 사용되지 않고 있다. 그러나 유수조(流水槽)에는 닫힌 수로 내를 가득 담겨져서 물이 흐르는 수로(水路, 워터터널, water tunnel)형과 자유표면을 갖는 수로(水路, water channel)형이 있다. 그림 17.1 은 유수조의 한 예이다.

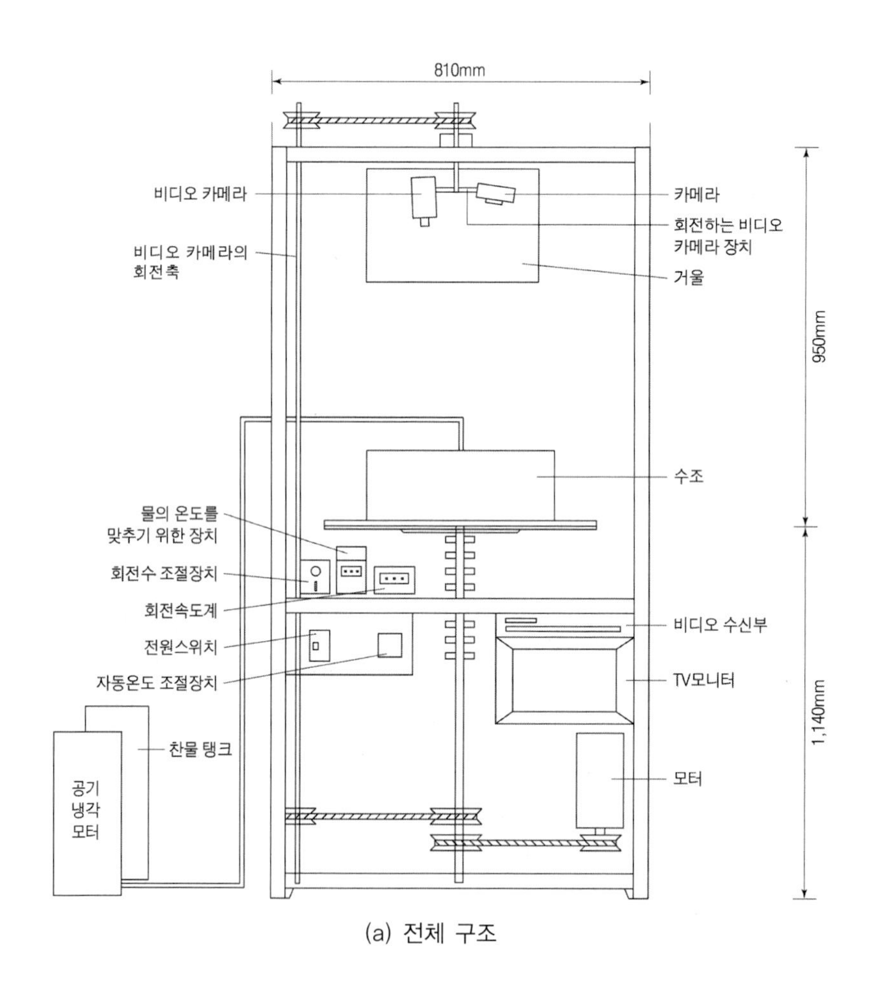

(a) 전체 구조

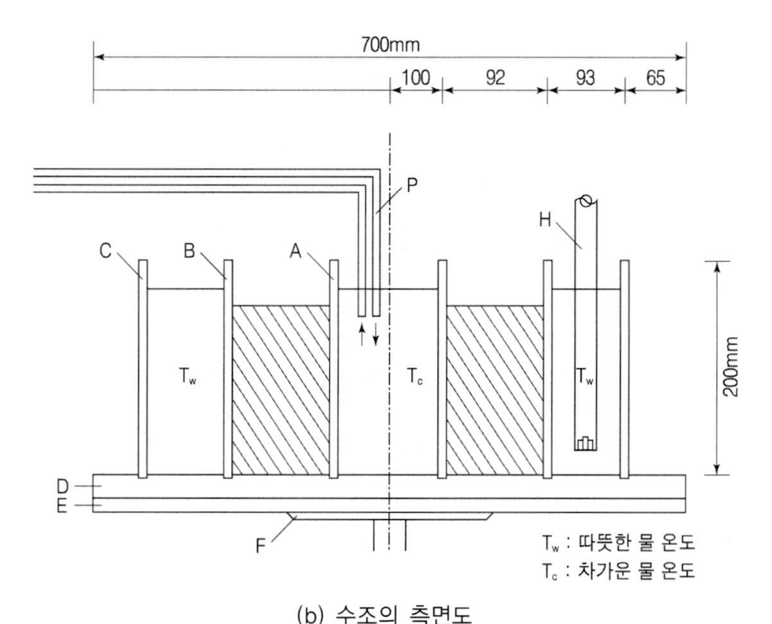

(b) 수조의 측면도

그림 17.2. 회전수조의 구조(a)와 수조의 측면도(b)

지구대기의 운동 중에서 중요한 것의 하나는 수평대류의 정성적(定性的)인 행동을 조사하기 위해서 사용되는 것에 회전수조(回轉水槽, rotating cistern)가 있다. 축대칭적인 열・냉원의 분포 및 회전에 의한 유체가 어떠한 행동을 할까를 실험적으로 조사하기 위한 것으로, 공주대학교 자연과학대학 대기과학과에서 실험 초기에 사용했던 회전수조 1호 장치의 전체 모습과 수조만의 측면도의 개요를 그림 17.2에 소개한다.

내부의 운동의 모양을 보기 위해서는 염료(染料)나 은분, 동분, 알루미늄 분말 등을 흐름에 넣어서 같이 흐르게 하기도 하고, 전기분해에 의해 발생하는 수소의 기포를 추적자(追跡子, tracer)로써 이용하는 등의 다양한 방법들이 사용되고 있다.

대순환(大循環)의 실험을 하기 위해서는 온도차와 회전수를 자유롭게 바꾸어서 현상을 보기 쉽게 할 필요가 있다. 그림의 실험장치는 삼중(三重)의 원통(圓筒)으로 만들어졌고, 안쪽은 저온수, 바깥쪽은 고온수를 넣어서 항상 일정한 온도를 유지하게 되어 있다. 소위 극과 적도의 조건을 부여하는 것이 된다. 이들의 사이에 물을 넣는다. 이것이 대기에 상당하는 것으로, 이 물의 움직임을 알루미늄 분말 등을 띄워서 관찰한다.

모형실험(模型實驗)에서 중요한 것은 크기나 시간, 회전 등에 대해서 원래의 현상과의 **상사관계**(相似關係)가 중요하다. 로스비수나 테일러수* 등의 무차원량을 자연계와 실험 상태를 같게 해서 상사율(相似律)의 생각으로 실험한다.

＊ **테일러수**(Taylor number)는 회전점성유체의 문제를 취급할 때에 나타나는 무차원수(無次元數, non-dimensional number)이다. 이것을 Ta 라 쓰면,

$$Ta = \frac{f^2 d^4}{\nu^2} \tag{17.2}$$

가 된다. 여기서

d : 유체의 대표적인 깊이,

ν : 동점성계수〔動粘性係數, 식 (15.3) 참조〕

이다. 테일러수의 평방근(平方根, $\sqrt{\ }$)은 회전레이놀즈수이고, 4승근(乘根, $\sqrt[4]{\ }$)은 d와 에크만층 깊이의 비에 비례한다.

대기나 해양 중에서 관측되는 지구규모의 현상들을 예를 들면, 제트기류라든가 저색(沮塞, 블로킹, blocking, 8.3.2 ㅅ 참조) 현상을 해명하기 위해서는 남북의 온도차가 있고, 자전을 하는 지구를 닮아 있는 수조를 회전시켜서 행하는 유체실험이 **회전수조실험**〔回轉水槽實驗, rotating annulus(環, 환대) experiment〕이다.

최근에는 컴퓨터를 이용한 모델실험(수치실험)이 진보하고, 대기현상을 수치해석적으로 이해할 수 있게 되면서부터 회전수조실험의 중요성이 이전보다는 희석되었다. 그러나 실험장치만 만들어진다면, 조건을 여러 가지로 바꾸어서 현상의 변화를 쉽게 눈으로 확인해 볼 수 있는 이점이 커서 수치실험과 연계시켜서 양쪽의 장점을 살리는 실험이 행해지게 되었다.

17.1.3. 풍동

풍동(風洞, wind tunnel)은 송풍기를 이용해서 인위적으로 바람을 일으키는 장치이다. 그 속에서 모형실험이라든가 풍속계, 풍향계의 검정(檢定), 시험(試驗) 등을 행한다. 또 비행기의 날개 모양의 연구 등을 위해서 개발된 것으로 라이트 형제도 수제품(手製品)의 풍동의 실험을 행했다.

유체의 실험 중, 공기에 관한 실험은 공기를 가지고 실험해야 마땅하나 공기를 볼 수가 없는 등의 여러 제약 등이 있어 편의상 물을 가지고 공기를 대신해서 실험하는 것이 회전수조실험 등이다. 그래서 정확히 말하면 대기과학의 실험에는 공기를 가지고 실험하는 것이 원래 상태이다. 따라서 언제인가 이런 문제들이 해결이 되면 공기로 돌아가야 함으로, 여기서 그 예시(豫示)로 풍동의 소개를 한다.

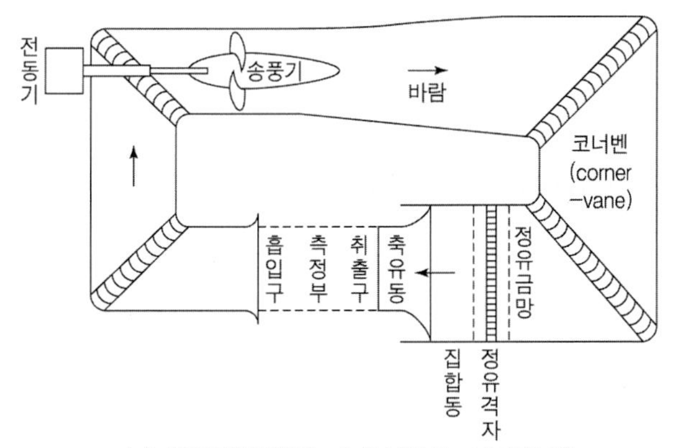

(a) 회유형(回流型, 순환식풍동, 괴팅엔형)

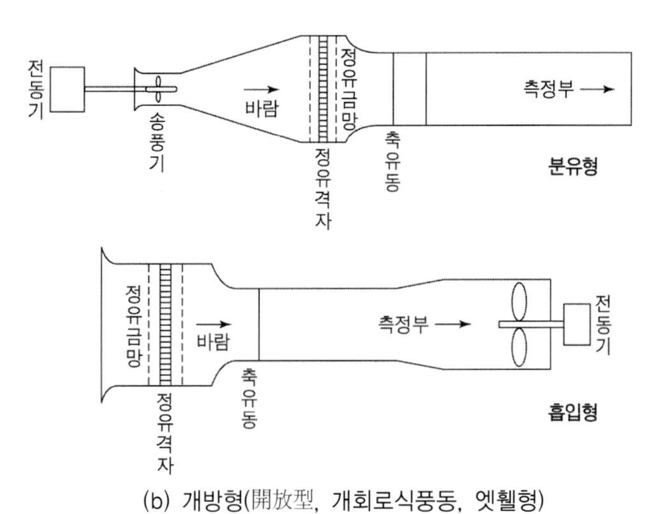

(b) 개방형(開放型, 개회로식풍동, 엣훼형)

그림 17.3. 풍동의 개념도

대기의 복잡한 구조를 이해하기 위해서 온도의 성층을 만드는 풍동과 기류의 흐름을 가시화해서 조사하기 위해서의 연기 풍동 등도 이용되고 있다. 또 보통의 풍동은 수평한 기류를 만들지만, 비나 눈의 낙하실험을 행하기 위한 연직방향의 공기의 흐름을 만들어 내는 연직풍동(鉛直風洞)도 있다.

풍동에는 같은 공기를 순환시키는 **회유형**(回流型, 순환식풍동, closed circuit wind tunnel)과 방출시키는 **개방형**(開放型), **개회로식**(開回路式)**풍동**(open circuit wind tunnel)이 있다. 양자는 각각 괴팅엔(Göttingen)형과 엣훼형이 있다. 그림 17.3에 이들의 개념도를 참고하기 바란다.

현재에는 항공기의 개발, 자동차 차체의 형상, 다리의 바람에 의한 진동, 바람에 의한 건물 등 구조물에의 힘, 건물풍의 연구, 대기오염물질의 확산의 연구 등, 폭 넓은 분야에서

풍동실험이 행하여지고 있다. 항공기 개발에서는 초음속풍동, 자동차 개발에서는 비나 눈을 내리게 하는 것, 또 확산풍동에서는 기류온도나 측정부의 바닥의 온도를 바꾸는 등이 있다.

풍동실험에서는 보통 실물보다 작은 축소모델을 이용한다. 따라서 모델과 실물에서의 현상이 같을 것, 즉 상사(相似)일 것이 필요하다. 이것을 만족하기 위해서 필요한 조건을 **상사칙**(相似則)이라고 부른다. 풍동 속의 기류가 실제의 대기 중의 바람과 상사이기 위해서는 레이놀즈수(Re, 14.1.1항 참고)의 일치가 필요하다. 레이놀즈수 Re는 현상의 대표길이와 풍속의 곱을 유체의 동점성계수로 나눈 것이고, 역학적으로 상사칙이다. 대기의 흐름을 풍동 속에서 재현하는 경우, 동점성계수는 실물과 풍동에서 같기 때문에 풍동 속의 풍속을 축척의 역수에 비례시켜서 증가시킬 필요가 있다. 확산의 풍동실험에서는 흐름이 난류이기 때문에 엄밀한 Re수 상사는 생각하지 않고, 난류특성의 상사를 만족하도록 기류를 제어한다.

17.2. 가 시 화

물이나 공기 등 통상의 유체의 흐름은 직접 볼 수가 없다. 그래서 무엇인가의 방법을 이용해서 흐름의 양상을 볼 수 있도록 궁리한 것이 **흐름의 가시화**(可視化, flow visualization)이다. 이와 같은 방법들이 **흐름의 가시화법**(── 可視化法, law of flow visualization)으로 나타나고 있다.

흐름의 가시화는 유체현상의 해명에 필요 불가결한 기술이다. 공기나 물의 운동을 그대로 육안으로는 볼 수가 없지만, 가시화해서 흐름의 상태를 한 눈으로 확인함으로써 문제점이 어디에 있는가를 즉시 알 수가 있다. 이와는 대조적으로 흐름을 보지 않고 유체현상을 해명하려고 하는 것은 암흑 속을 손으로 더듬어서 나아가려는 것과 흡사해서 참으로 능률이 나쁘다. 흐름을 보려고 하는 것은 옛날부터 강한 염원이었다. 그래서 현재까지 실로 많은 가시화 기술이 고안되어 왔다. 또 이들의 기술은 날로 개량(改良)됨과 동시에 현재도 새로운 기술이 개발되고 있다. 최근 점점 흐름의 가시화의 중요성이 인식되게 되어 여러 분야에서 다루어지고 있다.

17.2.1. 공기류의 가시화

가시화법을 유체에 적용하는 경우, **공기류**(空氣流)인가, **수류**(水流)인가에 따라 그 이용하는 방법도 다르다. 수류의 경우에는 일반적으로 유속이 작고, 물과 반응해서 추적자〔追跡子, tracer : 시찰(視察)을 가능하게 하는 것, 예를 들며 색이 벤 입자, 거품 등〕가 되는 것을 선택할 수 있음으로 비교적 용이하지만, 공기의 경우 이와 같은 것이 없다. 가시화법이 넓은 범위의 전체의 장을 동시에 조사할 수 있는 장점 이외에도 극히 국소적인 부분에 있어서 현상의 존재와 성질도 조사할 수가 있다. 한 예로써 회전수조실험에서 전체적인 파동 또는 제트류를 관찰하는 중 국소적인 고·저기압의 와가 군데군데 존재할 때, 추적자 전체를 보기 위해서 삽입할 수도 있고, 국소적인 와권(渦卷)을 보기 위해서는 거기에 해당하는 곳에 추적자를 주사기로 삽입하면, 그 부분의 행동을 자세하게 볼 수가 있다. 그러나 정량적인 측정은 일반적으로 곤란하므로, 가시화법에서 구해진 결과를 해석하는 데는 충분한 주의를 필요로 하고 있다.

ㄱ. 오일러, 라그란지 적 관찰법

흐름을 관찰할 때에는 일반적으로 유체역학의 관찰방법에 따라 다음과 같은 것들이 있다.

① **오일러적 관찰법**(Euler的 觀察法, ☔) : 동시간의 모든 위치에 있어서 유체요소(流体要素, 기본적으로 작은 유체 부분)의 속도, 속도상관 등을 구하는 방법이다. 이것은 당연 구하는 순간에 전역(全域)의 사진을 찍는 것이 된다. 이 방법의 결과는 그 범위의 유선(流線, stream line)이 구해질 것이고, 즉 각 점에 있어서 속도벡터의 포락선〔包絡線, envelope : 어떤 한 군(群)의 곡선의 모두에 접하는 곡선이 있을 때, 이것을 그 곡선군의 포락선이라 함, 예를 들면, 한 정점(定點, 定点)에서의 수직거리가 일정한 직선군의 포락선은 원이 됨〕이 얻어진다.

② **라그란지적 관찰법**(Lagrnge的 觀察法, ☔) : 하나의 유체요소를 시간적으로 추적해서 각 순간마다의 위치, 속도, 속도상관 등을 구하는 방법이다. 하나의 유체요소를 각 순간마다 어떤 시간사이 차례차례 촬영하는 것이 된다. 이 방법의 결과로써는 경로선(經路線, path line), 즉 하나의 유선요소가 그린 궤적이 얻어진다.

가시화법에서 이 2가지을 방법을 동시에 실시하는 것은 다소 곤란하지만 보통 우리들이 굴뚝에서 연기의 형태로써 보고 있는 유적선은 쉽게 구해진다. 이것은 일정점(一定点)을 각 순간에 계속해서 통과한 모든 유체요소 전체의 위치를 어떤 한 시각에 정한 것이다. 이것은 오일러적에서도 라그란지적 관찰법에서도 없다. 그러나 만일 흐름이 정상(定常)이고, 즉 시간적인 변화가 없다면, 이 3개의 선은 모두 일치한다.

ㄴ. 구체적인 수단

가시화법을 실시하는 경우, 조사 대상의 유체가 공기인가 물인가에 따라서 당연히 이용하는 도구나 물질은 달라진다. 이들의 도구나 물질은

A. 유체의 움직임과 같은 운동을 할 것.

a. 중력 또는 부력의 영향이 없을 것,

b. 관성에 의한 유체 자신의 운동에 어긋나지 않을 것.

B. 그 도구나 물질을 넣기 위해 흐름의 모양을 바꾸지 않을 것.

C. 목시관찰(目視觀察)이나 사진촬영이 용이할 것.

을 필요조건으로 하고 있다.

구체적인 수단들은 다음과 같다.

① **유선의 관찰** : 오일러적인 관찰을 하기 위해서 일반적으로 선상(線上), 면상(面上) 또는 3차원으로 많은 장소에 실[사(絲, 糸)]이나 송이(실로 만든 술)를 만드는 방법을 취한다.

② **민들레 풍향계** : 민들레 이삭의 종자를 관모(冠毛)가 붙은 채 뿌리에서 5 mm 정도의 몸집을 남겨놓고 꺾어 없애고, 한편 나일론의 재봉틀용 실을 풀어서 단섬유(單纖維)로 해서 이를 접착해서 만든다. 이 풍속계는 15 cm/s 정도의 풍속일 때부터 움직여 400 Hz 정도의 변동에도 따르고, 15 cm/s 정도의 풍속일 때까지도 관모가 시들어 바람의 저항을 감속시켜 사용 가능하다. 이 풍향계는 만일 풍향에 평행인 축을 갖는 와(渦, 소용돌이)가 있으면, 그 와의 회전에 따라 회전함으로 와의 존재와 그 부호를 알 수가 있다.

③ **경로선의 관찰** : 경로선(經路線)을 관찰하기 위해서는 가벼운 물체를 추적자로 날려서 어떤 시간마다 촬영한다. 공기의 경우는 그 밀도가 작으므로 가벼운 물체로 있어도 많은 것들이 낙하속도로 가라앉는다. 비눗방울, 헬륨이나 수소로 채운 부력을 조절해서 무부력(無浮力)의 상태, 작은 니크롬선으로 만든 코일에 전류, 연기 등을 이용하고 있다.

④ **유적선의 관찰** : 유적선을 관찰하기 위해서는 고정된 곳에서부터 연속적으로 추적자를 보내면 되므로, 다른 경우보다 비교적 용이하게 실시할 수가 있다. 특히 점원(点源)의 형태로, 물체 표면 또는 벽 표면에서 내는 경우에는 토출(吐出)속도를 그 장소의 유속에 비교해서 충분히 작게 하면 됨으로 특별히 곤란한 것은 없다.

⑤ **추적자 물질** : 추적자(追跡子, tracer)로는 연기(煙氣)가 일반적이다. 담배연기, 목재

의 불안전 연소시킨 연기, 가열해서 기화한 경유, 등유를 다시 응결시켜서 만든 연기 등이 있다. 이외도 염산이나 황산의 증기(蒸氣), 사염화치탄, 사염화석, 클로르황산 등이 이용되고 있다. 야외에서 다소 대규모적으로 보려고 할 때에는 발연통(發煙筒)이 편리하다. 실내실험에서 이용하기 쉬운 것은 유동파라핀이다.

⑥ **연기** : 연기는 수평의 막상(膜狀)의 연기와 벽에서 떨어진 곳에서부터의 수평의 막상의 연기는 2차원적의 연기이다. 연직의 선상(線上) 또는 막상(膜狀)의 연기는 연직으로 뻗은 50μ 의 텅스텐선에 유동파라핀을 위에서 흘려, 이것에 펄스적인 전류를 가해주면 선상의 연기가 나오고 약간 긴 시간 전류를 흘리면 막상의 연기가 나온다.

ㄷ. 관찰의 수단

① **스토로보법** : 육안으로 관측하는 경우에는 연속광으로는 알지 못하고 스트로보스코픽(stroboscopic : 급속으로 운동하는 것을 정지해 있는 것 같이 촬영하는 각종장치)의 조명(照明)으로야 비로소 현상이 인정되는 경우가 많다. 따라서 바로 없어져도 섬광(閃光)시간 $10^{-4}s$ 이하, $10\mu s$ 로 수 Hz 에서 수 $100Hz$ 의 조명이 생기는 장치가 필요하다.

② **입체사진법** : 흐름의 모양은 평면적이 아니고, 입체적인 것이 보통이므로 입체사진이 필요하다. 이 경우 2대의 카메라를 이용하면 양쪽의 셔터(shutter)의 동시성을 갖는 것이 쉽지는 않다. 4장의 평면경으로 만든 조르키카메라 악세사리(stereo attachment)를 렌즈의 앞에 붙이면, 하나의 화면에 스테레오적인 좌우측의 그림이 동시에 좌우로 나누어져 찍힌다. 이 방법으로 동시성(同時性)이 되고, 영화에서도 이 어태치먼트(attachment : 사진 렌즈에 달아 초점거리를 변화시키는 렌즈 같은 것)는 꼭 있어야 할 것이다. 입체의 사진으로부터 3차원의 위치를 결정하는데 이용된다.

③ **조명** : 연기의 경우에는 연기의 농도가 꼭 진하다고는 단정 지을 수 없으므로 콘트라스트(contrast, 對照)를 강하게 할 수단을 찾아야 한다. 즉 암시야조명(暗示野照明)을 할 필요가 있다. 우선 연기의 배경이 될 부분은 검게 한다. 다음에 연기의 배경에는 산란광이나 반사광이 닿지 않도록 조명광속(照明光束)의 열림을 적게 한다.

관찰해야 할 부분과 카메라 사이에 유리가 있는 경우, 카메라나 기타 주위나 뒤에 있는 것이 유리면에 반사해서 보기 싫게 된다. 이럴 때에는 카메라 앞에 검은 스크린을 늘어뜨리고 더욱이 그 스크린에는 빛이 가능한 한 닿지 않도록 하고, 그 스크린에 렌즈를 위해 뚫은 구멍을 통해서 촬영한다. 렌즈의 주위에 빛나는 금속도 구멍에서 보이지 않도록 해야 한다.

17.2.2. 수류의 가시화

ㄱ. 추적자법

추적자법(追跡子法, tracer method)에서는 물의 흐름인 수류에 안표(眼標 : 눈으로 알아보기 위한 표지)가 되는 물질을 혼입(混入)해서, 그 움직임으로부터 흐름의 모양을 아는 방법이다. 일반적으로 추적자의 입자의 비중은 주위 액체의 비중과 같은 것이 바람직하지만, 추적자 입자가 미소(微少)한 경우에는 비중의 차가 문제시할 필요가 없다. 그것은 추적자의 입자가 미소이면 일수록 중력이나 원심력에 기인하는 침강속도를 얼마든지 작게 할 수 있기 때문이다.

① **알루미늄 분법**(粉法) : 도료점(塗料店, 페인트 가게)에서 은분(銀粉)으로 시판되고 있는 것이 알루미늄분이다. 알루미늄분은 그대로 수중에 혼입하기 어려우므로 알코올 또는 세제(洗劑)에 섞어서 주사기로 수면 밑으로 주입한다. 알루미늄분은 비중이 2.7 이지만, 크기 수 μm의 것을 사용하면 중력에 의한 침강속도는 수중에서 $10^{-5}\ cm/s$ 이하이다. 실제로는 알루미늄분을 수조에 혼입해서 교반하고 나서 방치하면 큰 알루미늄분은 급속히 침전하고 작은 알루미늄분일수록 언제까지나 수중에 머문다. 10 일간 정도 경과해도 반짝반짝 빛나는 무수히 많은 미세한 알루미늄분을 알아볼 수가 있다. 그렇기 때문에 알루미늄분은 빛을 잘 반사하고 사진감도가 높으므로 극저속(極低速)에서 상당히 고속의 흐름까지 널리 사용할 수 있는 것이다.

② **폴리스티렌 입자법**(粒子法) : 알루미늄분은 수류에 대단히 유효한 추적자이지만, 일정시간에 추적자 입자가 그리는 궤적에서 흐름의 속도를 측정하려는 목적을 위해서는 사용할 수가 없다. 그곳은 알루미늄분이 비늘 모양을 이루고 있어 광원에서의 반사광이 빛나기도 하고 사라지기도 하기 때문이다. 이 목적으로는 폴리스티렌입자, 유적(油滴 : 기름방울), 유리입자, 폴리에틸렌(polyethylene : 플라스틱 제품)입자 등의 방향성을 갖지 않는 구형의 입자가 적당하다.

폴리스티렌(polystyrene)은 스티렌($C_6H_5CH = CH_2$)의 고중합체로 순수한 것은 비중이 1 보다도 근소하게 크지만, 미소한 기포(氣泡)를 포함하는 것은 0.98 ~ 1.02에 분포하고 있다. 수류의 가시화에는 직경 $0.1 \sim 0.5\,mm$ 의 곳이 사용된다. 유속이 클수록 직경이 큰 것을 택한다. 또한 수중에 있어서 폴리스티렌 입자의 분포의 균일성을 좋게 하는 데에는 물에 소량의 표면활성제(表面活性劑)를 첨가하는 것이 좋다.

폴리스티렌 입자의 결점은 알루미늄분에 비교해서 입자의 크기의 자리수가 커서, 수중에 있어서 침강속도가 상당히 큰 것이다. 그렇기 때문에 유속 수 cm/s 이하의 흐름의 가시화에는 사용할 수 없다. 저속 및 극저속의 흐름에 대해서는 방향성을 갖지 않는 미립자로써 유리구슬, 이산화치탄, 석회(石灰), 전분(澱粉 : 녹말) 등이 적당하다. 그러나 이들의 입자는 알루미늄분에 비교해서 빛의 반사가 상당히 약하다.

③ **유적법(油滴法)** : 비중이 다른 2종류의 기름(또는 물에 녹지 않는 액체)을 혼합해서 비중이 주위의 액체와 같게 되도록 조절한 것을 추적자 입자로 사용할 수가 있다. 2종류의 액체의 조합은 에텔과 사염화탄소, 클로로벤젠과 크실렌(자일렌), 사염화탄소와 케로신, 사염화탄소와 토루엔 등이 있다. 2종류의 액체의 혼합비를 조절함으로써 기름방울의 비중을 세밀하게 바꿀 수가 있으므로 밀도성층의 흐름의 등밀도선(等密度線)을 가시화 할 수도 있다. 액면 부근에 뿌려진 유적은 중력의 작용으로 강하해서 유적의 비중과 주위 유체의 비중이 같은 높이에서 정지한다. 유적법의 결점은 유적이 물체 표면이나 관측 창에 부착해서 더럽힐 우려가 있는 점, 유적은 인체에 유해한 성분을 포함하므로 사용이 끝난 물의 배수처리에 주의가 필요한 것 등이다.

④ **가당연유법(加糖煉乳法)** : 물체의 가당연유(加糖煉乳, condensed milk)를 엷게 도포(塗布)해서 물속을 이동시키면 가당연유는 서서히 녹아서 물체표면의 경계층 흐름이 가시화된다. 특히 경계층이 박리(剝離)해서 형성하는 박리와(剝離渦)를 관찰하는데 유효하다. 그러나 주의해야 할 일은 2차원 정상류의 경우 박리점(剝離点)에서 흘러나오는 우유의 줄기〔유맥(流脈)〕는 유선에 일치하지만, 와층(渦層)에는 일치하지 않는 것이다. 와도는 우유의 줄기에서 떨어져서 다른 유체부분으로 확산하기 때문이다. 이것에 반해서 강한 비정상류에서는 박리점에서의 우유의 유맥은 유선과 일치하지 않는 대신 와층과 일치한다.

⑤ **색소류 주입법(色素流 注入法)** : 색소액(色素液)을 물체표면에 열린 작은 구멍 또는 틈으로 흘러 내보내던지 또는 가는 파이프로 흐름 속으로 주입한다. 색소류가 그리는 선은 유맥(流脈, streak line)이다. 보통 잘 사용되는 색소는 잉크, 우유, 플루오레세인(녹색), 로오다민 B(적색), 메틸렌 블루(청색), 후크신(fuchsine, 마젠타, 오랜지색), 과망간산 칼륨(자색), 오오라민(auramine, 황색) 등이 있다. 플루오레세인은 그대로는 물에 녹지 않음으로 가성소오다의 희박용액에 녹인 것을 사용한다. 알칼리성 용액은 물속에 방출 후 확산에 진전돼 알칼리 농도가 내려가면 급격히 무색(無色)으로 돌아가므로 흐름을 더럽히지 않고 관찰하는 데 편리하다.

⑥ **수소 기포법(水素 氣泡法)** : 수류 속에 금속세선을 깔고 그것을 음극으로 물을 전기분해하면, 가는 선에서 무수한 미소의 수소(水素, H_2)가스의 거품이 발생함으로, 이

것을 추적자로 해서 흐름의 가시화를 할 수가 있다. 세선의 금속의 종류는 수소가스의 발생에 거의 관계가 없다. 발생하는 수소가스의 거품의 크기는 세선의 직경이 작을수록 작으므로, 저속(低速)의 흐름의 가시화에는 가능한 한 가는 선을 사용하는 것이 바람직하다. 기포의 직경이 작으면 작을수록 부력에 의한 상승속도가 작고, 흐름의 관찰에도 형편이 좋기 때문이다.

⑦ **전해 침전법** : 수소기포법은 물을 전기분해 했을 때 음극에 발생하는 수소가스의 거품을 추적자로써 이용하는 것이지만, **전해침전법**(電解沈澱法)은 물을 전기분해 했을 때 양극(陽極) 근방에서 생성되는 백색의 침전물을 이용하는 것이다. 보통의 수돗물을 진유(眞鍮, 놋쇠)나 땜납 등의 금속을 양극으로 해서 10~30 볼트(volt)의 전압을 가해 전기분해하면 양극 표면에서 근소한 기체의 거품이 발생함과 동시에 거기에 미립자의 구름이 발생한다. 미립자의 농도는 양극의 금속의 종류에 따라 다르고, 주석(朱錫, Sn)이 가장 농후(濃厚)하다. 색소의 발생이 적은 경우에는 물에 소량의 탄산소다를 첨가하면 발생량이 증가한다.

⑧ **텔루르 법** : 수류 속에서 텔루르(tellurium, Te, 텔루륨)를 음극으로 해서 20 볼트(volt)의 전압을 가해 전기분해를 하면, 흑색 콜로이드〔colloid, 교질(膠質)〕상의 구름을 발생시키므로 이것을 추적자로써 이용할 수 있는 것이다.

⑨ **기타 추적법** : 공기포법(空氣泡法)은 수중에 혼입된 공기의 거품을 추적자로써 이용하는 것이다. **거설법**(鋸屑法)은 거설(鋸屑, 톱밥)을 이용해서 고속의 수면의 흐름을 관찰하는 경우에 편리하다. 수류의 표면에 톱밥을 체에 치면서 띄워서 흐름을 관찰한다. **흑연 분법**(黑鉛 粉法)은 흑연〔黑鉛, 석묵(石墨), graphite〕가루가 육각형 판상의 편평한 결정인 것을 이용해서, 흐름의 전단(剪斷, shear)의 검출을 하는데 이용된다. **발광 입자법**(發光 粒子法)은 자기 자신이 발광(發光 : 빛을 발함)하는 물질을 추적자로 사용하는 것으로, 외부에서 조명(照明)할 필요가 없다. 따라서 외부에서의 조명이 곤란한 경우에 효과적이다. **유리미립자법**(微粒子法), **이산화**(二酸化)**치탄법**, **석회법**(石灰法), **전분법**은 극저속의 수류의 가시화에 사용된다. 이들의 미립자는 방향성(方向性)을 갖지 않으므로 흐름의 장(場) 전체를 똑같은 밝기로 관찰할 수가 있다.

ㄴ. 타래법

흐름 속에서 한쪽 끝을 고정한 실〔**사**(絲, 糸)〕을 놓고, 그 실의 나부낌으로부터 흐름의 상태를 알 수가 있다. 실로서는 모사(毛絲 : 털실), 목면사(木綿絲 = 무명실 : 솜을 자아 만든 실), 견사(絹絲 : 명주실) 등이 자유롭게 사용될 수가 있다. 실의 길이는 흐름의 상태에 따라서 최적이 되도록 정할 필요가 있다. 실이 너무 짧으면, 실에 작용하는 유체 마찰력에 비해서 실의 습성이나 지주(支柱)의 영향을 무시할 수 없으므로 올바른 흐름을 나타내지 않는다. 또 반대로 실이 너무 길면, 실의 각 부분에는 그보다도 후방의 유체 마찰력을 전부 적분한 것이 작용하므로 실의 흐름의 곡률을 따라서 올바르게 나부낄 수가 없다. 따라서 실의 길이는 유선(流線)이 직선으로 생각해서 좋을 정도의 길이보다 짧게 선택하는 것이 바람직하다. 한눈 아래 흐름의 모양을 가시화하기 위해서는 실은 통상 다수개가 흐름의 장(場)에 넓게 분포하도록 동시에 사용한다. 실을 이와 같이 이용해서 흐름을 가시화하는 방법을 **타래법**(tuft method, 터프트법)이라고 부른다.

타래법의 장점은 넓은 속도의 범위를 손쉽게 흐름의 모양을 볼 수 있는 것과 사진촬영에 특별한 장치나 기술을 필요로 하지 않는다는 점이다. 그러나 그 반면 타래법은 몇 개인가의 중대한 결점도 가지고 있다.

ㄷ. 도막법

물체 표면에 여러 가지의 물체를 도포(塗布 : 겉에 바름)해서 흐름에 노출시키면, 물체의 막(膜)은 흐름의 작용으로 변화를 일으킨다. 그 결과로써 막에 나타나는 줄기모양에서 표면을 따라 흐름의 상태를 알 수가 있다. 이것이 **도막법**(塗膜法 : 뿌려서 막을 형성하게 하는 방법)이다. 여기서는 유막법(油膜法, 페인트 법), 안식향산(安息香酸) 도막법, 하이드로-키론 디아세테이트(hydro-quinone diacetate) 도막법 등이 있다.

안식향산(安息香酸 = 벤조산)은 안식향을 가열 승화시켜서 만드는 무색의 결정으로 산성 물질이다. 안식향은 우리나라에서 때죽나무과의 소문답랍안식향(Styrax benzoin Dryander : 蘇門答臘安息香) 또는 동속 식물에서 얻은 수지(樹脂 : 나무 기름)를 말한다. 일본에서는 우리나라와 같으며 중국에서는 월남안식향(Styrax tonkinensis Craib : 越南安息香) 나무를 말한다. 안식향은 나쁜 기운을 물리치고 모든 사기를 편안하게 진정시키기 때문에 붙여진 이름이다. 혹은 안식(安息)이라는 나라에서 왔다고 전해지기도 한다. 인도에서는 패라향(貝羅香)이라고 한다.

하이드로-키론(hydro-quinone)은 아니린을 크롬산과 황산과의 혼액에서 산화하든가, 또는 키론을 아황산으로 환원하든가 해서 만드는 무색판상의 결정으로 사진현상액, 유기합성 재료 등으로 쓴다. 디아세테이트(diacetate)는 빛깔이 없는 흡습성의 액체로 알코올, 에테르, 벤젠 따위에 녹으며, 가소제·연화제·용제 따위로 쓰인다.

ㄹ. 화학반응법

약품의 화학변화를 이용해서 흐름에 착색(着色)하기도 하고, 색을 없애기도 하는 일이 가능하므로, 이것을 이용해서 흐름의 가시화를 행하는 것이 **화학반응법**(化學反應法)이다.

먼저 **티몰블루법**은 티몰(강력한 방부제) 블루(thymol blue)가 수소 이온 농도 pH의 값보다 선명하게 색을 변화시키는 것을 이용하는 방법이다. **페놀프탈레인법**은 페놀프탈레인〔phenolphthalein, 설사약, $C_{20}H_{14}O_4$〕이 $pH = 8.3 \sim 10.0$을 경계로 해서 무색에서 적자색(赤紫色)으로 색을 바꿀 수 있는 것을 이용하는 것이다. 티몰프탈레인법은 **티몰프탈레인**(thymolphthalein, $C_{28}H_{30}O_4$)이 $pH = 9.3 \sim 10.5$에서 무색에서 청색으로 변색하는 것을 이용하는 것으로, 티몰블루법 및 페놀프탈레인법과 같은 방법으로 흐름의 가시화를 행할 수가 있다.

옥소전분법(沃素澱粉法)은 녹말가루가 차가울 때 옥소(沃素)에 의해 청자색(青紫色)을 나타내는 특수반응을 흐름의 가시화에 이용하는 것이다. 옥소전분반응에 전기분해를 이용하는 것도 가능하다.

이외에도 **연백·황산암몬법**(鉛白·黃酸암몬法)은 연백(鉛白, 염기성 탄산납)을 초건성 방창유(防錆油)에 섞어서 사용한다. **감홍·암모니아수법**(甘汞·암모니아수법)은 감홍(甘汞, 염화제일수은, Hg_2Cl_2)과 암모니아수가 반응해서 흑색으로 변화하는 것을 이용하는 방법이다. **염화제이철·피로갈롤법**(鹽化第二鐵·pyrogallol法)은 염화제이철($FeCl_3$)을 접착제에 섞어서 물체 표면에 도포하고 충분히 건조시키고 나서 수류에 헹군다. **과망간산카리법**은 색소류로써 과망간산카리($KMnO_4$)의 적자색 수용액을 사용하는 것으로, 관찰 후 수류에 사진용 하이포(티오황산나트륨, $Na_2S_2O_3 \cdot 5H_2O$)를 첨가함으로써 재차 무색으로 돌아올 수가 있다.

ㅁ. 광학적 방법

유체운동에 수반되어 유체에 빛의 굴절률이나 흡수율의 이상이 발생하는 경우에는 특수한 광학계를 이용해서 흐름을 가시화할 수가 있다. 굴절률 변화의 가시화는 **굴절무늬법**(schlieren method, 슐리렌법), **영회사진법**(影繪寫眞法, shadowgraph, 섀도우그래프법, 그림자그림법), **간섭계법** 등에 의해 수류, 기류의 양쪽에 대해서 같이 행할 수가 있다. 특히 수류의 경우에는 고분자 용액의 분자 배향(配向)에 근거로 굴절률 현상 또는 흡수율 이방성을 이용하는 방법이나 수면의 변화를 모아레(moire, 견직물의 하나)호(縞, 줄무늬)의 변화로써 가시화하는 방법 등도 가능하다. 또 최근 호로그래프의 기술이 새로운 흐름의 가시화로써 각광을 계속 받고 있다.

① **굴절률법** : 굴절률을 이용하는 방법을 소개한다(註).
굴절무늬법(schlieren method)은 흐름의 장의 굴절률 구배를 명암해서 관찰할 수 있는 것으로 높은 분해능을 갖는다. 이것은 광원에서 빛을 오목 면경(面鏡)에 평행광선으로 해서 측정부를 통해 다시 볼록렌즈 또는 오목면경으로 모아 광원의 상(像)의 위치에 나이프 엣지(칼날, knife edge)를 놓고 빛을 반절 차단해서 사진렌즈로 측정부의 상을 감광 필름 상에 연결시키는 방식이다. **영회사진법**(影繪寫眞法, shadowgraph, 그림자그림법)은 광학적 방법 중 가장 간단해서 경제적인 방법이다. 이것은 점광원(点光源)에서의 빛을 직접 또는 렌즈나 오목면경에서 평행광선으로 바꾼 뒤, 측정부를 통하면 측정부의 배후에 놓여진 필름 상에 흐름의 영회사진이 얻어진다.

② **간섭계법**(干涉計法, interferometer, method)은 흐름의 장의 밀도분포를 정량적으로 측정할 수 있으므로 중요한 방법이다. 간섭호(干涉縞)의 이동량은 밀도차에 비례한다. 종래 풍동실험에 있어서의 기류에 대해서 이용되어 왔으나, 일반적으로 간섭계는 너무 민감해서 조절이 곤란하다고 하는 결점을 가지고 있다.

③ **호로그래피법**(holography method)은 1962년부터 레이저의 발달과 병행해서 호로그래피의 기술이 새로운 광학기술로 등장되어, 유체의 측정에도 응용되도록 되었다. 이것은 물체에 비치는 빛과 간섭 가능한 평행광을 첨가해서 양자는 간섭하고, 그 시간평균으로써 시간에 무관계한 간섭호(干涉縞)가 생긴다. 이것을 현상(現像)으로 얻어지는 원판이 호로그램(hologram)이다.

④ **유동복굴절법**(流動複屈折法)은 고분자 용액의 유동 복굴절 현상을 이용해서 흐름의 속도구배(速度勾配)를 가시화할 수가 있다. 유체 중의 선상(線狀) 고분자는 유체가 정지했을 때에는 부라운 운동 때문에 평균적으로 보아 완전히 임의의 방향을 가지고 있으나, 흐름에 속도구배가 생기면 전단력(剪斷力, 전단변형력, shear stress)의 작용으로 일정방향으로 배향(配向)하는 성질이 있다. 속도구배가 커짐에 따라서 고분자의 축의 방향은 평균적인 유선에 일치하게끔 된다. 따라서 고분자축과 유선이 이루는 각도와 속도구배의 관계를 미리 구해두면, 각도의 측정에서 속도구배를 안다. 또 그 속도구배를 적분함으로써 그 장소의 속도가 구해진다.

⑤ **모아레호법**(moiré縞法) : 3 차원적인 곡면의 형태를 표시하는 가장 좋은 방법은 등고선을 그리는 일이다. 종래 한조의 스테레오 사진에서 등고선을 구하는 방법이 이

용되고 있었으나, 간접적인 방법인 것과 작도용(作圖用)으로 어마어마하고 값이 비싼 기계가 필요하게 되는 일 등의 결점을 갖고 있었다. 최근 가는 선을 주기적으로 나열하는 모아레호(moiré縞)가 그대로 등고선에 일치하는 것을 이용해 물체의 등고선을 구하는 방법이 개발되었다.

ㅂ. 기타 방법

온도분포의 가시화의 예를 들면, 액정을 고체표면에 칠해 두면 그 색이 온도에 의존함으로 온도분포를 알 수가 있다. 또 고체표면이나 수면에서의 열방사를 포착해서 거기의 온도분포를 구하는 방법이 있고, 종종 원격측정의 대표로 되어 있다. 온도에 의해 색이 변하는 물질을 유체에 섞어서 놓는 방법도 있다.

루미놀 반응법(luminol 反應法)은 3-아미노프탈산 히드라지드(hydrazide)라는 것으로 백색의 고체이다. 루미놀의 알카리성 용액은 과산화수소 등에서 산화하면 청자색으로 발광한다.

코레스테릭액정(cholesteric liquid crystal 液晶)은 온도에 의해 색이 적(赤), 황(黃), 청(靑)으로 선명하게 변화하므로 액체의 온도분포를 가시화하는 데에 이용할 수가 있다.

펄스 루미네센스 법(pulse luminescence method)은 루미네센스〔luminescence : 열이 없는 발광〕 물질을 추적자로써 흐름 속에 혼입해서 그 발광현상을 이용해서 속도분포를 가시화하는 방법이다.

17.3. 회전수조실험

회전수조실험〔回轉水槽實驗, rotating dishpan (annulus) experiment〕은 원통형의 수조를 회전시켜서 행하는 실내 실험이다.

17.3.1. 실험장치

회전수조 실험장치는 그 동안 많은 개량과 발전이 있었지만 Hide(1953, 1958)가 처음 사용한 이후, 회전판 위에 실린더를 끼워 넣은 삼중수조형이 널리 사용되게 되었다.

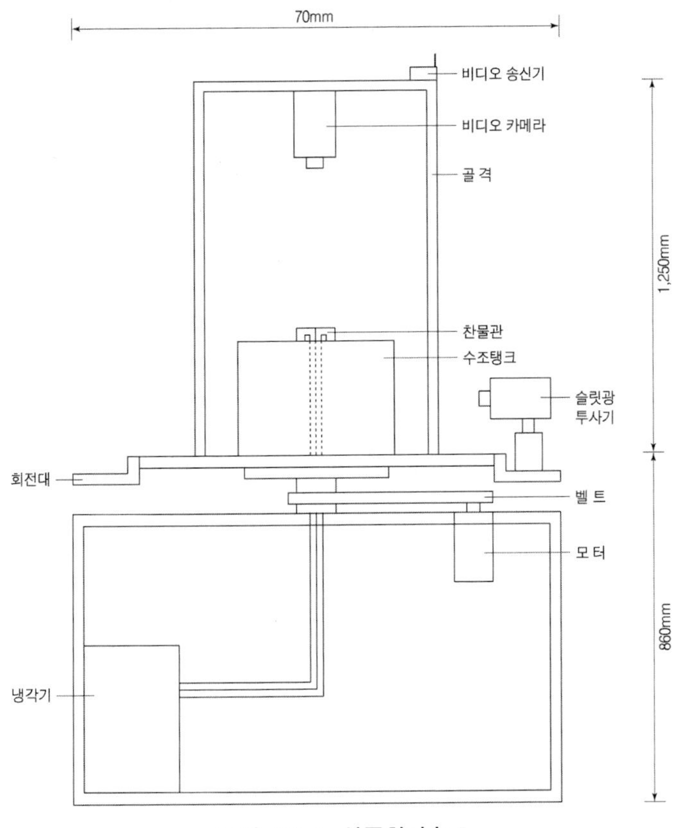

그림 17.4. 삼중회전수조

그림 17.4 는 공주대학교 자연과학대학 대기과학과의 유체역학 실험실의 **삼중회전수조**(三重回轉水槽) 제 2 호의 실험장치를 도식적으로 나타낸 그림이다. 수조는 회전대의 중심에 놓여있다. 회전대 옆에 보조 회전대를 부착하여 기구를 올려놓을 수 있도록 되어 있다.

그림 17.5 는 본 실험대의 삼중회전수조의 크기와 구조를 나타낸 것이다. 4 개의 동심원적 실린더 A, B, C, D 는 두께 $10\,mm$, 직경이 $600\,mm$ 인 PVC 판 E 에 홈을 내어 끼워 넣었다. 실린더 A 와 B 의 내반경은 각각 $250\,mm$ 와 $169\,mm$ 이고, C 와 D 의 내반경은 각각 $106\,mm$ 와 $38\,mm$ 로 실험관측 부분의 폭은 $63\,mm$ 이다. 실린더 A 와 B 는 두께 $5\,mm$ 인 투명한 아크릴 관을 사용했고, C 는 두께 $7\,mm$ 인 PVC 관을 사용했으며, 이들 실린더의 높이는 모두 E 판으로부터 $200\,mm$ 이다. 바닥 원판 E 는 수직축에 대해서 반시계 방향으로 회전하는 회전대 F 위에 고정되었고, 이 회전대는 직경 $76\,mm$ 인 철관으로 중앙에 지지되었다. 회전대는 회전 조절기가 부착된 모터를 통해서 각속도 $\Omega = 40\,rpm\,(1\,rpm \fallingdotseq 0.1047\ rad/s)$ 까지 변화될 수 있고, $\pm\,0.1\,rpm$ 의 정확도를 갖는다.

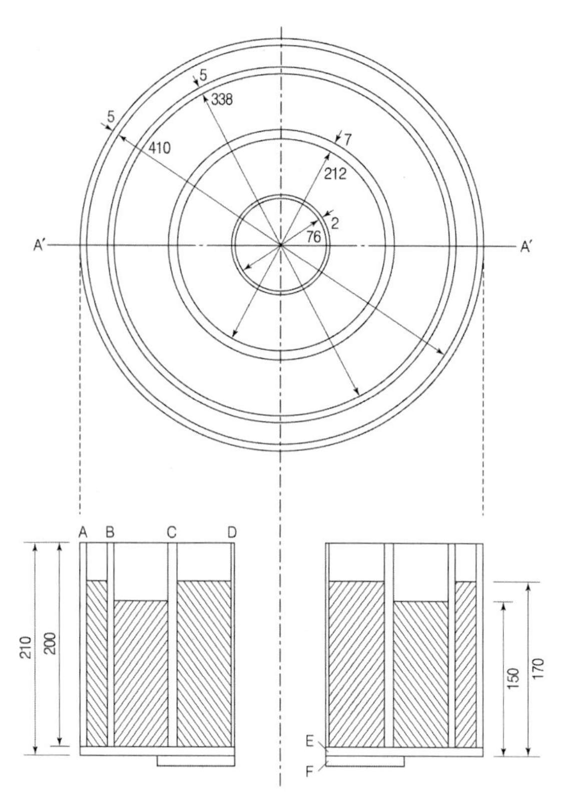

17.5. 삼중회전수조의 모식 상 : 전체 모습, 하 : 측면도

회전대는 삼중수조이므로 동심원적으로 3 개의 수조가 있다. 제일 안쪽에는 찬물을 집어넣은 냉수조가 있고, 제일 바깥쪽은 따뜻한 물을 집어넣은 온수조이다. 가운데의 수조가 실험을 할 수 있는 작업대로 실험유체를 넣는 곳이다. 찬물과 따뜻한 물의 부등가열이 되어, 열은 온수조(바깥)에서 작업유체를 거쳐서 냉수조(안쪽)로 이동하게 된다. 또 회전대이므로 회전을 하게 됨으로 열의 이동과 동시에 회전을 하게 되는 구조로 되어있는 것이다.

지금부터는 이와 같은 실험장치를 정확하게 **회전삼중원통수조실험**(回轉三重圓筒水槽實驗)이 정확한 말이겠지만, 좀 짧게 **회전삼중수조실험**(回轉三重水槽實驗)이 되고 더 줄이면, **회전수조실험**(回轉水槽實驗)이 되고 더 줄여서 **회전실험**(回轉實驗)으로 부르기로 하자.

17.3.2. 고안(考案)

위와 같은 실험장치로 대기과학에서 무엇을 할 것인가? 이에 대한 답으로 대기과학의 특정 분야만으로 한정을 시켜 놓으면 시야(視野)가 좁아져서 바람직하지 않으므로, 이런 점에 주의하면서 다음과 같은 것들을 생각해 보자.

대기의 운동은 방사과정에서는 해소할 수 없는 온도의 불균일을 균일하게 하도록 일어나고 있는 것이 **대류운동**(對流運動)이다. 여기에는 2가지의 방법이 있다. 하나는 상하의 온도차에 기인하는 '상하대류(上下對流)' 이고, 또 하나는 수평의 온도차에 의한 '수평대류(水平對流)' 이다. 전자의 경우는 물을 끓여보면 바로 알 수 있다. 후자는 방 한쪽 구석에 피워놓은 난로를 생각하면 좋다. 난로 부근의 따뜻한 공기는 상승하고, 떨어진 장소의 공기는 하강해서 방안을 **순환**(循環, circulation)한다.

지구대기에서 생각해 보면 상하대류는 지표면과 지상 약 10km 정도 높이와의 사이의 온도차에 의해 일어나고 있고, 운동의 수평규모도 10km 정도로 지구 자전의 영향은 거의 받지 않는다. 반면 또 하나의 수평대류는 적도와 극 사이의 온도차에 기인해서 일어나고 있다. 수평규모가 1,000 ~ 10,000km 에 미치는 대규모적인 운동이어서 자전의 영향을 강하게 받고 있다. 이 2개의 운동은 규모면에서 극단적인 차이가 있어, 일단은 분리해서 생각할 수가 있을 것이다. 해륙풍도 바다와 육지의 온도차에 의한 수평대류 현상이다.

여기서 적도-극간의 온도차에 의한 대규모 대류에 착안해 보자. 적도가 열원, 극이 냉원이므로 이 열냉원 분포는 지축에 관한 축대칭이다. 이와 같이 열냉원의 배치에서 바로 예상되는 것은 구동(驅動 : 동력을 부여해서 움직이는 일)되는 운동도 축대칭, 결국 운동은 경도에 의하지 않고, 위도(와 높이)만의 함수로 표현될 것이라고 하는 것이다. 그런데 실제 대기의 운동은 그렇지가 않다.

그림 17.6 은 북반구 500hPa 고도의 일기도에서도 보아 알 수 있듯이 분명히 축대칭이 아니고, 위도원(緯度圓)을 따라 파동상(波動狀)이다. 이것에서는 해륙분포 등의 축대칭이 아닌 요인도 기여하고 있을 것이다. 그러나 육지가 북반구보다 훨씬 작은 남반구에서도 같은 운동상태가 보이는 것을 생각하면 해륙분포의 영향을 제일 크게 받지는 않는 듯하다. 그렇다고 한다면 그림과 같은 축대칭이 아닌 운동은 축대칭인 열냉원(熱冷源) 분포에서 필연적으로 일어나는 것이다.

만일 회전이 없다고 한다면 축대칭인 열냉원 분포에서는 축대칭인 자오면(子午面) 내의 순환밖에는 일어나지 않는 것은 확실하다. 공기는 열원 부근에서 상승운동, 냉원 부근에서 하강운동이 되어 자오면 내를 순환한다. 이 운동의 모습은 어떤 위도에서도 같을 것이다. 그러면 아주 조금이라도 회전이 있으면 축대칭이 아닌 운동이 일어날 것인가? 그것은 생각하기 어렵다. 그렇다면 축대칭인 운동과 비축대칭인 운동과의 관계, 결국 한쪽에서 다른 쪽으로 '**전이**(轉移, transition)' 하는 곳이 있음에 틀림없다.

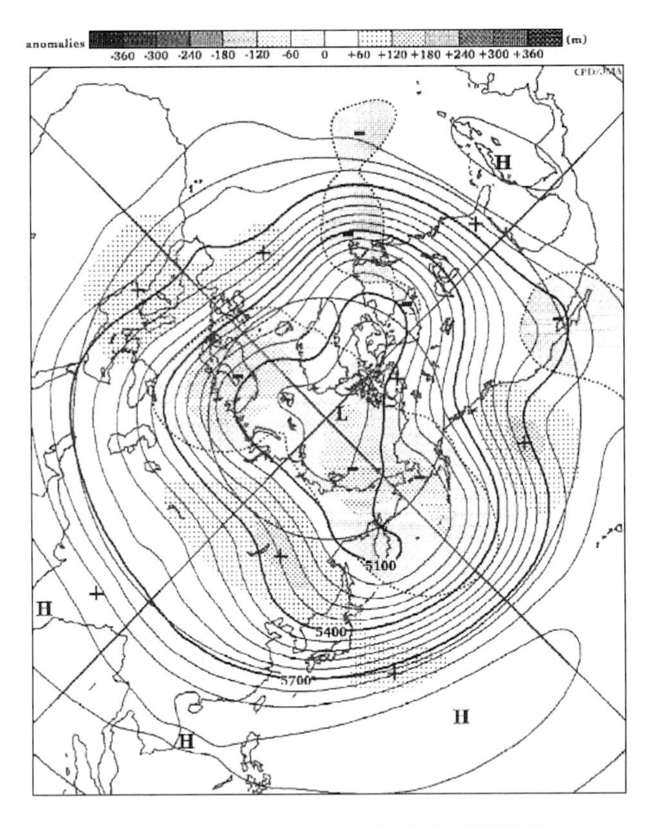

그림 17.6. 500 hPa **고도의 일기도(북반구)**
2007년 1월의 북반구의 500 hPa 고도의 월평균 일기도 : 등치선간격 60 m,
평년편차(음영(陰影), 평균치는 1979~2004년의 자료에서 작성

어떠한 조건하에서 그와 같은 전이가 일어날 것인가? 또 축대칭인 운동과 비축대칭인 운동은 대류의 양식(樣式, regime)의 차이를 나타낼 것으로 생각되기 때문에, 2개의 양식에서 흐름의 구조는 어떻게 달라져 있을 것인가? 이러한 것들이 분명하게 되면, 위 그림과 같은 대기의 대규모적인 운동에 대해서 그 원인과 결과의 논리를 엮는데 크게 도움이 될 것이다.

위와 같은 문제를 실험에 의해 조사하기 위해서의 요점은 축대칭인 열냉원 분포와 회전이기 때문에 물을 넣은 원통상(圓筒狀) 용기의 벽을 가열하면서 전체를 회전대에 올려놓아 회전시켜서 하면 된다. 실제 이런 종류의 실험의 창시자의 한 사람인 훌츠(Fultz)가 최초로 이용한 장치는 이와 같이 간단한 것이었다. 1940년대 말부터 1950년대 초경이었다. 그때쯤의 이 실험을 **회전대야실험**〔rotating dishpan experiment, 회전대이실험(回轉臺匜實驗)〕이라고 부르고 있었다. 훌츠는 문자 그대로 세수대야(dishpan, 디쉬펜)를 사용한 것 같다. 그러나 이러한 장치로는 온도조절이나 현상의 정상성(定常性)·재현성(再現性)에 난점이 있어 확실한 실험을 하기 위해서는 그림 17.4~5와 같이 2개의 원통벽으로 좁혀진 도넛 모양의 대류조(對流槽), 즉 **환**〔**環**, **환대**(**環帶**), annulus〕을 이용하게끔 되었다. 이런 형의 장치는 이미 하이드(Hide, 1950)가 사용하였다. 단, 그의 관심은 뒤에 기상학적으로 전파되어 갔지만, 처음에는 지구내부의 유체핵의 운동에 맞았던 것 같다. 차차로 이런 형(型)의 장치가 많이 이용되게 되어 지금은 **회전원통수조실험**(回轉圓筒水槽實驗, rotating annulus experiment)이라고 불리고 있다.

17.3.3. 축대칭, 파동양식

회전유체의 회전수(각속도), 온도차 등의 조건을 변화시켜가면서 실험을 하면서 유체의 표면류를 관찰해 보면, 2가지 형태의 레짐이 나타남을 알 수가 있다. 여기서 레짐이란 말은 훌츠(Fultz)의 명명(命名) 이래 사용되고 있다. 프랑스어의 앙시앵레짐(ancien régime : 프랑스 혁명이전의 구제도)과 같은 뜻으로, 여기서는 물이 흐르는 방법, 바람이 부는 방법이라고 하는 정도의 의미이다. 이것을 우리말로 **양식**(樣式, regime, **레짐**)으로 용어화하겠다.

ㄱ. 축대칭양식

그림 17.4~5의 삼중회전수조(三重回轉水槽)에 온도차를 주고 분말(粉末) 등으로 가시화를 해서 관찰을 해 보면, 회전을 하지 않을 때에는 바깥쪽의 따뜻한 온수조의 물이 외벽을 타고 상승해서 표면에서 안쪽을 향해서 차가운 냉수조 쪽으로 간다. 냉수조에서 차가운 물은 안벽을 타고 수직으로 내려와서 밑바닥에서 다시 바깥쪽으로 향하는 순환(循環, 대류)을 하게 될 것이다. 즉 자오면(子午 : 원통의 반경방향과 연직방향을 이루는 면) 내를 순환하고 있으므로 표면에서는 외벽에서 내벽으로 향하는 흐름만이 있을 것이다. 이것이 **자오면순환**(子午面循環, meridional circulation)이 되는 것이다.

위의 조건 하에서 회전을 시키면 자오면순환에다 회전에 의한 원주방향(圓周方向, 방위각 방향)의 속도성분이 생겨서 유체는 비뚤어지기 시작한다. 유체의 회전수를 높여가면서, 이 상태를 충분히 길게 유지시켜 정상상태(定狀狀態)로 될 때까지 기다려서 표면류를 관찰한다. 조금씩 회전수를 높여가면서 언제까지 정상상태가 유지되는지를 반복해서 관찰을 한다. 그렇게 하면, 어느 회전수까지는 그림 17.7과 같이 회전축을 동심원적으로 도는 원주방향(圓周方向, 방위각 방향, 접선방향)의 흐름이 **대상류**(帶狀流, zonal flow, 東西流)가 된다. 이것이 **축대칭양식**(軸對稱樣式, symmetric regime) 또는 **해들리양식**(── 樣式, Hadley regime)이라고도 한다. 바닥 부근에서는 표면과는 반대방향의 흐름으로 되고, 벽이나 바닥 부근의 마찰을 제외하면, 그 순환에서 유체입자는 각운동량을 보존하면서 운동을 하고 있다.

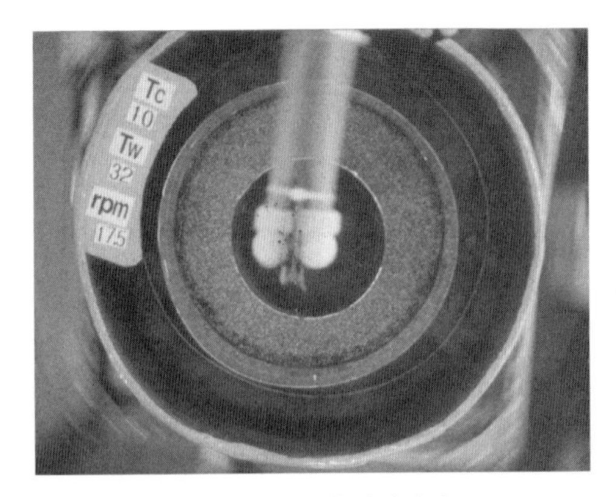

그림 17.7. 축대칭양식

그림 17.8. 파동양식(소선섭 외 7인, 1997에서)

ㄴ. 파동양식

위에서 언급한 '어떤 회전수까지'는 축대칭양식이 나타난다고 했는데, 그것을 넘으면 돌연 흐름이 변화해서 그림 17.8과 같은 파동〔波動, 또는 사행하는 제트류를 동반하는 와열(渦列)〕이 나타난다. 이것이 **파동양식**(波動樣式, wave regime) 또는 **로스비양식**(Rossby regime)이라고 말한다. 여기서 보면 위의 회전수조 실험장치에서 축대칭인 열냉원의 분포에서 비축대칭(非軸對稱)인 흐름이 실현되었다. 그리고 이것은 그림 17.6의 $500\,hPa$ 고도의 일기도(북반구)의 파동현상과 유사함을 알 수가 있다. 이 실험에 의해 일정의 온도차 하에서 회전수를 높여가면 어떤 회전수에서 대칭적인 흐름이 갑자기 파동상의 흐름으로 바뀌는 것을 알 수가 있다. 이것이 앞에서 언급한 **전이**(轉移, transition)가 된다. 다시 말하면, 전자가 안정(安定)에 존재할 수가 있는 **임계회전수**(臨界回轉數, critical rotation number)가 되고, 이것을 넘으면 다른 안정상태-파동상태(波動狀態)가 나타난다고 하는 것을 알 수가 있다.

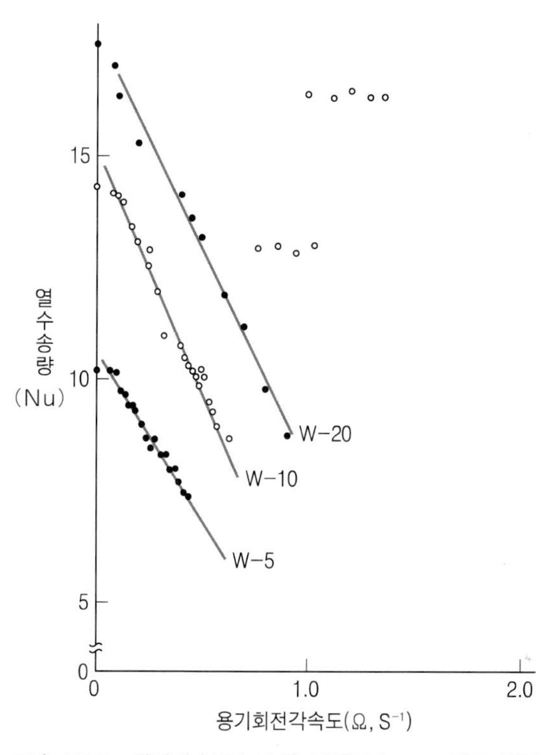

그림 17.9. 회전각속도(Ω)와 너셀트수 Nu 와의 관계

너셀트수 Nu는 무차원화된 열수송량이고, $W-10$ 은 작업유체가 물로 $\triangle T=10\ C$ 를 의미한다.
열수송은 축대칭에서는 Ω 에 거의 직선적으로 감소하고, 파동이 되면 건너뛰어서 그 뒤로는 거의 일정하다.

ㄷ. 전이의 판별 : 너셀트수

임계회전수에 대한 전이의 의미를 이해하기 위해 실험을 반복하면서 고온의 외벽에서 저온의 내벽으로 열이 이동하는 열기관으로 생각해서 열수송량을 측정해 보자. 열수송량이 회전수와 어떠한 관계가 있는가를 보기위해서 그림 17.9를 보자. 세로축은 **너셀트수**(Nusselt number, Nu)*로 불리는 무차원수로 실제의 열수송량은 같은 유체가 열전도만으로 운반되는 열수송량으로 나눈 값이다. 실제의 열수송량을 Q 라 하면, 수조(용기)는 환〔環, 환대(環帶), annulus〕이므로, 너셀트수 Nu 는 다음과 같이 쓸 수가 있다.

$$Nu = \frac{Q \ln \frac{b}{a}}{2 \pi k d \Delta T} \tag{17.3}$$

여기서

a 와 b : 실험유체의 내반경과 외반경,

k : 유체의 열전도율(熱傳導率),

d : 유체의 깊이,

ΔT : 내벽과 외벽의 온도차

이다. 가로축은 작업유체(용기)의 회전각속도(Ω)이다.

* **너셀트수**(Nusselt number, Nu)는 유체를 통해서 운반된 열량이 열전도만으로 운반되어야 할 열량의 몇 배인가를 나타내는 수이다. 경계면을 통해서 운반되는 단위시간, 단위면적당의 열량을 Q, 대표적인 거리를 L, 그 사이의 온도차를 ΔT, 유체의 열전도율을 k로 하면, 너셀트수 Nu 는

$$Nu = \frac{Q L}{k \Delta T} \tag{17.3$'$}$$

이 된다.

위의 그림에서 우리는 작업유체의 회전각속도 Ω 가 작은 곳에서는 너셀트수 Nu 는 Ω 에 대해 거의 직선적으로 감소한다. 이 사이의 흐름이 **축대칭류**(軸對稱流, axisymmetric flow)가 된다. Ω가 임계회전수를 넘으면 열수송은 급격히 커지고 동시에 흐름도 파동으로 옮긴다. 파동영역에서는 Nu 는 Ω 에 대해서 거의 일정하다. 열기관(熱機關)으로 보면 축대칭양식에서의 열은 오로지 자오면순환에 의해 수송되고 있지만, 회전수의 증가와 함께 자오면순환이 약해져 열수송도 감소한다. 결국 열기관으로써의 효율이 나빠진다. 임계회전수를 경계로 자오면순환에 대해서 거의 수평적으로 와운동(渦運動, 파동)에 의해 열이 수송되게끔 된다. 이렇게 해서 축대칭양식과 파동양식과는 대류의 양식의 차이를 나타내고 있다고 말할 수 있다.

17.3.4. 운동양식의 전이

앞의 회전수조실험에서 수조(용기)는 환〔環, 환대(環帶), annulus〕 내의 물의 운동을 크게

축대칭양식과 파동양식의 2개의 양식으로 나누어지고, 그 경계는 온도차와 회전수의 조합으로 **운동양식의 전이**는 거의 하나의 뜻으로 결정되는 것을 알았다. 그러나 물의 깊이라든가, 수조의 크기, 물 이외의 다른 유체를 이용해서 실험을 하면, 비록 온도차나 회전수가 같다 하더라도 전이의 임계회전수는 달라진다. 여러 실험의 결과 달라지는 이것들의 통일을 해주는 역할로 유체의 운동의 특징을 지워주는 무차원량을 이용해서 해결을 하는 것이다. 여기서 등장하는 몇 개의 무차원량의 대기과학적 의미에 대해서는 주해를 참고하기 바란다(註).

ㄱ. 열로스비수

하이드(1958)는 작업유체로써 물을 이용하고 크기가 다른 몇 개의 용기로 실험한 결과, 축대칭양식과 파동양식 사이의 전이가 다음과 같은 무차원량인 **열로스비수**(熱 — 數, thermal Rossby number) Rot^*는

$$Rot = \frac{g\, d\, \Delta \rho}{\bar{\rho}\, \Omega^2\, D} \tag{17.4}$$

가 거의 일정한 값(≒2.3)으로 일어나는 것을 알아냈다. 여기서

Ω : 작업유체의 회전속도,

D : 내외벽의 간격, d : 유체(물)의 깊이,

$\Delta \rho$: 수평온도차 ΔT에 대응하는 밀도차

(열팽창계수를 α로 하면, $\Delta \rho / \bar{\rho} = \alpha \Delta T$의 관계가 있음)

$\bar{\rho}$: 평균밀도, g : 중력가속도

이다. 열로스비수 Rot는 로스비수〔Rossby number, 식 (17.1)′, R_o〕에 나타나는 대표적인 유속을 온도풍으로 치환한 것(의 4배)에 해당하고 있다.

* **열로스비수**(thermal Rossby number, Rot)는 밑에서부터 가열된 유체의 흐름에 대해서 온도풍에 의한 관성력(慣性力, 온도이류항)과 전향력의 비를 나타내는 무차원량(無次元量)이다. 이것을 Rot로 하면,

$$Rot = \frac{Ut}{fL} = \frac{(\text{온도풍에 의한})\ \text{관성력}}{\text{전향력}} \tag{17.4$'$}$$

이고, 여기서 f : 전향인자, L : 대표적인 길이, Ut : 대표적인 온도풍으로,

$$Ut = \frac{g\,\alpha\,(\Delta_r \Theta)\,d}{f\,\Delta\,r} \tag{17.5}$$

로 주어진다. 여기서 $\Delta_r \Theta / \Delta r$: 대표적인 온도경도이다. 로스비(Carl-Gustaf Arvid Rossby, 1898~1957, 🌂)는 스웨덴의 기상학자이다.

ㄴ. 테일러수

한편, 화우리스(fowlis & Hide, 1965)는 물 이외의 유체(글리세린 수용액 등)를 이용해서 점성을 바꾸어서 실험한 결과, 전이점(轉移點, 轉移点, transition point)이 또 다른 무차원수인 **테일러수**(Taylor number, Ta)*

$$Ta = \frac{4\,\Omega^2\,D^4}{\nu^2} \cdot \frac{D}{d} \tag{17.6}$$

에 의해 변화하는 것을 발견했다. 훌츠(1958)도 같은 결과를 얻고 있다. 여기서 ν : 유체의 동점성계수〔動粘性係數, kinematic viscosity : 점성계수를 밀도로 나눈 양, 식 (15.3)을 참조〕이다.

* **테일러수**(Taylor number, Ta)는 회전점성유체의 문제를 취급할 때에 나타나는 무차원수이다.. 이것을 Ta 로 쓰면,

$$Ta = \frac{f^2\,d^4}{\nu^2} \tag{17.6}'$$

이고, 테일러수의 평방근은 회전레이놀즈수(回轉 Reynolds number)이고, 4승근은 d 와 에크만층의 깊이와의 비에 비례한다.

ㄷ. 안정도도표

이들의 결과를 그림으로 나타낸 것이 그림 17.10과 같다. 이것이 안정도도표(安定度圖表, stability diagram)라 불리고 있는 것이다. 세로축은 열로스비수 Rot, 가로축은 테일러수 Ta 이다. 여기에 많은 실험결과들을 기입해서 만든 결과이다. 이 그림에서 다음과 같은 것들을 알 수가 있다.

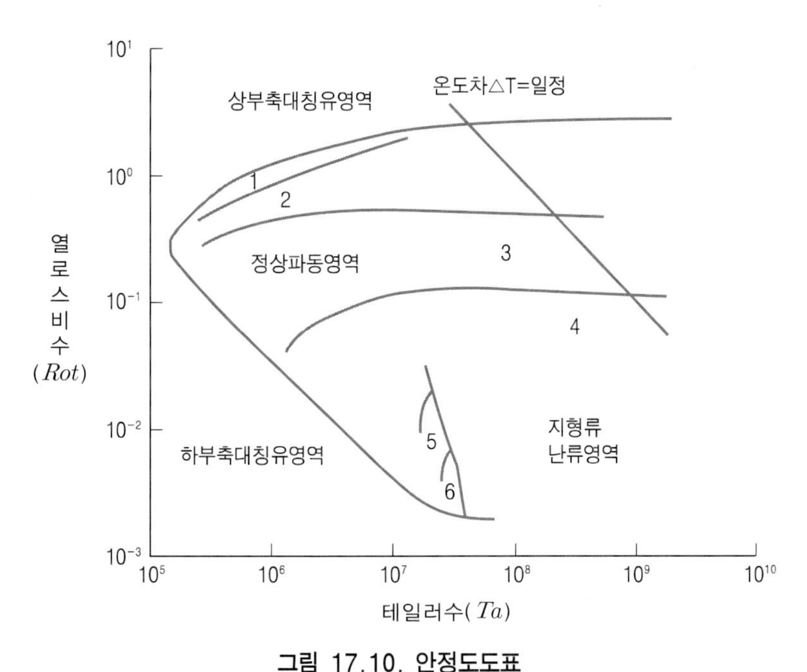

그림 17.10. 안정도도표

물을 이용한 많은 실험 결과를 정리한 것이다.
정상파동영역의 숫자는 작업유체의 폭 D로 규격화한 파수 n^*를 사용했다.

① 온도차를 일정하게 유지해서 회전수를 변화시키는 실험은 이 그림 위에서 구배 45°의 오른쪽 아래로 내려가는 직선상으로 움직이는 것이 된다.

② Rot가 큰 곳과 작은 곳에 축대칭양식이 있다. 각각 **상부축 대칭영역**(上部 軸對稱領域, upper symmetric regime), **하부축 대칭영역**(下部 軸對稱領域, lower symmetric regime)으로 칭하고 있다.

③ 상부축 대칭영역에서 파동영역으로의 전이곡선은 테일러수 Ta가 커짐에 따라서 일정치 $Rot \fallingdotseq 2.3$에 접근하고 있다. Rot와 Ta가 크므로 이 부근에서 일어나는 전이에는 점성의 효과는 그다지 작용하고 있지 않다고 생각되어진다.

④ 하부축 대칭영역에서 전이곡선은 거의 등온도차선(等溫度差線)에 평행하다. Rot와 Ta가 작으므로 이 부근에서는 점성의 효과가 크게 작용한다. 전이가 일어나기 위해서는 점성마찰력을 이겨낼 만큼의 부력을 가져오는 온도차가 필요하다는 것을 시사하고 있다.

⑤ 중앙 부근의 정상파동영역(定常波動領域, steady wave regime)이 존재한다. 곡선 위의 숫자는 파수를 나타낸다. 파수 n은 작업유체의 조건에 따라 달라질 수 있다. 이제까지 발생된 여러 가지의 실험결과를 종합해서 파수 n을 다음과 같이 규격화하면,

$$n^* = \frac{2nD}{a+b} \tag{17.7}$$

과 같이 된다. 여기서 a 와 b 는 각각 작업유체의 내반경과 외반경이고, $(a+b)/2$는 평균반경, $D=b-a$ 이다. $2\pi/n^*$가 작업유체의 폭 D 로 무차원화 한(D를 단위로 함) 파장이다. 이 n^*를 이용하면, 큰 작업유체의 결과(Ta 가 큰 영역)에서 작은 작업유체(Ta 가 작은 영역)의 실험결과까지 하나로 잘 정리할 수가 있다.

⑥ 오른쪽 하단은 (지형류) **난류영역**(亂流領域, irregular regime)이다. 이곳은 열로스비수 Rot 가 작고, 테일러수 Ta 가 큰 영역이 되어 운동은 난류적으로 된다.

17.3.5. 양식의 내부구조

지금까지는 회전수조의 가시화된 외부 모습에서 측대칭양식과 파동양식을 식별해 냈고, 이들의 열수송량이나 회전각속도의 차이 등을 알아보았다. 지금부터는 온도 탐침(探針, probe)을 꽂아서 내부를 조사하는 등의 방법을 동원해서 각 **양식의 내부구조**(internal structure of regime)를 알아보자.

ㄱ. 축대칭양식의 구조

그림 17.11 은 수평온도차를 $5\,C$ 로 유지한 회전수조실험의 온도분포이다.

(a)는 회전이 멈춘 상태($\Omega=0$)의 온도분포이다. 내벽이나 외벽 부근을 제외하고, 등온선은 거의 수평으로 되어 있다. 또 밑에서 위쪽으로 온도는 거의 일정의 비율로 증가하고 있다. 다시 말해서 상층에는 따뜻하고 가벼운 물, 하층에는 차갑고 무거운 물이 있다. 상하의 온도차는 수평온도차와 거의 같다. 물은 고온의 외벽 부근에서 상승, 저온의 내벽 부근에서 하강해서 자오면순환(子午面循環, 수평대류)이 형성된다. 이것에 의해 내부영역의 수평온도경도(水平溫度傾度)가 거의 해소되고 있는 것이다.

(b)는 회전각속도 $\Omega=0.08/s$에서의 온도분포이다. (a)에 비해 수평온도경도가 크게 되어 있다. 이것은 열수송이 작아지는 것과 합치되고 있다. 즉 회전에 의해 자오면순환이 약해져서 열기관으로써 효율이 떨어지고 있다. 등온선도 상하로 복잡해지고 있다.

(c)는 $\Omega=0.15/s$로 전이 직전의 온도구조이다. 등온선의 경사는 더욱 커져서 자오면순환이 대단히 약해져 있는 것을 나타내고 있다. 단 등온선은 거의 평행이고, 상하의 간격도 거의 일정한 것에 주목해 주기 바란다. 이런 사실은 후에 파동으로써의 전이를 이론적으로 해석할 때에 중요하게 된다.

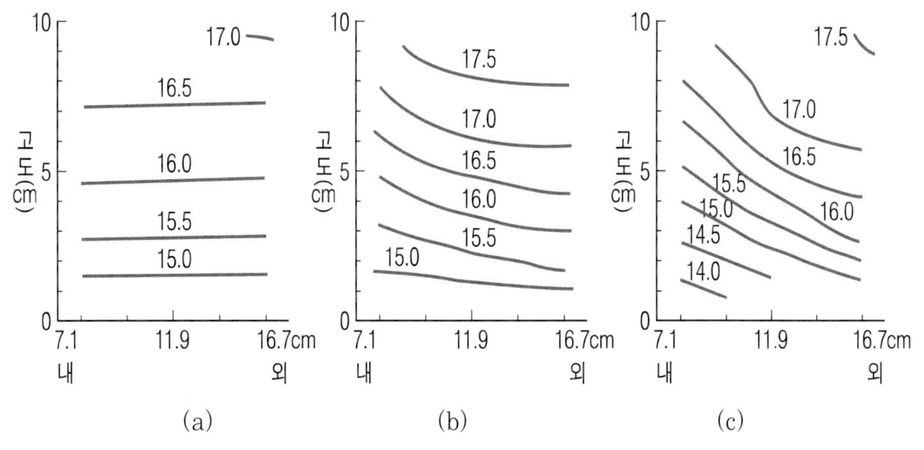

그림 17.11 축대칭류의 온도분포(단위 : C)

(a) $\Omega = 0$ 의 정지로 자오면순환에 의해 등온선이 거의 평평하고,
또 상부가 따뜻하고 하부가 차갑게 되어 있는 안정한 성층이다.

(b) $\Omega = 0.08/s$ 로 등온선은 경사지고, 열수송의 감소에 대응하고 있다.

(c) $\Omega = 0.15/s$ 로 전이의 직전으로, 등온선의 경사와 열기관으로써 효율이 더욱 떨어지고 있다.

여기서 대상류가 지형풍인 것으로 해서 그림 17.11 (c)의 온도분포에서 내부의 흐름을 계산해 보자. 온도풍의 관계를 이용하면 간단히 할 수가 있다. 장소는 내벽과 외벽의 꼭 중간의 위치를 택한다. 거기는 벽에서 가장 멀기 때문에 마찰의 영향이 작다고 생각되어진다. 그림 17.12 에 그 결과를 나타내고 있다. 표면에서 내부로 감에 따라서 유속은 거의 일정한 비율로 감소하고, 하층에서는 **역류**(逆流, back flow, reversing current)로 되어 있다. 위가 자유표면이므로 상하의 대칭성은 다소 나쁘다.

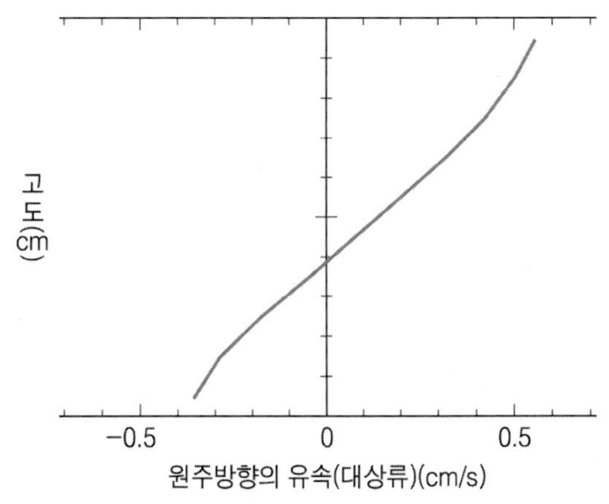

그림 17.12. 축대칭류(대상류, 원주방향)의 연직 유속분포

평균반경의 위치에서 측정한 것으로, 유속은 높이에 대해 거의 일정한 비율로 증가하고 있으나, 하부에서는 역류하고 있다.

ㄴ. 전이의 역학적 고찰

지금부터는 잠시 축대칭양식(流)에서 파동양식(流, 와운동)으로의 전이를 역학적으로 해석하는 것을 생각해 보자. 특히 상부축 대칭영역(上部 軸對稱領域)에서의 전이를 목표로 해서 언급하기로 하자.

측대칭양식에서 파동양식으로의 전이는 '역학적인 불안정'이 되어 일어나는 것으로 생각된다. 여기서 **역학적불안정**(力學的不安定, 6.3 절 참고)이라고 하는 것은 하나의 평형상태(平衡狀態)에 있는 흐름에 작은 요란(擾亂 : 정상상태어서 벗어난 혼란, disturbance)이 가해지면, 그 평형상태가 깨져버려 다른 상태로 옮기는 것이다. 작은 요란은 언제 어디서나 존재한다. 예를 들면, 약간의 온도차의 흔들림이나 회전수의 변동 등이 그 원인이 된다. 이러한 미소요란에 대해서 흐름이 무너지지 않는다면 안정한 상태에 있는 것이다.

어떠한 조건이라면 축대칭양식(流)이 무너져 버리는가를 생각해 보자. 그림 17.10 의 안정도도표에서 온도차가 클 때는 상부축 대칭영역에서의 전이곡선(轉移曲線)은 테일러수 Ta 가 큰 쪽으로 기울어져 있으나, 그래도 일정치(≒ 2.3)에 접근하고 있다. 이 근처의 상부축 대칭영역에서의 전이에는 점성의 영향이 작다고 생각하므로 제 1 근사로써 비점성(非粘性)유체의 선형이론이 적용될 것이다. 여기에 실험결과를 해석하는데 꼭 알맞은 이론이 이디(Eady, 1949, ☂)의 경압불안정론(傾壓不安定論, 열대저기압 발생론)이다. 더 자세히는 그가 지구대기의 경압불안정(傾壓不安定, baroclinic instability)에 대해 논한 것을 참고하기 바란다.

축대칭류가 미소진폭에 의해 혼란되었다고 하자. 비축대칭인 운동을 생각하므로 요란이 x 방향으로 sin 이나 cos 과 같은 파형으로 하자. 유체층의 한가운데에 x 방향으로 뻗은 직선을 생각하자. 축대칭류의 상태에서는 이 직선상의 입자는 이미 x 방향으로 흐르고 있다. 파형의 요란에 의해 이들의 입자는 어떤 x 인 곳에서는 따뜻한 쪽에서 차가운 쪽으로, 거기서부터 반파장(半波長) 어긋난 곳에서는 역으로 움직일 것이다. 물론 운동은 3 차원이므로 상승・하강을 동반하고 있다. 지금은 마찰이나 열전도를 생각하고 있지 않고, 비압축성〔非壓縮性, 부시네스크근사 = Boussinesq approximation〕을 가정하고 있으므로, 유체입자는 자기가 원래가지고 있던 밀도를 보존하면서 운동한다.

그림 17.13 에서 입자 A 에 착안해 보자. A 가 선 AB 를 따라 $B(B')$ 로 움직였다고 하면 거기서 A 는 주위의 유체보다도 무거(가벼)우므로 원래의 위치로 되돌려질 것이다. 따라서 이와 같은 운동에 의해서는 입자 A 는 기껏해야 원래의 위치 부근에서 미소한 진동을 할뿐이다. 환언하면 흐름이 변해버린다고 하는 일은 없다. 이 경우는 안정(安定, stability)이 된다.

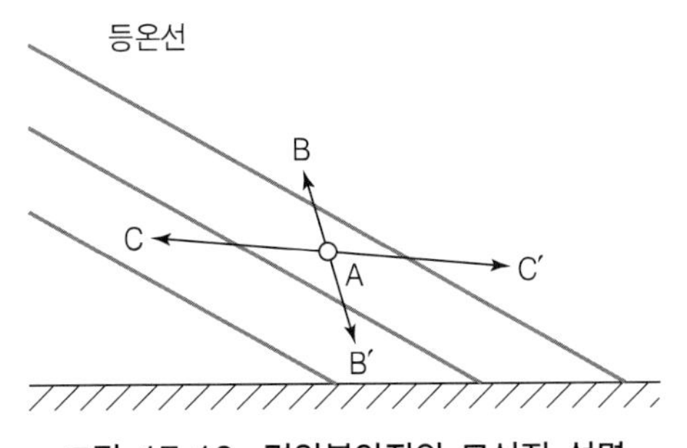

그림 17.13. 경압불안정의 모식적 설명

$A \to B(B')$ 과 같은 운동에서는 안정, $A \to C(C')$ 에서는 불안정

다음에 입자 A가 선 AC를 따라 $C(C')$로 움직였다고 하자. 그러면 A는 주위의 유체보다 가벼(무거)우므로 끌려 되돌려지기는커녕, $C(C')$에서 더욱 멀리 움직이고 말 것이다. 이 경우 원래 흐름의 배치가 무너져버리는 것이 된다. 불안정(不安定, instability)이다.

그림에서도 알 수 있듯이, $A \to B$나 $A \to B'$과 같은 운동에서는 상승・하강운동이 비교적 강하다. 그러나 $A \to C$나 $A \to C'$에서는 자오면 내의 입자궤도의 경사는 등밀도면(等密度面)의 그것보다 작고, 수평운동이 탁월하다.

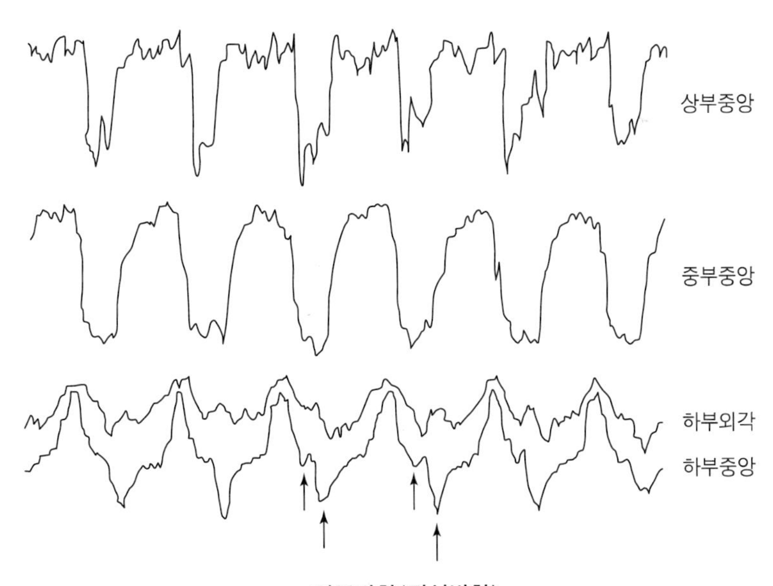

그림 17.14. 파동양식의 온도구조

ㄷ. 파동양식의 구조

축대칭양식의 흐름이 파동양식으로 전이한 후의 내부의 구조는 어떻게 달라져 있을까? 이것을 알아보기 위해서 다음의 실험 결과를 보자.

파동양식의 대상단면(對狀斷面)인 그림 17.14 의 파동양식의 내부 온도의 변화상태의 기록을 살펴보자. 세로축의 가장 윗부분은 회전원통수조 작업유체의 중앙 상부 지점, 가운데는 중부 중앙, 맨 아래의 2 파동은 하부의 외곽(위)과 중앙(아래)의 온도분포를 나타내고 있다. 가로축은 원주방향(접선방향, 帶狀)의 일주한 단면을 펼쳐 놓은 것이다. 이들 모두의 기록에서 우리는 파동의 통과와 함께 온도가 규칙적으로 변화하고 있다고 하는 것을 알 수가 있다. 즉 온도도 역시 파동구조를 하고 있다는 사실을 직감할 수 있다.

이번에는 파동양식의 **자오면단면**(子午面斷面)을 보도록 하자. 자오면을 따라 원주방향으로 일주평균(또는 파장평균)의 온도분포가 그림 17.15 의 (a), (b)이다. 비교하기 위해서 같은 실험에서 얻어진 축대칭양식도 (c)에 표시해 두었다. 파동양식의 평균의 등온선의 경사가 축대칭양식의 그것보다 훨씬 완만하다는 것을 알 수가 있다. 이것은 파동(와운동)에 의해 열이 수송되고 있음을 알려준다. 파동영역에 들어가서 급격히 열수송이 회복되고 있는 것과 멋있게 대응하고 있다. 더욱 이 대상 평균온도분포가 회전수나 파수의 변화에 대해서 거의 둔감한 것도 알 수가 있다. 이것도 또 열수송의 측정결과와 합치된다. 이들의 일은 축대칭양식에서 파동양식으로의 전이가 자오면순환에서 거의 수평한 와운동으로의 대류양식의 변화인 것을 확실히 나타내고 있다.

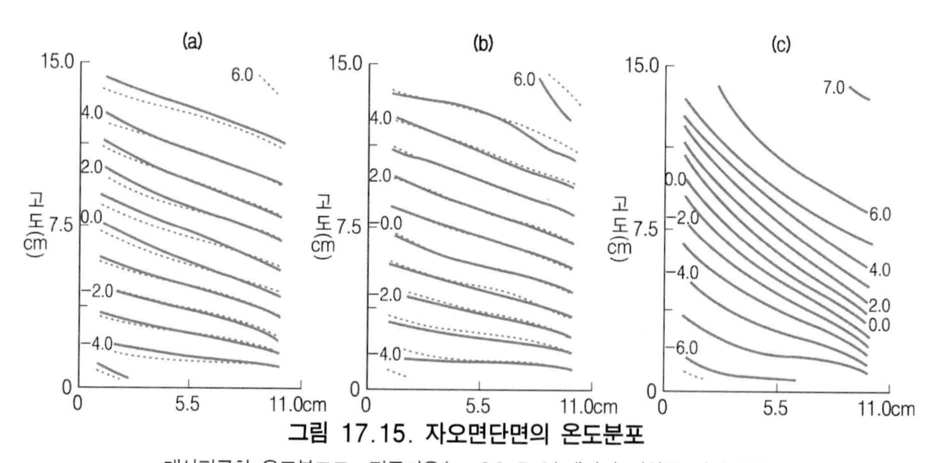

그림 17.15. 자오면단면의 온도분포

대상평균한 온도분포로, 평균기온(= 22.5 C)에서의 편차를 나타낸다.
(a) 실선 Ω = 0.44/s, n = 7. 파선 Ω = 0.68/s, n = 7.
(b) 실선(solid line) Ω = 0.68/s, n = 10. 파선(dashed line) Ω = 0.68/s, n = 7.
(c) 축대칭양식의 경우 Ω = 0.35/s.
(a), (b)는 파동양식이고, Ω : 수조의 회전각속도, n : 파수이다. 파동양식은 축대칭양식 (c)에 비교해서 경사가 완만하고, 회전수나 파수에 거의 의존하지 않는다.

가장 흥미 있는 것은 **평균자오면순환**〔平均子午面循環, 평균남북순환(平均南北循環), mean meridional circulation〕이다. 평균상승류를 구해 연속방정식을 만족하도록 반경방향(동경방향)의 속도를 계산한다. 그 결과가 그림 17.16 이다. 저온이 내벽(그림의 왼쪽) 부근에서 상승, 고온의 외벽 부근에서는 하강으로 되어 있어서 소위 '**간접순환**'이다(열원 쪽에서 상승, 냉원 쪽에서 하강하는 순환은 직접순환이라 부르고 있음). 이것이 파동에 의해 열수송과 밀접하게 관련되어 있다. 즉 파동에 의한 열수송이 수평온도경도를 감소시켜 그 때문에 압력경도가 작아져서 지형풍 평형이 깨진다. 그 결과 상층에서는 바깥쪽으로 향하고, 하층에서는 안쪽으로 향해서 힘이 작용해 간접순환(間接循環)을 일으키고 있다고 생각해도 좋다. 또는 파에 의한 열수송으로 내벽 부근에 2 차적인 열원, 외벽 부근에 냉원이 만들어져, 그것이 이 **순환**(循環, circulation)을 만들었다고 생각해도 된다.

대기대순환론에서 이따금 3 세포순환이라고 하는 모델이 등장하는데, 여기의 경우와 본질적으로는 유사하다. 위 그림에서는 하나의 순환(간접)밖에 보이지 않는 것은 파동이 작업유체의 벽 사이가 펴져있는 장치를 사용했기 때문으로, 벽 부근에서는 직접순환(直接循環)이 약하지만 존재하고 있는 것이다. 이 실험에서는 그것을 분해할 수 있을 정도의 측정을 할 수 없을 뿐이다.

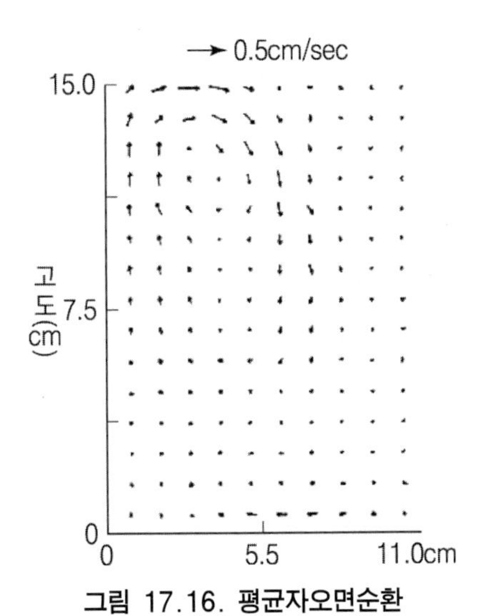

그림 17.16. 평균자오면순환

간접순환은 잘 보이나, 직접순환은 벽 부근에 감추어져 있어 잘 보이지 않고 있다.

17.4. 경압불안정파

17.4.1. 회전수조의 실험장치

여기서 사용되고 있는 회전수조는 하이드(Hide, 1953, 1958)가 처음으로 채용한 이래 외국에서는 널리 사용되고 있는 환〔環, 환대(環帶), annulus〕형(型)이라고 일컬어지는 것이다(呱生, 1973, 1977 : 宇可治・玉木, 1985 : 木村, 1979, 1989 등). 이와 같은 실험장치를 정확하게는 **회전삼중원통수조실험**(回轉三重圓筒水槽實驗), 좀 짧게 **회전삼중수조실험**(回轉三重水槽實驗), 더 줄이면 **회전수조실험**(回轉水槽實驗), 더 줄여서 **회전실험**(回轉實驗)으로 부르기로 한다. 우리나라에서는 이와 같은 실험을 한 예가 없어 공주대학교 자연과학대학 대기과학과의 유체역학 실험실에서 실험장치의 제작이나 실험에 많은 어려움을 겪었다. 그런 시절이 20~30여년이 흘러서, 이제는 여러 개의 실험장치를 개발 제작해서 현재에는 실험장치 5호가 사용되고 있다. 그림 17.17은 최신의 실험장치 5호의 전체의 모습인 전경(全景)을 소개한다.

그림 17.17. 공주대학교 대기과학과의 실험수조 5호의 전경

위의 본 유체역학 실험실에서 제작한 5호기의 전(前)의 수조들보다 작업유체가 들어가는 대류조의 크기가 크고, 냉수의 순환장치가 밖에서 연결되어 있었던 이전의 수조를 보완하여 회전판 중앙으로 냉수의 순환 파이프를 연결하였다. 또 수조 아래의 또 다른 회전판은 회전수조와 회전수를 각각 다르게 놓을 수 있게 하여 실험의 다양한 분석을 위해 장착되었다.

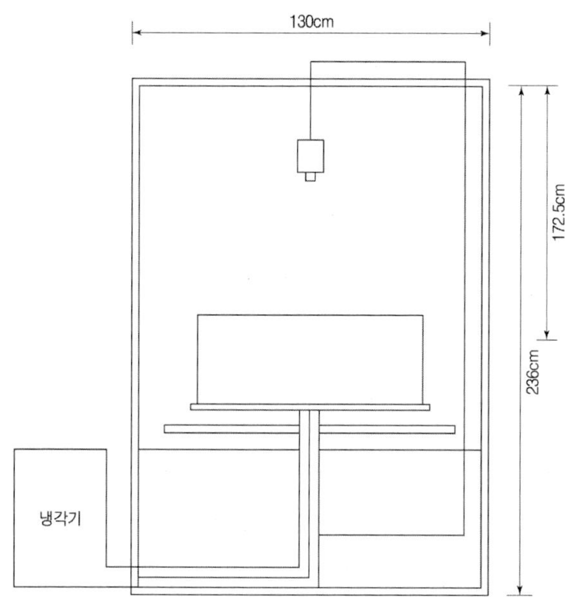

그림 17.18. 회전수조(5호기)의 전체 측면 모식도

이 수조의 내부구조는 냉수조(冷水槽), 온수조(溫水槽), 대류조(對流槽, 작업유체)로 구성되며, 냉수조는 냉각장치를 이용하여 일정한 온도의 냉수가 순환하고, 온수조는 바닥의 열선을 이용하여 온수의 온도를 일정하게 유지시킨다. 대류조는 냉수조와 온수조의 사이에 위치하고, 대류조 안의 작업유체의 표면이 냉수와 온수의 영향을 잘 받아 내부와의 온도차를 줄이기 위해 온수와 냉수의 높이를 작업유체의 높이보다 $2cm$ 더 높게 유지하였다.

회전대는 수조의 바닥과 일치하며, 각속도는 타코메터에서 회전각속도(rpm)를 읽는다. 실험장치의 전체적인 옆모습이 그림 17.18이고, 회전수조 측면 모식도가 그림 17.19이다. 3개의 동심원통 A, B, C로 이루어져 있고, D가 작업유체를 넣는 대류조가 된다.

회전수조는 이제까지 공주대학교 대기과학과에서 사용하고 있는 회전원통수조실험(回轉圓筒水槽實驗, rotating annulus experiment)의 환〔環 환대(環帶), annulus〕외에도, 훌츠(1940~50년대)가 세수대야(dishpan, 디쉬펜)의 회전대야실험〔rotating dishpan experiment, 회전대이실험(回轉臺匜實驗)〕이 있다.

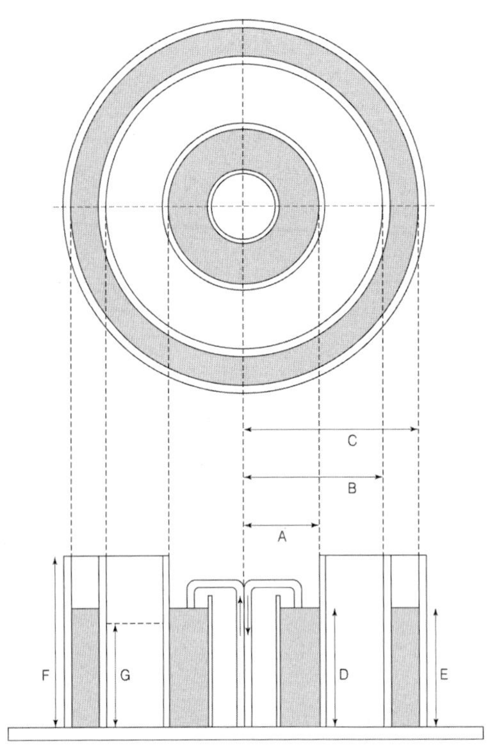

그림 17.19. 회전수조(5호기)의 상면 · 측면 단면 모식도

A : 대류조의 내반경, B : 대류조의 외반경, C : 수조의 반경, D : 냉수 높이,
E : 온수 높이, F : 수조 높이, G : 실험유체 높이

이 세수대야의 실험은 주변부를 히터로 가열하도록 되어 있다. 초기의 실험에서는 인공적인 냉원은 없고, 자유표면 그 외의 자연냉각에 의지하고 있었다. 뒤에 저부(底部)의 중앙을 냉각하도록 되었지만 유감스럽게도 그 장치는 읽을 수가 없다. 지구대기에는 환형(環型, annulus)의 특징이 있는 내원통이 존재하지 않으므로 이와 같은 수조를 발상으로 해서 극히 자연스럽고 거기에 손쉽다고 하는 장점이 있지만, 온도의 제어나 현상의 재현성에 난점이 있어 그들은 이윽고 환형(環型, annulus)으로 바꾸었다.

또 메이슨(Mason, 1975)이 사용한 **경사단벽**(傾斜端壁, sloping end walls)이다. 이것은 작업유체의 깊이가 반경방향으로 변하도록 작업유체와 접하는 대류조의 저판(底板)과 위 뚜껑에 기울기를 부여하고 있다. 이것은 전향인자(轉向因子, f)의 위도변화인 베타효과(β-effect)를 실내실험에서 도입하는 목적이다.

그후 스펜스 · 훌츠(Spence-Fultz, 1977)는 신형의 **개원통형**(開圓筒型, open sylinder type)을 개발하였다. 이것은 저면(底面)의 중앙부에 냉원(冷源, 低熱源)을 갖고, 또 고열원(高熱源)으로써 원통이 채용되어 있어, 회전대이실험(回轉臺匜實驗, 세수대야 = dishpan, 디쉬펜)

의 회전대이형(回轉臺匜型)과 환형(環型, annulus)과의 혼합물이다. 이전의 환형에는 위 뚜껑이 없어 표면에서의 발열이 심해 작업유체의 중층에서 상층에 걸쳐서 강한 역전층(逆轉層)이 형성되고 있었다. 그래서인지 나타난 흐름은 대상류나 불규칙한 흐름으로 정상인 파동이나 동요(動搖, vacillation)는 관측되지 않았다. 그러나 개원통형(開圓筒型)의 수조에 의한 실험에서는 상개(上蓋)를 덮었을 뿐만 아니고 위에서 백열등으로 쪼이고 방사열을 작업유체에 흡수시킴으로써 유체층 전체를 안정성층(安定成層)으로 할 수가 있었다. 그 결과 현상의 재연성은 환형 정도로 개선되어 정상인 파동이나 동요도 관측되도록 되었다.

17.4.2. 파동유형

파동의 여러 가지 모습인 **파동유형**(波動類型, waving types)을 살펴보기로 하자(소선섭 외 6인, 1995). 온수조와 냉수조의 온도차($\Delta T=$ 상수)를 일정하게 해 놓고 회전수조를 회전시켜서 정상상태의 표면흐름의 형태를 관찰하면, 처음에는 **대상류(帶狀流)**가 출현한다(그림 17.20). 그러다 점점 회전수를 높여서 전이점(轉移点)을 넘으면, 흐름은 사행(蛇行)하는 제트류를 동반하는 와열(渦列, 경압불안정파)의 파동유형이 나타난다.

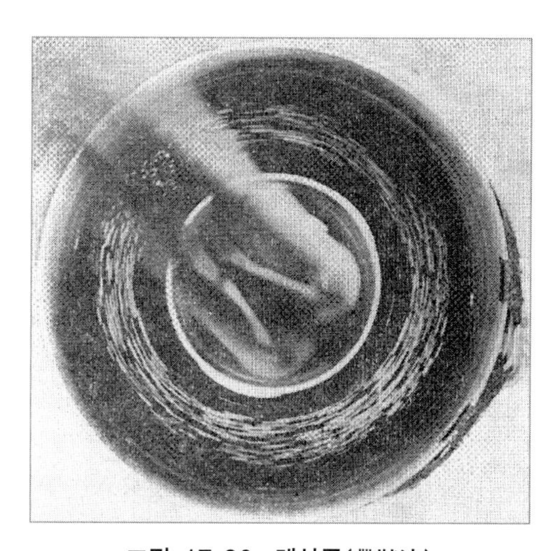

그림 17.20. 대상류(帶狀流)

파동양식 중에서도 저속일 때는 파수(k)가 적지만, 회전각속도가 빨라질수록 파수가 많아진다(그림 17.21 참고). 처음 실험의 조건인 온도차 ΔT 를 작게 하면 파수 k 가 많아진다. 또 회전수(회전각속도, Ω)를 크게 하면 파수가 많아진다. 그러나 같은 ΔT , Ω 에서도 파수 k 는 하나의 뜻으로 정해지지는 않는다[이력현상(履歷現象, hysteresis)을 참조].

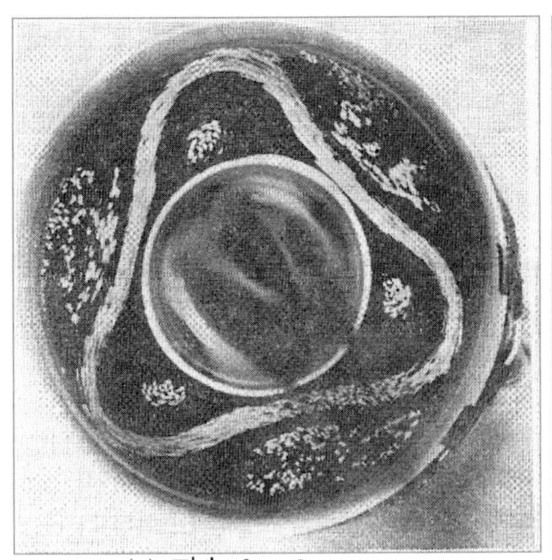
(a) 파수 $k=3$,

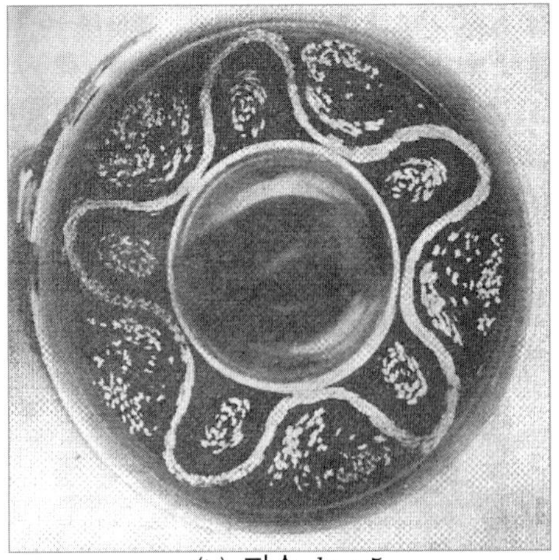
(b) 파수 $k=5$,

그림 17.21. 정상파동(定常波動)

파동유형의 제트류의 안쪽은 저기압성의 와이고, 바깥쪽은 고기압성의 와이다. 회전각속도 Ω 가 증가함에 따라서 교대로 나열하는 와의 한 벌의 수(파수)도 증가하는 경향을 나타낸다. 이들의 와열(渦列)은 평균류에 의해 이동한다. 이상은 흐름의 형태가 변화하지 않는 정상류(定常流)의 예이지만, 그림 17.22 에 표시한 것은 비정상 흐름인 비정상류(非定常流)의 예의 하나이다. 이것을 **진폭동요**(振幅動搖, amplitude vacillation)라고 부르고, 파동의 진폭이 시간과 함께 규칙적으로 변동하는 것을 알 수가 있다. 또 그림 17.23은 경곡동요(傾谷動搖, tilted-vacillation)로 불리는 것으로, 파형이 동서로 진동하는 흐름이다. 파동의 골이나 마루의 수직축의 기울기가 주기적으로 바뀐다.

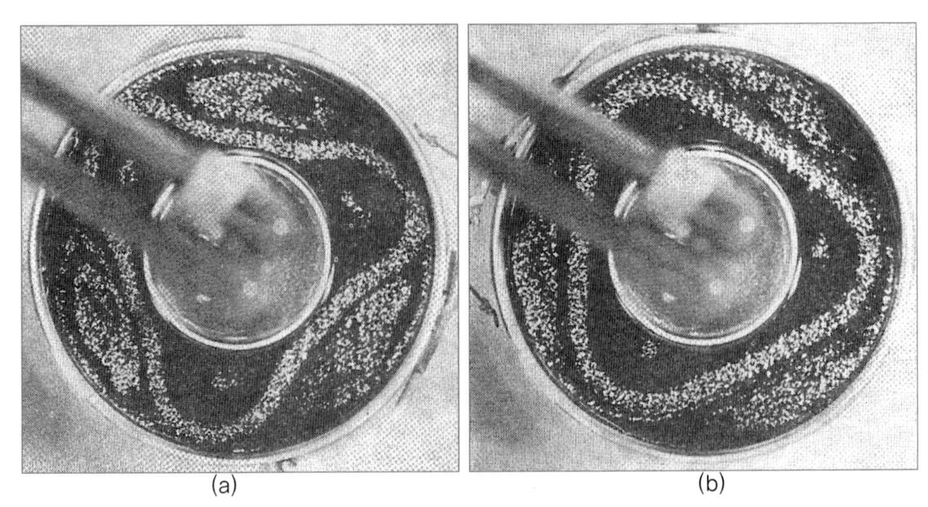
(a) (b)

그림 17.22. 진폭동요의 한 예

그림 (a), (b) 에서와 같이 시간에 따라 주기적으로 진폭이 변동한다.

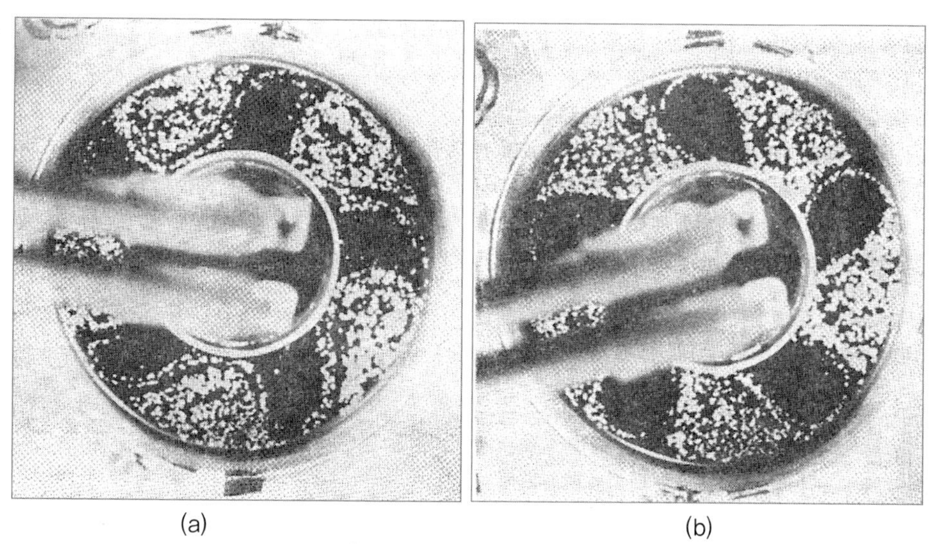

(a) (b)

그림 17.23. 경곡동요의 한 예

파동의 골이나 마루의 수직축의 기울기가 주기적으로 변동한다.

하이드・메이슨(Hide-Mason, 1970)은 작업유체로써 전해질 용액을 사용하고, 반경방향으로 교류전류를 흘려서 작업유체 자신을 발열시켰다[내부가열(內部加熱, intermal heating)의 실험]. 이것은 그 때까지의 실험에서는 작업유체 속의 반경방향의 온도분포가 직선적인데 반해서 2차원적인 온도분포를 부여하는 것을 목적으로 한 것이다. 내, 외벽의 온도를 동일하게 유지하고 내부가열을 행하면, 나타난 경압파동은 제트류를 동반하지 않는 거의 원형의 **와열**(渦列)이었다. 이때 작업유체의 내벽 쪽에 고온부가 형성됨으로 와열은 천천히 서진(西進)한다. 그림 17.24가 이 와열의 **와운동**(渦運動)의 표면류의 한 예이다.

그림 17.24. 와운동의 한 예

17.4.3. 내부구조

소선섭(蘇鮮燮) 외 7인(1997)의 회전수조에서 나타나는 경압불안정파의 내부구조를 간단히 소개하면 다음과 같다. 회전수조의 유체실험에서 **정상 경압불안정파**(傾壓不安定波, steady baroclinic instability, 6.3.2항 참조)는 유체의 속도와 온도의 측정으로부터 고압성〔高壓性, 시계방향 = 순전(順轉, veering)〕과 저압성〔低壓性, 반시계방향 = 반전(反轉, backing)〕의 와동 사이를 사행(蛇行)하는 두 제트류가 있는 순환 구조를 가지고 있다. 이 경압불안정파의 주요 구조의 도해(圖解, schematic illustration)를 그림 17.25에 나타내었다. 일반적인 회전수조 실험에서 수조를 반전(저기압성)인 동쪽 방향으로 회전시킬 때, 고압성과 저압성 와동이 존재하고 와동들의 주변을 따라 상부층에서는 동쪽으로 하부층에서는 서쪽으로 흐르는 두 제트류로 구성된다.

작업유체가 자유표면일 때 상부와 하부 제트는 바닥으로부터 깊이의 1/2 이하의 아래와 위에서 각각 보였다. 그리고 전체적인 파동은 동쪽으로 표류(漂流)한다.

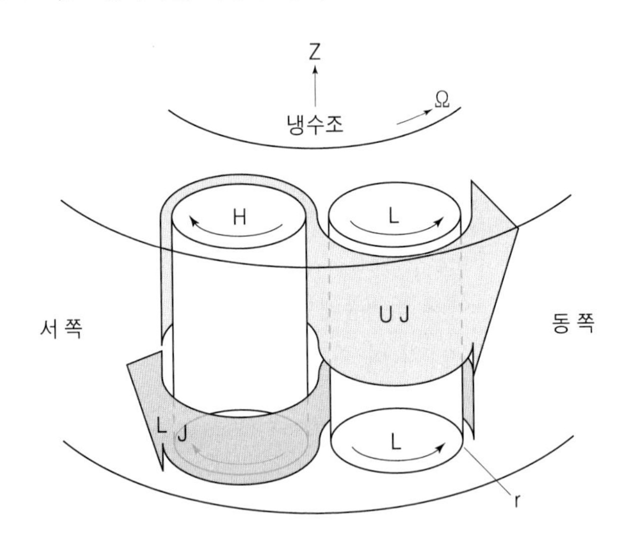

그림 17.25. 정상 경압불안정파의 구조의 도해

z : 연직좌표, r : 동경방향(반경방향)의 좌표, L : 저기압와,
H : 고기압와, UJ : 상층젯트, LJ : 하층젯트, Ω : 회전수조의 회전각속도

도식적인 삽화는 안정된 경압성흐름의 주요한 구조를 보여준다. z와 r의 각각의 연직과 반경의 동등함을 나타낸다. 유동체의 같은 높이의 압력을 비교할 때 기호 L, H는 저기압과 고기압의 각각의 소용돌이를 나타낸다. 상층제트와 하층제트는 UJ와 LJ로 표기된다.

17.4.4. 열(온도)구조

소선섭 외 5인(1999)은 부등가열된 회전유체수조에서 발생하는 정상경압파의 **열구조**(熱構造, thermal structure)를 연구하기 위해서 수평온도차가 $12\,C$로 유지되는 유체표면에 알루미늄 분말을 뿌린 후 $0.524\,rad/s$의 속도로 회전시켜 파동의 형태와 파수가 변하지 않는 정상파를 얻었다. 이를 소개하겠다.

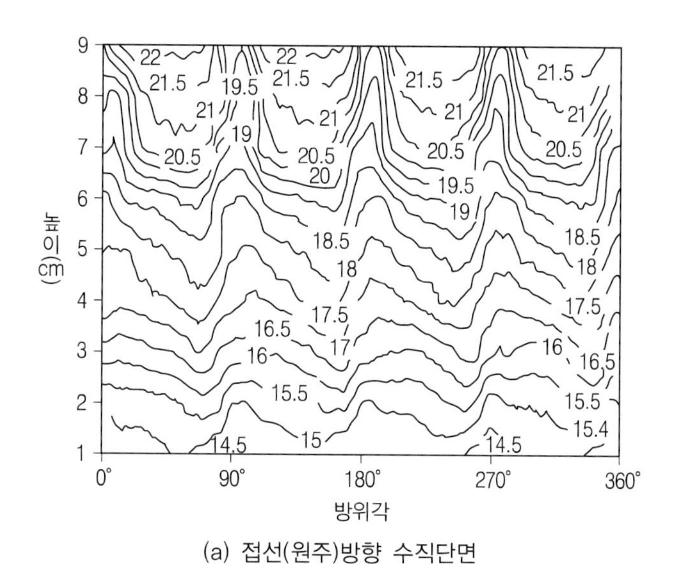

(a) 접선(원주)방향 수직단면

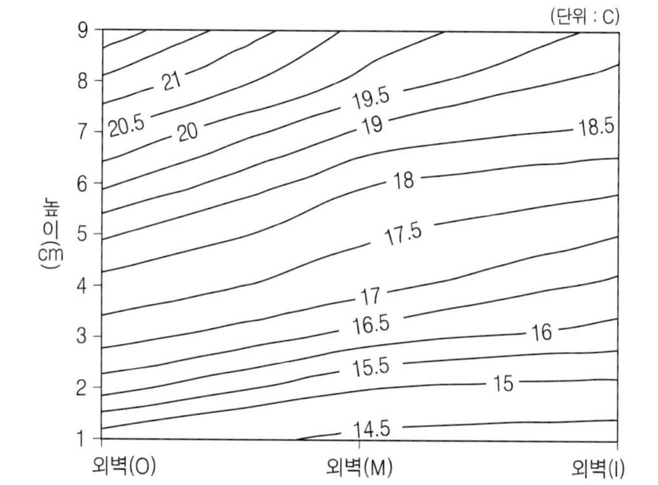

(b) 자오면 수직단면

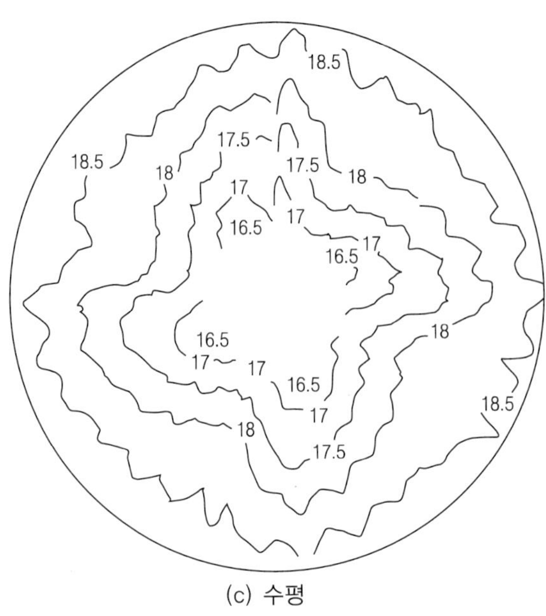

(c) 수평

그림 17.26. 열(온도)구조의 온도장

비회전 상태에서 수조의 내·외벽 간의 수평온도차가 있을 때 대류가 발생하고, 대류운동으로 인하여 수직온도경도가 생긴다. 상부와 하부층 사이의 수직온도차는 거의 수평온도차와 같고, 흐름은 안정하게 층을 이룬다. 회전이 시작되면 대상방향에 전향력이 작용하여 대상류(帶狀流, 축대칭류)가 발생한다. 대상류는 지형류평형 상태의 흐름이고, 회전축에 대해 대칭인 층류이다. 그러나 회전각속도가 증가하면 등온선의 기울기가 커지고 결국은 일정한 파수와 파형을 갖는 표면류의 정상파가 발생하여 와동 사이를 사행하게 된다.

그림 17.26 (a) 는 정상경압파동이 진행되는 동안에 수반되는 온도변화를 1 표류주기만큼 측정하여 등온선으로 표현한 것이다. 온도측정은 열전쌍을 동일 자오면에 설치하여 표류하는 흐름에 대해 오일러 방법으로 측정했다. 1 표류주기 동안 표면파의 파수는 4 개이고, 등온선의 파수도 역시 4 개로 나타났다. 내벽, 외벽, 중간에서 측정한 온도는 공통적으로 상부층에서는 고온, 하부층에서는 저온으로 측정되었다. 내벽과 외벽의 중간에 설치한 열전쌍에서 읽어 들인 온도자료이다. $7\,cm$ 이상의 상부층에서 골과 마루의 온도차(약 $2.0\,C$)가 좀 더 크다. 또한 상층과 하층유체의 온도차 범위가 약 $7.5\,C$ 로써 분포하고 있다.

그림 17.26 (b) 는 골에서의 자오면의 수직단면의 온도장을 나타내고 있다. 상부 쪽이 고온이면, 외벽 쪽을 향해서 기울어져 있는 것을 알 수가 있다. 또한 내벽(I, inner wall, 저온)과 외벽(O, outer wall, 고온)의 온도경도가 하부층으로 갈수록 완만해진다.

그림 17.26 (c)에 1 표류주기 동안의 중간 높이에 대한 수평온도장을 나타내었다. 등온선의 파동 형태는 높이에 대해서 4 개의 파수를 보여주는 경우로, 이는 표면파수 4 파수와

역시 일치한다. 온도차는 하부층에서 작고 상부층일수록 커진다. 또한 하부층은 골이 넓고, 상부층은 마루가 넓으며, 파의 위상이 상하층에서 약간의 차이가 있다. 높이 $3\,cm$ 와 $9\,cm$의 $5\,cm$ 의 차이에서 약 20° 이상의 위상차를 보인다. 그림은 중간의 높이($5\,cm$)의 수평 온도장으로써 내 외벽의 온도차가 $2\,C$ 정도이며, 파동의 골은 더욱 좁아졌다.

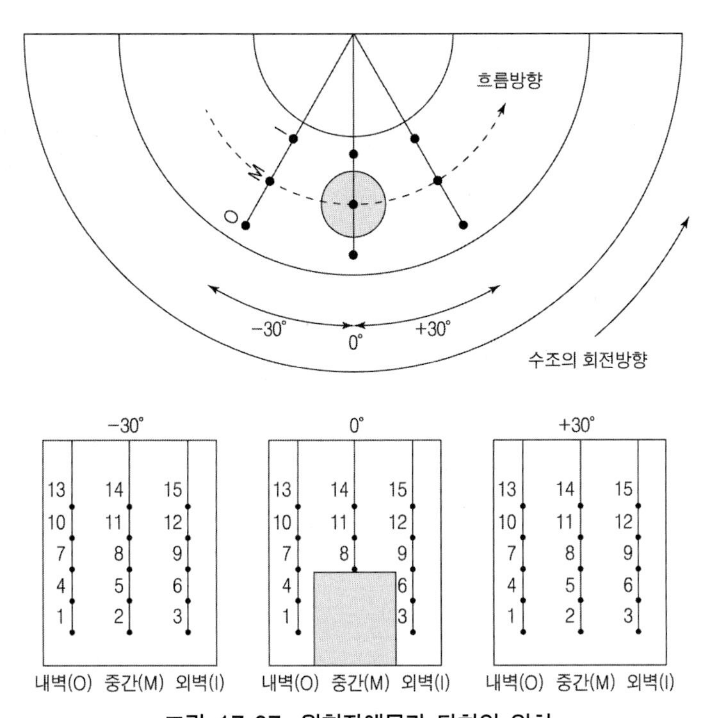

그림 17.27. 원형장애물과 탐침의 위치

숫자 1 ~ 15는 탐침의 위치, 각도(θ)는 0°, ± 30°의 3 위치에서 측정,

높이는 1 cm 에서 시작해서 2 cm 의 간격으로 설정

온도장을 측정하기 위해 열전대를 배열시켰다(장애물과 함께). 15개의 탐침의 첫 번째 집단은 $\theta = -30^{\circ}$ 인 장애물 바로 위에 놓여 있으며, 15개 탐침의 세 번째 집단은 $\theta = 30^{\circ}$ 인 장애물 하류 세트이다. 첫 번째 탐침들은 H = 1cm인 세트이고, 그 다음에 나머지 탐침들은 H = 2cm 간격으로 연직적으로 높게 했다.

17.4.5. 장애물효과

지구상에서 파동의 흐름이 이동할 때는 지형 등의 여러 가지의 장애물을 만나게 된다. 이럴 때 파동은 어떻게 변화할까를 알아보기 위해서 윤진석(尹秦錫, 1998)의 연구를 중심으로 회전삼중수조에서 열적으로 유도된 경압류의 **장애물효과**(障碍物效果, effects of the obstacle)를 생각해 보자. 그림 17.27 과 같이 원형의 장애물을 놓고, 회전유체 속에 15개의 탐침을 사용하여 온도를 측정했다.

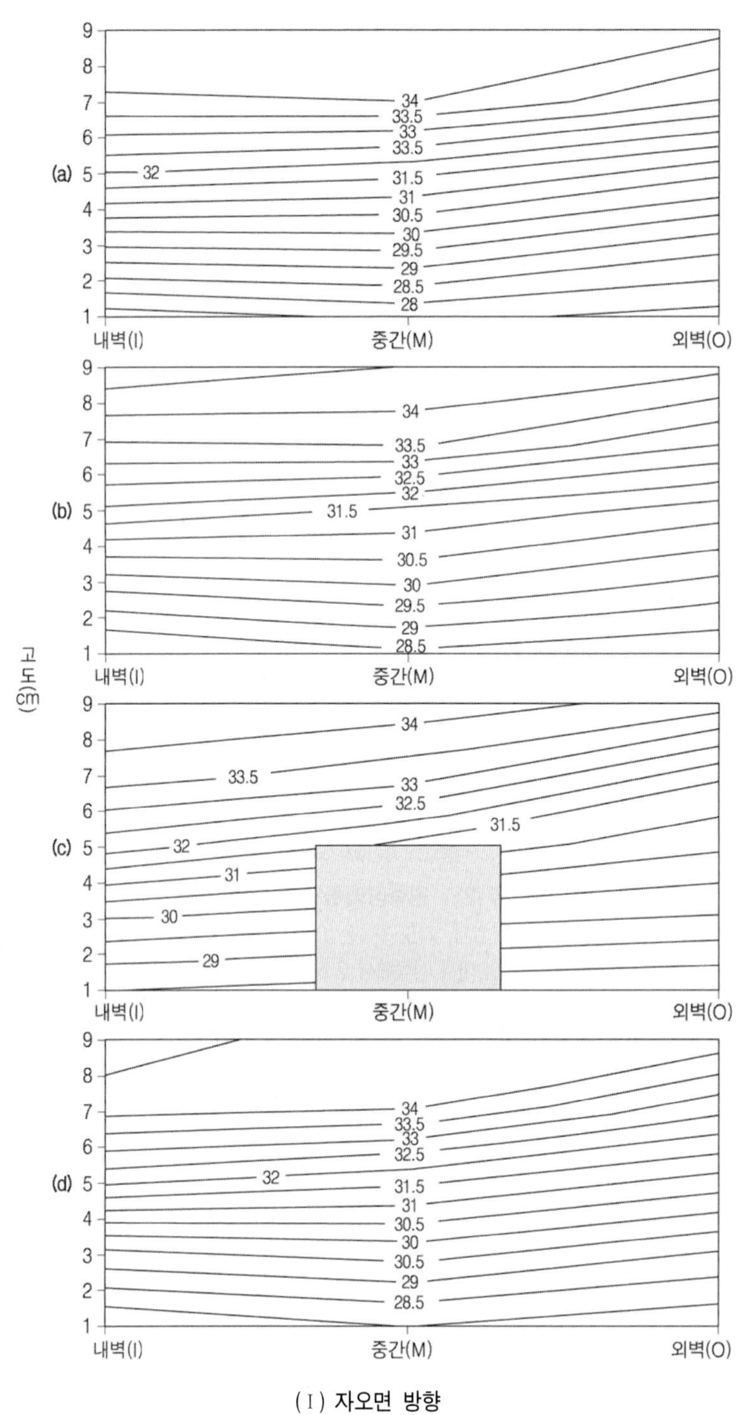

(Ⅰ) 자오면 방향

(a) 무장애, (b) $\theta = -30^\circ$, (c) $\theta = 0^\circ$, (d) $\theta = +30^\circ$

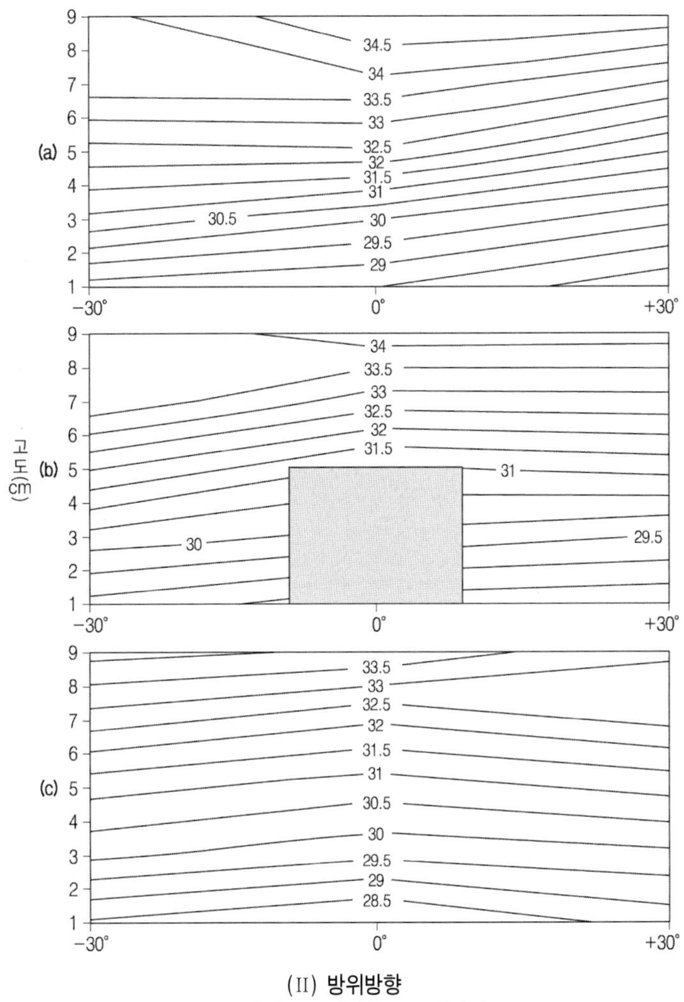

(II) 방위방향
(a) 안벽, (b) 장애물, (c) 바깥벽

그림 17.28. 온도구조

회전각속도(Ω) = 1.0 rpm, 단위 : C

그 결과가 그림 17.28 이다. (I)는 자오면방향의 온도구조이다. 단순한 원형의 장애물임에도 불구하고, 장애물 전에도 온도경도의 기울기의 경사가 약간 커지고, 간격이 넓어짐을 알 수가 있다. 장애물의 지점에서는 이 경향이 더욱 심해지고, 장애물을 지나면서 원상태로 돌아가고 있는 것을 알 수가 있다. (II)는 방위방향의 온도구조이다. $\theta = -30°$, 0, $+30°$ 을 거쳐서 원주(접선)방향의 모습을 보여주고 있다. (b)의 장애물에서 (a) 가 안쪽이고, (c) 가 바깥쪽이다. 장애물이 없었으면 안정된 기울기를 보일 것이 장애물이 있음으로 변형된 경사를 가지게 되고, 장애물의 주위에 해당하는 안과 바깥쪽도 영향을 받아 바뀌고 있는 것을 알 수가 있다.

17.4.6. 베타효과

앞에서 소개한 메이슨(Mason, 1975)의 경사단벽(傾斜端壁, sloping end walls)은 작업 유체의 밑바닥을 기울여 놓고, 전향인자의 위도변화인 베타효과를 알아보고 있다. 여기서는 공주대학교 대기과학과의 최근의 연구인 소은미(蘇恩美, 2006)의 베타효과를 소개하겠다. 여기서는 내부온도를 측정하여 실험 수조가 안정한 구조를 하고 있는지를 확인하고, 안정성층에서의 베타효과가 미치는 영향과 온도경도에 따른 임계고도의 변화를 실험 결과로 분석하고 있다.

그림 17.29는 수평의 바닥과 경사단벽이 있는 기울어진 바닥에서의 실험을 비교해서 **베타효과**(— 効果, β-effect)를 알아본 것이다.

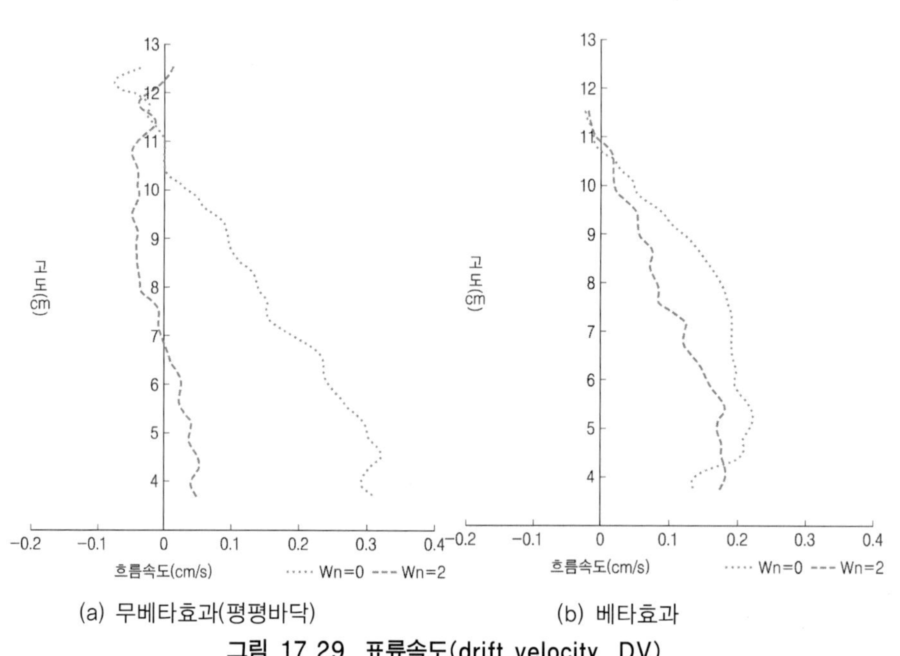

그림 17.29. 표류속도(drift velocity, DV)

— : 대상류, -▶-▶- : 파동(파수 = 2)

(a)는 베타효과가 없는 무베타효과(無β効果)로 평평한 바닥에서 실험한 것이다. 축대칭류(軸對稱流)와 경압불안정파(파수 $k=2$)에서 고도에 따른 표류속도(漂流速度, drift velocity, DV: 유체가 이동하는 빠르기, 수조의 회전속도와는 다를 수 있음)를 나타낸 것이다. 파동이 존재하는 경압불안정파보다 파가 없는 축대칭류에서 표류속도가 전반적으로 큰 값을 갖고 있다. 여기서 두 그래프의 경향을 보면, 전체적으로 고도가 증가함에 따

라 표류속도가 감소되고 있으며, 일정고도를 지나면 음(-)의 값으로 변하는 것을 확인 할 수가 있다. 이때는 표류속도가 0 이 되는데, 이 고도를 **임계고도**(臨界高度, critical level, Lc)라고 한다.

(b)는 베타효과가 있는 원뿔형 바닥(수조 바닥의 경사, slope gradient, $S=0.4$)의 실험 결과이다. 베타효과가 있는 원뿔형 바닥에서 표류속도(DV)는 앞의 (a)의 실험과는 대체적으로 같은 경향을 보이고 있다. 즉 고도가 증가함에 따라 표류속도가 감소하는 것도 축대칭류의 표류속도가 큰 것도 비슷한 유형을 보이고 있다. 그러나 자세히 살펴보면, 축대칭류의 경우 형태가 약간 다르면서 전반적으로 작아졌고, 임계고도가 약간 높아졌다(임계고도가 $10.6\,cm$). 경압불안정파(傾壓不安定波, $k=2$)의 경우는 큰 변화가 있다. 무베타효과의 파동의 표류속도는 양이든 음이든 전체적으로 미약한데 비해서, 표류속도가 많이 커졌고, 또한 임계고도도 훨씬 높아졌음을 알 수가 있다($10.8\,cm$). 여기서는 간단한 베타효과를 소개했으므로, 더 자세히는 본 논문을 참고하기 바란다. 아울러 본대학교의 유체역학실험실의 회전수조의 실험이 무궁(無窮)하기를 바란다.

연 습 문 제

1. 식 (17.3)에서, 환〔環, 환대(環帶), annulus〕 내의 유체의 열전도(熱傳導)에 의한 열수송량(熱輸送量) Q가

$$Q = \frac{2\pi k d \triangle T}{\ln \frac{b}{a}} \qquad \text{(연 17.1)}$$

이 됨을 보여라.

제 V 부

예지(豫知)

Chapter
18 수치예보

수치예보(數値豫報, numerical weather prediction)란 대기의 상태를 기압, 기온, 습도, 바람(풍속·풍속) 등의 기상요소를 수치로 표현하고, 그의 변화를 대기과학법칙(大氣科學法則)에 근거해서 계산하여 대기의 장래의 상태를 예측하는 방법이다. 매일 발표되는 일기예보나 주간예보에 대해서 수치예보는 그 기초적인 자료를 제공하고 있다. 대기의 상태를 해석·예측을 하는 데에는 막대한 대기과학량(大氣科學量, 기상량)의 계산이 필요하게 된다. 따라서 수치예보에는 고속·대용량의 계산기가 필요불가결하게 된다.

18.1. 발자취와 원리

금세기에 들어서서야 비로소 대기과학자(기상학자)들의 꿈으로 등장하고, 세계 제 2차 대전 후에 걸음마를 시작했던 수치예보가 이제는 일기예보(日氣豫報, 天氣豫報, weather prediction)의 중핵(中核)을 담당하고 있다. 그러나 기상위성이라든가 자동기상관측장치(AWS) 등에 비교해서 수치예보에 대한 이해는 깊이 있게 이해하고 있지 않은 것이 현실이다. 여기서는 수치예보에 대한 이해와 필요성을 가슴과 머릿속에 좀 더 깊이 있게 각인시키기 위해서 그 역사와 원리를 설명한다.

18.1.1. 수치예보의 발자취

현대 기상학의 할아버지로 일컬어지는 비야크네스(V.F.K. Bjerknes, 1862~1951, ☂)는 라그란지(Lagrange)의 원리를 일기예보에 응용하는 것을 제창했다(Bjerknes, 1904년). 그는 일기예보가 가능하게 되기 위해 필요충분조건으로

1) 초기시각에서의 대기의 상태를 충분히 정확하게 포착할 것,

2) 대기 상태의 시간적인 변화를 지배하는 법칙을 충분하고도 정확하게 알 것, 을 들고 있다. 더욱 구체적인 수치예보의 수법으로써

① 대기의 상태를 진단하고,

② 각 공기덩이의 미래의 위치를 구하고,

③ 그 위치에서의 공기덩이의 상태를 구한다.

라고 하는 라그란지적인 해법을 고안하고, 그래프를 이용해서 기하학적인 방법을 머릿속에서 그리고 있었다.

이어서 영국의 리차드슨(L. F. Richardson, 1881~1953, ☂)은 비야크네스의 영향을 받아서 수치예보의 계산방법을 독자적으로 개발했다. 그의 성과는 1922년에 책(weather prediction by numerical process)으로 정리되어 있다. 이 책의 대부분은 수치예보의 수법에 대해서 쓰고 있고, 역학방정식의 해법은 물론, 토양수분, 식생의 영향, 방사, 해수온, 난류 등 소위 대기과정의 부분에도 들어가고 있다. 방정식의 해법에 대해서는 기하학적인 방법보다는 차분계산(을 중심에 놓은 수법이 되고 있고, 비야크네스보다도 현재의 수치예보에 가까운 것이 되어 있다. 더욱 리차드슨에 대해서 특필(特筆)해야 할 것은 실제의 수치계산에 들어간 것이다.

현재 수치예보에서는 비선형 정상모드 초기치화(非線形正常모드初期値化, nonlinear normal mode initialization)나 4차원 자료동화(四次元 資料同化)라고 하는 수법으로 초기조건의 역학적 평형을 어느 정도 보증하고 있다. 리차드슨의 시대에 수치예보가 꿈밖에 되지 못했던 이유에는, 초기정보의 부족과 계산력의 부족(수치계산법에 대해서의 정보 부족도 포함)이라고 하는 수치예보의 원리에 대한 2점을 들 수가 있다. 이들의 문제점은 꿈이 실현되는 쯤에는 해결로 향하고 있었다.

1948년에는 챠니(Charney, J. G., 1917~1981, ☂)가 기상그룹의 지도자로서 등장해 결국 1950년에 관측치를 초기조건으로 1층 모델에 의한 24시간예보에 성공했다(Charney, 1950). 리차드슨이 복잡한 대기의 방정식을 그대로 풀다가 실패했던 것에 대해서 챠니는 방정식의 통찰을 통해서 일기예보에 있어서 중요한 본질을 꺼낸 방정식〔순압와도방정식(順壓渦度方程式)〕으로 고쳐 만들었다. 그 결과 리차드슨이 고심했던 중력파는 방정식에 포함되지 않고, 고·저기압을 신호로써 잘 남기는데 성공했던 것이다.

그 후 계산기와 수치계산기술의 진보에 의해 방정식의 근사도가 점차로 적어지게 되고, 현재로는 리차드슨이 취급했던 방정식에 상당하는 원시방정식(原始方程式, primitive equations)이 주류가 되어 오고 있다. 평형모델이나 준지형풍근사모델이라고 하는 단순화

된 모델에서 기초모델로 발전하고 있다. 또 계산기의 진보와 함께 모델의 분해능이 착실하게 향상하고 있다.

또한 초기치에서의 변화분에 대해서 예보와 실황과의 상관계수를 예보정밀도의 지표로 하면, 80년대의 1일 예보의 정밀도가 10년 후인 90년대의 6일 예보의 정밀도와 같은 6배 정도가 되고 있고, 수치예보의 정밀도가 현격히 향상하고 있는 것을 시사하고 있다. 이 결과를 다른 각도로 보면, 70년대 이전의 수치예보가 끝임 없는 모델개량의 노력에도 불구하고, 좀처럼 성공으로 연결되지 않은 것을 시사하고 있다. 그러나 그 사이에 축적된 노하우가 80년대 이후 결실을 맺게 되어 현재의 수치예보의 성공을 가져다준 것이 된다.

18.1.2. 리차드슨의 꿈

수치예보의 대표적인 과거의 문헌으로는 리차드슨의 단행본이 있다(Richardson, 1922). 이 책은 1922년에 영국의 캠브리지 대학의 인쇄국에서 출판된 것이다. 이 책 속에서 리차드슨은 현재 사용되고 있는 것과 같은 수치예보를 제안하고 있지만, 당시는 아직 상층관측이 없고, 지상관측만이 행하여지고 있는데 지나지 않았다. 따라서 리차드슨이 그의 저서 속에서 언급하고 있는 것은 "만일" 지상관측만이 아니고, 입체적인 3차원의 관측이 행하여진다면, 미래의 기압배치, 온도분포 등을 "원리적"으로 예측하는 것이 "가능"하다고 하는 일반론이었다. 또 그는 그에 설명에 추가해서 당시로는 불가능이라고 생각할 정도의 막대한 수치계산의 계획을 말하고 있다. 주판으로 계산을 한다면, 1일 후를 예보하는데 년(年)이라고 하는 세월을 생각해야 된 것이었다.

그는 비야크네스가 제창한 수치예보의 원리를 구체화했다. 그는 대기를 연직방향으로 5개의 층으로 나누어, 수평방향은 남북으로 $200km$, 동서는 위도 3°의 간격의 격자망으로 구분하고, 각 격자점에 현재의 z계의 원시방정식을 적용해서 차례차례로 예상하는 방정식을 생각했다. 리차드슨이 생각한 격자망에서 지구 전체를 덮으면 격자점의 합계는 3,200개에 이른다. 그는 이들의 모든 점에서 수치계산을 행해 1일 예보를 12시간 이내로 하는 데에는 64,000명의 사람이 일제히 한꺼번에 계산할 필요가 있다고 추정했다.

그래서 그는 64,000명이나 되는 사람을 동시에 수용할 수 있는 큰 원형의 극장과 같은 건물을 생각해 거기서 이 계산을 행하는 것이 그의 꿈이었다. 즉 원형의 둥근 지붕을 북반구에 평탄한 공간을 남반구로 보고, 각 격자점에 상당하는 곳에 4명씩 앉을 수 있는 좌석을 갖는 5단의 좌석을 만들고, 이것을 연직방향의 5개의 층에 대응시키고, 그 앞에는 무수한 램프가 있고, 이웃이나 상하의 사람이 계산한 결과가 곧바로 알 수 있도록 되어 있다. 그리고 중앙의 원주(圓柱) 위에 있는 지휘자의 신호에 따라 일제히 계산한다고 하는 것으로, 마치 현재의 전자계산기의 계산소자(計算素子)를 연상해서 인간으로 대치한 것과 같은 일을 생각했던 것이다.

그러나 이와 같은 그의 노력의 보람도 없이 예상하지 못했던 결과가 나와서, 계산은 실패로 끝나고 말았다. 즉, 실제로는 거의 기압변화가 없는 날을 택했음에도 불구하고, 계산된 기압변화를 6시간의 기압변화로 환산해 보면, 실로 145 hPa 에 도달하고 있는 것이다. 그는 몇 번이고 점검을 하고 많은 사람들이 확인해 보았지만 틀림이 없었다. 그는 이와 같이 큰 "예보오차"가 생긴 원인은 제 1로는 바람관측의 오차이고, 제 2로는 수평의 격자간격이 너무 큰 것이고, 제3으로는 관측점의 바람을 격자점으로 보간(補間, polation, 補法)할 때의 오차일 것이라고 생각했다. 그래서 제 3의 오차를 작게 하기 위해 3관측지점의 바람의 자료를 직접 사용해서 3점으로 만드는 삼각형의 영역에서 발산을 구해 그로부터 기압변화를 구했다.

이와 같이 해서 구한 발산에서 6시간의 기압변화를 고쳐 구하면 약 90 hPa 가 되어 분명히 당시의 값보다는 약간 작아지고, 더욱 관측정밀도를 상승시키기도 하고, 격자간격을 작게 취함으로써 오차를 작게 하는 것은 가능할 것이라고 생각했지만, 그래도 통상 관측된 기압변화의 약 10 배나 큰 변화가 얻어진다고 하는 상황은 변함이 없었다. 그 결과, 수치적으로 일기예보를 하는 것에는 불가능하다고 하는 것이 되어 그는 실패로 끝나서 "리차드슨의 꿈"으로 방치되고, 그 해결은 세계 제 2차 대전 후로 넘어 가게 된 것이다.

그 후 그의 하나의 꿈은 기상학자들의 사이에서 구체적인 거론 없이 1930년대를 맞이하게 되었다. 1930년대 후반부터 상층관측망이 점점 확장되어 조금씩 대기 상층의 성질이 알려지기 시작했다.

18.1.3. 수치예보의 원리

수치예보는 역학대기과학의 일기예보에의 응용이다. 수치예보가 가능하게 된 것은 다음의 3개의 기초적인 조건이 준비되었기 때문이다.

1) 라디오존데 등에 의한 상층관측망이 좁혀졌다는 것,
2) 대기현상의 역학적 파악이 진보된 일,
3) 전자계산기의 발달과 함께 계산 기술이 진보된 것

이다. 현재 수치예보는 발전의 기초적 단계를 거쳐 일기예보 작업의 현업화가 진행되고 다음의 새로운 단계로 계속 진행되고 있지만, 동시에 많은 곤란한 문제의 해결을 해야 하는 숙제도 안고 있다.

수치예보의 2가지의 중요한 과정으로는

① 초기시각의 대기의 상태를 정확하게 파악하는 일,

② 대기를 지배하는 대기과학법칙에 따라서 장래의 대기의 상태를 예측한 것

이다. ①을 위해서 필요한 것은 관측자료와 그 자료를 격자점 위의 값으로 내삽(內挿, interpolation)하는 기술〔객관해석〕이고, ②를 위해서 필요한 것은 수치예보 모델이다. 이들 중 어느 쪽이라도 결여되면 수치예보는 성립되지 않는다. 관측자료·객관해석·수치예보모델은 마차의 양쪽 바퀴와 같은 것이다. 이들이 밀접하게 연결되어서 4차원 자료동화(四次元 資料同化, 4 dimensional data assimilation, 4DDA) 시스템을 쌓고 있는 것이다.

수치예보는 대기의 운동방정식의 시간적 수치적분에 의해 현재의 상태에서 장래의 상태를 예보하려고 하는 것이다. 원래, 역학대기과학은 운동방정식에 의해 대기현상을 설명하려고 하는 것이기 때문에 이와 같은 생각은 잠재적으로는 옛날부터 있었던 것이지만, 의식적으로 이것을 실현하려고 한 최초의 사람은 역시 영국의 리차드슨이었다. 1922년 리차드슨은 운동방정식을 적분하는 방법을 생각해 그 가능성에 대해서 논의했다. 그러나 이미 언급한 대로 당시의 저조한 계산기술의 수준과 함께 대기현상을 규모에 따라서 분류한다고 하는 사고가 없었기 때문에 성공에 이르지 못했다.

대기의 운동 중에는 여러 가지 규모의 것들이 포함되어 있다. 예를 들면, 뇌우와 같은 규모의 작은 현상을 통상의 고·저기압의 운동과 함께 동시에 취급하는 것은 극히 곤란하다. 운동방정식은 음파에서 고·저기압에 이르는 각양각색의 규모의 운동을 내장하고 있지만, 규모가 작은 현상을 걸러서 고·저기압과 같은 큰 규모의 운동을 지배하는 방정식계로 도입한 최초의 사람은 이미 소개한 미국의 챠니었다. 소위 준지형풍근사(準地衡風近似)모델이라고 하는 것인데, 이것이 수치예보를 성공적으로 이끌어 낸 원동력이었다. 물론, 이것과 나란히 로스비 들의 편서풍대의 이론, 챠니 들의 경압불안정론(과 같은 근대기상학의 발전에 중요한 역할을 한 것은 말할 것도 없다. 또 전자계산기의 발전에 수반되는 계산 기술의 기여 없이는 도저히 수치예보의 실현이 이루어질 수 없었다는 것도 사실이다.

1953년경까지 준지형풍근사모델에 의해 1일 정도의 수치예보는 완성되었고, 그 후 실제의 예보의 검증단계를 거쳐 준지형풍근사모델의 결함과 한계가 분명하게 되어 다음의 발전의 방향으로 움직이게 된 것이다. 즉 지형풍근사에서 탈피, 지형효과의 도입, 현열, 잠열의 효과의 도입, 난류, 대류의 취급 방법 등의 문제이다. 준지형풍근사에서 탈피를 위해서는 더욱 근사도를 높인 평형근사를 거쳐, 원래의 운동방정식을 직접 적분하는 방향으로 향하고 그것에 수반되는 여러 가지의 문제점을 해결하고, 현재 원시방정식모델이 이미 현업화되고 있다. 지형효과를 올바르게 넣기 위해서는 p 좌표계에서 σ 좌표계〔시그마 座標系, σ (sigma)-coordinate〕*로 옮기고 있으나 아직 충분한 해결을 보고 있지는 않다.

열효과를 도입하기 위해서 해면에서의 현열의 수송 등 충분히 알고 있지 않은 현상 그것의 해명에도 노력을 하고 있다. 특히 열대 해면에서의 현열, 잠열의 수송에는 대류현상이 중요한 역할을 하는 것으로 되어 있어, 대류현상 그 자체의 연구나 수치모델에 대류현상의 집단효과를 도입하는 **매개변수화**(媒介變數化, parameterization)의 방법의 연구가 왕성히 이루어지고 있다. 이와 같이, 준지형풍근사모델에서 출발한 수치예보도 현재의 일기예보 작업에 없어서는 안 될 기술에까지 진행되고 있고, 한편 수치실험에도 크게 활약을 하고 있다.

* **σ 좌표계**〔시그마座標系, σ (sigma)-coordinate〕 : 대기의 수치모델을 구성하는 지배방정식의 연직좌표계의 하나이다. 어떤 고도의 기압과 지상기압의 비(比) $\sigma = p/p_0$(p_0는 지상기압)를 연직좌표(註)의 독립변수로 하는 좌표계이다. 장점은 $\sigma = 1$이 지표면에 일치함으로 요철(凹凸)이 있는 지표면에서 경계조건을 넣기 쉬어, p 좌표계와 동등하게 연속방정식이 간단하게 기술된다. 즉, 지표면이 좌표면의 하나가 되기 때문에 지면지형이 자동적으로 들어가는 점이 특징이다. σ의 정의에는 여러 가지의 변형이 있을 수가 있다. 예를 들면, 가장 일반적으로 기압의 고차함수의 비로 하는 일도 있다.

18.1.4. 객관분석

수치예보의 하나의 중요한 과정은 초기시각의 대기 상태를 정확하게 파악하는 일이다. 수치예보모델을 이용해서 예보하는 데에는 우선 초기치가 필요하다. 비록 완전한 예보모델이 있다고 치더라도 초기치가 틀려있다고 한다면 정확한 예보는 기대할 수가 없다. 이 초기치는 관측 없이는 작성되지 않는다. 시간적·공간적으로 불규칙하게 분포하고, 각양각색의 오차 특성을 가지고 있는 자료로부터 그림 18.1과 같은 3차원적인 규칙 정연하게 배치된 격자점 위의 기상요소의 값을 구하는 과정을 **객관분석**(客觀解析, objective analysis, 객관해석)이라고 부르고 있다.

기상 관측자료는 지상관측, 고층관측, 선박에서의 관측, 레이더, 위성에 의한 관측 등 다양하다. 그 중에서도 고층관측은 대기의 연직방향의 구조를 직접 관측하는 수단이고, 그의 정밀도도 높다. 고층관측은 북반구의 대륙 위에서는 많은 지점에서 입전(入電)되고 있지만, 남반구, 해양 상에서는 자료가 적다. 고층관측에서 자료가 얻어지지 않는 영역에서는 극궤도기상위성에 의한 자료로 온도관측과 같이 공간적으로 균일하게 분포하는 자료가 기대치이지만, 정밀도는 아직 불충분한 상태이다. 이와 같이 관측자료는 분포가 불균일하고 정밀도도 제각기 다르다.

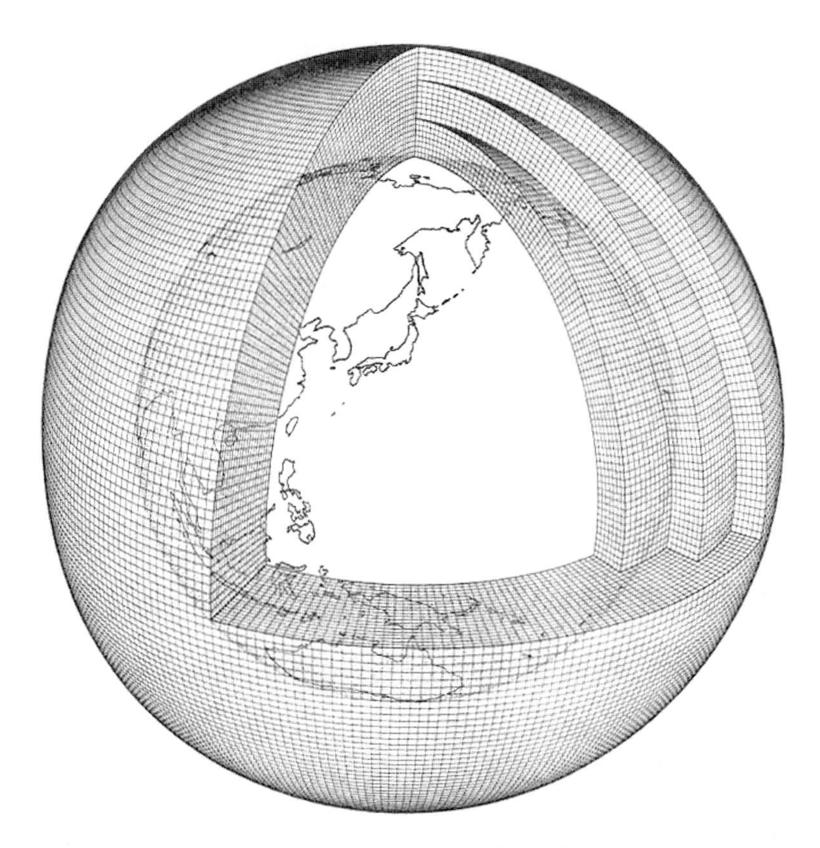

그림 18.1. 3차원의 격자점 분포의 모식도

지구의 대기를 3차원적으로 규칙 정연하게 배치된 격자점으로 나누어져 분포되어 있는 상태를 나타낸 것.

객관분석을 행할 때에는 잘못된 관측자료를 집어넣지 않도록 품질관리를 잘하는 것도 중요한 작업이다. 틀린 관측자료를 믿고 객관분석을 행하면, 객관분석치는 잘못된 것이 된다. 그렇기 때문에, 객관분석에서 사용하는 관측자료의 품질관리에 최대 주의를 기울이고 있다. 이 품질관리의 수법에는 관측시각의 12~6 시간 전을 초기치로 하는 당해시각에 있어서 수치예보와 비교하는 일, 주위의 관측점 끼리를 비교해서 평가하는 일, 더욱이 그 때의 기상상태(예를 들면, 변화가 심할까, 그렇지 않을까)도 고려해 놓는 일까지 많은 수법이 취해지고 있다.

객관분석에서는 수치예보모델의 결과를 적극적으로 사용하고 있다. 예를 들면, 품질관리에 사용하기도 하고 관측자료가 없는 부분은 예보치로 추정하기도 한다. 이와 같이 객관분석은 수치예보모델과 밀접하게 연결되어 있어서 4 차원 자료동화(四次元 資料同化, 4DDA)를 행하고 있다.

18.2. 수치예보모델

수치예보의 중요한 과정 중의 하나는 대기를 지배하는 대기과학법칙에 따라서 장래의 대기의 상태를 예측하는 것이라고 했다. 대기의 움직임은 복잡하지만, 그 변화를 나타내는 법칙은 유체역학, 열역학 등과 같이 이미 잘 알려진 법칙들이다. 대기의 상태의 변화를 기술하는 방정식계의 성질의 의해, 통상은 수치적으로 방정식의 해를 구한다. 그러기 위해서 대기의 상태를 나타내는 대기량의 수치가 유체역학, 열역학 등의 방정식에 따라서 변화해 가는 것을 계산기를 이용해서 시간을 좇아 계산해 감으로써 미래의 대기의 상태를 예측해 간다. 이 프로그램이 **수치예보모델**(數値豫報 - - , 또는 간단히 예보모델, model of numerical weather prediction)이다.

18.2.1. 수치예보모델 I

대기의 시간적인 변화를 나타내는 방정식계는 다음과 같은 내용의 대기과학법칙으로 성립된다.

1) 유체의 운동방정식(뉴-턴의 운동의 법칙의 유체역학판),
2) 열역학방정식(열역학 제 1 법칙),
3) 연속방정식(대기의 질량은 운동이 있어도 증감하지 않고 보존된다고 하는 법칙),
4) 기체의 상태방정식(보일・샤를의 법칙, Boyle-Charles Law),
5) 수증기의 식(수증기의 질량은 운동이 있어도 증감하지 않고 보존되지만, 응결・증발에 의해 증감하는 것을 나타내는 식)

들이 있다.

공간적으로 연속되는 유체에서 대기를 계산기로 표현하기 위해서는 격자점법이나 스펙트럼법과 같은 유한개의 수치의 집합으로 연속체를 나타내는 수법이 잘 이용되고 있다. 예를 들면, 격자점법은 그림 18.1 에 나타낸 것과 같이 수평・연직방향으로 규칙적으로 배치된 띄엄띄엄 취한 아주 많은 점(격자점) 위의 값으로 대기의 상태를 표현한다. 스펙트럼법은 각양각색의 파장과 진폭을 갖는 단순한 파가 여러 개 겹친 것으로 해서, 대기의 상태를 나타내는 것이다. 어느 쪽의 방법도 격자점의 수나 겹친 파의 수의 취하는 방법으로 예보모델의 공간분해능이 결정된다.

어떤 초기치에서 출발해서 장래를 예측하는 데에는 다음과 같은 순서로 행한다. 어떤 시각에 있어서 모든 격자점 위의 값으로부터, 근사계산에 의해 미소시간(微小時間, 예를 들면 5분이나 10분) 후의 모든 격자점 상의 값이 어떤 값이 되는가를 구한다. 다음에 이 구한 값을 사용해서 그 다음의 미소시간 후의 전 격자점의 값을 구한다. 이것을 반복해서, 목적하고 있는 시간(예를 들면, 하루 후라든가, 일주일 후라든가, 한 달 후 등)의 대기 상태를 구한다. 이와 같이, 수치예보모델은 방대한 수의 격자점 상에서 대기의 상태의 복잡한 변화를 반복하고 반복해서 계산하고 있다. 소위 대기의 시뮬레이션〔simulation, 모의(模擬), 모사(模似)〕을 하고 있는 것이다.

격자점의 간격(현재의 사용하고 있는 수치예보모델에서는 수 10 km 정도)보다도 작은 규모의 현상(예를 들면 개개의 구름, 대기 중의 교란 등)도 격자점 위의 변수에 변화를 초래한다. 이와 같은 예보모델의 시공간분해능 이하의 현상은 격자점 상의 값만으로는 직접 표현이 되지 않는다. 여기서 수치예보에서는 "매개변수화(媒介變數化, parameterization)"라고 하는 수법에 의해 이와 같은 분해능 이하의 현상이 격자점 위의 값으로 부여되는 효과를 간접적으로 표현하고 있다. 예를 들면, 해면에서의 물의 증발량은 격자점에서의 해면수온, 해면속도, 대기안정도 등의 함수로써 매개변수화(parameterize)된다.

다음과 같은 현상이 대기에 부여하는 효과가 매개변수화에 의해 예보모델에 짜 넣어지고〔편입(編入) 되고〕 있다(그림 18.2 참고).

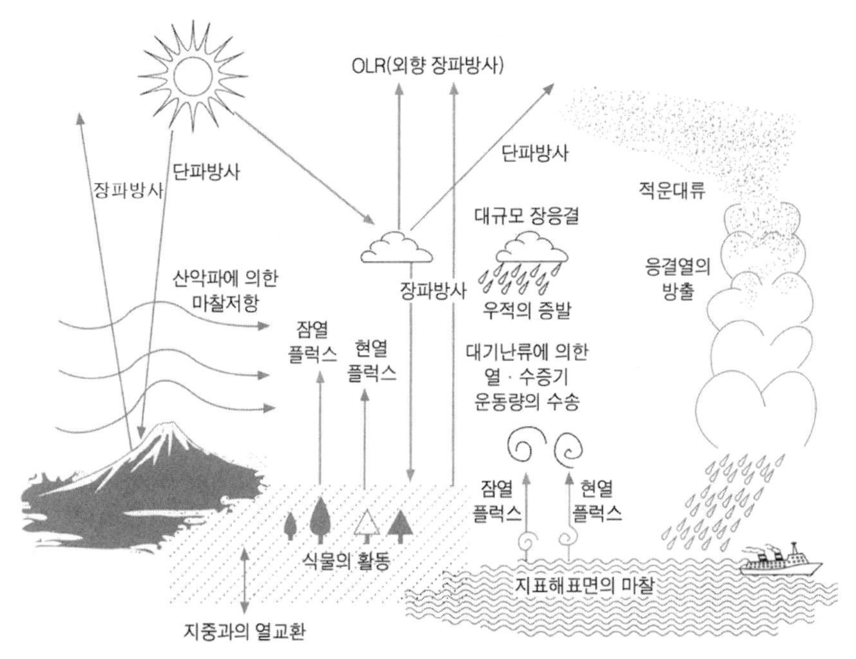

그림 18.2. 모사에 의해 예보모델에 편입되는 과정의 모식도

1) 단파방사(태양방사)의 흡수와 반사,

2) 장파방사(적외선)의 방사와 흡수,

3) 대기 중에서의 물의 응결이나 증발(적운대류, 대규모 응결),

4) 대기난류,

5) 해면이나 지표면과의 상호작용(마찰, 열전도, 증발),

6) 식물과 육지면 수문과정(水文過程 = 증발산, 토양수분, 적설)이 있다.

수치예보모델은 아직 완전히 기상(대기)의 변화를 예측할 수 있는 수준에는 이르지 못하고 있다. 그러나 수치예보모델의 결과는 균질성이 높고, 해상도가 비교적 좋아 시간·공간적으로 변화하는 자료인 이상, 예측되는 기온이나 강수량 등의 사이에 대기과학적인 모순은 없다라고 하는 우수한 특징을 가지고 있다. 그렇기 때문에 수치예보모델은 대기현상의 시뮬레이션이나 기후변동 등의 연구에도 이용되고 있다. 연구에 사용되고 있는 경우에는 종종 **수치모델**(numerical model)이라고 불리고 있다.

18.2.2. 수치예보모델 II

대규모 현상에 대한 규모의 사고를 간단히 설명하고, 그리고 나서 **준지형풍근사모델**(準地衡風近似 - - . quasi-geostrophic approximation model)을 도입하는 것이 된다. 직각 x, y, z좌표계에서의 운동방정식, 연속방정식, 열역학방정식은

$$\frac{\partial u}{\partial t} + u\frac{\partial u}{\partial x} + v\frac{\partial u}{\partial y} + w\frac{\partial u}{\partial z} - fv = -\frac{1}{\rho}\frac{\partial p}{\partial x}$$

$$\frac{\partial v}{\partial t} + u\frac{\partial v}{\partial x} + v\frac{\partial v}{\partial y} + w\frac{\partial v}{\partial z} + fu = -\frac{1}{\rho}\frac{\partial p}{\partial y}$$

$$\frac{\partial w}{\partial t} + u\frac{\partial w}{\partial x} + v\frac{\partial w}{\partial y} + w\frac{\partial w}{\partial z} = -\frac{1}{\rho}\frac{\partial p}{\partial z} - g$$

$$\frac{\partial \rho}{\partial t} + \frac{\partial \rho u}{\partial x} + \frac{\partial \rho v}{\partial y} + \frac{\partial \rho w}{\partial z} = 0$$

$$\frac{\partial \Theta}{\partial t} + u\frac{\partial \Theta}{\partial x} + v\frac{\partial \Theta}{\partial y} + w\frac{\partial \Theta}{\partial z} = 0 \qquad (18.1)$$

과 같다. 여기서 u, v, w 는 바람의 x, y, z 성분, g 는 중력가속도, p 는 기압, ρ 는 밀도이다. 온위(溫位, Θ)는

$$\Theta = T\left(\frac{p_0}{p}\right)^{\kappa}, \qquad \kappa = \frac{C_p - C_v}{C_p} \tag{18.2}$$

이다. T는 온도, C_p, C_v는 각각 정압비열〔定壓比熱, 상압비열(常壓比熱)〕, 정적비열〔定積比熱, 상적비열(常積比熱)〕이고, $p_0 = 1{,}000hPa$ 이다.

대기 중에서 관측되는 대규모현상을 생각하는 것으로 하고, 그 대표적인 크기를 나타내는 양으로써, L 을 수평규모, H 를 연직규모, V 를 수평풍속, C 를 요란의 전파속도, Ω 를 지구의 회전속도로 하면 다음과 같이 견적할 수가 있다.

$$\begin{aligned} &L : 수평규모 : 10^6\, m, && H : 연직규모 : 10^4\, m, \\ &V : 수평속도 : 10m/s, && C : 전파속도 : 10m/s, \\ &\Omega : 지구회전속도 : 10^{-4}/s, && g : 중력가속도 : 10\, m/s^2 \end{aligned} \tag{18.3}$$

이고, 또 τ 를 시간의 대표적인 규모로 하면,

$$\tau = \frac{L}{C} = 10^5\, s \tag{18.4}$$

이다. 따라서

$$\frac{\partial}{\partial t} \sim \frac{C}{L} \sim \frac{V}{L}, \quad u\frac{\partial}{\partial x} \sim v\frac{\partial}{\partial y} \sim \frac{V}{L}, \quad \frac{\partial}{\partial z} \sim \frac{1}{H} \tag{18.5}$$

가 되고, 연속방정식에서 각 항을 규모로 쓰면,

$$\frac{\partial \rho}{\partial t} + \frac{\partial \rho u}{\partial x} + \frac{\partial \rho v}{\partial y} + \frac{\partial \rho w}{\partial z} = 0 \Rightarrow \frac{V}{L}\rho + \frac{V}{L}\rho + \frac{V}{L}\rho + \frac{W}{H}\rho = 0 \tag{18.6}$$

이 되고,

$$w \sim H\frac{V}{L} \sim 10^{-1}\, m/s \tag{18.7}$$

이고, 또

$$\frac{d}{dt} = \frac{\partial}{\partial t} + u\frac{\partial}{\partial x} + v\frac{\partial}{\partial y} + w\frac{\partial}{\partial z} \sim \frac{V}{L} \sim 10^{-5}/s \tag{18.8}$$

이 된다.

이상을 기본으로 해서 다음의 여러 가지 평가를 시도해 보기로 한다(규모분석, scale analysis).

ㄱ. 수평운동방정식

수평운동방정식(水平運動方程式, horizontal motion equation)의

$$\frac{du}{dt} \sim \frac{V^2}{L} \sim 10^{-4} m/s^2 \ , \ f\,v = 2\,\Omega \sin\phi \cdot v \sim 10^{-3} m/s^2 \qquad (18.9)$$

이고, 이들을 비교하면,

$$\underset{(10^{-4})}{\frac{du}{dt}} - f\,v = -\underset{(10^{-3})}{\frac{1}{\rho}\frac{\partial p}{\partial x}} \qquad (18.10)$$

이기 때문에, $f\,v$에 비교해서 $\frac{du}{dt}$가 한자리수 작기 때문에 위 식이 성립하기 위해서는

$$\frac{1}{\rho}\frac{\partial p}{\partial x} \sim 10^{-3} \qquad (18.11)$$

이 되지 않으면 안 된다. 즉, 제 1 근사로써 지형풍(地衡風, geostrophic wind, 지균풍)의 식

$$-f\,v = -\frac{1}{\rho}\frac{\partial p}{\partial x} \qquad (18.12)$$

가 성립하게 되는 것이다. y 방향의 방정식에 대해서도 같은 결론이 얻어진다.

ㄴ. 연직운동방정식

연직운동방정식(鉛直運動方程式, vertical motion equation)의

$$\frac{dw}{dt} \sim \frac{V}{L} w \sim 10^{-6}\, m/s^2, \qquad g \sim 10\, m/s^2 \qquad (18.13)$$

이기 때문에

$$\frac{dw}{dt} = -\frac{1}{\rho}\frac{\partial p}{\partial z} - g \qquad (18.14)$$

가 성립하기 위해서는

$$\frac{1}{\rho}\frac{\partial p}{\partial z} \sim 10\, m/s^2 \tag{18.15}$$

가 되어야 하고, 가속도의 항 dw/dt 는 대단히 작아 정밀도 좋게 정역학방정식

$$-\frac{1}{\rho}\frac{\partial p}{\partial z} - g = 0 \tag{18.16}$$

이 성립하는 것이다.

ㄷ. 연직속도

연직속도(鉛直速度, vertical velocity) w 는 이미 연속방정식 (18.7)에서

$$w \sim 10^{-1} m/s \tag{18.17}$$

을 이끌어 냈는데 열역학의 식을 이용하면,

$$w \sim 10^{-2}\, m/s \tag{18.18}$$

을 유도할 수가 있어 고정밀도의 연직속도를 얻을 수가 있다. 이쪽이 실제와 잘 맞는 것으로 알려져 있다.

ㄹ. 와도와 발산

와도(渦度, vorticity)는 제 12 장의 식 (12.103)에서 (x, y)평면에 대한 z 방향의 와도 (ζ_z)를 일반적인 와도(ζ)로 취급해서,

$$\zeta = \frac{\partial v}{\partial x} - \frac{\partial u}{\partial y} \sim 10^{-5}/s \tag{18.19}$$

가 된다.

발산(發散, divergence)은 식 (12.54)의 수평발산(水平發散, horizontal divergence) D 를 일반적으로 발산이라고 한다. 연속방정식을 다음과 같이 평가할 수가 있다.

$$\frac{1}{\rho}\frac{d\rho}{dt}+\frac{\partial u}{\partial x}+\frac{\partial v}{\partial y}+\frac{\partial w}{\partial z}=0$$

$$\frac{1}{\rho}\frac{d\rho}{dt}\sim 10^{-6}/s,\quad \frac{\partial u}{\partial x}\sim 10^{-5}/s,\quad \frac{\partial v}{\partial y}\sim 10^{-5}/s,\quad \frac{\partial w}{\partial z}\sim 10^{-6}/s \tag{18.20}$$

따라서

$$D=\frac{\partial u}{\partial x}+\frac{\partial v}{\partial y}\sim 10^{-6}/s \tag{18.21}$$

이 되어야 한다.

ㅁ. p 좌표계 방정식

또한 정역학방정식을 가정해서 p 좌표계의 방정식을 쓰면,

$$\begin{aligned}
&\frac{\partial u}{\partial t}+u\frac{\partial u}{\partial x}+v\frac{\partial u}{\partial y}+\omega\frac{\partial u}{\partial p}-fv=-\frac{\partial \Psi}{\partial x}\\
&\frac{\partial v}{\partial t}+u\frac{\partial v}{\partial x}+v\frac{\partial v}{\partial y}+\omega\frac{\partial v}{\partial p}+fu=-\frac{\partial \Psi}{\partial y}\\
&\frac{\partial \Psi}{\partial p}=-\frac{RT}{p}\\
&\frac{\partial u}{\partial x}+\frac{\partial v}{\partial y}+\frac{\partial \omega}{\partial p}=0\\
&\frac{\partial}{\partial t}\left(\frac{\partial \Psi}{\partial p}\right)+u\frac{\partial}{\partial x}\left(\frac{\partial \Psi}{\partial p}\right)+v\frac{\partial}{\partial y}\left(\frac{\partial \Psi}{\partial p}\right)+S\omega=0\\
&S=-\frac{1}{\rho\Theta}\frac{\partial \Theta}{\partial p}=\frac{1}{p}\frac{\partial}{\partial p}\left(p\frac{\partial \Psi}{\partial p}-\kappa\Psi\right)
\end{aligned} \tag{18.22}$$

가 된다. 여기서 $\Psi = gz$는 기압면의 고위(高位, geopotential, 1.1.4항 참고)로 p가 독립변수로 사용되고 있고, $\omega = dp/dt$ 는 기압좌표계에 있어서 연직속도, 또는 연직 p 속도(vertical p-velocity)로 상승류에 상응하고, S는 연직안정도를 나타낸다.

이 경우에는 연직규모(鉛直規模, vertical scale) $\sim 10^3\, hPa$ 이고, 연속방정식에서 ω 를 평가하면,

$$\omega \sim 10^{-2}\, hPa/s \tag{18.23}$$

이지만, 열역학방정식을 이용한 고정밀도의 평가에서는

$$\omega \sim 10^{-3}\ hPa/s \tag{18.24}$$

가 된다.

ㅂ. 준지형풍근사모델

이상의 결과를 근거로 해서 **준지형풍 근사모델**(quasi-geostrophic approximation model)을 이끌어 내는 것인데, 우선 p 좌표계를 이용해서 운동방정식에서 와도방정식과 발산방정식을 만들면,

$$\text{절대와도}:\ Z=\frac{\partial v}{\partial x}-\frac{\partial u}{\partial y}+f\equiv\zeta+f,$$

$$\text{발}\quad\text{산}:\ D=\frac{\partial u}{\partial x}+\frac{\partial v}{\partial y} \tag{18.25}$$

에 대해서 평가치와 함께 쓰면,

$$\underset{(10^{-10})}{\frac{\partial Z}{\partial t}}+\underset{(10^{-10})}{u\frac{\partial Z}{\partial x}}+\underset{(10^{-10})}{v\frac{\partial Z}{\partial y}}+\underset{(10^{-10})}{ZD}+\underset{(10^{-11})}{\frac{\partial\omega}{\partial x}\frac{\partial v}{\partial p}-\frac{\partial\omega}{\partial y}\frac{\partial u}{\partial p}}+\underset{(10^{-10})}{\omega\frac{\partial Z}{\partial p}}=0$$

(평가치 행: (10^{-10}) (10^{-10}) (10^{-10}) (10^{-10}) (10^{-11}) (10^{-10}) (10^{-10}))

$$\frac{\partial D}{\partial t}+u\frac{\partial D}{\partial x}+v\frac{\partial D}{\partial y}+\omega\frac{\partial D}{\partial p}+D^2-2\left(\frac{\partial u}{\partial x}\frac{\partial v}{\partial y}-\frac{\partial v}{\partial x}\frac{\partial u}{\partial y}\right)$$

(평가치 행: (10^{-11}) (10^{-11}) (10^{-11}) (10^{-12}) (10^{-12}) (10^{-10}) (10^{-10}))

$$+\frac{\partial\omega}{\partial x}\frac{\partial u}{\partial p}+\frac{\partial\omega}{\partial y}\frac{\partial v}{\partial p}-f\zeta+u\frac{\partial f}{\partial y}=-\nabla^2\Psi \tag{18.26}$$

(평가치 행: (10^{-11}) (10^{-11}) (10^{-9}) (10^{-10}) (10^{-9}))

이 되고, 제 1 근사로 큰 항만을 취하면,

$$\frac{\partial Z}{\partial t}+u\frac{\partial Z}{\partial x}+v\frac{\partial Z}{\partial y}+f\left(\frac{\partial u}{\partial x}+\frac{\partial v}{\partial y}\right)=0$$

$$f\zeta=\nabla^2\Psi \tag{18.27}$$

이 되는데, 제 2 식은 지형풍(地衡風, 지균풍)

$$u = -\frac{1}{f}\frac{\partial \Psi}{\partial y}, \qquad v = \frac{1}{f}\frac{\partial \Psi}{\partial x} \tag{18.28}$$

과 동등하고, 이것을 연속방정식, 열역학방정식과 함께 쓰면,

$$\begin{aligned}
&\frac{\partial \zeta}{\partial t} + u\frac{\partial \zeta}{\partial x} + v\frac{\partial \zeta}{\partial y} + \beta v + f\left(\frac{\partial u}{\partial x} + \frac{\partial v}{\partial y}\right) = 0 \\
&u = -\frac{1}{f}\frac{\partial \Psi}{\partial y}, \quad v = \frac{1}{f}\frac{\partial \Psi}{\partial x} \\
&\frac{\partial u}{\partial x} + \frac{\partial v}{\partial y} + \frac{\partial \omega}{\partial p} = 0 \\
&\frac{\partial}{\partial t}\left(\frac{\partial \Psi}{\partial p}\right) + u\frac{\partial}{\partial x}\left(\frac{\partial \Psi}{\partial p}\right) + v\frac{\partial}{\partial y}\left(\frac{\partial \Psi}{\partial p}\right) + S\omega = 0
\end{aligned} \tag{18.29}$$

가 된다. 여기서 $\beta = \frac{\partial f}{\partial y}$ 로 식 (16.47)에서 소개하는 베타효과이다. 또 다음과 같이 쓸 수도 있다.

$$\begin{aligned}
&\frac{\partial}{\partial t}\nabla^2\Psi - J\left(\frac{1}{f}\nabla^2\Psi + f,\ \Psi\right) = f^2\frac{\partial \omega}{\partial p} \\
&\frac{\partial}{\partial t}\left(\frac{\partial \Psi}{\partial p}\right) - \frac{1}{f}J\left(\frac{\partial \Psi}{\partial p},\ \Psi\right) + S\omega = 0
\end{aligned} \tag{18.30}$$

이것이 **준지형풍근사모델**이다. 여기서 야코비(Jacobi)의 함수행렬식(函數行列式, Jacobian determinant, Jacobian, 5.1 절 참고) J 는

$$J(A,\ B) = \frac{\partial A}{\partial x}\frac{\partial B}{\partial y} - \frac{\partial A}{\partial y}\frac{\partial B}{\partial x} \tag{18.31}$$

로 주어진다. 시간변화의 항을 소거하면(S 는 p 만의 함수로 한다),

$$\nabla^2\omega + \frac{f}{S}\frac{\partial^2\omega}{\partial p^2} = \frac{1}{Sf}\nabla^2 J\left(\frac{\partial \Psi}{\partial p},\ \Psi\right) - \frac{1}{S}\frac{\partial}{\partial p}J\left(\frac{1}{f}\nabla^2\Psi + f,\ \Psi\right) \tag{18.32}$$

가 된다. 이것이 **ω-방정식**(오메가 方程式, omega-equation)이고, 이것을 풀어서 ω 의 분포를 구한다. 한편 수평운동만 취급하는 경우에는 $\omega = 0$ 로 해서,

$$\frac{\partial}{\partial t}\nabla^2\Psi - J\left(\frac{1}{f}\nabla^2\Psi + f,\ \Psi\right) = 0 \tag{18.33}$$

이 되고, 이것이 **순압모델**(順壓 - - , barotropic model)이다. 한편, 일반적인 경우를 **경압모델**(傾壓 - - , baroclinic model)이라고 한다.

ㅅ. 수치예보에 적용

이것으로 준지형풍근사모델의 기본식은 만들어지게 되었지만, 이것을 실제의 수치예보에 적용하는 데에는 여러 가지의 번거로운 수순을 밟아야 한다. 우선, 일기도에서 계산의 범위를 정하고 거기에 계산점이 되는 격자점을 설정하고, 더욱 상층의 어떤 층에서 실시할까를 결정해야 한다. 다음에 위에서 얻은 미분방정식을 이들의 격자점에 상응하는 차분방정식(差分方程式, finite difference equation)으로 바꾸어 쓰는 것인데, 차분방정식으로 고치는 방법이 여러 가지 있어서 그것에 따라서 복잡한 계산오차의 문제를 발생시키게 되는 것이다. 최후에 전자계산기를 이용해서 차분방정식을 수치적으로 풀어 가는 것이다. 계산상의 문제에서 가장 중요한 것은 계산불안정의 문제이다. 격자간격 Δx 에 대해서 시간간격 Δt 를 충분히 작게 취하지 않았을 때 일어난다. 그림 18.3 은 계산불안정의 모양을 보여주고 있다.

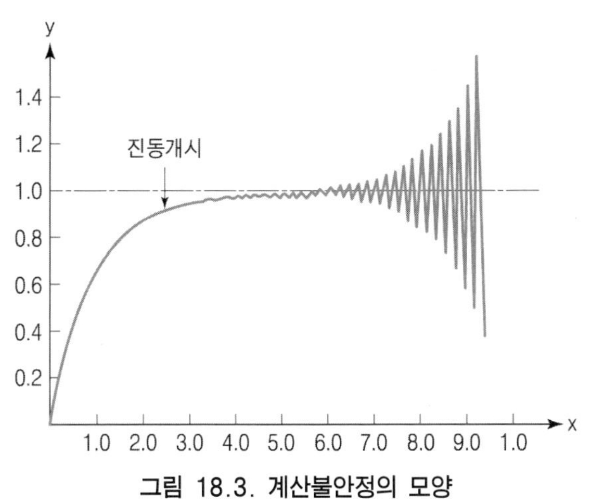

그림 18.3. 계산불안정의 모양

이상은 대규모적인 대기운동에 적용한 수치예보를 구체적으로 개관한 것인데, 제 2 근사까지 높이면, 평형근사모델(平衡近似 - - , balanced approximation model)의 지배방정식계가 구해진다. 이렇게 해가는 방법은 대규모운동 이외의 파동을 제거(除去, filter)한 것으로 **여과모델**(濾過 - - , filtered model)이라 부른다.

여과모델이 착착 성공을 해갈 때쯤, 이미 1950년대 말에는 독일의 힌켈만(Hinkelmann)들에 의해 원시방정식을 직접 사용하는 시도가 시작되었다. 중력·관성파에 의한 파동은 기상에 관여하지 않는 파동이라 하여 **노이즈**〔noise, **잡음**(雜音)〕라 불렸다. 그러나 대규모운동에 대해서는 노이즈이지만, 대류현상 등에서는 중요한 역할을 하는 파동이 된다. 이 중력·관성파가 만일 수치예보의 과정에서 제어되어 결과에 직접 영향을 미치지 않는다면, 원시방정식을 적분해도 전혀 지장이 없을 뿐만 아니고, 가장 일반적인 것으로 오히려 바람직한 것이었다. 이렇게 말하는 것은 한마디로 대규모운동이라고 말해도, 일기도에 나타나는 현상에는 고·저기압에서 태풍·국지저기압·전선까지 꽤 넓은 범위의 파동이 포함되어 있어, 각각의 규모도 수 1,000 ~ 수 100 km 에 미치고 있기 때문이다. 따라서 준지형풍근사모델에서는 어떻게 해도 적용상의 한계가 존재한다.

문제는 리차드슨이 무엇이든 함께 취급했기 때문에 범한 실패를 어떻게 해야 피할 수 있을까 이다. 힌켈만들은 수치예보의 초기치를 충분히 대규모운동에 적용한 것과 같이 바꾸어 말하면 기압과 바람이 지형풍에 가깝도록 평형시켜, 시간적분의 과정에서 중력파와 같은 고주파(高周波)의 파동을 억누른다면, 그것이 가능하다는 것을 나타냈다. 또 이류항(移流項)과 같은 비선형항에 기인하는 계산불안정도 그 차분표시로 아라까와스킴(荒川 scheme) 등을 이용하면 회피할 수 있는 것을 그 후에 알고, 그 외의 문제점도 계속해서 해결되어 금일에 이르고 있다.

18.3. 수치예보의 현황

수치예보를 실제로 행하기 위해서는 또 하나의 문제를 해결해야 한다. 그것은 **자동자료처리**(自動資料處理, automatic data processing, A.D.P.)이다. 즉 관측점의 등압면고도와 바람의 값에서 자료를 점검해 앞에서 언급한 격자점 상의 등압면고도를 전자계산기를 이용해서 자동적으로 추정하는 문제이다. 이것은 결국, 일기도를 컴퓨터로 작성하는 것에 해당한다. 자동자료처리 중에서 이 최종부분이 객관분석이 된다. 관측망이 거칠면 당연 격자점 상의 값도 큰 오차를 포함하는 것이 되므로 합리적인 객관분석의 방법이 확립되어야 한다.

현재, 세계의 주요 나라에서는 수치예보가 실시되고 있다. 우리도 예외는 아니어서 하고는 있지만, 아직 갈 길이 멀다. 그래서 이웃 나라인 일본의 현황을 보도록 한다. 그 이유는 수치예보의 기술도 발달되었고 우리 한반도와 인접해서 우리의 기상과 닮은 점이 많아 알면 유리한 점이 많을 것으로 생각이 되기 때문이다.

18.3.1. 두 모델

일본 기상청에는 수치예보를 위해 대형전자계산기가 사용되고 있다. 수치예보의 현업용 모델로써는 2개의 원시방정식모델이 사용되고 있다. 그 하나는 아시아 영역의 6층 미세격자모델로 x, y, p-좌표계에서 152.4 km 의 격자간격을 이용하고 있고, 또 하나는 북반구 영역의 4층 모델로 x, y, σ-좌표계에서 381 km 의 격자간격을 이용하고

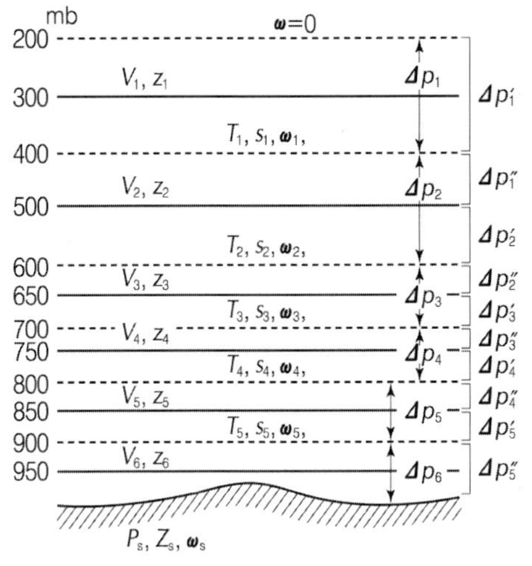

(a) 아시아지구 영역 6층 미세격자모델
V : 바람벡터, z : 등압면고도, T: 기온,
s : 비습, ω : 연직 p-속도, p_s : 지상기압,
z_s : 지표면의 고도, ω_s : 지표의 ω

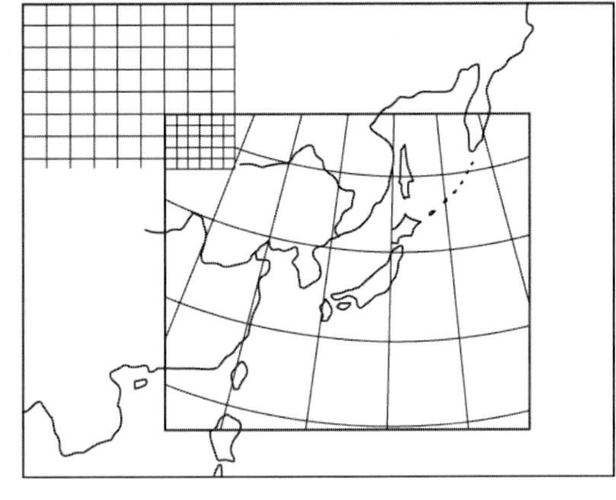

(b) 계산범위(안쪽은 직사각형)
좌상우(左上隅)은 이 모델에 사용한 것을 예시한 것

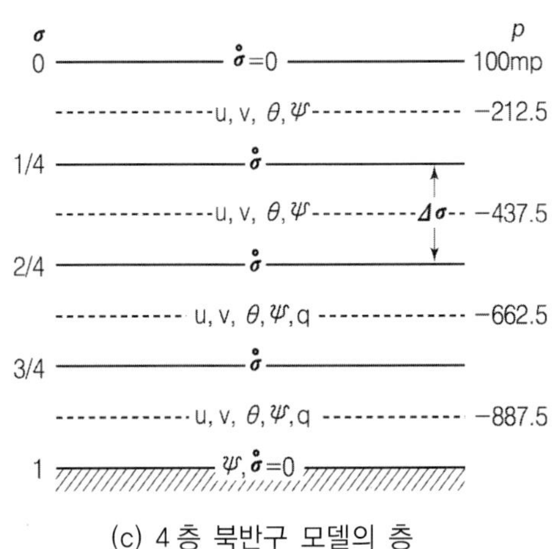

(c) 4층 북반구 모델의 층
u, v : 바람의 $x-$, $y-$ 성분, θ : 온위,
Ψ: 지오퍼텐셜고도〔고위(高位)〕, s : 비습, $\dot{\sigma}$: $d\sigma/dt$

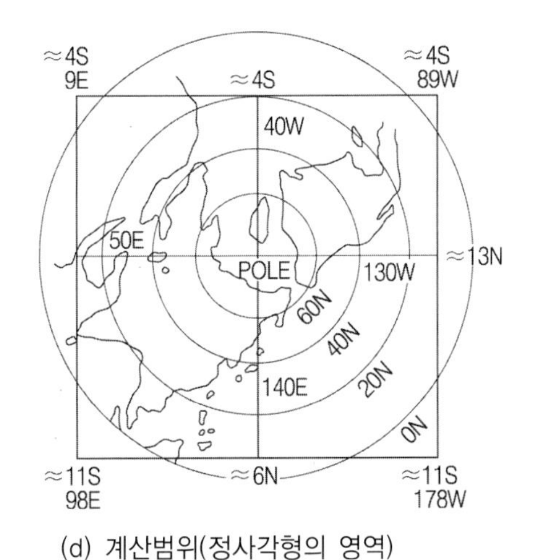

(d) 계산범위(정사각형의 영역)

그림 18.4. 수치예보의 현업용 모델

있다(그림 18.4 참고). 어느 쪽도 1일 2회의 예보계산을 하고 있고, 세계시간(그리니치 평균시간, GMT = Greenwich mean time)으로 00시와 12시를 초기치로 해서 전자의 모델은 24시간 앞까지 후자의 모델은 00시의 자료는 24시간 앞 12시의 자료는 48시간 앞까지 각각 예상하고 있다. 또 주 2회, 북반구 모델에서 192시간 앞까지 연장해서 예상하고 있다. 장래는 이것을 전구 모델로 발전시켜야 하기 때문에 바로 이어서 개발 시험을 하고 있다.

또한 그림 18.4에 양 모델의 연직 층을 취하는 방법 및 계산범위를 그림으로 표시하고 있다. 6층 미세격자모델은 대류권 하층에 중점을 두고, 파장 1,000 km 정도 이하의 중간 규모 요란의 예상도 포함되도록 설계되어 있다. 이것에 반해서 북반구 4층 모델은 예상기간을 연장하는 것을 목적으로 해서 설계되어 있다.

현업용의 모델의 경우는 예상도의 방송시간 등의 제약이 있고, 또 사용하는 전자계산기의 처리능력이 제한되어 있기 때문에, 아무래도 학문적인 요청은 최저한의 곳에서 마쳐야 할 필요가 있다. 따라서 처리능력이 큰 전자계산기의 도입과 함께 모델의 성능도 향상해야 하는 것이다. 한편, 모델 속에 들어가야 하는 대기과학 과정 등, 학문의 진보와 발맞추어서 개량해 가는 것도 소중하다.

18.3.2. 실 예

그림 18.5는 일기예보에 수치예보가 적용이 되어 어느 정도의 성과를 나타내고 있는지를 보여주는 예상도의 한 예이다. 초기치를 사용한 초기도 (a)를 이용해서 24시간 후의 예보를 보인 것이 (b)의 예상도이다. 이것과 실제로 24시간 후에 나타난 것이 (c)인 실측도이다. 이들을 비교해 보면 예상도가 어느 정도 적중했는지를 알 수가 있다. 날로 달로 세월이 가면 예보의 적중률이 좋아짐으로 현재 이것에 대한 해석은 독자에게 맡긴다.

그림 18.6은 통계적인 수치예보의 검증 예이다. 대략적인 점은 상당히 잘 예상되고 있는 것을 알 수가 있다. 상관계수가 대략 0.7 ~ 0.9 정도의 범위에 있으니 좋다고 할 수 있다. 그러나 여기에 만족하지 않고 더욱 노력에 전진해야 할 것이다. 상위권의 예보의 적중률을 높이는 것은 하위권의 상승률과는 달리 더 많은 연구가 필요하다는 것도 염두에 두어야 할 것이다.

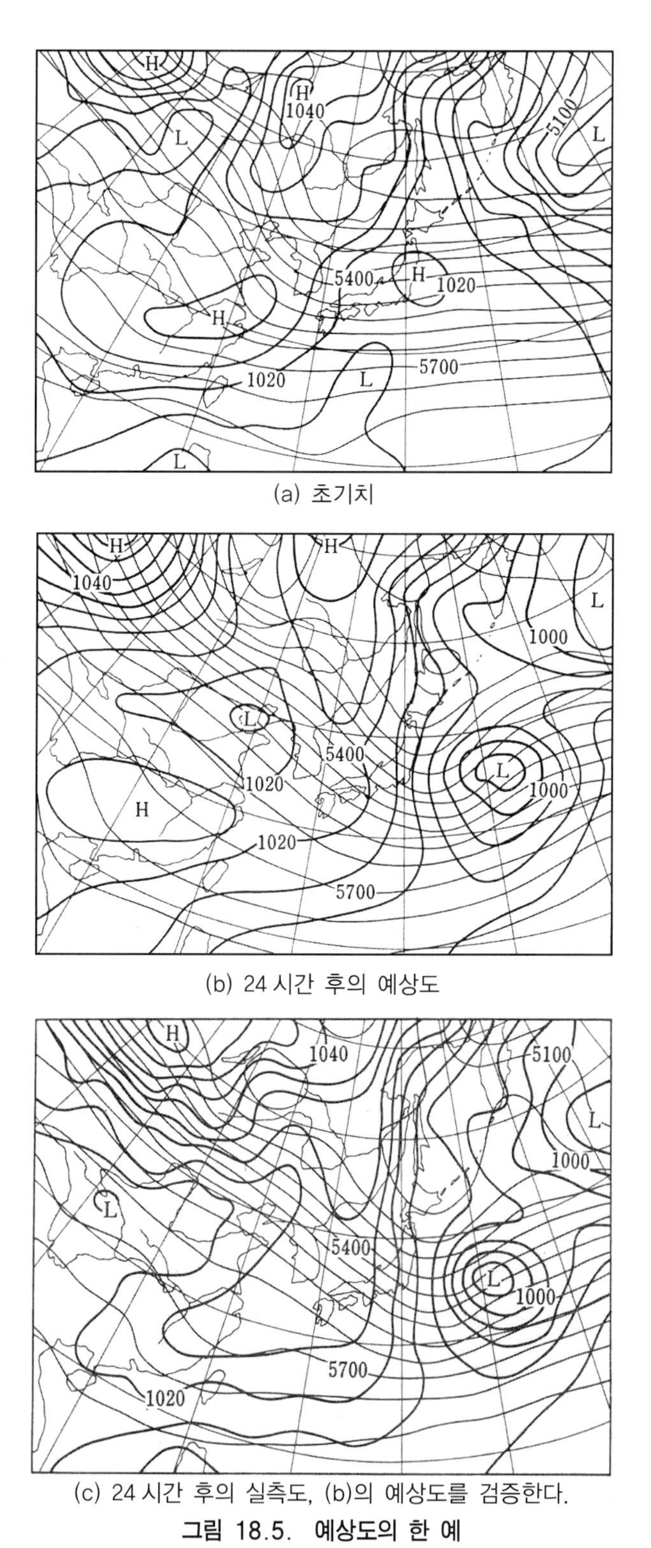

(a) 초기치

(b) 24 시간 후의 예상도

(c) 24 시간 후의 실측도, (b)의 예상도를 검증한다.

그림 18.5. 예상도의 한 예

6 층 미세격자모델에 의한 500 hPa 면고도 : 가는 선, 지상기압 : 굵은 선, 초기도

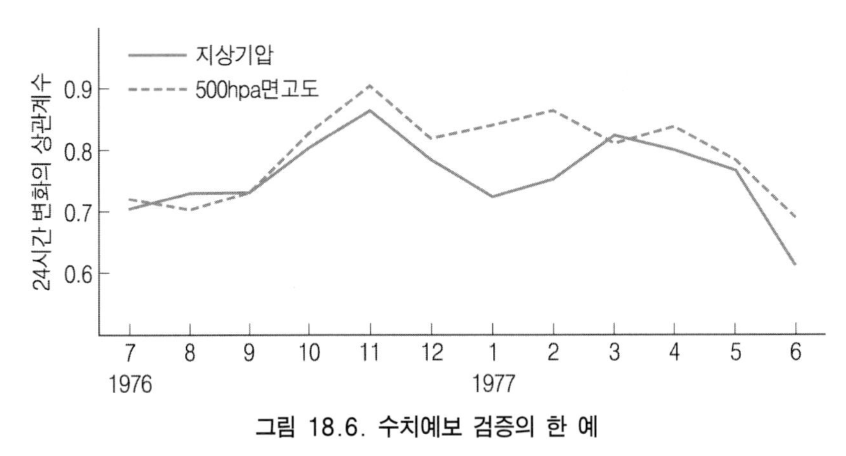

그림 18.6. 수치예보 검증의 한 예

현업용 수치예보모델(6 층 미세격자모델)에 의한 24 시간 500 hPa 고도변화치와 지상기압변화치의 실황의 변화치에 대한 상관계수의 월평균치

또 전선대의 위치나 강우역도 거의 올바르게 표시된 것 같이 되어 있다. 그러나 모델은 어디까지나 근사적인 것이기 때문에 계통적인 오차는 지금 후에도 제거해 갈 필요가 있다. 초기치의 결정·수치계산법 등의 개량도 중요한 문제이다. 기상위성 등의 새로운 관측시스템에 의한 자료의 이용도 근년에 왕성하게 되어 오고 있다. 수치예보의 정보는 항공기상·태풍예보·우량예보·파랑(波浪)예보·주간예보 등 각종 기상예보에도 응용되어 활용이 되고 있다.

18.4. 미래의 가치

개미나 꿀벌, 나비들의 분주한 겨울 준비를 보고 앞날의 추위를 예측할 수 있을까? 또 늦가을 낙엽이 떨어지는 모습을 보고 겨울이 옴을 짐작할 수 있을까? 눈앞에서 사라지는 연기를 자세히 보고 있으면, 그 움직임이 너무도 복잡해서 만일 대기가 이와 같은 소용돌이의 연속으로만 이루어져 있다면, 예보는 불가능할 것으로 생각이 되어 진다. 한편 텔레비전의 일기예보에서 구름 화상이 한반도를 덮을 정도의 큰 구름들이 천천히 서쪽에서 동쪽으로 이동하는 것을 보면 눈앞의 연기는 규칙성이 없었지만, 이와 같은 구름을 큰 규모로 보면, 무엇인가 뭉쳐진 시스템〔system, 계(系)〕이 며칠이고 연속해서 이동하는 것을 볼 수가 있다. 대기가 이런 것이라면 예측의 대상이 될 수도 있을 것 같다. 이러한 대기과학의 수많은 문제들이 꼬리에 꼬리를 물고 끝도 없이 머리를 스쳐간다.

18.4.1. 가능성

ㄱ. 어려움

수치예보에 의해 며칠 후까지의 예보가 가능할 것인가는 기상현상의 공간적 규모와 지속시간에 달려 있다(그림 8.1 참고). 기상(대기)현상은 작게는 담배의 연기로 가시화된 교란에서부터 크게는 초장파(超長波 : 대륙이나 해양, 큰 산맥 등의 10,000 *km* 정도 크기의 대규모의 파)까지 다양하기 때문이다.

청천(晴天 : 맑은 하늘)에 떠 있는 조각조각의 여러 개의 적운을 보고는 어디로 흘러갈지 예측하기가 어렵다. 왜냐하면 그 크기가 1 *km* 정도, 수명이 1 시간 정도로 짧기 때문이다. 일기에 크게 영향을 미치는 작은 단위의 규모의 현상으로써는 적란운 정도는 되어야 한다. 이 현상에 대해서도 어떤 지역에서의 발생빈도는 예측할 수 있어도, 개개의 적란운의 발생이나 이동을 예측하는 것은 또한 곤란하다. 미국에서는 윈드 프로파일러〔wind profiler, 수직측풍장비(垂直測風裝備)〕나 도플러레이더(Doppler radar)에 의해 이 작은 규모의 대기의 3 차원적 구조를 포착하는 관측망이 전개되고 있고, 일본에서도 이를 측정하려고 기상레이더나 위성에서 비나 구름의 관측이 행하여지고 있는 정도에 지나지 않고 있다.

현재 수치예보모델의 예측대상은 장마전선 상 등에서 발생하는 수 100 *km* 규모의 적란운의 집단으로, 지속시간이 1 일 이상이라고 하는 기상현상이다. 심한 강수를 동반하지 않고, 지형에 크게 영향을 받는 기상현상에 대해서는 100 *km* 규모라도 예상할 수가 있다. 기상위성의 연속 화상으로 보이고 있는 한반도 규모의 운계(雲系, 구름 시스템, cloud system)는 온대저기압에 동반되고 있다. 이와 같은 현상은 상당한 신뢰도(信賴度)로 4~5 일 앞까지 예상할 수 있게 되었다. 수치예보의 이와 같은 발전에 힘을 받아 집중호우 등 수평규모 수 10 *km* 이상의 기상현상의 3~12 시간 앞까지의 예측을 "메소량적 예보"라는 이름으로 개발과제로 착수하고 있다.

그러면 매일의 일기의 예측가능성은 무엇에 의해 결정되는 것일까? 대기의 운동에는 경압불안정 등의 각양각색의 역학적불안정이 있다. 경압불안정에 의해 온대의 고·저기압이 발생하는 것 같이 역학적불안정에 의해 대기 중의 각종의 현상이 일어난다. 또 이들의 불안정에 의해 초기의 작은 오차도 증폭된다. 한편 대기 중에는 크고 작은 교란이 있고, 비선형적 상호작용도 일어나고 있다. 작은 규모에서 발생한 근소한 오차는 바로 이웃의 규모에도 파급되어 결국 시간과 함께 큰 규모의 오차로도 증대된다.

한편 첫머리에서 언급했듯이 개미나 꿀벌, 나비들의 분주한 겨울 준비가 정말 1 개월 후의 일기에 영향을 미치는 것일까? 실은 잘 모른다. 대기 중의 난류는 생성됨과 동시에 큰 감쇠도 받는다. 또 지표의 바람의 에너지스펙트럼을 취하면 백색소음(白色騷音, white noise : 모든 가청 주파수를 포함)은 아니다. 일변화나 계절변화를 제외하면 고·저기압의 통과 주기에 대응하는 수일의 곳에 최대의 정점(頂点, peak)이 있다. 다음에 수분 규모의 난류에 제 2의 정점이 있다. 1시간 전후의 주기에는 에너지스펙트럼의 간격이 있는 것 같이 보인다. 그렇다면 대단히 작은 규모에서의 오차가 큰 규모에의 파급도 늦어질 것이다.

초기치(관측치)의 근소한 오차가 성장해서 통계적인 나날의 변동폭에 도달할 때까지의 시간을 수치모델에서 구함으로써, 수치모델이 완전한 경우의 예보가능기간이 구해진다. 그들의 수치실험에 의하면 나날의 고·저기압의 위치와 강도의 예측가능한계는 10일~2주간이다. 현실에서는 그 값이 5일 정도이다. 이론과 현실의 차는 수치예보모델이 완전하지 않다는 점과 해양 상과 남반구에서 관측 자료의 수가 적어지기도 하고, 오차가 큰 관측자료 때문에 초기치가 큰 오차를 갖고 있는 것에 의한다.

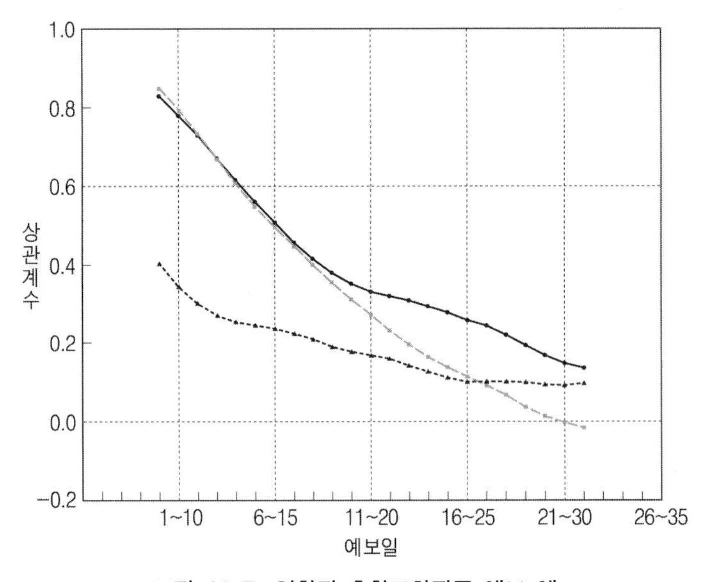

그림 18.7. 역학적 총합조화평균 예보 예

한(1) 예에 9개씩 12시간씩 떨어진 초기치에 의한 35일 예보의 정밀도를 10일 평균한 500 hPa 고도의 편차(anomaly: 평균치에서의 어긋남)의 상관계수(실황의 기후치와의 차와 예보의 기후치와의 차의 상관계수)로 표현한 것.

____ 실선 : 총합조화 예보에 의한 상관계수,

• • – 2점 쇄선 : 최신의 초기치에서의 예보의 편차상관계수,

---- 파선(破線, dashed(broken) line) : 지속예보의 상관계수.

ㄴ. 실 예

매일의 일기가 아니고, 전반적으로 날씨가 꾸물거린다든가, 기온이 높은 등의 경향, 즉 천후(天候, 日候)의 예측이라면, 가까운 장래 1개월 후까지 예측이 가능할 것이다. 역학적 1개월 예보, 즉 전구수치예보모델에 의한 장기예보는 일본·미국·영국 등에서 개발되어, 영국과 미국에서는 벌써 정상업무가 되어 있다. 단 1회 한도의 최신의 초기치에서의 예보에서는 신뢰성이 없으므로, 초기치를 12시간씩 바꾸어서 수예(數例)의 예보의 총합조화평균(總合調和平均, ensemble mean)을 취해서 예보로 하고 있다. 그림 18.7에서는 실선으로 표시된 총합조화 예보에 의한 상관계수, 2점쇄선(二点鎖線)으로 표시된 최초의 초기치에서 결정론적 예보의 총합조화 상관계수나 파선으로 표시된 초기의 장이 계속된다고 가정했을 경우의 총합조화 상관계수보다 나은 것을 알 수가 있다.

이제까지의 연구에 의하면 겨울의 수치예보의 성적이 좋다. 단, 겨울철에도 1개월 예보가 가능한 경우와 그렇지 않은 경우가 있다. 그림 18.8은 겨울철에 그래도 잘 맞는다고 생각되는 경우의 예를 들어 놓았다. 겨울철 1개월간의 월평균의 500 hPa 고도와 기후치에서의 편차의 오른쪽과 실황의 왼쪽 그림을 비교해 보기 바란다.

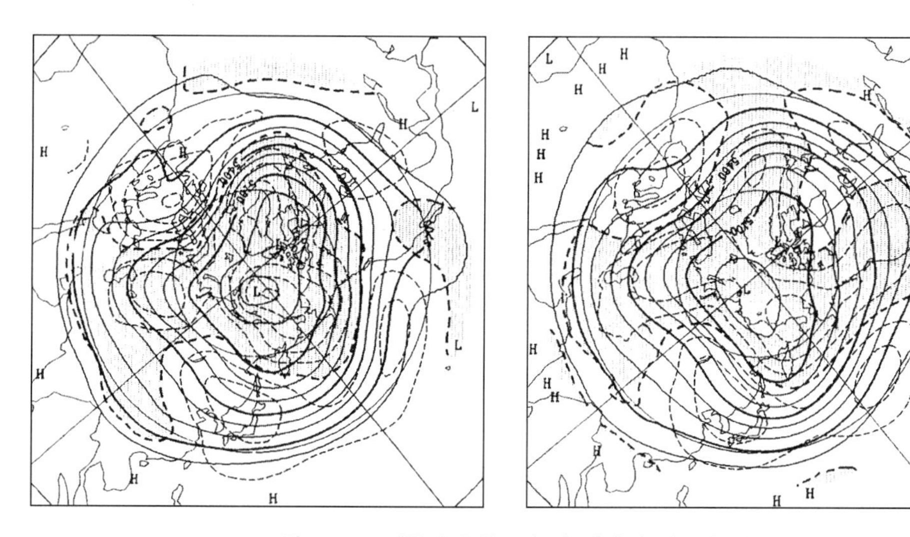

그림 18.8. 역학적 총합조화 한 달간의 예보의 예

오른쪽 : 1개월 평균의 500 hPa 고도와 기후치에서의 편차, 왼쪽 : 실황(前田 修平 제공)

ㄷ. 유형예보

경험에 의하면 어떤 패턴〔pattern, 유형(類型)〕이 지속하는 경우는 좋다. 그 예가 저색(沮塞, blocking, 블로킹, 8.3.2 ㅅ 참고)고기압이다. 중위도의 보통은 서풍 제트가 있는 곳에 고기압이 형성되어, 제트가 고기압의 북쪽과 남쪽으로 분류되고 저색되므로 이 이름이 있다. 저색고기압이 생기면 어떤 경우는 1개월 이상이나 지속됨으로 천후(天候)에 큰 영향을 미친다. 저색고기압의 형성 후는 예보하기 쉽다고 하는 것이다. 그러나 대상(帶狀)의 흐름에서 저색으로의 이동하는 단계에서는 초기치가 1일 새로운 것만으로, 그때까지 예보된 저색고기압이 예보되지 않기도 하고, 초기치에의 의존성이 대단히 크다. 저색의 발생을 통계적으로 구한 연구에 의하면, 수치예보모델은 아직 저색의 기후적 출현분포를 재현할 수 없다고 하는 것이 현재의 상태이다.

정상적인 유형이 예보하기 쉽다고 하는 것은 결과를 알고 있는 것이 된다. 역학적 예보는 정상적 유형이 될지 어떨지도 예측해야 한다. 초기장(初期場, initial field)의 가장 성장이 빠른 요란에 대해서 오차를 부여해 수 10의 초기치에서의 종합조화예보(總合調和豫報, ensemble forecasting)를 행하고, 사전에 예보의 신뢰성을 예보하는 연구 등이 진행되고 있다.

대기의 운동을 3개의 유형으로 분류하면 제 1은 초기조건에 의해 결정되는 운동이고, 제 2는 경계조건에 의해 결정되는 운동이고, 제 3은 이들 양자의 영향을 받는 운동이다. 종래의 수치예보가 도전해 온 과제는 제 1의 유형이다. 계절예보는 제 2의 유형이라고 생각되고 있으나, 진정 대기의 초기치의 차에 의존하지 않는가의 확실한 답은 없다. 1개월 예보는 제 3의 유형에 속한다. 이 경우 해면수온으로 관측치를 부여해도 예보할 필요는 없다.

그 앞의 예보가 되면 짐작이 가지를 않는다. 엘니뇨(El Niño)와 같은 현상이라면 반년 또는 그 이상의 기간예보〔期間豫報, period forecasting(prediction)〕가 가능하다는 보고가 있다. 설사 엘니뇨가 예보 가능하다고 해서 한반도가 있는 중위도에 계절예보(季節豫報, seasonal forecasting)가 된다고는 말 할 수 없다. 엘니뇨는 S/N 비〔신호잡음비(信号雜音比), signal-to -noise ratio: 장기평균 즉 신호/단기변동 즉 배경잡음〕가 큰 열대의 현상이어서 계절변동의 S/N 비가 열대보다 작은 중위도의 예보는 곤란하다고 생각되기 때문이다.

계절단위의 예보가 되면, 해면수온도 그 사이에 상당히 변화함으로 이것 역시 예보에 고려해야 한다. 해면수온은 대기와의 열의 교환이나 해류에 의해 변동함으로 대기해양결합모델에 의해 예상한다. 그러나 현재의 대기·해양결합모델은 대기모델 정도로 신뢰성이 없다. 장기(長期)로 들어가면 시뮬레이션〔simulation, 모의(模擬)〕된 해면수온이 기후치에서 지나치게 치우쳐 있다고 하는 중대한 결점을 포함하고 있는 것이다.

역학적 계절예보에서는 적설심(積雪深; 적설의 깊이)이나 토양수분도 중요하다. 이들을 예보하는 육면수문과정모델(陸面水文過程 - -)은 이미 전구수치예보모델(全球數値豫報 - -)에

결합되어 있다. 단, 적설심이나 토양수분량의 실시간(實時間, real time)의 전구적(全球的) 관측치는 없으므로 현재는 기후치를 부여하고 있다. 역학적 계절예보(力學的 季節豫報)가 실용성을 가지도록 실현되는 것도 십중팔구 금세기말(今世紀末)일 것이다.

18.4.2. 전망

지금 이후의 수치예보의 전망으로 보다 작은 공간·시간규모의 기상(대기)현상의 정량적 예측(定量的 豫測)과 1개월 ~ 1년이라고 하는 긴 시간규모의 천후(天候)의 예측, 이들 2가지에 대해서 이제까지 언급해 왔다. 이들의 기상현상의 예측은 본질적으로 비결정론적이라고 하는 것을 생각하면 확률적으로 취급하지 않을 수 없다. 그렇기 때문에 장래는 강수확률 등 종래의 통계적 확률예보를 대신해서 다수의 초기치에서 수치예보를 행하는 역학적 확률예보가 메소수치예보에서 역학적 장기예보까지 많은 장면에 적용될 것이다. 또 해양모델의 발전은 대기모델에 비교해서 늦어 있었지만, 종래의 파랑(波浪)이나 해빙(海氷)모델에 추가해서 해양대순환모델이나 연안해양(沿岸海洋)모델에 의한 해양순환(海洋循環)모델이 현업적으로 행해지는 날도 그리 멀지 않다고 생각되어 진다.

더욱 수치모델예보의 정밀도가 향상되고 그 실용성이 높아짐에 따라서, 화산회(火山灰)나 대기오염물질, 유출원유(流出原油) 등의 이류확산(移流擴散)을 예측하는 모델이 활약하는 장도 늘어날 것이 틀림없다.

초병렬계산기(超並列計算機)의 등장에 의해 연산속도의 비약적인 향상이 기대되고, 21세기에 걸쳐서 지구관측위성이 계속해서 발사되는 현재, 수치예보는 요람기(搖籃期 : 사물의 발달의 초창기)를 지나서 제 2의 발전기를 맞이하고 있다고 생각해도 좋을 것이다.

18.4.3. 응용

수치예보에 의해 장래의 대기량을 정량적으로 얻을 수가 있으므로 그들은 여러 가지의 형태로 이용되고 있다. 작성된 수치예상 일기도는 각지의 기상관서에서 일기예보의 기초자료로 이용되고 있다. 수치예보에서는 대기의 4차원적인 흐름을 알 수가 있으므로, 그들은 각양각색의 형태로 도형으로 표시되어 이용되고 있다. 예를 들면 태풍의 진로예상이라든가, 항공기의 항로의 선정이나 오염물질의 이류확산의 예상 등에도 없어서는 안 될 기술로 되어 있다.

수치예보에 이용되는 대기모델, 특히 전구모델을 월이나 년의 기간에 걸쳐서 수치적분한 경우, 무엇이 얻어질 것인가? 예보의 오차는 예보기간이 길어짐에 따라서 함께 증대해서 나날의 예보로써의 가치는 상실되지만, 평균적인 대기의 상태의 예측에는 사용될 수 있는 가능성이 있다. 실제 이 방법에 의해 장기예보의 실용화를 목표로 해서 각국의 기상 관서에서 기술개발이 진행되고 있다. 더욱이 예보기간을 길게 해서 기후의 예측이나 모의가 가능하다.

이와 같은 모의(시뮬레이션)를 수치모델한 것을 **대기대순환모델**(大氣大循環 - - , atmospheric general circulation model)이라고 말하고, 본질적으로는 수치예보모델과 같은 것이다. 모의의 기간이 길어지면 대기의 행동은 해양의 영향을 강하게 받게 되기 때문에 대기의 예측과 해양의 예측의 상호작용을 집어넣어 쌍방의 유체계(流体系)의 예측을 동시에 진행하는 모델의 개발이 진행되고 있고, 이것을 **대기해양대순환결합모델**(大氣海洋大循環結合 - - , coupled atmospheric and oceanic general circulation model)이라고 부르고 있다. 따라서 가까운 장래에 기후예측이나 장기예보를 위한 수치예보모델로써 실용화되는 일도 기대되고 있다.

연 습 문 제

1. 연직좌표계(鉛直座標系, vertical coordinates) :
   z 좌표(z 座標, z - coordinate),
   p 좌표계(p 座標系, p-coordinate),
   σ 좌표(σ 座標, sigma - coordinate),
   η 좌표(η 座標, eta - coordinate), 또는 하이브리드좌표(hybrid coordinate, hybrid),
   Θ 좌표(Θ 座標, theta - coordinate)
   를 설명하라.

2. 식 (18.30)의 시간변화의 항을 소거해서(S는 p만의 함수로 함), 다음의 ω-방정식(오메가 方程式, omega-equation)을 유도하라.

$$\nabla^2\omega + \frac{f}{S}\frac{\partial^2\omega}{\partial p^2} = \frac{1}{Sf}\nabla^2 J\left(\frac{\partial\Psi}{\partial p}, \Psi\right) - \frac{1}{S}\frac{\partial}{\partial p}J\left(\frac{1}{f}\nabla^2\Psi + f, \Psi\right) \quad (18.32)'$$

   여기서 J는 본문의 식 (18.31)을 참고하라.

3. 위의 식 (18.32)에서, 수평운동만을 취급하면 $\omega = 0$의 순압모델(barotropic model)이다. 순압모델의

$$\frac{\partial}{\partial t}\nabla^2\Psi - J\left(\frac{1}{f}\nabla^2\Psi + f,\ \Psi\right) = 0 \quad (18.33)'$$

   을 증명하라.

4. 본문에 나와 있는 수치예보모델을 공부해서 주위에서 구할 수 있는 관측자료를 이용하여, 수치예보에 사용되는 시간 미분방정식들을 차분방정식(差分方程式)으로 바꾸어서 예보를 해 보자. 미숙하고 시간 간격이 짧아도 좋으니, 본인이 잡은 시간 후의 기상요소의 변화를 예측해 보자. 이것의 수치예보의 시작이다. 학부논문으로 적합하리라고 생각한다.

Chapter

19 원격상관

어떤 영역에서 상공의 편서풍파동에서 저색(沮塞, blocking)을 일으키는 등의 큰 진폭을 가지면, 다른 장소에서도 이것에 동반해서 큰 진폭으로 변동이 일어나, 1~2일 후에는 중위도 전체에 대진폭형(大振幅型)이 완성되는 일이 자주 있다. 이와 같이 발달하는 것을 **감응발달**(感應發達, sympathetic development)이라고 한다. 관측에 의하면 감응발달이 일어나기 쉬운 장소가 대체로 정해져 있는 듯하다.

지구상에서 수 1,000 km 이상이나 떨어진 지점간의 기상·해상변화에 서로 관련성이 보이는 것을 **원격상관**〔遠隔相關, teleconnection, 원격작용, 원격결합(遠隔結合), 시소(seesaw)〕이라고 한다. 멀리 떨어져 있는 2지점의 기상요소의 평년편차의 시계열(時系列)간에 현저한 정(+) 또는 부(-)의 상관이 있는 것으로부터 원격상관의 존재가 같은 것으로 인정된다.

19.1. 소개

멀리 떨어져 있는 장소의 기압이나 고도 사이에 뜻이 있는 상관관계(相關關係, correlation)가 있어 대기과학적으로 연결되어 있다고 생각되어진다.

19.1.1. 남방진동

8.3.1. ㄴ에서 북반구의 원격상관에 대해서 언급했는데, 열대에서는 엘니뇨(El Niño)현상에 수반되는 원격상관으로 **남방진동**(南方振動, southern oscillation)이 잘 알려져 있다. 이것은 인도네시아 부근과 남동태평양과의 사이의 지상기압의 대규모적인 시소현상으로

엘니뇨현상의 발생에 동반되어 열대 적운대류의 활발한 영역이 태평양 서부에서 날짜변경선 부근으로 이동하는 것에 의해 생긴다. 또 엘니뇨현상이 발생하면, 그림 19.1에 표시한 것과 같은 태평양-북미 유형(PNA pattern)이 나타나기 쉽다. 원격상관은 이와 같이 열대의 대규모적인 열원의 변동에 의하는 외에, 티베트 고원이나 로키산맥 등의 대규모적인 산악에 해당하는 편서풍의 강도나 위치의 이동, 시간규모가 짧은 경압불안정 요란의 활동의 변동 등에 의해 일어난다. 중·고위도에서는 이들의 영향이 정상로스비파(stationary Rossby wave)로써 지리적으로 떨어진 지역까지 전달되어 원격상관이 형성된다(그림 8.14 참고).

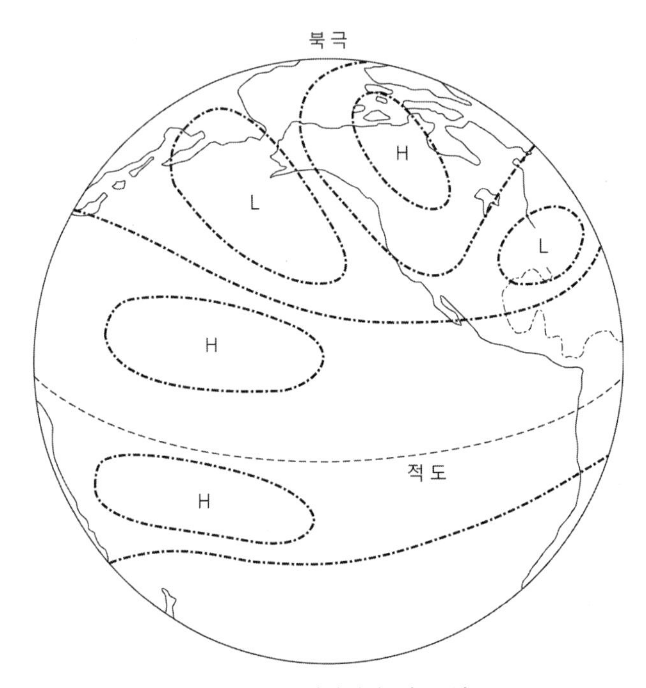

그림 19.1. 기압편차 의 모식도

엘니뇨현상에 수반되어 나타나는 대류권 상층, H 와 L : 기압이 통상보다 높은 곳과 낮은 곳

19.1.2. 4개 유형

그림 19.2는 겨울철 북반구 500 hPa 월평균 고도 자료에 의한 현저한 동시상관(同時相關)이 보이는 4개의 유형을 나타내고 있다. 이들은 각각

PNA 형 : 태평양·북미형(Pacific / North American pattern)

EA 형 : 동대서양형(Eastern Atlantic pattern)

EU 형 : 유라시아형(Eurasian pattern)

WP 형 : 서태평양형(Western Pacific pattern)

이 있고, 이들은 0.72 ~ 0.866 의 정(+) 또는 부(-)의 상관계수가 보여 지고 있다. 이론적으로 이들은 열대에서 방출되는 다량의 응결열이나 산악의 지형효과에 의한 국지적인 외력에 의해 여기(勵起)된 로스비파가 비균질 장을 전파하기 때문에 생긴다고 하는 설이 유력하다. 또 이들의 유형은 기후학적인 평균류장을 부여했을 때의 순압방정식계의 고유해와 닮아 있는 것도 지적되고 있다.

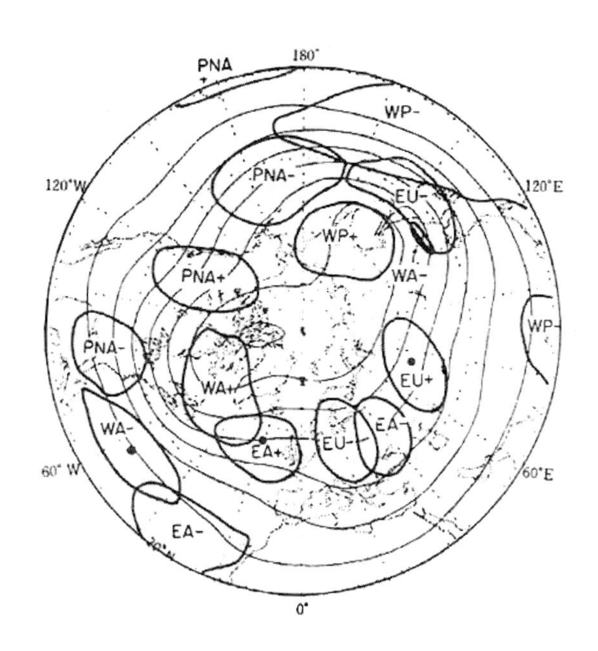

그림 19.2. 동계 월평균 500 hPa 고도 동시상관의 영역

19.1.3. 발자취

인도계절풍(Indian monsoon, 인도몬순)의 매년 변동과 관련이 있는 기상요소를 전구적(全球的)으로 조사한 20 세기 초두의 워커(G. T. Walker)에 의한 연구가 가장 빠른 원격상관의 정량적 연구라고 말할 수 있을 것으로 생각이 되어 진다. 그의 연구 중에서 앞에서도 언급한 엘니뇨현상과 관련된 남방진동(南方振動)이나 북대서양 중위도의 기압의 남북진동〔南北振動, 북대서양진동(北大西洋振動), North Atlantic Oscillation : NAO〕 등 현재에도 중요하게 생각되고 있는 몇 개의 원격상관을 보이고 있다.

장기예보 등에 중요한 전구대기 중의 원격상관의 수는 많지만, 이들은 1981년의 월레스와 갓쓰러(J. M. Wallace and D. S. Gutzler)에 의한 조직적인 연구를 비롯해서 80 년대에 그 공간 유형 등의 개요가 분명하게 되었다. 이들의 대부분은 NAO 와 같은 북쪽에서 기압이 높을 때에는 그의 남쪽에 기압의 낮은 영역이 있다고 하는 것과 같은 남북에 쌍극자상(雙極子狀)의 기압변동유형이나 구면 지구상의 2지점을 최단거리로 연결하는 대원호(大圓弧) 상에 정부(+,-)의 기압편차로 나열되고, 파열상(波列狀)의 유형으로 특징이 지어진다(원격상관을 '시소'로 부름이 적합한 경우). 엘니뇨현상 시 등에 적도태평양에서 북태평양, 더욱 북미(北美)대륙에 걸쳐서 정부의 기압편차가 파상(波狀)으로 보인다. 태평양-북미유형(Pacific-North American pattern)은 PNA 형으로도 불리고, 겨울철의 북반구에서 가장 탁월한 원격상관의 하나이다(그림 19. 3 참고).

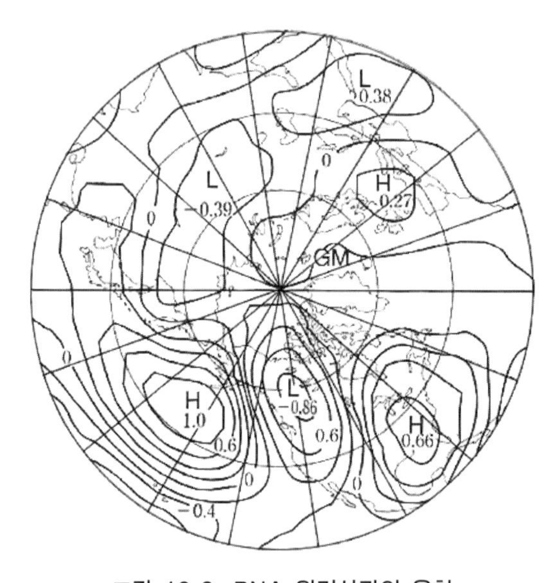

그림 19.3. PNA 원격상관의 유형

북태평양 북위 45° 서경 165°의 지점과 전구의 다른 지점 사이의 500 hPa 고도편차의 상관계수의 공간분포를 나타낸다(Wallace and Gutzler, 1981).

남북으로 쌍극자상(双極子狀)의 유형의 예로써는 우리나라에 큰 영향을 미치는 WP (서태평양)형이 있다. 이것은 겨울 시기의 서태평양역에서 알류샨 저기압이 약해(강해)지고, 한반도 상공의 서풍 제트도 약해(강해)지는 변동이다. 북대서양역에서도 이것과 아주 닮은 WA (서대서양)형의 변동이 있다(여기에는 원격상관의 이름이 '시소'로 부적당한 경우이다).

수많은 원격상관과 이들에 수반되는 기압의 공간유형을 발생시키는 구조를 아직 분명하게 알지 못하고 있다. 80년대에는 PNA형 등 파열상(波列狀)의 유형을 갖는 대기 중의 원격상관은 열대의 대류활동의 편차 등의 국지적인 신호가 로스비파인 구면 지구상에 특징적인 파에 의해 멀리 떨어진 장소로 전달되는 것으로 해석되었다. 그러나 그 후 파의 전반만이 아니고 유체역학적 불안정 등, 다른 기구도 작용하고 있는 것이 시사되고 있다. 월평균이나 계절평균 이상의 시간규모(時間規模, time scale)에서는 해양・해빙(海氷)・토양의 수분양 등의 느린 변동이 대기를 통해서 원격지로 주어지는 영향도 중요하게 되어 있다.

19.2. 예보의 해결방안

19.2.1. 1950년대 이전

고・저기압의 요란의 발달에 관한 이론적인 고찰이 확립된 것이 1940년대의 말쯤이다. 마침 그 때쯤 비로소 에니악(ENIAC)라고 하는 전자계산기가 만들어져, 기상연구에 전자계산기의 이용이라고 하는 것이 생각되기 시작했다. 그 도화선에 불을 붙인 것이 수학자 휜 노이만(J. von Neumann)이었다. 당시의 에니악은 기억용량이 겨우 20개 정도였지만, 그는 이것을 이용해서 미국 대륙 상의 상층 기압유형의 24시간 예보를 시도했다.

이것이 1950년의 일이었지만, 이 시도는 당시의 기상학계에 있어서 획기적인 일이었다. 동시에 역학대기과학(기상역학)의 이론이 단기예보라고 하는 실용 면에서 대단히 중요한 것이었다고 하는 것을 보여주고 있다. 참고로 알려주면, 휜 노이만의 연구의 협력자는 챠니(J. G. Charney), 효르토후트(R. Fjortoft)이고, 뒤에서의 협력자는 프라쓰만(G. Platzman), 스마고린스키(J. Smagorinsky), 필립스(N. Phillips) 등이었다. 그들은 당시 미국 프린스턴의 고등연구소(高等硏究所)에서 일을 하고 있었고, 그 후 1950년대에 모델의 개량을 계속해서 현재 세계 각국의 기상관서에서 행하고 있는 단기수치예보의 기초를 만들었다.

위의 프린스턴그룹(Princeton Group)의 성과를 기초로 해서 1955년에는 미국 기상국에서 북반구 500hPa 면의 고도 Z의 36시간 예보가 일상 업무로써 등장하는 시대가 되었다. 그 때 휜 노이만은 다음의 문제로 기후의 문제와 그것에 대한 전자계산기의 이용이라고 하는 것을 생각해, 1955년에 프린스턴에서 소규모의 회합을 주최했다. 그 자리의 인사말에서 그는 대기변동의 예측의 문제를 다음과 같은 3개의 범주로 나누었다(von Neumann, 1959).

(1) 단기적이라면 대기의 운동은 초기조건에 지배되면서 변동해 간다.

(2) 어떤 기간이 지나면 난류적인 행동이 취한다. 그러나 이 경우, 외적인 조건(예를 들면 태양고도, 해륙의 분포 등)에 의해 난류의 행동은 어느 정도 제약을 받는다.

(3) 시간이 길게 경과하면, 대기의 운동은 초기조건과 전혀 관계가 없어지게 되고, 외적인 조건에 크게 지배되는 운동 형태를 취한다.

(1) 은 세간에서 흔히 말하는 단기예보의 문제이고, (3) 은 기후변동의 예측의 문제이다. (2)는 그의 중간에 존재하고, 문제점의 설정이라고 하는 의미로 생각하면, 개념 상 가장 확실하지 않은 범주에 해당한다. 그러나 1 개월 예보, 계절예보라고 하는 문제를 거론할 때는 아무래도 (2)의 문제를 생각하지 않을 수 없다.

19.2.2. 1960 년대 이후

위의 프린스턴의 회의 이래, 현재까지 초기조건에 지배되는 단기예보의 연구와 초기조건에 구속되지 않는 (3)의 연구가 많은 연구자들에 의해 이루어져 왔다고 생각되어진다. 특히 초기조건에 지배되는 단기예보의 문제는 1960 년대, 1970 년대를 통해서 여러 가지로 개량이 되어, 현재에는 대규모요란의 예보에 대해서는 3~5 일 정도까지는 상당한 정밀도로 만족할 수 있는 상태에 이르렀다고 생각이 된다. 그러나 여기서 3~5 일 정도라고 하는 말은 대단히 주관적인 표현이어서 본래의 취지라면 정량적인 논의로 해설을 해야 할 것이다.

참고로 단기예보가 옛날에 비해서 현재 어느 정도 개선되었는지를 보기 위해서 1960년대의 3 일간의 예보와 1980 년대의 3 일간의 예보의 실제 예를 그림 19.4 및 그림 19.5 에 실어 둔다.

그림 19.4 는 1964 년 1 월 26 일 12 Z 에서 3 일간의 예보인데, 1 월 28 일 12 Z 의 일본 중부 부근의 지상저기압은 2 일 예보에서는 구주(九州)지방의 서쪽에 예보되었으나, 3 일 예보에서는 비로소 일본중부 부근에 예보되고 있다. 즉 하루 정도의 예보오차가 난 것이다.

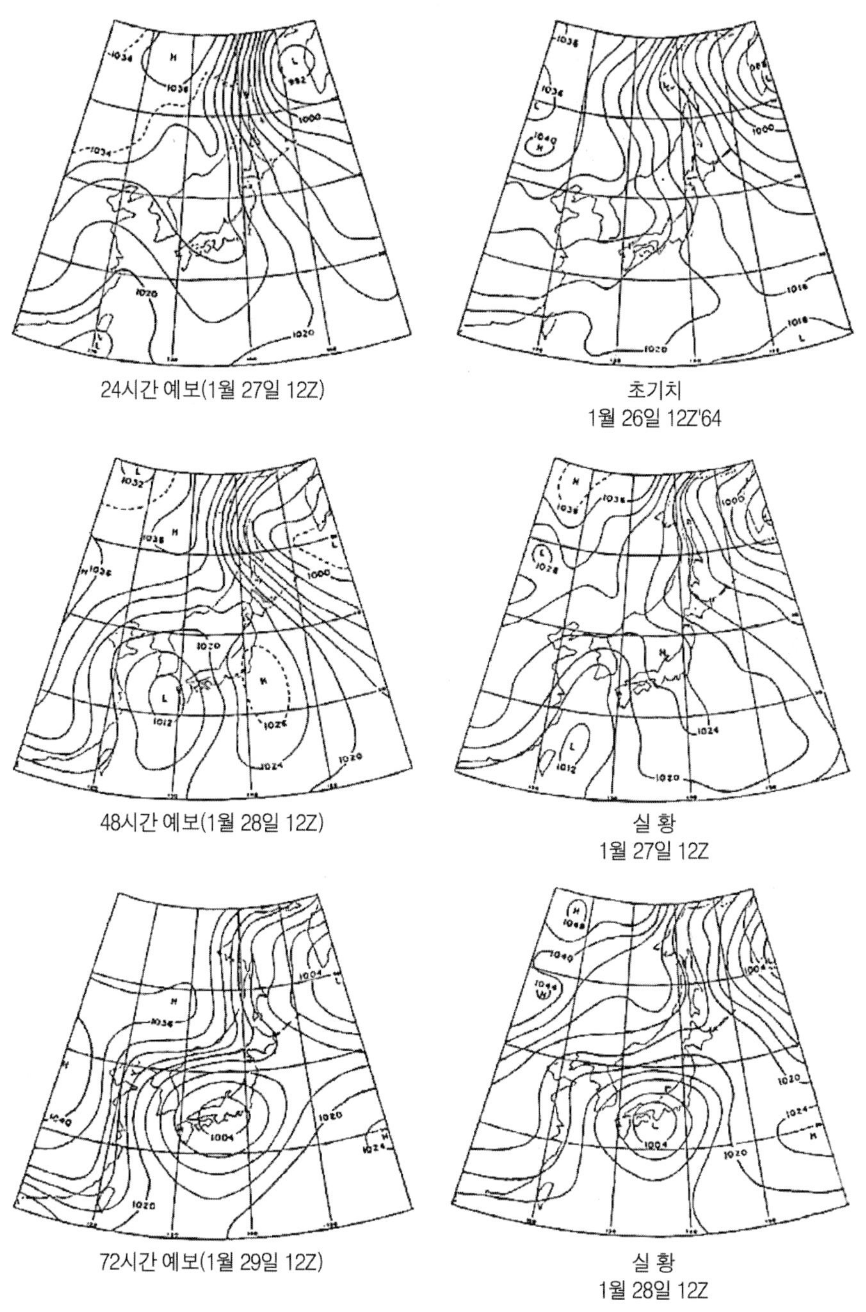

24시간 예보(1월 27일 12Z)

초기치
1월 26일 12Z'64

48시간 예보(1월 28일 12Z)

실 황
1월 27일 12Z

72시간 예보(1월 29일 12Z)

실 황
1월 28일 12Z

그림 19.4. 1960년대의 지상기압의 실황과 예보결과

1960년대는 1일 정도의 어긋남이 있다(Staff members, E. C. C., JMA, 1965).

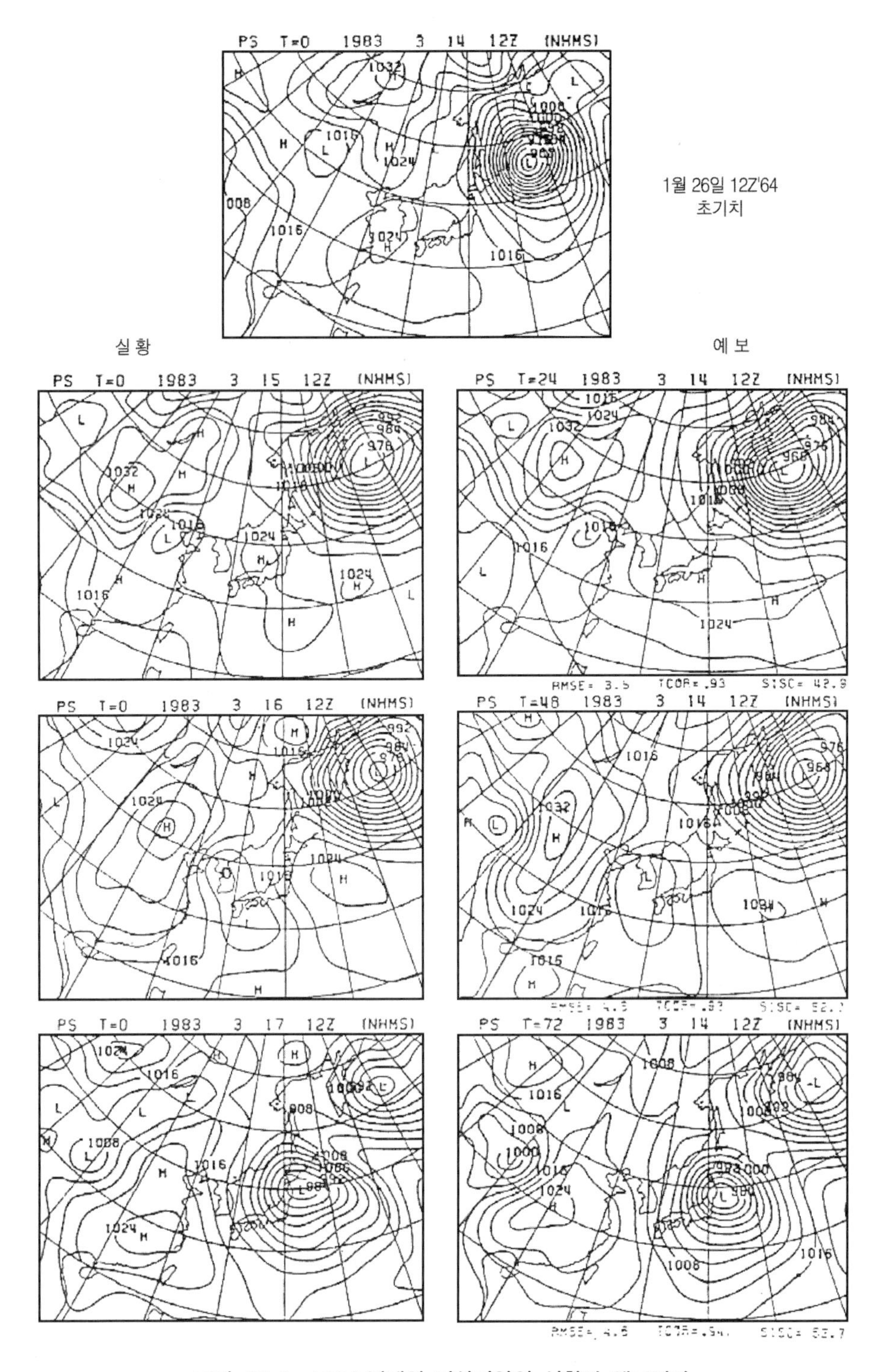

그림 19.5. 1980년대의 지상기압의 실황과 예보결과

1980년대의 단기예보는 아주 잘 맞고 있다〔金光(Kanamitsu) 등, 1984〕.

그러나 이에 반해서 그림 19.5에서는 1983년 3월 14일 12Z에서 3일간의 예보이다. 여기서는 3일 예보에 관한 한반도 근방의 기압배치 — 일본의 동쪽에 발달된 저기압, 중국 대륙의 고기압은 아주 잘 예보되고 있다. 그림에서 알 수 있듯이, 여기 20년간에 있어서 단기수치예보의 기술적인 개선은 대단히 훌륭한 것이었다.

그런데 위에서 말한 단기예보를 더욱 시간을 연장해서 예보기간을 늘리면 어떻게 될 것인가?! 이 문제에 관해서는 전에 언급한 것 같이, 훤 노이만에 의하면 범주 (2)의 문제를 다시 생각해 볼 필요가 있다. 즉 시간이 길게 경과하면 초기조건의 구속이 느슨해지고, 운동은 난류적으로 되지만 한편으로는 해륙의 분포 등이라고 하는 외적인 구속도 받는 상태가 된다. 그러나 프린스턴 지구유체연구소의 都田 등은 1970년대부터 이 문제를 정량적으로 취급해, 1개월 예보의 가능성에 대해서 논의해 왔다. 그리고 1980년대가 되면서 범주 (2)의 문제는 대형전자계산기의 활용에 의해 유럽, 미국, 일본 등에서 많은 연구자들에 의해 다시 취급하게 되었다.

한편 이와 같은 수치모의의 입장을 떠나서 옛날부터 1개월 예보의 문제는 장기예보라고 하는 관점에서부터 일기도해석이라고 하는 입장으로 여러 가지 현상론적으로 논의해 왔다. 그 논의의 하나로써 **원격상관**(遠隔相關, teleconnection, 원격전파 또는 원격결합, 시소)이라고 하는 사고가 있었는데, 1980년대가 되어 이 원격상관이 역학대기과학의 입장에서 다시 고려하게 되었다.

1개월 예보의 수치모의는 1980년대의 중요한 연구과제의 하나였지만, 전에도 언급했듯이 단기수치예보와 달리 대단히 어려운 문제이다. 그래서 현재 연구가 이제 막 시작된 단계라고 할 수 있을 것이다. 이런 의미로는 현 시점에서 정리된 형태로의 해설을 쓰는 데에는 시기상조(時機尙早)의 감이 있다. 여기에 대해서 원격상관의 이야기는 일기도 상에 보이는 관측사실이고, 이 관측사실을 재평가하는 것은 1개월 예보에 대한 문제점의 이해도 되므로, 이하의 절에서 역사적인 일도 포함해 해설을 해 두고자 한다.

19.3. 사례

19.3.1. 경험칙에 의한 원격상관

지구상의 어떤 지역과 멀리 떨어져 있는 다른 지역에서 기온, 기압 등의 기상요소가 높은 상관으로 변동할 때, 이 양 지역에는 원격상관이 있다고 말한다. 이 때 어느 정도의 시간규모의 변동에 착안할 것인가에 따라서 정의도 달라진다. 시간규모가 1개월 정도의 경우도 있고 또는 1년의 경우도 있다.

원격상관으로 유명한 예는 이미 소개한 **남방진동**(南方振動, southern oscillation)이다. 이것은 1932년에 워커(G. T. Walker)와 브리스(E. W. Bliss)에 의해 발표된 것인데, 그들은 동태평양의 타히티섬(Tahiti, 15° *S*, 150° *W*)의 지상기압과 오스트레일리아(Australia)의 다윈(Darwin, 12° *S*, 131° *E*)의 지상기압은 한쪽이 평균치보다 높아지면 다른 쪽은 평균치보다 낮아진다. 마치 시소와 같이 변동하고 있는 것을 보여주고 있다.

또 유럽의 기상학자는 옛날부터 노르웨이(Norway)의 오슬로(Oslo, 50° *N*, 10° *E*)와 그린란드(Greenland)의 자콥세븐(Jakobshavn, 70° *N*, 50° *W*, Ilulissat)에 있어서 지상기온에 현저한 시소가 있는 것을 지적하고 있다(H. van Loon and J. G. Rogers, 1978). 이 현상은 노르웨이의 어부가 그린란드에 출어했을 때의 경험에서 얻어진 것이라고 일컬어지고 있다. 어느 쪽도 오랫동안의 지상기상관측에서 경험적으로 발견된 현상으로 이 변동의 시간규모는 연년의 크기를 가지고 있다.

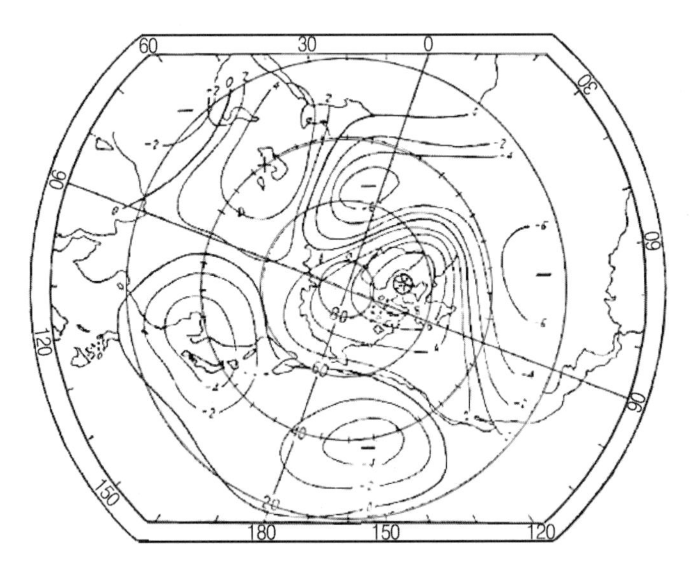

그림 19.6. 월평균 500 hPa 고도의 일점상관계수(一点相關係數)

그림의 숫자 : 상관계수 × 10

1950년대가 되면서 북반구에서는 고층관측망이 조금씩 이루어지고, 1960년대에는 원격상관의 생각이 단순히 지상기압, 기온의 변동만이 아니고, 상층의 기압변동에 대해서도 확대되게 되었다. 특히 장기예보 관계자들은 장기예보의 실마리를 찾기 위해서 암중모색

(暗中摸索 : 물건을 어둠 속에서 더듬어 찾는다는 뜻에서 확실한 방법을 모르는 채 일의 실마리나 해결책을 찾으려고 애씀)의 형태로 극동 부근의 기압변동과 다른 지역과의 기압 변동과의 관계를 탐구하기 시작했다.

그림 19.6 은 그 예의 하나이다(和田, 1969). 그림에는 1947~60년의 겨울(12, 1, 2 월)의 월평균기압 500 hPa 면의 고도 Z 의 자료를 이용하고, 캐나다 북부의 기점(70° N, 60° W)에 있어서 월평균 500 hPa 면의 고도와 북반구 각 지점에 있어서 월평균고도와의 상관계수가 표시되어 있다. 이 그림을 작성한 목적은 겨울 캐나다 북부에 있는 한냉한 극와(極渦, 극저기압)의 변동이 극동에도 영향을 미치고 있는 것을 의미하고 있는 것이다. 그림의 상관계수를 보면 극동은 −0.4 로 되어 있다. 이 그림은 변동의 시간규모가 1 개월의 경우를 취급한 원격상관이고, 현 시점에서 보면 대단히 흥미 있는 관측 사실이다.

후에도 언급할 생각이지만, 1960 년대에 일본의 장기예보 관계자들은 500 hPa 면의 고도 Z 의 월평균치, 5 일 평균치를 이용해서 현재 문제가 되고 있는 원격상관을 다각적인 각도에서 검토하고, 대단히 흥미 있는 결과를 발표하고 있다. 그러나 유감스럽게도 많은 발표는 기상청 장기예보검토회보고라고 하는 형태를 취하고 있기 때문에, 부외(部外)의 사람은 자세하게 알 수 있는 기회가 적었다. 또 1960 년대에는 세계적으로 보아도 단기수치예보가 주로 화제의 주인공이 되는 시대였기 때문에 일본의 장기예보 관계자들의 선구적인 일은 학회에서 크게 다루어지는 일도 없었다. 이와 같은 사실은 미국에서도 같은 경향이 나타나지 않았나 싶다. 사실 미국에서도 1950 년대 말 무렵부터 중부태평양과 미국 남동부와의 사이에 보이는 원격상관을 장기예보의 일상 업무의 하나로써 채용하고 있다. 이 원격상관은 1980 년대가 되어서 PNA 형의 원격상관으로 일컬어지게 되었지만, 그때까지는 연구자 사이에서 널리 논의되는 일은 없었다.

19.3.2. 미국의 대한파

1977 년의 1 월에는 미국 대륙의 중부・동부에 걸쳐서 상층의 기압골이 이상적으로 발달하고, 1 월의 지상기온은 평년에 비해서 약 10 C 나 낮아졌다. 또 각지에서 사상최저의 기온이 기록되고, 대륙의 중부, 동부에서는 한파, 호설(豪雪)에 휩싸여 다수의 동사자(凍死者)가 생겨 큰 사회문제가 되었다. 이 때 미국 대륙의 상층에 있어서 흐름을 이해하기 위해서 우선 그림 19.7 에 기압 500 hPa 면의 고도 Z 의 1 월의 월평균 평년치를 보도록 하자. 이 그림에 나타나 있는 것과 같이 평년의 경우에는 상층의 기압골은 한국의 동쪽, 미국 대륙의 동쪽, 유럽대륙의 위에 자리 잡고 있다.

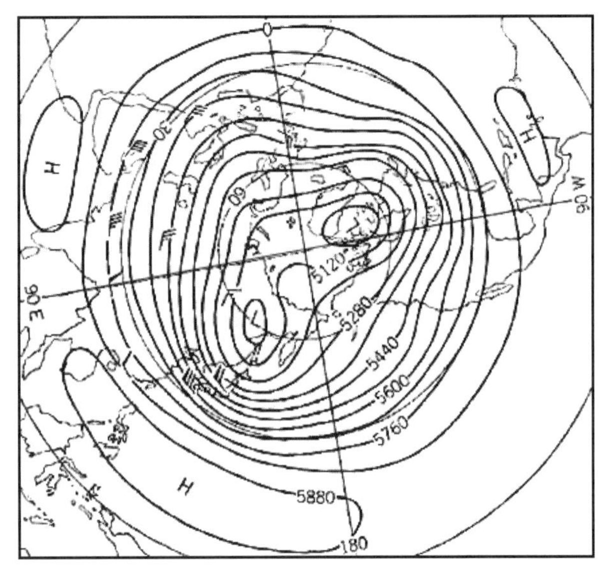

그림 19.7. 500 hPa 면의 등압면고도 Z의 1월의 평균도
단위 : m (和田, 1969)

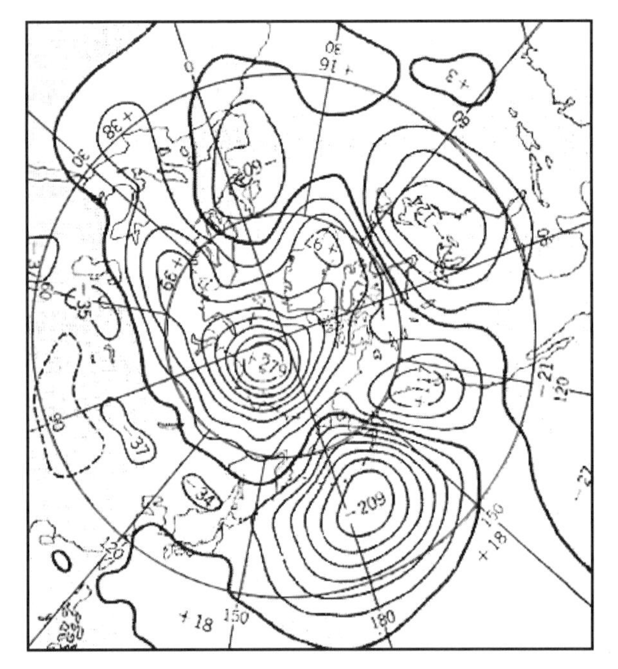

그림 19.8. 700 hPa 면의 등압면고도 Z의 평균치에서의 편차
단위 : m (나마이아스, 1978)

그런데 1977년 1월에는 그림 19.7의 한국 동쪽의 기압골은 동쪽으로 어긋나고, 그것에 대응해서 알류샨(Aleutian) 지상저기압이 이상적으로 발달했다. 또 그림 19.7의 유럽 산맥을 따른 기압마루도 이상적으로 발달하고, 더욱 미국 동부의 기압골도 같이 비정상적으로 발달했다. 이와 같은 상층의 기압골, 마루의 이상적인 발달에 수반되어 지상일기도에서는 미국 동부에서의 저기압의 이상발달이 되고, 결과적으로 미국 중부, 동부의 **대한파**(大寒波, severe cold wave)를 가져오게 되었다. 이것을 기압 $700\,hPa$(고도 약 $3\,km$)면의 등압면고도 Z로 표시한 것이 그림 19.8이다. 여기에는 1977년 1월의 월평균치를 평년치에서의 어긋남(편차)의 형태로 나타내고 있다.

그림 19.8를 주시해 보면, 1978년에 미국 기상국에서 오래 장기예보에 종사하고 있던 나마이아스(J. Namias, 1978)는 미국 동부의 기압골의 발달은 알류샨 저기압의 발달에 의한 것이라고 발표했다〔그림 19.8의 부(-)영역 참고〕. 그의 발달과정을 시간순서를 따라서 나타내면, 알류샨 근방의 기압골의 발달→로키산맥 근방의 마루의 발달→미국 대륙 동부의 기압골의 발달로 이어진다. 이 동쪽으로 파의 에너지 전파는 로스비파의 편서풍 하류로의 에너지전파에 대응하는 것이라고 지적했다.

이야기가 이것으로 끝났으면 나마이아스의 1978년의 논문은 그 정도로 화제가 되지는 않았을 것이라고 생각되지만, 그는 더욱 이야기를 이어서 미국 동부·중의 대한파의 원인이 된 알류샨 저기압의 이상발달에 대해서 하나의 스페큘레이션(speculation, 깜짝 놀랄 예지적 사고)을 발표했다. 그것은 알류샨 저기압의 이상발달과 1976/77년에 걸쳐서 엘니뇨(동태평양 적도역에 있어서의 이상해면수온의 상승)를 연결시킨 것이다. 즉 엘니뇨가 일어나면 그 여파로써 미국 동부·중부에 겨울철의 대한파가 일어나기 쉽다고 하는 것이다. 원격상관의 사고를 제안했다. 엘니뇨와 알류샨 저기압과의 발달의 관계는 이미 1969년에 비야크네스에 의해 지적되고 있었지만, 나마이아스가 1977년 1월의 미국 동부·중부의 대한파와 엘니뇨를 연결시켰기 때문에 원격상관의 생각은 다시 기상학계에 주목을 받게 되었다. 동시에 엘니뇨의 기후변동에 작용하는 역할도 관심의 대상이 되었다.

19.3.3. 극동의 예

이상은 미국 동부·중부의 대한파에 관한 원격상관의 예이지만, 극동의 한파에 관해서는 이미 1960년대에 유럽에서 로스비파의 에너지전파의 형태로 검출 할 수 있는 것이 아사꾸라(朝倉, 1966)에 의해 연구된 바 있다. 그는 겨울철 일본 전국에서 저온이 15일 이상 계속된 예를 모아, 그의 5일 $500\,hPa$면의 고도편차의 합성도를 작성했다. 그의 그림 19.9 (a), (b), (c)는 각각 일본전국이 저온이 되는 15일전, 5일전, 당일의 합성도이다.

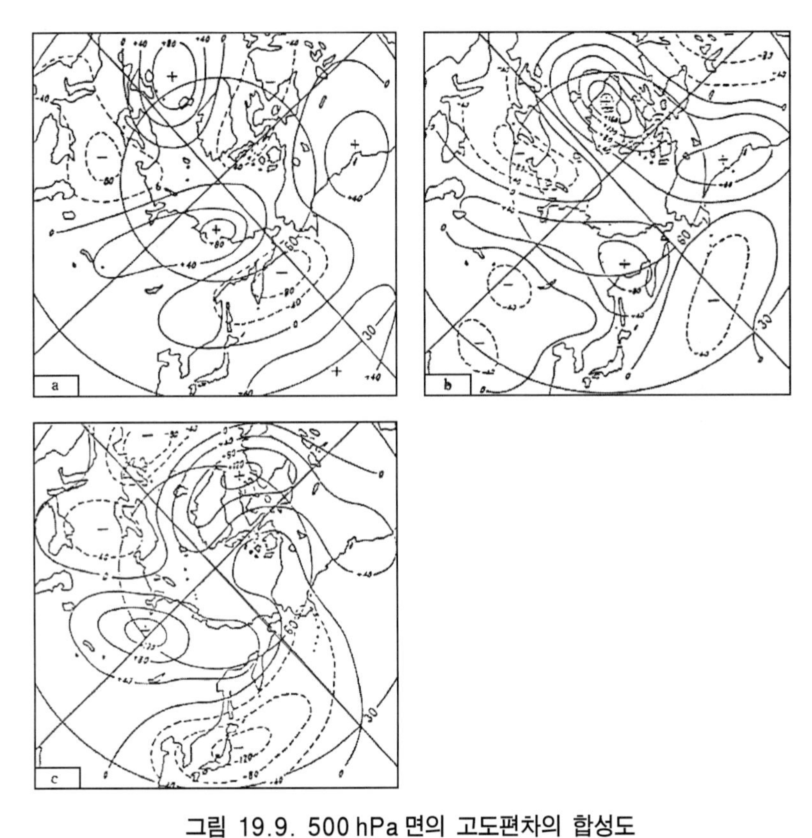

그림 19.9. 500 hPa 면의 고도편차의 합성도

(a) 초기의 반순, (b) 10 일 후의 반순, (c) 15 일 후의 5 일(朝倉, 1966)

우선 그림의 (a) 를 보면 그린란드, 영국을 덮는 대서양역에서 정(+)의 편차가 있다. 그림에는 표시되어 있지 않지만, 이 정의 편차역은 20 일전에는 없었던 것이다. 즉 동대서양역에 기압마루가 계속 발달하고 있는 것을 나타내고 있다. 이 마루의 발달에 대응해서 그림의 (a) 에서 보는 것과 같이 유럽 지역에서는 부(-)의 편차역, 즉 기압의 골에 의한 약한 한기의 남하가 보인다. 5 일전에 해당하는 그림 (b) 를 보면, 그린란드의 기압마루는 점점 발달하고, 그것에 수반되는 유럽 동부(E 30° 부근)의 기압골도 발달한다. 당일의 그림 (c) 를 보면, 이번은 E 90° 근방의 기압마루가 발달하고, 그것에 동반되어 극동 부근의 기압골도 발달하고 있다. 이와 같은 그림 19.9 (a), (b), (c) 의 과정은 그린란드의 기압마루의 발달 → 유럽의 기압골의 발달 → E 90° 의 기압마루의 발달 → 극동 부근의 기압골의 발달로 간주하면, 극동의 한파는 유럽에서 로스비파의 에너지전파에 의한 것으로 이해할 수가 있다.

이런 의미로는 앞에서 언급한 1977 년 1 월의 미국 동부·중부의 한파가 알류샨 저기압의 발달에 의한 것으로 생각한 마이아스의 추론과 본질적으로 같은 것이다. 단지 조창(朝

倉, 아사구라)의 그림 19.9 (a), (b), (c) 의 과정을 로스비파의 에너지전파라고 하는 형태가 아니고, 그림 19.9 (a) 이전이 한기축적(寒氣蓄積)의 단계, 19.9 (a) 에서 (b) 까지가 한기축적에서 소비의 단계, 19.9 (c) 를 한기소비의 단계로 정의했다. 지금에 와서 생각해 보면 기압변동의 시간규모가 10 일 정도로 그린란드와 극동 근방에 있어서 일종의 원격상관을 지적하고 있는 것이 된다. 유감된 일로, 조창(朝倉)의 지적은 일본 기상청의 "전국장기예보기술검토회(1966년)"에서 이루어졌기 때문에, 많은 연구자들의 주목을 받을 수가 없었다. 당시 출판된 와다(和田, 1969 년)의 저작에 의하면 "이와 같은 합성도 및 상관도 해석에 의해 극동으로의 한기 유입의 과정이 분명하게 되고, 종관적인 입장에서 1 개월 예보가 가능하게 된 것은 최근의 장기예보의 큰 진보라고 말할 수 있을 것이다" 라고 쓰여 있다. 위의 그림과 관련해서 일본의 장기예보 관계자들이 이미 1960 년에 원격상관에 관해서 많은 논의를 해 왔지만, 여전히 대단히 복잡한 생각들이 엉키어 있는 느낌이 든다.

19.4. 유형분류

앞에서 언급한 유형(類型, patern)들을 좀 더 자세하게 설명하도록 한다. 1981 년 월레스와 갓쓰러(J. M. Wallace and D. S. Gutzler)는 1962/63~1976/77 년까지의 겨울철의 월평균 자료(12, 1, 2 월)의 값을 이용했다. 어떤 특정지점의 등압면고도 Z (월평균치)의 시간변동과 지구상의 다른 지점에 있어서 등압면고도 Z(월평균치)의 시간변동과의 일점상관계수(一点相關係數)를 구해, 상관계수의 높은 조합에서 원격상관의 분포도를 구해 북반구 상에는 확실한 5 개의 원격상관의 유형이 있는 것을 발표했다. 다음은 그의 내용이다.

19.4.1. PNA형

위의 5 개의 유형 중의 하나가 그림 19.10 에 표시되어 있다. 이 그림은 기압 500 hPa 면에서 (45 ° N, 180 ° E)를 기점으로 해서 이 기점의 등압면고도 Z 의 시간변동과 다른 점에 있어서 등압면고도 Z 의 시간변동과의 상관관계를 구한 것이다. 여기서 그림 19.10 과 그림 19.8 과를 비교해 보면, 그림 19.8 의 태평양 상의 - , 로키산맥의 + , 미국 동부의 - 는 그림 19.10 의 태평양에서 로키산맥, 미국 동남부의 + , - , + 의 유형과 아주 닮아있다. 그림 19.8 은 1977 년 1 월의 기압 700 hPa 면의 고도 Z 의 월 편차의 값인데, 만일 그림 19.8 의 태평양 상의 - , 로키산맥의 + , 미국 동부의 - 의 영역이 지리적으로 고정되고, 그 영역에서 연년(年年)의 변동이 있다고 한다면 상관도는 그림 19.10과 닮은 것이 기대된다.

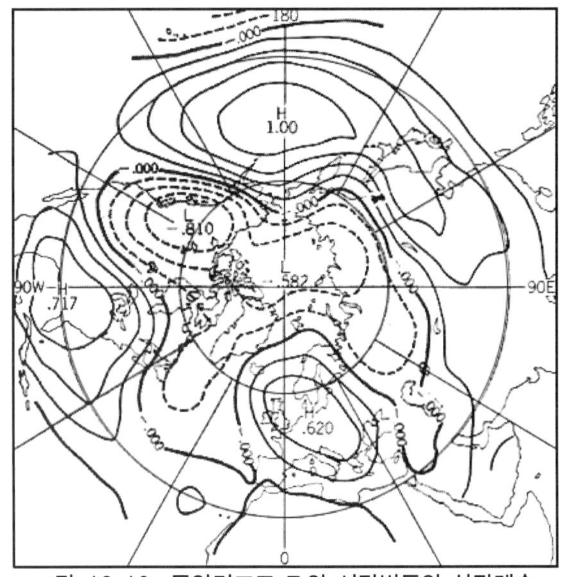

그림 19.10. 등압면고도 Z의 시간변동의 상관계수

500 hPa 면의 고도의 월평균치 Z에 관해, 기점((45°N, 180°E)의 Z의 시간변동 (겨울 12, 1, 2월의 월평균치의 변동)과 다른 지점의 Z의 시간변동과의 일점상관계수

즉 그림 19.8과 같은 정상파(定常波)의 분포가 있고, 그 때의 로스비파의 에너지가 서쪽에서 동쪽으로 전파하고 있다고 생각하면 그림 19.10의 의미가 있을 것이다. 사실 앞에서 언급한 나마이아스의 1977년 1월의 미국 동부·중부의 대한파에 관한 해석은 월레스와 갓쓰러의 그림 19.10과 같은 원격상관의 분포도에 의해 의미가 부여된다. 그리고 그림 19.10의 원격상관의 분포도를 PNA형(태평양·북미형, Pacific/North American pattern)으로 정의했었다.

월레스와 갓쓰러의 해설에 의하면 그림 19.10의 PNA형의 원격상관도는 1970년대에 많은 연구자들에 의해 이미 지적된 것 같다. 그러나 많은 결과가 단순한 해석에 그쳤고 로스비파의 에너지전파라고 하는 대기과학상(大氣科學像)으로 확실하게 파악되지 않은 것 같다. 어쨌든 나마이아스가 1977년의 미국 동부·중부의 대한파는 엘니뇨에 관련되어 있는 것을 지적한 일, 월레스와 갓쓰러가 통계적으로 원격상관의 그림을 검토하고 미국의 한파를 PNA형으로 표시한 것에 의해 원격상관의 문제를 1980년대의 흥미 있는 화제의 하나가 되었다. 다행한 일로 월레스와 갓쓰러 등이 지적한 원격상관도가 왜 성립할까에 대해서 그의 이론적 배경이 호스킨과 카로리(B. J. Hoskins and D. Karoly, 1981)에 의해 주어지고, 그 후의 논의를 진전시키는 데에 대단히 전망이 좋은 상황이 만들어졌다.

19.4.2. EU형과 EA형

PNA형은 태평양에서 미국에 걸치는 원격상관이지만 월레스와 갓쓰러는 아시아에 있어서의 원격상관을 검토하고 그 유형을 EU 형(유아시아, Eurasian pattern)이라 정의했다. 그러나 EU 형은 PNA형만큼 확실한 형이 아니므로 그들은 그다지 깊이 있게 논의하지 않았다. 여기서 그림 19.11 에 감보(岸保)・구도(工藤)(1983)가 계산한 EU 형의 유형을 표시해 둔다.

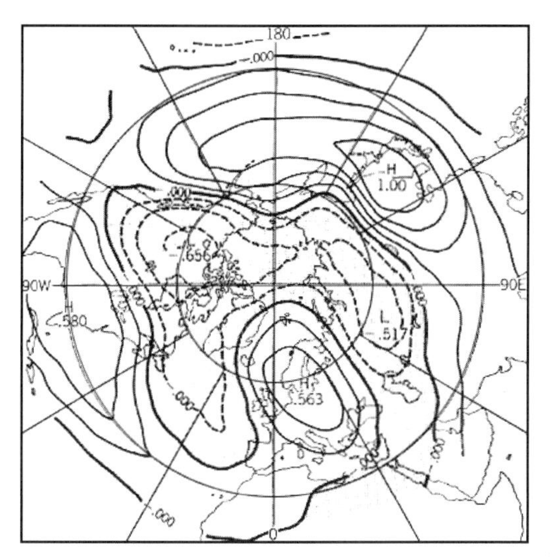

그림 19.11. 등압면고도 Z 의 시간변동의 상관계수
그림 19.10과 같고, 단 기점은 기점((45° N, 135° E)

그림 19.11 은 기압 500 hPa 면에서의 기점을 (45° N, 135° E)로 하고, 이 기점의 등압면고도 Z (월평균치)의 시간변동과 다른 점에 있어서 등압면고도 Z (월평균치)의 시간변동과의 상관계수를 구한 것이다. 단 사용한 자료는 1969/70 년에서 1978/79 년의 겨울의 월평균 자료(12, 1, 2 월의 값)이다. 월레스와 갓쓰러가 EU 형은 확실하지 않다고 지적한 점은 이 그림에서는 중부태평양에서 미국 동부에 걸쳐서는 앞에서 언급한 PNA형이 포함되어 있고, 동대서양에서 유럽에 걸쳐서는 그들이 정의한 EA형(동대서양형, Eastern Atlantic pattern)이 포함되어 있는 것이다. 참고로 월레스와 갓쓰러가 정의한 EA형의 유형의 하나를 그림 19.12 에 표시해 둔다. 그림 19.12 와 그림 19.10 은 같은 자료이지만 기점은 (55° N, 20° W)로 다르다.

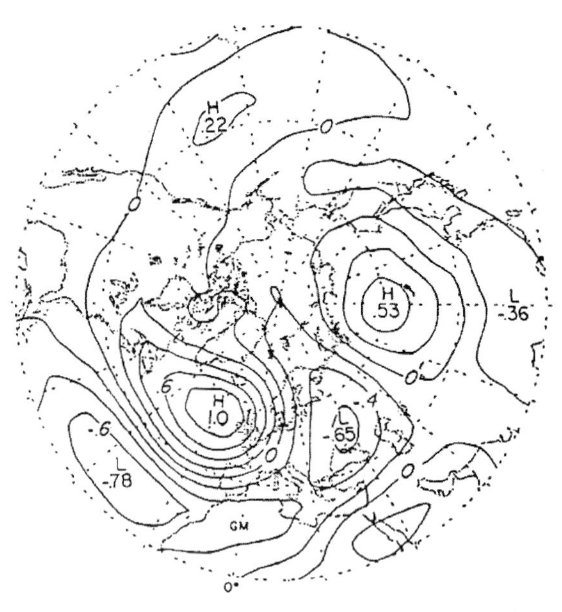

그림 19.12. 등압면고도 Z의 시간변동의 상관계수

그림 19.10과 동일하나, 단 기점이 (55°N, 20°W)(월레스와 갓쓰러, 1981)

19.4.3. WP형과 WA형

원격상관의 유형 분류의 연속으로써 WP형(서태평양형, Western Pacific pattern), WA형(서대서양형, Western Atlantic pattern)의 2개를 추가해서 설명해 둔다. 그림 19.13은 WP형의 예로, 기점이 (60° *N*, 150° *E*)로 되어 있다. 이것에 대해서 그림 19.14는 WA형의 예로, 기점이 (55° *N*, 55° *W*)로 되어 있다. 그림 19.13과 그림 19.14에 공통된 점은 모두 대륙의 동쪽에서 보이는 원격상관의 유형으로 60° *N*과 30° *N* 근방에 남북 방향으로 +, - 가 보인다.

이상의 5개의 원격상관의 유형은 월레스와 갓쓰러가 분류한 정의인데, 이들은 어디까지나 겨울철의 유형이어서 4계절에 공통된 것은 아니다. 후에도 다소 언급할 생각이지만, 여름철이 되면 아시아 지역에서는 그림 19.11과 같이 깨끗한 EU형은 나타나지 않는다.

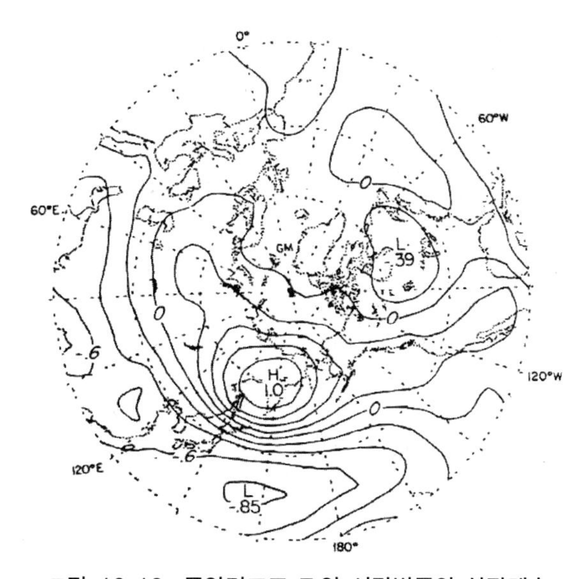

그림 19.13. 등압면고도 Z의 시간변동의 상관계수

그림 19.10과 동일하고, 단 기점이 (60°N, 150°E)(월레스와 갓쓰러, 1981)

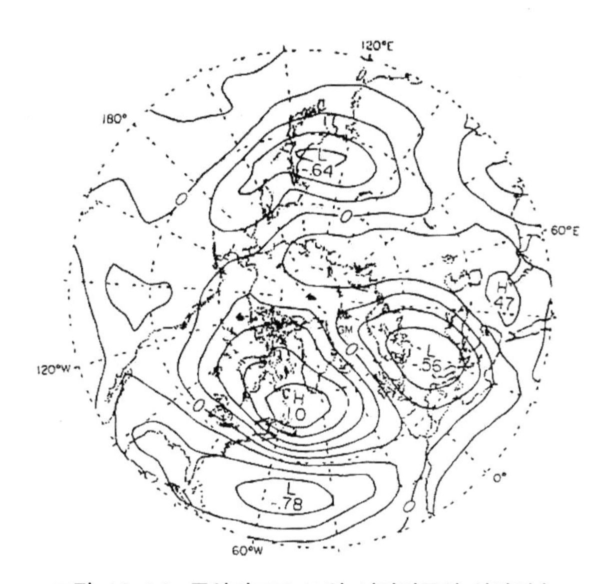

그림 19.14. 등압면고도 Z의 시간변동의 상관계수

그림 19.10과 동일하고, 단 기점이 (55°N, 55°W)(월레스와 갓쓰러, 1981)

19.5. 등압면고도 Z의 월평균치

19.5.1. 북반구 규모

같은 고도 Z라도 Z의 축대칭성분과 비축대칭성분에서 변동의 성질이 다소 다르다고 하는 것을 고려하고자 한다. 지금 등압면고도

$$Z = \overline{Z} + Z' \tag{19.1}$$

로 쓰겠다. 여기서

$\overline{Z}$: Z의 경도(經度)방향의 평균으로 축대칭성분(軸對稱成分),

Z' : 경도평균에서의 편차로 비축대칭성분(非軸對稱成分)

이다.

앞 절에서 **등압면고도**(等壓面高度, contour height) $Z'(= Z - \overline{Z})$의 월평균치)를 이용해서〔식 (19.1) 참고〕, 어떤 특정기점을 중심으로 한 월평균치의 시간계열에서 일점상관계수를 구해서 그 분포로부터 원격상관을 논의했다.

이와 같은 원격상관의 이야기와 19.3.2항의 미국의 대한파에서 논의한 로스비파의 에너지전파의 이야기와의 간격을 조금이라고 좁히기 위해서 Z'의 월평균치, 또 Z'의 나날의 변동에 대해서 논의하자.

그림 19.15, 그림 19.16, 그림 19.17은 1973년 12월, 1974년 1월, 1974년 2월의 기압 500 hPa 면에 있어서의 Z'의 월평균도이다. 단, Z'의 월평균도는 1969/1979년의 평균치에서의 차로 표현되어 있고, 또 동서방향의 파장이 짧은 요란을 제거하기 위해서 그림에는 동서파수 k에 대해서 $k = 1 \sim 3$의 파만을 취급하고 있다. 참고로 1974년 1월의 Z'의 월평균도를 그림 19.18에 표시해 둔다. 그림 19.18에서 동서파수 $k = 1 \sim 3$만을 꺼낸 것이 그림 19.16에 대응하는데, $k = 1 \sim 3$의 합성도는 기본적으로 Z'의 월평균도와 비슷한 유형이다. 여기의 예로써 1973/1974년을 선택한 이유는 그림 19.23에 보이는 것과 같이 1973년 12월~1974년 1월에 걸쳐서 (75° N, 10° E)와 (45° N, 135° E)의 점으로 Z'의 월평균치가 크게 변화했기 때문이다. 그림 19.15~그림 19.17에 공통된 것은 태평양에서 미국 동부에 걸쳐서 Z'의 +, -의 유형이 보이는 것이다. 단, 태평양의 30° N 근방의 Z'의 부호가 1973년 1월, 1974년 2월은 +인데, 1974년 1월은 -가 되어 있다.

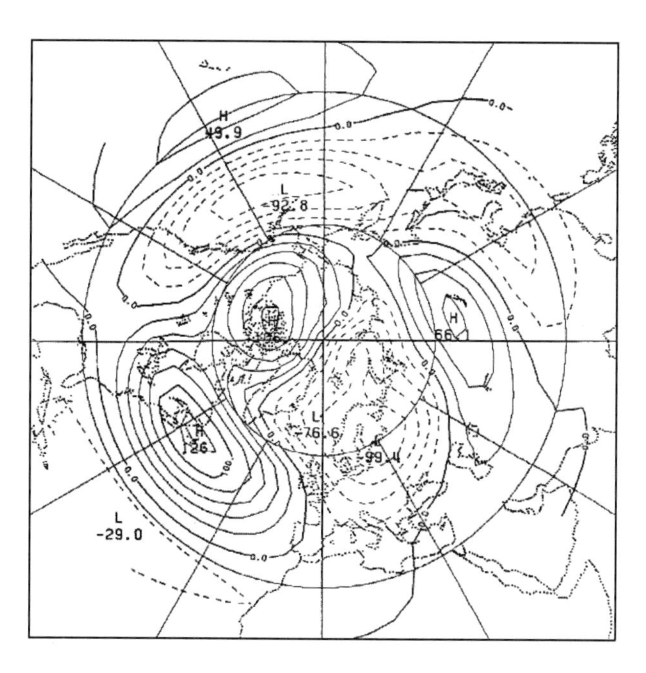

그림 19.15. 500 hPa 면의 고도편차 Z ′ 의 월평균치

1973년 12월의 예로, $Z' = Z - \overline{Z}$ ($\overline{Z}$: 1969-79년 12월의 Z 평균치),
또 Z ′ 중 동서파수 k = 1, 2, 3 만을 나타내고 있다.

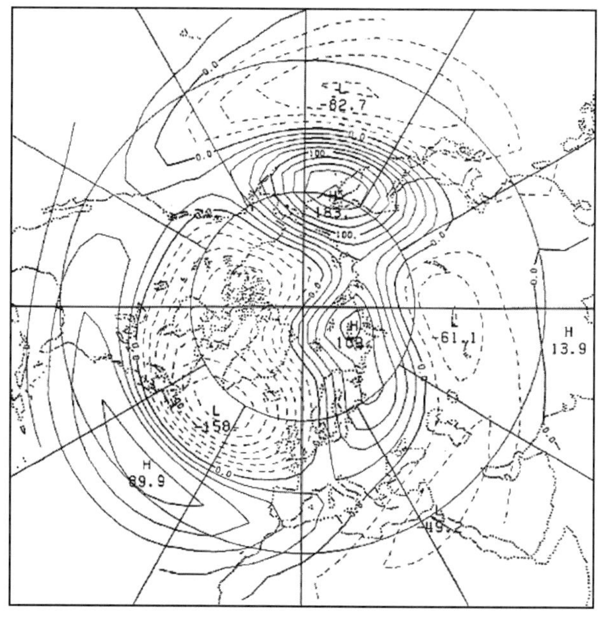

그림 19.16. 500 hPa 면의 고도편차 Z ′ 의 월평균치

그림 19.15와 동일, 단 1974년 1월의 예

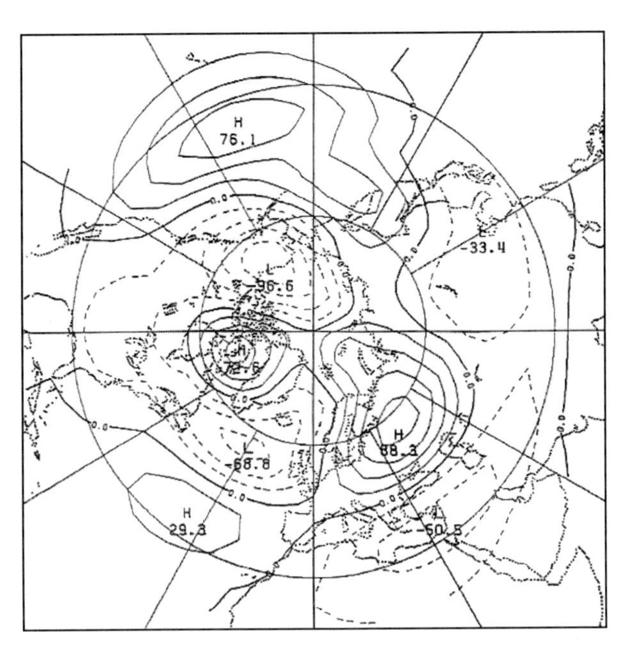

그림 19.17. 500 hPa 면의 고도편차 Z′의 월평균치

그림 19.15와 동일, 단 1974년 2월의 예

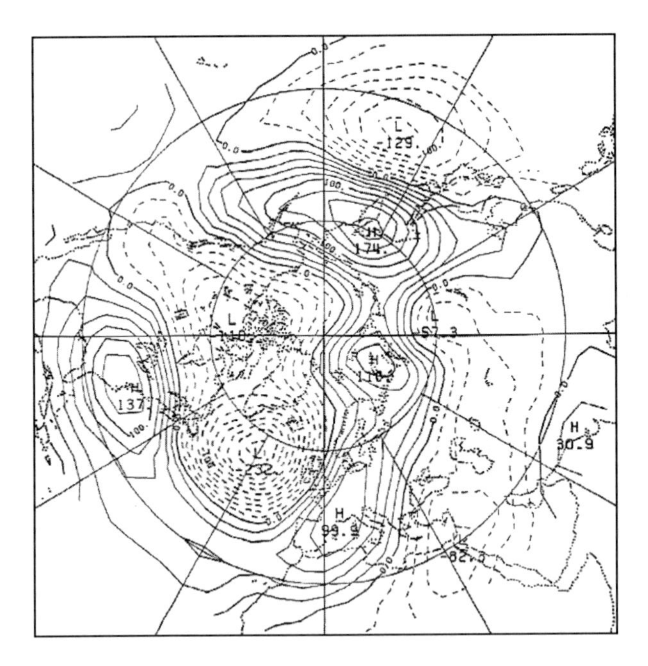

그림 19.18. 500 hPa 면의 고도편차 Z′의 월평균치

1974년 1월로, $Z' = Z - \overline{Z}$($\overline{Z}$: 1969~79년 12월의 Z 평균치),

19.5.2. 한반도 중심

이제는 한반도 부근을 중심으로 해서 생각해 보자. 1973년 12월(그림 19.15)에는 북구(北歐), 바이칼 호(lake Beikal)의 서쪽, 한반도 부근에 Z'의 월평균치에 관해서 -, +, - 의 유형이 보이고, 그 모양은 그림 19.21에 표시한 일점상관도의 유형과 아주 닮아 있다. 그러나 1974년 1월(그림 19.16)에는 위에서 언급한 -, +, - 의 유형은 확실하게 나타나 있지 않고 1974년 2월(그림 19.17)이 되면, 바이칼 호에서 한반도 부근에 걸쳐서는 Z'의 유형은 평균치에 가깝게 되어 있다. 이와 같은 의미로 Z'의 월평균치에서 19.3절에서 논의한 것과 같이 북구(北歐)에서 한반도 부근으로 로스비파(Rossby wave)의 에너지전파를 논의하는 것은 어렵다.

그러면 Z'의 나날의 변동은 어떻게 되어 있는 것일까? 그림 19.19 (a), (b) 에는 그림 19.15, 그림 19.16에 대응한 1973년 12월, 1974년 1월에 걸치는 Z'의 나날의 변동이 표시되어 있다. 그림의 Z'은 동서파수 $k = 1 \sim 3$만의 합성치이고, 그림의 가로축은 시간이고, 세로축에는 $A\,(25°N,\ 55°W)$, $B\,(45°N,\ 20°W)$, $C\,(75°N,\ 10°E)$, $D\,(55°N,\ 85°E)$, $E\,(45°N,\ 135°E)$, $F\,(25°N,\ 170°E)$의 6 지점들이 선택되어 있다. 이들의 지점은 그림 19.21에서 보이는 일점상관계수의 +, - 의 최대, 최소치의 지점으로 이 지점들은 대서양에서 노르웨이의 북쪽, 아시아 대륙, 태평양의 순으로 선택되어 있다. 대서양의 $(25°N,\ 55°W)$의 지점, 태평양의 $(25°N,\ 170°E)$의 지점을 제외하면, 다른 지점은 거의 대원(大圓, great circle)을 따라 위치하고 있다.

그림 19.19 (a)에서 바로 알 수 있는 것은 1973년 12월의 Z' 의 월평균치는 그림의 가장 아래 끝 부분의 지점 $A = (25°N,\ 55°W)$의 - 에서, 그림 의 위를 향해서 $B = (45°N,\ 20°W)$는 +, $C = (75°N,\ 10°E)$는 -, $D = (55°N,\ 85°E)$는 +, $E = (45°N,\ 135°E)$는 -, $F = (25°N,\ 170°E)$는 +가 되어 있는 것이다. 이 양상은 그림 19.15에 표시한 1973년 12월의 Z' 의 월평균도에서도 확인할 수가 있다. 이와 같은 의미로 1973년 12월에는 대서양에서 아시아 대륙, 태평양으로 걸쳐서 정상진동의 존재가 확인 될 수 있지만, 그 진폭의 시간변동에서 정상파의 에너지가 대서양에서 아시아 대륙, 태평양으로 시간과 함께 전파해 가는 모양은 확실하게 포착하기는 어렵다. 굳이 지적한다면 1973년 12월 13일경에 $C = (75°N,\ 10°E)$에서 여기(勵起)된 요란의 에너지가 12월 17일에는 $D = (55°N,\ 85°E)$로 전파되고, 더욱 12월 23일경에는 $E = (45°N,\ 135°E)$에 도달해 있다고도 말 할 수 있다. 그러나 12월 상순에서 중순에 걸쳐서 대서양 상의 $B = (45°N,\ 20°W)$에 있어서 요란의 변동과 노르웨이 북쪽의 $C = (75°N,\ 10°E)$에 걸쳐서 요란의 변동에서 정상파의 에너지전파를 논의하는 것은 어렵다.

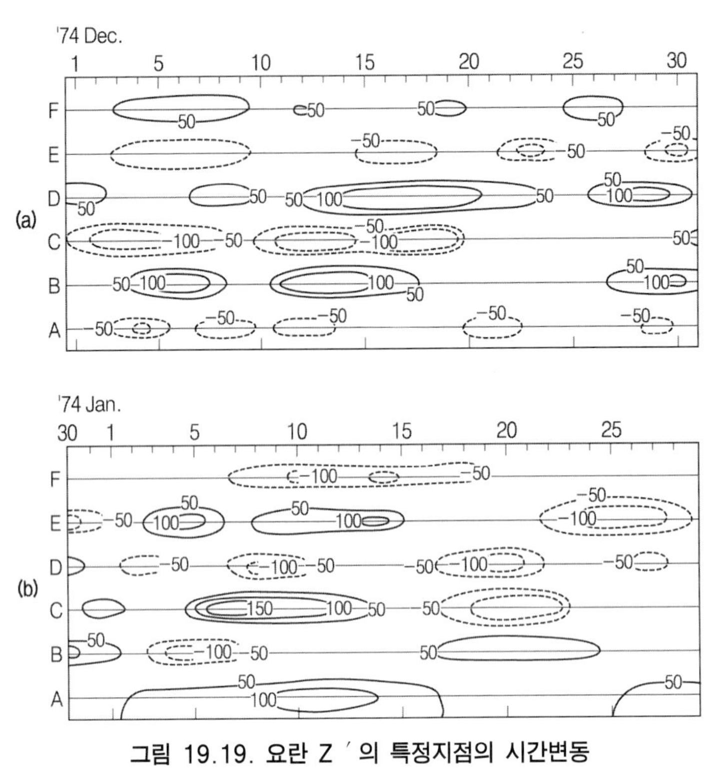

그림 19.19. 요란 Z′의 특정지점의 시간변동

세로축 : 특정지점, 가로축 : 일시, 동서파수(東西波數) $k=1$, 2, 3 만을 취급
(a) : 1973년 12월, (b) : 1974년 1월

그림 19.19 (b)의 1974년 1월에 관해서는 1월 5일경에 B(45°N, 20°W)에서 여기(勵起)된 요란의 에너지는 1월 6일경에는 C(75°N, 10°E), 1월 8일경에는 D(55°N, 85°E), 1월 11일경에는 E(45°N, 135°E)로 전파되고 있는 것 같이 생각이 된다. 또 1월 중순을 지나면, 1월 19일경에는 C(75°N, 10°E)에서 여기된 요란의 에너지는 1월 25일경에 E(45°N, 135°E)로 전파하고 있는 것 같은 생각이 든다.

이때에는 한반도 부근은 Z'의 부(-)의 영역이 되고, 이 전파의 모양은 19.3.3항(극동의 예)의 그림 19.9 (b), (c)에 표시한 북구(北歐)에서 한반도 부근으로 요란의 에너지전파에 대응하고 있는 것으로 생각되어진다. 또 요란의 에너지는 작지만 1973년 12월 31일경에 C(75°N, 10°E)에서 여기된 요란의 에너지는 1974년 1월 2일경에 D(55°N, 85°E), 1월 5일경에 E(45°N, 135°E)로 전파되어 있는 듯하다. 이 경우에는 대서양 상의 B(45°N, 20°W)에 있어서 요란의 변동과 노르웨이 북쪽의 C(75°N, 10°E)에 있어서 요란의 변동은 정상파의 형태를 취하고 있지 않다.

그림 19.19 (b)에서도 알 수 있듯이 1974년 1월에 관해서는 상순(上旬)과 중순(中旬)에

서 각 지점에서도 Z'의 부호는 상반되어 있고, 따라서 월평균치를 취하면 값은 작아진다. 이 일은 그림 19.16에 나타나 있는 것 같이 1974년 1월의 Z'의 월평균치는 $0°N \sim 135°E$의 영역에서 작게 되어 있는 것에 대응하고 있다. 따라서 1974년 1월 Z'의 월평균도를 보면 북구와 한반도와의 사이에는 원격상관이 없는 것 같이 보이지만, 10일 정도의 시간 규모로 보면 북구에서 한반도로 정상파의 에너지전파는 1973년 12월보다는 1974년 1월에 잘 보이는 것이 된다.

이와 같은 의미로 원격상관의 해석에 관해서는 요란의 변동에 관한 시간규모가 중요하게 되어 진다. 또 19.3절(사례)에서 언급한 화전(和田)의 장기예보에 관한 낙관적인 코멘트〔comment, 주석(註釋: 의미를 쉽게 풀이함), 논평, 비평〕의 뒷받침은 이후 소중한 연구과제의 하나인 것은 틀림이 없다.

19.6. 아시아 지역

19.6.1. 겨울

앞에서는 아시아 지역의 겨울철의 원격상관의 유형으로서 EU형을 소개했는데, 여기서는 조금 더 자세하게 살펴보도록 하자. EU형은 월레스와 갓쓰러에 의해 지적되어 비로소 그 유형의 존재가 알려진 것인데, 최근 장기예보자들의 보고서를 보면 같은 유형이 이미 논의 되고 있는 것을 알 수 있다. 그래서 차라리 여기서 그 유형을 알아보고자 하는 것이다. 그림 19.20은 과거 20년간의 자료를 이용해서 일본 동경(東京, Tokyo)의 2월의 월평균기온과 기압 $500hPa$ 면의 고도 Z의 월평균치와의 동시상관도(同時相關圖)이다(和田, 1969). 이 유형을 보면, 유럽의 +, $90°E$에 있어서 -, 한반도 부근의 + 의 분포도는 거의 그림 19.11의 분포도와 같다. 동경의 저온은 기압 $500hPa$ 면의 기압골(고도 Z가 낮다), 고온은 $500hPa$ 면의 기압마루(고도 Z가 높다)에 해당하는 것을 생각하면, 그림 19.20과 그림 19.11은 닮아 있는 것도 당연하다. 단지 흥미 있는 것은 그림 19.11은 1969/70년에서 1978/79년의 겨울(12, 1, 2월)의 월평균 자료를 이용했고, 그림 19.20은 1969년 이전의 20년의 2월의 월평균 자료를 이용했어도 닮아 있는 결과를 얻은 것이다.

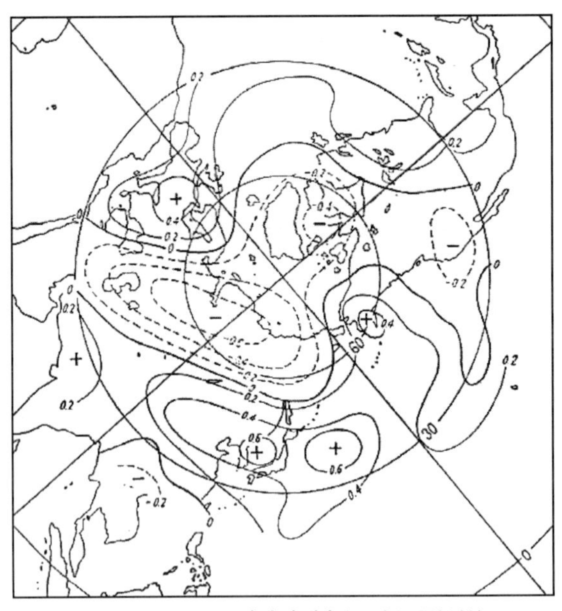

그림 19.20. 동시상관계수(同時相關係數)

과거 20년간의 2월에 있어서 일본이 동경(東京)의 평균기온과 500 hPa 면의 평균등압면고도 Z와의 동시상관계수(和田, 1969)

겨울철 $\overline{Z}$ 〔식 (19.1) 참고〕의 시간변동에 대해서는 고위도와 저위도에서 시소적인 변동이 있다. 한편 겨울철의 지상기압의 변동에 관해서도 고위도와 저위도에 시소적인 변동을 하고 있다. 이것은 옛날부터 지적되어 왔다(E. N. Lorentz, 1951 : J. E. Kutzbach, 1970). 표 19.1은 1969/70년의 겨울철(12, 1, 2월)의 월평균 자료를 이용해서 계산한 것이다. 기압 500 hPa 면의 $\overline{Z}$ 의 상관계수가 표시되어 있다. 이 표에 의하면, 예를 들어 위도 65°의 $\overline{Z}$ 의 시간변동과 위도 45°의 $\overline{Z}$ 의 시간변동은 -0.40 이라고 하는 부(-)의 상관계수로 되어 있다. 위도 40° 부근을 경계로 해서 시소적인 변동을 하고 있는 것을 알 수가 있다. 이 일은 동서방향의 일반류 U 는 $\overline{Z}$ 의 남북경도에 비례함으로(지형풍의 관계식: $f\,U=-g\partial\overline{Z}/\partial y$), 위도 40° 부근의 U 의 시간변동에 대응해서 $\overline{Z}$ 는 남북방향으로 시소적인 변동을 하고 있는 것을 나타내고 있다. 앞에서 언급한 WP형(그림 19.13 참고), WA형(그림 19.14 참고)은 위의 사실을 반영하고 있는 것이라고 생각할 수 있다. 즉 대륙의 동쪽의 태평양, 대서양 상에서는 겨울철 500 hPa 면상의 편서풍은 위도 30°~40° 부근에서 가장 강하고, 그 강도의 시간변동에 대응해서 남쪽과 북쪽에서 $\overline{Z}$ 의 시소가 일어나고 있는 것이라고 생각할 수 있다. 이러한 의미로 같은 고도 $\overline{Z}$ 의 시간변동에서도 $\overline{Z}$ 와 Z'에서의 성질이 달라 있다. Z'의 시간변동은 파동에 관여한 변동이어서 로스비파의 시간변동으로써 취급해야 할 문제이다.

표 19.1. 기압 500 hPa 면의 $\overline{Z}$ 의 상관계수

위 도	65°	60°	55°	45°	35°	25°
75°	0.81	0.45	- 0.11	- 0.55	- 0.33	0.03
65°		0.87	0.36	- 0.40	- 0.28	0.15
60°			0.76	- 0.06	- 0.08	0.25
55°				0.53	0.35	0.41
45°					0.90	0.59
35°						0.81

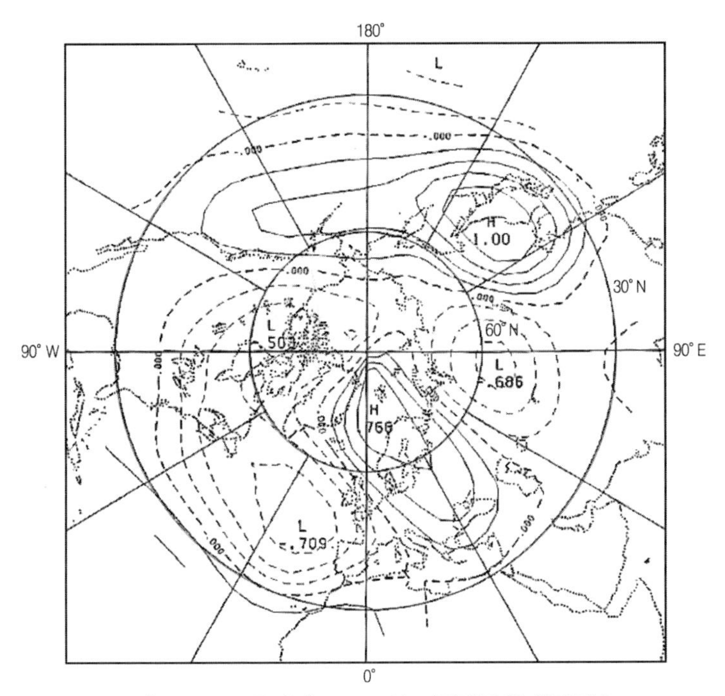

그림 19.21. 등압면고도 Z 의 시간변동의 상관계수

그림 19.11과 같다. 단, $\overline{Z}$ 대신에, $Z' = Z - \overline{Z}^{\lambda}$ ($\overline{Z}^{\lambda}$: Z 의 경도평균)의 월평균치 $\overline{Z'}$ 의 일점상관계수(기점 : 45° N, 135° E)가 표시되어 있다.

이상의 고찰에서 전에도 언급했듯이 EU 형의 그림 19.11을 고도 Z'에 관한 일점상관계수도로 고쳐 써 본다. 그림 19.21 은 기점을 E (45° N, 135° E)로 했을 때의 일점상관계수도로 이용한 자료는 그림 19.11 과 같다. 그림 19.11 에 비교해서 그림 19.21 에서는 (60° N, 90° E) 부근의 부(-)의 상관(− 0.686), (75° N, 10° E) 부근의 정(+)의 상관(+ 0.766)이라고 하는 정(+), 부(-)의 큰 상관이 보인다. 또 영국 동남부의

($45^\circ N$, $20^\circ W$) 부근에는 그림 19.11에서는 보이지 않았던 부(負)의 상관(-0.709)이 보인다. 이 그림에 관해서 감보(岸保)·구도(工藤)(1983)는 동서방향의 파수 1, 2의 정상파를 추정해서 위도에 의한 위상차의 어긋남이 사리에 맞다고 하는 것을 논의했다. 한편 마쓰노(松野 1983)는 위에서 언급한 것과 같은 상관계수의 +, - 의 분포는 동대서양→노르웨이→중앙아시아→한반도로의 정상 로스비파의 에너지 전파로 생각했다.

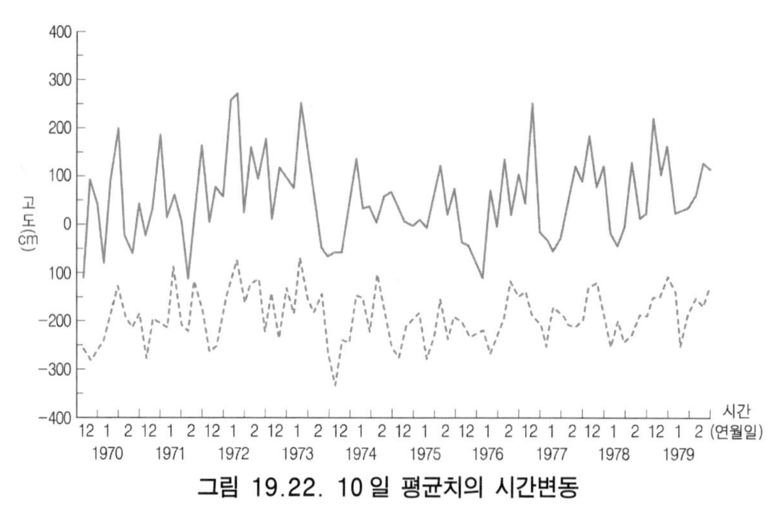

그림 19.22. 10일 평균치의 시간변동

C점(75°N, 10°E, 실선)과 E점(45°N, 135°E, 점선)에 있어서 500 hPa 면의 $Z' = Z - \overline{Z}^{\lambda}$ ($\overline{Z}^{\lambda}$: Z의 경도평균)의 10일 평균

그림 19.21에서 보는 바와 같이 한반도 부근과 ($75^\circ N$, $10^\circ E$) 근방에서는 상당히 큰 정(正, +)의 상관이 보인다. 이것을 음미(吟味)하기 위해서 ($75^\circ N$, $10^\circ E$)와 ($45^\circ N$, $135^\circ E$)에 있어서의 Z'의 시간변동을 그림 19.22와 그림 19.23에 표시해 둔다. 그림 19.22에는 Z'의 10일 평균치를 나타내고 있고, 그림 19.23에는 Z'의 30일 평균치가 표시되어 있다. 그림 19.22와 그림 19.23의 상관계수는 각각 0.488, 0.767이지만, 표 19.2에는 5일 평균, 15일 평균의 Z'에 관한 상관계수의 값도 표시되어 있다.

이 표에서 알 수 있듯이, 2주간 정도 이상의 Z'의 평균치를 이용하면 그 때의 상관계수는 Z'의 월평균치를 이용한 상관계수와 같은 정도가 된다. 즉 아시아와 유럽과의 원격상관을 논의할 때에는 Z'의 시간변동 규모가 2주간 정도 이상의 것을 생각하고 있는 것이 된다. 또 동시에 2주간 정도의 시간규모로 변동하는 요란은 아시아와 유럽과의 원격상관을 나타내는 모양으로, 빈번히 일어나고 있지 않다는 것을 나타내고 있는 것으로 생각된다. 그러나 이 시간규모의 문제에 관해서는 몇 개의 문제점이 있는 것으로 생각이 되어, 앞으로 더 연구해야 할 것이다.

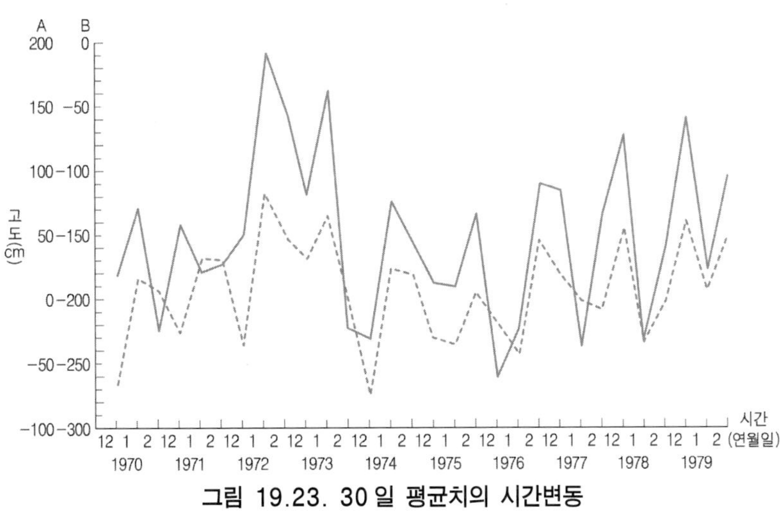

그림 19.23. 30 일 평균치의 시간변동

그림 19.22와 동일, 단 Z′ 30일 평균

표 19.2. Z'**에 관한 상관계수**

Z'의 평균일수	5 일	10 일	15 일	30 일
상 관 계 수	0.437	0.488	0.700	0.767

19.6.2. 여름

앞항에서 배웠듯이 겨울철 북반구 상에서는 현저한 원격상관의 유형이 나타나지만, 여름철에는 그 정도로 현저한 원격상관의 유형은 잘 나타나지 않는다. 그 이유의 하나로 겨울에 비교해서 여름은 대륙, 해양의 차이에 의한 열원, 냉원의 역할이 작고, 동서방향의 일반류도 약하기 때문에 지형효과에 의한 정상파의 형성이 겨울 정도로 현저하지 않은 것 등을 생각할 수가 있다. 그러나 이런 기회에 여름철의 원격상관도 생각해 보기로 하자.

이용한 자료는 1963/1969 년 여름(7, 8 월)의 등압면고도 $Z'(=Z-\overline{Z})$의 월평균치이다. 단, $\overline{Z}$는 등압면고도 Z의 동서방향의 평균치이고, Z'은 평균치 $\overline{Z}$에서의 편차를 나타낸다. 미국 등에서는 여름의 자료로써 6 월, 7 월, 8 월의 자료를 관례적으로 이용하는 것 같으나, 아시아 지역의 원격상관을 논하는 경우에는 6 월의 장마기는 제외하는 편이 좋다고 생각된다.

앞에서 언급했듯이, 여름철의 원격상관의 유형은 겨울철에 비해서 현저하지 않았다고 말했지만, 단 예외적으로 중부 태평양에서 미국 대륙에 걸쳐서는 겨울의 PNA 형과는 다소 다르지만, 현저한 유형이 보인다. 그것을 그림 19.24 에 표시해 둔다. 그림은 기압

$700\,hPa$ 면의 (30°N, 165°W)를 기점으로 해서 이 기점에 걸쳐서의 Z'의 월평균치의 시간변동과 기압 $500\,hPa$ 면의 다른 지점에 있어서의 Z'의 월평균치의 시간변동과의 상관계수를 구한 것이다. 중부 태평양에서 로키산맥, 미국 대륙의 동부에 걸쳐서의 +, -, + 의 유형은 겨울의 PNA 형의 유형(그림 19.10 참고)과 닮아있다. 단 PNA 형에서는 미국 동남부에 + 가 있지만, 그림 19.24 에는 캐나다의 동부에 + 가 보인다. 이와 같이 현저한 원격상관은 필자의 경험에 관한한, 여름철에는 다른 지역에서 발견하기 어려웠다.

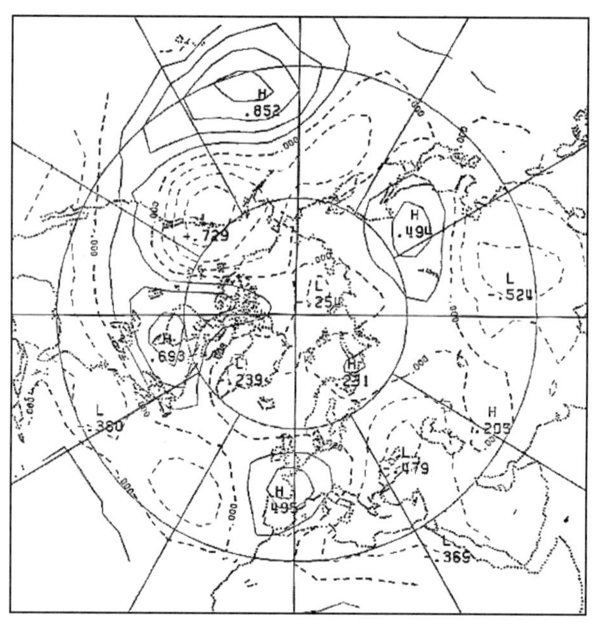

그림 19.24. Z′의 시간변동의 상관계수

기점(30°N, 165°W)에 있어서 700 hPa 면의 월고도편차 평균치의 시간변동 (7, 8월)과 다른 지점 500 hPa 면의 월고도편차 평균치의 시간변동과의 일점상관계수이다. 단, 고도편차 Z'은 $Z' = Z - \overline{Z}^{\lambda}$ ($\overline{Z}^{\lambda}$: Z 의 경도평균)이다.

아시아 지역에 관해서는 겨울 정도 현저한 원격상관의 유형은 아니지만, 대별해서 그림 19.25, 그림 19.26, 그림 19.27 과 같이 3 개의 유형이 보이는 것으로 생각이 된다. 그림 19.25는 기압 $700\,hPa$ 면에서 (30°N, 115°E)를 기점으로 해서 이 기점에 걸쳐서의 Z'의 월평균치의 시간변동과 같은 기압 $700\,hPa$ 면의 다른 지점에 있어서의 Z'의 월평균치의 시간변동과의 상관계수를 구해본 것이다. 그림에는 화살표로 요란의 에너지전파를 표시하고 있는데, 이것은 주관적으로 그린 것이라는 것을 덧붙여 말해 둔다. 그림에서 알 수 있듯이, 한반도 상공의 북쪽의 -0.465 라고 하는 부(-)의 상관계수치는 절대치가 겨울의 예에 비교해서 조금 작다.

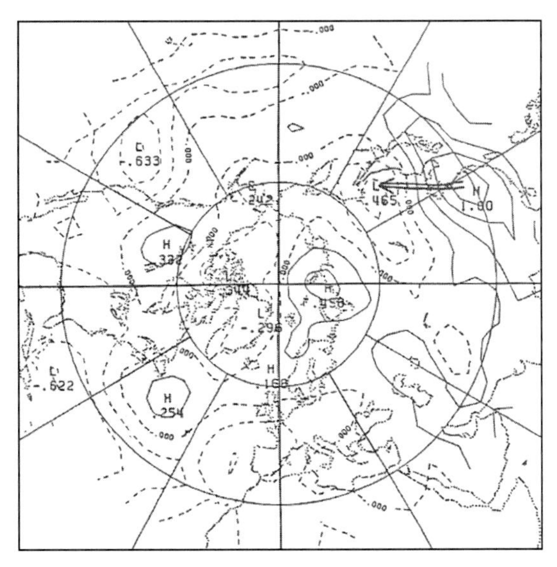

그림 19.25. Z ′ 의 시간변동의 상관계수

700 hPa 면의 고도편차 $Z' = Z - \overline{Z}^{\lambda}$ ($\overline{Z}^{\lambda}$: Z 의 경도평균)에 관해서,
기점(30 ° N, 115 °E)의 Z ′ 의 월평균치의 시간변동(여름 7, 8월)과
다른 지점의 Z ′ 의 월평균치의 시간변동과의 일점상관계수

그림 19.26 과 그림 19.25 와 같은 것이지만, 단지 기점(基点)이 (30° N, 135° E)의 경우이다. 이 그림에서도 주관점(主觀点)에 요란의 에너지전파를 화살표로 기입해 놓았다. 그림 19.27 도 그림 19.25 와 같은 것이지만, 기점이 (30° N, 150° E)의 경우이다. 그림 19.25 는 요란의 에너지원이 중국대륙의 남부에 있는 것으로 상정(想定)할 수 있을 것 같고, 그림 19.26 은 요란의 에너지원이 아시아대륙의 서북부에 있는 것을 상정할 수 있을 것 같다. 이것에 대해서 그림 19.27 은 서부 태평양의 아열대지역에 요란의 에너지원이 상정될 것 같다. 또 그림 19.27 에서 더욱 추론을 진전시킨다면, 그 에너지원에서 태평양 상으로 동서파수 $k = 5$ 정도의 정상파가 여기(勵起)되었다고도 생각할 수 있다. 이들의 추론은 이후의 연구에 의해 더욱 정량적으로 논의된 것을 크게 기대하고 싶다.

그림 19.25 와 그림 19.26 에서 공통으로 되어 있는 것은 한반도 부근 남부(30° N 근방)와 북부(55° N)와는 상관계수가 다른 부호로 되어 있는 것이다. 참고로 그림 19.25 의 상관도를 지점 (30° N, 115° E)과 지점 (50° N, 135° E)에 있어서의 Z'의 월평균치의 시간계열을 나타내면 그림 19.28 과 같이 된다. 그림에서 A(50° N, 135° E)의 값은 점선으로, B(30° N, 115° E)의 값은 실선으로 나타내고 있다. 1970 년대를 보면, 1973 년 7 월, 1974 년 7 월, 1976 년 7 월에는 A(50° N, 135° E)는 고압역, B(30° N, 115° E)는 저압역으로 되어 있다. 반대로 1976 년 8 월, 1979 년 8 월은 A

$(50°N, 135°E)$는 저압역, $B(30°N, 115°E)$는 고압역으로 되어 있다. 장기예보 관계자들은 전자는 여름의 고위도 저색(沮塞, blocking)의 출현으로 이해하고 있고, 후자는 태평양 상의 아열대고기압이 한반도 부근으로 뻗어 나옴으로 이해하고 있어 한반도 부근의 여름의 저온, 고온의 상황을 파악하려고 하고 있다.

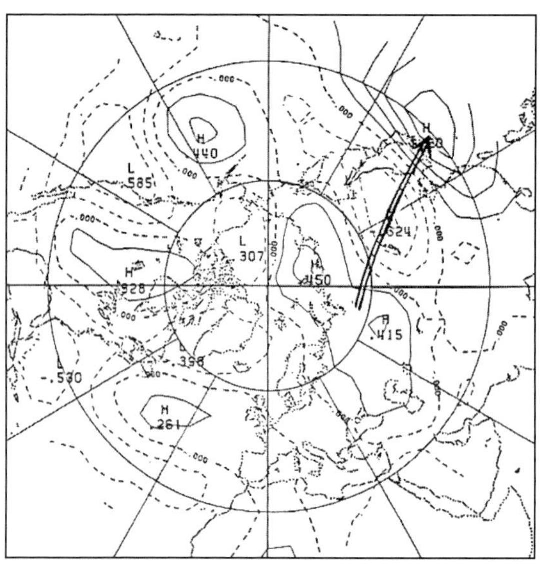

그림 19.26. Z′의 시간변동의 상관계수

그림 19.25와 동일, 단 기점이 (30°N, 135°E)

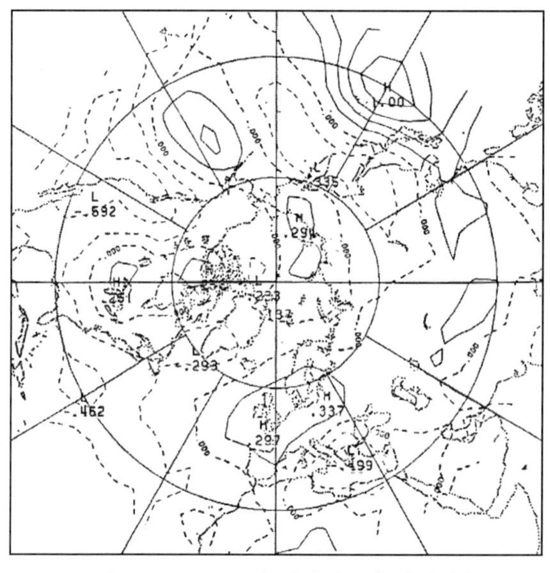

그림 19.27. Z′의 시간변동의 상관계수

그림 19.25와 동일, 단 기점이 (30°N, 150°E)

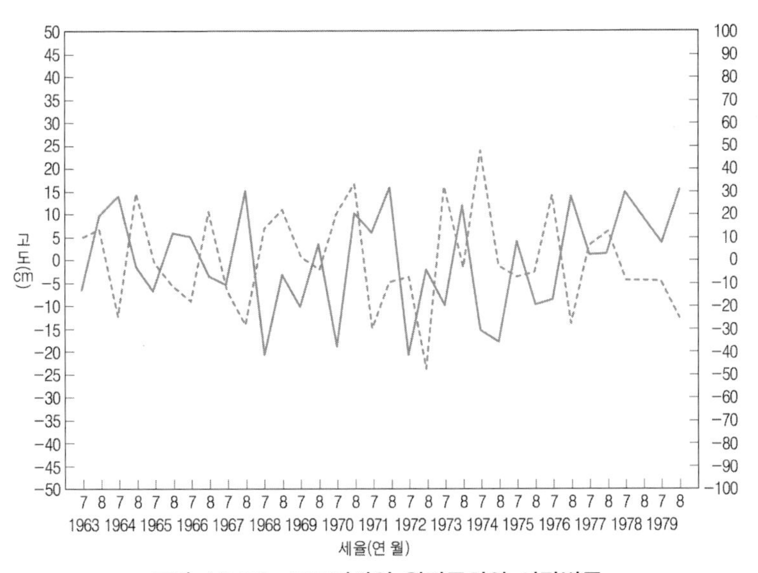

그림 19.28. 고도편차의 월평균치의 시간변동

700 hPa 면의 고도편차 $Z' = Z - \overline{Z}^{\lambda}$ ($\overline{Z}^{\lambda}$: Z 의 경도평균)의 월평균치 (7, 8 월)의 시간변동이다. 점선은 지점 A(50°N, 135°E), 실선은 지점 B(30°N, 115°E)에 있어서의 변동이다.

그림 19.25 의 상관도에 대응하는 구체적인 일기도를 표시한 것이 그림 19.29 이다(和田, 1969). 그림의 예는 옛날의 자료(1954 년 7 월)이지만, 한반도 북쪽이 차가운 여름일 때의 기압 500 hPa 면의 월평균 일기도이다. 실선은 500 hPa 면의 고도이고, 점선은 평균치에서의 편차이다. 낡은 자료이므로 단위는 100 피트(feet)단위로 되어 있다. 한반도의 먼 북쪽 부근에 현저한 정편차(+ 偏差), 서쪽에 부편차역(- 偏差域)이 있어 세간에서 말하는 소위 북고남저형(北高南低型)의 기압유형으로 되어 있다.

그림 19.25 의 또 하나의 특색은 동부 태평양의 (35° N, 135° W) 근방에 -0.633 이라고 하는 부(-)의 상관계수가 있는 것이다. 이 (-)의 상관치에 관해서 여름철 히말라야의 열원과의 관련을 상정(想定)하고 싶다. 그림 19.30 은 7 월에 있어서 30° N 을 따라 위도-고도에 대한 유선도이다. 이 그림은 1950/1959 년의 기압 850 hPa, 700 hPa, 500 hPa, 300 hPa, 200 hPa 면의 월평균풍을 이용해서 중국과학원의 양(Yang, 1983)이 구한 것이다. 이 그림을 신뢰한다면 히말라야의 열원에 의한 상승류가 하강하는 지역은 동부 태평양역으로 되어 있고, 이 하강역에서 그림 19.30 의 (-)의 상관계수치가 나왔다고 보아도 좋을 것이다.

그림 19.25 는 한반도 부근의 남서부와 북부와의 원격상관의 유형이지만, 여름 시기 히말라야 근방에서의 인도・몬순(monsoon, 계절풍)과 한반도 부근의 원격상관도 이후의 소중한 연구과제가 될 것이다. 아사꾸라[朝倉(조창), Asakura, 1968]는 인도・몬순의 강도

와 한반도 부근의 등압면고도의 변동과의 사이에도 상관이 있는 것을 나타내고 있는데, 그 후 야스나리(安成 1984)는 새로운 자료를 이용해서 중부 인도에서의 몬순의 활발도(活發度)와 한반도 부근의 기압 700 hPa 면의 등압면고도 Z 의 변동에 상관이 있는 것을 나타냈다. 그러나 인도・몬순과 중위도의 요란의 상관관계는 이후의 연구과제라고 하는 것을 지적해 두고 싶다.

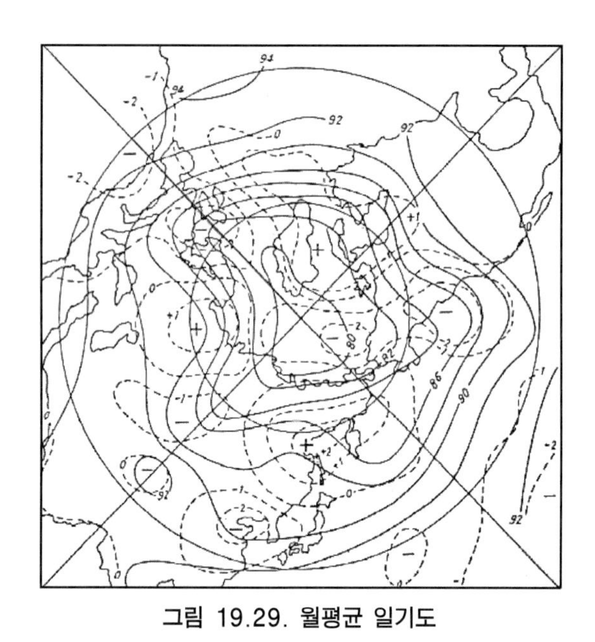

그림 19.29. 월평균 일기도

한반도 북쪽의 냉해(冷害)의 500 hPa 의 월평균 일기도(1954년 7월), 실선은 고도, 점선은 고도편차(단위는 100 feet, 和田, 1969)

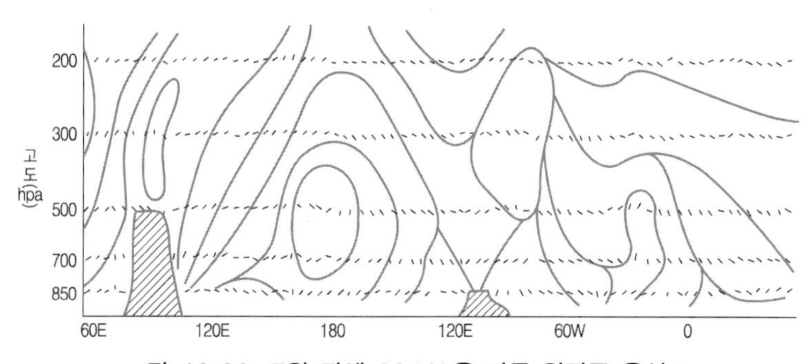

그림 19.30. 7월 달에 30°N을 따른 월평균 유선도

히말라야, 로키산맥은 모식적으로 그림으로 표시되어 있다(양, 1983).

연 습 문 제

1. 한반도 부근의 최근 자료를 이용해서 어디와 어디가 원격상관의 관계가 있는지를 연습해 보자.

2. 한반도와 멀리 떨어져 있는 지구상이 다른 곳과의 원격상관을 실제의 자료를 이용해서 실습해 보자.

부 록

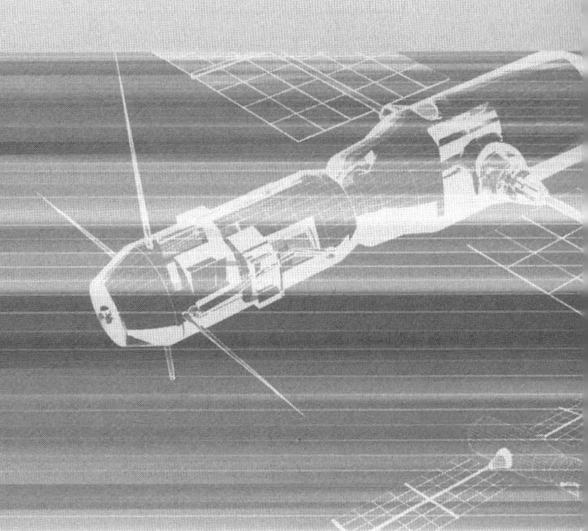

1. 대기과학 단위 · 환산표
2. 대기과학의 분류
3. 대기과학자 소개

1. 대기과학 단위 · 환산표

국제단위계(SI)에 준한다.

1) 기본단위(基本單位)

양	명 칭	기호	양	명 칭	기호
길 이	메 터 (meter)	m	열역학온도	켈빈(kelvin)	K
질 량	킬로그램(kilogram)	kg	광 도	칸델라(candela)	cd
시 간	초 (秒, second)	s	물 질 량	몰(mole)	mol
전 류	암페아(ampere)	A			

2) 조립단위(組立單位) : 대기과학 관련만

양	명 칭	기 호	SI 기본단위	SI 단위 외
주파수	헤르츠(hertz)	Hz	1 / s	
힘[역(力)]	뉴턴(newton)	N	$m \cdot kg / s^2$	J/m
압력 · 응력	파스칼(pascal)	Pa	$m^{-1} \cdot kg \cdot s^{-2}$	N/m^2
에너지	줄(joule)	J	$m^2 \cdot kg / s^2$	$N \cdot m$
일 · 열량	〃	〃	〃	〃
일율 · 전력	와트(watt)	W	$m^2 \cdot kg / s^3$	J/s
전기량 · 전하	쿨롬(coulomb)	C	A · s	A · s
전압 · 전위	볼트(volt)	V	$m^2 \cdot kg / (s^3 \cdot A)$	J/C
광속(光束)	루멘(lumen)	lm		$cd \cdot sr$
조도(照度)	룩스(lux)	lx		lm / m^2
방사능(放射能)	베크렐(becquerel)	Bq	$1 / s$	
면적	평방미터(meter)	m^2		
체적	입방미터(〃)	m^3		
밀도	킬로그램/입방미터	kg / m^3		
속도 · 빠르기	미터/초	m / s		
가속도	미터/(초)^2	m / s^2		
각속도	라디안/초	rad / s		
열류밀도	와트/평방미터	W / m^2	kg / s^2	
방사조도	〃	〃	〃	
열용량	줄/켈빈	J / K	$m^2 \cdot kg / (s^2 \cdot K)$	
엔트로피	〃	〃	〃	
비열(比熱)	줄/(킬로그램 · 켈빈)	$J / (kg \cdot K)$	$m^2 / (s^2 \cdot K)$	
질량엔트로피	와트/(미터 · 켈빈)	$W / (m \cdot K)$	$m^2 \cdot kg / (s^3 \cdot K)$	
열전도율	〃	〃	〃	
파수(波數)	1/미터	$1 / m$		

3) 보조단위(補助單位)

평면각(平面角, 라디안 = radian, rad) : 원주(圓周) 상에서 반경의 길이와 같은 원호(圓弧)를 취할 때 2개의 반경 사에 낀 각도. 전원주(全圓周)의 각도는 2π rad.

입체각(立體角, 스테라디안 = steradian, sr) : 반경 1 m의 구면상의 1 m^2 의 면적이 중심에 대해서 뻗는 입체각. 전구면(全球面)이 중심에 대해서 뻗는 입체각 = 2π sr.

4) 보족(補足)

길이 : 1 cm(CGS단위계) = 10^{-2} m,

1 해리(海里, nautical mile) = 1,852 km

면적 : 1 cm^2 (CGS단위계) = 10^{-4} m^2

체적 : 1 cm^3 (CGS단위계) = 10^{-6} m^3

각도 : 1 도(度, °) = $\frac{2\pi}{360}$ rad, 1 분(分, ′) = $\frac{1}{60°}$, 1 초(秒, ″) = $\frac{1}{60'}$

시간 : 1 일(日, day, d) = 24 시(時, hour, hr, h) = 1,440 분(分, minute, min)

= 8.64×10^4 초(秒, second, s)

속도 : 1 cm / s(CGS단위계) = 10^{-2} m / s

풍속 :

m / s		knot(海里 / hr)		km / hr		mile / hr
1	=	1.944	=	3.600	=	2.237
0.514	=	1	=	1.852	=	1.151
0.278	=	0.540	=	1	=	0.621
0.447	=	0.869	=	1.609	=	1

가속도 : cm/s^2 (CGS단위계) = 10^{-2} m/s^2,

중력가속도 g = 980.665 cm/s^2 = 9.80 m/s^2

밀도 : g/cm^3 (CGS단위계) = $10^3 kg/m^3$

온도 : 섭씨(攝氏, C) = (5/9)(F-32)

화씨(華氏, F) = (9/5)C + 32

절대온도(絶對溫度, 열역학적 온도, K) = C + 273.15

힘〔역(力)〕 : $g \cdot cm/s^2$ = dyne(CGS단위계) = 10^{-5} N

압력 : Pa = N / m^2 = $m^{-1} \cdot kg \cdot s^{-2}$

hPa = 10^2 Pa = mb = $10^2\ N/m^2$ = $10^2\ m^{-1} \cdot kg \cdot s^{-2}$

$g/(cm \cdot s^2)$ = $dyne/cm^2$ (CGS단위계) = $10^{-1}\ N/m^2$ = $10^{-1}\ Pa$

bar = $10^6\ dyne/cm^2$ (CGS단위계) = 10^5 Pa

mb = 10^{-3} bar = 10^2 Pa = hPa

1 기압(氣壓, 표준기압) = 760 mmHg(정의) = $1.013\,25 \times 10^6\ dyne/cm^2$

= $10.132\ 5\ N/m^2$ = 1013.25 hPa

일 · 에너지 : erg = $cm^2 \cdot g/s^2$ = dyne · cm(CGS단위계) = 10^7 J

일의 열당량(熱当量) A = 2.386×10^{-8} cal / erg

열의 일당량 B = 4.186×10^7 erg / cal

열량(熱量) : 온도를 지정하지 않는 경우, cal(calorie) = 4.186 05 J

15 C 의 경우, cal_{15} = 4.185 5 J

국제증기표(國際蒸氣表), cal I. T. = 4.186 8 J

열화학(熱化學). cal = 4.184 0 J(정의)

※ 국제증기표 회의가 1956년 채택한 IT칼로리(기호 calit), 열화학칼로리(기호 calth) 등이 있다.

kcal = 또는 대(大)칼로리 = 1.000 cal

5) 열역학적 단위, 상수, 환산

kWh = 3.6×10^6 J

kw = 3.6×10^6 J / hr

건조공기의 정압비열 C_p = $0.240\ cal/(g \cdot K)$ = $1.003 \times 10^7\ erg/(g \cdot K)$

= $1,003\ m^2/(s^2 \cdot K)$

건조공기의 기체상수 R_d = $0.068\,56\ cal/(g \cdot K)$ = $0.287 \times erg/(g \cdot K)$

= $278\ m^2/(s^2 \cdot K)$

수증기의 응결의 잠열 L = L_{vw} = 597.26 - 0.559 × t (온도 C) cal / g

(0 C)의 경우 = 597.3 cal / g = $25.120\,8 \times 10^5\ m^2/s^2$

6) 대기 중의 가열 · 냉각량

(1) 단위질량이 단위시간에 받는 열량 Q_M

Q_M .... $erg/(g \cdot s)$ = 10^{-4} kJ / (ton · s) = 2.065 × 10^{-3} cal / (g · day)

(2) 단위면적 상의 공기기둥이 단위시간에 받는 열량($\boldsymbol{Q_F}$; flux형)

Q_F .... $cal/(cm^2 \cdot day)$ = $1.157 \times 10^{-5}\ cal/(cm^2 \cdot s)$

$cal/(cm^2 \cdot s) = 8.64 \times 10^{-4}\ cal/(cm^2 \cdot day)$

$= 4.186 \times 10^{7}\ erg/(cm^2 \cdot s)$

$W/cm^2 = J/(cm^2 \cdot s) = 2.064\ cal/(cm^2 \cdot day)$

또한 cal/cm^2 = ly(langley, 랭글리)라는 단위가 종종 사용된다.

위의 1)과 2)는

$$Q_F = \int Q_M \rho\, dz = \frac{1}{g}\int Q_M\, dp \qquad (부\ 1)$$

의 관계로 환산(換算)할 수 있다.

(3) 대기가 단위시간에 받는 온도변화 $\boldsymbol{Q_M / C_p}$

Q_M / C_p ..... C / day = 0.24 cal / g = 2.78 × 10^{-6} cal / (g · s)

= 1.16 × 10^{2} erg /(g · s)

더욱, 열에너지는 운동에너지와 관련해서 m^2/s^2 으로 표시되는 일도 있지만, 단위질량에 포함되는 에너지 사이에는

$$m^2/s^2 = 10^4\ \mathrm{erg/g} \qquad (부\ 2)$$

의 관계가 있다.

2. 대기과학의 분류

________는 신종학문 분야

1. 대기요소의 원리, 측기(測器, instrument) 및 관측(觀測, observation)
   1.1. 기압(氣壓, pressure)
   1.2. 온도(溫度, air temperature)
   1.3. 습도(濕度, humidity)
   1.4. 바람(wind, breeze): 풍향·풍속(風向·風速, wind direction, wind speed)
      1.4.1. 풍력발전(風力發電, generation of wind power)
   1.5. 구름[운(雲), cloud]
   1.6. 강수(降水, precipitation)
   1.7. 적석(積雪, snow cover, deposited snow)
   1.8. 증발(蒸發, evaporation)
   1.9. 시정(視程, visibility)
      1.9.1. 안개[무(霧), fog]
      1.9.2. 대기오염(大氣汚染, air pollution)
   1.10. 방사(放射, 輻射, radiation)
   1.11. 일사(日射, 太陽放射, solar radiation)
   1.12. 일조(日照, sunshine)
   1.13. 지중온도(地中溫度, soil temperature)
   1.14. 대기현상(大氣現象, atmospheric phenomenon)
   1.15. 일기(日氣, weather)
2. 기초대기과학(基礎大氣科學, basic atmospheric science = atmoscience)
   2.1. 유체역학(流體力學, fluid dynamics)
      2.1.1. 역학대기(力學大氣, dynamic atmosphere)
      2.1.2. 지구유체역학(地球流体力學, global fluid dynamics)
      2.1.3. 열역학(熱力學, thermal dynamics)
      2.1.4. <u>교통류</u>(交通流, traffic flow)
      2.1.5. <u>식물과 유체역</u>학(植物과 流體力學, plants and fluid dynamics)
   2.2. 대기방사(大氣放射, 大氣輻射, atmospheric radiation)
   2.3. 대기대순환(大氣大循環, general circulation)

2.4. 종관대기(綜觀大氣, 總觀大氣, synoptic atmosphere, 時系列 포함)
2.4.1. 종관규모의 바람(綜觀規模의 風, wind of synoptic scale)
2.4.2. 종관규모의 강우(綜觀規模의 降雨, rainfall of synoptic scale)
2.5. 중소규모의 대기요란(中小規模의 大氣擾亂, disturbance of meso- and small scale)
2.5.1. 중(간)규모요란〔中(間)規模의 擾亂, intermediate(medium) scale disturbance, mesoscale disturbance〕
2.5.2. 호우(豪雨, heavy rain. heavy rainfall), 뇌우(雷雨, thunderstorm)
2.5.3. 용권(龍卷, tornado, spout, waterspout, '용오름'은 잘못됨)
2.6. 극대기(極大氣, polar atmosphere)
2.7. 열대대기(熱帶大氣, tropical atmosphere)
2.7.1. 태풍(颱風, typhoon)
2.8. 중·상층대기(성층권, 중간권)〔中·上層大氣(成層圈, 中間圈), middle·upper atmosphere(stratosphere, mesosphere)〕
2.8.1. 중간대기의 미량성분(中間大氣의 微量成分, minute component of middle atmosphere)
2.8.2. 초고층대기(超高層大氣, upper atmosphere)
2.9. 대기경계층(大氣境界層, atmospheric boundary layer, 난류 포함)
2.9.1. 접지(기)층〔接地(氣)層, surface boundary layer〕
2.9.2. 국지순환(局地循環, local circulation, 열적원인)
2.9.2.1. 해륙풍(海陸風, land and sea breeze)
2.9.3. 국지풍(局地風, local winds)
2.9.4. 안개〔무(霧), fog〕
2.10. 행성대기(行星大氣, planetary atmosphere, 惑星大氣)
3. 대기성분(大氣成分, atmospheric component)
3.1. 화학대기(化學大氣, chemistry atmosphere)
3.2. 운대기(雲大氣, cloud atmosphere)
3.2.1. 빙(氷, 얼음)의 물성(物性)(properties of ice)
3.3. 대기전기학(大氣電氣學, atmospheric electricity, 천둥번개, 雷電)
3.4. 에어러솔(aerosol)
3.5. 설빙학(雪氷學, snow and ice)
3.6. 대기광학(大氣光學, atmospheric optics)

3.7. 대기음향학(大氣音響學, atmospheric acoustics)

3.8. 운학(雲學, 구름학, nephology, 구름의 형태학)

4. 기후(氣候, climate)

4.1. 대기후(大氣候, macroclimate)

4.2. 중기후(中氣候, mesoclimate)

4.3. 소기후(小氣候, microclimate)

4.4. 도시기후(都市氣候, city climate, urban climate)

4.4.1. 열도(熱島, 열섬, heat island)

4.5. 고기후(古氣候, paleoclimate); 古氣候學(paleoclimatology)

4.6. 기후변화(氣候變化, climatic change)

4.7. 기후모델링(climate modeling)

5. 응용대기(應用大氣, applied atmosphere)

5.1. 일기예보[日氣豫報, weather forecast(ing), weather prediction]

5.1.1. 수치예보(數値豫報, numerical weather prediction)

5.2. 대기오염(大氣汚染, air pollution)

5.3. 산업대기(産業大氣, industrial atmosphere);
산업기상(産業氣象, industrial meteorology)

5.4. 항공대기(航空大氣, aeronautical atmosphere);
항공기상(航空氣象, aeronautical meteorology)

5.5. 해양대기(海洋大氣, marine atmosphere)
해양기상(海洋氣象, marine meteorology)

5.6. 수문대기(水文大氣, hydroatmosphere) = 수리대기(水理大氣);
수문기상(水文氣象, hydrometeorology) = 수리기상(水理氣象)

5.7. 대기재해(大氣災害, atmospheric disaster);
기상재해(氣象災害, meteorological disaster)

5.8. 생대기(生大氣, bioatmosphere); 생기상(生氣象, biometeorology)

5.9. 농업대기(農業大氣, agricultural atmosphere, agroatmosphere);
농업기상(農業氣象, agricultural meteorology, agrometeorology)

5.10. 산악대기(山岳大氣, mountain atmosphere);
산악기상(山岳氣象, mountain meteorology)

5.11. 생물과 대기(生物과 大氣, biology and atmosphere)

5.12. 위성대기과학(衛星大氣科學, satellite atmospheric science)

5.13. 레이더대기과학(레이더大氣科學, radar atmospheric science)
5.14. 대기제어(大氣制御, atmospheric control)
5.15. 대기통계(大氣統計, atmospheric statistics)
6. 전산대기과학(電算大氣科學, computation atmospheric science)
6.1. 그래픽처리(그래픽處理, graphic processing) S/W
6.2. DB 구축(DB 構築, data base development)
6.3. 병렬화〔竝(並)列化, paralyza(sa)tion〕
7. 기타(the others)
7.1. 통계수법(統計手法, statistical method)
7.2. 실험기술(實驗技術, experimental skill)
7.3. 사진기술(寫眞技術, photographic technique)
7.4. 대기사업(大氣事業, atmospheric business),
기상회사(氣象會社, meteorological company)
7.4.1. 어학(語學), 용어(用語), 논문(論文)의 쓰는 방법
(language study, terminology and method of writing a paper)
7.4.2. 연구(硏究) 및 대기사업체제(大氣事業体制)
(study and system of atmospheric business)
7.4.3. 회의(會議, conference)
7.4.4. 문헌(文獻, reference), 간행물(刊行物, publication)
7.4.5. 대기과학사(大氣科學史, history of atmospheric science)
7.5. 대기교육(大氣敎育, atmospheric education)
7.6. 인물(人物, person)
7.7. 기상캐스터(氣象캐스터, meteorological caster),
대기캐스터(大氣캐스터, atmospheric caster)
7.8. 대기과학 관련 잡지(大氣科學 關聯 雜誌,
journal with atmospheric science)
7.9. 지구 관련 분야(地球 關聯 分野, field with earth)
7.10. 천문(天文, astronomy)
7.11. 해양(海洋, ocean)
7.12. 측지(測地, geodesy, 測地學)
7.13. 지리(地理, geography)
7.14. 고체지구(固体地球, solid earth)

3. ☂ 대기과학자 소개

☂ 가우스

(제 15.3.1 항 참고)

가우스〔Gauβ(Gauss), Carl Friedrich, 1777.4.30~1855.2.23〕: 독일의 수학자이다. 독일의 Braunschweig의 가난한 집에서 태어나, 어려서부터 이상(異常)한 수학적 재능을 나타냄으로, 대공(大公: 유럽에서 군주의 일문에 속한 남자를 이르는 말) Carl Wilhelm Ferdinand의 지우(知遇: 인격・학식을 인정한 뒤 후하게 대우하는 일. 융숭한 대우)을 받아, 그 보호 하에서 Göttingen(겟디겐) 대학에서 베웠다(1795-98). 순수수학(純粹數學) 방면의 대수학(代數學)의 기본정리를 증명해서 학위(學位)을 받았고(1799년), 1807년 이래 Göttingen 의 천문대장 겸 대학교수가 되고, 끝까지 이 지위에 있었다.

1796년 3월 30일, 정(正)17각형의 정목(正木)과 콤파스에 의한 작도의 가능한 것을 발견한 것이 수학을 전문으로 하는 기연(機緣)이 되었다고 전해지고 있다. 1801년의 청년시대에 그의 저서 "Disquisitiones arithmeticae, 數論硏究"는 정수론(整數論)에 전연 다른 시대를 그었다. 순수수학(純粹數學)의 방면에서는 이외에 비(非)Euclid 기하학(幾何學), 초기하급수(超幾何級數, 1812년), 복소함수론(複素函數論), 타원함수론(楕圓函數論) 등에 우수한 연구를 하고 있고, 응용수학(應用數學)의 방면에서도 천문학(天文學), 측지학(測地學), 전자기학(電磁氣學)에 불후(不朽: 멸하지 않고 언제까지나 남아 있음, 불멸)의 공헌을 했다. 또 수학의 응용에 관해서 최소자승법(最小自乘法), 곡면론(曲面論, 1827년), 퍼텐셜論 등을 연구했다. 그는 발표형식의 완성을 중시여겨, 연구의 비율에는 발표하는 것이 적었지만, 그가 연구한 사항은 그의 일지(日誌), 서간(書簡)에 보인다. 일지와 서간을 포함해서 전집(全集)은 12 권(卷)에 미친다. 19 세기 전반의 최대의 수학자(數學者)이다.

☂ 기따오 지로

(제 12.5.3 항)

북미차랑(北尾次郎, 1853~1907): 일본(日本)에 있어서의 대기파동론(大氣波動論)에 있어서의 선구자이다. 특히 "대기의 운동과 태풍이 이론에 대해서"(1887년)는 당시이 세계의 수준을 앞지르는 것으로, 오버벡크〔Anton Oberbeck, 1846~1900: 독일 학자로 기상학상의 문제에 유체역학을 응용하고, 대기운동의 역학을 본격적으로 연구했다. '대기의 운동현상에 대해서'(1888)는 대표논문, 와점성(渦粘性)의 생각을 시사했다.〕보다도 엄밀하게 취급했다. 동경제국대학(東京帝國大學) 교수 등을 역임했다.

☂ 나비어

(제 12.1과 2 절, 제 15. 2, 3절)

나비어(Navier, Claude-Louis-Marie-Henri, 1785.2.10~1836.8.21): 불란서의 工學者. 1802년 파리의 理工科大學에 입학, 후리에의 가르침을 받았다. 1819년부터 土木工學校에서 강의, 31년에 코시의 후임으로써 이공과대학의 교수가 되었다. 1820년까지 주로 材料工學 특히 강도(强度)의 문제에 역학(力學)을 응용하는 연구를 행했다. 그 후, 토목기술자로써 활약하는 한편, 탄성체(彈性體), 유체의 운동을 연구하고, 특히 분자간력(分子間力)의 모델에 기초해서 금일의 나비어-스토크스방정식으로 불리는 편미분방정식(偏微分方程式)을 도출했다(1826년).

☂ 뉴턴

(6.9절 참고)

뉴턴(Newton, Sir Isaac, 1643.1.4~1727.3.31): 영국의 수학자, 물리학자, 천문학자이며, 링가사州 위르즈소부에서 태어나, 1661년 캠브리지 대학에 입학했고, 1665년 B. A.의 학위(學位)를 받았다. 그 해 런던에 유행했던 페스트는 캠브리지를 습격해, 대학은 일시 폐쇄(閉鎖)되어, 뉴턴도 귀향했다. 그의 3 대 발견인 광(光, 빛, light)의 스펙트럼분석, 만유인력(萬有引力) 및 미적분법(微積分法)의 발견은 이 사이에 맹아(萌芽: 싹이 틈)되었다. 1667년 캠브리지에 돌아와 트리니티 칼리지의 훼로(펠로, fellow: 영국대학의 특별연구원)가 되었다. 1668년 반사망원경(反射望遠鏡)을 발명했다. 1669년 루까스(Lucas) 교수직(教授職)에 붙어 광학(光學)을 강의하고, 이것을 개정(改訂)한 "光學(Opticks, 1728)"은 사후(死後)에 간행되었다.

1672년 왕립협회(王立協會)의 회원에 뽑혔다. 동년 스펙트럼의 실험에 대해서 보고하고, 백색광(白色光)은 각각 일정의 굴절률(屈折率)을 갖는 단색광의 합성인 것을 주장하고, 빛은 입자(粒子)적인 실체라는 것을 시사했다. 단색광(單色光)을 인정하지 않는 구래(舊來)의 논자나 파동론(波動論)을 주창하는 훅크는 이것에 강력하게 반대하고, 특히 훅크와의 논쟁이 격렬하게 되었기 때문에, 뉴턴은 마침내 번거로움을 피해서 침묵했다. 원래 뉴턴 자신은 뉴턴環의 연구에서 빛이 무엇인가의 주기성(週期性)을 갖는 것을 인정하고 있었다.

먼저 1665년 2項定理의 연구에서 무한급수(無限級數)의 연구에 들어가, 1666년 유율법(流率法, methodus fluxionum)의 발견에 이르고, 이 논문은 1669년, 1672년의 2회에 걸쳐 쓰여 졌지만, 일반적으로는 인정되지 않았다. 약 10년 늦어서 이것과 동일의 미적분법(微積分法)을 발견한 나이쁘니쓰와의 응답은 1676년에 시작된다(발견의 전후에 대해서의 양자의 논쟁은 십수년 후에 일어났다). 1679년 후크는 앞의 논쟁의 후 비로서 뉴턴에게

편지하고, 천체운동의 문제에 접촉했던 것이 기회가 되어 뉴턴은 행성운동의 연구를 재개했다. 1884년 훅크, 렌(C. Wren), 파리가 逆2乘力에 의해 케플러의 3법칙을 설명하는 것을 논의한 결과, 파리가 뉴턴을 방문해서 "이미 그 해를 얻고 있다" 라고 일컬어 발표를 권고했다. 그 결과, 1685~86년 "自然哲學의 數學的 原理"(Philosophiae naturalis principia mathematica, 1687년, 종종 "뿌린끼피아 Principia"로 약칭)의 대저(大著)가 완성되었다. 이것은 라틴어로 쓰여 졌고, 3部로 되어 있고, 力學原理, 인력(引力)의 법칙, 그의 응용, 유체(流体)의 문제, 태양계 제행성(諸行星: 모든 惑星)의 운동 등에 대해서 계통적으로 서술하고 있다.

그 후 그의 명성은 드디어 높아져, 1696년 런던에 옮겨, 조폐국장(造幣局長), 1703~27년 사이에는 王立協會의 회장으로 일했다. 뉴턴의 물리학에 있어서 수학적 방법의 완성은 실로 정밀자연과학(精密自然科學)의 궤범(軌範)이 되고, 근대과학의 할아버지로 보이게 되었다. 그는 또 화학, 연금술(錬金術)의 실험에 몰두했지만, 그 결과는 발표되어 있지 않다. 또 신학(神學)에 관한 저술도 있다. 평생 결혼하지 않고, 웨스트민스타 사원(寺院)에 매장되었다.

라그란지

(제 11 장, 17.2.1 ㄱ 참고)

① **라그란지**(Lagrange, Joseph Louis, 1736.1.25~1813.4.10): 불란서의 수학자. 19세에 생지(生地)의 도리노 육군학교 수학 교수. 1766년 L. 오일러의 후임으로서 후리도릿히 대왕에 초대되어, 베르린・아카데미 수학부 부장, 1787년 빠리에 부임 신설의 고등사범학교 및 이공과대학의 교수가 되었다. 등주문제(等周問題)의 연구에서 변분법(變分法)을 세운 것은 22세 경의 일로, 오일러의 추장(推奬)을 받았다. 훼르마 문제 등에 관한 정수론(整數論), 미분방정식론의 일반적 연구, 또 타원(楕圓)함수, 불변식론(不變式論) 등에 관해서도 많은 연구가 있다. 특히 역학(力學)에 관해서는 일반화좌표를 도입해서 역학의 기초방정식을 유도, 그 저서 "해석역학(解析力學, Mécanique analytique, 1788)"에 의해 역학은 새로운 발전의 기초를 얻었다. 또 천체역학(天體力學)에 있어서도 다수의 연구가 있고, 특히 3体문제의 연구는 유명하다. 음향학(音響學)에서는 진동의 문제의 완전해를 부여해, 반향(反響), 울림〔점(唸)〕, 결합음(結合音) 등도 설명했다. 메타법 제정 때는 그 위원장으로써 역학에 진력을 다 했다.

☔ 랜킨 (16.1.3 항 참고)

② **랜킨**(Rankine, William John Macquorn, 1820.7.5~1872.12.24): 스코트랜드의 공학자, 물리학자로 애딘바라 대학에서 수학했다. 처음에는 철도고학의 연구를 수행했지만, 1850년경에서 물리학의 연구를 하고, 1855년 그라스고 대학의 교수가 되었다. 분자와(分子渦)라고 하는 독특한 모델을 세워 열학(熱學)을 연구하고, 기체・액체의 열적성질, 열기관(熱機關)의 이론 등에 공헌했다. 1855년 에너지의 상호교환을 기본으로 하는 과학을 논하고, 이것에 energetics(에너지學) 라고 하는 이름을 부여했다.

☔ 레이놀즈 (9.3.2 항, 14.2.2 항, 15.3.4 항 참고)

③ **레이놀즈**(Reynolds, Osborne, 1842.8.23~1912.2.21): 영국의 공학자, 물리학자. 캠브리지에서 수학, 1868년 멘체스터의 오엔스대학에서 공학 교수가 되고, J. J. 톰슨을 비롯 많은 우수한 제자를 양성했다. 수력학(水力學), 기체역학(氣體力學) 및 그 응용에 공헌하고, 열량확산계(熱量擴散計)를 발명, 또 관 속의 흐름 등을 실험적으로 연구해서, 난류로 옮기는 유속(流速)을 주어지는 레이놀즈수 및 유체운동의 상사(相似)의 법칙(레이놀즈의 相似法則, 1879)을 발견했다. 또 윤활(潤滑)의 이론에도 공헌했다.

☔ 레일리 (15.4.2 항 참고)

레일리(Lord Rayleigh, 본명은 John William Strutt, 1842.11.12~1919.6.30): 영국의 물리학자, 켐부리치 대학에서 수학하고, 1866년 도리니티・카렛지의 휄로우, 1873년 레일리 경(卿)이 되고, 동년 왕립학회(王立學會)의 회원으로 선출되었다. 1879년 막스웰의 뒤를 이어 동대학의 캬웬디슈 교수가 되고, 재직 5년으로 퇴직하고, 에셋크스 주 다링 의 사저(私邸)의 실험식에서 연구를 계속했다. 전자기학(電磁氣學), 광학(光學), 연속체역학(連續體力學), 열학(熱學), 음향(音響), 탄성파(彈性波) 등 고전물리학의 전영역에 걸쳐서 이론・실험의 양면에서 많은 공헌을 했다. 또 유체역학에 연구, 그 중에도 전단(剪斷, 시어)流의 안정성, 대류발생의 연구가 유명하다. 1894년 람제와 함께 아르곤을 발견하고, 암석 중의 아르곤과 질소의 함유량을 자세하게 조사하고, 지구대기의 기원의 연구의 단서(端緖)를 제공했다. 1904년에 노벨 물리학상을 받았다. 주저(主著)로는 "Theory of sound〔음(音)의 이론(理論)〕, (2 권, 1877-78)"은 고전적 명저로 되어 있다.

☂ 로렌쓰 (제 2장 12절에 참고)

로렌쓰(Lorenz, Edward N., 1917~): 미국의 기상학자. 카오스이론의 스트레인·어트랙터(strange attracter)의 하나, 로렌쓰-어트렉터의 발견자로써 유명하다. 대기대순환(大氣大循環)의 이론적 연구, 특히 유효위치에너지 개념을 도입, 대기운동의 비주기성과 이론적 예측가능성의 연구 등으로, 카오스이론을 비롯하여 독창적인 업적을 쌓았다. MIT 교수.

☂ 로스비 (4.2절, 16.3절, 16.4.4항, 17.1절. 17.3.4항 참고)

로스비(Carl-Gustaf Arvid Rossby, 1898~1957): 스웨덴에서 태어난 세계적인 기상학자이며 해양학자이다. 후에 아메리카에 귀화. 로스비波의 이름으로 불리는 장파(長波)의 발견자이다. 편서풍(偏西風) 젯트류의 연구로 시카고학파의 지도적 입장에 섰다. 아메리카의 기상학회를 활발하게 만들어 학회지(學會誌)를 창간했다. 또 스웨덴의 지구물리학회지 "Tellus"도 창간했다. 아울러서 기상교육·연구 면에서도 아메리카의 제(諸; 모든)대학의 기상학부 및 스톡홀름의 국제기상연구소의 창립에 큰 역할을 했다. 그 문하생에서 수많은 우수한 기상학자들이 배출되었다. 또 지도적인 연구자에게도 큰 영향을 미쳤음으로 근대 기상학의 아버지로 불리고 있다.

☂ 리차드슨 (제 11장 1절, 18.1.1항 참고)

리차드슨(Richardson, Lewis Fry, 1881~1953): 영국의 기상학자(氣象學者), 수리물리학자로 뉴캐슬(Newcatle upon Tyne)에서 태어났다. 수치계산법(差分法)을 발전시켜 물리학의 문제에 응용했다. 난류이론(리차드슨수)으로 수많은 선구적 업적이 많지만, 기상학(氣象學)상의 최대의 공헌은 수치예보(數値豫報)와 대기운동에 있어서 확산의 문제에 差分法을 응용한 것으로 금일의 수치예보의 파이오니어(開拓者, 先驅者, 主唱者, 先鋒, pioneer)라고 말할 수 있는 최초의 시도이다. 이것은 실패로 끝나서 "리차드슨의 꿈"이라고 일컬어지지만, V.F.K. 비야크네스(Bjerknes, 1862~1951, 노르웨이)의 제안을 실행하려고 했던 것이다. 그 결과를 정리해서 저서로는 "수치적 수법에 의한 일기예보(日氣豫報), 1922, weather prediction by numerical process"를 간행했다. 금세기의 數値豫報에 선편(先鞭: 남보다 먼저 시작하거나 자리를 잡음)을 붙였다. 만년(晩年)에는 심리학(心理學)에 취미를 가져, 국제관계로의 數學에 응용, 전쟁의 원인에 대해서 논한 논문인 기대시간론(期待時間論) 등을 발표했다. 기상분야에서는 위의 것 외에 計算技術, 亂流論, 氣象測器 등에 관해서의 논문이 있다. 리차드슨數는 그의 이름을 딴 것이다.

리차드슨의 꿈(dream of Richardson): 제 1차 세계대전 중, 유체역학의 방정식을 실제의 대기의 흐름에 적용해서 수치예보를 시도했다. 그는 6주간에 걸쳐서 방대한 수계산(手計算)을 행했다. 그러나 뮤-헨 가까이의 지점의 기압변화는 6시간에 145 hPa 이라고 하는 터무니없는 값이 되어, 인류최초의 數値豫報는 실패로 끝이 났다. 중력파(重力波)의 진폭이 너무 커진 것이 실패의 원인으로 생각되고 있다. 그의 저서 "수치적 방법의 의한 일기예보" 속에서 그는 "아마 언젠가는 數値計算이 일기의 변화를 사전에 예측(豫測)하는 일이 될 것이다. 그러나 그것은 꿈〔몽(夢)〕이다" 라고 진술하고 있다. 리차드슨의 꿈은 프린스톤 대학의 챠니((J. G. Charney)들의 그룹에 의해 약 30년 후에 실현되게 되었다.

☂ 마르그레스

(제 2장 10, 12절, 11장 참고)

마르그레스(Margules, Max R., 1856~1920): 오스트리아〔오태리(墺太利), Austria〕의 기상학자. 부로디에서 태어났다. 윈의 중학교에서 수학과 물리학을 배웠다. 폭풍우(暴風雨)의 에너지론(903년)을 발표했다. 그 속에서 상이(相異)한 온도를 갖는 기단이 병존하는 경우에 상대적인 이동이 일어나, 안정한 성층에 도달할 때에 위치(位置)에너지가 감소해서 운동(運動)에너지로 전환하는데, 그러기 위해서 폭풍이 발생하는 것으로 논단(論斷)했다. 또 전선의 양쪽의 기단의 풍속과 기온에서 전선의 경사를 주어지는 마르그레스의 식을 도출했다. 퇴직 후 세계 제 1차 대전의 궁핍 속에서 영양실조로 1920년 10월 4일 생을 마감했다.

☂ 베게너

(제 1장 7절에 참고)

알후레드 로타하르 베게너(Alfred Lothar Wegener, 1880~1930): 독일의 기상학자. 지구물리학자. 대륙이동설(1912)의 제창자로써 저명하다. 플레이트 텍토닉스(plate tectonics) 이론의 발전으로 재평가되고 있다. 탐험가(探險家)로써 1906년 4월 5~7일 기구(氣球)로 52시간 체공(滯空)기록. 1912년 2번째의 그리인랜드(Green land) 탐험, 중앙 횡단에 성공. "대기열역학(大氣熱力學, 1911년)" 간행. 1929년 3번째의 그리인랜드 탐험에서 행방불명(行方不明)이 되었다.

■ 베르누이, Bernoulli 일가(一家), 10명의 유명 수학자 배출

1. 쟈크 베르누이

쟈크 베르누이(Jacques Bernoulli, 1654.12.27~1705.8.16): 스위스의 수학자. Jakob 또는 James 라고도 말한다. 스위스 은행가 릭코라우스 베르누이의 제 1 자(子). 동생 쟌에서 손자(孫子), 증손(曾孫)까지 일족(一族)에서 **18 세기에 10 명의 유명한 수학자를 배출했다**. 쟈크는 수학(數學)을 독학으로 배웠다. 1686년에 바젤 대학의 수학 교수가 되고, 등시곡선(等時曲線)의 결정에 역사 상에서 최초로 미분방정식(微分方程式)을 이용했다(1690년). 에라스치가의 문제에서 레무니스케트를 발견하고, 타원적분에 직면(直面, 1694년), 또 등주(等周)문제를 제출해서 동생과 解(해)를 경쟁했다(1697~1718). 1713년에 출판된 "추론술(推論術, Ars Conjectandi)"에는 조합론(組合論), 2 항정리(項正理), 베르누이數, 확률론(確率論)의 베르누이의 정리(定理) 등이 포함되고, 후에 생(甥, 생질, 조카)이 편찬한 보편(補篇; 보충한 책)에는 급수(級數)의 응용이 포함되어 있다.

2. J. 베르누이(父)

쟌 베르누이(Jean Bernoulli, 1667.7.27~1748.1.1): 스위스의 수학자. Johann 또는 John 이라고도 한다. 상게[上揭: 위에서 게재(揭載) 함]한 쟈크의 동생. 쟌은 의학(醫學)을 수양(修養)했지만, 형에 이어서 수학을 공부하고, 호이헨스의 추거(推擧)에 의해 네덜란드의 후로리겐 대학의 교수가 되었다. 형의 사후(死後)에 스위스에 돌아가 바젤 대학 교수가 되었다. 그는 1696년에 제출한 최속강하선(最速降下線)의 결정의 문제는 형제(兄弟) 외에도 뉴턴, 라이쁘닉쓰, 로삐탈(G. F. A. L'Hospital)도 풀었다. 형이 제출해서 풀지 못했던 현수선(懸垂線)의 결정에도 성공하고(1691년), 더욱이 곡선군(曲線群)의 포락선(包絡線)이나 곡면상의 측지선(測地線)을 연구했다. **중력가속도(重力加速度)를 나타내는데 처음으로 g 의 기호를 이용했다**.

☂ 3. D. 베르누이(次男)

(제 12.2.4 ㄴ, 15.2.4항 참고)

다니엘 베르누이(Daniel Bernoulli, 1700. 2. 8~1782. 3.17): 스위스의 이론물리학자. 수학자 쟌 베르누이(Jean Bernoulli) 의 의 차남(次男). 1725년 빼때루스부르크 대학 수학 교수. 후에 바세르대학 물리학 교수. 용기(容器) 속의 유체가 구멍에서 흘러나오는 운동을 취급했다. 소위 베르누이의 法則 등의 유체역학에 있어서의 연구, 기체운동론(氣體運動論)의 선구적인 생각 등의 공헌은 1730년 전후에 이루고, 주저(主著) "流體力學"(1738)에 수록되었다. 또 현(絃), 판(板), 오르간의 진동의 이론을 주어져, 일반의 진동(振動)이 고유진동의 중첩으로 주어지는 것을 나타냈다. 외에 확률론(確率論)의 연구도 있다.

베르셰론

(11.4.5 참고)

베르셰론(Tor Harold Percival Bergeron, 1895~1977): 스웨덴의 기상학자로 노르웨이 학파의 한사람. 대기의 3차원 총관해석, 일기예보 및 일기해석, 강우기구에 대해서의 빙정설(氷晶說, 1928~35), 과냉각수적에서 강우에 관한 베르셰론-휜다이센의 설(Bergeron-Findeisin theory)을 제창(1933). "물리적 유체역학"(V. 비아크네스 등과 공저, 1933) "기상역학과 일기예보"(J. 비야크네스 등과 공저, 1958)를 간행(刊行).

베셀

(제 13.5절 참고)

베셀(Bessel, Friedrich Wilhelm, 1784.7.22~1846.3.17): 독일의 천문학자 겸 수학자이다. 어린 시절에는 상업에 뜻을 두었으나, 항해(航海)에 흥미를 갖았기 때문에 천체관측을 습득하고, 천문학, 수학을 배웠다. 1813년 케니히스벨크 천문대 초대 대장이 되었다. 기초천문학, 특히 항성(恒星)의 위치 연구에 공헌했다. 1838년 백조(白鳥)좌 61번 성(星)의 시차(視差)의 위치를 정하고, 별의 거리로써 확실한 값을 최초로 냈다. 또 1840년에는 천왕성(天王星) 외의 혹성(惑星) 해왕성(海王星)이 존재할 가능성을 시사했다. 시리우스성(星)의 암흑반성(暗黑伴星)의 예지 등도 그의 업적에 추가된다. 베셀함수는 1824년경 혹성운동론(惑星運動論)의 연구에 있어서 취급한 것이다.

베졸트

(제 2장 4절 참고)

베졸트(Wilhelm von Bezold, 1830~1907): 독일의 기상학자(氣象學者), 지구물리학자(地球物理學者). 독일의 기상사업의 추진에 전력함. 기상학에 처음으로 온위(溫位, potential temperature)의 개념을 도입함. 베르린 기상대장(氣象臺長, 1885~1907), 베를린 대학에서 기상학을 강의.

☂ 브런트 (3.7절 참고)

브런트(Sir David Brunt, 1886~1965): 영국의 기상학자이며, 부런트-바이살라 振動數(Brunt-Vȁisȁlȁ frequency) 발견자의 한사람이다. "물리기상학 및 기상역학(1934년)"은 영문으로 써진 최초의 이론기상학(理論氣象學)의 서물(書物)이다.

☂ 비야크네스(父) (제 11장 1절, 18.1.1 항 참고)

비야크네스 V.F.K.(Vilhelm Frimann Koren Bjerknes, 1862~1951): 노르웨이 지구물리학자, 물리학자, 기상학자. 종관기상학(綜觀氣象學)의 방향과 역학기상의 방향의 두 개의 연구의 흐름을 나타냈다. 그의 위대한 기상학상의 업적에 의해, 근대기상학의 조부(祖父; 할아버지)로 불리고 있다. 라이뿌찌히 대학 교수, 지구물리학연소장으로써 근대기상학의 출발점이 된 라이뿌찌히學派(학파)를 열었다. 제1차 세계대전 후 모국에 돌아와서 베르겐 대학 교수가 되고, 노르웨이학파(베르겐學派)를 형성하고, 극전선론(極前線論), 저기압론(低氣壓論) 등의 선편(先鞭)을 붙었다. 그 후, 오스로대학 교수가 되었다.

☂ 비야크네스(子) (6.11절, 11.1, 12.4 절, 참고)

비야크네스, J.A.B.(Jacob Aall Bonnevie Bjerknes, 1897~1975): 아메리카에 귀화한 노르웨이 기상학자. V. 비야크네스의 아들로, 노르웨이학파의 중심인물. 그의 저기압론(低氣壓論)은 綜觀氣象學의 최고의 성과로, 금일의 온대저기압(溫帶低氣壓)의 기본상(基本像)을 부여했다. 면년의 大氣-海洋相互作用〔특히 텔레코넥션, teleconnection 원격상관(遠隔相關, 長期豫報) 씨소〕의 연구는 대기대순환론(大氣大循環論)에 있어서 현저한 업적이다. 각종의 직역(職歷: 직장의 경력) 후, 캘리포니아 대학의 교수가 되었다.

☂ 셀시우스 (4.1절 참조)

셀시우스(Anders Celsius, 1701~1744): 스웨덴의 천문학자이며 물리학자이다. 무뿌하라 대학 교수(1730~44)를 역임했고, 온도의 섭씨눈금의 원안(原案)(현재와는 반대방향)의 고안자(考案者)이다. 불안서(리온)의 의사 크리스틴(M. Christin)이 1740년대에 현재와 같은 물의 빙점을 0, 비점을 100으로 하는 온도눈금을 고안했다.

쇼

(5.2.2. 항 참조)

쇼(Shaw, Sir William Napier, 1854~1945): 영국의 기상학자, 물리학자로 저기압론(低氣壓論)의 선구자가 되는 일을 했다. 영국의 기상국장(氣象局長)을 역임했고, 퇴임 후, 런던 대학의 교수로 기상학 교실 개강(開講)을 했다. 또 국제기상기관(國際氣象機關, IMO)의 총재(1907~1923)를 역임했다. "日氣豫報", "공기와 그 흐름", "대도시(大都市)에 있어서 연기〔연(煙)〕", "기상학편람(氣象學便覽)" 전 4권 등을 간행했다.

스토멜

(4.3 절)

스토멜(Stommel, Henry Melson, 1920.9.27~): 아메리카의 해양물리학자. 1960년 하바드 대학 교수. 1963년 마사츄세쓰 공과대학 교수. 해양학의 이론에 공헌이 많다. 특히 만류(灣流)나 흑조(黑潮)와 같은 서안강화류(西岸强化流)가 생성되는 이유를 설명한 논문이 유명하다.

스토크스

(제 12.1, 4 절, 제 15 장)

스토크스(Stokes, George Gabriel, 1818.8.13~1903.2.1): 영국의 물리학자. 캠브리지에서 배우고, 1849년 동 대학의 교수가 되었다. 맥스웰들의 많은 사람들에게 영향을 주었다. 연구는 연속체역학(連續體力學), 광학(光學)의 이론과 실험, 더욱이 물리수학 등 다기(多岐)에 걸친다. 점성유체의 방정식을 連續體(연속체)모델에서 유도(1845년), 그 흐름의 연구, 또 波高(파고)가 작지 않은 波의 취급을 정식화(正式化)했다. 광학에 대해서는 회절(回折)의 이론 등의 외에, 형광(螢光)에 관계하는 스토크스의 법칙을 유도했다(1852). 흡수(吸收)스펙트럼, 자외부(紫外部)스펙트럼 등의 연구도 했했다.

에크스너

(5.1.2. 항 참조)

에크스너(Exner, Felix, 1876~1930): 오스트리아의 기상학자로 "氣象力學(1916)"의 간행으로 유명하다. 아메리카에 체재 중에 익일(翌日: 다음 날)의 일기도(日氣圖)를 완전히 계산만으로 예측(豫測)하는 것을 연구했다. 1917~1930년 윈 중앙기상대장 겸 윈 대학 교수를 역임했다.

☂ 오일러 (2.2.4의 ㄱ, 4.3.1항 11장, 15.2.4, 17.2.1 ㄱ 참조)

오일러(Euler, Leonhard, 1707.4.15~1783.9.18): 수학자, 스위스의 바셀에서 태어남. 베르누이家의 수학자들의 영향 하에서 성장했다. 1727년 D. 베르누이를 따라서 빼때르부르크로 향하고, 1730년 아카데미에서 강의하고, 1733년에 베르누이의 후임으로써 수학 교수가 되었다. 후리도리삐 大王에게 초빙(招聘)되어 1741~66년 베를린에 재주(在住), 아카데미 수학부장으로써 그 발전에 관여했다. 이어서 빼때르부르크로 돌아와 거기서 죽었다. 수학에 있어서는 미적분학의 발전, 변분학(變分學)의 창시에 공헌한 외도 대수학(代數學), 정수론(整數論), 기하학(幾何學) 등의 다방면에 걸쳐서 큰 업적을 남겼다. 뉴턴의 운동방정식을 비롯해서 해석(解析)적으로 정식화(定式化)(1736)하고, 오일러의 방정식을 제출(1736), 최소작용의 원리(1744), 유체의 운동방정식(1755), 강체(剛體)의 운동방정식(1760)을 주어지고, 탄성현(彈性弦)의 진동을 논하는 등 뉴턴역학의 수리적 발전에 큰 공헌을 하는 한편, 지구의 장동(章動)이나 토성(土星), 목성(木星), 달의 운동을 논해서 3体문제, 섭동론(攝動論) 등 천체역학(天体力學)의 기초를 열었다. 그 외 음향(音響)의 연구, 빛(光)의 파동설(波動說)을 전개, 색(色)없어짐 렌즈의 창안 등 다채로운 족적을 남겼다. 많은 저작(著作)이나 유고(遺稿)가 있고, 전집(全集)은 아직까지 완결되고 있지 않다.

☂ 이디 (17.3.5 항 참조)

이디(Eric T. Eady, 1915~1966): 영국의 수학자, 기상학자. 경압불안정(傾壓不安定)을 챠니와는 독립적으로 발견한 것으로 유명하다. 만년(晩年)에 지구물리학(地球物理學), 유체역학(流體力學), 생화학(生化學) 등의 기초론으로 전환했다. 임페리알 칼리지 교수였다.

☂ 정야 중방 (5.2.5 항 참조)

정야 중방(正野　重方, 1911~1969): 일본의 기상학자, "대기요란(大氣擾亂)의 연구, 1940~1948)"로 유명하다. 상층대기의 요란의 동정(動靜)을 와도(渦度)의 관점에서 해석해서, 세계적으로 선구적인 업적으로써 평가되고, 1950년 학사원상(學士院賞)을 수여받았다. 1944년부터 동경대학(東京大學) 교수가 되었다. 수치예보(數値豫報)그룹을 조직하고, 일본의 數値豫報 발전의 기초를 세웠다. 1960~1965년 일본기상학회 이사장을 역임했다. 다수의 후진을 육성한 교육자이기도 했다. "기상역학서설(氣象力學序說)" 을 간행했다(1955).

쥬링

(3.5절 참조)

쥬링(Reinhard Süring, 1866~1950): 독일의 기상학자. 한(Hann)과 공저의 기상학서(氣象學書)로써 유명하다. 1901년 베르손과 함께 기구(氣球)에 타고 10 km 이상까지 상승하고, 제관측(諸觀測)을 실시하고, 1896~1897년 국제운년(國際雲年)의 구름의 관측을 정리했다. 1936년 지금까지의 성과를 집대성 "구름"을 간행했다.

챠-니

(18.1.1 항 참조)

챠-니(Jule Gregory Charney, 1917~1981): 미국의 대표적인 이론기상학자(理論氣象學者). 경압불안정성(傾壓不安定性)의 발견(1947년, 이디도 독립적으로 발견), 척도(尺度)의 이론과 준지형풍근사(準地衡風近似)의 도입에 의한 수치예보의 성공에 있어서 지도적 역할을 했다(1949년). 풍성해류이론(風成海流理論), 행성파(行星波)의 연직전파이론(드리이진과 함께), 허리케인발달론(에리아센과 함께), 사막화(砂漠化)와 한발(旱魃; 가뭄)의 역학이론, 저색(沮塞, 블로킹)의 역학이론 등, 역학기상에 중요하고 기본적인 테마에 몰입하고, 결국 선구자의 일을 하고, 거대한 족적(足跡)을 남겼다. 더욱이 GARP의 창시자(創始者), 추진자의 한 사람 이였다. MIT 교수였다.

켈빈

(2.9절, 3.3절, 4.1절, 16.4 절 참조)

켈빈(Lord Kelvin, **본명은** William Thomson, 1824.6.26~1907.12.17): 영국의 물리학자, 캠브리지 및 파리에서 수학. 1846년에서 그라스고 대학의 자연철학 교수가 되었다. 후리에의 이론에 영향을 받아, 1842년에 열전도와 정전기의 문제의 유사(類似)를 론하고, 45년에 경상법(鏡像法)을 발표하고, 더욱 47년에는 쿠롱, 포아손, 그린(G. Green)의 이론과 화라디의 역선(力線)의 사고의 동등성을 나타냈다. 또 카르노의 열기관의 이론에 근거해서 1848년에 **절대온도(絶對溫度) 눈금**을 도입, 더욱 쥴의 열의 일당량에 관한 연구를 알고, 그 입장에서 카르노이론을 재정비해서 51년에 클라우시우스와 독립적으로 열역학 제 2법칙에 도달했다. 동년 열전기의 톰슨효과를 연구, 익년 쥴과함께 쥴-톰슨효과의 실험을 했다. 50년에서 60년대에 걸쳐서 전자기현상을 에텔역학으로써 이론화하는 시도를 행하고, 멕스웰에 영향을 주었다. 그 외 와(渦)의 이론, 배의 파(波)의 해석 등 유체역학(流體力學)에서도 중요한 공헌을 했다. 이론적 연구 외에 측정기기의 개량, 고안이 있고, 민감한 경전류계(鏡電流計)를 고안하는 등의 성공을 했다. 지구, 태양의 열적인 역사, 조석(潮汐) 등의 연구도 있다.

코리올리

코리올리(Gustave Gaspard Coriolis, 1792.5.21~1843.7.19): 불란서 응용역학자, 토목공학자, 물리학자이고 파리의 이공과대학의 교수였다. 기계공학의 이론적 고찰에서 역학의 기초원리를 추구해, 라이프닛쯔의 'vis viva' mv^2 대신에 (1/2) mv^2 을 취해 '일'이라고 하는 술어를 제창했다. 회전좌표계 상에서 운동에 수반되어 나타나는 코리올리의 힘을 제창한 것이 1828년의 일이었다.

클라우시우스

(2.9절, 3.3절 참조)

클라우시우스(Clausius, Rudolf Julius Emmanuel, 1822.1.2~1888.8.24): 독일의 이론물리학자, 베를린대학에서 수학하고, 튜리히 등을 거처, 1869년 본대학 교수가 되었다. 에너지 보존칙(保存則) 위에 서서 카르노사상을 더욱 진전시켜 열역학 제2법칙을 定式化하고, 엔트로피의 개념을 세워, 이것이 독립계의 가역변화에 있어서는 불변이지만, 비가역변화에 있어서는 반드시 증대하는 것을 나타냈다. 전해질(電解質)의 해리(解離)의 개념, 기체분자의 평균자유행로의 개념을 처음으로 도입하고, 분자론의 발전에 다대한 공헌을 했다. 또 운동하는 대전체(帶電體) 사이에 작용하는 힘에 관해서 웨버, C. G. 노이만 등에 이어서 독자의 이론을 발표했다.

클라페이론

(3.3절 참조)

클라페이론(Clapeyron, Benoit Pierre Émile, 1799.2.26~1864.1.28): 불란서의 물리학자, 이공과 대학 교수, 증기기관의 발명에 자극되어서 제출된 카르노의 열학이론의 진가를 처음으로 인정해, 그의 사후(死後) 2년을 지나서 1834년 그의 논문 "動力에 관한 메모"에 있어서 카르노의 이론을 평이화(平易化)하고 발전시키고, 또 클라페이론의 관계식(클라페이론–클라우시우스의 式이라고도 부른다)을 도출했다.

테일러

(4.2.5항, 12.2.1 항)

테일러(Taylor, Sir Geoffrey Ingram, 1886.3.7~1975.6.27): 영국의 물리학자, 응용역학자(應用力學者). 켐부리지의 트리니티・카렛지에서 수학. 왕립협회의 연구교수. 기상학(氣象學), 유체역학(流體力學), 탄성론(彈性論), 소성론(塑性論: 탄성을 지닌 고체의 변형을 연구하는 학문), 항공역학(航空力學) 등의 넓은 부분에 걸쳐서 공헌했다. 특히 流體力學에 있어서는 亂流의 와도수송이론(渦度輸送理論)과 등방성난류이론(等方性亂流理論)

의 제창, 塑性論(소성론)에서는 전위이론(轉位理論)을 시작한 것으로 유명하다.

티세리우스 (제 13 장 참조)

티세리우스(Tiselius, Arne Wilhelm Kaurin, 1902.8.10~1971.10.29): 스웨덴의 물리화학자, 생화학자. 우쁘사라대학 졸업 후, 동대학의 스웨도베리 밑에서 콜로이드화학의 연구를 하고, 1938년 동대학 교수가 되었다. 주로 단백질의 전기영동(電氣泳動)을 이동계면법(移動界面法, moving-boundary method)에 의해 연구하고, 1937년 티세리우스의 장치(裝置)를 고안했다. 혈청(血淸)단백은 아르부민, α, β, γ 그로부린의 4종으로 분리되는 일 및 항체(抗體)가 γ 그로부린인 것을 발견했다. 그 외에 아미노산 및 단백분해물의 용액의 흡착법(吸着法)에 의한 분석에 대해서의 연구가 있다. 1948년 노벨화학상을 받았다.

페터슨 (4.2절 참고)

페터슨(Sverre Petterssen, 1898~1974): 노르웨이의 대표적인 종관(觀氣, 總觀)기상학자이다. 아메리카, 영국에 길게 체류하면서 국제적인 활약을 했다. IMO와 WMO, ICAO 등의 제위원회 위원장을 역임했다. "日氣解析과 豫報, (1956년)", "氣象學入門(1969년)"은 유명한 기상학의 교과서였다. 노르웨이 기상국, MIT 교수, 영국의 기상국(氣象局), 시카고대학 교수 등을 역임했다.

하르비츠 (3.7절, 16.4.4 항 참조)

하르비츠(Haurwitz, Bernhard, 1905~1986): 독일 출신의 미국 기상학자. 로스피파에 남북의 폭을 고려한 경우의 파속공식(波速公式)을 정리하고(1940년), 후에 로스비-하르비츠波(Rossby-Haurwitz wave)로 불리게 되었다. MIT準教授, 아메리카國立大氣硏究所(NCAR) 주임연구원, 콜로라도 주립대학 교수를 역임했다.

헬름홀쯔 (12.2.4항 ㄷ, 16.4절 수록)

헬름홀쯔(Hermann Ludwig Ferdinand von Helmholtz, 1821.8.31~1894.9.8): 독일의 생리학자, 물리학자, 의학교 생도가 되어, 베르린대학에서 수학했다. 生理學者 뮬러(J. P. Müller)의 문하생(제자)이 되어, 1842년 학위를 받았다. 익년(翌年: 다음 해) 군의 외과의가 되어, 옆근(筋)의 熱 발생 등에 대해서 연구를 시작했다. 1847년 베를린의 물리학회에서 '힘의 보존에 대해서'라고 하는 강연을 하고, 에너지의 보존칙이 물리학 전반에 성립하는 것을 진술했다. 1849년 케니히스베르크 대학의 생리학 및 일반병리학원외 교수. 1850년 신경흥분전도속도를 측정하고, 51년 검안경을 발명, 55년 본대학 해부학, 생리학 교수, 생리광학의 연구를 주로 하고, 색각(色覺)에 관한 영의 설을 발전시키는 많은 공헌을 했다. 1858년 "流體力學 상의 諸方程式의 渦에 대응하는 적분에 대해서"를 발표. 동년 하이델베르크 대학 생리학 교수. 주로 청각(聽覺)에 관한 연구를 속행(續行)했다. 또 기하학의 공리(公理)의 문제에 몰두했지만. 1869년에서 전기역학의 이론으로 전향. 1871년 베를린 대학 물리학 교수. 원격작용(遠隔作用), 근접작용(近接作用)의 문제를 취급, 맥스웰 이론으로의 안내를 주어졌다. 1877년 열역학의 이론을 열화학 및 전기화학으로 처음으로 응용. 이 해에 베를린대학 총장이 되었다. 1888연 신설의 국립이공학연구소 소장. 기상학에도 관계해서, 권운(卷雲)의 연구가 있고, 1892년 빛〔광(光)〕의 분산의 전자기학적(電磁氣學的) 이론을 보고. 그 "통속강연(通俗講演)"(Vorträge und Reden, 2卷, 5版, 1903)은 널리 자연과학의 제문제에 접하고 있다. 철학자로써도 알려지고, A. 랑게(A. Lange) 등과 함께 前期 新칸트학파에 속한다. 〔主著〕 Handbuch der physiologischen Optik, 3卷, 1856~66; Lehre von den Tonempfindungen, 1862; Gesammelte wissenschaftliche Abhandlungen, 3卷, 1881-95; Vorlesungen über theoretische Physik, 6卷, 1897~1907.

참고문헌

⊙ 국내

◎ 단행본

곽종흠・소선섭, 1999: 일반기상학. 교문사, 8쇄 발생, 쪽 347.

____ ・_____ 외 5명, 1995: 지구과학개론, 교문사, 8쇄 발행, 쪽 539.

김광식 외 14인, 1973 : 한국의 기후. 일지사, 초판발행, 쪽 446.

____ 집필 및 편집대표, 1992: 기상학사전, 향문사, 쪽 735.

김영섭・김경익, 2002: 대기광학과 복사학. 시그마프래스, 초판 1쇄 발행, 쪽 186.

소선섭 , 1996 : 기상역학서설주해. 공주대학교 출판부, 쪽 312.

_____ . ___ : 지구유체역학입문. _____________ , 쪽 334.

_____ , ___ : 대기・지구통계학, _____________ , 쪽 547.

_____ , 2003: 기상역학주해. 보성, 쪽 344.

_____ , 2005: 날씨와 인간생활. 보성, 쪽 204.

_____ ・서명석・이천우・소은미, 2007 : 고층대기관측. 교문사, 쪽 492.

_____ ・이천우, 1986: 기상관측법. 교문사, 초판 발행, 쪽 377.

_____ ・정창희, 1985: 기상역학서설. 교학연구사, 초판발행, 쪽 455.

數學大辭典(수학대사전), 1975: 7人의 책임편집위원+ 26人의 집필자. 創元社, 쪽 1207.

이원국・소선섭 외 7인, 1992: 지구과학실험. 교문사, 초판발행, 쪽 376.

한국기상학회, 1996 : 대기과학용어집. 교학사, 쪽 492.

한국지구과학회, 1992 : 지구물리학개론. 법문사, 역자 소선섭 외 16인, 쪽 467.

___________ . 1999 : 지구과학개론. 교학연구사, 2쇄 발행, 쪽 818.

홍성길, 1988 : 기상분석과 일기예보. 교학연구사, 3판 발행, 쪽 531.

환경과학・공학대사전(環境科學・工學 大辭典), 1994: 신성의(申盛義) 편저. 도서출판 동화기술(東和技術), 頁 587.

◎ 논문

소선섭・이규현・윤성석・김명환・손정호・전창근・진수광, 1995: 回轉 圓筒水槽 實驗의 波動類型 分析. 한국기상학회지, 31권, 2호, 159-168.

소선섭・신홍렬・김명환・윤성석・손정호・윤진석・진수광・전창근, 1997: 回轉水槽에서 나타나는 傾壓不安定波의 內部構造. 한국기상학회지, 33권, 4호, 753-764.

소선섭・신홍렬・손정호・김명환・윤진석・진수광, 1999: 不等加熱된 回轉流体水槽에서 발생하는 定常傾壓波의 熱構造. 한국기상학회지, 35권, 1호, 87-97.

소은미(蘇恩美), 1006: 회전원통삼중수조 실험에서 베타효과가 안정성층에 미치는 영향. 公州大學校 자연과학대학 대기과학과 석사학위논문, pp. 48.

윤진석(尹秦錫), 1998: 回轉三重水槽에서 열적으로 유도된 傾壓流의 장애물 효과. 公州大學校 敎育大學院 科學敎育(地球科學)專攻 석사학위논문, pp. 42.

⊙ 국외

◎ 동양

高橋浩一郎・內田 英治・新田 尙: 1987: 氣象學百年史. -- 氣象學の近代史を探究する --， 第 Ⅱ期 氣象學の プロムナード 5, 東京堂出版, 頁 230.
呱生 道也, 1973: 回轉水槽實驗のはなし. 天氣, 日本氣象學會誌, 20, 323-333.
_______ , 1977: 回轉水槽に現れる流れの構造とその安定性. Butsuri, 32, 642-648.
光田 寧, 1983: 昭和 57年度 科學研究費 補助金 研究成果 報告書, pp. 124.
廣重 徹, 1977: 力學. 東京圖書株式會社, ランダウニリフシッツ理論物理學教程, 第6刷發行, 頁 215.
久保亮五・長倉三郎・井口洋夫・江沢 洋 編集, 1994: 岩波 理化學辭典. 岩波書店. 第4版 9刷 發行, 頁 1629.
菊地 勝弘・瓜生 道也・北林 興二, 1988: 實驗氣象學入門, --- 實驗室にみる氣象の 種々相 ---. 東京堂出版, 氣象學の プロムナード 10, 頁 254.
根本順吉・新田 尙・曲田光夫・倉嶋 厚・久保木光熙・安藤隆夫・篠原武次・原田朗, 1979: 氣象. 共立出版株式會社, 頁 296.
氣象研究ノート, 1975: 流れの可視化法. 日本氣象學會, 第124号, 頁 64.
氣象研究ノート, 1985: 竹內清秀・北林興二 編集. 流体實驗, 6.2 傾壓不安定波の 回轉水槽實驗(宇加治一雄・玉木 克美), 日本氣象學會, 第152号, 頁 124.
島貫 陸, 1982: 亂流と氣象. 東京堂出版, 氣象學の プロムナード 6, 100-120 頁.
文部省, 1979: 學術用語集 氣象學編. 日本氣象學會, 第4刷 發行, 頁 140.
木村 龍治, 1979: 流れの科學. 東海大學出版會, 日本.
_______ , 1989: 流れをはかる. 日本規格協會, 日本.
肥後雅博, 1990: 東京大學 理學部 地球物理學教室(科), 修士(碩士)論文.
寺澤 寬一, 1977: 自然科學者のための數學槪論(增訂版.). 岩波書店, 第26刷, 頁 722.
_______ , 1979: _____________________ (應用編). _______ , 第18刷, 頁 714.
山本 義一, 1954: 大氣輻射學. 岩波書店, 第1刷發行, 頁 174.
_______ , 1979: 新版 氣象學槪論. 朝倉書店, 頁 235.
小嶋 稔 編, 1990: 地球物理槪論. 東京大學出版會, 初版, 頁 423.
小倉 義光, 1978: 氣象力學通論. 東京大學出版會, 初版, 頁 249.
_______ , 1984: 一 般 氣象學. ___________ , 頁 314.
松野太郎, 1983: 氣候變動 國際共同研究計劃. 日本學術會議 WCRP 分科會 報告.
_______ ・島崎達夫, 1981: 成層圏と中間圏の大氣. 大氣科學講座 3, 東京大學出版會, 頁 279.
時岡達志・山岬正紀・佐藤信夫, 1998: 氣象の數値シミュレーション. 東京大學出版會, 頁 247.
新田 尙: 1993: 新氣象讀本. -- 新しい氣象學入門 -- , 第 Ⅱ期 氣象學の プロムナード 11, 東京堂出版, 再版發行, 頁 290.
岸保勘三郎, 1955: 數値豫報論. 氣象學講座 第 16 卷, (株)地人書館, 頁 93.
________ , 1981: 數値豫報新講. 新氣象學 薦書, 地人書館(東京・文京), 頁 180.
________ ,・佐藤信夫, 1992: 新しい氣象力學. -- 氣象の謎を解く鍵を與(与)える--, 第 Ⅱ期 氣象學の プロムナード 1, 東京堂出版, 再版發行, 頁 204.
安成 哲三, 1984: モンスーンの30 - 50日周期變動と中・高緯度循環. グロースベッター(長期豫報グループ報告書). 22, No. 2, 1-16.
永田 武・等松 隆夫. 1973: 超高層大氣の物理學. 裳華房, 物理科學選書 6, 頁 453.

奥田 穰 編譯, 1977: 氣象學の基礎(下). -- 總觀氣象學と豫報 -- , 共立出版株式會社, 頁 134.
宇加治 一雄・玉木 克美, 1985: 傾壓不安定波の回轉水槽實驗, 氣象研究ノート,
日本氣象學會誌, 152, 90-104.
栗原宣夫, 1979: 大氣力學入門. 岩波全書, 岩波書店, 頁 244.
日本氣象廳, 1993: 氣象廳 技術報告, 113, pp. 200.
日本氣象學會 編, 2004: 氣象科學事典, 東京書籍株式會社, 第3刷 發行, 頁 637.
日本數學會編集, 1978: 岩波 數學辭典. 岩波書店, 第2版, 頁 1139.
立平良三, 1993: 新しい天氣豫報. -- 確率豫報とナウキャスト -- , 第 Ⅱ期 氣象學のプロムナード 2, 東京堂出版, 再版發行, 頁 186.
齋藤錬一, 1984: 氣象學の教室. 東京堂出版, 頁 491.
朝倉 正, 1966: 長期豫報技術檢討資料(日本 氣象廳).
______, 外 6人 編集委員, 1981: 氣象ハンドブック. 朝倉書店. 第4刷, 頁 698.
______・關口理郎・新田 尙 編者, 1995: 新版 氣象ハンドブック. 朝倉書店. 初版 第1刷, 頁 773.
增田善信, 1981: 數値豫報. -- その理論と實際 -- , 氣象學のプロムナード 3, 東京堂出版. 頁 278.
倉嶋 厚, 1972: モンスーン ____ 季節をはこぶ風 ____ .河出書房新社, pp. 251.
天氣, 2007: 氣候情報, 2007年 1月の大氣大循環と世界の天候. 日本氣象學會, Vol. 54, No. 3, 頁 46.
淺井 富雄・武田 喬男・木村 龍治, 1981: 大氣科學講座 2, 雲や降水を伴う大氣. 東京大學出版會, 頁 249.
和達清夫 監修, 1980: 新版 氣象の事典, 東京堂出版, 5版發行. 頁 704.
___________, 1993: 最新 _________, ________, 初版發行, 頁 607.
和田 英夫, 1969: 長期豫報新講, 地人書館.
荒生公雄, 1982: 昭和57年 7月 長崎豪雨による災害の調査報告(氣象). 長崎大學學術調査団, 2-13.
會田 勝, 1982: 大氣と放射過程. 東京堂出版, 初版發行, 頁 204.
横山長之, 1992: 大氣環境シミュレーション. 白亞書房, 頁 202.

Asakura(朝倉), T., 1968: Dynamical climatology of atmospheric circulation over East Asia centered in Japan. Papers in Meteor. Geophys., 19, 1-68.
Gambo(岸保), K.・K. Kudo(工藤), 1983: Three-dimensional teleconnection in the zonally asymmetric height field during the Northern Hemisphere winter. J. Meteor. Soc. Japan, 61, 36-50.
Kanamitsu(金光), M. et al(多田, 工藤, 佐藤, 伊佐)., 1984: Description of the JMA operational spectral model. J. Meteor, Soc. Japan, 61, 812-828.
Staff members of E. C. C., JMA, 1965: 72-hr baroclinic forecast by the diabatic quasi-geostrophic model. J. Meteor. Soc. Japan, 43, 246-261.
Yang, G., 1983: The characteristics of the average zonal vertical circulation over middle latitudes of Northern Hemisphere. Scientia Atmos. Sinica, 7, No. 4.

◎ 서양

Bjerknes, V., 1904: Meteorologische Zeitschrift, 21, 1-7.
Blanchard, D. O., 1990: Bull. Amer. Meteor. Soc., 71, 994-1005.

Boas, Mary L. 1983: Mathematical methods in the physical sciences. Library of Congress Cataloging in Publication Data, 2nd edtion, 793 pp.

Browing, K. A. and Foote, G, B., 1976: Q. J. Roy, Meteor. Soc., 102, 499-533.

____________ , Fankhauser, J. C., Chalon, J. P., Eccles, P. J., Strauch, R. G., Merrem, F. H., Musil, D. J., May, E. L. and Sand, W. R., 1976: Mon, Wea. Rev., 104, 603-610.

Charney, J. G., 1947: The dynamics of long waves in a baroclinic westerly current. J. Meteor., 4, 135-162.

____________ , Fjørtoft, R. and Neumann, J. von, 1950: Tellus, 2, 237-254.

____________ , and M. E. Stern, 1962: On the stability of internal baroclinic jets in a rotating atmosphere. J. Atmos, Sci., 19, 159-172.

Chen, G. T. -J. and C. -C, Yu, 1988: Mon, Wea. Rev., 116, 884-891.

Durran, D. R., 1986: Mesoscale Meteorology and forecasting(Ray, P., ed.). 472-492, Amer. Meteor. Soc..

Eady, E. T., 1949: Long waves and cyclone waves. Tellus 1(3), 33-52.

Fowlis, W. W. and R. Hide, 1965: Thermal convection in a rotating annulus of liquid : Effect of viscosity on the transition between axisymmetric and non-axisymmetric flow regimes. J. Atmos. Sci., 22, 541-558.

Fujita, T. T., 1971: SMRP Res. Paper., 91, 42 pp.

__________ , 1981: J. Atmos. Sci., 38, 1511-1534.

__________ , 1985: SMRP Res. Paper., 210, 122 pp.

Gold, David A. and John W. Nielsen-Gammon, 2008a: Potential vorticity diagnosis of the severe convective regime. Part Ⅰ: Methodology. Mon. Wea. Rev. 136, 1565-1581.

________ and _______ , 2008b: ______________ . Part Ⅱ: The impact of idealized PV Anomalies. Mon. Wea. Rev. 136, 1582-1592.

________ and _______ , 2008c: ______________ . Part Ⅲ: The Hesston tornado outbreak. Mon. Wea. Rev. 136, 1593-1611.

________ and _______ , 2008d: ______________ . Part Ⅳ: Comparison with modeling simulations of the Moore tornado outbreak. Mon. Wea. Rev. 136, 1612-1629.

Haltiner, G. J. and Williams, R. T., 1980: Numerical prediction and dynamic meteorology. 477 pp.

Hide, R., 1953: Some experiments on thermal convection in a rotating liquid. Quart. J. Roy. Meteor. Soc., 79, 161.

_______ , 1958: An experimental study of thermal convection in a rotating liquid Phil. Trans. Roy. Soc. London, A250, 441-478.

________ & P. J. Mason, 1970: Baroclinic waves in a rotating fluid subject to internal heating. Phil. Trans. Roy. Soc. London, A268, 201-232.

Hinze, J. O., 1975: Turbulence(2nd ed.). McGraw-Hill Book Co., 790 pp.

Hoecker, W. H., 1963: Mon. Wea. Rev., 91, 573-582.

Hoskins, J. and D. J. Karoly, 1981: The steady linear response of a spherical atmosphere to thermal and orographic forcing. J. Atmos. Sci., 38. 1179-1196.

Houze, Jr., R. A., 1989: Quart. J. Roy, Meteor. Soc., 115, 425-461.

IPCC, 1990: The IPCC scientific assessment. Climate change.

Johnson, R. H. and Hamilton, P. J., 1988: Mon, Wea. Rev., 116, 1444-1412.

Khromov, S. P., 1957: Petermanns Geogr. Mitt., 101, 234-237.

Kutzbach, J. E., 1970: Large-scale features of monthly mean Northern Hemisphere anomaly maps of sea-level pressure. Mon. Wea. Rev., 98, 708-716.

Lorentz, E. N., 1951: Seasonal and irregular variations of the Northern Hemisphere sea-level profile. J. Meteor., 8, 52-59.

Madden, R. A. and Julian, P. R., 1972: J. Atmos. Sci., 29, 1109-1123.

Maddox, R. A., 1980: Bull. Amer. Meteor. Soc., 61, 1374-1387.

Marwitz, J. D., 1972: J. Appl. Meteor., 11, 180-188.

Mason, P. J., 1975: Baroclinic waves in a container with sloping end walls. Phil. Trans. Roy. Soc. London, A278, 397-445.

McNider, R. T. and Pielke, R. A., 1981: J. Atmos. Sci., 38, 2198-2212.

Nagata, M., 1991: J. Meteor. Soc. Japan, 69, 419-428.

________ , 1993: __________________ , 71, 43-57.

Namias, Jerome, 1978: Multiple causes of the North American abnormal winter 1976-77. Mon. Wea. Rev., 106, 279-295.

Newton, C. W.(ed.), 1992: Meteorology of the southern hemisphere. Meteor. Monogr., 13(35), 263 pp.

Ninomiya, K., 1989: J. Meteor. Soc. Japan, 67, 83-97.

__________ , and Akiyama, T., 1974: J. Meteor. Soc. Japan, 52, 300-313.

__________ , Hoshino, K. and Kurihara, K., 1990: J. Meteor. Soc. Japan, 68, 293-306.

___________ , Wakahara, W. and Ohkubi, H., 1993: J. Meteor. Soc. Japan, 71, 73-91.

Oke, T. R., 1978: Boundary layer climates. Methuen & Co., 372 pp.(斎藤・新田譯, 1981: 境界層の氣候, 朝倉書店, 226 頁.)

Palm n, E. and Newton, C. W., 1969: Atmospheric circulation systems. Their structure and physical interpretation. Academic Press, 603 pp.

Phillips, N. A., 1966: J. Atmos. Sci., 23, 626.

Richardson, L. F., 1922: Weather prediction by numerical process. Cambridge Univ. Press, pp. 236.

Rutledge, S. A., Houze, Jr., R. A., Biggerstaff, M. I. and Matejka, T., 1988: Mon, Wea. Rev., 116, 1409-1430.

Shapiro, M. A. and Grell, E. D., 1994: An international symposium, 27, June-1. July, 1994, Bergen, Norway, 1, 163-181.

Sikka, D. R. and Gadgil, S., 1980: Mon, Wea. Rev., 108, 1840-1853.

Spence, T. W. & D. Fultz, 1977: Experiments on wave-transition spectra and vacillation in an open rotating cylinder. J. Atmos. Sci., 34, 1261-1285.

Stull, R. B., 1988: An Introduction to Boundary layer meteorology. Kluwer Academic Publisher, 666 pp.

Uccellini, L. W. and Johnson, D. R., 1979: Mon. Wea. Rev., 107, 682-703.

von Loon, H. and J. C. Rogers, 1978: The seesaw in winter temperatures between Greenland and Northern Europe. Part I: General description. Mon. Wea. Rev., 106, 296-310.
von Neuman, J., 1959: Dynamics of climate (R. L. Pfeffer 編). Pergamon Press.
Walker, G. T. and E. W. Bliss, 1932: World weather V. Mem. Roy. Meteor. Soc., 4, 53-84.
Wallace, J. M. and D. S. Gutzler, 1981: Teleconnections in the geopotential height field during the Northern Hemisphere winter. Mon. Wea. Rev., 109, 784-812.
Yasunari, T., 1981: J. Meteor. Sic. Japan, 59, 225-229.

찾아보기

[ㅅ]

[ㅇ]

[ㅈ]

[ㅊ]

[ㅋ]

[ㅌ]

[ㅍ]

[ㅎ]

[A]

[B]

[C]

[N]

[O]

[P]

[Q]

[R]

[S]

[T]

[U]

저자소개

소선섭(蘇鮮燮)

경 력 공주사범대학교 지구과학교육과 졸업(1972년)
서울대학교 대학원 지구과학과 졸업(1974년)
일본 동경대학(東京大學) 대학원 연구생, 석사・박사 졸업(1977～1983년)
대기과학 전공, 이학박사(東京大學)
현재 공주대학교(1983부터) 대기과학과(1994년～) 교수

저 서 기상역학서설(교학연구사, 1985), 일반기상학(교문사, 1985), 기상관측법(교문사, 1986)
지구과학개론(교문사, 1987), 지구물리개론(범문사, 1992), 지구과학실험(교문사, 1992)
기상역학서설 주해(공주대학교 출판부, 1996), 지구유체역학입문(공주대학교 출판부, 1996)
대기・지구통계학 (공주대학교 출판부, 1996), 대기관측법(교문사, 2000)
승마입문(공주대학교 대기과학과, 2000), 천둥번개(雷電, 大氣電氣學)(공주대학교 대기과학과, 2000)
대기과학의 레이더(공주대학교 대기과학과, 2001), 승마와 마필(乘馬와 馬匹)(공주대학교 출판부, 2003)
기상역학 주해(註解)(공주대학교 출판부, 2003), 날씨와 인간생활(도서출판 보성, 2005)
고층대기관측(교문사, 2007)

소은미(蘇恩美)

경 력 공주대학교 자연과학대학 대기과학과 졸업(2003년)
공주대학교 자연과학대학 대기과학과 석사 졸업(2005년)
공주대학교 자연과학대학 대기과학과 박사과정 수료
공주대학교 자연과학대학 대기과학과 시간강사

저 서 고층대기관측(교문사, 2007)

◆ 연락처

○ 대 학
우 314-710, 충남 공주시 신관동 182, 공주대학교 자연과학대학 대기과학과
Tel : (041) 850-8528 Mobile : 010-4775-1616 FAX : (041) 850-8843 E-mail : soseuseu@kongju.ac.kr

○ 천마승마목장(天馬乘馬牧場)
우 314-843, 충남 공주시 이인면 주봉리(돌고지) 323
Tel : (041) 858-1616 homepage : www.pegasusranch.org

역학대기과학

2009년 5월 15일 초판 발행
2011년 9월 9일 2쇄 발행

지은이 소선섭 · 소은미
펴낸이 류 제 동
펴낸곳 (주)교 문 사

본문편집 김선형
표지디자인 이혜진
마케팅 정용섭 · 이진석 · 송기윤

출력 교보피앤비
인쇄 동화인쇄
제본 과성제책사

우편번호 413-756
주소 경기도 파주시 교하읍 문발리 출판문화정보산업단지 536-2
전화 031-955-6111(代)
FAX 031-955-0955
등록 1960. 10. 28. 제 406-2006-000035호

홈페이지 www.kyomunsa.co.kr
E-mail webmaster@kyomunsa.co.kr
ISBN 978-89-363-0995-4(93450)

값 32,000원

*잘못된 책은 바꿔 드립니다.